2026

한번에 합격

신재생에너지
발전설비산업기사(태양광)필기
New and Renewable Energy Equipment(Photovoltaic) Engineer

13개년과년도

세종사이버대학교 IT학부 교수 이후곤 저

명인북스
Myungin Books

출제기준(필기) (2025.1.1~2028.12.31)

직무분야	환경 · 에너지	중직무분야	에너지 · 기상	자격종목	신재생에너지발전설비 산업기사(태양광)	적용기간	2025.1.1.~ 2028.12.31.
직무내용	신재생에너지 태양광발전의 환경분석과 태양광발전시설의 시공 및 감독, 검사 및 효율적인 운영을 위한 유지보수와 안전관리 업무를 수행하는 직무이다.						
필기검정방법	객관식		문제수	80		시험기간	2시간

필기 과목명	출제 문제수	주요항목	세부항목	세세항목
태양광발전 사전검토	20	1. 기후변화 정책 분석	1. 기후변화 현상 파악	1. 기후변화 개념과 현상 2. 지구온난화
			2. 기후변화 원인과 영향 파악	1. 기후변화 원인과 영향 2. 온실가스 개념과 종류
			3. 신재생에너지 원리 및 특징	1. 태양광 2. 풍력 3. 수력 4. 연료전지 5. 기타 신재생에너지
		2. 태양광발전사업 부지 환경조사	1. 주변 기상 · 환경 등 요인	1. 일조시간, 일조량, 음영분석 등 2. 위도, 경도, 방위, 고도각 3. 주변 환경조건 및 기후자료 분석 등
			2. 태양광발전부지 검토	1. 태양광발전부지 타당성 검토 2. 태양광발전부지 조사 3. 발전부지 면적과 발전설비 용량 검토 4. 공부서류 등 검토 5. 설치 가능여부 조사
			3. 태양광발전 계통연계 조사	1. 전기공급규정 2. 전력계통 검토 3. 분산형 전원 배전계통연계 기술기준
		3. 태양광발전사업부지 인허가 검토	1. 인허가 관련 법령 검토	1. 전기시업법령 2. 전기(발전)사업 허가 기준 3. 국토의 계획 및 이용에 관한 법령 4. 개발행위 인허가 검토 5. 사업계획서 검토 6. 전기공사업법령 등
			2. 신재생에너지 관련 법령 검토	1. 신에너지 및 재생에너지 개발 · 이용 · 보급 촉진법령 2. 신에너지 및 재생에너지 설비의 지원 등에 관한 규정 및 지침 3. 신에너지 및 재생에너지 공급의무화제도 관리 및 운영 지침

필기 과목명	출제 문제수	주요항목	세부항목	세세항목
태양광발전 시스템 구성·선정	20	1. 태양광발전 주요 장치 준비	1. 태양광발전시스템 구성요소 개요	1. 태양전지 2. 태양광발전 모듈 및 어레이 3. 태양광발전용 인버터 4. 전력저장 장치 5. 태양광발전용 접속함 6. 교류측 기기 7. 피뢰소자 등 주변장치
			2. 태양광발전 모듈 준비	1. 태양광발전 모듈의 광전변환효율 2. 태양광발전 모듈의 직병렬 어레이 구성 3. 시험조건(STC, NOCT) 4. 태양광발전 모듈 선정 5. 태양광발전 모듈의 온도계수 특성 등
			3. 태양광발전용 인버터 준비	1. 태양광발전용 인버터 동작 원리 2. 태양광발전용 인버터 종류와 용도 3. 태양광발전용 인버터의 기능과 특성 4. 태양광발전용 인버터 선정과 용량 산출 5. 태양광발전용 인버터 운전
		2. 태양광발전 계통연계장치 설계	1. 태양광발전 수배전반 설계	1. 수배전반 설계도서 작성 2. 계통연계 보호 3. 전기실 구성 등
			2. 태양광발전 관제시스템 설계	1. 방범시스템 2. 방재시스템 3. 모니터링 시스템 등
		3. 태양광발전 어레이 설계	1. 태양광발전 전기배선 설계	1. 태양광발전 모듈의 직병렬 계산 2. 전기설비기술기준 3. 한국전기설비규정(KEC) 등
			2. 태양광발전 모듈배치 설계	1. 태양광발전 모듈 배치 2. 태양광발전 모듈 배선 3. 어레이 이격거리
			3. 태양광발전 어레이 전압강하 계산	1. 전압강하 및 전선 선정 2. 어레이 출력전압 특성

필기 과목명	출제 문제수	주요항목	세부항목	세세항목
태양광발전 시공	20	1. 태양광발전 토목공사	1. 태양광발전 토목공사 수행	1. 설계도면의 해석 2. 지질조사 지내력 3. 토목 시공 기준 4. 사용자재의 규격 5. 시방서 검토
			2. 태양광발전 토목공사 관리	1. 공정관리 2. 토목설계 내역 검토 3. 시공계획서 검토 4. 시공 상태 적합성 5. 공사현장 환경관리
		2. 태양광발전 구조물 시공	1. 태양광발전 구조물 기초공사 수행	1. 구조물 기초공사 2. 지역별 동결 특성 3. 지역별 풍속과 하중 4. 구조물기초 형태와 시공 공법 5. 구조 안전성 검토
			2. 태양광발전 구조물 시공	1. 태양광 발전용 구조물 설치 2. 구조물 형태와 시공 공법
		3. 태양광발전 전기시설 공사	1. 태양광발전 시공 관리	1. 공사 시방서 등 검토 2. 착공서류 등 검토 3. 품질관리
			2. 태양광발전 어레이 시공	1. 어레이 시공 2. 전기 배선 및 접속함 설치 기준 3. 사용자재 규격 및 적합성 등
			3. 태양광발전 계통연계장치 시공	1. 발전량 및 입출력 상태 확인 2. 인버터와 제어장치 설치 3. 수배전반 설치 4. 계통 연계 시공 5. 전기 및 위험물 관련 법규 등
			4. 전기, 전자 기초	1. 전기 기초 이론 2. 전자 기초 이론 3. 송전설비 기초 이론 4. 배전설비 기초 이론 5. 변전설비 기초 이론
			5. 배관·배선 공사	1. 배관 시공 2. 배선 시공 3. 케이블트레이 시공 4. 덕트 시공 등
		4. 태양광발전장치 준공 검사	1. 태양광발전 정밀 안전 진단	1. 보호계전기 특성 및 동작시험 2. 접지 및 절연저항 3. 보호장치 종류 및 시설조건 4. 안전진단 절차 및 설비 5. 단락전류 및 지락전류 6. 낙뢰 보호설비 등
			2. 태양광발전 사용전 검사	1. 사용전 검사 준비 2. 항목별 세부검사 및 동작시험 등

필기 과목명	출제 문제수	주요항목	세부항목	세세항목
태양광발전 유지·관리	20	1. 태양광발전시스템 운영	1. 태양광발전 사업개시 신고	1. 태양광발전 사업개시 신고 2. 전기안전관리자 선임 등
			2. 태양광발전설비 설치 확인	1. 설비점검 체크리스트 2. 설치된 발전설비 부품의 성능검사 3. 발전설비 설치 확인
			3. 태양광발전시스템 운영	1. 발전시스템 점검 방법과 시기 2. 태양광 모니터링 시스템 3. 발전시스템 운영 관리 계획 4. 발전시스템 비정상 운영 시 대처 및 조치 5. SMP 및 REC 정산관리 등
		2. 태양광발전시스템 유지	1. 태양광발전 준공 후 점검	1. 태양전지 모듈·어레이 측정 및 점검 2. 토목시설물 점검 3. 접속함, 인버터, 주변 기기·장치 점검 4. 운전, 정지, 조작, 시험 5. 준공도면 검토 등 6. 측정 및 점검 장비 등
			2. 태양광발전 점검개요	1. 일상점검 항목 및 점검요령 2. 정기점검 항목 및 점검요령
			3. 태양광발전 유지관리	1. 발전설비 유지관리 2. 송전설비 유지관리 3. 태양광발전 시스템 고장원인 4. 태양광발전 시스템 문제진단 5. 고장별 조치방법
		3. 태양광발전시스템 보수	1. 태양광발전시스템 보수	1. 발전설비 구성요소의 내구연한 2. 설비의 이력관리 3. 이상동작과 처리
			2. 태양광발전 특별점검	1. 특별점검 항목 및 점검요령
		4. 태양광발전시스템 안전관리	1. 태양광발전 시공상 안전 확인	1. 시공 안전관리 2. 안전교육의 시행과 훈련 3. 안전관리 조직 운영
			2. 태양광발전 설비상 안전 확인	1. 설비 안전관리 2. 설비보존계획 3. 작업 중 안전대책 등
			3. 태양광발전 구조상 안전 확인	1. 구조 안전관리 2. 구조물 시공 절차와 방법 3. 천재지변에 따른 구조상 안전계획 4. 안전관련 법규 등
			4. 안전관리 장비	1. 안전장비 종류 2. 안전장비 보관요령

CONTENTS

2025
- >>> 1회 CBT 복원 기출문제   11
- >>> 2회 CBT 복원 기출문제   37
- >>> 4회 CBT 복원 기출문제   67

2024
- >>> 1회 CBT 복원 기출문제   11
- >>> 2회 CBT 복원 기출문제   39
- >>> 4회 CBT 복원 기출문제   65

2023
- >>> 1회 CBT 복원 기출문제   95
- >>> 2회 CBT 복원 기출문제   125
- >>> 4회 CBT 복원 기출문제   155

2022
- >>> 1회 CBT 복원 기출문제   187
- >>> 2회 CBT 복원 기출문제   213
- >>> 4회 CBT 복원 기출문제   241

2021
- >>> 1회 CBT 복원 기출문제   273
- >>> 2회 CBT 복원 기출문제   299
- >>> 4회 CBT 복원 기출문제   325

2020
- >>> 1, 2회 기출문제   355
- >>> 3회 기출문제   381
- >>> 4회 CBT 복원 기출문제   405

2019
- >>> 1회 기출문제   433
- >>> 2회 기출문제   461
- >>> 4회 기출문제   489

2018
- >>> 1회 기출문제   519
- >>> 2회 기출문제   547
- >>> 4회 기출문제   575

2017
- >>> 1회 기출문제   605
- >>> 2회 기출문제   631
- >>> 4회 기출문제   657

2016
- >>> 2회 기출문제   685
- >>> 4회 기출문제   711

CONTENTS

2015
>>> 2회 기출문제   741
>>> 4회 기출문제   769

2014
>>> 4회 기출문제   797

2013
>>> 4회 기출문제   823

2025년 기출문제

산업통상자원부가 2025년 10월 1일
기후에너지환경부으로 변경되었습니다.

2025 제1회 CBT 복원 기출문제

01 STC 조건하에서 다음과 같은 특성을 가진 결정질 태양전지 모듈의 온도가 -15[℃]일 때, 최대전압은 몇 [V]인가? (단, 개방전압(V_{OC}) = 40[V], 전압 온도계수(a_{voc}) = 0.25[V/℃]이다)

15.4.3 / 18.4.6 / 21.4.10

① 50   ② 60   ③ 70   ④ 80

해설 최대 전압(V_{MT})

V_{MT} = 개방전압 − 온도계수 × 온도차 (V)
    = 40 − 0.25 × (−15−25) = 50 [V]

02 지표면 1[m²]당 도달하는 태양광에너지의 양을 나타내는 것은?

15.4.8 / 20.4.15

① 방사각   ② 분광분포
③ 방사조도   ④ 대기 통과량

해설 방사조도(irradiance)

태양으로부터 방사되는 에너지 중에서 지구에 도달하는 에너지의 크기를 말하며 지구 지표면의 단위면적당 작용하는 에너지의 크기로 표현하며 단위는 [W/m²], 일사량이라고도 한다.

03 "임의의 폐회로에서 기전력의 총합은 저항에서 발생하는 전압강하의 총합과 같다."는 법칙은?

15.4.12 / 19.1.10 / 21.2.11

① 페러데이의 법칙
② 플레밍의 오른손 법칙
③ 키르히호프의 제1법칙
④ 키르히호프의 제2법칙

해설 키르히호프의 법칙(Kirchhoff's law)

1) 키르히호프의 제1법칙
① 회로망에 있어서 임의의 한 접속점에 흘러들어오는 전류의 합은 흘러나가는 전류의 합과 같다.

$\sum$유입 전류 = $\sum$유출 전류

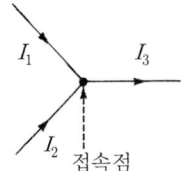

② 그림과 같이 흘러들어오는 전류를 I_1, I_2라 하고, 접속점에서 흘러나가는 전류를 I_3라 하면,

$I_1 + I_2 = I_3$ ∴ $I_1 + I_2 + (-I_3) = 0$

2) 키르히호프의 제2법칙

회로망 중의 임의의 폐회로(closed circuit)내에서 그 폐회로를 따라 한 방향으로 일주하면서 생기는 전압강하의 합은 그 폐회로 내에 포함되어 있는 기전력의 합과 같다.

$\sum$기전력 = $\sum$전압 강하

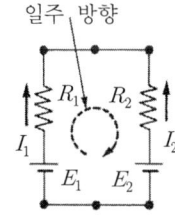

$E_1 - E_2 = R_1 I_1 - R_2 I_2$
∴ $E_1 - E_2 - R_1 I_1 + R_2 I_2 = 0$

04 인버터 Data 중 모니터링 화면에 전송되는 것이 아닌 것은?

14.4.27 / 15.4.15 / 17.1.47 / 17.2.44 / 17.4.52 / 18.1.57 / 18.4.5 / 20.4.49 / 21.2.37 / 21.4.58

① 일사량
② 발전량
③ 입력측 전압, 전류, 전력
④ 출력측 전압, 전류, 전력

해설 인버터의 표시사항

입력단(모듈출력)의 전압, 전류, 전력과 출력단(인버터 출력)의 전압, 전류, 전력, 주파수, 누적발전량, 최대출력량(peak)이 표시되어야 한다.

정답 1. ① 2. ③ 3. ④ 4. ①

20.4.10 / 21.2.5

05 태양전지 모듈 전면적 1,000[m²]에서 방사조도 1,000[W/m²]이고, 최대 출력 100[kW]이면 변환효율은 몇 [%]인가?

① 5   ② 10   ③ 15   ④ 20

해설 변환효율(Conversion Efficiency)

표준 시험조건(Standard Test Conditions, STC)에서 측정한 태양전지 출력전력을 입사된 빛 에너지(소자넓이 × 경사면 조사 강도)로 나누어 백분율로 나타낸 것

$$\eta = \frac{P_{AS}}{G_S \times A} \times 100[\%]$$

$$= \frac{100 \times 10^3}{1,000 \times 1,000} \times 100 = 10[\%]$$

P_{AS} : 태양전지 어레이 출력전력 [kW]
G_S : 경사면 일사량 [kW/m²]
A : 태양전지 어레이 면적 [m²]

15.2.75 / 15.4.65 / 15.4.74 / 17.1.62 / 17.2.63 / 17.4.1 /
17.4.3 / 17.4.76 / 18.1.8 / 18.2.72 / 19.4.15 / 20.1.18 /
20.1.72 / 20.1.77 / 21.1.6 / 21.2.12

06 신재생에너지에 대한 설명으로 적합한 발전방식은?

> 바닷물이 가장 높이 올라왔을 때 댐의 만들어 물을 가두었다가, 물이 빠지는 힘을 이용하여 발전기기를 돌리는 방식이다.

① 조력발전   ② 파력발전
③ 조류발전   ④ 해류발전

해설 해양에너지

(1) 조력발전
1) 원리
조석의 힘을 동력원으로 하여 해수면의 상승하강운동을 이용하여 전기를 생산하는 발전 기술

시화조력발전 원리

2) 입지조건
① 평균조차 3[m] 이상
② 폐쇄된 만의 형태
③ 해저의 지반이 강고
④ 에너지 수요처와 근거리

(2) 파력발전 : 입사하는 파랑에너지를 이용하여 터빈 등의 원동기 구동력으로 발전하는 기술

(3) 조류발전 : 해수의 유동에 의한 운동에너지를 이용하여 전기를 생산하는 발전기술

(4) 온도차발전 : 해양 표면층의 온수(예 : 25~30[℃])와 심해 500~1000[m]정도의 냉수(예 : 5~7[℃])와의 온도차를 이용하여 열에너지를 기계적 에너지로 변환시켜 발전하는 기술

(5) 기타 발전
① 해류발전 : 일정속도 이상 강한 해류(취송류, 밀도류, 경사류, 보류)의 흐름을 이용해 바닷속에 잠긴 터빈을 돌려 전기를 얻는 구조로 프로펠러식, 낙하산식, 수차식이 있다.
② 근해 풍력발전 : 육지와 가까운 바다에 풍력발전기를 설치하는 발전
③ 해양 생물자원의 에너지화 : 조류 바이오매스는 성장이 빠르고 육상식물 중 바이오연료 생산성이 가장 높은 팜유보다도 생산성이 10배나 높기 때문에 큰 장점이 있다. 반면에 조류 바이오매스는 다른 바이오매스에 비해 연료로의 변환공정이 쉽지 않다는 단점도 있다.
④ 염도차발전 : 바닷물의 염분은 보통 3[%] 정도이고, 강물의 염분은 0.05[%] 이하다. 이러한 염분 농도의 차이를 삼투압으로 유발시키는 발전이다.

※ 조석 : 달·태양 등 천체의 인력작용으로 해면이 1일 2회 주기적으로 오르내리는 현상

07 태양광발전설비에서 1스트링의 직렬 매수 산정식에 해당하는 것은?
(단, 주변온도를 고려하지 않은 경우이다)

① $\dfrac{\text{인버터 직류입력전압}}{\text{모듈 최대출력 동작전압}}$

② $\dfrac{\text{인버터 직류입력전류}}{\text{모듈 최대출력 동작전압}}$

③ $\dfrac{\text{인버터 직류입력전압}}{\text{모듈 최대출력 동작전류}}$

④ $\dfrac{\text{인버터 직류입력전류}}{\text{모듈 최대출력 동작전류}}$

[해설] 모듈직렬매수 = $\dfrac{\text{직류 입력 전압}}{\text{최대 출력 동작 전압}}$ [매]

08 다음 그림과 같은 인버터의 회로방식은 무엇인가?

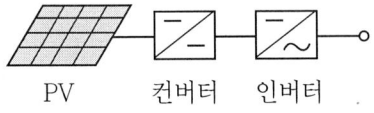

① 상용주파 변압기 절연방식
② 고주파 변압기 절연방식
③ 주파수 시프트 방식
④ 트랜스리스 방식

[해설] 인버터의 회로방식별 분류

1) 상용주파 변압기 절연방식

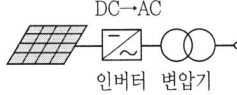

① PWM 인버터를 이용하여 상용주파수의 교류를 만들고, 상용주파수의 변압기를 이용하여 절연과 전압변환을 한다.
② 내부 신뢰성이나 노이즈 컷이 우수하지만, 상용주파수의 변압기를 별도로 이용하기 때문에 무겁고 크며, 변압기의 효율이 감소된다.

2) 고주파 변압기 절연방식

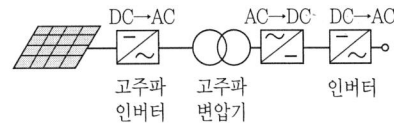

① 태양전지의 직류 출력을 고주파의 교류로 변환한 후 소형의 고주파 변압기로 절연을 한다.
② 일단 직류로 변환하고 재차 상용주파의 교류로 변환하며, 소형 경량이지만 회로가 복잡한 단점이 있다.

3) 트랜스리스(Transless) 방식

① 태양전지의 직류출력을 DC-DC 컨버터로 승압하고 인버터에서 상용주파의 교류로 변환한다.
② 소형 경량이며, 저렴하고 효율이 우수하고 신뢰성이 높다.
③ 상용전원과의 사이에는 절연이 되지 않아 안전성이 떨어진다.

09 지표면에서의 태양 일조강도에 영향을 줄 수 있는 대기효과에 대한 설명으로 틀린 것은?

① 최대 일사량은 구름이 조금 낀 맑은 날에 발생한다.
② 오염물질에 의한 산란은 구름 상태와 태양의 고도에 따라 심하게 변한다.
③ 대기에서의 흡수, 반사, 산란으로 인하여 태양복사가 감소한다.
④ 태양복사 감소의 주원인은 공기분자, 먼지입자 또는 오염물질에 의한 흡수이다.

[해설] 온실효과(대기효과)
① 지구온난화는 대기 중 온실가스 농도 증가로 온실효과가 발생하여 지구 표면의 온도가 점차 상승하는 현상을 말하며, 화석연료 연소를 포함한 인간 활동 때문에 대기 중의 온실가스가 급증하고 있다.

② 신·재생에너지의 특징은 화석연료의 사용을 줄여 온실가스의 발생을 줄이는 역할을 한다.
③ 태양복사 감소의 원인중 공기분자, 먼지입자 또는 오염물질에 의한 흡수는 25%이고 반사가 30%이다.

17.4.19

10 전기의 수요는 시간에 따라 변화하고, 재생에너지원에 의해 발생되는 전력 또한 시간에 따라 변화하는 특징이 있다. 다음의 에너지원 중 피크부하에 가장 잘 대응할 수 있는 것은?

① 태양에너지
② 풍력에너지
③ 수력에너지
④ 파력에너지

해설 수력에너지
① 물이 가지는 위치 에너지나 운동 에너지를 동력으로서 이용하는 것
② 저수지 시설을 이용하여 전력이 필요한 피크부하의 시간에 원하는 만큼의 발전이 가능하다.
③ 완전 정지된 상태에서 발전까지의 소요시간이 짧아 빠르게 에너지 수요에 대응할 수 있다.
④ 계절 및 환경에 따른 수량의 차이로 발전량이 항상 일정하기 어렵다.

14.4.54 / 15.4.19 / 17.1.11 / 19.1.9 / 19.4.3 / 19.4.7 / 20.4.10 / 21.2.5

11 태양광발전 모듈 전면적 $1000m^2$에서 일조강도가 $1000W/m^2$이고, 최대출력이 $100kW$ 이면 변환효율은 몇 % 인가?

① 5
② 10
③ 15
④ 20

해설 변환효율 η(Conversion Efficiency)
① 표준시험조건(Standard Test Conditions, STC)에서 측정한 태양전지 출력전력을 입사된 빛 에너지(소자넓이×경사면 조사강도)로 나누어 백분율로 나타낸 것
② 최대출력 $P_{max}[W]$, 모듈 전면적 $A[m^2]$, 조사강도 $G[W/m^2]$

$$\eta = \frac{P_{max}}{A \times G} \times 100[\%]$$

$$= \frac{100 \times 10^3}{1000 \times 1000} \times 100 = 10\ (\%)$$

13.4.6 / 13.4.47 / 14.4.43 / 14.4.57 / 15.2.16 / 15.2.46 / 15.2.56 / 15.4.5 / 16.2.6 / 16.2.7 / 17.1.7 / 18.4.4 / 18.4.46 / 19.4.8 / 20.1.9 / 21.1.11 / 21.2.17 / 21.2.43

12 다결정 실리콘 제조공정 순서로 옳은 것은?

① 실리콘 입자 → 웨이퍼 슬라이스 → 잉곳 → 셀 → 모듈
② 실리콘 입자 → 잉곳 → 셀 → 웨이퍼 슬라이스 → 모듈
③ 실리콘 입자 → 셀 → 웨이퍼 슬라이스 → 잉곳 → 모듈
④ 실리콘 입자 → 잉곳 → 웨이퍼 슬라이스 → 셀 → 모듈

해설 실리콘 태양전지 제조공정 순서
1) Poly Si(폴리실리콘)
Siemens, FBR, UMG 등의 공법으로 제조되며, 태양전지용으로는 순도 6N 이상의 제품이 사용된다.

2) 잉곳
① 단결정 : CZ법으로 제조
② 다결정 : HEM, Casting, EMC법 등으로 제조

단결정 성장   다결정 성장

3) 웨이퍼 슬라이스
잉곳을 Wire Saw 등을 이용하여 박판으로 제조하며, 두께 180~200um, 크기 125, 156, 200mm 등으로 나뉜다.

단결정   다결정

4) Solar Cells(태양전지)
① 빛에너지를 전기에너지로 바꾸는 광변환 핵심소자
② 표면식각 → pn접합 → 반사방지막 → 전극형성

단결정   다결정

5) Solar Module(모듈)

태양전지를 일정 용량에 맞게 배열한 후 강화유리, EVA, Back sheet, 알루미늄 프레임 등으로 패킹함

단결정   다결정

19.4.12

13 태양광발전용 인버터의 기능에 대한 설명으로 틀린 것은?

① 계통 정전에 따른 단독운전 방지기능
② 일조량의 변화에 따른 자동운전·정지기능
③ 계통에 고조파 영향을 주지 않기 위한 직류 지락 검출기능
④ 날씨 변동에서도 최대 출력이 가능하게 하는 최대전력 추종제어기능

해설 태양광발전시스템 인버터의 기능

① 자동운전 정지(Auto shutdown) 기능
   인버터는 해가 떠오르고 출력이 발생되는 조건이 되면 자동적으로 운전을 시작하며, 해가 지는 동안에도 출력이 발생하는 한 가동은 계속되고 완전한 일몰 뒤 운전이 정지한다.
② 계통연계 보호기능
   전력계통에 연계되어 운전하고 있는 태양광발전시스템에서 계통 측이나 인버터측에서 이상이 발생했을 때 이를 검지하고 신속하게 인버터를 정지해서 계통 측에 안전을 확보하는 장치이며, 일반적으로 인버터에 내장되어 있다.
③ 단독운전 방지(Non-islanding) 기능
   단독운전(한전 정전시 분리된 계통에 전력을 계속 공급하게 되는 운전상태)시의 문제점을 해결하기 위한 기능으로, 단독운전 발생 후 최대 0.5초 이내에 한전계통에 대한 가압을 중지해야 한다.
④ 자동전압 조정기능
   태양광발전시스템을 계통에 접속하여 역송전 운전을 하는 경우 수전점의 전압이 상승해서 전력회사의 운용범위를 초과할 가능성이 있기 때문에 자동 전압 조정기능을 설치하여 전압의 상승을 방지할 수 있으며, 전압 조정방법에는 진상무효전력제어와 출력제어 방법이 있다.

15.2.75 / 15.4.65 / 15.4.74 / 17.1.62 / 17.2.63 / 17.4.1 /
17.4.3 / 17.4.76 / 18.1.8 / 18.2.72 / 19.4.15 / 20.1.18 /
20.1.72 / 20.1.77 / 21.1.6 / 21.2.12

14 해양에너지에 대한 설명으로 틀린 것은?

① 조력발전은 밀물과 썰물 사이의 낮은 낙차를 이용한 것이다.
② 파력발전은 파도에 의한 해면의 상하운동을 이용한 것이다.
③ 소수력발전은 밀물과 썰물로 발생하는 조류를 이용한 것이다.
④ 해양온도차발전은 해수 표층과 심층과의 온도차를 이용한 것이다.

해설 소수력발전

1) 소수력발전 시스템 구성도

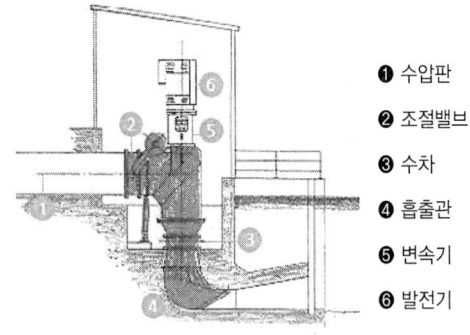

❶ 수압판
❷ 조절밸브
❸ 수차
❹ 흡출관
❺ 변속기
❻ 발전기

2) 소수력발전 시스템

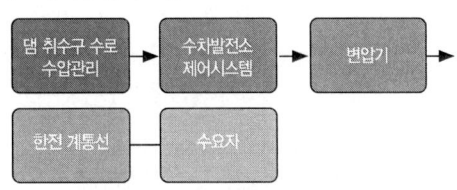

16.2.17 / 16.2.68 / 16.4.16 / 18.1.16 / 18.1.71 / 18.2.6 / 19.2.15 /
19.4.19 / 20.1.75 / 20.3.3 / 20.1.11 / 21.1.13 / 21.2.6

15 연료전지발전의 원리에 대한 설명으로 틀린 것은?

정답 13. ③ 14. ③

① 열과 전기에너지 발생
② 반응생성물로 물이 생성
③ 연료극에 공급된 수소이온과 전자기 결합
④ 수소이온이 전해질층을 통해 공기극으로 이동

[해설] **연료전지 설비**
수소와 산소의 전기화학 반응을 통하여 전기 또는 열을 생산하는 설비

13.4.49 / 14.4.3 / 17.2.9

16 계통연계형 인버터의 직류를 교류로 변환할 때 발생하는 변환효율 계산식은?

① $\dfrac{P_{AC} 입력\ 전력}{P_{DC} 입력\ 전력}$

② $\dfrac{P_{DC} 입력\ 전력}{P_{AC} 출력\ 전력}$

③ $\dfrac{P_{DC} 순간\ 입력\ 전력}{P_{PV} 최대순간\ PV 어레이\ 전력}$

④ $\dfrac{P_{AC} 순간\ 출력\ 전력}{P_{PV} 최대순간\ PV 어레이\ 전력}$

[해설] 변환 효율 = $\dfrac{출력\ 전력}{입력\ 전력} \times 100$

= $\dfrac{직류\ 출력\ 전압 \times 직류\ 출력\ 전류}{입력\ 전력} \times 100\ [\%]$

14.4.8 / 15.2.2 / 18.4.19 / 20.4.3 / 21.1.20

17 태양전지의 전류-전압 특성의 측정으로부터 계산되는 파라미터가 아닌 것은?

① 직렬저항(series resistance)
② 개방전압(open circuit voltage)
③ 단락전류(short circuit current)
④ 곡선인자(fill factor)

[해설] **태양전지의 전압-전류 특성**
(1) 태양전지에 태양광이 입사되면 광 에너지가 전기에 너지로 변환되어 태양전지 단자에 전기적 출력이 발생하는데 이것을 전압-전류 특성이라 하며, 전압-전류의 출력 값을 그래프로 나타낸 것을 V-1 특성곡선이라 한다.

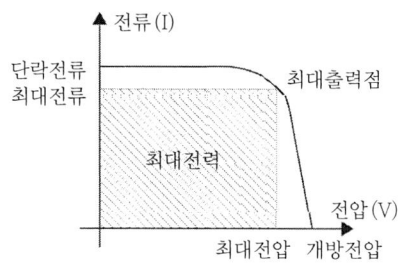

(2) 충진율, 곡선인자(Fill Factor)
① 태양전지 품질을 확인할 수 있는 가장 중요한 척도
② FF는 최대전력을 개방전압과 단락 회로 전류에서 출력되는 이론상 전력과 비교하여 계산한다. 또한 FF는 그림에 묘사된 정사각형 영역의 비로 해석할 수 있다.
③ 큰 fill factor가 바람직하고, 전형적인 fill factor 범위는 결정질 태양전지 : 0.7 ~ 0.8, 단결정 실리콘 0.75 ~ 0.85 정도이다.
④ 온도가 상승하면 에너지 갭이 작아서 충진율이 낮아진다.

$$FF = \dfrac{P_{MAX}}{P_T} = \dfrac{I_{MP} \cdot V_{MP}}{I_{SC} \cdot V_{OC}}$$

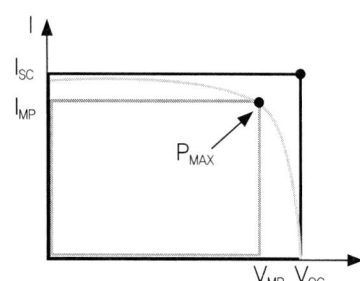

14.4.12

18 낙뢰로 인한 내부 전기·전자시스템을 보호하기 위한 LPMS의 기본보호대책이 아닌 것은?

① 접지와 본딩
② 협조된 SPD
③ 수뢰부 System
④ 자기차폐

[해설] **LEMP(뇌전자계임펄스)에 대한 보호시스템 LPMS**

뇌전자계임펄스에 대한 내부시스템 보호를 위한 모든 시스템
(1) 전기·전자시스템의 고장을 줄이기 위한 기본보호대책
1) 구조물의 경우
① 접지 및 본딩 대책
② 자기차폐
③ 선로의 경로
④ 협조된 SPD보호

2) 인입선의 경우
① 선로의 말단과 선로상의 여러 위치에 설치된 서지보호장치
② 케이블의 자기차폐

전력 $P = \sqrt{3}\,VI\cos\theta\ [W]$

$\therefore I = \dfrac{P}{\sqrt{3}\,V\cos\theta}$

$P_l = 3I^2R = \dfrac{1}{V^2} \cdot \dfrac{P^2 R}{\cos^2\theta}\ [W]$

$A = \rho\dfrac{l}{R} = \dfrac{1}{V^2} \cdot \dfrac{P^2 \rho\, l}{P_l \cos^2\theta}$

여기서, P, l, ρ 가 일정하다고 하면, $A \propto \dfrac{1}{V^2}$

① 일정 전력을 같은 부하, 역률, 거리 및 같은 손실로 송전하는 경우, 전선의 단면적은 전압의 제곱에 반비례한다.
② 일정 거리에 일정 전력을 송전하는 경우, 전압을 2배로 하면 저항 손실은 1/4로 감소한다.

14.4.15 / 17.2.4 / 20.3.16 / 20.3.18 / 21.4.19

19 태양광설비 3[MWp], 일일발전시간이 4.6시간인 경우 연간 발전량은?

① 1095[MWh]   ② 13.7[MWh]
③ 5037[MWh]   ④ 328.8[MWh]

[해설] **연간 발전량[MWh]**

연간 발전량 = 설비용량 × 1일 평균발전시간 × 365일
= 3 × 4.6 × 365 = 5,037 [MWh]

14.4.19 / 17.1.2 / 20.4.18

20 장거리 전력 전송에 고전압이 사용되는 이유는?

① 저전압보다 조절하기가 더 쉽다.
② 손실(I^2R)이 감소한다.
③ 전자기장이 강하다.
④ 작은 변압기가 사용된다.

[해설] **고전압 송전**

수전단 선간 전압[V], 선로 전류 I [A], 부하 역률 θ, 수전단 전력 P[kW], 전선 1선당의 저항 R[Ω], 전저항손 P_l [W], 송전거리 l[km], 전선 단면적 A[mm²], 전선의 고유저항 [ohm·mm²/m]

5.4.23 / 18.4.22 / 19.1.27

21 태양광발전시스템에서 태양전지 어레이용 가대 및 지지대 설치시 고려사항이 아닌 것은?

① 태양전지 어레이용 가대 및 지지대 설치순서, 양중방법 등의 설치 계획을 결정한다.
② 태양전지 모듈의 유지보수를 위한 공간과 작업 안전을 위한 발판, 안전난간을 설치한다.
③ 지지물의 자중, 적재하중 및 구조하중에 맞게 안전한 구조의 것으로 설치한다.
④ 구조물의 자재 중 강재류는 현장에서 절단, 용융 아연도금을 하여 조립함을 원칙으로 한다.

[해설] **지지대 부속자재 설치 시 고려사항**

① 지지물의 자중, 바람, 적설하중, 적재하중 및 구조하중에 맞게 안전한 구조의 것으로 설치한다.
② 태양전지 어레이용 가대 및 지지대의 설치순서, 양중방법 등의 설치계획을 결정한다.
③ 모듈지지의 고정 볼트에는 스프링 와셔 또는 풀림방지너트 등으로 체결한다.
④ 볼트 조립은 헐거움이 없이 단단히 조립한다.
⑤ 건축물의 방수 등에 문제가 없도록 설치한다.
⑥ 태양전지 모듈의 유지보수를 위한 공간과 작업 안전을 위해 발판, 안전난간을 설치한다.

정답 18. ③ 19. ③ 20. ② 21. ④

※ 용융아연도금

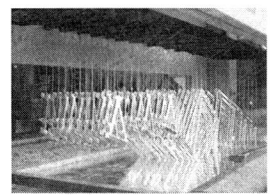

1) 전처리 공정

   소재 표면의 산화물은 기계적 또는 화학적 방법으로 제거해야 하고, 유류 기타의 오물이 부착되어 있을 때에는, 알칼리 세척액 또는 유기용제를 사용하여 처리한다.

2) 아연도금공정

① 도금온도

   아연도금의 온도는 440~470[℃]을 유지하도록 해야 하고, 도금 피막두께를 균질하게 하며 드로스(dross, 아연과 철의 금속간 화합)와 산화아연이 유착되거나, 발생되지 않도록 해야 한다.

② 침적속도와 시간

   아연도금의 균질한 부착량 확보 및 부재의 건전성을 유지할 수 있도록 부재형상 및 두께 등을 고려하여 적절한 침적 속도와 시간을 유지하도록 한다.

③ 아연도금의 균질한 두께 확보

   아연욕을 마친 부재를 들어 올릴 때에는 과부착, 아연쏠림 또는 부적절한 응고가 발생하지 않도록 형상 및 두께 등을 고려하여 적절한 작업속도를 유지하도록 한다.

④ 냉각

   부재의 형상 및 크기를 고려하여 냉각 시에 발생되는 변형을 방지해야 한다.

3) 도금된 제품을 품질확보를 위한 교정, 시험검사 보수 등의 마무리 공정

※ 현장에서 용융 아연도금 작업은 불가능하다.

13.4.26 / 15.4.28 / 16.4.38 / 17.1.51 / 17.2.22 / 17.2.54 / 17.4.23 / 17.4.53 / 18.1.21 / 18.1.47 / 18.2.46 / 18.2.53 / 18.4.23 / 19.1.60 / 19.2.26 / 19.2.42 / 19.4.27 / 19.4.49 / 20.1.52 / 20.3.23 / 20.3.41 / 20.4.24 / 21.1.38 / 21.4.42 / 21.4.48

22 태양광발전시스템 시공 중 감전방지 대책에 대한 설명으로 틀린 것은?

① 강우시 작업을 중단한다.
② 저압 전로용 절연장갑을 착용한다.
③ 이중절연 처리된 공구를 사용한다.
④ 작업 종료 후 태양전지 모듈 표면에 차광 시트를 붙인다.

해설 모듈 설치 시 감전방지대책
① 전선피복 상태 관리
② 절연 장갑을 착용한다.
③ 절연 처리된 공구를 사용한다.
④ 태양전지 모듈 및 인버터 전원 개방
⑤ 작업 전 태양전지 모듈 표면에 차광막을 씌워 태양광을 차폐한다.
⑥ 강우시에는 감전사고와 미끄러짐에 의한 추락사고의 위험이 있으므로 작업을 금한다.

15.4.32 / 17.4.75 / 18.4.68 / 19.1.24 / 20.3.29 / 20.3.35 / 21.4.78

23 금속전선관의 굵기는 전선의 피복절연을 포함한 단면적의 총 합계가 관내 단면적의 몇 [%] 이하가 되어야 하는가? (단, 동일 굵기의 절연 저선을 동일 관내에 넣는 경우이다)

① 32 ② 40
③ 48 ④ 52

해설 금속전선관의 굵기는 굵기가 다른 절연전선을 동일관내에 넣어 시설하는 경우 절연 피복물을 포함한 관내 단면적의 32[%]이하가 되도록 선정한다. 단, 동일 굵기의 경우는 48[%]까지 채울 수 있다.

15.4.35 / 16.2.31 / 20.4.30

24 태양전지 어레이 설치공사의 주의사항으로 틀린 것은?

① 구조물 및 지지대는 현장 용접한다.
② 너트의 풀림 방지는 이중너트를 사용하고 스프링와셔를 체결한다.

정답 22. ④ 23. ③

③ 태양광 어레이 기초면 확인을 위해 수평기, 수평줄, 수직추를 확보한다.
④ 지지대의 기초 앵커볼트의 조임은 바로세우기 완료 후, 앵커볼트의 장력이 균일하게 되도록 한다.

[해설] **구조물 현장 용접 금지**
① 구조물 및 지지대를 현장 용접시 용접부위의 부식방지를 위한 대책이 곤란하므로, 공장에서 용접을 실시하고 용융아연도금 처리후 현장에 반입하여 조립이 가능하도록 해야 한다.
② 태양광발전소는 20년 이상 운영되므로, 구조물은 발전소 지역(염해 등)에 맞는 종류의 용융아연도금을 실시해야한다.

15.4.18 / 15.4.39 / 18.1.6 / 19.2.22 / 21.2.21
25 인버터 선정시 검토사항으로 틀린 것은?

① 소음 발생이 적을 것
② 고조파의 발생이 적을 것
③ 기동·정지가 안정적일 것
④ 야간의 대기전압 손실이 클 것

[해설] **인버터 선정시 검토사항**
① 소음 발생이 적을 것
② 고조파의 발생이 적을 것
③ 노이즈의 발생이 적을 것
④ 기동·정지가 안정적일 것
⑤ 야간의 대기전압 손실이 적을 것
⑥ 공급 안정성에서 직류분이 적을 것

13.4.26 / 15.4.28 / 16.4.38 / 17.1.51 / 17.2.22 / 17.2.54 / 17.4.23 / 17.4.53 / 18.1.21 / 18.1.47 / 18.2.46 / 18.2.53 / 18.4.23 / 19.1.60 / 19.2.26 / 19.2.42 / 19.4.27 / 19.4.49 / 20.1.52 / 20.3.23 / 20.3.41 / 20.4.24 / 21.1.38 / 21.4.42 / 21.4.48

26 태양광발전시스템의 시공 작업 중에 발생할 수 있는 감전사고로부터 보호하기 위한 방지대책으로 틀린 것은?

① 절연장갑을 낀다.
② 절연 처리가 된 공구를 사용한다.
③ 태양전지 모듈의 표면에 차광시트를 붙여 태양광을 차단한다.
④ 강우 시에는 발전하지 않으니 미끄러짐을 주의하여 작업을 진행한다.

[해설] **모듈 설치 시 감전방지대책**
① 전선피복 상태 관리
② 절연 장갑을 착용한다.
③ 절연 처리된 공구를 사용한다.
④ 태양전지 모듈 및 인버터 전원 개방
⑤ 작업 전 태양전지 모듈 표면에 차광막을 씌워 태양광을 차폐한다.
⑥ 강우 시에는 감전사고와 미끄러짐에 의한 추락사고의 위험이 있으므로 작업을 금한다.

16.4.36 / 17.4.28 / 21.2.33
27 태양전지 어레이용 지지대의 재질로서 사용되지 않는 것은?

① 티타늄
② 알루미늄 합금
③ 스테인리스 스틸
④ 용융아연 도금된 형강

[해설] **지지대, 연결부, 기초(용접부위 포함)**
지지대는 다음의 재질로 제작하여야 한다. 지지대간 연결 및 모듈-지지대 연결은 가능한 볼트로 체결하되, 절단가공 및 용접부위(도금처리제품 한정)는 용융아연도금처리를 하거나 에폭시 아연페인트를 2회 이상 도포하여야 한다.
① 용융아연 또는 용융아연-알루미늄-마그네슘합금 도금된 형강
② 스테인리스 스틸(STS)
③ 알루미늄합금
④ ①~③까지의 동등이상 성능

16.4.22 / 17.4.32
28 설계도서 적용 시 고려사항이다. 옳지 않은 것은?

① 숫자로 나타낸 치수는 도면상 축적으로 잰

치수보다 우선한다.
② 특별시방서는 당해 공사에 한하여 일반시방서에 우선하여 적용한다.
③ 특별시방서 및 도면에 기재되지 않은 사항은 일반시방서에 의한다.
④ 공사계약서 상호 간에 차이와 문제가 있는 경우 발주자의 의견을 참조하여 감리원이 최종적으로 결정한다.

해설 **설계도서 검토 및 적용시 고려사항**
① 설계도면 및 시방서의 어느 한쪽에 기재되어 있는 것은 그 양쪽에 기재되어 있는 사항과 완전히 동일하게 다룬다.
② 숫자로 나타낸 치수는 도면상 축척으로 잰 치수보다 우선한다.
③ 특별시방서는 당해 공사에 한하여 일반시방서에 우선하여 적용한다.
④ 특별시방서 및 도면에 기재되지 않은 사항은 일반시방서에 의한다.
⑤ 상기 이외의 사항에 대해 공사계약문서 상호간에 차이와 문제가 있을 때는 감리원의 의견을 참조하여 사업주체가 최종적으로 결정한다.

16.4.41 / 17.4.35

29 태양광발전설비의 접지공사 시 접지선의 색은?
① 청색　　　　② 녹색
③ 백색　　　　④ 노랑색

해설 **일반적인 3상 4선식 부스바의 색상**
① R상 : 갈색
② S상 : 흑색
③ T상 : 회색
④ N상 : 청색
⑤ 접지(E) : 녹황(G/Y) 교차

17.4.39

30 공사감리원 배치시기로 적절한 것은?
① 착공 7일후
② 착공 10일후
③ 공사 시작 전
④ 현장여건에 따른 적당한 시기

해설 **감리원의 배치 등(전력기술관리법 제12조의2)명**
다음의 어느 하나에 해당하는 자가 공사감리를 하려는 경우에는 산업통상자원부장관이 정하여 고시하는 감리원 배치 기준에 따라 소속 감리원을 공사 시작 전에 배치하여야 한다.
① 감리업자
② 소속 감리원에게 공사감리 업무를 수행하게 하는 자

16.2.28 / 16.4.35 / 17.2.38 / 19.4.23 / 19.4.28 / 19.4.33 / 20.3.24 / 20.3.26 / 20.3.27 / 20.3.32 / 21.1.28 / 21.2.34

31 전력시설물 공사감리업무 수행지침에 따라 감리원이 준공 후 발주자에게 인계할 주요 문서목록이 아닌 것은?
① 준공도면　　　② 준공사진첩
③ 착공신고서　　④ 시설물 인수·인계서

해설 **발주자에게 인계할 문서 목록**
① 준공사진첩
② 준공도면
③ 품질시험 및 검사성과 총괄표
④ 기자재 구매서류
⑤ 시설물 인수·인계서
⑥ 그밖에 발주자가 필요하다고 인정하는 서류

16.2.28 / 16.4.35 / 17.2.38 / 19.4.23 / 19.4.28 / 19.4.33 / 20.3.24 / 20.3.26 / 20.3.27 / 20.3.32 / 21.1.28 / 21.2.34

32 전력시설물 공사감리업무 수행지침에 의해 상주감리원은 공사현장(공사와 관련한 외부 현장 점검, 확인 등 포함)에서 운영요령에 따라 배치된 일수를 상주하여야 하며, 다른 업무 또는 부득이한 사유로 며칠 이상 현장을 이탈하는 경우에는 반드시 감리업무일지에 기록하고, 발주자(지원업무담당자)의 승인(부재시 유선보고)을 받아야 하는가?
① 1　　② 3　　③ 5　　④ 7

정답 28.④　29.②　30.③　31.③

해설 상주감리원은 다음에 따라 현장 근무를 하여야 한다.
① 상주감리원은 공사현장(공사와 관련한 외부 현장점검, 확인 등 포함)에서 운영요령에 따라 배치된 일수를 상주하여야 하며, 다른 업무 또는 부득이한 사유로 1일 이상 현장을 이탈하는 경우에는 반드시 감리업무일지에 기록하고, 발주자(지원업무담당자)의 승인(부재시 유선보고)을 받아야 한다.
② 상주감리원은 감리사무실 출입구 부근에 부착한 근무상황판에 현장 근무위치 및 업무내용 등을 기록하여야 한다.

13.4.28 / 15.2.24 / 15.4.40 / 17.1.29 / 17.4.33 / 18.1.26 / 18.1.37 / 18.2.29 / 18.4.2 / 19.2.27 / 19.4.32 / 21.4.28 / 21.4.33

33 태양광발전 어레이 설치 후 확인 점검이 필요한 항목으로만 짝지어진 것은?

① 전압·극성의 확인, 단락전류의 측정, 비접지의 확인
② 전압·극성의 확인, 단락전류의 측정, 대지저항률 측정
③ 전압·극성의 확인, 단락전류의 측정, 소음발생정도 확인
④ 전압·극성의 확인, 단락전류의 측정, 진동발생정도 확인

해설 모듈의 배선 연결 후 점검 사항
① 전압 및 극성 확인
② 단락전류 측정
③ 접지확인(일반적으로 직류측 회로는 비접지한다)

※ 비접지 확인
회로시험기(Circuit Tester), 검정기(Electroscope), 간이측정기로 측정한다.

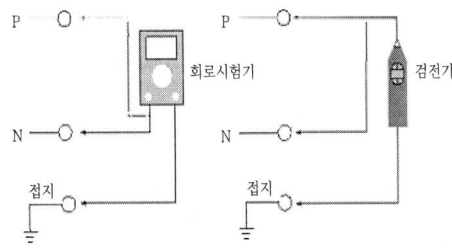

16.2.35 / 18.4.32 / 19.4.35 / 20.1.37 / 20.3.28

34 설계감리업무 수행지침에 따른 설계감리의 업무범위가 아닌 것은?

① 설계감리 결과보고서의 작성
② 시공성 및 유지관리의 용이성 검토
③ 주요 기자재 및 지급자재의 검수 및 관리
④ 사업기획 및 타당성조사 등 전 단계 용역수행 내용의 검토

해설 설계감리원의 업무
① 주요 설계용역 업무에 대한 기술자문
② 사업기획 및 타당성조사 등 전 단계 용역 수행 내용의 검토
③ 시공성 및 유지관리의 용이성 검토
④ 설계도서의 누락, 오류, 불명확한 부분에 대한 추가 및 정정 지시 및 확인
⑤ 설계업무의 공정 및 기성관리의 검토·확인
⑥ 설계감리 결과보고서의 작성
⑦ 그밖에 계약문서에 명시된 사항

13.4.75 / 14.4.80 / 18.2.63 / 19.4.39

35 전기설비기술기준의 판단기준에 따라 제1종 접지공사 또는 제2종 접지공사에 사용하는 접지선을 사람이 접촉할 우려가 있는 곳에 시설하는 경우 접지극은 지하 몇 cm 이상으로 하되 동결 깊이를 감안하여 매설하여야 하는가?

① 50   ② 75
③ 100   ④ 125

해설 접지도체는 지하 0.75 m 부터 지표 상 2 m 까지 부분은 합성수지관(두께 2 ㎜ 미만의 합성수지제 전선관 및 가연성 콤바인덕트관은 제외한다) 또는 이와 동등 이상의 절연효과와 강도를 가지는 몰드로 덮어야 한다.

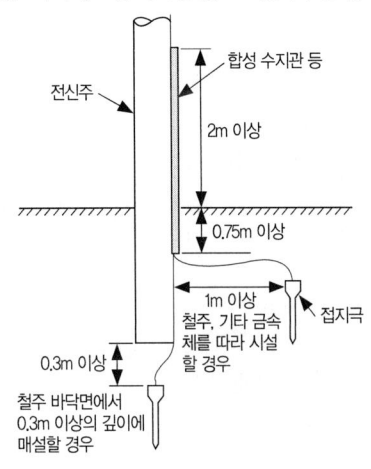

13.4.35 / 14.4.23 / 14.4.30 / 16.2.46 / 16.4.28 / 17.2.31 /
18.1.23 / 18.1.53 / 20.3.39 / 21.1.31 / 21.2.48 / 21.4.25

36 보조전극을 이용한 접지저항 측정시 보조전극의 간격은 몇 [m] 이상으로 이격하는가?

① 1   ② 2   ③ 5   ④ 10

해설 전위강하법에 의한 접지저항 측정법
측정접지체(E)에서 전류보조전극(C)을 멀리(10m이상) 설치하고, E와 C를 잇는 직선상에서 전압보조극(P)을 이동시키면서 접지저항을 측정한다.

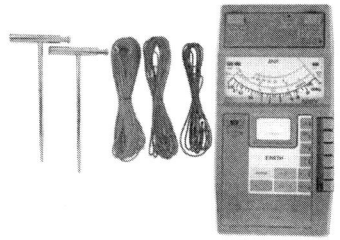

14.4.28

37 시공감리 사항 중 공정관리에서 감리원이 공사 시작일 부터 30일 이내에 공사업자로부터 무엇을 제출받아야 하며, 제출받은 날로부터 14일 이내에 검토하여 승인하고 발주자에게 제출하여야 하는가?

① 상세공정표   ② 검사요청서
③ 설계 설명서   ④ 공정관리 계획서

해설 공정관리
1) 감리원은 해당공사가 정해진 공기내에 설계 설명서 도면 등에 따라 우수한 품질을 갖추어 완성될 수 있도록 공정관리의 계획수립, 운영, 평가에 있어서 공정진척도 관리와 기성관리가 동일한 기준으로 이루어질 수 있도록 감리하여야 한다.

2) 감리원은 공사 시작일로부터 30일 이내에 공사업자로부터 공정관리계획서를 제출받아 제출받은 날부터 14일 이내에 검토하여 승인하고 발주자에게 제출하여야 하며 다음의 사항을 검토 확인하여야 한다.
① 공사업자의 공정관리 기법이 공사의 규모, 특성에 적합한지 여부

② 계약서, 설계 설명서 등에 공정관리 기법이 명시되어 있는 경우에는 명시된 공정관리기법으로 시행되도록 감리
③ 계약서, 설계 설명서 등에 공정관리기법이 명시되어 있지 않을 경우, 단순한 공종 및 보통의 공공공사인 경우에는 공사조건에 적합한 공정관리기법을 적용하도록 하고 복잡한 공종의 공사 또는 감리원이 PERT/CPM 이론을 기본적으로 한 공정관리가 필요하다고 판단하는 경우에는 별도의 PERT/CPM 기법에 의한 공정관리를 적용하도록 조치
④ 감리원은 일정관리와 원가관리 진도관리가 병행될 수 있는 종합관리 형태의 공정관리가 되도록 조치

14.4.32

38 태양전지 어레이 설계시 커넥터, 단자대, 개폐기 등 관련 부품은 어레이 회로의 몇 배 이상의 출력전압에 견디어야 하는가?

① 1.1배   ② 1.5배   ③ 1.6배   ④ 1.7배

14.4.35 / 21.2.39

39 건설공사에 관한 기획, 타당성 조사, 분석, 설계, 조달, 계약, 시공관리, 감리평가, 사후관리 등에 관한 업무의 전부 또는 일부를 수행하는 건설용역업은?

① Construction Management
② Project Management
③ Design Management
④ Agency Management

해설 건설사업관리(Construction Management)
① 건설공사의 기획·타당성조사·분석·설계·조달·계약·시공관리·감리·평가·사후관리 등과 관리업무의 전부 또는 일부를 맡아서 수행하는 것을 말한다.
② 건축주를 대신해서 공사 일체를 맡아서 해주는 일이 필요하여 법으로 제도화하였다. 흔히 CM이라 부른다.

14.4.39 / 17.4.31 / 20.4.39

40 선로 구분 기능을 갖고 있는 개폐기에 수용가측의 사고발생시 사고전류를 감지하여 자동으로

정답 36. ④ 37. ④ 38. ② 39. ①

접점을 분리시켜 사고구간을 분리하는 것은?

① 자동부하 전환 개폐기(ALTS)
② 자동고장 구간 개폐기(ASS)
③ 리클로져(R/C)
④ 선로개폐기(LS)

해설 자동고장 구간 개폐기(Automatic Section Switch)

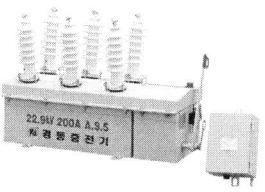

수용가구내에 사고를 자동 분리하고 그 사고의 파급확대를 방지하기 위하여 수용가 구내설비의 피해를 최소한으로 억제하기 위하여 개발된 개폐기로 공급변전소 CB와 Recloser와 협조하여 사고발생 시 고장구간을 자동 분리한다.

15.4.43 / 16.4.43 / 16.4.53 / 17.4.58 / 18.2.26 / 19.4.48 / 20.1.45

41 인버터 절연저항 측정시 주의사항으로 틀린 것은?

① 정격에 약한 회로들은 회로에서 분리하여 측정한다.
② 입·출력 단자에 주회로 이외의 제어단자 등이 있는 경우는 이것을 측정에서 제외한다.
③ 정격전압이 입·출력과 다를 때는 높은 측의 전압을 선택기준으로 하다
④ 절연변압기를 장착하지 않은 인버터는 제조사 추천방식으로 측정한다.

해설 인버터의 절연저항 측정

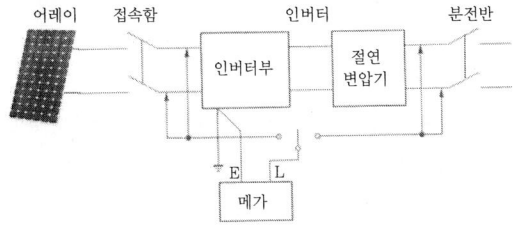

(1) 입력회로
① 태양전지회로를 접속함에서 분리한다.
② 분전반 내의 분기회로 차단기를 개방한다.
③ 인버터의 입·출력 단자를 단락하고, 직류단자와 대지간을 절연저항계(Megger)로 측정한다.

(2) 출력회로
① 태양전지회로를 접속함에서 분리한다.
② 분전반 내의 분기회로 차단기를 개방한다.
③ 인버터의 교휴측 회로를 분전반 차단기에서 분리하여 분전반까지의 전로를 포함하여 측정한다.
④ 인버터의 입·출력 단자를 단락하고, 출력단자와 대지간을 절연저항계(Megger)로 측정한다.

(3) 기타 주의사항
① 정격전압이 입출력과 다를 때는 높은 측의 전압을 절연저항계의 선택기준으로 한다.
② 입출력 단자에 주회로 이외의 제어단자 등이 있는 경우는 이것을 포함해서 측정한다.
③ 서지업서버 등의 정격에 약한 회로들은 회로에서 분리하여 측정한다.
④ 절연변압기가 별도로 설치된 경우에는 이를 포함하여 측정한다.
⑤ 절연변압기를 장착하지 않은 인버터는 제조사 추천방식으로 측정한다.

15.2.58 / 15.4.48

42 태양광발전시스템의 정기점검 주기에 대한 설명으로 틀린 것은?

① 50[kW] 미만의 경우는 매년 1회 이상
② 100[kW] 미만의 경우는 매년 2회 이상
③ 100[kW] 이상 1,000[kW] 미만의 경우는 격월 1회 이상
④ 3[kW] 미만의 경우는 법적으로 정기점검을 하지 않아도 됨

해설 태양광발전시스템 설비의 정기점검 횟수
① 100[kW] 미만의 경우 매년 2회 이상 점검
② 100[kW] 이상의 경우 매년 6회 이상 점검
③ 3[kW] 미만의 소출력 태양광발전시스템은 일반용 전

기설비로 분류되어 정기점검을 하지 않아도 된다.

15.2.52 / 15.4.52 / 15.4.60 / 16.2.55 / 17.1.54 /
17.2.48 / 19.1.46 / 21.1.56

43 태양광발전시스템 정기점검 사항 중 접속함의 출력단자와 접지간의 절연저항은 몇 [MΩ] 이상이어야 하는가?

① 0.2
② 0.5
③ 0.7
④ 1

해설 접속반 DC 500[V] 절연저항시험
① 태양전지-접지선(각 회로별) 간 0.2[MΩ]
② 출력단자-접지선간 1[MΩ] 이상일 것

15.4.55 / 18.1.54 / 19.2.57 / 19.2.60 / 19.4.55 /
20.1.43 / 21.4.14 / 21.4.59

44 태양광발전시스템 중 접속함의 고장원인이 아닌 것은?

① 결함상태 불량　② 다이오드 불량
③ 방수처리 불량　④ 퓨즈 고장

해설 접속함 화재의 발생원인 및 예방 대책
1) 접속함 화재의 발생원인
① 다이오드 접촉 불량
② PCB에 습기의 침투로 절연 파괴
③ 퓨즈 접촉 불량
④ UV전선사용으로 화염확산

2) 접속함 화재의 예방 대책
① PCB 방식 지양
② 와이어링 방식 채용
③ 스트링 감시회로의 경우, PCB 기판에 실리콘 바니시(Varnish) 도포
④ 전선은 난연성 F-CV나 TFR-CV 전선채용

13.4.17 / 15.4.59 / 17.1.18 / 17.4.2 / 18.4.3 / 19.1.6 /
21.2.1 / 21.4.18

45 태양광발전시스템의 운전상태에 따른 인버터의 운전으로 틀린 것은?

① 인버터 이상발생시 인버터는 수동으로 정지한다.
② 태양전지 전압이 저전압이 되면 경보발생 후 인버터는 정지한다.
③ 태양전지 전압이 과전압이 되면 경보발생 후 인버터는 정지한다.
④ 정상운전시 태양전지로부터 전력을 받아 인버터가 계통전압과 동기로 운전한다.

해설 인버터의 기능
1) 계통연계 보호기능
① 전력계통에 연계해서 운전하고 있는 태양광발전시스템에서 계통 측이나 인버터측에 이상이 발생했을 때 이를 검지하여, 신속하게 인버터를 정지해서 계통 측의 안전을 확보해야 한다.
② 저압 연계시스템에는 과전압계전기(OVR), 부족전압계전기(UVR), 주파수 상승계전기(OFR), 주파수 저하계전기(UFR)를 설치해야 한다.

2) 자동운전 정지(Auto shutdown) 기능
① 인버터는 해가 떠오르고 출력이 발생되는 조건이 되면 자동적으로 운전을 시작하며, 해가 지는 동안에도 출력이 발생하는 한 가동은 계속되고 완전한 일몰 뒤 운전이 정지한다.
② 흐린 날이나 비오는 날에는 일사량이 인버터의 MPPT 전압범위에 있을 시는 운전을 계속하고, 반대의 경우 대기상태로 전환된다.

17.4.43 / 21.2.41

46 태양광발전용 축전지의 측정 항목으로 틀린 것은?

① 일사량　② 단자전압
③ 충전전류　④ 방전전류

해설 축전지의 측정 항목
① 비중
② 단자전압
③ 충전전류
④ 방전전류

정답 43. ④　44. ③　45. ①　46. ①

3.4.44 / 13.4.54 / 16.4.48 / 17.1.57 / 17.4.48 / 18.1.49 / 18.4.44 / 18.4.53 / 19.4.50 / 20.1.59

47 태양광발전시스템의 접속함 정기점검시 육안점검 항목으로 틀린 것은?

① 접지선의 손상
② 전해액면 저하
③ 외부배선의 손상
④ 외함의 부식 및 파손

해설 접속함 정기점검내용

점검 방법	점검 항목	점검 내용
육안 점검	외함	부식 및 파손 상태 볼트 및 너트 조임 상태
	외부 배선 및 접속단자 (퓨즈, 역전류 방지 다이오드, SPD, 극성)	배선 상태 접속 단자의 정상 유무 극성 상태(전체 회로) 전선인입부의 방수처리 상태
	접지선 및 접지단자	접지선 손상, 접속 상태 단자 조임 상태
측정 및 시험	절연저항측정 (태양 전지와 접지 사이)	0.2[MΩ] 이상, 측정 전압 DC 500[V]
	절연저항측정 (인버터 입출력 단자와 접지 사이)	1[MΩ] 이상, 측정 전압 DC 500[V]
	개방전압측정	규정의 전압 여부, 어레이 출력확인

※ 전해액면 저하는 축전지의 육안점검사항이다.

14.4.27 / 15.4.15 / 17.1.47 / 17.2.44 / 17.4.52 / 18.1.57 / 18.4.5 / 20.4.49 / 21.2.37 / 21.4.58

48 모니터링 프로그램의 기능 중 틀린 것은

① 데이터 수집기능 ② 데이터 저장기능
③ 데이터 통제기능 ④ 데이터 계산기능

해설 모니터링 시스템 프로그램 기능

① 데이터 수집기능
   인버터로부터 데이터를 공급받아 전압과 전력에 대한 정보를 제공하며 일사량과 모듈 표면온도 등의 정보를 제공한다.
② 데이터 저장기능
   실시간 데이터가 저장되어 평균 자료를 한눈에 알

아볼 수 있도록 한다.
③ 데이터 분석기능
   저장된 데이터로 표를 작성하여 일일 평균값 등의 변화를 한눈에 알 수 있도록 데이터를 제공한다.
④ 데이터 통계기능
   저장된 데이터를 바탕으로 일간, 월간, 년간 통계를 알아볼 수 있도록 제공한다.

15.4.41 / 17.1.50 / 17.4.55 / 18.2.56 / 18.4.59 / 19.1.59 / 20.1.58 / 20.3.56 / 20.4.52

49 성능평가를 위한 측정요소 중 설치코스트 평가 방법에 해당되지 않는 것은?

① 기초공사단가
② 유지·보수단가
③ 계측표시장치단가
④ 태양전지 설치단가

해설 태양광 발전시스템의 설치비(Cost) 평가 방법

① 태양광 발전 시스템의 기초 공사 단가
② 태양광 발전 시스템의 어레이 가대 설비 설치 단가
③ 태양광 발전 시스템의 부착 공사 단가
④ 태양광 발전 시스템의 태양 전지 설비 설치 단가
⑤ 태양광 발전 시스템의 인버터 설비 설치 단가
⑥ 태양광 발전 시스템의 계측기 표시 장치의 단가
⑦ 태양광 발전 시스템의 설비 설치 단가

13.4.70 / 16.2.41 / 16.4.74 / 17.4.59 / 21.4.41

50 사업계획서 작성 시 사업계획의 개요에 포함되어야 될 사항으로 틀린 것은?

① 소유부지면적
② 전기설비의 명칭
③ 사업개시 예정일
④ 전기설비의 작업자 수

해설 사업계획에 포함되어야 할 사항

① 사업 구분
② 사업계획 개요(사업자명, 전기설비의 명칭 및 위치, 발전형식 및 연료, 설비용량, 소요부지면적, 준비기간, 사업개시 예정일 및 운영기간을 포함한다)
③ 전기설비 개요

④ 전기설비 건설 계획(구체적인 주요공정 추진 일정 및 건설인력 관련 계획을 포함한다)
⑤ 전기설비 운영 계획(기술 인력의 확보 계획을 포함한다)
⑥ 부지의 확보 및 배치 계획[석탄을 이용한 화력발전의 경우 회(灰)처리장에 관한 사항을 포함한다]
⑦ 전력계통의 연계 계획(발전사업 및 구역전기사업의 경우만 해당한다)
⑧ 연료 및 용수 확보 계획(발전사업 및 구역전기사업의 경우만 해당한다)
⑨ 온실가스 감축계획(화력발전의 경우만 해당한다)
⑩ 소요금액 및 재원조달계획(「전기사업회계규칙」의 계정과목 분류에 따른 공사비 개괄 계산서를 포함한다)
⑪ 사업개시 예정일부터 5년간 연도별·용도별 공급계획(전기판매사업 및 구역전기사업의 경우에만 해당한다)

13.4.46 / 16.2.50 / 17.1.56 / 17.2.52 / 18.2.52 / 19.1.42 / 19.2.52 / 19.4.43

51 인버터(파워컨디셔너)의 일상점검 항목이 아닌 것은?

① 외함의 부식 및 파손
② 가대의 부식 및 오염 상태
③ 외부배선(접속케이블)의 손상
④ 통풍 확인(통풍구, 환기필터 등)

해설 PCS(Power Conditioning System)의 일상점검
① 외함의 부식 및 파손
② 외부배선의 손상 및 접속단자 풀림
③ 접지선의 손상 및 접지단자 풀림
④ 환기팬확인
⑤ 이음, 이취, 연기 발생 및 이상 과열 상태
⑥ LCD표시창 발전상황 정보표시 이상 여부

※ 파워컨디셔너(PCS)
① 전기의 성질(AC/DC, 전압, 주파수)을 바꿔주는 전력변환장치의 총칭
② 태양광인버터는 PCS의 한 종류이다.

15.4.43 / 16.4.43 / 16.4.53 / 17.4.58 / 18.2.26 / 19.4.48 / 20.1.45

52 인버터 출력회로의 절연저항 측정방법으로 틀린 것은?

① 분전반 내의 분기 차단기를 개방
② 태양전지 회로를 접속함에서 분리
③ 직류단자와 대지 간의 절연저항 측정
④ 직류측의 모든 입력단자 및 교류측의 전체 출력단자를 각각 단락

해설 인버터의 절연저항 측정

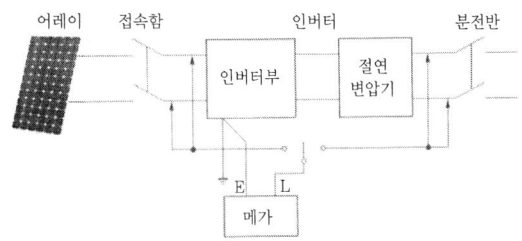

1) 입력회로
① 태양전지회로를 접속함에서 분리한다.
② 분전반 내의 분기회로 차단기를 개방한다.
③ 인버터의 입·출력단자를 단락하고, 직류단자와 대지 간을 절연저항계(Megger)로 측정한다.

2) 출력회로
① 태양전지회로를 접속함에서 분리한다.
② 분전반 내의 분기회로 차단기를 개방한다.
③ 인버터의 교류측 회로를 분전반 차단기에서 분리하여 분전반까지의 전로를 포함하여 측정한다.
④ 인버터의 입·출력단자를 단락하고, 출력단자와 대지 간을 절연저항계(Megger)로 측정한다.

3) 기타 주의사항
① 정격전압이 입출력과 다를 때는 높은 측의 전압을 절연저항계의 선택기준으로 한다.
② 입출력 단자에 주회로 이외의 제어단자 등이 있는 경우는 이것을 포함해서 측정한다.
③ 서지업서버 등의 정격에 약한 회로들은 회로에서 분리하여 측정한다.
④ 절연변압기가 별도로 설치된 경우에는 이를 포함하여 측정한다.
⑤ 절연변압기를 장착하지 않은 인버터는 제조사 추천 방식으로 측정한다.

15.4.49 / 18.2.57 / 19.2.3 / 19.4.52 / 21.4.9

53 태양광발전시스템 운영에 대한 설명으로 틀린 것은?

① 태양광발전시스템의 발전량은 여름철이 봄철, 가을철 보다 많다.
② 태양광발전시스템의 일상점검, 정기점검 등 주기에 맞춰 점검한다.
③ 태양광발전 모듈 표면의 온도가 높을수록 발전효율이 저하되므로 정기적으로 물을 뿌려 온도를 조절해준다.
④ 태양광발전시스템의 고장요인은 대부분 인버터에서 발생하므로 정기적으로 정상가동 유무를 확인한다.

해설 남해지역 고정식 태양광발전소 발전량

	1월	2월	3월	4월	5월	6월
[kWh]	3,057	3,295	4,348	3,997	4,157	3,831
[%]	7.39	7.96	10.51	9.66	10.05	9.26
	7월	8월	9월	10월	11월	12월	합계
	2,766	3,398	3,603	3,217	2,937	2,776	41,382
	6.68	8.21	8.71	7.77	7.10	6.71	100[%]

태양광발전소의 발전량은 3월~6월 가장 높게 발생된다.

5.4.55 / 18.1.54 / 19.2.57 / 19.2.60 / 19.4.55 / 20.1.43 / 21.4.14 / 21.4.59

54 태양광발전 접속함(KS C 8567 : 2019)에서 통상적으로 태양광발전 접속함을 실외에 설치할 때 보호등급으로 옳은 것은?

① IP20 이상 ② IP35 이상
③ IP44 이상 ④ IP54 이상

해설 태양광발전용 접속함

1) 구분

병렬 스트링 수에 의한 분류	설치장소에 의한 분류
소형(3회로 이하)	실내형: IP54 이상
	실외형: IP54 이상
중대형(4회로 이상)	실내형: IP20 이상
	실외형: IP54 이상

2) IP 등급의 표시 내용

숫자	제1숫자	제2숫자
	방수 보호정도	방수 보호정도
0	없음	없음
1	손의 접근으로부터 보호	수직으로 떨어지는 물방울로부터의 보호
2	손가락의 접근으로부터의 보호	수직에서 15° 범위에서 떨어지는 물방울로부터의 보호
3	공구의 선단 등으로부터 보호	수직에서 60° 범위에서 떨어지는 물방울로부터의 보호
4	WIRE 등으로부터의 보호	전방향으로 비산되는 물로부터의 보호
5	분진으로부터 보호	전방향으로 쏟아지는 물로부터의 보호
6	완전한 방진구조	파도 등의 강력하게 쏟아지는 물로부터의 보호
7	-	일정한 조건으로 물에 잠겨서 사용 가능
8	-	물속에서 사용 가능

19.4.59

55 오염된 절연장갑의 세척방법으로 틀린 것은?

① 순한 비누나 세제와 물로 세척해야 한다.
② 세정제는 절연장갑의 절연성능을 저하시키지 않아야 한다.
③ 비누, 세제, 표백제는 고무표면에 침식하거나 해를 입히지 않을 정도로 사용해야 한다.
④ 세척 후 절연장갑은 비누나 세제를 물로 완전히 헹군 후 고온의 건조기를 이용하여 신속하게 건조시켜야 한다.

해설 오염된 절연장갑 및 슬리브의 세척방법
① 순한 비누나 세제와 물로 세척해야 한다.
② 비누, 세제, 표백제는 고무표면에 침식하거나 해를 입히지 않을 정도로 사용해야 한다.
③ 세정제는 절연장갑 및 슬리브의 절연성능을 저하시

정답 53. ① 54. ② 55. ④

키지 않아야 한다.
④ 세척 후 절연장갑 및 슬리브는 비누나 세제를 물로 완전히 헹군 후 건조시킨다.
⑤ 텀블형(Tumble type) 세척기기를 사용할 수 있으나, 절연장갑 및 슬리브의 표면이나 모서리에 끼임, 절단, 마모, 구멍이 생기는 것을 주의해야 한다.

13.4.6 / 13.4.47 / 14.4.43 / 14.4.57 / 15.2.16 / 15.2.46 / 15.2.56 / 15.4.5 / 16.2.6 / 16.2.7 / 17.1.7 / 18.4.4 / 18.4.46 / 19.4.8 / 20.1.9 / 21.1.11 / 21.2.17 / 21.2.43

56 단결정 실리콘 태양전지에 가장 많은 전류를 생성하는 파장대역은?

① 자외선   ② 가시광선
③ 적외선   ④ 원적외선

해설 결정질 실리콘에 사용되는 태양광 스펙트럼

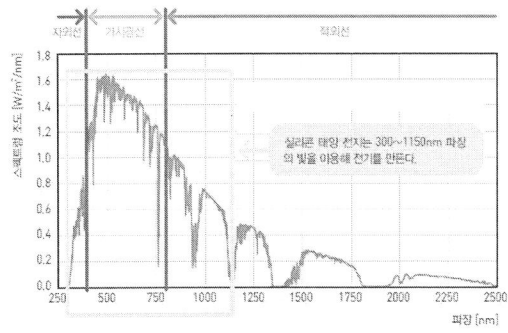

① 빛은 다양한 파장의 스펙트럼을 갖고 있으며, 자외선, 가시광선, 적외선 파장 중 태양 전지판은 주로 가시광선 영역에서 전자 이동이 일어난다.
② 태양 전지판이 검은색이나 진한 푸른색을 띠는 것은 이 상태에서 가시광선을 가장 잘 흡수하기 때문이다.

14.4.48 / 15.2.41 / 16.4.23 / 17.1.13 / 18.1.50 / 20.1.49 / 20.4.41

57 분산형 전원 발전설비의 역률은 계통 연계지점에서 원칙적으로 얼마 이상을 유지하여야 하는가?

① 0.8   ② 0.85   ③ 0.9   ④ 0.95형

해설 전기품질 항목
① 직류 유입 제한
분산형전원 및 그 연계 시스템은 분산형전원 연결점에서 최대 정격 출력전류의 0.5[%]를 초과하는 직류
전류를 계통으로 유입시켜서는 안된다.
② 역률
분산형전원의 역률은 90[%] 이상으로 유지함을 원칙으로 한다.
③ 플리커(flicker)
④ 고조파

14.4.52

58 인버터의 제어특성을 측정하기 위한 방법으로 옳지 않은 것은?

① 입출력 측정   ② 과/저전압 측정
③ AC 회로 시험   ④ I-V곡선

해설 I-V 곡선 측정

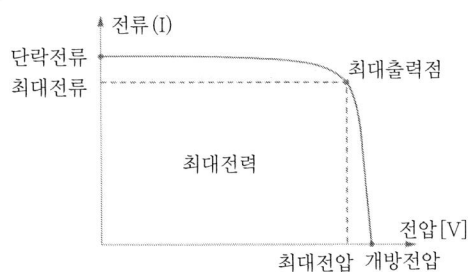

① 태양전지의 전기적 특성을 나타내는 척도
② 태양전지 셀의 성능을 특성화하기 위하여 전류와 전압 등을 측정한 I-V 곡선
③ 셀의 온도를 유지하고 부하 저항을 변화하여 생산된 전류를 측정하는데 수직축은 전류, 수평축은 전압을 나타낸다.

14.4.55 / 18.4.45 / 21.1.47

59 태양광발전시스템 공사계획을 사전인가 받아야 하는 설비용량은 몇 [kW]인가?

① 10,000   ② 20,000
③ 30,000   ④ 40,000

해설 전기사업용 전기설비 공사계획의 인가 및 신고의 대상 (전기사업법 시행규칙 제28조)

공사의 종류	인가가 필요한 것	신고가 필요한 것
태양광설비 태양전지	출력 10,000[kW] 이상의 태양전지의 설치 또는 전체 모듈 대체	출력 10,000[kW] 미만의 태양전지의 설치 또는 전체 모듈 대체
태양광설비 전력변환장치	출력 10,000[kW] 이상의 전력변환장치의 설치 또는 대체	출력 10,000[kW] 미만의 전력변환장치의 설치 또는 대체

14.4.58

60 태양광발전시스템에서 사용된 스트링 다이오드의 결함을 점검하기 위한 방법으로 옳은 것은?

① 육안검사　　② 접지저항 측정
③ 입출력 측정　④ 전력망 분석

해설 다이오드(Diode)

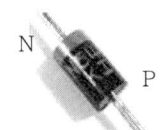

① 다이오드의 기본성질은 양극(Anode)에서 음극(cathode)으로 전류가 흐르고, 반대로 음극에서 양극으로 전류가 흐르지 않는다.
② 다이오드의 순방향(양극에서 음극방향)과 역방향(음극에서 양극)으로 흐르는 저항 값을 측정하여야 한다.
③ 스트링의 바이패스 다이오드는 입·출력 값을 측정하여 정상상태를 확인한다.

15.4.63 / 19.4.75 / 20.1.70

61 저탄소 녹색성장 기본법에 따라 온실가스 감축 목표는 2030년 국가 온실가스 총배출량을 2017년 온실가스 총배출량의 얼마까지 감축하는 것으로 하고 있는가?

① 1000분의 30　② 1000분의 50
③ 1000분의 244　④ 1000분의 377

해설 온실가스 감축 국가목표 설정·관리
① 온실가스 감축 목표는 2030년의 국가 온실가스 총배출량을 2017년의 온실가스 총배출량의 1000분의 244만큼 감축하는 것으로 한다.
② 감축 목표 달성 여부에 대한 실적을 계산할 때에는 국제 탄소시장 등을 활용한 국외 감축분, 탄소흡수원을 활용한 감축분을 포함한다.
③ 환경부장관은 온실가스 감축 목표의 설정·관리 및 이행을 위한 범정부적 시책 마련 등 정책조정에 관한 업무를 지원한다. 이 경우 관계 중앙행정기관의 장은 환경부장관이 요청하는 자료를 제공하는 등 최대한 협조하여야 한다.

13.4.62 / 15.4.68 / 16.2.65 / 17.2.71

62 빙설이 많은 지방의 겨울철에는 어떤 종류의 풍압하중을 적용하는가?(단, 해안지방 기타 저온계절에 최대 풍압이 생기는 지방은 제외한다)

① 갑종 풍압하중
② 을종 풍압하중
③ 병종 풍압하중
④ 갑종 풍압하중과 을종 풍압하중

해설 풍압하중의 적용(판단기준 제62조)
① 빙설이 많은 지방이외의 지방에서는 고온계절에는 갑종 풍압하중, 저온계절에는 병종 풍압하중
② 빙설이 많은 지방(③의 지방은 제외한다)에서는 고온계절에는 갑종 풍압하중, 저온계절에는 을종 풍압하중
③ 빙설이 많은 지방 중 해안지방 기타 저온계절에 최대풍압이 생기는 지방에서는 고온계절에는 갑종 풍압하중, 저온계절에는 갑종 풍압하중과 을종 풍압하중 중 큰 것

13.4.71 / 14.4.73 / 15.4.72 / 16.2.64 / 17.4.77 / 19.1.77

63 직류 1500[V] 이하, 교류 1000[V] 이하의 전압을 무엇이라 하는가?

① 저압　　② 고압
③ 특고압　④ 초고압

정답 60. ③ 61. ③ 62. ② 63. ①

해설 전압의 종별(전기사업법 시행규칙 제2조)

구분	내용
저압	DC 1500[V] 이하
	AC 1000[V] 이하
고압	DC 1500[V] 초과 7000[V] 이하
	AC 1000[V] 초과 7000[V] 이하
특고압	7000[V] 초과

15.4.75 / 18.2.80 / 21.1.79

64 산업통상자원부장관이 신재생에너지의 이용, 보급을 촉진하고자 신축·증축 또는 개축하는 건축물에 대하여 설계시 산출된 에너지사용량의 일정비율이상을 신재생에너지를 이용하도록 신재생에너지설비를 의무적으로 설치하게 할 수 있는 단체에 해당하지 않는 것은?

① 신재생에너지발전 개인사업체
② 국가 및 지방자치단체
③ 정부가 대통령령이 정하는 금액 이상을 출연한 정부 출연기관
④ 정부출자 기업체

해설 설치의무화 대상기관
1) 국가기관 및 지방자치단체
2) 공공기관
3) 정부가 연간 50억 이상 출연한 정부출연기관
4) 정부출자기업체
5) 지방자치단체 및 공공기관, 정부출연기관 또는 정부출자기업체가 대통령령으로 정하는 비율 또는 금액 이상을 출자한 법인
① 납입자본금의 100분의 50 이상을 출자한 법인
② 납입자본금으로 50억원 이상을 출자한 법인
6) 특별법에 따라 설립된 법인

15.4.47 / 15.4.79 / 16.4.79 / 18.4.70 / 20.3.70 / 20.4.72

65 전기 안전관리자를 선임하지 않아도 되는 발전설비의 설비용량은?

① 10[kW] 이하
② 20[kW] 이하
③ 30[kW] 이하
④ 50[kW] 이하

해설 전기안전관리자 선임의무의 예외
① 전압이 600[V] 이하인 전기수용설비(일반용 전기설비)로서 제조업 및 제조업 관련 서비스업에 설치하는 전기 수용설비
② 설비용량 20[kW] 이하의 발전설비

17.4.63 / 20.1.74 / 21.1.67

66 에너지·자원의 투입과 온실가스 및 오염물질의 발생을 최소화하는 제품은?

① 녹색제품
② 온실가스 제품
③ 에너지자원 제품
④ 오염물질의 제품

해설 정의(녹색성장법 제2조)
① 녹색제품: 에너지·자원의 투입과 온실가스 및 오염물질의 발생을 최소화하는 제품
② 자원순환: 환경정책상의 목적을 달성하기 위하여 필요한 범위 안에서 폐기물의 발생을 억제하고 발생된 폐기물을 적정하게 재활용 또는 처리하는 등 자원의 순환과정을 환경친화적으로 이용·관리하는 것
③ 녹색생활: 기후변화의 심각성을 인식하고 일상생활에서 에너지를 절약하여 온실가스와 오염물질의 발생을 최소화하는 생활
④ 온실가스: 이산화탄소(CO_2), 메탄(CH_4), 아산화질소(N_2O), 수소불화탄소(HFCs), 과불화탄소(PFCs), 육불화황(SF_6) 및 그밖에 대통령령으로 정하는 것으로 적외선 복사열을 흡수하거나 재방출하여 온실효과를 유발하는 대기 중의 가스 상태의 물질
⑤ 에너지 자립도: 국내 총소비에너지량에 대하여 신·재생에너지 등 국내 생산에너지량 및 우리나라가 국외에서 개발(지분 취득을 포함한다)한 에너지양을 합한 양이 차지하는 비율

17.4.68 / 21.2.67

67 신에너지 및 재생에너지 개발·이용·보급 촉진법

정답 64.① 65.② 66.① 67.①

의 제정 목적으로 틀린 것은?

① 에너지원의 단일화
② 온실가스 배출의 감소
③ 에너지의 안정적인 공급
④ 에너지 구조의 환경친화적 전환

해설 목적(신재생에너지법 제1조)
① 신에너지 및 재생에너지의 기술개발 및 이용·보급 촉진
② 신에너지 및 재생에너지 산업의 활성화를 통하여 에너지원을 다양화
③ 에너지의 안정적인 공급
④ 에너지 구조의 환경친화적 전환
⑤ 온실가스 배출의 감소를 추진함으로써 환경의 보전, 국가경제의 건전하고 지속적인 발전 및 국민복지의 증진에 이바지함

16.4.62 / 16.4.72 / 17.1.76 / 17.4.72 / 18.1.77 / 20.1.63 / 20.3.64 / 20.3.77 / 20.4.69

68 신·재생에너지 연료 혼합의무 불이행에 대한 과징금의 통지를 받은 자는 통지를 받은 날부터 며칠 이내에 과징금을 산업통상자원부장관이 정하는 수납기관에 내야 하는가?

① 30 ② 60 ③ 90 ④ 120

해설 과징금의 부과 및 납부(신재생에너지법 시행령 제18조의6)
① 산업통상자원부장관은 과징금을 부과하기 위하여 과징금 부과 통지를 할 때에는 공급 불이행분과 과징금의 금액을 분명하게 적은 문서로 하여야 한다.
② ①에 따라 통지를 받은 자는 통지를 받은 날부터 30일 이내에 과징금을 산업통상자원부장관이 정하는 수납기관에 내야 한다. 다만, 천재지변이나 그 밖의 부득이한 사유로 그 기간에 과징금을 낼 수 없을 때에는 그 사유가 해소된 날부터 7일 이내에 내야 한다.
③ ②에 따라 과징금을 받은 수납기관은 과징금을 낸 자에게 영수증을 내주어야 한다.
④ 과징금의 수납기관은 ②에 따라 과징금을 받았을 때에는 지체 없이 그 사실을 산업통상자원부장관에게 통보하여야 한다.
⑤ 과징금은 분할하여 낼 수 없다.

15.4.32 / 17.4.75 / 18.4.68 / 19.1.24 / 20.3.29 / 20.3.35 / 21.4.78

69 전기설비기술기준의 판단기준에서 저압 옥내배선을 금속관공사로 시공할 때 그 방법이 틀린 것은?

① 금속관내에서 전선은 접속점을 만들어서는 안된다.
② 금속관 배선은 절연전선(옥외용 비닐절연전선을 제외)을 사용해야 한다.
③ 교류회로는 1회로의 전선 전부를 동일 관내에 넣는 것을 원칙으로 한다.
④ 금속관을 콘크리트에 매설하는 경우 관의 두께는 1.0[mm] 이상을 사용해야 한다.

해설 금속관배선의 시설조건
1) 전선은 절연전선(옥외용 비닐절연전선을 제외한다)일 것
2) 전선은 연선일 것 다만, 다음의 것은 적용하지 않는다.
① 짧고 가는 금속관에 넣은 것
② 단면적 10[mm²](알루미늄선은 단면적 16[mm²]) 이하의 것
3) 전선은 금속관 안에서 접속점이 없도록 할 것
4) 관의 두께는 다음에 의할 것
① 콘크리트에 매설하는 것은 1.2[mm] 이상
② ①이외의 것은 1[mm] 이상. 다만, 이음매가 없는 길이 4[m]이하인 것을 건조하고 전개된 곳에 시설하는 경우에는 0.5[mm]까지로 감할 수 있다.

13.4.79 / 17.4.79 / 18.1.79

70 전기사업자 및 한국전력거래소가 측정기준·측정방법 및 보존방법 등을 정하여 산업통상자원부장관에게 제출하여야 하는 대상은?

① 전류 및 전압
② 전력 및 역률
③ 역률 및 주파수
④ 전압 및 주파수

해설 **전압 및 주파수의 측정(전기사업법 시행규칙 제19조)**
(1) 전기사업자 및 한국전력거래소는 다음의 사항을 매년 1회 이상 측정하여야 하며 측정 결과를 3년간 보존하여야 한다.
① 발전사업자 및 송전사업자의 경우에는 전압 및 주파수
② 배전사업자 및 전기판매사업자의 경우에는 전압
③ 한국전력거래소의 경우에는 주파수

(2) 전기사업자 및 한국전력거래소는 (1)항에 따른 전압 및 주파수의 측정기준·측정방법 및 보존방법 등을 정하여 산업통상자원부장관에게 제출하여야 한다.

19.4.63 / 21.2.62

71 신에너지 및 재생에너지 개발·이용·보급 촉진법에 따라 공급의무자가 의무적으로 신·재생에너지를 이용하여 공급하여야 하는 발전량의 합계는 총전력생산량의 몇 % 이내의 범위에서 연도별로 대통령령으로 정하는가?

① 25   ② 3   ③ 5   ④ 10

해설 **신·재생에너지 공급의무화 등(신재생에너지법 제12조의5)**
1) 산업통상자원부장관은 신·재생에너지의 이용·보급을 촉진하고 신·재생에너지산업의 활성화를 위하여 필요하다고 인정하면 다음의 어느 하나에 해당하는 자 중 대통령령으로 정하는 자에게 발전량의 일정량 이상을 의무적으로 신·재생에너지를 이용하여 공급하게 할 수 있다.
① 발전사업자
② 발전사업의 허가를 받은 것으로 보는 자
③ 공공기관

2) 공급의무자가 의무적으로 신·재생에너지를 이용하여 공급하여야 하는 발전량의 합계는 총전력생산량의 25% 이내의 범위에서 연도별로 대통령령으로 정한다. 이 경우 균형 있는 이용·보급이 필요한 신·재생에너지에 대하여는 대통령령으로 정하는 바에 따라 총의무공급량 중 일부를 해당 신·재생에너지를 이용하여 공급하게 할 수 있다.

19.4.68

72 전기설비기술기준의 판단기준에 따라 가공전선로의 지지물에 하중이 가하여지는 경우에 그 하중을 받는 지지물의 기초의 안전율은 얼마 이상이어야 하는가?

① 1   ② 2   ③ 3   ④ 4

해설 **가공전선로 지지물의 기초의 안전율(판단기준 제63조)**
가공전선로의 지지물에 하중이 가하여지는 경우에 그 하중을 받는 지지물의 기초의 안전율은 2(이상 시 상정하중이 가하여지는 경우의 그 이상 시 상정하중에 대한 철탑의 기초에 대하여는 1.33) 이상이어야 한다.

19.4.72

73 신에너지 및 재생에너지 개발·이용·보급 촉진법에 따라 하자보수의 대상이 되는 신·재생에너지 설비 및 하자보수 기간 등은 무엇으로 정하는가?

① 대통령령
② 기획재정부령
③ 행정안전부령
④ 산업통상자원부령

해설 **하자보수(신재생에너지법 제30조3)**
① 신·재생에너지 설비를 설치한 시공자는 해당 설비에 대하여 성실하게 무상으로 하자보수를 실시하여야 하며 그 이행을 보증하는 증서를 신·재생에너지 설비의 소유자 또는 산업통상자원부령으로 정하는 자에게 제공하여야 한다. 다만, 하자보수에 관하여 「국가를 당사자로 하는 계약에 관한 법률」 또는 「지방자치단체를 당사자로 하는 계약에 관한 법률」에 특별한 규정이 있는 경우에는 해당 법률이 정하는 바에 따른다.
② ①항에 따른 하자보수의 대상이 되는 신·재생에너지 설비 및 하자보수 기간 등은 산업통상자원부령으로 정한다.

15.4.63 / 19.4.75 / 20.1.70

74 저탄소 녹색성장 기본법에 따라 온실가스 감축 목표는 2030년 국가 온실가스 총배출량을 2017

정답 71. ① 72. ② 73. ④ 74. ③

년 온실가스 총배출량의 얼마까지 감축하는 것으로 하고 있는가?

① 1000분의 30
② 1000분의 50
③ 1000분의 244
④ 1000분의 377

해설 온실가스 감축 국가목표 설정·관리
① 온실가스 감축 목표는 2030년의 국가 온실가스 총배출량을 2017년의 온실가스 총배출량의 1000분의 244만큼 감축하는 것으로 한다.
② 감축 목표 달성 여부에 대한 실적을 계산할 때에는 국제 탄소시장 등을 활용한 국외 감축분, 탄소흡수원을 활용한 감축분을 포함한다.
③ 환경부장관은 온실가스 감축 목표의 설정·관리 및 이행을 위한 범정부적 시책 마련 등 정책조정에 관한 업무를 지원한다. 이 경우 관계 중앙행정기관의 장은 환경부장관이 요청하는 자료를 제공하는 등 최대한 협조하여야 한다.

15.2.78 / 16.4.75 / 19.4.79 / 21.4.79

75 저탄소 녹색성장 기본법에 따라 저탄소 녹색성장 추진의 기본원칙으로 틀린 것은?

① 정부가 시장기능을 최대한 활성화하여 정부가 주도하는 저탄소 녹색성장을 추진한다.
② 정부가 사회·경제 활동에서 에너지와 자원 이용의 효율성을 높이고 자원순환을 촉진한다.
③ 정부는 국민 모두가 참여하고 국가기관, 지방자치단체, 기업, 경제단체 및 시민단체가 협력하여 저탄소 녹색성장을 구현하도록 노력한다.
④ 정부는 국가의 자원을 효율적으로 사용하기 위하여 성장잠재력과 경쟁력이 높은 녹색기술 및 녹색산업 분야에 대한 중점투자 및 지원을 강화한다.

해설 저탄소 녹색성장 추진의 기본원칙(녹색성장법 제3조)
① 정부는 기후변화·에너지·자원 문제의 해결, 성장 동력 확충, 기업의 경쟁력 강화, 국토의 효율적 활용 및 쾌적한 환경 조성 등을 포함하는 종합적인 국가 발전전략을 추진한다.
② 정부는 시장기능을 최대한 활성화하여 민간이 주도하는 저탄소 녹색성장을 추진한다.
③ 정부는 녹색기술과 녹색산업을 경제성장의 핵심 동력으로 삼고 새로운 일자리를 창출·확대할 수 있는 새로운 경제체제를 구축한다.
④ 정부는 국가의 자원을 효율적으로 사용하기 위하여 성장잠재력과 경쟁력이 높은 녹색기술 및 녹색산업 분야에 대한 중점 투자 및 지원을 강화한다.
⑤ 정부는 사회·경제 활동에서 에너지와 자원 이용의 효율성을 높이고 자원순환을 촉진한다.
⑥ 정부는 자연자원과 환경의 가치를 보존하면서 국토와 도시, 건물과 교통, 도로·항만·상하수도 등 기반시설을 저탄소 녹색성장에 적합하게 개편한다.
⑦ 정부는 환경오염이나 온실가스 배출로 인한 경제적 비용이 재화 또는 서비스의 시장가격에 합리적으로 반영되도록 조세체계와 금융체계를 개편하여 자원을 효율적으로 배분하고 국민의 소비 및 생활 방식이 저탄소 녹색성장에 기여하도록 적극 유도한다. 이 경우 국내산업의 국제경쟁력이 약화되지 않도록 고려하여야 한다.
⑧ 정부는 국민 모두가 참여하고 국가기관, 지방자치단체, 기업, 경제단체 및 시민단체가 협력하여 저탄소 녹색성장을 구현하도록 노력한다.
⑨ 정부는 저탄소 녹색성장에 관한 새로운 국제적 동향을 조기에 파악·분석하여 국가 정책에 합리적으로 반영하고, 국제사회의 구성원으로서 책임과 역할을 성실히 이행하여 국가의 위상과 품격을 높인다.

14.4.63 / 19.2.80

76 전기사업에 종사하는 자로서 정당한 사유없이 전기사업용 전기설비의 유지 또는 운용업무를 수행하지 아니함으로서 발전·송전·변전 또는 배전에 장애가 발생하게 한 자에 대한 전기사업법상 벌칙 기준은?

① 2년 이하의 징역 또는 1천만원 이하의 벌금
② 3년 이하의 징역 또는 2천만원 이하의 벌금
③ 5년 이하의 징역 또는 5천만원 이하의 벌금
④ 10년 이하의 징역 또는 1억원 이하의 벌금

정답 75. ① 76. ③

해설 벌칙(전기사업법 제100조)

다음의 어느 하나에 해당하는 자는 5년 이하의 징역 또는 5천만원 이하의 벌금에 처한다.
① 정당한 사유없이 전기사업용전기설비를 조작하여 발전·송전·변전 또는 배전을 방해한 자
② 전기사업에 종사하는 자로서 정당한 사유없이 전기사업용전기설비의 유지 또는 운용업무를 수행하지 아니함으로써 발전·송전·변전 또는 배전에 장애가 발생하게 한 자.

14.4.68 / 18.4.79

77 전압에 관계없이 모든 전기공사를 시공 관리할 수 있는 전기공사기술자는?

① 초급 전기공사기술자 또는 고급 전기공사기술자
② 중급 전기공사기술자 또는 고급 전기공사기술자
③ 중급 전기공사기술자 또는 특급 전기공사기술자
④ 고급 전기공사기술자 또는 특급 전기공사기술자

해설 전기공사기술자의 시공관리 구분(전기공사업법 시행령 제12조 별표4)

전기공사의 규모별 전기공사기술자의 시공관리 구분

전기공사기술자의 구분	전기공사의 규모별 시공관리 구분
특급 전기공사기술자 또는 고급 전기공사기술자	모든 전기공사
중급 전기공사기술자	전기공사 중 사용전압이 100,000[V] 이하인 전기공사
초급 전기공사기술자	전기공사 중 사용전압이 1,000[V] 이하인 전기공사

13.4.58 / 14.4.72 / 15.2.77 / 15.4.61 / 17.2.73 / 18.1.69 / 18.2.25 / 18.4.11 / 19.2.14 / 20.1.62 / 20.4.26

78 태양전지 모듈의 시설에 관한 내용 중 잘못된 것은?

① 충전부분은 노출되지 아니하도록 시설한다.
② 태양전지 모듈을 병렬로 접속하는 전로에는 과전류 차단기를 설치한다.
③ 태양전지 모듈의 지지물은 진동과 충격에 대하여 안전한 구조이어야 한다.
④ 옥측 또는 옥외에 시설하는 경우에는 합성수지관공사, 케이블공사 및 금속몰드공사로 시설한다.

해설 태양전지 모듈 등의 시설(판단기준 제54조)

1) 충전부분은 노출되지 않도록 시설할 것

2) 태양전지 모듈에 접속하는 부하측의 전로(복수의 태양전지 모듈을 시설한 경우에는 그 집합체에 접속하는 부하측의 전로)에는 그 접속점에 근접하여 개폐기 기타 이와 유사한 기구(부하전류를 개폐할 수 있는 것에 한한다)를 시설할 것

3) 태양전지 모듈을 병렬로 접속하는 전로에는 그 전로에 단락이 생긴 경우에 전로를 보호하는 과전류차단기 기타의 기구를 시설할 것. 다만, 그 전로가 단락전류에 견딜 수 있는 경우에는 그렇지 않다.

4) 전선은 다음에 의하여 시설할 것. 다만, 기계기구의 구조상 그 내부에 안전하게 시설할 수 있을 경우에는 그렇지 않다.
① 전선은 공칭단면적 2.5[mm^2] 이상의 연동선 또는 이와 동등 이상의 세기 및 굵기의 것일 것
② 옥내에 시설할 경우에는 합성수지관공사, 금속관공사, 가요전선관공사 또는 케이블공사로 시설할 것
③ 옥측 또는 옥외에 시설할 경우에는 합성수지관공사, 금속관공사, 가요전선관공사 또는 케이블공사로 시설할 것

정답 77. ④ 78. ④

13.4.66 / 14.4.75 / 15.2.72 / 15.2.76 / 16.4.67 / 17.1.73 / 17.2.70 / 17.4.78 / 18.1.73 / 18.2.64 / 18.4.75 / 18.4.80 / 19.1.64 / 19.2.62 / 20.3.80

79 태양전지모듈의 절연내력 시험에 대한 시험기준으로 옳은 것은?

① 최대사용전압의 1.5배의 직류전압 또는 1배의 교류전압을 충전부분과 대지사이에 10분간 가하여 절연내력시험을 견딜 것
② 최대사용전압의 2배의 직류전압 또는 1배의 교류전압을 충전부분과 대지사이에 10분간 가하여 절연내력시험을 견딜 것
③ 최대사용전압의 1.5배의 직류전압 또는 2배의 교류전압을 충전부분과 대지사이에 10분간 가하여 절연내력시험을 견딜 것
④ 최대사용전압의 1.2배의 직류전압 또는 1배의 교류전압을 충전부분과 대지사이에 10분간 가하여 절연내력시험을 견딜 것

해설 연료전지 및 태양전지 모듈의 절연내력(판단기준 제15조)
연료전지 및 태양전지 모듈은 최대사용전압의 1.5배의 직류전압 또는 1배의 교류전압(500 [V] 미만으로 되는 경우에는 500 [V])을 충전부분과 대지사이에 연속하여 10분간 가하여 절연내력을 시험하였을 때에 이에 견디는 것이어야 한다.

14.4.79 / 19.1.75 / 20.4.78 / 21.2.69

80 고압 옥측 전선로의 전선으로 사용할 수 있는 것은?

① 케이블 ② 절연전선
③ 다심형 전선 ④ 나경동선

해설 태양전지 모듈 등의 시설(판단기준 제54조)
1) 충전부분은 노출되지 않도록 시설할 것

2) 태양전지 모듈에 접속하는 부하측의 전로(복수의 태양전지 모듈을 시설한 경우에는 그 집합체에 접속하는 부하측의 전로)에는 그 접속점에 근접하여 개폐기 기타 이와 유사한 기구(부하전류를 개폐할 수 있는 것에 한한다)를 시설할 것

3) 태양전지 모듈을 병렬로 접속하는 전로에는 그 전로에 단락이 생긴 경우에 전로를 보호하는 과전류차단기 기타의 기구를 시설할 것. 다만, 그 전로가 단락전류에 견딜 수 있는 경우에는 그렇지 않다.

4) 전선은 다음에 의하여 시설할 것. 다만, 기계기구의 구조상 그 내부에 안전하게 시설할 수 있을 경우에는 그렇지 않다.
① 전선은 공칭단면적 2.5[mm^2] 이상의 연동선 또는 이와 동등 이상의 세기 및 굵기의 것일 것
② 옥내에 시설할 경우에는 합성수지관공사, 금속관공사, 가요전선관공사 또는 케이블공사로 시설할 것
③ 옥측 또는 옥외에 시설할 경우에는 합성수지관공사, 금속관공사, 가요전선관공사 또는 케이블공사로 시설할 것

정답 79. ① 80. ①

2025 제2회 CBT 복원 기출문제

16.2.3 / 19.2.6 / 21.2.9

01 최대눈금이 50[V]인 직류전압계가 있다. 이 전압계를 사용하여 150[V]의 전압을 측정하려면 배율기의 저항은 몇 [Ω]을 사용하면 되는가? (단, 전압계의 내부저항은 5000[Ω]이다.)

① 1000 ② 2500
③ 5000 ④ 10000

해설 배율기(multiplier)

전압계에 직렬로 접속해서 전압의 측정범위를 넓히기 위해 사용되는 저항기이다.

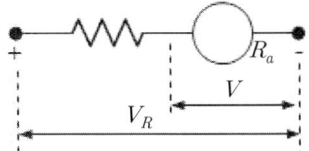

V_R : 측정하고자 하는 전압
V : 전압계로 유입되는 전압
R_a : 전압계 내부저항
R : 배율기의 저항

$$V_R = \frac{R_a + R}{R_a} \cdot V \text{ [V]}$$

율기의 배율$(m) = \frac{V}{V_R} = \frac{R_a + R}{R_a}$

$= 1 + \frac{R}{R_a}$

$= \frac{150}{50} = 3$

$R = (m-1)R_a = (3-1) \cdot 5000$
$= 10,000 \text{ [Ω]}$

16.2.8 / 16.2.40 / 18.2.10 / 20.4.9 / 21.4.40

02 태양광발전시스템의 발전효율을 극대화하기 위한 시스템은?

① 고정형 시스템 ② 반고정형 시스템
③ 추적형 시스템 ④ 건물일체형 시스템

해설 추적식 구조물의 분류

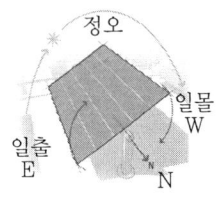

단축(1축) 추적식

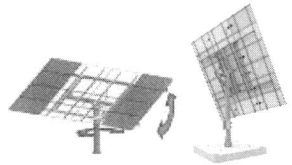

양축(2축) 추적식

1) 단축(1축) 추적식
① 어레이는 대지와 수평을 이루며, 남쪽으로의 경사각은 없다.
② 태양의 이동에 따라 해가 뜨는 동쪽에서 해가 지는 서쪽방향으로 추적하는 방식이다.
③ 고정식·가변식보다는 효율이 높고, 양축식보다는 효율이 낮다.
④ 구동장치가 필요하며, 운영 및 유지관리 비용이 소요된다.

2) 양축(2축) 추적식
① 태양의 동서방향을 추적하는 단축 추적식에 추가로 태양의 경사각(계절의 변화)까지 추적하는 방식
② 가장 효과적으로 많은 발전량을 생산할 수 있다.
③ 모듈간 음영발생을 방지하기 위해서는 이격 거리가 많이 필요하다.
④ 양축(2개의 구동장치)을 구동하기 위한 전력이 필요하고, 고장 발생에 따른 유지비용이 소요된다.

13.4.4 / 16.2.12 / 16.4.12 / 19.1.13 / 19.4.1 / 21.1.12 / 21.4.7 / 21.4.8

03 역률이 50[%]이고 1상의 임피던스가 60[Ω]인 유도 부하를 △로 결선하고 여기에 병렬로 저항 20[Ω]을 Y결선으로 하여 3상 선간전압 200[V]를 가할 때, 소비전력(W)은?

정답 1. ④ 2. ③ 3. ④

① 2000　　② 2200
③ 2500　　④ 3000

해설 3상회로의 결선법

1) Y(성형) 결선회로

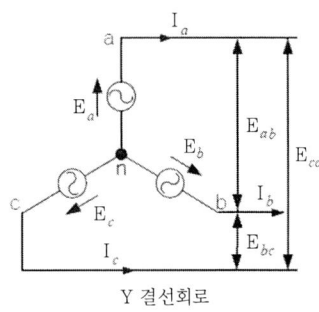

Y 결선회로

① 상전압 $E_P(E_a, E_b, E_c)$과 선간전압 $E_l(E_{ab}, E_{bc}, E_{ca})$의 관계

$$E_P = \frac{E_l}{\sqrt{3}}$$

② 상전류와 선간전류는 같다.

2) △(삼각) 결선회로

① 상전압과 선간전압은 같다.

② 상전류(I_P)와 선간전류(I_l)의 관계

$$I_P = \frac{I_l}{\sqrt{3}}$$

3) 유도부하의 전력(P_1)

$$P_1 = 3EI\cos\theta = 3 \times 200 \times \frac{200}{60} \times 0.5 = 1,000 \text{(W)}$$

4) 저항부하의 전력(P_2)

선간전압은 저항이 연결된 상전압으로 변경한다.

$$P_1 = 3 \times \frac{E^2}{R} = 3 \times \frac{\left(\frac{200}{\sqrt{3}}\right)^2}{20} = 2,000 \text{(W)}$$

5) 합성전력(P_T)

$$P_T = P_1 + P_2 = 1,000 + 2,000 = 3,000 \text{(W)}$$

15.2.48 / 15.4.2 / 16.2.15 / 16.4.13 / 18.4.1 / 19.1.4 / 19.1.11 / 20.1.20 / 21.1.1 / 21.1.5

04. 태양전지의 발전원리에 관한 설명으로 틀린 것은?

① 태양전지는 n형 반도체와 p형 반도체를 이어 맞춘 구조이다.
② 빛이 흡수되면 전자는 n형 반도체에, 정공은 p형 반도체에 모인다.
③ n형 반도체는 실리콘 원자 1개의 전자가 부족한 상태를 이용한다.
④ 반도체가 빛을 흡수하면 입자가 생겨 태양전지 내부의 전자를 이동시켜 전기를 발생한다.

해설 N형 반도체와 P형 반도체

① N형 반도체

전하를 옮기는 운반자로써 음의 전하를 가진 자유전자(과잉전자)가 이동하여 전류가 흐르는 것은 자유전자의 밀도가 정공의 밀도보다 크기 때문이며, 결정속의 자유전자 때문에 전도율이 커진다.
N형 반도체는 음의(negative) 전하를 가지는 자유전자가 다수 캐리어인 것으로부터, negative의 머리글자를 취해서 N형 반도체로 불린다.

② P형 반도체

전하를 옮기는 운반자로써 양의 전하를 가진 정공이 이동하여 전류가 흐르는 것은 정공의 밀도가 자유전자의 밀도보다 크기 때문이며, 결정속의 정공 때문에 전도율이 커진다.

13.4.12 / 16.2.19 / 16.4.2 / 17.2.15 / 19.2.18 / 19.4.16 / 21.2.15 / 21.4.20

05 PN접합 다이오드에 공핍 층이 생기는 경우는?

① (-)전압만 인가할 때 생긴다.
② 전압을 가하지 않을 때 생긴다.
③ 전자와 정공의 확산에 의해 생긴다.
④ 다수 전송파가 많이 모여 있는 순간에 생긴다.

정답 4. ③　5. ③

해설 공핍 영역(Depletion region)

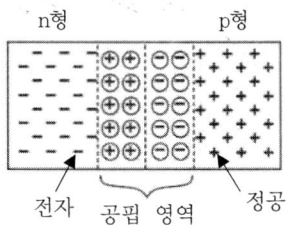

① N형반도체 다수의 반송자는 전자이고 소수의 반송자는 정공이 되어 (-)전기를 띠고 P형반도체에서는 정공이 전자수보다 많아 (+)전기를 띤다.
② N형 영역의 자유전자는 불규칙적으로 움직여 PN 접합이 형성되는 순간 N형 영역의 접합 근처에 있던 일부의 자유전자는 접합을 넘어 P형 영역으로 확산(Diffusion)되고 이들 전자는 접합 근처의 정공과 결합한다.
③ PN 접합이 형성되기 전의 N형 물질에는 양자와 같은 수의 많은 전자가 존재해 물질의 극성은 중성상태이며, P형 물질도 동일하게 적용되나 접합이 형성되는 과정에서 N형 영역의 전자들이 접합을 넘어 확산되면서 N형 영역은 자유전자들을 잃게 되어 P영역 접합 부근에 음전하층이 형성되는 공핍층이 만들어진다.
④ 최초 PN접합에서 접합면을 통해 자유전자가 움직이면 공핍영역은 평형상태가 될 때까지 확산되며 평형 상태에서는 더 이상 전자가 이동하지 않아, 공핍층은 전자의 이동을 막는 장벽 역할을 하게 된다.

15.2.7 / 15.4.13 / 17.4.12 / 18.1.15 / 18.2.3 / 19.1.14 / 20.1.4 / 20.3.2 / 21.1.3 / 21.1.33

06 다음 중 인버터의 회로방식이 아닌 것은?

① 부하변동 방식
② 트랜스리스 방식
③ 고주파변압기 절연방식
④ 상용주파수변압기 절연방

해설 인버터의 회로방식별 분류
1) 상용주파 변압기 절연방식

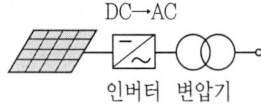

① PWM 인버터를 이용하여 상용주파수의 교류를 만들고, 상용주파수의 변압기를 이용하여 절연과 전압변환을 한다.
② 내부 신뢰성이나 노이즈 컷이 우수하지만, 상용주파수의 변압기를 별도로 이용하기 때문에 무겁고 크며, 변압기의 효율이 감소된다.

2) 고주파 변압기 절연방식

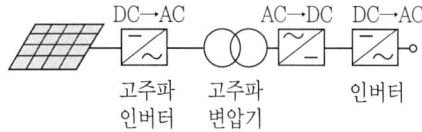

① 태양전지의 직류 출력을 고주파의 교류로 변환한 후 소형의 고주파 변압기로 절연을 한다.
② 일단 직류로 변환하고 재차 상용주파의 교류로 변환하며, 소형 경량이지만 회로가 복잡한 단점이 있다.

3) 트랜스리스(Transless) 방식

① 태양전지의 직류출력을 DC-DC 컨버터로 승압하고 인버터에서 상용주파의 교류로 변환한다.
② 소형 경량이며, 저렴하고 효율이 우수하고 신뢰성이 높다.
③ 상용전원과의 사이에는 절연이 되지 않아 안전성이 떨어진다.

13.4.10 / 18.1.1 / 18.2.8 / 20.1.12

07 NOCT 조건에서 셀 온도가 45[°C]인 태양전지 모듈에 태양복사가 1200[W/m²]가 입사될 때, 20[°C] 외기온도 조건에서 모듈의 셀 온도[°C]는?

① 55.5   ② 57.5   ③ 59.5   ④ 60.5

해설 공칭 태양광발전 전지 동작 온도 측정시험(Measurement of Nominal Operating Cell Temperature)
(1) 태양광발전 모듈의 공칭 전지 동작 온도(Nominal Operating Cell Temperature, NOCT)는 다음의 표준 기준 환경(Standard Reference Environment,

SRE)에서 개방형 선반식 가대(open rack)에 설치한 모듈을 구성하는 태양광발전 전지의 평균 접합온도로 정의된다.
① 경사각 : 수평면을 기준으로 45도
② 경사면 일조강도 : 800[W·m²]
③ 주위기온 : 20[℃]
④ 풍속 : 1[m/s]
⑤ 전기적 부하 : 없음(회로 개방 상태)

(2) 모듈 표면온도(T_C)
$$T_C = 주변온도[℃] + \frac{NOCT - 20[℃]}{800[W/m^2]} \times 일사량[W/m^2]$$
$$= 20 + \left(\frac{45-20}{800}\right) \times 1,200 = 57.5 \ [℃]$$

18.2.12

08 태양광 모듈의 일부 지점에 그늘이 발생하여 그 부분의 셀이 발전되지 않아 저항이 커지게 되었을 때 문제점으로 적절하지 않은 것은?

① 모듈의 손상
② 모듈 효율의 저하
③ 모듈 수명의 단축
④ 모듈 전압의 상승

해설 모듈에 그늘이 발생하여 저항이 커진 경우
① 모듈의 손상(표면의 변색 및 변형, 백시트의 변색 및 부풀림)
② 모듈 효율의 저하
③ 모듈 수명의 단축

18.2.15

09 그림은 하나의 태양전지 모듈의 스트링 연결부에서 지락이 발생하여 쇼트상태가 되었다. 단자 A, B 사이의 전압(V)은?

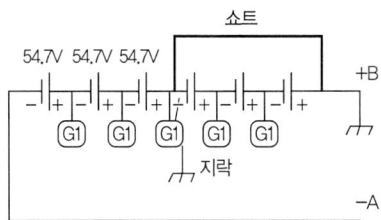

① 54.7
② 109.4
③ 164.1
④ 328.2

해설 쇼트(short)
① 전기회로의 단락
② 전기회로에서 전위차가 있는 두 점 사이를 저항이 작은 도선으로 연결하는 것
③ G1, G2에서 발전된 전기는 저항이 작은 방향(쇼트)으로 흐른다.
$$V_{AB} = G1 + G2 + G3 = 54.7 + 54.7 + 54.7$$
$$= 164.1 \ [V]$$

18.2.19 / 20.3.5

10 브리지 정류기에 대한 설명 중 틀린 것은?

① 전파 정류기이다.
② 4개의 다이오드가 필요하다.
③ 맥류주파수는 입력주파수의 2배이다.
④ DC 전압을 AC 전압으로 변환하기 위해 사용한다.

해설 브리지 정류기(bridge rectifier)

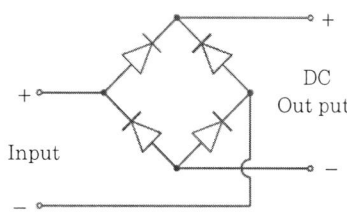

① 4개의 다이오드를 브리지 형으로 접속한 전파(全波) 정류기
② 마주 보는 한 쌍의 접속점에 교류(AC) 전압을 인가했을 때 다른 또 한 쌍의 마주 보는 접속점에서 직류(DC) 전압을 인출할 수 있다.

16.2.17 / 16.2.68 / 16.4.16 / 18.1.16 / 18.1.71 / 18.2.6 / 19.2.15 / 19.4.19 / 20.1.75 / 20.3.3 / 20.1.11 / 21.1.13 / 21.2.6

11 연료전지 발전시스템의 구성요소로 틀린 것은?

① 개질기
② 증기터빈
③ 전력변환기
④ 스택(STACK)

해설 연료전지 발전시스템 구성도

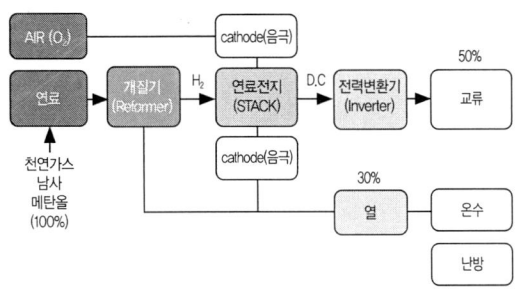

1) 개질기(Fuel Reformer)
   화학적으로 수소를 함유하는 일반 연료(LPG, LNG, 메탄, 석탄가스 메탄올 등)로부터 연료전지가 필요로 하는 수소를 많이 포함하는 가스로 변환하는 제어장치

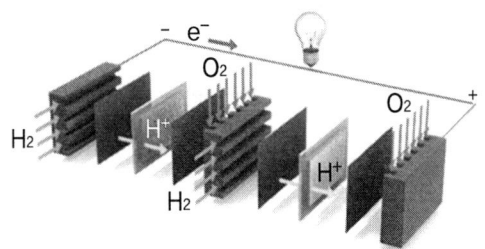

① 연료 개질 장치에서 들어오는 수소와 공기 중의 산소로 직류 전기와 물 및 부산물인 열을 발생시킨다.
② 원하는 전기출력을 얻기 위해 단위전지를 수십장, 수백장 직렬로 쌓아 올린 본체.

3) 전력변환기(Inverter)
   연료전지에서 나오는 직류 전원(DC)을 교류 전원(AC)로 변환시키는 장치

4) 주변보조기(BOP: Balance of Plant)
   연료, 공기, 열회수 등을 위한 펌프류, Blower, 센서 등

14.4.4 / 14.4.13 / 15.2.11 / 15.2.17 / 15.4.17 / 17.2.14 / 17.4.5 / 18.1.3 / 18.4.7 / 20.1.3 / 20.1.19 / 20.3.8 / 20.3.9 / 21.4.1

12 계통측과 인버터측에 이상이 발생할 경우 저압연계시스템에 설치되는 보호계전기가 아닌 것은?

① OVR ② UVR ③ OFR ④ AVR

해설 자동전압 조정기(Automatic Voltage Regulator, AVR)
① 교류전압의 불규칙한 전압변동을 자동적으로 조정하여 일정한 전압을 부하에 공급
② 컴퓨터 및 주변장치의 효율적인 운영과 신뢰할 수 있는 동작상태를 안정적으로 공급하는 장비

21.1.17 / 21.4.4

13 풍력발전의 출력제어 방식 중 바람방향을 향하도록 블레이드의 방향을 조절하는 제어 방식은?

① 요 제어(Yaw Control)
② 실속 제어(Stall Control)
③ 위상 제어(Phase Control)
④ 날개각 제어(Pitch Control)

해설 요 제어(Yaw Control)

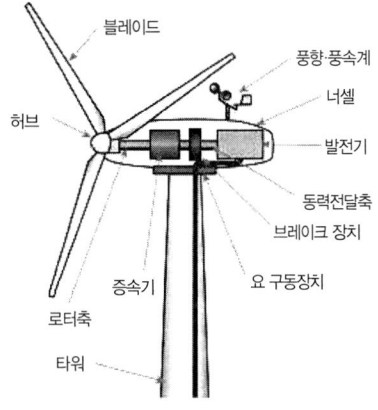

① 풍력발전기가 최대의 효율을 발휘하기 위해서는 날개의 회전면과 바람이 직각이 되도록 하여야 한다. 이를 위해서는 바람의 방향에 따라서 블레이드의 회전면을 추종하여 제어하는 기술이 필요한데 이것을 요제어라고 한다.
② 요(Yaw)제어는 풍향계와 구동기어 및 구동모터로 구성되어 있다. 너셀 외부에 설치된 풍향계가 바람의 방향을 검출하고 바람의 방향이 바뀌게 되면 구동모터가 작동하여 바람이 부는 방향으로 너셀을 움직여 날개의 회전면이 바람 방향과 직각이 되도록 한다.

정답 11. ② 12. ④ 13. ①

13.4.59 / 17.1.17 / 18.1.2 / 18.2.9 / 18.4.51 / 19.1.3 /
19.4.14 / 20.3.15 / 20.4.17 / 21.4.16

14 바이패스 다이오드에 대한 설명으로 틀린 것은?

① 차광된 태양전지에서 발생할 수 있는 열점을 방지
② 태양광발전 모듈용 접속함에 부착되며, 실리콘으로 밀폐되기도 함
③ 배터리로부터 태양광발전 어레이로 전류가 흐르는 것을 방지
④ 태양전지에 음영이 있을 때 발전하지 않는 태양전지로 전류가 흐르는 것을 방지

해설 바이패스 다이오드(Bypass Diode)

1) 태양광 모듈의 그림자 영향
① 태양광 모듈은 아주 적은 일부가 그림자에 가려지더라도 모듈 전체의 출력이 크게 저하된다.
② 모듈은 각각의 태양전지를 직렬로 연결하기 때문에 수십 개의 태양전지로 구성된 모듈에서 단 한 개의 셀이 나뭇잎 등에 의해 완전히 가려졌다면 출력 값은 거의 제로(Zero)에 가깝게 떨어진다.
③ 전체 개방전압에서 그림자가 발생한 모듈의 개방전압을 뺀 값 이하에서 전압 동작점이 존재할 때에 그림자가 발생한 모듈의 전류가 역방향이 된다. 따라서 역 전압이 인가되고 부하처럼 동작되어 열이 발생되고 모듈이 파손되는 원인이 된다.

2) 대책(바이패스 다이오드)

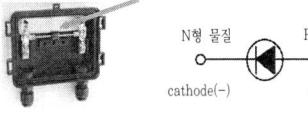

① 바이패스다이오드(Bypass Diode)는 전류를 한쪽방향으로만 흐르게 만들어 주는 부품으로 P에서 N방향으로 전류가 흐르고 반대 방향으로는 전류를 거의 통과시키지 않는다.

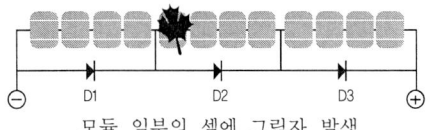

모듈 일부의 셀에 그림자 발생

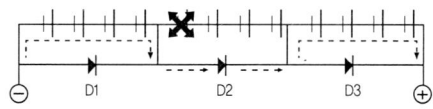

그림자 발생된 모듈의 전류흐름

② 그림자로 인해 출력이 저하된 셀 또는 셀 그룹을 우회해 전류가 흐르도록 하고, 이를 통한 출력감소는 오직 그림자에 의해 가려진 셀 또는 셀 그룹에 해당하는 부분으로 제한해 출력을 유지한다.

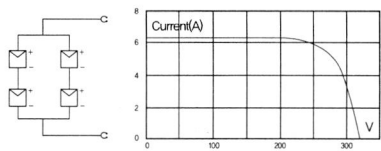

셀이 정상 연결되었을 때

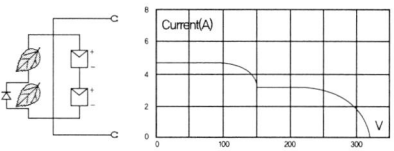

셀 일부가 정상동작하지 않을 시

③ 일반적으로 모듈 한 장(태양전지 6×9)에 셀 54개 배열의 경우에는 다이오드 3개(1개당 18개의 셀)를 병렬로 설치한다.

17.1.12 / 18.2.4 / 20.3.19 / 20.1.10

15 반동수차의 종류가 아닌 것은?

① 펠톤 수차   ② 튜브라 수차
③ 카플란 수차   ④ 프란시스 수차

해설 수차의 종류 및 특징

수차의 종류			특징
충동 수차	펠톤(Pelton)수차 튜고(Turgo)수차 오스버그(Ossberger)수차		수차가 물에 완전히 잠기지 않음 물은 수차의 일부 방향에서만 공급되며, 운동에너지만을 전환함
반동 수차	프란시스(Francis)수차		수차가 물에 완전히 잠김
	프로펠러 수차	카플란(Kaplan)수차 튜브라(Tubular)수차 벌브(Bulb)수차 림(Rim)수차	수차의 원주방향에서 물이 공급됨 동압(dynamic pressure) 및 정압(static pressure)이 전환됨

정답 14. ③ 15. ①

17.2.3 / 20.1.8 / 21.1.15

16 축전지의 기대수명 결정요소와 거리가 먼 것은?

① 사용온도 ② 방전심도
③ 방전횟수 ④ 축전지 용량

해설 축전지의 수명

기대수명은 축전지의 사용기간이 경과함에 따라 성능이 급격히 저하되는 80% 용량까지 시점

1) 사용온도

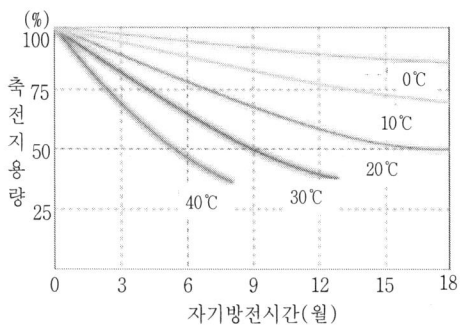

① 축전지의 기대수명은 온도 25℃ 이하의 경우를 정의하는데, 25℃를 넘는 범위라면, 온도가 10℃ 올라가면 수명이 절반으로 줄어든다.
② 축전지의 자기방전은 온도가 높으면 증가하며, 25℃에서 월 3%이하의 자기방전이 발생된다.

2) 충전전압

충전전압이 높게 인가되면 과충전이 되고, 낮은 경우에는 충전부족이되며, 어떤 경우든 축전지의수명을 단축시키기 때문에 충전전압의 관리가 중요하다.

3) 방전

축전지는 열화에 따라 내부저항이 증가하기 때문에 방전전류가 크면 클수록 내부의 전압강하가 커지고, 축진지 진압이 낮아져 빙진시간이 단축되며, 빙진횟수가 많을수록 수명도 짧아진다.

4) 방전심도(DOD)와 수명관계

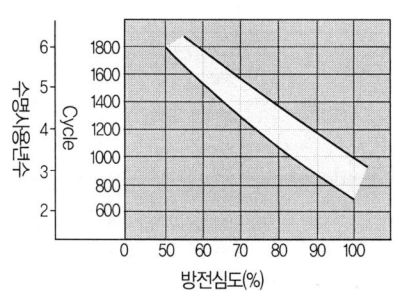

① 방전심도(DOD)는 축전지 잔존용량의 표시
② 방전 심도 = $\dfrac{실제\ 방전량}{축전지의\ 정격용량} \times 100\%$
③ 방전심도(%)가 50%인 경우 만나는 곡선에서 1800사이클, 100%의 경우 700사이클이며, 연간 250사이클을 기준해 보면 1800사이클(7년 1개월), 700사이클(2년 9개월)의 수명임을 알 수 있다.
④ 방전심도를 낮게 설정하면 축전지 수명은 길어지고, 잔존 용량은 증가한다.

17.2.8

17 태양전지의 효율적인 반응을 위한 에너지 밴드갭(eV)은?

① 0~0.5 ② 0.5~1
③ 1~1.5 ④ 2~3

해설 밴드갭(Band Gap)에너지

① 태양빛의 광자가 태양전지에 입사하면 어떤 수준의 에너지를 갖는 광자는 원자결합으로부터 전기를 만들 수 있도록 전자를 자유롭게 한다.
② 다양한 태양전지 재료 : 다양한 특성에너지 band gap을 가짐
③ Band gap보다 큰 광자에너지 : 자유전자를 만들기 위하여 흡수
④ Band gap보다 작은 광자에너지 : 재료를 통과하거나 열을 생성
⑤ 효율적인 태양전지 반도체 : 밴드갭 에너지 1~1.5 [eV]

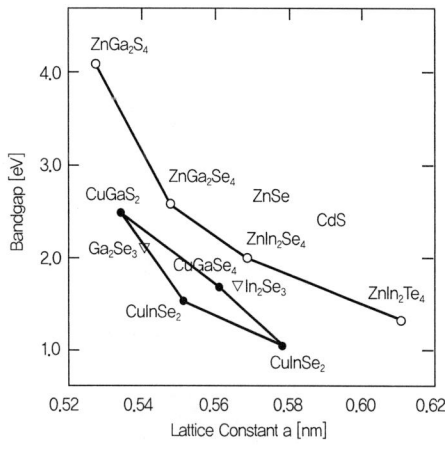

화합물 반도체의 격자상수와 밴드 갭

정답 16. ④ 17. ③

※ 격자상수 : 똑같은 형태와 구조의 분자가 모여 있는 결정(結晶)안의 원자 간의 가로, 세로, 높이와 같은 간격

15.2.15 / 17.2.12 / 19.1.15 / 19.2.17 / 19.4.20 / 20.3.12 / 21.1.17 / 21.4.4

18 다음 중 수평축 풍력발전시스템은?

① 프로펠러형 ② 다리우스형
③ 파워타워형 ④ 사보니우스형

해설 회전축방향에 따른 구분

① 수평축
간단한 구조로 이루어져 있어 설치하기 편리하나 바람의 방향에 영향을 받음(중대형급 이상은 수평축을 사용하고, 100kW급 이하 소형은 수직축도 사용됨)

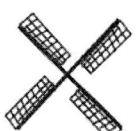

프로펠러형   더치형

세일윙형   블레이드형

② 수직축
바람의 방향과 관계가 없어 사막이나 평원에 많이 설치하여 이용 가능하지만 소재가 비싸고 수평축 풍차에 비해 효율이 떨어지는 단점이 있다.

 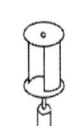 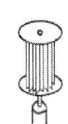 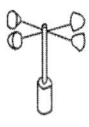

다리우스형 사보니우스형 크로스 플로우형 패들형

13.4.12 / 16.2.19 / 16.4.2 / 17.2.15 / 19.2.18 / 19.4.16 / 21.2.15 / 21.4.20

19 PN접합 다이오드의 순바이어스란?

① 인가전압의 극성과는 관계없다.
② P형반도체에 +, N형반도체에 -의 전압을 인가한다.
③ P형반도체에 -, N형반도체에 +의 전압을 인가한다.
④ 반도체의 종류에 관계없이 같은 극성의 전압을 인가한다.

해설 PN 접합과 바이어스

1) 순방향 바이어스
P영역에 양(+)의 전압을 N영역에 (-)의 전압이 인가된 상태를 순방향(forward) 바이어스가 인가되었다고 함

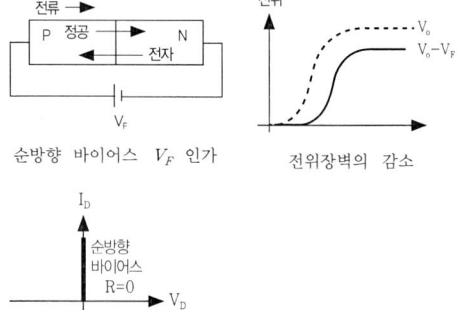

① p형과 n형반도체에 각각 존재하는 양공과 전자가 모두 p-n 접합 다이오드의 접합부 쪽으로 이동한다.
② 접합부에 형성된 결핍층(depletion layer)의 너비가 줄어들고 접합부에 형성된 포텐셜 장벽이 낮아지게 된다.
③ p형반도체의 양공은 n형반도체로 옮겨 가고, n형반도체의 전자는 p형반도체로 옮겨 가므로 p-n접합부를 지나는 전류가 흐른다.
④ 이상적인 전류-전압 특성은 순방향 바이어스상태에서 저항이 0이고, 전류는 무한대로 흐른다.

2) 역방향 바이어스
P영역에 (-)의 전압을 N영역에 (+)의 전압이 인가된 상태를 역방향(reverse) 바이어스가 인가되었다고 함

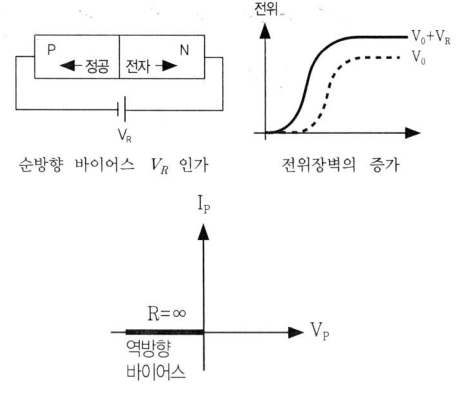

① p형과 n형반도체에 각각 존재하는 양공과 전자가 모두 p-n 접합 다이오드 양쪽 극단으로 이동한다.
② 접합부에 형성된 결핍층(depletion layer)의 너비가 늘어나고 접합부에 형성된 포텐셜 장벽도 높아진다.
③ p형반도체의 양공은 p형반도체의 끝 쪽으로, n형반도체의 전자는 n형반도체의 끝 쪽으로 옮겨 가게 되어 p-n접합부에는 전류가 흐르지 않는다.
④ 다이오드는 부도체와 같은 특성으로 저항은 무한대이고, 전류는 0이다.

16.2.1 / 17.2.19 / 17.4.17 / 18.1.18 / 19.4.13 / 19.2.11 / 21.1.18

20 같은 발전용량을 생산하기 위해 태양광 전지의 재료의 종류 중에서 가장 큰 대지 또는 지붕 면적이 필요한 재료는?

① CI4
② 다결정
③ 단결정
④ 비정질 실리콘

해설 박막형 태양전지

① 유리, 스테인리스 스틸, 플라스틱 등 저가의 기판에 얇은 막 형태의 박막을 형성하는 구조로, 기판위에 형성되는 막의 원료에 따라 비정질 실리콘 태양전지, CdTe, CIGS 박막, a-Si, 염료감응형 태양전지, 유기 태양전지로 구분된다.
② 실리콘 사용량이 적어 저렴하나 제조공정이 복잡하고 에너지 효율이 낮아 결정질 태양전지와 동일한 출력을 내기 위해서는 대면적의 모듈이 필요하다.
③ 결정질 실리콘 태양전지의 두께는 200~300[μm], 박막형 실리콘 태양전지의 두께는 0.3~2[μm]로서 상당히 얇게 제작할 수 있다.
④ 불순물 첨가 (도핑)에 의한 전기 전도도 제어가 쉽지 않으며, 이 경우 p-형보다는 In 등의 첨가 및 열처리에 의하여 n-형 쪽으로 제어하는 것이 보다 쉬운 것으로 알려져 있다.
⑤ 적은 온도계수로 온도에 따른 효율 감소가 적으며, 빛의 강도 변화에 대한 안정성으로 흐린 날, 겨울, 음지에서도 안정적이다.
⑥ 각국 정부의 태양광발전에 대한 관심과 지원이 폭발적으로 증대되면서 폴리실리콘의 양산규모 증대는 벌크형 실리콘 태양전지의 가격 하락을 이끌었고, 차세대 태양전지였던 박막 태양전지는 목표로 했던 가격에 도달했음에도 불구하고 가격적으로는 경쟁력이 없는 결과에 있다.

16.2.23 / 21.2.24

21 인버터의 직류측 회로를 비접지로 하는 경우 비접지의 확인방법이 아닌 것은?

① 테스터로 확인
② 검전기로 확인
③ 간이측정기 사용
④ 활선접근경보장치사용

해설 안전대책(비접지 확인)

회로시험기(Circuit Tester), 검전기(Electroscope), 간이측정기로 측정한다.

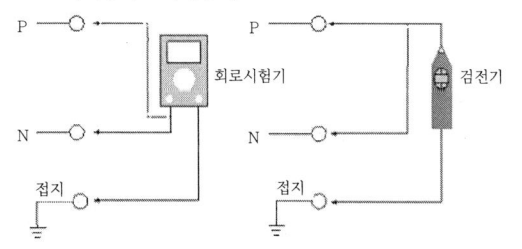

※ 활선접근경보장치

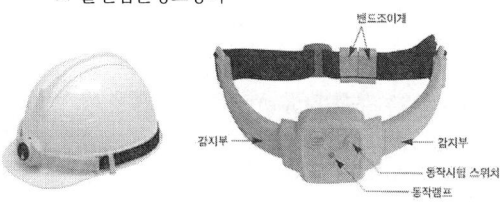

활선 작업이나 활선 근접 작업 등의 전기 작업을 하는 동안 고압이나 특고압 선로나 설비에 접촉하거나 근접할 경우 작업자에게 명확히 경고하기 위하여 근로자의 안전모, 손목 등에 착용한다.

16.2.28 / 16.4.35 / 17.2.38 / 19.4.23 / 19.4.28 / 19.4.33 / 20.3.24 / 20.3.26 / 20.3.27 / 20.3.32 / 21.1.28 / 21.2.34

22 감리원은 매 분기마다 공사업자로부터 안전관리 결과 보고서를 제출받아 이를 검토하고 미비한 사항이 있을 때에는 시정하도록 조치하여야 한다. 안전관리결과 보고서에 포함되는 서류가 아닌 것은?

① 안전관리 조직표
② 직원 건강기록부
③ 안전교육 실적표
④ 안전보건 관리체계

해설 안전관리결과 보고서의 검토

감리원은 매 분기마다 공사업자로부터 안전관리 결과보고서를 제출받아 이를 검토하고 미비한 사항이 있을 때에는 시정하도록 조치하여야 하며, 안전관리결과보고서에는 다음의 서류가 포함되어야 한다.
① 안전관리 조직표
② 안전보건 관리체제
③ 재해발생 현황
④ 산재요양신청서 사본
⑤ 안전교육 실적표
⑥ 그밖에 필요한 서류

16.2.32

23 태양광발전시스템 시공 시 작업의 종류에 따른 필요 공구가 잘못 연결된 것은?

① 도통시험 – 레벨미터
② 프레임 커팅 – 스피드 커터
③ 앵커 구멍 천공 – 앵커 드릴
④ 절삭부분 가공 – 핸드 그라인더

해설 ① 도통시험

전원을 절단한 채 각 장소간의 접속 유무, 또는 저항의 개략 값을 검토하는 것을 말하며, 보통은 회로시험기로 측정을 하며, 도통 시험의 결과는 단선의 유무, 접속 불량 장소 또는 오접속 발견을 위함이다.
② 레벨 미터(Level meter)
표준 가변 저항기, 증폭기, 지시계 등으로 구성되며, 저주파 전송 선로의 신호 레벨 등을 측정하는 계기

16.2.35 / 18.4.32 / 19.4.35 / 20.1.37 / 20.3.28

24 설계 감리원의 기본임무 수행 사항이 아닌 것은?

① 과업지시서에 따라 업무를 성실히 수행하고 설계의 품질향상에 노력하여야 한다.
② 설계용역 계약 및 설계감리용역 계약내용이 충실히 이행될 수 있도록 하여야 한다.
③ 설계 및 설계감리용역 시행에 따른 업무연락, 문제점 파악 및 민원해결 등을 성실히 수행하여야 한다.
④ 설계공정의 진척에 따라 설계자로부터 필요한 자료 등을 제출받아 설계용역이 원활히 추진될 수 있도록 설계감리 업무를 수행하여야 한다.

해설 설계감리원의 기본임무

① 설계용역 계약 및 설계감리용역 계약내용이 충실히 이행될 수 있도록 하여야 한다.
② 해당 설계용역이 관련 법령 및 전기설비기술기준 등에 적합한 내용대로 설계되는지의 여부를 확인 및 설계의 경제성 검토를 실시하고, 기술지도 등을 하여야 한다.
③ 설계공정의 진척에 따라 설계자로부터 필요한 자료 등을 제출받아 설계용역이 원활히 추진될 수 있도록 설계감리 업무를 수행하여야 한다.
④ 과업지시서에 따라 업무를 성실히 수행하고 설계의 품질향상에 따라 노력하여야 한다.

13.4.23 / 16.2.39 / 20.1.35 / 21.1.36 / 21.4.24

25 배전선로의 손실 경감과 관계없는 것은?

① 승압

정답 22. ② 23. ① 24. ③

② 역률 개선
③ 다중접지방식 채용
④ 부하의 불평형 방지

해설 배전선로의 손실 경감 대책
① 배전전압의 승압
전력손실은 전압의 제곱에 반비례하여 감소되므로, 배전전압을 승압한다는 것은 손실 경감책, 전압변동 경감책으로 효과적이다.
② 전류밀도의 감소와 평형
일반적인 배전선로에서는 각 상의 부하전류가 불평형으로 되는 것이 보통이며, 심할 경우에는 손실 증가가 일어나므로 부하의 재분배 등으로 불평등을 시정하여야 하며, 장래 예상되는 부하증가, 선로의 구간 연장 등에 대비해서 부하 불평형이 일어나지 않도록 하여야 한다.
③ 전력용 콘덴서의 설치
전력 손실은 부하 역률의 제곱에 반비례하므로 부하 역률을 개선하면 전력 손실을 크게 절감할 수 있다.
④ 저손실 변압기의 채용
현재 배전용 변압기는 적철심형보다 철손이 적은 권철심형을 사용하고 있다. 이 변압기의 철심으로는 규소강판을 사용하고 있으나 새로 개발된 저손실 철심재료인 3차 재결정 방향성 규소강판이나 비정질(아몰퍼스) 철심재료를 사용한 변압기로 대체하면 기존의 규소강판 변압기에 비해 철손을 1/3~1/4 수준으로 낮출 수 있다.

13.4.24 / 15.4.27 / 18.2.23 / 19.2.24

26 가교폴리에틸렌 케이블 단말 처리를 위해 사용하는 절연 테이프의 종류는?

① 고무 절연테이프
② 비닐 절연테이프
③ 자기융착 절연테이프
④ 폴리에틸렌 절연테이프

해설 자기융착 절연테이프

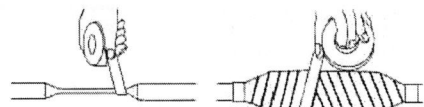

① 시공 시 테이프 폭이 3/4에서 2/3정도로 중첩해 감아놓으면 시간이 지남에 따라 융착하여 일체화된다.
② 부틸고무제와 폴리에틸렌 부틸고무가 합성된 제품이 있지만 저압의 경우 부틸고무 제는 일반적으로 사용하지 않는다.

18.2.28

27 태양광발전용 철 구조물의 방식 방법으로 사용되는 용융아연 도금의 수명을 도서나 해안지역에서 20~30년으로 하기 위해서는 아연도금 양은 몇 [g/m²] 이상으로 하여야 하는가?

① 300 [g/m²] 이상 ② 400 [g/m²] 이상
③ 500 [g/m²] 이상 ④ 600 [g/m²] 이상

해설 용융아연도금

(1) 용융아연도금의 공정
① 용융 아연 도금의 작업 공정은 일반적으로 도금 소재 표면의 녹, 밀 스케일, 유지, 도료 등을 제거하는 전처리 공정
② 용융한 아연 안에 도금 소재를 침지해 표면에 아연 피막을 형성시키는 도금 공정
③ 도금된 제품의 품질확보를 위한 교정, 시험검사 보수 등의 마무리 공정이 있다.

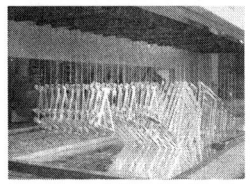

(2) 용융아연도금의 종류와 품질
1) 용융아연도금의 종류
용융아연도금 종류는 부착량 및 황산동시험 횟수에 따라 아래의 표와 같이 분류된다.

종류		기호
1종	A	HDZ A
	B	HDZ B
2종	35	HDZ 35
	40	HDZ 40
	45	HDZ 45
	50	HDZ 50
	55	HDZ 55
	61	HDZ 61

정답 25. ③ 26. ③ 27. ④

2) 도금의 부착량과 황산동 시험 횟수 품질

종류		부착량 [g/m²]	황산동 시험 횟수	적용 예
1종	HDZ A	-	4회	두께 5[mm] 이하의 강재, 강제품, 강관류, 지름 12[mm] 이상의 볼트·너트 및 두께 2.3[mm]를 초과하는 와셔류
	HDZ B	-	6회	두께 5[mm]를 초과하는 강재, 강제품, 강관류 단조품류
2종	HDZ 35	350이상	-	두께 1[mm] 이상 2[mm] 이하의 강재, 강제품, 지름 12[mm] 이상의 볼트, 너트 및 두께 2.3[mm]를 초과하는 와셔류
	HDZ 40	4000이상	-	두께 2[mm] 초과 3[mm] 이하 강재, 강제품 주단조품류
	HDZ 45	450이상	-	두께 3[mm] 초과 5[mm] 이하 강재, 강제품 주단조품류
	HDZ 50	500이상	-	두께 5[mm]를 초과하는 강재, 강제품 주단조품류
	HDZ 55	550이상	-	가혹한 부식환경 하에서 사용되는 강재, 강제품 주단조품류
	HDZ 61	610이상	-	가혹한 부식환경 하에서 사용되는 두께 5[mm] 이상의 강재, 강제품 및 주단조품류

① HDZ 55의 도금이 요구되는 것은 소재의 두께 3.2 mm 이상의 것이어야 한다. 3.2 mm 미만의 경우에는 사전에 당사자 사이의 협의에 따른다.
② 표의 적용 예에 표시한 두께 및 지름은 호칭 치수에 따른다.

13.4.53 / 15.4.58 / 16.4.49 / 18.1.55 / 18.2.32 / 18.4.35 / 18.4.43 / 19.2.55 / 20.1.55 / 20.3.46 / 20.4.56 / 21.2.51

28 태양광 발전설비의 유지관리에 있어 인버터의 이상신호에 따른 조치가 틀린 것은?

① 인버터 출력전압(Inverter voltage fault) - 인버터 및 계통전압 점검 후 운전
② 한전 과전압(Line over voltage fault) - 계통전압 확인 후 정상 시 5분후 재가동
③ 인버터 과전류(Inverter over current fault) - 계통전류 확인 후 정상 시 5분후 재가동
④ 한전 주파수(Line under frequency fault) - 계통주파수 확인 후 정상 시 5분후 재가동

해설 한전계통에의 재병입(Reconnection)
① 한전계통에서 이상 발생 후 해당 한전계통의 전압 및 주파수가 정상 범위 내에 들어올 때까지 분산형 전원의 재병입이 발생해서는 안된다.
② 분산형전원 연계 시스템은 안정상태의 한전계통 전압 및 주파수가 정상 범위로 복원된 후 그 범위 내에서 5분간 유지되지 않는 한 분산형전원의 재병입이 발생하지 않도록 하는 지연기능을 갖추어야 한다.

18.1.32 / 18.2.35 / 21.1.37

29 설계 감리원이 발주자에게 제출하는 준공서류가 아닌 것은?

① 감리기록서류
② 설계용역 준공검사원
③ 설계감리 결과보고서
④ 설계도서 검토의견서

해설 설계감리의 기성 및 준공
책임 설계감리원이 설계감리의 기성 및 준공을 처리한 때에는 다음의 준공서류를 구비하여 발주자에게 제출한다.
1) 설계용역 기성부분 검사원 또는 설계용역 준공검사원
2) 설계용역 기성부분 내역서
3) 설계감리 결과보고서
4) 감리기록서류
  ① 설계감리일지

정답 28. ③ 29. ④

② 설계감리지시부
③ 설계감리기록부
④ 설계감리요청서
⑤ 설계자와 협의사항 기록부

5) 그밖에 발주자가 과업지시서상에서 요구한 사항

13.4.37 / 18.2.38

30 감리원은 공사하도급 계약통지서에 관한 적정성 여부를 검토하여 발주자에게 며칠이내에 의견을 제출하는가?

① 7일 이내　　② 10일 이내
③ 15일 이내　　④ 30일 이내

해설 하도급 관련 사항

감리원은 공사업자가 도급받은 공사를 전기공사업법에 따라 하도급 하고자 발주자에게 통지하거나, 동의 또는 승낙을 요청하는 사항에 대해서는 전기공사 하도급 계약통지서에 관한 적정성 여부를 검토하여 요청받은 날부터 7일 이내에 발주자에게 의견을 제출하여야 한다.

13.4.26 / 15.4.28 / 16.4.38 / 17.1.51 / 17.2.22 / 17.2.54 / 17.4.23 / 17.4.53 / 18.1.21 / 18.1.47 / 18.2.46 / 18.2.53 / 18.4.23 / 19.1.60 / 19.2.26 / 19.2.42 / 19.4.27 / 19.4.49 / 20.1.52 / 20.3.23 / 20.3.41 / 20.4.24 / 21.1.38 / 21.4.42 / 21.4.48

31 태양광발전 모듈 설치 시 감전방지대책으로 옳은 것은?

① 작업 시에는 일반 장갑을 착용한다.
② 강우 시 발전이 없기 때문에 작업을 해도 무관하다.
③ 태양광발전 모듈을 수리할 경우 표면을 차광시트로 씌워야 한다.
④ 태양광발전 모듈은 저압이기 때문에 공구는 반드시 절연 처리될 필요가 없다.

해설 모듈 설치 시 감전방지대책

① 전선피복 상태 관리
② 절연 장갑을 착용한다.
③ 절연 처리된 공구를 사용한다.
④ 태양전지 모듈 및 인버터 전원 개방
⑤ 작업 전 태양전지 모듈 표면에 차광막을 씌워 태양광을 차폐한다.
⑥ 강우시에는 감전사고와 미끄러짐에 의한 추락사고의 위험이 있으므로 작업을 금한다.

16.2.35 / 18.4.32 / 19.4.35 / 20.1.37 / 20.3.28

32 설계감리업무 수행지침에 따른 용어의 정의에서 설계용역 또는 설계감리업무가 원활하게 이루어지도록 하기 위하여 설계자, 설계감리원 및 발주자가 사전에 충분한 검토와 협의를 통해 관련자 모두가 동의하는 조치가 이루어지도록 하는 것은?

① 작성　② 승인　③ 확인　④ 조정

해설 정의

1) 작성
설계용역 또는 설계감리에 관한 각종 변경설계서, 계획서, 보고서 및 관련 도서를 양식에 맞게 제작하여 관련자에게 제출하는 것을 말하며, 설계서 및 서류별로 작성주체, 소요비용에 관해 계약시 명시하거나 사전에 협의하는 것을 원칙으로 한다.

2) 승인
설계감리원 및 설계자가 승인 요청한 사항 등에 대하여 발주자가 설계감리원 및 설계자에게 또는 설계감리원이 설계자에게 서면으로 동의하는 것을 말한다. 이 경우 설계감리원 및 설계자는 승인되지 않은 업무를 수행할 수 없다.

3) 확인
발주자 또는 설계감리원이 설계자가 설계용역을 계약문서 대로 실시하고 있는지 및 지시·조정·승인 사항에 대한 이행 여부를 문서 등으로 확인하는 것을 말한다.

4) 조정
설계용역 또는 설계감리업무가 원활하게 이루어지도록 하기 위하여 설계자, 설계감리원 및 발주자가 사전에 충분한 검토와 협의를 통해 관련자 모두가 동의하는 조치가 이루어지도록 하는 것을 말한다.

16.2.28 / 16.4.35 / 17.2.38 / 19.4.23 / 19.4.28 / 19.4.33 / 20.3.24 / 20.3.26 / 20.3.27 / 20.3.32 / 21.1.28 / 21.2.34

33 전력시설물 공사감리업무 수행지침에 따라 감리원은 공사업자가 작성·제출한 시공계획서를 공사 시작일부터 며칠 이내에 제출받아 이를 검

정답　30. ①　31. ③　32. ④

토·확인하여야 하는가?

① 10 ② 20 ③ 30 ④ 40

해설 **시공계획서의 검토·확인**

감리원은 공사업자가 작성·제출한 시공계획서를 공사 시작일부터 30일 이내에 제출받아 이를 검토·확인하여 7일 이내에 승인하여 시공하도록 하여야 하고, 시공계획서의 보완이 필요한 경우에는 그 내용과 사유를 문서로서 공사업자에게 통보하여야 한다. 시공계획서에는 시공계획서의 작성기준과 함께 다음의 내용이 포함되어야 한다.
① 현장 조직표
② 공사 세부공정표
③ 주요 공정의 시공 절차 및 방법
④ 시공일정
⑤ 주요 장비 동원계획
⑥ 주요 기자재 및 인력투입 계획
⑦ 주요 설비
⑧ 품질·안전·환경관리 대책 등

15.4.32 / 17.4.75 / 18.4.68 / 19.1.24 / 20.3.29 / 20.3.35 / 21.4.78

34 금속관공사 시 금속관을 절단한 후 절단면을 다듬기 위하여 사용하는 공구는?

① 리머 ② 오스터
③ 파이프 밴더 ④ 와이어스트리퍼

해설 **리머(reamer)**

금속배관 안쪽의 절단면을 다듬기 위한 공구

13.4.35 / 14.4.23 / 14.4.30 / 16.2.46 / 16.4.28 / 17.2.31 / 18.1.23 / 18.1.53 / 20.3.39 / 21.1.31 / 21.2.48 / 21.4.25

35 접지극의 물리적인 접지저항 저감방법 중에서 수평공법이 아닌 것은?

① 보링 공법 ② MESH 공법
③ 접지극 병렬접속 ④ 접지극 치수확대

해설 **접지저항 저감방법**

(1) 물리적인 저감방법
1) 수평공법
① 접지극의 병렬접속(접지극의 상호 간격을 크게 한다)
② 접지극의 치수 확대(깊이 매설)
③ 매설지선 공법(하나의 접지극 대신 지선을 땅에 매설하는 방법) 및 평판 접지전극의 사용
④ MESH 공법
⑤ 구조체 접지(철근, 철골, 수도관 등 건물의 구조체를 접지극으로 사용)
⑥ 돌기형 접지극의 사용(접지봉의 표면에 돌기를 만들어 대지와의 접촉면적을 크게 하는 방법)

2) 수직공법
① 보링공법
② 접지봉 심타법

(2) 화학적 저감방법
① 토양의 고유저항을 화학적으로 저감시키는 방법
② 염, 황산 암모니아, 탄산소다, 벤트나이트 등을 주변 토양에 혼합한다.
③ 처음에는 저항값이 작으나, 1~2년후 에는 거의 효과 적음

17.2.23

36 수상태양광발전설비에 대한 설명으로 잘못된 것은?

① 수상태양광발전설비 모듈과 함께 인버터를 설치한다.
② 상부에 설치된 자재 및 작업자의 총량을 고려한 부력을 가져야 한다.
③ 홍수, 태풍, 수위변화 등에도 안정성을 유지하기 위해 계류 장치를 사용한다.
④ 수상에 설치된 발전설비는 수중생태 등의 환경에 대한 고려가 있어야 한다.

해설 **수상 태양광발전**

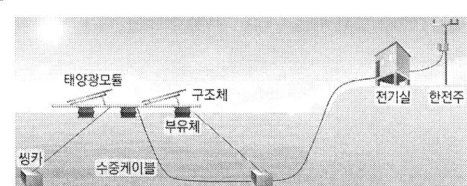

① 수면위에 태양광발전 시설을 설치하여 전기를 생산하는 것으로, 기존의 태양광기술에 플로팅 기술(floating technology)을 융합한 것이다.
② 육상의 태양광발전소와 차이점은 태양광 모듈(module)을 띄우는 구조체, 구조체를 고정하는 계류장치, 생산된 전력을 육상으로 전송하는 수중케이블 등 이며, 초기 투자비가 많이 든다.
③ 인버터는 지상의 전기실에 설치한다.

17.2.28

37 태양광 모듈의 전기배선 및 접속함 시공방법으로 틀린 것은?

① 접속 배선함 연결부위는 일체형 전용 커넥터를 사용
② 역전류방지 다이오드의 용량은 모듈 단락전류의 2배 이상 일 것
③ 전선이 지면을 통과하는 경우에는 피복에 손상이 발생 되지 않도록 조치
④ 1대의 인버터에 연결된 태양전지 직렬군이 2병렬 이상일 경우에는 각 직렬군의 출력전류가 동일하도록 배열

해설 태양광발전소 전기배선 및 접속함의 설비기준
① 태양전지에서 옥내에 이르는 배선에 쓰이는 전선은 모듈전용선 또는 TFR-CV선을 사용해야하며, 전선이 지면을 통과하는 경우에는 피복에 손상이 발생되지 않도록 별도의 조치를 취해야 한다.
② 태양전지판 결선시에 접속배선함 구멍에 맞추어 압착단자를 사용하여 견고하게 전선을 연결해야하며, 접속배선함 연결부위는 일체형 전용 커넥터를 사용한다.
③ 태양전지판 배선은 바람에 흔들림 없도록 케이블타이 등으로 단단히 고정하여야 하며 태양전지판의 출력배선은 군별, 극성별로 확인할 수 있도록 표시하여야 한다.

역류방지 다이오드의 시설
① 1대의 인버터에 접속되는 태양전지 직렬군(스트링)이 2병렬 이상 접속될 경우, 각 직렬군에 역전류방지 다이오드를 별도의 접속함에 설치하여야 하며, 접속함은 발생하는 열을 외부에 방출할 수 있도록 환기구 및 방열판을 갖추어야 한다.
② 역전류방지 다이오드의 정격은 모듈 단락전류의 2배 이상이며, 정격을 확인할 수 있어야 한다.

17.2.32 / 21.4.39

38 코로나 현상으로 발생되는 영향이 아닌 것은?

① 통신선 유도장해 발생 증가
② 소호리액터 소호능력 증가
③ 송전효율 저하
④ 잡음 발생

해설 코로나(corona)현상으로 발생되는 영향

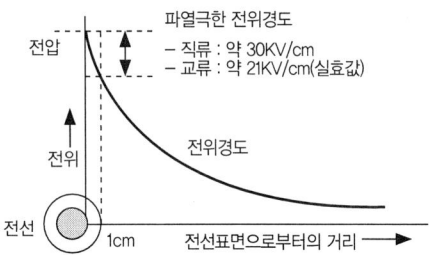

전선에 가해지는 전압이 어떤 값(임계 전압) 이상으로 되면 전선 표면의 공기 절연이 국부적으로 파괴되어 엷은 빛과 낮은 소리를 내게 되는 현상
① 코로나 손실발생 및 송전효율 저하
② 잡음 발생
③ 통신선 유도장해
④ 소호리액터 소호능력 저하
⑤ 전선부식

17.2.35

39 감리원의 수행업무 방법으로 옳지 않은 것은?

① 검사업무지침을 현장별로 수립한다.
② 시공기술자 실명부 확인은 생략한다.
③ 현장에서의 검사는 체크리스트를 사용한다.
④ 수립된 검사업무 지침은 시공 관련자에게 배포한다.

해설 검사업무
감리원은 다음의 검사업무 수행 기본방향에 따라 검사

정답 37. ④ 38. ②

업무를 수행하여야 한다.
① 감리원은 현장에서의 시공확인을 위한 검사는 해당 공사와 현장조건을 감안한 검사업무지침을 현장별로 작성·수립하여 발주자의 승인을 받은 후 이를 근거로 검사업무를 수행함을 원칙으로 한다. 검사업무지침은 검사하여야 할 세부공종, 검사절차, 검사시기 또는 검사빈도, 검사 체크리스트 등의 내용을 포함하여야 한다.
② 수립된 검사업무지침은 모든 시공 관련자에게 배포하고 주지시켜야 하며, 보다 확실한 이행을 위하여 교육한다.
③ 현장에서의 검사는 체크리스트를 사용하여 수행하고, 그 결과를 검사 체크리스트에 기록한 후 공사업자에게 통보하여 후속 공정의 승인여부와 지적사항을 명확히 전달한다.
④ 검사 체크리스트에는 검사항목에 대한 시공기준 또는 합격기준을 기재하여 검사결과의 합격여부를 합리적으로 신속 판정한다.
⑤ 단계적인 검사로는 현장 확인이 곤란한 공종은 시공 중 감리원의 계속적인 입회·확인으로 시행한다.
⑥ 공사업자가 검사요청서를 제출할 때 시공기술자 실명부가 첨부되었는지를 확인한다.
⑦ 공사업자가 요청한 검사일에 감리원이 정당한 사유없이 검사를 하지 않는 경우에는 공정추진에 지장이 없도록 요청한 날 이전 또는 휴일 검사를 하여야 하며 이때 발생하는 감리대가는 감리업자가 부담한다.

5.2.23 / 17.1.35 / 17.2.39 / 18.4.30 / 20.4.40

40 지상에 태양전지 어레이를 설치하기 위한 기초 형식 중 지지층이 얕은 경우에 사용하는 방식이 아닌 것은?

① 말뚝 기초 ② 직접 기초
③ 독립 푸팅 기초 ④ 복합 푸팅 기초

[해설] **기초의 분류**

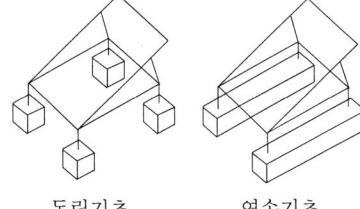

독립기초   연속기초

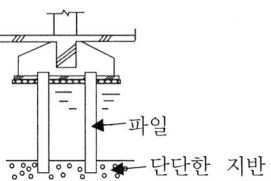

파일(말뚝) 기초

1) 얕은 기초(Shallow Foundation)
① 독립 기초(Individual Footing) : 단일기둥을 지지, 기둥간격이 넓은 경우
② 복합 기초(Contentious Footing) : 다수의 연속기둥 또는 벽체를 지지
③ 전면(온통)기초(Mat 또는 Raft Foundation)

※ 직접기초 : 독립기초, 연속기초, 전면(온통)기초

2) 깊은 기초(Deep Foundation)
① 파일(말뚝)기초(Pile Foundation)
② 피어기초(Pier Foundation)
③ 케이슨(우물통)기초

16.2.36 / 16.2.43 / 18.2.49 / 18.4.21 / 19.2.58 / 21.4.23

41 태양광발전시스템 보수점검 작업 시 점검 전 유의사항이 아닌 것은?

① 회로도 검토 ② 오조작 방지
③ 접지선 제거 ④ 무전압 상태확인

[해설] **정전작업**

1) 정전작업 전 조치사항
① 전원차단후 각 단로기 등을 개방하고 확인할 것
② 차단장치나 단로기 등에 잠금(시건)장치 및 꼬리표를 부착할 것
③ 전기기기 등에 공급되는 모든 전원을 관련 배선도, 도면 등을 통해 확인할 것
④ 검전기를 이용하여 작업 대상 기기가 충전되었는지 확인 할 것(잔류전하 방전)

2) 정전작업 중 조치사항
① 작업지휘자에 의한 작업지휘
② 개폐기 관리(전원 재투입 방지, 잠금장치 및 꼬리표 부착 관리)
③ 근접 활선에 대한 방호상태 관리

정답 39. ② 40. ① 41. ③

④ 단락접지의 상태관리

3) 정전작업 후 조치사항
① 작업기기, 단락접지기구(접지선)를 제거하고 전기기기 등이 안전하게 통전될 수 있는지 확인
② 모든 작업자가 작업이 완료된 전기기기 등에서 떨어져 있는지 확인할 것
③ 잠금장치 와 꼬리표는 설치한 근로자가 직접 철거할 것
④ 모든 이상유무를 확인한 후 전기기기 등의 전원을 투입할 것

16.2.42 / 16.2.48 / 16.2.56 / 18.1.60 / 18.4.24 / 18.4.36 / 21.2.27

42 전기사업 허가신청서의 처리절차로 옳은 것은?

① 신청서 작성 및 제출 → 검토 → 접수 → 전기위원회 심의 → 허가증 발급
② 신청서 작성 및 제출 → 접수 → 검토 → 전기위원회 심의 → 허가증 발급
③ 신청서 작성 및 제출 → 전기위원회 심의 → 검토 → 접수 → 허가증 발급
④ 신청서 작성 및 제출 → 접수 → 전기위원회 심의 → 검토 → 허가증 발급

해설 전기사업허가(변경) 처리절차

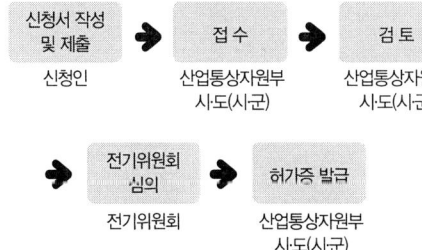

16.2.52 / 18.1.41 / 21.2.44

43 시스템 성능평가의 분류로 틀린 것은?

① 신뢰성 ② 사이트
③ 발전성능 ④ 분석가격

해설 태양광발전시스템 성능평가의 대분류
① 태양광 발전 시스템 구성 요인의 성능 및 신뢰성
② 태양광 발전 시스템의 사이트
③ 태양광 발전 시스템의 신뢰성
④ 태양광 발전 시스템의 설비 설치비용(경제성)
⑤ 태양광 발전 시스템의 발전 전력 생산 능력(발전성능)

15.2.52 / 15.4.52 / 15.4.60 / 16.2.55 / 17.1.54 / 17.2.48 / 19.1.46 / 21.1.56

44 절연변압기가 부착된 태양광인버터의 정격전압이 600[V]일 때 절연저항측정 시 사용하는 절연저항계는 몇 [V]용을 이용하는가??

① 500 ② 1000 ③ 2000 ④ 3000

해설 직류회로의 절연저항 측정
접속함에서 태양광전지 스트링의 양극과 음극을 단락시키고, 이 부분(DC전로)과 대지(접지) 간에 500[V] 또는 1000[V] Megger로 절연저항을 측정한다.

16.2.59 / 19.2.41

45 송전설비의 배전반에서 주회로의 인입부분 및 인출부분에 대한 일상점검의 내용이 아닌 것은?

① 볼트 종류의 이완상태에 따른 진동음 발생 여부를 점검한다.
② 케이블의 접속부분에서 과열현상에 의한 이상한 냄새의 발생 여부를 점검한다.
③ 케이블의 관통부분에서 곤충이나 벌레 등의 침입 가능성이 있는지 점검한다.
④ 부싱부분에서 접지 및 절연저항 값을 측정하고 점검한다.

해설 주회로 인입·인출부(일상점검)

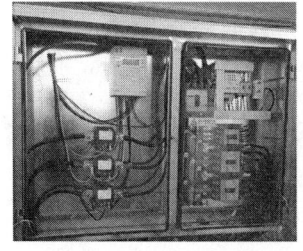

정답 42.② 43.④ 44.② 45.④

1) 폐쇄 모선의 접속부
① 이상 소리음 : 볼트 풀림 등에 의한 진동
2) 부싱
① 손상 : Corona 방전에 의한 이상음 점검, 균열, 파손 등
3) 케이블 단말부 및 접속부, 관통부 등
① 이상 소리음 : 볼트 풀림 등에 의한 진동
② 이상 냄새 : Corona 방전에 의한 과열 냄새
③ 손상 : 배선, 케이블 막이 판의 탈락 및 간격
④ 쥐, 곤충, 설치류 등의 침입 : 곤충 및 설치류 등의 침입 흔적

③ 한전차단기를 개방(off)한다.
④ 태양광발전시스템을 점검한다.
⑤ 이상이 없을 시 역순으로 작동한다.

13.4.46 / 16.2.50 / 17.1.56 / 17.2.52 / 18.2.52 / 19.1.42 / 19.2.52 / 19.4.43

48 인버터의 일상점검 항목으로 틀린 것은?

① 외함의 부식 및 파손
② 가대의 부식 및 오염 상태
③ 이상음, 이상 진동 및 과열 상태
④ 외부배선(접속케이블)의 손상여부

해설 PCS(인버터)의 일상점검
① 외함의 부식 및 파손
② 외부배선의 손상 및 접속단자 풀림
③ 접지선의 손상 및 접지단자 풀림
④ 환기팬확인
⑤ 이음, 이취, 연기 발생 및 이상 과열 상태
⑥ LCD표시창 발전상황 정보표시 이상 여부

17.1.59 / 18.2.43

46 결정질 실리콘 태양광발전 모듈의 성능시험 중 바이패스 다이오드 열시험 시 STC조건에서 몇 배의 단락전류를 적용하는가?

① 1.1   ② 1.25
③ 1.5   ④ 2

해설 바이패스 다이오드 열시험(Bypass Diode Thermal test)
모듈의 열점(Hot Spot) 현상에 대해 유해한 결과를 제한하기 위해 바이패스 다이오드의 열에 대한 내성설계가 얼마나 잘 반영 되어 있는지 그리고 유사한 환경에서 장시간 사용할 경우 신뢰성이 확보되었는지를 평가하는 것을 목적으로 하며, STC 조건에서 단락전류의 1.25배와 같은 전류를 적용한다.

18.2.55

49 배선 케이블의 육안점검 사항으로 틀린 것은?

① 배선의 늘어짐
② 배선의 위험 노출
③ 배선의 변색 변형
④ 배선의 환기 상태

해설 ① 배선의 늘어짐
② 배선의 위험 노출
③ 배선의 변색 변형
④ 배선의 절연피복 손상
⑤ 배선의 고정상태
⑥ 과열에 의한 냄새

14.4.60 / 16.4.58 / 17.2.51 / 17.4.42 / 18.1.58 / 18.2.48 / 19.1.50 / 19.2.49

47 태양광발전시스템이 작동되지 않았을 때 응급조치 방법이 아닌 것은?

① AC 차단기 개방
② 태양광 모듈 분리
③ 인버터 정지 후 점검
④ 접속함 내부 DC 차단기 개방

해설 태양광발전시스템의 응급조치순서
① 접속함의 DC 메인 전원 스위치를 개방(off)한다.
② 인버터의 전원 스위치를 개방(off)한다.

18.2.59 / 20.3.57

50 선간전압이 100kV인 충전전로 인근에서 유자격자가 작업하는 경우 노출 충전부에 접근 한계

정답 46. ② 47. ② 48. ② 49. ④

거리 몇 cm 이내로 접근하거나 절연 손잡이가 없는 도전체에 접근할 수 없도록 하여야 하는가?

① 110 ② 130
③ 150 ④ 170

해설 충전전로에서의 전기작업

유자격자가 충전전로 인근에서 작업하는 경우에는 다음의 경우를 제외하고는 노출 충전부에 다음 표에 제시된 접근한계거리 이내로 접근하거나 절연 손잡이가 없는 도전체에 접근할 수 없도록 할 것

① 근로자가 노출 충전부로부터 절연된 경우 또는 해당 전압에 적합한 절연장갑을 착용한 경우
② 노출 충전부가 다른 전위를 갖는 도전체 또는 근로자와 절연된 경우
③ 근로자가 다른 전위를 갖는 모든 도전체로부터 절연된 경우

충전전로의 선간전압 [kV]	충전전로에 대한접근 한계거리[cm]
0.3 이하	접촉금지
0.3 초과 0.75 이하	30
0.75 초과 2 이하	45
2 초과 15 이하	60
15 초과 37 이하	90
37 초과 88 이하	110
88 초과 121 이하	130
121 초과 145 이하	150
145 초과 169 이하	170
169 초과 242 이하	230
242 초과 362 이하	380
362 초과 550 이하	550
550 초과 800 이하	790

20.3.43 / 21.1.45

51 태양광시스템용 배터리 충전 컨트롤러-성능 및 기능(KS C IEC 62509:2010)에 따라 배터리 충전 컨트롤러(BCC)는 태양광(PV)발전기로부터 받는 전체 정격 전류의 몇 %까지 과전류에 의해 손상되지 않아야 하는가?

① 105 ② 110 ③ 125 ④ 150

해설 과전류 동작

1) 태양광(PV)측
배터리 충전 컨트롤러(BCC)는 태양광(PV) 발전기로부터 받는 전체 정격 전류의 125%까지 과전류에 의해 손상되지 않아야 한다. 과전류가 흘러 수동 리셋을 하지 않은 후에도 정상적으로 동작되어야 한다.

2) 부하측
배터리 충전 컨트롤러(BCC)가 부하 단자를 갖고 있는 경우, 이 단자는 필수 태양광(PV) 배터리 충전 컨트롤러(BCC) 기능의 동작이 과부하로 손상되는 것을 방지하기 위해 전류 보호가 되어야 한다.

16.2.47 / 16.2.51 / 16.4.47 / 17.2.42 / 18.1.45 / 18.2.44 / 18.2.54 / 19.1.43 / 19.1.51 / 19.1.53 / 19.4.42 / 19.4.47 / 20.3.48 / 20.4.42 / 20.4.45 / 20.4.51 / 21.1.46 / 21.1.51 / 21.1.58 / 21.4.44 / 21.2.47 / 21.4.56

52 태양광발전 모듈의 발전성능을 옥내에서 시험하기 위해 사용하는 인공광원은?

① 항온항습 장치 ② UV시험 장치
③ 염수분무 장치 ④ 솔라 시뮬레이터

해설 태양전지모듈 시험장치

① 항온항습 장치
태양전지모듈의 온도 사이클 시험, 온습도 사이클 시험, 내열-내습성시험을 하기위한 챔버, 온도 ±2[℃] 이내, 습도 ±5[%] 이내이어야 한다.
② UV시험 장치
태양전지모듈이 태양광에 노출되는 경우에 따라서 유지되는 열화정도를 시험하기 위한 장치
③ 염수분부 장치
태양전지모듈의 구성 재료와 패키지 등의 구성품을 대상으로 염수(바닷물)에 대한 내구성을 시험하기 위한 환경 챔버
④ 솔라 시뮬레이터
태양광발전 모듈의 발전성능을 옥내에서 시험하기 위한 인공광원이며, 방사조도 ±2[%] 이내, 광원 균일도 ±2[%] 이내의 A등급 이상의 것

20.3.52 / 21.2.54

53 개인보호구의 사용 및 관리에 관한 기술지침에 따라 안전화 중 고압에 의한 감전 방지 및 방수

를 겸한 것은?

① 절연화
② 절연장화
③ 발등안전화
④ 정전기안전화

해설 안전화의 종류

① 절연화 : 물체의 낙하, 충격 또는 날카로운 물체에 의한 찔림 위험으로부터 발을 보호하고 저압의 전기에 의한 감전을 방지하기 위한 것
② 발등안전화 : 물체의 낙하, 충격 또는 날카로운 물체에 의한 찔림 위험으로부터 발 및 발등을 보호하기 위한 것
③ 정전기안전화 : 물체의 낙하, 충격 또는 날카로운 물체에 의한 찔림 위험으로부터 발을 보호하고 정전기의 인체대전을 방지하기 위한 것

14.4.45 / 15.4.54 / 16.4.56 / 17.1.55 / 17.4.57 / 18.1.52 / 19.1.41 / 19.2.46 / 19.4.56 / 20.3.55

54 태양광발전 모듈의 고장으로 틀린 것은?

① 핫 스팟
② 백화현상
③ 프레임 변형
④ 부스바 과열

해설 모듈의 고장원인

① 제조결함(백화현상, 적화현상, 황색 변이, 핫스팟, 백시트 에어 버블링 등)
② 시공불량(모듈 시공시 외부 충격의 영향, 구조물의 불균형 시공으로 인한 프레임 변형 등)
③ 전기적(전압, 전류), 기계적(열응력, 충격) 스트레스에 의한 태양전지 셀의 파손
④ 염해, 부식성 가스 등 주변 환경에 의한 부식
⑤ 경년 열화에 의한 태양전지 셀 및 리본의 노화

17.1.58 / 17.4.50 / 17.4.56 / 18.2.41 / 19.1.44 / 19.2.44 / 20.3.59 / 21.2.42 / 21.4.524

55 전기안전관리자의 직무 고시에 따른 태양광발전시스템의 점검에서 유지보수 시의 점검 종류가 아닌 것은?

① 일시점검
② 일상점검
③ 정기점검
④ 정밀점검

해설 점검의 종류

1) 일상점검
   설비의 운전상태에서 매일 또는 주 1회씩 점검

2) 정기점검
   설비를 정지시켜 일정한 주기마다 점검
   ① 보통점검 : 설비를 정지시켜 점검, 주기는 1개월 ~ 1년 정도
   ② 정밀점검 : 설비의 분해점검, 주기는 1년 ~ 10년 정도

3) 임시점검
   천재지변, 기기고장, 순시점검 중이나 운전중 이상 발견시 점검

16.4.59 / 17.2.43 / 18.2.58 / 19.4.44

56 태양전지 어레이의 일상점검 항목 중 육안점검의 내용으로 틀린 것은?

① 보호계전기의 설정
② 표면의 오염 및 파손
③ 지지대의 부식 및 녹
④ 외부배선(접속케이블)의 손상

해설 태양전지(어레이)의 육안점검

① 모듈의 오염 및 파손
② 프레임 파손 및 변형유무
③ 가대의 부식 및 녹 발생
④ 가대의 고정(볼트 및 너트의 풀림) 및 접지
⑤ 외부배선의 손상
⑥ 변색, 낙엽 등의 유무 검사
⑦ 지붕재의 파손 및 지지기구와의 고정상태

15.2.52 / 15.4.52 / 15.4.60 / 16.2.55 / 17.1.54 / 17.2.48 / 19.1.46 / 21.1.56

57 태양광발전시스템에 대한 정기점검에서, 접속함의 출력단자와 접지 간의 절연상태 이상여부를 판정하는 절연저항 값의 기준치는 최소 몇 [MΩ] 이상인가? (단, 절연저항계(메거)의 측정전압은 직류 500[V] 이다.)?

① 0.1
② 0.2
③ 1
④ 10

정답 53. ② 54. ④ 55. ① 56. ①

해설 접속반 DC 500[V] 절연저항시험
① 태양전지-접지선(각 회로별)간 0.2[MΩ]
② 출력단자-접지선간 1[MΩ] 이상일 것

13.4.46 / 16.2.50 / 17.1.56 / 17.2.52 / 18.2.52 / 19.1.42 / 19.2.52 / 19.4.43

58 인버터(파워컨디셔너)의 일상점검 항목이 아닌 것은?

① 표시부의 이상표시
② 외함의 부식 및 파손
③ 가대의 부식 및 오염 상태
④ 회부배선(접속케이블)의 손상

해설 PCS(인버터)의 일상점검
① 외함의 부식 및 파손
② 외부배선의 손상 및 접속단자 풀림
③ 접지선의 손상 및 접지단자 풀림
④ 환기팬확인
⑤ 이음, 이취, 연기 발생 및 이상 과열 상태
⑥ LCD 표시창 발전상황 정보표시 이상 여부

17.2.55 / 21.4.54

59 운전 상태에서 점검이 가능한 점검분류는 무엇인가?

① 임시점검   ② 일상점검
③ 정기점검(보통)   ④ 정기점검(세밀)

해설 일상순시점검
일상순시점검은 배전반의 기능을 유지하기 위한 일상점검을 말하며 아래의 서술된 요령으로 실시한다.

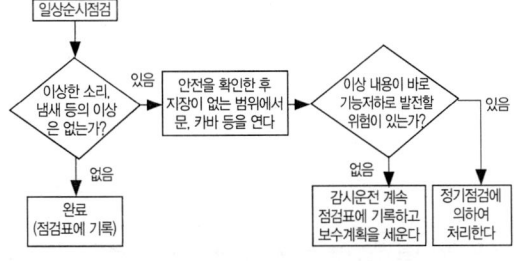

① 매일의 일상순시점검은 문을 열어 점검한다던가, 커버를 해체한 후 점검한다던가 하는 것이 아니고 이상한 소리, 냄새, 손상 등을 배전반 외부에서 점검 항목의 대상항목에 따라 점검하는 것
② 이상상태를 발견한 경우에는 배전반의 문을 열고 이상의 정도를 확인한다.
③ 이상의 상태가 직접 운전을 하지 못할 정도로 전개되는 경우를 제외하고는 이상상태의 내용을 기록하여 정기점검 시에 운영한다.

16.4.3 / 17.1.53 / 17.2.59 / 17.4.41 / 19.1.49 / 20.1.42 / 20.3.47 / 20.4.43 / 21.1.60

60 태양광발전시스템의 개방전압을 측정할 때 유의해야 할 사항으로 틀린 것은?

① 태양전지 에러이의 표면은 청소하지 않아도 된다.
② 각 스트링의 측정은 안정된 일사강도가 얻어질 때 실시한다.
③ 태양전지 셀은 비 오는 날에도 미소한 전압을 발생하고 있으므로 매우 주의하여 측정해야 한다.
④ 측정시각은 일사강도, 온도의 변동을 극히 적게 하기 위해 맑을 때, 남쪽에 있을 때의 전후 1시간에 실시하는 것이 바람직하다.

해설 개방전압 측정 시 주의사항
① 각 모듈이 음영의 영향을 받지 않는 것을 확인한다. (모듈의 불량 또는 모듈간의 접속불량 등이 발생하면 각 스트링의 개방전압 측정치가 불균일하다)
② 각 모듈이 균일한 일사조건이 되기 쉬운 약간 흐린 날씨라면 평가하기 쉬우나, 아침, 저녁의 낮은 일사조건은 피한다.
③ 맑은 날, 남중고도에 있을 때 측정하면 오차가 적다.
④ 우천 시에는 감전의 위험이 있으니, 측정을 피한다

16.2.63

61 전로의 중성점을 접지하는 목적에 해당하지 않는 것은?)

① 이상전압의 억제
② 대지전압의 저하

③ 보호 장치의 확실한 동작의 확보
④ 부하전류의 일부를 대지로 흐르게 함으로써 전선의 절약

[해설] 전로의 중성점 접지(판단기준 제27조)
① 전로의 보호장치의 확실한 동작의 확보
② 이상 전압의 억제
③ 대지전압의 저하

16.2.17 / 16.2.68 / 16.4.16 / 18.1.16 / 18.1.71 / 18.2.6 / 19.2.15 / 19.4.19 / 20.1.75 / 20.3.3 / 20.1.11 / 21.1.13 / 21.2.6

62 수소와 산소의 전기화학 반응을 통하여 전기 또는 열을 생산하는 설비는?

① 연료전지설비
② 산소에너지설비
③ 수소에너지설비
④ 수소 및 산소에너지설비

[해설] 연료전지의 발전원리
① 외부에서 수소와 산소를 공급하면 전기 에너지를 만든다.
② 수소와 산소의 화학반응으로 생기는 화학에너지를 직접 전기에너지로 변환시킨다.

$$H_2 + 1/2\, O_2 \rightarrow H_2O + 전기$$

③ 생성물이 전기와 순수(純水)인 발전효율 30~40%, 열효율 40% 이상으로 총 70~80%의 효율을 갖는다.
④ 배터리와 같은 에너지 저장기능은 없다.

16.2.72 / 16.4.66 / 21.1.61

63 신·재생에너지의 이용·보급을 촉진하기 위한 보급사업의 종류가 아닌 것은??

① 신기술의 적용사업 및 시범사업
② 지방자치단체와 연계한 보급사업
③ 실증단계의 신·재생에너지 설비의 보급을 지원하는 사업
④ 환경 친화적 신·재생에너지 집적화단지 및 시범단지 조성사업

[해설] 보급사업(신재생에너지법 제27조)
산업통상자원부장관은 신·재생에너지의 이용·보급을 촉진하기 위하여 필요하다고 인정하면 대통령령으로 정하는 바에 따라 다음의 보급사업을 할 수 있다.
① 신기술의 적용사업 및 시범사업
② 환경친화적 신·재생에너지 집적화단지 및 시범단지 조성사업
③ 지방자치단체와 연계한 보급사업
④ 실용화된 신·재생에너지 설비의 보급을 지원하는 사업
⑤ 그밖에 신·재생에너지 기술의 이용·보급을 촉진하기 위하여 필요한 사업으로서 산업통상자원부장관이 정하는 사업

13.4.76 / 15.2.25 / 16.4.73 / 17.4.66 / 17.4.67 / 18.1.24 / 18.1.75 / 19.1.62 / 19.2.78 / 19.4.67 / 20.3.73 / 21.1.63 / 21.1.76 / 21.4.70

64 신재생에너지 개발·이용·보급 촉진법에 의해 공급인증기관이 개설한 거래시장 외에서 공급인증서를 거래한 자에게 부과하는 벌칙으로 옳은 것은?

① 1년 이하의 징역 또는 1천만원 이하의 벌금
② 2년 이하의 징역 또는 2천만원 이하의 벌금
③ 3년 이하의 징역 또는 3천만원 이하의 벌금
④ 3년 이상의 징역 또는 지원받은 금액의 3배 이상에 상당하는 벌금

[해설] 벌칙(신재생에너지법 제34조)
① 거짓이나 부정한 방법으로 발전차액을 지원받은 자와 그 사실을 알면서 발전차액을 지급한 자는 3년 이하의 징역 또는 지원받은 금액의 3배 이하에 상당하는 벌금에 처한다.

② 거짓이나 부정한 방법으로 공급인증서를 발급받은 자와 그 사실을 알면서 공급인증서를 발급한 자는 3년 이하의 징역 또는 3천만원 이하의 벌금에 처한다.

③ 공급인증기관이 개설한 거래시장 외에서 공급인증서를 거래한 자는 2년 이하의 징역 또는 2천만원 이하의 벌금에 처한다.

정답 61. ④ 62. ① 63. ③ 64. ②

④ 법인의 대표자나 법인 또는 개인의 대리인, 사용인, 그 밖의 종업원이 그 법인 또는 개인의 업무에 관하여 ①~③까지의 어느 하나에 해당하는 위반행위를 하면 그 행위자를 벌하는 외에 그 법인 또는 개인에게도 해당 조문의 벌금형을 과한다. 다만, 법인 또는 개인이 그 위반행위를 방지하기 위하여 해당 업무에 관하여 상당한 주의와 감독을 게을리하지 아니한 경우에는 그렇지 않다.

16.2.79 / 21.2.78

65 450/750[V] 일반용 단심 비닐 절연 전선을 사용한 저압 가공전선이 위쪽에는 상부 조영재와 접근하는 경우의 전선과 상부 조영재 상호간의 최소 이격거리 [m]는?

① 1.0
② 1.2
③ 2.0
④ 2.5

해설 저압 인입선의 시설(판단기준 제100조)
저압 가공 인입선과 다른 시설물 사이의 이격거리는 다음에서 정한 값 이상이어야 한다.

다른 시설물의 구분	접근 형태	이격거리
조영물의 상부 조영재	위쪽	2[m] (전선이 다심형 전선, 옥외용 비닐절연전선 이외의 저압 절연전선인 경우에는 1[m], 고압 절연전선, 특고압 절연전선 또는 케이블인 경우에는 50[cm])
	옆쪽 또는 아래쪽	30[cm] (전선이 고압 절연전선, 특고압 절연전선 또는 케이블인 경우에는 15[cm])
조영물의 상부 조영재 이외의 부분 또는 조영물 이외의 시설물		30[cm] (전선이 고압 절연전선, 특고압 절연전선 또는 케이블인 경우에는 15[cm])

13.4.75 / 14.4.80 / 18.2.63 / 19.4.39

66 접지공사에 사용하는 접지선을 사람이 접촉할 우려가 있는 곳에 시설하는 경우 그 방법이 틀린 것은?

① 접지극은 지하 75[cm] 이상으로 하되 동결 깊이를 감안하여 매설할 것
② 접지선의 지하 30[cm]부터 지표상 2[m]까지의 부분은 합성수지관 또는 이와 동등 이상의 절연효력 및 강도를 가지는 몰드로 덮을 것
③ 접지선에는 절연전선(옥외용 비닐절연전선 제외), 캡타이어케이블 또는 케이블(통신용 케이블 제외)을 사용할 것
④ 접지선을 철주에 따라서 시설하는 경우 접지극을 철주의 밑면으로부터 30[cm] 이상의 깊이에 매설하는 경우 이외에는 접지극을 지중에서 그 금속체로부터 1[m] 이상 떼어 매설할 것

해설 접지도체는 지하 0.75 m 부터 지표 상 2 m 까지 부분은 합성수지관(두께 2 ㎜ 미만의 합성수지제 전선관 및 가연성 콤바인덕트관은 제외한다) 또는 이와 동등 이상의 절연효과와 강도를 가지는 몰드로 덮어야 한다.

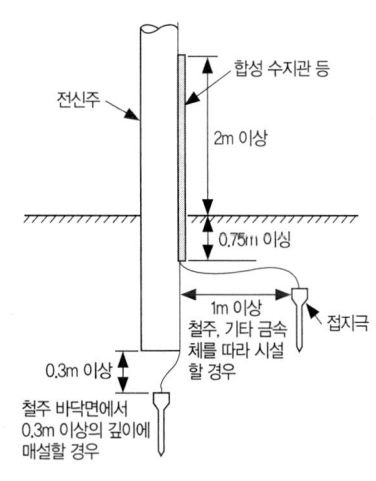

65. ③ 66. ②

67. 극저주파 전자계라 함은 0[Hz]를 제외한 몇 [Hz]이하의 전계와 자계를 말하는가?

15.2.80 / 18.2.68 / 20.3.79 / 20.4.62 / 21.1.80

① 300 ② 400 ③ 500 ④ 700

[해설] 전자파의 종류

주파수(1초 동안 진동하는 횟수)에 따라 분류된다.
① 극저주파 : 0~300[Hz]로 전력설비 주파수
② 무선주파수 : 300[Hz]~300[MHz]로 AM, FM, TV 방송파
③ 마이크로파 : 300[MHz]~300[GHz]
④ 적외선, 가시광선, 자외선, X선, 감마선

※ 송전선로 등의 주파수는 가정용 전기제품 등과 비교해 같거나 그 이하인 60[Hz]인 것을 감안하면 전자파가 아니라 전자계라고 불리는 것이 올바른 표현이라고 생각되며, 이러한 극저주파 영역의 전자계는 에너지가 극히 미약하고 거리에 따라 급격히 감소하는 특징이 있다.

68. 바이오에너지를 생산하거나 이를 에너지원으로 이용하는 설비는?

5.2.75 / 15.4.65 / 15.4.74 / 17.1.62 / 17.2.63 / 17.4.1 / 17.4.3 / 17.4.76 / 18.1.8 / 18.2.72 / 19.4.15 / 20.1.18 / 20.1.72 / 20.1.77 / 21.1.6 / 21.2.12

① 태양광 설비 ② 바이오에너지 설비
③ 태양열 설비 ④ 수소에너지 설비

[해설] 바이오에너지 설비

바이오에너지를 생산하거나 이를 에너지원으로 이용하는 설비

(1) 바이오에너지 이용기술
① 바이오에너지 이용기술이란 바이오매스(Biomass, 유기성 생물체를 총칭)를 직접 또는 생·화학적, 물리적 변환과정을 통해 액체, 가스, 고체연료나 전기·열에너지 형태로 이용하는 화학, 생물, 연소공학 등의 기술
② Biomass란 태양에너지를 받은 식물과 미생물의 광합성에 의해 생성되는 식물체·균체와 이를 먹고 살아가는 동물체를 포함하는 생물 유기체

(2) 바이오에너지 변환시스템

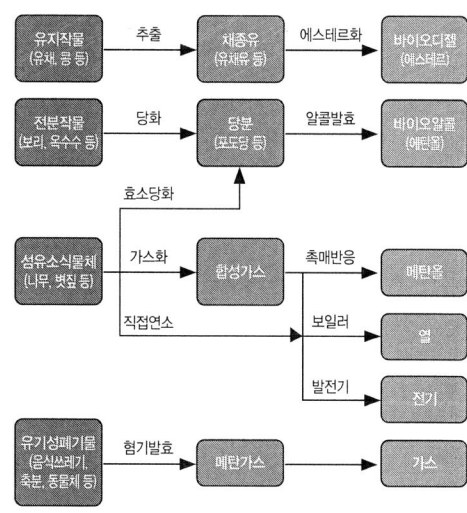

※ **신·재생에너지 설비(신재생에너지법 시행규칙 제2조)**
① 태양광 설비 : 태양의 빛에너지를 변환시켜 전기를 생산하거나 채광(採光)에 이용하는 설비
② 태양열 설비 : 태양의 열에너지를 변환시켜 전기를 생산하거나 에너지원으로 이용하는 설비
③ 수소에너지 설비: 물이나 그밖에 연료를 변환시켜 수소를 생산하거나 이용하는 설비

69. 산업통상자원부장관이 전기의 보편적 공급을 위하여 고려해야할 구체적인 내용이 아닌 것은?

18.2.74

① 전기기술의 발전 정도
② 전기의 보급 정도
③ 전기사업자 보호
④ 사회복지의 증진

[해설] 보편적 공급(전기사업법 제6조)

1) 전기사업자등은 전기의 보편적 공급에 이바지할 의무가 있다.

2) 산업통상자원부장관은 다음의 사항을 고려하여 전기의 보편적 공급의 구체적 내용을 정한다.
① 전기기술의 발전 정도
② 전기의 보급 정도
③ 공공의 이익과 안전

정답 67. ① 68. ② 69. ③

④ 사회복지의 증진

15.4.70 / 15.4.77 / 17.1.78 / 18.2.79 / 18.4.40 / 20.4.38 / 20.4.75

70 50[kV] 이상의 송전선로를 연결하거나 차단하기 위한 "개폐소"를 정의할 때 해당하지 않는 곳은?

① 발전소 상호간
② 변전소 상호간
③ 발전소와 변전소 간
④ 송전전로와 전기수용설비간

해설 정의(전기사업법 시행규칙 제2조)

1) 변전소 : 변전소의 밖으로부터 전압 50,000[V] 이상의 전기를 전송받아 이를 변성(전압을 올리거나 내리는 것 또는 전기의 성질을 변경시키는 것)하여 변전소 밖의 장소로 전송할 목적으로 설치하는 변압기와 그 밖의 전기설비 전체

2) 개폐소 : 다음의 곳의 전압 50,000[V] 이상의 송전선로를 연결하거나 차단하기 위한 전기설비
  ① 발전소 상호간
  ② 변전소 상호간
  ③ 발전소와 변전소 간

3) 송전선로 : 다음의 곳을 연결하는 전선로(통신용으로 전용하는 것은 제외한다)와 이에 속하는 전기설비
  ① 발전소 상호간
  ② 변전소 상호간
  ③ 발전소와 변전소 간

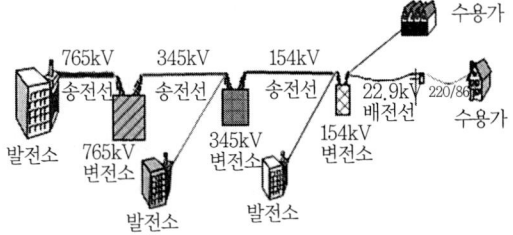

4) 배전선로 : 다음 각 목의 곳을 연결하는 전선로와 이에 속하는 전기설비
  ① 발전소와 전기수용설비

② 변전소와 전기수용설비
③ 송전선로와 전기수용설비
④ 전기수용설비 상호간

5) 전기수용설비 : 수전설비와 구내배전설비

6) 수전설비 : 타인의 전기설비 또는 구내발전설비로부터 전기를 공급받아 구내배전설비로 전기를 공급하기 위한 전기설비로서 수전지점으로부터 배전반(구내배전설비로 전기를 배전하는 전기설비)까지의 설비

7) 구내배전설비 : 수전설비의 배전반에서부터 전기사용기기에 이르는 전선로·개폐기·차단기·분전함·콘센트·제어반·스위치 및 그 밖의 부속설비

20.3.63 / 21.1.64

71 저탄소 녹색성장 기본법령에 따른 국가의 책무에 해당하지 않는 것은?

① 국가는 정치·경제·사회·교육·문화 등 국정의 모든 부문에서 저탄소 녹색성장의 기본원칙이 반영될 수 있도록 노력하여야 한다.
② 국가는 각종 정책을 수립할 때 경제와 환경의 조화로운 발전 및 기후변화에 미치는 영향 등을 종합적으로 고려하여야 한다.
③ 국가는 국제적인 기후변화대응 및 에너지·자원 개발협력에 능동적으로 참여하고, 선진국가로부터 기술적·재정적 지원을 받아야 한다.
④ 국가는 에너지와 자원의 위기 및 기후변화 문제에 대한 대응책을 정기적으로 점검하여 성과를 평가하고 국제협상의 동향 및 주요 국가의 정책을 분석하여 적절한 대책을 마련하여야 한다.

해설 국가는 국제적인 기후변화대응 및 에너지·자원 개발협력에 능동적으로 참여하고, 개발도상국가에 대한 기술적·재정적 지원을 할 수 있다.

16.2.76 / 16.4.76 / 20.3.68 / 20.4.71 / 21.4.74

72 전기설비기술기준의 판단기준에 따라 발전기·연료전지 또는 태양전지 모듈(복수의 태양전지 모

정답 70. ④ 71. ③

둘을 설치하는 경우에는 그 집합체)에 시설되는 계측하는 장치로 측정하는 대상이 아닌 것은?

① 전압 ② 전류
③ 역률 ④ 전력

해설 계측장치(판단기준 제50조)

발전소에는 다음의 사항을 계측하는 장치를 시설하여야 한다. 다만, 태양전지 발전소는 연계하는 전력계통에 그 발전소 이외의 전원이 없는 것에 대하여는 그렇지 않다.

① 발전기·연료전지 또는 태양전지 모듈의 전압 및 전류 또는 전력
② 발전기의 베어링 및 고정자의 온도
③ 정격출력이 10,000[kW]를 초과하는 증기터빈에 접속하는 발전기의 진동의 진폭(정격출력이 400,000[kW] 이상의 증기터빈에 접속하는 발전기는 이를 자동적으로 기록하는 것에 한한다)
④ 주요 변압기의 전압 및 전류 또는 전력
⑤ 특고압용 변압기의 온도

13.4.68 / 15.2.65 / 16.4.61 / 18.2.65 / 18.4.77 / 19.2.61 / 19.4.64 / 20.3.72

73 신에너지 및 재생에너지 개발·이용·보급 촉진법령에서 기본계획의 계획기간은 몇 년 이상으로 하는가?

① 1년 ② 3년
③ 5년 ④ 10년

해설 기본계획의 수립(신재생에너지법 제5조)

① 산업통상자원부장관은 관계 중앙행정기관의 장과 협의를 한 후 신·재생에너지정책심의회의 심의를 거쳐 신·재생에너지의 기술개발 및 이용·보급을 촉진하기 위한 기본계획을 5년마다 수립하여야 한다.
② 기본계획의 계획기간은 10년 이상으로 한다.

17.1.69 / 20.3.75 / 21.4.69

74 신에너지 및 재생에너지 개발·이용·보급 촉진법령에 따라 산업통상자원부장관은 발전차액을 반환할 자가 며칠 이내에 이를 반환하지 아니하면 국세 체납처분의 예에 따라 징수할 수 있는가?

① 15 ② 30 ③ 45 ④ 60

해설 지원 중단 등(신재생에너지법 제18조, 제17조)

1) 산업통상자원부장관은 발전차액을 지원받은 신·재생에너지 발전사업자가 다음의 어느 하나에 해당하면 산업통상자원부령으로 정하는 바에 따라 경고를 하거나 시정을 명하고, 그 시정명령에 따르지 아니하는 경우에는 발전차액의 지원을 중단할 수 있다.
① 거짓이나 부정한 방법으로 발전차액을 지원받은 경우
② 산업통상자원부장관은 발전차액을 지원받은 신·재생에너지 발전사업자가 결산재무제표 등 기준가격 설정을 위하여 필요한 자료요구에 따르지 아니하거나 거짓으로 자료를 제출한 경우

2) 산업통상자원부장관은 발전차액을 지원받은 신·재생에너지 발전사업자가 1)항 ①호에 해당하면 산업통상자원부령으로 정하는 바에 따라 그 발전차액을 환수할 수 있다. 이 경우 산업통상자원부장관은 발전차액을 반환할 자가 30일 이내에 이를 반환하지 아니하면 국세 체납처분의 예에 따라 징수할 수 있다.

15.2.80 / 18.2.68 / 20.3.79 / 20.4.62 / 21.1.80

75 전기설비기술기준에 따라 특고압 가공전선로에서 발생하는 극저주파 전자계는 지표상 1m에서 전계가 몇 kV/m 이하, 자계가 몇 µT 이하가 되도록 시설하여야 하는가?

① 3.5kV/m 이하, 83.3µT 이하
② 4.5kV/m 이하, 63.3µT 이하
③ 5.5kV/m 이하, 83.3µT 이하
④ 6.5kV/m 이하, 63.3µT 이하

해설 유도장해 방지(기술기준 제17조)

특고압 가공전선로에서 발생하는 극저주파 전자계는 지표상 1[m]에서 전계가 3.5[kV/m] 이하, 자계가 83.3[µT] 이하가 되도록 시설하는 등 상시 정전유도 및 전자유도작용에 의하여 사람에게 위험을 줄 우려가 없도록 시

설하여야 한다. 다만, 논밭, 산림 그밖에 사람의 왕래가 적은 곳에서 사람에 위험을 줄 우려가 없도록 시설하는 경우에는 그렇지 않다.

15.2.75 / 15.4.65 / 15.4.74 / 17.1.62 / 17.2.63 / 17.4.1 / 17.4.3 / 17.4.76 / 18.1.8 / 18.2.72 / 19.4.15 / 20.1.18 / 20.1.72 / 20.1.77 / 21.1.6 / 21.2.12

76 태양의 빛에너지를 변환시켜 전기를 생산하거나 채광(採光)에 이용하는 설비는?

① 풍력 설비 ② 태양광 설비
③ 태양열 설비 ④ 바이오에너지 설비

해설 신·재생에너지 설비(신재생에너지법 시행규칙 제2조)
① 연료전지 설비 : 수소와 산소의 전기화학 반응을 통하여 전기 또는 열을 생산하는 설비
② 태양열 설비 : 태양의 열에너지를 변환시켜 전기를 생산하거나 에너지원으로 이용하는 설비
③ 태양광 설비 : 태양의 빛에너지를 변환시켜 전기를 생산하거나 채광(採光)에 이용하는 설비
④ 수력 설비: 물의 유동(流動) 에너지를 변환시켜 전기를 생산하는 설비
⑤ 해양에너지 설비 : 해양의 조수, 파도, 해류, 온도차 등을 변환시켜 전기 또는 열을 생산하는 설비
⑥ 지열에너지 설비 : 물, 지하수 및 지하의 열 등의 온도차를 변환시켜 에너지를 생산하는 설비
⑦ 폐기물에너지 설비 : 폐기물을 변환시켜 연료 및 에너지를 생산하는 설비
⑧ 수열에너지 설비 : 물의 표층의 열을 변환시켜 에너지를 생산하는 설비
⑨ 바이오에너지 설비 : 바이오에너지를 생산하거나 이를 에너지원으로 이용하는 설비

15.2.61 / 16.2.69 / 17.2.68 / 18.4.66 / 19.1.67 / 20.3.76 / 21.4.72

77 신·재생에너지 공급의무화제도에서 공급의무자가 아닌 것은?

① 한국석유공사
② 한국남부발전
③ 국토교통부한국수자원공사
④ 한국지역난방공사

해설 공급의무자 범의(총 25개사)

구 분	공급의무자
그룹 Ⅰ	한국수력원자력, 한국남동발전, 한국중부발전, 한국서부발전, 한국남부발전, 한국동서발전
그룹 Ⅱ	한국지역난방공사, 한국수자원공사, SK E&S, GS EPS, GS 파워, 포스코인터내셔널, 씨지앤율촌전력, 평택에너지서비스, 대륜발전, 에스파워, 포천파워, 동두천드림파워, 파주에너지서비스, GS동해전력, 포천민자발전, 신평택발전, 나래에너지서비스, 고성그린파워, 강릉에코파워

17.2.72 / 20.3.78 / 21.2.70

78 전기설비 기술기준의 판단기준에서 관광숙박업에 이용되는 객실의 입구에 조명용 전등을 설치할 경우 몇 분 이내에 소등되는 타임스위치를 시설해야 하는가?

① 1 ② 2 ③ 3 ④ 5

해설 점멸장치와 타임스위치 등의 시설(판단기준 제177조)
조명용 전등을 설치할 때에는 다음에 따라 타임스위치를 시설하여야 한다.
① 관광진흥법과 공중위생법에 의한 관광숙박업 또는 숙박업(여인숙 업을 제외한다)에 이용되는 객실의 입구 등은 1분 이내에 소등되는 것일 것
② 일반주택 및 아파트 각 호실의 현관등은 3분 이내에 소등되는 것일 것

13.4.64 / 14.4.65 / 14.4.77 / 15.4.71 / 17.1.8 / 17.2.75 /
17.4.70 / 18.4.67 / 19.2.70 / 19.2.72 / 20.1.64

79 신에너지 및 재생에너지 개발·이용·보급 촉진법에서 정의하고 있는 신·재생에너지에 포함되지 않는 것은?

① 원자력
② 연료전지
③ 수소에너지
④ 태양에너지

해설 신·재생에너지의 정의(신재생에너지법 제2조)

1) 신에너지: 기존의 화석연료를 변환시켜 이용하거나 수소·산소 등의 화학 반응을 통하여 전기 또는 열을 이용하는 에너지
① 수소에너지
② 연료전지
③ 석탄을 액화·가스화한 에너지 및 중질잔사유을 가스화

2) 재생에너지: 햇빛·물·지열·강수·생물유기체 등을 포함하는 재생 가능한 에너지를 변환시켜 이용하는 에너지
① 태양에너지
② 풍력
③ 수력
④ 해양에너지
⑤ 지열에너지
⑥ 생물자원을 변환시켜 이용하는 바이오에너지
⑦ 폐기물에너지(비재생폐기물로부터 생산된 것은 제외한다)

17.2.79 / 20.4.80

80 저탄소 녹색성장 기본법의 목적에서 언급하고 있지 않는 것은?

① 전기사업의 경쟁 촉진
② 국민경제의 발전 도모
③ 경제와 환경의 조화로운 발전
④ 저탄소 녹색성장에 필요한 기반 조성

해설 녹색성장법의 목적(녹색성장법 제1조)

① 경제와 환경의 조화로운 발전을 위하여 저탄소 녹색성장에 필요한 기반을 조성한다.
② 녹색기술과 녹색산업을 새로운 성장 동력으로 활용함으로써 국민경제의 발전을 도모한다.
③ 저탄소 사회 구현을 통하여 국민의 삶의 질을 높인다.
④ 국제사회에서 책임을 다하는 성숙한 선진 일류국가로 도약하는 데 이바지함

정답 79. ① 80. ①

2025 제3회 CBT 복원 기출문제

14.4.78 / 15.2.3 / 15.4.10 / 16.2.70 / 17.2.64 / 17.4.71 / 18.1.67 / 18.4.69 / 19.1.71 / 21.1.4

01 온실효과에 대한 설명으로 틀린 것은?

① 온실효과 가스가 존재하지 않는다면 평균기온은 -18[℃]에 이른다.
② 석탄 등 화석연료 대량소비는 CO_2 발생 주원인이다.
③ CO_2 발생 증가는 지구온난화에 영향을 준다.
④ 지구 온난화는 연간 강수량을 증가시킨다

해설 지구온난화의 요인 및 영향
① 지구온난화의 요인중 화석연료의 사용에 따른 이산화탄소(CO_2) 등 온실가스의 배출량 증가가 가장 중요한 요인이다.
② 이산화탄소가 없을 경우 지구 평균온도는 -18 ~ -20[℃]이 되어, 인간을 비롯한 생명체가 살기 어려운 환경이 된다.
③ 기온 증가와 더불어 폭우, 가뭄, 폭염과 같은 이상기상 현상이 더 빈번해지고 더욱 강력해질 것으로 예측된다.
④ 기온 증가는 산림분포지역과 생태계의 변화를 가져올 뿐만 아니라 많은 지역에서 이용가능한 수자원(연편균 강수량)의 감소를 야기할 것으로 보인다.

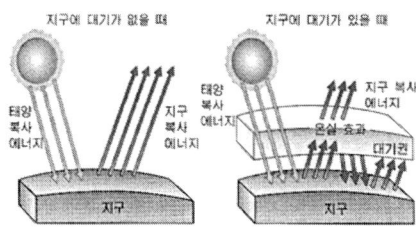

온실효과

15.2.8 / 16.4.9 / 18.4.8 / 19.1.12 / 20.4.13

02 종합출력에 영향을 미치는 손실 요소가 아닌 것은?

① 모듈의 온도
② 실측 경사면 일사량
③ MPP 불일치
④ 인버터 손실

해설 태양광발전시스템의 손실
① 입사각에 따른 일사강도의 변동, 적운, 적설, 오염 및 노화 등의 손실
② 어레이의 직류선과 각 접촉점에서 발생하는 저항에 따른 손실
③ 어레이의 온도상승에 따른 손실
④ 어레이의 직병렬 불균형 및 최대 출력점 변동 등에 따른 부정합 손실
(부정합 손실 : 동일한 모델의 PV 모듈로 태양광 발전시스템을 구성하더라도 PV 모듈간의 전기적 특성차이로 인해 시스템 전체의 최대출력전력이 각 PV 모듈간의 최대출력전력의 합보다 작아져 그 차이를 부정합 손실이라 한다.)
⑤ 태양전지나 모듈의 같은 조건에서 측정한 최대 출력 합계보다 작아져서 생기는 손실
⑥ 인버터의 변환효율, MPP 불일치 및 대기상태 등에 따른 인버터 손실
⑦ 태양전지의 표면과 보호유리의 반사 손실
⑧ 태양전지 표면에 부착되는 일부 전기회로는 태양광을 가려서 표면에 그늘 발생
⑨ 재료의 불량, 표면의 결함, 온도 상승 등으로 효율의 저하가 발생

15.2.12

03 다음에서 설명하고 있는 운전상태는?

> 태양광발전시스템이 계통과 연계되어 있는 상태에서 계통 측에 정전이 발생하면, 부하전력이 인버터의 출력과 동일하게 되므로, 인버터의 출력전압, 주파수는 변하지 않고 전압, 주파수 계전기에서는 정전을 검출할 수 없게 된다. 그 때문에 계속해서 태양광발전시스템에서 계통으로 전력이 공급될 가능성이 있게 된다.

① 자동운전 ② 단독운전
③ 병렬운전 ④ 추종운전

해설 단독운전방지기능
① 단독 운전

정답 1. ④ 2. ② 3. ②

분산형 전원을 연계한 계통에서 전력 계통 사고 등으로 전력회사 변전소의 송출 차단기가 개방되면, 분리된 계통은 분산형 전원만으로 수용가에 전력을 공급하게 되는데, 이 상태를 단독 운전이라고 한다.
② 감전사고 발생

배전선에 사고가 발생하면, 통상 사고가 발생한 배전선의 변전소 측 전원이 차단된다. 이때 분산형 전원이 단독 운전으로 사고가 발생한 배전선에 전기를 공급하면 배전선에 접촉한 작업자나 일반사람이 감전 피해를 입을 수 있다.

③ 사고 점의 전력 기기 손상

감전 사고와 마찬가지로, 사고 점에 있는 전력 기기에도 전력이 공급되기에 전력 기기가 손상될 우려가 있다.

④ 단독 운전 검출 장치의 방식

단독 운전 검출 장치는 크게 두 가지 방식이 있다. 분산형 전원의 연계점에서 전압 파형 등의 계통 정보를 상시 감시하다가 급격한 변화를 보고 검출하는 수동 방식과 계통에 아주 작은 변동을 주는 신호(능동 신호)를 주입해 단독 운전 시 그 변동이 뚜렷이 드러나는 것을 보고 검출하는 능동 방식이다.

15.2.15 / 17.2.12 / 19.1.15 / 19.2.17 / 19.4.20 / 20.3.12 / 21.1.17 / 21.4.4

04 풍력발전시스템 부품중 저속의 블레이드 회전수를 발전기용 고속회전수로 변환시키는 장치는?

① 감속기 ② 로터
③ 증속기 ④ 인버터

해설 풍력발전기의 구성

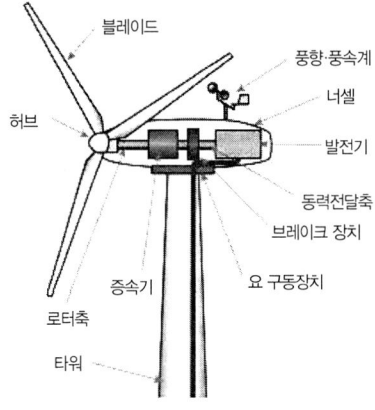

① 블레이드 : 바람이 가지는 에너지를 회전력으로 변환
② 허브 : 블레이드를 연결
③ 로터 : 블레이드와 허브를 포함해서 로타라고 함
④ 주축 : 회전력을 증속기에 전달
⑤ 증속기 : 저회전 고토크의 회전을 고회전 저토크의 회전으로 변환
⑥ 발전기 : 회전력을 전력으로 변환
⑦ 피치시스템 : 블레이드와 피치각을 조절
⑧ 너셀 : 블레이드와 타워를 연결하는 엔진실
⑨ 요잉 시스템 : 너셀을 바람이 부는 방향으로 일치시킴
⑩ 타워 : 풍력발전기를 지지
⑪ 제어/모니터링 시스템 : 풍력발전기를 제어

15.2.19

05 태양광발전용 축전지가 갖추어야 할 요구조건이 아닌 것은?

① 자기 방전율이 높을 것
② 에너지 저장 밀도가 높을 것
③ 중량 대비 효율이 높을 것
④ 과충전, 과방전에 강할 것

해설 축전지가 갖추어야할 조건

① 자기방전율이 낮고 에너지 저장 밀도가 높을 것
② 과충전, 과방전에 강하고, 방전 전압, 전류가 안정적일 것
③ 환경변화에 안정적이며, 효율이 높을 것
④ 유지보수가 용이하고 경제적일 것

13.4.17 / 15.4.59 / 17.1.18 / 17.4.2 / 18.4.3 / 19.1.6 / 21.2.1 / 21.4.18

06 다음 [보기]는 태양광 인버터 최대전력추종 시험 방법이다. ( )안에 들어갈 수 없는 기준 값은?

[보기]
등가 일사강도를 정격 출력 시의 ( )[%], ( )[%], ( )[%], ( )[%], ( )[%]로 한 상태에서 인버터의 입력전력을 측정한다.

정답 4.③ 5.① 6.④

① 12.5 ② 50 ③ 75 ④ 90

해설 **최대 전력 추종 시험**
① 인버터 정격 출력 시의 태양 전지 어레이 모의 전원 장치의 최대 출력 동작 전압을 인버터 정격 입력 전압값으로 설정하고, 다음 시험을 실시한다.
② 등가 일사 강도를 정격 출력 시의 100[%], 75[%], 50[%], 25[%] 및 12.5[%]로 한 상태에서 인버터의 입력전력을 측정하고, 다음 식에 따라서 최대 전력 추종 효율 η_{MPPT}을 산출한다.

$$\eta_{MPPT} = \frac{\sum P_{INV}}{\sum P_{MAX}} \times 100 \, [\%]$$

P_{MAX} : 태양전지 배열의 I-V 특성에서 결정되는 최대 전력[W]
P_{INV} : 인버터가 실제로 받아들이는 전력[W]
③ 최대 전력 추종 효율이 95[%] 이상일 것

15.2.8 / 16.4.9 / 18.4.8 / 19.1.12 / 20.4.13
07 태양광발전시스템에서 개별손실인자가 아닌 것은?

① 모듈의 오손 ② AC손실
③ 음영 ④ 일사량 조건

해설 **태양광발전시스템의 손실**
① 입사각에 따른 일사강도의 변동, 적운, 적설, 오염 및 노화 등의 손실
② 어레이의 직류선과 각 접촉점에서 발생하는 저항에 따른 손실
③ 어레이의 온도상승에 따른 손실
④ 어레이의 식병렬 불균형 및 최대 출력섬 변동 등에 따른 부정합 손실
(부정합 손실 : 동일한 모델의 PV 모듈로 태양광 발전시스템을 구성하더라도 PV 모듈간의 전기적 특성차이로 인해 시스템 전체의 최대출력전력이 각 PV 모듈간의 최대출력전력의 합보다 작아져 그 차이를 부정합 손실이라 한다.)
⑤ 태양전지나 모듈의 같은 조건에서 측정한 최대 출력 합계보다 작아져서 생기는 손실
⑥ 인버터의 변환효율, MPP 불일치 및 대기상태 등에 따른 인버터 손실

⑦ 태양전지의 표면과 보호유리에서 반사가 발생
⑧ 태양전지 표면에 부착되는 일부 전기회로는 태양광을 가려서 표면에 그늘 발생
⑨ 이 외에 재료의 불량, 표면의 결함, 온도 상승 등으로 효율의 저하가 발생

6.4.17 / 17.1.19 / 18.4.12 / 19.2.10 / 20.1.16 /
20.3.20 / 21.1.14 / 21.2.20
08 N형 실리콘을 위한 도핑 원소로 적합하지 않은 것은?

① 안티몬(Sb) ② 비소(As)
③ 갈륨(Ga) ④ 인(P)

해설 **도핑(Doping)**
① 반도체에 적은 양의 불순물을 첨가해서 반도체의 특성을 크게 바꾸는 과정
② P형 도핑은 양공을 많이 만들기 위해서이며, 실리콘의 경우에는 결정 구조가 3족 원자 붕소(B), 알루미늄(Al), 인듐(In), 갈륨(Ga) 등을 넣는다.
③ N형 도핑은 물질에 운반자 역할을 할 전자를 많이 만들기 위해서이며, 5족 원자 인(P), 비소(As), 안티몬(Sb), 비스무트(Bi) 등을 넣는다.

18.4.15
09 다음 [보기]와 같이 기타 조건이 주어질 때 부하 평준화 대응형 축전지의 설치용량으로 가장 적합한 것은?

[보기]
- 평균부하 용량: 100[kWh]
- PCS 직류입력전압: 200[V]
- PCS 축전지 간 전압강하: 2[V]
- PCS 효율: 95[%]
- 보수율: 0.8
- 용량환산시간[K]: 24.5

① 약 11,000[Ah] ② 약 14,000[Ah]
③ 약 16,000[Ah] ④ 약 19,000[Ah]

정답 7. ④ 8. ③ 9. ③

해설 축전지 용량 계산식

① 직류입력전류 (I_d)

$$I_d = \frac{부하용량[wh]}{인버터\ 효율(E_f) \times (직류\ 입력전압(V_i) + 축전지간\ 전압강하(V_d))}$$

$$= \frac{100 \times 10^3}{0.95 \times (200 + 2)} \fallingdotseq 521.1 \quad [A]$$

② 축전지 용량(C)

$$C = 용량\ 환산시간(K) \times \frac{입력전류(I_d)}{보수율(L)}$$

$$= 24.5 \times \frac{521.1}{0.8} \fallingdotseq 15,958 \quad [Ah]$$

14.4.8 / 15.2.2 / 18.4.19 / 20.4.3 / 21.1.20

10 태양전지의 직렬저항 증가에 따른 영향으로 옳은 것은?

① 개방전압 감소
② 누설전류 증가
③ 단락전류 증가
④ 충진율 감소

해설 직렬저항 증가에 따른 영향

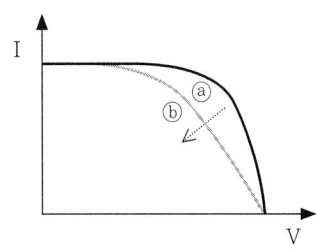

① 태양전지의 에미터와 베이스의 수직저항 성분과 금속전극과 에미터, 베이스 사이의 접촉저항, 전면 및 후면의 금속전극의 저항과 같은 세가지 원인에 의해 발생된다.
② 직렬 저항이 커짐에 따라 태양전지의 단락전류가 감소하기는 하지만 주된 영향을 받는 파라미터는 곡선인자이다.
③ 직렬저항은 태양전지의 개방전압에 큰 영향을 미치지 않지만 개방전압부근에서의 전류전압곡선은 직렬저항에 의해 크게 영향을 받는다.
④ 직렬저항이 증가하면 위의 그림처럼 전류전압곡선이 ⓐ에서 ⓑ로 이동하여 충진율(곡선인자)이 감소하게 된다.

15.4.49 / 18.2.57 / 19.2.3 / 19.4.52 / 21.4.9

11 태양광발전에 대한 설명으로 틀린 것은?

① 무한 청정에너지이다.
② 주간에만 발전이 가능하다.
③ 발전량은 계절에 관계없이 일정하다.
④ 일사량과 관계는 있지만 어느 지역이나 이용가능하다.

해설 태양광발전의 특징

1) 장점
① 에너지의 원료인 태양의 빛은 무료이며, 무한이다.
② 환경오염이 없는 청정에너지원이다.
③ 발전과정에서 환경오염이 없다.
④ 유지관리 비용이 적다.

2) 단점
① 에너지밀도가 낮아 큰 설치면적이 필요하다.
② 설치장소가 한정적이며, 시스템 비용이 고가이다.
③ 발전량은 계절과 일조량의 영향을 많이 받는다.

※ 남해지역 고정식 태양광발전소 발전량

	1월	2월	3월	4월	5월	6월
[kWh]	3,057	3,295	4,348	3,997	4,157	3,831
[%]	7.39	7.96	10.51	9.66	10.05	9.26
	7월	8월	9월	10월	11월	12월	합계
	2,766	3,398	3,603	3,217	2,937	2,776	41,382
	6.68	8.21	8.71	7.77	7.10	6.71	100[%]

15.4.16 / 16.4.11 / 18.1.17 / 18.4.18 / 19.2.8 / 19.2.16 / 19.4.2 / 20.1.5 / 20.4.14 / 20.4.20

12 내부저항이 각각 0.3Ω, 0.2Ω인 1.5V 두 개 전지를 직렬로 연결한 후에 외부에 2.5Ω의 저항 부하를 직렬로 연결하였다. 이 회로에 흐르는 전류는 몇 A인가?

① 0.5
② 1.0
③ 1.2
④ 1.5

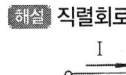 직렬회로

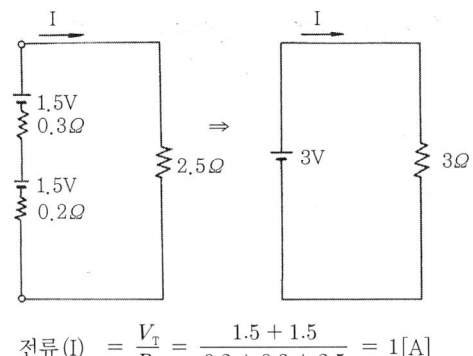

전류(I) $= \dfrac{V_T}{R_T} = \dfrac{1.5+1.5}{0.2+0.3+2.5} = 1[A]$

13.4.3 / 16.2.4 / 16.4.10 / 17.1.4 / 19.1.7 / 19.2.12 / 20.4.5 / 20.4.12

13 뇌, 서지 등의 피해로부터 태양광발전시스템을 보호하기 위한 대책으로 적절하지 않은 것은?

① 피뢰소자의 접지측 배선을 되도록 길게 유지하면서 설치한다.
② 피뢰소자를 접속함 어레이 주회로 내부에 분산시켜 설치한다.
③ 뇌우 다발 지역에서는 교류 전원 측에 내뢰 트랜스를 설치한다.
④ 저압 배전선으로 침입하는 뇌, 서지에 대해서는 분전반에 피뢰소자를 설치한다.

해설 PV 시스템을 보호하기 위한 대책

① 피뢰소자를 어레이 주회로 내에 분산시켜 설치함과 동시에 접속함에도 설치한다.
② 뇌서지가 내부로 침입하지 못하도록 피뢰소자를 설비인입구에서 가까운 장소에 설치한다.
③ 뇌우의 발생지역에서는 교류전원 측에 내뢰 트랜스를 설치한다.
④ 저압 배전선으로부터 침입하는 뇌서지에 대해서는 분전반에 피뢰소자를 설치한다.
⑤ 접속함 및 분전반 안에 설치하는 피뢰소자는 방전내량이 큰 것을 선정한다.
⑥ 피뢰소자의 접지측 배선은 되도록 짧게 유지하면서 설치한다.

16.2.17 / 16.2.68 / 16.4.16 / 18.1.16 / 18.1.71 / 18.2.6 / 19.2.15 / 19.4.19 / 20.1.75 / 20.3.3 / 20.1.11 / 21.1.13 / 21.2.6

14 연료전지 구성요소 중 개질기에 대한 설명으로 옳은 것은?

① 연료전지에서 나오는 직류를 교류로 변환시키는 장치
② 전해질이 함유된 전해질 판, 연료극, 공기극으로 구성된 장치
③ 수소가 함유된 일반연료(천연가스, 메탄올, 석탄 등)로부터 수소를 발생시키는 장치
④ 원하는 전기출력을 얻기 위해 단위전지 수십에서 수백장을 직렬로 쌓아 올린 본체

해설 연료전지 발전시스템 구성도

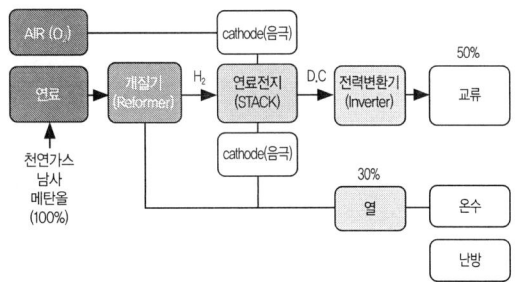

1) 개질기(Fuel Reformer)
화학적으로 수소를 함유하는 일반 연료(LPG, LNG, 메탄, 석탄가스 메탄올 등)로부터 연료전지가 필요로 하는 수소를 많이 포함하는 가스로 변환하는 제어장치

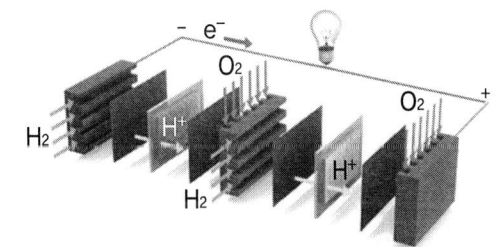

① 연료 개질 장치에서 들어오는 수소와 공기 중의 산소로 직류 전기와 물 및 부산물인 열을 발생시킨다.
② 원하는 전기출력을 얻기 위해 단위전지를 수십장, 수백장 직렬로 쌓아 올린 본체.

3) 전력변환기(Inverter)
연료전지에서 나오는 직류 전원(DC)을 교류 전원(AC)

정답 12. ② 13. ① 14. ③

로 변환시키는 장치

4) 주변보조기(BOP: Balance of Plant)
연료, 공기, 열회수 등을 위한 펌프류, Blower, 센서 등

19.2.19

15 연료전지의 특징으로 틀린 것은?

① 천연가스, 메탄올, 석탄가스 등 다양한 연료사용이 가능하다.
② 저렴한 재료 사용으로 경제성 및 효율성이 뛰어나다.
③ 발전 효율이 40~60%이며, 열병합 발전 시 80% 이상의 효율이 가능하다.
④ 도심 부근에 설치가 가능하여 송·배전 시의 설비 및 전력 손실이 적다.

해설 연료전지의 특징

1) 장점
① 도심 한가운데에서도 발전할 수 있어, 송배전 효율이 높다.
② 부산물로 물만 얻어지므로 친환경적이며, 전기효율 40~60% 이상(가동률 95% 이상)
③ 열병합발전 또는 냉난방열원 이용 가능하다.
④ 천연가스, 수소, 바이오가스, 매립지가스, 석탄가스 등 다양한 연료 사용이 가능하다.
⑤ 휴대용 전원, 발전용 전원, 우주선 전원, 연료 전지 자동차 등에 이용된다.

2) 단점
① 수소의 대량생산, 저장, 운송 등이 원활하지 못하다.
② 연료전지의 수명과 신뢰성을 높이는 기술연구가 필요하다.
③ 가격 경쟁력이 떨어진다.

14.4.4 / 14.4.13 / 15.2.11 / 15.2.17 / 15.4.17 / 17.2.14 /
17.4.5 / 18.1.3 / 18.4.7 / 20.1.3 / 20.1.19 / 20.3.8 /
20.3.9 / 21.4.1

16 태양광발전용 인터버의 고주파 변압기 절연방식이나 트랜스리스 방식의 출력전류에 중첩하는 직류분을 억제하기 위하여 적용하는 인버터의 주요기능은?

① 직류검출 ② 직류지락검출
③ 자동전압조정 ④ 자동운전·정지

해설 직류검출
인버터 출력전류의 직류분이 정격전류의 5% 이내이어야 하며, 상용 주파수 변압기를 사용한 인버터를 제외한 모든 인버터에 적용된다.

17 태양광발전 어레이에 그림과 같이 음영이 발생하였다면 출력전력은 몇 W인가?

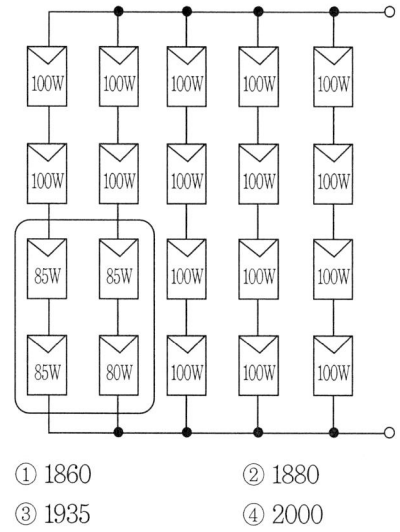

① 1860 ② 1880
③ 1935 ④ 2000

해설 부정합 손실(mismatch loss)
① 태양광발전소에 동일한 PV모듈로 시스템을 설계하더라도 모듈간의 전기적 특성차로 인해 시스템 전체의 최대출력이 각 모듈간의 최대 출력의 합보다 작아지게 되는 차이를 말한다.
② 출력차이는 제조공정에서의 오차, 장시간 사용에 의한 성능저하, 구름이나 건물에 의한 부분적인 그림자와 설치된 모듈의 고도각 차이, 온도 차이 등과 같이 여러 요인에 의해 발생된다.
③ 부분음영에 의한 부정합은 시스템의 효율을 악화시키며 모듈 성능 및 수명을 단축시킨다.
④ 스트링에 음영이 발생하면 스트링전류는 음영이 발생한 모듈에 의해 감소되나 발전전압이 모듈의 개방전압보다 낮아지게 되면 바이패스다이오드가 작동하여 음영이 없는 모듈만 동작하게 된다.

정답 15. ② 16. ① 17. ①

⑤ 바이패스 다이오드가 없으면 PV스트링은 음영이 발생한 모듈중 가장 저하된 특성의 전류와 전압으로 동작되고, PV모듈은 국부적으로 가열되어 손상될 수 있다.

∴ 출력전력(P) = $(85 \times 4) + (80 \times 4) + (100 \times 4 \times 3) = 1,860$ [W]

13.4.10 / 18.1.1 / 18.2.8 / 20.1.12

18 태양광발전 모듈의 NOCT(공칭동작온도) 측정 조건에 대한 설명으로 틀린 것은?

① 풍속 1.0m/s
② 공기온도 25℃
③ 방사조도 800W·m^2
④ 모듈 후면 개방상태

해설 공칭 태양광발전 전지 동작 온도 측정시험

태양광발전 모듈의 공칭 전지 동작 온도(Nominal Operating Cell Temperature, NOCT)는 다음의 표준 기준 환경(Standard Reference Environment, SRE)에서 개방형 선반식 가대(open rack)에 설치한 모듈을 구성하는 태양광발전 전지의 평균 접합 온도로 정의된다.
① 경사각 : 수평면을 기준으로 45도
② 경사면 일조강도 : 800[W·m^2]
③ 주위기온 : 20[℃]
④ 풍속 : 1[m/s]
⑤ 전기적 부하 : 없음(회로 개방 상태)

19 접속함 내부의 구성기기가 아닌 것은?

① 단자대 ② 주개폐기
③ 바이패스 다이오드 ④ 역류방지 다이오드

해설 태양광발전용 접속함

어레이를 구성하고 있는 모든 태양광발전 모듈의 스트링이 연결되는 단자가 들어있으며, 태양광발전 모듈 스트링의 출력을 인버터에 중계하며, 접속함의 주요자재는 다음과 같다.

① 외함 ② DC Connector
③ Terminal Block ④ DC 퓨즈
⑤ 퓨즈 링크(홀더) ⑥ 다이오드
⑦ 방열판 ⑧ PCB
⑨ DC 개폐기(차단기) ⑩ SPD
⑪ power supply ⑫ FAN
⑬ 케이블 그랜드 ⑭ 모니터링 설비
⑮ 전류센서
⑯ 기타(제조사가 주요 자재로 취급하는 것)

※ 자재 중에서 수명(shelf life) 또는 보관 시 환경관리가 필요한 자재는 반도체 부품으로 다이오드 등이다.

※바이패스 다이오드는 태양전지 모듈의 뒷면(백시트) 정션(Junction Box)박스 내에 설치된다.

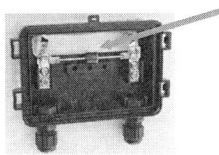  

바이패스 다이오드(Junction Box에 설치)

14.4.4 / 14.4.13 / 15.2.11 / 15.2.17 / 15.4.17 / 17.2.14 / 17.4.5 / 18.1.3 / 18.4.7 / 20.1.3 / 20.1.19 / 20.3.8 / 20.3.9 / 21.4.1

20 계통연계형 인버터의 주요 3기능에 해당하지 않는 것은?

① 충·방전 조정기능
② 자동운전·정지기능
③ 단독운전 방지기능
④ 최대전력 추종제어기능

해설 태양광발전시스템 인버터의 주요기능

① 자동운전 정지(Auto shutdown) 기능
  인버터는 해가 떠오르고 출력이 발생되는 조건이 되면 자동적으로 운전을 시작하며, 해가 지는 동안에도 출력이 발생하는 한 가동은 계속되고 완전한 일몰 뒤 운전이 정지한다.

② 단독운전 방지(Non-islanding) 기능
  단독운전(한전 정전시 분리된 계통에 전력을 계속 공급하게 되는 운전상태)시의 문제점을 해결하기 위한 기능으로, 단독운전 발생 후 최대 0.5초 이내에 한전계통에 대한 가압을 중지해야 한다.

③ 최대전력 추종(MPPT ; Maximum Power Point Tracking)제어 기능

정답 18. ② 19. ③ 20. ①

태양전지의 출력은 일사강도나 태양전지의 표면온도에 따라 변화하며, 이들 변동에서 태양전지의 동작점이 항상 최대출력점을 추종하도록 변화시켜, 태양전지에서 최대 출력을 유도하는 제어

15.2.23 / 17.1.35 / 17.2.39 / 18.4.30 / 20.4.40

21 기초판과 기둥으로 형성되어 있으며, 기둥과 보로 구성되어 있는 건축물에 적용되는 기초의 종류는?

① 말뚝기초
② 독립기초
③ 복합기초
④ 연속기초

해설 기초의 분류

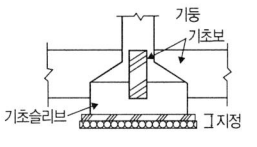

독립기초   연속기초

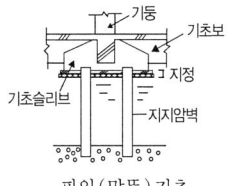

파일(말뚝) 기초

(1) 얕은 기초(Shallow Foundation)
1) 독립(주춧돌)기초(Individual Footing) : 단일기둥을 지지, 기둥간격이 넓은 경우
2) 연속기초(Contentious Footing) : 다수의 연속기둥 또는 벽체를 지지
3) 전면(온통)기초(Mat 또는 Raft Foundation)
① 다수의 기둥들을 지지, 상부구조 전 단면 아래의 지지토층 위에 있는 단일 슬래브 형식의 확대기초
② 고층건물, 중량건물, 연약지반, 지하수위가 높은 지하실바닥에 유리
※ 직접기초 : 독립기초, 연속기초, 전면(온통)기초

(2) 깊은 기초(Deep Foundation)
1) 파일(말뚝)기초(Pile Foundation)
① 대표적인 깊은 기초공법으로 피어 및 케이슨기초 보다 시공이 간편하고 공사비가 저렴함
② 말뚝의 축방향 허용지지력은 지반의 허용지지력과 말뚝재료의 허용하중을 비교하여 낮은 값으로 결정함
2) 피어기초(Pier Foundation)
구조물 하중을 연약한 토층을 지나 견고한 지지층에 전달시키기 위하여 지반에 굴착한 구멍 속에 현장타설 콘크리트를 채워 설치하는 깊은 기초의 일종으로서 일반적으로 직경은 사람이 들어가서 확인할 수 있도록 최소직경 760[mm] 정도 이상인 것을 말함
3) 케이슨(우물통)기초

13.4.31 / 15.2.28 / 17.1.77

22 태양전지 모듈간의 배선시 단락전류에 충분히 견딜 수 있는 전선의 최소 굵기로 적당한 것은?

① 0.75[mm²]
② 2.5[mm²]
③ 4.0[mm²]
④ 6.0[mm²]

해설 태양전지 모듈간의 배선
태양전지판 모듈과 모듈을 연결하는 전선은 공칭단면적 2.5[mm²] 이상의 연동선 또는 동등 이상의 세기 및 굵기의 전선으로 배선하여야 한다.

15.2.32 / 17.1.31 / 19.1.35 / 21.2.36

23 전력계통의 무효전력을 조정하여 전압조정 및 전력손실의 경감을 도모하기 위한 설비는?

① 조상설비
② 보호계전장치
③ 부하시 Tap 절환장치
④ 계기용변성기

해설 조상설비(Phase Modifying Equipment)
전력 계통의 무효 전력 및 전압 제어용으로 사용되는 외에 무효 전력 조류의 적정 배분으로 전력 손실 경감을 목적으로 하는 경우도 있다.
1) 종류
① 회전기 : 동기 조상기, 비동기 조상기
② 정지기 : 전력용 콘덴서, 분로 리액터

2) 동기 조상기

① 앞선 전류(콘덴서)와 뒤진 전류(리액터) 작용이 가능하다(진상, 지상)
② 현재는 거의 사용되고 있지 않다.

15.2.36 / 16.4.39 / 19.1.23 / 20.1.26 / 21.4.27

24 공사감리 분기보고서는 다음 중 누가 작성하여 누구에게 제출하여야 하는가?

① 책임감리원이 작성하여 발주자에게 제출
② 책임감리원이 작성하여 감리업자에게 제출
③ 공사 업자가 작성하여 발주자에게 제출
④ 공사 업자가 작성하여 감리업자에게 제출

해설 책임감리원은 다음의 내용이 포함된 분기보고서를 작성하여 발주자에게 제출하여야 한다. 보고서는 매 분기말 다음 달 7일 이내로 제출한다.
① 공사추진 현황(공사계획의 개요와 공사추진계획 및 실적, 공정현황, 감리용역현황, 감리조직, 감리원 조치내역 등)
② 감리원 업무일지
③ 품질검사 및 관리현황
④ 검사요청 및 결과통보내용
⑤ 주요기자재 검사 및 수불내용(주요기자재 검사 및 입·출고가 명시된 수불현황)
⑥ 설계변경 현황
⑦ 그밖에 책임감리원이 감리에 관하여 중요하다고 인정하는 사항

13.4.38 / 15.2.39 / 16.2.25 / 17.2.74 / 17.4.24 / 18.1.65 / 19.2.71

25 전선을 지중 매설할 경우 중량물의 압력을 받을 위험이 있는 경우 매설 깊이는?

① 0.6[m] 이상 ② 1.0[m] 이상
③ 1.2[m] 이상 ④ 1.5[m] 이상

해설 지중배선의 시공

케이블 표시시트 설치

케이블 표시시트

① 지중매설관은 배선용 탄소강관, 내충격성의 경질비닐 전선관, 내충격성 경질 염화비닐관을 사용한다.
② 지중전선의 매설개소는 필요에 따라 매설깊이, 방향 등 지상에서 용이하게 확인할 수 있도록 표주 등에 의해 표시한다.
③ 지중배관과 지표면의 중간에 케이블표시시트를 포설한다.(지중선로 포설후 지상으로부터 무단 굴착시 예상되는 케이블 손상방지)
④ 지중배관의 깊이는 1.0[m] 이상(중량물의 압력을 받을 우려가 없는 경우에는 0.6[m] 이상)

13.4.26 / 15.4.28 / 16.4.38 / 17.1.51 / 17.2.22 / 17.2.54 / 17.4.23 / 17.4.53 / 18.1.21 / 18.1.47 / 18.2.46 / 18.2.53 / 18.4.23 / 19.1.60 / 19.2.26 / 19.2.42 / 19.4.27 / 19.4.49 / 20.1.52 / 20.3.23 / 20.3.41 / 20.4.24 / 21.1.38 / 21.4.42 / 21.4.48

26 태양광발전시스템 시공 중 감전방지책에 대한 설명으로 틀린 것은?

① 강우 시 작업을 중단한다.
② 저압전로용 절연장갑을 착용한다.
③ 이중절연처리가 된 공구를 사용한다.
④ 작업 종료후 태양전지 모듈의 표면에 차광시트를 붙인다.

해설 모듈 설치 시 감전방지대책
① 전선피복 상태 관리
② 절연 장갑을 착용한다.
③ 절연 처리된 공구를 사용한다.
④ 태양전지 모듈 및 인버터 전원 개방
⑤ 작업 전 태양전지 모듈 표면에 차광막을 씌워 태양광을 차폐한다.
⑥ 강우 시에는 감전사고와 미끄러짐으로 인한 추락사고로 이어질 우려가 있으므로 작업을 금지한다.

15.4.14 / 17.1.1 / 18.4.28 / 19.2.20 / 21.1.2

27 직류전기를 교류로 변환하는 것은?

① 정류기   ② 초퍼
③ 인버터   ④ 변압기

정답 24. ① 25. ② 26. ④

해설 인버터(Inverter)

태양 전지의 모듈로부터 직류 전원을 공급받아 정전압, 정주파수의 안정된 교류전원을 공급하는 장치로서 전력계통선과 병렬로 운전하며, 기동정지, 최대출력점 추적제어(MPPT), 각종 보호회로, 단독운전방지 등의 기능이 있어야 한다.

16.2.35 / 18.4.32 / 19.4.35 / 20.1.37 / 20.3.28

28 설계감리원이 수행하여야 할 업무범위로 틀린 것은?

① 시공성 및 유지관리의 용이성 검토
② 주요 설계용역 업무에 대한 기술자문
③ 설계업무의 공정 및 기성관리의 검토
④ 설계관계자간에 이견 시 공사관계자에게 보고

해설 설계감리원의 업무
① 주요 설계용역 업무에 대한 기술자문
② 사업기획 및 타당성조사 등 전 단계 용역 수행 내용의 검토
③ 시공성 및 유지관리의 용이성 검토
④ 설계도서의 누락, 오류, 불명확한 부분에 대한 추가 및 정정 지시 및 확인
⑤ 설계업무의 공정 및 기성관리의 검토·확인
⑥ 설계감리 결과보고서의 작성
⑦ 그밖에 계약문서에 명시된 사항

13.4.53 / 15.4.58 / 16.4.49 / 18.1.55 / 18.2.32 / 18.4.35 /
18.4.43 / 19.2.55 / 20.1.55 / 20.3.46 / 20.4.56 / 21.2.51

29 태양광발전설비의 유지관리에 있어 인버터의 이상신호 및 조치 시에 인버터를 정지후 5분 뒤에 재가동하여야 되는 경우가 아닌 것은?

① 정전 발생 시 한전계통 입력전원
② 계통 전압이 규정치 이상 또는 이하일 때
③ 계통 주파수가 규정치 이상 또는 이하일 때
④ 인버터 출력전압이 규정 전압을 벗어났을 때

해설 한전계통에의 재병입(Reconnection)
① 한전계통에서 이상 발생 후 해당 한전계통의 전압 및 주파수가 정상 범위 내에 들어올 때까지 분산형 전원의 재병입이 발생해서는 안된다.
② 분산형전원 연계 시스템은 안정상태의 한전계통 전압 및 주파수가 정상 범위로 복원된 후 그 범위 내에서 5분간 유지되지 않는 한 분산형전원의 재병입이 발생하지 않도록 하는 지연기능을 갖추어야 한다.

18.4.39 / 21.1.40

30 인접한 전력시설물의 현장이 3개소 이하로서 발주자가 통합하여 공사감리를 시행할 경우 공사현장 간 이동거리가 몇 [km] 미만이어야 하는가?(단, 공사현장은 서울특별시에 소재한다)

① 10   ② 20   ③ 30   ④ 40

해설 통합감리기준
다음의 공사감리는 인접한 전력시설물공사의 현장이 3개소 이하로서 공사현장 간에 이동거리가 30[km](특별시 및 광역시인 경우에는 10[km])미만인 경우로 한다.
① 발주자가 통합하여 발주하는 공사감리
② 소속 감리원에게 통합하여 수행하게 하는 공사감리

16.2.30 / 19.2.23

31 전력계통에서 3권선 변압기(Y-Y-△)를 사용하는 주된 이유는?

① 노이즈 제거   ② 전력손실 감소
③ 제3고조파 제거   ④ 2가지 용량 사용

해설 3권선 변압기(Y-Y-△) 용도
① 주된 이유는 제3고조파를 권선 내에서 순환(환류)시키기 위해 △결선을 가지고 있다.
② 1,2차 권선에 3차 권선을 설치한 변압기로 권수비에 따라 1조의 변압기로 2종류의 전압 2종류의 용량을 얻을 수 있다.
③ 2차 권선에 유도성 부하가 있는 경우 3차 권선에 진

상용 콘덴서를 설치하면 1차회로의 역률을 개선할 수 있다.

32 송전방식 중 교류방식의 장점이 아닌 것은?

① 송전효율이 좋다.
② 회전자계를 쉽게 얻을 수 있다.
③ 전압의 승압, 강압 변경이 용이하다.
④ 교류방식으로 일관된 운용을 기할 수 있다.

해설 송전방식

1) 교류 방식
① 변압기를 이용하여 전압의 승압·강하가 쉽다.
② 교류기는 회전자계를 쉽게 얻을 수 있다.
③ 대부분이 교류 송전 방식이므로 운용상의 일관성을 갖는다.

2) 직류 방식
① 교류보다 배 낮은 전압으로 송전이 가능하므로 절연이 쉽다.
② 리액턴스에 의한 전압강하가 없으므로 장거리 송전에 적합하다.
③ 안정도가 좋다.

33 사용전검사 실시 전 준비사항으로 틀린 것은?

① 전기안전관리자의 입회
② 시공관리책임자의 입회
③ 시험성적서 등 해당 검사에 필요한 서류 준비
④ 감리원의 기성검사원에 대한 사전검토 의견서

해설 사용전검사

사용전 검사를 받으려는 자는 사용전검사 신청서에 다음의 서류를 첨부하여 검사를 받으려는 날의 7일 전까지 한국전기안전공사에 제출하여야 한다.

① 공사계획인가서 또는 신고수리서 사본(저압자가용 전기설비의 경우는 제외한다)
② 설계도서 및 감리원 배치확인서(저압자가용·전기설비의 설치공사인 경우만을 말하며, 저압자가용·전기설비의 증설공사 및 변경공사의 경우는 제외한다)
③ 자체감리를 확인할 수 있는 서류(전기안전관리자가 자체감리를 하는 경우만 해당한다)
④ 전기안전관리자 선임신고증명서 사본

34 감리원은 공사업자로부터 월간, 주간 상세공정 표를 어느 시기에 제출받아 검토·확인하여야 하는가?

① 월간 상세공정표 : 작업 착수 3일 전 제출
   주간 상세공정표 : 작업 착수 3일 전 제출
② 월간 상세공정표 : 작업 착수 7일 전 제출
   주간 상세공정표 : 작업 착수 4일 전 제출
③ 월간 상세공정표 : 작업 착수 15일 전 제출
   주간 상세공정표 : 작업 착수 7일 전 제출
④ 월간 상세공정표 : 작업 착수 20일 전 제출
   주간 상세공정표 : 작업 착수 15일 전 제출

해설 공사 진도 관리

1) 감리원은 공사업자로부터 전체 실시공정표에 따른 월간, 주간 상세공정표를 사전에 제출받아 검토·확인하여야 한다.
① 월간 상세공정표 : 작업 착수 7일전 제출
② 주간 상세공정표 : 작업 착수 4일전 제출

2) 감리원은 매주 또는 매월 정기적으로 공사 진도를 확인하여 예정공정과 실시공정을 비교하여 공사의 부진 여부를 검토한다.

3) 감리원은 현장여건, 기상조건, 지장물 이설 등에 따른 관련 기관 협의사항이 정상적으로 추진되는지를 검토·확인하여야 한다.

4) 감리원은 공정진척도 현황을 최근 1주일 전의 자료가 유지될 수 있도록 관리하고 공정지연을 방지하기 위하여 주 공정 중심의 일정관리가 될 수 있도록 공사업자를 감리하여야 한다.

정답 32. ① 33. ④ 34. ②

5) 감리원은 주간 단위의 공정계획 및 실적을 공사업자로부터 제출받아 검토·확인하고, 필요한 경우에는 공사업자의 시공관리책임자를 포함한 관계 직원 합동으로 금주작업에 대한 실적을 분석·평가하고, 공사추진에 지장을 초래하는 문제점, 잘못 시공된 부분의 지적 및 재시공 등의 지시와 재발방지대책, 공정진도의 평가, 그밖에 공사추진 상 필요한 내용의 협의를 위한 주간 또는 월간 공사 추진회의를 개최하고 그 회의록을 관리하여야 한다.

19.2.39

35 태양광발전시스템 공사가 설계도서 및 관계규정 등에 적합하게 시공되는지 여부를 확인하는 감리업무는?

① 품질관리 ② 시공관리
③ 안전관리 ④ 공정관리

해설 시공관리 관련 감리업무

감리원은 공사가 설계도서 및 관계 규정 등에 적합하게 시공되는지 여부를 확인하고 공사업자가 작성 제출한 시공계획서, 시공상세도의 검토·확인 및 시공단계별 검사, 현장설계변경 여건처리 등의 시공관리업무를 통하여 공사목적물이 소정의 공기 내에 우수한 품질로 완공되도록 철저를 기하여야 한다.

17.1.32 / 20.1.23 / 21.1.39

36 가공전선의 구비조건으로 틀린 것은?

① 비중이 클 것
② 도전율이 클 것
③ 내구성이 있을 것
④ 기계적강도가 클 것

해설 전선의 구비조건

① 도전율이 클 것
② 기계적 강도가 클 것
③ 가요성이 클 것
④ 내구성이 클 것
⑤ 비중이 작을 것(가벼울 것)
⑥ 가격이 저렴할 것

15.4.36 / 18.1.40 / 18.2.31 / 18.2.33 / 20.1.27 / 20.3.25 / 21.2.30

37 시설물별 표준적인 시공기준으로 발주처 또는 설계 등 용역업자가 공사시방서를 작성하는 경우에 활용하기 위한 시공기준을 규정한 시방서는 어느 것인가?

① 표준시방서 ② 전문시방서
③ 특기시방서 ④ 기술시방서

해설 표준시방서

① 시설물의 안전 및 공사시행의 적정성과 품질확보 등을 위해 시설물별로 정한 표준적인 시공기준을 말한다.
② 발주청이나 설계 등을 맡은 용역업자가 공사시방서를 작성하는 경우에 활용한다.
③ 공사 종류에 따라 내용과 형식이 달라져서, 도로공사표준시방서, 건축공사표준시방서 등 표준시방서의 종류 또한 다양하다.

16.4.21 / 17.4.30 / 18.1.35 / 19.4.30 / 20.1.32 / 20.3.40

38 태양광발전 모듈의 설치구조물의 구조설계 시 일반적으로 적용되는 상정하중에 해당하지 않는 것은?

① 적설하중 ② 지진하중
③ 고정하중 ④ 온도하중

해설 구조물의 상정하중

① 수직하중 : 고정하중, 활하중, 적설하중
② 수평하중 : 풍하중, 지진하중
③ 고정하중 : 가대 본체의 하중과 가대에 적재하는 태양광 모듈 등의 하중 및 어레이의 구성에 필요한 기자재 등의 중량을 가산한 것으로써 영구적으로 작용하는 하중이다.

13.4.23 / 16.2.39 / 20.1.35 / 21.1.36 / 21.4.24

39 배전선로의 전력손실 경감과 관계없는 것은?

① 승압
② 역률 개선
③ 다중접지방식 채용
④ 부하의 불평형 방지

정답 35.② 36.① 37.① 38.④

해설 **배전선로의 손실 경감 대책**
① 배전전압의 승압
 전력손실은 전압의 제곱에 반비례하여 감소되므로, 배전전압을 승압한다는 것은 손실 경감, 전압변동 경감책으로 효과적이다.
② 전류밀도의 감소와 평형
 일반적인 배전선로에서는 각 상의 부하전류가 불평형으로 되는 것이 보통이며, 심할 경우에는 손실 증가가 일어나므로 부하의 재분배 등으로 불평등을 시정하여야 하며, 장래 예상되는 부하증가, 선로의 구간 연장 등에 대비해서 부하 불평형이 일어나지 않도록 하여야 한다.
③ 전력용 콘덴서의 설치
 전력 손실은 부하 역률의 제곱에 반비례하므로 부하 역률을 개선하면 전력 손실을 크게 절감할 수 있다.
④ 저손실 변압기의 채용
 현재 배전용 변압기는 적철심형보다 철손이 적은 권철심형을 사용하고 있다. 이 변압기의 철심으로는 규소강판을 사용하고 있으나 새로 개발된 저손실 철심재료인 3차 재결정 방향성 규소강판이나 비정질(아몰퍼스) 철심재료를 사용한 변압기로 대체하면 기존의 규소강판 변압기에 비해 철손을 1/3~1/4 수준으로 낮출 수 있다.

16.2.11 / 16.4.32 / 17.1.28 / 20.1.39 / 20.3.6 / 20.3.7 / 21.2.28 / 21.2.31

40 지붕에 설치하는 태양광발전 형태는?

① 창재형   ② 차양형
③ 루버형   ④ 톱 라이트형

해설 **루버형과 톱라이트형**

1) 루버(Louver)형
개구부의 블라인드 기능 태양광

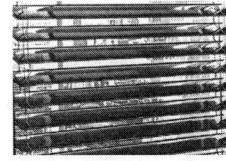

2) 톱라이트(Top Light)형

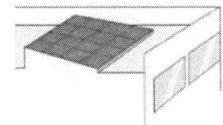

① 지붕에 설치한다.
② 지붕 채광용 톱 라이트 부분의 유리에 맞게 태양전지를 설치하는 형태
③ 톱라이트의 기능으로 실내 채광 및 설치된 셀에 의한 차폐 기능도 있다.
④ 셀을 어떻게 배치하는 가에 따라서 개구율을 바꿀 수 있다.

13.4.14 / 14.4.1 / 14.4.9 / 15.2.5 / 15.2.43 / 17.1.20 / 17.4.14 / 18.2.11 / 19.2.5 / 20.1.17 / 20.3.1 / 20.4.4 / 20.4.6 / 21.1.43 / 21.2.2 / 21.2.13 / 21.2.18

41 모듈의 온도에 따른 I-V 특성곡선에서 태양전지 특징을 설명한 것 중 옳은 것은?

① 태양전지 전압은 온도에 반비례한다.
② 태양전지 온도가 올라가면 발전량이 증가한다.
③ 태양전지 전압은 온도에 비례한다.
④ 태양전지 온도와 발전량은 상관관계가 없다.

해설 **태양광 모듈의 온도에 따른 출력 전압과 전류 값지**
① 태양광 모듈의 온도특성을 살펴보면 전류는 양(+)의 온도계수를 가지고 전압과 전력은 음(-)의 온도계수를 가진다. 음 온도계수의 의미는 온도가 높을수록 태양광 모듈의 전압과 전력은 감소하고, 온도가 낮을수록 태양광 모듈의 전압과 전력이 증가한다는 것을 의미한다.
② 태양전지가 보다 높은 온도에 노출되면 단락전류(I_{SC})는 조금 증가하며 개방전압(V_{OC})은 크게 감소한다.
③ 폴리실리콘 계열의 태양전지는 표면온도가 1[℃] 상승할 때, 대략 0.3~0.5[%]의 출력이 감소한다.

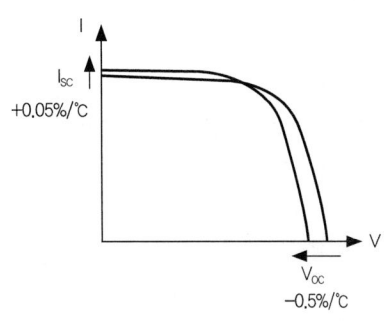

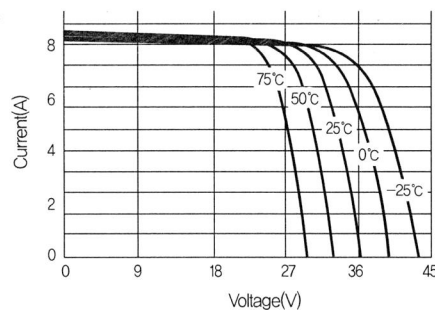

15.2.48 / 15.4.2 / 16.2.15 / 16.4.13 / 18.4.1 / 19.1.4 /
19.1.11 / 20.1.20 / 21.1.1 / 21.1.5

42 태양전지 발전원리로 가장 적절한 것은 무엇인가?

① 광전효과(Photovoltaic Effect)
② 제만효과(Zeeman Effect)
③ 슈타르크효과(Stark Effect)
④ 1차 전기광효과(Pockels Effect)

해설 광전 효과(Photovoltaic Effect)

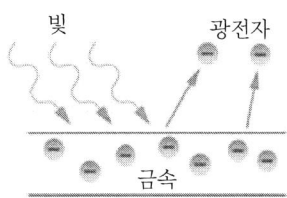

① 금속 등의 물질이 고유의 특정 파장보다 짧은 파장 (높은 에너지)을 가진 전자기파를 흡수했을 때 전자를 내보내는 현상
② 방출되는 전자를 광전자라 한다.

15.2.52 / 15.4.52 / 15.4.60 / 16.2.55 / 17.1.54 /
17.2.48 / 19.1.46 / 21.1.56

43 태양전지 모듈-접지선간 절연저항을 직류전압 500[V]로 측정시의 절연저항치[MΩ]는 얼마 이상이어야 하는가?

① 0.1 ② 0.2 ③ 0.4 ④ 1.0

해설 접속함 정기점검내용

점검 방법	점검 항목	점검 내용
육안 점검	외함	부식 및 파손 상태 볼트 및 너트 조임 상태
	외부 배선 및 접속단자 (퓨즈, 역전류 방지 다이오드, SPD, 극성)	배선 상태 접속 단자의 정상 유무 극성 상태(전체 회로) 전선인입부의 방수처리 상태
	접지선 및 접지단자	접지선 손상, 접속 상태 단자 조임 상태
측정 및 시험	절연저항측정 (태양 전지와 접지 사이)	0.2[MΩ] 이상, 측정 전압 DC 500[V]
	절연저항측정 (인버터 입출력 단자와 접지 사이)	1[MΩ] 이상, 측정 전압 DC 500[V]
	개방전압측정	규정의 전압 여부, 어레이 출력확인

13.4.40 / 15.2.29 / 15.2.55 / 17.4.37 / 18.2.27 / 18.4.26 /
18.4.57 / 19.1.32 / 19.2.32 / 19.2.43 / 20.1.22 / 20.4.32
/ 21.1.35 / 21.4.46

44 태양광시스템이 설치가 되면 사용전에 허가를 받아야 한다. 이때 받아야 하는 검사는 무엇인가?

① 정기 검사 ② 일상 점검
③ 사용전 검사 ④ 특별 검사

해설 사용전 검사

① 각종 발전설비, 송·변전·배전설비 및 가로등, 신호등, 보안등, 공장, 상가 등 대형건물의 설치공사 또는 변경공사를 완료하고, 그 전기설비가 공사계획의 인가 또는 신고를 한 내용 및 전기설비기술기준에 적합한 지의 여부에 대한 검사를 산업통상자원부장관 또는 시·도지사로부터 위탁받아 한국전기안전공사에서 수행한다.
② 태양광발전소에 관한 공사의 경우에는 전체의 공사가 완료된 때 검사를 실시한다.
③ 사용전 검사를 받으려는 자는, 검사를 받으려는 날의 7일전까지 한국전기안전공사에 사용전 검사 신청서를 제출하여야 한다.

45 태양광발전시스템에 필요한 설비는 시험·인증을 받아야 한다. 시험·인증 절차로 옳은 것은?

① 인증신청 → 서류심사 → 성능심사 → 공장심사 → 인증서 발급
② 인증신청 → 성능심사 → 서류심사 → 공장심사 → 인증서 발급
③ 인증신청 → 서류심사 → 공장심사 → 성능검사 → 인증서 발급
④ 인증신청 → 공장심사 → 서류심사 → 성능심사 → 인증서 발급

해설 신재생에너지설비 KS인증제도

국가 신재생에너지정책 목표 달성을 위해 보조금을 투입하거나 의무적으로 설치할 필요성이 있는 신재생에너지 인증대상 설비의 제조공장심사 및 제품심사를 실시하여 정부가 규정한 인증심사기준과 제품의 성능·품질 기준을 모두 충족하는 경우 인증서를 발급하고 KS마크 표시를 허용하는 국가인증제도

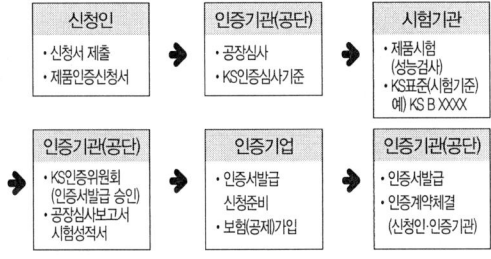

46 계통이상 시 태양광발전원의 발전설비분리와 관련된 사항 중 틀린 것은?

① 정전 복구후 자동으로 즉시 투입되도록 시설
② 단락 및 지락으로 인한 선로 보호장치 설치
③ 차단장치는 배전계통 정지 중에는 투입 불가능하도록 시설
④ 계통고장 시 역충전방지를 위해 전원을 0.5초 이내 분리하는 단독운전 방지장치 설치

해설 한전계통에의 재병입(Reconnection)

① 한전계통에서 이상 발생 후 해당 한전계통의 전압 및 주파수가 정상 범위 내에 들어올 때까지 분산형전원의 재병입이 발생해서는 안된다.
② 분산형전원 연계 시스템은 안정상태의 한전계통 전압 및 주파수가 정상 범위로 복원된 후 그 범위 내에서 5분간 유지되지 않는 한 분산형전원의 재병입이 발생하지 않도록 하는 지연기능을 갖추어야 한다.

47 독립형 태양광발전시스템에서 부조일수의 설명으로 가장 옳은 것은?

① 정전된 일수를 말한다.
② 유지보수를 위한 일수를 말한다.
③ 연속적으로 발전이 가능한 일수를 말한다.
④ 연속적으로 발전이 불가능한 일수를 말한다.

해설 부조일수

① 하루 중 해가 떠 있는 일조시간이 0.1시간 미만인 날의 수
② 거의 햇빛이 비치지 않는 날이며, 발전이 불가능한 일수를 말한다.

48 태양광 모듈 성능시험을 위한 표준시험조건 중 일사강도[W/m²] 기준은?

① 500
② 1,000
③ 1,500
④ 2,000

해설 표준시험조건(Standard Test Conditions)용

태양광발전 소자를 시험할 때의 기준이 되는 시험조건 즉, 태양광발전 소자가 빛을 받는 면의 조사강도 1,000[W/m²], 태양전지 온도 25[℃], 스펙트럼 조성은 대기질량지수(AM) 1.5인 조건

49 큐비클식 축전지 설비와 발전설비와의 보안거리는?

① 1[m] ② 1.5[m]
③ 2[m] ④ 2.5[m]

해설 **큐비클식 축전지 설비의 이격 거리**

이격 거리를 확보해야 할 부분	이격 거리[m]
큐비클 이외의 발전설비와의 거리	1.0
큐비클 이외의 변전설비와의 거리	1.0
실외에 설치할 경우 건물과의 거리	2.0
전면 또는 조작면	1.0
점검면	0.6
환기면	0.2

15.4.41 / 17.1.50 / 17.4.55 / 18.2.56 / 18.4.59 / 19.1.59 / 20.1.58 / 20.3.56 / 20.4.52

50 시스템 성능평가 분류 중 사이트 평가방법 항목으로 틀린 것은?

① 설치 용량
② 설치 형태
③ 설치 단가
④ 설치 대상기관

해설 **태양광 발전 시스템의 사이트 평가 방법**

① 태양광 발전 시스템의 설비 설치의 대상기관
② 태양광 발전 시스템 설비 설치의 시설 분류
③ 태양광 발전 시스템의 설비 설치의 시설 지역
④ 태양광 발전 시스템의 설비 설치 형태
⑤ 태양광 발전 시스템의 설비 설치 용량
⑥ 태양광 발전 시스템 설비 설치의 방위와 각도
⑦ 태양광 발전 시스템의 설비 설치 시공업자
⑧ 태양광 발전 시스템의 설비 설치기기 장비 제조사

13.4.40 / 15.2.29 / 15.2.55 / 17.4.37 / 18.2.27 / 18.4.26 / 18.4.57 / 19.1.32 / 19.2.32 / 19.2.43 / 20.1.22 / 20.4.32 / 21.1.35 / 21.4.46

51 태양광발전시스템 운전 중 설비의 안정성 확보를 위하여 전기사업법에 따라 정기검사를 신청한다. 이때 검사를 하는 기관으로 옳은 것은?

① 한국전력공사
② 한국전기안전공사
③ 한국에너지관리공단
④ 한국전기기술인협회

해설 **사용전검사**

① 각종 발전설비, 송·변전·배전설비 및 가로등, 신호등, 보안등, 공장, 상가 등 대형건물의 설치공사 또는 변경공사를 완료하고, 그 전기설비가 공사계획의 인가 또는 신고를 한 내용 및 전기설비기술기준에 적합한 지의 여부에 대한 검사를 산업통상자원부장관 또는 시·도지사로부터 위탁받아 한국전기안전공사에서 수행한다.
② 태양광 발전소에 관한 공사의 경우에는 전체의 공사가 완료된 때 검사를 실시한다.
③ 사용전검사를 받으려는 자는, 검사를 받으려는 날의 7일전까지 한국전기안전공사에 사용전검사 신청서를 제출하여야 한다.

19.2.48 / 21.1.52

52 태양광 발전용 파워컨디셔너의 효율 측정방법 관련 기준은?

① KS C 8533 ② KS C 8683
③ KS C 8541 ④ KS C 61683

해설 **KS C 8533, 태양광 발전용 파워컨디셔너의 효율 측정방법**
KS C 8541, 리튬2차전지 통칙
KS C 61683, 태양광발전시스템-파워조절기-효율측정절차

13.4.46 / 16.2.50 / 17.1.56 / 17.2.52 / 18.2.52 / 19.1.42 / 19.2.52 / 19.4.43

53 태양광발전시스템용 인버터의 일상점검 항목으로 틀린 것은?

① 절연저항 측정
② 외함의 부식 및 파손
③ 외부배선(접속케이블)의 손상
④ 이음, 이취, 연기 발생 및 이상 과열

해설 PCS(인버터)의 일상점검
① 외함의 부식 및 파손
② 외부배선의 손상 및 접속단자 풀림
③ 접지선의 손상 및 접지단자 풀림
④ 환기팬확인
⑤ 이음, 이취, 연기 발생 및 이상 과열 상태
⑥ LCD표시창 발전상황 정보표시 이상 여부

※ 정기점검
원칙적으로 시설물을 정지 상태에서 운전제어장치의 기계점검, 절연저항측정, 배전반의 기능을 확인하고 유지하기 위한 계획을 수립하여 점검

13.4.53 / 15.4.58 / 16.4.49 / 18.1.55 / 18.2.32 / 18.4.35 / 18.4.43 / 19.2.55 / 20.1.55 / 20.3.46 / 20.4.56 / 21.2.51

54 태양광발전용 인버터가 고장으로 정지 시 원인 제거 후 재 기동 지연시간은?

① 1분 ② 3분
③ 5분 ④ 즉시기동

해설 한전계통에의 재병입(Reconnection)
① 한전계통에서 이상 발생 후 해당 한전계통의 전압 및 주파수가 정상 범위 내에 들어올 때까지 분산형전원의 재병입이 발생해서는 안된다.
② 분산형전원 연계 시스템은 안정상태의 한전계통 전압 및 주파수가 정상 범위로 복원된 후 그 범위 내에서 5분간 유지되지 않는 한 분산형전원의 재병입이 발생하지 않도록 하는 지연기능을 갖추어야 한다.

17.2.41 / 17.4.49 / 19.2.59

55 태양광발전시스템용 축전지의 일상점검 시 육안점검 항목으로 틀린 것은?

① 변색 ② 팽창
③ 단자 전압 ④ 액면 저하

해설 축전지의 일상 육안점검
① 전해액 저하
② 단자의 부식, 풀림 등 케이블 연결 상태
③ 외함의 변색, 변형, 균열, 팽창, 손상상태

15.4.55 / 18.1.54 / 19.2.57 / 19.2.60 / 19.4.55 / 20.1.43 / 21.4.14 / 21.4.59

56 태양광발전용 접속함의 고장과 원인의 연결로 틀린 것은?

① 퓨즈 폴더 변형-과열
② 어레이 단자 변형-환기불량
③ 환기 팬 소음-환기팬 노화
④ 다이오드 과열-과전류 직속

해설 어레이 단자는 외부 충격에 의한 변형

20.1.48 / 21.4.51

57 발전 또는 구역전기 사업허가증의 사업규모에 작성되는 내용으로 틀린 것은?

① 주파수 ② 공급단자
③ 설비용량 ④ 공급전압

해설 전기사업용 전기설비에 관한 사항(발전 사업허가증)
① 설치장소 ② 원동력의 종류
③ 설비용량 ④ 공급전압
⑤ 주파수

13.4.26 / 15.4.28 / 16.4.38 / 17.1.51 / 17.2.22 / 17.2.54 / 17.4.23 / 17.4.53 / 18.1.21 / 18.1.47 / 18.2.46 / 18.2.53 / 18.4.23 / 19.1.60 / 19.2.26 / 19.2.42 / 19.4.27 / 19.4.49 / 20.1.52 / 20.3.23 / 20.3.41 / 20.4.24 / 21.1.38 / 21.4.42 / 21.4.48

58 감전의 위험을 방지하기 위해 정전작업 시에 작성하는 정전작업요령에 포함되는 사항이 아닌 것은?

① 정진확인순시에 관한 사항
② 단락접지실시에 관한 사항
③ 단독 근무 시 필요한 사항
④ 시운전을 위한 일시운전에 관한 사항

해설 정전작업요령
정전작업시에는 감전사고의 위험을 방지하기 위해 다음의 사항을 포함한 정전작업요령을 작성하고 이 요령에 의거 작업을 실시해야 한다.
① 작업책임자의 임명, 정전범위 및 절연보호구의 작업시작전 점검 등 작업시작 전에 필요한 사항
② 전로 또는 설비의 정전순서에 관한 사항

③ 개폐기 관리 및 표지판 부착에 관한 사항
④ 정전확인 순서에 관한 사항
⑤ 단락접지 실시에 관한 사항
⑥ 전원 재투입 순서에 관한 사항
⑦ 점검 또는 시운전을 위한 일시운전에 관한 사항
⑧ 교대 근무시 근무인계에 필요한 사항

3.4.53 / 15.4.58 / 16.4.49 / 18.1.55 / 18.2.32 / 18.4.35 / 18.4.43 / 19.2.55 / 20.1.55 / 20.3.46 / 20.4.56 / 21.2.51

59 태양광발전용 인버터의 표시부에 "Line Inverter Async Fault"가 나타난 경우 조치 사항으로 옳은 것은?

① 퓨즈 교체 점검 후 운전
② 인버터 전압 점검 후 운전
③ 계통 주파수 점검 후 운전
④ 전자접촉기 교체 점검 후 운전

해설 인버터 표시부 내용 및 조치사항

1) Inverter fuse fault
① 진단 : 인버터 퓨즈 소손
② 조치사항 : 퓨즈 교체 점검 후 운전

2) Inverter voltage fault
① 진단 : 인버터 전압이 규정전압을 벗어 났을 때 발생
② 조치사항 : 인버터 및 계통 전압 점검 후 운전

3) Line Inverter Async Fault
① 진단 : 인버터와 계통의 주파수가 동기되지 않을 때 발생
② 조치사항 : 인버터 점검 또는 계통 주파수 점검 후 운전

4) Inverter M/C fault
① 진단 : 전자 접촉기 고장
② 조치사항 : 전자 접촉기 교체 점검 후 운전

13.4.44 / 13.4.54 / 16.4.48 / 17.1.57 / 17.4.48 / 18.1.49 / 18.4.44 / 18.4.53 / 19.4.50 / 20.1.59

60 중간단자함(접속함)의 육안점검 항목으로 틀린 것은?

① 개방전압
② 배선의 극성
③ 단자대 나사의 풀림
④ 외함의 부식 및 파손

해설 접속함 정기점검내용

점검 방법	점검 항목	점검 내용
육안 점검	외함	부식 및 파손 상태 볼트 및 너트 조임 상태
	외부 배선 및 접속단자 (퓨즈, 역전류 방지 다이오드, SPD, 극성)	배선 상태 접속 단자의 정상 유무 극성 상태(전체 회로) 전선 인입부의 방수처리 상태
	접지선 및 접지단자	접지선손상, 접속 상태 단자 조임 상태

15.2.63 / 15.4.42 / 16.2.57 / 19.2.65 / 21.1.69

61 발전소를 건설하는 공사에서 철근콘크리트 또는 철골구조부를 제외한 발전설비공사의 하자담보 책임기간은 몇 년인가?

① 1년   ② 3년   ③ 5년   ④ 7년

해설 전기공사의 종류별 하자담보책임기간

전기공사의 종류	하자담보 책임기간
1) 발전설비공사	
① 철근콘크리트 또는 철골구조부	7년
② ①외 시설공사 3년	3년
2) 터널식 및 개착식 전력구 송전·배전 설비공사	
① 철근콘크리트 또는 철골구조부	10년
② ①외 송전설비공사	5년
③ ①외 배전설비공사	2년
3) 지중 송전·배전설비공사	
① 송전설비공사	5년
② 배전설비공사	3년
4) 송전설비공사	3년
5) 변전설비공사(전기설비 및 기기설치 공사를 포함한다)	3년
6) 배전설비공사	
① 배전설비 철탑공사	3년
② 가목 외 배전설비공사	2년
7) 산업시설물, 건축물 및 구조물의 전기설비공사	1년
8) 그 밖의 전기설비공사	1년

정답 59. ③ 60. ① 61. ②

13.4.58 / 14.4.72 / 15.2.77 / 15.4.61 / 17.2.73 / 18.1.69 /
18.2.25 / 18.4.11 / 19.2.14 / 20.1.62 / 20.4.26

62 태양전지 모듈 등의 시설시 옥측 또는 옥외에 시설하는 공사법이 아닌 것은?

① 합성수지관 공사
② 애자 공사
③ 금속관 공사
④ 가요전선관 공사

해설 태양전지 모듈 등의 시설(판단기준 제54조)

1) 충전부분은 노출되지 않도록 시설할 것

2) 태양전지 모듈에 접속하는 부하측의 전로(복수의 태양전지 모듈을 시설한 경우에는 그 집합체에 접속하는 부하측의 전로)에는 그 접속점에 근접하여 개폐기 기타 이와 유사한 기구(부하전류를 개폐할 수 있는 것에 한한다)를 시설할 것

3) 태양전지 모듈을 병렬로 접속하는 전로에는 그 전로에 단락이 생긴 경우에 전로를 보호하는 과전류차단기 기타의 기구를 시설할 것. 다만, 그 전로가 단락전류에 견딜 수 있는 경우에는 그렇지 않다.

4) 전선은 다음에 의하여 시설할 것. 다만, 기계기구의 구조상 그 내부에 안전하게 시설할 수 있을 경우에는 그렇지 않다.
① 전선은 공칭단면적 2.5[mm²] 이상의 연동선 또는 이와 동등 이상의 세기 및 굵기의 것일 것
② 옥내에 시설할 경우에는 합성수지관공사, 금속관공사, 가요전선관공사 또는 케이블공사로 시설할 것
③ 옥측 또는 옥외에 시설할 경우에는 합성수지관공사, 금속관공사, 가요전선관공사 또는 케이블공사로 시설할 것

63 중성점 직접 접지식 전로에 접속하는 것으로 성형결선으로 된 변압기의 최대 사용전압이 345[kV]라 하면 이 변압기의 시험전압[V]는 얼마가 되는가?

① 220800   ② 248400
③ 379500   ④ 431250

해설 전로의 절연저항 및 절연내력(판단기준 제13조)

① 사용전압이 저압인 전로에서 정전이 어려운 경우 등 절연저항 측정이 곤란한 경우에는 누설전류를 1[mA] 이하로 유지하여야 한다.

② 고압 및 특고압의 전로(회전기, 정류기, 연료전지 및 태양전지 모듈의 전로, 변압기의 전로, 기구 등의 전로 및 직류식 전기철도용 전차선을 제외한다)는 표에서 정한 시험전압을 전로와 대지 사이(다심케이블은 심선 상호 간 및 심선과 대지 사이)에 연속하여 10분간 가하여 절연내력을 시험하였을 때에 이에 견디어야 한다.

전로의 종류	시험 전압
1. 최대사용전압 7[kV] 이하인 전로	최대사용전압의 1.5배의 전압
2. 최대사용전압 7[kV] 초과 25[kV] 이하인 중성점 접지식 전로 (중성선을 가지는 것으로서 그 중성선을 다중접지 하는 것에 한한다)	최대사용전압의 0.92배의 전압
3. 최대사용전압 7[kV] 초과 60[kV] 이하인 전로	최대사용전압의 1.25배의 전압(10,500[V] 미만으로 되는 경우는 10,500[V])압
4. 최대사용전압60[kV] 초과 중성점 비접지식전로	최대사용전압의 1.25배의 전압
5. 최대사용전압60[kV] 초과 중성점 접지식 전로	최대사용전압의1.1배의 전압(75[kV] 미만으로 되는 경우에는 75[kV])
6. 최대 사용 전압이 60[kV]초과 중성점 직접접지식 전로	최대사용전압의 0.72배의 전압
7. 최대 사용 전압이 170[kV]초과 중성점 직접 접지식 전로로서 그 중성점이 직접 접지되어 있는 발전소 또는 변전소 혹은 이에 준하는 장소에 시설하는 것	최대사용전압의 0.64배의 전압

8. 최대사용전압이 60[kV]를 초과하는 정류기에 접속되고 있는 전로	교류측 및 직류 고전압 측에 접속되고 있는 전로는 교류측의 최대사용전압의 1.1배의 직류전압
	직류측 중성선 또는 귀선이 되는 전로는 계산식에 의하여 구한 값

③ 22.9[kV]의 절연 내력 시험전압은 최대사용전압의 0.92배의 전압

∴ $V = 345,000 \times 0.64 = 220,800$ [V]

15.2.75 / 15.4.65 / 15.4.74 / 17.1.62 / 17.2.63 / 17.4.1 / 17.4.3 / 17.4.76 / 18.1.8 / 18.2.72 / 19.4.15 / 20.1.18 / 20.1.72 / 20.1.77 / 21.1.6 / 21.2.12

64 태양의 빛에너지를 변환시켜 전기를 생산하거나 채광(採光)에 이용하는 설비는?

① 태양열 설비   ② 지열 설비
③ 풍력 설비   ④ 태양광 설비

해설 신·재생에너지 설비(신재생에너지법 시행규칙 제2조)

① 연료전지 설비 : 수소와 산소의 전기화학 반응을 통하여 전기 또는 열을 생산하는 설비
② 태양열 설비 : 태양의 열에너지를 변환시켜 전기를 생산하거나 에너지원으로 이용하는 설비
③ 태양광 설비 : 태양의 빛에너지를 변환시켜 전기를 생산하거나 채광(採光)에 이용하는 설비
④ 수력 설비: 물의 유동(流動) 에너지를 변환시켜 전기를 생산하는 설비
⑤ 해양에너지 설비 : 해양의 조수, 파도, 해류, 온도차 등을 변환시켜 전기 또는 열을 생산하는 설비
⑥ 지열에너지 설비 : 물, 지하수 및 지하의 열 등의 온도차를 변환시켜 에너지를 생산하는 설비
⑦ 폐기물에너지 설비 : 폐기물을 변환시켜 연료 및 에너지를 생산하는 설비
⑧ 수열에너지 설비 : 물의 표층의 열을 변환시켜 에너지를 생산하는 설비
⑨ 바이오에너지 설비 : 바이오에너지를 생산하거나 이를 에너지원으로 이용하는 설비

15.2.79 / 18.4.61

65 고압 또는 특고압의 기계기구 모선 등을 옥외에 시설하는 발전소, 개폐소 또는 이에 준하는 곳에 시설하는 울타리·담 등에 대한 판단기준으로 적합하지 않는 것은?

① 출입구에는 출입금지의 표시를 할 것
② 출입구에는 자물쇠장치 기타 적당한 장치를 할 것
③ 울타리·담 등의 높이는 1.8[m] 이상으로 할 것
④ 지표면과 울타리·담 등의 하단 사이의 간격은 15[cm] 이하로 할 것

해설 발전소 등의 울타리·담 등의 시설(판단기준 제44조)

1) 고압 또는 특고압의 기계기구·모선 등을 옥외에 시설하는 발전소·변전소·개폐소 또는 이에 준하는 곳에는 다음에 따라 구내에 취급자 이외의 사람이 들어가지 않도록 시설하여야 한다. 다만, 토지의 상황에 의하여 사람이 들어갈 우려가 없는 곳은 그렇지 않다.
① 울타리·담 등을 시설할 것
② 출입구에는 출입금지의 표시를 할 것
③ 출입구에는 자물쇠장치 기타 적당한 장치를 할 것

2) 울타리·담 등의 시설조건
① 울타리·담 등의 높이는 2[m] 이상으로 하고 지표면과 울타리·담 등의 하단사이의 간격은 15[cm] 이하로 할 것
② 울타리·담 등과 고압 및 특고압의 충전 부분이 접근하는 경우에는 울타리·담 등의 높이와 울타리·담 등으로부터 충전부분까지 거리의 합계는 표에서 정한 값 이상으로 할 것

사용전압의 구분	울타리·담 등의 높이와 울타리·담 등으로부터 충전부분까지의 거리의 합계
35[kV] 이하	5[m]
35[kV] 초과 160[kV] 이하	6[m]
160[kV] 초과	6[m]에 160[kV]를 초과하는 10[kV] 또는 그 단수마다 12[cm]를 더한 값

13.4.73 / 15.4.67 / 16.2.42 / 16.4.68 / 16.4.70 / 17.4.65 /
18.1.74 / 18.4.24 / 18.4.63 / 19.4.38 / 20.1.65 / 20.1.79 /
20.3.66 / 21.1.71 / 21.2.27 / 21.4.37 / 21.4.68

66 전기판매사업자가 전기요금과 그 밖의 공급조건에 관한 약관을 작성하여 누구에게 인가를 받아야 하는가?

① 대통령
② 시·도지사
③ 산업통상자원부장관
④ 한국전력공사사장

해설 전기의 공급약관(전기사업법 제16조)
① 전기판매사업자는 대통령령으로 정하는 바에 따라 전기요금과 그 밖의 공급조건에 관한 약관을 작성하여 산업통상자원부장관의 인가를 받아야 한다. 이를 변경하려는 경우에도 또한 같다.
② 산업통상자원부장관은 제①항에 따른 인가를 하려는 경우에는 전기위원회의 심의를 거쳐야 한다.

15.4.32 / 17.4.75 / 18.4.68 / 19.1.24 / 20.3.29 /
20.3.35 / 21.4.78

67 전기설비기술기준의 판단기준에서 저압 옥내배선으로 금속덕트공사 시 금속덕트에 넣은 전선의 단면적의 합계는 덕트 내부 단면적의 몇 [%] 이하로 하여야 하는가?

① 20   ② 30   ③ 50   ④ 60

해설 금속덕트에 넣은 전선의 단면적(절연피복의 단면적을 포함한다)의 합계는 덕트의 내부 단면적의 20[%](전광표시 장치·출·퇴표시등 기타 이와 유사한 장치 또는 제어회로 등의 배선만을 넣는 경우에는 50[%]) 이하일 것

18.4.72

68 신에너지 및 재생에너지 개발·이용·보급 촉진법의 목적으로 적당하지 않은 것은?

① 에너지소비의 다양화
② 온실가스 배출의 감소
③ 에너지 구조의 환경친화적 전환
④ 에너지의 안정적인 공급

해설 목적(신재생에너지법 제1조)
① 신에너지 및 재생에너지의 기술개발 및 이용·보급 촉진
② 신에너지 및 재생에너지 산업의 활성화를 통하여 에너지원을 다양화
③ 에너지의 안정적인 공급
④ 에너지 구조의 환경친화적 전환
⑤ 온실가스 배출의 감소를 추진함으로써 환경의 보전, 국가경제의 건전하고 지속적인 발전 및 국민복지의 증진에 이바지함

13.4.66 / 14.4.75 / 15.2.72 / 15.2.76 / 16.4.67 / 17.1.73 /
17.2.70 / 17.4.78 / 18.1.73 / 18.2.64 / 18.4.75 / 18.4.80 /
19.1.64 / 19.2.62 / 20.3.80

69 전기설비기술기준의 판단기준에서 최대사용전압 7[kV] 초과 25[kV] 이하인 중성점 접지식 전로(중성점을 가지는 것으로서 그 중성점을 다중접지하는 것에 한한다)의 절연내력 시험전압은 최대사용전압의 몇 배 전압으로 시험하는가?

① 0.92   ② 1.1   ③ 1.25   ④ 1.5

해설 전로의 절연저항 및 절연내력(판단기준 제13조)
① 사용전압이 저압인 전로에서 정전이 어려운 경우 등 절연저항 측정이 곤란한 경우에는 누설전류를 1[mA] 이하로 유지하여야 한다.
② 고압 및 특고압의 전로(회전기, 정류기, 연료전지 및 태양전지 모듈의 전로, 변압기의 전로, 기구 등의 전로 및 직류식 전기철도용 전차선을 제외한다)는 표에서 정한 시험전압을 전로와 대지 사이(다심 케이블은 심선 상호 간 및 심선과 대지 사이)에 연속하여 10분간 가하여 절연내력을 시험하였을 때에 이에 견디어야 한다.

전로의 종류	시험 전압
1. 최대사용전압 7[kV] 이하인 전로	최대사용전압의 1.5배의 전압
2. 최대사용전압 7[kV] 초과 25[kV] 이하인 중성점 접지식 전로 (중성선을 가지는 것으로서 그 중성선을 다중접지 하는 것에 한한다)	최대사용전압의 0.92배의 전압
3. 최대사용전압 7[kV] 초과 60[kV] 이하인 전로	최대사용전압의 1.25배의 전압(10,500[V] 미만으로 되는 경우는 10,500[V])압

정답 66. ③ 67. ① 68. ① 69. ①

4. 최대사용전압 60[kV] 초과 중성점 비접지식 전로	최대사용전압의 1.25배의 전압	
5. 최대사용전압 60[kV] 초과 중성점 접지식 전로	최대사용전압의 1.1배의 전압(75[kV] 미만으로 되는 경우에는 75[kV])	
6. 최대사용전압이 60[kV]초과 중성점 직접접지식 전로	최대사용전압의 0.72배의 전압	
7. 최대사용전압이 170[kV]초과 중성점 직접 접지식 전로로서 그 중성점이 직접 접지되어 있는 발전소 또는 변전소 혹은 이에 준하는 장소에 시설하는 것	최대사용전압의 0.64배의 전압	
8. 최대사용전압이 60[kV]를 초과하는 정류기에 접속되고 있는 전로	교류측 및 직류 고전압측에 접속되고 있는 전로는 교류측의 최대사용전압의 1.1배의 직류전압	
	직류측 중성선 또는 귀선이 되는 전로는 계산식에 의하여 구한 값	

14.4.68 / 18.4.79

70 전기공사 기술자의 인정기준 중 기사의 자격을 취득한 후 5년 이상 전기공사업무를 수행한 전기공사기술자는?

① 특급전기공사기술자
② 고급전기공사기술자
③ 중급전기공사기술자
④ 초급전기공사기술자

해설 (전기공사업법 시행령 제12조2 별표4의2)

전기공사기술자의 등급 및 인정기준

등급	국가기술자격자	학력·경력자
특급전기공사기술자	기술사 또는 기능장의 자격을 취득한 사람	
고급전기공사기술자	① 기사의 자격을 취득한 후 5년 이상 전기공사업무를 수행한 사람 ② 산업기사의 자격을 취득한 후 8년 이상 전기공사업무를 수행한 사람 ③ 기능사의 자격을 취득한 후 11년 이상 전기공사업무를 수행한 사람	
중급전기공사기술자	① 기사의 자격을 취득한 후 2년 이상 전기공사업무를 수행한 사람 ② 산업기사의 자격을 취득한 후 5년 이상 전기공사업무를 수행한 사람 ③ 기능사의 자격을 취득한 후 8년 이상 전기공사업무를 수행한 사람	① 전기 관련 학과의 석사 이상의 학위를 취득한 후 5년 이상 전기공사업무를 수행한 사람 ② 전기 관련 학과의 학사학위를 취득한 후 7년 이상 전기공사업무를 수행한 사람 ③ 전기 관련 학과의 전문학사 학위를 취득한 후 9년(3년제 전문학사 학위를 취득한 경우에는 8년) 이상 전기공사업무를 수행한 사람 ④ 전기 관련 학과의 고등학교를 졸업한 후 11년 이상 전기공사업무를 수행한 사람
초급전기공사기술자	① 산업기사 또는 기사의 자격을 취득한 사람 나. 기능사의 자격을 취득한 사람	① 전기 관련 학과의 학사 이상의 학위를 취득한 사람 ② 전기 관련 학과의 전문학사 학위를 취득한 후 2년(3년제 전문학사 학위를 취득한 경우에는 1년) 이상 전기공사업무를 수행한 사람 ③ 전기 관련 학과의 고등학교를 졸업한 후 4년 이상 전기공사업무를 수행한 사람 ④ 전기 관련 학과 외의 학사 이상의 학위를 취득한 후 4년 이상 전기공사업무를 수행한 사람 ⑤ 전기 관련 학과 외의 전문학사 학위를 취득한 후 6년(3년제 전문학사 학위를 취득한 경우에는 5년) 이상 전기공사업무를 수행한 사람 ⑥ 전기 관련 학과 외의 고등학교 이하인 학교를 졸업한 후 8년 이상 전기공사업무를 수행한 사람

16.4.64 / 18.1.68 / 19.2.63 / 20.3.61 / 21.4.67

71 저탄소 녹색성장 기본법에 의해 국가의 저탄소 녹색성장과 관련된 주요 정책 및 계획과 그 이행에 관한 사항을 심의하기 위하여 국무총리 소속으로 두는 녹색성장위원회의 구성으로 옳은 것은?

① 위원장 1명을 포함한 30명 이내의 위원으로 구성한다.
② 위원장 1명을 포함한 50명 이내의 위원으로 구성한다.
③ 위원장 2명을 포함한 30명 이내의 위원으로 구성한다.
④ 위원장 2명을 포함한 50명 이내의 위원으로 구성한다.

해설 녹색성장위원회의 구성 및 운영(녹색성장법 제14조)

1) 국가의 저탄소 녹색성장과 관련된 주요 정책 및 계획과 그 이행에 관한 사항을 심의하기 위하여 국무총리 소속으로 녹색성장위원회를 둔다.

2) 위원회는 위원장 2명을 포함한 50명 이내의 위원으로 구성한다.

3) 위원회의 위원장은 국무총리와 위원 중에서 대통령이 지명하는 사람이 된다.

4) 위원회의 위원은 다음의 사람이 된다.
① 기획재정부장관, 과학기술정보통신부장관, 산업통상자원부장관, 환경부장관, 국토교통부장관 등 대통령령으로 정하는 공무원
② 기후변화, 에너지·자원, 녹색기술·녹색산업, 지속가능발전 분야 등 저탄소 녹색성장에 관한 학식과 경험이 풍부한 사람 중에서 대통령이 위촉하는 사람

5) 위원회의 사무를 처리하게 하기 위하여 위원회에 간사위원 1명을 두며, 간사위원의 지명에 관한 사항은 대통령령으로 정한다.

6) 위원장은 각자 위원회를 대표하며, 위원회의 업무를 총괄한다.

7) 위원장이 부득이한 사유로 직무를 수행할 수 없는 때에는 국무총리인 위원장이 미리 정한 위원이 위원장의 직무를 대행한다.

8) 위원의 임기는 1년으로 하되, 연임할 수 있다.

18.2.70 / 19.2.68 / 20.4.70

72 저탄소 녹색성장 기본법에서 정의하는 녹색기술에 해당하지 않는 것은?

① 청정소비기술
② 청정생산기술
③ 온실가스 감축기술
④ 에너지 이용 효율화 기술

해설 녹색기술 정의(녹색성장법 제2조)

① 온실가스 감축기술
② 에너지 이용 효율화 기술
③ 청정생산기술
④ 청정에너지기술
⑤ 자원순환 및 친환경 기술(관련 융합기술을 포함한다) 등
⑥ 사회·경제 활동의 전 과정에 걸쳐 에너지와 자원을 절약하고 효율적으로 사용하여 온실가스 및 오염물질의 배출을 최소화하는 기술

13.4.64 / 14.4.65 / 14.4.77 / 15.4.71 / 17.1.8 / 17.2.75 / 17.4.70 / 18.4.67 / 19.2.70 / 19.2.72 / 20.1.64

73 신에너지에 해당되지 않는 것은?

① 연료전지
② 해양에너지
③ 수소에너지
④ 석탄을 액화·가스화한 에너지

해설 신·재생에너지의 정의(신재생에너지법 제2조)

1) 신에너지: 기존의 화석연료를 변환시켜 이용하거나 수소·산소 등의 화학 반응을 통하여 전기 또는 열을 이용하는 에너지
① 수소에너지
② 연료전지
③ 석탄을 액화·가스화한 에너지 및 중질잔사유을 가

스화

2) 재생에너지: 햇빛·물·지열·강수·생물유기체 등을 포함하는 재생 가능한 에너지를 변환시켜 이용하는 에너지
① 태양에너지
② 풍력
③ 수력
④ 해양에너지
⑤ 지열에너지
⑥ 생물자원을 변환시켜 이용하는 바이오에너지
⑦ 폐기물에너지(비재생폐기물로부터 생산된 것은 제외한다)

19.2.75 / 21.2.75

74 전기설비기술기준의 판단기준에서 저압 가공전선(다중 접지된 중성선은 제외한다)과 고압 가공전선을 동일 지지물에 시설하는 경우 저압 가공전선과 고압 가공전선 사이의 이격거리는 몇 cm 이상이어야 하는가?

① 50
② 100
③ 150
④ 200

해설 저고압 가공전선 등의 병가(판단기준 제75조)
1) 저압 가공전선(다중 접지된 중성선은 제외한다. 이하 같다)과 고압 가공전선을 동일 지지물에 시설하는 경우에는 다음에 따라야 한다.

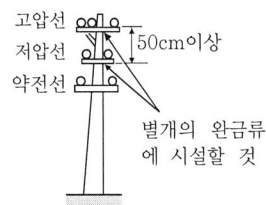

① 저압 가공전선을 고압 가공전선의 아래로 하고 별개의 완금류에 시설할 것
② 저압 가공전선과 고압 가공전선 사이의 이격거리는 50[cm] 이상일 것 다만, 각도주(角度柱)·분기주(分岐柱) 등에서 혼촉(混觸)의 우려가 없도록 시설하는 경우에는 그러하지 아니하다.

4.4.64 / 15.2.67 / 16.2.71 / 16.4.78 / 17.2.61 / 17.2.69 / 17.4.64 / 18.1.66 / 19.1.73 / 19.2.79 / 19.4.65 / 20.1.61 / 20.1.71 / 21.1.68

75 전기사업법에서 전기의 원활한 흐름과 품질 유지를 위하여 전기의 흐름을 통제·관리하는 체제는?

① 전기사업
② 전기설비
③ 전력시장
④ 전력계통

해설 정의(전기사업법 제2조)
① 전력시장 : 전력거래를 위하여 한국전력거래소가 개설하는 시장
② 전력계통 : 전기의 원활한 흐름과 품질유지를 위하여 전기의 흐름을 통제·관리하는 체제
③ 전기사업 : 발전사업·송전사업·배전사업·전기판매사업 및 구역전기사업
④ 전기신사업 : 전기자동차충전사업 및 소규모전력중개사업

16.4.62 / 16.4.72 / 17.1.76 / 17.4.72 / 18.1.77 / 20.1.63 / 20.3.64 / 20.3.77 / 20.4.69

76 신에너지 및 재생에너지 개발 · 이용 · 보급 촉진법에 따라 산업통상자원부장관이 혼합의무자에게 요구할 수 있는 제출 자료 중 신 · 재생에너지 연료 혼합시설에 관한 사항으로 틀린 것은?

① 신·재생애너지 연료 혼합시설 현황
② 신·재생애너지 연료 혼합시설 변동사항
③ 신·재생애너지 연료 혼합시설의 사용실적
④ 신·재생애너지 연료 혼합시설의 근로자 안전교육 실적

해설 신·재생에너지 연료 혼합의무
(1) 신·재생에너지 연료 혼합의무 등(신재생에너지법 제23조의2)
① 산업통상자원부장관은 신·재생에너지의 이용·보급을 촉진하고 신·재생에너지 산업의 활성화를 위하여 필요하다고 인정하는 경우 대통령령으로 정하는 바에 따라 석유정제업자 또는 석유수출입업자에게 일정 비율 이상의 신·재생에너지 연료를 수송용 연료에 혼합하게 할 수 있다.

② 산업통상자원부장관은 ①항에 따른 혼합의무의 이행 여부를 확인하기 위하여 혼합의무자에게 대통령령으로 정하는 바에 따라 필요한 자료의 제출을 요구할 수 있다.

(2) 자료제출(신재생에너지법 시행령 제26조의3)
산업통상자원부장관은 혼합의무자에게 다음의 자료 제출을 요구할 수 있다.

1) 신·재생에너지 연료 혼합의무 이행확인에 관한 다음의 자료
① 수송용 연료의 생산량
② 수송용 연료의 내수판매량
③ 수송용 연료의 재고량
④ 수송용 연료의 수출입량
⑤ 수송용 연료의 자가 소비량

2) 신·재생에너지 연료 혼합시설에 관한 다음의 자료
① 신·재생에너지 연료 혼합시설 현황
② 신·재생에너지 연료 혼합시설 변동사항
③ 신·재생에너지 연료 혼합시설의 사용실적

3) 혼합의무자의 사업에 관한 다음의 자료
① 수송용 연료 및 신·재생에너지 연료 거래실적
② 신·재생에너지 연료 평균거래가격
③ 결산재무제표

4) 그밖에 혼합의무의 이행 여부를 확인하기 위하여 산업통상자원부장관이 필요하다고 인정하는 자료

20.1.68

77 전기설비기술기준의 판단기준에 따라 의료장소의 전로에서 정격 감도전류 30mA이하, 동작시간 0.03초 이내의 누전차단기를 생략할 수 있는 경우로 틀린 것은?

① 의료 IT 계통의 전로
② 건조한 장소에 설치하는 의료용 전기기기의 전원회로
③ 의료장소의 바닥으로부터 2.0m를 초과하는 높이에 설치된 조명기구의 전원회로
④ TT 계통 또는 TN 계통에서 전원자동차단에 의한 보호가 의료행위에 중대한 지장을 초래할 우려가 있는 회로에 누전경보기를 시설하는 경우

해설 의료장소 전기설비의 시설
의료장소의 전로에는 정격 감도전류 30mA 이하, 동작시간 0.03초 이내의 누전차단기를 설치할 것. 다만, 다음의 경우는 그러하지 아니하다.
① 의료 IT 계통의 전로
② TT 계통 또는 TN 계통에서 전원자동차단에 의한 보호가 의료행위에 중대한 지장을 초래할 우려가 있는 회로에 누전경보기를 시설하는 경우
③ 의료장소의 바닥으로부터 2.5m를 초과하는 높이에 설치된 조명기구의 전원회로
④ 건조한 장소에 설치하는 의료용 전기기기의 전원회로

15.2.75 / 15.4.65 / 15.4.74 / 17.1.62 / 17.2.63 / 17.4.1 /
17.4.3 / 17.4.76 / 18.1.8 / 18.2.72 / 19.4.15 / 20.1.18 /
20.1.72 / 20.1.77 / 21.1.6 / 21.2.12

78 신에너지 및 재생에너지 개발·이용·보급 촉진법에 따라 물의 표층의 열을 변환시켜 에너지를 생산하는 설비는?

① 전력저장 설비
② 수열에너지 설비
③ 해양에너지 설비
④ 폐기물에너지 설비

해설 신·재생에너지 설비(신재생에너지법 시행규칙 제2조)
① 연료전지 설비 : 수소와 산소의 전기화학 반응을 통하여 전기 또는 열을 생산하는 설비
② 태양열 설비 : 태양의 열에너지를 변환시켜 전기를 생산하거나 에너지원으로 이용하는 설비
③ 태양광 설비 : 태양의 빛에너지를 변환시켜 전기를 생산하는 설비
④ 수력 설비: 물의 유동(流動) 에너지를 변환시켜 전기를 생산하는 설비
⑤ 해양에너지 설비 : 해양의 조수, 파도, 해류, 온도차 등을 변환시켜 전기 또는 열을 생산하는 설비
⑥ 지열에너지 설비 : 물, 지하수 및 지하의 열 등의 온

도차를 변환시켜 에너지를 생산하는 설비
⑦ 폐기물에너지 설비 : 폐기물을 변환시켜 연료 및 에너지를 생산하는 설비
⑧ 수열에너지 설비 : 물의 열을 변환시켜 에너지를 생산하는 설비
⑨ 전력저장 설비 : 신에너지 및 재생에너지를 이용하여 전기를 생산하는 설비와 연계된 전력저장 설비

16.2.17 / 16.2.68 / 16.4.16 / 18.1.16 / 18.1.71 / 18.2.6 / 19.2.15 / 19.4.19 / 20.1.75 / 20.3.3 / 20.1.11 / 21.1.13 / 21.2.6

79
전기설비기술기준의 판단기준에 따라 연료전지는 자동적으로 이를 전로에서 차단하고 연료전지에 연료가스 공급을 자동적으로 차단하며 연료전지 내의 연료가스를 자동적으로 배제하는 장치를 시설하여야 하는 경우로 틀린 것은?

① 연료전지에 과전류가 생긴 경우
② 연료전지의 온도가 현저하게 상승한 경우
③ 발전요소(發電要素)의 발전전압에 이상이 생겼을 경우
④ 공기 출구에서의 연료가스 농도가 현저히 저하된 경우

해설 발전기 등의 보호장치

연료전지는 다음의 경우에 자동적으로 이를 전로에서 차단하고 연료전지에 연료가스 공급을 자동적으로 차단하며 연료전지내의 연료가스를 자동적으로 배제하는 장치를 시설하여야 한다.
① 연료전지에 과전류가 생긴 경우
② 발전요소(發電要素)의 발전전압에 이상이 생겼을 경우 또는 연료가스 출구에서의 산소농도 또는 공기 출구에서의 연료가스 농도가 현저히 상승한 경우
③ 연료전지의 온도가 현저하게 상승한 경우

13.4.73 / 15.4.67 / 16.2.42 / 16.4.68 / 16.4.70 / 17.4.65 / 18.1.74 / 18.4.24 / 18.4.63 / 19.4.38 / 20.1.65 / 20.1.79 / 20.3.66 / 21.1.71 / 21.2.27 / 21.4.37 / 21.4.68

80
신에너지 및 재생에너지 개발·이용·보급 촉진법에 따라 신·재생에너지 설비 및 그 부품 중 공용화 품목의 지정을 요청하려는 자는 지정요청서와 첨부서류들을 누구에게 제출하여야 하는가?

① 국가기술표준원장
② 한국전기안전공사장
③ 산업통상자원부장관
④ 신·재생에너지센터 소장

해설 신·재생에너지 설비 및 그 부품에 대한 공용화 품목의 지정절차 등

공용화 품목의 지정을 요청하려는 자는 지정요청서에 다음의 서류를 첨부하여 국가기술표준원장에게 제출하여야 한다.
① 대상 품목의 명칭·규격 및 설명서
② 공용화 품목으로 지정받으려는 사유
③ 공용화 품목으로 지정될 경우의 기대효과

정답 79. ④ 80. ①

2024년 기출문제

2024 제1회 CBT 복원 기출문제

15.2.48 / 15.4.2 / 16.2.15 / 16.4.13 / 18.4.1 / 19.1.4 / 19.1.11 / 20.1.20 / 21.1.1 / 21.1.5

01 태양전지는 어떤 효과를 이용한 것인가?

① 광전도 효과
② 광증폭 효과
③ 광전자 방출효과
④ 광기전력 효과

해설 PN접합에 의한 태양광 발전의 원리

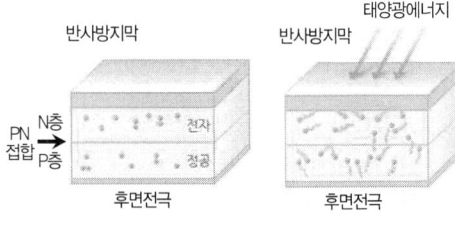

① p-n접합부 또는 정류작용이 있는 금속과 반도체의 경계면에는 접촉전위차가 있으므로 이 부분에 빛을 입사시키면, 반도체 중에 만들어진 전자와 정공(正孔)이 접촉전위차 때문에 분리되어 양쪽 물질에 서로 다른 종류의 전하가 나타나고 그 사이에 전위차(광기전력)가 생긴다.

② p-n접합 또는 금속과 반도체의 접촉 사이에 외부 회로를 연결하면 광전류가 구해지는데, 태양전지에 이용된다.

③ 1839년 프랑스의 물리학자 에드몬드 베크렐(Edmond Becquerel)이 전해액에 담근 은 전극에 빛을 비추니 적은 양의 전류가 흐르는 것을 처음으로 발견했다.

15.4.7 / 15.4.11 / 18.1.7 / 18.1.31 / 18.2.13 / 20.3.10 / 20.3.17 / 20.4.11

02 납축전지(연축전지)의 공칭전압은 몇 [V]인가?

① 1.0
② 2.0
③ 3.0
④ 4.0

해설 납축전지와 알칼리축전지의 비교

	납축전지	알칼리축전지
공칭전압	2.0[V]	1.2[V]
방전종지전압	1.6[V]	0.96[V]
기전력	2.05~2.08[V]	1.32[V]
공칭용량	10[Ah]	5[Ah]
기계적강도	약함	강함
과충방전에 의한 전기적 강도	약함	강함
충전시간	길다	짧다
종류	클래드식(CS) 페이스트식(HS형)	소결식(AH, AHH형) 포켓식(AL, AM, AMH, AH형)
수명	5~15년	15~20년

13.4.7 / 15.4.9 / 18.1.20 / 18.2.2 / 20.4.1 / 21.4.6

03 태양광발전시스템을 완성하기 위하여 필요한 모듈을 직·병렬로 구성하게 되는데, 즉, 직렬로 접속된 모듈 집합체의 회로를 무엇이라 하는가?

① 셀
② 모듈
③ 스트링
④ 어레이

해설 태양광발전시스템의 회로구성

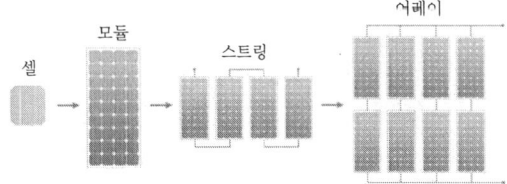

1) 셀(Cell)
① 태양전지의 가장 기본 소자
② 실리콘 계열의 태양전지 셀의 개방전압 0.59[V], 단락전류 10[A] 정도이다.

정답 1.④ 2.② 3.③

2) 모듈(Module)

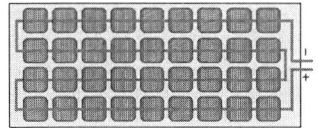

셀 36개의 직렬연결

① 셀을 직렬로 연결하여 태양광 아래서 일정한 전압과 전류를 발생시키는 장치
② 셀 자체가 너무 얇아 파손되기 쉬우므로 외부충격이나 악천후로부터 보호하기 위하여 견고한 알루미늄 프레임 안에 표면유리/충진재/태양전지 셀/충진재/후면시트 등의 순서로 제작한 제품에 케이블과 정션박스를 붙여 하나의 태양전지판 형태로 만든 제품
③ 365[W] 모듈 한 장은 단결정 72셀(6 inches), 사이즈는 1,960×992×40mm, 중량 22.5kg 정도이다.
④ 365[W] 모듈 한 장의 최대출력 동작전압 39.1[V], 최대출력 동작전류 9.35[A], 개방전압은 47.2[V], 단락전류 9.79[A], 효율은 18.8% 정도이다.

3) 스트링(String)

① 스트링은 태양전지의 모듈을 직렬로 연결하여 하나의 단위 스트링으로 구성된다.
② 단위 스트링의 출력전압이 어레이의 출력전압이며 또한 이 전압은 인버터의 직류 입력전압과 연관이 있다.
③ 스트링의 출력전압은 인버터의 최대 출력점(Maximum Power Point Tracking) 범위 이내가 되도록 하여야 한다.

4) 어레이(Array)

① 다수의 스트링을 병렬로 접속한 모듈의 집합체
② 스트링회로를 전기적으로 보호하기 위한 퓨즈, 차단기, 역류 방지소자, 서지 보호장치 등으로 구성되어 있으며 접속함에 수납되어 있다.

15.4.14 / 17.1.1 / 18.4.28 / 19.2.20 / 21.1.2

04 태양광발전시스템의 구성요소에 대한 설명으로 틀린 것은?

① 태양전지 모듈에서 생산된 전기를 저장하기 위해 축전지를 사용하기도 한다.
② 인버터는 태양전지 모듈에서 생산된 교류전기를 직류로 변환시키는 역할을 한다.
③ 태양전지 모듈 제작시, 발생 전압을 증가시키기 위해 여러 장의 셀을 직렬로 연결한다.
④ 태양전지 어레이는 태양전지 모듈의 집합체로 스트링, 역류방지 다이오드, 바이패스 다이오드, 접속함 등으로 구성된다.

해설 태양광발전시스템의 구성도

① 햇빛을 받아 태양전지를 통해 직류전기를 생산한다.
② 생산된 직류전기는 축전지를 통해 저장하기도 한다.
③ 365[W] 모듈 한 장의 최대출력 동작전압은 약 39.1[V], 여러 장의 셀을 직렬로 연결하여 원하는 전압으로 조합한다.
④ 태양전지 어레이는 다수의 스트링을 병렬로 접속한 모듈의 집합체로 역류방지 다이오드, 바이패스 다이오드, 접속함 등으로 구성
⑤ 생산된 직류전기(DC)는 인버터를 통해 일반적으로 사용할 수 있는 교류전기(AC)로 변경한다.
⑥ 생산된 교류(AC)는 가정용이나 산업용전기로 소비된다.

14.4.54 / 15.4.19 / 17.1.11 / 19.1.9 / 19.4.3 / 19.4.7 / 20.4.10 / 21.2.5

05 태양전지 모듈 전면적 1,000[m²]에서 방사조도 1,000[W/m²]이고, 최대 출력 100[kW]이면 변환효율은 몇 [%]인가?

① 5 ② 10 ③ 15 ④ 20

해설 변환효율(Conversion Efficiency)

표준 시험조건(Standard Test Conditions, STC)에서 측정한 태양전지 출력전력을 입사된 빛 에너지(소자넓이 × 경사면 조사 강도)로 나누어 백분율로 나타낸 것

$$\eta = \frac{P_{AS}}{G_S \times A} \times 100\,[\%]$$

$$= \frac{100 \times 10^3}{1,000 \times 1,000} \times 100 = 10\,[\%]$$

P_{AS} : 태양전지 어레이 출력전력 [kW]
G_S : 경사면 일사량 [kW/m^2]
A : 태양전지 어레이 면적 [m^2]

15.4.21

06 분산형 태양광발전시스템 준공 시 인입구 배선의 점검사항으로 틀린 것은?

① 전선의 저항 측정
② 규격전선 사용 여부
③ 전선 피복 손상 여부
④ 배선공사 방법의 적합 여부

해설 인입구배선 점검

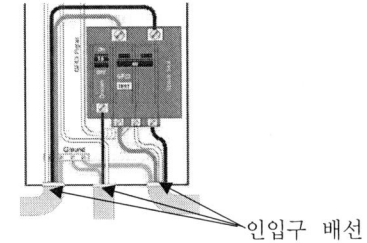
인입구 배선

① 규격전선의 사용 여부
② 전선 접속 상태(중도에 전선접속 하지 말 것)
③ 전선피복의 손상 여부
④ 배선공사방법의 적합 여부(전선인입구가 실리콘 등으로 방수처리 될 것)
⑤ 기타 기술기준에 적합여부(인입선과 구분하여 시설)

15.4.24 / 16.4.24 / 18.1.39 / 19.4.22 / 20.4.23 / 20.4.28 / 21.4.26 / 21.2.40

07 저압 배전선로의 저압네트워크 방식에 대한 설명으로 틀린 것은?

① 전력손실이 감소된다.
② 플리커, 전압변동률이 적다.
③ 특별한 보호장치가 필요 없다.
④ 무정전 공급이 가능해서 공급신뢰도가 높다.

해설 저압 네트워크 배전방식(Network System)
1) 2개 이상의 배전 변압기 2차측을 전기적으로 연결해서 망상으로 한 것인데, 각 수용가에는 네트워크로부터 분기되어 직접 전기를 공급하는 방식이다.
① 전력 손실 감소
② 플리커, 전압 변동률이 적다.
③ 기기의 이용률 향상
④ 부하 증가에 대한 적응성이 좋음
⑤ 변전소 수를 줄일 수 있다.
⑥ 무정전 공급이 가능해서 공급신뢰도가 높다.
⑦ 건설비가 비싸다.
⑧ 특별한 보호장치가 필요하다.

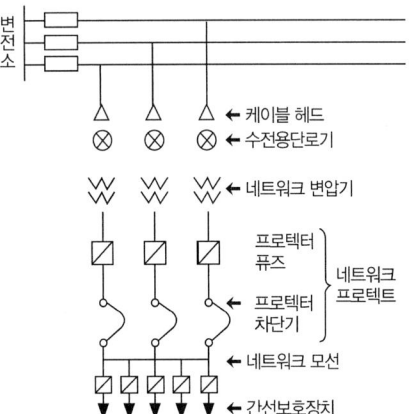

2) 네트워크 프로텍터(network protector) = (계전기 + 차단기)
변압기 1차측에서 고장이 발생되어 변전소의 차단기가 동작되면 변압기를 통해 1차측으로 역가압되지 않도록 변압기 2차측에 설치한다.

20.1.30 / 21.2.38

08 전력시설물 공사감리업무 수행지침에 따라 기자재 공급승인요청서에 첨부되어 제출되는 서류가 아닌 것은?

① 현장테스트 사진
② 납품실적 증명서

정답 6.① 7.③ 8.①

③ 시험성과 대비표
④ 품질시험 대행 국·공립시험기관의 시험성과

해설 감리원은 주요기자재 공급승인 요청서에 다음의 관계 서류를 첨부하도록 하여야 한다.
① 품질시험 대행 국·공립시험기관의 시험성과
② 납품실적 증명
③ 시험성과 대비표

시험항목	시방기준	시험성과	판정·비고

15.4.34 / 18.1.30

09 태양광발전시스템에서 전기 흐름을 고려한 배선 순서를 바르게 나열한 것은?

> ㄱ. 인버터에서 분전반 배선
> ㄴ. 어레이와 접속함 배선
> ㄷ. 모듈 배선
> ㄹ. 접속함에서 인버터 배선

① ㄱ→ㄹ→ㄴ→ㄷ
② ㄴ→ㄷ→ㄱ→ㄹ
③ ㄷ→ㄴ→ㄹ→ㄱ
④ ㄹ→ㄷ→ㄴ→ㄱ

해설 계통연계형 태양광발전시스템의 구성

어레이 접속함 인버터 분전반(계량기) 전주

15.4.37 / 19.2.25 / 21.1.26

10 지붕형 태양광발전시스템 어레이 기초공사에 포함되는 것은?

① 방수공사   ② 접지공사
③ 구조물공사 ④ 모듈 설치공사

해설 지붕형 태양광발전시스템 어레이 기초공사
① 구조물의 기초를 설치하기 위해서 지붕의 방수기능에 대한 손상이 우려될 때는 방수공사 기능을 가진 사람이 작업을 실시하며, 방수기능이 확인된 공법을 사용하는 등의 방법으로 확실하게 방수처리를 해야 한다.
② 기존건물의 옥상이나 개인주택의 평지붕 옥상에 설치하는 기초 및 어레이는 자중에 더하여 풍압·적설의 최대하중에도 건물의 강도가 충분한가를 검토한 후 설계를 한다.
③ 신축건물의 경우 태양전지 어레이의 기초부까지 방수를 포함하여 건축업자에게 시공하도록 하면 건물철근과 직결한 강도 높은 앵커볼트를 사용할 수 있으며 방수도 완전하게 된다.

15.2.63 / 15.4.42 / 16.2.57 / 19.2.65 / 21.1.69

11 태양광발전소에 대한 하자보수 검사주기로 옳은 것은?

① 연 1회 이상   ② 연 2회 이상
③ 연 3회 이상   ④ 연 4회 이상

해설 하자담보책임기간 내 하자검사
하자검사는 하자담보책임기간 중 연 2회 이상 정기적으로 실시한다.

15.4.46 / 16.2.49

12 전기안전관리업무를 대행하는 자가 갖추어야 할 장비가 아닌 것은?

① 절연저항기   ② 클램프미터
③ 저압검전기   ④ 인버터

해설 전기안전관리업무를 대행하는 자가 갖추어야 할 장비
① 절연저항 측정기(500[V], 100[MΩ])
② 절연저항 측정기(1,000[V], 2,000[MΩ])
③ 접지저항 측정기
④ 클램프미터
⑤ 저압검전기
⑥ 고압 및 특고압기
⑦ 계전기 시험기
⑧ 적외선 열화상 카메라(적외선 실화상 기능을 갖추고

정답 9.③ 10.① 11.② 12.④

측정온도 250[℃] 이상, 해상도 1만 픽셀 이상일 것)

※ 두 가지 이상의 기능을 함께 가지고 있는 장비를 갖춘 경우에는 각각의 장비를 갖춘 것으로 본다.

15.4.49 / 18.2.57 / 19.2.3 / 19.4.52 / 21.4.9

13 태양광발전설비 운영에 관한 설명 중 틀린 것은?

① 태양광발전설비의 발전량은 여름철이 봄철, 가을철보다 많다.
② 태양전지 모듈 표면의 온도가 높을수록 발전효율이 저하되므로 정기적으로 물을 뿌려 온도를 조절해 준다.
③ 태양광발전설비의 고장요인은 대부분 인버터에서 발생하므로 정기적으로 정상가동 유무를 확인한다.
④ 태양광발전설비의 일상점검, 정기점검은 주기에 맞춰 검사한다.

해설 남해지역 고정식 태양광발전소 발전량

	1월	2월	3월	4월	5월	6월
[kWh]	3,057	3,295	4,348	3,997	4,157	3,831
[%]	7.39	7.96	10.51	9.66	10.05	9.26
	7월	8월	9월	10월	11월	12월	합계
	2,766	3,398	3,603	3,217	2,937	2,776	41,382
	6.68	8.21	8.71	7.77	7.10	6.71	100[%]

태양광발전소의 발전량은 3월~6월 가장 높게 발생된다.

14.4.45 / 15.4.54 / 16.4.56 / 17.1.55 / 17.4.57 / 18.1.52 / 19.1.41 / 19.2.46 / 19.4.56 / 20.3.55

14 태양전지 모듈의 고장원인으로 적당하지 않은 것은?

① 습기 및 수분 침투에 의한 내부회로의 단락
② 기계적 스트레스에 의한 태양전지 셀의 파손
③ 경년 열화에 의한 태양전지 셀 및 리본의 노화
④ 염해, 부식성 가스 등 주변 환경에 의한 부식

해설 모듈의 고장원인
① 제조결함(백화현상, 적화현상, 황색 변이, 핫스팟, 백시트 에어 버블링 등)
② 시공불량(모듈 시공시 외부 충격의 영향, 구조물의 불균형 시공으로 인한 프레임 변형 등)
③ 전기적(전압, 전류), 기계적(열응력, 충격) 스트레스에 의한 태양전지 셀의 파손
④ 염해, 부식성 가스 등 주변 환경에 의한 부식
⑤ 경년 열화에 의한 태양전지 셀 및 리본의 노화

13.4.53 / 15.4.58 / 16.4.49 / 18.1.55 / 18.2.32 / 18.4.35 / 18.4.43 / 19.2.55 / 20.1.55 / 20.3.46 / 20.4.56 / 21.2.51

15 인버터에 고장이 발생하였을 때 계통의 이상유무의 확인 후 정상일 때 5분후 재가동하는 경우가 아닌 것은?

① 한전 계통역상
② 한전 과전압
③ 한전 부족전압
④ 한전 저주파수

해설 한전계통에의 재병입(Reconnection)
① 한전계통에서 이상 발생 후 해당 한전계통의 전압 및 주파수가 정상 범위 내에 들어올 때까지 분산형전원의 재병입이 발생해서는 안된다.
② 분산형전원 연계 시스템은 안정상태의 한전계통 전압 및 주파수가 정상 범위로 복원된 후 그 범위 내에서 5분간 유지되지 않는 한 분산형전원의 재병입이 발생하지 않도록 하는 지연기능을 갖추어야 한다.

13.4.58 / 14.4.72 / 15.2.77 / 15.4.61 / 17.2.73 / 18.1.69 / 18.2.25 / 18.4.11 / 19.2.14 / 20.1.62 / 20.4.26

16 고압 또는 특고압 전로중 기계기구 및 전선을 보호하기 위하여 필요한 곳에는 무엇을 시설하여야 하는가?

① 영상변류기
② 과전류차단기
③ 콘덴서형 변성기
④ 지락차단기

정답 13.① 14.① 15.① 16.②

해설 태양전지 모듈 등의 시설(판단기준 제54조)
1) 충전부분은 노출되지 않도록 시설할 것

2) 태양전지 모듈에 접속하는 부하측의 전로(복수의 태양전지 모듈을 시설한 경우에는 그 집합체에 접속하는 부하측의 전로)에는 그 접속점에 근접하여 개폐기 기타 이와 유사한 기구(부하전류를 개폐할 수 있는 것에 한한다)를 시설할 것

3) 태양전지 모듈을 병렬로 접속하는 전로에는 그 전로에 단락이 생긴 경우에 전로를 보호하는 과전류차단기 기타의 기구를 시설할 것. 다만, 그 전로가 단락전류에 견딜 수 있는 경우에는 그렇지 않다.

4) 전선은 다음에 의하여 시설할 것. 다만, 기계기구의 구조상 그 내부에 안전하게 시설할 수 있을 경우에는 그렇지 않다.
① 전선은 공칭단면적 2.5[mm^2] 이상의 연동선 또는 이와 동등 이상의 세기 및 굵기의 것일 것
② 옥내에 시설할 경우에는 합성수지관공사, 금속관공사, 가요전선관공사 또는 케이블공사로 시설할 것
③ 옥측 또는 옥외에 시설할 경우에는 합성수지관공사, 금속관공사, 가요전선관공사 또는 케이블공사로 시설할 것

15.4.64 / 21.2.64

17 전로의 절연원칙에 따라 반드시 절연하여야 하는 것은?

① 전로의 중성점에 접지공사를 하는 경우의 접지점
② 계기용변성기의 2차측 전로의 접지점
③ 저압 가공전선로의 접지측 전선
④ 22.9[kV] 중성선의 다중접지의 접지점

해설 전로의 절연(판단기준 제12조)
전로는 다음의 부분 이외에는 대지로부터 절연하여야 한다.
① 저압전로에 접지공사를 하는 경우의 접지점
② 전로의 중성점에 접지공사를 하는 경우의 접지점
③ 계기용변성기의 2차측 전로에 접지공사를 하는 경우의 접지점
④ 저압 가공 전선의 특고압 가공 전선과 동일 지지물에 시설되는 부분에 접지공사를 하는 경우의 접지점
⑤ 중성점이 접지된 특고압 가공선로의 중성선에 다중 접지를 하는 경우의 접지점
⑥ 소구경관(小口經管)(박스를 포함한다)에 접지공사를 하는 경우의 접지점
⑦ 저압전로와 사용전압이 300V 이하의 저압전로를 결합하는 변압기의 2차측 전로에 접지공사를 하는 경우의 접지점

13.4.62 / 15.4.68 / 16.2.65 / 17.2.71

18 빙설이 많은 지방의 겨울철에는 어떤 종류의 풍압하중을 적용하는가?(단, 해안지방 기타 저온계절에 최대 풍압이 생기는 지방은 제외한다)

① 갑종 풍압하중
② 을종 풍압하중
③ 병종 풍압하중
④ 갑종 풍압하중과 을종 풍압하중

해설 풍압하중의 적용(판단기준 제62조)
① 빙설이 많은 지방이외의 지방에서는 고온계절에는 갑종 풍압하중, 저온계절에는 병종 풍압하중
② 빙설이 많은 지방(③의 지방은 제외한다)에서는 고온계절에는 갑종 풍압하중, 저온계절에는 을종 풍압하중
③ 빙설이 많은 지방 중 해안지방 기타 저온계절에 최대풍압이 생기는 지방에서는 고온계절에는 갑종 풍압하중, 저온계절에는 갑종 풍압하중과 을종 풍압하중 중 큰 것

15.2.75 / 15.4.65 / 15.4.74 / 17.1.62 / 17.2.63 / 17.4.1 / 17.4.3 / 17.4.76 / 18.1.8 / 18.2.72 / 19.4.15 / 20.1.18 / 20.1.72 / 20.1.77 / 21.1.6 / 21.2.12

19 해양의 조수, 파도, 해류, 온도차 등을 변환시켜 전기 또는 열을 생산하는 설비는?

① 해양에너지설비
② 지열에너지설비
③ 태양열에너지설비
④ 수소에너지설비

해설 **해양에너지**

(1) 해양에너지의 종류
해양의 조수·파도·해류·온도차 등을 변환시켜 전기 또는 열을 생산하는 기술로써 전기를 생산하는 방식은 조력·파력·조류·온도차 발전 등이 있음
① 조력발전 : 조석간만의 차를 동력원으로 해수면의 상승하강운동을 이용하여 전기를 생산
② 파력발전 : 연안 또는 심해의 파랑에너지를 이용하여 전기를 생산하는 기술
③ 조류발전 : 해수의 유동에 의한 운동에너지를 이용하여 전기를 생산
④ 온도차발전 : 해양 표면층의 온수(예 : 25~30℃)와 심해 500~1000m정도의 냉수(예 : 5~7℃)와의 온도차를 이용하여 열에너지를 기계적 에너지로 변환시켜 발전

(2) 해양에너지의 시스템 구성도

15.4.47 / 15.4.79 / 16.4.79 / 18.4.70 / 20.3.70 / 20.4.72

20 전기 안전관리자를 선임하지 않아도 되는 발전설비의 설비용량은?

① 10[kW] 이하
② 20[kW] 이하
③ 30[kW] 이하
④ 50[kW] 이하

해설 **전기안전관리자 선임의무의 예외**
① 전압이 600[V] 이하인 전기수용설비(일반용 전기설비)로서 제조업 및 제조업 관련 서비스업에 설치하는 전기 수용설비
② 설비용량 20[kW] 이하의 발전설비

13.4.17 / 15.4.59 / 17.1.18 / 17.4.2 / 18.4.3 / 19.1.6 / 21.2.1 / 21.4.18

21 최대전력 추종(MPPT)제어에 있어 P&O(Perturb & Observe)방식에 대한 설명으로 옳은 것은?

① 직접제어방식이다.
② 계산 량이 많아서 빠른 프로세서가 요구된다.
③ 최대 전력점 부근에서 진동이 발생하여 손실이 생긴다.
④ 태양전지 출력의 컨덕턴스와 증분 컨덕턴스를 비교하여 최대 전력 동작점을 찾는다.

해설 **P&O(Perturb & Observe)방식**
① 태양전지 출력전압의 주기적인 증감률과 전류 주기에서 측정되는 전력의 증감률에 의해서 제어되는 방식이다.
② 한번 전압의 변화에 따른 방향이 결정되면 빠른 응답과 정상상태에서의 변동을 고려하여 설정된 일정한 비율로 동작점이 이동되게 한다.
③ 높은 효율을 위해 최대전력점과의 거리에 따라서 비율을 변화하기도 한다.
④ 정상상태에서 출력전력의 미소 진동이 존재하며, 조사량의 변화가 큰 경우에는 정상적인 최대전력 추종제어가 곤란하기도 한다.

13.4.11 / 14.4.36 / 16.4.26 / 17.2.5 / 17.2.25 / 17.2.33 / 17.4.7 / 18.2.40 / 19.1.39 / 20.4.25 / 21.2.16 / 21.2.32 / 21.4.3

22 건축물에 설치된 태양광설비를 직접적인 낙뢰로부터 보호하기 위한 외부 뇌보호시스템이 아닌 것은?

① 접지 시스템
② SPD 시스템
③ 수뢰부 시스템
④ 인하도선 시스템

해설 **서지보호장치(SPD, Surge Protective Device)**
내부계통에 시지 전류기 들어올 때, 그 전류기 부하를 통해 흐르지 않고 우회하도록 하여 부하에서 발생하는 과전압이 과다하게 상승하는 것을 막아서 부하를 보호한다.

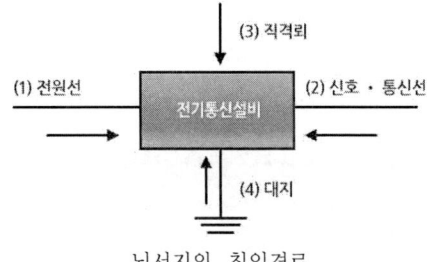

뇌서지의 침입경로

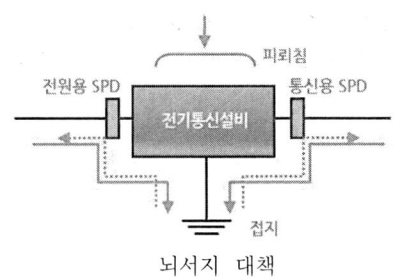

뇌서지 대책

① SPD는 크게 반도체형과 갭형이 있고, 기능면으로 구별하면 억제형과 차단형으로 구분할 수 있다.
② 종래의 SPD 소자에 탄화규소(SiC)가 사용되어 왔으나 산화아연(ZnO)이 개발된 이후, 반도체형의 SPD 소자에 산화아연이 많이 사용된다.
③ 산화아연은 큰 서지 내량과 우수한 제한 전압 특성 등의 특징을 갖고 있어 직렬 갭을 필요로 하지 않는 이상적인 SPD로서 옥내·외 및 기기의 입·출력부에 설치된다.
④ SPD의 구비 조건으로서는 동작전압이 낮고 응답시간이 빠르고 정전 용량이 작아야 된다.
⑤ 탄소 피뢰기, 가스 주입 차단관 등은 차단형 소자로서 응답속도가 느리고 정전용량이 커서, 뇌 서지 보호에는 적당하지 않기 때문에 최근에는 반도체형 SPD가 많이 사용되고 있다.
⑥ SPD 설치시 접속도체 길이가 길어지는 것은 뇌서지 회로의 임피던스를 증가시켜 과전압 보호 효과를 감소시키기 때문에 전체 길이는 0.5[m] 이하가 되도록 규정하고 있다.

※ 서지란 전기회로나 전기기기 내에 운전중에 고장의 제거나 제어 등을 위한 개폐조작 혹은 뇌방전에 의해서 과도적으로 발생하여 진행하는 과전압 또는 과전류를 말한다.

17.4.9

23 다음 중 도체의 저항과 관계없는 것은?

① 도체의 길이
② 도체의 도전율
③ 도체의 고유저항
④ 도체의 단면적 형태

해설 저항(R)

① 저항값은 도체의 길이에 비례하고, 단면적에 반비례하므로 도체의 길이 l [m], 단면적 A[m^2], 고유 저항을 ρ 라고 하면

$$R = \rho \frac{l}{A}$$

② 도체의 도전율은 고유저항의 역수이다.

13.4.14 / 14.4.1 / 14.4.9 / 15.2.5 / 15.2.43 / 17.1.20 /
17.4.14 / 18.2.11 / 19.2.5 / 20.1.17 / 20.3.1 / 20.4.4 /
20.4.6 / 21.1.43 / 21.2.2 / 21.2.13 / 21.2.18

24 실리콘 태양전지 모듈의 출력 특성에 대한 설명으로 틀린 것은?

① 표면온도가 높아지면 출력이 상승하는 정(+)온도 특성을 가진다.
② 방사조도가 동일하면 여름철에 비해 겨울철의 출력이 크다.
③ 모듈 온도가 동일하고 방사조도가 변화할 경우 단락전류가 방사조도에 비례하는 특성을 나타낸다.
④ 방사조도와 동일하게 모듈 온도가 상승한 경우 개방전압이나 최대출력도 저하한다.

해설 태양광 모듈의 온도에 따른 출력 전압과 전류 값

① 태양광 모듈의 온도특성을 살펴보면 전류는 양(+)의 온도계수를 가지고 전압과 전력은 음(−)의 온도계수를 가진다. 음 온도계수의 의미는 온도가 높을수록 태양광 모듈의 전압과 전력은 감소하고, 온도가 낮을수록 태양광 모듈의 전압과 전력이 증가한다는 것을 의미한다.
② 태양전지가 보다 높은 온도에 노출되면 단락전류(I_{SC})는 조금(+0.05[%/℃]) 증가하며, 개방전압(V_{OC})은 (−0.5[%/℃]) 감소한다.
③ 폴리실리콘 계열의 태양전지는 표면온도가 1[℃] 상승할 때, 대략 0.3~0.5[%]의 출력이 감소한다.

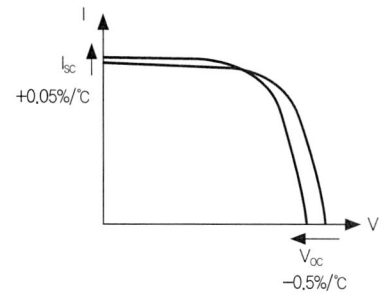

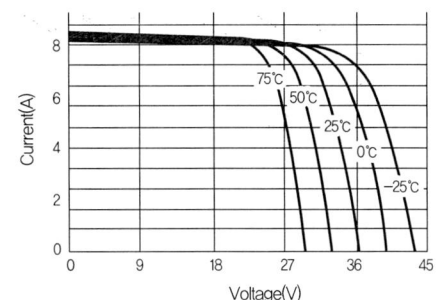

17.4.19

25 전기의 수요는 시간에 따라 변화하고, 재생에너지원에 의해 발생되는 전력 또한 시간에 따라 변화하는 특징이 있다. 다음의 에너지원 중 피크부하에 가장 잘 대응할 수 있는 것은?

① 태양에너지
② 풍력에너지
③ 수력에너지
④ 파력에너지

해설 수력에너지
① 물이 가지는 위치 에너지나 운동 에너지를 동력으로서 이용하는 것
② 저수지 시설을 이용하여 전력이 필요한 피크부하의 시간에 원하는 만큼의 발전이 가능하다.
③ 완전 정지된 상태에서 발전까지의 소요시간이 짧아 빠르게 에너지 수요에 대응할 수 있다.
④ 계절 및 환경에 따른 수량의 차이로 발전량이 항상 일정하기 어렵다.

13.4.34 / 14.1.25 / 15.2.31 / 15.4.38 / 17.1.25 / 17.2.30 /
17.4.21 / 17.4.34 / 18.4.34 / 19.1.22 / 20.1.40 / 20.3.38
/ 20.4.29 / 21.1.22 / 21.2.25

26 태양광발전시스템의 시공절차에 포함되지 않는 것은?

① 접지공사
② 어레이 기초공사
③ 인버터 설치공사
④ 태양광 어레이의 발전량 산출

해설 태양광발전시스템의 시공절차

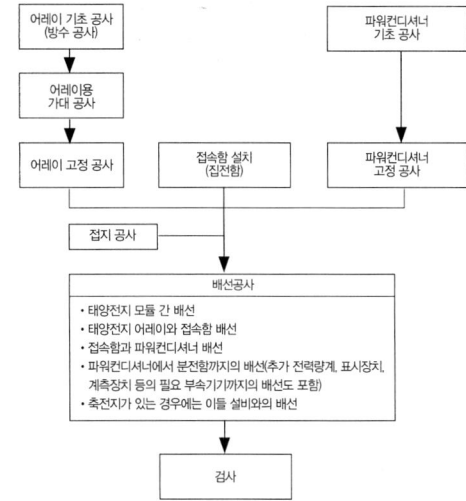

13.4.38 / 15.2.39 / 16.2.25 / 17.2.74 / 17.4.24 /
18.1.65 / 19.2.71

27 태양전지 모듈과 인버터 간의 지중 전선로를 직접 매설식으로 시설하는 경우 알맞은 공사방법은?

① 중량물의 압력을 받을 우려가 있는 경우 1.0 이상, 일반장소는 0.5[m] 이상 깊이로 매설한다.
② 중량물의 압력을 받을 우려가 있는 경우 1.2 이상, 일반장소는 0.5[m] 이상 깊이로 매설한다.
③ 중량물의 압력을 받을 우려가 있는 경우 1.0 이상, 일반장소는 0.6[m] 이상 깊이로 매설한다.
④ 중량물의 압력을 받을 우려가 있는 경우 1.2 이상, 일반장소는 0.6[m] 이상 깊이로 매설한다.

해설 지중배선의 시공

케이블 표시시트 설치

케이블 표시시트

① 지중매설관은 배선용 탄소강관, 내충격성의 경질비닐 전선관, 내충격성 경질 염화비닐관을 사용한다.
② 지중전선의 매설개소는 필요에 따라 매설깊이, 방향 등 지상에서 용이하게 확인할 수 있도록 표주 등에 의해 표시한다.
③ 지중배관과 지표면의 중간에 케이블표시시트를 포설한다.
(지중선로 포설후 지상으로부터 무단 굴착시 예상되는 케이블 손상방지)
④ 지중배관의 깊이는 1.0[m] 이상(중량물의 압력을 받을 우려가 없는 경우에는 0.6[m] 이상)

16.4.21 / 17.4.30 / 18.1.35 / 19.4.30 / 20.1.32 / 20.3.40

28 태양전지 어레이용 지지대에 영구적으로 작용하는 상정하중은?

① 고정하중 ② 풍압하중
③ 적설하중 ④ 지진하중

해설 구조물의 상정하중

① 수직하중 : 고정하중, 활하중, 적설하중
② 수평하중 : 풍하중, 지진하중
③ 고정하중 : 가대 본체의 하중과 가대에 적재하는 태양광 모듈 등의 적재하중 및 어레이의 구성에 필요한 기자재 등의 중량을 가산한 것으로써 영구적으로 작용하는 하중이다.

13.4.34 / 14.4.25 / 15.2.31 / 15.4.38 / 17.1.25 / 17.2.30 / 17.4.21 / 17.4.34 / 18.4.34 / 19.1.22 / 20.1.40 / 20.3.38 / 20.4.29 / 21.1.22 / 21.2.25

29 태양광발전시스템의 일반적인 시공절차에 대한 순서로 옳은 것은?

① 기초공사 → 자재주문 → 시스템 설계 → 모듈설치 → 간선공사 → 시운전 및 점검
② 시스템 설계 → 자재주문 → 간선공사 → 모듈설치 → 기초공사 → 시운전 및 점검
③ 자재주문 → 시스템 설계 → 기초공사 → 모듈설치 → 간선공사 → 시운전 및 점검
④ 시스템 설계 → 자재주문 → 기초공사 → 모듈설치 → 간선공사 → 시운전 및 점검

해설 태양광발전시스템 건설을 위한 기본 계획 흐름도

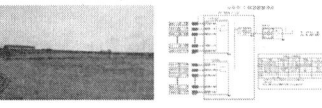 
① 현장여건분석   ② 시스템 설계   ③ 구성요소제작

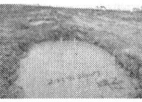  
④ 기초공사   ⑤ 구조물 설치   ⑥ 모듈 설치

  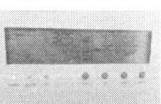
⑦ 간선공사   ⑧ 인버터 설치   ⑨ 시운전

13.4.40 / 15.2.29 / 15.2.55 / 17.4.37 / 18.2.27 / 18.4.26 / 18.4.57 / 19.1.32 / 19.2.32 / 19.2.43 / 20.1.22 / 20.4.32 / 21.1.35 / 21.4.46

30 태양광발전설비의 사용전 검사에 필요한 서류가 아닌 것은?

① 시공계획서
② 감리원 배치 확인서
③ 사용전 검사 신청서
④ 공사 계획인가(신고)서

해설 사용전 검사

사용전검사를 받으려는 자는 사용전검사 신청서에 다음의 서류를 첨부하여 검사를 받으려는 날의 7일 전까지 한국전기안전공사에 제출하여야 한다.
① 공사계획인가서 또는 신고수리서 사본(저압자가용전기설비의 경우는 제외한다)
② 설계도서 및 감리원 배치확인서(저압자가용전기설비의 설치공사인 경우만을 말하며, 저압자가용전기설비의 증설공사 및 변경공사의 경우는 제외한다)
③ 자체감리를 확인할 수 있는 서류(전기안전관리자가 자체감리를 하는 경우만 해당한다)
④ 전기안전관리자 선임신고증명서 사본

14.4.60 / 16.4.58 / 17.2.51 / 17.4.42 / 18.1.58 / 18.2.48 / 19.1.50 / 19.2.49

31 태양광발전시스템이 작동되지 않는 경우 응급조치순서로 옳은 것은?

① 접속함 내부 차단기 OFF → 인버터OFF 후 점검 → 점검후 인버터 ON → 접속함 내부 차단기 ON
② 인버터OFF → 접속함 내부차단기 OFF 후 점검 → 점검후 인버터 ON → 접속함 내부 차단기 ON
③ 접속함 내부 차단기 OFF → 인버터OFF 후 점검 → 점검후 접속함 내부차단기 ON → 인버터 ON
④ 인버터OFF → 접속함 내부차단기 OFF 후 점검 → 점검후 접속함 내부차단기 ON → 인버터 ON

해설 태양광발전시스템의 응급조치순서
① 접속함의 DC 메인 전원 스위치를 개방(off)한다.
② 인버터의 전원 스위치를 개방(off)한다.
③ 한전차단기를 개방(off)한다.
④ 태양광발전시스템을 점검한다.
⑤ 이상이 없을 시 역순으로 작동한다.

16.2.44 / 17.4.46 / 18.4.58 / 20.4.60

32 중대형 태양광발전용 인버터의 정상특성시험 항목 중 독립형인 경우에는 해당되지 않는 시험 항목은?

① 효율시험
② 누설전류시험
③ 온도상승시험
④ 자동 기동 · 정지시험

해설 인버터의 정상특성시험 항목

시험 항목		독립형	계통연계형
정상특성시험	a) 교류전압, 주파수 추종 범위 시험	×	○
	b) 교류 출력전류 변형률 시험	×	○
	c) 누설전류시험	○	○
	d) 온도상승시험	○	○
	e) 효율시험	○	○
	f) 대기손실시험	×	○
	g) 자동기동 · 정지 시험	×	○
	h) 최대전력 추종시험	×	○
	i) 출력전류 직류분 검출시험	×	○

17.2.41 / 17.4.49 / 19.2.59

33 태양광발전시스템의 유지관리를 위한 일상점검 및 정기점검에 관한 내용으로 틀린 것은?

① 일상점검은 점검담당자가 육안에 의해 실시하는 것으로, 일상점검의 점검주기는 매월 1회 정도이다.
② 출력 3kW미만의 소형 태양광발전시스템의 경우에 대해서는 정기점검을 하지 않아도 무방하다.
③ 축전지에 대한 일상점검은 부하를 차단한 상태에서 변색, 부풀음, 온도상승, 냄새 등의 점검을 실시해야 한다.
④ 정기점검은 지상에서 실시해야 함을 원칙으로 하지만, 필요에 따라 지붕이나 옥상 위에서 점검을 실시할 수도 있다.

해설 축전지의 일상 육안점검
① 전해액 저하
② 단자의 부식, 풀림 등 케이블 연결 상태
③ 외함의 변색, 변형, 균열, 팽창, 손상 상태

16.4.45 / 17.2.57 / 17.4.54 / 19.2.45 / 19.4.53 / 20.3.45

34 태양광발전시스템 유지보수 계획 시 고려사항으로 틀린 것은?

① 환경조건
② 설비의 단가
③ 설비의 중요도
④ 설비의 사용시간

해설 태양광발전시스템 점검 계획 시 고려사항
① 환경조건
② 설비의 중요도
③ 설비의 사용시간
④ 고장이력
⑤ 부하상태
⑥ 보수방법

15.4.43 / 16.4.43 / 16.4.53 / 17.4.58 / 18.2.26 / 19.4.48 / 20.1.45

35 인버터 출력회로 절연저항 측정방법 중 틀린 것은?

① 태양전지 회로를 접속함에서 분리한다.
② 절연변압기가 별도로 설치된 경우에는 이를 분리하여 측정한다.
③ 직류측의 전체 입력단자 및 교류측의 전체 출력 단자를 각각 단락한다.
④ 인버터의 입·출력 단자를 단락하여 출력단자와 대지간의 절연저항을 측정한다.

해설 인버터의 절연저항 측정
(1) 출력회로
① 태양전지회로를 접속함에서 분리한다.
② 분전반 내의 분기회로 차단기를 개방한다.
③ 인버터의 교류측 회로를 분전반 차단기에서 분리하여 분전반까지의 전로를 포함하여 측정한다.
④ 인버터의 입·출력 단자를 단락하고, 출력단자와 대지 간을 절연저항계(Megger)로 측정한다.

(2) 기타 주의사항
① 정격전압이 입출력과 다를 때는 높은 측의 전압을 절연저항계의 선택기준으로 한다.
② 입출력 단자에 주회로 이외의 제어단자 등이 있는 경우는 이것을 포함해서 측정한다.
③ 서지업서버 등의 정격에 약한 회로들은 회로에서 분리하여 측정한다.
④ 절연변압기가 별도로 설치된 경우에는 이를 포함하여 측정한다.
⑤ 절연변압기를 장착하지 않은 인버터는 제조사 추천 방식으로 측정한다.

17.4.61

36 전기설비기술기준의 판단기준에서 특고압 가공전선로의 지지물로 사용하는 철탑의 종류별 시공방법이 틀린 것은?

① 인류형을 전가섭선을 인류하는 곳에 설치
② 보강형을 전선로의 직선부분에 그 보강을 위하여 설치
③ 내장형을 전선로의 지지물 양쪽의 경간의 차가 큰 곳에 설치
④ 직선형을 전선로의 5도 이하인 수평 각도를 이루는 곳에 설치

해설 특고압 가공전선로의 철주·철근 콘크리트주 또는 철탑의 종류(판단기준 제114조)
① 직선형 : 전선로의 직선부분(3도 이하인 수평 각도를 이루는 곳을 포함한다)에 사용하는 것 다만, 내장형 및 보강형에 속하는 것을 제외한다.
② 각도형 : 전선로중 3도를 초과하는 수평 각도를 이루는 곳에 사용하는 것
③ 인류형 : 전가섭선을 인류하는 곳에 사용하는 것
④ 내장형 : 전선로의 지지물 양쪽의 경간의 차가 큰 곳에 사용하는 것
⑤ 보강형 : 전선로의 직선부분에 그 보강을 위하여 사용하는 것

정답 34.② 35.② 36.④

14.4.64 / 15.2.67 / 16.2.71 / 16.4.78 / 17.2.61 / 17.2.69 / 17.4.64 / 18.1.66 / 19.1.73 / 19.2.79 / 19.4.65 / 20.1.61 / 20.1.71 / 21.1.68

37 대통령령으로 정하는 규모 이하의 발전설비를 갖추고 특정한 공급구역의 수요에 맞추어 전기를 생산하여 전력시장을 통하지 아니하고 그 공급구역의 전기사용자에게 공급하는 것을 주된 목적으로 하는 사업은?

① 발전사업
② 송전사업
③ 배전사업
④ 구역전기사업

해설 전기사업법의 정의(전기사업법 제2조)
① 전기사업 : 발전사업 · 송전사업 · 배전사업 · 전기판매사업 및 구역전기사업
② 발전사업 : 전기를 생산하여 이를 전력시장을 통하여 전기판매사업 자에게 공급하는 것을 주된 목적으로 하는 사업
③ 송전사업 : 발전소에서 생산된 전기를 배전사업자에게 송전하는 데 필요한 전기설비를 설치 · 관리하는 것을 주된 목적으로 하는 사업
④ 배전사업 : 발전소로부터 송전된 전기를 전기사용자에게 배전하는 데 필요한 전기설비를 설치 · 운용하는 것을 주된 목적으로 하는 사업
⑤ 구역전기사업 : 대통령령으로 정하는 규모 이하의 발전설비를 갖추고 특정한 공급구역의 수요에 맞추어 전기를 생산하여 전력시장을 통하지 아니하고 그 공급구역의 전기사용자에게 공급하는 것을 주된 목적으로 하는 사업

17.4.68 / 21.2.67

38 신에너지 및 재생에너지 개발 · 이용 · 보급 촉진법의 제정 목적으로 틀린 것은?

① 에너지원의 단일화
② 온실가스 배출의 감소
③ 에너지의 안정적인 공급
④ 에너지 구조의 환경친화적 전환

해설 목적(신재생에너지법 제1조)
① 신에너지 및 재생에너지의 기술개발 및 이용 · 보급 촉진

② 신에너지 및 재생에너지 산업의 활성화를 통하여 에너지원을 다양화
③ 에너지의 안정적인 공급
④ 에너지 구조의 환경친화적 전환
⑤ 온실가스 배출의 감소를 추진함으로써 환경의 보전, 국가경제의 건전하고 지속적인 발전 및 국민복지의 증진에 이바지함

17.4.74

39 전기사업법에서 산업통상자원부장관은 대통령령으로 정하는 바에 따라 매년 몇 회 이상 전기안전관리업무에 대한 실태조사를 실시하여야 하는가?

① 1
② 2
③ 3
④ 4

해설 전기안전관리업무에 대한 실태조사 등(전기사업법 제73조의8)
① 산업통상자원부장관은 대통령령으로 정하는 바에 따라 매년 1회 이상 전기안전관리업무에 대한 실태조사를 실시하여야 한다.
② 산업통상자원부장관은 실태조사 결과 전기설비의 안전관리에 필요하다고 인정될 때에는 전기설비의 소유자 또는 점유자에게 전기설비의 안전관리에 관하여 개선을 권고하거나 시정을 명할 수 있다.

13.4.79 / 17.4.79 / 18.1.79

40 전기사업자 및 한국전력거래소가 측정기준 · 측정방법 및 보존방법 등을 정하여 산업통상자원부장관에게 제출하여야 하는 대상은?

① 전류 및 전압
② 전력 및 역률
③ 역률 및 주파수
④ 전압 및 주파수

해설 전압 및 주파수의 측정(전기사업법 시행규칙 제19조)
(1) 전기사업자 및 한국전력거래소는 다음의 사항을 매년 1회 이상 측정하여야 하며 측정 결과를 3년간 보존하여야 한다.

정답 37.④ 38.① 39.① 40.④

① 발전사업자 및 송전사업자의 경우에는 전압 및 주파수
② 배전사업자 및 전기판매사업자의 경우에는 전압
③ 한국전력거래소의 경우에는 주파수

(2) 전기사업자 및 한국전력거래소는 (1)항에 따른 전압 및 주파수의 측정기준·측정방법 및 보존방법 등을 정하여 산업통상자원부장관에게 제출하여야 한다.

15.4.16 / 16.4.11 / 18.1.17 / 18.4.18 / 19.2.8 / 19.2.16 / 19.4.2 / 20.1.5 / 20.4.14 / 20.4.20

41 어떤 도선을 통과하는 전하량이 64ms마다 0.32C이다. 이 때 흐르는 전류는 몇 A 인가?

① 2 ② 3 ③ 4 ④ 5

해설 전하량(Q)

t초간에 Q 쿨롱의 전하가 이동하였다면, 이때 전류 I는 다음과 같다.

$$I = \frac{Q}{t} \ [A]$$

$$= \frac{0.32}{64 \times 10^{-3}} = 5$$

14.4.54 / 15.4.19 / 17.1.11 / 19.1.9 / 19.4.3 / 19.4.7 / 20.4.10 / 21.2.5

42 태양광발전 전지의 표면에 입사한 태양에너지를 전기에너지로 변환하는 효율은?

① 열전변환효율 ② 압전변환효율
③ 충전변환효율 ④ 광전변환효율

해설 광전변환효율 η

1) 받아들이는 태양광 에너지로부터 얼마나 많은 에너지가 만들어지는가를 뜻한다.
2) 효율이 높을수록 같은 시간 동안, 같은 양의 발전판으로 더 많은 전력을 생산할 수 있다.
3) 변환효율 η(Conversion Efficiency)
① 표준시험조건(Standard Test Conditions, STC)에서 측정한 태양전지 출력전력을 입사된 빛 에너지(소자넓이 × 경사면 조사 강도)로 나누어 백분율로 나타낸 것

② 최대출력 P_{max}[W], 모듈 전면적 A[m^2], 조사강도 G[W/m^2]

$$\eta = \frac{P_{max}}{A \times G} \times 100 [\%]$$

19.4.9

43 태양광발전용 인버터의 단독운전 이행 시 발전전력과 부하 사용전력 사이의 불균형에 따른 주파수 급변을 검출하는 방식은?

① 부하변동방식
② 주파수 시프트방식
③ 주파수 변화율 검출방식
④ 고조파 전압급증 검출방식

해설 단독운전 방지기능

① 부하변동방식 : 인버터 출력과 병렬로 임피던스를 삽입하여 전압 또는 전류의 급변을 검출
② 주파수 시프트방식 : 인버터의 내부 발진기에 주파수 바이어스를 주었을 때 단독운전 발생시 나타나는 주파수 변동을 검출하는 방식
③ 주파수 변화율 검출방식 : 인버터 단독운전시 주파수의 급변을 검출
④ 고조파 전압급증 검출방식 : 인버터 단독운전시 전압의 급변을 검출

13.4.59 / 17.1.17 / 18.1.2 / 18.2.9 / 18.4.51 / 19.1.3 / 19.4.14 / 20.3.15 / 20.4.17 / 21.4.16

44 바이패스 다이오드에 대한 설명으로 틀린 것은?

① 열점(hot spot)의 손상을 피할 수 있다.
② 태양광발전 모듈의 스트링과 직렬로 연결한다.
③ 태양광발전 모듈 단자함 출력의 정극(+)과 부극(-) 간에 설치한다.
④ 스트링의 공칭 최대출력 동작전압의 1.5배 이상의 역내압을 가져야 한다.

해설 바이패스 다이오드(Bypass Diode)

① 바이패스다이오드(Bypass Diode)는 전류를 한쪽방향으로만 흐르게 만들어 주는 부품으로 P에서 N방향으로 전류가 흐르고 반대 방향으로는 전류를 거의 통과시키지 않는다.

정답 41. ④ 42. ④ 43. ③ 44. ②

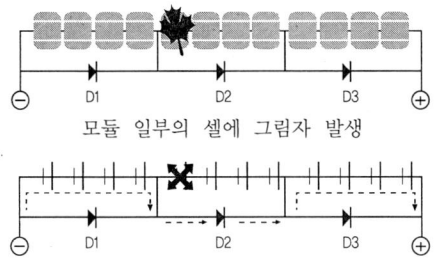

모듈 일부의 셀에 그림자 발생

그림자 발생된 모듈의 전류흐름

② 그림자로 인해 출력이 저하된 셀 또는 셀 그룹을 우회해 전류가 흐르도록 하고, 이를 통한 출력감소는 오직 그림자에 의해 가려진 셀 또는 셀 그룹에 해당하는 부분으로 제한해 출력을 유지한다.

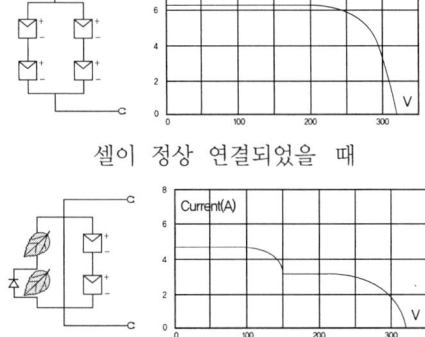

셀이 정상 연결되었을 때

셀 일부가 정상동작하지 않을 시

③ 일반적으로 모듈 한 장(태양전지 6×9)에 셀 54개 배열의 경우에는 다이오드 3개(1개당 18개의 셀)를 병렬로 설치한다.

16.2.17 / 16.2.68 / 16.4.16 / 18.1.16 / 18.1.71 / 18.2.6 / 19.2.15 /
19.4.19 / 20.1.75 / 20.3.3 / 20.1.11 / 21.1.13 / 21.2.6

45 연료전지발전의 원리에 대한 설명으로 틀린 것은?

① 열과 전기에너지 발생
② 반응생성물로 물이 생성
③ 연료극에 공급된 수소이온과 전자기 결합
④ 수소이온이 전해질층을 통해 공기극으로 이동

해설 연료전지 설비

수소와 산소의 전기화학 반응을 통하여 전기 또는 열을 생산하는 설비

17.1.65 / 19.4.21 / 20.1.25

46 케이블 트레이 및 부속재 선정 시 고려사항으로 옳은 것은?

① 전선과 피복에 돌기 등이 있어도 된다.
② 케이블트레이의 안전율은 0.5 이상으로 하여야 한다.
③ 비금속제 케이블트레이는 방식성 재료의 것이어야 한다.
④ 옆면 레일 또는 이와 유사한 구조재를 설치하여야 한다.

해설 케이블트레이의 선정

① 수용된 모든 전선을 지지할 수 있는 적합한 강도의 것이어야 한다. 이 경우 케이블 트레이의 안전율은 1.5 이상으로 하여야 한다.
② 지지대는 트레이 자체 하중과 포설된 케이블 하중을 충분히 견딜 수 있는 강도를 가져야 한다.
③ 전선의 피복 등을 손상시킬 돌기 등이 없이 매끈하여야 한다.
④ 금속재의 것은 적절한 방식처리를 한 것이거나 내식성 재료의 것이어야 한다.
⑤ 측면 레일 또는 이와 유사한 구조재를 부착하여야 한다.
⑥ 배선의 방향 및 높이를 변경하는데 필요한 부속재 기타 적당한 기구를 갖춘 것이어야 한다.
⑦ 비금속제 케이블 트레이는 난연성 재료의 것이어야 한다.
⑧ 금속제 케이블트레이시스템은 기계적 및 전기적으로 완전하게 접속하여야 하며 금속제 트레이는 접지공사를 하여야 한다.
⑨ 케이블이 케이블트레이시스템에서 금속관, 합성수지관 등 또는 함으로 옮겨가는 개소에는 케이블에 압력이 가하여지지 않도록 지지하여야 한다.
⑩ 별도로 방호를 필요로 하는 배선부분에는 필요한 방호력이 있는 불연성의 커버 등을 사용하여야 한다.
⑪ 케이블트레이가 방화구획의 벽, 마루, 천장 등을 관통하는 경우에 관통부는 불연성의 물질로 충전(充塡)하여야 한다.

정답 45. ③ 46. ④

19.4.24

47 화재 시 전선배관의 관통부분에서 방화구획 조치가 아닌 것은?

① 충전재 사용
② 난연 레진 사용
③ 난연 테이프 사용
④ 폴리에틸렌(PE) 케이블 사용

해설 **폴리에틸렌(Polyethylene)**
① 인체에 해가 없는 플라스틱 재질로 일회용 잡화, 병, 포장재, 전기절연체로 많이 사용된다.
② 생활에 많이 사용되는 페트병은 폴리에틸렌으로 만든 병이다.
③ 전선배관의 방화구획 관통부분에는 사용할 수 없다.

16.4.21 / 17.4.30 / 18.1.35 / 19.4.30 / 20.1.32 / 20.3.40

48 태양광발전 모듈 가대의 구조 설계 시 고려하는 상정하중이 아닌 것은?

① 적설하중　　② 지진하중
③ 고정하중　　④ 온도하중

해설 **구조물의 상정하중**
① 수직하중 : 고정하중, 활하중, 적설하중
② 수평하중 : 풍하중, 지진하중
③ 고정하중 : 가대 본체의 하중과 가대에 적재하는 태양광 모듈 등의 적재하중 및 어레이의 구성에 필요한 기자재 등의 중량을 가산한 것으로써 영구적으로 작용하는 하중이다.

13.4.29 / 16.4.40 / 19.4.34 / 21.2.35

49 모듈에서 접속함까지의 직류 배선길이가 50m이며, 모듈 전압이 600V, 전류가 8A일 때, 전압강하는 몇 V 인가? (단, 전선의 단면적은 4.0mm²이다.)

① 1.56　② 2.56　③ 3.56　④ 4.56

해설 **전압강하(e)**

$$e = \frac{35.6 \times L(\text{전선의 길이}) \times I(\text{전류})}{1000 \times A(\text{전선의 단면적})}$$

$$= \frac{35.6 \times 50 \times 8}{1000 \times 4} = 3.56 \ [\text{V}]$$

16.2.28 / 16.4.35 / 17.2.38 / 19.4.23 / 19.4.28 / 19.4.33 / 20.3.24 / 20.3.26 / 20.3.27 / 20.3.32 / 21.1.28 / 21.2.34

50 전력시설물 공사감리업무 수행지침에 따라 감리원은 매 분기마다 공사업자로부터 안전관리 결과보고서를 제출받아 이를 검토하고 미비한 사항이 있을 때에는 시정하도록 조치하여야 한다. 안전관리 결과보고서에 포함되는 서류가 아닌 것은?

① 안전관리 조직표
② 직원 건강기록부
③ 안전교육 실적표
④ 안전보건 관리체제

해설 **안전관리결과 보고서의 검토**
감리원은 매 분기마다 공사업자로부터 안전관리 결과보고서를 제출받아 이를 검토하고 미비한 사항이 있을 때에는 시정하도록 조치하여야 하며, 안전관리결과보고서에는 다음의 서류가 포함되어야 한다.
① 안전관리 조직표
② 안전보건 관리체제
③ 재해발생 현황
④ 산재요양신청서 사본
⑤ 안전교육 실적표
⑥ 그밖에 필요한 서류

16.2.47 / 16.2.51 / 16.4.47 / 17.2.42 / 18.1.45 / 18.2.44 / 18.2.54 / 19.1.43 / 19.1.51 / 19.1.53 / 19.4.42 / 19.4.47 / 20.3.48 / 20.4.42 / 20.4.45 / 20.4.51 / 21.1.46 / 21.1.51 / 21.1.58 / 21.4.44 / 21.2.47 / 21.4.56

51 고온 · 고습, 영향의 저온 등의 가혹한 자연환경에 반복 장시간 놓았을 때, 열팽창률의 차이나 수분의 침입 · 확산, 호흡작용 등에 의한 구조나 재료의 영향을 시험하는 것은?

① 고온고습 시험

정답　47. ④　48. ④　49. ③　50. ②　51. ②

② 습도-동결 시험
③ 온도 사이클 시험
④ 열점 내구성 시험

해설 태양광발전 모듈 습도-동결 시험
① 고온측 온도 조건을 (85±2) [℃], 상대습도 (85±5) [%] R.H.에서 20시간 유지하고, 저온측 온도 조건을 (-40±2) [℃] 조건에서 0.5시간 유지한다.
② ①의 조건을 1사이클로 하여 24시간 이내에 하고 10회 실시한다.
③ 최대 출력은 시험 전 값의 95[%] 이상일 것.

19.4.46 / 21.1.48
52 전기사업 허가신청서에 작성하는 내용 중 신청 내용에 해당하지 않는 것은?

① 설치장소
② 전기신사업 종류
③ 사업에 필요한 준비기간
④ 전기사업용 전기설비에 관한 사항

해설 전기사업 허가신청서의 신청내용
① 사업의 종류
② 설치장소
③ 사업구역 또는 특정한 공급구역
④ 전기사업용 전기설비에 관한 사항
⑤ 사업에 필요한 준비기간

13.4.26 / 15.4.28 / 16.4.38 / 17.1.51 / 17.2.22 / 17.2.54 / 17.4.23 / 17.4.53 / 18.1.21 / 18.1.47 / 18.2.46 / 18.2.53 / 18.4.23 / 19.1.60 / 19.2.26 / 19.2.42 / 19.4.27 / 19.4.49 / 20.1.52 / 20.3.23 / 20.3.41 / 20.4.24 / 21.1.38 / 21.4.42 / 21.4.48

53 단락접지기구를 설치하거나 철거할 경우 주의 사항으로 틀린 것은?

① 개폐장치 내부에 설치된 단락접지기구는 문이나 덮개로 가려서는 안된다.
② 설치하기 전 도체 내에 끊어진 연선이 있는지, 클램프 기구의 결함이 있는지 등을 검사한다.
③ 케이블 및 클램프의 용량, 상세한 관련 정보에 대하여는 점검자가 직접 측정하여 기록한 후 보관한다.
④ 정전된 가공전로 도체에 단락접지기구를 설치하거나 철거할 때에는 절연봉, 절연장갑 또는 기타 이와 유사한 보호구를 사용한다.

해설 정전작업 시의 단락접지
1. 일반사항
(1) 정전작업 시의 방호대상과 방호범위가 안전작업 절차에 규정되어야 하며, 특히 고압 및 특고압 회로에 대한 정전작업은 높은 수준의 방호가 이루어져야 한다.

(2) 정전작업 시에는 아래와 같은 예상치 못한 위험요인과 변수가 발생할 수 있으므로 특별히 주의를 기울여야 한다.
① 충전선로 가까운 장소에서의 유도
② 부적절한 재통전을 일으키는 스위치 투입 실수
③ 통전중인 도체를 정전중인 회로에 접촉시킴으로 인한 사고성 통전
④ 낙뢰에 의한 극히 높은 전압
⑤ 커패시터 또는 케이블 등 그 밖의 다른 기기에 의한 충전 전하

2. 단락접지 방법과 절차
(1) 정전작업 중 정전된 회로가 실수로 재통전 될 수 있으므로, 적절한 단락접지를 수행하여 작업자를 보호하여야 한다.

(2) 사고 시 100kA를 초과하는 고장전류가 흐를 수 있으므로, 단락접지기구에 사용되는 집지클램프 및 케이블은 다음의 조건을 만족하여야 한다.
① 접지클램프는 고장전류에 견딜 수 있는 충분한 용량과 케이블에 부착하기에 적합하여야 한다.
② 접지케이블은 고장전류를 흘릴 수 있는 충분한 용량이어야 한다.
③ 접지케이블은 낮은 저항을 유지하기 위하여 가능한 짧아야 한다.
④ 접지케이블은 접지 구조물과 정전된 3상 전원선, 중성선 등에 연결하여야 한다.

(3) 단락접지기구 설치시 고려사항
① 단락접지기구를 설치하기 전 전선의 손상, 클램프 단자의 풀림, 클램프의 결함, 기구의 결함여부 등을 점검하여야 한다.
② 단락접지기구는 정전상태에서 정전작업을 수행하는 지점마다 설치하여야 한다.
③ 비접지된 단락접지기구, 정전된 가공 전로 도체에 단락접지기구를 설치하거나 철거할 때에는 절연봉, 절연장갑 또는 기타 이와 유사한 보호구를 사용한다.
④ 단락접지 인하도선은 금속구조물이나 스위치기어의 접지 버스바(Bus bar)에 먼저 접속한 후 정전설비의 상도체간을 연결하여야 한다.

(4) 단락접지기구 철거 시 고려사항
1) 단락접지기구를 철거할 때에는 설치절차와 반대로 정전설비의 상도체로부터 인하도선을 먼저 분리한 후 금속구조물이나 접지 버스에 연결된 인하도선을 분리시킨다.

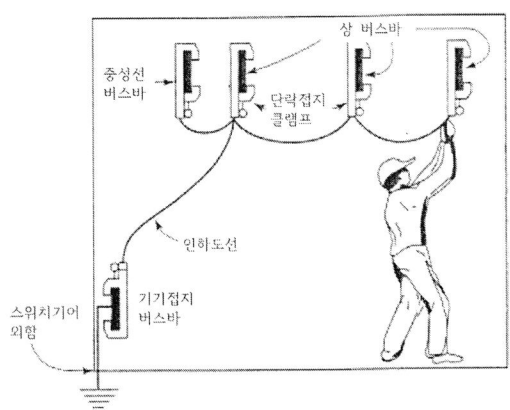

2) 단락접지기구를 철거한 후 재통전하기 전 다음의 사항을 확인하는 절차가 수립 · 시행되어야 한다.
① 설치하는 모든 단락접지기구에는 식별번호를 부여하여 기록하고, 철거할 때 설치 시 기록한 번호를 지워 나간다.
② 단락접지기구가 배전반 내에 설치된 곳에는 문을 닫고 덮개를 덮어서는 아니 되며, 만일 접지기구가 잘 보이지 않는 곳에 설치될 때에는 단락접지기구가 안쪽에 있다는 사실을 알리기 위하여 문이나 덮개에 표지를 부착하여야 한다.
③ 재통전하기 전 모든 도체에 접지된 부분이 있는지 확인하기 위하여 절연저항 측정기로 절연시험을

하여야 한다.

※ 케이블 및 클램프의 용량, 상세한 관련 정보에 대하여는 단락접지기구의 제조사 사용설명서를 참고한다.

19.4.54

54 소형 태양광 발전용 인버터(KS C 8564:2016)에서 교류 출력 전류 변형률 시험의 품질기준에 대한 설명으로 옳은 것은?

① 교류 출력 전류 종합 왜형률은 3% 이내, 각 차수별 왜형률은 5% 이내일 것
② 교류 출력 전류 종합 왜형률은 5% 이내, 각 차수별 왜형률은 3% 이내일 것
③ 교류 출력 전류 종합 왜형률은 5% 이내, 각 차수별 왜형률은 10% 이내일 것
④ 교류 출력 전류 종합 왜형률은 10% 이내, 각 차수별 왜형률은 10% 이내일 것

해설 교류 출력 전류 변형률 시험

1) 시험방법
① 시험 회로 중 임피던스 투입 스위치를 개방하여 기준 임피던스를 설정하고, 인버터를 정격 출력 전압, 정격 출력 주파수 및 정격 출력으로 운전한다.
② 인버터의 출력 전류에 포함되는 차수별 고조파 전류 성분을 측정하고, 다음 식에 따라서 전류의 종합 왜형률 THD를 산출한다.

$$THR = \frac{\sqrt{\sum i_{ACn}^2}}{I_{AC1}} \times 100[\%]$$

i_{ACn} : 인버터 출력 전류의 n차 고조파 전류 성분 실효값 [A]
n : 고조파 차수는 2차~40차로 한다.
I_{AC1} : 인버터 출력 전류의 기본파 실효값 [A]

③ 회로에 사용하는 220[V], 60[Hz]의 선로임피던스는 다음과 같이 설정한다.
3상 기준 임피던스 = $(0.24 + j0.15)[\Omega]$(각상),
$(0.16 + j0.1)[\Omega]$
단상 기준임피던스 = $(0.4 + j0.25)[\Omega]$

정답 54. ②

2) 품질기준
교류 출력전류 종합 왜형률은 5[%] 이내, 각 차수별 왜형률은 3[%] 이내일 것

17.2.58 / 19.1.57 / 19.1.58 / 19.2.47 / 19.4.58 / 20.1.46 / 20.1.47 / 20.4.48 / 20.4.59 / 21.2.49

55 안전모의 종류 중 물체의 낙하 또는 비례 및 추락에 의한 위험을 방지 또는 경감하고, 머리부위 감전에 의한 위험을 방지하기 위한 것은?

① AE   ② AB   ③ ABD   ④ ABE

해설 안전모의 종류
① A형: 물체의 낙하 및 비래에 의한 위험을 방지 또는 경감하기 위한 안전모
② AB형: 물체의 낙하 및 비래는 물론 추락에 의한 위험을 방지 또는 경감하기 위한 안전모
③ AE형: 물체의 낙하 및 비래는 물론 감전에 의한 위험을 방지 또는 경감하기 위한 안전모
④ ABE형: 다목적용으로 물체의 낙하, 비래, 추락, 감전 모든부분의 위험을 방지 또는 경감하기 위한 안전모

17.1.75 / 19.4.61 / 21.4.62

56 전기설비기술기준의 판단기준에서 저압 및 고압 가공전선로(전기철도용 급전선로 제외)와 기설 가공약전류전선로가 병행하는 경우 유도작용에 의하여 통신상의 장해가 생기지 않도록 전선과 기설 약전류 전선 간의 이격거리는 몇 m 이상으로 하여야 하는가?

① 0.5   ② 1   ③ 1.5   ④ 2

해설 가공 약전류전선로의 유도장해 방지(판단기준 제68조)
1) 저압 가공전선로(전기철도용 급전선로는 제외한다) 또는 고압 가공전선로(전기철도용 급전선로는 제외한다)와 기설 가공약전류전선로가 병행하는 경우에는 유도작용에 의하여 통신상의 장해가 생기지 아니하도록 전선과 기설 약전류 전선간의 이격거리는 2[m] 이상이어야 한다. 다만, 저압 또는 고압의 가공전선이 케이블인 경우 또는 가공약전류 전선로의 관리자의 승낙을 받은 경우에는 그러하지 아니하다.

2) 1)에 따라 시설하더라도 기설 가공약전류전선로에 장해를 줄 우려가 있는 경우에는 다음 중 한 가지 또는 두 가지 이상을 기준으로 하여 시설하여야 한다.
① 가공전선과 가공약전류 전선간의 이격거리를 증가시킬 것
② 교류식 가공전선로의 경우에는 가공전선을 적당한 거리에서 연가 할 것
③ 가공전선과 가공약전류전선 사이에 인장강도 5.26[kN] 이상의 것 또는 지름 4[mm]이상인 경동선의 금속선 2가닥 이상을 시설하고 이에 접지공사를 할 것

13.4.68 / 15.2.65 / 16.4.61 / 18.2.65 / 18.4.77 / 19.2.61 / 19.4.64

57 신에너지 및 재생에너지 개발·이용·보급 촉진법에 따는 기본계획의 계획기간은?

① 3년 이상   ② 5년 이상
③ 7년 이상   ④ 10년 이상

해설 기본계획의 수립(신재생에너지법 제5조)
① 산업통상자원부장관은 관계 중앙행정기관의 장과 협의를 한 후 신·재생에너지정책심의회의 심의를 거쳐 신·재생에너지의 기술개발 및 이용·보급을 촉진하기 위한 기본계획을 5년마다 수립하여야 한다.
② 기본계획의 계획기간은 10년 이상으로 한다.

19.4.68

58 전기설비기술기준의 판단기준에 따라 가공전선로의 지지물에 하중이 가하여지는 경우에 그 하중을 받는 지지물의 기초의 안전율은 얼마 이상이어야 하는가?

① 1   ② 2   ③ 3   ④ 4

해설 가공전선로 지지물의 기초의 안전율(판단기준 제63조)
가공전선로의 지지물에 하중이 가하여지는 경우에 그 하중을 받는 지지물의 기초의 안전율은 2(이상 시 상정하중이 가하여지는 경우의 그 이상 시 상정하중에 대한 철탑의 기초에 대하여는 1.33) 이상이어야 한다.

정답 55. ④ 56. ④ 57. ④ 58. ②

19.4.74

59 전기설비기술기준의 판단기준에 따라 저압 가공전선과 도로 등이 접근 또는 교차하는 경우 저압 가공전선과 도로·횡단보도교·철도 또는 궤도 등의 이격거리(도로나 횡단보도교의 노면상 또는 철도나 궤도의 레일면상의 이격거리는 제외)는 몇 m 이상으로 하여야 하는가? (단, 저압 가공전선과 도로·횡단보도교·철도 또는 궤도와의 수평 이격거리가 1m 이상인 경우는 제외한다.)

① 1 ② 3 ③ 5 ④ 7

해설 저고압 가공전선과 도로 등의 접근 또는 교차(판단기준 제80조)

저압 가공전선 또는 고압 가공전선이 도로·횡단보도교·철도·궤도·삭도[반기(搬器)를 포함하고 삭도용 지주를 제외한다. 이하 같다] 또는 저압 전차선(이하 이 조에서 "도로 등"이라 한다)과 접근상태로 시설되는 경우에는 다음에 따라야 한다.
① 고압 가공전선로는 고압 보안공사에 의할 것.
② 저압 가공전선과 도로 등의 이격거리(도로나 횡단보도교의 노면상 또는 철도나 궤도의 레일면상의 이격거리를 제외한다. 이하 이 항에서 같다)는 표에서 정한 값 이상일 것. 다만, 저압 가공전선과 도로·횡단보도교·철도 또는 궤도와의 수평 이격거리가 1m 이상인 경우에는 그렇지 않다.

도로 등의 구분	이격거리
도로·횡단보도교·철도 또는 궤도	3m
삭도나 그 지주 또는 저압 전차선	60cm (전선이 고압 절연전선, 특고압 절연전선 또는 케이블인 경우에는 30cm)
저압 전차선로의 지지물	30cm

③ 고압 가공전선과 도로 등의 이격거리는 아래의 표에서 정한 값 이상일 것. 다만, 고압 가공전선과 도로·횡단보도교·철도 또는 궤도와의 수평 이격거리가 1.2 m 이상인 경우에는 그렇지 않다.

도로 등의 구분	이격거리
도로·횡단보도교·철도 또는 궤도	3m
삭도나 그 지주 또는 저압 전차선	80cm (전선이 케이블인 경우에는 40cm)
저압 전차선로의 지지물	60cm (고압 가공전선이 케이블인 경우에는 30cm)

15.2.78 / 16.4.75 / 19.4.79 / 21.4.79

60 저탄소 녹색성장 기본법에 따라 저탄소 녹색성장 추진의 기본원칙으로 틀린 것은?

① 정부가 시장기능을 최대한 활성화하여 정부가 주도하는 저탄소 녹색성장을 추진한다.
② 정부가 사회·경제 활동에서 에너지와 자원 이용의 효율성을 높이고 자원순환을 촉진한다.
③ 정부는 국민 모두가 참여하고 국가기관, 지방자치단체, 기업, 경제단체 및 시민단체가 협력하여 저탄소 녹색성장을 구현하도록 노력한다.
④ 정부는 국가의 자원을 효율적으로 사용하기 위하여 성장잠재력과 경쟁력이 높은 녹색기술 및 녹색산업 분야에 대한 중점투자 및 지원을 강화한다.

해설 저탄소 녹색성장 추진의 기본원칙(녹색성장법 제3조)
① 정부는 기후변화·에너지·자원 문제의 해결, 성장동력 확충, 기업의 경쟁력 강화, 국토의 효율적 활용 및 쾌적한 환경 조성 등을 포함하는 종합적인 국가 발전전략을 추진한다.
② 정부는 시장기능을 최대한 활성화하여 민간이 주도하는 저탄소 녹색성장을 추진한다.
③ 정부는 녹색기술과 녹색산업을 경제성장의 핵심 동력으로 삼고 새로운 일자리를 창출·확대할 수 있는 새로운 경제체제를 구축한다.
④ 정부는 국가의 자원을 효율적으로 사용하기 위하여 성장잠재력과 경쟁력이 높은 녹색기술 및 녹색산업 분야에 대한 중점 투자 및 지원을 강화한다.

⑤ 정부는 사회·경제 활동에서 에너지와 자원 이용의 효율성을 높이고 자원순환을 촉진한다.
⑥ 정부는 자연자원과 환경의 가치를 보존하면서 국토와 도시, 건물과 교통, 도로·항만·상하수도 등 기반시설을 저탄소 녹색성장에 적합하게 개편한다.
⑦ 정부는 환경오염이나 온실가스 배출로 인한 경제적 비용이 재화 또는 서비스의 시장가격에 합리적으로 반영되도록 조세체계와 금융체계를 개편하여 자원을 효율적으로 배분하고 국민의 소비 및 생활 방식이 저탄소 녹색성장에 기여하도록 적극 유도한다. 이 경우 국내산업의 국제경쟁력이 약화되지 않도록 고려하여야 한다.
⑧ 정부는 국민 모두가 참여하고 국가기관, 지방자치단체, 기업, 경제단체 및 시민단체가 협력하여 저탄소 녹색성장을 구현하도록 노력한다.
⑨ 정부는 저탄소 녹색성장에 관한 새로운 국제적 동향을 조기에 파악·분석하여 국가 정책에 합리적으로 반영하고, 국제사회의 구성원으로서 책임과 역할을 성실히 이행하여 국가의 위상과 품격을 높인다.

19.1.2 / 19.1.38 / 21.4.2

61 수 개 또는 수십 개의 태양광발전 전지를 직렬로 연결하기 위해서 납땜하는 제조 공정은?

① Lay-Up 공정
② Laminator 공정
③ 시뮬레이터 공정
④ Tabbing & String 공정

해설 Tabbing & String

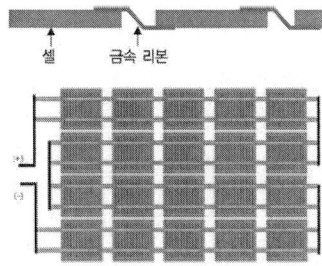

일반적인 태양광 모듈은 태양전지의 전면에 있는 Ag 버스바(Busbar)를 인접한 다른 태양전지 후면에 금속 리본을 납땜하여 연결한다. 이 방법은 공정상 설비가 단순하여 신뢰성이 높지만 출력저하를 일으키는 몇 가지 문제점이 있다. 태양전지 전면 리본의 영향으로 전류 수집에 손실이 생기며, 납땜(Soldering)과정에서 태양전지에 국부적인 열전달과 압력으로 인한 휨현상(Bowing)과 미세 균열을 일으킬 수 있다.

13.4.4 / 16.2.12 / 16.4.12 / 19.1.13 / 19.4.1 / 21.1.12 / 21.4.7 / 21.4.8

62 실효값이 220[V]인 교류전압을 1.2[kΩ]의 저항에 인가할 경우 소비되는 전력은 약 몇 [W]인가?

① 14.4   ② 18.3   ③ 26.4   ④ 40.3

해설 **실효값**(effective value)

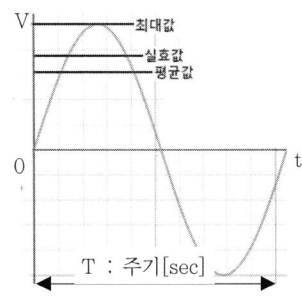

① 저항 R에 직류 전압 V[V]와 교류 전압 [V]를 같은 시간 동안 인가해서 발열량이 서로 같을 때, 직류 전압과 같은 효과가 있는 것으로 생각하고 실효적으로 같다고 결정한 값
② 정현파 교류의 실효값 V[V]와 최대값 V_m[V] 사이의 관계
$$V = \frac{1}{\sqrt{2}} \cdot V_m ≒ 0.707 V_m \text{ [V]}$$
③ 소비전력(P)
$$P = \frac{V^2}{R} = \frac{220^2}{1200} ≒ 40.3 \text{ [W]}$$

15.4.49 / 18.2.57 / 19.2.3 / 19.4.52 / 21.4.9

63 태양광발전에 대한 설명으로 틀린 것은?

① 무한 청정에너지이다.
② 주간에만 발전이 가능하다.
③ 발전량은 계절에 관계없이 일정하다.
④ 일사량과 관계는 있지만 어느 지역이나 이용가능하다.

정답 61. ④ 62. ④ 63. ③

해설 태양광발전의 특징

1) 장점
① 에너지의 원료인 태양의 빛은 무료이며, 무한이다.
② 환경오염이 없는 청정에너지원이다.
③ 발전과정에서 환경오염이 없다.
④ 유지관리 비용이 적다.

2) 단점
① 에너지밀도가 낮아 큰 설치면적이 필요하다.
② 설치장소가 한정적이며, 시스템 비용이 고가이다.
③ 발전량은 계절과 일조량의 영향을 많이 받는다.

※ 남해지역 고정식 태양광발전소 발전량

	1월	2월	3월	4월	5월	6월
[kWh]	3,057	3,295	4,348	3,997	4,157	3,831
[%]	7.39	7.96	10.51	9.66	10.05	9.26

	7월	8월	9월	10월	11월	12월	합계
	2,766	3,398	3,603	3,217	2,937	2,776	41,382
	6.68	8.21	8.71	7.77	7.10	6.71	100[%]

15.4.55 / 18.1.54 / 19.2.57 / 19.2.60 / 19.4.55 / 20.1.43 / 21.4.14 / 21.4.59

64 태양광발전용 접속함의 병렬 스트링 수에 의한 분류에서 소형(3회로 이하)일 경우 접속함이 제공하는 보호등급으로 옳은 것은?(실내형인 경우)

① IP55 이상
② IP54 이상
③ IP45 이상
④ IP20 이상

해설 태양광발전용 접속함

(1) 구분

병렬 스트링 수에 의한 분류	설치장소에 의한 분류
소형(3회로 이하)	실내형: IP54 이상
	실외형: IP54 이상
중대형(4회로 이상)	실내형: IP20 이상
	실외형: IP54 이상

(2) IP 등급의 표시 내용

숫자	제1숫자 방수 보호정도	제2숫자 방수 보호정도
0	없음	없음
1	손의 접근으로부터 보호	수직으로 떨어지는 물방울로부터의 보호
2	손가락의 접근으로부터의 보호	수직에서 15° 범위에서 떨어지는 물방울로부터의 보호
3	공구의 선단 등으로부터 보호	수직에서 60° 범위에서 떨어지는 물방울로부터의 보호
4	WIRE 등으로부터의 보호	전방향으로 비산되는 물로부터의 보호
5	분진으로부터 보호	전방향으로 쏟아지는 물로부터의 보호
6	완전한 방진구조	파도 등의 강력하게 쏟아지는 물로부터의 보호
7	-	일정한 조건으로 물에 잠겨서 사용 가능
8	-	물속에서 사용 가능

14.4.15 / 17.2.4 / 20.3.16 / 20.3.18 / 21.4.19

65 태양광설비 3[MWp], 일일발전시간이 4.6시간인 경우 연간 발전량은?

① 1095[MWh]
② 13.7[MWh]
③ 5037[MWh]
④ 328.8[MWh]

해설 연간 발전량[MWh]

연간 발전량 = 설비용량 × 1일 평균발전시간 × 365일
= 3 × 4.6 × 365 = 5,037 [MWh]

20.3.22 / 21.4.21

66 이동식 비계 설치 및 사용안전 기술지침에 따른 사용상의 주의사항으로 틀린 것은?

① 이동식 비계는 가능한 작업장소 가까이에 설치하여야 한다.
② 근로자가 탑승한 상태에서 이동식 비계를 이동시키지 말아야 한다.
③ 작업발판에는 3인 이상이 탑승하여 작업하지 않도록 하여야 한다.
④ 이동식 비계에는 최소적재하중 등의 안전표지를 잘 보이는 위치에 부착하여야 한다.

해설 **이동식 비계**

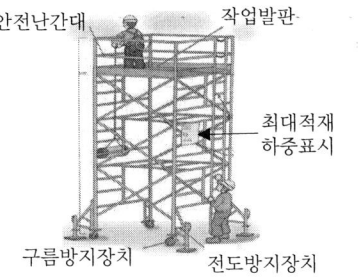

이동식 비계에는 최대적재하중 등의 안전표지를 잘 보이는 위치에 부착하여야 한다.

13.4.23 / 16.2.39 / 20.1.35 / 21.1.36 / 21.4.24

67 배전선로의 손실 경감과 관계없는 것은?

① 승압
② 다중접지방식 채용
③ 부하의 불평형 방지
④ 역률 개선

해설 **배전선로의 손실 경감 대책**

① 배전전압의 승압
전력손실은 전압의 제곱에 반비례하여 감소되므로, 배전전압을 승압한다는 것은 손실 경감책, 전압변동 경감책으로서 효과적이다.

② 전류밀도의 감소와 평형
일반적인 배전선로에서는 각 상의 부하전류가 불평형으로 되는 것이 보통이며, 심할 경우에는 손실증가가 일어나므로 부하의 재분배 등으로 불평등을 시정하여야 하며, 장래 예상되는 부하증가, 선로의 구간 연상 등에 대비해서 부하 불평형이 일어나지 않도록 하여야 한다.

③ 전력용 콘덴서의 설치
전력 손실은 부하 역률의 제곱에 반비례하므로 부하 역률을 개선하면 전력 손실을 크게 절감할 수 있다.

④ 저손실 변압기의 채용
현재 배전용 변압기는 적철심형보다 철손이 적은 권철심형을 사용하고 있다. 이 변압기의 철심으로는 규소강판을 사용하고 있으나 새로 개발된 저손실 철심재료인 3차 재결정 방향성 규소강판이나 비정질(아몰퍼스) 철심재료를 사용한 변압기로 대체하면 기존의 규소강판 변압기에 비해 철손을 1/3~1/4 수준으로 낮출 수 있다.

14.4.24 / 17.4.27 / 21.4.30

68 태양광발전시스템과 분산형전원의 전력계통 연계시 특징이 아닌 것은?

① 부하율이 향상된다.
② 공급신뢰도가 향상된다.
③ 배전선로 이용률이 향상된다.
④ 고장시의 단락용량이 줄어든다.

해설 **분산형전원의 전력계통 연계시 장·단점**

(1) 장점
① 배전선로 이용률이 향상
② 송전계통과 배전계통의 운영비 감소
③ 부하중심지 건설로 송전손실 경감
④ 첨두부하에 대한 대응력 강화(부하율 향상)
⑤ 전력부하 변동에 대한 대응력 강화(공급신뢰도)
⑥ 대규모 전원의 보완(전원계획상의 유연성)

(2) 단점
1) 전체 전력시스템에 변동성을 가중시킴
① 초, 분, 시간, 수 시간 단위의 변동성 유발
② 이에 대응하여 주파수를 제어하기 위한 추가적인 수단이 필요

2) 전체 전력시스템에 불확실성을 가중시킴
① 예측된 발전량과 실제 발전량의 차이가 매우 커질 수 있음
② 불확실성에 대비하기 위해 송전망 운영자는 과도한 예비력을 확보해야만 하고, 예비력의 증가는 전력계통 운영비용의 증가로 이어짐

3) 기존 배전시스템의 제어방식과 상충
전통적인 배전시스템 운영, 제어, 보호 체계에 혼란 (배전기기 오/부작동)

정답 67. ② 68. ④

13.4.27 / 15.4.29 / 16.2.33 / 17.2.29 / 18.1.33 / 19.2.40 / 21.4.34

69 다음 중 감리원의 감리업무가 아닌 것은?

① 발주자의 권한 대행
② 공사의 품질확보와 향상에 노력
③ 공사의 계획, 발주, 설계, 시공 등 전반 업무 총괄
④ 품질관리, 공사관리, 안전관리 등에 대한 기술지도

해설 전력시설물공사의 설계감리 용역 및 공사의 발주는 발주자의 역할이다.

13.4.73 / 15.4.67 / 16.2.42 / 16.4.68 / 16.4.70 / 17.4.65 / 18.1.74 / 18.4.24 / 18.4.63 / 19.4.38 / 20.1.65 / 20.1.79 / 20.3.66 / 21.1.71 / 21.2.27 / 21.4.37 / 21.4.68

70 전력시설물 공사감리업무 수행지침에 따라 감리업자는 공사감리업을 수행하기 위해 누구에게 등록을 해야 하는가?

① 시 · 도지사
② 한국전기안전공사장
③ 산업통상자원부장관
④ 한국전기기술인 협회장

해설 정의
① 공사감리 : 공사에 대하여 발주자의 위탁을 받은 감리업자가 설계도서, 그 밖의 관계 서류의 내용대로 시공되는지 여부를 확인하고, 품질관리 · 공사관리 및 안전관리 등에 대한 기술지도를하며, 관계 법령에 따라 발주자의 권한을 대행하는 것
② 발주자 : 공사를 발주하는 자
③ 감리업자 : 시 · 도지사에게 등록한 자

13.4.26 / 15.4.28 / 16.4.38 / 17.1.51 / 17.2.22 / 17.2.54 / 17.4.23 / 17.4.53 / 18.1.21 / 18.1.47 / 18.2.46 / 18.2.53 / 18.4.23 / 19.1.60 / 19.2.26 / 19.2.42 / 19.4.27 / 19.4.49 / 20.1.52 / 20.3.23 / 20.3.41 / 20.4.24 / 21.1.38 / 21.4.42 / 21.4.48

71 정전작업에 관한 기술지침에 따른 단락접지시에 고려사항으로 틀린 것은?

① 단락접지기구는 단락 시 용단되지 않도록 충분한 전류용량을 가진 것을 사용한다.
② 단락접지를 한 지점은 누구나 용이하게 알 수 있도록 접지표지를 부착하도록 한다.
③ 대지에 접지봉을 매설할 때에는 수분이 없는 장소를 선택하여 접지저항이 충분히 작도록 한다.
④ 저압선과 고압선이 병가되어 있는 때에는 저압 접지선을 이용하여 접지하는 방법을 고려할 수 있다.

해설 단락접지기구

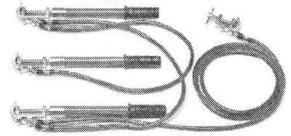

대지에 접지봉을 매설할 때에는 수분이 많은 장소를 선택하여 접지저항이 충분히 작도록 한다.

13.4.40 / 15.2.29 / 15.2.55 / 17.4.37 / 18.2.27 / 18.4.26 / 18.4.57 / 19.1.32 / 19.2.32 / 19.2.43 / 20.1.22 / 20.4.32 / 21.1.35 / 21.4.46

72 태양광발전시스템 운전 중 설비의 안정성 확보를 위하여 전기사업법에 따라 정기검사를 신청한다. 이때 검사를 하는 기관으로 옳은 것은?

① 한국전력공사
② 한국전기안전공사
③ 한국에너지관리공단
④ 한국전기기술인협회

해설 사용전검사
① 각종 발전설비, 송 · 변전 · 배전설비 및 가로등, 신호등, 보안등, 공장, 상가 등 대형건물의 설치공사 또는 변경공사를 완료하고, 그 전기설비가 공사계획의 인가 또는 신고를 한 내용 및 전기설비기술기준에 적합한 지의 여부에 대한 검사를 산업통상자원부장관 또는 시 · 도지사로부터 위탁받아 한국전기안전공사에서 수행한다.
② 태양광 발전소에 관한 공사의 경우에는 전체의 공사가 완료된 때 검사를 실시한다.

③ 사용전검사를 받으려는 자는, 검사를 받으려는 날의 7일전까지 한국전기안전공사에 사용전검사 신청서를 제출하여야 한다.

14.4.61 / 17.2.46 / 18.2.50 / 20.3.60 / 21.4.49

73 태양광발전사업을 하기 위하여 전기사업 허가신청서를 제출할 때 제출하는 첨부서류로 틀린 것은?

① 사업계획서 ② 송전관계일람도
③ 발전원가명세서 ④ 전기안전점검신청서

해설 발전사업 신청에 필요한 서류(200[kW]초과 3000[kW] 이하인 경우)

(1) 전기사업 허가신청서

(2) 사업계획서
① 기술능력 관련(전기설비 건설 및 운영 계획 관련 증명서류)
② 계획에 따른 수행 가능 여부 관련(송전관계 일람도)
③ 발전원가 명세서(발전사업 또는 구역전기사업의 허가를 신청하는 경우만 해당한다)

(3) 정관, 대차대조표 및 손익계산서(신청자가 법인인 경우만 해당하며, 설립 중인 법인의 경우에는 정관만 제출한다)

(4) 신청자(발전설비용량 3000[kW] 이하인 신청자는 제외한다)의 주주명부. 이 경우 신청자가 재무능력을 평가할 수 없는 신설법인인 경우에는 신청자의 최대주주를 신청자로 본다.

17.2.55 / 21.4.54

74 운전 상태에서 점검이 가능한 점검분류는 무엇인가?

① 임시점검 ② 일상점검
③ 정기점검(보통) ④ 정기점검(세밀)

해설 일상순시점검
일상순시점검은 배전반의 기능을 유지하기 위한 일상점검을 말하며 아래의 서술된 요령으로 실시한다.

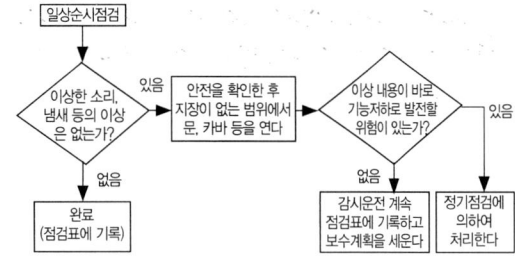

① 매일의 일상순시점검은 문을 열어 점검한다던가, 커버를 해체한 후 점검한다던가 하는 것이 아니고 이상한 소리, 냄새, 손상 등을 배전반 외부에서 점검항목의 대상항목에 따라 점검하는 것
② 이상상태를 발견한 경우에는 배전반의 문을 열고 이상의 정도를 확인한다.
③ 이상의 상태가 직접 운전을 하지 못할 정도로 전개되는 경우를 제외하고는 이상상태의 내용을 기록하여 정기점검 시에 운영한다.

14.4.27 / 15.4.15 / 17.1.47 / 17.2.44 / 17.4.52 / 18.1.57 / 18.4.5 / 20.4.49 / 21.2.37 / 21.4.58

75 태양광발전시스템에서 모니터링 프로그램의 기능이 아닌 것은?

① 데이터 수집기능 ② 데이터 저장기능
③ 데이터 연산기능 ④ 데이터 분석기능

해설 모니터링 시스템 프로그램 기능
① 데이터 수집기능
  인버터로부터 데이터를 공급받아 전압과 전력에 대한 정보를 제공하며 일사량과 모듈 표면온도 등의 정보를 제공한다.
② 데이터 저장기능
  실시간 데이터가 저장되어 평균 자료를 한눈에 알아볼 수 있도록 한다.
③ 데이터 분석기능
  저장된 데이터로 표를 작성하여 일일 평균값 등의 변화를 한눈에 알 수 있도록 데이터를 제공한다.
④ 데이터 통계기능
  저장된 데이터를 바탕으로 일간, 월간, 년간 통계를 알아볼 수 있도록 제공한다.

정답 73. ④ 74. ② 75. ③

14.4.70 / 21.4.61

76 저압가공전선이 다른 저압 가공전선과 접근상태로 시설되거나 교차하여 시설되는 경우 저압가공전선 상호 간의 이격거리는 몇 [cm] 이상인가?

① 60   ② 50   ③ 40   ④ 2

해설 저압 가공전선 상호 간의 접근 또는 교차(판단기준 제84조)
저압 가공전선이 다른 저압 가공전선과 접근상태로 시설되거나 교차하여 시설되는 경우에는 저압 가공전선 상호 간의 이격거리는 60 cm(어느 한 쪽의 전선이 고압 절연전선, 특고압 절연전선 또는 케이블인 경우에 30 cm) 이상, 하나의 저압 가공전선과 다른 저압 가공전선로의 지지물 사이의 이격거리는 30 cm 이상이어야 한다.

15.4.66 / 21.4.64

77 전기공사업자가 기술기준 및 설계도서에 적합하게 시공하지 않을 경우 행정처분으로 맞는 것은?

① 영업정지 1개월   ② 영업정지 2개월
③ 영업정지 3개월   ④ 영업정지 4개월

해설 행정처분 및 과징금의 부과기준(전기공사업법 시행규칙 제14조1)
1) 영업정지 2개월 또는 과징금 400만원
  ① 시공관리책임자를 지정하지 않거나 그 지정 사실을 알리지 않은 경우
  ② 기술기준 및 설계도서에 적합하게 시공하지 않은 경우

2) 영업정지 4개월 또는 과징금 600만원
  ① 전기공사기술자가 아닌 자에게 전기공사의 시공관리를 맡긴 경우
  ② 전기공사의 시공관리를 하는 전기공사기술자가 부적당하다고 인정되는 경우

3) 등록취소
  ① 공사업의 등록을 한 후 1년 이내에 영업을 개시하지 아니하거나 계속하여 1년 이상 공사업을 휴업한 경우
  ② 영업정지 처분기간에 영업을 하거나 최근 5년간 3회 이상 영업정지 처분을 받은 경우

13.4.73 / 15.4.67 / 16.2.42 / 16.4.68 / 16.4.70 / 17.4.65 / 18.1.74 / 18.4.24 / 18.4.63 / 19.4.38 / 20.1.65 / 20.1.79 / 20.3.66 / 21.1.71 / 21.2.27 / 21.4.37 / 21.4.68

78 전기사업법에 따라 전기사업자는 전기사업용전기설비의 설치공사 또는 변경공사로서 산업통상자원부령으로 정하는 공사를 하려는 경우에는 그 공사계획에 대하여 누구에게 인가를 받아야 하는가?

① 대통령
② 시·도지사
③ 전기위원회
④ 산업통상자원부장관

해설 전기사업용전기설비의 공사계획의 인가 또는 신고(전기사업법 제61조)
① 전기사업자는 전기사업용전기설비의 설치공사 또는 변경공사로서 산업통상자원부령으로 정하는 공사를 하려는 경우에는 그 공사계획에 대하여 산업통상자원부장관의 인가를 받아야 한다. 인가받은 사항을 변경하려는 경우에도 또한 같다.
② ①의 후단에도 불구하고 인가를 받은 사항 중 산업통상자원부령으로 정하는 경미한 사항을 변경하려는 경우에는 산업통상자원부장관에게 신고하여야 한다.
③ 전기사업자는 ①에 따라 인가를 받아야 하는 공사 외의 전기사업용전기설비의 설치공사 또는 변경공사로서 산업통상자원부령으로 정하는 공사를 하려는 경우에는 공사를 시작하기 전에 산업통상자원부장관에게 신고하여야 한다. 신고한 사항을 변경하려는 경우에도 또한 같다.

16.2.76 / 16.4.76 / 20.3.68 / 20.4.71 / 21.4.74

79 발전기·연료전지 또는 태양전지 모듈(복수의 태양전지 모듈을 설치하는 경우에는 그 집합체)에 시설되는 계측하는 장치를 사용하여 측정하는 사항으로 틀린 것은?

① 전압   ② 전류   ③ 전력   ④ 역률

해설 계측장치(판단기준 제50조)
발전소에는 다음의 사항을 계측하는 장치를 시설하여

정답 76. ① 77. ② 78. ④ 79. ④

야 한다. 다만, 태양전지 발전소는 연계하는 전력계통에 그 발전소 이외의 전원이 없는 것에 대하여는 그렇지 않다.
① 발전기·연료전지 또는 태양전지 모듈의 전압 및 전류 또는 전력
② 발전기의 베어링 및 고정자의 온도
③ 정격출력이 10,000[kW]를 초과하는 증기터빈에 접속하는 발전기의 진동의 진폭(정격출력이 400,000[kW] 이상의 증기터빈에 접속하는 발전기는 이를 자동적으로 기록하는 것에 한한다)
④ 주요 변압기의 전압 및 전류 또는 전력
⑤ 특고압용 변압기의 온도

15.2.78 / 16.4.75 / 19.4.79 / 21.4.79

80 저탄소 녹색성장 기본법에서 정한 저탄소 녹색성장 추진의 기본원칙이라 할 수 없는 것은?

① 정부는 저탄소 녹색성장의 시급성과 긴박성을 인식하고 정부 주도로 저탄소 녹색성장을 최우선적으로 추진한다.
② 정부는 녹색기술과 녹색산업을 경제성장의 핵심동력으로 삼고 새로운 일자리를 창출·확대할 수 있는 새로운 경제체제를 구축한다.
③ 정부는 국가의 자원을 효율적으로 사용하기 위하여 성장잠재력과 경쟁력이 높은 녹색기술 및 녹색산업 분야에 대한 중점투자 및 지원을 강화한다.
④ 정부는 사회·경제활동에서 에너지와 자원 이용의 효율성을 높이고 자원순환을 촉진한다.

해설 **저탄소 녹색성장 추진의 기본원칙(녹색성장법 제3조)**
① 정부는 기후변화·에너지·자원 문제의 해결, 성장동력 확충, 기업의 경쟁력 강화, 국토의 효율적 활용 및 쾌적한 환경 조성 등을 포함하는 종합적인 국가 발전전략을 추진한다.
② 정부는 시장기능을 최대한 활성화하여 민간이 주도하는 저탄소 녹색성장을 추진한다.
③ 정부는 녹색기술과 녹색산업을 경제성장의 핵심 동력으로 삼고 새로운 일자리를 창출·확대할 수 있는 새로운 경제체제를 구축한다.
④ 정부는 국가의 자원을 효율적으로 사용하기 위하여 성장잠재력과 경쟁력이 높은 녹색기술 및 녹색산업 분야에 대한 중점 투자 및 지원을 강화한다.
⑤ 정부는 사회·경제 활동에서 에너지와 자원 이용의 효율성을 높이고 자원순환을 촉진한다.
⑥ 정부는 자연자원과 환경의 가치를 보존하면서 국토와 도시, 건물과 교통, 도로·항만·상하수도 등 기반시설을 저탄소 녹색성장에 적합하게 개편한다.
⑦ 정부는 환경오염이나 온실가스 배출로 인한 경제적 비용이 재화 또는 서비스의 시장가격에 합리적으로 반영되도록 조세체계와 금융체계를 개편하여 자원을 효율적으로 배분하고 국민의 소비 및 생활 방식이 저탄소 녹색성장에 기여하도록 적극 유도한다. 이 경우 국내산업의 국제경쟁력이 약화되지 않도록 고려하여야 한다.
⑧ 정부는 국민 모두가 참여하고 국가기관, 지방자치단체, 기업, 경제단체 및 시민단체가 협력하여 저탄소 녹색성장을 구현하도록 노력한다.
⑨ 정부는 저탄소 녹색성장에 관한 새로운 국제적 동향을 조기에 파악·분석하여 국가 정책에 합리적으로 반영하고, 국제사회의 구성원으로서 책임과 역할을 성실히 이행하여 국가의 위상과 품격을 높인다.

정답 80. ①

2024 제2회 CBT 복원 기출문제

01 태양전지의 효율은 설치된 출력의 실제적 이용 상태를 말하는 것으로, 실제 100[W]의 일사량에서 효율이 15[%], 태양전지의 출력이 15[W]이면 변환 효율은 몇 [%]가 되는가?

① 10 ② 15 ③ 20 ④ 30

해설 변환효율

$$\eta = \frac{출력}{입력} \times 100 = \frac{15}{100} \times 100 = 15\,[\%]$$

13.4.6 / 13.4.47 / 14.4.43 / 14.4.57 / 15.2.16 / 15.2.46 / 15.2.56 / 15.4.5 / 16.2.6 / 16.2.7 / 17.1.7 / 18.4.4 / 18.4.46 / 19.4.8 / 20.1.9 / 21.1.11 / 21.2.17 / 21.2.43

02 태양전지를 재료에 의하여 분류한 것으로 틀린 것은?

① 유기물   ② 화합물
③ 염료감응형   ④ 잉곳/웨이퍼

해설

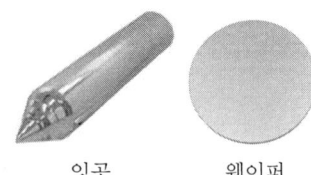

잉곳   웨이퍼

① 잉곳(Ingot) : 고온에서 녹인 실리콘으로 만든 실리콘 기둥
② 웨이퍼(Wafer) : 반도체 집적회로의 핵심 재료이며, 실리콘(Si), 갈륨 아세나이드(GaAs) 등을 성장시켜 얻은 단결정 잉곳(Ingot)을 적당한 지름으로 얇게 썬 원판모양의 판

16.2.9 / 17.4.6 / 19.1.19 / 20.1.14

03 태양광발전시스템의 축전지 기능을 모두 나타낸 것은?

ㄱ. 발전전력 급변시의 버퍼 역할
ㄴ. 태양전지 출력전압의 안정화
ㄷ. 재해 시 전력의 공급
ㄹ. 전력저장

① ㄱ, ㄴ, ㄷ, ㄹ   ② ㄱ, ㄴ, ㄹ
③ ㄱ, ㄷ, ㄹ   ④ ㄴ, ㄷ, ㄹ

해설 축전지부착 계통연계시스템
축전지가 있는 계통연계시스템은 일반적인 계통연계시스템에 비해 적용범위를 확대할 수 있다.
① 방재 대응형
평상시 계통연계시스템으로 동작하고, 재해시 인버터를 자립운전으로 전환하고 특정 방재 대응부하에 전력을 공급한다.
② 부하 평준화 대응형(피크 시프트형, 야간전력 저장형)
태양전지 출력과 축전지 출력을 병용하여 부하의 피크 시에 인버터를 필요한 출력으로 운전하고, 수전전력의 증대를 억제하여 기본전력요금을 절감한다.
③ 계통 안정화 대응형(Buffer)
태양전지와 축전지를 병렬운전하며, 기후 급변 시나 계통부하 급변 시에 축전지를 방전하고, 태양전지 출력이 증대하여 계통전압이 상승하려고 할 때는 축전지를 충전하여 역조류를 감소시키고, 전압이 상승하는 것을 방지한다.

16.2.14

04 태양전지 모듈의 열 발생 원인으로 틀린 것은?

① 적정하중
② 셀에서 적외선 흡수
③ 모듈의 전기적 동작
④ 모듈 상부표면으로부터의 반사

해설 태양전지 모듈의 열 발생원인
① 셀에서 적외선 흡수
② 모듈의 전기적 동작
③ 내부 회로의 단락
④ 태양전지 부정합(mismatch)
⑤ 핫스팟(HOT Spot)
⑥ 바이패스 다이오드의 고장
⑦ 모듈 상부표면으로부터의 반사

정답 1.② 2.④ 3.① 4.①

13.4.12 / 16.2.19 / 16.4.2 / 17.2.15 / 19.2.18 / 19.4.16 / 21.2.15 / 21.4.20

05 PN접합 다이오드에 공핍 층이 생기는 경우는?

① (−)전압만 인가할 때 생긴다.
② 전압을 가하지 않을 때 생긴다.
③ 전자와 정공의 확산에 의해 생긴다.
④ 다수 전송파가 많이 모여 있는 순간에 생긴다.

해설 공핍 영역(Depletion region)

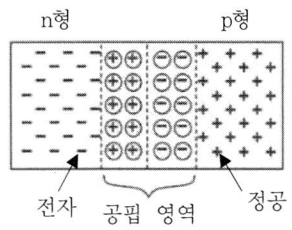

① N형반도체 다수의 반송자는 전자이고 소수의 반송자는 정공이 되어 (−)전기를 띠고 P형반도체에서는 정공이 전자수보다 많아 (+)전기를 띤다.
② N형 영역의 자유전자는 불규칙적으로 움직여 PN접합이 형성되는 순간 N형 영역의 접합 근처에 있던 일부의 자유전자는 접합을 넘어 P형 영역으로 확산(Diffusion)되고 이들 전자는 접합 근처의 정공과 결합한다.
③ PN 접합이 형성되기 전의 N형 물질에는 양자와 같은 수의 많은 전자가 존재해 물질의 극성은 중성상태이며, P형 물질도 동일하게 적용되나 접합이 형성되는 과정에서 N형 영역의 전자들이 접합을 넘어 확산되면서 N형 영역은 자유전자들을 잃게 되어 P영역 접합 부근에 음전하층이 형성되는 공핍층이 만들어진다.
④ 최초 PN접합에서 접합면을 통해 자유전자가 움직이면 공핍영역은 평형상태가 될 때까지 확산되며 평형 상태에서는 더 이상 전자가 이동하지 않아, 공핍층은 전자의 이동을 막는 장벽 역할을 하게 된다.

13.4.32 / 16.2.21 / 19.2.37

06 역률을 개선하였을 경우 그 효과로 맞지 않는 것은?

① 전력손실의 감소
② 전압강하의 감소
③ 각종기기의 수명연장
④ 설비용량의 무효분 증가

해설 역률개선효과
① 전력손실의 감소(변압기, 배전선로)
② 설비용량의 효율적 운용
③ 전압강하의 감소
④ 각종기기의 수명연장
⑤ 전력계통의 안정
⑥ 전기요금 절약

16.2.24 / 19.2.29 / 21.4.31

07 태양전지 모듈의 시공기준에 대한 설명으로 틀린 것은?

① 전깃줄, 피뢰침, 안테나 등의 미약한 음영도 장애물로 본다.
② 태양전지 모듈 설치열이 2열 이상인 경우 앞 열은 뒤 열에 음영이지지 않도록 설치하여야 한다.
③ 장애물로 인한 음영에도 불구하고 일조시간은 1일 5시간(춘분(3~5월), 추분(9~11월)기준)이상이어야 한다.
④ 설치용량은 사업계획서상의 모듈 설계용량과 동일하여야 하나 동일하게 설치할 수 없는 경우에 한하여 설계용량의 110[%] 이내까지 가능하다.

해설 음영발생 원인
① 주변에 높은 산, 나무, 수목, 전주, 건물 등의 음영 (주변 지형지물은 최대 높이의 약 세 배 길이만큼 음영에 영향을 준다)
② 태양광모듈 설치열이 2열 이상일 경우 앞줄의 영향으로 뒷열에 음영
③ 구름, 눈, 새의 분비물, 꽃가루, 먼지 등으로 인한 음영
④ 다만, 전기선, 피뢰침, 안테나 등 경미한 음영은 장애물로 보지 아니한다.

16.2.30 / 19.2.23

08 전력계통에서 3권선 변압기(Y-Y-△)를 사용하는 주된 이유는?

① 노이즈 제거
② 전력손실 감소
③ 2가지 용량 사용
④ 제3고조파 제거

해설 3권선 변압기(Y-Y-△) 용도

① 주된 이유는 제3고조파를 권선 내에서 순환(환류)시키기 위해 △결선을 가지고 있다.
② 1,2차 권선에 3차 권선을 설치한 변압기로 권수비에 따라 1조의 변압기로 2종류의 전압 2종류의 용량을 얻을 수 있다.
③ 2차 권선에 유도성 부하가 있는 경우 3차 권선에 진상용 콘덴서를 설치하면 1차 회로의 역율을 개선할 수 있다.

16.2.34 / 19.2.36

09 태양전지 어레이를 설치하기 위한 기초의 요구조건으로 틀린 것은?

① 허용 침하량 이상의 침하
② 설계하중에 대한 안정성 확보
③ 현장여건을 고려한 시공 가능성
④ 환경변화, 국부적 지반 세굴 등에 대한 저항

해설 기초공의 개론

(1) 기초의 요구조건
① 구조적 안정성 확보 : 설계하중에 대한 안정성 확보
② 허용 침하량 이내 : 구조물의 허용 침하량 이내의 침하
③ 최소의 깊이 유지 : 환경변화, 국부적 지반 세굴 등에 대한 저항
④ 시공 가능성 : 현장여건을 고려한 시공 가능성

(2) 기초의 형식 결정을 위한 고려 사항
① 지반 조건 : 지반 종류, 지하수위, 지반의 균일성, 암반의 깊이
② 상부 구조물의 특성 : 허용 침하량, 구조물의 중요도, 특히 요구 조건
③ 상부 구조물의 하중 : 기초의 설계하중
④ 기초 형식에 따른 경제성 검토

16.2.37 / 17.1.34 / 17.4.26 / 19.4.40 / 20.3.11 / 20.3.14 / 20.3.37 / 21.2.45

10 어떤 건물에서 총 설비 부하용량이 850[kW], 수용률 60[%]라면, 변압기의 용량은 최소 몇 [kVA]로 하여야 하는가? (단, 설비부하의 종합 역률은 0.75이다.)

① 510 ② 620 ③ 680 ④ 740

해설 수용률(demand factor)

① 수용 설비가 이용되고 있는 비율
② 수용 설비 용량 : 수용 장소에 설치된 전기기기류의 정격용량의 합계
③ 변압기 용량 = $\dfrac{\text{최대 수용 전력}}{\text{부하 역률}}$
④ 수용률 = $\dfrac{\text{최대 수용 전력[kW]}}{\text{수용 설비 용량[kW]}} \times 100[\%]$

∴ 최대 수용 전력 = 수용률 × 수용설비용량[kW]
= 0.6 × 850 = 510

변압기 용량 = $\dfrac{\text{최대 수용 전력}}{\text{부하 역률}}$ = $\dfrac{510}{0.75}$
= 680[kVA]

13.4.73 / 15.4.67 / 16.2.42 / 16.4.68 / 16.4.70 / 17.4.65 / 18.1.74 / 18.4.24 / 18.4.63 / 19.4.38 / 20.1.65 / 20.1.79 / 20.3.66 / 21.1.71 / 21.2.27 / 21.4.37 / 21.4.68

11 발전설비용량이 1000[kW]인 경우 발전사업 허가권자는?

① 시 · 도지사
② 한국전력공사
③ 한국전기안전공사
④ 산업통상자원부장관

해설 사업허가의 신청(전기사업법 시행규칙 제4조)

① 전기사업의 허가를 신청하려는 자는 전기사업허가 신청서에 관련 서류(전자문서를 포함한다. 이하 같다)를 첨부하여 산업통상자원부장관에게 제출하여야 한다.
② 다만, 발전설비용량이 3,000[kW] 이하인 발전사업의 허가를 받으려는 자는 특별시장·광역시장·특별자치시장·도지사 또는 특별자치도지사에게 제출하여야 한다.

정답 8. ④ 9. ① 10. ③ 11. ①

13.4.35 / 14.4.23 / 14.4.30 / 16.2.46 / 16.4.28 / 17.2.31 / 18.1.23 / 18.1.53 / 20.3.39 / 21.1.31 / 21.2.48 / 21.4.25

12 접지저항의 측정방법이 아닌 것은?

① 보호 접지저항계 측정법
② 전위차계 접지저항계 측정법
③ 클램프 온(Clamp On) 측정법
④ 콜라우시(Kohlrausch) 브리지법

해설 접지

1) 접지의 목적
① 감전 사고방지
② 누전화재
③ 낙뢰로부터의 보호
④ 폭발 방지
⑤ 정전기에 의한 장해방지
⑥ 이상전위의 혼식방지
⑦ 강전기구의 장해방지

2) 접지저항의 측정방법
① 전위차계 접지저항계 측정법
② 전압 강하식 접지저항계 측정법
③ 이전극법에 의한 측정법
④ 클램프 온(Clamp On) 측정법
⑤ 콜라우시(Kohlrausch) 브리지법

15.4.46 / 16.2.49

13 태양광발전설비의 안전관리를 위해 안전관리자가 보유하여야 할 장비로 적당하지 않은 것은?

① 검전기   ② 각도계
③ 전압 Tester   ④ Earth Tester

해설 전기안전관리업무를 대행하는 자가 갖추어야 할 장비

① 절연저항 측정기(500[V], 100[MΩ])
② 절연저항 측정기(1,000[V], 2,000[MΩ])
③ 접지저항 측정기
④ 클램프미터
⑤ 저압검전기
⑥ 고압 및 특고압기
⑦ 계전기 시험기

⑧ 적외선 열화상 카메라(적외선 실 화상 기능을 갖추고 측정온도 250[℃] 이상, 해상도 1만 픽셀 이상일 것)

※ 두 가지 이상의 기능을 함께 가지고 있는 장비를 갖춘 경우에는 각각의 장비를 갖춘 것으로 본다.

13.4.60 / 15.2.42 / 16.2.54

14 독립형 태양광발전시스템의 주요 구성장치가 아닌 것은?

① 인버터
② 태양전지모듈
③ 충방전 제어기
④ 송전설비 및 배전시스템

해설 독립형 태양광발전 시스템

① 외딴 섬과 같이 전기가 들어오지 않는 지역에서, 상용전력계통과 직접 연결되지 않고 분리된 발전방식으로, 태양광발전시스템의 발전 전력만으로 부하에 전력을 공급한다.
② 야간 혹은 우천 시, 태양광발전시스템의 발전이 불가할 때는 발전된 전력을 저장할 수 있는 축전장치를 접속하여 태양광 전력을 저장하여 사용하는 방식

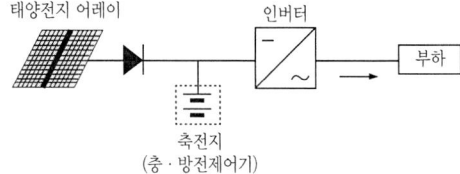

13.4.21 / 15.2.26 / 17.4.40 / 19.1.30 / 19.2.38 / 20.4.31 / 21.1.25

15 공사업자가 감리원에게 제출하는 착공신고서류에 포함되지 않는 것은?

① 공사 준공 사진
② 품질 관리 계획서
③ 안전관리 계획서
④ 공사 예정공정표

정답 12. ① 13. ② 14. ④ 15. ①

해설 **착공신고서 검토 및 보고**

감리원은 공사가 시작된 경우에는 공사업자로부터 다음의 서류가 포함된 착공신고서를 제출받아 적정성 여부를 검토하여 7일 이내에 발주자에게 보고하여야 한다.
① 시공관리책임자 지정통지서(현장관리조직, 안전관리자)
② 공사 예정공정표
③ 품질관리계획서
④ 공사도급 계약서 사본 및 산출내역서
⑤ 공사 시작 전 사진
⑥ 현장기술자 경력사항 확인서 및 자격증 사본
⑦ 안전관리계획서
⑧ 작업인원 및 장비투입 계획서
⑨ 그밖에 발주자가 지정한 사항

16.2.61
16 고압전로에 사용하는 포장퓨즈는 정격전류의 몇 배에 견디어야 하는가?

① 1.10 ② 1.25 ③ 1.30 ④ 2.00

해설 **고압 및 특고압 전로 중의 과전류차단기의 시설(판단기준 제39조)**

1) 과전류차단기로 시설하는 퓨즈 중 고압전로에 사용하는 포장 퓨즈(퓨즈 이외의 과전류 차단기와 조합하여 하나의 과전류 차단기로 사용하는 것을 제외한다)는 정격전류의 1.3배의 전류에 견디고 또한 2배의 전류로 120분 안에 용단되는 것 또는 다음에 적합한 고압전류제한퓨즈이어야 한다.
    ① 구조는 고압전류제한퓨즈의 구조에 적합한 것일 것
    ② 완성품은 고압전류제한퓨즈의 시험방법에 의해서 시험하였을 때 성능에 적합한 것일 것

2) 과전류차단기로 시설하는 퓨즈 중 고압전로에 사용하는 비포장 퓨즈는 정격전류의 1.25배의 전류에 견디고 또한 2배의 전류로 2분 안에 용단되는 것이어야 한다.

3) 고압 또는 특고압의 전로에 단락이 생긴 경우에 동작하는 과전류차단기는 이것을 시설하는 곳을 통과하는 단락전류를 차단하는 능력을 가지는 것이어야 한다.

4) 고압 또는 특고압의 과전류차단기는 그 동작에 따라 그 개폐상태를 표시하는 장치가 되어있는 것이어야 한다. 다만, 그 개폐상태가 쉽게 확인될 수 있는 것은 적용하지 않는다.

13.4.71 / 14.4.73 / 15.4.72 / 16.2.64 / 17.4.77 / 19.1.77
17 7000[V]를 초과하는 전압은?

① 저압 ② 고압
③ 특고압 ④ 초고압

해설 **전압의 종별(전기사업법 시행규칙 제2조)**

구분	내용
저압	DC 1500[V] 이하
	AC 1000[V] 이하
고압	DC 1500[V] 초과 7000[V] 이하
	AC 1000[V] 초과 7000[V] 이하
특고압	7000[V] 초과

16.2.17 / 16.2.68 / 16.4.16 / 18.1.16 / 18.1.71 / 18.2.6 / 19.2.15 / 19.4.19 / 20.1.75 / 20.3.3 / 20.1.11 / 21.1.13 / 21.2.6
18 수소와 산소의 전기화학 반응을 통하여 전기 또는 열을 생산하는 설비는?

① 연료전지설비
② 산소에너지설비
③ 수소에너지설비
④ 수소 및 산소에너지설비

해설 **연료전지의 발전원리**
① 외부에서 수소와 산소를 공급하면 전기 에너지를 만든다.
② 수소와 산소의 화학반응으로 생기는 화학에너지를 직접 전기에너지로 변환시킨다.
$H_2 + 1/2\, O_2 \rightarrow H_2O + 전기$
③ 생성물이 전기와 순수(純水)인 발전효율 30~40%, 열효율 40% 이상으로 총 70~80%의 효율을 갖는다.

정답 16. ③ 17. ③ 18. ①

④ 배터리와 같은 에너지 저장기능은 없다.

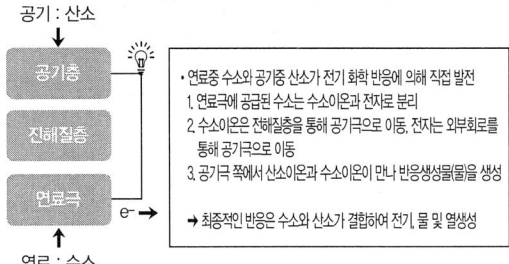

19 전기판매사업자가 전력시장운영규칙으로 정하는 바에 따라 우선적으로 구매할 수 있는 대상으로 틀린 것은?

16.2.74 / 21.1.65

① 자가용전기설비를 설치한 자
② 수력발전소를 운영하는 발전사업자
③ 설비용량이 3만 킬로와트 이하인 발전사업자
④ 발전사업의 허가를 받은 것으로 보는 집단에너지사업자

해설 전력거래(전기사업법 제31조)

전기판매사업자는 다음의 어느 하나에 해당하는 자가 생산한 전력을 전력시장운영규칙으로 정하는 바에 따라 우선적으로 구매할 수 있다.
① 대통령령으로 정하는 규모 이하의 발전사업자
② 자가용전기설비를 설치한 자
③ 신에너지 및 재생에너지를 이용하여 전기를 생산하는 발전사업자
④ 발전사업의 허가를 받은 것으로 보는 집단에너지사업자
⑤ 수력발전소를 운영하는 발전사업자

20 450/750[V] 일반용 단심 비닐 절연 전선을 사용한 저압 가공전선이 위쪽에는 상부 조영재와 접근하는 경우의 전선과 상부 조영재 상호간의 최소 이격거리 [m]는?

16.2.79 / 21.2.78

① 1.0   ② 1.2
③ 2.0   ④ 2.5

해설 저압 인입선의 시설(판단기준 제100조)

저압 가공 인입선과 다른 시설물 사이의 이격거리는 다음에서 정한 값 이상이어야 한다.

다른 시설물의 구분	접근 형태	이격거리
조영물의 상부 조영재	위쪽	2[m] (전선이 다심형 전선, 옥외용 비닐절연전선 이외의 저압 절연전선 인 경우에는 1[m], 고압 절연전선, 특고압 절연전선 또는 케이블 인 경우에는 50[cm])
	옆쪽 또는 아래쪽	30[cm] (전선이 고압 절연전선, 특고압 절연전선 또는 케이블인 경우에는 15[cm])
조영물의 상부 조영재 이외의 부분 또는 조영물 이외의 시설물		30[cm] (전선이 고압 절연전선, 특고압 절연전선 또는 케이블인 경우에는 15[cm])

21 바이패스 다이오드에 대한 설명 중 틀린 것은?

13.4.59 / 17.1.17 / 18.1.2 / 18.2.9 / 18.4.51 / 19.1.3 / 19.4.14 / 20.3.15 / 20.4.17 / 21.4.16

① 차광된 태양전지에서 발생할 수 있는 열점을 방지
② 태양전지에 음영이 있을 때 발전하지 않는 태양전지로 전류가 흐르는 것을 방지
③ 배터리로부터 태양광 어레이로 전류가 흐르는 것을 방지
④ 모듈 접속함에 부착되며, 실리콘으로 밀폐되기도 함.

해설 바이패스 다이오드(Bypass Diode)

1) 태양광 모듈의 그림자 영향
① 태양광 모듈은 아주 적은 일부가 그림자에 가려지더라도 모듈 전체의 출력이 크게 저하된다.

② 모듈은 각각의 태양전지를 직렬로 연결하기 때문에 수십 개의 태양전지로 구성된 모듈에서 단 한 개의 셀이 나뭇잎 등에 의해 완전히 가려졌다면 출력 값은 거의 제로(Zero)에 가깝게 떨어진다.
③ 전체 개방전압에서 그림자가 발생한 모듈의 개방전압을 뺀 값 이하에서 전압 동작점이 존재할 때에 그림자가 발생한 모듈의 전류가 역방향이 된다. 따라서 역 전압이 인가되고 부하처럼 동작되어 열이 발생되고 모듈이 파손되는 원인이 된다.

2) 대책(바이패스 다이오드)

① 바이패스다이오드(Bypass Diode)는 전류를 한쪽방향으로만 흐르게 만들어 주는 부품으로 P에서 N방향으로 전류가 흐르고 반대 방향으로는 전류를 거의 통과시키지 않는다.

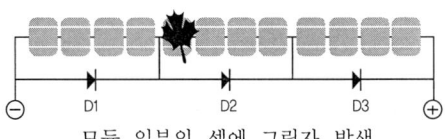
모듈 일부의 셀에 그림자 발생

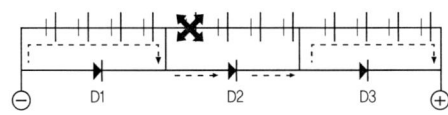
그림자 발생된 모듈의 전류흐름

② 그림자로 인해 출력이 저하된 셀 또는 셀 그룹을 우회해 전류가 흐르도록 하고, 이를 통한 출력감소는 오직 그림자에 의해 가려진 셀 또는 셀 그룹에 해당하는 부분으로 제한해 출력을 유지한다.

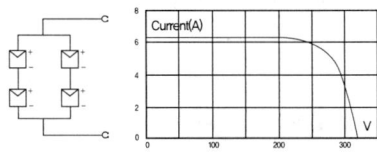
셀이 정상 연결되었을 때

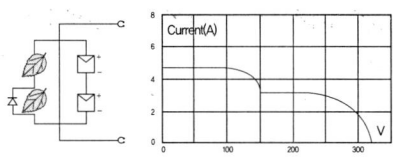
셀 일부가 정상동작하지 않을 시

③ 일반적으로 모듈 한 장(태양전지 6×9)에 셀 54개 배열의 경우에는 다이오드 3개(1개당 18개의 셀)를 병렬로 설치한다.

15.4.7 / 15.4.11 / 18.1.7 / 18.1.31 / 18.2.13 / 20.3.10 / 20.3.17 / 20.4.11

22 계통연계용 축전지 용량을 산출하기 위해 필요한 값이 아닌 것은?

① 보수율 ② 변환효율
③ 용량환산시간 ④ 평균방전전류

해설 축전지 설비

1) 축전지설비 설계 순서

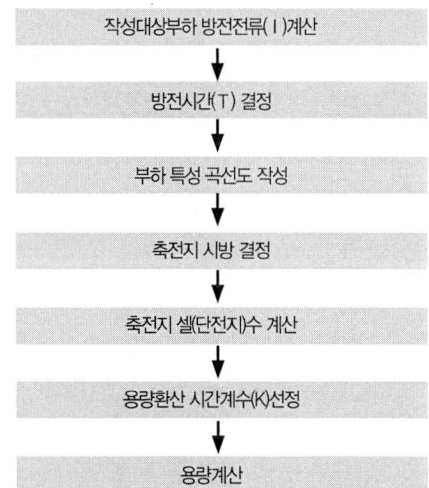

2) 축전지 수량 계산(N)

$$N = \frac{V}{V_B}$$

N : 축전지 수량 (Cell 수)
V : 부하정격전압, 허용최저전압(V)
V_B : 축전지 공칭전압(V)

3) 용량 산출(C)

$$C = \frac{1}{L}[K_1 I_1 + K_2(I_2 - I_1) + K_3(I_3 - I_2) + ... + K_n(I_n - I_{n-1})]$$

L : 축전지 보수율 (보통 0.8)
K : 용량환산 계수
I : 방전전류(A)

18.1.9 / 20.4.8

23 역류방지소자에 관한 내용 중 틀린 것은?

① 역류방지소자는 반드시 접속함 내에 설치해야 한다.
② 회로의 최대 역전압에 충분히 견딜 수 있어야 한다.
③ 역류방지소자는 설치할 회로의 최대전류를 흘릴 수 있어야 한다.
④ 모듈 방향으로 흐르는 역전류를 방지하기 위해 각 스트링마다 역류방지소자를 설치해야 한다.

해설 역류방지 소자

1) 태양광모듈의 역전류 영향
① 어레이 내의 스트링과 스트링 사이에 그림자 및 전압 불균형 등의 원인으로 병렬 접속된 스트링사이에 역전류가 흘러 어레이에 영향을 준다.
② 어레이의 직류 출력회로에 축전지가 설치되어 있는 경우, 야간이나 흐린 날 등의 태양전지에서 전력이 생산되지 않을 때는 태양전지가 축전지의 부하가 된다.

2) 대책(역류방지 소자)
① 태양전지 모듈의 스트링마다 역류방지 다이오드(Blocking Diode)를 설치해서, 전류의 역방향 흐름을 방지한다.
② 1대의 인버터에 접속되는 태양전지 직렬군(스트링)이 2병렬 이상 접속될 경우, 각 직렬군에 역전류방지 다이오드가 설치되어야 한다.
③ 설치할 회로의 최대전류를 흐르게 할 수 있어야하며, 동시에 사용회로의 최대 역전압에 견딜 수 있어야 한다.

④ 일반적으로 접속함에 설치되며, 커넥터에 사용되기도 한다.

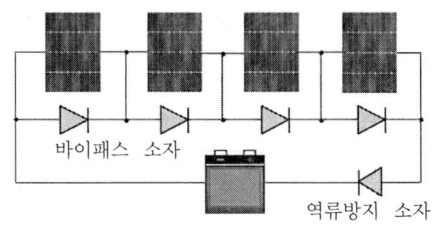

바이패스 및 역류방지 소자

역류방지다이오드용 커넥터

13.4.15 / 18.1.14 / 19.2.13 / 19.4.17 / 21.2.8 / 21.4.35

24 파워컨디셔너(PCS) 시스템 구성방식 중 모든 모듈에 인버터를 설치하고, 각 인버터의 교류출력을 병렬로 연결하여 사용하는 구성방식은?

① 모듈 인버터방식
② 스트링 인버터방식
③ 마스터 슬레이브방식
④ 중앙집중형 인버터방식

해설 태양광발전시스템의 인버터 운영방식

1) 중앙집중형 인버터방식

① 발전소 현장에 1대의 인버터만 설치함
② 모든 전선이 한 곳으로 오기 때문에 작업공정이 간단, 설치비가 적게 소요되며, 발전량 확인이 용이하다.
③ 단일형 인버터는 제품 이상발생 시 전체 발전소가 가동을 멈추기 때문에 발전 손실이 크다.

정답 23. ① 24. ①

2) 분산형(스트링 포함) 인버터 방식

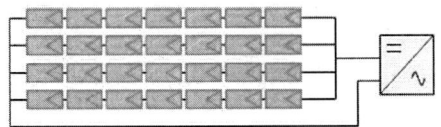

① 발전소 현장에 소형 인버터 여러 대를 설치함
② 특정 인버터가 고장이 나더라도 해당 인버터 부분에서만 발전 손실이 일어나고 나머지 인버터는 정상적으로 발전이 되기 때문에 발전 손실을 최소화할 수 있다.
③ 방향과 경사가 서로 다른 하부 어레이들로 구성된 시스템, 부분적으로 음영이 지는 시스템의 경우 분산형 인버터 방식을 고려할 필요가 있다.

3) 주/종속시스템(Master-Slave System)

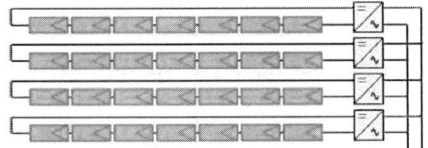

① 인버터 2~3대를 결합하여 회로를 구성한다.
② 발전을 시작하면 마스터 인버터만 구동되고, 마스터 인버터의 전력한계에 도달하면, 다음 슬래브 인버터가 자동 연결되어 생산된 발전량에 대응한다.
③ 낮은 발전량에서도 대용량 인버터 한 대가 운영되는 방식보다는 효율이 높아진다.
④ Master와 Slave의 기능은 정기적(1~3개월)으로 교대를 해주어, 균등운전이 되게 한다.

4) 모듈인버터(마이크로 인버터: MIC, Module Integrated Central) 방식

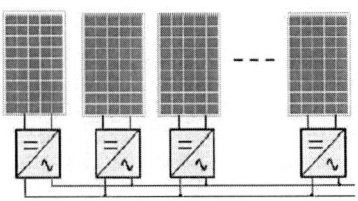

① 태양전지 모듈 1개에 인버터 1개를 부착하는 방식으로 스트링 인버터의 작은 형태이다.
② 태양전지 1장에 대한 모니터링이 가능하여 유지보수가 쉽다

③ 각 마이크로인버터(MIC; Module Integrated Converter)의 최대 효율은 낮지만, 태양전지 모듈에 대해 개별로 MPPT를 하므로, 전체 발전량에 있어서는 스트링 인버터 이상의 발전효율을 가지고 있다.
④ 대용량 발전소보다는 소용량 발전소에서 효율이 높고, 태양전지 모듈 1장으로도 태양광발전을 할 수 있다.
⑤ 고장 난 인버터는 쉽게 교체 가능하며, 시스템 확장이 쉽다.

18.1.19
25 다음 중 태양전지의 양자효율의 정의에 해당하는 것은?

① 개방전압과 단락전류의 곱에 대한 출력의 비
② 태양으로부터 입사된 에너지에 대한 출력에너지의 비
③ 입사되는 전력에 대한 태양전지에 의해 생성되는 전류비
④ 입사되는 광자 수에 대한 전지 내에서 생성되는 전자수의 비

해설 태양전지의 양자효율

① 태양전지의 파장별 전자 수집효율을 말하며, 입사각별 양자효율 측정으로 입사각에 따른 태양전지 출력 변화 요인을 분석할 수 있고, 단결정 실리콘 태양전지에서는 광 입사각이 증가함에 따라 전 파장 영역에서 양자효율이 감소한다.
② 외부 양자효율은 투과와 반사와 같은 광학적 손실 효과를 포함한 것
③ 내부 양자효율은 태양전지에서 반사되지 않고 투과되지 않은 광자들이 수집 가능한 캐리어를 생성할 수 있는 효율
④ 양자 효율이 1인 경우: 특정 파장의 모든 광자들이 흡수되고, 그 결과 소수 캐리어들이 모두 수집된 경우
⑤ 양자 효율이 0인 경우: 반도체의 밴드갭보다 낮은 에너지를 가진 광자

정답 25. ④

13.4.26 / 15.4.28 / 16.4.38 / 17.1.51 / 17.2.22 / 17.2.54 / 17.4.23 /
17.4.53 / 18.1.21 / 18.1.47 / 18.2.46 / 18.2.53 / 18.4.23 / 19.1.60
/ 19.2.26 / 19.2.42 / 19.4.27 / 19.4.49 / 20.1.52 / 20.3.23 /
20.3.41 / 20.4.24 / 21.1.38 / 21.4.42 / 21.4.48

26 감전을 방지하는 방법으로 전기기기의 접지선을 전원공급선과 함께 3심 코드를 사용하는 방식은?

① 이중절연방식
② 보호접지방식
③ 누전차단방식
④ 전용접지선방식

해설 전용접지선방식

1선 접지선으로 이용

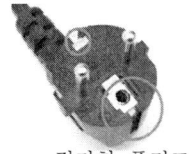
접지형 플러그

13.4.76 / 15.2.25 / 16.4.73 / 17.4.66 / 17.4.67 / 18.1.24 /
18.1.75 / 19.1.62 / 19.2.78 / 19.4.67 / 20.3.73 / 21.1.63
/ 21.1.76 / 21.4.70

27 3,000[kW] 이하인 태양광에너지의 설치 시 건축물 등 기존 시설물을 이용한 경우 공급인증서 가중치는?

① 0.5 ② 1.0 ③ 1.25 ④ 1.5

해설 신재생에너지 공급인증서 가중치

구분	공급인증서 가중치	대상에너지 및 기준	
		설치유형	세부기준
태양광 에너지	1.2	일반부지에 설치하는 경우	100KW미만
	1.0		100KW부터
	0.8		3,000KW초과부터
	0.5	임야에 설치하는 경우	-
	1.5	건축물 등 기존 시설물을 이용하는 경우	3,000KW이하
	1.0		3,000KW초과부터

구분	공급인증서 가중치	대상에너지 및 기준	
		설치유형	세부기준
태양광 에너지	1.6	유지 등의 수면에 부유하여 설치하는 경우	100KW미만
	1.4		100KW부터
	1.2		3,000KW초과부터
	1.0	자가용 발전설비를 통해 전력을 거래하는 경우	

15.4.34 / 18.1.30

28 다음 보기에서 태양광발전시스템에서 전기흐름을 고려한 배선 순서를 옳게 나열한 것은?

[보기]
㉠ 인버터에서 분전반 배선
㉡ 어레이와 접속함 배선
㉢ 모듈 배선
㉣ 접속함에서 인버터 배선

① ㉠→㉣→㉡→㉢
② ㉡→㉢→㉠→㉣
③ ㉢→㉡→㉣→㉠
④ ㉣→㉢→㉡→㉠

해설 계통연계형 태양광발전시스템의 구성

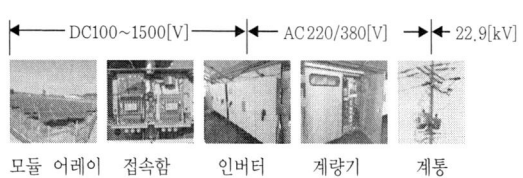

모듈 어레이 접속함 인버터 계량기 계통

18.1.34

29 분산형전원 발전설비의 빈번한 출력변동 및 병렬분리에 의한 플리커 가혹도 지수는 특고압 계통연계점에서 단시간(10분) 및 장시간(2시간)의 Epsti를 최대 얼마이하로 제한하는가?

① 단시간 : 0.25 이하, 장시간: 0.15 이하
② 단시간 : 0.25 이하, 장시간: 0.25 이하
③ 단시간 : 0.35 이하, 장시간: 0.15 이하
④ 단시간 : 0.35 이하, 장시간: 0.25 이하

정답 26.④ 27.④ 28.③ 29.④

해설 **플리커 가혹도 지수**
분산형전원 발전설비의 빈번한 출력변동 및 병렬분리에 의한 플리커 가혹도 지수는 특고압 계통연계점에서 단시간(10분)Epsti는 0.35 이하로, 장시간(2시간) Eplti는 0.25 이하로 제한하여야 하며, 저압계통 연계는 이에 준한다.
Epsti ≤ 0.35 (단시간 10분)
Epsti ≤ 0.25 (장시간 2시간)

13.4.28 / 15.2.24 / 15.4.40 / 17.1.29 / 17.4.33 / 18.1.26 / 18.1.37 / 18.2.29 / 18.4.2 / 19.2.27 / 19.4.32 / 21.4.28 / 21.4.33

30 태양광모듈 배선이 끝난 후 검사하는 항목이 아닌 것은?

① 극성확인 ② 전압확인
③ 일사량 측정 ④ 단락전류 측정

해설 **모듈의 배선 연결 후 점검 사**
① 전압 및 극성 확인
② 단락전류의 측정
③ 접지확인 : 일반적으로 직류측은 비접지

17.2.52 / 18.1.42

31 배전반 제어회로의 배선에서 일상점검 항목이 아닌 것은?

① 주유상태 이상여부 확인
② 전선 지지물의 탈락 여부 확인
③ 과열에 의한 이상한 냄새여부 확인
④ 가동부 등의 연결전선의 절연피복 손상여부 확인

해설 **배전반 제어회로 배선의 일상점검 항목**
1) 손상
① 가동부 등에 연결되는 전선의 절연피복 손상 여부
② 전선 지지물의 탈락 여부

2) 냄새 : 과열에 의한 냄새 여부

※ 주유상태 이상여부확인은 주회로용 차단기의 조작장치 점검내용이다.

18.1.46

32 태양광발전시스템의 유지관리를 지원하기 위해 제공되는 운전지침에 기술되어야 하는 사항으로 적합하지 않은 것은?

① 성능 규격
② 기동에 관한 사항
③ 운전에 관한 사항
④ 비품 및 공구 List

해설 **태양광발전시스템의 운영관리 지침 내용**
① 태양광발전시스템의 성능(시설용량과 발전량)
② 태양광발전시스템의 모듈관리 내용
③ 태양광발전시스템의 인버터 및 접속함 관리내용
④ 태양광발전시스템의 구조물 및 전선관리 내용
⑤ 태양광발전시스템의 운전(기동 및 응급조치)

13.4.44 / 13.4.54 / 16.4.48 / 17.1.57 / 17.4.48 / 18.1.49 / 18.4.44 / 18.4.53 / 19.4.50 / 20.1.59

33 접속함의 육안점검 항목으로 틀린 것은?

① 개방전압 측정
② 접지선 손상
③ 단자대 나사의 풀림
④ 외함의 부식 및 파오

해설 **접속함 정기점검내용**

점검 방법	점검 항목	점검 내용
육안 점검	외함	부식 및 파손 상태 볼트 및 너트 조임 상태
	외부 배선 및 접속난사 (퓨즈, 역전류 방지 다이오드, SPD, 극성)	배선 상태 접속 난자의 성상 유무 극성 상태(전체 회로) 전선인입부의 방수처리 상태
	접지선 및 접지단자	접지선 손상, 접속 상태 단자 조임 상태
측정 및 시험	절연저항측정 (태양 전지와 접지 사이)	0.2[MΩ] 이상, 측정 전압 DC 500[V]
	절연저항측정 (인버터 입출력 단자와 접지 사이)	1[MΩ] 이상, 측정 전압 DC 500[V]
	개방전압측정	규정의 전압 여부, 어레이 출력확인

정답 30.③ 31.① 32.④ 33.①

15.4.55 / 18.1.54 / 19.2.57 / 19.2.60 / 19.4.55 / 20.1.43 / 21.4.14 / 21.4.59

34 통상적인 태양광발전용 접속함의 병렬 스트링 수에 의한 분류에서 소형(3회로 이하)일 경우 충전부와의 접촉, 고체 이물질과 액체의 침입에 대비하여 접속함이 제공하는 보호등급으로 옳은 것은?

① IP20 이상
② IP24 이상
③ IP45 이상
④ IP54 이상

해설 태양광발전용 접속함

(1) 구분

병렬 스트링 수에 의한 분류	설치장소에 의한 분류
소형(3회로 이하)	실내형: IP54 이상
	실외형: IP54 이상
중대형(4회로 이상)	실내형: IP20 이상
	실외형: IP54 이상

(2) IP 등급의 표시 내용

숫자	제1숫자 방수 보호정도	제2숫자 방수 보호정도
0	없음	없음
1	손의 접근으로부터 보호	수직으로 떨어지는 물방울로부터의 보호
2	손가락의 접근으로부터의 보호	수직에서 15° 범위에서 떨어지는 물방울로부터의 보호
3	공구의 선단 등으로부터 보호	수직에서 60° 범위에서 떨어지는 물방울로부터의 보호
4	WIRE 등으로부터의 보호	전방향으로 비산되는 물로부터의 보호
5	분진으로부터 보호	전방향으로 쏟아지는 물로부터의 보호
6	완전한 방진구조	파도 등의 강력하게 쏟아지는 물로부터의 보호
7	-	일정한 조건으로 물에 잠겨서 사용 가능
8	-	물속에서 사용 가능

14.4.60 / 16.4.58 / 17.2.51 / 17.4.42 / 18.1.58 / 18.2.48 / 19.1.50 / 19.2.49

35 태양광발전시스템이 운전되지 않을 경우 응급조치를 하여야 하는데, 운전조작방법의 순서로 옳은 것은?

ㄱ. 접속함 내부 직류차단기 투입(ON)
ㄴ. 교류차단기 투입(ON)
ㄷ. 접속함 내부 직류차단기 개방(OFF)
ㄹ. 교류차단기 개방(OFF)
ㅁ. 인버터 정지 후 점검하고 정상 시 재운전

① ㄹ→ㄷ→ㅁ→ㄴ→ㄱ
② ㄱ→ㄴ→ㅁ→ㄷ→ㄹ
③ ㅁ→ㄱ→ㄹ→ㄷ→ㄴ
④ ㄷ→ㄹ→ㅁ→ㄴ→ㄱ

해설 태양광발전시스템의 응급조치순서
① 접속함의 DC 메인 전원 스위치를 개방(off)한다.
② 인버터의 전원 스위치를 개방(off)한다.
③ 한전차단기를 개방(off)한다.
④ 태양광발전시스템을 점검한다.
⑤ 이상이 없을 시 역순으로 작동한다.

13.4.77 / 18.1.61 / 18.4.73

36 서울시 교육청이 연면적 1,500제곱미터의 공공도서관을 신축하기 위해 2018년 4월 건축허가를 신청하려고 한다. 이 건물의 설계 시 산출된 예상 에너지사용량의 최소 몇 [%] 이상을 신재생에너지를 이용하여 공급되는 에너지로 사용하여야 하는가?

① 21   ② 24   ③ 27   ④ 30

해설 신·재생에너지 공급의무 비율 등(신재생에너지법 시행령 제15조)

1) 건축법 시행령에서 정한 용도의 건축물로서 신축·증축 또는 개축하는 부분의 연면적이 1,000[m²] 이상인 건축물(해당 건축물의 건축 목적, 기능, 설계조건 또는 시공 여건상의 특수성으로 인하여 신·재생에너지 설비를 설치하는 것이 불합리하다고 인정되는 경우로서 산업통상자원부장관이 정하여 고시하는 건축물은 제외한다)에 따른 비율 이상

2) 1)외의 건축물 : 산업통상자원부장관이 용도별 건축물의 종류로 정하여 고시하는 비율 이상

연도	2011~2012	2013	2014	2015
공급의무 비율[%]	10	11	12	15

연도	2016	2017	2018	2019	2020 이후
	18	21	24	27	30

정답 34.④ 35.④ 36.②

37 저압 옥내직류 전기설비의 접지목적에 해당하지 않는 것은?

① 이상전압 억제
② 대지전압의 억제
③ 과전류의 대지 방출
④ 전로 보호장치의 확실한 동작 확보

해설 저압 옥내직류 전기설비의 접지(판단기준 제289조)

저압 옥내직류 전기설비는 전로 보호장치의 확실한 동작의 확보, 이상전압 및 대지전압의 억제를 위하여 직류 2선식의 임의의 한 점 또는 변환장치의 직류측 중간점, 태양전지의 중간점 등을 접지하여야 한다. 다만, 직류 2선식을 다음에 의하여 시설하는 경우는 그러하지 않다.
① 사용전압이 60[V] 이하인 경우
② 접지검출기를 설치하고 특정구역내의 산업용 기계기구에만 공급하는 경우
③ 교류계통으로부터 공급을 받는 정류기에서 인출되는 직류계통
④ 최대전류 30[mA] 이하의 직류화재경보회로

38 녹색성장위원회의 정기회의는 반기별로 몇 회 개최하는 것을 원칙으로 하는가?

① 1 ② 2 ③ 3 ④ 4

해설 회의(녹색성장법 제16조)

① 위원장은 위원회의 회의를 소집하고 그 의장이 된다.
② 위원회의 회의는 정기회의와 임시회의로 구분하며, 임시회의는 위원장이 필요하다고 인정하는 경우 또는 위원 5명 이상의 소집요구가 있을 경우에 위원장이 소집한다.
③ 위원회의 회의는 위원 과반수의 출석으로 개의하고, 출석위원 과반수의 찬성으로 의결한다. 다만, 대통령령으로 정하는 경우에는 서면으로 심의·의결할 수 있다.
④ ①부터 ③까지에서 규정한 사항 외에 정기회의의 시기 등 위원회의 운영에 필요한 사항은 대통령령으로 정한다.

39 3,000[kW] 태양광발전사업자가 사업개시 신고를 하려고 할 때 사업개시의 신고를 누구에게 제출하여야 하는가?

① 시·도지사
② 한국전력공사 이사장
③ 한국에너지공단 이사장
④ 한국전력거래소 이사장

해설 사업허가의 신청(전기사업법 시행규칙 제4조)

① 전기사업의 허가를 신청하려는 자는 전기사업허가 신청서에 관련 서류(전자문서를 포함한다. 이하 같다)를 첨부하여 산업통상자원부장관에게 제출하여야 한다.
② 다만, 발전설비용량이 3,000[kW] 이하인 발전사업의 허가를 받으려는 자는 특별시장·광역시장·특별자치시장·도지사 또는 특별자치도지사에게 제출하여야 한다.

40 전기사업자 및 한국전력거래소는 전압 및 주파수의 측정기준·측정방법 및 보존방법 등을 정하여 산업통상자원부장관에게 제출하고, 매년 최소 몇 회 이상 측정하고 그 측정결과를 몇 년간 보존해야 하는가?

① 1회, 3년 ② 1회, 5년
③ 2회, 3년 ④ 2회, 5년

해설 전압 및 주파수의 측정(전기사업법 시행규칙 제19조)

(1) 전기사업자 및 한국전력거래소는 다음의 사항을 매년 1회 이상 측정하여야 하며 측정 결과를 3년간 보존하여야 한다.

① 발전사업자 및 송전사업자의 경우에는 전압 및 주파수
② 배전사업자 및 전기판매사업자의 경우에는 전압
③ 한국전력거래소의 경우에는 주파수

(2) 전기사업자 및 한국전력거래소는 (1)항에 따른 전압 및 주파수의 측정기준·측정방법 및 보존방법 등을 정하여 산업통상자원부장관에게 제출하여야 한다.

20.1.2
41 사이리스터에 대한 설명으로 틀린 것은?

① 4개의 단자를 갖는 4층 구조의 반도체 소자이다.
② 주 전극은 캐소드와 애노드로 PNPN 구조의 스위칭 소자이다.
③ 제어단자 연결에 따라 N-게이트 사이리스터와 P-게이트 사이리스터로 분류된다.
④ 애노드와 캐소드 간의 순방향 전압이 브레이크-오버 전압을 초과하면 도통된다.

해설 사이리스터(SCR)

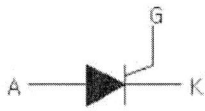

제어단자(G)로부터 음극(K)에 전류를 흘리는 것으로, 양극(A)과 음극(K) 사이를 도통(導通)시킬 수 있는 3단자의 반도체 소자이다.
실리콘제어정류기(Silicon Controlled Rectifier, SCR)라고도 불리며, PNPN의 4중 구조를 하고있다.

20.1.7 / 21.2.10
42 조도의 단위로 옳은 것은?

① J   ② lx
③ lm   ④ J/s

해설 단위 설명
① 에너지 또는 일의 단위 : 줄[J]
② 조도 : 어떤 면이 받는 빛의 세기를 나타내는 값으로 단위 면적에 도달하는 광선속으로 계산되며, 단위로는 럭스[lx]를 쓴다.
③ 가시광선의 총량 : 루멘[lm]
④ 1초 동안의 1줄(N·m)에 해당하는 일률의 SI 단위계 단위[W] = [J/S]

13.4.6 / 13.4.47 / 14.4.43 / 14.4.57 / 15.2.16 / 15.2.46 /
15.2.56 / 15.4.5 / 16.2.6 / 16.2.7 / 17.1.7 / 18.4.4 /
18.4.46 / 19.4.8 / 20.1.9 / 21.1.11 / 21.2.17 / 21.2.43
43 변환효율이 가장 좋은 태양전지의 종류는?

① CIGS   ② 단결정
③ 다결정   ④ 아몰퍼스

해설 태양전지의 변환효율
단결정 Si > 다결정 Si > CIGS, 아몰퍼스 Si

※ CIGS 박막과 아몰퍼스 태양전지의 변환효율 한계는 12~13%이다.

16.2.9 / 17.4.6 / 19.1.19 / 20.1.14
44 태양광발전용 축전지의 기능을 모두 나타낸 것은?

ㄱ. 발전전력 급변 시의 버퍼 역할
ㄴ. 태양전지 출력전압의 안정화
ㄷ. 재해 시 전력의 공급
ㄹ. 전력저장

① ㄱ, ㄴ, ㄹ   ② ㄱ, ㄷ, ㄹ
③ ㄴ, ㄷ, ㄹ   ④ ㄱ, ㄴ, ㄷ, ㄹ

해설 축전지부착 계통연계시스템
축전지가 있는 계통연계시스템은 일반적인 계통연계시스템에 비해 적용범위를 확대할 수 있다.
① 방재 대응형
평상시 계통연계시스템으로 동작하고, 재해시 인버터를 자립운전으로 전환하고 특정 방재 대응부하에 전력을 공급한다.
② 부하 평준화 대응형(피크 시프트형, 야간전력 저장형)
태양전지 출력과 축전지 출력을 병용하여 부하의 피크 시에 인버터를 필요한 출력으로 운전하고, 수전전력의 증대를 억제하여 출력전압의 안정화 및 기본전력요금을 절감한다.
③ 계통 안정화 대응형(Buffer)
태양전지와 축전지를 병렬운전하며, 기후 급변 시나 계통부하 급변 시에 축전지를 방전하고, 태양전지

정답 41.① 42.② 43.② 44.④

출력이 증대하여 계통전압이 상승하려고 할 때는 축전지를 충전하여 역조류를 감소시키고, 전압이 상승하는 것을 방지하는 버퍼(buffer, 완충제)) 역할

14.4.4 / 14.4.13 / 15.2.11 / 15.2.17 / 15.4.17 / 17.2.14 / 17.4.5 / 18.1.3 / 18.4.7 / 20.1.3 / 20.1.19 / 20.3.8 / 20.3.9 / 21.4.1

45 계통연계형 인버터의 주요 3기능에 해당하지 않는 것은?

① 충·방전 조정기능
② 자동운전·정지기능
③ 단독운전 방지기능
④ 최대전력 추종제어기능

해설 태양광발전시스템 인버터의 주요기능
① 자동운전 정지(Auto shutdown) 기능
  인버터는 해가 떠오르고 출력이 발생되는 조건이 되면 자동적으로 운전을 시작하며, 해가 지는 동안에도 출력이 발생하는 한 가동은 계속되고 완전한 일몰 뒤 운전이 정지한다.
② 단독운전 방지(Non-islanding) 기능
  단독운전(한전 정전시 분리된 계통에 전력을 계속 공급하게 되는 운전상태)시의 문제점을 해결하기 위한 기능으로, 단독운전 발생 후 최대 0.5초 이내에 한전계통에 대한 가압을 중지해야 한다.
③ 최대전력 추종(MPPT ; Maximum Power Point Tracking)제어 기능
  태양전지의 출력은 일사강도나 태양전지의 표면온도에 따라 변화하며, 이들 변동에서 태양전지의 동작점이 항상 최대출력점을 추종하도록 변화시켜, 태양전시에서 최내 출력을 유도하는 세어

20.1.21

46 고소작업차 안전운전에 관한 기술지침에 따른 안전수칙에 대한 설명으로 틀린 것은?

① 고소작업차를 임의변경 또는 개조하지 말아야 한다.
② 고소작업차 운전자에게는 실기교육을 실시하여야 한다.
③ 조작레버는 중립 또는 차단상태에서 시동을 걸어야 한다.
④ 붐이나 작업대는 다른 구조물을 지지할 수 있도록 하여야 한다.

해설 고소작업차 안전운전에 관한 기술지침(안전수칙)
① 고소작업차를 임의변경 또는 개조하지 말아야 한다.
② 작업장 주변의 위험한 지면, 물체, 건물 등에 주의하여 장비를 조작하여야 하며 사람이 접근하지 않도록 하여야 한다.
③ 작동전 장비의 이상유무를 확인하여야 한다.
④ 운전자는 장비 용량의 한계를 숙지하여 허용 한계 내에서 작동하여야 한다.
⑤ 안전기를 이용하여 장비가 항상 지면에 수평을 이루는 상태에서 작업을 수행하며 최대 허용 경사도가 초과되는 곳에서는 작업을 금지하여야 한다.
⑥ 작업자가 오르고 내릴 때의 작업대는 구조물과 간격이 30cm 이내에 있어야 한다.
⑦ 고소작업차 사용자에 대한 교육은 주기적으로 실시하며 특히 운전자에게는 실기교육을 실시하여야 한다.
⑧ 붐이나 작업대는 다른 구조물을 지지하는 용도로 사용하지 말아야 한다.
⑨ 조작레버는 중립 또는 차단상태에서 시동을 걸어야 한다.

16.4.37 / 20.1.24

47 변전실의 면적에 영향을 주는 요소로 틀린 것은?

① 변전실의 접지방식
② 수전전압 및 수전방식
③ 건축물의 구조적 여건
④ 변전설비 변압방식, 변압기 용량, 수량 및 형식

해설 변전실 면적에 영향을 주는 요소
① 수전전압 및 수전방식
② 변전설비 강압방식, 변압기 용량, 수량 및 형식(변전설비 시스템 방식)

정답 45. ① 46. ④ 47. ①

③ 설치 기기와 큐비클 및 시방
④ 기기의 배치방법 및 유지보수 필요 면적
⑤ 건축물의 구조적 여건

20.1.30 / 21.2.38
48 전력시설물 공사감리업무 수행지침에 따라 기자재 공급승인요청서에 첨부되어 제출되는 서류가 아닌 것은?

① 현장테스트 사진
② 납품실적 증명서
③ 시험성과 대비표
④ 품질시험 대행 국·공립시험기관의 시험성과

해설 감리원은 주요기자재 공급승인 요청서에 다음의 관계서류를 첨부하도록 하여야 한다.
① 품질시험 대행 국·공립시험기관의 시험성과
② 납품실적 증명
③ 시험성과 대비표

시험항목	시방기준	시험성과	판정·비고

20.1.34 / 21.4.29
49 수공구 사용 안전지침에 따른 조립공구에 속하지 않는 것은?

① 끌
② 렌치
③ 드라이버
④ 플라이어

해설 **수공구의 종류**
1) 조립공구
① 렌치(Wrench)
② 드라이버(Driver)
③ 플라이어(Pliers)

2) 절단공구
① 칼(Knife)
② 톱(Saw)
③ 가위(Scissors)
④ 끌(Chisel)

3) 타격공구
해머 등

4) 고정공구
① 클램프(Clamp)
② 바이스(Vices)

16.2.35 / 18.4.32 / 19.4.35 / 20.1.37 / 20.3.28
50 설계감리업무 수행지침에 따른 설계감리원의 기본임무 수행 사항이 아닌 것은?

① 과업지시서에 따라 업무를 성실히 수행하고 설계의 품질향상에 따라 노력하여야 한다.
② 설계용역 계약 및 설계감리용역 계약내용이 충실히 이행될 수 있도록 하여야 한다.
③ 설계 및 설계감리용역 시행에 따른 업무연락, 문제점 파악 및 민원해결 등을 성실히 수행하여야 한다.
④ 설계공정의 진척에 따라 설계자로부터 필요한 자료 등을 제출받아 설계용역이 원활히 추진될 수 있도록 설계감리 업무를 수행하여야 한다.

해설 **설계감리원의 기본임무**
① 설계용역 계약 및 설계감리용역 계약내용이 충실히 이행될 수 있도록 하여야 한다.
② 해당 설계용역이 관련 법령 및 전기설비기술기준 등에 적합한 내용대로 설계되는지의 여부를 확인 및 설계의 경제성 검토를 실시하고, 기술지도 등을 하여야 한다.
③ 설계공정의 진척에 따라 설계자로부터 필요한 자료 등을 제출받아 설계용역이 원활히 추진될 수 있도록 설계감리 업무를 수행하여야 한다.
④ 과업지시서에 따라 업무를 성실히 수행하고 설계의 품질향상에 따라 노력하여야 한다.

16.4.3 / 17.1.53 / 17.2.59 / 17.4.41 / 19.1.49 / 20.1.42 / 20.3.47 / 20.4.43 / 21.1.60

51 태양광발전시스템의 개방전압을 측정할 때 유의해야 할 사항으로 틀린 것은?

① 태양광발전 어레이의 표면은 청소하지 않아도 된다.
② 각 스트링의 측정은 안정된 일사강도가 얻어질 때 실시한다.
③ 태양광발전 모듈은 비오는 날에도 미소한 전압을 발생하고 있으므로 매우 주의하여 측정해야 한다.
④ 측정시각은 일사강도, 온도의 변동을 극히 적게 하기 위해 맑을 때, 남쪽에 있을 때의 전후 1시간에 실시하는 것이 바람직하다.

해설 개방전압 측정 시 주의사항
① 각 모듈이 음영의 영향을 받지 않는 것을 확인한다. (모듈의 불량 또는 모듈간의 접속불량 등이 발생하면 각 스트링의 개방전압 측정치가 불균일하다)
② 각 모듈이 균일한 일사조건이 되기 쉬운 약간 흐린 날씨라면 평가하기 쉬우나, 아침, 저녁의 낮은 일사조건은 피한다.
③ 맑은 날, 남중고도에 있을 때 측정하면 오차가 적다.
④ 우천 시에는 감전의 위험이 있으니, 측정을 피한다.

17.2.58 / 19.1.57 / 19.1.58 / 19.2.47 / 19.4.58 / 20.1.46 / 20.1.47 / 20.4.48 / 20.4.59 / 21.2.49

52 충전전로를 취급하는 근로자가 착용하여야 하는 절연용 보호구가 아닌 것은?

① 절연화   ② 절연 담요
③ 절연 안전모   ④ 절연 고무장갑

해설 절연용 보호구
활선작업 또는 활선근접작업에서 감전을 방지하기 위하여 작업자가 신체에 착용하는 절연 안전모, 절연 고무장갑, 절연화, 절연장화, 절연복 등을 말한다.

14.4.48 / 15.2.41 / 16.4.23 / 17.1.13 / 18.1.50 / 20.1.49 / 20.4.41

53 분산형전원 배전계통 연계 기술기준에 따라 분산형전원 및 그 연계 시스템은 분산형전원 연결점에서 최대 정격 출력전류의 몇 %를 초과하는 직류 전류를 계통으로 유입시켜서는 안 되는가?

① 0.1   ② 0.2   ③ 0.3   ④ 0.5

해설 전기품질 항목
① 직류 유입 제한
분산형전원 및 그 연계 시스템은 분산형전원 연결점에서 최대 정격 출력전류의 0.5[%]를 초과하는 직류 전류를 계통으로 유입시켜서는 안된다.
② 역률
분산형전원의 역률은 90[%] 이상으로 유지함을 원칙으로 한다.
③ 플리커(flicker)
④ 고조파

13.4.51 / 14.4.49 / 20.1.54 / 20.3.58 / 20.4.54

54 태양광발전 어레이의 육안점검 사항으로 틀린 것은?

① 환기
② 가대의 부식과 녹슴
③ 외부 배선(접속 케이블)
④ 유리 등의 표면 오염과 파손

해설 태양전지(어레이)의 육안점검
① 모듈의 오염 및 파손
② 프레임 파손 및 변형유무
③ 가대의 부식 및 녹 발생
④ 가대의 고정(볼트 및 너트의 풀림) 및 접지
⑤ 외부배선의 손상
⑥ 변색, 낙엽 등의 유무 검사
⑦ 지붕재의 파손 및 지지기구와의 고정상태

정답 51. ① 52. ② 53. ④ 54. ①

15.4.41 / 17.1.50 / 17.4.55 / 18.2.56 / 18.4.59 / 19.1.59 /
20.1.58 / 20.3.56 / 20.4.52

55 태양광발전시스템의 성능평가를 위한 사이트 평가방법이 아닌 것은?

① 설치 용량
② 설치 대상 기관
③ 설치 시설의 지역
④ 설치 가격의 경제성

해설 태양광 발전 시스템의 사이트 평가 방법
① 태양광 발전 시스템의 설비 설치의 대상기관
② 태양광 발전 시스템 설비 설치의 시설 분류
③ 태양광 발전 시스템의 설비 설치의 시설 지역
④ 태양광 발전 시스템의 설비 설치 형태
⑤ 태양광 발전 시스템의 설비 설치 용량
⑥ 태양광 발전 시스템 설비 설치의 방위와 각도
⑦ 태양광 발전 시스템의 설비 설치 시공업자
⑧ 태양광 발전 시스템의 설비 설치기기 장비 제조사

14.4.64 / 15.2.67 / 16.2.71 / 16.4.78 / 17.2.61 / 17.2.69 / 17.4.64 /
18.1.66 / 19.1.73 / 19.2.79 / 19.4.65 / 20.1.61 / 20.1.71 / 21.1.68

56 전기사업법의 용어 정의에서 전기를 생산하여 이를 전력시장을 통하여 전기판매사업자에게 공급하는 것을 주된 목적으로 하는 사업은?

① 발전사업   ② 배전사업
③ 송전사업   ④ 변전사업

해설 전기사업법의 정의(전기사업법 제2조)
① 전기사업 : 발전사업·송전사업·배전사업·전기판매사업 및 구역전기사업
② 발전사업 : 전기를 생산하여 이를 전력시장을 통하여 전기판매사업 자에게 공급하는 것을 주된 목적으로 하는 사업
③ 송전사업 : 발전소에서 생산된 전기를 배전사업자에게 송전하는 데 필요한 전기설비를 설치·관리하는 것을 주된 목적으로 하는 사업
④ 배전사업 : 발전소로부터 송전된 전기를 전기사용자에게 배전하는 데 필요한 전기설비를 설치·운용하는 것을 주된 목적으로 하는 사업
⑤ 구역전기사업 : 대통령령으로 정하는 규모 이하의 발전설비를 갖추고 특정한 공급구역의 수요에 맞추어 전기를 생산하여 전력시장을 통하지 아니하고 그 공급구역의 전기사용자에게 공급하는 것을 주된 목적으로 하는 사업

13.4.64 / 14.4.65 / 14.4.77 / 15.4.71 / 17.1.8 / 17.2.75 /
17.4.70 / 18.4.67 / 19.2.70 / 19.2.72 / 20.1.64

57 신에너지 및 재생에너지 개발·이용·보급 촉진법에 따라 햇빛·물·지열(地熱)·강수(降水)·생물유기체 등을 포함하는 재생 가능한 에너지를 변환시켜 이용하는 에너지에 해당하지 않는 것은?

① 풍력   ② 연료전지
③ 해양에너지   ④ 태양에너지

해설 신·재생에너지의 정의(신재생에너지법 제2조)
1) 신에너지 : 기존의 화석연료를 변환시켜 이용하거나 수소·산소 등의 화학 반응을 통하여 전기 또는 열을 이용하는 에너지
   ① 수소에너지
   ② 연료전지
   ③ 석탄을 액화·가스화한 에너지 및 중질잔사유을 가스화

2) 재생에너지 : 햇빛·물·지열·강수·생물유기체 등을 포함하는 재생 가능한 에너지를 변환시켜 이용하는 에너지
   ① 태양에너지   ② 풍력
   ③ 수력   ④ 해양에너지
   ⑤ 지열에너지
   ⑥ 생물자원을 변환시켜 이용하는 바이오에너지
   ⑦ 폐기물에너지(비재생폐기물로부터 생산된 것은 제외한다)

20.1.68

58 전기설비기술기준의 판단기준에 따라 의료장소의 전로에서 정격 감도전류 30mA이하, 동작시간 0.03초 이내의 누전차단기를 생략할 수 있는 경우로 틀린 것은?

① 의료 IT 계통의 전로
② 건조한 장소에 설치하는 의료용 전기기기의 전원회로

정답 55. ④   56. ①   57. ②   58. ③

③ 의료장소의 바닥으로부터 2.0m를 초과하는 높이에 설치된 조명기구의 전원회로
④ TT 계통 또는 TN 계통에서 전원자동차단에 의한 보호가 의료행위에 중대한 지장을 초래할 우려가 있는 회로에 누전경보기를 시설하는 경우

[해설] 의료장소 전기설비의 시설
의료장소의 전로에는 정격 감도전류 30mA 이하, 동작시간 0.03초 이내의 누전차단기를 설치할 것. 다만, 다음의 경우는 그러하지 아니하다.
① 의료 IT 계통의 전로
② TT 계통 또는 TN 계통에서 전원자동차단에 의한 보호가 의료행위에 중대한 지장을 초래할 우려가 있는 회로에 누전경보기를 시설하는 경우
③ 의료장소의 바닥으로부터 2.5m를 초과하는 높이에 설치된 조명기구의 전원회로
④ 건조한 장소에 설치하는 의료용 전기기기의 전원회로

13.4.76 / 15.2.25 / 16.4.73 / 17.4.66 / 17.4.67 / 18.1.24 / 18.1.75 / 19.1.62 / 19.2.78 / 19.4.67 / 20.3.73 / 21.1.63 / 21.1.76 / 21.4.70

59 저탄소 녹색성장 기본법에 따라 에너지·자원의 투입과 온실가스 및 오염물질의 발생을 최소화하는 제품은?

① 녹색제품　　② 온실가스 제품
③ 에너지자원 제품　　④ 오염물질의 제품

[해설] 정의(녹색성장법 제2조)
① 녹색제품: 에너지·자원의 투입과 온실가스 및 오염물질의 발생을 최소화하는 제품
② 자원순환: 환경정책상의 목적을 달성하기 위하여 필요한 범위 안에서 폐기물의 발생을 억제하고 발생된 폐기물을 적정하게 재활용 또는 처리하는 등 자원의 순환과정을 환경친화적으로 이용·관리하는 것
③ 녹색생활: 기후변화의 심각성을 인식하고 일상생활에서 에너지를 절약하여 온실가스와 오염물질의 발생을 최소화하는 생활
④ 온실가스: 이산화탄소(CO_2), 메탄(CH_4), 아산화질소(N_2O), 수소불화탄소(HFCs), 과불화탄소(PFCs), 육불화황(SF_6) 및 그밖에 대통령령으로 정하는 것으로 적외선 복사열을 흡수하거나 재방출하여 온실효과를 유발하는 대기 중의 가스 상태의 물질
⑤ 에너지 자립도: 국내 총소비에너지량에 대하여 신·재생에너지 등 국내 생산에너지량 및 우리나라가 국외에서 개발(지분 취득을 포함한다)한 에너지양을 합한 양이 차지하는 비율

13.4.73 / 15.4.67 / 16.2.42 / 16.4.68 / 16.4.70 / 17.4.65 / 18.1.74 / 18.4.24 / 18.4.63 / 19.4.38 / 20.1.65 / 20.1.79 / 20.3.66 / 21.1.71 / 21.2.27 / 21.4.37 / 21.4.68

60 신에너지 및 재생에너지 개발·이용·보급 촉진법에 따라 신·재생에너지 설비 및 그 부품 중 공용화 품목의 지정을 요청하려는 자는 지정요청서와 첨부서류들을 누구에게 제출하여야 하는가?

① 국가기술표준원장
② 한국전기안전공사장
③ 산업통상자원부장관
④ 신·재생에너지센터 소장

[해설] 신·재생에너지 설비 및 그 부품에 대한 공용화 품목의 지정절차 등
공용화 품목의 지정을 요청하려는 자는 지정요청서에 다음의 서류를 첨부하여 국가기술표준원장에게 제출하여야 한다.
① 대상 품목의 명칭·규격 및 설명서
② 공용화 품목으로 지정받으려는 사유
③ 공용화 품목으로 지정될 경우의 기대효과

15.4.14 / 17.1.1 / 18.4.28 / 19.2.20 / 21.1.2

61 태양광발전시스템의 구성요소 중 인버터의 역할은?

① 직류→교류로 변환
② 교류→직류로 변환
③ 교류→교류로 변환
④ 직류→직류로 변환

해설 태양광발전시스템의 구성도

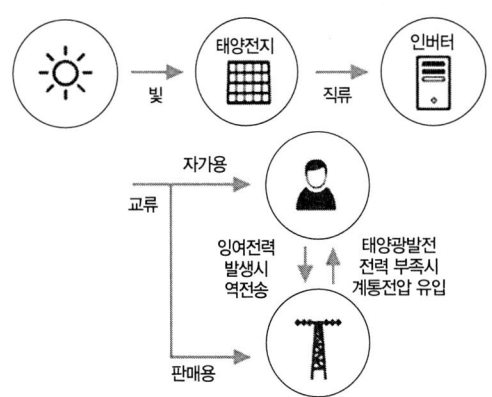

인버터(Inverter)는 태양 전지의 모듈로부터 직류 전원을 공급받아 정전압, 정주파수의 안정된 교류전원을 공급하는 장치로서 전력계통선과 병렬로 운전하며, 기동정지, 최대출력점 추적제어(MPPT), 각종 보호회로, 단독운전방지 등의 기능이 있어야 한다.

15.2.6 / 17.4.16 / 18.2.5 / 21.1.7

62 태양광발전시스템의 인버터 기능이 아닌 것은?

① 자동운전 정지기능
② 단독운전 방지기능
③ 자동전압 조정기능
④ 자동온도 조정기능

해설 태양광 인버터의 기능

① 자동운전 정지
② 최대출력 추종제어
③ 자동전압조정
④ 직류지락 검출
⑤ 단독 운전방지
⑥ 계통연계 보호장치

15.4.6 / 19.4.11 / 21.1.9

63 선로에 들어오는 이상전압의 크기를 완화하고 파고값을 낮추기 위하여 설치하는 것은?

① 피뢰침
② 종단 저항
③ 서지 흡수기
④ 바이패스 장치

해설 서지흡수기(Surge Absorber)

① 피뢰기와 같은 구조이며, 적용범위만을 조정하여 적용시키는 일종의 옥내 피뢰기이다.
② 피뢰기와는 다르게 뇌서지에는 사용하지 못하며, 특히 방전내량이 낮다.
③ 차단기(VCB)의 개폐서지를 대지로 방전시키고 개폐서지로부터 2차기기(몰드변압기, 건식변압기, 고압모터 등)를 보호하는 역할을 한다.

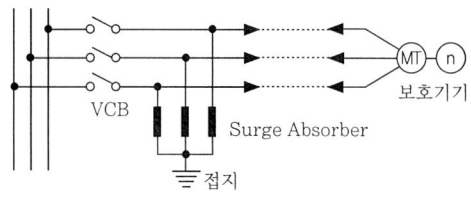

서지흡수기 설치 장소

서지흡수기 (SA)

16.4.17 / 17.1.19 / 18.4.12 / 19.2.10 / 20.1.16 / 20.3.20 / 21.1.14 / 21.2.20

64 실리콘(Si)에 도너(donor)불순물을 인가하여 만든 반도체는?

① 진성 반도체
② P형반도체
③ N형반도체
④ 제너 다이오드

해설 N형반도체

① 음의 (negative) 전하를 가지는 자유전자가 다수 캐리어인 것으로부터, negative의 머리글자를 취해서 N형반도체라 한다.
② 실리콘과 동일한 4가 원소의 진성 반도체에, 미량의 5가 원소(인, 비소 등)를 불순물로 첨가해서 만들어진다.
③ 결정(結晶) 속의 자유전자 때문에 도전율이 크게 된다.
④ N형반도체를 만들기 위한 불순물을 도너(donor)라 한다.

65 다음 설명 중 틀린 것은?

① 옴의 법칙에서 전압은 저항에 반비례함을 의미한다.
② 온도의 상승에 따라 도체의 전기저항은 증가한다.
③ 도선의 저항은 길이에 비례하고 단면적에 반비례한다.
④ 전기가 누설되지 않도록 하는 것을 절연이라고 하며 그 재료를 절연물이라고 한다.

해설 **옴의 법칙(Ohm's law)**
도체에 전압이 가해졌을 때 흐르는 전류의 크기는 도체의 저항에 반비례하므로 가해진 전압을 V [V], 전류 I [A], 도체의 저항을 R [Ω]이라고 하면
$I = \dfrac{V}{R}$, $V = I \times R$ (전압은 저항에 비례한다)

66 태양광 설치 공사 중 태양전지 모듈의 설치 시 추락방지에 대한 안전대책이 아닌 것은?

① 안전모 착용
② 안전대 착용
③ 저압 절연장갑 착용
④ 안전화 착용

해설 **태양광발전시스템의 안전관리대책**

공정	조치 사항	비고
모듈 설치	고소작업시 안전 난간대 설치 안전모, 안전화, 안전밸트 착용	추락 사고 예방
배관배선작업	사다리 적합품 사용 안전모, 안전화, 안전밸트 착용	
구조물 설치	리프트카 사용, 안전 난간대 설치 안전모, 안전화, 안전밸트 착용	
인버터, 접속함 등 연결	태양전지 모듈 등 전원개방 절연 장갑 착용	감전 사고 예방
임시배선작업	누전위험장소 누전차단기 설치 전선 피복상태, 접지선 관리	

67 태양광발전시스템의 기획 및 설계 시 조사 할 항목과 연결이 잘못된 것은?

① 설치조건의 조사 – 설치장소, 재료의 반입경로
② 설계조건의 검토 – 전기안전관리자 이력 검토
③ 환경조건의 조사 – 빛, 염해, 공해
④ 사전조사 – 각 지자체 조례 등

해설 **설계시 조사할 항목**
① 사전조사 : 각 지자체 조례 등
② 환경조건의 조사 : 연평균 일사량 및 일조시간, 염해, 공해
③ 설치조건의 조사 : 부지의 접근성 및 주변 환경, 민원발생 가능 여부
④ 전력 계통과의 연계 조건 : 전력계통 인입선 위치와 계통연계 가능한 용량 확인
⑤ 경제성 조건 : 총 투자비 기준으로 발전 매전 수입 시 경제적인 수익률의 검토

68 3상 3선식 배전방식의 전압강하 계산식으로 옳은 것은? (단, e : 전압강하(V), L : 전선의 길이(m), I : 부하전류(A), A : 사용전선(연동선)의 단면적(mm²)이다.)

① $e = \dfrac{35.6 \times L \times I}{1000 \times A}$
② $e = \dfrac{30.8 \times L \times I}{1000 \times A}$
③ $e = \dfrac{15.6 \times L \times I}{1000 \times A}$
④ $e = \dfrac{24.6 \times L \times I}{1000 \times A}$

해설 **전압강하 및 전선 굵기 계산식**

전기공급방식	전압강하(e)	전선의 단면적(A)
단상 2선식 직류 2선식	$e = \dfrac{35.6 \times L \times I}{1,000 \times A}$	$A = \dfrac{35.6 \times L \times I}{1,000 \times e}$
3상 3선식	$e = \dfrac{30.8 \times L \times I}{1,000 \times A}$	$A = \dfrac{30.8 \times L \times I}{1,000 \times e}$
단상 3선식 3상 4선식 직류 3선식	$e = \dfrac{17.8 \times L \times I}{1,000 \times A}$	$A = \dfrac{17.8 \times L \times I}{1,000 \times e}$

정답 65. ① 66. ③ 67. ② 68. ②

13.4.22 / 15.2.37 / 16.4.27 / 17.1.33 / 17.2.36 / 17.4.29 / 18.4.33 / 20.4.27 / 21.1.34

69 태양광시스템에서 방화구획 관통부를 처리하는 주된 목적은?

① 다른 설비로의 화재확산 방지
② 배전반 및 분전반 보호
③ 태양전지 어레이 보호
④ 인버터 보호

해설 방화구획 관통부의 처리

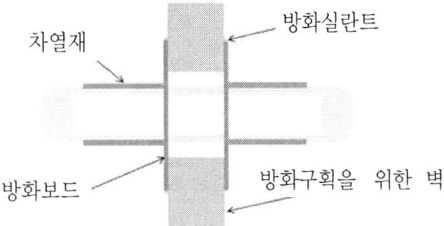

1) 방화구획 관통부의 처리를 하는 것은 화재 발생 시의 방화 대책물인 벽, 바닥, 기둥 등을 통과하는 전선, 배관의 관통 부분에서 다른 설비로 불길이 번지거나 확대하는 것을 방지하기 위해서이다.

2) 배선을 옥외에서 옥내로 끌어들인 관통 부분의 처리 방법으로는 다음과 같다.
① 난연성
관통 부분의 충전재, 케이블, 배관재의 변형, 파손, 탈락, 소실로 인해 뒷면에 화염, 연기가 나지 않을 것
② 내열성
관통 부분의 충전재, 내열씰재의 전열에 의해 뒷면이 연소할 위험이 있는 온도가 되지 않을 것
③ 관통부의 내화구조에 대한 성능시험은 단일 제품(예: 방화용 실런트 또는 기타자재)에 대한 시험이 아니라 복합구조(예: 방화용 실런트와 철판, 암면 등의 조합)의 시스템을 제시하여 그 시스템에 대해서 시험성적을 취득한다.

18.1.32 / 18.2.35 / 21.1.37

70 설계 감리원이 발주자에게 제출하는 준공서류가 아닌 것은?

① 감리기록서류
② 설계용역 준공검사원
③ 설계감리 결과보고서
④ 설계도서 검토의견서

해설 설계감리의 기성 및 준공

책임 설계감리원이 설계감리의 기성 및 준공을 처리한 때에는 다음의 준공서류를 구비하여 발주자에게 제출한다.
1) 설계용역 기성부분 검사원 또는 설계용역 준공검사원
2) 설계용역 기성부분 내역서
3) 설계감리 결과보고서
4) 감리기록서류
① 설계감리일지 ② 설계감리지시부
③ 설계감리기록부 ④ 설계감리요청서
⑤ 설계자와 협의사항 기록부
5) 그밖에 발주자가 과업지시서상에서 요구한 사항

20.1.41 / 21.1.42

71 태양광발전시스템의 유지보수에서 연계 보호장치의 점검 부위가 아닌 것은?

① 전자접촉기 ② 보호릴레이
③ 보조릴레이 ④ 냉각팬 히터

16.2.47 / 16.2.51 / 16.4.47 / 17.2.42 / 18.1.45 / 18.2.44 / 18.2.54 / 19.1.43 / 19.1.51 / 19.1.53 / 19.4.42 / 19.4.47 / 20.3.48 / 20.4.42 / 20.4.45 / 20.4.51 / 21.1.46 / 21.1.51 / 21.1.58 / 21.4.44 / 21.2.47 / 21.4.56

72 우박의 충격에 대한 결정질 실리콘 태양광발전 모듈의 기계적 강도를 시험할 경우 품질기준으로 최대 출력은 시험 전 값의 최소 몇 [%] 이상이어야 하는가?

① 89 ② 92 ③ 95 ④ 98

해설 우박 시험
1) 시험방법
우박의 충격에 대한 모듈의 기계적 강도를 시험한다.

2) 품질기준
① 최대 출력 : 시험 전 값의 95[%] 이상일 것

정답 69.① 70.④ 71.① 72.③

② 절연 저항 : 절연저항시험 값을 만족시킬 것
③ 외관 : 두드러진 이상이 없고, 표시는 판독할 수 있으며 외관검사 기준을 만족시킬 것

13.4.57 / 16.4.51 / 18.1.59 / 20.1.44 / 21.1.49 / 21.2.60

73 자가용 태양광발전설비의 사용전 검사 항목이 아닌 것은?

① 부하운전시험 검사
② 변압기본체 검사
③ 전력변환장치 검사
④ 종합연동시험 검사

해설 자가용 태양광발전설비의 사용전 검사 항목
(1) 외관검사(공사계획 인가 · 신고 내용 확인)
(2) 태양광전지
 ① 일반규격
 ② 본체

(3) 전력변환장치
 ① 일반규격
 ② 본체
 ③ 보호장치
 ④ 축전지

(4) 종합연동시험
(5) 부하운전시험
(6) 접지저항측정
(7) 절연저항측정(변압기, 발전기 등)
(8) 절연내력시험(변압기, 발전기 등 기계기구)
(9) 절연유시험 및 측정(내압시험 및 산가측정)
(10) 보호장치시험
(11) 계측장치
(12) 제어회로 동작 및 기기조작시험
(13) 전선로(전압 5만 볼트 이상)
(14) 기타 검사에 필요한 사항
※ (6)~(14)은 전기수용설비 항목을 준용함

17.4.45 / 20.3.54 / 21.1.54

74 태양광발전시스템 고장으로 문제점이 발견된 경우 판단 및 조치사항에 대한 설명으로 틀린 것은?

① 태양전지 셀 및 바이패스 다이오드가 손상된 경우, 태양전지 모듈을 교체한다.
② 태양전지 모듈에서 음영이 들지 않았음에도 불구하고 단락전류 값이 갑자기 작아지면 즉시 모듈을 교체하여야 한다.
③ 파워컨디셔너가 고장인 경우에는 유지보수 담당자가 직접 수리보수 하지 않도록 하고, 제조업체에 AS를 의뢰하여 보수해야 한다.
④ 불량 모듈을 교체할 때에는 동일 규격제품으로 교체하고, 그러지 못한 경우에는 더 작은 단락전류 값을 가진 모듈로 교체해야 안전하다.

해설 태양광발전시스템의 고장별 조치방법
① 모듈의 파손, 열화, 단자의 방수 성능저하 등과 케이블의 열화, 피복 손상이 있는 경우 절연열화의 문제가 발생되므로 절연저항 기준치 이하인 경우 해당 스트링의 모듈 및 선로를 육안점검한다.
② 육안점검으로 찾지 못한 경우에는 전체 스트링의 중간(1/2)지점에서 모듈의 커넥터를 분리하고, 절연저항을 측정한다.
③ 절연저항이 낮은 쪽으로 구간을 축소해 최종적으로 모듈 뒷면 단자함을 개방해서 불량모듈을 선별한다.
④ 불량모듈이 선별되면 동일 제조사의 동일규격 제품으로 교체한다.

16.2.47 / 16.2.51 / 16.4.47 / 17.2.42 / 18.1.45 / 18.2.44 / 18.2.54 / 19.1.43 / 19.1.51 / 19.1.53 / 19.4.42 / 19.4.47 / 20.3.48 / 20.4.42 / 20.4.45 / 20.4.51 / 21.1.46 / 21.1.51 / 21.1.58 / 21.4.44 / 21.2.47 / 21.4.56

75 태양광전지(KS C 8566 : 2015)에서 솔라시뮬레이터 측정용 분광 복사계의 파장 간격은 몇 nm 이하이어야 하는가?

① 3 ② 5 ③ 7 ④ 10

정답 73. ② 74. ④ 75. ②

해설 솔라시뮬레이터

분광 복사계(spectroradiometer)는 CIE 63-1984에 규정된 것으로 태양전지 시료의 분광 응답 파장 영역에서 솔라 시뮬레이터의 분광 조사강도를 측정할 수 있어야 한다.
측정결과로부터 KS C IEC 60904-3에서 규정한 기준 태양광 스펙트럼분포와 인공광원의 스펙트럼(KS C IEC 60904-9에 정한 바와 같이 400[nm]에서 1100[nm] 구간) 조사 강도 분포와의 정합도를 구할 수 있다.
솔라 시뮬레이터 측정용 분광 복사계이 파장 간격은 5[nm] 이하이어야 한다.

16.2.72 / 16.4.66 / 21.1.61

76 산업통상자원부장관이 신·재생에너지의 이용·보급을 촉진하기 위하여 필요하다고 인정하면 대통령령으로 정하는 바에 따라 진행하는 보급 사업으로 틀린 것은?

① 정부와 연계한 보급사업
② 신기술의 적용사업 및 시범사업
③ 실용화된 신·재생에너지 설비의 보급을 지원하는 사업
④ 환경친화적 신·재생에너지 집적화단지 및 시범단지 조성사업

해설 보급사업(신재생에너지법 제27조)

산업통상자원부장관은 신·재생에너지의 이용·보급을 촉진하기 위하여 필요하다고 인정하면 대통령령으로 정하는 바에 따라 다음의 보급사업을 할 수 있다.
① 신기술의 적용사업 및 시범사업
② 환경친화적 신·재생에너지 집적화단지 및 시범단지 조성사업
③ 지방자치단체와 연계한 보급사업
④ 실용화된 신·재생에너지 설비의 보급을 지원하는 사업
⑤ 그밖에 신·재생에너지 기술의 이용·보급을 촉진하기 위하여 필요한 사업으로서 산업통상자원부장관이 정하는 사업

20.3.63 / 21.1.64

77 저탄소 녹색성장 기본법령에 따른 국가의 책무에 해당하지 않는 것은?

① 국가는 정치·경제·사회·교육·문화 등 국정의 모든 부문에서 저탄소 녹색성장의 기본원칙이 반영될 수 있도록 노력하여야 한다.
② 국가는 각종 정책을 수립할 때 경제와 환경의 조화로운 발전 및 기후변화에 미치는 영향 등을 종합적으로 고려하여야 한다.
③ 국가는 국제적인 기후변화대응 및 에너지·자원 개발협력에 능동적으로 참여하고, 선진국가로부터 기술적·재정적 지원을 받아야 한다.
④ 국가는 에너지와 자원의 위기 및 기후변화 문제에 대한 대응책을 정기적으로 점검하여 성과를 평가하고 국제협상의 동향 및 주요 국가의 정책을 분석하여 적절한 대책을 마련하여야 한다.

해설 국가는 국제적인 기후변화대응 및 에너지·자원 개발협력에 능동적으로 참여하고, 개발도상국가에 대한 기술적·재정적 지원을 할 수 있다.

14.4.64 / 15.2.67 / 16.2.71 / 16.4.78 / 17.2.61 / 17.2.69 / 17.4.64 / 18.1.66 / 19.1.73 / 19.2.79 / 19.4.65 / 20.1.61 / 20.1.71 / 21.1.68

78 산업통상자원부령으로 정하는 소규모의 전기설비로서 한정된 구역에서 전기를 사용하기 위하여 설치하는 전기설비는?

① 지역전기설비   ② 일반용전기설비
③ 자가용전기설비 ④ 전기사업용전기설비

해설 정의(전기사업법 제2조)
① 전기사업 : 발전사업·송전사업·배전사업·전기판매사업 및 구역전기사업
② 발전사업 : 전기를 생산하여 이를 전력시장을 통하여 전기판매사업 자에게 공급하는 것을 주된 목적으로 하는 사업

정답 76. ① 77. ③ 78. ②

③ 송전사업 : 발전소에서 생산된 전기를 배전사업자에게 송전하는 데 필요한 전기설비를 설치·관리하는 것을 주된 목적으로 하는 사업
④ 배전사업 : 발전소로부터 송전된 전기를 전기사용자에게 배전하는 데 필요한 전기설비를 설치·운용하는 것을 주된 목적으로 하는 사업
⑤ 구역전기사업 : 대통령령으로 정하는 규모 이하의 발전설비를 갖추고 특정한 공급구역의 수요에 맞추어 전기를 생산하여 전력시장을 통하지 아니하고 그 공급구역의 전기사용자에게 공급하는 것을 주된 목적으로 하는 사업
⑥ 일반용전기설비 : 산업통상자원부령으로 정하는 소규모의 전기설비로서 한정된 구역에서 전기를 사용하기 위하여 설치하는 전기설비

① 설치장소(동일한 읍·면·동에서 설치장소를 변경하는 경우는 제외한다)
② 설비용량(변경 정도가 허가 또는 변경허가를 받은 설비용량의 100분의 10 이하인 경우는 제외한다)
③ 원동력의 종류(허가 또는 변경허가를 받은 설비용량이 30만[kW] 이상인 발전용 전기설비에 신·재생에너지를 이용하는 발전용 전기설비를 추가로 설치하는 경우는 제외한다)

(2) 변경허가를 받으려는 자는 사업허가 변경신청서에 변경내용을 증명하는 서류를 첨부하여 산업통상자원부장관 또는 시·도지사에게 제출하여야 한다.

14.4.76 / 21.1.74

79 다음 설명의 (   )안에 알맞은 내용은?

"발전사업자가 발전용 전기설비용량을 변경하려 할 때 변경허가 용량의 (   ) 이하인 경우에는 주무부처 장관의 변경허가에 속하지 아니한다."

① 100분의 1   ② 100분의 5
③ 100분의 10 ④ 100분의 20

해설 변경허가사항 등(전기사업법 시행규칙 제5조)
(1) 전기사업을 하려는 자는 전기사업의 종류별로 산업통상자원부장관의 허가를 받아야 한다. 허가받은 사항 중 산업통상자원부령으로 정하는 중요 사항을 변경하려는 경우에도 또한 같으며, 중요 사항이란 다음의 사항을 말한다.

1) 사업구역 또는 특정한 공급구역

2) 공급전압

3) 발전사업 또는 구역전기사업의 경우 발전용 전기설비에 관한 다음의 어느 하나에 해당하는 사항

15.4.75 / 18.2.80 / 21.1.79

80 산업통상자원부장관이 신·재생에너지의 이용, 보급을 촉진하고자 신축·증축 또는 개축하는 건축물에 대하여 설계 시 산출된 예상에너지 사용량의 일정비율 이상을 신재생에너지를 이용하도록 신재생에너지설비를 의무적으로 설치하게 할 수 있는 단체에 해당하지 않는 것은?

① 신재생에너지 발전사업자
② 국가 및 지방자치단체
③ 정부가 대통령령이 정하는 금액 이상을 출연한 정부출연기관
④ 정부출자기업체

해설 설치의무화 대상기관
1) 국가기관 및 지방자치단체
2) 공공기관
3) 정부가 연간 50억 이상 출연한 정부출연기관
4) 정부출자기업체
5) 지방자치단체 및 공공기관, 정부출연기관 또는 정부출자기업체가 대통령령으로 정하는 비율 또는 금액 이상을 출자한 법인
① 납입자본금의 100분의 50 이상을 출자한 법인
② 납입자본금으로 50억원 이상을 출자한 법인
6) 특별법에 따라 설립된 법인

정답 79. ③ 80. ①

2024 제4회 CBT 복원 기출문제

01 태양전지의 직렬저항 증가에 의해 영향 받는 요소는?

14.4.8 / 15.2.2 / 18.4.19 / 20.4.3 / 21.1.20

① 개방전압 감소　② 누설전류 증가
③ 단락전류 증가　④ 충진율 감소

해설 **직렬저항 증가에 따른 영향**

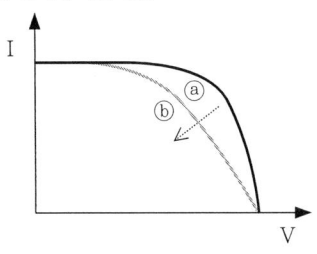

① 태양전지의 에미터와 베이스의 수직저항 성분과 금속전극과 에미터, 베이스 사이의 접촉저항, 전면 및 후면의 금속전극의 저항과 같은 세가지 원인에 의해 발생된다.
② 직렬저항이 커짐에 따라 태양전지의 단락전류가 감소하기는 하지만 주된 영향을 받는 파라미터는 곡선인자이다.
③ 직렬저항은 태양전지의 개방전압에 큰 영향을 미치지 않지만 개방전압부근에서의 전류전압곡선은 직렬저항에 의해 크게 영향을 받는다.
④ 직렬저항이 증가하면 위의 그림처럼 전류전압곡선이 ⓐ에서 ⓑ로 이동하여 충진율(곡선인자)이 감소하게 된다.

02 다음 그림과 같이 설명되어지는 인버터 회로방식은?

15.2.7 / 15.4.13 / 17.4.12 / 18.1.15 / 18.2.3 / 19.1.14 / 20.1.4 / 20.3.2 / 21.1.3 / 21.1.33

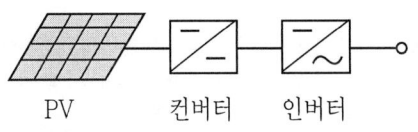

① 상용주파 변압기 절연방식
② 고주파 변압기 절연방식
③ 트랜스리스 방식
④ 트랜스 방식

해설 **인버터의 회로방식별 분류**

1) 상용주파 변압기 절연방식

① PWM 인버터를 이용하여 상용주파수의 교류를 만들고, 상용주파수의 변압기를 이용하여 절연과 전압변환을 한다.
② 내부 신뢰성이나 노이즈 컷이 우수하지만, 상용주파수의 변압기를 별도로 이용하기 때문에 무겁고 크며, 변압기의 효율이 감소된다.

2) 고주파 변압기 절연방식

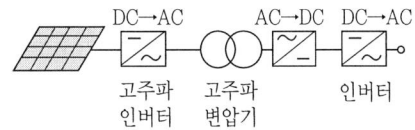

① 태양전지의 직류 출력을 고주파의 교류로 변환한 후 소형의 고주파 변압기로 절연을 한다.
② 일단 직류로 변환하고 재차 상용주파의 교류로 변환하며, 소형 경량이지만 회로가 복잡한 단점이 있다.

3) 트랜스리스(Transless) 방식

① 태양전지의 직류출력을 DC-DC 컨버터로 승압하고 인버터에서 상용주파의 교류로 변환한다.
② 소형 경량이며, 저렴하고 효율이 우수하고 신뢰성이 높다.
③ 상용전원과의 사이에는 절연이 되지 않아 안전성이 떨어진다.

정답　1. ④　2. ③

03 태양광발전시스템의 분전함(접속함)에 설치되는 구성요소가 아닌 것은?

13.4.1 / 13.4.5 / 14.4.33 / 15.2.9 / 17.2.20 / 18.2.1 / 19.4.18 / 20.1.15

① 직류출력 개폐기
② 누전 차단기
③ 피뢰소자
④ 역류방지 소자

해설 태양광발전용 접속함

어레이를 구성하고 있는 모든 태양광발전 모듈의 스트링이 연결되는 단자가 들어있으며, 태양광발전 모듈 스트링의 출력을 인버터에 중계하며, 접속함의 주요자재는 다음과 같다.

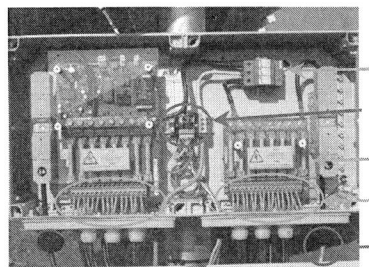

- 서지보호기(SPD)
- 스트링 전류 값 통신
- 퓨즈
- 모듈의 스트링선
- 인버터측 입력선

① 외함　　　　　　② DC Connector
③ Terminal Block　④ DC 퓨즈
⑤ 퓨즈 링크(홀더)　⑥ 다이오드
⑦ 방열판　　　　　⑧ PCB
⑨ DC 개폐기(차단기) ⑩ SPD
⑪ power supply　　⑫ FAN
⑬ 케이블 그랜드　　⑭ 모니터링 설비
⑮ 전류센서
⑯ 기타(제조사가 주요 자재로 취급하는 것)

※ 자재 중에서 수명(shelf life) 또는 보관 시 환경관리가 필요한 자재는 반도체 부품으로 다이오드 등이다.

04 각종 태양전지의 특징 중 장점이 아닌 것은?

15.2.14

① CIGS는 실리콘 재료에 영향을 받지 않고 색이 좋다.
② 염료감응형은 색을 선택할 수 있고 저렴하다.
③ 단결성 실리콘은 변환효율이 높다.
④ HIT는 변환효율이 낮다.

해설 HIT(Heterojunction with Intrinsic Thin-layer) 태양전지
① 실리콘웨이퍼 위에 실리콘 박막을 쌓아올린 형태
② 일반 태양전지에 비해 공정과정에서 높은 온도에서도 출력 감소율이 낮아 발전량이 8% 이상 높다.
③ 특히 양쪽 면에서 동시에 태양광을 흡수할 수 있어 한쪽 면에서만 태양광을 흡수하는 전지에 비해 발전량이 10% 이상 높다.

05 태양광발전용 축전지가 갖추어야 할 요구조건이 아닌 것은?

15.2.19

① 자기 방전율이 높을 것
② 에너지 저장 밀도가 높을 것
③ 중량 대비 효율이 높을 것
④ 과충전, 과방전에 강할 것

해설 축전지가 갖추어야할 조건
① 자기방전율이 낮고 에너지 저장 밀도가 높을 것
② 과충전, 과방전에 강하고, 방전 전압, 전류가 안정적일 것
③ 환경변화에 안정적이며, 효율이 높을 것
④ 유지보수가 용이하고 경제적일 것

06 지붕설치형 태양전지 모듈의 설치방법 중 유의할 사항으로 틀린 것은?

15.2.21 / 18.2.30 / 21.2.22

① 모듈 교환이 쉬울 것
② 지붕과 태양전지 모듈간은 간격이 없도록 할 것
③ 지지기구 등의 노출부를 가능한 줄일 것
④ 적설량이 많은 곳에서는 적설하중을 고려할 것

해설 태양광 모듈과 지붕 사이는 태양광모듈 뒤편으로 차가운 공기가 순환될 정도의 간격을 유지시켜야 모듈의 온도를 낮추어 효율을 증가시키며, 통풍공간은 물방울이

정답 3.② 4.④ 5.① 6.②

나 습기를 증발시키는 역할도 하므로 태양광모듈과 지붕면간 이격거리는 10[cm]이상 이어야 하고, 배선처리는 바닥에 닿지 않도록 단단하게 고정해야 한다.

13.4.28 / 15.2.24 / 15.4.40 / 17.1.29 / 17.4.33 / 18.1.26 / 18.1.37 / 18.2.29 / 18.4.2 / 19.2.27 / 19.4.32 / 21.4.28 / 21.4.33

07 태양광 모듈 배선이 끝난 후 검사하는 항목이 아닌 것은?

① 극성확인　　　② 단락전류 측정
③ 전압확인　　　④ 일사량 측정

해설 **모듈의 배선 연결 후 점검 사항**
① 전압 및 극성 확인
② 단락전류의 측정
③ 접지확인 : 일반적으로 직류측은 비접지

15.2.30 / 18.1.38 / 19.1.29 / 19.1.34

08 태양광발전시스템 시공 시 필요한 대형장비에 해당하지 않는 것은?

① 굴삭기　　　② 컴프레셔
③ 지게차　　　④ 크레인

해설 **컴프레셔**

피스톤 운동을 통하여 기체를 압축하여 압축된 기체를 방출하거나 그 힘을 이용하여 기계를 작동하는 역할을 한다.

13.4.39 / 14.4.34 / 15.2.34 / 17.4.44 / 18.1.36 / 19.1.40 / 19.4.31 / 20.1.31

09 태양전지모듈과 인버터, 인버터와 계통연계점 간의 전압강하는 각각 몇 [%]를 초과하지 않아야 하는가?
(단, 전선 길이가 60[m] 이하일 경우)

① 3[%]　② 5[%]　③ 7[%]　④ 8[%]

해설 **전압강하**
모듈에서 인버터 입력단 간 및 인버터 출력단과 계통연계점 간의 전압강하는 각 3[%]을 초과하여서는 아니 된다. 다만, 전선길이가 60[m]을 초과할 경우에는 아래 표에 따라 시공할 수 있다.

전선길이	120[m]이하	200[m]이하	200[m]초과
전압강하	5[%]	6[%]	7[%]

13.4.22 / 15.2.37 / 16.4.27 / 17.1.33 / 17.2.36 / 17.4.29 / 18.4.33 / 20.4.27 / 21.1.34

10 방화구획 관통부의 처리에 관한 설명으로 틀린 것은?

① 전선배관의 관통부에서는 다른 설비로 불길이 번지거나 확대를 방지하는 것이다.
② 관통부의 충전재, 내열씰재의 전열에 의해 뒷면이 연소할 위험이 있는 온도가 되지 않아야 한다.
③ 내열성이란 관통부의 충전재, 케이블, 배관재의 변형, 파손, 탈락, 소실로 뒷면에 화염, 연기가 발생하지 않도록 하는 것이다.
④ 내화구조물 배선, 배관 등으로 관통한 경우의 되메우기 충전재는 관통하기 전과 같거나 그 이상의 내화구조로 하지 않으면 안된다.

해설 **방화구획 관통부의 처리**

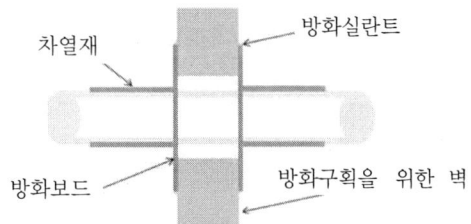

1) 방화구획 관통부의 처리를 하는 것은 화재 발생시의 방화 대책물인 벽, 바닥, 기둥 등을 통과하는 전선, 배관의 관통 부분에서 다른 설비로 불길이 번지거나 확대하는 것을 방지하기 위해서이다.

2) 배선을 옥외에서 옥내로 끌어들인 관통 부분의 처리 방법으로는 다음과 같다.
① 난연성
관통 부분의 충전재, 케이블, 배관재의 변형, 파손, 탈락, 소실로 인해 뒷면에 화염, 연기가 나지 않을 것
② 내열성
관통 부분의 충전재, 내열씰재의 전열에 의해 뒷면이 연소할 위험이 있는 온도가 되지 않을 것
③ 관통부의 내화구조에 대한 성능시험은 단일 제품(예: 방화용 실런트 또는 기타자재)에 대한 시험이 아니라 복합구조(예: 방화용 실런트와 철판, 암면 등의 조합)의 시스템을 제시하여 그 시스템에 대해서 시험성적을 취득한다.

13.4.60 / 15.2.42 / 16.2.54

11 독립형 태양광발전시스템의 구성요소가 아닌 것은?

① 태양전지 어레이
② 인버터
③ 계통연계기
④ 축전지

해설 독립형 태양광발전 시스템
① 외딴 섬과 같이 전기가 들어오지 않는 지역에서, 상용전력계통과 직접 연결되지 않고 분리된 발전방식으로, 태양광발전시스템의 발전 전력만으로 부하에 전력을 공급한다.
② 야간 혹은 우천 시, 태양광발전시스템의 발전이 불가할 때는 발전된 전력을 저장할 수 있는 축전장치를 접속하여 태양광 전력을 저장하여 사용하는 방식

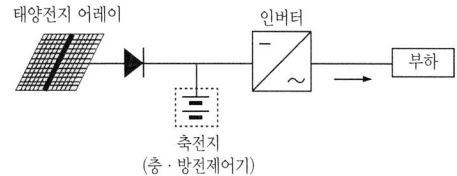

13.4.6 / 13.4.47 / 14.4.43 / 14.4.57 / 15.2.16 / 15.2.46 / 15.2.56 / 15.4.5 / 16.2.6 / 16.2.7 / 17.1.7 / 18.4.4 / 18.4.46 / 19.4.8 / 20.1.9 / 21.1.11 / 21.2.17 / 21.2.43

12 태양광발전은 큰 전류를 생성하는 소자들의 결합 구조물이다. 단결정 실리콘 태양전지의 경우 무려 8~9[A]까지 생성하는 특성이나 V_{OC}(Open Circuit Voltage)는 0.6~0.65[V]밖에 안 되어, 출력은 4~5[W]로 측정된다. 일반적으로 I_{SC}의 전류에는 영향을 미치나 V_{OC}을 높일 수 있는 방법으로 가장 적절한 설명은?

① 작동 전류를 감소시킨다.
② 기판대비 불순물의 농도를 높게 주입하여 제조한다.
③ 기판의 불순물 농도를 낮은 것으로 선택하여 제조한다.
④ V_{OC}을 높게 제조하기 위해서는 저온의 공정으로 진행한다.

해설 개방전압(open circuit voltage, Voc)을 높이는 방법
① 특정한 온도와 일조 강도에서 부하를 연결하지 않은 (개방상태의) 태양광발전 장치 양단에 걸리는 전압
② 광흡수층의 에너지밴드갭이 클 경우, 개방전압은 증가하지만, 오히려 단락전류가 감소하므로 불순물의 적정한 함량조절이 필요하다.
③ 병렬저항이 작은 경우는 누설전류가 큰 경우이며 충진율(FF)을 높이는데 한계가 있고 변환효율은 낮아짐(특히 일몰시간이나 구름이 많이 끼어 태양 빛의 세기가 낮아지면 개방전압에 급격한 감소가 발생), 누설전류가 작을수록 밴드갭이 클수록 개방전압이 증가한다.
④ 전도성 고분자는 밴드갭을 낮춰 태양광의 흡수 증가에 따른 단락전류를 향상시키는 것과 동시에 HOMO 에너지 준위를 낮춤으로서 높은 개방전압을 얻을 수 있다.
⑤ 에미터층으로부터 불활성층(Dead layer)을 선택적으로 제거하면서 동시에 표면 결함을 제거하여 단락전류와 개방 전압을 상승시킬 수 있다. ⑥ 후면 전기장 효과(back surface field, BSF effect)로 p와 p+ 사이의 내부 전기장 형성으로 재결합 손실을 방지하여 개방전압을 상승시킨다.

13 태양광발전시스템 저압배전선과의 계통연계시 필요한 보호장치 중 발전설비의 고장을 보호하기 위한 보호장치는?

① 과전압보호계전기
② 과주파수계전기
③ 부족주파수계전기
④ 단락방향계전기

해설 과전압보호계전기(Over Voltage Relay)
① 전압의 크기가 일정치 이상으로 되었을 때 동작하는 계전기
② 태양광발전시스템은 모듈을 비롯하여 파워컨디셔너 등 각종 전기·전자설비들은 순간적인 과전압이나 전류에 취약한 반도체들로 구성되어 있다.
③ 낙뢰나 스위칭 개폐 등에 의해 발생되는 순간과전압은 이러한 기기들을 순식간에 손상시킬 수 있으므로 이를 보호하기 위하여 설치하여야 한다.
※ 주파수의 변동은 단독운전방지를 위한 중요한 요소이지만 발전설비의 고장에는 영향이 없다.

14 태양광발전시스템에서 고장 빈도가 가장 높고 출력에 영향을 미치는 기기는?

① 인버터
② PV어레이
③ 퓨즈
④ 차단기

해설 설치후 4년 동안의 주요부품별 고장발생 비율

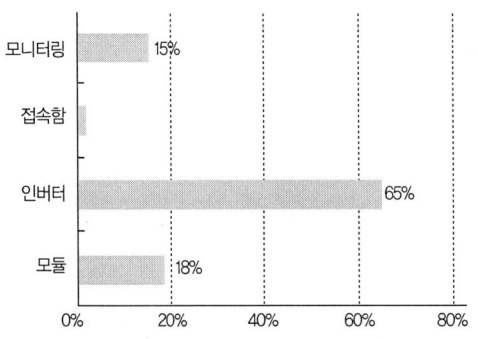

15 태양광발전시스템의 용량이 100[kW] 미만인 경우의 정기점검은?

① 매월 1회 이상
② 매월 2회 이상
③ 매년 1회 이상
④ 매년 2회 이상

해설 태양광발전시스템 설비의 정기점검 횟수
① 100[kW] 미만의 경우 매년 2회 이상 점검
② 100[kW] 이상의 경우 매년 6회 이상 점검
③ 3[kW] 미만의 소출력 태양광발전시스템은 일반용 전기설비로 분류되어 정기점검을 하지 않아도 된다.

16 신재생에너지 공급의무자에 해당하지 않는 것은?

① 한국수자원공사
② 한국석유공사
③ 한국지역난방공사
④ 50만[kW] 이상의 발전설비(신재생에너지 설비는 제외한다)를 보유하는 자

해설 신·재생에너지 공급의무자
① 전기사업법에 따른 발전사업자로서 500,000[kW] 이상의 발전설비(신·재생에너지 설비는 제외한다)를 보유하는 자
② 집단에너지사업법 및 전기사업법에 따른 발전사업의 허가를 받은 것으로 보는 자로서 500,000[kW] 이상의 발전설비(신·재생에너지 설비는 제외한다)를 보유하는 자
③ 한국수자원공사
④ 한국지역난방공사

정답 13. ① 14. ① 15. ④ 16. ②

16.4.30 / 20.1.38

17 태양광발전시스템의 시공절차와 주의사항에 대한 설명으로 틀린 것은?

① 주철가대, 금속제 외함 및 금속배관 등은 누전사고 방지를 위한 접지공사가 필요하다.
② 태양광발전시스템의 전기공사는 태양전지 모듈의 설치와 병행하여 진행한다.
③ 공사용 자재 반입 시 레커차를 사용할 경우, 레커차의 암 선단이 배전선에 근접할 때, 절연전선 또는 전력케이블에 보호관을 씌운 후 전력회사에 통보한다.
④ 태양전지 모듈의 배열 및 결선방법은 모듈의 출력 전압과 설치장소에 따라 다르기 때문에 체크리스트를 이용하여 시공 전과 후에도 확인하는 것이 바람직하다.

해설 관계기관에 사전 협조요청
① 공사계획서 및 자재 반입 계획서 작성시 현장을 점검하여 관계기관의 협조에 의한 안전조치의 필요성이 요구될 때에는 반드시 공사 착공 전에 사전협의 및 안전조치 후 공사를 시행한다.
② 배전선로의 절연전선 또는 전력케이블은 전력회사의 소유서 임으로 전력케이블에 보호관을 씌울 수는 없으며, 전력회사에 협조요청하면 전력회사와 계약된 배전선로 유지보수업체에서 조치를 취한다.

13.4.58 / 14.4.72 / 15.2.77 / 15.4.61 / 17.2.73 / 18.1.69 /
18.2.25 / 18.4.11 / 19.2.14 / 20.1.62 / 20.4.26

18 태양전지 모듈 등의 시설시 옥측 또는 옥외에 시설하는 공사법이 아닌 것은?

① 합성수지관 공사
② 애자 공사
③ 금속관 공사
④ 가요전선관 공사

해설 태양전지 모듈 등의 시설(판단기준 제54조)
1) 충전부분은 노출되지 않도록 시설할 것

2) 태양전지 모듈에 접속하는 부하측의 전로(복수의 태양전지 모듈을 시설한 경우에는 그 집합체에 접속하는 부하측의 전로)에는 그 접속점에 근접하여 개폐기 기타 이와 유사한 기구(부하전류를 개폐할 수 있는 것에 한한다)를 시설할 것
3) 태양전지 모듈을 병렬로 접속하는 전로에는 그 전로에 단락이 생긴 경우에 전로를 보호하는 과전류차단기 기타의 기구를 시설할 것. 다만, 그 전로가 단락전류에 견딜 수 있는 경우에는 그렇지 않다.
4) 전선은 다음에 의하여 시설할 것. 다만, 기계기구의 구조상 그 내부에 안전하게 시설할 수 있을 경우에는 그렇지 않다.
① 전선은 공칭단면적 2.5[mm^2] 이상의 연동선 또는 이와 동등 이상의 세기 및 굵기의 것일 것
② 옥내에 시설할 경우에는 합성수지관공사, 금속관공사, 가요전선관공사 또는 케이블공사로 시설할 것
③ 옥측 또는 옥외에 시설할 경우에는 합성수지관공사, 금속관공사, 가요전선관공사 또는 케이블공사로 시설할 것

15.2.74 / 20.4.68

19 ( ) 안에 들어갈 가장 적당한 용어는?

전기설비기술기준에서 "발전소"란 발전기 · 원동기 · 연료전지 · ( ) · 해양에너지 그 밖의 기계 기구를 시설하여 전기를 발생시키는 곳을 말한다

① 태양광
② 태양전지
③ 태양열
④ 집광판(集光板)

해설 정의(기술기준 제3조)
발전소: 발전기 · 원동기 · 연료전지 · 태양전지 · 해양에너지발전설비 · 전기저장장치 그 밖의 기계기구[비상용 예비전원을 얻을 목적으로 시설하는 것 및 휴대용 발전기를 제외한다]를 시설하여 전기를 생산(원자력, 화력, 신재생에너지 등을 이용하여 전기를 발생시키는 것과 양수발전, 전기저장장치와 같이 전기를 다른 에너지로 변환하여 저장 후 전기를 공급하는 것)하는 곳

정답 17. ③ 18. ② 19. ②

20 고압 또는 특고압의 기계기구 모선 등을 옥외에 시설하는 발전소, 개폐소 또는 이에 준하는 곳에 시설하는 울타리·담 등에 대한 판단기준으로 적합하지 않는 것은?

① 출입구에는 출입금지의 표시를 할 것
② 출입구에는 자물쇠장치 기타 적당한 장치를 할 것
③ 울타리·담 등의 높이는 1.8[m] 이상으로 할 것
④ 지표면과 울타리·담 등의 하단 사이의 간격은 15[cm] 이하로 할 것

해설 발전소 등의 울타리·담 등의 시설(판단기준 제44조)
1) 고압 또는 특고압의 기계기구·모선 등을 옥외에 시설하는 발전소·변전소·개폐소 또는 이에 준하는 곳에는 다음에 따라 구내에 취급자 이외의 사람이 들어가지 않도록 시설하여야 한다. 다만, 토지의 상황에 의하여 사람이 들어갈 우려가 없는 곳은 그렇지 않다.
  ① 울타리·담 등을 시설할 것
  ② 출입구에는 출입금지의 표시를 할 것
  ③ 출입구에는 자물쇠장치 기타 적당한 장치를 할 것

2) 울타리·담 등의 시설조건
  ① 울타리·담 등의 높이는 2[m] 이상으로 하고 지표면과 울타리·담 등의 하단사이의 간격은 15[cm] 이하로 할 것
  ② 울타리·담 등과 고압 및 특고압의 충전 부분이 접근하는 경우에는 울타리·담 등의 높이와 울타리·담 등으로부터 충전부분까지 거리의 합계는 표에서 정한 값 이상으로 할 것

사용전압의 구분	울타리·담 등의 높이와 울타리·담 등으로부터 충전부분까지의 거리의 합계
35[kV] 이하	5[m]
35[kV] 초과 160[kV] 이하	6[m]
160[kV] 초과	6[m]에 160[kV]를 초과하는 10[kV] 또는 그 단수마다 12[cm]를 더한 값

21 태양광발전시스템을 분류하는 방법으로 일반적인 기준이 아닌 것은?
① 부하의 형태   ② 계통연계 유무
③ 태양전지 종류   ④ 축전지의 유무

해설 태양광발전시스템을 분류
1. 부하의 종류와 계통선 연계 유무에 따른 분류(축전지의 유무)
(1) 독립형 태양광시스템
(2) 계통연계형 태양광시스템

2. 어레이 설치 형태에 따른 분류
(1) 추적식 어레이
1) 추적 방향에 따른 분류
① 단방향 추적식
② 양방향 추적식

2) 추적방식에 따른 분류
① 감지식 추적법
② 프로그램 추적법
③ 혼합식 추적법

(2) 반고정형 어레이

(3) 고정형 어레이

3. 태양전지판의 집광 유무에 따른 분류
(1) 평판형 태양전지 모듈
(2) 집광형 태양전지 모듈

4. 태양전지 용량에 따른 분류
(1) 소형 태양광 이용 시스템 : 라디오, TV, 무전기 등의 휴대용 전원 등
(2) 소규모 태양광발전시스템 : 100[kW] 미만
(3) 중규모 태양광발전시스템 : 100[kW]~500[kW]
(4) 대규모 태양광발전시스템 : 보통 500[kW]급 이상

17.2.7 / 18.1.5 / 18.1.13 / 21.2.3

22 도선의 길이가 2배로 늘어나고 지름이 1/2로 줄어들 경우 그 도선의 저항은?

① 4배 증가 ② 4배 감소
③ 8배 증가 ④ 8배 감소

해설 **저항(R)**

저항 값은 도체의 길이에 비례하고, 단면적에 반비례하므로 도체의 길이 l [m], 단면적 A[m^2], 고유 저항 , 반지름 r 이라고 하면,

$$R = \rho\frac{l}{A} = \frac{2}{\left(\frac{1}{2}r\right)^2} = 8\,배\;증가$$

13.4.49 / 14.4.3 / 17.2.9

23 태양전지에서 생산된 전력 3[kW]가 인버터에 입력되어 인버터 출력이 2.4[kW]가 되면 인버터의 변환효율은 몇 [%]인가?

① 60 ② 70
③ 80 ④ 90

해설 $변환\;효율 = \frac{출력\;전력}{입력\;전력} \times 100 = \frac{2.4}{3} \times 100$
$= 80\,(\%)$

14.4.4 / 14.4.13 / 15.2.11 / 15.2.17 / 15.4.17 / 17.2.14 / 17.4.5 /
18.1.3 / 18.4.7 / 20.1.3 / 20.1.19 / 20.3.8 / 20.3.9 / 21.4.1

24 태양광 인버터의 기능이 아닌 것은?

① 자동운전 정지 기능
② 자동전압 조정기능
③ 최대전력 추종제어 기능
④ 교류를 직류로 변환하는 기능

해설 **태양광 인버터(직류를 교류로 변환)의 기능**
① 자동운전 정지
② 최대출력 추종제어
③ 자동전압조정
④ 직류지락 검출
⑤ 단독 운전방지
⑥ 계통연계 보호장치

※ 태양광발전시스템의 구성도

생산된 직류전기(DC)는 인버터를 통해 일반적으로 사용할 수 있는 교류전기(AC)로 변경한다.

16.2.1 / 17.2.19 / 17.4.17 / 18.1.18 / 19.4.13 /
19.2.11 / 21.1.18

25 같은 발전용량을 생산하기 위해 태양광 전지의 재료의 종류 중에서 가장 큰 대지 또는 지붕 면적이 필요한 재료는?

① CI4 ② 다결정
③ 단결정 ④ 비정질 실리콘

해설 **박막형 태양전지**

① 유리, 스테인리스 스틸, 플라스틱 등 저가의 기판에 얇은 막 형태의 박막을 형성하는 구조로, 기판위에 형성되는 막의 원료에 따라 비정질 실리콘 태양전지, CdTe, CIGS 박막, a-Si, 염료감응형 태양전지, 유기 태양전지로 구분된다.
② 실리콘 사용량이 적어 저렴하나 제조공정이 복잡하고 에너지 효율이 낮아 결정질 태양전지와 동일한 출력을 내기 위해서는 대면적의 모듈이 필요하다.
③ 결정질 실리콘 태양전지의 두께는 200~300[㎛], 박막형 실리콘 태양전지의 두께는 0.3~2[㎛]로서 상당히 얇게 제작할 수 있다.
④ 불순물 첨가 (도핑)에 의한 전기 전도도 제어가 쉽지 않으며, 이 경우 p-형보다는 In 등의 첨가 및 열처리에 의하여 n-형 쪽으로 제어하는 것이 보다 쉬운 것으로 알려져 있다.
⑤ 적은 온도계수로 온도에 따른 효율 감소가 적으며, 빛의 강도 변화에 대한 안정성으로 흐린 날, 겨울, 음지에서도 안정적이다.
⑥ 각국 정부의 태양광발전에 대한 관심과 지원이 폭발적으로 증대되면서 폴리실리콘의 양산규모 증대는 벌크형 실리콘 태양전지의 가격 하락을 이끌었고, 차세대 태양전지였던 박막 태양전지는 목표로 했던 가격에 도달했음에도 불구하고 가격적으로는 경쟁력이 없는 결과에 있다.

정답 22. ③ 23. ③ 24. ④ 25. ④

26 태양광발전시스템에서 사용하는 CV 케이블의 최고 허용온도는 몇 [℃]인가?

① 80　② 90　③ 100　④ 110

해설 CV케이블의 장점

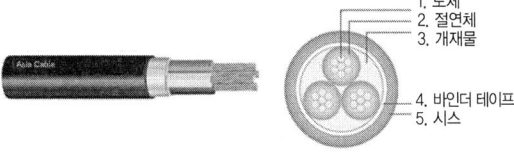

1. 도체
2. 절연체
3. 개재물
4. 바인더 테이프
5. 시스

1) PE와 같이 우수한 전기적 특성을 가지고 있다.

2) PE와 비교하여 내열성, 기계적 성능을 향상시켜 열변형특성, 열노화 특성이 우수하기 때문에 연속 최고허용온도를 90[℃]로 향상시킨 것으로 대용량의 초고압 송전용 케이블의 절연재료로 사용되고 있다.

3) 내약품성 및 내수성이 우수하다.

4) 화학적 물리적 특성이 우수하다.

※ 내후성 : 각종 기후에 견디는 성질

27 감리원의 공사 진도관리와 관련하여 ( )안에 들어갈 알맞은 내용은?

> 감리원은 공사업자로부터 전체 실시공정표에 따른 월간, 주간 상세공정표를 작업 착수 며칠 전에 제출받아 검토, 확인하여야 한다.
> (1) 월간 상세공정표 : 작업 착수 (㉠)일 전 제출
> (2) 주간 상세공정표 : 작업 착수 (㉡)일 전 제출

① ㉠ 7, ㉡ 4　② ㉠ 4, ㉡ 7
③ ㉠ 3, ㉡ 8　④ ㉠ 8, ㉡ 3

해설 공사 진도 관리

1) 감리원은 공사업자로부터 전체 실시공정표에 따른 월간, 주간 상세공정표를 사전에 제출받아 검토·확인하여야 한다.
① 월간 상세공정표 : 작업 착수 7일전 제출
② 주간 상세공정표 : 작업 착수 4일전 제출

2) 감리원은 매주 또는 매월 정기적으로 공사 진도를 확인하여 예정공정과 실시공정을 비교하여 공사의 부진 여부를 검토한다.

3) 감리원은 현장여건, 기상조건, 지장물 이설 등에 따른 관련 기관 협의사항이 정상적으로 추진되는지를 검토·확인하여야 한다.

4) 감리원은 공정진척도 현황을 최근 1주일 전의 자료가 유지될 수 있도록 관리하고 공정지연을 방지하기 위하여 주 공정 중심의 일정관리가 될 수 있도록 공사업자를 감리하여야 한다.

5) 감리원은 주간 단위의 공정계획 및 실적을 공사업자로부터 제출받아 검토·확인하고, 필요한 경우에는 공사업자의 시공관리책임자를 포함한 관계 직원 합동으로 금주작업에 대한 실적을 분석·평가하고, 공사추진에 지장을 초래하는 문제점, 잘못 시공된 부분의 지적 및 재시공 등의 지시와 재발방지대책, 공정진도의 평가, 그밖에 공사추진 상 필요한 내용의 협의를 위한 주간 또는 월간 공사 추진회의를 개최하고 그 회의록을 관리하여야 한다.

28 태양광발전시스템의 일반적인 시공 절차에 대한 순서로 옳은 것은?

① 반입 자재 검수 → 토목공사 → 기기설치공사 → 전기배관 배선공사 → 점검 및 검사
② 토목공사 → 반입 자재 검수 → 기기설치공사 → 전기배관 배선공사 → 점검 및 검사
③ 반입 자재 검수 → 토목공사 → 전기배관배선공사 → 기기 설치공사 → 점검 및 검사

정답 26. ②　27. ①　28. ②

④ 토목공사 → 반입 자재 검수 → 전기배관배선공사 → 기기설치공사 → 점검 및 검사

해설 태양광발전시스템의 시공절차

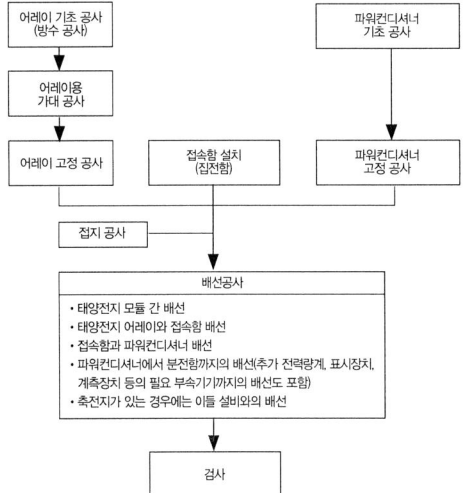

17.2.34

29 변전소의 설치 목적이 아닌 것은?

① 송배전선로 보호
② 전력 조류의 제어
③ 전압의 변성과 조정
④ 전력의 발생과 분배

해설 1변전소의 설치 목적
① 전압의 변성(승압, 강압)
② 전력의 집중과 배분
③ 전압 조정
④ 전력 제어(유효전력, 무효전력)
⑤ 전력 계통 보호

17.2.37

30 설계감리를 받아야 할 전력시설물이 아닌 것은?

① 용량 80만[kW] 이상의 발전설비
② 전압 30만[V] 이상의 송전 및 변전설비
③ 11층 이상이거나 연면적 30000[m^2] 이상 건축물의 전력시설물
④ 전압 10만[V] 이상의 수전설비, 구내배전설비, 전력사용설비

해설 설계감리 등
설계감리를 받아야 하는 전력시설물의 설계도서는 다음에 해당하는 전력시설물의 설계도서로 한다.
① 용량 800,000[kW] 이상의 발전설비
② 전압 300,000[V] 이상의 송전 · 변전설비
③ 전압 100,000[V] 이상의 수전설비 · 구내배전설비 · 전력사용설비
④ 전기철도의 수전설비 · 구내배전설비 · 전차선설비 · 전력사용설비
⑤ 국제공항의 수전설비 · 구내배전설비 · 전력사용설비
⑥ 층수가 21층 이상이거나 연면적이 50,000[m^2] 이상인 건축물의 전력시설물. 다만, 주택건설촉진법의 규정에 의한 공동주택의 전력시설물은 이를 제외한다.
⑦ 기타 산업자원부령이 정하는 전력시설물

16.2.47 / 16.2.51 / 16.4.47 / 17.2.42 / 18.1.45 / 18.2.44 / 18.2.54 / 19.1.43 / 19.1.51 / 19.1.53 / 19.4.42 / 19.4.47 / 20.3.48 / 20.4.42 / 20.4.45 / 20.4.51 / 21.1.46 / 21.1.51 / 21.1.58 / 21.4.44 / 21.2.47 / 21.4.56

31 다음은 성능평가 측정 중 시험 장치에 관한 설명이다. ( )에 들어갈 내용으로 옳은 것은?

솔라시뮬레이터는 태양광발전 모듈의 발전 성능을 (㉠)에서 시험하기 위한 인공광원이며, KS C IEC 60904-9에서 규정하는 방사조도 (㉡)이내, 광원 균일도(㉢)이내의 A등급 이상으로 한다.

① ㉠ 옥내 ㉡ ±1[%] ㉢ ±1[%]
② ㉠ 옥외 ㉡ ±1[%] ㉢ ±1[%]
③ ㉠ 옥내 ㉡ ±2[%] ㉢ ±2[%]
④ ㉠ 옥외 ㉡ ±2[%] ㉢ ±2[%]

[해설] 태양전지모듈 시험장치

1) UV시험 장치
   태양전지모듈이 태양광에 노출되는 경우에 따라서 유지되는 열화정도를 시험하기 위한 장치

2) 염수분부 장치
   태양전지모듈의 구성 재료와 패키지 등의 구성품을 대상으로 염수(바닷물)에 대한 내구성을 시험하기 위한 환경 챔버

3) 항온항습 장치
   태양전지모듈의 온도 사이클 시험, 온습도 사이클 시험, 내열-내습성시험을 하기 위한 챔버, 온도 ±2[℃] 이내, 습도 ±5[%] 이내이어야 한다.

4) 솔라 시뮬레이터
   태양광발전 모듈의 발전성능을 옥내에서 시험하기 위한 인공광원이며, KS C IEC 60904-9에서 규정하는 방사조도 ±2[%] 이내, 광원 균일도 ±2[%] 이내의 A등급 이상의 것

14.4.61 / 17.2.46 / 18.2.50 / 20.3.60 / 21.4.49

32 발전설비용량이 200킬로와트 초과 3천 킬로와트 이하인 발전사업의 허가를 신청하는 경우 사업계획서 구비 서류로 틀린 것은?

① 송전관계 일람도
② 부지의 확보 및 배치 계획 관련 증명서류
③ 전기설비 건설 및 운영 계획 관련 증명서류
④ 발전원가명세서(발전사업 또는 구역전기사업의 허가를 신청하는 경우만 해당한다.)

[해설] 발전사업 신청에 필요한 서류(3000[kW] 이하인 경우)

(1) 전기사업 허가신청서

(2) 사업계획서
① 기술능력 관련(전기설비 건설 및 운영 계획 관련 증명서류)
② 계획에 따른 수행 가능 여부 관련(송전관계 일람도)
③ 발전원가명세서(발전사업 또는 구역전기사업의 허가를 신청하는 경우만 해당한다)

(3) 정관, 대차대조표 및 손익계산서(신청자가 법인인 경우만 해당하며, 설립 중인 법인의 경우에는 정관만 제출한다)

(4) 신청자(발전설비용량 3천 킬로와트 이하인 신청자는 제외한다)의 주주명부. 이 경우 신청자가 재무능력을 평가할 수 없는 신설법인인 경우에는 신청자의 최대주주를 신청자로 본다.

15.4.44 / 17.2.49 / 17.4.60 / 18.4.56 / 20.1.56 / 21.2.56

33 태양광발전시스템의 신뢰성 평가 분석 항목에서 계측 트러블에 속하는 것은?

① 직류지락   ② 계통지락
③ 인버터 정지   ④ 컴퓨터의 조작오류

[해설] 태양광 발전 시스템의 신뢰성 평가 및 분석 항목

1) 트러블
① 시스템 트러블 : 인버터 운전 정지, 직류 지락, ELB 트립, 계통 지락, 원인불명 등에 의한 태양광 발전 시스템 운전 정지 등
② 계측 트러블 : 컴퓨터 전원의 차단, 프리즈, 컴퓨터의 조작 오류 등

2) 태양광 발전 시스템의 정상 운전 데이터의 결측 사항 등

3) 태양광 발전 시스템의 계획 정지 : 개수 정전, 계통 정전 등

13.4.26 / 15.4.28 / 16.4.38 / 17.1.51 / 17.2.22 / 17.2.54 / 17.4.23 / 17.4.53 / 18.1.21 / 18.1.47 / 18.2.46 / 18.2.53 / 18.4.23 / 19.1.60 / 19.2.26 / 19.2.42 / 19.4.27 / 19.4.49 / 20.1.52 / 20.3.23 / 20.3.41 / 20.4.24 / 21.1.38 / 21.4.42 / 21.4.48

34 감전의 위험을 방지하기 위해 정전작업 시에 작성하는 정전작업요령에 포함되는 사항이 아닌 것은?

① 정전확인순서에 관한 사항
② 단락접지실시에 관한 사항
③ 단독 근무 시 필요한 사항
④ 시운전을 위한 일시운전에 관한 사항

정답 32. ② 33. ④ 34. ③

[해설] **정전작업요령**

정전작업시에는 감전사고의 위험을 방지하기 위해 다음의 사항을 포함한 정전작업요령을 작성하고 이 요령에 의거 작업을 실시해야 한다.
① 작업책임자의 임명, 정전범위 및 절연보호구의 작업 시작전 점검 등 작업시작 전에 필요한 사항
② 전로 또는 설비의 정전순서에 관한 사항
③ 개폐기 관리 및 표지판 부착에 관한 사항
④ 정전확인 순서에 관한 사항
⑤ 단락접지 실시에 관한 사항
⑥ 전원 재투입 순서에 관한 사항
⑦ 점검 또는 시운전을 위한 일시운전에 관한 사항
⑧ 교대 근무시 근무인계에 필요한 사항

③ 송전사업 : 발전소에서 생산된 전기를 배전사업자에게 송전하는 데 필요한 전기설비를 설치·관리하는 것을 주된 목적으로 하는 사업
④ 배전사업 : 발전소로부터 송전된 전기를 전기사용자에게 배전하는 데 필요한 전기설비를 설치·운용하는 것을 주된 목적으로 하는 사업
⑤ 구역전기사업 : 대통령령으로 정하는 규모 이하의 발전설비를 갖추고 특정한 공급구역의 수요에 맞추어 전기를 생산하여 전력시장을 통하지 아니하고 그 공급구역의 전기사용자에게 공급하는 것을 주된 목적으로 하는 사업

17.2.58 / 19.1.57 / 19.1.58 / 19.2.47 / 19.4.58 / 20.1.46 / 20.1.47 / 20.4.48 / 20.4.59 / 21.2.49

35 충전전로를 취급하는 근로자가 착용하는 절연용 보호구가 아닌 것은?

① 절연화
② 절연 담요
③ 절연 안전모
④ 절연 고무장갑

[해설] **절연용 보호구**

활선작업 또는 활선근접작업에서 감전을 방지하기 위하여 작업자가 신체에 착용하는 절연 안전모, 절연 고무장갑, 절연화, 절연장화, 절연복 등을 말한다.

14.4.64 / 15.2.67 / 16.2.71 / 16.4.78 / 17.2.61 / 17.2.69 / 17.4.64 / 18.1.66 / 19.1.73 / 19.2.79 / 19.4.65 / 20.1.61 / 20.1.71 / 21.1.68

36 전기를 생산하여 이를 전력시장을 통하여 전기판매사업 자에게 공급하는 것을 주된 목적으로 하는 사업은?

① 배전사업
② 송전사업
③ 발전사업
④ 변전사업

[해설] **전기사업법의 정의(전기사업법 제2조)**
① 전기사업 : 발전사업·송전사업·배전사업·전기판매사업 및 구역전기사업
② 발전사업 : 전기를 생산하여 이를 전력시장을 통하여 전기판매사업 자에게 공급하는 것을 주된 목적으로 하는 사업

14.4.78 / 15.2.3 / 15.4.10 / 16.2.70 / 17.2.64 / 17.4.71 / 18.1.67 / 18.4.69 / 19.1.71 / 21.1.4

37 온실가스에 해당되지 않는 것은?

① 질소(N)
② 메탄(CH_4)
③ 육불화황(SF_6)
④ 이산화탄소(CO_2)

[해설] **온실가스 및 온실효과**
① 온실가스의 정의(녹색성장법 제2조)
이산화탄소(CO_2), 메탄(CH_4), 아산화질소(N_2O), 수소불화탄소(HFCs), 과불화탄소(PFCs), 육불화황(SF_6) 및 그밖에 대통령령으로 정하는 것으로 적외선 복사열을 흡수하거나 재방출하여 온실효과를 유발하는 대기 중의 가스 상태의 물질
② 온실효과

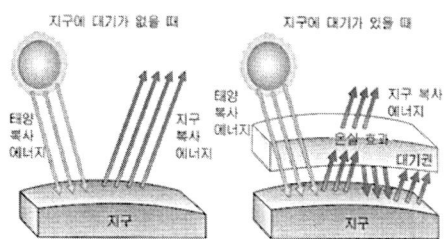

지구는 태양에서 에너지를 받은 후 다시 에너지를 방출하여, 복사평형을 유지하지 못하고, 태양의 열이 지구로 들어와서 나가지 못하고 순환되는 현상으로 화석연료 연소를 포함한 인간 활동 때문에 발생된다.

정답 35. ② 36. ③ 37. ①

15.2.61 / 16.2.69 / 17.2.68 / 18.4.66 / 19.1.67 /
20.3.76 / 21.4.72

38 신·재생에너지 공급의무화제도에서 공급의무자가 아닌 것은?

① 한국석유공사
② 한국남부발전
③ 국토교통부한국수자원공사
④ 한국지역난방공사

[해설] 공급의무자 범위(총 25개사)

구 분	공급의무자
그룹 Ⅰ	한국수력원자력, 한국남동발전, 한국중부발전, 한국서부발전, 한국남부발전, 한국동서발전
그룹 Ⅱ	한국지역난방공사, 한국수자원공사, SK E&S, GS EPS, GS 파워, 포스코인터내셔널, 씨지앤율촌전력, 평택에너지서비스, 대륜발전, 에스파워, 포천파워, 동두천드림파워, 파주에너지서비스, GS동해전력, 포천민자발전, 신평택발전, 나래에너지서비스, 고성그린파워, 강릉에코파워

13.4.38 / 15.2.39 / 16.2.25 / 17.2.74 / 17.4.24 /
18.1.65 / 19.2.71

39 전기설비기술기준의 판단기준에서 지중전선로에 케이블을 사용하여 관로식으로 시설할 경우 매설깊이를 몇 [m] 이상으로 하여야 하는가?

① 0.3
② 0.6
③ 0.8
④ 1.0

[해설] 지중 전선로의 시설

(1) 지중 전선로는 전선에 케이블을 사용하고 또한 관로식·암거식(暗渠式) 또는 직접 매설식에 의하여 시설하여야 한다.

(2) 지중 전선로를 관로식 또는 암거식에 의하여 시설하는 경우에는 다음에 따라야 한다.
① 관로식에 의하여 시설하는 경우에는 매설 깊이를 1.0[m]이상으로 하되, 매설 깊이가 충분하지 못한

장소에는 견고하고 차량 기타 중량물의 압력에 견디는 것을 사용할 것. 다만 중량물의 압력을 받을 우려가 없는 곳은 60[cm] 이상으로 한다.
② 암거식에 의하여 시설하는 경우에는 견고하고 차량 기타 중량물의 압력에 견디는 것을 사용할 것

(3) 지중 전선을 냉각하기 위하여 케이블을 넣은 관내에 물을 순환시키는 경우에는 지중 전선로는 순환수 압력에 견디고 또한 물이 새지 아니하도록 시설하여야 한다.

(4) 지중 전선로를 직접 매설식에 의하여 시설하는 경우에는 매설 깊이를 차량 기타 중량물의 압력을 받을 우려가 있는 장소에는 1.2[m] 이상, 기타 장소에는 60[cm] 이상으로 하고 또한 지중 전선을 견고한 트라프 기타 방호물에 넣어 시설하여야 한다.

17.2.79 / 20.4.80

40 저탄소 녹색성장 기본법의 목적에서 언급하고 있지 않는 것은?

① 전기사업의 경쟁 촉진
② 국민경제의 발전 도모
③ 경제와 환경의 조화로운 발전
④ 저탄소 녹색성장에 필요한 기반 조성

[해설] 녹색성장법의 목적(녹색성장법 제1조)
① 경제와 환경의 조화로운 발전을 위하여 저탄소 녹색성장에 필요한 기반을 조성한다.
② 녹색기술과 녹색산업을 새로운 성장 동력으로 활용함으로써 국민경제의 발전을 도모한다.
③ 저탄소 사회 구현을 통하여 국민의 삶의 질을 높인다.
④ 국제사회에서 책임을 다하는 성숙한 선진 일류국가로 도약하는 데 이바지함

정답 38. ① 39. ④ 40. ①

19.2.2

41 태양광발전 전지의 전류-전압 곡선에 대한 설명 중 옳은 것을 모두 고른 것은?

> ㄱ. 전압이 0인 경우에 흐르는 전류를 단락전류라 한다.
> ㄴ. 생산되는 전력이 최대인 경우의 전압을 개방전압이라 한다.
> ㄷ. 곡선인자(fill factor)가 클수록 변환 효율이 높아진다.
> ㄹ. 부하저항이 클수록 변환효율이 높아진다.

① ㄱ, ㄴ ② ㄱ, ㄷ
③ ㄷ, ㄹ ④ ㄴ, ㄹ

해설
① 단락전류(Short-Circuit Current : Isc) : 태양전지에 전압이 제로(0)일때의 전류를
② 개방전압(Open-Circuit Volt : Voc) : 태양전지에 전류가 흐르지 않을 때의 전압
③ 곡선인자(Fill factor) : Voc와 Isc가 연관된 인자이며 태양전지로부터 최대 power로 규정하며, 곡선인자가 클수록 변환효율이 높아진다.
④ 부하저항 : 태양전지 모듈의 출력이 최대치가 되도록 부하저항을 조절하여 효율의 변화는 가능하지만 저항이 크다고 효율이 높아지는 건 아니다.

17.1.10 / 19.2.7

42 결정질 태양광발전 전지에서 에너지 손실이 가장 큰 부분은?

① 공간 전하 영역에서의 전지 전위차
② 전면 접촉으로 초래된 반사와 차광
③ 장파장 복사에서 너무 낮은 광자에너지
④ 단파장 복사에서 너무 높은 광자에너지

해설 에너지 손실
① 태양전지에 들어오는 빛에는 여러 범위의 에너지를 가진 광자가 있고 이 중 일부는 전자-정공쌍을 만들 에너지를 가지고 있지 못해서 광자들은 태양전지를 통과할 뿐이고 태양전지 내에서 아무 역할도 하지 못한다. 또 다른 단파장(고진동) 복사에서의 광자들은 에너지가 너무 많아서 다 쓰지를 못한다.
② 결정질 태양전지의 경우에 1.1~1.12[eV] 이상의 에너지만 전자-정공쌍을 만드는데 사용되며, 이 에너지를 물질의 갭에너지라고 광자의 에너지가 이 이상이면 여분의 에너지는 사용하지 못한다.
③ 광자의 에너지가 전자-정공쌍을 만드는 데에 필요한 에너지의 2배 이상이면 하나 이상의 전자-정공을 발생시킬 수 있으나 이 효과는 미미하고 가장 큰 손실이 되며, 이 두가지 이유로 해서 태양전지에 들어오는 태양에너지의 70% 이상을 사용하지 못한다.

14.4.16 / 19.2.9

43 무변압기형 인버터의 장점이 아닌 것은?

① 무게 감소 ② 크기 감소
③ 높은 효율 ④ 전자기 간섭 감소

해설 트랜스리스(Transless) 방식

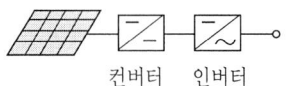
컨버터 인버터

① 태양전지의 직류출력을 DC-DC 컨버터로 승압하고 인버터에서 상용주파의 교류로 변환한다.
② 소형 경량으로 저렴하며, 효율이 우수하고 신뢰성이 높다.
③ 상용전원과의 사이에는 절연이 되지 않아 안정성이 떨어진다.

18.4.11 / 19.2.14

44 인버터의 교류 출력을 저압계통으로 접속할 때 사용하는 차단기를 수납하는 것은?

① 접속함 ② 분전반
③ 송수전반 ④ 적산전력량계

정답 41. ② 42. ④ 43. ④ 44. ②

해설 **분전반**

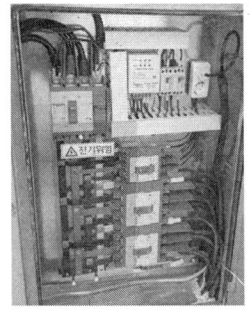

태양광발전소 (100[kW]용) 분전반

① 분전반은 전력간선의 일부 설비로 내부에 과전류를 차단하기 위한 배선용 차단기(MCCB, Molded Circuit Breaker)가 수납되며 용도에 따라서는 전류계, 전압계 등 계기류를 설치하기도 한다.
② 계통연계형의 경우 인버터의 교류 출력을 기존 계통에 접속하는데 이 경우 분전반 내에 전용차단기를 지정하여 접속한다.

19.2.19
45 연료전지의 특징으로 틀린 것은?

① 천연가스, 메탄올, 석탄가스 등 다양한 연료사용이 가능하다.
② 저렴한 재료 사용으로 경제성 및 효율성이 뛰어나다.
③ 발전 효율이 40~60%이며, 열병합 발전 시 80% 이상의 효율이 가능하다.
④ 도심 부근에 설치가 가능하여 송·배전 시의 설비 및 전력 손실이 적다.

해설 **연료전지의 특징**

1) 장점
① 도심 한가운데에서도 발전할 수 있어, 송배전 효율이 높다.
② 부산물로 물만 얻어지므로 친환경적이며, 전기효율 40~60% 이상(가동률 95% 이상)
③ 열병합발전 또는 냉난방열원 이용 가능하다.
④ 천연가스, 수소, 바이오가스, 매립지가스, 석탄가스 등 다양한 연료 사용이 가능하다.
⑤ 휴대용 전원, 발전용 전원, 우주선 전원, 연료 전지 자동차 등에 이용된다.

2) 단점
① 수소의 대량생산, 저장, 운송 등이 원활하지 못하다.
② 연료전지의 수명과 신뢰성을 높이는 기술연구가 필요하다.
③ 가격 경쟁력이 떨어진다.

19.2.21
46 태양광발전시스템의 점검기록표에 작성하는 내용으로 틀린 것은?

① 태양광발전 전지의 판매가격
② 태양광발전 전지의 최대동작전압
③ 태양광발전용 전력변환장치의 정격용량
④ 태양광발전용 전력변환장치의 입력전압범위

해설 **태양광발전설비 점검기록표**

13.4.24 / 15.4.27 / 18.2.23 / 19.2.24
47 태양광발전에 쓰이는 케이블의 단말 처리를 할 때 사용하는 절연테이프의 종류가 아닌 것은?

① 보호 테이프
② 비닐 절연 테이프
③ 고무 절연 테이프
④ 자기융착 절연 테이프

정답 45. ② 46. ① 47. ③

해설 **자기융착 절연테이프**

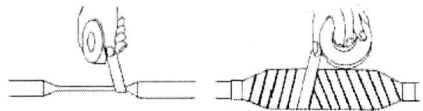

① 시공 시 테이프 폭이 3/4에서 2/3정도로 중첩해 감아놓으면 시간이 지남에 따라 융착하여 일체화 된다.
② 부틸고무제와 폴리에틸렌 부틸고무가 합성된 제품이 있지만 저압의 경우 부틸고무 제는 일반적으로 사용하지 않는다.

16.2.27 / 17.1.16 / 17.1.71 / 18.4.60 / 19.2.30 / 19.4.69 / 20.3.69 / 21.2.68 / 21.4.15 / 21.4.60

48 피뢰기의 정격전압이란?

① 충격파의 방전 개시 전압
② 상용주파수의 방전 개시 전압
③ 속류가 차단되는 최고의 교류전압
④ 충격 방전전류가 통하고 있을 때의 단자 전압

해설 **피뢰기(Lightning Arrester)**

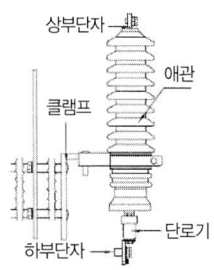

① 전선로에 규정 전압보다 몇 배 높은 이상 전압으로 인해 피뢰기의 단자 전압이 어느 일정 값 이상이 되면 방전되어, 전압 상승을 억제하고 기기를 보호하며, 이상 전압이 없어지면 방전이 정지되어 정상 송전 상태가 된다.
② 피뢰기의 정격전압은 피뢰기에서 속류를 차단할 수 있는 최고의 상용주파수의 교류전압을 말하며 실효 값으로 나타낸다.

14.4.22 / 17.1.21 / 19.2.34

49 설계감리원이 필요한 경우 비치하여야 할 문서가 아닌 것은?

① 준공 검사부
② 근무 상황부
③ 설계감리기록부
④ 설계감리지시부

해설 **설계감리원이 비치하여야 할 문서**
① 근무상황부
② 설계감리일지
③ 설계감리지시부
④ 설계감리기록부
⑤ 설계감리 협의사항기록부
⑥ 설계감리 추진현황
⑦ 설계감리 검토의견 및 조치 결과서
⑧ 설계감리 주요검토결과
⑨ 설계도서 검토의견서
⑩ 설계도서(내역서 수량산출 및 도면 등)를 검토한 근거서류
⑪ 해당용역관련 수발신 공문서 및 서류
⑫ 그밖에 발주자가 요구하는 서류

13.4.32 / 16.2.21 / 19.2.37

50 역률을 개선하였을 경우 그 효과로 틀린 것은?

① 전력손실의 감소
② 전압강하의 감소
③ 설비용량의 여유분 증가
④ 설비용량의 무효분 증가

해설 **역률개선효과**
① 전력손실의 감소(변압기, 배전선로)
② 설비용량의 효율적 운용
③ 전압강하의 감소
④ 각종 기기의 수명연장
⑤ 전력계통의 안정
⑥ 전기요금 절약

13.4.26 / 15.4.28 / 16.4.38 / 17.1.51 / 17.2.22 / 17.2.54 / 17.4.23 / 17.4.53 / 18.1.21 / 18.1.47 / 18.2.46 / 18.2.53 / 18.4.23 / 19.1.60 / 19.2.26 / 19.2.42 / 19.4.27 / 19.4.49 / 20.1.52 / 20.3.23 / 20.3.41 / 20.4.24 / 21.1.38 / 21.4.42 / 21.4.48

51 정전 작업 시 정전절차에 대한 국제사회안전협회(ISSA)의 5대 안전수칙이 아닌 것은?

① 단락접지 ② 보호장구의 착용
③ 전원투입의 방지 ④ 작업 전 전원차단

해설 국제사회안전협회(ISSA)의 정전작업 시 5대 안전수칙

(1) 정전 작업의 필요성
전기설비에 의한 불꽃으로 가연성 물질의 점화원이 되거나 작업하는 작업자가 감전 위험이 있다고 판단될 때에는 정전작업을 결정한다.

(2) 정전작업시의 안전수칙
정전작업절차는 국제사회안전협회(ISSA)의 5대 안전수칙을 준수하여야 한다.

1) 작업 전 전원차단
① 작업대상 전원의 모든 극을 차단해야 한다.
② 고전력 차단기 차단 시 적정한 보호구를 착용한다.
③ 충전요소가 있는 경우에는 잔류전하를 방전시킨다.

2) 전원 투입 방지

MCCB 시건장치

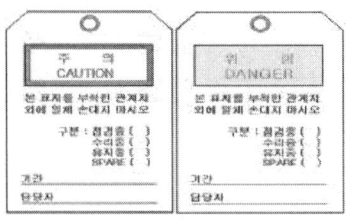

표찰 꼬리표

① 담당자 외 다른 사람의 전원투입을 방지해야 한다.

② 자물쇠로 시건(Lock Out) 또는 표찰(Tag Out)을 부착하세요.
③ 표찰에는 경고 문구와 차단대상, 책임자 성명 등을 반드시 기입한다.

3) 작업장소의 무전압 여부 확인
① 작업장소의 전원이 차단되었는지 확인한다.
② 검전기, 측정장치, 신호 램프 등과 같은 장비를 사용한다.

4) 단락접지
① 작업을 수행하는 부분을 먼저 접지하고 작업장소 단락 접지 한다.
② 접지 및 단락접지 부위를 쉽게 확인 가능하도록 접지한다.

5) 작업장소의 보호
① 감시인배치
② 안전휀스 설치

14.4.45 / 15.4.54 / 16.4.56 / 17.1.55 / 17.4.57 / 18.1.52 / 19.1.41 / 19.2.46 / 19.4.56 / 20.3.55

52 태양광발전 모듈의 고장원인으로 적당하지 않은 것은?

① 습기 및 수분침투에 의한 내부회로의 단락
② 기계적 스트레스에 의한 태양전지 셀의 파손
③ 염해, 부식성 가스 등 주변 환경에 의한 부식
④ 경년 열화에 의한 태양전지 셀 및 리본의 노화

해설 모듈의 고장원인
① 제조결함(백최현상, 적최현상, 황색 변이, 핫스팟, 백시트 에어 버블링 등)
② 시공불량(모듈 시공시 외부 충격의 영향, 구조물의 불균형 시공으로 인한 프레임 변형 등)
③ 전기적(전압, 전류), 기계적(열응력, 충격) 스트레스에 의한 태양전지 셀의 파손
④ 염해, 부식성 가스 등 주변 환경에 의한 부식
⑤ 경년 열화에 의한 태양전지 셀 및 리본의 노화

정답 51. ② 52. ①

14.4.60 / 16.4.58 / 17.2.51 / 17.4.42 / 18.1.58 / 18.2.48 / 19.1.50 / 19.2.49

53 태양광발전시스템의 정전 시 운영조작 순서를 옳게 나열한 것은?

> ㄱ. 한전 전원 복구 여부 확인
> ㄴ. 태양광발전용 인버터 DC전압 확인 후 운전 시 조작 방법에 의한 재시동
> ㄷ. 메인 VCB반 전압 확인 및 계전기를 확인하여 정전여부 확인 및 부저 OFF
> ㄹ. 태양광발전용 인버터 상태 확인(정지)

① ㄹ→ㄷ→ㄱ→ㄴ
② ㄹ→ㄴ→ㄱ→ㄷ
③ ㄷ→ㄱ→ㄴ→ㄹ
④ ㄷ→ㄹ→ㄱ→ㄴ

해설 정전 시 운영조작순서
① 메인 VCB반 전압 확인 및 계전기를 확인하여 정전여부 확인 및 부저 OFF
② 태양광발전용 인버터 상태 확인(정지)
③ 한전전원 복구여부 확인
④ 태양광 인버터 DC전압 확인 후 운전 조작방법에 의한 재시동

태양광발전시스템 운전조작방법
① Main VCB반 전압 확인
 (VCB를 통해 전력계통의 전기가 투입돼야만 인버터 가동됨)
② 인버터 AC 전압 확인
③ 접속반, 인버터의 DC전압 확인
④ DC용 차단기 On, AC측 차단기 On
⑤ 인버터의 정상동작 여부확인(5분후 동작)

15.2.44 / 19.2.54

54 태양광발전(PV) 모듈 안전 조건-제2부: 시험요건(KS C IEC 61730-2:2014)에 해당하지 않는 것은?

① 화재 위험 시험
② 기계적 응력 시험
③ 역전압 과부하 시험
④ 전기 충격 위험 시험

해설 태양광발전 모듈의 안전시험
1) 예비시험
① 온도 사이클
② 습도 동결
③ 고온고습
④ UV 전처리 시험

2) 일반검사
 육안검사

3) 전기 충격 위험 시험
① 접근성 시험
② 절단 취약성 시험(유리 표면의 경우에는 필요하지 않음)
③ 접지연속성 시험(금속 테두리가 아니면 필요하지 않음)
④ 충격전압시험
⑤ 절연 내성(Withstand) 시험
⑥ 습윤 누설 전류 시험
⑦ 단자강도 시험

4) 화재 위험 시험
① 내열 시험
② 열점내구성(Hot spot) 시험
③ 내화시험
④ 바이패스다이오드 열시험
⑤ 역전류 과부하 시험

5) 기계적 응력 시험
① 모듈 파괴 시험
② 기계적 하중 시험

6) 구성 부품 시험
① 부분 방전 시험
② 전선관 휨 시험
③ 단자함 쉽게 떨어지는 덮개(Knockout) 시험

16.2.36 / 16.2.43 / 18.2.49 / 18.4.21 / 19.2.58 / 21.4.23

55 태양광발전시스템 보수점검 작업 시 점검 전 유의사항이 아닌 것은?

① 회로도 검토
② 오조작 방지
③ 접지선 제거
④ 무전압 상태확인

해설 정전작업

1) 정전작업 전 조치사항
① 전원차단후 각 단로기 등을 개방하고 확인할 것
② 차단장치나 단로기 등에 잠금(시건)장치 및 꼬리표를 부착할 것
③ 전기기기 등에 공급되는 모든 전원을 관련 배선도, 도면 등을 통해 확인할 것
④ 검전기를 이용하여 작업대상 기기가 충전되었는지 확인 할 것(잔류전하 방전)

2) 정전작업 중 조치사항
① 작업지휘자에 의한 작업지휘
② 개폐기 관리(전원 재투입 방지, 잠금장치 및 꼬리표 부착 관리)
③ 근접 활선에 대한 방호상태 관리
④ 단락접지의 상태관리

3) 정전작업 후 조치사항
① 작업기기, 단락접지기구(접지선)를 제거하고 전기기기 등이 안전하게 통전될 수 있는지 확인
② 모든 작업자가 작업이 완료된 전기기기 등에서 떨어져 있는지 확인할 것
③ 잠금장치 와 꼬리표는 설치한 근로자가 직접 철거 할 것
④ 보는 이상 유무를 확인한 후 선기기기 등의 선원을 투입할 것

13.4.68 / 15.2.65 / 16.4.61 / 18.2.65 / 18.4.77 / 19.2.61 / 19.4.64

56 신에너지 및 재생에너지 개발·이용·보급 촉진법에 의해 신·재생에너지의 기술개발 및 이용·보급을 촉진하기 위한 기본계획에 대한 설명으로 틀린 것은?

① 기본계획의 계획기간은 10년 이상으로 한다.
② 신·재생에너지 분야 전문인력 양성계획이 포함된다.
③ 「에너지법」에 따른 온실가스의 배출 감소 목표가 포함된다.
④ 신·재생에너지 기술수준의 평가와 개발전망 및 기대효과가 포함된다.

해설 기본계획의 수립(신재생에너지법 제5조)

1) 산업통상자원부장관은 관계 중앙행정기관의 장과 협의를 한 후 신·재생에너지정책심의회의 심의를 거쳐 신·재생에너지의 기술개발 및 이용·보급을 촉진하기 위한 기본계획을 5년마다 수립하여야 한다.
2) 기본계획의 계획기간은 10년 이상으로 하며, 기본계획에는 다음의 사항이 포함되어야 한다.
① 기본계획의 목표 및 기간
② 신·재생에너지원별 기술개발 및 이용·보급의 목표
③ 총전력생산량 중 신·재생에너지 발전량이 차지하는 비율의 목표
④ 온실가스의 배출 감소 목표
⑤ 기본계획의 추진방법
⑥ 신·재생에너지 기술수준의 평가와 보급전망 및 기대효과
⑦ 신·재생에너지 기술개발 및 이용·보급에 관한 지원 방안
⑧ 신·재생에너지 분야 전문인력 양성계획
⑨ 직전 기본계획에 대한 평가
⑩ 그밖에 기본계획의 목표달성을 위하여 산업통상자원부장관이 필요하다고 인정하는 사항

정답 55. ③ 56. ④

57 신에너지 및 재생에너지 개발·이용·보급 촉진법에서 산업통상자원부장관은 신·재생에너지 설비의 설치계획서를 받은 날부터 며칠 이내에 타당성을 검토한 후 그 결과를 해당 설치의무기관의 장 또는 대표자에게 통보하여야 하는가?

① 10일 ② 20일 ③ 30일 ④ 50일

해설 신·재생에너지 설비의 설치계획서 제출 등(신재생에너지법 시행령 제17조)
① 설치의무기관의 장 또는 대표자가 신·재생에너지 공급의무 비율에 해당하는 건축물을 신축·증축 또는 개축하려는 경우에는 신·재생에너지 설비의 설치계획서를 해당 건축물에 대한 건축허가를 신청하기 전에 산업통상자원부장관에게 제출하여야 한다.
② 산업통상자원부장관은 설치계획서를 받은 날부터 30일 이내에 타당성을 검토한 후 그 결과를 해당 설치의무기관의 장 또는 대표자에게 통보하여야 한다.
③ 산업통상자원부장관은 설치계획서를 검토한 결과, 기준에 미달한다고 판단한 경우에는 미리 그 내용을 설치의무기관의 장 또는 대표자에게 통지하여 의견을 들을 수 있다.

58 저탄소 녹색성장 기본법에서 정의하는 녹색기술에 해당하지 않는 것은?

① 청정소비기술
② 청정생산기술
③ 온실가스 감축기술
④ 에너지 이용 효율화 기술

해설 녹색기술 정의(녹색성장법 제2조)
① 온실가스 감축기술
② 에너지 이용 효율화 기술
③ 청정생산기술
④ 청정에너지기술
⑤ 자원순환 및 친환경 기술(관련 융합기술을 포함한다) 등
⑥ 사회·경제 활동의 전 과정에 걸쳐 에너지와 자원을 절약하고 효율적으로 사용하여 온실가스 및 오염물질의 배출을 최소화하는 기술

59 전기설비기술기준의 판단기준에서 금속제 외함을 가지는 사용전압이 50V를 초과하는 저압의 기계기구로서 사람이 쉽게 접촉할 우려가 있는 곳에 시설하는 것에 전기를 공급하는 전로에 지락차단장치를 생략할 수 없는 것은?

① 기계기구를 건조한 곳에 시설하는 경우
② 기계기구가 고무·합성수지 기타 절연물로 피복된 경우
③ 대지전압이 220V 이상인 기계기구를 물기가 있는 곳 이외의 곳에 시설하는 경우
④ 기계기구를 발전소·변전소·개폐소 또는 이에 준하는 곳에 시설하는 경우

해설 지락차단장치 등의 시설(판단기준 제41조)
금속제 외함을 가지는 사용전압이 60[V]를 초과하는 저압의 기계기구로서 사람이 쉽게 접촉할 우려가 있는 곳에 시설하는 것에 전기를 공급하는 전로에는 전로에 지락이 생겼을 때에 자동적으로 전로를 차단하는 장치를 하여야 한다. 다만, 다음의 어느 하나에 해당하는 경우는 적용하지 않는다.

① 기계기구를 발전소·변전소·개폐소 또는 이에 준하는 곳에 시설하는 경우
② 기계기구를 건조한 곳에 시설하는 경우
③ 대지전압이 150[V] 이하인 기계기구를 물기가 있는 곳 이외의 곳에 시설하는 경우
④ 2중 절연구조의 기계기구를 시설하는 경우
⑤ 그 전로의 전원 측에 절연변압기(2차 전압이 300[V] 이하인 경우에 한한다)를 시설하고 또한 그 절연변압기의 부하측의 전로에 접지하지 아니하는 경우
⑥ 기계기구가 고무·합성수지 기타 절연물로 피복된 경우
⑦ 기계기구가 유도전동기의 2차측 전로에 접속되는 것일 경우

⑧ 기계기구내에 누전차단기를 설치하고 또한 기계기구의 전원연결선이 손상을 받을 우려가 없도록 시설하는 경우

14.4.64 / 15.2.67 / 16.2.71 / 16.4.78 / 17.2.61 / 17.2.69 / 17.4.64 / 18.1.66 / 19.1.73 / 19.2.79 / 19.4.65 / 20.1.61 / 20.1.71 / 21.1.68

60 전기사업법에서 전기의 원활한 흐름과 품질 유지를 위하여 전기의 흐름을 통제·관리하는 체제는?

① 전기사업
② 전기설비
③ 전력시장
④ 전력계통

해설 정의(전기사업법 제2조)
① 전력시장 : 전력거래를 위하여 한국전력거래소가 개설하는 시장
② 전력계통 : 전기의 원활한 흐름과 품질유지를 위하여 전기의 흐름을 통제·관리하는 체제
③ 전기사업 : 발전사업·송전사업·배전사업·전기판매사업 및 구역전기사업
④ 전기신사업 : 전기자동차충전사업 및 소규모전력중개사업

13.4.14 / 14.4.1 / 14.4.9 / 15.2.5 / 15.2.43 / 17.1.20 / 17.4.14 / 18.2.11 / 19.2.5 / 20.1.17 / 20.3.1 / 20.4.4 / 20.4.6 / 21.1.43 / 21.2.2 / 21.2.13 / 21.2.18

61 태양전지의 변환효율을 높이기 위한 방법으로 틀린 것은?

① 가급적 많은 빛이 반도체 내부에서 흡수되도록 하여야한다.
② 입사 태양광 에너지를 높이고 온도를 높게 유지해야 한다.
③ 빛에 의해 생성된 전자와 정공쌍이 소멸되지 않게 외부회로까지 전달되도록 해야 한다.
④ PN 접합부에 큰 전기장이 발생하도록 소재 및 공정을 설계해야 한다.

해설 태양광 모듈의 온도에 따른 출력 전압과 전류 값
① 태양광 모듈의 온도특성을 살펴보면 전류는 양(+)의 온도계수를 가지고 전압과 전력은 음(−)의 온도계수를 가진다. 음 온도계수의 의미는 온도가 높을수록 태양광 모듈의 전압과 전력은 감소하고, 온도가 낮을수록 태양광 모듈의 전압과 전력이 증가한다는 것을 의미한다.
② 태양전지가 보다 높은 온도에 노출되면 단락전류 (I_{SC})는 조금(+0.05[%/℃]) 증가하며, 개방전압 (V_{OC})은 (−0.5[%/℃]) 감소한다.
③ 폴리실리콘 계열의 태양전지는 표면온도가 1[℃] 상승할 때, 대략 0.3~0.5[%]의 출력이 감소한다.

15.2.27 / 17.1.37 / 18.4.10 / 18.4.13 / 19.2.31 / 21.2.7

62 인버터에 관한 사항으로 틀린 것은?

① 인버터 설치용량은 설계용량 이상
② 인버터에 연결된 모듈 설치용량은 인버터 설치용량의 110[%] 이내
③ 각 직렬군의 태양전지 개방전압은 인버터 입력전압범위 안에 존재
④ 옥내용을 옥외에 설치하는 경우는 5[kW]이상 용량일 경우에만 가능

해설 인버터 설치용량과 표시사항
① 입력단(모듈출력)의 전압, 전류, 전력과 (인버터 출력)의 전압, 전류, 전력, 주파수, 누적발전량, 최대출력량(peak)이 표시되어야 한다.
② 인버터의 설치용량은 사업계획서 상의 인버터 설계용량 이상이어야 하고, 인버터에 연결된 모듈의 설치용량은 인버터 설치용량의 105[%] 이내이어야 한다. 다만, 각 직렬군의 태양전지 개방전압은 인버터 입력전압 범위 안에 있어야 한다.
③ 인버터는 옥내·옥외용을 구분하여 설치하여야한다. 단, 옥내용을 옥외에 설치하는 경우는 5[kW]이상 용량일 경우에만 가능하며 이 경우 빗물 침투를 방지할 수 있도록 옥내에 준하는 수준으로 외함 등을 설치하여야 한다.

63 최대눈금이 50[V]인 직류전압계가 있다. 이 전압계를 사용하여 150[V]의 전압을 측정하려면 배율기의 저항은 몇 [Ω]을 사용하면 되는가? (단, 전압계의 내부저항은 5000[Ω]이다.)

① 1000 ② 2500
③ 5000 ④ 10000

해설 배율기(multiplier)

전압계에 직렬로 접속해서 전압의 측정범위를 넓히기 위해 사용되는 저항기이다.

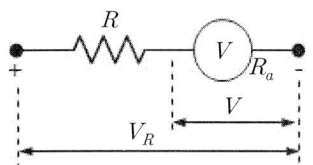

V_R : 측정하고자 하는 전압
V : 전압계로 유입되는 전압
R_a : 전압계 내부저항
R : 배율기의 저항

$$V_R = \frac{R_a + R}{R_a} \cdot V \text{ [V]}$$

배율기의 배율 $(m) = \frac{V}{V_R} = \frac{R_a + R}{R_a}$

$= 1 + \frac{R}{R_a}$

$= \frac{150}{50} = 3$

∴ $R = (m-1)R_a = (3-1) \cdot 5000$
$= 10,000 \text{ [}\Omega\text{]}$

64 태양전지 표준모듈의 프레임 구조에 해당하지 않는 것은?

① EVA ② 전지 ③ EPDM ④ Glass

해설 모듈의 구조

프레임 - Glass(저철분 강화유리) - EVA(Ethylene Vinyl Acetate, Cell을 충격 습기에서 보호) - Cell(태양전지) - EVA - Back layer(Cell로의 습기 침입방지, 전극보호) - 정션박스(Cable, 바이패스 다이오드)

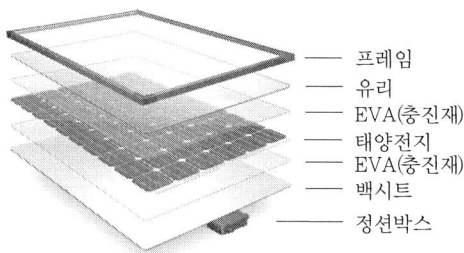

65 열점(Hot Spot)의 발생원인과 대책에 대한 설명으로 틀린 것은?

① 태양전지 셀의 결함, 특성으로 국부적 과열로 발생된다.
② 태양전지 모듈마다 SPD를 설치하여 전압의 파고치를 저하시킨다.
③ 바이패스 소자를 셀 구간마다 접속하여 역전류가 발생하면 우회시킨다.
④ 나뭇잎, 새의 배설물 등의 그늘로 인한 태양전지 셀 내부 열화로 발생한다.

해설 핫스팟(Hot Spot, 열점)

① 태양전지에 부분음영이 발생하면 직렬저항이 증가하고 병렬저항의 감소에 따라 전류가 줄어, 직렬로 연결된 다른 태양전지와 부정합 현상이 발생되고 태양전지에 역전압을 인가시킴과 동시에 열점을 발생시킨다.
② 열점현상이 지속되면 셀이나 유리의 파손, 납땜의 용융, 태양전지의 열화 같은 모듈 손실이 발생된다.

③ 바이패스 다이오드는 모듈의 손상을 방지해 주고, 부분 음영에 따른 전력손실을 최소화하는 역할을 한다.

※ 서지 어레스터(SPD: Surge Protective Device)는 계통에 서지 전류가 들어올 때, 그 전류가 부하를 통해 흐르지 않고 우회하도록 하여 부하에서 발생하는 전압강하가 과다하게 상승하는 것을 막아서 부하를 보호한다.

15.4.18 / 15.4.39 / 18.1.6 / 19.2.22 / 21.2.21

66 인버터 선정시 검토사항으로 틀린 것은?

① 소음 발생이 적을 것
② 고조파의 발생이 적을 것
③ 기동 · 정지가 안정적일 것
④ 야간의 대기전압 손실이 클 것

해설 인버터 선정시 검토사항
① 소음 발생이 적을 것
② 고조파의 발생이 적을 것
③ 노이즈의 발생이 적을 것
④ 기동 · 정지가 안정적일 것
⑤ 야간의 대기전압 손실이 적을 것
⑥ 공급 안정성에서 직류분이 적을 것

16.2.23 / 21.2.24

67 인버터의 직류측 회로를 비접지로 하는 경우 비접지의 확인방법이 아닌 것은?

① 테스터로 확인
② 검전기로 확인
③ 간이측정기 사용
④ 활선접근경보장치사용

해설 안전대책(비접지 확인)
회로시험기(Circuit Tester), 검정기(Electroscope), 간이측정기로 측정한다.

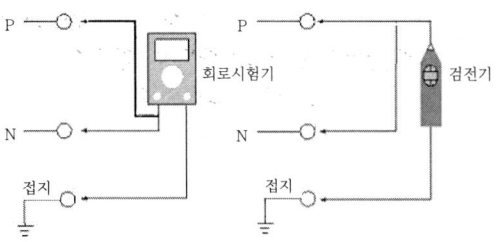

※ 활선접근경보장치

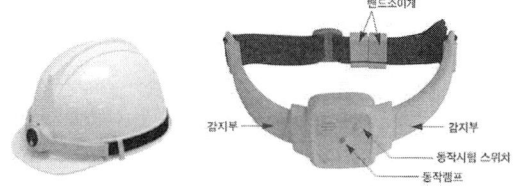

활선 작업이나 활선 근접 작업 등의 전기 작업을 하는 동안 고압이나 특고압 선로나 설비에 접촉하거나 근접할 경우 작업자에게 명확히 경고하기 위하여 근로자의 안전모, 손목 등에 착용한다.

15.4.36 / 18.1.40 / 18.2.31 / 18.2.33 / 20.1.27 / 20.3.25 / 21.2.30

68 다음 중 시방서의 종류가 아닌 것은?

① 표준시방서   ② 공사시방서
③ 전문시방서   ④ 설계시방서

해설 시방서의 종류
① 일반 시방서 : 입찰 요구 조건과 계약 조건으로 구분되어 비기술적인 일반 사항을 규정하는 시방서
② 공사(기술) 시방서 : 크게 두 가지의 내용으로 구성되어 있는데 해당 주요내용으로 첫째, 설계 도면으로 표시할 수 없는 공사 전반에 걸친 기술적인 사항을 규정하는 시방서이고 둘째, 각 해당 공정별 재료의 성능, 규격 및 시험 등의 재료에 관한 사항과 시공 방법 및 시공 상태, 허용 오차 등의 시공에 대한 사항, 해당 공사 전반에 대한 주의 사항들이 수록되어 있다.
③ 표준 시방서 : 일반적으로 별도의 공사시방서를 작성하지 않고 모든 공사에 공통적으로 적용되는 사항을 규정한 시방서

정답 66. ④ 67. ④ 68. ④

④ 특기(전문) 시방서 : 공사의 특성에 따라 표준 시방서의 적용 범위와 표준 시방서에 없는 사항 및 특기 시방으로 정한 사항 등을 규정한 시방서이다.

16.2.28 / 16.4.35 / 17.2.38 / 19.4.23 / 19.4.28 / 19.4.33 / 20.3.24 / 20.3.26 / 20.3.27 / 20.3.32 / 21.1.28 / 21.2.34

69 전력시설물 공사감리업무 수행지침에 따라 감리원은 공사 시작과 동시에 공사업자에게 가설시설물의 면적, 위치 등을 표시한 가설시설물 설치계획표를 작성하여 제출하도록 하여야 한다. 이 가설시설물에 포함이 되지 않는 것은?

① 자재 야적장
② 공사용 임시전력
③ 공사용 도로(발·변전설비, 송·배전설비 제외)
④ 가설시설물, 작업장, 창고, 숙소, 식당 및 그 밖의 부대설비

해설 현장사무소, 공사용 도로, 작업장 부지 등의 선정

감리원은 공사 시작과 동시에 공사업자에게 다음에 따른 가설시설물의 면적, 위치 등을 표시한 가설시설물 설치계획표를 작성하여 제출하도록 하여야 한다.
① 공사용 도로(발·변전설비, 송·배전설비에 해당)
② 가설사무소, 작업장, 창고, 숙소, 식당 및 그 밖의 부대설비
③ 자재 야적장

14.4.27 / 15.4.15 / 17.1.47 / 17.2.44 / 17.4.52 / 18.1.57 / 18.4.5 / 20.4.49 / 21.2.37 / 21.4.58

70 태양광발전시스템의 모니터링 시스템 프로그램 기능이 아닌 것은?

① 데이터 수집기능
② 데이터 저장기능
③ 데이터 분석기능
④ 데이터 예측기능

해설 모니터링 시스템 프로그램 기능
① 데이터 수집기능
인버터로부터 데이터를 공급받아 전압과 전력에 대한 정보를 제공하며 일사량과 모듈 표면온도 등의 정보를 제공한다.

② 데이터 저장기능
실시간 데이터가 저장되어 평균 자료를 한눈에 알아볼 수 있도록 한다.
③ 데이터 분석기능
저장된 데이터로 표를 작성하여 일일 평균값 등의 변화를 한눈에 알 수 있도록 데이터를 제공한다.
④ 데이터 통계기능
저장된 데이터를 바탕으로 일간, 월간, 연간 통계를 알아볼 수 있도록 제공한다.

17.1.58 / 17.4.50 / 17.4.56 / 18.2.41 / 19.1.44 / 19.2.44 / 20.3.59 / 21.2.42 / 21.4.52

71 태양광발전시스템용 배전반의 무정전 문제 진단을 위한 일상점검 시 작업요령으로 틀린 것은?

① 이상한 냄새 유무를 맡아 본다.
② 과열로 인한 변색 유무를 관찰한다.
③ 보호계전기 Alarm 이력을 확인한다.
④ LBS 접촉부 볼트 조임이 느슨한지 조여 본다.

해설 일상(순시)점검

배전반의 기능을 유지하기 위한 일상점검을 말하며 아래의 서술된 요령으로 실시한다.

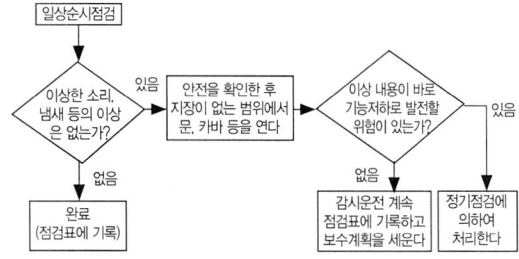

① 매일의 일상순시점검은 문을 열어 점검한다던가, 커버를 해체한 후 점검한다던가 하는 것이 아니고 이상한 소리, 냄새, 손상 등을 배전반 외부에서 점검항목의 대상항목에 따라 점검하는 것
② 이상상태를 발견한 경우에는 배전반의 문을 열고 이상의 정도를 확인한다.
③ 이상의 상태가 직접 운전을 하지 못할 정도로 전개되는 경우를 제외하고는 이상상태의 내용을 기록하여 정기점검시에 운영한다.

※ 정기점검
배전반의 기능을 확인하고 유지하기 위한 계획을 수립하여 점검하는 것
① 원칙적으로 정전을 시키고 무전압 상태에서 기기의 이상상태를 점검하고 필요에 따라서는 기기를 분해해서 점검을 실시한다.
② 모선을 정전하지 않고 점검을 하여야 할 경우에는 안전사고가 일어나지 않도록 주의하여야 한다.

17.1.44 / 21.2.46

72 송·변전설비 중 배전반에서 주회로 인입·인출부의 일상점검 내용이 아닌 것은?

① 볼트류 등의 조임 상태 확인
② 쥐, 곤충 등의 침입 여부 확인
③ 표시기, 표시등의 정확 유무 확인
④ 코로나 방전에 의한 이상음 여부 확인

[해설] 배전반 주회로 인입·인출부의 일상점검
1) 폐쇄 모선의 접속부
① 이상 소리음 : 볼트 풀림 등에 의한 진동

2) 부싱
① 손상 : Corona 방전에 의한 이상음 점검, 균열, 파손 등

3) 케이블 단말부 및 접속부, 관통부 등
① 이상 소리음 : 볼트 풀림 등에 의한 진동
② 이상 냄새 : Corona 방전에 의한 과열 냄새
③ 손상 : 배선, 케이블 막이 판의 탈락 및 간격
④ 쥐, 곤충, 설치류 등의 침입 : 곤충 및 설치류 등의 침입 흔적

17.2.58 / 19.1.57 / 19.1.58 / 19.2.47 / 19.4.58 / 20.1.46 / 20.1.47 / 20.4.48 / 20.4.59 / 21.2.49

73 절연 안전모의 착용 시 주의사항으로 틀린 것은?

① 턱끈을 단단히 조임
② 머리에 적합하도록 헤드밴드를 조절
③ 한번이라도 큰 충격을 받았으면 사용하지 않음
④ 금속이나 도전성이 뛰어난 재료를 사용한 것을 사용

[해설] 절연 안전모의 사용 시 주의 사항
1) 착용 전
① 보호구 관리요령에 따라 정기점검을 받는지 여부
② 흙, 기름, 물기 등이 있는지 또는 건조한지 여부
③ 충격의 흔적이 있는지 여부
④ 변색되거나 변형되었는지 여부
⑤ 장착제, 충격 흡수재 등의 손상이나 더러움 여부

2) 착용시
① 머리에 적합하도록 헤드밴드를 조절
② 턱끈을 단단히 조임
③ 한번이라도 큰 충격을 받았으면 사용하지 않음

20.3.52 / 21.2.54

74 개인보호구의 사용 및 관리에 관한 기술지침에 따라 안전화 중 고압에 의한 감전 방지 및 방수를 겸한 것은?

① 절연화   ② 절연장화
③ 발등안전화   ④ 정전기안전화

[해설] 안전화의 종류
① 절연화 : 물체의 낙하, 충격 또는 날카로운 물체에 의한 찔림 위험으로부터 발을 보호하고 저압의 전기에 의한 감전을 방지하기 위한 것
② 발등안전화 : 물체의 낙하, 충격 또는 날카로운 물체에 의한 찔림 위험으로부터 발 및 발등을 보호하기 위한 것
③ 정전기안전화 : 물체의 낙하, 충격 또는 날카로운 물체에 의한 찔림 위험으로부터 발을 보호하고 정전기의 인체 대전을 방지하기 위한 것

75 중대형 태양광발전용 인버터(KS C 8565:2016) 표준의 적용 범위로 틀린 것은?

① 정격 출력 전류 2000A 이하
② 직류 입력 전압 1500V 이하
③ 교류 출력전압 1000V 이하
④ 정격 출력 10kW 초과 250kW 이하

해설 KS C 8565 : 2016
중대형 태양광 발전용 인버터(계통연계형, 독립형)
정격 출력 10[kW] 초과 250[kW](직류 입력 전압 1500[V] 이하, 교류 출력 전압 1000[V] 이하) 이하인 태양광 발전용 인버터(계통연계형, 독립형)의 시험방법 및 평가기준에 대하여 규정한다.

76 설비인증을 받은 자는 신재생에너지 설비의 결함으로 인하여 제3자가 입을 수 있는 손해를 담보하기 위하여 보험 또는 공제에 가입하여야 한다. 이때 보험 또는 공제의 기간·종류·대상 및 방법에 필요한 사항은 무엇으로 정하는가?

① 대통령령
② 시·도시사령
③ 산업통상자원부령
④ 과학기술정보통신부령

해설 보험·공제 가입(신재생에너지법 제13조의2)
① 설비인증을 받은 자는 신·재생에너지 설비의 결함으로 인하여 제3자가 입을 수 있는 손해를 담보하기 위하여 보험 또는 공제에 가입하여야 한다.
② ①에 따른 보험 또는 공제의 기간·종류·대상 및 방법에 필요한 사항은 대통령령으로 정한다.

77 전로의 절연원칙에 따라 반드시 절연하여야 하는 것은?

① 전로의 중성점에 접지공사를 하는 경우의 접지점
② 계기용변성기의 2차측 전로의 접지점
③ 저압 가공전선로의 접지측 전선
④ 22.9[kV] 중성선의 다중접지의 접지점

해설 전로의 절연
전로는 다음의 부분 이외에는 대지로부터 절연하여야 한다.
① 저압전로에 접지공사를 하는 경우의 접지점
② 전로의 중성점에 접지공사를 하는 경우의 접지점
③ 계기용변성기의 2차측 전로에 접지공사를 하는 경우의 접지점
④ 저압 가공 전선의 특고압 가공 전선과 동일 지지물에 시설되는 부분에 접지공사를 하는 경우의 접지점
⑤ 중성점이 접지된 특고압 가공선로의 중성선에 다중접지를 하는 경우의 접지점
⑥ 소구경관(小口經管)(박스를 포함한다)에 접지공사를 하는 경우의 접지점
⑦ 저압전로와 사용전압이 300V 이하의 저압전로를 결합하는 변압기의 2차측 전로에 접지공사를 하는 경우의 접지점

78 전기설비기술기준의 판단기준에 따라 피뢰기를 설치하지 않아도 되는 곳은?

① 가공전선로와 지중전선로가 접속되는 곳
② 변전소의 가공전선 인입구 중 보호범위 내의 피보호기기
③ 고압 가공전선로로부터 공급을 받는 수용장소의 인입구
④ 특고압 가공전선로로부터 공급을 받는 수용장소의 인입구

해설 피뢰기의 시설
고압 및 특고압의 전로 중 다음에 열거하는 곳 또는 이에 근접한 곳에는 피뢰기를 시설하여야 한다.
① 발전소·변전소 또는 이에 준하는 장소의 가공전선 인입구 및 인출구
② 가공전선로에 접속하는 제29조의 배전용 변압기의 고압측 및 특고압측

정답 75.① 76.① 77.③ 78.②

③ 고압 및 특고압 가공전선로로부터 공급을 받는 수용
  장소의 인입구
④ 가공전선로와 지중전선로가 접속되는 곳

15.2.66 / 21.2.74

79 전기설비의 제2차 접근상태는 가공 전선이 다른 시설물과 접근하는 경우 그 가공전선이 다른 시설물의 위쪽 또는 옆쪽에서 수평 거리로 몇 [m] 미만인 곳에 시설되는 상태를 말하는가?

① 0.5   ② 1   ③ 2   ④ 3

해설 용어의 정의(판단기준 제2조)

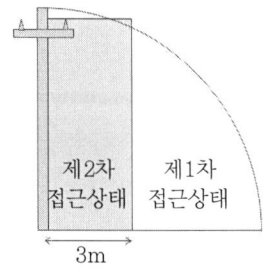

① 제1차 접근 상태 : 가공 전선이 다른 시설물과 접근(병행하는 경우를 포함하며 교차하는 경우 및 동일 지지물에 시설하는 경우를 제외한다)하는 경우에 가공 전선이 다른 시설물의 위쪽 또는 옆쪽에서 수평 거리로 가공 전선로의 지지물의 지표상의 높이에 상당하는 거리 안에 시설(수평 거리로 3 [m] 미만인 곳에 시설되는 것을 제외한다)됨으로써 가공 전선로의 전선의 절단, 지지물의 도괴 등의 경우에 그 전선이 다른 시설물에 접촉할 우려가 있는 상태
② 제2차 접근상태 : 가공 전선이 다른 시설물과 접근하는 경우에 그 가공 전선이 다른 시설물의 위쪽 또는 옆쪽에서 수평 거리로 3 [m] 미만인 곳에 시설되는 상태
③ 제2차 접근 상태가 제1차 접근상태보다 더 위험한 상태이다.

19.4.80 / 21.2.79

80 전기설비기술기준의 판단기준에 따라 중성점 직접접지식 전로에 접속하는 변압기를 설치하는 곳에 절연유의 구외 유출 및 지하 침투를 방지하기 위한 설비를 갖추어야 하는 경우, 이때 중성점 직접접지식 전로의 사용전압은 몇 kV 이상인가?

① 20   ② 50   ③ 70   ④ 100

해설 절연유의 구외 유출방지(판단기준 제45조)
사용전압이 100kV 이상의 변압기를 설치하는 곳에는 절연유의 구외 유출 및 지하침투를 방지하기 위하여 다음에 따라 절연유 유출 방지설비를 하여야 한다.
① 변압기 주변에 집유조 등을 설치할 것

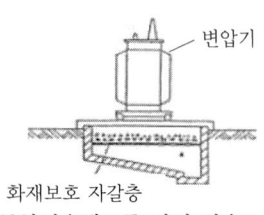

화재보호 자갈층
통합집수탱크를 가진 집유조

② 절연유 유출방지설비의 용량은 변압기 탱크 내장유량의 50% 이상으로 할 것. 다만, 주수식(注水式)의 소화설비 사용이 예상될 경우는 초기소화 및 공공소방차의 방수소요량을 고려할 것
③ 위의 ②호에서 변압기 탱크가 2개 이상일 경우에는 공동의 집유조 등을 설치할 수 있으며 그 용량은 변압기 1 탱크 내장유량이 최대인 것의 50% 이상일 것.

정답 79. ④   80. ④

2023년 기출문제

2023 제1회 CBT 복원 기출문제

15.2.48 / 15.4.2 / 16.2.15 / 16.4.13 / 18.4.1 / 19.1.4 / 19.1.11 / 20.1.20 / 21.1.1 / 21.1.5

01 다음 전지중 광기전력 효과에 의해 빛에너지를 직접 변환해서 전기에너지를 얻을 수 있는 것은?

① 2차전지 ② 연료전지
③ 태양전지 ④ 인산전지

해설 PN접합에 의한 태양광 발전의 원리

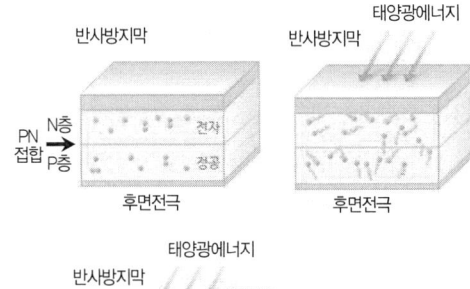

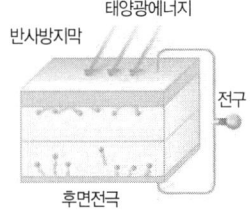

① p-n접합부 또는 정류작용이 있는 금속과 반도체의 경계면에는 접촉전위차가 있으므로 이 부분에 빛을 입사시키면, 반도체 중에 만들어진 전자와 정공(正孔)이 접촉전위차 때문에 분리되어 양쪽 물질에 서로 다른 종류의 전하가 나타나고 그 사이에 전위차(광기전력)가 생긴다.

② p-n접합 또는 금속과 반도체의 접촉 사이에 외부 회로를 연결하면 광전류가 구해지는데, 태양전지에 이용된다.

③ 1839년 프랑스의 물리학자 에드몬드 베크렐(Edmond Becquerel)이 전해액에 담근 은 전극에 빛을 비추니 적은 양의 전류가 흐르는 것을 처음으로 발견했다.

16.2.13 / 19.1.17

02 태양광발전 모듈의 뒷면 표시사항에 해당되지 않는 것은?

① 공칭중량
② 내진등급
③ 공칭 단락전류
④ 내풍압성의 등급

해설 제조 및 사용 표시(KS C 8561:2016)
① 업체명 및 소재지
② 설비명 및 모델명
③ 제품의 주요 사양
 (최대출력, 출력공차, 공칭 중량, 최대전압, 최대전류, 개방전압, 단락전류, 내풍압성 등급 등등)
④ 제조일 및 제조 번호
⑤ 인증부여 번호
⑥ 인증 표지
⑦ 기타 사항

15.4.53 / 19.1.48

03 일상점검을 할 때 볼트 조임 방법이 틀린 것은?

① 조임은 너트를 돌려서 조여준다.
② 조임은 지정된 재료, 부품을 정확히 사용한다.
③ 2개 이상의 볼트를 사용하는 경우 한쪽만 심하게 조이지 않도록 주의한다.
④ 볼트의 크기에 맞는 파이프렌치를 사용하여 규정된 힘으로 조여준다.

해설 볼트 조입방법 및 규격
(1) 조입방법
1) 조임 시공 일반
① 1차 조임→금매김→본조임 순으로 한다.
② 조임은 토크관리법과 너트회선법에 따른다.

2) 1차 조임
① 조임은 프리세트형 토크렌치, 전동 임펙트렌치 등을 사용하여 너트를 회전시켜 조임
② 1차 조임 토크 값은 목표 값의 70% 정도로 조임

3) 금매김

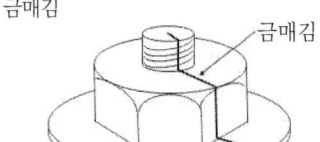

정답 1. ③ 2. ② 3. ④

① 1차 조임후 모든 BOLT
② 금매김은 볼트, 너트 와셔 및 부재를 지나도록 한다.

4) 본조임
① 토크관리법 : 표준볼트장력을 얻을 수 있도록 조정된 조임 기기 이용
② 너트 회전법 : 1차 조임 완료 후를 기점으로 해서 너트를 120°(M12는 60°) 회전

(2) 볼트/너트 크기 규격

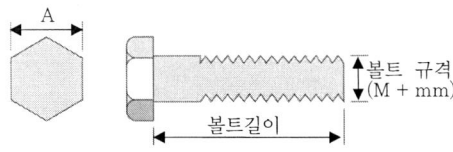

규격	육각머리(A) mm
M6	10
M8	12
M10	14
M12	17
M16	24

※ 너트의 크기에 맞는 토오크렌치를 사용하여 규정된 힘으로 조여준다.

15.2.70 / 19.1.63

04 저탄소 녹색성장 기본법에 의해 저탄소 녹색성장대책을 수립·시행할 때 지역적 특성과 여건을 고려하여야 하는 기관은?

① 품질검사기관
② 공급인증기관
③ 지방자치단체
④ 신·재생에너지센터

[해설] **지방자치단체의 책무(녹색성장법 제5조)**
① 지방자치단체는 저탄소 녹색성장 실현을 위한 국가시책에 적극 협력하여야 한다.
② 지방자치단체는 저탄소 녹색성장대책을 수립·시행할 때 해당 지방자치단체의 지역적 특성과 여건을 고려하여야 한다.
③ 지방자치단체는 관할구역 내에서의 각종 계획 수립과 사업의 집행과정에서 그 계획과 사업이 저탄소 녹색성장에 미치는 영향을 종합적으로 고려하고, 지역주민에게 저탄소 녹색성장에 대한 교육과 홍보를 강화하여야 한다.
④ 지방자치단체는 관할구역 내의 사업자, 주민 및 민간단체의 저탄소 녹색성장을 위한 활동을 장려하기 위하여 정보 제공, 재정 지원 등 필요한 조치를 강구하여야 한다.

19.1.65

05 전기설비기술기준에 의거하여 발전용 출력설비 중 풍력터빈의 구조에 대한 설명으로 틀린 것은?

① 분진 등에 의한 손모를 고려할 것
② 태양광에 대하여 구조상 안전할 것
③ 운전 중 풍력터빈에 손상을 주는 진동이 없도록 할 것
④ 부하를 차단하였을 때에 최대속도에 대하여 구조상 안전할 것)

[해설] **풍력터빈의 구조(기술기준 제169조)록**
① 부하를 차단하였을 때에도 최대속도에 대하여 구조상 안전할 것.
② 풍압에 대하여 구조상 안전할 것.
③ 운전 중 풍력터빈에 손상을 주는 진동이 없도록 할 것.
④ 설계허용 최대풍속에 있어서 취급자의 의도와 다르게 풍력터빈이 기동하지 않도록 할 것.
⑤ 운전 중에 다른 시설물, 식물 등에 접촉하지 않도록 할 것.
⑥ 풍력터빈의 점검 또는 수리를 위하여 회전부의 정지 및 고정할 수 있는 구조일 것.
⑦ 한랭지에 시설하는 경우 눈·비에 의한 착빙을 고려할 것.
⑧ 분진 등에 의한 손모를 고려할 것.
⑨ 지진에 대하여 안전할 것.
⑩ 해상 및 해안가에 시설하는 경우 염분 및 파랑하중에 대한 영향을 고려할 것.

13.4.14 / 14.4.1 / 14.4.9 / 15.2.5 / 15.2.43 / 17.1.20 / 17.4.14 /
18.2.11 / 19.2.5 / 20.1.17 / 20.3.1 / 20.4.4 / 20.4.6 / 21.1.43
/ 21.2.2 / 21.2.13 / 21.2.18

06 태양광발전 모듈에서 최대출력(P_{mpp})의 의미는?

① $Isc \times Voc$
② $I_{mpp} \times Voc$
③ $Isc \times V_{mpp}$
④ $I_{mpp} \times V_{mpp}$

해설 태양전지의 전압-전류 특성

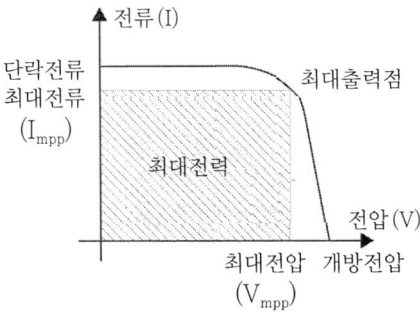

태양전지에서 나오는 전력은 전류와 전압을 곱하여 얻을 수 있으며 최대전류(Max. Power Current, I_{mpp})와 최대전압(Max. Power Volt, V_{mpp})이 만나는 최적의 동작점에서 발생한 전력이 태양전지의 최대출력(Max. Power)값이 된다.

13.4.12 / 16.2.19 / 16.4.2 / 17.2.15 / 19.2.18 / 19.4.16 /
21.2.15 / 21.4.20

07 PN 접합 다이오드에 공핍층이 생기는 경우는?

① (−) 전압만 인가할 때 생긴다.
② 전압을 가하지 않을 때 생긴다.
③ 전자와 정공의 확산에 의해 생긴다.
④ 다수 저송파가 많이 모여 있는 순간에 생긴다.

해설 공핍 영역(Depletion region)

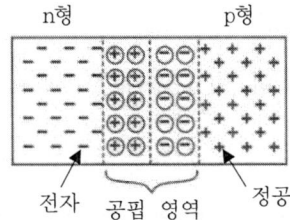

① N형반도체 다수의 반송자는 전자이고 소수의 반송자는 정공이 되어 (−)전기를 띠고 P형반도체에서는 정공이 전자수보다 많아 (+)전기를 띤다.
② N형 영역의 자유전자는 불규칙적으로 움직여 PN 접합이 형성되는 순간 N형 영역의 접합 근처에 있던 일부의 자유전자는 접합을 넘어 P형 영역으로 확산(Diffusion)되고 이들 전자는 접합 근처의 정공과 결합한다.
③ PN 접합이 형성되기 전의 N형 물질에는 양자와 같은 수의 많은 전자가 존재해 물질의 극성은 중성상태이며, P형 물질도 동일하게 적용되나 접합이 형성되는 과정에서 N형 영역의 전자들이 접합을 넘어 확산되면서 N형 영역은 자유전자들을 잃게 되어 P영역 접합 부근에 음전하층이 형성되는 공핍층이 만들어진다.
④ 최초 PN접합에서 접합면을 통해 자유전자가 움직이면 공핍영역은 평형상태가 될 때까지 확산되며 평형 상태에서는 더 이상 전자가 이동하지 않아, 공핍층은 전자의 이동을 막는 장벽 역할을 하게 된다.

17.1.58 / 17.4.50 / 17.4.56 / 18.2.41 / 19.1.44 / 19.2.44 /
20.3.59 / 21.2.42 / 21.4.52

08 태양광발전시스템용 배전반의 무정전 문제 진단을 위한 일상점검 시 작업요령으로 틀린 것은?

① 이상한 냄새 유무를 맡아 본다.
② 과열로 인한 변색 유무를 관찰한다.
③ 보호계전기 Alarm 이력을 확인한다.
④ LBS 접촉부 볼트 조임이 느슨한지 조여 본다.

해설 일상(순시)점검

배전반의 기능을 유지하기 위한 일상점검을 말하며 아래의 서술된 요령으로 실시한다.

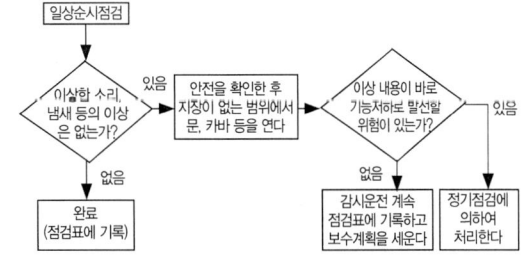

① 매일의 일상순시점검은 문을 열어 점검한다던가, 커버를 해체한 후 점검한다던가 하는 것이 아니고 이상한 소리, 냄새, 손상 등을 배전반 외부에서 점검 항목의 대상항목에 따라 점검하는 것
② 이상상태를 발견한 경우에는 배전반의 문을 열고 이상의 정도를 확인한다.

정답 6. ④ 7. ③ 8. ④

③ 이상의 상태가 직접 운전을 하지 못할 정도로 전개되는 경우를 제외하고는 이상상태의 내용을 기록하여 정기점검시에 운영한다.

※ 정기점검
배전반의 기능을 확인하고 유지하기 위한 계획을 수립하여 점검하는 것
① 원칙적으로 정전을 시키고 무전압 상태에서 기기의 이상상태를 점검하고 필요에 따라서는 기기를 분해해서 점검을 실시한다.
② 모선을 정전하지 않고 점검을 하여야 할 경우에는 안전사고가 일어나지 않도록 주의하여야 한다.

19.2.66

09 신에너지 및 재생에너지 개발·이용·보급 촉진법에 의거하여 정부는 어떤 대상의 자발적인 신·재생에너지 기술개발 및 이용·보급을 장려하고 보호·육성하여야 한다. 그 대상에 해당되지 않는 것은?

① 기업체 ② 공공기관
③ 외국기관 ④ 지방자치단체

해설 시책과 장려 등(신재생에너지의 기술개발 및 이용·보급의 촉진법 제4조)
① 정부는 신·재생에너지의 기술개발 및 이용·보급의 촉진에 관한 시책을 마련하여야 한다.
② 정부는 지방자치단체, 공공기관, 기업체 등의 자발적인 신·재생에너지 기술개발 및 이용·보급을 장려하고 보호·육성하여야 한다.

14.4.64 / 15.2.67 / 16.2.71 / 16.4.78 / 17.2.61 / 17.2.69 /
17.4.64 / 18.1.66 / 19.1.73 / 19.2.79 / 19.4.65 / 20.1.61 /
20.1.71 / 21.1.68

10 전기사업법에서 전기의 원활한 흐름과 품질 유지를 위하여 전기의 흐름을 통제·관리하는 체제는?

① 전기사업 ② 전기설비
③ 전력시장 ④ 전력계통

해설 정의(전기사업법 제2조)
① 전력시장 : 전력거래를 위하여 한국전력거래소가 개설하는 시장
② 전력계통 : 전기의 원활한 흐름과 품질유지를 위하여 전기의 흐름을 통제·관리하는 체제
③ 전기사업 : 발전사업·송전사업·배전사업·전기판매사업 및 구역전기사업
④ 전기신사업 : 전기자동차충전사업 및 소규모전력중개사업

14.4.54 / 15.4.19 / 17.1.11 / 19.1.9 / 19.4.3 / 19.4.7 / 20.4.10 / 21.2.5

11 태양광발전 전지의 표면에 입사한 태양에너지를 전기에너지로 변환하는 효율은?

① 열전변환효율 ② 압전변환효율
③ 충진변환효율 ④ 광전변환효율

해설 광전변환효율 η
1) 받아들이는 태양광 에너지로부터 얼마나 많은 에너지가 만들어지는가를 뜻한다.
2) 효율이 높을수록 같은 시간 동안, 같은 양의 발전판으로 더 많은 전력을 생산할 수 있다.
3) 변환효율 η(Conversion Efficiency)
① 표준시험조건(Standard Test Conditions, STC)에서 측정한 태양전지 출력전력을 입사된 빛 에너지(소자넓이 × 경사면 조사 강도)로 나누어 백분율로 나타낸 것
② 최대출력 P_{max}[W], 모듈 전면적 A[m^2], 조사강도 G[W/m^2]

$$\eta = \frac{P_{max}}{A \times G} \times 100[\%]$$

16.2.17 / 16.2.68 / 16.4.16 / 18.1.16 / 18.1.71 / 18.2.6 / 19.2.15 /
19.4.19 / 20.1.75 / 20.3.3 / 20.1.11 / 21.1.13 / 21.2.6

12 연료전지발전의 원리에 대한 설명으로 틀린 것은?

① 열과 전기에너지 발생
② 반응생성물로 물이 생성
③ 연료극에 공급된 수소이온과 전자기 결합
④ 수소이온이 전해질층을 통해 공기극으로 이동

정답 9.③ 10.④ 11.④ 12.③

해설 연료전지 설비

수소와 산소의 전기화학 반응을 통하여 전기 또는 열을 생산하는 설비

15.4.33 / 17.2.40 / 18.2.21 / 19.4.29

13 3상 변압기의 병렬운전 결선방식이 아닌 것은?

① △-△와 △-△
② Y-△와 Y-△
③ △-△와 Y-Y
④ Y-△와 Y-Y

해설 3상 변압기 병렬운전

부하의 증가로 인하여 변압기 용량이 부족한 경우, 변압기의 1차, 2차의 단자들을 연결하여 병렬 운전한다.

1) 병렬운전이 가능한 결선방식
① △-△ 와 △-△
② Y-Y 와 Y-Y
③ Y-△ 와 Y-△
④ △-Y 와 △-Y
⑤ △-Y 와 Y-△

2) 병렬운전이 불가능한 결선방식
① △-△ 와 △-Y
② △-Y 와 Y-Y
③ Y-△ 와 Y-Y

15.4.49 / 18.2.57 / 19.2.3 / 19.4.52 / 21.4.9

14 태양광발전시스템 운영에 대한 설명으로 틀린 것은?

① 태양광발전시스템의 발전량은 여름철이 봄철, 가을철 보다 많다.
② 태양광발전시스템의 일상점검, 정기점검 등 주기에 맞춰 점검한다.
③ 태양광발전 모듈 표면의 온도가 높을수록 발전효율이 저하되므로 정기적으로 물을 뿌려 온도를 조절해준다.
④ 태양광발전시스템의 고장요인은 대부분 인버터에서 발생하므로 정기적으로 정상가동 유무를 확인한다.

해설 남해지역 고정식 태양광발전소 발전량

	1월	2월	3월	4월	5월	6월
[kWh]	3,057	3,295	4,348	3,997	4,157	3,831
[%]	7.39	7.96	10.51	9.66	10.05	9.26

	7월	8월	9월	10월	11월	12월	합계
	2,766	3,398	3,603	3,217	2,937	2,776	41,382
	6.68	8.21	8.71	7.77	7.10	6.71	100[%]

태양광발전소의 발전량은 3월~6월 가장 높게 발생된다.

15.4.63 / 19.4.75 / 20.1.70

15 저탄소 녹색성장 기본법에 따라 온실가스 감축 목표는 2030년 국가 온실가스 총배출량을 2017년 온실가스 총배출량의 얼마까지 감축하는 것으로 하고 있는가?

① 1000분의 30
② 1000분의 50
③ 1000분의 244
④ 1000분의 377

해설 온실가스 감축 국가목표 설정 · 관리

① 온실가스 감축 목표는 2030년의 국가 온실가스 총배출량을 2017년의 온실가스 총배출량의 1000분의 244만큼 감축하는 것으로 한다.
② 감축 목표 달성 여부에 대한 실적을 계산할 때에는 국제 탄소시장 등을 활용한 국외 감축분, 탄소흡수원을 활용한 감축분을 포함한다.
③ 환경부장관은 온실가스 감축 목표의 설정 · 관리 및 이행을 위한 범정부적 시책 마련 등 정책조정에 관한 업무를 지원한다. 이 경우 관계 중앙행정기관의 장은 환경부장관이 요청하는 자료를 제공하는 등 최대한 협조하여야 한다.

정답 13. ④ 14. ① 15. ③

16 공칭태양전지 동작온도(NOCT)의 영향요소가 아닌 것은?

13.4.10 / 18.1.1 / 18.2.8 / 20.1.12

① 풍속
② 주위온도
③ 주변습도
④ 전지표면의 방사조도

해설 **공칭 태양광발전 전지 동작 온도 측정시험**

태양광발전 모듈의 공칭 전지 동작 온도(Nominal Operating Cell Temperature, NOCT)는 다음의 표준기준 환경(Standard Reference Environment, SRE)에서 개방형 선반식 가대(open rack)에 설치한 모듈을 구성하는 태양광발전 전지의 평균 접합 온도로 정의된다.
① 경사각 : 수평면을 기준으로 45도
② 경사면 일조강도 : 800[W·m²]
③ 주위기온 : 20[℃]
④ 풍속 : 1[m/s]
⑤ 전기적 부하 : 없음(회로 개방 상태)

17 태양광발전시스템에서 인버터의 회로방식이 아닌 것은?

15.2.7 / 15.4.13 / 17.4.12 / 18.1.15 / 18.2.3 / 19.1.14 / 20.1.4 / 20.3.2 / 21.1.3 / 21.1.33

① 트랜스리스방식
② 주파수 시프트방식
③ 고주파 변압기 절연방식
④ 상용주파 변압기방식

해설 **인버터의 회로방식별 분류**

1) 상용주파 변압기 절연방식

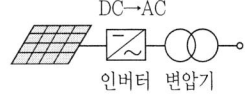

① PWM 인버터를 이용하여 상용주파수의 교류를 만들고, 상용주파수의 변압기를 이용하여 절연과 전압변환을 한다.
② 내부 신뢰성이나 노이즈 컷이 우수하지만, 상용주파수의 변압기를 별도로 이용하기 때문에 무겁고 크며, 변압기의 효율이 감소된다.

2) 고주파 변압기 절연방식

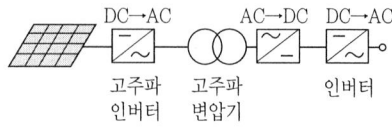

① 태양전지의 직류 출력을 고주파의 교류로 변환한 후 소형의 고주파 변압기로 절연을 한다.
② 일단 직류로 변환하고 재차 상용주파의 교류로 변환하며, 소형 경량이지만 회로가 복잡한 단점이 있다.

3) 트랜스리스(Transless) 방식

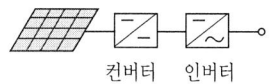

① 태양전지의 직류출력을 DC-DC 컨버터로 승압하고 인버터에서 상용주파의 교류로 변환한다.
② 소형 경량이며, 저렴하고 효율이 우수하고 신뢰성이 높다.
③ 상용전원과의 사이에는 절연이 되지 않아 안전성이 떨어진다.

18 공사감리원의 감리업무가 아닌 것은?

13.4.27 / 15.4.29 / 16.2.33 / 17.2.29 / 18.1.33 / 19.2.40 / 21.4.34

① 발주자의 감독 권한 대행
② 설계도서대로 시공되는지 확인
③ 공사의 계획, 발주, 설계, 시공 등 전반 업무 총괄
④ 품질관리, 공사관리, 안전관리 등에 대한 기술지도

해설 전력시설물공사의 설계감리 용역 및 공사의 발주는 발주자의 역할이다.

19 태양광발전시스템의 설계도서가 아닌 것은?

15.4.36 / 18.1.40 / 18.2.31 / 18.2.33 / 20.1.27 / 20.3.25 / 21.2.30

① 시방서
② 설계도면
③ 품질관리계획서
④ 공사비산출내역서

정답 16. ③ 17. ② 18. ③ 19. ③

해설 설계도서

1) 설계 설명서
   설계의 목적, 공사종목 및 그 개요, 각 설계에 대한 분석자료(인입지점, 발전소의 특성 등), 관계 관공서 등과의 협의 사항, 설계시 적용한 특별한 사항

2) 설계도면
   배치도, 단선접속도, 계통도, 배선도(평면도, 결선도, 기기상세도), 피뢰 설계도, 어레이 배치도, 접속반 내부 결선도

3) 기술계산서
   부하계산서, 전압강하계산서, 변압기용량계산서, 차단기용량계산서, 축전지용량계산서, 접지계산서

4) 설계시방서
   ① 중간설계 및 실시설계도면에 구체적으로 표시할 수 없는 내용과 공사수행을 위한 시공 방법, 자재의 성능·규격 및 공법, 품질시험 및 검사 등 품질관리, 안전관리, 환경관리 등에 관한 사항을 기술한다.
   ② 표준시방서 및 전문시방서를 기본으로 하여 작성하되, 공사의 특수성·지역여건·공사방법 등을 고려하여 작성한다.
   ③ 공사시방서, 전문시방서, 표준시방서, 특기시방서 등

5) 예산내역서
   자재 산출근거서, 공량산출서, 일위대가표, 내역서, 공사원가산출서, 단가대비표, 견적서 등

17.1.79 / 18.1.70 / 21.2.80 / 21.4.71

20 중질잔사유(中質殘渣油)를 가스화한 에너지의 범위로 옳은 것은?

① 고체가스   ② 합성가스
③ 메탄가스   ④ 바이오가스

해설 신·재생에너지 연료의 기준 및 범위(신재생에너지법 시행령 제18조의 12)
① 수소
② 중질잔사유를 가스화한 공정에서 얻어지는 합성가스
③ 생물유기체를 변환시킨 바이오가스, 바이오에탄올, 바이오액화유 및 합성가스

④ 동물·식물의 유지를 변환시킨 바이오디젤
⑤ 생물유기체를 변환시킨 목재칩, 펠릿 및 목탄 등의 고체연료

※ 중질잔사유 : 원유를 정제하고 남은 최종 잔재물로서 감압증류 과정에서 나오는 감압잔사유, 아스팔트와 열분해 공정에서 나오는 코크, 타르 및 피치 등

※ 감압증류 : 끓는점이 비교적 높은 액체 혼합물을 분리하기 위하여 액체에 작용하는 압력을 감소시켜 증류 속도를 빠르게 하는 방법

17.1.12 / 18.2.4 / 20.3.19 / 20.1.10

21 반동수차의 종류가 아닌 것은?

① 펠톤 수차
② 카플란 수차
③ 프란시스 수차
④ 프로펠러 수차

해설 수차의 종류 및 특징

수차의 종류		특징
충동수차	펠톤(Pelton)수차 튜고(Turgo)수차 오스버그(Ossberger)수차	수차가 물에 완전히 잠기지 않음 물은 수차의 일부 방향에서만 공급되며, 운동에너지만을 전환함
반동수차	프란시스(Francis)수차	수차가 물에 완전히 잠김
반동수차	프로펠러 수차 { 카플란(Kaplan)수차 튜브라(Tubular)수차 벌브(Bulb)수차 림(Rim)수차 }	수차의 원주방향에서 물이 공급됨 동압(dynamic pressure) 및 정압(static pressure)이 전환됨

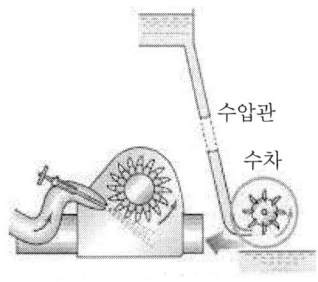

충동수차

정답 20. ② 21. ①

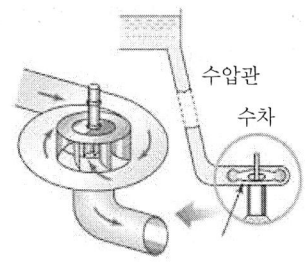

반동수차

① 충동수차(impulse water turbine) : 물을 노즐(nozzle)로부터 분출시켜서 위치 에너지를 전부 운동 에너지로 바꾸는 수차
② 반동수차(reaction water turbine) : 물의 위치에너지를 압력에너지로 바꾸고 이것을 러너에 유입시켜 빠져나갈 때의 반작용으로 동력을 발생하는 수차

18.2.18

22 전력변환 장치 중 AC-AC 컨버터(교류변환)의 명칭은?

① 초퍼
② 정류기
③ 인버터
④ 사이클로 컨버터

해설 사이클로 컨버터(Cycloconverter)
① 어떤 주파수의 교류를 직류로 변환하지 않고 그 주파수의 교류로 변환하는 직접 주파수 변환 장치
② 가변속 및 고속구동장치, 가변속도 정격주파수장치, 유도로등 주파수의 변환을 필요로 하는 모든 장치에 높은 이용 가능성이 기대된다.
③ 현재까지 주로 사용되는 사이클로 컨버터는 자연전류형으로서 출력주파수가 입력주파수 보다 낮고 무효전력을 제어할 수 없는 단점을 갖는다.
④ 수동 커패시터나 인덕터를 첨가하여 출력주파수를 증가시킬 수도 있으나 부피가 무거 우며 효율이 낮고 제어가 복잡해지는 문제점이 있다.

15.4.36 / 18.1.40 / 18.2.31 / 18.2.33 / 20.1.27 / 20.3.25 / 21.2.30

23 태양광설비의 설치 · 보수공사에 관한 설계도서에 포함되지 않는 것은?

① 설계도면
② 기술 계산서
③ 공사 계획서
④ 공사비 산출내역서

해설 설계도서
1) 설계 설명서
설계의 목적, 공사종목 및 그 개요, 각 설계에 대한 분석자료(인입지점, 발전소의 특성 등), 관계 관공서 등과의 협의 사항, 설계시 적용한 특별한 사항

2) 설계도면
배치도, 단선접속도, 계통도, 배선도(평면도, 결선도, 기기상세도), 피뢰 설계도, 어레이 배치도, 접속반 내부 결선도

3) 기술계산서
부하계산서, 전압강하계산서, 변압기용량계산서, 차단기용량계산서, 축전지용량계산서, 접지계산서

4) 설계시방서
① 중간설계 및 실시설계도면에 구체적으로 표시할 수 없는 내용과 공사수행을 위한 시공 방법, 자재의 성능·규격 및 공법, 품질시험 및 검사 등 품질관리, 안전관리, 환경관리 등에 관한 사항을 기술한다.
② 표준시방서 및 전문시방서를 기본으로 하여 작성하되, 공사의 특수성·지역여건·공사방법 등을 고려하여 작성한다.
③ 공사시방서, 전문시방서, 표준시방서, 특기시방서 등

5) 예산내역서
자재 산출근거서, 공량산출서, 일위대가표, 내역서, 공사원가산출서, 단가대비표, 견적서 등

16.2.47 / 16.2.51 / 16.4.47 / 17.2.42 / 18.1.45 / 18.2.44 / 18.2.54 / 19.1.43 / 19.1.51 / 19.1.53 / 19.4.42 / 19.4.47 / 20.3.48 / 20.4.42 / 20.4.45 / 20.4.51 / 21.1.46 / 21.1.51 / 21.1.58 / 21.4.44 / 21.2.47 / 21.4.56

24 태양광발전 모듈의 발전성능을 옥내에서 시험하기 위해 사용하는 인공광원은?

① 항온항습 장치
② UV시험 장치
③ 염수분무 장치
④ 솔라 시뮬레이터

해설 태양전지모듈 시험장치
① 항온항습 장치
태양전지모듈의 온도 사이클 시험, 온습도 사이클 시험, 내열-내습성시험을 하기위한 챔버, 온도 ±2

[℃] 이내, 습도 ±5[%] 이내이어야 한다.
② UV시험 장치
태양전지모듈이 태양광에 노출되는 경우에 따라서 유지되는 열화정도를 시험하기 위한 장치
③ 염수분부 장치
태양전지모듈의 구성 재료와 패키지 등의 구성품을 대상으로 염수(바닷물)에 대한 내구성을 시험하기 위한 환경 챔버
④ 솔라 시뮬레이터
태양광발전 모듈의 발전성능을 옥내에서 시험하기 위한 인공광원이며, 방사조도 ±2[%] 이내, 광원 균일도 ±2[%] 이내의 A등급 이상의 것

18.2.74
25 산업통상자원부장관이 전기의 보편적 공급을 위하여 고려해야할 구체적인 내용이 아닌 것은?

① 전기기술의 발전 정도
② 전기의 보급 정도
③ 전기사업자 보호
④ 사회복지의 증진

해설 보편적 공급(전기사업법 제6조)
1) 전기사업자등은 전기의 보편적 공급에 이바지할 의무가 있다.

2) 산업통상자원부장관은 다음의 사항을 고려하여 전기의 보편적 공급의 구체적 내용을 정한다.
① 전기기술의 발전 정도
② 전기의 보급 정도
③ 공공의 이익과 안전
④ 사회복지의 증진

15.2.27 / 17.1.37 / 18.4.10 / 18.4.13 / 19.2.31 / 21.2.7
26 인버터에 관한 사항으로 틀린 것은?

① 인버터 설치용량은 설계용량 이상
② 인버터에 연결된 모듈 설치용량은 인버터 설치용량의 110[%] 이내
③ 각 직렬군의 태양전지 개방전압은 인버터 입력전압범위 안에 존재

④ 옥내용을 옥외에 설치하는 경우는 5[kW]이상 용량일 경우에만 가능

해설 인버터 설치용량과 표시사항
① 입력단(모듈출력)의 전압, 전류, 전력과 출력단(인버터출력)의 전압, 전류, 전력, 주파수, 누적발전량, 최대출력량(peak)이 표시되어야 한다.
② 인버터의 설치용량은 사업계획서 상의 인버터 설계용량 이상이어야 하고, 인버터에 연결된 모듈의 설치용량은 인버터 설치용량의 105[%] 이내이어야 한다. 다만, 각 직렬군의 태양전지 개방전압은 인버터 입력전압 범위 안에 있어야 한다.
③ 인버터는 옥내·옥외용을 구분하여 설치하여야한다. 단, 옥내용을 옥외에 설치하는 경우는 5[kW]이상 용량일 경우에만 가능하며 이 경우 빗물 침투를 방지할 수 있도록 옥내에 준하는 수준으로 외함 등을 설치하여야 한다.

18.4.27
27 다음 중 개폐장치의 종류가 아닌 것은?

① 단로기　　　② 전류계전기
③ 진공차단기　④ ATS

해설 개폐장치의 종류

단로기

진공차단기

ATS

① 단로기(DS) : 기기의 점검, 보수, 수리 등을 할 때 해당 부분을 전원으로부터 분리하거나 회로의 접속을 변경할 때 사용되는 것으로 항상 무부하 상태에서 개폐, 부하전류 또는 고장전류를 개폐 또는 차단하지는 못한다.

② 진공차단기(VCB, Vacuum Circuit Breaker) : 회로의 개폐나 고장전류 차단시 발생하는 아크(Arc)를 진공상태에서 소호시키는 차단기
③ 자동 절환 스위치(Automatic Transfer Switch) : 정전시 문제가 발생할 수 있는 공장, 병원 등의 장소에서 갑작스런 정전에 영향을 받지 않도록 정전시 자동으로 비상용 발전전원으로 바꿔주는 전기장치이다.

※ 전류계전기 : 흐르는 전류의 값이 정해진 값보다 크거나 작을 때 작동하는 계전기

18.4.55 / 21.2.56

28 큐비클식 축전지 설비와 발전설비와의 보안거리는?

① 1[m] ② 1.5[m]
③ 2[m] ④ 2.5[m]

해설 큐비클식 축전지 설비의 이격 거리

이격 거리를 확보해야 할 부분	이격 거리[m]
큐비클 이외의 발전설비와의 거리	1.0
큐비클 이외의 변전설비와의 거리	1.0
실외에 설치할 경우 건물과의 거리	2.0
전면 또는 조작면	1.0
점검면	0.6
환기면	0.2

13.4.64 / 14.4.65 / 14.4.77 / 15.4.71 / 17.1.8 / 17.2.75 /
17.4.70 / 18.4.67 / 19.2.70 / 19.2.72 / 20.1.64

29 재생에너지의 종류에 해당되지 않는 것은?

① 태양에너지 ② 해양에너지
③ 풍력   ④ 수소에너지

해설 신·재생에너지의 정의(신재생에너지법 제2조)

1) 신에너지: 기존의 화석연료를 변환시켜 이용하거나 수소·산소 등의 화학 반응을 통하여 전기 또는 열을 이용하는 에너지
① 수소에너지
② 연료전지
③ 석탄을 액화·가스화한 에너지 및 중질잔사유을 가스화

2) 재생에너지: 햇빛·물·지열·강수·생물유기체 등을 포함하는 재생 가능한 에너지를 변환시켜 이용하는 에너지
① 태양에너지
② 풍력
③ 수력
④ 해양에너지
⑤ 지열에너지
⑥ 생물자원을 변환시켜 이용하는 바이오에너지
⑦ 폐기물에너지(비재생폐기물로부터 생산된 것은 제외한다)

17.1.64 / 18.4.78

30 신재생에너지 설비 설치의무기관으로서 대통령령으로 정하는 비율 또는 금액 이상을 출자한 법인에 해당하는 것은?

① 납입자본금으로 100분의 25 이상을 출자한 법인
② 납입자본금으로 100분의 50 이상을 출자한 법인
③ 납입자본금으로 10억원 이상을 출자한 법인
④ 납입자본금으로 30억원 이상을 출자한 법인

해설 신·재생에너지 설비 설치의무기관(신재생에너지법 제12조, 시행령 제16조)

1) 정부가 대통령령으로 정하는 금액(연간 50억원) 이상을 출연한 정부출연기관
2) 지방자치단체 및 공공기관, 정부출연기관 또는 정부출자기업체가 대통령령으로 정하는 비율 또는 금액 이상을 출자한 법인
① 납입자본금의 100의 50 이상을 출자한 법인
② 납입자본금으로 50억원 이상을 출자한 법인

정답 28. ① 29. ④ 30. ②

17.1.3

31 궤도전자가 강한 에너지를 받아서 원자 내의 궤도를 이탈하여 자유전자가 되는 것은?

① 방사 ② 전리 ③ 공진 ④ 여기

해설 전리(Ionization)
입사 방사선이 원자(전기적으로 중성)의 궤도전자에 전자의 결합에너지보다 큰 에너지를 부여함으로써 원자로부터 전자를 제거하는 현상으로, 이온화라고도 한다.

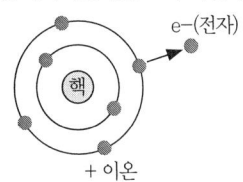

16.2.27 / 17.1.26 / 17.1.71 / 18.4.60 / 19.2.30 / 19.4.69 / 20.3.69 / 21.2.68 / 21.4.15 / 21.4.60

32 직격뢰와 유도뢰에 대한 설명이 아닌 것은?

① 직격뢰는 에너지가 매우 작다.
② 유도뢰에 의한 순간적인 전압상승을 뇌서지라고 한다.
③ 정전유도에 의한 유도뢰는 케이블에 유도된 플러스 전하가 낙뢰로 인한 지표면 전하의 중화에 의해 뇌서지가 된다.
④ 전자유도에 의한 유도뢰는 케이블 부근에 낙뢰로 인한 뇌전류에 따라 케이블에 유도되어 뇌서지가 된다.

해설 직격뢰

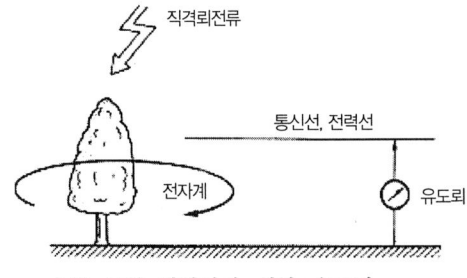

수목 등의 직격뢰에 의한 유도뢰

① 뇌격전류 크기는 26[kA]이하가 약 50[%], 26~100[kA]가 50[%] 정도를 차지한다.
② 구조물, 태양전지 어레이 등에 직접 내리는 낙뢰로 유입되는 전류와 발생전압이 크기 때문에, 뇌격을 직접 받으면 피뢰기마저도 소손되는 경우가 있다.
③ 직격뢰의 피해를 방지하는 것은 매우 어려우나, 피뢰침 등을 설치하여 전기설비에 대한 직접 뇌격을 피하는 대책이 취해지고 있다.

15.2.23 / 17.1.35 / 17.2.39 / 18.4.30 / 20.4.40

33 태양전지 어레이의 구조물을 지상에 설치하기 위한 기초의 종류 중 지지층이 얕을 경우 쓰이는 방식은?

① 말뚝기초 ② 직접기초
③ 연속기초 ④ 케이슨기초

해설 기초의 분류

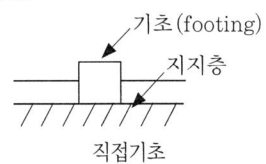

직접기초

1) 얕은 기초(Shallow Foundation)
① 독립(주춧돌)기초(Individual Footing) : 단일기둥을 지지, 기둥간격이 넓은 경우
② 연속기초(Contentious Footing) : 다수의 연속기둥 또는 벽체를 지지
③ 전면(온통)기초(Mat 또는 Raft Foundation)

※ 직접기초 : 독립기초, 연속기초, 전면(온통)기초

2) 깊은 기초(Deep Foundation)
① 파일(말뚝)기초(Pile Foundation)
② 피어기초(Pier Foundation)
③ 케이슨(우물통)기초

정답 31. ② 32. ① 33. ②

13.4.26 / 15.4.28 / 16.4.38 / 17.1.51 / 17.2.22 / 17.2.54 / 17.4.23 / 17.4.53 / 18.1.21 / 18.1.47 / 18.2.46 / 18.2.53 / 18.4.23 / 19.1.60 / 19.2.26 / 19.2.42 / 19.4.27 / 19.4.49 / 20.1.52 / 20.3.23 / 20.3.41 / 20.4.24 / 21.1.38 / 21.4.42 / 21.4.48

34 정전작업 중 조치사항에 대한 설명으로 틀린 것은?

① 개폐기 관리
② 단락접지기구의 철거
③ 작업지휘자에 의한 작업지시
④ 근접 활선에 대한 방호상태의 관리

해설 정전작업

1) 정전작업 전 조치사항
① 전원차단후 각 단로기 등을 개방하고 확인할 것
② 차단장치나 단로기 등에 잠금(시건)장치 및 꼬리표를 부착할 것
③ 전기기기 등에 공급되는 모든 전원을 관련 배선도, 도면 등을 통해 확인할 것
④ 검전기를 이용하여 작업 대상 기기가 충전되었는지 확인 할 것(잔류전하 방전)

2) 정전작업 중 조치사항
① 작업지휘자에 의한 작업지휘
② 개폐기 관리(전원 재투입 방지, 잠금장치 및 꼬리표 부착 관리)
③ 근접 활선에 대한 방호상태 관리
④ 단락접지의 상태관리

3) 정전작업 후 조치사항
① 작업기기, 단락접지기구(접지선)를 제거하고 전기기기 등이 안전하게 통전될 수 있는지 확인
② 모든 작업자가 작업이 완료된 전기기기 등에서 떨어져 있는지 확인할 것
③ 잠금장치 와 꼬리표는 설치한 근로자가 직접 철거할 것
④ 모든 이상유무를 확인한 후 전기기기 등의 전원을 투입할 것

16.2.77 / 17.1.63 / 17.1.72 / 20.4.63 / 21.1.72

35 정부가 중소기업의 녹색기술 및 녹색경영을 촉진하기 위하여 수립·시행할 수 있는 시책으로 틀린 것은?

① 중소기업의 녹색기술 사업화의 촉진
② 녹색기술 개발 촉진을 위한 공공시설의 이용
③ 대기업과 중소기업의 공동사업에 대한 우선 지원
④ 해외전문연구소의 중소기업에 대한 기술지도·기술이전 및 기술인력 파견에 대한 지원

해설 중소기업의 지원 등(녹색성장법 제33조)

정부는 중소기업의 녹색기술 및 녹색경영을 촉진하기 위하여 다음의 시책을 수립·시행할 수 있다.
① 대기업과 중소기업의 공동사업에 대한 우선 지원
② 대기업의 중소기업에 대한 기술지도·기술이전 및 기술인력 파견에 대한 지원
③ 중소기업의 녹색기술 사업화의 촉진
④ 녹색기술 개발 촉진을 위한 공공시설의 이용
⑤ 녹색기술·녹색산업에 관한 전문인력 양성·공급 및 국외진출
⑥ 그밖에 중소기업의 녹색기술 및 녹색경영을 촉진하기 위한 사항

17.2.7 / 18.1.5 / 18.1.13 / 21.2.3

36 도선의 길이가 2배로 늘어나고 지름이 1/2로 줄어들 경우 그 도선의 저항은?

① 4배 증가 ② 4배 감소
③ 8배 증가 ④ 8배 감소

해설 저항(R)

저항 값은 도체의 길이에 비례하고, 단면적에 반비례하므로 도체의 길이 l [m], 단면적 $A[m^2]$, 고유 저항 , 반지름 r 이라고 하면,

$$R = \rho \frac{l}{A} = \frac{2}{\left(\frac{1}{2}r\right)^2} = 8 \text{ 배 증가}$$

정답 34. ② 35. ④ 36. ③

13.4.2 / 14.4.14 / 17.2.17 / 18.2.20 / 19.1.18 / 20.1.6 / 21.1.10

37 그림은 PV(photovoltaic) 어레이 구성도를 나타내고 있다. 전류 I [A]와 단자 A, B사이의 전압 [V]은?

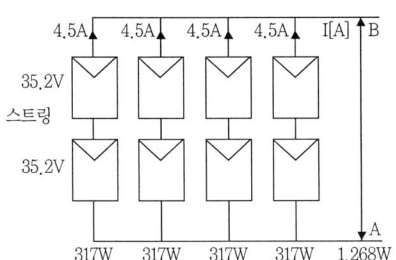

① 4.5 [A], 35.2 [V]
② 4.5 [A], 70.4 [V]
③ 18 [A], 70.4 [V]
④ 18 [A], 35.2 [V]

해설 태양전지 직병렬 계산식

1) 태양전지의 접속
① 출력 전류(I_{AB})

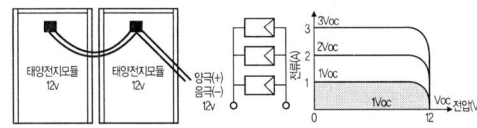

I_{AB} = 직렬 전류 × 병렬 개수 = 4.5×4 = 18 [A]

② 출력 전압(V_{AB})

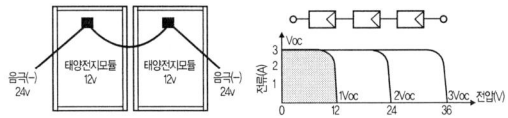

V_{AB} = 단위 축전지 전압 × 직렬 수량 = 35.2×2
     = 70.4 [V]

13.4.11 / 14.4.36 / 16.4.26 / 17.2.5 / 17.2.25 / 17.2.33 / 17.4.7 /
18.2.40 / 19.1.39 / 20.4.25 / 21.2.16 / 21.2.32 / 21.4.3

38 피뢰시스템 중 뇌격전류를 안전하게 대지로 전송하는 것은?

① 돌침   ② 감시시스템
③ 수뢰부시스템   ④ 인하도선시스템

해설 외부 피뢰시스템

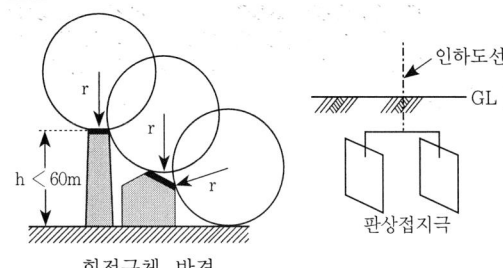

회전구체 반경

(1) 수뢰부 시스템
① 뇌격이 피 보호범위내로 침입할 확률을 감소시키는 것
② 돌침(피뢰침), 수평도체, 메시 도체(케이지)방식의 개별 또는 이들의 조합으로 한다.
③ PV설비 전체를 보호할 수 있는 범위내로 해야 한다.

1) 수뢰부 시스템의 배치
구조물의 모퉁이, 뾰족한 점, 모서리에 설치한다.
① 보호각법
② 회전구체법(Rolling Sphere)
③ 메쉬(Mesh)법

2) 피뢰시스템의 레벨별 회전구체 반경과 메쉬 치수

피뢰시스템 레벨	회전구체 반경 r[m]	메쉬 치수 W[m]
I	20	5×5
II	30	10×10
III	45	15×15
IV	60	20×20

(2) 인하도선 시스템
① 위험한 불꽃방전의 발생확률을 감소시키기 위하여 뇌격 점과 대지사이를 연결하는 도선
② 다수의 병렬 전류통로를 형성해야 한다.
③ 전류통로의 배선 길이는 최소로 유지해야 한다.
④ 인하도선은 가능한 한 수뢰부도체에서 직접 연결되도록 배치하여야 한다.
⑤ 인하도선은 지표면과 가까운 부분에 접지시험단자를 시설한다. 다만, 자연적 구성부재를 이용하는 경우는 생략한다.

정답 37. ③ 38. ④

(3) 접지 시스템
① 위험한 과전압을 발생시키지 않고 뇌전류를 대지로 방류하기 위해서는 접지의 형상, 크기 및 접지저항 값이 중요하다. 다만, 일반적으로는 낮은 접지저항을 권장한다.
② 피뢰설비의 관점에서는 구조체를 사용한 통합단일의 접지가 바람직하며, 모든 접지목적(즉, 피뢰설비, 저압전력시스템, 통신시스템 등)에도 적합하다.

14.4.27 / 15.4.15 / 17.1.47 / 17.2.44 / 17.4.52 / 18.1.57 / 18.4.5 / 20.4.49 / 21.2.37 / 21.4.587

39 태양광발전 모니터링 프로그램의 기본 기능으로 틀린 것은?

① 데이터 수집기능 ② 데이터 저장기능
③ 데이터 연산기능 ④ 데이터 분석기능

해설 모니터링 시스템 프로그램 기능
① 데이터 수집기능
　인버터로부터 데이터를 공급받아 전압과 전력에 대한 정보를 제공하며 일사량과 모듈 표면온도 등의 정보를 제공한다.
② 데이터 저장기능
　실시간 데이터가 저장되어 평균 자료를 한눈에 알아볼 수 있도록 한다.
③ 데이터 분석기능
　저장된 데이터로 표를 작성하여 일일 평균값 등의 변화를 한눈에 알 수 있도록 데이터를 제공한다.
④ 데이터 통계기능
　저장된 데이터를 바탕으로 일간, 월간, 연간 통계를 알아볼 수 있도록 제공한다.

13.4.80 / 17.2.76 / 17.4.65 / 21.2.76

40 전기공사기술자로 인정을 받으려는 사람을 전기공사기술자로 인정하면 전기공사기술자의 등급 및 경력 등에 관한 증명서를 해당 전기공사기술자에게 발급하는 자는?

① 시·도지사
② 전기공사협회장
③ 산업통상자원부장관
④ 한국산업인력공단 이사장

해설 전기공사기술자의 인정, 정의
(전기공사업법 제17조의 2, 제2조)
1) 전기공사기술자로 인정을 받으려는 사람은 산업통상자원부장관에게 신청하여야 한다.

2) 산업통상자원부장관은 신청인이 다음에 해당하면 전기공사기술자로 인정하여야 한다.
① 국가기술자격법에 따른 전기 분야의 기술자격을 취득한 사람
② 일정한 학력과 전기 분야에 관한 경력을 가진 사람

3) 산업통상자원부장관은 신청인을 전기공사기술자로 인정하면 전기공사기술자의 등급 및 경력 등에 관한 증명서를 해당 전기공사기술자에게 발급하여야 한다.

(4) 신청절차와 기술자격·학력·경력의 기준 및 범위 등은 대통령령으로 정한다.

17.4.4

41 고강도 재료로 만들어진 회전체에 운동에너지 상태로 저장한 후 필요 시 발전기를 작동시켜 전기에너지로 변환하는 저장시스템은 무엇인가?

① LiB ② NaS
③ Flywheel ④ CAES

해설 전력저장설비
생산된 전력을 저장해 필요할 때 사용함으로써 에너지의 효율적 이용과 함께 신재생에너지 활용도 제고 및 전력공급 시스템을 안정화하는 장치
① 양수발전 : 발전소의 아래와 위, 두 개의 저수지를 만들어 전력이 풍부한 시간대에 발전기를 이용하여 아래쪽 저수지의 물을 위쪽 저수지로 퍼 올렸다가 전력이 필요한 시기에 방수하여 발전한다.
② 압축공기 에너지저장 장치(Compressed Air Energy Storage) : 전력수요가 낮은 시간대 또는 조절 불가한 전력을 압축기를 사용하여 압축공기를 지하에 저장하고, 전력수요가 높은 시간대에 저장하였던 압축공기를 이용하여 전력을 생산하는 방식

정답 39. ③ 40. ③ 41. ③

③ 플라이휠 에너지저장 시스템(Flywheel Energy Storage System) : 대용량 회전체를 무 접촉 상태로 부양한 후 전기에너지를 회전에너지 형태로 저장하였다가 필요시 전력으로 변환하는 방식이다.
④ 리튬이온전지(Lithium ion Battery) : 리튬이온이 분리막과 전해질을 통하여 양극(리튬산화물전극)과 음극(탄소계 전극) 사이를 이동하며 에너지를 저장하며, 출력특성과 효율이 좋으나, [kWh]당 단가가 높아 주파수 조정과 같은 단기저장 방식에 유리하다.
⑤ NaS 전지(나트륨황 전지) : 음극에 나트륨 금속을, 양극에 황 등 나트륨과 반응하여 화합물을 형성하는 물질을 사용하는 전지이다. 나트륨이온전도가 가능한 고체전해질을 사용하는 전기에너지저장장치로 단위 전지의 용량을 크게 만들 수 있어 대용량의 전지 구성에 유리하며 나트륨과 황 등 가격이 저렴한 재료를 사용하여 경제성이 우수하다.

16.4.36 / 17.4.28 / 21.2.33

42 태양전지 어레이용 지지대의 재질로서 사용되지 않는 것은?

① 티타늄
② 알루미늄 합금
③ 스테인리스 스틸
④ 용융아연 도금된 형강

해설 지지대, 연결부, 기초(용접부위 포함)
지지대는 다음의 재질로 제작하여야 한다. 지지대간 연결 및 모듈-지지대 연결은 가능한 볼트로 체결하되, 절단가공 및 용접부위(도금처리제품 한정)는 용융아연 도금처리를 하거나 에폭시 아연페인트를 2회 이상 도포하여야 한다.
① 용융아연 또는 용융아연-알루미늄-마그네슘합금 도금된 형강
② 스테인리스 스틸(STS)
③ 알루미늄합금
④ ①~③까지의 동등이상 성능

17.1.58 / 17.4.50 / 17.4.56 / 18.2.41 / 19.1.44 / 19.2.44 / 20.3.59 / 21.2.42 / 21.4.52

43 주로 정지 상태에서 행하는 점검으로 제어운전장치의 기계 점검, 절연저항의 측정 등을 실시할 때 하는 점검은?

① 일상점검   ② 정기점검
③ 임시점검   ④ 완공시 점검

해설 전기설비 점검의 종류
① 일상(순시)점검
  시설물의 기능을 유지하기 위한 점검
② 정기점검
  원칙적으로 시설물을 정지 상태에서 운전제어장치의 기계점검, 절연저항측정, 배전반의 기능을 확인하고 유지하기 위한 계획을 수립하여 점검
③ 임시점검
  일상순시점검 및 정기점검에 의하여 상세하게 점검할 경우가 발생되는 경우에 실시한다.

13.4.76 / 15.2.25 / 16.4.73 / 17.4.66 / 17.4.67 / 18.1.24 / 18.1.75 / 19.1.62 / 19.2.78 / 19.4.67 / 20.3.73 / 21.1.63 / 21.1.76 / 21.4.70

44 신·재생에너지법에 거짓이나 부정한 방법으로 공급인증서를 발급받은 자와 그 사실을 알면서 공급인증서를 발급한 자는 몇 년 이하의 징역 또는 얼마 이하의 벌금에 처하는가?

① 2년 이하의 징역 또는 3천만원 이하의 벌금
② 2년 이하의 징역 또는 5천만원 이하의 벌금
③ 3년 이하의 징역 또는 3천만원 이하의 벌금
④ 3년 이하의 징역 또는 5천만원 이하의 벌금

해설 벌칙(신재생에너지법 제34조)
① 거짓이나 부정한 방법으로 발전차액을 지원받은 자와 그 사실을 알면서 발전차액을 지급한 자는 3년 이하의 징역 또는 지원받은 금액의 3배 이하에 상당하는 벌금에 처한다.
② 거짓이나 부정한 방법으로 공급인증서를 발급받은 자와 그 사실을 알면서 공급인증서를 발급한 자는 3년 이하의 징역 또는 3천만원 이하의 벌금에 처한다.

정답 42. ① 43. ② 44. ③

③ 공급인증기관이 개설한 거래시장 외에서 공급인증서를 거래한 자는 2년 이하의 징역 또는 2천만원 이하의 벌금에 처한다.
④ 법인의 대표자나 법인 또는 개인의 대리인, 사용인, 그 밖의 종업원이 그 법인 또는 개인의 업무에 관하여 ①~③까지의 어느 하나에 해당하는 위반행위를 하면 그 행위자를 벌하는 외에 그 법인 또는 개인에게도 해당 조문의 벌금형을 과한다. 다만, 법인 또는 개인이 그 위반행위를 방지하기 위하여 해당 업무에 관하여 상당한 주의와 감독을 게을리하지 아니한 경우에는 그렇지 않다.

15.2.75 / 15.4.65 / 15.4.74 / 17.1.62 / 17.2.63 / 17.4.1 / 17.4.3 / 17.4.76 / 18.1.8 / 18.2.72 / 19.4.15 / 20.1.18 / 20.1.72 / 20.1.77 / 21.1.6 / 21.2.12

45 태양의 빛에너지를 변환시켜 전기를 생산하거나 채광(採光)에 이용하는 설비는?

① 풍력설비
② 지열설비
③ 태양열설비
④ 태양광설비

해설 신·재생에너지 설비(신재생에너지법 시행규칙 제2조)
① 연료전지 설비 : 수소와 산소의 전기화학 반응을 통하여 전기 또는 열을 생산하는 설비
② 태양열 설비 : 태양의 열에너지를 변환시켜 전기를 생산하거나 에너지원으로 이용하는 설비
③ 태양광 설비 : 태양의 빛에너지를 변환시켜 전기를 생산하거나 채광(採光)에 이용하는 설비
④ 수력 설비: 물의 유동(流動) 에너지를 변환시켜 전기를 생산하는 설비
⑤ 해양에너지 설비 : 해양의 조수, 파도, 해류, 온도차 등을 변환시켜 전기 또는 열을 생산하는 설비
⑥ 지열에너지 설비 : 물, 지하수 및 지하의 열 등의 온도차를 변환시켜 에너지를 생산하는 설비
⑦ 폐기물에너지 설비 : 폐기물을 변환시켜 연료 및 에너지를 생산하는 설비
⑧ 수열에너지 설비 : 물의 열을 변환시켜 에너지를 생산하는 설비
⑨ 전력저장 설비 : 신에너지 및 재생에너지를 이용하여 전기를 생산하는 설비와 연계된 전력저장 설비

16.2.1 / 17.2.19 / 17.4.17 / 18.1.18 / 19.4.13 / 19.2.11 / 21.1.18

46 박막 실리콘 태양전지 설명 중 틀린 것은?

① 실리콘의 사용량이 적어 저렴하다.
② 재료는 인듐을 사용한다.
③ 아몰퍼스 실리콘 박막을 적층한 방식이다.
④ 텐덤형 실리콘 태양전지 변화효율은 12[%]정도이다.

해설 박막형 태양전지
① 유리, 스테인리스 스틸, 플라스틱 등 저가의 기판에 얇은 막 형태의 박막을 형성하는 구조로, 기판위에 형성되는 막의 원료에 따라 비정질 실리콘 태양전지, CdTe, CIGS 박막, a-Si, 염료감응형 태양전지, 유기 태양전지로 구분된다.
② 실리콘 사용량이 적어 저렴하나 제조공정이 복잡하고 에너지 효율이 낮아 결정질 태양전지와 동일한 출력을 내기 위해서는 대면적의 모듈이 필요하다.
③ 결정질 실리콘 태양전지의 두께는 200~300[μm], 박막형 실리콘 태양전지의 두께는 0.3~2[μm]로서 상당히 얇게 제작할 수 있다.
④ 불순물 첨가 (도핑)에 의한 전기 전도도 제어가 쉽지 않으며, 이 경우 p-형보다는 In 등의 첨가 및 열처리에 의하여 n-형 쪽으로 제어하는 것이 보다 쉬운 것으로 알려져 있다.
⑤ 적은 온도계수로 온도에 따른 효율 감소가 적으며, 빛의 강도 변화에 대한 안정성으로 흐린 날, 겨울, 음지에서도 안정적이다.
⑥ 각국 정부의 태양광발전에 대한 관심과 지원이 폭발적으로 증대되면서 폴리실리콘의 양산규모 증대는 벌크형 실리콘 태양전지의 가격 하락을 이끌었고, 차세대 태양전지였던 박막 태양전지는 목표로 했던 가격에 도달했음에도 불구하고 가격적으로는 경쟁력이 없는 결과에 있다.

13.4.4 / 16.2.12 / 16.4.12 / 19.1.13 / 19.4.1 / 21.1.12 / 21.4.7 / 21.4.8

47 역률이 50[%]이고 1상의 임피던스가 60[Ω]인 유도 부하를 △로 결선하고 여기에 병렬로 저항 20[Ω]을 Y결선으로 하여 3상 선간전압 200[V]를 가할 때, 소비전력(W)은?

① 2000　　② 2200
③ 2500　　④ 3000

해설 3상회로의 결선법

1) Y(성형) 결선회로

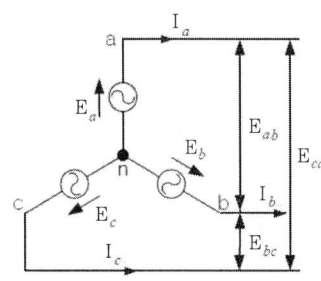

Y 결선회로

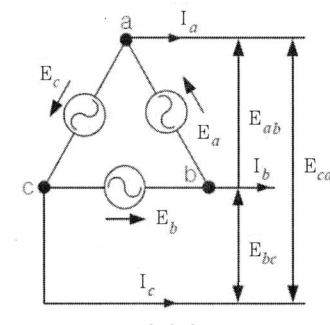

△결선회로

① 상전압 $E_P(E_a, E_b, E_c)$과 선간전압 $E_l(E_{ab}, E_{bc}, E_{ca})$의 관계
$$E_P = \frac{E_l}{\sqrt{3}}$$
② 상전류와 선간전류는 같다.

2) △(삼각) 결선회로
① 상전압과 선간전압은 같다.
② 상전류(I_P)와 선간전류(I_l)의 관계
$$I_P = \frac{I_l}{\sqrt{3}}$$

3) 유도부하의 전력(P_1)
$$P_1 = 3EI\cos\theta = 3 \times 200 \times \frac{200}{60} \times 0.5 = 1,000(W)$$

4) 저항부하의 전력(P_2)
선간전압은 저항이 연결된 상전압으로 변경한다.
$$P_1 = 3 \times \frac{E^2}{R} = 3 \times \frac{\left(\frac{200}{\sqrt{3}}\right)^2}{20} = 2,000(W)$$

5) 합성전력(P_T)
$$P_T = P_1 + P_2 = 1,000 + 2,000 = 3,000(W)$$

14.4.7 / 16.2.18

48 신재생에너지의 중요성에 관한 내용으로 거리가 먼 것은?

① 기후변화협약 대응
② 발전에너지의 높은 효율
③ 최근 유가의 불안정
④ 화석연료의 고갈문제 해결

해설 신·재생에너지의 중요성
① 최근 유가의 불안정, 기후변화협약 규제 대응 등 신·재생에너지의 중요성이 재인식되면서 에너지공급방식 다양화 필요
② 기후변화 협약은 선진국들이 이산화탄소(CO_2)를 비롯하여 각종 온실 기체의 방출을 제한하고 지구 온난화를 막는 데 주요 목적
③ 기존에너지원 대비 가격경쟁력 확보시 신·재생에너지산업은 미래 산업, 차세대산업으로 급신장 예상
④ 정부는 2030년 재생에너지 비율을 20% 보급한다는 장기적인 목표 하에 신·재생에너지기술개발 및 보급사업 등에 대한 지원 강화

16.2.36 / 16.2.43 / 18.2.49 / 18.4.21 / 19.2.58 / 21.4.23

49 태양광발전시스템 보수점검 작업 시 점검 전 유의사항이 아닌 것은?

① 회로도 검토　　② 오조작 방지
③ 접지선 제거　　④ 무전압 상태확인

해설 정전작업

1) 정전작업 전 조치사항
   ① 전원차단후 각 단로기 등을 개방하고 확인할 것
   ② 차단장치나 단로기 등에 잠금(시건)장치 및 꼬리표를 부착할 것
   ③ 전기기기 등에 공급되는 모든 전원을 관련 배선도, 도면 등을 통해 확인할 것
   ④ 검전기를 이용하여 작업 대상 기기가 충전되었는지 확인 할 것(잔류전하 방전)

2) 정전작업 중 조치사항
   ① 작업지휘자에 의한 작업지휘
   ② 개폐기 관리(전원 재투입 방지, 잠금장치 및 꼬리표 부착 관리)
   ③ 근접 활선에 대한 방호상태 관리
   ④ 단락접지의 상태관리

3) 정전작업 후 조치사항
   ① 작업기기, 단락접지기구(접지선)를 제거하고 전기기기 등이 안전하게 통전될 수 있는지 확인
   ② 모든 작업자가 작업이 완료된 전기기기 등에서 떨어져 있는지 확인할 것
   ③ 잠금장치와 꼬리표는 설치한 근로자가 직접 철거할 것
   ④ 모든 이상유무를 확인한 후 전기기기 등의 전원을 투입할 것

14.4.78 / 15.2.3 / 15.4.10 / 16.2.70 / 17.2.64 / 17.4.71 / 18.1.67 / 18.4.69 / 19.1.71 / 21.1.4

50 온실가스의 종류가 아닌 것은?

① 메탄 ② 질소
③ 이산화질소 ④ 수소불화탄소

해설 정의(녹색성장법 제2조)

온실가스 : 이산화탄소(CO_2), 메탄(CH_4), 아산화질소(N_2O), 수소불화탄소(HFCs), 과불화탄소(PFCs), 육불화황(SF_6) 및 그밖에 대통령령으로 정하는 것으로 적외선 복사열을 흡수하거나 재방출하여 온실효과를 유발하는 대기 중의 가스 상태의 물질

14.4.1 / 16.4.6 / 17.4.20

51 태양전지의 변환효율에 영향을 주는 외부 요인이 아닌 것은?

① 기압 ② 표면온도
③ 방사조도 ④ 분광분포(air mass)

해설 태양전지 변환효율(η)
① 표준 시험조건(Standard Test Conditions, STC)에서 측정한 태양전지 출력전력을 입사된 빛 에너지(소자넓이 × 경사면 조사 강도)로 나누어 백분율로 나타낸 것
② 표준 시험조건 : 태양광발전 소자를 시험할 때의 기준이 되는 시험조건 즉, 태양광발전 소자가 빛을 받는 면의 조사강도 $1000[W/m^2]$, 태양전지 온도 $25[℃]$, 분광분포(air mass) 1.5인 조건

15.2.48 / 15.4.2 / 16.2.15 / 16.4.13 / 18.4.1 / 19.1.4 / 19.1.11 / 20.1.20 / 21.1.1 / 21.1.5

52 태양광발전의 기본 원리로서 1839년에 Edmond Becquerel에 의해 최초로 발견된 현상은?

① 광기전력 효과 ② 광전도 효과
③ 광흡수 효과 ④ 광자기장 효과

해설 PN접합에 의한 태양광 발전의 원리

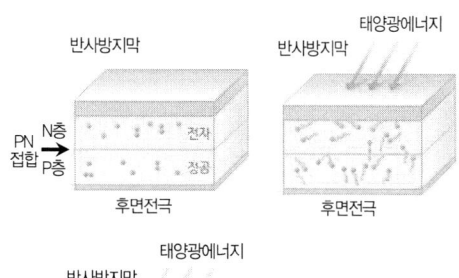

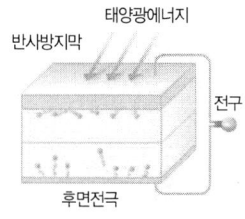

① p-n접합부 또는 정류작용이 있는 금속과 반도체의 경계면에는 접촉전위차가 있으므로 이 부분에 빛을 입사시키면, 반도체 중에 만들어진 전자와 정공(正

孔)이 접촉전위차 때문에 분리되어 양쪽 물질에 서로 다른 종류의 전하가 나타나고 그 사이에 전위차 (광기전력)가 생긴다.
② p-n접합 또는 금속과 반도체의 접촉 사이에 외부 회로를 연결하면 광전류가 구해지는데, 태양전지에 이용된다.
③ 1839년 프랑스의 물리학자 에드몬드 베크렐 (Edmond Becquerel)이 전해액에 담근 은 전극에 빛을 비추니 적은 양의 전류가 흐르는 것을 처음으로 발견했다.

16.4.34

53 태양전지 어레이의 출력 확인 방법이 아닌 것은?

① 단락전류의 확인
② 절연저항의 측정
③ 모듈의 정격전압 측정
④ 모듈의 정격전류 측정

해설 절연저항의 측정
① 절연물에 직류 전압을 가했을 때 발생하는 누설전류에 대하여 전압과 전류의 비로 구한 저항
② 전류가 절연물의 표면으로 흐르는 정도의 측정이 가능하다.

13.4.57 / 16.4.51 / 18.1.59 / 20.1.44 / 21.1.49 / 21.2.60

54 자가용 태양광발전설비의 전력변환장치 사용전 검사항목이 아닌 것은?

① 절연저항
② 절연내력
③ 접지시공 상태
④ 역방향운전 제어시험

해설 자가용 태양광발전설비의 전력변환장치 사용전 검사항목
(1) 일반규격
① 규격 확인

(2) 본체
① 외관검사
② 절연저항
③ 절연내력
④ 제어회로 및 경보장치
⑤ 전력조절부/Static 스위치 자동·수동절체시험
⑥ 역방향운전 제어시험
⑦ 단독 운전 방지 시험
⑧ 인버터 자동·수동 절체시험
⑨ 충전기능시험

(3) 보호장치
① 외관검사
② 절연저항
③ 보호장치시험

(4) 축전지
① 시설상태 확인
② 전해액 확인
③ 환기시설 상태

13.4.70 / 16.2.41 / 16.4.74 / 17.4.59 / 21.4.41

55 전기사업의 허가를 신청하는 자가 사업계획서를 작성할 때 태양광설비의 개요로 기재하여야 할 내용이 아닌 것은?

① 집광판(集光板)의 면적
② 태양전지 및 인버터의 효율, 변환방식, 교류주파수
③ 인버터의 종류, 입력전압, 출력전압 및 정격출력
④ 태양전지의 종류, 정격용량, 정격전압 및 정격 출력

해설 사업허가의 신청(전기사업법 시행규칙 제4조)
사업계획의 전기설비(태양광) 개요에 포함되어야 할 사항
① 태양전지의 종류, 정격용량, 정격전압 및 정격출력
② 인버터(Inverter)의 종류, 입력전압, 출력전압 및 정격출력
③ 집광판의 면적

13.4.14 / 14.4.1 / 14.4.9 / 15.2.5 / 15.2.43 / 17.1.20 / 17.4.14 /
18.2.11 / 19.2.5 / 20.1.17 / 20.3.1 / 20.4.4 / 20.4.6 / 21.1.43
/ 21.2.2 / 21.2.13 / 21.2.18

56 실리콘 태양전지 모듈의 출력 특성에 대한 설명으로 틀린 것은?

① 태양광 모듈의 표면온도가 높아지면 출력이 약간 증가한다.
② 태양의 일사강도가 동일한 경우, 여름철에 비해 겨울철의 출력이 높음
③ 단락전류는 일사강도에 비례하는 특성을 보임
④ 모듈 온도가 높아지면 개방전압은 일반적으로 감소함

해설 태양광 모듈의 온도에 따른 출력 전압과 전류 값

① 태양광 모듈의 온도특성을 살펴보면 전류는 양(+)의 온도계수를 가지고 전압과 전력은 음(-)의 온도계수를 가진다. 음 온도계수의 의미는 온도가 높을수록 태양광 모듈의 전압과 전력은 감소하고, 온도가 낮을수록 태양광 모듈의 전압과 전력이 증가한다는 것을 의미한다.
② 태양전지가 보다 높은 온도에 노출되면 단락전류(I_{SC})는 조금(+0.05[%/℃]) 증가하며, 개방전압(V_{OC})은 (-0.5[%/℃]) 감소한다.
③ 폴리실리콘 계열의 태양전지는 표면온도가 1[℃] 상승할 때, 대략 0.3~0.5[%]의 출력이 감소한다.

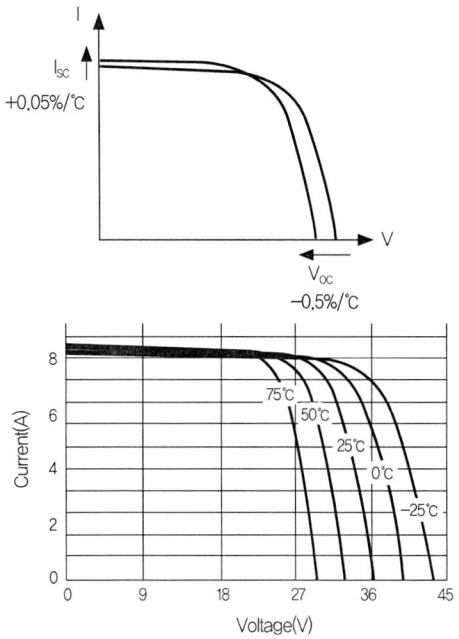

13.4.6 / 13.4.47 / 14.4.43 / 14.4.57 / 15.2.16 / 15.2.46 /
15.2.56 / 15.4.5 / 16.2.6 / 16.2.7 / 17.1.7 / 18.4.4 /
18.4.46 / 19.4.8 / 20.1.9 / 21.1.11 / 21.2.17 / 21.2.43

57 단결정 태양전지의 제조공정 순서를 옳게 나열한 것은?

① 폴리실리콘 → Czochralski공정 → 웨이퍼 슬라이싱 → 반사방지막 → 전/후면 전극 → 인 도핑
② Czochralski공정 → 폴리실리콘 → 웨이퍼 슬라이싱 → 반사방지막 → 전/후면 전극 → 인 도핑
③ 폴리실리콘 → Czochralski공정 → 웨이퍼 슬라이싱 → 인 도핑 → 전/후면 전극 → 반사방지막
④ 폴리실리콘 → Czochralski공정 → 웨이퍼 슬라이싱 → 인 도핑 → 반사방지막 → 전/후면 전극율

해설 단결정 실리콘 태양전지의 제조방법

폴리실리콘 Czochralski법 웨이퍼 슬라이싱

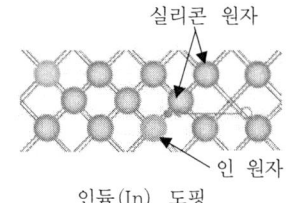

인듐(In) 도핑

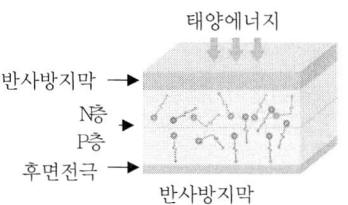

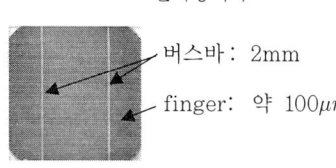

전면전극 구조

정답 56. ① 57. ④

① 폴리실리콘
    모래에서 뽑아낸 태양광 기초소재
② 초크랄스키(Czochralski) 공정
    실리콘을 뜨거운 열로 녹여 고순도의 실리콘 용액을 만들고 이것으로 실리콘 기둥인 잉곳(Ingot)을 만드는 실리콘 결정 성장기술
③ 얇은 웨이퍼 만들기(Wafer Slicing)
    잉곳(Ingot)을 다이아몬드 톱을 이용해 균일한 두께로 얇게 절단하여 웨이퍼를 만든다.
④ 인듐(In) 도핑
    웨이퍼에 전도성을 띠게 하기 위해 불순물로 인듐(In)을 고온에서 확산 및 P/N층을 접합하게 되면, 자유전자가 부족한 p형 반도체가 되며, 도핑 물질로서 붕소(B), 갈륨(Ga), 인듐(In)등 3족 원소를 사용한다. 자유전자는 일정한 방향성을 갖고 이동할 수 있다.
⑤ 반사방지막
    전기를 얻기 위해 전극을 형성한 후 마지막으로 빛의 반사를 최대한 막기 위해 반사 방지막을 형성한다.
⑥ 전/후면 전극
    반사방지막 위에 전극 형성을 위한 실크스크린을 인쇄한다.

15.2.30 / 18.1.38 / 19.1.29 / 19.1.34

58 태양광발전시스템 시공 시 필요한 대형장비에 해당하지 않는 것은?

① 굴삭기   ② 컴프레셔
③ 지게차   ④ 크레인

해설 컴프레셔

피스톤 운동을 통하여 기체를 압축하여 압축된 기체를 방출하거나 그 힘을 이용하여 기계를 작동하는 역할을 한다.

13.4.6 / 13.4.47 / 14.4.43 / 14.4.57 / 15.2.16 / 15.2.46 / 15.2.56 / 15.4.5 / 16.2.6 / 16.2.7 / 17.1.7 / 18.4.4 / 18.4.46 / 19.4.8 / 20.1.9 / 21.1.11 / 21.2.17 / 21.2.43

59 태양광발전은 큰 전류를 생성하는 소자들의 결합 구조물이다. 단결정 실리콘 태양전지의 경우 무려 8~9[A]까지 생성하는 특성이나 V_{OC}(Open Circuit Voltage)는 0.6~0.65[V]밖에 안 되어, 출력은 4~5[W]로 측정된다. 일반적으로 I_{SC}의 전류에는 영향을 미치나 V_{OC}을 높일 수 있는 방법으로 가장 적절한 설명은?

① 작동 전류를 감소시킨다.
② 기판대비 불순물의 농도를 높게 주입하여 제조한다.
③ 기판의 불순물 농도를 낮은 것으로 선택하여 제조한다.
④ V_{OC}을 높게 제조하기 위해서는 저온의 공정으로 진행한다.

해설 개방전압(open circuit voltage, Voc)을 높이는 방법
① 특정한 온도와 일조 강도에서 부하를 연결하지 않은 (개방상태의) 태양광발전 장치 양단에 걸리는 전압
② 광흡수층의 에너지밴드갭이 클 경우, 개방전압은 증가하지만, 오히려 단락전류가 감소하므로 불순물의 적정한 함량조절이 필요하다.
③ 병렬저항이 작은 경우는 누설전류가 큰 경우이며 충진율(FF)을 높이는데 한계가 있고 변환효율은 낮아짐(특히 일몰시간이나 구름이 많이 끼어 태양 빛의 세기가 낮아지면 개방전압에 급격한 감소가 발생), 누설전류가 작을수록 밴드갭이 클수록 개방전압이 증가한다.
④ 전도성 고분자는 밴드갭을 낮춰 태양광의 흡수 증가에 따른 단락전류를 향상시키는 것과 동시에 HOMO 에너지 준위를 낮춤으로서 높은 개방전압을 얻을 수 있다.
⑤ 에미터층으로부터 불활성층(Dead layer)을 선택적으로 제거하면서 동시에 표면 결함을 제거하여 단락전류와 개방 전압을 상승시킬 수 있다. ⑥ 후면 전기장 효과(back surface field, BSF effect)로 p와 p+ 사이의 내부 전기장 형성으로 재결합 손실을 방지하여 개방전압을 상승시킨다.

15.2.73 / 21.2.72

60 시간대별로 전력거래량을 측정할 수 있는 전력량계를 설치·관리하여야하는 자가 아닌 것은?

① 발전사업자
② 송전사업자
③ 구역전기사업자
④ 자가용전기설비를 설치한 자

해설 전력량계의 설치·관리(전기사업법 제19조)

다음의 자는 시간대별로 전력거래량을 측정할 수 있는 전력량계를 설치·관리하여야 한다.
① 발전사업자(대통령령으로 정하는 발전사업자는 제외한다)
② 자가용전기설비를 설치한 자(전력을 거래하는 경우만 해당한다)
③ 구역전기사업자(전력을 거래하는 경우만 해당한다)
④ 배전사업자
⑤ 전력을 직접 구매하는 전기사용자

13.4.6 / 13.4.47 / 14.4.43 / 14.4.57 / 15.2.16 / 15.2.46 / 15.2.56 / 15.4.5 / 16.2.6 / 16.2.7 / 17.1.7 / 18.4.4 / 18.4.46 / 19.4.8 / 20.1.9 / 21.1.11 / 21.2.17 / 21.2.43

61 결정질 실리콘 태양전지의 일반적인 제조공정이 아닌 것은?

① 확산
② 측면 접합
③ 웨이퍼 장착
④ 반사 방지막 코팅

해설 단결정 실리콘 태양전지의 제조방법

폴리실리콘

Czochralski법

웨이퍼 슬라이싱

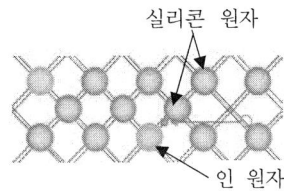
인듐(In) 도핑

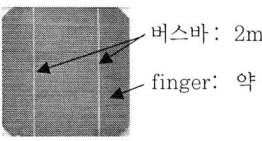

전면전극 구조

① 폴리실리콘
모래에서 뽑아낸 태양광 기초소재
② 초크랄스키(Czochralski) 공정
실리콘을 뜨거운 열로 녹여 고순도의 실리콘 용액을 만들고 이것으로 실리콘 기둥인 잉곳(Ingot)을 만드는 실리콘 결정 성장기술
③ 얇은 웨이퍼 만들기(Wafer Slicing)
잉곳(Ingot)을 다이아몬드 톱을 이용해 균일한 두께로 얇게 절단하여 웨이퍼를 만든다.
④ 인듐(In) 도핑
웨이퍼에 전도성을 띠게 하기 위해 불순물로 인듐(In)을 고온에서 확산 및 P/N층을 접합하게 되면, 자유전자가 부족한 p형 반도체가 되며, 도핑 물질로서 붕소(B), 갈륨(Ga), 인듐(In)등 3족 원소를 사용한다. 자유전자는 일정한 방향성을 갖고 이동할 수 있다.
⑤ 반사방지막
전기를 얻기 위해 전극을 형성한 후 마지막으로 빛의 반사를 최대한 막기 위해 반사 방지막을 형성한다.
⑥ 전/후면 전극반사방지막 위에 전극 형성을 위한 실크 스크린을 인쇄한다.

15.4.18 / 15.4.39 / 18.1.6 / 19.2.22 / 21.2.21

62 태양광발전 설비용 인버터 선정시 전력품질 안정성 부분에 대한 고려사항이 아닌 것은?

① 교류분이 적을 것
② 노이즈의 발생이 적을 것
③ 고조파의 발생이 적을 것

④ 기동, 정지가 안정적일 것

해설 인버터 선정시 검토사항
① 소음 발생이 적을 것
② 고조파의 발생이 적을 것
③ 노이즈의 발생이 적을 것
④ 기동·정지가 안정적일 것
⑤ 야간의 대기전압 손실이 적을 것
⑥ 공급 안정성에서 직류분이 적을 것

15.4.37 / 19.2.25 / 21.1.26
63 지붕형 태양광발전시스템 어레이 기초공사에 포함되는 것은?

① 방수공사 ② 접지공사
③ 구조물공사 ④ 모듈 설치공사

해설 지붕형 태양광발전시스템 어레이 기초공사
① 구조물의 기초를 설치하기 위해서 지붕의 방수기능에 대한 손상이 우려될 때는 방수공사 기능을 가진 사람이 작업을 실시하며, 방수기능이 확인된 공법을 사용하는 등의 방법으로 확실하게 방수처리를 해야 한다.
② 기존건물의 옥상이나 개인주택의 평지붕 옥상에 설치하는 기초 및 어레이는 자중에 더하여 풍압·적설의 최대하중에도 건물의 강도가 충분한가를 검토한 후 설계를 한다.
③ 신축건물의 경우 태양전지 어레이의 기초부까지 방수를 포함하여 건축업자에게 시공하도록 하면 건물철근과 직결한 강도 높은 앵커볼트를 사용할 수 있으며 방수도 완전하게 된다.

15.2.70 / 19.1.63
64 저탄소 녹색성장대책을 수립·시행할 때 지역적 특성과 여건을 고려하여야 하는 기관은?

① 대기업 ② 국민
③ 국가 ④ 지방자치단체

해설 지방자치단체의 책무(녹색성장법 제5조)
① 지방자치단체는 저탄소 녹색성장 실현을 위한 국가시책에 적극 협력하여야 한다.
② 지방자치단체는 저탄소 녹색성장대책을 수립·시행할 때 해당 지방자치단체의 지역적 특성과 여건을 고려하여야 한다.
③ 지방자치단체는 관할구역 내에서의 각종 계획 수립과 사업의 집행과정에서 그 계획과 사업이 저탄소 녹색성장에 미치는 영향을 종합적으로 고려하고, 지역주민에게 저탄소 녹색성장에 대한 교육과 홍보를 강화하여야 한다.
④ 지방자치단체는 관할구역 내의 사업자, 주민 및 민간단체의 저탄소 녹색성장을 위한 활동을 장려하기 위하여 정보 제공, 재정 지원 등 필요한 조치를 강구하여야 한다.

14.4.74 / 15.4.80 / 20.4.77 / 21.4.76
65 정부는 기후변화대응의 기본원칙에 따라 기후변화대응 기본계획을 수립 시행하여야 하는데 그 계획기간은 몇 년으로 하여야 하는가?

① 10 ② 20
③ 30 ④ 50

해설 기후변화대응 기본계획(녹색성장법 제40조)
① 정부는 기후변화대응의 기본원칙에 따라 20년을 계획기간으로 하는 기후변화대응 기본계획을 5년마다 수립·시행하여야 한다.
② 기후변화대응 기본계획을 수립하거나 변경하는 경우에는 위원회의 심의 및 국무회의 심의를 거쳐야 한다. 다만, 대통령령으로 정하는 경미한 사항을 변경하는 경우에는 그러하지 않다.

14.4.8 / 15.2.2 / 18.4.19 / 20.4.3 / 21.1.20
66 태양전지의 전류-전압 특성의 측정으로부터 계산되는 파라미터가 아닌 것은?

① 직렬저항(series resistance)
② 개방전압(open circuit voltage)
③ 단락전류(short circuit current)
④ 곡선인자(fill factor)

해설 태양전지의 전압-전류 특성

(1) 태양전지에 태양광이 입사되면 광 에너지가 전기에 너지로 변환되어 태양전지 단자에 전기적 출력이 발생하는데 이것을 전압-전류 특성이라 하며, 전압-전류의 출력 값을 그래프로 나타낸 것을 V-I 특성곡선이라 한다.

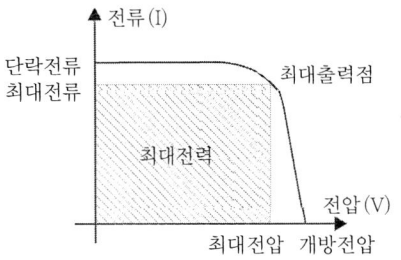

(2) 충진율, 곡선인자(Fill Factor)
① 태양전지 품질을 확인할 수 있는 가장 중요한 척도
② FF는 최대전력을 개방전압과 단락 회로 전류에서 출력되는 이론상 전력과 비교하여 계산한다. 또한 FF는 그림에 묘사된 정사각형 영역의 비로 해석할 수 있다.
③ 큰 fill factor가 바람직하고, 전형적인 fill factor 범위는 결정질 태양전지 : 0.7 ~ 0.8, 단결정 실리콘 0.75 ~ 0.85 정도이다.
④ 온도가 상승하면 에너지 갭이 작아서 충진율이 낮아진다.

$$FF = \frac{P_{MAX}}{P_T} = \frac{I_{MP} \cdot V_{MP}}{I_{SC} \cdot V_{OC}}$$

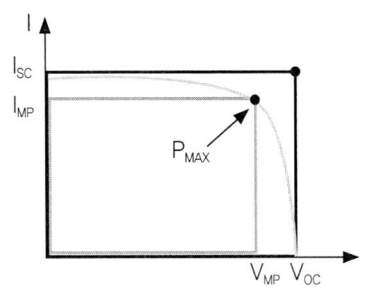

13.4.2 / 14.4.14 / 17.2.17 / 18.2.20 / 19.1.18 / 20.1.6 / 21.1.10

67 n개의 태양전지를 직 · 병렬로 접속한 경우의 설명으로 옳은 것은?

① 태양전지를 직렬로 접속하면 전압은 n배로 높아진다.
② 태양전지를 직렬로 접속하면 전류는 n배로 높아진다.
③ 태양전지를 병렬로 접속하면 전압은 n배로 높아진다.
④ 태양전지를 병렬로 접속하면 전류는 변하지 않는다

해설 태양전지 직병렬 계산식

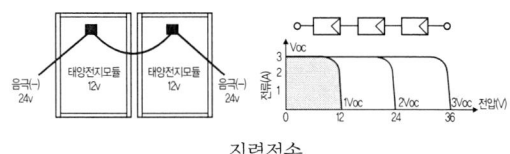

직렬접속

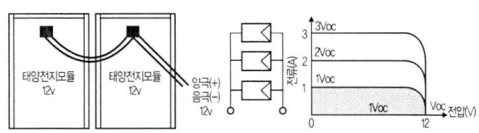

병렬접속

① 직렬접속 : 전압은 증가한다.(전류는 변화 없음)
② 병렬접속 : 전류는 증가한다.(전압은 변화 없음)

13.4.11 / 14.4.36 / 16.4.26 / 17.2.5 / 17.2.25 / 17.2.33 / 17.4.7 / 18.2.40 / 19.1.39 / 20.4.25 / 21.2.16 / 21.2.32 / 21.4.3

68 과도 과전압을 제한하고 서지 전류를 우회시키는 장치는?

① 누전차단기　② 분전반
③ 서지보호기　④ 주개폐기

해설 서지보호기(Surge Protective Device)
내부계통에 서지 전류가 들어올 때, 그 전류가 부하를 통해 흐르지 않고 우회하도록 하여 부하에서 발생하는 과전압이 과다하게 상승하는 것을 막아서 부하를 보호한다.

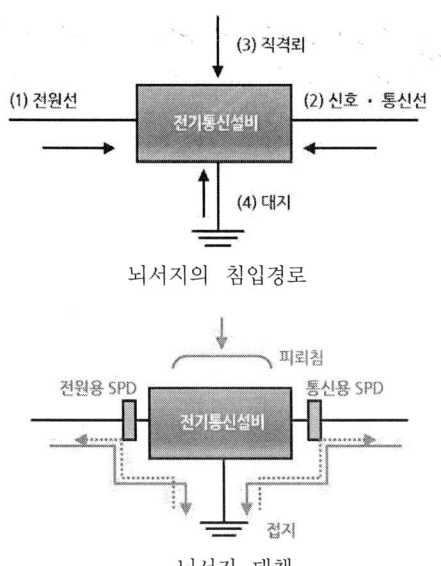

뇌서지의 침입경로

뇌서지 대책

※ 서지란 전기회로나 전기기기 내에 운전중에 고장의 제거나 제어 등을 위한 개폐조작 혹은 뇌방전에 의해서 과도적으로 발생하여 진행하는 과전압 또는 과전류를 말한다.

14.4.58

69 태양광발전시스템에서 사용된 스트링 다이오드의 결함을 점검하기 위한 방법으로 옳은 것은?

① 육안검사 ② 접지저항 측정
③ 입출력 측정 ④ 전력망 분석

해설 다이오드(Diode)

① 다이오드의 기본성질은 양극(Anode)에서 음극(cathode)으로 전류가 흐르고, 반대로 음극에서 양극으로 전류가 흐르지 않는다.
② 다이오드의 순방향(양극에서 음극방향)과 역방향(음극에서 양극)으로 흐르는 저항 값을 측정하여야 한다.
③ 스트링의 바이패스 다이오드는 입·출력 값을 측정하여 정상상태를 확인한다.

13.4.58 / 14.4.72 / 15.2.77 / 15.4.61 / 17.2.73 / 18.1.69 /
18.2.25 / 18.4.11 / 19.2.14 / 20.1.62 / 20.4.26

70 태양전지 모듈의 시설에 관한 내용 중 잘못된 것은?

① 충전부분은 노출되지 아니하도록 시설한다.
② 태양전지 모듈을 병렬로 접속하는 전로에는 과전류 차단기를 설치한다.
③ 태양전지 모듈의 지지물은 진동과 충격에 대하여 안전한 구조이어야 한다.
④ 옥측 또는 옥외에 시설하는 경우에는 합성수지관공사, 케이블공사 및 금속몰드공사로 시설한다.

해설 태양전지 모듈 등의 시설(판단기준 제54조)

1) 충전부분은 노출되지 않도록 시설할 것

2) 태양전지 모듈에 접속하는 부하측의 전로(복수의 태양전지 모듈을 시설한 경우에는 그 집합체에 접속하는 부하측의 전로)에는 그 접속점에 근접하여 개폐기 기타 이와 유사한 기구(부하전류를 개폐할 수 있는 것에 한한다)를 시설할 것

3) 태양전지 모듈을 병렬로 접속하는 전로에는 그 전로에 단락이 생긴 경우에 전로를 보호하는 과전류차단기 기타의 기구를 시설할 것. 다만, 그 전로가 단락전류에 견딜 수 있는 경우에는 그렇지 않다.

4) 전선은 다음에 의하여 시설할 것. 다만, 기계기구의 구조상 그 내부에 안전하게 시설할 수 있을 경우에는 그렇지 않다.
① 전선은 공칭단면적 2.5[mm²] 이상의 연동선 또는 이와 동등 이상의 세기 및 굵기의 것일 것
② 옥내에 시설할 경우에는 합성수지관공사, 금속관공사, 가요전선관공사 또는 케이블공사로 시설할 것
③ 옥측 또는 옥외에 시설할 경우에는 합성수지관공사, 금속관공사, 가요전선관공사 또는 케이블공사로 시설할 것

13.4.1 / 13.4.5 / 14.4.33 / 15.2.9 / 17.2.20 / 18.2.1 / 19.4.18 / 20.1.15

71 접속함에 설치되는 부품을 모두 나열한 것은?

> ㄱ. 직류출력 개폐기
> ㄴ. 피뢰소자
> ㄷ. 역류방지 소자
> ㄹ. 바이패스 소자
> ㅁ. 과전압계전기

① ㄱ, ㄴ, ㄷ ② ㄱ, ㄷ, ㄹ
③ ㄷ, ㄹ, ㅁ ④ ㄱ, ㄹ, ㅁ

해설 태양광발전용 접속함

어레이를 구성하고 있는 모든 태양광발전 모듈의 스트링이 연결되는 단자가 들어있으며, 태양광발전 모듈 스트링의 출력을 인버터에 중계하며, 접속함의 주요자재는 다음과 같다.

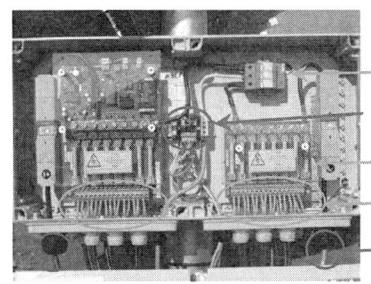

① 외함 ② DC Connector
③ Terminal Block ④ DC 퓨즈
⑤ 퓨즈 링크(홀더) ⑥ 다이오드
⑦ 방열판 ⑧ PCB
⑨ DC 개폐기(차단기) ⑩ SPD
⑪ power supply ⑫ FAN
⑬ 케이블 그랜드 ⑭ 모니터링 설비
⑮ 전류센서
⑯ 기타(제조사가 주요 자재로 취급하는 것)
※ 자재 중에서 수명(shelf life) 또는 보관 시 환경관리가 필요한 자재는 반도체 부품으로 다이오드 등이다.

13.4.13 / 14.4.6 / 15.2.10 / 15.2.57 / 16.4.4 / 19.4.10 / 20.3.4 / 20.4.7 / 21.2.14

72 태양전지 표준모듈의 프레임 구조에 해당하지 않는 것은?

① EVA ② 전지
③ EPDM ④ Glass

해설 모듈의 구조

프레임 - Glass(저철분 강화유리) - EVA(Ethylene Vinyl Acetate, Cell을 충격 습기에서 보호) - Cell(태양전지) - EVA - Back layer(Cell로의 습기 침입방지, 전극보호) - 정션박스(Cable, 바이패스 다이오드)

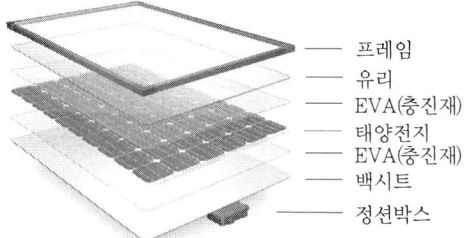

13.4.30 / 15.4.22 / 17.2.28 / 20.4.33

73 태양광설비의 전기배선 기준으로 옳지 않은 것은?

① 태양전지판의 접속 배선함 연결부위는 일체형 전용 커넥터를 사용한다.
② 태양전지에서 옥내에 이르는 전선은 비닐절연전선 또는 TFR-CV선을 사용한다.
③ 태양전지판의 배선은 바람에 흔들림이 없도록 케이블타이 등으로 단단히 고정한다.
④ 태양전지판의 출력배선은 극성을 확인할 수 있도록 표시를 한다

해설 태양광발전소 전기배선 및 접속함의 설비기준

① 태양전지에서 옥내에 이르는 배선에 쓰이는 전선은 모듈전용선 또는 TFR-CV선을 사용해야 하며, 전선이 지면을 통과하는 경우에는 피복에 손상이 발생되지 않도록 별도의 조치를 취해야 한다.
② 태양전지판 결선시에 접속배선함 구멍에 맞추어 압착단자를 사용하여 견고하게 전선을 연결해야 하며,

정답 71.① 72.③ 73.②

접속배선함 연결부위는 일체형 전용 커넥터를 사용한다.
③ 태양전지판 배선은 바람에 흔들림 없도록 케이블타이 등으로 단단히 고정하여야 하며 태양전지판의 출력배선은 군별, 극성별로 확인할 수 있도록 표시하여야 한다.

74 태양광발전소 운전 시 모듈에서 Hotspot 발생의 원인과 설명으로 가장 적절한 것은?

① 전지의 직렬(R_s) 및 병렬(R_{sh}) 저항이 증가한다.
② 전지의 직렬(R_s) 및 병렬(R_{sh}) 저항이 감소한다.
③ 전지의 직렬(R_s) 저항이 증가하고 병렬(R_{sh}) 저항이 감소한다.
④ 전지의 직렬(R_s) 저항이 감소하고 병렬(R_{sh}) 저항이 증가한다.

해설 핫스팟(Hot Spot, 열점)

① 태양전지에 부분음영이 발생하면 직렬저항이 증가하고 병렬저항의 감소에 따라 전류가 줄어, 직렬로 연결된 다른 태양전지와 부정합 현상이 발생되고 태양전지에 역전압을 인가시킴과 동시에 열점을 발생시킨다.
② 열점현상이 지속되면 셀이나 유리의 파손, 납땜의 용융, 태양전지의 열화 같은 모듈 손실이 발생된다.

75 신·재생에너지의 기술개발 및 이용·보급을 촉진하기 위한 기본계획에 대한 설명으로 옳지 않은 것은?

① 기본계획의 계획기간은 10년 이상으로 한다.
② 총에너지생산량 중 신·재생에너지가 차지하는 비율의 목표가 포함된다.
③ 신·재생에너지 분야 전문인력 양성계획이 포함된다.
④ 온실가스 배출 감소 목표가 포함된다.

해설 기본계획의 수립(신재생에너지법 제5조)

1) 산업통상자원부장관은 관계 중앙행정기관의 장과 협의를 한 후 신·재생에너지정책심의회의 심의를 거쳐 신·재생에너지의 기술개발 및 이용·보급을 촉진하기 위한 기본계획을 5년마다 수립하여야 한다.

2) 기본계획의 계획기간은 10년 이상으로 하며, 기본계획에는 다음의 사항이 포함되어야 한다.
① 기본계획의 목표 및 기간
② 신·재생에너지원별 기술개발 및 이용·보급의 목표
③ 총전력생산량 중 신·재생에너지 발전량이 차지하는 비율의 목표
④ 온실가스의 배출 감소 목표
⑤ 기본계획의 추진방법
⑥ 신·재생에너지 기술수준의 평가와 보급전망 및 기대효과
⑦ 신·재생에너지 기술개발 및 이용·보급에 관한 지원 방안
⑧ 신·재생에너지 분야 전문인력 양성계획
⑨ 직전 기본계획에 대한 평가
⑩ 그밖에 기본계획의 목표달성을 위하여 산업통상자원부장관이 필요하다고 인정하는 사항

76 용융탄산염형 연료전지의 동작온도 범위는 약 얼마인가?

① 50~150℃
② 150~220℃
③ 600~700℃
④ 상온~100℃

해설 용융탄산염 연료전지MCFC(Molten Carbonate Fuel Cell)는 용융된 탄산나트륨 또는 탄산칼륨을 전해질로 사용하며, 탄산염을 녹이기위해 650℃ 이상의 고온을 필요로해서 고온형 연료전지로 분류한다.

13.4.23 / 16.2.39 / 20.1.35 / 21.1.36 / 21.4.24

77 배전선로의 전력손실 경감과 관계없는 것은?

① 승압
② 역률 개선
③ 다중접지방식 채용
④ 부하의 불평형 방지

해설 배전선로의 손실 경감 대책
① 배전전압의 승압
　　전력손실은 전압의 제곱에 반비례하여 감소되므로, 배전전압을 승압한다는 것은 손실 경감책, 전압변동 경감책으로 효과적이다.
② 전류밀도의 감소와 평형
　　일반적인 배전선로에서는 각 상의 부하전류가 불평형으로 되는 것이 보통이며, 심할 경우에는 손실 증가가 일어나므로 부하의 재분배 등으로 불평등을 시정하여야 하며, 장래 예상되는 부하증가, 선로의 구간 연장 등에 대비해서 부하 불평형이 일어나지 않도록 하여야 한다.
③ 전력용 콘덴서의 설치
　　전력 손실은 부하 역률의 제곱에 반비례하므로 부하 역률을 개선하면 전력 손실을 크게 절감할 수 있다.
④ 저손실 변압기의 채용
　　현재 배전용 변압기는 적철심형보다 철손이 적은 권철심형을 사용하고 있다. 이 변압기의 철심으로는 규소강판을 사용하고 있으나 새로 개발된 저손실 철심재인 3차 재결정 방향성 규소강판이나 비정질(아몰퍼스) 철심재료를 사용한 변압기로 대체하면 기존의 규소강판 변압기에 비해 철손을 1/3~1/4 수준으로 낮출 수 있다.

13.4.55 / 17.1.49 / 19.2.51 / 20.1.57

78 태양광발전 모듈의 유지관리 사항이 아닌 것은?

① 모듈의 유리표면 청결 유지
② 음영이 생기지 않도록 주변정리
③ 셀이 병렬로 연결되었는지 여부
④ 케이블 극성 유의 및 방수 커넥터 사용여부

해설 모듈(Module)
태양광 모듈의 셀은 직렬로 연결되고 프레임 내에 진공·압축되어 있어, 셀의 연결 상태확인은 불필요하다.

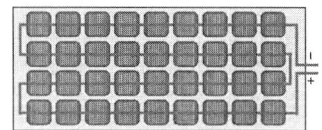

셀 36개의 직렬연결

20.1.68

79 전기설비기술기준의 판단기준에 따라 의료장소의 전로에서 정격 감도전류 30mA이하, 동작시간 0.03초 이내의 누전차단기를 생략할 수 있는 경우로 틀린 것은?

① 의료 IT 계통의 전로
② 건조한 장소에 설치하는 의료용 전기기기의 전원회로
③ 의료장소의 바닥으로부터 2.0m를 초과하는 높이에 설치된 조명기구의 전원회로
④ TT 계통 또는 TN 계통에서 전원자동차단에 의한 보호가 의료행위에 중대한 지장을 초래할 우려가 있는 회로에 누전경보기를 시설하는 경우

해설 의료장소 전기설비의 시설
의료장소의 전로에는 정격 감도전류 30mA 이하, 동작시간 0.03초 이내의 누전차단기를 설치할 것. 다만, 다음의 경우는 그러하지 아니하다.
① 의료 IT 계통의 전로
② TT 계통 또는 TN 계통에서 전원자동차단에 의한 보호가 의료행위에 중대한 지장을 초래할 우려가 있는 회로에 누전경보기를 시설하는 경우
③ 의료장소의 바닥으로부터 2.5m를 초과하는 높이에 설치된 조명기구의 전원회로
④ 건조한 장소에 설치하는 의료용 전기기기의 전원회로

13.4.73 / 15.4.67 / 16.2.42 / 16.4.68 / 16.4.70 / 17.4.65 / 18.1.74 / 18.4.24 / 18.4.63 / 19.4.38 / 20.1.65 / 20.1.79 / 20.3.66 / 21.1.71 / 21.2.27 / 21.4.37 / 21.4.68

80 신에너지 및 재생에너지 개발·이용·보급 촉진법에 따라 신·재생에너지 설비 및 그 부품 중 공용화 품목의 지정을 요청하려는 자는 지정요청서와 첨부서류들을 누구에게 제출하여야 하는가?

① 국가기술표준원장
② 한국전기안전공사장
③ 산업통상자원부장관
④ 신·재생에너지센터 소장

해설 신·재생에너지 설비 및 그 부품에 대한 공용화 품목의 지정절차 등

공용화 품목의 지정을 요청하려는 자는 지정요청서에 다음의 서류를 첨부하여 국가기술표준원장에게 제출하여야 한다.
① 대상 품목의 명칭·규격 및 설명서
② 공용화 품목으로 지정받으려는 사유
③ 공용화 품목으로 지정될 경우의 기대효과

정답 80. ①

2023 제2회 CBT 복원 기출문제

01 사이리스터에 대한 설명으로 틀린 것은?   20.1.2

① 4개의 단자를 갖는 4층 구조의 반도체 소자이다.
② 주 전극은 캐소드와 애노드로 PNPN 구조의 스위칭 소자이다.
③ 제어단자 연결에 따라 N-게이트 사이리스터와 P-게이트 사이리스터로 분류된다.
④ 애노드와 캐소드 간의 순방향 전압이 브레이크-오버 전압을 초과하면 도통된다.

해설 사이리스터(SCR)

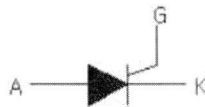

제어단자(G)로부터 음극(K)에 전류를 흘리는 것으로, 양극(A)과 음극(K) 사이를 도통(導通)시킬 수 있는 3단자의 반도체 소자이다.
실리콘제어정류기(Silicon Controlled Rectifier, SCR)라고도 불리며, PNPN의 4중 구조를 하고있다.

13.4.1 / 13.4.5 / 14.4.33 / 15.2.9 / 17.2.20 / 18.2.1 / 19.4.18 / 20.1.15

02 접속함 내부의 구성기기가 아닌 것은?

① 단자대   ② 주개폐기
③ 바이패스 다이오드   ④ 역류방지 다이오드

해설 태양광발전용 접속함

어레이를 구성하고 있는 모든 태양광발전 모듈의 스트링이 연결되는 단자가 들어있으며, 태양광발전 모듈 스트링의 출력을 인버터에 중계하며, 접속함의 주요자재는 다음과 같다.

① 외함   ② DC Connector
③ Terminal Block   ④ DC 퓨즈
⑤ 퓨즈 링크(홀더)   ⑥ 다이오드
⑦ 방열판   ⑧ PCB
⑨ DC 개폐기(차단기) ⑩ SPD
⑪ power supply   ⑫ FAN
⑬ 케이블 그랜드   ⑭ 모니터링 설비
⑮ 전류센서
⑯ 기타(제조사가 주요 자재로 취급하는 것)

※ 자재 중에서 수명(shelf life) 또는 보관 시 환경관리가 필요한 자재는 반도체 부품으로 다이오드 등이다.

※ 바이패스 다이오드는 태양전지 모듈의 뒷면(백시트) 정션(Junction Box)박스 내에 설치된다.

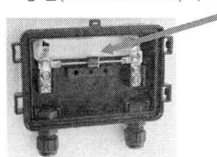  

바이패스 다이오드(Junction Box에 설치)

14.4.38 / 16.4.31 / 19.1.21 / 20.1.29 / 21.4.22

03 가공전선로와 비교하여 지중전선로의 특징으로 옳은 것은?

① 건설비가 싸다.
② 건설기간이 짧다.
③ 사고복구를 단시간에 할 수 있다.
④ 외부 기상조건의 영향을 거의 받지 않는다.

해설 지중전선로의 장·단점

1) 장점
① 도시의 미관을 해치지 않는다.
② 폭풍우나 낙뢰(落雷), 염진(鹽塵) 등의 기상적 재해로부터 안전하다.
③ 고장이 적다.
④ 유도장해 경감

2) 단점
① 고장점 발견 복구가 어렵다.
② 공사비가 비싸고 공사기간이 길다.
③ 송전용량이 비교적 낮다.
④ 신규 추가설치가 곤란하다.

정답 1.① 2.③ 3.④

04 태양광발전 어레이의 육안점검 사항으로 틀린 것은?

13.4.51 / 14.4.49 / 20.1.54 / 20.3.58 / 20.4.54

① 환기
② 가대의 부식과 녹슴
③ 외부 배선(접속 케이블)
④ 유리 등의 표면 오염과 파손

해설 태양전지(어레이)의 육안점검
① 모듈의 오염 및 파손
② 프레임 파손 및 변형유무
③ 가대의 부식 및 녹 발생
④ 가대의 고정(볼트 및 너트의 풀림) 및 접지
⑤ 외부배선의 손상
⑥ 변색, 낙엽 등의 유무 검사
⑦ 지붕재의 파손 및 지지기구와의 고정상태

05 저탄소 녹색성장 기본법에 따라 에너지 · 자원의 투입과 온실가스 및 오염물질의 발생을 최소화하는 제품은?

13.4.76 / 15.2.25 / 16.4.73 / 17.4.66 / 17.4.67 / 18.1.24 / 18.1.75 / 19.1.62 / 19.2.78 / 19.4.67 / 20.3.73 / 21.1.63 / 21.1.76 / 21.4.70

① 녹색제품   ② 온실가스 제품
③ 에너지자원 제품 ④ 오염물질의 제품

해설 정의(녹색성장법 제2조)
① 녹색제품: 에너지 · 자원의 투입과 온실가스 및 오염물질의 발생을 최소화하는 제품
② 자원순환: 환경정책상의 목적을 달성하기 위하여 필요한 범위 안에서 폐기물의 발생을 억제하고 발생된 폐기물을 적정하게 재활용 또는 처리하는 등 자원의 순환과정을 환경친화적으로 이용 · 관리하는 것
③ 녹색생활: 기후변화의 심각성을 인식하고 일상생활에서 에너지를 절약하여 온실가스와 오염물질의 발생을 최소화하는 생활
④ 온실가스: 이산화탄소(CO_2), 메탄(CH_4), 아산화질소(N_2O), 수소불화탄소(HFCs), 과불화탄소(PFCs), 육불화황(SF_6) 및 그밖에 대통령령으로 정하는 것으로 적외선 복사열을 흡수하거나 재방출하여 온실효과를 유발하는 대기 중의 가스 상태의 물질
⑤ 에너지 자립도: 국내 총소비에너지량에 대하여 신 · 재생에너지 등 국내 생산에너지량 및 우리나라가 국외에서 개발(지분 취득을 포함한다)한 에너지양을 합한 양이 차지하는 비율

06 기와, 착색 슬레이트, 금속지붕 등의 지붕재에 전용지지기구와 받침대를 설치하여 그 위에 태양광발전 모듈을 설치하는 형태를 무엇이라 하는가?

16.2.11 / 16.4.32 / 17.1.28 / 20.1.39 / 20.3.6 / 20.3.7 / 21.2.28 / 21.2.31

① 평지붕형   ② 톱라이트형
③ 경사 지붕형   ④ 지붕재 일체형

해설 건축물 설치 부위에 따른 분류

1) 평지붕형(지붕 설치형)
① 아스팔트 방수 시트 방수 등의 방수층 위에 철가대를 설치하고 태양전지를 설치하는 타입
② 설치공법으로서 각 모듈 제조회사의 표준 사양으로 되어 있다.
③ 주로 청사나 학교 관사의 옥상에 설치되어 있는 사례가 있다.

2) 경사지붕형(지붕 설치형)

① 지붕재(기와 착색 슬레이트, 금속 지붕 등)에 전용지지 기구와 받침대를 설치하여 그 위에 태양전지 모듈을 설치하는 타입
② 주로 주택용 설치공법으로서 각 모듈 제조회사의 표준 사양으로 되어있다.

3) 지붕재 일체형(지붕 건재형)
① 지붕재(금속 지붕 평판 기와 등)에 태양전지 모듈을 부착시키는 타입

② 주변 지붕재와 같은 형상을 하고 있으므로 지붕과 일체감이 있으며 건축의 디자인을 손상시키지 않는 마감을 실현할 수 있다.
③ 지붕의 여러 기능(방수성, 내구성 등)을 겸비하고 있는 건재이다.

4) 지붕 재형(지붕 건재형)
① 태양전지 모듈 자체가 지붕재로서의 기능을 보유하고 있는 타입
② 주변 지붕재와의 배합이 가능하다.
③ 주로 신축 주택용으로 설치되는 사례가 많다.

15.4.7 / 15.4.11 / 18.1.7 / 18.1.31 / 18.2.13 / 20.3.10 / 20.3.17 / 20.4.11

07 납축전지(연축전지)의 공칭전압은 몇 V/cell인가?

① 1.0
② 2.0
③ 3.0
④ 4.0

해설 납축전지와 알칼리축전지의 비교

	납축전지	알칼리축전지
공칭전압	2.0[V]	1.2[V]
방전종지전압	1.6[V]	0.96[V]
기전력	2.05~2.08[V]	1.32[V]
공칭용량	10[Ah]	5[Ah]
기계적강도	약함	강함
과충방전에 의한 전기적 강도	약함	강함
충전시간	길다	짧다
종류	클래드식(CS) 페이스트식(HS형)	소결식(AH, AHH형) 포켓식(AL, AM, AMH, AH형)
수명	5~15년	15~20년

14.4.37 / 17.1.26 / 20.3.30 / 21.1.30

08 3상 3선식 배전방식의 전압강하 계산식으로 옳은 것은? (단, e : 전압강하(V), L : 전선의 길이(m), I : 부하전류(A), A : 사용전선(연동선)의 단면적(mm²)이다.)

① $e = \dfrac{35.6 \times L \times I}{1000 \times A}$

② $e = \dfrac{30.8 \times L \times I}{1000 \times A}$

③ $e = \dfrac{15.6 \times L \times I}{1000 \times A}$

④ $e = \dfrac{24.6 \times L \times I}{1000 \times A}$

해설 전압강하 및 전선 굵기 계산식

전기공급방식	전압강하(e)	전선의 단면적(A)
단상 2선식 직류 2선식	$e = \dfrac{35.6 \times L \times I}{1,000 \times A}$	$A = \dfrac{35.6 \times L \times I}{1,000 \times e}$
3상 3선식	$e = \dfrac{30.8 \times L \times I}{1,000 \times A}$	$A = \dfrac{30.8 \times L \times I}{1,000 \times e}$
단상 3선식 3상 4선식 직류 3선식	$e = \dfrac{17.8 \times L \times I}{1,000 \times A}$	$A = \dfrac{17.8 \times L \times I}{1,000 \times e}$

16.4.64 / 18.1.68 / 19.2.63 / 20.3.61 / 21.4.67

09 저탄소 녹색성장 기본법령에 따라 녹색성장위원회의 사무를 처리하게 하기 위하여 녹색성장위원회에 두는 간사위원은?

① 국무조정실장
② 금융위원회위원장
③ 신재생에너지센터장
④ 방송통신위원회위원장

해설 녹색성장위원회의 구성 및 운영

① 위원회의 위원은 기획재정부장관, 교육부장관, 과학기술정보통신부장관, 외교부장관, 행정안전부장관, 문화체육관광부장관, 농림축산식품부장관, 산업통상자원부장관, 보건복지부장관, 환경부장관, 여성가족부장관, 국토교통부장관, 해양수산부장관,

중소벤처기업부장관, 방송통신위원회위원장, 금융위원회위원장 및 국무조정실장을 말한다.
② 위원회의 사무를 처리하게 하기 위하여 위원회에 간사위원 1명을 두며, 간사위원의 지명에 관한 사항은 대통령령으로 정하고, 간사위원은 국무조정실장이 된다.
③ 위원장은 필요하다고 인정하는 때에는 중앙행정기관의 장으로 하여금 소관 분야의 안건과 관련하여 위원회에 참석하여 의견을 제시하게 하거나 관계 전문가를 참석하게 하여 의견을 들을 수 있다.

17.1.69 / 20.3.75 / 21.4.69

10 신에너지 및 재생에너지 개발·이용·보급 촉진 법령에 따라 산업통상자원부장관은 발전차액을 반환할 자가 며칠 이내에 이를 반환하지 아니하면 국세 체납처분의 예에 따라 징수할 수 있는가?

① 15 ② 30 ③ 45 ④ 60

해설 지원 중단 등(신재생에너지법 제18조, 제17조)
1) 산업통상자원부장관은 발전차액을 지원받은 신·재생에너지 발전사업자가 다음의 어느 하나에 해당하면 산업통상자원부령으로 정하는 바에 따라 경고를 하거나 시정을 명하고, 그 시정명령에 따르지 아니하는 경우에는 발전차액의 지원을 중단할 수 있다.
① 거짓이나 부정한 방법으로 발전차액을 지원받은 경우
② 산업통상자원부장관은 발전차액을 지원받은 신·재생에너지 발전사업자가 결산재무제표 등 기준가격 설정을 위하여 필요한 자료요구에 따르지 아니하거나 거짓으로 자료를 제출한 경우

2) 산업통상자원부장관은 발전차액을 지원받은 신·재생에너지 발전사업자가 1)항 ①호에 해당하면 산업통상자원부령으로 정하는 바에 따라 그 발전차액을 환수할 수 있다. 이 경우 산업통상자원부장관은 발전차액을 반환할 자가 30일 이내에 이를 반환하지 아니하면 국세 체납처분의 예에 따라 징수할 수 있다.

13.4.17 / 15.4.59 / 17.1.18 / 17.4.2 / 18.4.3 / 19.1.6 / 21.2.1 / 21.4.18

11 전력변환장치(PCS)의 자동운전정지기능에 대한 설명 중 틀린 것은?

① 해가 완전히 없어지면 운전을 정지한다.
② 흐린 날이나 비가 오는 날에는 운전을 하지 않는다.
③ 태양광발전 모듈의 출력을 스스로 감시하여 자동적으로 운전한다.
④ 태양광발전 모듈의 출력을 얻을 수 있는 조건이 되면 자동적으로 운전을 시작한다.

해설 자동운전 정지(Auto shutdown) 기능
① 인버터는 해가 떠오르고 출력이 발생되는 조건이 되면 자동적으로 운전을 시작하며, 해가 지는 동안에도 출력이 발생하는 한 가동은 계속되고 완전한 일몰 뒤 운전이 정지한다.
② 흐린 날이나 비오는 날에는 일사량이 인버터의 MPPT 전압범위에 있을 시는 운전을 계속하고, 반대의 경우 대기상태로 전환된다.

15.2.15 / 17.2.12 / 19.1.15 / 19.2.17 / 19.4.20 / 20.3.12 / 21.1.17 / 21.4.4

12 수평축 풍력발전기로 분류되는 것은?

① 듀블러형 ② 프로펠러형
③ 다리우스형 ④ 사보니우스형

해설 회전축방향에 따른 구분
① 수평축
간단한 구조로 이루어져 있어 설치하기 편리하나 바람의 방향에 영향을 받음(중대형급 이상은 수평축을 사용하고, 100kW급 이하 소형은 수직축도 사용됨)

 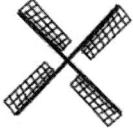

프로펠러형   더치형

정답 10. ② 11. ② 12. ②

세일윙형 / 블레이드형

② 수직축

바람의 방향과 관계가 없어 사막이나 평원에 많이 설치하여 이용 가능하지만 소재가 비싸고 수평축 풍차에 비해 효율이 떨어지는 단점이 있다.

   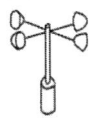

다리우스형 / 사보니우스형 / 크로스 플로우형 / 패들형

16.2.47 / 16.2.51 / 16.4.47 / 17.2.42 / 18.1.45 / 18.2.44 / 18.2.54 / 19.1.43 / 19.1.51 / 19.1.53 / 19.4.42 / 19.4.47 / 20.3.48 / 20.4.42 / 20.4.45 / 20.4.51 / 21.1.46 / 21.1.51 / 21.1.58 / 21.4.44 / 21.2.47 / 21.4.56

13 성능평가 측정 중 시험 장치에 관한 설명이다. ( )안의 ㉠, ㉡에 들어갈 내용으로 옳은 것은?

> 항온항습장치는 태양광발전 모듈의 온도 사이클 시험, 습도-동결 시험, 고온고습 시험을 하기 위한 환경 챔버이며, KS C IEC 61215에서 규정하는 온도(㉠)이내, 습도(㉡) 이내이어야 한다.

① ㉠±2 ℃, ㉡±2 %
② ㉠±5 ℃, ㉡±2 %
③ ㉠±2 ℃, ㉡±5 %
④ ㉠±5 ℃, ㉡±5 %

해설 태양전지모듈 시험장치

① 항온항습 장치

태양전지모듈의 온도 사이클 시험, 온습도 사이클 시험, 내열-내습성시험을 하기위한 챔버, 온도 ±2[℃] 이내, 습도 ±5[%] 이내이어야 한다.

② UV 시험장치

태양전지모듈이 태양광에 노출되는 경우에 따라서 유지되는 열화정도를 시험하기 위한 장치

③ 염수 분부장치

태양전지모듈의 구성 재료와 패키지 등의 구성품을 대상으로 염수(바닷물)에 대한 내구성을 시험하기 위한 환경 챔버

④ 솔라 시뮬레이터

태양광발전 모듈의 발전성능을 옥내에서 시험하기 위한 인공광원이며, 방사조도 ±2[%] 이내, 광원 균일도 ±2[%] 이내의 A등급 이상의 것

16.2.47 / 16.2.51 / 16.4.47 / 17.2.42 / 18.1.45 / 18.2.44 / 18.2.54 / 19.1.43 / 19.1.51 / 19.1.53 / 19.4.42 / 19.4.47 / 20.3.48 / 20.4.42 / 20.4.45 / 20.4.51 / 21.1.46 / 21.1.51 / 21.1.58 / 21.4.44 / 21.2.47 / 21.4.56

14 태양광전지(KS C 8566:2015)에서 솔라시뮬레이터 측정용 분광 복사계의 파장 간격은 몇 nm 이하이어야 하는가?

① 3   ② 5   ③ 7   ④ 10

해설 솔라시뮬레이터

분광 복사계(spectroradiometer)는 CIE 63-1984에 규정된 것으로 태양전지 시료의 분광 응답 파장 영역에서 솔라시뮬레이터의 분광 조사강도를 측정할 수 있어야 한다.

측정결과로부터 KS C IEC 60904-3에서 규정한 기준태양광 스펙트럼분포와 인공광원의 스펙트럼(KS C IEC 60904-9에 정한 바와 같이 400[nm]에서 1100[nm] 구간) 조사 강도 분포와의 정합도를 구할 수 있다.

솔라 시뮬레이터 측정용 분광 복사계의 파장 간격은 5[nm] 이하이어야 한다.

14.4.64 / 15.2.67 / 16.2.71 / 16.4.78 / 17.2.61 / 17.2.69 / 17.4.64 / 18.1.66 / 19.1.73 / 19.2.79 / 19.4.65 / 20.1.61 / 20.1.71 / 21.1.68

15 전기사업법에서 정의하는 "전기사업"의 구분으로 틀린 것은?

① 발전사업 ② 송전사업
③ 변전사업 ④ 구역전기사업

해설 전기사업법의 정의(전기사업법 제2조)
① 전기사업 : 발전사업·송전사업·배전사업·전기판매사업 및 구역전기사업
② 발전사업 : 전기를 생산하여 이를 전력시장을 통하여 전기판매사업자에게 공급하는 것을 주된 목적으로 하는 사업
③ 송전사업 : 발전소에서 생산된 전기를 배전사업자에게 송전하는 데 필요한 전기설비를 설치·관리하는 것을 주된 목적으로 하는 사업
④ 배전사업 : 발전소로부터 송전된 전기를 전기사용자에게 배전하는 데 필요한 전기설비를 설치·운용하는 것을 주된 목적으로 하는 사업
⑤ 구역전기사업 : 대통령령으로 정하는 규모 이하의 발전설비를 갖추고 특정한 공급구역의 수요에 맞추어 전기를 생산하여 전력시장을 통하지 아니하고 그 공급구역의 전기사용자에게 공급하는 것을 주된 목적으로 하는 사업

19.2.2

16 태양광발전 전지의 전류-전압 곡선에 대한 설명 중 옳은 것을 모두 고른 것은?

ㄱ. 전압이 0인 경우에 흐르는 전류를 단락전류라 한다.
ㄴ. 생산되는 전력이 최대인 경우의 전압을 개방전압이라 한다.
ㄷ. 곡선인자(fill factor)가 클수록 변환효율이 높아진다.
ㄹ. 부하저항이 클수록 변환효율이 높아진다.

① ㄱ, ㄴ ② ㄱ, ㄷ
③ ㄷ, ㄹ ④ ㄴ, ㄹ

해설 ① 단락전류(Short-Circuit Current : Isc) : 태양전지에 전압이 제로(0)일때의 전류를
② 개방전압(Open-Circuit Volt : Voc) : 태양전지에 전류가 흐르지 않을 때의 전압
③ 곡선인자(Fill factor) : Voc와 Isc가 연관된 인자이며 태양전지로부터 최대 power로 규정하며, 곡선인자가 클수록 변환효율이 높아진다.
④ 부하저항 : 태양전지 모듈의 출력이 최대치가 되도록 부하저항을 조절하여 효율의 변화는 가능하지만 저항이 크다고 효율이 높아지는 건 아니다.

15.4.37 / 19.2.25 / 21.1.26

17 지붕형 태양광발전 어레이 기초공사에 포함되는 것은?

① 방수공사 ② 접지공사
③ 구조물공사 ④ 모듈 설치공사

해설 지붕형 태양광발전시스템 어레이 기초공사
① 구조물의 기초를 설치하기 위해서 지붕의 방수기능에 대한 손상이 우려될 때는 방수공사 기능을 가진 사람이 작업을 실시하며, 방수기능이 확인된 공법을 사용하는 등의 방법으로 확실하게 방수처리를 해야 한다.
② 기존건물의 옥상이나 개인주택의 평지붕 옥상에 설치하는 기초 및 어레이는 자중에 더하여 풍압·적설의 최대하중에도 건물의 강도가 충분한가를 검토한 후 설계를 한다.
③ 신축건물의 경우 태양전지 어레이의 기초부까지 방수를 포함하여 건축업자에게 시공하도록 하면 건물 철근과 직결한 강도 높은 앵커볼트를 사용할 수 있으며 방수도 완전하게 된다.

13.4.40 / 15.2.29 / 15.2.55 / 17.4.37 / 18.2.27 / 18.4.26 / 18.4.57 / 19.1.32 / 19.2.32 / 19.2.43 / 20.1.22 / 20.4.32 / 21.1.35 / 21.4.46

18 태양광발전시스템 운전 중 설비의 안정성 확보를 위하여 전기사업법에 따라 정기검사를 신청한다. 이때 검사를 하는 기관으로 옳은 것은?

① 한국전력공사
② 한국전기안전공사

정답 15. ③ 16. ② 17. ① 18. ②

③ 한국에너지관리공단
④ 한국전기기술인협회

해설 사용전검사
① 각종 발전설비, 송·변전·배전설비 및 가로등, 신호등, 보안등, 공장, 상가 등 대형건물의 설치공사 또는 변경공사를 완료하고, 그 전기설비가 공사계획의 인가 또는 신고를 한 내용 및 전기설비기술기준에 적합한 지의 여부에 대한 검사를 산업통상자원부장관 또는 시·도지사로부터 위탁받아 한국전기안전공사에서 수행한다.
② 태양광 발전소에 관한 공사의 경우에는 전체의 공사가 완료된 때 검사를 실시한다.
③ 사용전검사를 받으려는 자는, 검사를 받으려는 날의 7일전까지 한국전기안전공사에 사용전검사 신청서를 제출하여야 한다.

16.2.36 / 16.2.43 / 18.2.49 / 18.4.21 / 19.2.58 / 21.4.23

19 태양광발전시스템 보수점검 작업 시 점검 전 유의사항이 아닌 것은?

① 회로도 검토   ② 오조작 방지
③ 접지선 제거   ④ 무전압 상태확인

해설 정전작업
1) 정전작업 전 조치사항
① 전원차단후 각 단로기 등을 개방하고 확인할 것
② 차단장치나 단로기 등에 잠금(시건)장치 및 꼬리표를 부착할 것
③ 전기기기 등에 공급되는 모든 전원을 관련 배선도, 도면 등을 통해 확인할 것
④ 검전기를 이용하여 작업대상 기기가 충전되었는지 확인 할 것(잔류전하 방전)

2) 정전작업 중 조치사항
① 작업지휘자에 의한 작업지휘
② 개폐기 관리(전원 재투입 방지, 잠금장치 및 꼬리표 부착 관리)
③ 근접 활선에 대한 방호상태 관리
④ 단락접지의 상태관리

3) 정전작업 후 조치사항
① 작업기기, 단락접지기구(접지선)를 제거하고 전기기기 등이 안전하게 통전될 수 있는지 확인
② 모든 작업자가 작업이 완료된 전기기기 등에서 떨어져 있는지 확인할 것
③ 잠금장치 와 꼬리표는 설치한 근로자가 직접 철거할 것
④ 모든 이상 유무를 확인한 후 전기기기 등의 전원을 투입할 것

19.2.75 / 21.2.75

20 전기설비기술기준의 판단기준에서 저압 가공전선(다중 접지된 중성선은 제외한다)과 고압 가공전선을 동일 지지물에 시설하는 경우 저압 가공전선과 고압 가공전선 사이의 이격거리는 몇 cm 이상이어야 하는가?

① 50   ② 100
③ 150   ④ 200

해설 저고압 가공전선 등의 병가(판단기준 제75조)
1) 저압 가공전선(다중 접지된 중성선은 제외한다. 이하 같다)과 고압 가공전선을 동일 지지물에 시설하는 경우에는 다음에 따라야 한다.

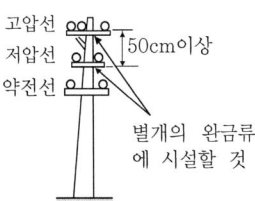

① 저압 가공전선을 고압 가공전선의 아래로 하고 별개의 완금류에 시설할 것
② 저압 가공전선과 고압 가공전선 사이의 이격거리는 50[cm] 이상일 것 다만, 각도주(角度柱)·분기주(分岐柱) 등에서 혼촉(混觸)의 우려가 없도록 시설하는 경우에는 그러하지 않다.

21 트랜지스터 방식의 인버터 회로 구성요소가 아닌 것은?

① 변압기   ② 컨버터
③ 인버터   ④ 개폐기

해설 인버터회로
① 전기적으로는 DC 직류를 AC교류로 변환하는 역변환 장치이지만 일반적으로는 AC전원의 전압 및 주파수를 제어하기 위한 전력 변환 장치를 통칭한다.
② 전력용 반도체(Diode, Thyristor, Transistor, IGBT, GTO 등)을 사용하여 컨버터 부분에서 상용 교류 전원을 직류전원으로 정류를 시킨 후, 평활 회로 부분에서 이 정류된 전류를 안정한 직류 전류가 되도록 평활한다.
③ 인버터 부분에서 평활 된 직류 전압을 고속 스위칭해 펄스 형태의 교류로 변환시켜 계통에 연결된다.

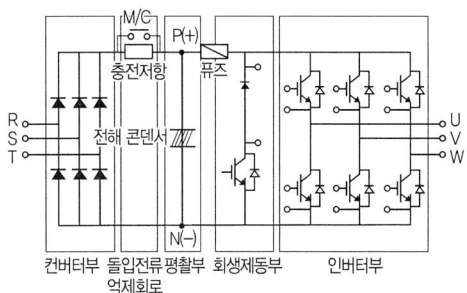

16.2.28 / 16.4.35 / 17.2.38 / 19.4.23 / 19.4.28 / 19.4.33 /
20.3.24 / 20.3.26 / 20.3.27 / 20.3.32 / 21.1.28 / 21.2.34

22 전력시설물 공사감리업무 수행지침에 따라 감리원이 준공 후 발주자에게 인계할 주요 문서목록이 아닌 것은?

① 준공도면   ② 준공사진첩
③ 착공신고서   ④ 시설물 인수·인계서

해설 발주자에게 인계할 문서 목록
① 준공사진첩
② 준공도면
③ 품질시험 및 검사성과 총괄표
④ 기자재 구매서류
⑤ 시설물 인수·인계서
⑥ 그밖에 발주자가 필요하다고 인정하는 서류

23 태양광발전시스템의 배선에 대한 고장으로 보기 어려운 것은?

① 핫스팟   ② 전선 경화
③ 표면 크랙   ④ 전선의 늘어짐

해설 핫스팟(Hot Spot, 열점)

① 태양전지에 부분음영이 발생하면 직렬저항이 증가하고 병렬저항의 감소에 따라 전류가 줄어, 직렬로 연결된 다른 태양전지와 부정합 현상이 발생되고 태양전지에 역전압을 인가시킴과 동시에 열점을 발생시킨다.
② 열점현상이 지속되면 셀이나 유리의 파손, 납땜의 용융, 태양전지의 열화 같은 모듈 손실이 발생된다.

24 신에너지 및 재생에너지 개발·이용·보급 촉진법에 따라 공급의무자가 의무적으로 신·재생에너지를 이용하여 공급하여야 하는 발전량의 합계는 총전력생산량의 몇 % 이내의 범위에서 연도별로 대통령령으로 정하는가?

① 25   ② 3   ③ 5   ④ 10

해설 신·재생에너지 공급의무화 등(신재생에너지법 제12조의5)
1) 산업통상자원부장관은 신·재생에너지의 이용·보급을 촉진하고 신·재생에너지산업의 활성화를 위하여 필요하다고 인정하면 다음의 어느 하나에 해당하는 자 중 대통령령으로 정하는 자에게 발전량의 일정량 이상을 의무적으로 신·재생에너지를 이용하여 공급하게 할 수 있다.
① 발전사업자
② 발전사업의 허가를 받은 것으로 보는 자
③ 공공기관

2) 공급의무자가 의무적으로 신·재생에너지를 이용하여 공급하여야 하는 발전량의 합계는 총전력생산량의 25% 이내의 범위에서 연도별로 대통령령으로 정한다. 이 경우 균형 있는 이용·보급이 필요한 신·재생에너지에 대하여는 대통령령으로 정하는 바에 따라 총의무공급량 중 일부를 해당 신·재생에너지를 이용하여 공급하게 할 수 있다.

19.4.77

25 전기설비기술기준의 판단기준에 따라 주택의 태양전지 모듈에 접속하는 부하측의 옥내배선에 지락이 생겼을 때 자동적으로 전로를 차단하는 장치를 시설하는 경우 옥내전로의 대지전압은 직류 몇 V 까지 적용할 수 있는가?

① 300　② 400　③ 500　④ 600

해설 **옥내전로의 대지 전압의 제한(판단기준 제166조)**
주택의 태양전지모듈에 접속하는 부하측 옥내배선(복수의 태양전지모듈을 시설하는 경우에는 그 집합체에 접속하는 부하측의 배선)을 다음에 따라 시설하는 경우에 주택의 옥내전로의 대지전압은 직류 600[V] 이하일 것

① 전로에 지락이 생겼을 때 자동적으로 전로를 차단하는 장치를 시설할 것
② 사람이 접촉할 우려가 없는 은폐된 장소에 합성수지관공사, 금속관공사 및 케이블 공사에 의하여 시설하거나, 사람이 접촉할 우려가 없도록 케이블 공사에 의하여 시설하고 전선에 적당한 방호장치를 시설할 것

15.4.7 / 15.4.11 / 18.1.7 / 18.1.31 / 18.2.13 / 20.3.10 / 20.3.17 / 20.4.11

26 계통연계용 축전지 용량을 산출하기 위해 필요한 값이 아닌 것은?

① 보수율　② 변환효율
③ 용량환산시간　④ 평균방전전류

해설 **축전지 설비**
1) 축전지설비 설계 순서

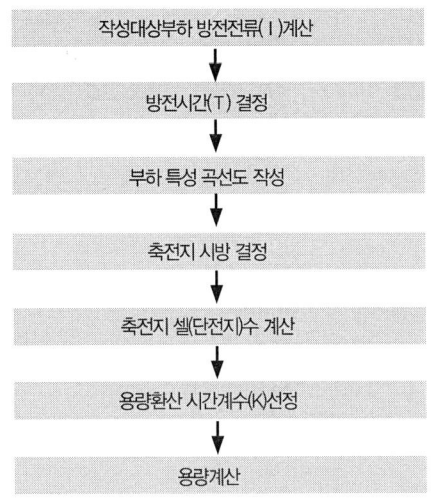

2) 축전지 수량 계산(N)

$$N = \frac{V}{V_B}$$

N : 축전지 수량 (Cell 수)
V : 부하정격전압, 허용최저전압(V)
V_B : 축전지 공칭전압(V)

3) 용량 산출(C)

$$C = \frac{1}{L}\left[K_1 I_1 + K_2(I_2 - I_1) + K_3(I_3 - I_2) + \ldots + K_n(I_n - I_{n-1})\right]$$

L : 축전지 보수율 (보통 0.8)
K : 용량환산 계수
I : 방전전류(A)

18.1.29

27 태양광발전시스템 관련 기기의 반입검사에 대한 내용으로 틀린 것은?

① 공장검수 시 합격된 자재에 한하여 현장에 반입한다.
② 시공사와 제작업자의 경제적 사정을 고려하여 생략할 수도 있다.
③ 책임감리원이 검토·승인한 기자재(공급원 승인 제품)에 한하여 현장에 반입한다.

정답　25. ④　26. ②　27. ②

④ 현장자재 반입검사는 공급원 승인제품, 품질적합내용, 내용물량 수량, 반입 시 손상 여부 등에 대한 전수검사를 원칙으로 한다.

해설 감리원은 지급기자재의 현장 반입검사 이후 이의 제기 등을 예방하기 위하여 공사업자가 검사에 입회하도록 한다.

18.1.46
28 태양광발전시스템의 유지관리를 지원하기 위해 제공되는 운전지침에 기술되어야 하는 사항으로 적합하지 않은 것은?

① 성능 규격
② 기동에 관한 사항
③ 운전에 관한 사항
④ 비품 및 공구 List

해설 태양광발전시스템의 운영관리 지침 내용
① 태양광발전시스템의 성능(시설용량과 발전량)
② 태양광발전시스템의 모듈관리 내용
③ 태양광발전시스템의 인버터 및 접속함 관리내용
④ 태양광발전시스템의 구조물 및 전선관리 내용
⑤ 태양광발전시스템의 운전(기동 및 응급조치)

14.4.64 / 15.2.67 / 16.2.71 / 16.4.78 / 17.2.61 / 17.2.69 / 17.4.64 / 18.1.66 / 19.1.73 / 19.2.79 / 19.4.65 / 20.1.61 / 20.1.71 / 21.1.68

29 산업통상자원부령으로 정하는 소규모의 전기설비로서 한정된 구역에서 전기를 사용하기 위하여 설치하는 전기설비는?

① 지역전기설비
② 일반용전기설비
③ 자가용전기설비
④ 전기사업용전기설비

해설 정의(전기사업법 제2조)
① 전기사업 : 발전사업·송전사업·배전사업·전기판매사업 및 구역전기사업

② 발전사업 : 전기를 생산하여 이를 전력시장을 통하여 전기판매사업 자에게 공급하는 것을 주된 목적으로 하는 사업
③ 송전사업 : 발전소에서 생산된 전기를 배전사업자에게 송전하는 데 필요한 전기설비를 설치·관리하는 것을 주된 목적으로 하는 사업
④ 배전사업 : 발전소로부터 송전된 전기를 전기사용자에게 배전하는 데 필요한 전기설비를 설치·운용하는 것을 주된 목적으로 하는 사업
⑤ 구역전기사업 : 대통령령으로 정하는 규모 이하의 발전설비를 갖추고 특정한 공급구역의 수요에 맞추어 전기를 생산하여 전력시장을 통하지 아니하고 그 공급구역의 전기사용자에게 공급하는 것을 주된 목적으로 하는 사업
⑥ 일반용전기설비 : 산업통상자원부령으로 정하는 소규모의 전기설비로서 한정된 구역에서 전기를 사용하기 위하여 설치하는 전기설비

18.1.78 / 18.4.64 / 20.1.80
30 특고압 옥내배선이 저압 옥내배선·관등회로의 배선·고압 옥내전선·약전류전선 등 또는 수도관·가스관이나 이와 유사한 것과 접근하거나 교차하는 경우 특고압 옥내배선과 저압 옥내전선·관등회로의 배선 또는 고압 옥내전선사이의 이격거리는 최소 몇 [cm] 이상으로 하여야 하는가?

① 30　　② 40　　③ 50　　④ 60

해설 특고압 옥내 전기설비의 시설(판단기준 212조)
특고압 옥내배선이 저압 옥내전선·관등회로의 배선·고압 옥내전선·약전류전선 등 또는 수관·가스관이나 이와 유사한 것과 접근하거나 교차하는 경우에는 다음에 따라야 한다.
① 특고압 옥내배선과 저압 옥내전선·관등회로의 배선 또는 고압 옥내전선 사이의 이격거리는 60[cm] 이상일 것. 다만, 상호 간에 견고한 내화성의 격벽을 시설할 경우에는 그러하지 않다.
② 특고압 옥내배선과 약전류전선 등 또는 수관·가스관이나 이와 유사한 것과 접촉하지 아니하도록 시설할 것

13.4.1 / 13.4.5 / 14.4.33 / 15.2.9 / 17.2.20 / 18.2.1 / 19.4.18 / 20.1.15

31 태양전지 모듈 스트링과 연결된 접속함에 설치하는 기기 및 부품이 아닌 것은?

① 어레이측 개폐기　② 서지보호장치
③ 바이패스 소자　　④ 역류방지 소자

해설 태양광발전용 접속함

어레이를 구성하고 있는 모든 태양광발전 모듈의 스트링이 연결되는 단자가 들어있으며, 태양광발전 모듈 스트링의 출력을 인버터에 중계하며, 접속함의 주요자재는 다음과 같다.

① 외함　　　　　　　② DC Connector
③ Terminal Block　　④ DC 퓨즈
⑤ 퓨즈 링크(홀더)　　⑥ 다이오드
⑦ 방열판　　　　　　⑧ PCB
⑨ DC 개폐기(차단기)　⑩ SPD
⑪ power supply　　　⑫ FAN
⑬ 케이블 그랜드　　　⑭ 모니터링 설비
⑮ 전류센서
⑯ 기타(제조사가 주요 자재로 취급하는 것)

※ 자재 중에서 수명(shelf life) 또는 보관 시 환경관리가 필요한 자재는 반도체 부품으로 다이오드 등이다.

15.4.25 / 18.2.24 / 20.3.31 / 21.2.26

32 부하 역률이 0.8 인 선로의 저항 손실은 부하 역률이 0.9인 선로의 저항 손실에 비하여 약 몇 배인가?

① 동일하다.　② 1.3배
③ 1.5배　　　④ 1.8배

해설 저항 손실(P_l)

① $P = VI\cos\theta \quad \left(I = \dfrac{P}{V\cos\theta}\right)$

② $P_l = I^2 R = \dfrac{1}{V^2} \cdot \dfrac{P^2 R}{\cos^2\theta}$

$P_l \propto \dfrac{1}{\cos\theta^2}$

∴ $\dfrac{P_{l0.9}}{P_{l0.8}} = \dfrac{0.9^2}{0.8^2} ≒ 1.3$

18.1.72 / 18.2.42

33 중대형 태양광 발전용 인버터의 누설전류시험 시 품질기준으로 누설전류는 최대 몇 mA 이하여야 하는가?

① 3　② 5
③ 10　④ 20

해설 인버터의 누설전류시험

① 교류전원을 정격 전압 및 정격 주파수로 운전한다. 직류 전원은 인버터 출력이 정격 출력이 되도록 설정한다.
② 인버터의 기체와 대지와의 사이에 1[KΩ] 이상의 저항을 접속해서 저항에 흐르는 누설전류를 측정하고, 누설전류가 5[mA] 이하일 것

34 국가 온실가스 종합정보관리체계를 구축·관리하기 위하여 환경부장관 소속으로 온실가스 종합정보 센터를 둔다. 이 센터에서 관장하는 사항이 아닌 것은?

① 국가 및 부문별 온실가스 감축 목표 설정의 지원
② 국내기준에 따른 국가 온실가스 종합정보관리체계 운영
③ 국내외 온실가스 감축 지원을 위한 조사·연구
④ 저탄소 녹색성장 관련 국제기구 단체 및 개발도상국과의 협력

정답　31. ③　32. ②　33. ②　34. ②

해설 **국가 온실가스 종합정보관리체계의 구축 및 관리(녹색성장법 시행령 제36조)**
(1) 국가 온실가스 종합정보관리체계를 구축·관리하기 위하여 환경부장관 소속으로 온실가스 종합정보센터를 둔다.
(2) 센터는 다음의 사항을 관장한다.
① 국가 및 부문별 온실가스 감축 목표 설정의 지원
② 국제기준에 따른 국가 온실가스 종합정보관리체계 운영
③ 업무협조 지원 및 관계 중앙행정기관에 대한 정보 제공
④ 국내외 온실가스 감축 지원을 위한 조사·연구

18.2.74
35 산업통상자원부장관이 전기의 보편적 공급을 위하여 고려해야할 구체적인 내용이 아닌 것은?

① 전기기술의 발전 정도
② 전기의 보급 정도
③ 전기사업자 보호
④ 사회복지의 증진

해설 **보편적 공급(전기사업법 제6조)**
1) 전기사업자등은 전기의 보편적 공급에 이바지할 의무가 있다.
2) 산업통상자원부장관은 다음의 사항을 고려하여 전기의 보편적 공급의 구체적 내용을 정한다.
① 전기기술의 발전 정도
② 전기의 보급 정도
③ 공공의 이익과 안전
④ 사회복지의 증진

13.4.17 / 15.4.59 / 17.1.18 / 17.4.2 / 18.4.3 / 19.1.6 / 21.2.1 / 21.4.18
36 다음 [보기]는 태양광 인버터 최대전력추종 시험방법이다. ( )안에 들어갈 수 없는 기준 값은?

[보기]
등가 일사강도를 정격 출력 시의 ( )[%], ( )[%], ( )[%], ( )[%], ( )[%]로 한 상태에서 인버터의 입력전력을 측정한다.

① 12.5   ② 50   ③ 75   ④ 90

해설 **최대 전력 추종 시험**
① 인버터 정격 출력 시의 태양 전지 어레이 모의 전원장치의 최대 출력 동작 전압을 인버터 정격 입력 전압값으로 설정하고, 다음 시험을 실시한다.
② 등가 일사 강도를 정격 출력 시의 100[%], 75[%], 50[%], 25[%] 및 12.5[%]로 한 상태에서 인버터의 입력전력을 측정하고, 다음 식에 따라서 최대 전력 추종 효율 η_{MPPT}을 산출한다.

$$\eta_{MPPT} = \frac{\sum P_{INV}}{\sum P_{MAX}} \times 100 \, [\%]$$

P_{MAX} : 태양전지 배열의 I-V 특성에서 결정되는 최대 전력[W]
P_{INV} : 인버터가 실제로 받아들이는 전력[W]
③ 최대 전력 추종 효율이 95[%] 이상일 것

16.2.36 / 16.2.43 / 18.2.49 / 18.4.21 / 19.2.58 / 21.4.23
37 태양전지 모듈 시공시의 안전대책에 대한 고려사항으로 적절하지 않은 것은?

① 절연된 공구를 사용한다.
② 강우 시에는 반드시 우비를 착용하고 작업에 임한다.
③ 안전모, 안전대, 안전화, 안전허리띠 등을 반드시 착용한다.
④ 작업자는 자신의 안전 확보와 2차 재해방지를 위해 작업에 적합한 복장을 갖춰 작업에 임해야 한다.

해설 **안전 대책**
① 작업전 태양전지 모듈 표면에 차광막을 씌워 태양광을 차폐한다.
② 절연 장갑을 사용한다.

정답 35. ③ 36. ④ 37. ②

③ 절연 처리된 공구를 사용한다.
④ 강우 시에는 감전사고와 미끄러짐으로 인한 추락사고로 이어질 우려가 있으므로 작업을 금지한다.

③ 부하의 용도 및 부하의 적정사용량을 합산하여 설치용량 산정 여부
④ 밀봉금속 뚜껑 등의 파손, 팽창, 섬락(Flash Over) 등의 흔적 여부

15.4.51 / 16.4.52 / 18.4.42 / 21.4.53

38 절연용 방호구가 아닌 것은?

① 애자커버　　② 핫스틱
③ 고무판　　　④ 절연시트

해설 절연용 방호구(insulating device)
① 전로(電路)에 접근해서 공작물의 건설, 해체, 점검 수리 등의 작업 시 감전사고를 방지하기 위하여 충전 전로에 절연용 방호구를 장착하도록 규정하고 있다.
② 선 커버, 애자 커버, 절연시트 고무판 등을 사용해 전로에 장착하는 것

전선커버　　애자커버

절연매트

※ 절연봉(핫스틱, COS조작봉)
COS(Cut Out Switch) 및 단로기(D.S)개폐 조작에 사용

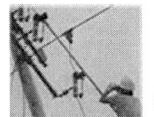

16.2.27 / 17.1.16 / 17.1.71 / 18.4.60 / 19.2.30 / 19.4.69 / 20.3.69 / 21.2.68 / 21.4.15 / 21.4.60

39 피뢰기의 점검 내용이 아닌 것은?

① 단자부의 볼트 조임과 이완 여부
② 애자 등의 균열, 파손, 변형 손상여부

해설 피뢰기의 점검 내용

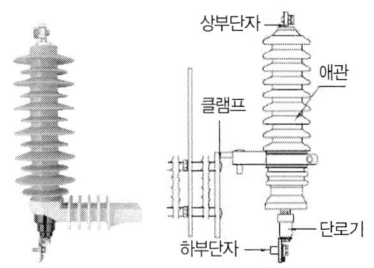

① 단자부의 볼트 조임과 이완 여부
② 절연물의 파손 및 오손유무
③ 접지선의 접속상태
④ 애자 등의 균열, 파손, 변형 손상여부
⑤ 코로나방전에 의한 이상한 소리
⑥ 내부 콤파운드의 분출, 밀봉금속뚜껑 등의 파손, 팽창, 섬락 등의 흔적 여부(방전 흔적)

17.1.64 / 18.4.78

40 신재생에너지 설비 설치의무기관으로서 대통령령으로 정하는 비율 또는 금액 이상을 출자한 법인에 해당하는 것은?

① 납입자본금으로 100분의 25 이상을 출자한 법인
② 납입자본금으로 100분의 50 이상을 출자한 법인
③ 납입자본금으로 10억원 이상을 출자한 법인
④ 납입자본금으로 30억원 이상을 출자한 법인

해설 신·재생에너지 설비 설치의무기관(신재생에너지법 제12조, 시행령 제16조)
1) 정부가 대통령령으로 정하는 금액(연간 50억원) 이상을 출연한 정부출연기관

정답 38. ② 39. ③ 40. ②

2) 지방자치단체 및 공공기관, 정부출연기관 또는 정부출자기업체가 대통령령으로 정하는 비율 또는 금액 이상을 출자한 법인
① 납입자본금의 100의 50 이상을 출자한 법인
② 납입자본금으로 50억원 이상을 출자한 법인

15.4.14 / 17.1.1 / 18.4.28 / 19.2.20 / 21.1.2

41 태양광발전시스템의 구성요소 중 인버터의 역할은?

① 직류→교류로 변환
② 교류→직류로 변환
③ 교류→교류로 변환
④ 직류→직류로 변환

해설 태양광발전시스템의 구성도

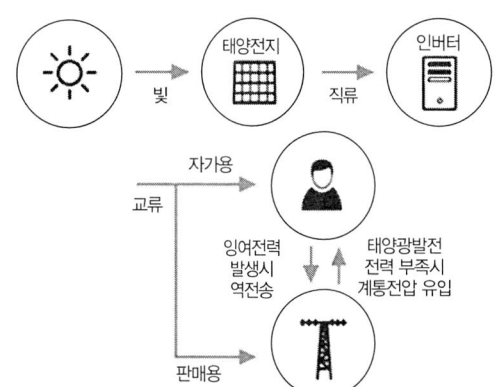

인버터(Inverter)는 태양 전지의 모듈로부터 직류 전원을 공급받아 정전압, 정주파수의 안정된 교류전원을 공급하는 장치로서 전력계통선과 병렬로 운전하며, 기동정지, 최대출력점 추적제어(MPPT), 각종 보호회로, 단독운전방지 등의 기능이 있어야 한다.

16.4.25 / 17.1.24 / 20.4.34

42 비상주감리원의 업무에 해당하지 않는 것은?

① 중요한 설계변경에 대한 기술검토
② 설계변경 및 계약금액 조정의 심사
③ 근무상황판에 현장근무위치와 업무내용 기록
④ 정기적(분기 또는 월별)으로 현장 시공 상태를 종합적으로 점검 · 확인 · 평가하고 기술지도

해설 비상주감리원의 근무수칙
① 설계도서 등의 검토
② 상주감리원이 수행하지 못하는 현장 조사 분석 및 시공상의 문제점에 대한 기술검토와 민원사항에 대한 현지조사 및 해결방안 검토
③ 중요한 설계변경에 대한 기술검토
④ 설계변경 및 계약금액 조정의 심사
⑤ 기성 및 준공검사
⑥ 정기적(분기 또는 월별)으로 현장 시공 상태를 종합적으로 점검 · 확인 · 평가하고 기술지도
⑦ 공사와 관련하여 발주자(지원업무수행자 포함)가 요구한 기술적 사항 등에 대한 검토
⑧ 그밖에 감리업무 추진에 필요한 기술지원 업무

17.1.45 / 17.2.45 / 17.4.25 / 18.2.51 / 21.1.57 / 21.2.29

43 자가용 태양광발전설비 정기검사 항목이 아닌 것은?

① 변압기 검사
② 태양광 전지 검사
③ 부하운전시험 검사
④ 전력변환장치 검사

해설 자가용 태양광발전설비의 정기검사 항목
(1) 외관(설계도면 및 시설상태 확인)

(2) 태양광전지
① 일반규격
② 태양전지

(3) 전력변환장치
① 일반규격
② 본체
③ 보호장치
④ 축전지

(4) 종합연동시험

(5) 부하운전시험

(6) 기타부속설비(전기수용설비 항목을 준용)

17.1.61

44 전기공사기술자가 다른 사람에게 경력수첩을 6개월 미만 빌려 준 경우 받게 되는 처분기준은?

정답 41. ① 42. ③ 43. ①

① 인정정지 1년   ② 인정정지 2년
③ 인정정지 3년   ④ 인정정지 6개월

해설 전기공사기술자의 인정 취소

(1) 전기공사기술자의 인정취소 등
① 산업통상자원부장관은 거짓이나 그 밖의 부정한 방법으로 전기공사기술자로 인정받은 사람에 대하여 그 인정을 취소하여야 한다.
② 전기공사기술자로 인정받은 사람이 국가기술자격이 취소된 경우에는 ①항을 준용한다.
③ 산업통상자원부장관은 전기공사기술자로 인정받은 사람이 다른 사람에게 경력수첩을 빌려 준 경우에는 3년의 범위에서 전기공사기술자의 인정을 정지시킬 수 있다.

(2) 인정정지처분의 기준
전기공사기술자에 대한 인정정지처분의 세부기준은 다음과 같다.

전기공사기술자가 다른 사람에게 경력수첩을 빌려 준 경우	처분기준
① 6개월 미만 빌려 준 경우	인정정지 6개월
② 6개월 이상 1년 미만 빌려 준 경우	인정정지 1년
③ 1년 이상 2년 미만 빌려 준 경우	인정정지 2년
④ 2년 이상 또는 2회 이상 빌려 준 경우	인정정지 3년

45 발전기 · 변압기 · 조상기 · 계기용변성기 · 모선 및 애자는 어떤 전류에 의하여 생기는 기계적 충격에 견디어야 하는가?

① 충전전류   ② 정격전류
③ 단락전류   ④ 유도전류

해설 발전기 등의 기계적 강도(기술기준 제23조)

발전기 · 변압기 · 조상기 · 계기용변성기 · 모선 및 이를 지지하는 애자는 단락전류에 의하여 생기는 기계적 충격에 견디는 것이어야 한다.

46 태양광발전에 영향을 주는 인자끼리 바르게 묶인 것은?

① 전압 – 온도, 전류 – 풍량
② 전압 – 온도, 전류 – 일사량
③ 전압 – 풍량, 전류 – 일사량
④ 전압 – 일사량, 전류 – 온도

해설 태양광발전에 영향을 주는 인자

① 태양광 모듈의 출력은 일사량과 온도에 의해 영향을 받는다.
② 일사량이 강할수록 전류의 증가로 인해 출력 전력이 증가, 출력 전압은 작은 비율로 증가한다.
③ 온도가 높을수록 태양광 모듈의 전압과 전력은 감소하고, 온도가 낮을수록 태양광 모듈의 전압과 전력은 증가한다.

47 수상태양광발전설비에 대한 설명으로 잘못된 것은?

① 수상태양광발전설비 모듈과 함께 인버터를 설치한다.
② 상부에 설치된 자재 및 작업자의 총량을 고려한 부력을 가져야 한다.
③ 홍수, 태풍, 수위변화 등에도 안정성을 유지하기 위해 계류 장치를 사용한다.
④ 수상에 설치된 발전설비는 수중생태 등의 환경에 대한 고려가 있어야 한다.

해설 수상 태양광발전

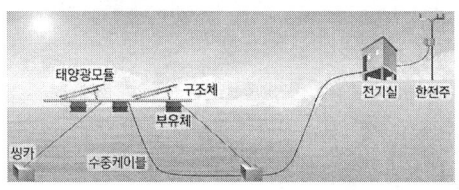

① 수면위에 태양광발전 시설을 설치하여 전기를 생산하는 것으로, 기존의 태양광기술에 플로팅 기술(floating technology)을 융합한 것이다.

② 육상의 태양광발전소와 차이점은 태양광 모듈(module)을 띄우는 구조체, 구조체를 고정하는 계류장치, 생산된 전력을 육상으로 전송하는 수중케이블 등 이며, 초기 투자비가 많이 든다.
③ 인버터는 지상의 전기실에 설치한다.

14.4.27 / 15.4.15 / 17.1.47 / 17.2.44 / 17.4.52 / 18.1.57 / 18.4.5 / 20.4.49 / 21.2.37 / 21.4.587

48 태양광발전 모니터링 프로그램의 기본 기능으로 틀린 것은?

① 데이터 수집기능　② 데이터 저장기능
③ 데이터 연산기능　④ 데이터 분석기능

[해설] 모니터링 시스템 프로그램 기능
① 데이터 수집기능
　인버터로부터 데이터를 공급받아 전압과 전력에 대한 정보를 제공하며 일사량과 모듈 표면온도 등의 정보를 제공한다.
② 데이터 저장기능
　실시간 데이터가 저장되어 평균 자료를 한눈에 알아볼 수 있도록 한다.
③ 데이터 분석기능
　저장된 데이터로 표를 작성하여 일일 평균값 등의 변화를 한눈에 알 수 있도록 데이터를 제공한다.
④ 데이터 통계기능
　저장된 데이터를 바탕으로 일간, 월간, 연간 통계를 알아볼 수 있도록 제공한다.

16.4.3 / 17.1.53 / 17.2.59 / 17.4.41 / 19.1.49 / 20.1.42 / 20.3.47 / 20.4.43 / 21.1.60

49 태양광발전시스템의 개방전압을 측정할 때 유의해야 할 사항으로 틀린 것은?

① 태양전지 에러이의 표면은 청소하지 않아도 된다.
② 각 스트링의 측정은 안정된 일사강도가 얻어질 때 실시한다.
③ 태양전지 셀은 비 오는 날에도 미소한 전압을 발생하고 있으므로 매우 주의하여 측정해야 한다.
④ 측정시각은 일사강도, 온도의 변동을 극히 적게 하기 위해 맑을 때, 남쪽에 있을 때의 전후 1시간에 실시하는 것이 바람직하다.

[해설] 개방전압 측정 시 주의사항
① 각 모듈이 음영의 영향을 받지 않는 것을 확인한다. (모듈의 불량 또는 모듈간의 접속불량 등이 발생하면 각 스트링의 개방전압 측정치가 불균일하다)
② 각 모듈이 균일한 일사조건이 되기 쉬운 약간 흐린 날씨라면 평가하기 쉬우나, 아침, 저녁의 낮은 일사조건은 피한다.
③ 맑은 날, 남중고도에 있을 때 측정하면 오차가 적다.
④ 우천 시에는 감전의 위험이 있으니, 측정을 피한다.

13.4.58 / 14.4.72 / 15.2.77 / 15.4.61 / 17.2.73 / 18.1.69 / 18.2.25 / 18.4.11 / 19.2.14 / 20.1.62 / 20.4.26

50 전기설비기술기준의 판단기준에서 태양전지 발전소에 시설하는 전선의 굵기는 연동선인 경우 몇 [mm²] 이상 이어야하는가?

① 1.6　② 2.5
③ 3.5　④ 5

[해설] 태양전지 모듈 등의 시설(판단기준 제54조)
1) 충전부분은 노출되지 않도록 시설할 것

2) 태양전지 모듈에 접속하는 부하측의 전로(복수의 태양전지 모듈을 시설한 경우에는 그 집합체에 접속하는 부하측의 전로)에는 그 접속점에 근접하여 개폐기 기타 이와 유사한 기구(부하전류를 개폐할 수 있는 것에 한한다)를 시설할 것

3) 태양전지 모듈을 병렬로 접속하는 전로에는 그 전로에 단락이 생긴 경우에 전로를 보호하는 과전류차단기 기타의 기구를 시설할 것. 다만, 그 전로가 단락전류에 견딜 수 있는 경우에는 그렇지 않다.

4) 전선은 다음에 의하여 시설할 것. 다만, 기계기구의 구조상 그 내부에 안전하게 시설할 수 있을 경우에는 그렇지 않다.

정답　48. ③　49. ①　50. ②

① 전선은 공칭단면적 2.5[mm²] 이상의 연동선 또는 이와 동등 이상의 세기 및 굵기의 것일 것
② 옥내에 시설할 경우에는 합성수지관공사, 금속관공사, 가요전선관공사 또는 케이블공사로 시설할 것
③ 옥측 또는 옥외에 시설할 경우에는 합성수지관공사, 금속관공사, 가요전선관공사 또는 케이블공사로 시설할 것

15.2.75 / 15.4.65 / 15.4.74 / 17.1.62 / 17.2.63 / 17.4.1 / 17.4.3 / 17.4.76 / 18.1.8 / 18.2.72 / 19.4.15 / 20.1.18 / 20.1.72 / 20.1.77 / 21.1.6 / 21.2.12

51 신재생에너지에 대한 설명으로 적합한 발전방식은?

> 바닷물이 가장 높이 올라왔을 때 댐을 만들어 물을 가두었다가, 물이 빠지는 힘을 이용하여 발전기기를 돌리는 방식이다.

① 조력발전　　② 파력발전
③ 조류발전　　④ 해류발전

해설 해양에너지

(1) 조력발전
1) 원리
조석의 힘을 동력원으로 하여 해수면의 상승하강운동을 이용하여 전기를 생산하는 발전 기술

시화조력발전 원리

2) 입지조건
① 평균조차 3[m] 이상
② 폐쇄된 만의 형태
③ 해저의 지반이 강고
④ 에너지 수요처와 근거리

(2) 파력발전 : 입사하는 파랑에너지를 이용하여 터빈 등의 원동기 구동력으로 발전하는 기술

(3) 조류발전 : 해수의 유동에 의한 운동에너지를 이용하여 전기를 생산하는 발전기술

(4) 온도차발전 : 해양 표면층의 온수(예 : 25~30[℃])와 심해 500~1000[m]정도의 냉수(예 : 5~7[℃])와의 온도차를 이용하여 열에너지를 기계적 에너지로 변환시켜 발전하는 기술

(5) 기타 발전
① 해류발전 : 일정속도 이상 강한 해류(취송류, 밀도류, 경사류, 보류)의 흐름을 이용해 바닷속에 잠긴 터빈을 돌려 전기를 얻는 구조로 프로펠러식, 낙하산식, 수차식이 있다.
② 근해 풍력발전 : 육지와 가까운 바다에 풍력발전기를 설치하는 발전
③ 해양 생물자원의 에너지화 : 조류 바이오매스는 성장이 빠르고 육상식물 중 바이오연료 생산성이 가장 높은 팜유보다도 생산성이 10배나 높기 때문에 큰 장점이 있다. 반면에 조류 바이오매스는 다른 바이오매스에 비해 연료로의 변환공정이 쉽지 않다는 단점도 있다.
④ 염도차발전 : 바닷물의 염분은 보통 3[%] 정도이고, 강물의 염분은 0.05[%] 이하다. 이러한 염분 농도의 차이를 삼투압으로 유발시키는 발전이다.

※ 조석 : 달·태양 등 천체의 인력작용으로 해면이 1일 2회 주기적으로 오르내리는 현상

13.4.14 / 14.4.1 / 14.4.9 / 15.2.5 / 15.2.43 / 17.1.20 / 17.4.14 / 18.2.11 / 19.2.5 / 20.1.17 / 20.3.1 / 20.4.4 / 20.4.6 / 21.1.43 / 21.2.2 / 21.2.13 / 21.2.18

52 실리콘 태양전지 모듈의 출력 특성에 대한 설명으로 틀린 것은?

① 표면온도가 높아지면 출력이 상승하는 정(+)온도 특성을 가진다.
② 방사조도가 동일하면 여름철에 비해 겨울철의 출력이 크다.
③ 모듈 온도가 동일하고 방사조도가 변화할 경우 단락전류가 방사조도에 비례하는 특성을 나타낸다.
④ 방사조도와 동일하게 모듈 온도가 상승한 경우 개방전압이나 최대출력도 저하한다.

정답 51. ① 52. ①

해설 태양광 모듈의 온도에 따른 출력 전압과 전류 값

① 태양광 모듈의 온도특성을 살펴보면 전류는 양(+)의 온도계수를 가지고 전압과 전력은 음(−)의 온도계수를 가진다. 음 온도계수의 의미는 온도가 높을수록 태양광 모듈의 전압과 전력은 감소하고, 온도가 낮을수록 태양광 모듈의 전압과 전력이 증가한다는 것을 의미한다.
② 태양전지가 보다 높은 온도에 노출되면 단락전류(I_{SC})는 조금(+0.05[%/℃]) 증가하며, 개방전압(V_{OC})은 (−0.5[%/℃]) 감소한다.
③ 폴리실리콘 계열의 태양전지는 표면온도가 1[℃] 상승할 때, 대략 0.3~0.5[%]의 출력이 감소한다.

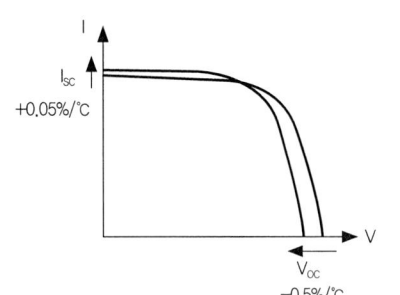

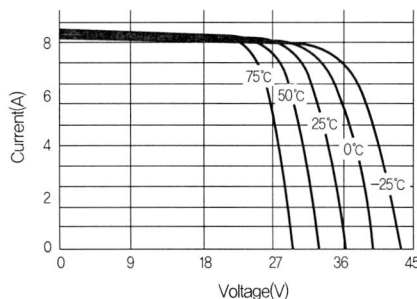

17.2.41 / 17.4.49 / 19.2.59

53 태양광발전시스템의 유지관리를 위한 일상점검 및 정기점검에 관한 내용으로 틀린 것은?

① 일상점검은 점검담당자가 육안에 의해 실시하는 것으로, 일상점검의 점검주기는 매월 1회 정도이다.
② 출력 3kW미만의 소형 태양광발전시스템의 경우에 대해서는 정기점검을 하지 않아도 무방하다.
③ 축전지에 대한 일상점검은 부하를 차단한 상태에서 변색, 부풀음, 온도상승, 냄새 등의 점검을 실시해야 한다.
④ 정기점검은 지상에서 실시해야 함을 원칙으로 하지만, 필요에 따라 지붕이나 옥상 위에서 점검을 실시할 수도 있다.

해설 축전지의 일상 육안점검
① 전해액 저하
② 단자의 부식, 풀림 등 케이블 연결 상태
③ 외함의 변색, 변형, 균열, 팽창, 손상 상태

13.4.73 / 15.4.67 / 16.2.42 / 16.4.68 / 16.4.70 / 17.4.65 /
18.1.74 / 18.4.24 / 18.4.63 / 19.4.38 / 20.1.65 / 20.1.79
/ 20.3.66 / 21.1.71 / 21.2.27 / 21.4.37 / 21.4.68

54 전기공사 기술자로 인정을 받으려는 사람은 누구에게 신청하여야 하는가?

① 고용노동부장관
② 기획재정부장관
③ 국토교통부장관
④ 산업통상자원부장관

해설 전기공사기술자의 인정, 정의(전기공사업법 제17조의 2, 제2조)

1) 전기공사기술자로 인정을 받으려는 사람은 산업통상자원부장관에게 신청하여야 한다.

2) 산업통상자원부장관은 신청인이 다음에 해당하면 전기공사기술자로 인정하여야 한다.
① 국가기술자격법에 따른 전기 분야의 기술자격을 취득한 사람
② 일정한 학력과 전기 분야에 관한 경력을 가진 사람

3) 산업통상자원부장관은 신청인을 전기공사기술자로 인정하면 전기공사기술자의 등급 및 경력 등에 관한 증명서를 해당 전기공사기술자에게 발급하여야 한다.

4) 신청절차와 기술자격・학력・경력의 기준 및 범위 등은 대통령령으로 정한다.

55 전기사업자 및 한국전력거래소가 측정기준·측정방법 및 보존방법 등을 정하여 산업통상자원부장관에게 제출하여야 하는 대상은?

① 전류 및 전압
② 전력 및 역률
③ 역률 및 주파수
④ 전압 및 주파수

해설 전압 및 주파수의 측정(전기사업법 시행규칙 제19조)
(1) 전기사업자 및 한국전력거래소는 다음의 사항을 매년 1회 이상 측정하여야 하며 측정 결과를 3년간 보존하여야 한다.
 ① 발전사업자 및 송전사업자의 경우에는 전압 및 주파수
 ② 배전사업자 및 전기판매사업자의 경우에는 전압
 ③ 한국전력거래소의 경우에는 주파수

(2) 전기사업자 및 한국전력거래소는 (1)항에 따른 전압 및 주파수의 측정기준·측정방법 및 보존방법 등을 정하여 산업통상자원부장관에게 제출하여야 한다.

56 최대눈금이 50[V]인 직류전압계가 있다. 이 전압계를 사용하여 150[V]의 전압을 측정하려면 배율기의 저항은 몇 [Ω]을 사용하면 되는가? (단, 전압계의 내부저항은 5000[Ω]이다.)

① 1000
② 2500
③ 5000
④ 10000

해설 배율기(multiplier)
전압계에 직렬로 접속해서 전압의 측정범위를 넓히기 위해 사용되는 저항기이다.

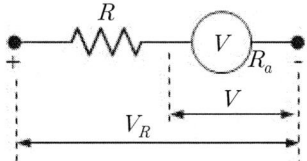

V_R : 측정하고자 하는 전압
V : 전압계로 유입되는 전압
R_a : 전압계 내부저항
R : 배율기의 저항

$$V_R = \frac{R_a + R}{R_a} \cdot V \ [V]$$

배율기의 배율(m) $= \dfrac{V}{V_R} = \dfrac{R_a + R}{R_a}$

$= 1 + \dfrac{R}{R_a}$

$= \dfrac{150}{50} = 3$

$\therefore R = (m-1)R_a = (3-1) \cdot 5000$
$= 10,000 \ [\Omega]$

57 인산형 연료전지 발전시스템의 주요 구성기기가 아닌 것은?

① 인버터
② 축전지
③ 제어장치
④ 연료전지본체

해설 연료전지 발전시스템 구성도

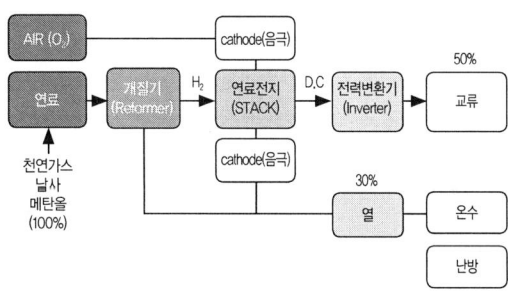

1) 개질기(Fuel Reformer)
 화학적으로 수소를 함유하는 일반 연료(LPG, LNG, 메탄, 석탄가스 메탄올 등)로부터 연료전지가 필요로 하는 수소를 많이 포함하는 가스로 변환하는 제어장치

2) 스택(Stack)

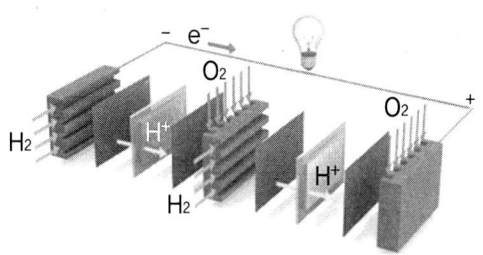

① 연료 개질 장치에서 들어오는 수소와 공기 중의 산소로 직류 전기와 물 및 부산물인 열을 발생시킨다.
② 원하는 전기출력을 얻기 위해 단위전지를 수십장, 수백장 직렬로 쌓아 올린 본체.

3) 전력변환기(Inverter)
연료전지에서 나오는 직류 전원(DC)을 교류 전원(AC)로 변환시키는 장치

4) 주변보조기(BOP: Balance of Plant)
연료, 공기, 열회수 등을 위한 펌프류, Blower, 센서 등

13.4.70 / 16.2.41 / 16.4.74 / 17.4.59 / 21.4.41
58 태양광발전사업의 허가를 받기위해 전기사업허가신청서와 함께 제출하는 사업계획서 내용 중 전기 설비 개요에 포함되어야 할 사항으로 틀린 것은?

① 태양전지의 종류
② 인버터의 입력전압
③ 집광판의 설치단가
④ 태양전지의 정격출력

해설 사업허가의 신청(전기사업법 시행규칙 제4조)
사업계획의 전기설비(태양광) 개요에 포함되어야 할 사항
① 태양전지의 종류, 정격용량, 정격전압 및 정격출력
② 인버터(Inverter)의 종류, 입력전압, 출력전압 및 정격출력
③ 집광판의 면적

16.2.59 / 19.2.41
59 송전설비의 배전반에서 주회로의 인입부분 및 인출부분에 대한 일상점검의 내용이 아닌 것은?

① 볼트 종류의 이완상태에 따른 진동음 발생 여부를 점검한다.
② 케이블의 접속부분에서 과열현상에 의한 이상한 냄새의 발생 여부를 점검한다.
③ 케이블의 관통부분에서 곤충이나 벌레 등의 침입 가능성이 있는지 점검한다.
④ 부싱부분에서 접지 및 절연저항 값을 측정하고 점검한다.

해설 주회로 인입 · 인출부(일상점검)

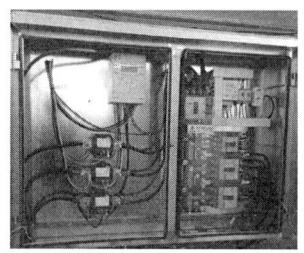

1) 폐쇄 모선의 접속부
① 이상 소리음 : 볼트 풀림 등에 의한 진동
2) 부싱
① 손상 : Corona 방전에 의한 이상음 점검, 균열, 파손 등
3) 케이블 단말부 및 접속부, 관통부 등
① 이상 소리음 : 볼트 풀림 등에 의한 진동
② 이상 냄새 : Corona 방전에 의한 과열 냄새
③ 손상 : 배선, 케이블 막이 판의 탈락 및 간격
④ 쥐, 곤충, 설치류 등의 침입 : 곤충 및 설치류 등의 침입 흔적

16.2.77 / 17.1.63 / 17.1.72 / 20.4.63 / 21.1.72
60 정부는 중소기업의 녹색기술 및 녹색경영을 촉진하기 위하여 다양한 시책을 수립 · 시행할 수 있다. 다음 중 이에 해당하지 않는 사항은?

정답 58. ③ 59. ④

① 탄소시장의 개설 및 거래 활성
② 중소기업의 녹색기술 사업화의 촉진
③ 대기업과 중소기업의 공동사업에 대한 우선 지원
④ 녹색기술·녹색산업에 관한 전문인력 양성·공급 및 국외진출

해설 중소기업의 지원 등(녹색성장법 제33조)
정부는 중소기업의 녹색기술 및 녹색경영을 촉진하기 위하여 다음의 시책을 수립·시행할 수 있다.
① 대기업과 중소기업의 공동사업에 대한 우선 지원
② 대기업의 중소기업에 대한 기술지도·기술이전 및 기술인력 파견에 대한 지원
③ 중소기업의 녹색기술 사업화의 촉진
④ 녹색기술 개발 촉진을 위한 공공시설의 이용
⑤ 녹색기술·녹색산업에 관한 전문인력 양성·공급 및 국외진출
⑥ 그밖에 중소기업의 녹색기술 및 녹색경영을 촉진하기 위한 사항

16.4.1
61 50[kW] 이상의 태양광발전설비에 의무적으로 설치하여야 하는 모니터링설비의 계측설비 중 전력량계의 정확도 기준으로 옳은 것은?

① 1[%] 이내 ② 1.5[%] 이내
③ 3[%] 이내 ④ 5[%] 이내

해설 계측설비별 요구사항

계측설비	요구사항	확인방법
인버터	CT 정확도 3[%] 이내	• 관련 내용이 명시된 설비 스펙 제시 • 인증 인버터는 면제
온도센서	정확도 ±0.3[℃] (-20~100[℃])미만 정확도 ±1[℃] (100~1000[℃])이내	• 관련 내용이 명시된 설비 스펙 제시
유량계, 열량계	정확도 ±1.5[%] 이내	• 관련 내용이 명시된 설비 스펙 제시
전력량계	정확도 1[%] 이내	• 관련 내용이 명시된 설비 스펙 제시

13.4.4 / 16.2.12 / 16.4.12 / 19.1.13 / 19.4.1 / 21.1.12 / 21.4.7 / 21.4.8
62 실효값이 220[V]인 교류전압을 1.2[kΩ]의 저항에 인가할 경우 소비되는 전력은 약 몇 [W]인가?

① 14.4 ② 18.3 ③ 26.4 ④ 40.3

해설 실효값(effective value)

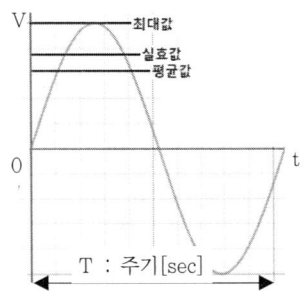

① 저항 R에 직류 전압 V[V]와 교류 전압 [V]를 같은 시간 동안 인가해서 발열량이 서로 같을 때, 직류 전압과 같은 효과가 있는 것으로 생각하고 실효적으로 같다고 결정한 값
② 정현파 교류의 실효값 V[V]와 최대값 V_m[V] 사이의 관계
$$V = \frac{1}{\sqrt{2}} \cdot V_m ≒ 0.707 V_m \text{ [V]}$$
③ 소비전력(P)
$$P = \frac{V^2}{R} = \frac{220^2}{1200} ≒ 40.3 \text{ [W]}$$

16.2.11 / 16.4.32 / 17.1.28 / 20.1.39 / 20.3.6 / 20.3.7 / 21.2.28 / 21.2.31
63 다음 중 지붕에 설치하는 태양광발전 형태로 틀린 것은?

① 창재형 ② 지붕설치형
③ 톱라이트형 ④ 지붕건재형

해설 창에 설치하는 태양광발전 형태

① 창재형 : 태양전지가 창문 유리로서의 기능(채광성, 투시성)을 하는 형태

② 톱라이트(Top Light)형 : 건물 상부의 채광용 창문부에 설치되는 것

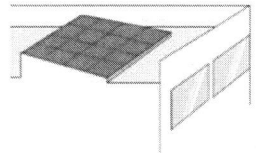

16.2.45 / 16.4.54 / 19.1.54 / 20.4.44 / 20.4.58 / 21.1.53

64 태양광발전시스템의 계측에 관한 설명으로 틀린 것은?

① 풍향·풍속 등도 중요하므로 이에 대한 계측도 필요하다.
② 직류회로의 전압은 직접 또는 PT, CT를 통해서 검출한다.
③ 태양전지는 온도에 따라 변환효율이 변동되므로 온도계측도 이루어진다.
④ 일사계는 보통 대지에 수평으로 설치되나 어레이와 같은 각도로 설치하는 경우도 있다.

해설 태양광발전시스템의 계측시스템 구성

① 검출기
태양광발전시스템의 기상데이터와 전압, 전류 등을 측정하는 장치로 직류측의 전압은 분압기로 전류는 분류기를 이용하고, 교류측의 전압, 전류, 역률, 주파수 계측은 PT, CT를 통해서 검출, 지시계 또는 신호변환기로 전송하는 장치

② 신호변환기
검출기로 검출된 데이터를 컴퓨터 및 먼거리에 설치한 표시장치에 전송할 때 사용하는 장치

③ 연산장치
검출기를 통해 얻어진 순시계측 데이터는 적산하고, 일정기간 동안의 데이터는 평균하는 등 필요 데이터를 가공하는 장치

④ 기억장치
컴퓨터가 필요로 하는 정보, 컴퓨터가 자료를 처리하여 얻은 결과 등을 저장하는 기능을 하는 장치

16.4.62 / 16.4.72 / 17.1.76 / 17.4.72 / 18.1.77 / 20.1.63 / 20.3.64 / 20.3.77 / 20.4.69

65 산업통상자원부장관이 혼합의무의 이행 여부를 확인하기 위하여 혼합의무자에게 대통령령으로 정하는 바에 따라 필요한 자료의 제출을 요구할 경우 신·재생에너지 연료 혼합의무 이행확인에 관한 자료로 틀린 것은?

① 수송용 연료의 생산량
② 수송용 연료의 수출입량
③ 수송용 연료의 해외 판매량
④ 수송용 연료의 자가 소비량

해설 신·재생에너지 연료 혼합의무

(1) 신·재생에너지 연료 혼합의무 등(신재생에너지법 제23조의2)

① 산업통상자원부장관은 신·재생에너지의 이용·보급을 촉진하고 신·재생에너지 산업의 활성화를 위하여 필요하다고 인정하는 경우 대통령령으로 정하는 바에 따라 석유정제업자 또는 석유수출입업자에게 일정 비율 이상의 신·재생에너지 연료를 수송용 연료에 혼합하게 할 수 있다.

② 산업통상자원부장관은 ①항에 따른 혼합의무의 이행 여부를 확인하기 위하여 혼합의무자에게 대통령령으로 정하는 바에 따라 필요한 자료의 제출을 요구할 수 있다.

(2) **자료제출**(신재생에너지법 시행령 제26조의3)

산업통상자원부장관은 혼합의무자에게 다음의 자료 제출을 요구할 수 있다.

1) 신·재생에너지 연료 혼합의무 이행확인에 관한 다음의 자료

① 수송용 연료의 생산량
② 수송용 연료의 내수판매량
③ 수송용 연료의 재고량
④ 수송용 연료의 수출입량
⑤ 수송용 연료의 자가 소비량

2) 신·재생에너지 연료 혼합시설에 관한 다음의 자료
① 신·재생에너지 연료 혼합시설 현황
② 신·재생에너지 연료 혼합시설 변동사항
③ 신·재생에너지 연료 혼합시설의 사용실적
3) 혼합의무자의 사업에 관한 다음의 자료
① 수송용 연료 및 신·재생에너지 연료 거래실적
② 신·재생에너지 연료 평균거래가격
③ 결산재무제표
4) 그밖에 혼합의무의 이행 여부를 확인하기 위하여 산업통상자원부장관이 필요하다고 인정하는 자료

15.2.4
66 일사량과 어레이 경사각에 대한 설명으로 틀린 것은?

① 경사면 일사량은 어레이 경사각을 결정한다.
② 지표면 확산 일사는 태양으로부터 산란, 반사 후 지상에 도달하는 일사이다.
③ 지표면 직달 일사는 태양으로부터 지상의 관측지점으로 직접 도달하는 일사이다.
④ 태양전지는 많은 일사량을 받도록 지면과 수평면에 설치한다.

해설 경사각도에 의한 효율(정남향 기준)

각도(°)	효율(%)
0	89
5	97
30	100
45	98
60	92
90	68

※ 태양전지는 많은 일사량을 받도록 연중 평균인 지면과 약 30도의 경사면에 설치한다.

13.4.6 / 13.4.47 / 14.4.43 / 14.4.57 / 15.2.16 / 15.2.46 / 15.2.56 / 15.4.5 / 16.2.6 / 16.2.7 / 17.1.7 / 18.4.4 / 18.4.46 / 19.4.8 / 20.1.9 / 21.1.11 / 21.2.17 / 21.2.43

67 단결정 태양전지의 제조공정 순서를 옳게 나열한 것은?

① 폴리실리콘 → Czochralski공정 → 웨이퍼 슬라이싱 → 반사방지막 → 전/후면 전극 → 인 도핑
② Czochralski공정 → 폴리실리콘 → 웨이퍼 슬라이싱 → 반사방지막 → 전/후면 전극 → 인 도핑
③ 폴리실리콘 → Czochralski공정 → 웨이퍼 슬라이싱 → 인 도핑 → 전/후면 전극 → 반사방지막
④ 폴리실리콘 → Czochralski공정 → 웨이퍼 슬라이싱 → 인 도핑 → 반사방지막 → 전/후면 전극율

해설 단결정 실리콘 태양전지의 제조방법

폴리실리콘   Czochralski법   웨이퍼 슬라이싱

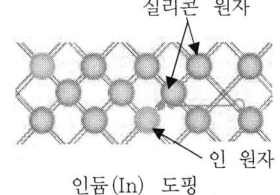
인듐(In) 도핑

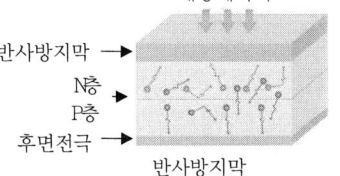

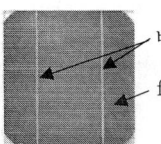
전면전극 구조

정답 66. ④ 67. ④

① 폴리실리콘

모래에서 뽑아낸 태양광 기초소재

② 초크랄스키(Czochralski) 공정

실리콘을 뜨거운 열로 녹여 고순도의 실리콘 용액을 만들고 이것으로 실리콘 기둥인 잉곳(Ingot)을 만드는 실리콘 결정 성장기술

③ 얇은 웨이퍼 만들기(Wafer Slicing)

잉곳(Ingot)을 다이아몬드 톱을 이용해 균일한 두께로 얇게 절단하여 웨이퍼를 만든다.

④ 인듐(In) 도핑

웨이퍼에 전도성을 띠게 하기 위해 불순물로 인듐(In)을 고온에서 확산 및 P/N층을 접합하게 되면, 자유전자가 부족한 p형 반도체가 되며, 도핑 물질로서 붕소(B), 갈륨(Ga), 인듐(In)등 3족 원소를 사용한다. 자유전자는 일정한 방향성을 갖고 이동할 수 있다.

⑤ 반사방지막

전기를 얻기 위해 전극을 형성한 후 마지막으로 빛의 반사를 최대한 막기 위해 반사 방지막을 형성한다.

⑥ 전/후면 전극

반사방지막 위에 전극 형성을 위한 실크스크린을 인쇄한다.

13.4.22 / 15.2.37 / 16.4.27 / 17.1.33 / 17.2.36 / 17.4.29 / 18.4.33 / 20.4.27 / 21.1.34

68 방화구획 관통부의 처리에 관한 설명으로 틀린 것은?

① 전선배관의 관통부에서는 다른 설비로 불길이 번지거나 확대를 방지하는 것이다.
② 관통부의 충전재, 내열씰재의 전열에 의해 뒷면이 연소할 위험이 있는 온도가 되지 않아야 한다.
③ 내열성이란 관통부의 충전재, 케이블, 배관재의 변형, 파손, 탈락, 소실로 뒷면에 화염, 연기가 발생하지 않도록 하는 것이다.
④ 내화구조물 배선, 배관 등으로 관통한 경우의 되메우기 충전재는 관통하기 전과 같거나 그 이상의 내화구조로 하지 않으면 안된다.

해설 **방화구획 관통부의 처리**

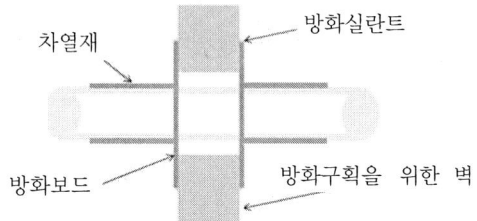

1) 방화구획 관통부의 처리를 하는 것은 화재 발생시의 방화 대책물인 벽, 바닥, 기둥 등을 통과하는 전선, 배관의 관통 부분에서 다른 설비로 불길이 번지거나 확대하는 것을 방지하기 위해서이다.

2) 배선을 옥외에서 옥내로 끌어들인 관통 부분의 처리 방법으로는 다음과 같다.
① 난연성
관통 부분의 충전재, 케이블, 배관재의 변형, 파손, 탈락, 소실로 인해 뒷면에 화염, 연기가 나지 않을 것
② 내열성
관통 부분의 충전재, 내열씰재의 전열에 의해 뒷면이 연소할 위험이 있는 온도가 되지 않을 것
③ 관통부의 내화구조에 대한 성능시험은 단일 제품(예: 방화용 실런트 또는 기타자재)에 대한 시험이 아니라 복합구조(예: 방화용 실런트와 철판, 암면 등의 조합)의 시스템을 제시하여 그 시스템에 대해서 시험성적을 취득한다.

15.2.56 / 15.4.5 / 16.2.6 / 16.2.7 / 17.1.7 / 18.4.4 / 18.4.46 / 19.4.8 / 20.1.9 / 21.1.11 / 21.2.17 / 21.2.43

69 현재 상업화되어 있는 태양전지 중 가장 높은 온도계수 특성을 지니고 있어 출력의 감소가 가장 큰 태양전지는?

① 단결정실리콘태양전지
② 다결정실리콘태양전지
③ 박막실리콘태양전지
④ CIGS태양전지

해설 **모듈의 열적 특성(온도계수)**

모듈 온도의 상승은 발전량 저하에 직접적인 영향을 미치는데, 태양전지의 온도계수가 높을 경우 온도상승에 의한 발전량 감소 크게 나타난다.

① 단결정 실리콘 태양전지

Rating	단위	값
단락전류	%/℃	+0.04
개방전압	%/℃	−0.32
최대출력	%/℃	−0.43

② 다결정 실리콘 태양전지

Rating	단위	값
단락전류	%/℃	+0.05
개방전압	%/℃	−0.44
최대출력	%/℃	−0.31

③ 박막형 태양전지
온도계수와 빛의 강도에 따른 효율 저하가 거의 없다는 것이며, 날씨와 장소에 대한 발전량의 변화가 적어 결정질 실리콘 태양전지에 비하여 실효 효율이 높다.

④ CIGS태양전지
결정질 실리콘 태양전지보다 낮은 온도계수를 가지고 있어, 비교적 고온이나 그늘에서도 발전효율이 균일하다. ※ 단결정 실리콘 태양전지가 최대출력 −0.43 [%/℃]로 출력의 감소가 가장 크다.

15.2.73 / 21.2.72

70 시간대별로 전력거래량을 측정할 수 있는 전력량계를 설치·관리하여야하는 자가 아닌 것은?

① 발전사업자
② 송진사입자
③ 구역전기사업자
④ 자가용전기설비를 설치한 자

해설 **전력량계의 설치·관리(전기사업법 제19조)**
다음의 자는 시간대별로 전력거래량을 측정할 수 있는 전력량계를 설치·관리하여야 한다.
① 발전사업자(대통령령으로 정하는 발전사업자는 제외한다)
② 자가용전기설비를 설치한 자(전력을 거래하는 경우만 해당한다)
③ 구역전기사업자(전력을 거래하는 경우만 해당한다)
④ 배전사업자
⑤ 전력을 직접 구매하는 전기사용자

15.4.6 / 19.4.11 / 21.1.9

71 태양광발전시스템과 하위 전자기기를 용량, 유도 결합과 그리드 과전압으로부터 보호하기 위해 설치하는 것은?

① 피뢰침　　　　② 종단저항
③ 서지흡수기　　④ 바이패스 장치

해설 **서지흡수기(Surge Absorber)**
① 피뢰기와 같은 구조이며, 적용범위만을 조정하여 적용시키는 일종의 옥내 피뢰기이다.
② 피뢰기와는 다르게 뇌서지에는 사용하지 못하며, 특히 방전내량이 낮다.
③ 차단기(VCB)의 개폐서지를 대지로 방전시키고 개폐서지로부터 2차기기(몰드변압기, 건식변압기, 고압모터 등)를 보호하는 역할을 한다.

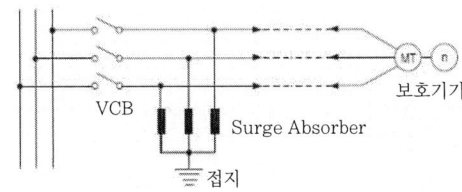

서지흡수기 설치 장소

서지흡수기 (SA)

15.4.24 / 16.4.24 / 18.1.39 / 19.4.22 / 20.4.23 /
20.4.28 / 21.4.26 / 21.2.40

72 저압 배전선로의 저압네트워크 방식에 대한 설명으로 틀린 것은?

① 전력손실이 감소된다.
② 플리커, 전압변동률이 적다.
③ 특별한 보호장치가 필요 없다.
④ 무정전 공급이 가능해서 공급신뢰도가 높다.

해설 저압 네트워크 배전방식(Network System)

1) 2개 이상의 배전 변압기 2차측을 전기적으로 연결해서 망상으로 한 것인데, 각 수용가에는 네트워크로부터 분기되어 직접 전기를 공급하는 방식이다.
① 전력 손실 감소
② 플리커, 전압 변동률이 적다.
③ 기기의 이용률 향상
④ 부하 증가에 대한 적응성이 좋음
⑤ 변전소 수를 줄일 수 있다.
⑥ 무정전 공급이 가능해서 공급신뢰도가 높다.
⑦ 건설비가 비싸다.
⑧ 특별한 보호장치가 필요하다.

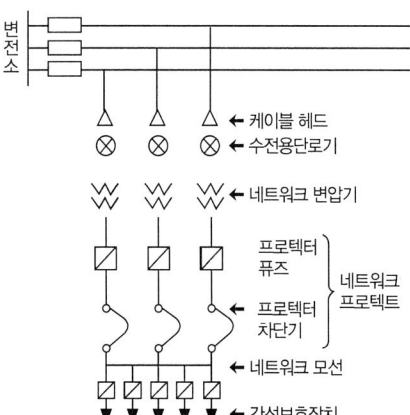

2) 네트워크 프로텍터(network protector) = (계전기 + 차단기)
변압기 1차측에서 고장이 발생되어 변전소의 차단기가 동작되면 변압기를 통해 1차측으로 역가압되지 않도록 변압기 2차측에 설치한다.

15.4.43 / 16.4.43 / 16.4.53 / 17.4.58 / 18.2.26 /
19.4.48 / 20.1.45

73 인버터 절연저항 측정시 주의사항으로 틀린 것은?

① 정격에 약한 회로들은 회로에서 분리하여 측정한다.
② 입·출력 단자에 주회로 이외의 제어단자 등이 있는 경우는 이것을 측정에서 제외한다.
③ 정격전압이 입·출력과 다를 때는 높은 측의 전압을 선택기준으로 한다.
④ 절연변압기를 장착하지 않은 인버터는 제조사 추천방식으로 측정한다.

해설 인버터의 절연저항 측정

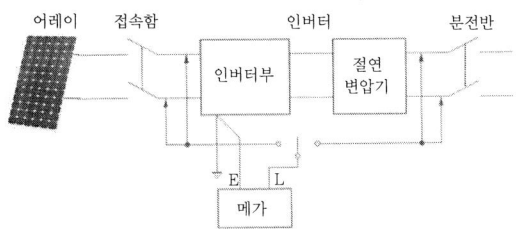

(1) 입력회로
① 태양전지회로를 접속함에서 분리한다.
② 분전반 내의 분기회로 차단기를 개방한다.
③ 인버터의 입·출력 단자를 단락하고, 직류단자와 대지 간을 절연저항계(Megger)로 측정한다.

(2) 출력회로
① 태양전지회로를 접속함에서 분리한다.
② 분전반 내의 분기회로 차단기를 개방한다.
③ 인버터의 교류측 회로를 분전반 차단기에서 분리하여 분전반까지의 전로를 포함하여 측정한다.
④ 인버터의 입·출력 단자를 단락하고, 출력단자와 대지 간을 절연저항계(Megger)로 측정한다.

(3) 기타 주의사항
① 정격전압이 입출력과 다를 때는 높은 측의 전압을 절연저항계의 선택기준으로 한다.
② 입출력 단자에 주회로 이외의 제어단자 등이 있는 경우는 이것을 포함해서 측정한다.

③ 서지업서버 등의 정격에 약한 회로들은 회로에서 분리하여 측정한다.
④ 절연변압기가 별도로 설치된 경우에는 이를 포함하여 측정한다.
⑤ 절연변압기를 장착하지 않은 인버터는 제조사 추천방식으로 측정한다.

13.4.58 / 14.4.72 / 15.2.77 / 15.4.61 / 17.2.73 / 18.1.69 / 18.2.25 / 18.4.11 / 19.2.14 / 20.1.62 / 20.4.26

74 고압 또는 특고압 전로중 기계기구 및 전선을 보호하기 위하여 필요한 곳에는 무엇을 시설하여야 하는가?

① 영상변류기
② 과전류차단기
③ 콘덴서형 변성기
④ 지락차단기

해설 태양전지 모듈 등의 시설(판단기준 제54조)

1) 충전부분은 노출되지 않도록 시설할 것

2) 태양전지 모듈에 접속하는 부하측의 전로(복수의 태양전지 모듈을 시설한 경우에는 그 집합체에 접속하는 부하측의 전로)에는 그 접속점에 근접하여 개폐기 기타 이와 유사한 기구(부하전류를 개폐할 수 있는 것에 한한다)를 시설할 것

3) 태양전지 모듈을 병렬로 접속하는 전로에는 그 전로에 단락이 생긴 경우에 전로를 보호하는 과전류차단기 기타의 기구를 시설할 것. 다만, 그 전로가 단락전류에 견딜 수 있는 경우에는 그렇지 않다.

4) 전선은 다음에 의하여 시설할 것. 다만, 기계기구의 구조상 그 내부에 안전하게 시설할 수 있을 경우에는 그렇지 않다.
① 전선은 공칭단면적 $2.5[mm^2]$ 이상의 연동선 또는 이와 동등 이상의 세기 및 굵기의 것일 것
② 옥내에 시설할 경우에는 합성수지관공사, 금속관공사, 가요전선관공사 또는 케이블공사로 시설할 것
③ 옥측 또는 옥외에 시설할 경우에는 합성수지관공사, 금속관공사, 가요전선관공사 또는 케이블공사로 시설할 것

15.4.70 / 15.4.77 / 17.1.78 / 18.2.79 / 18.4.40 / 20.4.38 / 20.4.75

75 전기공사의 종류와 예시가 잘못 짝지어진 것은?

① 발전설비공사: 태양광발전소의 전기설비공사
② 송전설비공사: 철탑조립공사
③ 변전설비공사: 모선설비공사
④ 배전설비공사: 보호제어설비설치공사

해설 전기공사의 종류(전기공사업법 시행령 제2조2)

발전·송전·변전 및 배전 설비공사

(1) 발전설비공사
발전소(원자력발전소, 화력발전소, 풍력발전소, 수력발전소, 조력발전소, 태양열발전소, 내연발전소, 열병합발전소, 태양광발전소 등의 발전소를 말한다)의 전기설비공사와 이에 따른 제어설비공사

(2) 송전설비공사
① 공중송전설비공사: 공중송전설비공사에 부대되는 철탑기초공사 및 철탑조립공사(지지물설치 및 철탑도장을 포함한다), 공중전선설비공사(금구류 설치를 포함한다), 횡단개소의 보조설비공사, 보호선·보호망 공사
② 지중송전설비공사: 지중송전설비공사에 부대되는 전력구설비공사, 공동구 안의 전기설비공사, 전력지중관로설비공사, 전력케이블설비공사(전선방재설비공사를 포함한다)
③ 물밑송전설비공사: 물밑전력케이블설치공사
④ 터널 안 전선로공사: 철도·궤도·자동차도·인도 등의 터널 안 전선로공사

(3) 변전설비공사
① 변전설비기초공사: 변전기기, 철구, 가대 및 덕트 등의 설치를 위한 공사
② 모선설비공사: 모선(母線)설치(금구류 및 애자장치를 포함한다), 지지(支持) 및 분기개소의 설비공사
③ 변전기기설치공사: 변압기, 개폐장치(차단기, 단로기 등을 말한다), 피뢰기 등의 설치공사
④ 보호제어설비설치공사: 보호·제어반 및 제어케이블의 설치공사

정답 74. ② 75. ④

(4) 배전설비공사
① 공중배전설비공사: 전주 등 지지물공사, 변압기 등 전기기기설치공사, 가선공사(수목전지공사를 포함한다)
② 지중배전설비공사: 지중배전설비공사에 부대되는 전력구설비공사, 공동구 안의 전기설비공사, 전력지중관로설비공사, 변압기 등 전기기기설치공사, 전력케이블설치공사(전선방재설비공사를 포함한다)
③ 물밑배전설비공사: 물밑전력케이블설치공사
④ 터널 안 전선로공사: 철도·궤도·자동차도·인도 등의 터널 안 전선로공사

14.4.4 / 14.4.13 / 15.2.11 / 15.2.17 / 15.4.17 / 17.2.14 / 17.4.5 / 18.1.3 / 18.4.7 / 20.1.3 / 20.1.19 / 20.3.8 / 20.3.9 / 21.4.1

76 태양광발전시스템을 계통에 접속하여 역송전 운전을 하는 경우 전력전송을 위한 수전점의 전압이 상승하여 전력회사의 운용범위를 넘지 못하게 하는 인버터의 기능은?

① 자동운전 정지기능
② 계통연계 보호기능
③ 단독운전 방지기능
④ 자동전압 조정기능

해설 태양광발전시스템 인버터의 기능

① 자동운전 정지(Auto shutdown) 기능
  인버터는 해가 떠오르고 출력이 발생되는 조건이 되면 자동적으로 운전을 시작하며, 해가 지는 동안에도 출력이 발생하는 한 가동은 계속되고 완전한 일몰 뒤 운전을 자동정지한다.
② 계통연계 보호기능
  전력계통에 연계되어 운전하고 있는 태양광발전시스템에서 계통 측이나 인버터측에서 이상이 발생했을 때 이를 검지하고 신속하게 인버터를 정지해서 계통 측에 안전을 확보하는 장치이다.
③ 단독운전 방지(Non-islanding) 기능
  단독운전(한전 정전시 분리된 계통에 전력을 계속 공급하게 되는 운전상태)시의 문제점을 해결하기 위한 기능으로, 단독운전 발생 후 최대 0.5초 이내에 한전계통에 대한 가압을 중지해야 한다.

④ 자동전압 조정기능
  태양광발전시스템을 계통에 접속하여 역송전 운전을 하는 경우 수전점의 전압이 상승해서 전력회사의 운용범위를 초과할 가능성이 있기 때문에 자동전압 조정기능을 설치하여 전압의 상승을 방지할 수 있으며, 전압 조정방법에는 진상무효전력제어와 출력제어 방법이 있다.

13.4.35 / 14.4.23 / 14.4.30 / 16.2.46 / 16.4.28 / 17.2.31 / 18.1.23 / 18.1.53 / 20.3.39 / 21.1.31 / 21.2.48 / 21.4.25

77 보조전극을 이용한 접지저항 측정시 보조전극의 간격은 몇 [m] 이상으로 이격하는가?

① 1   ② 2   ③ 5   ④ 10

해설 전위강하법에 의한 접지저항 측정법

측정접지체(E)에서 전류보조전극(C)을 멀리(10m이상) 설치하고, E와 C를 잇는 직선상에서 전압보조극(P)을 이동시키면서 접지저항을 측정한다.

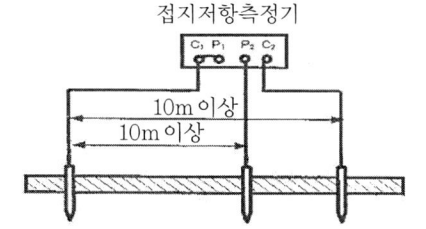

측정접지체 (E) 전압보조전극 (P) 전류보조전극 (C)

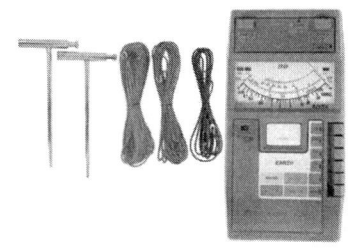

13.4.39 / 14.4.34 / 15.2.34 / 17.4.44 / 18.1.36 / 19.1.40 / 19.4.31 / 20.1.31

78 태양전지 모듈과 인버터, 인버터와 계통연계점 간의 전압강하는 각 몇 [%]를 초과하지 않아야 하는가?

① 3   ② 5   ③ 7   ④ 8

해설 전압강하

모듈에서 인버터 입력단 간 및 인버터 출력단과 계통연계점 간의 전압강하는 각 3[%]을 초과하여서는 아니 된다. 다만, 전선길이가 60[m]을 초과할 경우에는 아래 표에 따라 시공할 수 있다.

전선길이	120[m] 이하	200[m] 이하	200[m] 초과
전압강하	5[%]	6[%]	7[%]

14.4.50

79 태양광발전소 운영시 일부 스트링의 모듈 출력이 갑작스럽게 떨어졌을 경우 예측될 수 있는 상황과 거리가 먼 것은?

① 모듈 일부에 외부 환경에 의하여 그림자 효과가 발생하였다.
② 바이패스 다이오드(Bypass Diode)가 환경변화 요인으로 작동하여 출력의 불균일이 발생하였다.
③ 외부 충격에 의해 셀 및 모듈의 일부가 파손되어 출력이 감소하였다.
④ 충진재가 수분 침투에 의해 금속전극의 부식이 발생하여 직렬저항이 증가하였다.

해설 일부 스트링의 출력감소 원인

1) 일부 스트링의 모듈 출력이 갑작스럽게 떨어졌어져서 유지되는 경우
① 스트링별 DC전압과 전류값이 균일한지 여부를 확인해야 한다.
② 전류가 흐르지 않거나 회로의 개방전압이 감지되지 않는 회로는 지락이나 단선 혹은 접속반의 퓨즈 단선, 역류방지 다이오드 소손이 발생했을 경우가 많다.
③ 외부 충격에 의해 셀 및 모듈의 일부가 파손되어 출력 감소

2) 일부 스트링의 모듈 출력이 갑작스럽게 떨어진 후 다시 정상으로 복구되는 경우는 모듈 일부가 외부 환경에 의하여 그림자 효과가 발생하였다.

14.4.46 / 14.4.53 / 14.4.56 / 21.4.45

80 태양광발전시스템에서 모듈의 결함을 발견하기 위한 점검 및 측정 방법으로 옳지 않은 것은?

① 육안검사   ② 다기능 측정
③ 절연저항 측정   ④ 입출력 측정

해설 모듈의 결함을 발견하기 위한 점검 및 측정 방법
① 외관검사(육안검사)
② 절연시험
③ 성능시험
④ 다기능 측정

※ 인버터 회로의 입출력 측정
(1) 입력 회로의 경우 태양 전지 회로를 접속함에서 분리하여 인버터의 입력 단자 및 출력 단자를 각각 단락하면서 입력 단자와 대지 간의 절연 저항을 측정한다.

(2) 접속함까지의 전로를 포함하여 절연 저항을 측정한다.

(3) 측정 순서 및 내용
① 태양 전지 회로를 접속함에서 분리한다.
② 분전반 내의 분기 차단기를 개방(off)한다.
③ 직류측의 모든 입력 단자 및 교류측의 전체 출력 단자를 각각 단락한다.
④ 직류 단자와 대지 간의 절연 저항을 측정한다.

(4) 출력 회로의 경우 인버터의 입출력 단자를 단락하여 출력 단자와 대지 간의 절연저항을 측정한다.

2023 제4회 CBT 복원 기출문제

14.4.17 / 17.1.5 / 20.1.1 / 21.4.5

01 태양전지 모듈의 가로가 1.6[m], 세로가 1[m]이고, 변환효율이 10[%]인 경우의 충진율(FF)은? (단, Voc = 40V, Isc = 8A이고, 표준시험 조건이다.)

① 0.50　② 0.65　③ 0.70　④ 0.80

해설 ① 최대출력(P)

P = 모듈면적 × 표준일사강도 × 효율
　= $1.6 × 1 × 1,000 × 0.1 = 160[W]$

② 충진율(Fill Factor)

$FF = \dfrac{최대출력}{단락전류 × 개방전압} = \dfrac{160}{8 × 40} = 0.5$

20.1.21

02 고소작업차 안전운전에 관한 기술지침에 따른 안전수칙에 대한 설명으로 틀린 것은?

① 고소작업차를 임의변경 또는 개조하지 말아야 한다.
② 고소작업차 운전자에게는 실기교육을 실시하여야 한다.
③ 조작레버는 중립 또는 차단상태에서 시동을 걸어야 한다.
④ 붐이나 작업대는 다른 구조물을 지지할 수 있도록 하여야 한다.

해설 고소작업차 안전운전에 관한 기술지침(안전수칙)

① 고소작업차를 임의변경 또는 개조하지 말아야 한다.
② 작업장 주변의 위험한 지면, 물체, 건물 등에 주의하여 장비를 조작하여야 하며 사람이 접근하지 않도록 하여야 한다.
③ 작동전 장비의 이상유무를 확인하여야 한다.
④ 운전자는 장비 용량의 한계를 숙지하여 허용 한계 내에서 작동하여야 한다.
⑤ 안전기를 이용하여 장비가 항상 지면에 수평을 이루는 상태에서 작업을 수행하며 최대 허용 경사도가 초과되는 곳에서는 작업을 금지하여야 한다.
⑥ 작업자가 오르고 내릴 때의 작업대는 구조물과 간격이 30cm 이내에 있어야 한다.
⑦ 고소작업차 사용자에 대한 교육은 주기적으로 실시하며 특히 운전자에게는 실기교육을 실시하여야 한다.
⑧ 붐이나 작업대는 다른 구조물을 지지하는 용도로 사용하지 말아야 한다.
⑨ 조작레버는 중립 또는 차단상태에서 시동을 걸어야 한다.

13.4.34 / 14.4.25 / 15.2.31 / 15.4.38 / 17.1.25 / 17.2.30 /
17.4.21 / 17.4.34 / 18.4.34 / 19.1.22 / 20.1.40 / 20.3.38
/ 20.4.29 / 21.1.22 / 21.2.25

03 태양광발전시스템의 일반적인 시공 순서로 옳은 것은?

㉠ 모듈	㉡ 어레이
㉢ 인버터	㉣ 접속반
㉤ 계통 간 전선	

① ㉠→㉡→㉣→㉢→㉤
② ㉠→㉤→㉢→㉡→㉣
③ ㉠→㉣→㉡→㉢→㉤
④ ㉠→㉢→㉤→㉣→㉡

해설 계통연계형 태양광발전시스템의 구성

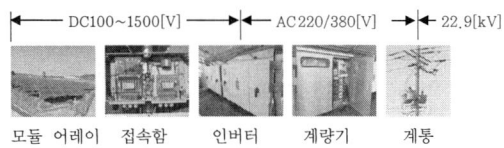

모듈 어레이　접속함　　인버터　　계량기　계통

13.4.64 / 14.4.65 / 14.4.77 / 15.4.71 / 17.1.8 / 17.2.75 /
17.4.70 / 18.4.67 / 19.2.70 / 19.2.72 / 20.1.64

04 신에너지 및 재생에너지 개발 · 이용 · 보급 촉진법에 따라 햇빛 · 물 · 지열(地熱) · 강수(降水) · 생물유기체 등을 포함하는 재생 가능한 에너지를 변환시켜 이용하는 에너지에 해당하지 않는 것은?

① 풍력　　　　　② 연료전지
③ 해양에너지　　④ 태양에너지

정답 1. ① 2. ④ 3. ① 4. ②

[해설] **신·재생에너지의 정의(신재생에너지법 제2조)**

1) 신에너지 : 기존의 화석연료를 변환시켜 이용하거나 수소·산소 등의 화학 반응을 통하여 전기 또는 열을 이용하는 에너지
   ① 수소에너지
   ② 연료전지
   ③ 석탄을 액화·가스화한 에너지 및 중질잔사유을 가스화

2) 재생에너지 : 햇빛·물·지열·강수·생물유기체 등을 포함하는 재생 가능한 에너지를 변환시켜 이용하는 에너지
   ① 태양에너지   ② 풍력
   ③ 수력   ④ 해양에너지
   ⑤ 지열에너지
   ⑥ 생물자원을 변환시켜 이용하는 바이오에너지
   ⑦ 폐기물에너지(비재생폐기물로부터 생산된 것은 제외한다)

18.1.78 / 18.4.64 / 20.1.80

05 전기설비기술기준의 판단기준에 따라 특고압 옥내배선이 저압 옥내전선·관등회로의 배선·고압 옥내전선·약전류 전선 등 또는 수관·가스관이나 이와 유사한 것과 접근하거나 교차하는 경우 특고압 옥내배선과 저압 옥내전선·관등회로의 배선 또는 고압 옥내전선 사이의 이격거리는 몇 cm 이상으로 하여야 하는가? (단, 상호 간에 견고한 내화성의 격벽을 시설하는 경우 이외이다.)

① 30　　② 40
③ 50　　④ 60

[해설] **특고압 옥내 전기설비의 시설**

특고압 옥내배선이 저압 옥내전선·관등회로의 배선 또는 고압 옥내전선·약전류 전선 등 또는 수관·가스관이나 이와 유사한 것과 접근하거나 교차하는 경우에는 다음에 따라야 한다.

① 특고압 옥내배선과 저압 옥내전선·관등회로의 배선 또는 고압 옥내전선 사이의 이격거리는 60cm 이상일 것. 다만, 상호 간에 견고한 내화성의 격벽을 시설할 경우에는 그러하지 아니하다.
② 특고압 옥내배선과 약전류 전선 등 또는 수관·가스관이나 이와 유사한 것과 접촉하지 아니하도록 시설할 것.

16.2.11 / 16.4.32 / 17.1.28 / 20.1.39 / 20.3.6 / 20.3.7 / 21.2.28 / 21.2.31

06 기와, 착색 슬레이트, 금속지붕 등의 지붕재에 전용지지기구와 받침대를 설치하여 그 위에 태양광 발전 모듈을 설치하는 형태를 무엇이라 하는가?

① 평지붕형　　② 톱라이트형
③ 경사 지붕형　④ 지붕재 일체형

[해설] **건축물 설치 부위에 따른 분류**

1) 평지붕형(지붕 설치형)
① 아스팔트 방수 시트 방수 등의 방수층 위에 철가대를 설치하고 태양전지를 설치하는 타입
② 설치공법으로서 각 모듈 제조회사의 표준 사양으로 되어 있다.
③ 주로 청사나 학교 관사의 옥상에 설치되어 있는 사례가 있다.

2) 경사지붕형(지붕 설치형)

① 지붕재(기와 착색 슬레이트, 금속 지붕 등)에 전용 지지 기구와 받침대를 설치하여 그 위에 태양전지 모듈을 설치하는 타입
② 주로 주택용 설치공법으로서 각 모듈 제조회사의 표준 사양으로 되어있다.

3) 지붕재 일체형(지붕 건재형)
① 지붕재(금속 지붕 평판 기와 등)에 태양전지 모듈을 부착시키는 타입

② 주변 지붕재와 같은 형상을 하고 있으므로 지붕과 일체감이 있으며 건축의 디자인을 손상시키지 않는 마감을 실현할 수 있다.
③ 지붕의 여러 기능(방수성, 내구성 등)을 겸비하고 있는 건재이다.

4) 지붕 재형(지붕 건재형)
① 태양전지 모듈 자체가 지붕재로서의 기능을 보유하고 있는 타입
② 주변 지붕재와의 배합이 가능하다.
③ 주로 신축 주택용으로 설치되는 사례가 많다.

16.2.28 / 16.4.35 / 17.2.38 / 19.4.23 / 19.4.28 / 19.4.33 / 20.3.24 / 20.3.26 / 20.3.27 / 20.3.32 / 21.1.28 / 21.2.34

07 전력시설물 공사감리업무 수행지침에 따라 감리원은 공사업자에게 해당 공사의 예비준공검사(부분 준공, 발주자의 필요에 따른 기성부분 포함) 완료 후 며칠 이내에 시설물의 인수·인계를 위한 계획을 수립하도록 하고 이를 검토하여야 하는가?

① 3　　② 7　　③ 14　　④ 30

해설 시설물 인수·인계

감리원은 공사업자에게 해당 공사의 예비준공검사(부분 준공, 발주자의 필요에 따른 기성부분 포함) 완료 후 30일 이내에 다음의 사항이 포함된 시설물의 인수·인계를 위한 계획을 수립하도록 하고 이를 검토하여야 한다.
1) 일반사항(공사개요 등)
2) 운영지침서(필요한 경우)
  ① 시설물의 규격 및 기능점검 항목
  ② 기능점검 절차
  ③ Test 장비 확보 및 보정
  ④ 기자재 운전지침서
  ⑤ 제작도면·절차서 등 관련 자료
3) 시운전 결과 보고서(시운전 실적이 있는 경우)
4) 예비 준공검사결과
5) 특기사항

13.4.26 / 15.4.28 / 16.4.38 / 17.1.51 / 17.2.22 / 17.2.54 / 17.4.23 / 17.4.53 / 18.1.21 / 18.1.47 / 18.2.46 / 18.2.53 / 18.4.23 / 19.1.60 / 19.2.26 / 19.2.42 / 19.4.27 / 19.4.49 / 20.1.52 / 20.3.23 / 20.3.41 / 20.4.24 / 21.1.38 / 21.4.42 / 21.4.48

08 정전작업에 관한 기술지침에 따른 단락접지시에 고려사항으로 틀린 것은?

① 단락접지기구는 단락 시 용단되지 않도록 충분한 전류용량을 가진 것을 사용한다.
② 단락접지를 한 지점은 누구나 용이하게 알 수 있도록 접지표지를 부착하도록 한다.
③ 대지에 접지봉을 매설할 때에는 수분이 없는 장소를 선택하여 접지저항이 충분히 작도록 한다.
④ 저압선과 고압선이 병가되어 있는 때에는 저압 접지선을 이용하여 접지하는 방법을 고려할 수 있다.

해설 단락접지기구(부스의 경우)

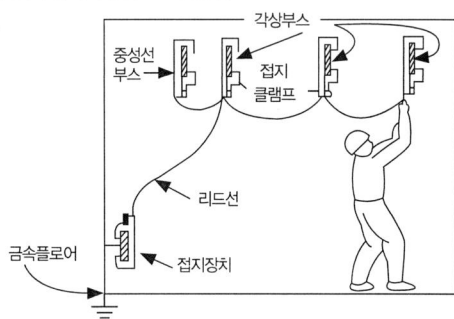

대지에 접지봉을 매설할 때에는 수분이 많은 장소를 선택하여 접지저항이 충분히 작도록 한다.

13.4.73 / 15.4.67 / 16.2.42 / 16.4.68 / 16.4.70 / 17.4.65 / 18.1.74 / 18.4.24 / 18.4.63 / 19.4.38 / 20.1.65 / 20.1.79 / 20.3.66 / 21.1.71 / 21.2.27 / 21.4.37 / 21.4.68

09 전기공사업법령에 따라 공사업을 하려는 자는 산업통상자원부령으로 정하는 바에 따라 누구에게 등록하여야 하는가?

① 시·도지사
② 전기공사협회장
③ 산업통상자원부장관
④ 한국전기기술인협회장

해설 **공사업의 등록(전기공사업법 제4조)**
① 공사업을 하려는 자는 산업통상자원부령으로 정하는 바에 따라 주된 영업소의 소재지를 관할하는 특별시장·광역시장·도지사 또는 특별자치도지사에게 등록하여야 한다.
② 공사업의 등록을 하려는 자는 대통령령으로 정하는 기술능력 및 자본금 등을 갖추어야 한다.
③ 공사업을 등록한 자 중 등록한 날부터 5년이 지나지 아니한 자는 ②항에 따른 기술능력 및 자본금 등에 관한 사항을 대통령령으로 정하는 기간이 지날 때마다 산업통상자원부령으로 정하는 바에 따라 시·도지사에게 신고하여야 한다.
④ 시·도지사는 ①항에 따라 공사업의 등록을 받으면 등록증 및 등록수첩을 내주어야 한다.

16.4.62 / 16.4.72 / 17.1.76 / 17.4.72 / 18.1.77 / 20.1.63 / 20.3.64 / 20.3.77 / 20.4.69

10 신에너지 및 재생에너지 개발·이용·보급 촉진 법령에 따라 신·재생에너지 연료의 연도별 의무혼합량 계산시 적용되는 연도별 혼합의무비율은 신·재생에너지 기술개발 수준, 연료 수급 상황 등을 고려하여 2021년 7월 1일을 기준으로 몇 년마다 재검토를 해야하는가?

① 1   ② 3   ③ 5   ④ 10

해설 **신·재생에너지 연료의 혼합량 산정 계산식**
석유정제업자 또는 석유수출입업자가 수송용 연료에 혼합하여야 하는 신·재생에너지 연료의 연도별 의무혼합량은 다음 계산식에 따라 산정한다.

> 연도별 의무혼합량 = (연도별 혼합의무비율) × [수송용 연료(혼합된 신·재생에너지 연료를 포함한다)의 내수판매량]

※ 산업통상자원부장관은 신·재생에너지 기술개발 수준, 연료 수급 상황 등을 고려하여 2021년 7월 1일을 기준으로 3년마다(매 3년이 되는 해의 7월 1일 전까지를 말한다) 연도별 혼합의무비율을 재검토한다. 다만, 신·재생에너지 연료 혼합의무의 이행실적과 국내외 시장여건 변화 등을 고려하여 재검토 기간을 단축할 수 있다.

13.4.3 / 16.2.4 / 16.4.10 / 17.1.4 / 19.1.7 / 19.2.12 / 20.4.5 / 20.4.12

11 뇌서지 등에 의한 피해로부터 태양광발전시스템을 보호하기 위한 대책으로 옳지 않은 것은?

① 피뢰소자를 어레이 주회로 내에 분산시켜 설치함과 동시에 접속함에도 설치한다.
② 뇌서지가 내부로 침입하지 못하도록 피뢰소자를 설비인입구에서 먼 장소에 설치한다.
③ 뇌우의 발생지역에서는 교류전원 측에 내뢰 트랜스를 설치한다.
④ 저압 배전선으로부터 침입하는 뇌서지에 대해서는 분전반에 피뢰소자를 설치한다.

해설 **PV 시스템을 보호하기 위한 대책**
① 피뢰소자를 어레이 주회로 내에 분산시켜 설치함과 동시에 접속함에도 설치한다.
② 뇌서지가 내부로 침입하지 못하도록 피뢰소자를 설비인입구에서 가까운 장소에 설치한다.
③ 뇌우의 발생지역에서는 교류전원 측에 내뢰 트랜스를 설치한다.
④ 저압 배전선으로부터 침입하는 뇌서지에 대해서는 분전반에 피뢰소자를 설치한다.
⑤ 접속함 및 분전반 안에 설치하는 피뢰소자는 방전내량이 큰 것을 선정한다.
⑥ 피뢰소자의 접지측 배선은 되도록 짧게 유지하면서 설치한다.

14.4.54 / 15.4.19 / 17.1.11 / 19.1.9 / 19.4.3 / 19.4.7 / 20.4.10 / 21.2.5

12 250W 태양광발전 모듈의 가로와 세로 길이가 각각 1650mm와 960mm 일 경우 변환효율은 약 몇 % 인가? (단, STC조건을 기준으로 한다)

① 14.89   ② 15.02
③ 15.32   ④ 15.78

해설 **변환효율(Conversion Efficiency)**
표준시험조건(Standard Test Conditions, STC)에서 측정한 태양전지 출력전력을 입사된 빛 에너지(소자 넓이 × 경사면 조사 강도)로 나누어 백분율로 나타낸 것

$$\eta = \frac{P_{AS}}{G_S \times A} \times 100[\%]$$

$$= \frac{250}{1,000 \times 1.65 \times 0.96} \times 100 ≒ 15.78[\%]$$

P_{AS} : 태양전지 어레이 출력전력 [kW]
G_S : 경사면 일사량 [kW/m^2]
A : 태양전지 어레이 면적 [m^2]

17.4.38 / 20.4.35

13 공사업자가 감리원에게 제출하는 시공상세도에 포함되지 않는 것은?

① 실제시공 가능 여부
② 공사추진 실적현황
③ 현장의 시공기술자가 명확하게 이해할 수 있는지 여부
④ 설계도면, 설계 설명서 또는 관계 규정에 일치하는지 여부

해설 시공상세도 승인

공사업자가 제출한 날부터 7일 이내에 검토·확인하여 승인한다. 다만, 7일 이내에 검토·확인이 불가능한 때에는 사유 등을 명시하여 통보하고, 통보사항이 없는 때에는 승인한 것으로 본다.
① 설계도면, 설계 설명서 또는 관계 규정에 일치하는지 여부
② 현장의 시공기술자가 명확하게 이해할 수 있는지 여부
③ 실제시공 가능 여부
④ 안정성의 확보 여부
⑤ 계산의 정확성
⑥ 제도의 품질 및 선명성, 도면작성 표준에 일치 여부
⑦ 도면으로 표시 곤란한 내용은 시공시 유의사항으로 작성되었는지 등의 검토

13.4.53 / 15.4.58 / 16.4.49 / 18.1.55 / 18.2.32 / 18.4.35 / 18.4.43 / 19.2.55 / 20.1.55 / 20.3.46 / 20.4.56 / 21.2.51

14 태양광발전용 인버터의 표시부에 "Line Inverter Async Fault"가 나타난 경우 조치 사항으로 옳은 것은?

① 퓨즈 교체 점검 후 운전
② 인버터 전압 점검 후 운전
③ 계통 주파수 점검 후 운전
④ 전자접속기 교체 점검 후 운전

해설 인버터 표시부 내용 및 조치사항

1) Inverter fuse fault
① 진단 : 인버터 퓨즈 소손
② 조치사항 : 퓨즈 교체 점검 후 운전

2) Inverter voltage fault
① 진단 : 인버터 전압이 규정전압을 벗어 났을 때 발생
② 조치사항 : 인버터 및 계통 전압 점검 후 운전

3) Line Inverter Async Fault
① 진단 : 인버터와 계통의 주파수가 동기되지 않을 때 발생
② 조치사항 : 인버터 점검 또는 계통 주파수 점검 후 운전

4) Inverter M/C fault
① 진단 : 전자 접촉기 고장
② 조치사항 : 전자 접촉기 교체 점검 후 운전

15.4.47 / 15.4.79 / 16.4.79 / 18.4.70 / 20.3.70 / 20.4.72

15 전기사업법령에 따라 전기안전관리자를 선임하지 아니한 자는 얼마 이하의 벌금에 처하는가?

① 500만원
② 1000만원
③ 1500만원
④ 2000만원

해설 벌칙

① 전기안전관리자를 선임하지 아니한 자는 500만원 이하의 벌금
② 전기안전관리자를 해임한 경우에는 다른 전기안전관리자를 선임하기 전까지 산업통상자원부령으로 정하는 바에 따라 대행자를 각각 지정하여야 하나 위반하여 전기안전관리자의 대행자를 지정하지 아니한 자는 300만원 이하의 과태료를 부과

정답 13. ② 14. ③ 15. ①

③ 전기안전관리자의 선임 또는 해임 신고를 하지 아니하거나 거짓으로 선임 신고를 한 자는 100만원 이하의 과태료를 부과
④ 전기안전관리자의 성실의무 등을 위반하여 필요한 조치를 요구하지 아니한 전기안전관리자는 100만원 이하의 과태료를 부과

13.4.3 / 16.2.4 / 16.4.10 / 17.1.4 / 19.1.7 / 19.2.12 / 20.4.5 / 20.4.12

16 뇌서지 등에 의한 피해로 부터 태양광발전시스템을 보호하기 위한 대책으로 틀린 것은?

① 뇌우 발생지역에서는 교류 전원 측에 내뢰 트랜스를 설치한다.
② 피뢰 소자를 어레이 주회로 내에 분산시켜 설치함과 동시에 접속함에도 설치한다.
③ 저압 배전선으로부터 침입하는 뇌서지에 대해서는 분전반에 피뢰 소자를 설치한다.
④ 뇌서지가 내부로 침입하지 못하도록 피뢰소자를 설비 인입구에서 먼 장소에 설치한다.

[해설] PV 시스템을 보호하기 위한 대책
① 피뢰소자를 어레이 주회로 내에 분산시켜 설치함과 동시에 접속함에도 설치한다.
② 뇌서지가 내부로 침입하지 못하도록 피뢰소자를 설비인입구에서 가까운 장소에 설치한다.
③ 뇌우의 발생지역에서는 교류전원 측에 내뢰 트랜스를 설치한다.
④ 저압 배전선으로부터 침입하는 뇌서지에 대해서는 분전반에 피뢰소자를 설치한다.
⑤ 접속함 및 분전반 안에 설치하는 피뢰소자는 방전내량이 큰 것을 선정한다.
⑥ 피뢰소자의 접지측 배선은 되도록 짧게 설치한다.

14.4.26 / 19.1.25

17 전압 동요에 의한 플리커의 경감대책으로 전력공급측에 실시하는 대책으로 틀린 것은?

① 공급 전압을 승압한다.
② 전용 계통으로 공급한다.
③ 전용 변압기로 공급한다.
④ 단락용량이 적은 계통에서 공급한다.

[해설] 플리커(Flicker)현상의 경감대책
부하의 특성에 기인하는 전압동요에 의해서 조명이 깜박거린다거나 텔레비전의 영상이 일그러진다든가 하는 현상
1) 전력공급측
① 전용계통으로 공급
② 공급전압을 승압
③ 전용 변압기로 공급
④ 단락용량이 큰 계통에서 공급

2) 수용가측
① 전원계통에 리액터 성분 보상 : 직렬 콘덴서, 3권선 보상변압기
② 전압강하 보상 : 부스터, 상호 보상리액터
③ 부하의 무효전력 변동분을 흡수 : 동기조상기와 리액터, TCR, TSC

16.4.42 / 17.1.48 / 19.1.47

18 발전소 허가기준에 포함되지 않는 것은?

① 전기사업이 계획대로 수행될 수 있을 것.
② 발전소가 해당지역에 집중되어 전력계통의 운영이 용이할 것.
③ 전기사업을 적정하게 수행하는 데 필요한 재무능력 및 기술능력이 있을 것.
④ 구역전기사업의 경우 특정한 공급구역 전력 수요의 50퍼센트 이상으로서 대통령령으로 정하는 공급 능력을 갖출 것

[해설] 전기사업의 허가(전기사업법 제7조)
(1) 전기사업을 하려는 자는 전기사업의 종류별로 산업통상자원부장관의 허가를 받아야 한다. 허가받은 사항 중 산업통상자원부령으로 정하는 중요 사항을 변경하려는 경우에도 또한 같다.

(2) 산업통상자원부장관은 전기사업을 허가 또는 변경 허가를 하려는 경우에는 미리 전기위원회의 심의를 거쳐야 한다.

정답 16. ④ 17. ④ 18. ②

(3) 동일인에게는 두 종류 이상의 전기사업을 허가할 수 없다. 다만 동일인이 두 종류 이상의 전기사업을 할 수 있는 경우는 다음과 같다.(전기사업법 시행령 제3조)
① 배전사업과 전기판매사업을 겸업하는 경우
② 도서지역에서 전기사업을 하는 경우
③ 발전사업의 허가를 받은 것으로 보는 집단에너지사업자가 전기판매사업을 겸업하는 경우. 다만, 허가받은 공급구역에 전기를 공급하려는 경우로 한정한다.

(4) 산업통상자원부장관은 필요한 경우 사업구역 및 특정한 공급구역별로 구분하여 전기사업의 허가를 할 수 있다. 다만, 발전사업의 경우에는 발전소별로 허가할 수 있다.

(5) 전기사업의 허가기준은 다음과 같다.
① 전기사업을 적정하게 수행하는 데 필요한 재무능력 및 기술능력이 있을 것
② 전기사업이 계획대로 수행될 수 있을 것
③ 배전사업 및 구역전기사업의 경우 둘 이상의 배전사업자의 사업구역 또는 구역전기사업자의 특정한 공급구역 중 그 전부 또는 일부가 중복되지 아니할 것
④ 구역전기사업의 경우 특정한 공급구역의 전력수요의 50[%] 이상으로서 대통령령으로 정하는 공급능력을 갖추고, 그 사업으로 인하여 인근 지역의 전기사용자에 대한 다른 전기사업자의 전기 공급에 차질이 없을 것
⑤ 발전소나 발전연료가 특정 지역에 편중되어 전력계통의 운영에 지장을 주지 아니할 것
⑥ 그밖에 공익상 필요한 것으로서 대통령령으로 정하는 기준에 적합할 것

16.2.45 / 16.4.54 / 19.1.54 / 20.4.44 / 20.4.58 / 21.1.53

19 태양광발전시스템 계측에 관한 설명 중 틀린 것은?

① 풍향 풍속 등도 중요하므로 이에 대한 계측도 필요하다

② 직류회로의 전압은 직접 또는 PT, CT를 통해서 검출한다.
③ 태양광발전 전지는 온도에 따라 변환효율이 변동되므로 온도 계측도 이루어진다.
④ 일사계는 보통 대지에 수평으로 설치되나 어레이와 같은 각도로 설치하는 경우도 있다.

해설 태양광발전시스템의 계측시스템 구성
① 검출기
태양광발전시스템의 기상데이터와 전압, 전류 등을 측정하는 장치로 직류측의 전압은 분압기로 전류는 분류기를 이용하고, 교류측의 전압, 전류, 역률, 주파수 계측은 PT, CT를 통해서 검출, 지시계 또는 신호변환기로 전송하는 장치

② 신호변환기
검출기로 검출된 데이터를 컴퓨터 및 먼 거리에 설치한 표시장치에 전송할 때 사용하는 장치

③ 연산장치
검출기를 통해 얻어진 순시계측 데이터는 적산하고, 일정기간 동안의 데이터는 평균하는 등 필요 데이터를 가공하는 장치

④ 기억장치
컴퓨터가 필요로 하는 정보, 컴퓨터가 자료를 처리하여 얻은 결과 등을 저장하는 기능을 하는 장치

13.4.78 / 17.2.80 / 19.1.80

20 전기설비기술기준의 판단기준에 의거 저압연접 인입선의 시설에 대한 설명으로 틀린 것은?

① 옥내를 통과하지 아니할 것
② 폭 5m을 초과하는 도로를 횡단하지 아니할 것
③ 전선의 높이는 도로를 횡단하는 경우 노면상 2.5m 이상일 것
④ 인입선에서 분기하는 점으로부터 100m을 초과하는 지역에 미치지 아니할 것)

해설 **저압 연접 인입선의 시설(판단기준 제101조)**

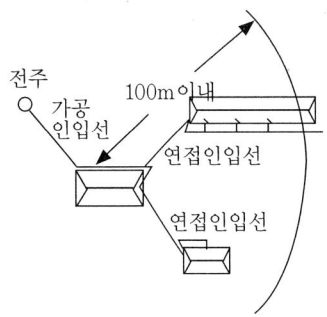

① 인입선에서 분기하는 점으로부터 100[m] 을 초과하는 지역에 미치지 아니할 것
② 폭 5[m]을 초과하는 도로를 횡단하지 아니할 것
③ 옥내를 통과하지 아니할 것

15.4.49 / 18.2.57 / 19.2.3 / 19.4.52 / 21.4.9

21 태양광발전에 대한 설명으로 틀린 것은?

① 무한 청정에너지이다.
② 주간에만 발전이 가능하다.
③ 발전량은 계절에 관계없이 일정하다.
④ 일사량과 관계는 있지만 어느 지역이나 이용가능하다.

해설 **태양광발전의 특징**

1) 장점
① 에너지의 원료인 태양의 빛은 무료이며, 무한이다.
② 환경오염이 없는 청정에너지원이다.
③ 발전과정에서 환경오염이 없다.
④ 유지관리 비용이 적다.

2) 단점
① 에너지밀도가 낮아 큰 설치면적이 필요하다.
② 설치장소가 한정적이며, 시스템 비용이 고가이다.
③ 발전량은 계절과 일조량의 영향을 많이 받는다.

※ 남해지역 고정식 태양광발전소 발전량

	1월	2월	3월	4월	5월	6월
[kWh]	3,057	3,295	4,348	3,997	4,157	3,831
[%]	7.39	7.96	10.51	9.66	10.05	9.26
	7월	8월	9월	10월	11월	12월	합계
	2,766	3,398	3,603	3,217	2,937	2,776	41,382
	6.68	8.21	8.71	7.77	7.10	6.71	100[%]

13.4.12 / 16.2.19 / 16.4.2 / 17.2.15 / 19.2.18 / 19.4.16 / 21.2.15 / 21.4.20

22 PN 접합 다이오드에 공핍층이 생기는 경우는?

① (−) 전압만 인가할 때 생긴다.
② 전압을 가하지 않을 때 생긴다.
③ 전자와 정공의 확산에 의해 생긴다.
④ 다수 전송파가 많이 모여 있는 순간에 생긴다.

해설 **공핍 영역(Depletion region)**

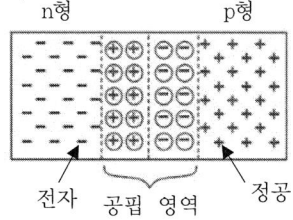

① N형반도체 다수의 반송자는 전자이고 소수의 반송자는 정공이 되어 (−)전기를 띠고 P형반도체에서는 정공이 전자수보다 많아 (+)전기를 띤다.
② N형 영역의 자유전자는 불규칙적으로 움직여 PN 접합이 형성되는 순간 N형 영역의 접합 근처에 있던 일부의 자유전자는 접합을 넘어 P형 영역으로 확산(Diffusion)되고 이들 전자는 접합 근처의 정공과 결합한다.
③ PN 접합이 형성되기 전의 N형 물질에는 양자와 같은 수의 많은 전자가 존재해 물질의 극성은 중성상태이며, P형 물질도 동일하게 적용되나 접합이 형성되는 과정에서 N형 영역의 전자들이 접합을 넘어 확산되면서 N형 영역은 자유전자들을 잃게 되어 P영역 접합 부근에 음전하층이 형성되는 공핍층이 만들어진다.

④ 최초 PN접합에서 접합면을 통해 자유전자가 움직이면 공핍영역은 평형상태가 될 때까지 확산되며 평형 상태에서는 더 이상 전자가 이동하지 않아, 공핍층은 전자의 이동을 막는 장벽 역할을 하게 된다.

13.4.32 / 16.2.21 / 19.2.37
23 역률을 개선하였을 경우 그 효과로 틀린 것은?
① 전력손실의 감소
② 전압강하의 감소
③ 설비용량의 여유분 증가
④ 설비용량의 무효분 증가

해설 역률개선효과
① 전력손실의 감소(변압기, 배전선로)
② 설비용량의 효율적 운용
③ 전압강하의 감소
④ 각종 기기의 수명연장
⑤ 전력계통의 안정
⑥ 전기요금 절약

17.2.41 / 17.4.49 / 19.2.59
24 태양광발전시스템용 축전지의 일상점검 시 육안점검 항목으로 틀린 것은?
① 변색 ② 팽창
③ 단자 전압 ④ 액면 저하

해설 축전지의 일상 육안점검
① 전해액 저하
② 단자의 부식, 풀림 등 케이블 연결 상태
③ 외함의 변색, 변형, 균열, 팽창, 손상상태

19.2.77
25 전기설비기술기준의 판단기준에서 합성수지관공사 시 관 상호간 및 박스와의 접속은 관에 삽입 깊이를 관의 바깥지름 몇 배 이상으로 하여야 하는가? (단, 접착제를 사용하는 경우는 제외한다.)

① 0.5배 ② 0.8배
③ 1.2배 ④ 1.5배

해설 합성수지관공사(판단기준 제183조)
합성수지관 및 박스 기타의 부속품은 다음에 따라 시설하여야 한다.
1) 관 상호 간 및 박스와는 관을 삽입하는 깊이를 관의 바깥지름의 1.2배(접착제를 사용하는 경우에는 0.8배) 이상으로 하고 또한 꽂음 접속에 의하여 견고하게 접속할 것

2) 관의 지지점 간의 거리는 1.5[m] 이하로 하고, 또한 그 지지점은 관의 끝·관과 박스의 접속점 및 관 상호 간의 접속점 등에 가까운 곳에 시설할 것

3) 습기가 많은 장소 또는 물기가 있는 장소에 시설하는 경우에는 방습 장치를 할 것

4) 저압 옥내배선의 사용전압이 400[V] 미만인 경우에 합성수지관을 금속제의 박스에 접속하여 사용하는 때 또는 분진방폭형 플렉시블 피팅을 사용 하는 때는 박스 또는 분진 방폭형 플렉시블 피팅에는 접지공사를 할 것. 다만, 다음 중 1에 해당하는 경우에는 그러하지 아니하다.
① 건조한 장소에 시설하는 경우
② 옥내배선의 사용전압이 직류 300[V] 또는 교류 대지 전압이 150[V] 이하인 경우에 사람이 쉽게 접촉할 우려가 없도록 시설하는 경우

5) 사용전압이 400[V] 이상인 경우에 합성수지관을 금속제의 박스에 접속하여 사용하는 때 또는 제2항 제1호 단서에 규정하는 분진 방폭형 플렉시블피팅을 사용하는 때에는 박스 또는 분진 방폭형 플렉시블피팅에 접지공사를 할 것.

6) 합성수지관을 풀박스에 접속하여 사용하는 경우에는 (1)의 규정에 준하여 시설할 것. 다만, 기술상 부득이한 경우에 관 및 풀박스를 건조한 장소에서 불연성의 조영재에 견고하게 시설하는 때에는 그러하지 아니하다.

7) 난연성이 없는 콤바인 덕트관은 직접 콘크리트에 매입(埋入)하여 시설하는 경우 이외에는 전용의 불연성 또는 난연성의 관 또는 덕트에 넣어 시설할 것

8) 합성수지제 휨(가요) 전선관 상호 간은 직접 접속하지 말 것

26 트랜지스터 방식의 인버터 회로 구성요소가 아닌 것은?

① 변압기 ② 컨버터
③ 인버터 ④ 개폐기

해설 **인버터회로**
① 전기적으로는 DC 직류를 AC교류로 변환하는 역변환 장치이지만 일반적으로는 AC전원의 전압 및 주파수를 제어하기 위한 전력 변환 장치를 통칭한다.
② 전력용 반도체(Diode, Thyristor, Transistor, IGBT, GTO 등)을 사용하여 컨버터 부분에서 상용 교류 전원을 직류전원으로 정류를 시킨 후, 평활 회로 부분에서 이 정류된 전류를 안정한 직류 전류가 되도록 평활한다.
③ 인버터 부분에서 평활 된 직류 전압을 고속 스위칭해 펄스 형태의 교류로 변환시켜 계통에 연결된다.

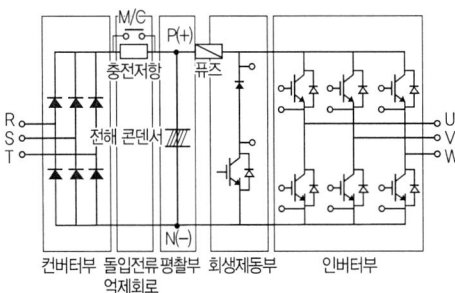

27 태양광발전 모듈의 단락전류를 측정하는 계측기는?

① 저항계 ② 전력량계
③ 직류전류계 ④ 교류전류계

해설 **I-V 커브 측정방법**
개방전압은 모듈 개방 상태에서의 전압이고, 전류는 0(A)이며, 개방전압과 단락전류 사이의 특성을 측정하기 위해서는 태양전지의 출력 부하를 0~∞(Ω)으로 변화시키고, 그때의 전압과 전류의 관계로 확인할 수 있다.
태양광발전 모듈에서는 직류가 발생하며 단락전류는 전류계로 측정된다.

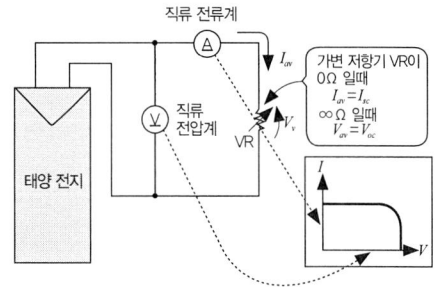

28 바이패스 다이오드(Bypass Diode) 고장의 원인이 아닌 것은?

① 빈번한 차광 ② 외부의 충격
③ 낙뢰 및 서지 ④ 인버터 용량과다

해설 **바이패스 다이오드(Bypass Diode) 고장의 원인**
① 다이오드 항복전압 이상의 서지전압
② 정션박스 내부의 열배출 미비로 인한 파괴
③ 빈번한 차광에 의한 열발생
④ 외부의 충격

29 신에너지 및 재생에너지 개발·이용·보급 촉진법에 따라 공급의무자가 의무적으로 신·재생에너지를 이용하여 공급하여야 하는 발전량의 합계는 총전력생산량의 몇 % 이내의 범위에서 연도별로 대통령령으로 정하는가?

① 2.5 ② 3 ③ 5 ④ 10

해설 신·재생에너지 공급의무화 등(신재생에너지법 제12조의5)

1) 산업통상자원부장관은 신·재생에너지의 이용·보급을 촉진하고 신·재생에너지산업의 활성화를 위하여 필요하다고 인정하면 다음의 어느 하나에 해당하는 자 중 대통령령으로 정하는 자에게 발전량의 일정량 이상을 의무적으로 신·재생에너지를 이용하여 공급하게 할 수 있다.
   ① 발전사업자
   ② 발전사업의 허가를 받은 것으로 보는 자
   ③ 공공기관

2) 공급의무자가 의무적으로 신·재생에너지를 이용하여 공급하여야 하는 발전량의 합계는 총전력생산량의 25% 이내의 범위에서 연도별로 대통령령으로 정한다. 이 경우 균형 있는 이용·보급이 필요한 신·재생에너지에 대하여는 대통령령으로 정하는 바에 따라 총의무공급량 중 일부를 해당 신·재생에너지를 이용하여 공급하게 할 수 있다.

19.4.80 / 21.2.79

30 전기설비기술기준의 판단기준에 따라 중성점 직접접지식 전로에 접속하는 변압기를 설치하는 곳에 절연유의 구외 유출 및 지하 침투를 방지하기 위한 설비를 갖추어야 하는 경우, 이때 중성점 직접접지식 전로의 사용전압은 몇 kV 이상인가?

① 20　② 50　③ 70　④ 100

해설 절연유의 구외 유출방지(판단기준 제45조)
사용전압이 100kV 이상의 변압기를 설치하는 곳에는 절연유의 구외 유출 및 지하침투를 방지하기 위하여 다음에 따라 절연유 유출 방지설비를 하여야 한다.
① 변압기 주변에 집유조 등을 설치할 것

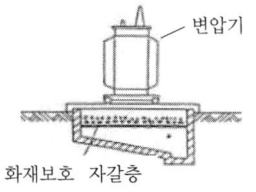

통합집수탱크를 가진 집유조

② 절연유 유출방지설비의 용량은 변압기 탱크 내장유량의 50% 이상으로 할 것. 다만, 주수식(注水式)의 소화설비 사용이 예상될 경우는 초기소화 및 공공소방차의 방수소요량을 고려할 것
③ 위의 ②호에서 변압기 탱크가 2개 이상일 경우에는 공동의 집유조 등을 설치할 수 있으며 그 용량은 변압기 1 탱크 내장유량이 최대인 것의 50% 이상일 것.

14.4.4 / 14.4.13 / 15.2.11 / 15.2.17 / 15.4.17 / 17.2.14 / 17.4.5 / 18.1.3 / 18.4.7 / 20.1.3 / 20.1.19 / 20.3.8 / 20.3.9 / 21.4.1

31 인버터의 내부에 내장되어 있는 계통연계 보호장치에 해당되지 않는 것은?

① OVR　② UVR
③ IGBT　④ OCGR

해설 보호장치 설치
(1) 분산형전원 설치자는 고장 발생시 자동적으로 계통과의 연계를 분리할 수 있도록 다음의 보호계전기 또는 동등 이상의 기능 및 성능을 가진 보호장치를 설치하여야 한다.
① 계통 또는 분산형전원 측의 단락·지락고장시 보호를 위한 보호장치를 설치한다.
② 인버터에는 적정한 전압과 주파수를 벗어난 운전을 방지하기 위하여 과·저(부족)전압 계전기, 과·저주파수 계전기가 설치된다.
③ 단순병렬 분산형전원의 경우에는 역전력 계전기를 설치한다. 단, 신·재생에너지를 이용하여 전기를 생산하는 용량 50kW 이하의 소규모 분산형전원(단, 해당 구내계통 내의 전기사용 부하의 수전 계약전력이 분산형전원 용량을 초과하는 경우에 한함)으로서 단독운전 방지기능을 가진 것을 단순병렬로 연계하는 경우에는 역전력계전기 설치를 생략할 수 있다.

※ OCGR(Over Current Ground Relay : 과전류 지락 계전기)
중성점 접지방식의 전로에 CT 3개를 Y결선한 잔류회로를 이용하여 지락전류를 검출하는 방식

정답 30. ④　31. ③

※ 과전압계전기(OVR), 부족전압계전기(UVR), 주파수 상승계전기(OFR), 주파수 저하계전기(UFR), 역전력계전기(RPR)

※ 절연 게이트 양극성 트랜지스터(Insulated gate bipolar transistor, IGBT)
게이트-이미터간의 전압이 구동되어 입력 신호에 의해서 온/오프가 생기는 자기소호형이므로, 대전력의 고속 스위칭이 가능한 반도체 소자

15.4.16 / 16.4.11 / 18.1.37 / 18.4.18 / 19.2.8 / 19.2.16 / 19.4.2 / 20.1.5 / 20.4.14 / 20.4.20

32 축전지 용량 4[Ah]을 전하량[C]으로 환산하면 얼마인가?

① 1,320
② 1,480
③ 3,600
④ 14,400

해설 전하량(Q)

t초간에 Q 쿨롱의 전하가 이동하였다면, 이때 전류 I는 다음과 같다.

$I = \dfrac{Q}{V}$ [A], $Q = It = 4 \times 60 \times 60$
$= 14,400$ [C]

18.1.32 / 18.2.35 / 21.1.37

33 설계감리 용역의 기성 및 준공 처리 시 제출서류가 아닌 것은?

① 시공상세도
② 설계감리 기록부
③ 설계감리 결과보고서
④ 설계용역 기성부분 내역서

해설 설계감리의 기성 및 준공

책임 설계감리원이 설계감리의 기성 및 준공을 처리한 때에는 다음의 준공서류를 구비하여 발주자에게 제출한다.
1) 설계용역 기성부분 검사원 또는 설계용역 준공검사원

2) 설계용역 기성부분 내역서

3) 설계감리 결과보고서

4) 감리기록서류
① 설계감리일지　　② 설계감리지시부
③ 설계감리기록부　　④ 설계감리요청서
⑤ 설계자와 협의사항 기록부

5) 그밖에 발주자가 과업지시서상에서 요구한 사항

16.4.60 / 18.1.10 / 18.1.51 / 19.1.55 / 21.4.17

34 태양광발전 모듈 점검 시의 유의사항으로 틀린 것은?

① 날씨가 맑은 날 정오 전후에서 한다.
② 모듈 표면이 오염되었을 경우 청소 후 측정 검사를 한다.
③ 모듈 표면은 특수 처리된 강화유리로 되어 있어 강한 충격에도 파손되지 않는다.
④ 강한 금속구조물로 되어있어 작업자가 충돌 시 위험하므로 안전모, 안전복장, 안전화를 착용한다.

해설 태양전지 어레이 관리요령
① 모듈 표면은 강화유리로 제작되어 있으나 강한 충격이 있을 시는 파손될 수 있으므로 주의해야 한다.
② 모듈의 후면 백시트는 날카로운 물체로 인한 손상에 유의해야 한다.
③ 모듈 표면에 그늘이 지거나 나뭇잎 따위가 떨어져 있는 경우 전체적인 발전 효율이 감소하므로 바로 제거한다.
④ 모듈 프레임에 심한 마찰을 가하면, 특수 코팅이 벗겨져 부식이 생길 수 있으며 이에 따라 수명과 강도가 감소할 수 있다.
⑤ 대기오염 황사나 먼지, 공해물질은 발전량을 감소시키므로, 심한 경우 고압 분사기를 이용해 물을 뿌려 청소해주면 발전 효율을 높일 수 있다.
⑥ 풍압이나 진동으로 인해 모듈과 형강의 연결 부위가 느슨해지는 경우가 있으므로 정기적으로 점검한다.

정답 32. ④　33. ①　34. ③

35 전기사업자 및 한국전력거래소는 전압 및 주파수의 측정기준·측정방법 및 보존방법 등을 정하여 산업통상자원부장관에게 제출하고, 매년 최소 몇 회 이상 측정하고 그 측정결과를 몇 년간 보존해야 하는가?

① 1회, 3년
② 1회, 5년
③ 2회, 3년
④ 2회, 5년

해설 전압 및 주파수의 측정(전기사업법 시행규칙 제19조)

(1) 전기사업자 및 한국전력거래소는 다음의 사항을 매년 1회 이상 측정하여야 하며 측정 결과를 3년간 보존하여야 한다.
① 발전사업자 및 송전사업자의 경우에는 전압 및 주파수
② 배전사업자 및 전기판매사업자의 경우에는 전압
③ 한국전력거래소의 경우에는 주파수

(2) 전기사업자 및 한국전력거래소는 (1)항에 따른 전압 및 주파수의 측정기준·측정방법 및 보존방법 등을 정하여 산업통상자원부장관에게 제출하여야 한다.

36 연료전지에 대한 설명 중 틀린 것은?

① 배터리와 같이 에너지 저장장치이다.
② 수소와 산소의 전기화학 반응을 통해 전기를 생산한다.
③ 기존 화석연료를 이용하는 발전에 비해 발전효율이 높다.
④ 최종 반응은 수소와 산소로부터 물이 생성되는 반응을 한다.

해설 연료전지의 발전원리

① 외부에서 수소와 산소를 공급하면 전기 에너지를 만든다.
② 수소와 산소의 화학반응으로 생기는 화학에너지를 직접 전기에너지로 변환시킨다.
  $H_2 + 1/2\ O_2 \rightarrow H_2O$ + 전기
③ 생성물이 전기와 순수(純水)인 발전효율 30~40%, 열효율 40% 이상으로 총 70~80%의 효율을 갖는다.
④ 배터리와 같은 에너지 저장기능은 없다.

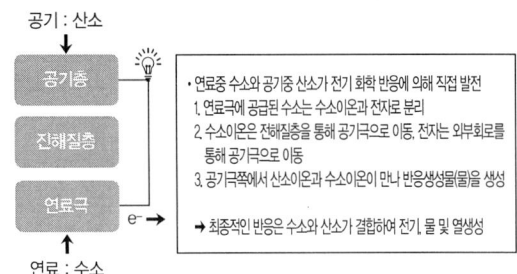

37 태양전지 모듈, 전선 및 개폐기 등의 시설 시 적합하지 않은 것은?

① 충전부분은 노출되지 아니하도록 시설할 것
② 태양전지 모듈의 프레임은 지지물과 전기적으로 완전하게 접속할 것
③ 태양전지 모듈에 접속하는 부하측의 전로에는 그 접속점에 근접하여 개폐기 기타 유사한 기구를 시설하지 않을 것
④ 태양전지 모듈은 병렬로 접속하는 전로에는 그 전로에 단락이 생긴 경우에 전로를 보호하는 과전류 차단기, 기타의 기구를 시설할 것

해설 태양전지 모듈 등의 시설(판단기준 제54조)

1) 충전부분은 노출되지 않도록 시설할 것

2) 태양전지 모듈에 접속하는 부하측의 전로(복수의 태양전지 모듈을 시설한 경우에는 그 집합체에 접속하는 부하측의 전로)에는 그 접속점에 근접하여 개폐기 기타 이와 유사한 기구(부하전류를 개폐할 수 있는 것에 한한다)를 시설할 것

3) 태양전지 모듈을 병렬로 접속하는 전로에는 그 전로에 단락이 생긴 경우에 전로를 보호하는 과전류차단기 기타의 기구를 시설할 것 다만, 그 전로가 단락전류에 견딜 수 있는 경우에는 그렇지 않다.

정답 35. ① 36. ① 37. ③

4) 전선은 다음에 의하여 시설할 것. 다만, 기계기구의 구조상 그 내부에 안전하게 시설할 수 있을 경우에는 그렇지 않다.
① 전선은 공칭단면적 $2.5[mm^2]$ 이상의 연동선 또는 이와 동등 이상의 세기 및 굵기의 것일 것
② 옥내에 시설할 경우에는 합성수지관공사, 금속관공사, 가요전선관공사 또는 케이블공사로 시설할 것
③ 옥측 또는 옥외에 시설할 경우에는 합성수지관공사, 금속관공사, 가요전선관공사 또는 케이블공사로 시설할 것

15.4.36 / 18.1.40 / 18.2.31 / 18.2.33 / 20.1.27 / 20.3.25 / 21.2.30

38 태양광설비의 설치 · 보수공사에 관한 설계도서에 포함되지 않는 것은?

① 설계도면
② 기술 계산서
③ 공사 계획서
④ 공사비 산출내역서

해설 설계도서

1) 설계 설명서
   설계의 목적, 공사종목 및 그 개요, 각 설계에 대한 분석자료(인입지점, 발전소의 특성 등), 관계 관공서 등과의 협의 사항, 설계시 적용한 특별한 사항

2) 설계도면
   배치도, 단선접속도, 계통도, 배선도(평면도, 결선도, 기기상세도), 피뢰 설계도, 어레이 배치도, 접속반 내부 결선도

3) 기술계산서
   부하계산서, 전압강하계산서, 변압기용량계산서, 차단기용량계산서, 축전지용량계산서, 접지계산서

4) 설계시방서
① 중간설계 및 실시설계도면에 구체적으로 표시할 수 없는 내용과 공사수행을 위한 시공 방법, 자재의 성능 · 규격 및 공법, 품질시험 및 검사 등 품질관리, 안전관리, 환경관리 등에 관한 사항을 기술한다.
② 표준시방서 및 전문시방서를 기본으로 하여 작성하되, 공사의 특수성 · 지역여건 · 공사방법 등을 고려하여 작성한다.

③ 공사시방서, 전문시방서, 표준시방서, 특기시방서 등

5) 예산내역서
   자재 산출근거서, 공량산출서, 일위대가표, 내역서, 공사원가산출서, 단가대비표, 견적서 등

13.4.26 / 15.4.28 / 16.4.38 / 17.1.51 / 17.2.22 / 17.2.54 / 17.4.23 / 17.4.53 / 18.1.21 / 18.1.47 / 18.2.46 / 18.2.53 / 18.4.23 / 19.1.60 / 19.2.26 / 19.2.42 / 19.4.27 / 19.4.49 / 20.1.52 / 20.3.23 / 20.3.41 / 20.4.24 / 21.1.38 / 21.4.42 / 21.4.48

39 국제사회안전협회의 5대 안전수칙 준수사항이 아닌 것은?

① 단락접지
② 전원투입 방지
③ 작업 후 전원차단
④ 작업장소의 무전압 여부 확인

해설 국제사회안전협회(ISSA)의 정전작업 시 5대 안전수칙

(1) 정전 작업의 필요성
   전기설비에 의한 불꽃으로 가연성 물질의 점화원이 되거나 작업하는 작업자가 감전 위험이 있다고 판단될 때에는 정전작업을 결정한다.

(2) 정전작업시의 안전수칙
   정전작업절차는 국제사회안전협회(ISSA)의 5대 안전수칙을 준수하여야 한다.

1) 작업 전 전원차단
① 작업대상 전원의 모든 극을 차단해야 한다.
② 고전력 차단기 차단 시 적정한 보호구를 착용한다.
③ 충전요소가 있는 경우에는 잔류전하를 방전시킨다.

2) 전원 투입 방지

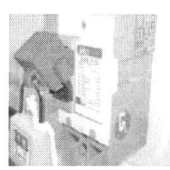 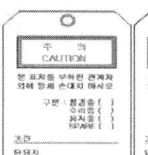 

MCCB시건장치   표찰   꼬리표

① 담당자 외 다른 사람의 전원투입을 방지해야 한다.
② 자물쇠로 시건(Lock Out) 또는 표찰(Tag Out)을 부착하세요.

③ 표찰에는 경고 문구와 차단대상, 책임자 성명 등을 반드시 기입한다.

3) 작업장소의 무전압 여부 확인
① 작업장소의 전원이 차단되었는지 확인한다.
② 검전기, 측정장치, 신호 램프 등과 같은 장비를 사용한다.

4) 접지 및 단락접지
① 작업을 수행하는 부분을 먼저 접지하고 작업장소 단락 접지한다.
② 접지 및 단락접지 부위를 쉽게 확인 가능하도록 접지한다.

5) 작업장소의 보호
① 감시인배치
② 안전휀스 설치

18.2.71

40 신·재생에너지 발전에 의한 발전차액 지원 기준가격의 산정기준에 해당하지 않는 것은?

① 신·재생에너지 발전사업자의 구내 전력 사용량
② 신·재생에너지 발전기술의 상용화 수준 및 시장 보급 여건
③ 운전 중인 신·재생에너지 발전사업자의 경영여건 및 운전 실적
④ 전기요금 및 전력시장에서의 신·재생에너지 발전에 의하여 공급한 전력의 거래가격 수준

해설 발전차액의 지원을 위한 기준가격의 산정기준(신재생에너지법 시행령 제22조)
① 신·재생에너지 발전소의 표준공사비, 운전유지비, 투자보수비 및 각종 세금과 공과금
② 신·재생에너지 발전소의 설비 이용률, 수명 기간, 사고 보수율과 발전소에서의 신·재생에너지 소비율 등의 설계치 및 실적치
③ 신·재생에너지 발전사업자의 송전·배전 선로 이용요금

④ 신·재생에너지 발전기술의 상용화 수준 및 시장 보급 여건
⑤ 운전 중인 신·재생에너지 발전사업자의 경영 여건 및 운전 실적
⑥ 전기요금 및 전력시장에서의 신·재생에너지 발전에 의하여 공급한 전력의 거래가격의 수준

15.4.3 / 18.4.6 / 21.4.10

41 STC 조건하에서 다음과 같은 특성을 가진 결정질 태양전지 모듈의 표면온도가 −13[℃]일 때, 최대전압은 몇 [V]인가? (단, 최대동작 전압(V_{mpp}) = 36.7[V], 전압 온도계수(a_{vmpp}) = −0.25[v/℃]이다)?

① 33.2
② 40.2
③ 46.2
④ 50.0

해설 최대 전압(V_{MT})

V_{MT} = 최대 동작 전압 − 온도 계수 × 온도차 (V)
= 36.7 − 0.25 × (−13 − 25) = 46.2 [V]

16.2.36 / 16.2.43 / 18.2.49 / 18.4.21 / 19.2.58 / 21.4.23

42 태양전지 모듈 시공시의 안전대책에 대한 고려 사항으로 적절하지 않은 것은?

① 절연된 공구를 사용한다.
② 강우 시에는 반드시 우비를 착용하고 작업에 임한다.
③ 안전모, 안전대, 안전화, 안전허리띠 등을 반드시 착용한다.
④ 작업자는 자신의 안전 확보와 2차 재해방지를 위해 작업에 적합한 복장을 갖춰 작업에 임해야 한다.

해설 안전 대책
① 작업전 태양전지 모듈 표면에 차광막을 씌워 태양광을 차폐한다.
② 절연 장갑을 사용한다.
③ 절연 처리된 공구를 사용한다.
④ 강우 시에는 감전사고와 미끄러짐으로 인한 추락사고로 이어질 우려가 있으므로 작업을 금지한다.

정답 40. ① 41. ③ 42. ②

13.4.6 / 13.4.47 / 14.4.43 / 14.4.57 / 15.2.16 / 15.2.46 /
15.2.56 / 15.4.5 / 16.2.6 / 16.2.7 / 17.1.7 / 18.4.4 /
18.4.46 / 19.4.8 / 20.1.9 / 21.1.11 / 21.2.17 / 21.2.43

43 실리콘 단결정과 다결정 태양전지의 일반적인 설명 중 틀린 것은?

① 고온 작동 시 다결정의 출력감소가 크다.
② 단결정의 직렬저항성분이 작다.
③ 다결정 전지의 병렬성분이 작다.
④ V_{oc}(Open Circuit Voltage) 크기의 차는 작다.

해설 태양전지의 특징
① 단결정은 고온작동시 출력감소가 크며, 직렬저항(R_S)성분이 적다
② 다결정은 병렬저항(R_P)성분이 적다.
③ 단결정과 다결정의 개방전압 크기의 차는 작다.
④ 직렬저항(R_S)은 내부전압강하를 일으켜 개방전압(V_{OC})에서 최대전압(V_{PM})의 기울기, 병렬저항(R_P)은 전류의 내부 바이패스 경로로 되어 단락전류(I_{SO})에서 최대전류(I_{PM})의 기울기에 영향을 준다.

18.1.78 / 18.4.64 / 20.1.80

44 전기설비기술기준의 판단기준에서 저압 옥내배선이 약전류전선 등 또는 수도관·가스관이나 이와 유사한 것과 접근하거나 교차하는 경우에 저압 옥내배선을 애자공사에 의하여 시설하는 때에는 저압 옥내배선과 약전류전선 등 또는 수도관·가스관이나 이와 유사한 것과의 이격거리는 몇 [cm] 이상 하여야 하는가?(단, 전선이 나전선인 경우가 아님)

① 10　　② 20
③ 30　　④ 40

해설 저압 옥내배선과 약전류전선 등 또는 관과의 접근 또는 교차(판단기준 제196조)
저압 옥내배선이 약전류전선 등 또는 수관·가스관이나 이와 유사한 것과 접근하거나 교차하는 경우에 저압 옥내배선을 애자공사에 의하여 시설하는 때에는 저압 옥내배선과 약전류전선 등 또는 수관·가스관이나 이와 유사한 것과의 이격거리는 10[cm](전선이 나전선인 경우에 30[cm]) 이상이어야 한다. 다만, 저압 옥내배선의 사용전압이 400[V] 미만인 경우에 저압 옥내배선과 약전류전선 등 또는 수관·가스관이나 이와 유사한 것과의 사이에 절연성의 격벽을 견고하게 시설하거나 저압 옥내배선을 충분한 길이의 난연성 및 내수성이 있는 견고한 절연관에 넣어 시설하는 때에는 그러하지 않다.

13.4.68 / 15.2.65 / 16.4.61 / 18.2.65 / 18.4.77 /
19.2.61 / 19.4.64

45 신재생에너지 정책심의회의 심의를 거쳐 신재생에너지의 기술개발 및 이용·보급을 촉진하기 위한 기본계획 목표수립으로 틀리는 것은?

① 신재생에너지 기술수준의 평가와 보급전망 및 기대효과
② 기본계획의 계획기간은 5년 이상으로 수립
③ 신재생에너지 기술개발 및 이용·보급에 관한 지원방안
④ 신재생에너지 분야 전문인력 양성계획

해설 기본계획의 수립(신재생에너지법 제5조)
① 산업통상자원부장관은 관계 중앙행정기관의 장과 협의를 한 후 신·재생에너지정책심의회의 심의를 거쳐 신·재생에너지의 기술개발 및 이용·보급을 촉진하기 위한 기본계획을 5년마다 수립하여야 한다.
② 기본계획의 계획기간은 10년 이상으로 한다.

17.1.3

46 궤도전자가 강한 에너지를 받아서 원자 내의 궤도를 이탈하여 자유전자가 되는 것은?

① 방사　② 전리　③ 공진　④ 여기

해설 전리(Ionization)
입사 방사선이 원자(전기적으로 중성)의 궤도전자에 전자의 결합에너지보다 큰 에너지를 부여함으로써 원자로부터 전자를 제거하는 현상으로, 이온화라고도 한다.

정답　43. ①　44. ①　45. ②　46. ②

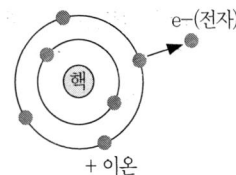

16.4.25 / 17.1.24 / 20.4.34

47 비상주감리원의 업무에 해당하지 않는 것은?

① 중요한 설계변경에 대한 기술검토
② 설계변경 및 계약금액 조정의 심사
③ 근무상황판에 현장근무위치와 업무내용 기록
④ 정기적(분기 또는 월별)으로 현장 시공 상태를 종합적으로 점검·확인·평가하고 기술지도

해설 비상주감리원의 근무수칙
① 설계도서 등의 검토
② 상주감리원이 수행하지 못하는 현장 조사 분석 및 시공상의 문제점에 대한 기술검토와 민원사항에 대한 현지조사 및 해결방안 검토
③ 중요한 설계변경에 대한 기술검토
④ 설계변경 및 계약금액 조정의 심사
⑤ 기성 및 준공검사
⑥ 정기적(분기 또는 월별)으로 현장 시공 상태를 종합적으로 점검·확인·평가하고 기술지도
⑦ 공사와 관련하여 발주자(지원업무수행자 포함)가 요구한 기술적 사항 등에 대한 검토
⑧ 그밖에 감리업무 추진에 필요한 기술지원 업무

15.2.52 / 15.4.52 / 15.4.60 / 16.2.55 / 17.1.54 / 17.2.48 / 19.1.46 / 21.1.56

48 인버터 입력회로 절연저항 측정방법에 대한 설명으로 틀린 것은?

① 분전반 내의 분기차단기를 개방한다.
② 직류측 전체의 입력단자와 교류측 전체 출력 단자를 각각 단락한다.
③ 접속함까지의 전로를 포함하여 절연저항을 측정하는 것으로 한다.
④ 태양전지 회로를 접속함에서 분리하여 인버터의 입력단자 및 출력 단자를 각각 단락하면서 출력단자와 대지간의 절연저항을 측정한다.

해설 직류회로의 절연저항 측정시 주의사항
① 접속함에서 태양광전지 스트링의 양극과 음극을 단락시키고, 이 부분(DC전로)과 대지(접지) 간에 500[V] 또는 1000[V] Megger로 절연저항을 측정하여 기준 값 이상 유지하여야 한다.
② 측정 전에 반드시 주 차단기를 개방하고, 피측정회로에 접속된 서지업서버(SA), 서지보호장치(SPD)가 있으면 접지단자를 분리한다.
③ 정격전압이 입출력과 다를 때는 높은 측의 전압을 절연저항계의 선택기준으로 한다.
④ 입출력 단자에 주회로 이외의 제어단자 등이 있는 경우는 이것을 포함해서 측정한다.
⑤ 주간에는 태양전지에서 전압이 발생되므로, 주의해서 측정하고, 우천 시는 측정을 하지 않는다.

17.1.64 / 18.4.78

49 신·재생에너지 설비 설치의무기관 중 대통령령으로 정하는 비율 또는 금액 이상을 출자한 법인이란?

① 납입자본금의 100의 10 이상을 출자한 법인
② 납입자본금의 100의 30 이상을 출자한 법인
③ 납입자본금의 100의 50 이상을 출자한 법인
④ 납입자본금의 100의 70 이상을 출자한 법인

해설 신·재생에너지 설비 설치의무기관(신재생에너지법 제12조, 시행령 제16조)
1) 정부가 대통령령으로 정하는 금액(연간 50억원) 이상을 출연한 정부출연기관
2) 지방자치단체 및 공공기관, 정부출연기관 또는 정부출자기업체가 대통령령으로 정하는 비율 또는 금액 이상을 출자한 법인

① 납입자본금의 100의 50 이상을 출자한 법인
② 납입자본금으로 50억원 이상을 출자한 법인

16.4.62 / 16.4.72 / 17.1.76 / 17.4.72 / 18.1.77 / 20.1.63 / 20.3.64 / 20.3.77 / 20.4.69

50 산업통상자원부장관이 혼합의무자에게 제출을 요구할 수 있는 자료 중 신·재생에너지 연료 혼합의무 이행확인에 관한 자료의 내용이 아닌 것은?

① 수송용 연료의 생산량
② 수송용 연료의 수출입량
③ 수송용 연료의 내수판매량
④ 수송용 연료의 자가 발전량

해설 신·재생에너지 연료 혼합의무

(1) 신·재생에너지 연료 혼합의무 등(신재생에너지법 제23조의2)
① 산업통상자원부장관은 신·재생에너지의 이용·보급을 촉진하고 신·재생에너지 산업의 활성화를 위하여 필요하다고 인정하는 경우 대통령령으로 정하는 바에 따라 석유정제업자 또는 석유수출입업자에게 일정 비율 이상의 신·재생에너지 연료를 수송용 연료에 혼합하게 할 수 있다.
② 산업통상자원부장관은 ①항에 따른 혼합의무의 이행 여부를 확인하기 위하여 혼합의무자에게 대통령령으로 정하는 바에 따라 필요한 자료의 제출을 요구할 수 있다.

(2) 자료제출(신재생에너지법 시행령 제26조의3)
산업통상자원부장관은 혼합의무자에게 다음의 자료 제출을 요구할 수 있다.
1) 신·재생에너지 연료 혼합의무 이행확인에 관한 다음의 자료
① 수송용 연료의 생산량
② 수송용 연료의 내수판매량
③ 수송용 연료의 재고량
④ 수송용 연료의 수출입량
⑤ 수송용 연료의 자가 소비량

2) 신·재생에너지 연료 혼합시설에 관한 다음의 자료
① 신·재생에너지 연료 혼합시설 현황
② 신·재생에너지 연료 혼합시설 변동사항
③ 신·재생에너지 연료 혼합시설의 사용실적

3) 혼합의무자의 사업에 관한 다음의 자료
① 수송용 연료 및 신·재생에너지 연료 거래실적
② 신·재생에너지 연료 평균거래가격
③ 결산재무제표

4) 그밖에 혼합의무의 이행 여부를 확인하기 위하여 산업통상자원부장관이 필요하다고 인정하는 자료

13.4.11 / 14.4.36 / 16.4.26 / 17.2.5 / 17.2.25 / 17.2.33 / 17.4.7 / 18.2.40 / 19.1.39 / 20.4.25 / 21.2.16 / 21.2.32 / 21.4.3

51 뇌 보호형 부품이 아닌 것은?

① 내뢰트랜스 ② 서지흡수기
③ 단로기   ④ 피뢰기

해설 뇌보호시스템

(1) 건축물의 뇌보호
1) 외부 뇌보호
① 수뢰부(회전구체법, 각도법, 메시법)
② 인하도선
③ 접지(구도체 이용 등)

2) 내부 뇌보호시스템
① 피뢰기(LA)
② 내뢰트랜스
③ 서지보호장치(SPD)
④ 서지흡수기(SA)

※ 단로기(Disconnecting Switch)

① 기기의 점검, 보수, 수리 등을 할 때 해당 부분을 전원으로부터 분리하거나 회로의 접속을 변경할 때 사용되는 것으로 항상 무부하 상태에서 개폐, 부하전류 또는 고장전류를 개폐 또는 차단하지는 못한다.

② 차단기로 부하전류를 차단한 후 단로기를 개폐해야 한다.

17.2.24 / 19.2.35

52 감리원의 공사 진도관리와 관련하여 ( )안에 들어갈 알맞은 내용은?

> 감리원은 공사업자로부터 전체 실시공정표에 따른 월간, 주간 상세공정표를 작업 착수 며칠 전에 제출받아 검토, 확인하여야 한다.
> (1) 월간 상세공정표 : 작업 착수 ( )일 전 제출
> (2) 주간 상세공정표 : 작업 착수 ( )일 전 제출

① ㉠ 7, ㉡ 4   ② ㉠ 4, ㉡ 7
③ ㉠ 3, ㉡ 8   ④ ㉠ 8, ㉡ 3

해설 공사 진도 관리

1) 감리원은 공사업자로부터 전체 실시공정표에 따른 월간, 주간 상세공정표를 사전에 제출받아 검토·확인하여야 한다.
   ① 월간 상세공정표 : 작업 착수 7일전 제출
   ② 주간 상세공정표 : 작업 착수 4일전 제출

2) 감리원은 매주 또는 매월 정기적으로 공사 진도를 확인하여 예정공정과 실시공정을 비교하여 공사의 부진 여부를 검토한다.

3) 감리원은 현장여건, 기상조건, 지장물 이설 등에 따른 관련 기관 협의사항이 정상적으로 추진되는지를 검토·확인하여야 한다.

4) 감리원은 공정진척도 현황을 최근 1주일 전의 자료가 유지될 수 있도록 관리하고 공정지연을 방지하기 위하여 주 공정 중심의 일정관리가 될 수 있도록 공사업자를 감리하여야 한다.

5) 감리원은 주간 단위의 공정계획 및 실적을 공사업자로부터 제출받아 검토·확인하고, 필요한 경우에는 공사업자의 시공관리책임자를 포함한 관계 직원 합동으로 금주작업에 대한 실적을 분석·평가하고, 공사추진에 지장을 초래하는 문제점, 잘못 시공된 부분의 지적 및 재시공 등의 지시와 재발방지대책, 공정진도의 평가, 그밖에 공사추진 상 필요한 내용의 협의를 위한 주간 또는 월간 공사 추진회의를 개최하고 그 회의록을 관리하여야 한다.

14.4.61 / 17.2.46 / 18.2.50 / 20.3.60 / 21.4.49

53 발전설비용량이 200킬로와트 초과 3천 킬로와트 이하인 발전사업의 허가를 신청하는 경우 사업계획서 구비 서류로 틀린 것은?

① 송전관계 일람도
② 부지의 확보 및 배치 계획 관련 증명서류
③ 전기설비 건설 및 운영 계획 관련 증명서류
④ 발전원가명세서(발전사업 또는 구역전기사업의 허가를 신청하는 경우만 해당한다.)

해설 발전사업 신청에 필요한 서류(3000[kW] 이하인 경우)

(1) 전기사업 허가신청서

(2) 사업계획서
① 기술능력 관련(전기설비 건설 및 운영 계획 관련 증명서류)
② 계획에 따른 수행 가능 여부 관련(송전관계 일람도)
③ 발전원가명세서(발전사업 또는 구역전기사업의 허가를 신청하는 경우만 해당한다)

(3) 정관, 대차대조표 및 손익계산서(신청자가 법인인 경우만 해당하며, 설립 중인 법인의 경우에는 정관만 제출한다)

정답 52. ① 53. ②

(4) 신청자(발전설비용량 3천 킬로와트 이하인 신청자는 제외한다)의 주주명부. 이 경우 신청자가 재무능력을 평가할 수 없는 신설법인인 경우에는 신청자의 최대주주를 신청자로 본다.

15.2.75 / 15.4.65 / 15.4.74 / 17.1.62 / 17.2.63 / 17.4.1 / 17.4.3 / 17.4.76 / 18.1.8 / 18.2.72 / 19.4.15 / 20.1.18 / 20.1.72 / 20.1.77 / 21.1.6 / 21.2.12

54 태양의 빛에너지를 변환시켜 전기를 생산하거나 채광(採光)에 이용하는 설비는?

① 풍력 설비
② 태양광 설비
③ 태양열 설비
④ 바이오에너지 설비

해설 신·재생에너지 설비(신재생에너지법 시행규칙 제2조)

① 연료전지 설비 : 수소와 산소의 전기화학 반응을 통하여 전기 또는 열을 생산하는 설비
② 태양열 설비 : 태양의 열에너지를 변환시켜 전기를 생산하거나 에너지원으로 이용하는 설비
③ 태양광 설비 : 태양의 빛에너지를 변환시켜 전기를 생산하거나 채광(採光)에 이용하는 설비
④ 수력 설비: 물의 유동(流動) 에너지를 변환시켜 전기를 생산하는 설비
⑤ 해양에너지 설비 : 해양의 조수, 파도, 해류, 온도차 등을 변환시켜 전기 또는 열을 생산하는 설비
⑥ 지열에너지 설비 : 물, 지하수 및 지하의 열 등의 온도차를 변환시켜 에너지를 생산하는 설비
⑦ 폐기물에너지 설비 : 폐기물을 변환시켜 연료 및 에너지를 생산하는 설비
⑧ 수열에너지 설비 : 물의 표층의 열을 변환시켜 에너지를 생산하는 설비
⑨ 바이오에너지 설비 : 바이오에너지를 생산하거나 이를 에너지원으로 이용하는 설비

13.4.80 / 17.2.76 / 17.4.65 / 21.2.76

55 전기공사기술자로 인정을 받으려는 사람을 전기공사기술자로 인정하면 전기공사기술자의 등급 및 경력 등에 관한 증명서를 해당 전기공사기술자에게 발급하는 자는?

① 시·도지사
② 전기공사협회장
③ 산업통상자원부장관
④ 한국산업인력공단 이사장

해설 전기공사기술자의 인정, 정의(전기공사업법 제17조의 2, 제2조)

1) 전기공사기술자로 인정을 받으려는 사람은 산업통상자원부장관에게 신청하여야 한다.

2) 산업통상자원부장관은 신청인이 다음에 해당하면 전기공사기술자로 인정하여야 한다.
① 국가기술자격법에 따른 전기 분야의 기술자격을 취득한 사람
② 일정한 학력과 전기 분야에 관한 경력을 가진 사람

3) 산업통상자원부장관은 신청인을 전기공사기술자로 인정하면 전기공사기술자의 등급 및 경력 등에 관한 증명서를 해당 전기공사기술자에게 발급하여야 한다.

(4) 신청절차와 기술자격·학력·경력의 기준 및 범위 등은 대통령령으로 정한다.

17.4.4

56 고강도 재료로 만들어진 회전체에 운동에너지 상태로 저장한 후 필요 시 발전기를 작동시켜 전기에너지로 변환하는 저장시스템은 무엇인가?

① LiB
② NaS
③ Flywheel
④ CAES

해설 전력저장설비

생산된 전력을 저장해 필요할 때 사용함으로써 에너지의 효율적 이용과 함께 신재생에너지 활용도 제고 및 전력공급 시스템을 안정화하는 장치

정답 54.② 55.③ 56.③

① 양수발전 : 발전소의 아래와 위, 두 개의 저수지를 만들어 전력이 풍부한 시간대에 발전기를 이용하여 아래쪽 저수지의 물을 위쪽 저수지로 퍼 올렸다가 전력이 필요한 시기에 방수하여 발전한다.
② 압축공기 에너지저장 장치(Compressed Air Energy Storage) : 전력수요가 낮은 시간대 또는 조절 불가한 전력을 압축기를 사용하여 압축공기를 지하에 저장하고, 전력수요가 높은 시간대에 저장하였던 압축공기를 이용하여 전력을 생산하는 방식
③ 플라이휠 에너지저장 시스템(Flywheel Energy Storage System) : 대용량 회전체를 무 접촉 상태로 부양한 후 전기에너지를 회전에너지 형태로 저장하였다가 필요시 전력으로 변환하는 방식이다
④ 리튬이온전지(Lithium ion Battery) : 리튬이온이 분리막과 전해질을 통하여 양극(리튬산화물전극)과 음극(탄소계 전극) 사이를 이동하며 에너지를 저장하며, 출력특성과 효율이 좋으나, [kWh]당 단가가 높아 주파수 조정과 같은 단기저장 방식에 유리하다.
⑤ NaS 전지(나트륨황 전지) : 음극에 나트륨 금속을, 양극에 황 등 나트륨과 반응하여 화합물을 형성하는 물질을 사용하는 전지이다. 나트륨이온전도가 가능한 고체전해질을 사용하는 전기에너지저장장치로 단위 전지의 용량을 크게 만들 수 있어 대용량의 전지 구성에 유리하며 나트륨과 황 등 가격이 저렴한 재료를 사용하여 경제성이 우수하다.

해설 태양광발전시스템의 시공절차

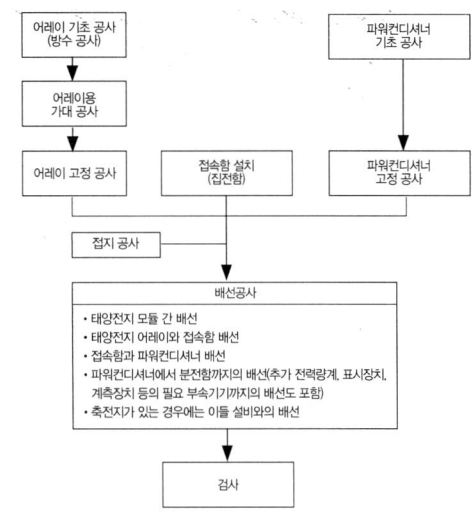

16.4.3 / 17.1.53 / 17.2.59 / 17.4.41 / 19.1.49 / 20.1.42 / 20.3.47 / 20.4.43 / 21.1.60

58 태양전지 어레이 동작 불량 스트링이나 태양전지 모듈의 검출 및 직렬 접속선의 결선누락 사고, 잘못 연결된 극성 등을 검출하기 위해 측정하는 것은?

① 발전량 ② 절연저항
③ 접지저항 ④ 개방전압

해설 개방전압(Open Circuit Voltage)
태양전지 셀 모듈의 출력 단자를 개방한 때의 양 단자 간의 전압(V_{∞}), 단위 [V], 특정한 온도와 일조 강도에서 부하를 연결하지 않은 개방 상태의 태양광발전설비 양단에 걸리는 전압을 말하며, 태양전지 스트링가 모듈의 동작불량, 직렬 접속선의 결선 누락 등, 각 스트링의 연결 상태확인이 가능하여, 우선적으로 실시한다.

13.4.34 / 14.4.25 / 15.2.31 / 15.4.38 / 17.1.25 / 17.2.30 / 17.4.21 / 17.4.34 / 18.4.34 / 19.1.22 / 20.1.40 / 20.3.38 / 20.4.29 / 21.1.22 / 21.2.25

57 태양광발전시스템의 시공설차에 포함되지 않는 것은?

① 접지공사
② 어레이 기초공사
③ 인버터 설치공사
④ 태양광 어레이의 발전량 산출

59 신에너지 및 재생에너지 개발·이용·보급 촉진법의 제정 목적으로 틀린 것은?

① 에너지원의 단일화
② 온실가스 배출의 감소
③ 에너지의 안정적인 공급
④ 에너지 구조의 환경친화적 전환

해설 목적(신재생에너지법 제1조)
① 신에너지 및 재생에너지의 기술개발 및 이용·보급 촉진
② 신에너지 및 재생에너지 산업의 활성화를 통하여 에너지원을 다양화
③ 에너지의 안정적인 공급
④ 에너지 구조의 환경친화적 전환
⑤ 온실가스 배출의 감소를 추진함으로써 환경의 보전, 국가경제의 건전하고 지속적인 발전 및 국민복지의 증진에 이바지함

60 태양의 빛에너지를 변환시켜 전기를 생산하거나 채광(採光)에 이용하는 설비는?

① 풍력설비
② 지열설비
③ 태양열설비
④ 태양광설비

해설 신·재생에너지 설비(신재생에너지법 시행규칙 제2조)
① 연료전지 설비 : 수소와 산소의 전기화학 반응을 통하여 전기 또는 열을 생산하는 설비
② 태양열 설비 : 태양의 열에너지를 변환시켜 전기를 생산하거나 에너지원으로 이용하는 설비
③ 태양광 설비 : 태양의 빛에너지를 변환시켜 전기를 생산하거나 채광(採光)에 이용하는 설비
④ 수력 설비: 물의 유동(流動) 에너지를 변환시켜 전기를 생산하는 설비
⑤ 해양에너지 설비 : 해양의 조수, 파도, 해류, 온도차 등을 변환시켜 전기 또는 열을 생산하는 설비
⑥ 지열에너지 설비 : 물, 지하수 및 지하의 열 등의 온도차를 변환시켜 에너지를 생산하는 설비
⑦ 폐기물에너지 설비 : 폐기물을 변환시켜 연료 및 에너지를 생산하는 설비
⑧ 수열에너지 설비 : 물의 열을 변환시켜 에너지를 생산하는 설비
⑨ 전력저장 설비 : 신에너지 및 재생에너지를 이용하여 전기를 생산하는 설비와 연계된 전력저장 설비

61 태양전지를 재료에 의하여 분류한 것으로 틀린 것은?

① 유기물
② 화합물
③ 염료감응형
④ 잉곳/웨이퍼

해설

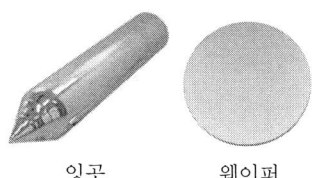

잉곳　　　　웨이퍼

① 잉곳(Ingot) : 고온에서 녹인 실리콘으로 만든 실리콘 기둥
② 웨이퍼(Wafer) : 반도체 집적회로의 핵심 재료이며, 실리콘(Si), 갈륨 아세나이드(GaAs) 등을 성장시켜 얻은 단결정 잉곳(Ingot)을 적당한 지름으로 얇게 썬 원판모양의 판

62 인버터의 직류측 회로를 비접지로 하는 경우 비접지의 확인방법이 아닌 것은?

① 테스터로 확인
② 검전기로 확인
③ 간이측정기 사용
④ 활선접근경보장치사용

해설 안전대책(비접지 확인)
회로시험기(Circuit Tester), 검정기(Electroscope), 간이측정기로 측정한다.

정답 59. ① 60. ④ 61. ④ 62. ④

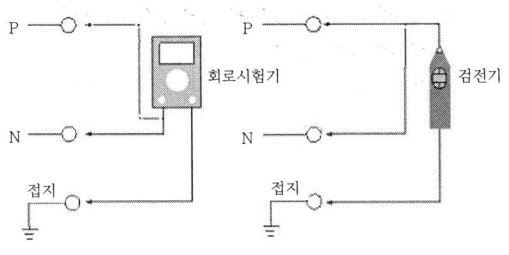

※ 활선접근경보장치

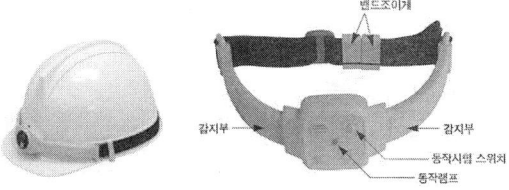

활선 작업이나 활선 근접 작업 등의 전기 작업을 하는 동안 고압이나 특고압 선로나 설비에 접촉하거나 근접할 경우 작업자에게 명확히 경고하기 위하여 근로자의 안전모, 손목 등에 착용한다.

16.2.45 / 16.4.54 / 19.1.54 / 20.4.44 / 20.4.58 / 21.1.53

63 검출기에 의해 측정된 데이터를 컴퓨터 및 먼 거리로 전송하는 것은?

① 연산장치 ② 표시장치
③ 기억장치 ④ 신호변환기

해설 태양광발전시스템의 계측시스템 구성
① 검출기
태양광발전시스템의 기상데이터와 전압, 전류 등을 측정하는 장치로 직류측의 전압은 분압기로 전류는 분류기를 이용하고, 교류측의 전압, 전류, 역률, 주파수 계측은 PT, CT를 통해서 검출, 지시계 또는 신호변환기로 전송하는 장치
② 신호변환기
검출기로 검출된 데이터를 컴퓨터 및 먼 거리에 설치한 표시장치에 전송할 때 사용하는 장치
③ 연산장치
검출기를 통해 얻어진 순시계측 데이터는 적산하고, 일정기간 동안의 데이터는 평균하는 등 필요 데이터를 가공하는 장치

④ 기억장치
컴퓨터가 필요로 하는 정보, 컴퓨터가 자료를 처리하여 얻은 결과 등을 저장하는 기능을 하는 장치

16.2.62

64 안전공사 및 전기판매사업자는 일반용 전기설비의 점검 또는 점검 결과의 통지를 한 경우 서류 또는 자료를 몇 년간 보존해야 하는가?

① 1년 ② 2년 ③ 3년 ④ 5년

해설 점검 결과의 기록 등(전기사업법 시행규칙 제37조)
안전공사 및 전기판매사업자는 일반용전기설비의 점검 또는 점검 결과의 통지를 한 경우에는 다음의 사항을 적은 서류 또는 자료를 3년간 보존하여야 한다.
① 일반용전기설비의 소유자 등의 성명(법인인 경우에는 그 명칭과 대표자의 성명) 및 주소
② 점검 연월일
③ 점검의 결과
④ 통지 연월일
⑤ 통지사항
⑥ 점검자의 성명
⑦ 사용전점검의 경우에는 시공자의 성명(법인인 경우에는 그 명칭과 대표자의 성명)

15.4.78 / 16.2.80 / 19.1.61 / 21.4.73

65 공급의무자의 의무공급량 중 일정부분은 산업통상자원부장관이 균형 있는 이용·보급이 필요하여 이 에너지로 공급하도록 규정하고 있는데 다음 중 어떤 에너지인가?

① 태양의 빛에너지를 변환시켜 전기를 생산하는 방식의 태양에너지
② 바람의 에너지를 변환시켜 전기를 생산하는 방식의 풍력에너지
③ 해양의 조수·파도·해류·온도차 등을 변환시켜 전기를 생산하는 방식의 해양에너지
④ 바이오에너지를 변환시켜 전기를 생산하는 방식의 바이오 에너지

정답 63. ④ 64. ③ 65. ①

해설 신·재생에너지의 종류 및 의무공급량(신재생에너지법 시행령 제18조4)

① 종류 : 태양에너지(태양의 빛에너지를 변환시켜 전기를 생산하는 방식에 한정한다)
② 연도별 의무공급량

해당 연도	의무공급량(단위: GWh)
2012년	276
2013년	723
2014년	1,353
2015년 이후	1,971

13.4.4 / 16.2.12 / 16.4.12 / 19.1.13 / 19.4.1 / 21.1.12 / 21.4.7 / 21.4.8

66 실효값이 220[V]인 교류전압을 1.2[kΩ]의 저항에 인가할 경우 소비되는 전력은 약 몇 [W]인가?

① 14.4　② 18.3　③ 26.4　④ 40.3

해설 실효값(effective value)

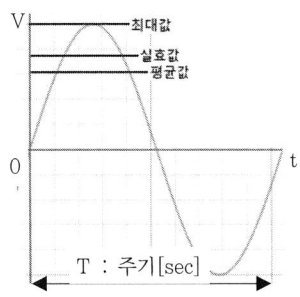

① 저항 R에 직류 전압 V[V]와 교류 전압 [V]를 같은 시간 동안 인가해서 발열량이 서로 같을 때, 직류 전압과 같은 효과가 있는 것으로 생각하고 실효적으로 같다고 결정한 값
② 정현파 교류의 실효값 V[V]와 최대값 V_m[V] 사이의 관계

$$V = \frac{1}{\sqrt{2}} \cdot V_m ≒ 0.707\, V_m \text{ [V]}$$

③ 소비전력(P)

$$P = \frac{V^2}{R} = \frac{220^2}{1200} ≒ 40.3 \text{ [W]}$$

15.4.24 / 16.4.24 / 18.1.39 / 19.4.22 / 20.4.23 / 20.4.28 / 21.4.26 / 21.2.40

67 저압 배전선로의 구성 중 방사상 방식의 특징이 아닌 것은?

① 구성이 단순하다.
② 공사비가 저렴하다.
③ 전압변동 및 전력손실이 크다.
④ 사고에 의한 정전 범위가 좁다.

해설 방사상(수지식) 방식

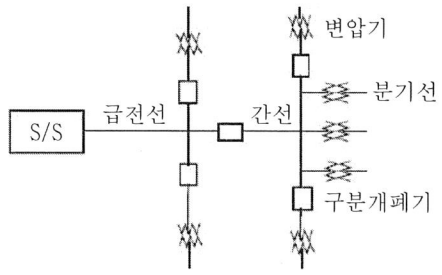

1) 부하의 분포에 따라서 나뭇가지 모양으로 분기선을 내면서 수요의 증가에 응하는 배전방식
2) 장점 : 간단하고 공사비가 저렴하다.
3) 단점
① 전압 변동 및 전력손실이 크다.
② 선로에 사고가 발생하면 사고선로 이후의 부하가 모두 정전이 불가피하므로 공급신뢰도가 매우 낮다.

15.2.36 / 16.4.39 / 19.1.23 / 20.1.26 / 21.4.27

68 책임 감리원이 분기보고서를 발주자에게 제출하는 기간은 매 분기 말 다음 달 며칠 이내로 제출하여야 하는가?

① 5일　② 7일
③ 10일　④ 15일

해설 책임감리원은 다음의 내용이 포함된 분기보고서를 작성하여 발주자에게 제출하여야 한다. 보고서는 매 분기말 다음 달 7일 이내로 제출한다.

① 공사추진 현황(공사계획의 개요와 공사추진계획 및 실적, 공정현황, 감리용역현황, 감리조직, 감리원 조치내역 등)
② 감리원 업무일지

③ 품질검사 및 관리현황
④ 검사요청 및 결과통보내용
⑤ 주요기자재 검사 및 수불내용(주요기자재 검사 및 입·출고가 명시된 수불현황)
⑥ 설계변경 현황
⑦ 그밖에 책임감리원이 감리에 관하여 중요하다고 인정하는 사항

16.4.59 / 17.2.43 / 18.2.58 / 19.4.44

69 태양전지모듈 어레이의 일상점검 설명 중 가장 틀린 것은?

① 접속 케이블에 손상 유무 점검
② 가대의 부식 및 녹 발생 여부 점검
③ 표면의 오염 및 파손 점검
④ 접지선의 접속 및 접속단자의 풀림 여부 점검

해설 태양전지(어레이)의 육안점검
① 모듈의 오염 및 파손
② 프레임 파손 및 변형유무
③ 가대의 부식 및 녹 발생
④ 가대의 고정(볼트 및 너트의 풀림) 및 접지
⑤ 외부배선의 손상
⑥ 변색, 낙엽 등의 유무 검사
⑦ 지붕재의 파손 및 지지기구와의 고정상태

15.2.78 / 16.4.75 / 19.4.79 / 21.4.79

70 저탄소 녹색성장 추진의 기본원칙으로 틀린 것은?

① 정부는 시장기능을 최대한 활성화하여 정부가 주도하는 저탄소 녹색성장을 추진한다.
② 정부는 사회·경제 활동에서 에너지와 자원이용의 효율성을 높이고 자원순환을 촉진한다.
③ 정부는 국민 모두가 참여하고 국가기관, 지방자치단체, 기업, 경제단체 및 시민단체가 협력하여 저탄소 녹색성장을 구현하도록 노력한다.

④ 정부는 국가의 자원을 효율적으로 사용하기 위하여 성장잠재력과 경쟁력이 높은 녹색기술 및 녹색산업 분야에 대한 중점 투자 및 지원을 강화한다.

해설 저탄소 녹색성장 추진의 기본원칙(녹색성장법 제3조)
① 정부는 기후변화·에너지·자원 문제의 해결, 성장동력 확충, 기업의 경쟁력 강화, 국토의 효율적 활용 및 쾌적한 환경 조성 등을 포함하는 종합적인 국가 발전전략을 추진한다.
② 정부는 시장기능을 최대한 활성화하여 민간이 주도하는 저탄소 녹색성장을 추진한다.
③ 정부는 녹색기술과 녹색산업을 경제성장의 핵심 동력으로 삼고 새로운 일자리를 창출·확대할 수 있는 새로운 경제체제를 구축한다.
④ 정부는 국가의 자원을 효율적으로 사용하기 위하여 성장잠재력과 경쟁력이 높은 녹색기술 및 녹색산업 분야에 대한 중점 투자 및 지원을 강화한다.
⑤ 정부는 사회·경제 활동에서 에너지와 자원 이용의 효율성을 높이고 자원순환을 촉진한다.
⑥ 정부는 자연자원과 환경의 가치를 보존하면서 국토와 도시, 건물과 교통, 도로·항만·상하수도 등 기반시설을 저탄소 녹색성장에 적합하게 개편한다.
⑦ 정부는 환경오염이나 온실가스 배출로 인한 경제적 비용이 재화 또는 서비스의 시장가격에 합리적으로 반영되도록 조세체계와 금융체계를 개편하여 자원을 효율적으로 배분하고 국민의 소비 및 생활 방식이 저탄소 녹색성장에 기여하도록 적극 유도한다. 이 경우 국내산업의 국제경쟁력이 약화되지 않도록 고려하여야 한다.
⑧ 정부는 국민 모두가 참여하고 국가기관, 지방자치단체, 기업, 경제단체 및 시민단체가 협력하여 저탄소 녹색성장을 구현하도록 노력한다.
⑨ 정부는 저탄소 녹색성장에 관한 새로운 국제적 동향을 조기에 파악·분석하여 국가 정책에 합리적으로 반영하고, 국제사회의 구성원으로서 책임과 역할을 성실히 이행하여 국가의 위상과 품격을 높인다.

정답 69. ④ 70. ①

15.2.18 / 18.4.9 / 19.1.1 / 21.1.19

71 다음 설명 중 틀린 것은?

① 옴의 법칙에서 전압은 저항에 반비례함을 의미한다.
② 온도의 상승에 따라 도체의 전기저항은 증가한다.
③ 도선의 저항은 길이에 비례하고 단면적에 반비례한다.
④ 전기가 누설되지 않도록 하는 것을 절연이라고 하며 그 재료를 절연물이라고 한다.

[해설] 옴의 법칙(Ohm's law)

도체에 전압이 가해졌을 때 흐르는 전류의 크기는 도체의 저항에 반비례하므로 가해진 전압을 V [V], 전류 I [A], 도체의 저항을 R [Ω]이라고 하면

$$I = \frac{V}{R}, \quad V = I \times R \quad (\text{전압은 저항에 비례한다})$$

15.2.27 / 17.1.37 / 18.4.10 / 18.4.13 / 19.2.31 / 21.2.7

72 태양광발전설비 시공기준 중 인버터에 관한 설명으로 옳은 것은?

① 옥내용을 옥외에 설치하는 경우는 10[kW] 이상이어야 한다.
② 모듈의 설치용량은 인버터의 설치용량의 105[%] 이내이어야 한다.
③ 각 직렬군의 태양전지 최대전압은 입력전압 범위 안에 있어야 한다.
④ 인버터의 출력단 표시사항은 전압, 전류만 표시된다.

[해설] 인버터 설치용량과 표시사항

① 입력단(모듈출력)의 전압, 전류, 전력과 출력단(인버터출력)의 전압, 전류, 전력, 주파수, 누적발전량, 최대출력량(peak)이 표시되어야 한다.
② 인버터의 설치용량은 사업계획서 상의 인버터 설계용량 이상이어야 하고, 인버터에 연결된 모듈의 설치용량은 인버터 설치용량의 105[%] 이내이어야 한다. 다만, 각 직렬군의 태양전지 개방전압은 인버터 입력전압 범위 안에 있어야 한다.

③ 인버터는 옥내·옥외용을 구분하여 설치하여야한다. 단, 옥내용을 옥외에 설치하는 경우는 5[kW] 이상 용량일 경우에만 가능하며 이 경우 빗물 침투를 방지할 수 있도록 옥내에 준하는 수준으로 외함 등을 설치하여야 한다.

13.4.6 / 13.4.47 / 14.4.43 / 14.4.57 / 15.2.16 / 15.2.46 /
15.2.56 / 15.4.5 / 16.2.6 / 16.2.7 / 17.1.7 / 18.4.4 /
18.4.46 / 19.4.8 / 20.1.9 / 21.1.11 / 21.2.17 / 21.2.43

73 태양광발전은 큰 전류를 생성하는 소자들의 결합 구조물이다. 단결정 실리콘 태양전지의 경우 무려 8~9[A]까지 생성하는 특성이나 V_{OC}(Open Circuit Voltage)는 0.6~0.65[V]밖에 안 되어, 출력은 4~5[W]로 측정된다. 일반적으로 I_{SC}의 전류에는 영향을 미치나 V_{OC} 을 높일 수 있는 방법으로 가장 적절한 설명은?

① 작동 전류를 감소시킨다.
② 기판대비 불순물의 농도를 높게 주입하여 제조한다.
③ 기판의 불순물 농도를 낮은 것으로 선택하여 제조한다.
④ V_{OC} 을 높게 제조하기 위해서는 저온의 공정으로 진행한다.

[해설] 개방전압(open circuit voltage, Voc)을 높이는 방법

① 특정한 온도와 일조 강도에서 부하를 연결하지 않은 (개방상태의) 태양광발전 장치 양단에 걸리는 전압
② 광흡수층의 에너지밴드갭이 클 경우, 개방전압은 증가하지만, 오히려 단락전류가 감소하므로 불순물의 적정한 함량조절이 필요하다.
③ 병렬저항이 작은 경우는 누설전류가 큰 경우이며 충진율(FF)을 높이는데 한계가 있고 변환효율은 낮아짐(특히 일몰시간이나 구름이 많이 끼어 태양 빛의 세기가 낮아지면 개방전압에 급격한 감소가 발생). 누설전류가 작을수록 밴드갭이 클수록 개방전압이 증가한다.
④ 전도성 고분자는 밴드갭을 낮춰 태양광의 흡수 증가에 따른 단락전류를 향상시키는 것과 동시에 HOMO 에너지 준위를 낮춤으로서 높은 개방전압을 얻을 수 있다.

정답 71. ① 72. ② 73. ②

⑤ 에미터층으로부터 불활성층(Dead layer)을 선택적으로 제거하면서 동시에 표면 결함을 제거하여 단락 전류와 개방 전압을 상승시킬 수 있다. ⑥ 후면 전기장 효과(back surface field, BSF effect)로 p와 p+ 사이의 내부 전기장 형성으로 재결합 손실을 방지하여 개방전압을 상승시킨다.

15.2.60

74 태양광발전설비 운영자 숙지사항 중 옳은 것은?

① 계통연계형의 경우 한전전원이 OFF일 때 인버터가 자동정지하고 한전이 복전 되었을 때 즉시 재 기동한다.
② 접속함 차단기를 차단하면 전압이 유기되지 않으므로 감전에 주의할 필요가 없다.
③ 계통연계형의 경우 한전전원이 OFF일 때 역송전 불가하다.
④ 먼지나 이물질이 태양전지에 부착된 경우 전력생산의 저하 및 수명에 영향을 미치지 않는다.

해설 단독운전방지기능
① 단독 운전
　분산형 전원을 연계한 계통에서 전력 계통 사고 등으로 전력회사 변전소의 송출 차단기가 개방되면, 분리된 계통은 분산형 전원만으로 수용가에 전력을 공급하게 되는데, 이 상태를 단독 운전이라고 한다.
② 감전사고 발생
　배전선에 사고가 발생하면, 통상 사고가 발생한 배전선의 변전소 측 전원이 차단된다. 이때 분산형 전원이 단독 운전으로 사고가 발생한 배전선에 전기를 공급하면 배전선에 접촉한 작업자나 일반사람이 감전 피해를 입을 수 있다.
③ 사고 점의 전력 기기 손상감전 사고와 마찬가지로, 사고 점에 있는 전력 기기에도 전력이 공급되기에 전력 기기가 손상될 우려가 있다.
④ 단독 운전 검출 장치의 방식
　단독 운전 검출 장치는 크게 두 가지 방식이 있다. 분산형 전원의 연계점에서 전압 파형 등의 계통 정보를 상시 감시하다가 급격한 변화를 보고 검출하는 수동 방식과 계통에 아주 작은 변동을 주는 신호(능동 신호)를 주입해 단독 운전 시 그 변동이 뚜렷이 드러나는 것을 보고 검출하는 능동 방식이다.

15.2.78 / 16.4.75 / 19.4.79 / 21.4.79

75 저탄소 녹색성장 기본법에서 정한 저탄소 녹색성장 추진의 기본원칙이라 할 수 없는 것은?

① 정부는 저탄소 녹색성장의 시급성과 긴박성을 인식하고 정부 주도로 저탄소 녹색성장을 최우선적으로 추진한다.
② 정부는 녹색기술과 녹색산업을 경제성장의 핵심동력으로 삼고 새로운 일자리를 창출·확대할 수 있는 새로운 경제체제를 구축한다.
③ 정부는 국가의 자원을 효율적으로 사용하기 위하여 성장잠재력과 경쟁력이 높은 녹색기술 및 녹색산업 분야에 대한 중점투자 및 지원을 강화한다.
④ 정부는 사회·경제활동에서 에너지와 자원 이용의 효율성을 높이고 자원순환을 촉진한다.

해설 저탄소 녹색성장 추진의 기본원칙(녹색성장법 제3조)
① 정부는 기후변화·에너지·자원 문제의 해결, 성장동력 확충, 기업의 경쟁력 강화, 국토의 효율적 활용 및 쾌적한 환경 조성 등을 포함하는 종합적인 국가발전전략을 추진한다.
② 정부는 시장기능을 최대한 활성화하여 민간이 주도하는 저탄소 녹색성장을 추진한다.
③ 정부는 녹색기술과 녹색산업을 경제성장의 핵심 동력으로 삼고 새로운 일자리를 창출·확대할 수 있는 새로운 경제체제를 구축한다.
④ 정부는 국가의 자원을 효율적으로 사용하기 위하여 성장잠재력과 경쟁력이 높은 녹색기술 및 녹색산업 분야에 대한 중점 투자 및 지원을 강화한다.
⑤ 정부는 사회·경제 활동에서 에너지와 자원 이용의 효율성을 높이고 자원순환을 촉진한다.
⑥ 정부는 자연자원과 환경의 가치를 보존하면서 국토와 도시, 건물과 교통, 도로·항만·상하수도 등 기반시설을 저탄소 녹색성장에 적합하게 개편한다.

정답 74. ③ 75. ①

⑦ 정부는 환경오염이나 온실가스 배출로 인한 경제적 비용이 재화 또는 서비스의 시장가격에 합리적으로 반영되도록 조세체계와 금융체계를 개편하여 자원을 효율적으로 배분하고 국민의 소비 및 생활 방식이 저탄소 녹색성장에 기여하도록 적극 유도한다. 이 경우 국내산업의 국제경쟁력이 약화되지 않도록 고려하여야 한다.

⑧ 정부는 국민 모두가 참여하고 국가기관, 지방자치단체, 기업, 경제단체 및 시민단체가 협력하여 저탄소 녹색성장을 구현하도록 노력한다.

⑨ 정부는 저탄소 녹색성장에 관한 새로운 국제적 동향을 조기에 파악·분석하여 국가 정책에 합리적으로 반영하고, 국제사회의 구성원으로서 책임과 역할을 성실히 이행하여 국가의 위상과 품격을 높인다.

14.4.4 / 14.4.13 / 15.2.11 / 15.2.17 / 15.4.17 / 17.2.14 / 17.4.5 / 18.1.3 / 18.4.7 / 20.1.3 / 20.1.19 / 20.3.8 / 20.3.9 / 21.4.1

76 태양광발전시스템을 계통에 접속하여 역송전 운전을 하는 경우 전력전송을 위한 수전점의 전압이 상승하여 전력회사의 운용범위를 넘지 못하게 하는 인버터의 기능은?

① 자동운전 정지기능
② 계통연계 보호기능
③ 단독운전 방지기능
④ 자동전압 조정기능

해설 태양광발전시스템 인버터의 기능

① 자동운전 정지(Auto shutdown) 기능
   인버터는 해가 떠오르고 출력이 발생되는 조건이 되면 자동적으로 운전을 시작하며, 해가 지는 동안에도 출력이 발생하는 한 가동은 계속되고 완전한 일몰 뒤 운전을 자동정지한다.

② 계통연계 보호기능
   전력계통에 연계되어 운전하고 있는 태양광발전시스템에서 계통 측이나 인버터측에서 이상이 발생했을 때 이를 검지하고 신속하게 인버터를 정지해서 계통 측에 안전을 확보하는 장치이다.

③ 단독운전 방지(Non-islanding) 기능
   단독운전(한전 정전시 분리된 계통에 전력을 계속 공급하게 되는 운전상태)시의 문제점을 해결하기

위한 기능으로, 단독운전 발생 후 최대 0.5초 이내에 한전계통에 대한 가압을 중지해야 한다.

④ 자동전압 조정기능
   태양광발전시스템을 계통에 접속하여 역송전 운전을 하는 경우 수전점의 전압이 상승해서 전력회사의 운용범위를 초과할 가능성이 있기 때문에 자동전압 조정기능을 설치하여 전압의 상승을 방지할 수 있으며, 전압 조정방법에는 진상무효전력제어와 출력제어 방법이 있다.

14.4.27 / 15.4.15 / 17.1.47 / 17.2.44 / 17.4.52 / 18.1.57 / 18.4.5 / 20.4.49 / 21.2.37 / 21.4.58

77 태양광발전시스템의 모니터링 시스템 프로그램 기능이 아닌 것은?

① 데이터 수집기능
② 데이터 저장기능
③ 데이터 분석기능
④ 데이터 예측기능

해설 모니터링 시스템 프로그램 기능

① 데이터 수집기능
   인버터로부터 데이터를 공급받아 전압과 전력에 대한 정보를 제공하며 일사량과 모듈 표면온도 등의 정보를 제공한다.

② 데이터 저장기능
   실시간 데이터가 저장되어 평균 자료를 한눈에 알아볼 수 있도록 한다.

③ 데이터 분석기능
   저장된 데이터로 표를 작성하여 일일 평균값 등의 변화를 한눈에 알 수 있도록 데이터를 제공한다.

④ 데이터 통계기능
   저장된 데이터를 바탕으로 일간, 월간, 연간 통계를 알아볼 수 있도록 제공한다.

13.4.6 / 13.4.47 / 14.4.43 / 14.4.57 / 15.2.16 / 15.2.46 / 15.2.56 / 15.4.5 / 16.2.6 / 16.2.7 / 17.1.7 / 18.4.4 / 18.4.46 / 19.4.8 / 20.1.9 / 21.1.11 / 21.2.17 / 21.2.43

78 단결정 실리콘 태양전지에 가장 많은 전류를 생성하는 파장대역은?

정답 76. ④ 77. ④

① 자외선 ② 가시광선
③ 적외선 ④ 원적외선

해설 결정질 실리콘에 사용되는 태양광 스펙트럼

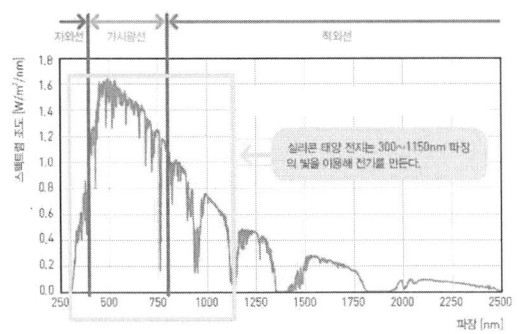

① 빛은 다양한 파장의 스펙트럼을 갖고 있으며, 자외선, 가시광선, 적외선 파장 중 태양 전지판은 주로 가시광선 영역에서 전자 이동이 일어난다.
② 태양 전지판이 검은색이나 진한 푸른색을 띠는 것은 이 상태에서 가시광선을 가장 잘 흡수하기 때문이다.

14.4.58

79 태양광발전시스템에서 사용된 스트링 다이오드의 결함을 점검하기 위한 방법으로 옳은 것은?

① 육안검사 ② 접지저항 측정
③ 입출력 측정 ④ 전력망 분석

해설 다이오드(Diode)

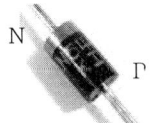

① 다이오드의 기본성질은 양극(Anode)에서 음극(cathode)으로 전류가 흐르고, 반대로 음극에서 양극으로 전류가 흐르지 않는다.
② 다이오드의 순방향(양극에서 음극방향)과 역방향(음극에서 양극)으로 흐르는 저항 값을 측정하여야 한다.
③ 스트링의 바이패스 다이오드는 입·출력 값을 측정하여 정상상태를 확인한다.

13.4.58 / 14.4.72 / 15.2.77 / 15.4.61 / 17.2.73 / 18.1.69 / 18.2.25 / 18.4.11 / 19.2.14 / 20.1.62 / 20.4.26

80 태양전지 모듈의 시설에 관한 내용 중 잘못된 것은?

① 충전부분은 노출되지 아니하도록 시설한다.
② 태양전지 모듈을 병렬로 접속하는 전로에는 과전류 차단기를 설치한다.
③ 태양전지 모듈의 지지물은 진동과 충격에 대하여 안전한 구조이어야 한다.
④ 옥측 또는 옥외에 시설하는 경우에는 합성수지관공사, 케이블공사 및 금속몰드공사로 시설한다.

해설 태양전지 모듈 등의 시설(판단기준 제54조)
1) 충전부분은 노출되지 않도록 시설할 것

2) 태양전지 모듈에 접속하는 부하측의 전로(복수의 태양전지 모듈을 시설한 경우에는 그 집합체에 접속하는 부하측의 전로)에는 그 접속점에 근접하여 개폐기 기타 이와 유사한 기구(부하전류를 개폐할 수 있는 것에 한한다)를 시설할 것

3) 태양전지 모듈을 병렬로 접속하는 전로에는 그 전로에 단락이 생긴 경우에 전로를 보호하는 과전류차단기 기타의 기구를 시설할 것. 다만, 그 전로가 단락전류에 견딜 수 있는 경우에는 그렇지 않다.

4) 전선은 다음에 의하여 시설할 것. 다만, 기계기구의 구조상 그 내부에 안전하게 시설할 수 있을 경우에는 그렇지 않다.
① 전선은 공칭단면적 2.5[mm²] 이상의 연동선 또는 이와 동등 이상의 세기 및 굵기의 것일 것
② 옥내에 시설할 경우에는 합성수지관공사, 금속관공사, 가요전선관공사 또는 케이블공사로 시설할 것
③ 옥측 또는 옥외에 시설할 경우에는 합성수지관공사, 금속관공사, 가요전선관공사 또는 케이블공사로 시설할 것

정답 78.② 79.③ 80.④

2022년 기출문제

2022 제1회 CBT 복원 기출문제

01 국내 태양광 발전부지 선정 시 일반적인 고려사항으로 틀린 것은?

① 일사량이 좋고 남향이어야 한다.
② 바람이 잘 들 수 있는 부지가 좋다.
③ 같은 지역이라도 저지대 부지가 좋다.
④ 용량에 맞는 부지를 선정해야 한다.

해설 부지선정 시 일반적인 고려사항
① 일사량 : 남향을 표준으로 한다.
② 일조시간 : 고지대가 유리함
③ 자연환경검토 : 적설 및 적운이 적은 지역, 음영발생 여부, 바람이 잘 들 수 있을 것(모듈 효율 상승), 지반지질 상태 등
④ 접근성 : 비포장도로 4[m], 포장도로 3[m]
⑤ 행정상 조건(인허가문제) : 각 지자체별로 개발행위 및 산지전용 가능여부 등에 관한 규제가 상이 함
⑥ 계통연계 : 3상 전주 인입 가능 여부 및 한전선로(분산형전원) 용량 확인
⑦ 경제성(토지비, 송전 설비비, 발전용량에 맞는 부지 선정 등)
⑧ 기타 - 민원

02 신재생에너지에 대한 설명으로 적합한 발전방식은?

> 바닷물이 가장 높이 올라왔을 때 댐의 만들어 물을 가두었다가, 물이 빠지는 힘을 이용하여 발전기기를 돌리는 방식이다.

① 조력발전 ② 파력발전
③ 조류발전 ④ 해류발전

해설 해양에너지
(1) 조력발전
1) 원리
조석의 힘을 동력원으로 하여 해수면의 상승하강운동을 이용하여 전기를 생산하는 발전 기술

시화조력발전 원리

2) 입지조건
① 평균조차 3[m] 이상
② 폐쇄된 만의 형태
③ 해저의 지반이 강고
④ 에너지 수요처와 근거리

(2) 파력발전 : 입사하는 파랑에너지를 이용하여 터빈 등의 원동기 구동력으로 발전하는 기술

(3) 조류발전 : 해수의 유동에 의한 운동에너지를 이용하여 전기를 생산하는 발전기술

(4) 온도차발전 : 해양 표면층의 온수(예 : 25~30[℃])와 심해 500~1000[m]정도의 냉수(예 : 5~7[℃])와의 온도차를 이용하여 열에너지를 기계적 에너지로 변환시켜 발전하는 기술

(5) 기타 발전
① 해류발전 : 일정속도 이상 강한 해류(취송류, 밀도류, 경사류, 보류)의 흐름을 이용해 바닷속에 잠긴 터빈을 돌려 전기를 얻는 구조로 프로펠러식, 낙하산식, 수차식이 있다.
② 근해 풍력발전 : 육지와 가까운 바다에 풍력발전기를 설치하는 발전
③ 해양 생물자원의 에너지화 : 조류 바이오매스는 성장이 빠르고 육상식물 중 바이오연료 생산성이 가장 높은 팜유보다도 생산성이 10배나 높기 때문에 큰 장점이 있다. 반면에 조류 바이오매스는 다른 바이오매스에 비해 연료로의 변환공정이 쉽지 않다는 단점도 있다.
④ 염도차발전 : 바닷물의 염분은 보통 3[%] 정도이고, 강물의 염분은 0.05[%] 이하다. 이러한 염분 농도의 차이를 삼투압으로 유발시키는 발전이다.

※ 조석 : 달·태양 등 천체의 인력작용으로 해면이 1일 2회 주기적으로 오르내리는 현상

정답 1. ③ 2. ①

03 국토의 계획 및 이용에 관한 법령에 따라 개발행위(변경) 허가신청서의 처리기간으로 옳은 것은?

① 3일 ② 7일
③ 15일 ④ 30일

해설 개발행위허가의 절차 등
① 특별시장·광역시장·특별자치시장·특별자치도지사·시장 또는 군수는 제1항에 따른 개발행위허가의 신청에 대하여 특별한 사유가 없으면 대통령령으로 정하는 기간 이내에 허가 또는 불허가의 처분을 하여야 한다.
② 대통령령으로 정하는 기간이란 15일(도시계획위원회의 심의를 거쳐야 하거나 관계 행정기관의 장과 협의를 하여야 하는 경우에는 심의 또는 협의기간을 제외한다)을 말한다.
③ 특별시장·광역시장·특별자치시장·특별자치도지사·시장 또는 군수는 개발행위허가에 조건을 붙이려는 때에는 미리 개발행위허가를 신청한 자의 의견을 들어야 한다.

04 신·재생에너지법에 거짓이나 부정한 방법으로 공급인증서를 발급받은 자와 그 사실을 알면서 공급인증서를 발급한 자는 몇 년 이하의 징역 또는 얼마 이하의 벌금에 처하는가?

① 2년 이하의 징역 또는 3천만원 이하의 벌금
② 2년 이하의 징역 또는 5천만원 이하의 벌금
③ 3년 이하의 징역 또는 3천만원 이하의 벌금
④ 3년 이하의 징역 또는 5천만원 이하의 벌금

해설 벌칙
① 거짓이나 부정한 방법으로 발전차액을 지원받은 자와 그 사실을 알면서 발전차액을 지급한 자는 3년 이하의 징역 또는 지원받은 금액의 3배 이하에 상당하는 벌금에 처한다.
② 거짓이나 부정한 방법으로 공급인증서를 발급받은 자와 그 사실을 알면서 공급인증서를 발급한 자는 3년 이하의 징역 또는 3천만원 이하의 벌금에 처한다.
③ 공급인증기관이 개설한 거래시장 외에서 공급인증서를 거래한 자는 2년 이하의 징역 또는 2천만원 이하의 벌금에 처한다.
④ 법인의 대표자나 법인 또는 개인의 대리인, 사용인, 그 밖의 종업원이 그 법인 또는 개인의 업무에 관하여 ①~③까지의 어느 하나에 해당하는 위반행위를 하면 그 행위자를 벌하는 외에 그 법인 또는 개인에게도 해당 조문의 벌금형을 과한다. 다만, 법인 또는 개인이 그 위반행위를 방지하기 위하여 해당 업무에 관하여 상당한 주의와 감독을 게을리하지 아니한 경우에는 그렇지 않다.

05 수소와 산소의 전기화학 반응을 통하여 전기 또는 열을 생산하는 설비는?

① 연료전지설비
② 산소에너지설비
③ 수소에너지설비
④ 수소 및 산소에너지설비

해설 연료전지의 발전원리
① 외부에서 수소와 산소를 공급하면 전기 에너지를 만든다.
② 수소와 산소의 화학반응으로 생기는 화학에너지를 직접 전지에너지로 변환시킨다.
$H_2 + 1/2\ O_2 \rightarrow H_2O + 전기$
③ 생성물이 전기와 순수(純水)인 발전효율 30~40%, 열효율 40% 이상으로 총 70~80%의 효율을 갖는다.
④ 배터리와 같은 에너지 저장기능은 없다.

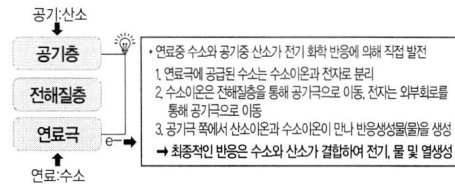

06 분산형전원 배전계통 연계기술기준에 따라 전기방식이 교류 단상 220V인 분산형전원을 저압 한전계통에 연계할 수 있는 용량은 몇 kW 미만으로 하는가?

① 50 ② 100 ③ 250 ④ 500

해설 전기방식이 교류 단상 220V인 분산형전원을 저압 한전계통에 연계할 수 있는 용량은 100kW 미만으로 한다.

07 전기사업법에 따라 태양광발전소 전기사업허가 신청서를 제출할 때 산업통상자원부장관에게 제출해야 하는 발전설비용량 기준은?

① 200kW 초과 ② 200kW 미만
③ 3000kW 초과 ④ 3000kW 미만

해설 사업허가의 신청
① 전기사업의 허가를 신청하려는 자는 전기사업허가 신청서에 관련 서류(전자문서를 포함한다. 이하 같다)를 첨부하여 산업통상자원부장관에게 제출하여야 한다.
② 다만, 발전설비용량이 3,000[kW] 이하인 발전사업의 허가를 받으려는 자는 특별시장·광역시장·특별자치시장·도지사 또는 특별자치도지사에게 제출하여야 한다.

08 신재생에너지 중 재생에너지의 특징이 아닌 것은?

① 비고갈성 에너지이다.
② 기술주도형 자원이다.
③ 친환경 청정에너지이다.
④ 시설투자비가 적은 에너지이다.

해설 신·재생 에너지의 특징

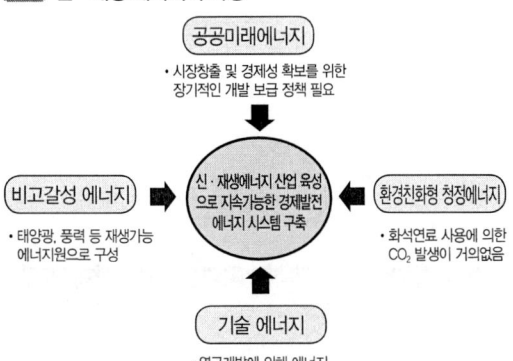

※ 개발 초기에 투자비용이 많이 들고, 경제성이 낮은 편이다.

09 신에너지 및 재생에너지 개발·이용·보급 촉진법령에 따라 발전량의 일정량 이상을 의무적으로 신·재생에너지를 이용하여 공급하는 자로서 대통령령으로 정하는 자가 아닌 자는?

① 한국광물공사
② 한국수자원공사
③ 한국지역난방공사
④ 발전사업자로서 50만킬로와트 이상의 발전설비(신·재생에너지 설비는 제외한다.)를 보유하는 자

해설 신·재생에너지 공급의무자
① 전기사업법에 따른 발전사업자로서 500,000[kW] 이상의 발전설비(신·재생에너지 설비는 제외한다)를 보유하는 자
② 집단에너지사업법 및 전기사업법에 따른 발전사업의 허가를 받은 것으로 보는 자로서 500,000[kW] 이상의 발전설비(신·재생에너지 설비는 제외한다)를 보유하는 자
③ 한국수자원공사
④ 한국지역난방공사

10 태양광발전시스템의 특징이 아닌 것은?

① 송전 손실의 증가
② 최대부하전력 절감
③ 에너지의 안정적인 공급
④ 국지적인 전력수요에 대응

해설 태양광발전시스템의 특징
① 햇빛을 직류 전기로 바꾸어 전력을 생산한다.
② 유지 보수가 간편하며, 무공해·무제한의 청정에너지원
③ 최대부하 시간대의 피크 감축
④ 에너지의 안전한 전력 공급

⑤ 국지적인 전력수요에 대응
⑥ 에너지밀도가 낮아 큰 설치면적이 필요하다.
⑦ 초기 투자비가 많이 든다.

11 전기사업에 종사하는 자로서 정당한 사유없이 전기사업용 전기설비의 유지 또는 운용업무를 수행하지 아니함으로서 발전·송전·변전 또는 배전에 장애가 발생하게 한 자에 대한 전기사업법상 벌칙 기준은?

① 2년 이하의 징역 또는 1천만원 이하의 벌금
② 3년 이하의 징역 또는 2천만원 이하의 벌금
③ 5년 이하의 징역 또는 5천만원 이하의 벌금
④ 10년 이하의 징역 또는 1억원 이하의 벌금

[해설] **벌칙**
다음의 어느 하나에 해당하는 자는 5년 이하의 징역 또는 5천만원 이하의 벌금에 처한다.
① 정당한 사유없이 전기사업용전기설비를 조작하여 발전·송전·변전 또는 배전을 방해한 자
② 전기사업에 종사하는 자로서 정당한 사유없이 전기사업용전기설비의 유지 또는 운용업무를 수행하지 아니함으로써 발전·송전·변전 또는 배전에 장애가 발생하게 한 자

12 일조율을 나타낸 식으로 옳은 것은?

① 일조율 = $\frac{일조시간}{가조시간} \times 100 [\%]$

② 일조율 = $\frac{가조시간}{일조시간} \times 100 [\%]$

③ 일조율 = $\frac{법선면일조시간}{수평면일조시간} \times 100 [\%]$

④ 일조율 = $\frac{수평면일조시간}{법선면일조시간} \times 100 [\%]$

[해설] 1) 일조시간(Duration of Sunshine)
① 태양광선이 구름이나 안개 등에 의해서 차단되지 않고 지표면을 비춘 시간
② $\frac{일조시간}{가조시간} \times 100 [\%]$

2) 가조시간(Possible Duration of Sunshine)
① 해가 뜬 다음부터 다시 질 때까지 태양에서 오는 직사광선
② 일조(日照)를 기대할 수 있는 시간을 말하며 산, 구름, 안개나 건조물에 의해 바뀔 수 있다.
③ 산, 구름, 안개 등 장애물이 없다고 가정했을 때의 일조시간은 가조시간과 동일하다.

13 신에너지 및 신재생에너지 개발·이용·보급 촉진법에서 정의하고 있는 신재생에너지에 포함되지 않는 것은?

① 수력   ② 폐기물 에너지
③ 원자력   ④ 연료전지

[해설] **신·재생에너지의 정의**
1) 신에너지 : 기존의 화석연료를 변환시켜 이용하거나 수소·산소 등의 화학 반응을 통하여 전기 또는 열을 이용하는 에너지
① 수소에너지
② 연료전지
③ 석탄을 액화·가스화한 에너지 및 중질잔사유을 가스화

2) 재생에너지 : 햇빛·물·지열·강수·생물유기체 등을 포함하는 재생 가능한 에너지를 변환시켜 이용하는 에너지
① 태양에너지
② 풍력
③ 수력
④ 해양에너지
⑤ 지열에너지
⑥ 생물자원을 변환시켜 이용하는 바이오에너지
⑦ 폐기물에너지(비재생폐기물로부터 생산된 것은 제외한다)

14 대통령령으로 정하는 구역전기사업자의 발전설비용량 규모는?

① 1만[kW]   ② 1만8천[kW]

③ 3만5천[kW]　　④ 5만[kW]

해설 구역전기사업자의 발전설비용량
구역전기사업이란 35,000[kW] 이하의 발전설비를 갖추고 특정한 공급구역의 수요에 맞추어 전기를 생산하여 전력시장을 통하지 아니하고 그 공급구역의 전기사용자에게 공급하는 것을 주된 목적으로 하는 사업

15. 3000kW 이하 발전사업 허가 시 필요서류가 아닌 것은?
(단, 발전설비용량이 200kW 이하인 발전사업은 제외한다.)

① 사업계획서
② 송전관계일람도
③ 전기사업 허가신청서
④ 5년간 예상사업 손익산출서

해설 발전사업 신청에 필요한 서류(3000[kW] 이하인 경우)
(1) 전기사업 허가신청서
(2) 사업계획서
① 기술능력 관련(전기설비 건설 및 운영 계획 관련 증명서류)
② 계획에 따른 수행 가능 여부 관련(송전관계 일람도)
③ 발전원가명세서(발전사업 또는 구역전기사업의 허가를 신청하는 경우만 해당한다)
(3) 정관, 대차대조표 및 손익계산서(신청자가 법인인 경우만 해당하며, 설립 중인 법인의 경우에는 정관만 제출한다)
(4) 신청자(발전설비용량 3천킬로와트 이하인 신청자는 제외한다)의 주주명부. 이 경우 신청자가 재무능력을 평가할 수 없는 신설법인인 경우에는 신청자의 최대주주를 신청자로 본다.

16. 저탄소 녹색성장 기본법에서 정한 온실가스의 종류가 아닌 것은?

① 메탄　　② 질소
③ 아산화질소　　④ 수소불화탄소

해설 온실가스 및 온실효과
① 온실가스의 정의
이산화탄소(CO_2), 메탄(CH_4), 아산화질소(N_2O), 수소불화탄소(HFCs), 과불화탄소(PFCs), 육불화황(SF_6) 및 그밖에 대통령령으로 정하는 것으로 적외선 복사열을 흡수하거나 재방출하여 온실효과를 유발하는 대기 중의 가스 상태의 물질
② 온실효과
지구는 태양에서 에너지를 받은 후 다시 에너지를 방출하여, 복사평형을 유지하지 못하고, 태양의 열이 지구로 들어 와서 나가지 못하고 순환되는 현상으로 화석연료 연소를 포함한 인간 활동 때문에 발생된다.

17. 태양광발전사업의 허가를 받기위해 전기사업허가신청서와 함께 제출하는 사업계획서 내용 중 전기 설비 개요에 포함되어야 할 사항으로 틀린 것은?

① 인버터의 출력전압
② 태양전지의 종류
③ 집광판의 설치단가
④ 태양전지의 정격용량

해설 사업계획의 전기설비(태양광) 개요에 포함되어야 할 사항
① 태양전지의 종류, 정격용량, 정격전압 및 정격출력
② 인버터(Inverter)의 종류, 입력전압, 출력전압 및 정격출력
③ 집광판의 면적

18. 분산형 전원 발전설비는 전력계통 연계지점에서 발전기 용량 정격 최대전류의 몇 [%]이상인 직류전류를 전력계통으로 유입해서는 안 되는가?

① 2　　② 1
③ 0.5　　④ 0.3

정답 14. ③　15. ④　16. ②　17. ③

해설 **전기품질 항목**
① 직류 유입 제한
  분산형전원 및 그 연계 시스템은 분산형전원 연결점에서 최대 정격 출력전류의 0.5[%]를 초과하는 직류전류를 계통으로 유입시켜서는 안된다.
② 역률
  분산형전원의 역률은 90[%] 이상으로 유지함을 원칙으로 한다.
③ 플리커(flicker)
④ 고조파

19 태양전지 모듈은 최대사용전압 몇 배의 직류전압을 충전부분과 대지 사이에 연속하여 10분간 가하여 절연내력을 시험하였을 때 이에 견디어야 하는가?

① 0.92　　② 1
③ 1.25　　④ 1.5

해설 **연료전지 및 태양전지 모듈의 절연내력**
연료전지 및 태양전지 모듈은 최대사용전압의 1.5배의 직류전압 또는 1배의 교류전압(500[V] 미만으로 되는 경우에는 500[V])을 충전부분과 대지사이에 연속하여 10분간 가하여 절연내력을 시험하였을 때에 이에 견디는 것이어야 한다.

20 저탄소 녹색성장 기본법에서 정의하는 녹색기술에 해당하지 않는 것은?

① 청정소비기술
② 청정생산기술
③ 온실가스 감축기술
④ 에너지 이용 효율화 기술

해설 **녹색기술 정의**
① 온실가스 감축기술
② 에너지 이용 효율화 기술
③ 청정생산기술
④ 청정에너지기술
⑤ 자원순환 및 친환경 기술(관련 융합기술을 포함한다) 등
⑥ 사회·경제 활동의 전 과정에 걸쳐 에너지와 자원을 절약하고 효율적으로 사용하여 온실가스 및 오염물질의 배출을 최소화하는 기술

21 태양광발전시스템에서 모니터링 프로그램의 기능이 아닌 것은?

① 데이터 수집기능
② 데이터 저장기능
③ 데이터 연산기능
④ 데이터 분석기능

해설 **모니터링 시스템 프로그램 기능**
① 데이터 수집기능
  인버터로부터 데이터를 공급받아 전압과 전력에 대한 정보를 제공하며 일사량과 모듈 표면온도 등의 정보를 제공한다.
② 데이터 저장기능
  실시간 데이터가 저장되어 평균 자료를 한눈에 알아볼 수 있도록 한다.
③ 데이터 분석기능
  저장된 데이터로 표를 작성하여 각각 일일 평균값 등의 변화를 한눈에 알 수 있도록 데이터를 제공한다.
④ 데이터 통계기능
  저장된 데이터를 바탕으로 일간, 월간, 년간 통계를 알아볼 수 있도록 제공한다.

22 대형 태양광 발전용 인버터(계통연계형, 독립형)(KS C 8565 : 2020)의 효율시험에서 교류전원을 정격 전압 및 정격 주파수로 운전하고, 운전 시작 후 최소한 몇 시간 이후에 측정하여야 하는가?

① 1　　② 2
③ 3　　④ 4

해설 **중대형 태양광발전용 인버터 효율시험**
교류전원을 정격전압 및 정격 주파수로 운전한다. 운전 시작 후 최소한 2시간 이후에 측정한다.

정답 18. ③ 19. ④ 20. ① 22. ②

1) 출력전력이 정격출력의 5[%], 10[%], 20[%], 30[%], 50[%], 그리고 100[%]일 때의 각각의 전력변환효율을 측정한다.
2) 직류입력을 정격전압으로 두고 측정한다.
3) 독립형 인버터의 경우 정격효율로 측정한다.
4) 판정기준
① 계통연계형 인버터의 경우 Euro 변환효율로 측정한다.
② 정격용량이 10[kW] 초과 30[kW] 이하에서는 90[%], 30[kW] 초과 100[kW] 이하에서는 92[%], 100[kW] 초과에서는 94[%] 이상일 것
③ 독립형 인버터의 경우 정격효율로 측정하여 정격용량이 10[kW] 초과 30[kW] 이하에서는 88[%], 30[kW] 초과 100[kW] 이하에서는 90[%], 100[kW] 초과에서는 92[%] 이상일 것

23 태양전지 모듈과 인버터. 인버터와 계통연계점 간의 전압강하는 각 몇 [%]를 초과하지 않아야 하는가?

① 3
② 5
③ 7
④ 8

해설 전압강하

모듈에서 인버터 입력단 간 및 인버터 출력단과 계통연계점 간의 전압강하는 각 3[%]을 초과하여서는 아니 된다. 다만, 전선길이가 60[m]을 초과할 경우에는 아래 표에 따라 시공할 수 있다.

전선길이	120[m] 이하	200[m] 이하	200[m] 초과
전압강하	5[%]	6[%]	7[%]

24 진공차단기의 특징이 아닌 것은?

① 접점의 소모가 적으므로 차단기의 수명이 길다.
② 전류 재단현상이 발생하므로 개폐서지가 크다.
③ 소형 경량으로 실내 큐비클에 설치가 가능하다.
④ 높은 압력의 공기가 발생하므로 소음이 크다.

해설 진공차단기(VCB ; Vacuum Circuit Breaker)

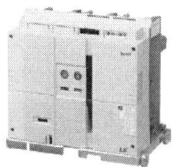

① 전로의 차단을 높은 진공속에서 실시하며, 폭발음이 없는 저소음차단기이다.
② 전력의 송·수전, 절체 및 정지 등을 계획적으로 수행하는 외에 전력 계통에 고장발생시 신속히 자동 차단하는 책무를 가진 중요한 보호장치이다.

25 태양광발전 어레이의 경사각과 방위각에 대한 설명으로 옳은 것은?

① 경사각이 낮아질수록 어레이 사이의 이격거리가 길어진다.
② 방위각은 남반구일 때 정남향으로, 북반구일 때 정북향으로 설치한다.
③ 경사각은 어레이가 정남향을 기준으로 동쪽 또는 서쪽으로 틀어진 각도를 말한다.
④ 경사각은 설치할 부지의 위도를 고려하여 설계하여야 한다.

해설

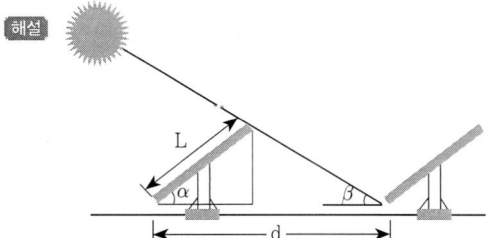

① 태양광 모듈 길이(L)
② 모듈 설치각도(α)
③ 위도(동지시 발전 가능 한계 시간에서 태양의 고도)
④ 구조물의 형상, 장애물의 높이, 남북향간 거리, 부지 현황, 부지의 경사도

26 다음 전지중 광기전력 효과에 의해 빛에너지를 직접 변환해서 전기에너지를 얻을 수 있는 것은?

① 2차전지　　② 연료전지
③ 태양전지　　④ 인산전지

해설 PN접합에 의한 태양광 발전의 원리

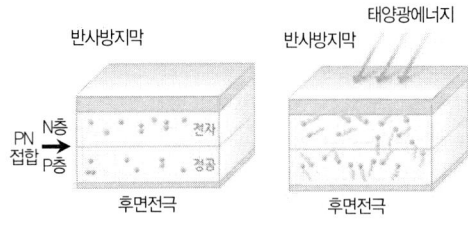

① p-n접합부 또는 정류작용이 있는 금속과 반도체의 경계면에는 접촉전위차가 있으므로 이 부분에 빛을 입사시키면, 반도체 중에 만들어진 전자와 정공(正孔)이 접촉전위차 때문에 분리되어 양쪽 물질에 서로 다른 종류의 전하가 나타나고 그 사이에 전위차(광기전력)가 생긴다.
② p-n접합 또는 금속과 반도체의 접촉 사이에 외부회로를 연결하면 광전류가 구해지는데, 태양전지에 이용된다.
③ 1839년 프랑스의 물리학자 에드몬드 베크렐(Edmond Becquerel)이 전해액에 담근 은 전극에 빛을 비추니 적은 양의 전류가 흐르는 것을 처음으로 발견했다.

27 태양광발전 모듈에 설치하는 바이패스 소자에 대한 설명으로 틀린 것은?

① 일반적으로 모듈 뒷면의 단자함에 설치한다.
② 바이패스 소자로 대부분 다이오드를 사용한다.
③ 고저항의 셀에 전류가 흘러 발열하게 되는 것을 방지한다.
④ 바이패스 소자는 태양광 발전 모듈 내의 셀과 직렬로 접속하여 사용한다.

해설 바이패스 다이오드(Bypass Diode)

1) 태양광 모듈의 그림자 영향
① 태양광 모듈은 아주 적은 일부가 그림자에 가려지더라도 모듈 전체의 출력이 크게 저하된다.
② 모듈은 각각의 태양전지를 직렬로 연결하기 때문에 수십 개의 태양전지로 구성된 모듈에서 단 한 개의 셀이 나뭇잎 등에 의해 완전히 가려졌다면 출력 값은 거의 제로(Zero)에 가깝게 떨어진다.
③ 전체 개방전압에서 그림자가 발생한 모듈의 개방전압을 뺀 값 이하에서 전압 동작점이 존재할 때에 그림자가 발생한 모듈의 전류가 역방향이 된다. 따라서 역 전압이 인가되고 부하처럼 동작되어 열이 발생되고 모듈이 파손되는 원인이 된다.

2) 대책(바이패스 다이오드)

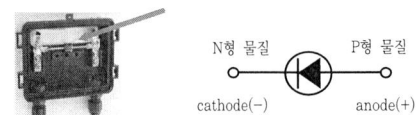

① 바이패스다이오드(Bypass Diode)는 전류를 한쪽방향으로만 흐르게 만들어 주는 부품으로 P에서 N방향으로 전류가 흐르고 반대 방향으로는 전류를 거의 통과시키지 않는다.
② 바이패스 소자는 태양광발전 모듈 내의 셀과 병렬로 접속하여 사용한다.

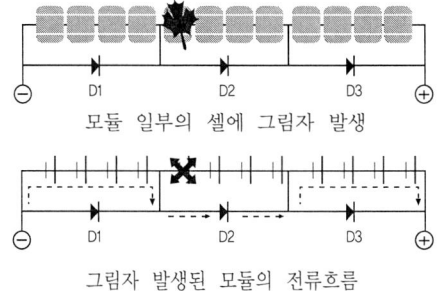

28 태양전지에서 생산된 전력 3[kW]가 인버터에 입력되어 인버터 출력이 2.4[kW]가 되면 인버터의 변환효율은 몇 [%]인가?

① 60 ② 70
③ 80 ④ 90

해설 변환 효율 = $\dfrac{출력 전력}{입력 전력} \times 100 = \dfrac{2.4}{3} \times 100 = 80$ (%)

29 중대형 태양광발전용 독립형 인버터에서 정상특성 시험 시 시험항목으로 틀린 것은?

① 효율 시험 ② 누설전류 시험
③ 대기 손실 시험 ④ 온도 상승 시험

해설 인버터의 정상특성시험 항목

시험항목		독립형	계통 연계형
정상 특성 시험	a) 교류 전압, 주파수 추종 범위 시험	×	○
	b) 교류 출력 전류 변형률 시험	×	○
	c) 누설 전류 시험	○	○
	d) 온도 상승 시험	○	○
	e) 효율 시험	○	○
	f) 대기 손실 시험	×	○
	g) 자동 기동·정지 시험	×	○
	h) 최대 전력 추종 시험	×	○
	i) 출력 전류 직류분 검출 시험	×	○

30 파워컨디셔너시스템(PCS)의 구성 방식 중 모든 모듈에 인버터를 설치하고, 각 인버터의 교류출력을 병렬로 연결하여 사용하는 구성 방식은?

① 모듈 인버터 방식
② 스트링 인버터 방식
③ 마스터 슬레이브 방식
④ 중앙집중형 인버터 방식

해설 태양광발전시스템의 인버터 운영방식

1) 중앙집중형 인버터방식

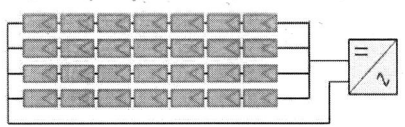

① 발전소 현장에 1대의 인버터만 설치함
② 모든 전선이 한 곳으로 오기 때문에 작업공정이 간단, 설치비가 적게 소요되며, 발전량 확인이 용이하다.
③ 단일형 인버터는 제품 이상발생 시 전체 발전소가 가동을 멈추기 때문에 발전 손실이 크다.

2) 분산형(스트링 포함) 인버터 방식

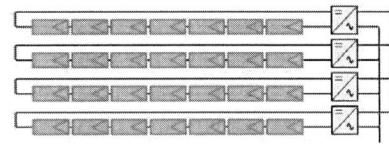

① 발전소 현장에 소형 인버터 여러 대를 설치함
② 특정 인버터가 고장이 나더라도 해당 인버터 부분에서만 발전 손실이 일어나고 나머지 인버터는 정상적으로 발전이 되기 때문에 발전 손실을 최소화할 수 있다.
③ 방향과 경사가 서로 다른 하부 어레이들로 구성된 시스템, 부분적으로 음영이 지는 시스템의 경우 분산형 인버터 방식을 고려할 필요가 있다.

3) 주/종속시스템(Master-Slave System)

① 인버터 2~3대를 결합하여 회로를 구성한다.
② 발전을 시작하면 마스터 인버터만 구동되고, 마스터 인버터의 전력한계에 도달하면, 다음 슬래브 인버터가 자동 연결되어 생산된 발전량에 대응한다.
③ 낮은 발전량에서도 대용량 인버터 한 대가 운영되는 방식보다는 효율이 높아진다.
④ Master와 Slave의 기능은 정기적(1~3개월)으로 교대를 해주어, 균등운전이 되게 한다.

4) 모듈인버터(마이크로 인버터: MIC, Module Integrated Central) 방식

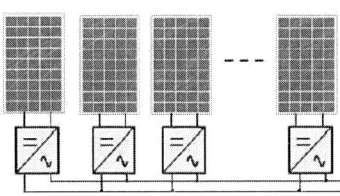

① 태양전지 모듈 1개에 인버터 1개를 부착하는 방식으로 스트링 인버터의 작은 형태이다.
② 태양전지 1장에 대한 모니터링이 가능하여 유지보수가 쉽다
③ 각 마이크로인버터(MIC; Module Integrated Converter)의 최대 효율은 낮지만, 태양전지 모듈에 대해 개별로 MPPT를 하므로, 전체 발전량에 있어서는 스트링 인버터 이상의 발전효율을 가지고 있다.
④ 대용량 발전소보다는 소용량 발전소에서 효율이 높고, 태양전지 모듈 1장으로도 태양광발전을 할 수 있다.
⑤ 고장 난 인버터는 쉽게 교체 가능하며, 시스템 확장이 쉽다.

31 태양전지 모듈 선정시 고려사항에 해당되지 않는 것은?

① 경제성
② 신뢰성
③ 변환효율
④ 태양전지 셀의 크기

해설 모듈 선정시 고려사항
① 효율
② 출력허용오차
③ 신뢰성
④ 경제성
⑤ 유지보수(A/S 네트워크 및 보증기간) 및 관리성

32 3상 3선식 배전방식의 전압강하 계산식으로 옳은 것은? (단, e : 전압강하(V), L : 전선의 길이(m), I : 부하전류(A), A : 사용전선(연동선)의 단면적이다.)

① $e = \dfrac{35.6 \times L \times I}{1000 \times A}$

② $e = \dfrac{30.8 \times L \times I}{1000 \times A}$

③ $e = \dfrac{15.6 \times L \times I}{1000 \times A}$

④ $e = \dfrac{24.6 \times L \times I}{1000 \times A}$

해설 전압강하 및 전선 굵기 계산식

전기공급방식	전압강하(e)	전선의 단면적(A)
단상 2선식 직류 2선식	$e = \dfrac{35.6 \times L \times I}{1,000 \times A}$	$A = \dfrac{35.6 \times L \times I}{1,000 \times e}$
3상 3선식	$e = \dfrac{30.8 \times L \times I}{1,000 \times A}$	$A = \dfrac{30.8 \times L \times I}{1,000 \times e}$
단상 3선식 3상 4선식 직류 3선식	$e = \dfrac{17.8 \times L \times I}{1,000 \times A}$	$A = \dfrac{17.8 \times L \times I}{1,000 \times e}$

33 축전지의 기대수명 결정요소와 거리가 먼 것은?

① 사용온도
② 방전심도
③ 방전횟수
④ 축전지 용량

해설 축전지의 수명

기대수명은 축전지의 사용기간이 경과함에 따라 성능이 급격히 저하되는 80% 용량까지 시점

1) 사용온도

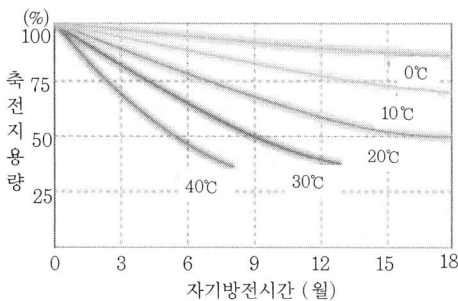

① 축전지의 기대수명은 온도 25℃ 이하의 경우를 정의하는데, 25℃를 넘는 범위라면, 온도가 10℃ 올라가

정답 31. ④ 32. ② 33. ④

면 수명이 절반으로 줄어든다.
② 축전지의 자기방전은 온도가 높으면 증가하며, 25℃에서 월 3%이하의 자기방전이 발생된다.

2) 충전전압
충전전압이 높게 인가되면 과충전이 되고, 낮은 경우에는 충전부족이되며, 어떤 경우든 축전지의수명을 단축시키기 때문에 충전전압의 관리가 중요하다.

3) 방전
축전지는 열화에 따라 내부저항이 증가하기 때문에 방전전류가 크면 클수록 내부의 전압강하가 커지고, 축전지 전압이 낮아져 방전시간이 단축되며, 방전횟수가 많을수록 수명도 짧아진다.

4) 방전심도(DOD)와 수명관계

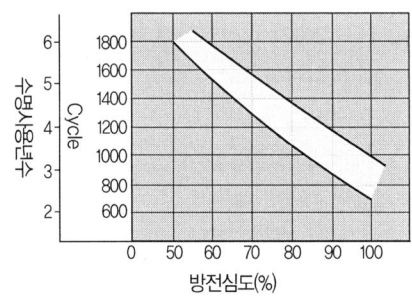

① 방전심도(DOD)는 축전지 잔존용량의 표시
② 방전 심도 = $\dfrac{실제 \ 방전량}{축전지의 \ 정격용량} \times 100\%$
③ 방전심도(%)가 50%인 경우 만나는 곡선에서 1800사이클, 100%의 경우 700사이클 이며, 연간 250사이클을 기준해 보면 1800사이클(7년 1개월), 700사이클(2년 9개월)의 수명임을 알 수 있다.
④ 방전심도를 낮게 설정하면 축전지 수명은 길어지고, 잔존 용량은 증가한다.

34 결정질 태양전지모듈 외관검사에서 태양전지모듈 외관, 셀 등의 크랙, 구부러짐, 갈라짐 등의 이상유무를 확인하기 위해 몇 [lx] 이상의 광 조사상태에서 검사하는가?

① 800　　② 900
③ 1000　　④ 1100

해설 모듈 외관(육안) 검사
1000[Lux] 이상의 광조사 상태에서 모듈 외관, 태양전지 셀 등에 크랙(Crack), 구부러짐, 갈라짐 등이 없는지 확인하고, 셀 간 접속 및 다른 접속부분에 결함이 없는지, 셀과 셀, 셀과 프레임상의 터치가 없는지, 접속에 결함이 없는지 등을 검사한다.

35 250W 태양광발전 모듈의 가로와 세로 길이가 각각 1650㎜와 960㎜ 일 경우 변환효율은 약 몇 % 인가? (단, STC조건을 기준으로 한다)

① 14.89　　② 15.02
③ 15.32　　④ 15.78

해설 변환효율(Conversion Efficiency)
표준시험조건(Standard Test Conditions, STC)에서 측정한 태양전지 출력전력을 입사된 빛 에너지(소자넓이 × 경사면 조사강도))로 나누어 백분율로 나타낸 것

$\eta = \dfrac{P_{AS}}{G_S \times A} \times 100 [\%]$

$= \dfrac{250}{1,000 \times 1.65 \times 0.96} \times 100 ≒ 15.78 [\%]$

P_{AS} : 태양전지 어레이 출력전력[kW]
G_S : 경사면 일사량[kW/m^2]
A : 태양전지 어레이 면적[m^2]

36 태양광발전시스템의 직류측 보호를 위한 장치로서 옳지 않은 것은?

① ACB
② 직렬회로용 퓨즈
③ 역전류방지 다이오드
④ 바이패스 다이오드

해설 기중차단기(ACB ; Air Circuit Breaker)

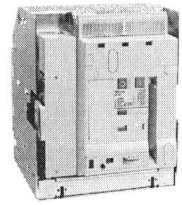

① 교류회로에서 접촉자간의 개폐동작이 공기 중에서 행해지는 차단기
② 전류비를 고려하여 적합한 적용을 할 때 전류의 손실이 없도록 과전류를 미리 예측하여 자동적으로 회로를 개방하거나 수동적인 방법으로 회로를 개폐하며, 교류 1,000V 이하의 회로에서 사용한다.

37 일반적인 태양전지의 온도특성에 대하여 옳게 설명한 것은?

① 온도가 내려가면 단락전류는 감소하고 개방전압은 상승한다.
② 온도가 올라가면 단락전류는 증가하고 개방전압은 상승한다.
③ 온도가 내려가면 단락전류는 증가하고 개방전압은 하강한다.
④ 온도가 올라가면 단락전류는 감소하고 개방전압은 하강한다.

해설 모듈의 특성곡선(400W급)

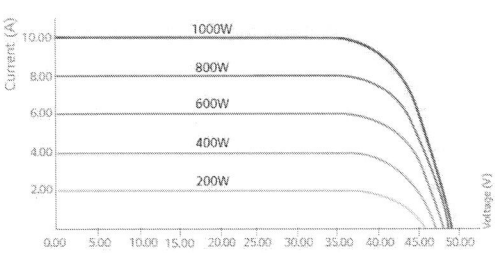

① 200W/m²의 일사량에 종측 전류는 2A, 횡측 전압은 46V 정도가 발생되며, 1000W/m²의 일사량에는 종측 전류는 5배 증가한 10A, 횡측 전압은 49V로 별 차이가 없음을 알 수 있다.

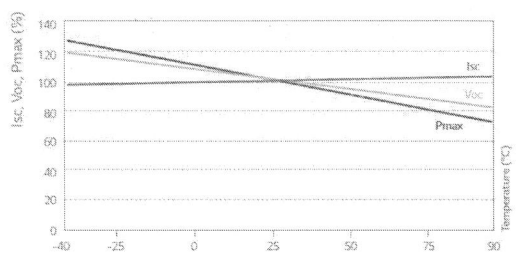

② 횡측 온도의 변화에 단락전류(I_{SC}) 변화폭은 적으나, 개방전압(V_{OC})은 약 40(%)의 변화를 확인할 수 있다.

※ 온도가 내려가면 단락전류(I_{SC})는 감소하고, 개방전압(V_{OC}), 최대전력(P_{max})은 상승한다.

38 공사업자가 감리원에게 제출하는 착공신고서류에 포함되지 않는 것은?

① 공사 준공 사진
② 품질 관리 계획서
③ 안전관리 계획서
④ 공사 예정공정표

해설 착공신고서 검토 및 보고

감리원은 공사가 시작된 경우에는 공사업자로부터 다음의 서류가 포함된 착공신고서를 제출받아 적정성 여부를 검토하여 7일 이내에 발주자에게 보고하여야 한다.
① 시공관리책임자 지정통지서(현장관리조직, 안전관리자)
② 공사 예정공정표
③ 품질관리계획서
④ 공사도급 계약서 사본 및 산출내역서
⑤ 공사 시작 전 사진
⑥ 현장기술자 경력사항 확인서 및 자격증 사본
⑦ 안전관리계획서
⑧ 작업인원 및 장비투입 계획서
⑨ 그밖에 발주자가 지정한 사항

39 전력시설물 공사감리업무 수행지침에 의해 책임감리원이 분기보고서를 발주자에게 제출하는 기간은 매 분기 말 다음 달 며칠 이내로 제출하여야 하는가?

① 5일　　② 7일
③ 10일　　④ 15일

해설 책임감리원은 다음의 내용이 포함된 분기보고서를 작성하여 발주자에게 제출하여야 한다. 보고서는 매 분기말 다음 달 7일 이내로 제출한다.
① 공사추진 현황(공사계획의 개요와 공사추진계획 및 실적, 공정현황, 감리용역현황, 감리조직, 감리원 조치내역 등)
② 감리원 업무일지
③ 품질검사 및 관리현황
④ 검사요청 및 결과통보내용
⑤ 주요기자재 검사 및 수불내용(주요기자재 검사 및 입·출고가 명시된 수불현황)
⑥ 설계변경 현황
⑦ 그밖에 책임감리원이 감리에 관하여 중요하다고 인정하는 사항

40 태양광발전시스템의 인버터 기능이 아닌 것은?

① 자동운전 정지기능　② 단독운전 방지기능
③ 자동전압 조정기능　④ 자동온도 조정기능

해설 태양광 인버터의 기능
① 자동운전 정지
② 최대출력 추종제어
③ 자동전압조정
④ 직류지락 검출
⑤ 단독 운전방지
⑥ 계통연계 보호장치

41 태양광발전시스템의 설계도서가 아닌 것은?

① 시방서
② 설계도면
③ 품질관리계획서
④ 공사비산출내역서

해설 설계도서
1) 설계 설명서
설계의 목적, 공사종목 및 그 개요, 각 설계에 대한 분석자료(인입지점, 발전소의 특성 등), 관계 관공서 등과의 협의 사항, 설계시 적용할 특별한 사항

2) 설계도면
배치도, 단선접속도, 계통도, 배선도(평면도, 결선도, 기기상세도), 피뢰 설계도, 어레이 배치도, 접속반 내부 결선도

3) 기술계산서
부하계산서, 전압강하계산서, 변압기용량계산서, 차단기용량계산서, 축전지용량계산서, 접지계산서

4) 설계시방서
① 중간설계 및 실시설계도면에 구체적으로 표시할 수 없는 내용과 공사수행을 위한 시공 방법, 자재의 성능·규격 및 공법, 품질시험 및 검사 등 품질관리, 안전관리, 환경관리 등에 관한 사항을 기술한다.
② 표준시방서 및 전문시방서를 기본으로 하여 작성하되, 공사의 특수성·지역여건·공사방법 등을 고려하여 작성한다.
③ 공사시방서, 전문시방서, 표준시방서, 특기시방서 등

5) 예산내역서
자재 산출근거서, 공량산출서, 일위대가표, 내역서, 공사원가산출서, 단가대비표, 견적서 등

42 어떤 두 점 사이를 4C의 전하가 이동하여 400J의 일을 했을 때, 이 두 점 사이의 전위차(V)는?

① 0.01　　② 25
③ 100　　④ 1600

해설 전위차(V)
$$V = \frac{W}{Q} = \frac{400}{4} = 100 \text{ [V]}$$

43 태양전지 어레이를 설치하기 위한 기초의 요구조건으로 틀린 것은?

① 허용 침하량 이상의 침하
② 설계하중에 대한 안정성 확보
③ 현장여건을 고려한 시공 가능성
④ 환경변화, 국부적 지반 세굴 등에 대한 저항

해설 기초공의 개론

(1) 기초의 요구조건
① 구조적 안정성 확보 : 설계하중에 대한 안정성 확보
② 허용 침하량 이내 : 구조물의 허용 침하량 이내의 침하
③ 최소의 깊이 유지 : 환경변화, 국부적 지반 세굴 등에 대한 저항
④ 시공 가능성 : 현장여건을 고려한 시공 가능성

(2) 기초의 형식 결정을 위한 고려 사항
① 지반 조건 : 지반 종류, 지하수위, 지반의 균일성, 암반의 깊이
② 상부 구조물의 특성 : 허용 침하량, 구조물의 중요도, 특이 요구 조건
③ 상부 구조물의 하중 : 기초의 설계하중
④ 기초 형식에 따른 경제성 검토

44 토목도면에서 초지를 나타내는 기호는?

① │││ ② ⊥⊥
③ ⊻ ④ │ │

해설 토목도면 표시기호

명칭	기호
논	⊥⊥
밭	││││
초지	│ │
과수원	○
산림	△
뽕밭	Y
습지	⊻
우물	⊞

45 장거리 전력 전송에 고전압이 사용되는 이유는?

① 저전압보다 조절하기가 더 쉽다.
② 손실(I^2R)이 감소한다.
③ 전자기장이 강하다.
④ 작은 변압기가 사용된다.

해설 고전압 송전

수전단 선간 전압[V], 선로 전류 I [A], 부하 역률 θ, 수전단 전력 P[kW], 전선 1선당의 저항 R[Ω], 전저항손 P_l[W], 송전거리 l [km], 전선 단면적 A[mm^2], 전선의 고유저항 ρ [Ω · mm^2/m^2]

전력 $P = \sqrt{3}\,VI\cos\theta$ [W]

$\therefore I = \dfrac{P}{\sqrt{3}\,V\cos\theta}$

$P_l = 3I^2R = \dfrac{1}{V^2} \cdot \dfrac{P^2 R}{\cos^2\theta}$ [W]

$A = \rho\dfrac{l}{R} = \dfrac{1}{V^2} \cdot \dfrac{P^2 \rho\,l}{P_l \cos^2\theta}$

여기서, P, l, ρ 가 일정하다고 하면, $A \propto \dfrac{1}{V^2}$

① 일정 전력을 같은 부하, 역률, 거리 및 같은 손실로 송전하는 경우, 전선의 단면적은 전압의 제곱에 반비례한다.
② 일정 거리에 일정 전력을 송전하는 경우, 전압을 2배로 하면 저항 손실은 1/4로 감소한다.

46 태양광발전시스템에서 태양전지 어레이용 가대 및 지지대 설치시 고려사항이 아닌 것은?

① 태양전지 어레이용 가대 및 지지대 설치순서, 양중방법 등의 설치 계획을 결정한다.
② 태양전지 모듈의 유지보수를 위한 공간과 작업 안전을 위한 발판, 안전난간을 설치한다.
③ 지지물의 자중, 적재하중 및 구조하중에 맞게 안전한 구조의 것으로 설치한다.
④ 구조물의 자재 중 강재류는 현장에서 절단, 용융 아연도금을 하여 조립함을 원칙으로 한다.

해설 **지지대 부속자재 설치 시 고려사항**
① 지지물의 자중, 바람, 적설하중, 적재하중 및 구조하중에 맞게 안전한 구조의 것으로 설치한다.
② 태양전지 어레이용 가대 및 지지대의 설치순서, 양중방법 등의 설치계획을 결정한다.
③ 모듈지지의 고정 볼트에는 스프링 와셔 또는 풀림방지너트 등으로 체결한다.
④ 볼트 조립은 헐거움이 없이 단단히 조립한다.
⑤ 건축물의 방수 등에 문제가 없도록 설치한다.
⑥ 태양전지 모듈의 유지보수를 위한 공간과 작업 안전을 위해 발판, 안전난간을 설치한다.

※ 용융아연도금

1) 전처리 공정
  소재 표면의 산화물은 기계적 또는 화학적 방법으로 제거해야 하고, 유류 기타의 오물이 부착되어 있을 때에는, 알칼리 세척액 또는 유기용제를 사용하여 처리한다.

2) 아연도금공정
① 도금온도
  아연도금의 온도는 440~470[℃]을 유지하도록 해야 하고, 도금 피막두께를 균질하게하며 드로스(dross, 아연과 철의 금속간 화합)와 산화아연이 유착되거나, 발생되지 않도록 해야 한다.
② 침적속도와 시간
  아연도금의 균질한 부착량 확보 및 부재의 건전성을 유지할 수 있도록 부재형상 및 두께 등을 고려하여 적절한 침적 속도와 시간을 유지하도록 한다.
③ 아연도금의 균질한 두께 확보
  아연욕을 마친 부재를 들어 올릴 때에는 과부착, 아연쏠림 또는 부적절한 응고가 발생하지 않도록 형상 및 두께 등을 고려하여 적절한 작업속도를 유지하도록 한다.
④ 냉각
  부재의 형상 및 크기를 고려하여 냉각 시에 발생되는 변형을 방지해야 한다.

3) 도금된 제품을 품질확보를 위한 교정, 시험검사 보수 등의 마무리 공정

※ 현장에서 용융 아연도금 작업은 불가능하다.

47 태양전지 어레이의 구조물을 지상에 설치하기 위한 기초의 종류 중 지지층이 얕을 경우 쓰이는 방식은?
① 말뚝기초   ② 직접기초
③ 연속기초   ④ 케이슨기초

해설 **기초의 분류**

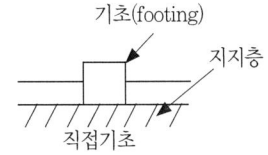

1) 얕은 기초(Shallow Foundation)
① 독립(주춧돌)기초(Individual Footing) : 단일기둥을 지지, 기둥간격이 넓은 경우
② 연속기초(Contentious Footing) : 다수의 연속기둥 또는 벽체를 지지
③ 전면(온통)기초(Mat 또는 Raft Foundation)

※ 직접기초 : 독립기초, 연속기초, 전면(온통)기초

2) 깊은 기초(Deep Foundation)
① 파일(말뚝)기초(Pile Foundation)
② 피어기초(Pier Foundation)
③ 케이슨(우물통)기초

48 PN접합 다이오드의 순바이어스란?
① 인가전압의 극성과는 관계없다.
② P형반도체에 +, N형반도체에 −의 전압을 인가한다.
③ P형반도체에 −, N형반도체에 +의 전압을 인가한다.
④ 반도체의 종류에 관계없이 같은 극성의 전압을 인가한다.

해설 PN 접합과 바이어스

1) 순방향 바이어스

P영역에 양(+)의 전압을 N영역에 (−)의 전압이 인가된 상태를 순방향(forward) 바이어스가 인가되었다고 함

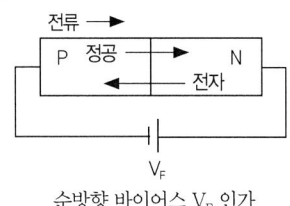

순방향 바이어스 V_F 인가

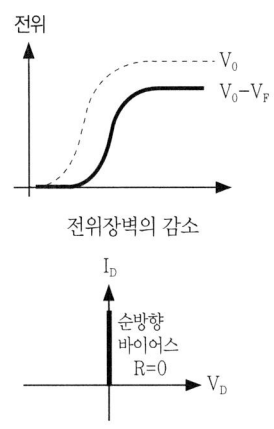

전위장벽의 감소

순방향 바이어스 상태

① p형과 n형반도체에 각각 존재하는 양공과 전자가 모두 p−n 접합 다이오드의 접합부 쪽으로 이동한다.
② 접합부에 형성된 결핍층(depletion layer)의 너비가 줄어들고 접합부에 형성된 포텐셜 장벽이 낮아지게 된다.
③ p형반도체의 양공은 n형반도체로 옮겨 가고, n형반도체의 전자는 p형반도체로 옮겨 가므로 p−n접합부를 지나는 전류가 흐른다.
④ 이상적인 전류−전압 특성은 순방향 바이어스상태에서 저항이 0이고, 전류는 무한대로 흐른다.

2) 역방향 바이어스

P영역에 (−)의 전압을 N영역에 (+)의 전압이 인가된 상태를 역방향(reverse) 바이어스가 인가되었다고 함

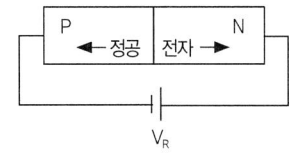

순방향 바이어스 V_R 인가

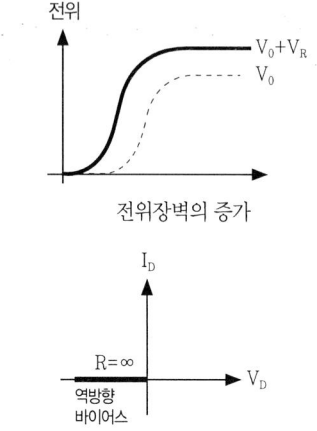

전위장벽의 증가

역방향 바이어스 상태

① p형과 n형반도체에 각각 존재하는 양공과 전자가 모두 p−n 접합 다이오드 양쪽 극단으로 이동한다.
② 접합부에 형성된 결핍층(depletion layer)의 너비가 늘어나고 접합부에 형성된 포텐셜 장벽도 높아진다.
③ p형반도체의 양공은 p형반도체의 끝 쪽으로, n형반도체의 전자는 n형반도체의 끝 쪽으로 옮겨 가게 되어 p−n접합부에는 전류가 흐르지 않는다.
④ 다이오드는 부도체와 같은 특성으로 저항은 무한대이고, 전류는 0이다.

49 태양광발전시스템에서 전기 흐름을 고려한 배선 순서를 바르게 나열한 것은?

> ㄱ. 인버터에서 분전반 배선
> ㄴ. 어레이와 접속함 배선
> ㄷ. 모듈 배선
> ㄹ. 접속함에서 인버터 배선

① ㄱ→ㄹ→ㄴ→ㄷ ② ㄴ→ㄷ→ㄱ→ㄹ
③ ㄷ→ㄴ→ㄹ→ㄱ ④ ㄹ→ㄷ→ㄴ→ㄱ

해설 계통연계형 태양광발전시스템의 구성

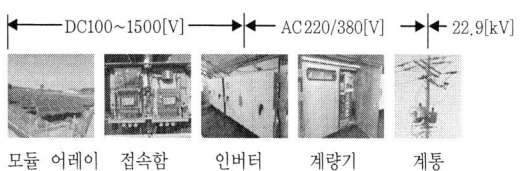

50 태양광발전설비의 사용전 검사에 필요한 서류가 아닌 것은?

① 시공계획서
② 감리원 배치 확인서
③ 사용전 검사 신청서
④ 공사 계획인가(신고)서

해설 사용전 검사

사용전검사를 받으려는 자는 사용전검사 신청서에 다음의 서류를 첨부하여 검사를 받으려는 날의 7일 전까지 한국전기안전공사에 제출하여야 한다.
① 공사계획인가서 또는 신고수리서 사본(저압자가용전기설비의 경우는 제외한다)
② 설계도서 및 감리원 배치확인서(저압자가용전기설비의 설치공사인 경우만을 말하며, 저압자가용전기설비의 증설공사 및 변경공사의 경우는 제외한다)
③ 자체감리를 확인할 수 있는 서류(전기안전관리자가 자체감리를 하는 경우만 해당한다)
④ 전기안전관리자 선임신고증명서 사본

51 공사업자가 감리원에게 제출하는 시공계획서에 포함되지 않는 것은?

① 시공기준 내역서
② 공사 세부공정표
③ 주요 장비 동원계획
④ 품질·안전·환경관리 대책

해설 시공계획서의 검토·확인

감리원은 공사업자가 작성·제출한 시공계획서를 공사 시작일부터 30일 이내에 제출받아 이를 검토·확인하여 7일 이내에 승인하여 시공하도록 하여야 하고, 시공계획서의 작성기준과 함께 다음의 내용이 포함되어야 한다.
① 현장조직표
② 공사 세부공정표
③ 주요 공정의 시공 절차 및 방법
④ 시공일정
⑤ 주요 장비 동원계획
⑥ 주요 기자재 및 인력투입 계획
⑦ 주요 설비
⑧ 품질·안전·환경관리 대책 등

52 태양광발전설비의 어레이 추적방식에 따른 분류에 해당되지 않은 것은?

① 프로그램 추적식   ② 양방향 추적식
③ 감지식 추적법   ④ 혼합식 추적법

해설 태양광발전설비의 어레이 추적방식

(1) 추적식 구조물의 분류

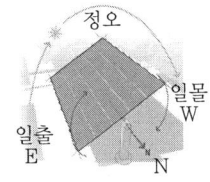 

단축(1축) 추적식

양축(2축) 추적식

1) 단축(1축) 추적식
① 어레이는 대지와 수평을 이루며, 남쪽으로의 경사각은 없다.
② 태양의 이동에 따라 해가 뜨는 동쪽에서 해가 지는 서쪽방향으로 추적하는 방식이다.
③ 고정식·가변식보다는 효율이 높고, 양축식보다는 효율이 낮다.
④ 구동장치가 필요하며, 운영 및 유지관리 비용이 소요된다.

2) 양축(2축) 추적식
① 태양의 동서방향을 추적하는 단축 추적식에 추가로 태양의 경사각(계절의 변화)까지 추적하는 방식
② 가장 효과적으로 많은 발전량을 생산할 수 있다.
③ 모듈간 음영발생을 방지하기 위해서는 이격 거리가 많이 필요하다.
④ 양축(2개의 구동장치)을 구동하기 위한 전력이 필요

하고, 고장 발생에 따른 유지비용이 소요된다.

(2) 추적제어방식에 따른 분류
1) 감지식 추적법(Sensor Tracking)

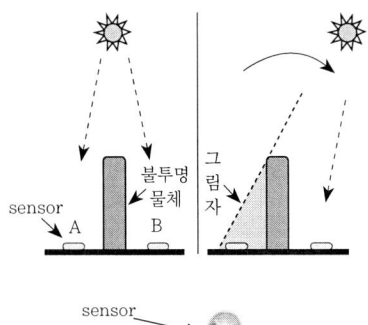

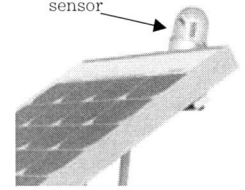

① 감지기(sensor)기구는 모듈의 상부 혹은 측면에 부착되며, 일정시간 간격으로 불투명물체에 가려진 두 개의 일사량감지 센서에 비추는 일사량이 평형이 되도록 모듈고정 구조물은 구동되며, 발전량을 최대로 한다.
② 감지기를 이용하여 최대 입사량을 추적해 가는 방식으로 감지기의 종류와 형태에 따라 오차가 발생하기도 한다.
③ 특히 태양이 구름에 가리거나 부분 음영이 발생하는 경우 감지부의 정확한 태양궤도 추적이 곤란하다.

2) 프로그램 추적법(Program Tracking)
태양의 연중 이동 궤도를 추적하는 프로그램을 내장한 컴퓨터 또는 마이크로프로세서를 이용하여 프로그램에 위도, 경도, 년, 월, 일에 따라 최적의 태양 위치를 저장해 놓고 추적한다.

3) 혼합추적식(Mixed Tracking)
프로그램 추적법을 중심으로 운영하면서 설치위치에 따른 미세한 부분은 주기적으로 수정해주는 방법으로 가장 이상적인 방법

53 n형 반도체의 다수캐러어는?
① 전자　　② 정공
③ 중성자　　④ 양성자

해설 p형반도체 : 정공이 다수캐리어
n형반도체 : 전자가 다수캐리어

54 동일 출력전압(V_c) 특성을 가지는 N_s개의 태양전지를 같은 일사 조건에서 서로 직렬로 연결했을 경우의 출력전압(V_a)에 대한 계산식은?

① $V_a = N_s \times V_c$　　② $V_a = N_s / V_c$
③ $V_a = V_c^2 \times N_s$　　④ $V_a = N_s^2 \times V_c$

해설 태양전지 직병렬 계산식
1) 태양전지의 접속

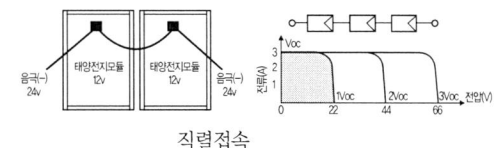

직렬접속

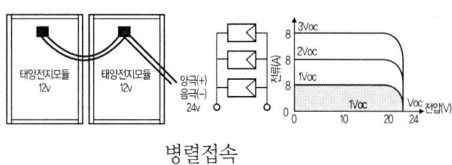

병렬접속

① 직렬접속 : 전압은 증가한다.($V_a = N_s \times V_c$)
② 병렬접속 : 전류는 증가한다.(전압은 변화 없음)

55 자가용전기설비 중 태양광발전설비의 태양광전지 정기검사 시 검사세부 종목으로 틀린 것은?
① 누설전류
② 규격확인
③ 외관검사
④ 전지 전기적 특성시험

해설 태양광발전설비(정기검사) 태양전지의 검사세부 종목

1) 규격확인
2) 외관검사
3) 전지 전기적 특성시험
① 최대출력
② 개방전압
③ 단락전류
④ 최대 출력전압 및 전류
⑤ 충진율
⑥ 전력변환효율
4) Array
① 절연저항
② 접지저항

56 태양광발전 어레이용 가대의 재질 및 형태에 따른 검토사항으로 틀린 것은? (단, 가대의 재질은 강재+용융아연도금으로 한다.)

① 20년 이상의 내구성을 가져야 한다.
② 절삭 등의 가공이 쉽고 무거워야 한다.
③ 불필요한 가공을 피할 수 있도록 규격화되어야 한다.
④ 염해, 공해 등을 고려하여 녹이 발생하지 않아야 한다.

해설 어레이용 가대의 재질 및 형태에 따른 검토사항

구조물 부식(염해)

① 지지물의 자중, 적재하중 및 구조하중에 맞게 안전한 구조의 것으로 20년 이상의 내구성을 가져야 한다.
② 구조물의 자재인 강재류는 현장에서 절단, 가공하지 않도록 규격화되어야 한다.
③ 염해 등에 의해 녹이 발생하지 않아야 한다.

57 금속관의 굵기는 전선의 피복절연물을 포함한 단면적의 총합계가 관내 단면적의 최대 몇 % 이하가 되어야 하는가? (단, 동일 굵기의 절연전선을 동일 관내에 넣는 경우이다)

① 32　② 40
③ 48　④ 52

해설 금속전선관의 굵기는 굵기가 다른 절연전선을 동일관내에 넣어 시설하는 경우 절연 피복물을 포함한 관내 단면적의 32[%]이하가 되도록 선정한다. 단, 동일 굵기의 경우는 48[%]까지 채울 수 있다.

58 풍력발전기와 독립형 태양광발전시스템을 연계하여 발전하는 방식은?

① 독립형　② 계통연계형
③ 추적식　④ 하이브리드형

해설 태양광발전시스템의 종류

1) 독립형 태양광발전 시스템

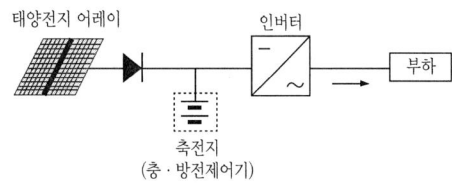

① 외딴 섬과 같이 전기가 들어오지 않는 지역에서, 상용전력계통과 직접 연결되지 않고 분리된 발전방식으로, 태양광발전시스템의 발전 전력만으로 부하에 전력을 공급하나.
② 야간 혹은 우천 시, 태양광발전시스템의 발전이 불가할 때는 발전된 전력을 저장할 수 있는 축전장치를 접속하여 태양광 전력을 저장하여 사용하는 방식

2) 계통연계형 : 태양광발전으로 부하에 전력공급시 전기가 부족하면 전력회사의 상용전력계통에서 공급을 받고, 전기가 남을 때는 전력회사(상용계통)에 공급하는 시스템

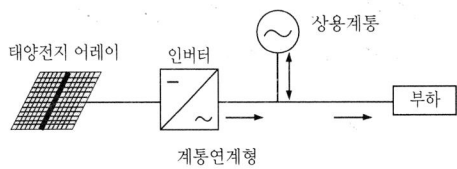

3) 하이브리드(Hybrid)형 : 풍력발전, 디젤발전 등 타 에너지원에 의한 발전방식과 결합된 방식

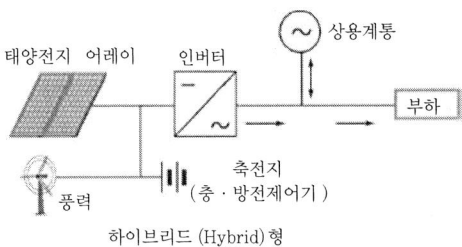

하이브리드 (Hybrid)형

59 태양광설비의 전기배선 기준으로 옳지 않은 것은?

① 태양전지판의 접속 배선함 연결부위는 일체형 전용 커넥터를 사용한다.
② 태양전지에서 옥내에 이르는 전선은 비닐절연전선 또는 TFR-CV선을 사용한다.
③ 태양전지판의 배선은 바람에 흔들림이 없도록 케이블타이 등으로 단단히 고정한다.
④ 태양전지판의 출력배선은 극성을 확인할 수 있도록 표시를 한다.

해설 **태양광발전소 전기배선 및 접속함의 설비기준**
① 태양전지에서 옥내에 이르는 배선에 쓰이는 전선은 모듈전용선 또는 TFR-CV선을 사용해야하며, 전선이 지면을 통과하는 경우에는 피복에 손상이 발생되지 않도록 별도의 조치를 취해야 한다.
② 태양전지판 결선시에 접속배선함 구멍에 맞추어 압착단자를 사용하여 견고하게 전선을 연결해야하며, 접속배선함 연결부위는 일체형 전용 커넥터를 사용한다.
③ 태양전지판 배선은 바람에 흔들림 없도록 케이블타이 등으로 단단히 고정하여야 하며 태양전지판의 출력배선은 군별, 극성별로 확인할 수 있도록 표시하여야 한다.

60 접지공사에 사용하는 접지선을 사람이 접속할 우려가 있는 곳에 시설하는 경우 접지선은 최소 어느 부분까지 합성수지관 또는 이와 동등 이상의 절연 효력 및 강도를 가지는 몰드로 덮게 되어 있는가?

① 지하 30[cm]로부터 지표상 1.5[m]까지의 부분
② 지하 10[cm]로부터 지표상 1.6[m]까지의 부분
③ 지하 75[cm]로부터 지표상 2.0[m]까지의 부분
④ 지하 90[cm]로부터 지표상 2.5[m]까지의 부분

해설 접지도체는 지하 0.75 m 부터 지표 상 2 m 까지 부분은 합성수지관(두께 2 ㎜ 미만의 합성수지제 전선관 및 가연성 콤바인덕트관은 제외한다) 또는 이와 동등 이상의 절연효과와 강도를 가지는 몰드로 덮어야 한다.

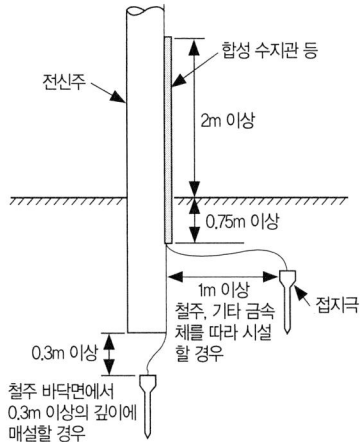

61 개인대행자가 안전관리업무를 대행할 수 있는 태양광발전설비의 규모는 몇 [kW] 미만인가?

① 100
② 250
③ 500
④ 1000

해설 안전관리업무의 대행

안전관리자 선임의무에도 불구하고 일정 규모 이하의 전기설비의 소유자 또는 점유자는 다음에 해당하는 자에게 안전관리업무를 대행하게 할 수 있다.

전기안전관리 대행업자	해당 전기설비의 규모
안전공사 및 전기안전대행 사업자	다음 중 어느 하나에 해당하는 전기설비(둘 이상의 전기설비 용량의 합계가 2,500[kW] 미만인 경우만 해당) ① 용량 1,000[kW] 미만의 전기수용설비 ② 용량 300[kW] 미만의 발전설비(비상용 예비발전설비는 용량 500[kW] 미만) ③ 태양에너지를 이용하는 발전설비로서 용량 1,000[kW] 미만인 것
개인대행자	다음 중 어느 하나에 해당하는 전기설비(둘 이상의 전기설비 용량의 합계가 1,050[kW] 미만인 경우만 해당) ① 용량 500[kW] 미만의 전기수용설비 ② 용량 150[kW] 미만의 발전설비(비상용 예비발전설비는 용량 300[kW] 미만) ③ 용량 250[kW] 미만의 태양광발전설비

62 태양광발전시스템이 작동되지 않을 때 응급조치 순서로 옳은 것은?

① 접속함 내부 차단기 개방→인버터 개방→설비 점검
② 접속함 내부 차단기 개방→인버터 투입→설비 점검
③ 접속함 내부 차단기 투입→인버터 개방→설비 점검
④ 접속함 내부 차단기 투입→인버터 투입→설비 점검

해설 태양광발전시스템의 응급조치순서

① 접속함의 DC 메인 전원 스위치를 개방(off)한다.
② 인버터의 전원 스위치를 개방(off)한다.
③ 한전차단기를 개방(off)한다.
④ 태양광발전시스템을 점검한다.
⑤ 이상이 없을 시 역순으로 작동한다.

63 파워컨디셔너의 일상점검 항목이 아닌 것은?

① 외함의 부식 및 파손
② 외부 배선의 손상여부
③ 이상음, 악취 및 과열 상태
④ 가대의 부식 및 오염 상태

해설 PCS(Power Conditioning System)의 일상점검

① 외함의 부식 및 파손
② 외부배선의 손상 및 접속단자 풀림
③ 접지선의 손상 및 접지단자 풀림
④ 환기팬확인
⑤ 이음, 이취, 연기 발생 및 이상 과열 상태
⑥ LCD표시창 발전상황 정보표시 이상 여부

※ 파워컨디셔너(PCS)
① 전기의 성질(AC/DC, 전압, 주파수)을 바꿔주는 전력변환장치의 총칭
② 태양광인버터는 PCS의 한 종류이다.

64 태양광발전시스템의 정전 시 운영조작 순서를 올바르게 나열한 것은?

ㄱ. 한전전원 복구여부 확인
ㄴ. 태양광 인버터 DC전압 확인 후 운전 시 조작방법에 의한 재시동
ㄷ. 메인 VCB반 전압 확인 및 계전기를 확인하여 정전여부 확인 및 부저 OFF
ㄹ. 태양광 인버터 상태 확인(정지)

① ㄹ→ㄷ→ㄱ→ㄴ
② ㄹ→ㄴ→ㄱ→ㄷ
③ ㄷ→ㄱ→ㄴ→ㄹ
④ ㄷ→ㄹ→ㄱ→ㄴ

정답 61. ② 62. ① 63. ④

해설 정전 시 운영조작순서
① 메인 VCB반 전압 확인 및 계전기를 확인하여 정전 여부 확인 및 부저 OFF
② 태양광발전용 인버터 상태 확인(정지)
③ 한전전원 복구여부 확인
④ 태양광 인버터 DC전압 확인 후 운전 조작방법에 의한 재시동

※ 태양광발전시스템 운전조작방법
① Main VCB반 전압 확인
 (VCB를 통해 전력계통의 전기가 투입돼야만 인버터 가동됨)
② 인버터 AC 전압 확인
③ 접속반, 인버터의 DC전압 확인
④ DC용 차단기 On, AC측 차단기 On
⑤ 인버터의 정상동작 여부확인(5분후 동작)

65. 95kWp 태양광발전시스템을 밭에 설치하려할 때 REC 가중치는 얼마인가?

① 1.0 ② 1.2
③ 1.5 ④ 1.6

해설 태양광에너지 공급인증서 가중치

구분	공급인증서 가중치	대상에너지 및 기준	
		설치유형	세부기준
태양광 에너지	1.2	일반부지에 설치하는 경우	100KW미만
	1.0		100KW부터
	0.8		3,000KW초과부터
	0.5	임야에 설치하는 경우	-
	1.5	건축물 등 기존 시설물을 이용하는 경우	3,000KW이하
	1.0		3,000KW초과부터
	1.6	유지 등의 수면에 부유하여 설치하는 경우	100KW미만
	1.4		100KW부터
	1.2		3,000KW초과부터
	1.0	자가용 발전설비를 통해 전력을 거래하는 경우	

66. 태양광발전용 인버터의 표시부에 "Line Inverter Async Fault"가 나타난 경우 조치 사항으로 옳은 것은?

① 퓨즈 교체 점검 후 운전
② 인버터 전압 점검 후 운전
③ 계통 주파수 점검 후 운전
④ 전자접속기 교체 점검 후 운전

해설 인버터 표시부 내용 및 조치사항

1) Inverter fuse fault
① 진단 : 인버터 퓨즈 소손
② 조치사항 : 퓨즈 교체 점검 후 운전

2) Inverter voltage fault
① 진단 : 인버터 전압이 규정전압을 벗어 났을 때 발생
② 조치사항 : 인버터 및 계통 전압 점검 후 운전

3) Line Inverter Async Fault
① 진단 : 인버터와 계통의 주파수가 동기되지 않을 때 발생
② 조치사항 : 인버터 점검 또는 계통 주파수 점검 후 운전

4) Inverter M/C fault
① 진단 : 전자 접촉기 고장
② 조치사항 : 전자 접촉기 교체 점검 후 운전

67. 태양광발전시스템의 유지보수 관점에서 말하는 점검의 종류로 틀린 것은?

① 일상점검 ② 정기점검
③ 임시점검 ④ 준공 시 점검

해설 전기설비 점검의 종류
① 일상(순시)점검
 시설물의 기능을 유지하기 위한 점검
② 정기점검
 원칙적으로 시설물을 정지 상태에서 운전제어장치의 기계점검, 절연저항측정, 배전반의 기능을 확인하고 유지하기 위한 계획을 수립하여 점검

③ 임시점검
일상순시점검 및 정기점검에 의하여 상세하게 점검할 경우가 발생되는 경우에 실시한다.

68 태양전지 어레이 동작 불량 스트링이나 태양전지 모듈의 검출 및 직렬 접속선의 결선누락 사고, 잘못 연결된 극성 등을 검출하기 위해 측정하는 것은?

① 발전량
② 절연저항
③ 접지저항
④ 개방전압

해설 **개방전압**(Open Circuit Voltage)
태양전지 셀 모듈의 출력 단자를 개방한 때의 양 단자간의 전압(Voc), 단위 [V], 특정한 온도와 일조 강도에서 부하를 연결하지 않은 개방 상태의 태양광발전설비 양단에 걸리는 전압을 말하며, 태양전지 스트링과 모듈의 동작불량, 직렬 접속선의 결선 누락 등, 각 스트링의 연결 상태확인이 가능하여, 우선적으로 실시한다.

69 태양광발전소의 매출 계산식으로 옳지 않은 것은?

① 매출 = 전력 판매대금 + 공급인증서(REC) 판매대금
② 매출 = 발전량(kWh) × (전력 판매단가 + REC단가)
③ 매출 = 발전량(kWh) × SMP(원/kWh) + 발전량(MWh) × REC단가
④ 매출 = 발전량(kWh) × 전력 판매단가 + 발전량(MWh) × REC단가

해설 **상업용 태양광발전소의 매출**
매출 = 전력(SMP) 판매대금 + 공급인증서(REC) 판매대금
= 발전량(kWh) × 전력 판매단가 + 발전량(MWh) × REC단가

70 성능평가를 위한 측정요소 중 설치코스트 평가 방법에 해당되지 않는 것은?

① 기초공사단가
② 유지ㆍ보수단가
③ 계측표시장치단가
④ 태양전지 설치단가

해설 **태양광 발전시스템의 설치비(Cost) 평가 방법**
① 태양광 발전 시스템의 기초 공사 단가
② 태양광 발전 시스템의 어레이 가대 설비 설치 단가
③ 태양광 발전 시스템의 부착 공사 단가
④ 태양광 발전 시스템의 태양 전지 설비 설치 단가
⑤ 태양광 발전 시스템의 인버터 설비 설치 단가
⑥ 태양광 발전 시스템의 계측기 표시 장치의 단가
⑦ 태양광 발전 시스템의 설비 설치 단가

71 태양광발전시스템의 고장원인 중 모듈의 고장원인으로 틀린 것은?

① 제조 결함 및 시공 불량
② 모듈 내부의 환기불량으로 인한 열화
③ 전기적, 기계적 스트레스에 의한 셀의 파손
④ 주위 환경(염해, 부식성 가스 등)에 의한 부식

해설 **Lamination 공정**
Class, EVA Film, Back sheet로 Cell을 감싸 열과 진공을 이용하여 외부 환경으로부터 밀폐시키는 공정

※ 모듈 내부의 환기는 불필요하다.

72 고압 활선작업 시의 안전조치사항이 아닌 것은?

① 절연용보호구 착용
② 절연용 방호구 설치
③ 단락접지기구의 철거
④ 활선작업용 기구 사용

해설 활선작업

1) 고압활선작업

사업주는 고압의 충전전로의 점검 및 수리 등 당해 충전전로를 취급하는 작업에 있어서는 당해 작업에 종사하는 근로자에게 감전의 위험이 발생할 우려가 있는 때에는 다음의 하나에 해당하는 조치를 하여야 한다.

① 근로자에게 절연용 보호구를 착용시키고 당해 충전전로 중 근로자가 취급하고 있는 부분 외의 부분에 근로자의 신체 등이 접촉 또는 접근함으로 인하여 가전의 위험이 발생할 우려가 있는 것에 대하여는 절연용 방호구를 설치할 것

② 근로자에게 활선작업용 기구를 사용하도록 할 것

③ 근로자에게 활선작업용 장치를 사용하도록 할 것(이 경우 근로자가 취급하고 있는 충전전로의 전위와 전위가 다른 물체와 근로자의 신체 등이 접촉하거나 접근함으로 인하여 감전의 위험이 발생하지 아니하도록 하여야 한다.)

2) 고압활선 근접작업

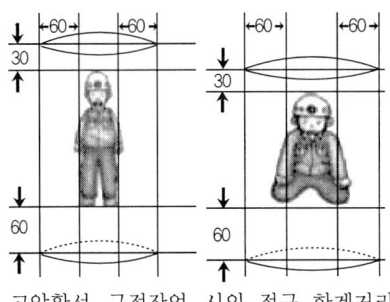

고압활선 근접작업 시의 접근 한계거리

사업주는 고압의 충전전로에 근접하는 장소에서 전로 또는 그 지지물의 설치·점검·수리 및 도장 등의 작업을 함에 있어서 당해 작업에 종사하는 근로자의 신체 등이 충전전로에 접촉하거나 당해 충전전로에 대하여 머리위로의 거리가 30[cm] 이내 이거나 신체 또는 발아래로의 거리가 60[cm] 이내로 접근함으로 인하여 감전의 우려가 있는 때에는 당해 충전전로에 절연용 방호구를 설치하여야 한다. 다만, 당해 작업에 종사하는 근로자에게 절연용 보호구를 착용시키고 당해 절연용 보호구를 착용하는 신체외의 부분이 당해 충전전로에 접촉하거나 접근함으로 인하여 감전의 위험이 발생할 우려가 없는 때에는 그러하지 아니하다.

73 계통이상 시 태양광발전원의 발전설비분리와 관련된 사항 중 틀린 것은?

① 정전 복구후 자동으로 즉시 투입되도록 시설
② 단락 및 지락으로 인한 선로 보호장치 설치
③ 차단장치는 배전계통 정지 중에는 투입 불가능하도록 시설
④ 계통고장 시 역충전방지를 위해 전원을 0.5초 이내 분리하는 단독운전 방지장치 설치

해설 한전계통에의 재병입(Reconnection)

① 한전계통에서 이상 발생 후 해당 한전계통의 전압 및 주파수가 정상 범위 내에 들어올 때까지 분산형전원의 재병입이 발생해서는 안된다.

② 분산형전원 연계 시스템은 안정상태의 한전계통 전압 및 주파수가 정상 범위로 복원된 후 그 범위 내에서 5분간 유지되지 않는 한 분산형전원의 재병입이 발생하지 않도록 하는 지연기능을 갖추어야 한다.

74 신재생에너지 공급인증서를 뜻하는 용어는?

① SMP   ② REC
③ RPS   ④ REP

해설 용어의 설명

1) SMP(System Marginal Price, 계통한계가격)

① 발전사업자가 한국전력 또는 전력거래소를 통하여 전력을 공급한 대가로 받는 전력판매대금
② 전력 판매대금 =발전량(kWh) × SMP(원/kWh)
③ 계통한계가격(SMP)은 전력수요와 공급에 따라 매시간 변동됨

※ 매출(상업용 태양광발전소)
매출=전력 판매대금+공급인증서(REC)판매대금
    =발전량(kWh)×전력 판매단가+발전량(MWh)
     ×REC 단가

※ SMP 가격 결정

전력거래소가 전력공급 입찰에 참여한 발전기 중 연료비가 낮은 발전기 순으로 발전기 가동을 결정, 전력거래소의 수요예측 결과 매 시간대별로 가동될 것

정답 73. ① 74. ②

으로 예상되는 발전기 중 가장 높은 발전 비용으로 가동되는 발전기의 연료비가 SMP를 결정

2) REC(Renewable Energy Certificate, 공급인증서) 판매대금
  신재생에너지 공급의무화제도(RPS)의 의무공급자가 자신의 신재생에너지 공급의무를 이행하기 위하여 제출해야 하는 신재생에너지 공급을 증명하는 인증서로 1MWh 발전에 1REC를 발급

3) RPS(Renewable Energy Portfolio Standard, 신·재생에너지 의무할당제)
  ① RPS 제도는 신·재생에너지 공급의무화 제도로서 FIT제도 이후에 등장한 제도이다.
  ② 50만kW(500MW) 이상 발전사업자는 반드시 일정 비율 이상을 신·재생에너지원으로 발전해야 한다.
  ③ REC은 RPS제도에서 신·재생에너지를 이용하여 에너지를 공급한 사실을 증명하는 인증서이다.

4) REP(Renewable Energy Point, 신재생에너지 생산인증서)
  생산인증서의 발급 및 거래단위로서 생산인증서 발급대상 설비에서 생산된 MWh기준의 신·재생에너지 전력량에 대해 부여하는 단위를 말한다.

5) RPA(Renewable Portfolio Agreement, 신·재생에너지 개발공급협약)
  정부와 에너지공급사간에 신·재생에너지 확대 보급을 위해 체결한 협약

75 운영계획수립 시 주기와 점검내용이 맞지 않는 것은?

① 일간점검 : 태양광모듈 주위의 그림자 발생하는 물체 유무
② 주간점검 : 태양광모듈의 표면에 불순물 유무
③ 월간점검 : 태양광모듈 외부의 변형발생 유무
④ 연간점검 : 태양광모듈의 결선상 탈선 부분 발생 유무

해설 월간 점검 내용
① 태양광모듈 표면의 파손유무
② 태양광모듈 내부, 외부의 변형 또는 부식의 발생 유무
③ 태양광모듈의 결선상 탈선 부분 발생 유무

76 태양광발전시스템 유지보수 계획 시 고려사항으로 틀린 것은?

① 환경조건
② 설비의 단가
③ 설비의 중요도
④ 설비의 사용시간

해설 태양광발전시스템 점검 계획 시 고려사항
① 환경조건
② 설비의 중요도
③ 설비의 사용시간
④ 고장이력
⑤ 부하상태
⑥ 보수방법

77 태양광 발전설비 중 일반용의 경우 안전관리자를 선임하지 않아도 되는 용량[kW]은?

① 10[kW] 이하   ② 20[kW] 이하
③ 50[kW] 이하   ④ 100[kW] 이하

해설 전기안전관리자를 선임하지 않아도 되는 전기설비
1) 저압에 해당하는 전기수용설비로서 제조업 및 제조업 관련 서비스업에 설치하는 전기수용설비

2) 심야전력을 이용하는 전기설비로서 저압에 해당하는 전기수용설비

3) 휴지(休止) 중인 다음의 전기설비
① 전기설비의 소유자 또는 점유자가 전기사업자에게 전기설비의 휴지를 통지한 전기설비
② 심야전력 전기설비(전기공급계약에 따라 사용을 중지한 경우만 해당한다)

정답 75. ② 76. ② 77. ②

③ 농사용 전기설비(전기를 공급받는 지점에서부터 사용설비까지의 모든 전기설비를 사용하지 않는 경우만 해당한다)

4) 설비용량 20킬로와트 이하의 발전설비

78 절연 안전모의 착용 시 주의사항으로 틀린 것은?

① 턱끈을 단단히 조임
② 머리에 적합하도록 헤드밴드를 조절
③ 한번이라도 큰 충격을 받았으면 사용하지 않음
④ 금속이나 도전성이 뛰어난 재료를 사용한 것을 사용

해설 절연 안전모의 사용 시 주의 사항

1) 착용 전
① 보호구 관리요령에 따라 정기점검을 받았는지 여부
② 흙, 기름, 물기 등이 있는지 또는 건조한 지 여부
③ 충격의 흔적이 있는지 여부
④ 변색되거나 변형되었는지 여부
⑤ 장착제, 충격 흡수재 등의 손상이나 더러움 여부

2) 착용시
① 머리에 적합하도록 헤드밴드를 조절
② 턱끈을 단단히 조임
③ 한번이라도 큰 충격을 받았으면 사용하지 않음

79 태양광발전설비의 접속함 점검 사항이 아닌 것은?

① 퓨즈 상태 확인
② 조도계 센서 동작여부
③ 역전류 방지 다이오드 이상 유무
④ 접속부의 볼트 조임 상태 및 발열 상태

해설 접속함 점검내용
① 외함의 부식·파손, 볼트 조임 상태

② 외부 배선 및 접속단자 조임 상태 및 발열·소손 여부 (퓨즈, 역전류 방지 다이오드, SPD, 극성)
③ 접지선 손상 및 접지단자 접속 상태
④ 전선인입부의 방수처리상태
⑤ 절연저항측정
⑥ 개방전압측정(어레이 출력확인)

80 사업용 태양광발전설비 정기검사 항목이 아닌 것은?

① 변압기 검사
② 접속함 검사
③ 태양전지 검사
④ 전력변환장치 검사

해설 사업용 태양광 발전설비 정기검사 항목
① 태양광 전지
② 전력변환장치
③ 변압기
④ 차단기(발전기용)
⑤ 전선로(모선)
⑥ 접지설비
⑦ 종합연동시험
⑧ 부하운전시험

2022 제2회 CBT 복원 기출문제

01 연료전지발전 시스템의 구성요소로 틀린 것은?

① 개질기
② 증기터빈
③ 전력변환기
④ 스택(STACK)

해설 연료전지 발전시스템 구성도

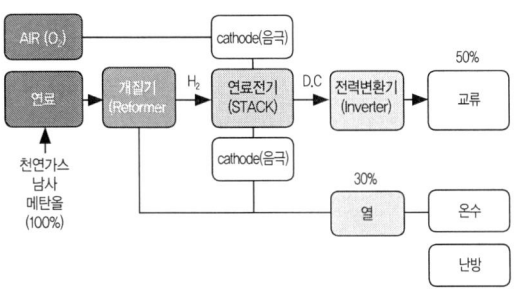

1) 개질기(Fuel Reformer)

   화학적으로 수소를 함유하는 일반 연료(LPG, LNG, 메탄, 석탄가스 메탄올 등)로부터 연료전지가 필요로 하는 수소를 많이 포함하는 가스로 변환하는 제어장치

2) 스택(Stack)

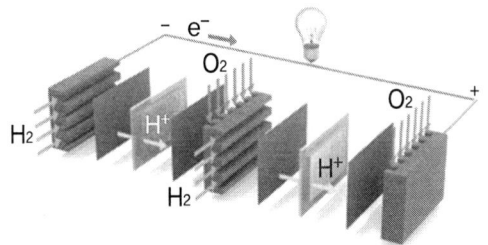

① 연료 개질 장치에서 들어오는 수소와 공기 중의 산소로 직류 전기와 물 및 부산물인 열을 발생시킨다.
② 원하는 전기출력을 얻기 위해 단위전지를 수십장, 수백장 직렬로 쌓아 올린 본체.

3) 전력변환기(Inverter)

   연료전지에서 나오는 직류 전원(DC)을 교류 전원(AC)로 변환시키는 장치

4) 주변보조기(BOP: Balance of Plant)

   연료, 공기, 열회수 등을 위한 펌프류, Blower, 센서 등

02 전기공사의 종류와 예시가 잘못 짝지어진 것은?

① 발전설비공사: 태양광발전소의 전기설비공사
② 송전설비공사: 철탑조립공사
③ 변전설비공사: 모선설비공사
④ 배전설비공사: 보호제어설비설치공사

해설 전기공사의 종류

발전·송전·변전 및 배전 설비공사

1) 발전설비공사

   발전소(원자력발전소, 화력발전소, 풍력발전소, 수력발전소, 조력발전소, 태양열발전소, 내연발전소, 열병합발전소, 태양광발전소 등의 발전소를 말한다)의 전기설비공사와 이에 따른 제어설비공사

2) 송전설비공사

① 공중송전설비공사: 공중송전설비공사에 부대되는 철탑기초공사 및 철탑조립공사(지지물설치 및 철탑도장을 포함한다), 공중전선설치공사(금구류 설치를 포함한다), 횡단개소의 보조설비공사, 보호선·보호망 공사
② 지중송전설비공사: 지중송전설비공사에 부대되는 전력구설비공사, 공동구 안의 전기설비공사, 전력지중관로설비공사, 전력케이블설치공사(전선방재설비공사를 포함한다)
③ 물밑송전설비공사: 물밑전력케이블설치공사
④ 터널 안 전선로공사: 철도·궤도·자동차도·인도 등의 터널 안 전선로공사

3) 변전설비공사

① 변전설비기초공사: 변전기기, 철구, 가대 및 덕트 등의 설치를 위한 공사
② 모선설비공사: 모선(母線)설치(금구류 및 애자장치를 포함한다), 지지(支持) 및 분기개소의 설비공사
③ 변전기기설치공사: 변압기, 개폐장치(차단기, 단로기 등을 말한다), 피뢰기 등의 설치공사
④ 보호제어설비설치공사: 보호·제어반 및 제어케이블의 설치공사

4) 배전설비공사

① 공중배전설비공사: 전주 등 지지물공사, 변압기 등

정답 1.② 2.④

전기기기설치공사, 가선공사(수목전지공사를 포함한다)
② 지중배전설비공사: 지중배전설비공사에 부대되는 전력구설비공사, 공동구 안의 전기설비공사, 전력지중관로설비공사, 변압기 등 전기기기설치공사, 전력케이블설치공사(전선방재설비공사를 포함한다)
③ 물밑배전설비공사: 물밑전력케이블설치공사
④ 터널 안 전선로공사: 철도·궤도·자동차도·인도 등의 터널 안 전선로공사

03 다음 전지중 광기전력 효과에 의해 빛에너지를 직접 변환해서 전기에너지를 얻을 수 있는 것은?

① 2차전지　　② 연료전지
③ 태양전지　　④ 인산전지

해설 PN접합에 의한 태양광 발전의 원리

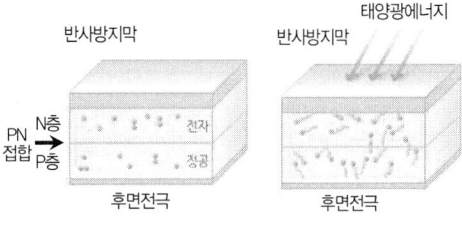

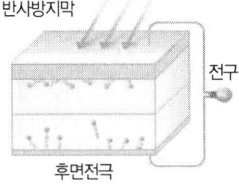

① p-n접합부 또는 정류작용이 있는 금속과 반도체의 경계면에는 접촉전위차가 있으므로 이 부분에 빛을 입사시키면, 반도체 중에 만들어진 전자와 정공(正孔)이 접촉전위차 때문에 분리되어 양쪽 물질에 서로 다른 종류의 전하가 나타나고 그 사이에 전위차(광기전력)가 생긴다.
② p-n접합 또는 금속과 반도체의 접촉 사이에 외부 회로를 연결하면 광전류가 구해지는데, 태양전지에 이용된다.

③ 1839년 프랑스의 물리학자 에드몬드 베크렐(Edmond Becquerel)이 전해액에 담근 은 전극에 빛을 비추니 적은 양의 전류가 흐르는 것을 처음으로 발견했다.

04 태양광발전시스템의 기획 및 설계시 조사 할 항목과 연결이 잘못된 것은?

① 사전조사 - 각 지자체 조례 등
② 환경조건의 조사 - 빛, 염해, 공해
③ 설치조건의 조사 - 설치장소, 재료의 반입 경로
④ 설치조건의 검토 - 전기안전관리자 이력검토

해설 설계시 조사할 항목
① 사전조사 : 각 지자체 조례 등
② 환경조건의 조사 : 연평균 일사량 및 일조시간, 염해, 공해
③ 설치조건의 조사 : 부지의 접근성 및 주변 환경, 민원발생 가능 여부
④ 전력 계통과의 연계 조건 : 전력계통 인입선 위치와 계통연계 가능한 용량 확인
⑤ 경제성 조건 : 총 투자비 기준으로 발전 매전 수입시 경제적인 수익률의 검토

05 바이오에너지의 범위에 대한 설명으로 틀린 것은?

① 동·식물의 유지를 변화시킨 바이오 디젤
② 쓰레기매립장의 무기성폐기물을 변환시킨 매립지가스
③ 생물유기체를 변환시킨 땔감·우드칩·펠렛 및 목탄 등의 고체연료
④ 생명유기체를 변환시킨 바이오가스·바이오에탄올·바이오액화유 및 합성가스

해설 바이오에너지 등의 기준 및 범위

에너지원의 종류	기준 및 범위	
석탄을 액화·가스화한 에너지	기준	석탄을 액화 및 가스화하여 얻어지는 에너지로서 다른 화합물과 혼합되지 않은 에너지
	범위	① 증기 공급용 에너지 ② 발전용 에너지
중질잔사유을 가스화한 에너지	기준	① 중질잔사유(원유를 정제하고 남은 최종 잔재물로서 감압증류 과정에서 나오는 감압잔사유, 아스팔트와 열분해 공정에서 나오는 코크, 타르 및 피치 등)를 가스화한 공정에서 얻어지는 연료 ② ①의 연료를 연소 또는 변환하여 얻어지는 에너지
	범위	합성가스
바이오 에너지	기준	① 생물유기체를 변환시켜 얻어지는 기체, 액체 또는 고체의 연료 ② ①의 연료를 연소 또는 변환시켜 얻어지는 에너지 ※ ① 또는 ②의 에너지가 신·재생에너지가 아닌 석유제품 등과 혼합된 경우에는 생물유기체로부터 생산된 부분만을 바이오에너지로 본다.
	범위	① 생물유기체를 변환시킨 바이오가스, 바이오에탄올, 바이오액화유 및 합성가스 ② 쓰레기매립장의 유기성폐기물을 변환시킨 매립지가스 ③ 동물·식물의 유지를 변환시킨 바이오디젤 ④ 생물유기체를 변환시킨 땔감, 목재칩, 펠릿 및 목탄 등의 고체연료
폐기물 에너지	기준	① 각종 사업장 및 생활시설의 폐기물을 변환시켜 얻어지는 기체, 액체 또는 고체의 연료 ② ①의 연료를 연소 또는 변환시켜 얻어지는 에너지 ③ 폐기물의 소각열을 변환시킨 에너지 ※ ①부터 ③까지의 에너지가 신·재생에너지가 아닌 석유제품 등과 혼합되는 경우에는 각종 사업장 및 생활시설의 폐기물로부터 생산된 부분만을 폐기물에너지로 본다.
수열 에너지	기준	물의 표층의 열을 히트펌프(heat pump)를 사용하여 변환시켜 얻어지는 에너지
	범위	해수의 표층의 열을 변환시켜 얻어지는 에너지

06 태양광발전시스템의 지지대 부속자재의 설치 시 고려사항으로 틀린 것은?

① 건축물의 방수 등에 문제가 없도록 설치한다.
② 볼트 조립은 헐거움이 없이 단단히 조립한다.
③ 바람, 적설하중 및 구조하중은 고려하지 않고 설치한다.
④ 모듈지지의 고정 볼트에는 스프링 와셔 또는 풀림방지너트 등으로 체결한다.

해설 지지대 부속자재 설치 시 고려사항
① 지지물의 자중, 바람, 적설하중, 적재하중 및 구조하중에 맞게 안전한 구조의 것으로 설치한다.
② 태양전지 어레이용 가대 및 지지대의 설치순서, 양중방법 등의 설치계획을 결정한다.
③ 모듈지지의 고정 볼트에는 스프링 와셔 또는 풀림방지너트 등으로 체결한다.
④ 볼트 조립은 헐거움이 없이 단단히 조립한다.
⑤ 건축물의 방수 등에 문제가 없도록 설치한다.
⑥ 태양전지 모듈의 유지보수를 위한 공간과 작업 안전을 위해 발판, 안전난간을 설치한다.

07 일조시간에 대한 설명으로 틀린 것은?

① 일조시간과 가조시간과의 비를 일조율[%]이라 한다.
② 구름이 많은 날씨일 경우 가조시간과 일조시간이 일치한다.
③ 일조시간은 실제로 태양광선이 지면을 내리쬔 시간이다.
④ 가조시간이란 한 지방의 해 돋는 시간부터 해지는 시간까지의 시간을 말한다.

정답 5. ② 6. ③

해설 일조시간과 가조시간

1) 일조시간(Duration of Sunshine)
① 태양광선이 구름이나 안개 등에 의해서 차단되지 않고 지표면을 비춘 시간
② 일조율 = $\dfrac{일조시간}{가조시간} \times 100 [\%]$

2) 가조시간(Possible Duration of Sunshine)
① 해가 뜬 다음부터 다시 질 때까지 태양에서 오는 직사광선
② 일조(日照)를 기대할 수 있는 시간을 말하며 산, 구름, 안개나 건조물에 의해 바뀔 수 있다.
③ 산, 구름, 안개 등 장애물이 없다고 가정했을 때의 일조시간은 가조시간과 동일하다

08 독립형 태양광발전시스템에서 부조일수의 설명으로 가장 옳은 것은?

① 정전된 일수를 말한다.
② 유지보수를 위한 일수를 말한다.
③ 연속적으로 발전이 가능한 일수를 말한다.
④ 연속적으로 발전이 불가능한 일수를 말한다.

해설 부조일수
① 하루 중 해가 떠 있는 일조시간이 0.1시간 미만인 날의 수
② 거의 햇빛이 비치지 않는 날이며, 발전이 불가능한 일수를 말한다.

09 위도 33.5°일 때 동지 시의 남중고도는?

① 10° ② 22°
③ 28° ④ 33°

해설 남중고도
① 겨울철 태양의 남중고도가 가장 낮아 모듈간 그림자의 영향이 가장 많다.
② 지구의 자전축은 23.5도 기울어져 있다.
③ 계절별 남중고도 및 모듈 설치각도

계절별 구분	남중고도	모듈 설치각도
여름	90−33.5+23.5=80	10°
봄, 가을	90−33.5+0=56.5	33.5°
겨울	90−33.5−23.5=33	57°

④ 최적 설치 각도

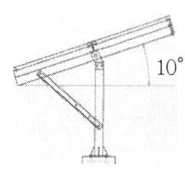
하지(여름) 경사각

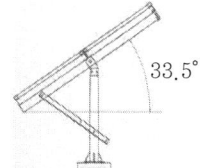
춘. 추분(봄, 가을)

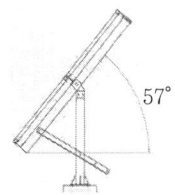
동지(겨울) 경사각

10 부지선정 검토 시 법적 인허가 및 신고사항에 포함되지 않는 것은?

① 공작물 축조신고
② 문화재 지표조사
③ 무연분묘 개장허가
④ 공급인증서 발급허가

해설 태양광발전사업 진행 절차
① 부지선정
② 개발행위허가(발전소 소재지 지자체)
③ 발전사업허가(발전소 소재지 지자체, 3MW 초과는 산업통상자원부)
④ 공사계획신고/인가(발전소 소재지 지자체, 10MW 초과는 산업통상자원부)
⑤ 발전소 시공(시공사)
⑥ 전력거래소 회원 가입 신청, 전력거래자 등록 신청 (전력거래소 거래시)
⑦ 송배전선로 이용 계약(한국전력공사 해당 지사)
⑧ 신규설비(발전기, ESS) 등록, 신규설비 코드부여 등 등(전력거래소 거래시)

⑨ 사용전검사(전기안전공사)
⑩ 전력량 계량설비 봉인(한국전력공사, 전력거래소 거래시)
⑪ 신재생에너지 설비 설치 확인(한국에너지공단)
⑫ 사업개시신고(3MW 초과 : 산업통상자원부, 3MW 이하 : 발전소 소재지 지자체)
⑬ 공급인증서(REC) 발급(한국에너지공단)

11 건설공사에 관한 기획, 타당성 조사, 분석, 설계, 조달, 계약, 시공관리, 감리평가, 사후관리 등에 관한 업무의 전부 또는 일부를 수행하는 건설용역업은?

① Construction Management
② Project Management
③ Design Management
④ Agency Management

해설 건설사업관리(Construction Management)
① 건설공사의 기획·타당성조사·분석·설계·조달·계약·시공관리·감리·평가·사후관리 등과 관리업무의 전부 또는 일부를 맡아서 수행하는 것을 말한다.
② 건축주를 대신해서 공사 일체를 맡아서 해주는 일이 필요하여 법으로 제도화하였다. 흔히 CM이라 부른다.

12 신·재생에너지의 설명 중 올바른 것은 무엇인가?

① 해양에너지는 조력, 수력, 해양온도차발전 등이 있다.
② 수력발전은 표층과 심층의 해수온도차를 이용한 것이다.
③ 수소에너지는 신에너지와 재생에너지 중 재생에너지에 속한다.
④ 폐기물 에너지는 가연성 폐기물에서 발생되는 발열량을 이용한 것이다.

해설 신·재생에너지 설비

1) 해양에너지

① 조력발전 : 조석의 힘을 동력원으로 하여 해수면의 상승하강운동을 이용하여 전기를 생산하는 발전
② 파력발전 : 입사하는 파랑에너지를 이용하여 터빈 등의 원동기 구동력으로 발전
③ 해수온도차발전 : 해양 표면층 온수(예 : 25~30℃)와 심해층(500~100M) 냉수(예 : 5~7℃)의 온도차를 이용하여 열에너지를 기계적 에너지로 변환시켜 발전

2) 수력발전은 물의 낙차를 이용한 시설용량 10,000 kW이하의 발전

3) 수소에너지는 신에너지에 속한다.

4) 폐기물 에너지란 사업장 또는 가정에서 발생되는 가연성 폐기물중 에너지 함량이 높은 폐기물을 열분해를 통한 폐열 등으로 생산하고 이를 산업 생산 활동에 필요한 에너지로 이용될 수 있도록 하는 것

13 태양광발전시스템과 분산형전원의 전력계통 연계시 장점이 아닌 것은?

① 배전선로 이용률이 향상된다.
② 공급신뢰도가 향상된다.
③ 고장시의 단락 용량이 줄어든다.
④ 부하율이 향상된다.

해설 분산형전원의 전력계통 연계시 장·단점
(1) 장점
① 배전선로 이용률이 향상
② 송전계통과 배전계통의 운영비 감소
③ 부하중심지 건설로 송전손실 경감
④ 첨두부하에 대한 대응력 강화(부하율 향상)
⑤ 전력부하 변동에 대한 대응력 강화(공급신뢰도)
⑥ 대규모전원의 보완(전원계획상의 유연성)

(2) 단점
1) 전체 전력시스템에 변동성을 가중시킴
① 초, 분, 시간, 수 시간 단위의 변동성 유발
② 이에 대응하여 주파수를 제어하기 위한 추가적인 수단이 필요

2) 전체 전력시스템에 불확실성을 가중시킴
① 예측된 발전량과 실제 발전량의 차이가 매우 커질 수 있음
② 불확실성에 대비하기 위해 송전망 운영자는 과도한 예비력을 확보해야만 하고, 예비력의 증가는 전력계통 운영비용의 증가로 이어짐

3) 기존 배전시스템의 제어방식과 상충
전통적인 배전시스템 운영, 제어, 보호 체계에 혼란(배전기기 오/부작동)

14 전기공사업법령에 따라 공사업을 하려는 자는 산업통상자원부령으로 정하는 바에 따라 누구에게 등록하여야 하는가?

① 시·도지사
② 전기공사협회장
③ 산업통상자원부장관
해설 ④ 한국전기기술인협회장

공사업의 등록(전기공사업법 제4조)
① 공사업을 하려는 자는 산업통상자원부령으로 정하는 바에 따라 주된 영업소의 소재지를 관할하는 특별시장·광역시장·도지사 또는 특별자치도지사에게 등록하여야 한다.
② 공사업의 등록을 하려는 자는 대통령령으로 정하는 기술능력 및 자본금 등을 갖추어야 한다.
③ 공사업을 등록한 자 중 등록한 날부터 5년이 지나지 아니한 자는 ②항에 따른 기술능력 및 자본금 등에 관한 사항을 대통령령으로 정하는 기간이 지날 때마다 산업통상자원부령으로 정하는 바에 따라 시·도지사에게 신고하여야 한다.
④ 시·도지사는 ①항에 따라 공사업의 등록을 받으면 등록증 및 등록수첩을 내주어야 한다.

15 수평축 풍력발전기로 분류되는 것은?

① 듀블러형　　② 프로펠러형
③ 다리우스형　④ 사보니우스형

해설 회전축방향에 따른 구분
① 수평축
간단한 구조로 이루어져 있어 설치하기 편리하나 바람의 방향에 영향을 받음(중대형급 이상은 수평축을 사용하고, 100kW급 이하 소형은 수직축도 사용됨)

프로펠러형　　더치형

세일윙형　　블레이드형

② 수직축
바람의 방향과 관계가 없어 사막이나 평원에 많이 설치하여 이용 가능하지만 소재가 비싸고 수평축 풍차에 비해 효율이 떨어지는 단점이 있다.

 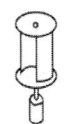 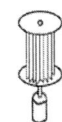 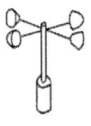

다리우스형　사보니우스형　크로스 플로우형　패들형

16 국토의 계획 및 이용에 관한 법령에 따라 개발행위 허가신청서 작성 시 신청내용에 해당하지 않는 것은?

① 기초변경　　② 토지분할
③ 물건 적치　　④ 토지형질변경

해설 **개발행위의 허가**

다음의 어느 하나에 해당하는 행위를 하려는 자는 개발행위의 허가를 받아야 한다
① 건축물의 건축 또는 공작물의 설치
② 토지의 형질 변경(경작을 위한 경우로서 대통령령으로 정하는 토지의 형질 변경은 제외한다)
③ 토석의 채취
④ 토지 분할(건축물이 있는 대지의 분할은 제외한다)
⑤ 녹지지역·관리지역 또는 자연환경보전지역에 물건을 1개월 이상 쌓아놓는 행위

17 신에너지 및 재생에너지 개발·이용·보급촉진법에서 신·재생에너지 설비가 아닌 것은?

① 태양에너지설비
② 풍력에너지설비
③ 전기에너지설비
④ 바이오 에너지설비

해설 **신·재생에너지의 정의**

1) 신에너지 : 기존의 화석연료를 변환시켜 이용하거나 수소·산소 등의 화학 반응을 통하여 전기 또는 열을 이용하는 에너지
① 수소에너지
② 연료전지
③ 석탄을 액화·가스화한 에너지 및 중질잔사유을 가스화

2) 재생에너지 : 햇빛·물·지열·강수·생물유기체 등을 포함하는 재생 가능한 에너지를 변환시켜 이용하는 에너지
① 태양에너지
② 풍력
③ 수력
④ 해양에너지
⑤ 지열에너지
⑥ 생물자원을 변환시켜 이용하는 바이오에너지
⑦ 폐기물에너지(비재생폐기물로부터 생산된 것은 제외한다)

18 태양전지를 재료에 의하여 분류한 것으로 틀린 것은?

① 유기물　　② 화합물
③ 염료감응형　④ 잉곳/웨이퍼

해설 **잉곳(Ingot) 및 웨이퍼(Wafer)**

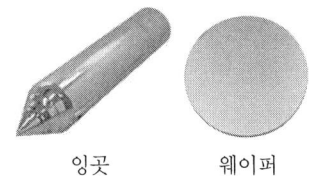

잉곳　　　웨이퍼

① 잉곳(Ingot) : 고온에서 녹인 실리콘으로 만든 실리콘 기둥
② 웨이퍼(Wafer) : 반도체 집적회로의 핵심 재료이며, 실리콘(Si), 갈륨 아세나이드(GaAs) 등을 성장시켜 얻은 단결정 잉곳(Ingot)을 적당한 지름으로 얇게 썬 원판모양의 판

19 대통령령으로 정하는 규모 이하의 발전설비를 갖추고 특정한 공급구역의 수요에 맞추어 전기를 생산하여 전력시장을 통하지 아니하고 그 공급구역의 전기사용자에게 공급하는 것을 주된 목적으로 하는 사업은?

① 발전사업　　② 송전사업
③ 배전사업　　④ 구역전기사업

해설 **전기사업법의 정의**

① 전기사업 : 발전사업·송전사업·배전사업·전기판매사업 및 구역전기사업
② 발전사업 : 전기를 생산하여 이를 전력시장을 통하여 전기판매사업 자에게 공급하는 것을 주된 목적으로 하는 사업
③ 송전사업 : 발전소에서 생산된 전기를 배전사업자에게 송전하는 데 필요한 전기설비를 설치·관리하는 것을 주된 목적으로 하는 사업
④ 배전사업 : 발전소로부터 송전된 전기를 전기사용자에게 배전하는 데 필요한 전기설비를 설치·운용하는 것을 주된 목적으로 하는 사업

정답 16. ① 17. ③ 18. ④ 19. ④

⑤ 구역전기사업 : 대통령령으로 정하는 규모 이하의 발전설비를 갖추고 특정한 공급구역의 수요에 맞추어 전기를 생산하여 전력시장을 통하지 아니하고 그 공급구역의 전기사용자에게 공급하는 것을 주된 목적으로 하는 사업

20 신에너지 및 재생에너지 개발·이용·보급촉진법에서 정한 공급의무자가 아닌 것은?

① 한국가스공사
② 한국수자원공사
③ 한국지역난방공사
④ 한국중부발전주식회사

해설 신·재생에너지 공급의무자

① 전기사업법에 따른 발전사업자로서 500,000[kW] 이상의 발전설비(신·재생에너지 설비는 제외한다)를 보유하는 자
② 집단에너지사업법 및 전기사업법에 따른 발전사업의 허가를 받은 것으로 보는 자로서 500,000[kW] 이상의 발전설비(신·재생에너지 설비는 제외한다)를 보유하는 자
③ 한국수자원공사
④ 한국지역난방공사

※ 공급의무자 범위(총 25개사)

구분	공급의무자
그룹 I	한국수력원자력, 한국남동발전, 한국중부발전, 한국서부발전, 한국남부발전, 한국동서발전
그룹 II	한국지역난방공사, 한국수자원공사, SK E&S, GS EPS, GS 파워, 포스코에너지, 씨지앤율촌전력, 평택에너지서비스, 대륜발전, 에스파워, 포천파워, 동두천드림파워, 파주에너지서비스, GS동해전력, 포천민자발전, 신평택발전, 나래에너지서비스, 고성그린파워, 강릉에코파워

21 전기설비기술기준의 판단기준에서 저압 옥내배선으로 금속덕트공사 시 금속덕트에 넣은 전선의 단면적의 합계는 덕트 내부 단면적의 몇 [%] 이하로 하여야 하는가?

① 20
② 30
③ 50
④ 60

해설 금속덕트에 넣은 전선의 단면적(절연피복의 단면적을 포함한다)의 합계는 덕트의 내부 단면적의 20[%](전광표시 장치·출·퇴표시등 기타 이와 유사한 장치 또는 제어회로 등의 배선만을 넣는 경우에는 50[%]) 이하일 것

22 태양광발전시스템을 완성하기 위하여 필요한 모듈을 직·병렬로 구성하게 되는데, 즉, 직렬로 접속된 모듈 집합체의 회로를 무엇이라 하는가?

① 셀
② 모듈
③ 스트링
④ 어레이

해설 태양광발전시스템의 회로구성

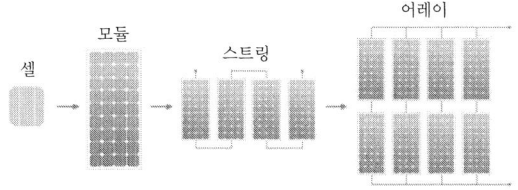

1) 셀(Cell)
① 태양전지의 가장 기본 소자
② 실리콘 계열의 태양전지 셀의 개방전압 0.59[V], 단락전류 10[A] 정도이다.

2) 모듈(Module)

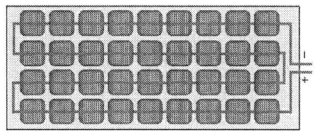

셀 36개의 직렬연결

① 셀을 직렬로 연결하여 태양광 아래서 일정한 전압과 전류를 발생시키는 장치
② 셀 자체가 너무 얇아 파손되기 쉬우므로 외부충격이나 악천후로부터 보호하기 위하여 견고한 알루미늄 프레임 안에 표면유리/충진재/태양전지 셀/충진재/후면시트 등의 순서로 제작한 제품에 케이블과 정션 박스를 붙여 하나의 태양전지판 형태로 만든 제품
③ 365[W] 모듈 한 장은 단결정 72셀(6 inches), 사이즈는 1,960×992×40mm, 중량 22.5kg 정도이다.
④ 365[W] 모듈 한 장의 최대출력 동작전압 39.1[V], 최대출력 동작전류 9.35[A], 개방전압은 47.2[V], 단락전류 9.79[A], 효율은 18.8% 정도이다.

3) 스트링(String)
① 스트링은 태양전지의 모듈을 직렬로 연결하여 하나의 단위 스트링으로 구성된다.
② 단위 스트링의 출력전압이 어레이의 출력전압이며 또한 이 전압은 인버터의 직류 입력전압과 연관이 있다.
③ 스트링의 출력전압은 인버터의 최대 출력점(Maximum Power Point Tracking) 범위 이내가 되도록 하여야 한다.

4) 어레이(Array)
① 다수의 스트링을 병렬로 접속한 모듈의 집합체
② 스트링회로를 전기적으로 보호하기 위한 퓨즈, 차단기, 역류 방지소자, 서지 보호장치 등으로 구성되어 있으며 접속함에 수납되어 있다.

23 태양전지모듈의 절연내력 시험에 대한 시험기준으로 옳은 것은?

① 최대사용전압의 1.5배의 직류전압 또는 1배의 교류전압을 충전부분과 대지사이에 10분간 가하여 절연내력시험을 견딜 것
② 최대사용전압의 2배의 직류전압 또는 1배의 교류전압을 충전부분과 대지사이에 10분간 가하여 절연내력시험을 견딜 것
③ 최대사용전압의 1.5배의 직류전압 또는 2배의 교류전압을 충전부분과 대지사이에 10분간 가하여 절연내력시험을 견딜 것
④ 최대사용전압의 1.2배의 직류전압 또는 1배의 교류전압을 충전부분과 대지사이에 10분간 가하여 절연내력시험을 견딜 것

해설 연료전지 및 태양전지 모듈의 절연내력

연료전지 및 태양전지 모듈은 최대사용전압의 1.5배의 직류전압 또는 1배의 교류전압(500[V] 미만으로 되는 경우에는 500[V])을 충전부분과 대지사이에 연속하여 10분간 가하여 절연내력을 시험하였을 때에 이에 견디는 것이어야 한다.

24 다음 그림과 같은 인버터의 회로방식은 무엇인가?

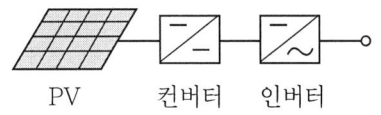

① 상용주파 변압기 절연방식
② 고주파 변압기 절연방식
③ 주파수 시프트 방식
④ 트랜스리스 방식

해설 인버터의 회로방식별 분류

1) 상용주파 변압기 절연방식

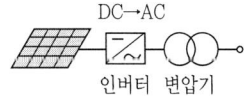

① PWM 인버터를 이용하여 상용주파수의 교류를 만들고, 상용주파수의 변압기를 이용하여 절연과 전압변환을 한다.
② 내부 신뢰성이나 노이즈 컷이 우수하지만, 상용주파수의 변압기를 별도로 이용하기 때문에 무겁고 크며, 변압기의 효율이 감소된다.

2) 고주파 변압기 절연방식

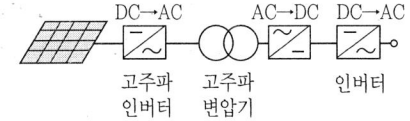

① 태양전지의 직류 출력을 고주파의 교류로 변환한 후 소형의 고주파 변압기로 절연을 한다.
② 일단 직류로 변환하고 재차 상용주파의 교류로 변환하며, 소형 경량이지만 회로가 복잡한 단점이 있다.

3) 트랜스리스(Transless) 방식

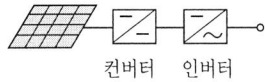

① 태양전지의 직류출력을 DC-DC 컨버터로 승압하고 인버터에서 상용주파의 교류로 변환한다.
② 소형 경량이며, 저렴하고 효율이 우수하고 신뢰성이 높다.
③ 상용전원과의 사이에는 절연이 되지 않아 안전성이 떨어진다.

25. 시스템 전압 24[V], 축전지 설비용량 14400[Wh]일 때 축전지용량 [Ah]은 얼마인가?

① 600[Ah] ② 500[Ah]
③ 400[Ah] ④ 300[Ah]

해설 축전지 용량(C)

$$C = \frac{전력량}{전압} = \frac{14,400}{24} = 600 \, [Ah]$$

26. 전력시설물 공사감리업무 수행지침에 따라 감리원은 공사업자에게 해당 공사의 예비준공검사(부분 준공, 발주자의 필요에 따른 기성부분 포함) 완료 후 며칠 이내에 시설물의 인수·인계를 위한 계획을 수립하도록 하고 이를 검토하여야 하는가?

① 3 ② 7
③ 14 ④ 30

해설 시설물 인수·인계

감리원은 공사업자에게 해당 공사의 예비준공검사(부분 준공, 발주자의 필요에 따른 기성부분 포함) 완료 후 30일 이내에 다음의 사항이 포함된 시설물의 인수·인계를 위한 계획을 수립하도록 하고 이를 검토하여야 한다.
1) 일반사항(공사개요 등)
2) 운영지침서(필요한 경우)
 ① 시설물의 규격 및 기능점검 항목
 ② 기능점검 절차
 ③ Test 장비 확보 및 보정
 ④ 기자재 운전지침서
 ⑤ 제작도면·절차서 등 관련 자료
3) 시운전 결과 보고서(시운전 실적이 있는 경우)
4) 예비 준공검사결과
5) 특기사항

27. 다음과 같은 조건일 때 어레이와 어레이간의 최소 이격거리는 약 몇 m 인가?
(단, 경사고정식으로 정남향이다.)

- 어레이 길이(L) : 2.4m
- 어레이 경사각(θ) : 28°
- 설치지역의 위도 : 33.5°

① 3.32 ② 3.66
③ 3.85 ④ 4.66

해설 어레이 간 최소 이격거리(D)

$$D = L[\cos\theta + \sin\theta \times \tan(\phi + 23.5°)]$$
$$= 2.4[\cos 28° + \sin 28° \times \tan(33.5 + 23.5°)]$$
$$\fallingdotseq 3.85 \, [m]$$

28. 교류에서 저압의 한계는 몇[V]인가?

① 600 ② 750
③ 1000 ④ 1500

해설 전압의 종별

구분	내용
저압	DC 1500[V] 이하
	AC 1000[V] 이하
고압	DC 1500[V] 초과 7000[V] 이하
	AC 1000[V] 초과 7000[V] 이하
특고압	7000[V] 초과

29 다결정 실리콘 태양전지에 관한 설명으로 옳지 않은 것은?

① 재료가 저렴하다.
② 단결정에 비해 효율이 좋다.
③ 가장 많이 사용하는 태양전지이다.
④ 반도체 IC제조과정에서 발생한 불량 실리콘을 재이용한 것이다.

해설 단결정과 다결정의 특징

 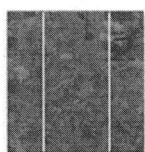

  단결정   다결정

1) 단결정
① 검은색으로 무늬가 없으며, 단단하고 구부러지지 않는다.
② 실리콘의 원자배열이 규칙적이며 배열방향이 일정하여 전자의 이동에 걸림이 없어 변환효율이 높다.
③ 폴리 실리콘을 석영도가니에 불순물(붕소, 인)과 함께 넣어 고온으로 용융시켜 원주모양의 단결정 실리콘 잉곳을 만든 후 이것을 얇게 절단한 것을 단결정 실리콘 웨이퍼라고 한다.
④ 고진동 상태에서 1400℃ 이상의 고온에 녹은 폴리실리콘은 정밀하게 조절되는 조건하에서 큰 직경을 가진 단결 봉으로 성장한다.

2) 다결정
① 청색으로 무늬가 다양하며, 단단하고 구부러지지 않는다.
② 단결정질에 비해 공정이 간단하고 단결정질보다 가격도 저렴하여 널리 사용되고 있으나 변환효율이 단결정보다 낮다.
③ 폴리실리콘을 석영 도가니에 넣고 높은 온도로 가열하여 녹인 다음 정제한 후 일정한 틀에 부어 응고시키는 방법으로 잉곳을 만들며, 단결정 제조방법보다 간단하여 원가를 낮출 수 있고 대량생산이 가능하다.
④ 제조에 필요한 온도는 약 800~1000℃로 높다.

30 감리원은 공사업자의 시공기술자 등이 공사현장에 적합하지 않다고 인정되는 경우에는 시정을 요구하고 발주자에게 그 실정을 보고해 교체사유가 인정되면 공사업자는 교체요구에 응하여야 한다. 교체사유로서 틀린 것은?

① 시공관리책임자가 불법 하도급을 하거나 이를 방치하였을 때
② 시공관리책임자가 시공능력이 준수하다고 인정되나 정당한 사유없이 기성공정이 예정공정보다 빠를 때
③ 시공관리 책임자가 감리원과 발주자의 사전 승낙을 받지 아니하고 정당한 사유없이 해당 공사현장을 이탈할 때
④ 시공관리책임자가 고의 또는 과실로 공사를 조잡하게 시공하거나 부실시공을 하여 일반인에게 위해를 끼친 때

해설 시공기술자 등의 교체

1) 감리원은 공사입자의 시공기술자 등이 (2)의 각 호에 해당되어 해당 공사현장에 적합하지 않다고 인정되는 경우에는 공사업자 및 시공기술자에게 문서로 시정을 요구하고, 이에 불응하는 때에는 발주자에게 그 실정을 보고하여야 한다.

2) 감리원으로부터 시공기술자의 실정보고를 받은 발주자는 지원업무담당자에게 실정 등을 조사·검토하게 하여 교체사유가 인정될 경우에는 공사업자에게 시공기술자의 교체를 요구하여야 한다. 이 경우 교체 요구를 받은 공사업자는 특별한 사유가 없으

면 신속히 교체요구에 응하여야 한다.
① 시공기술자 및 안전관리자가 관계 법령에 따른 배치기준, 겸직금지, 보수교육 이수 및 품질관리 등의 법규를 위반하였을 때
② 시공관리책임자가 감리원과 발주자의 사전 승낙을 받지 아니하고 정당한 사유없이 해당 공사현장을 이탈한 때
③ 시공관리책임자가 고의 또는 과실로 공사를 조잡하게 시공하거나 부실시공을 하여 일반인에게 위해(危害)를 끼친 때
④ 시공관리책임자가 계약에 따른 시공 및 기술능력이 부족하다고 인정되거나 정당한 사유없이 기성 공정이 예정공정에 현격히 미달한 때
⑤ 시공관리책임자가 불법 하도급을 하거나 이를 방치하였을 때
⑥ 시공기술자의 기술능력이 부족하여 시공에 차질을 초래하거나 감리원의 정당한 지시에 응하지 아니할 때
⑦ 시공관리책임자가 감리원의 검사·확인 등 승인을 받지 아니하고 후속공정을 진행하거나 정당한 사유 없이 공사를 중단할 때

31 태양광 모듈의 단면을 보면 여러 층으로 이루어져 있다. 이러한 층을 이루는 재료 중에 태양전지를 외부의 습기와 먼지로부터 차단하기 위하여 현재 가장 일반적으로 사용하는 충진재는?

① FRP ② TEDLAR
③ EVA ④ Glass

해설 EVA(Ethylene Vinyl Acetate : 에틸렌초산비닐 공중합체)

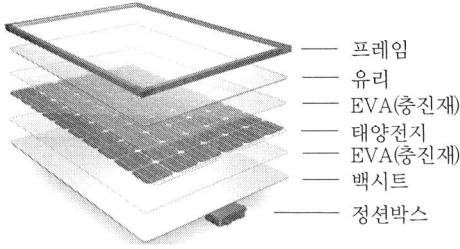

― 프레임
― 유리
― EVA(충진재)
― 태양전지
― EVA(충진재)
― 백시트
― 정션박스

① VA 함량에 따라 밀도가 증가하고 유연성이 증가하며, 탄성력과 열접착 온도, 내구성, 투과력 등이 달라지는 특징이 있다.

② 유리와 셀 전면, 셀 후면과 백시트 사이에 삽입되어 태양전지를 보호하는 역할을 한다. 그리고 백시트는 태양전지 모듈 후면에 위치하여 열, 습도, 자외선(ultraviolet, UV)과 같은 외부환경으로 부터 셀을 보호를 한다.
③ 백시트(불소필름과 PET 필름 적층)의 반사율 및 백색도 향상을 위해 형광 증백제를 필름 전체함량 중 100 ~ 900[ppm]으로 함유한다. 100[ppm] 미만인 경우는 백색도가 떨어져 광반사 효율이 떨어지며, 900[ppm]을 초과하는 경우는 백색도 및 반사율은 증가하나 자외선(ultraviolet, UV)에 안정성이 떨어져 외부에 장기 노출 시 황변현상이 나타나 백색도 및 반사율이 저하될 수 있다.

32 태양광발전 모듈의 NOCT(공칭동작온도) 측정 조건에 대한 설명으로 틀린 것은?

① 풍속 1.0m/s
② 공기온도 25℃
③ 방사조도 800[W·m^2]
④ 모듈 후면 개방상태

해설 공칭 태양광발전 전지 동작 온도 측정시험
태양광발전 모듈의 공칭 전지 동작 온도(Nominal Operating Cell Temperature, NOCT)는 다음의 표준 기준 환경(Standard Reference Environment, SRE)에서 개방형 선반식 가대(open rack)에 설치한 모듈을 구성하는 태양광발전 전지의 평균 접합 온도로 정의된다.
① 경사각 : 수평면을 기준으로 45도
② 경사면 일조강도 : 800[W·m^2]
③ 주위기온 : 20[℃]
④ 풍속 : 1[m/s]
⑤ 전기적 부하 : 없음(회로 개방 상태)

33 태양광발전 모듈에서 최대출력(P)의 의미는?

① $I_{sc} \times V_{oc}$ ② $I_{mpp} \times V_{oc}$
③ $I_{sc} \times V_{mpp}$ ④ $I_{mpp} \times V_{mpp}$

해설 태양전지의 전압-전류 특성

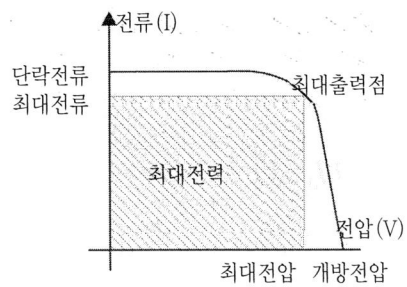

태양전지에서 나오는 전력은 전류와 전압을 곱하여 얻을 수 있으며 최대전류(Max. Power Current,)와 최대전압(Max. Power Volt,)이 만나는 최적의 동작점에서 발생한 전력이 태양전지의 최대출력(Max. Power) 값이 된다.

34 태양광 모듈 성능시험을 위한 표준시험조건 중 일사강도 기준은?

① 500
② 1,000
③ 1,500
④ 2,000

해설 **표준시험조건(Standard Test Conditions)**
태양광발전 소자를 시험할 때의 기준이 되는 시험조건 즉, 태양광발전 소자가 빛을 받는 면의 조사강도 1,000[W/m²], 태양전지 온도 25[℃], 스펙트럼 조성은 대기질량지수(AM) 1.5인 조건

35 실리콘 태양전지 모듈의 출력 특성에 대한 설명으로 틀린 것은?

① 표면온도가 높아지면 출력이 상승하는 정(+)온도 특성을 가진다.
② 방사조도가 동일하면 여름철에 비해 겨울철의 출력이 크다.
③ 모듈 온도가 동일하고 방사조도가 변화할 경우 단락전류가 방사조도에 비례하는 특성을 나타낸다.
④ 방사조도와 동일하게 모듈 온도가 상승한 경우 개방전압이나 최대출력도 저하한다.

해설 **태양광 모듈의 온도에 따른 출력 전압과 전류 값**
① 태양광 모듈의 온도특성을 살펴보면 전류는 양(+)의 온도계수를 가지고 전압과 전력은 음(-)의 온도계수를 가진다. 음의 온도계수의 의미는 온도가 높을수록 태양광 모듈의 전압과 전력은 감소하고, 온도가 낮을수록 태양광 모듈의 전압과 전력이 증가한다는 것을 의미한다.
② 태양전지가 보다 높은 온도에 노출되면 단락전류(Isc)는 조금(+0.05[%/℃]) 증가하며, 개방전압(Voc)은 (-0.5[%/℃]) 감소한다.
③ 폴리 실리콘 계열의 태양전지는 표면온도가 1[℃] 상승할 때, 대략 0.3~0.5[%]의 출력이 감소한다.

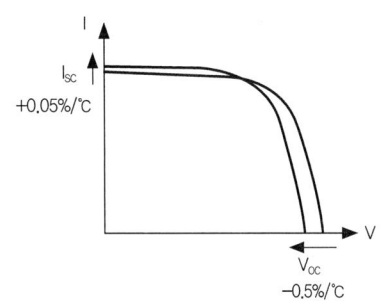

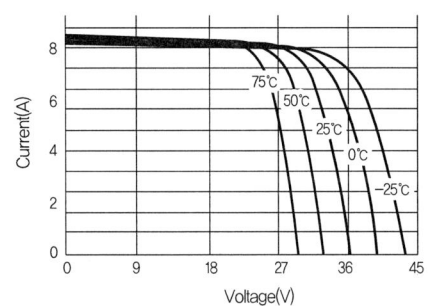

36 태양광발전용 인버터의 기능이 아닌 것은?

① 자동운전 정지기능
② 자동전압 조정기능
③ 최대전력 추종제어 기능
④ 교류를 직류로 변환하는 기능

해설 **태양광 인버터(직류를 교류로 변환)의 기능**
① 자동운전 정지
② 최대출력 추종제어

③ 자동전압조정
④ 직류지락 검출
⑤ 단독 운전방지
⑥ 계통연계 보호장치

※ 태양광발전시스템의 구성도

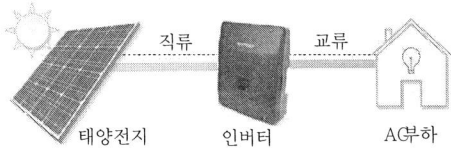

생산된 직류전기(DC)는 인버터를 통해 일반적으로 사용할 수 있는 교류전기(AC)로 변경한다.

37 전력변환장치(PCS)의 자동운전정지기능에 대한 설명 중 틀린 것은?

① 해가 완전히 없어지면 운전을 정지한다.
② 흐린 날이나 비가 오는 날에는 운전을 하지 않는다.
③ 태양광발전 모듈의 출력을 스스로 감시하여 자동적으로 운전한다.
④ 태양광발전 모듈의 출력을 얻을 수 있는 조건이 되면 자동적으로 운전을 시작한다.

해설 자동운전 정지(Auto shutdown) 기능
① 인버터는 해가 떠오르고 출력이 발생되는 조건이 되면 자동적으로 운전을 시작하며, 해가 지는 동안에도 출력이 발생하는 한 가동은 계속되고 완전한 일몰 뒤 운전이 정지한다.
② 흐린 날이나 비오는 날에는 일사량이 인버터의 MPPT 전압범위에 있을 시는 운전을 계속하고, 반대의 경우 대기상태로 전환된다.

38 감리원은 공사하도급 계약통지서에 관한 적정성 여부를 검토하여 발주자에게 며칠이내에 의견을 제출하는가?

① 7일 이내
② 10일 이내
③ 15일 이내
④ 30일 이내

해설 하도급 관련 사항
감리원은 공사업자가 도급받은 공사를 전기공사업법에 따라 하도급 하고자 발주자에게 통지하거나, 동의 또는 승낙을 요청하는 사항에 대해서는 전기공사 하도급 계약통지서에 관한 적정성 여부를 검토하여 요청받은 날부터 7일 이내에 발주자에게 의견을 제출하여야 한다.

39 분산형전원 발전설비의 빈번한 출력변동 및 병렬분리에 의한 플리커 가혹도 지수는 특고압 계통연계점에서 단시간(10분) 및 장시간(2시간)의 Epsti를 최대 얼마이하로 제한하는가?

① 단시간 : 0.25 이하, 장시간: 0.15 이하
② 단시간 : 0.25 이하, 장시간: 0.25 이하
③ 단시간 : 0.35 이하, 장시간: 0.15 이하
④ 단시간 : 0.35 이하, 장시간: 0.25 이하

해설 플리커 가혹도 지수
분산형전원 발전설비의 빈번한 출력변동 및 병렬분리에 의한 플리커 가혹도 지수는 특고압 계통연계점에서 단시간(10분)Epsti는 0.35 이하로, 장시간(2시간) Eplti는 0.25 이하로 제한하여야 하며, 저압계통 연계는 이에 준한다.
Epsiti ≤ (단시간 10분)
Eplti ≤ (장시간 2시간)

40 ( ) 안에 들어갈 가장 적당한 용어는?

전기설비기술기준에서 "발전소"란 발전기·원동기·연료전지·( )·해양에너지 그 밖의 기계 기구를 시설하여 전기를 발생시키는 곳을 말한다.

① 태양광
② 태양전지
③ 태양열
④ 집광판(集光板)

해설 정의(기술기준 제3조)

발전소 : 발전기·원동기·연료전지·태양전지·해양에너지발전설비·전기저장장치 그 밖의 기계기구[비상용 예비전원을 얻을 목적으로 시설하는 것 및 휴대용 발전기를 제외한다]를 시설하여 전기를 생산(원자력, 화력, 신재생에너지 등을 이용하여 전기를 발생시키는 것과 양수발전, 전기저장장치와 같이 전기를 다른 에너지로 변환하여 저장 후 전기를 공급하는 것)하는 곳

41 태양광발전시스템의 구조물 상정하중 계산 중 수직하중이 아닌 것은?

① 활하중   ② 풍하중
③ 고정하중 ④ 적설하중

해설 구조물의 상정하중
① 수직하중 : 고정하중, 활하중, 적설하중
② 수평하중 : 풍하중, 지진하중
③ 고정하중 : 가대 본체의 하중과 가대에 적재하는 태양광 모듈 등의 적재하중 및 어레이의 구성에 필요한 기자재 등의 중량을 가산한 것으로써 영구적으로 작용하는 하중이다.

42 인버터의 내부에 내장되어 있는 계통연계 보호장치에 해당되지 않는 것은?

① OVR   ② UVR
③ IGBT ④ OCGR

해설 보호장치 설치
분산형전원 설치자는 고장 발생시 자동적으로 계통과의 연계를 분리할 수 있도록 다음의 보호계전기 또는 동등 이상의 기능 및 성능을 가진 보호장치를 설치하여야 한다.
① 계통 또는 분산형전원 측의 단락·지락고장시 보호를 위한 보호장치를 설치한다.
② 인버터에는 적정한 전압과 주파수를 벗어난 운전을 방지하기 위하여 과·저(부족)전압 계전기, 과·저 주파수 계전기가 설치된다.
③ 단순병렬 분산형전원의 경우에는 역전력 계전기를 설치한다. 단, 신·재생에너지를 이용하여 전기를 생산하는 용량 50kW 이하의 소규모 분산형전원(단, 해당 구내계통 내의 전기사용 부하의 수전 계약전력이 분산형전원 용량을 초과하는 경우에 한한다)으로서 단독운전 방지기능을 가진 것을 단순병렬로 연계하는 경우에는 역전력계전기 설치를 생략할 수 있다.

※ OCGR(Over Current Ground Relay : 과전류 지락 계전기)
중성점 접지방식의 전로에 CT 3개를 Y결선한 잔류 회로를 이용하여 지락전류를 검출하는 방식

※ 과전압계전기(OVR), 부족전압계전기(UVR), 주파수 상승계전기(OFR), 주파수 저하계전기(UFR), 역전력계전기(RPR)

※ 절연 게이트 양극성 트랜지스터(Insulated gate bipolar transistor, IGBT)
게이트-이미터간의 전압이 구동되어 입력 신호에 의해서 온/오프가 생기는 자기소호형이므로, 대전력의 고속 스위칭이 가능한 반도체 소자

43 다음 중 시방서의 종류가 아닌 것은?

① 표준시방서 ② 공사시방서
③ 전문시방서 ④ 설계시방서

해설 시방서의 종류
① 일반 시방서 : 입찰 요구 조건과 계약 조건으로 구분되어 비기술적인 일반 사항을 규정하는 시방서
② 공사(기술) 시방서 : 크게 두 가지의 내용으로 구성되어 있는데 해당 주요내용으로 첫째, 설계 도면으로 표시할 수 없는 공사 전반에 걸친 기술적인 사항을 규정하는 시방서이고 둘째, 각 해당 공정별 재료의 성능, 규격 및 시험 등의 재료에 관한 사항과 시공 방법 및 시공 상태, 허용 오차 등의 시공에 대한 사항, 해당 공사 전반에 대한 주의 사항들이 수록되어 있다.
③ 표준 시방서 : 일반적으로 별도의 공사시방서를 작성하지 않고 모든 공사에 공통적으로 적용되는 사항을 규정한 시방서
④ 특기(전문) 시방서 : 공사의 특성에 따라 표준 시방서의 적용 범위와 표준 시방서에 없는 사항 및 특기 시방으로 정한 사항 등을 규정한 시방서이다.

정답 41. ② 42. ③ 43. ④

44 태양광발전시스템의 일반적인 시공 순서로 옳은 것은?

> ㉠ 모듈　　㉡ 어레이
> ㉢ 인버터　㉣ 접속반
> ㉤ 계통 간 전선

① ㉠→㉡→㉣→㉢→㉤
② ㉠→㉤→㉢→㉡→㉣
③ ㉠→㉣→㉡→㉤→㉢
④ ㉠→㉢→㉤→㉣→㉡

해설 계통연계형 태양광발전시스템의 구성

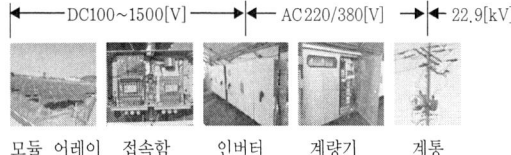

모듈 어레이　접속함　인버터　계량기　계통

45 N형 실리콘을 위한 도핑 원소로 적합하지 않은 것은?

① 안티몬(Sb)　② 비소(As)
③ 갈륨(Ga)　　④ 인(P)

해설 도핑(Doping)
① 반도체에 적은 양의 불순물을 첨가해서 반도체의 특성을 크게 바꾸는 과정
② P형 도핑은 양공을 많이 만들기 위해서이며, 실리콘의 경우에는 결정 구조가 3족 원자 붕소(B), 알루미늄(Al), 인듐(In), 갈륨(Ga) 등을 넣는다.
③ N형 도핑은 물질에 운반자 역할을 할 전자를 많이 만들기 위해서이며, 5족 원자 인(P), 비소(As), 안티몬(Sb), 비스무트(Bi) 등을 넣는다.

46 태양광발전 모듈의 시공기준에 대한 설명으로 틀린 것은?

① 전선, 피뢰침, 안테나 등의 경미한 음영도 장애물로 본다.
② 모듈 설치 열이 2열 이상일 경우 앞열은 뒷열에 음영이지지 않도록 설치하여야 한다.
③ 일조시간은 장애물로 인한 음영에도 불구하고 1일 5시간(춘계(3~5월), 추계(9~11월) 기준) 이상이어야 한다.
④ 모듈의 설치용량은 사업계획서상의 모듈 설계용량과 동일하여야 하나 동일하게 설치할 수 없는 경우에 한하여 설계용량의 110% 이내까지 가능하다.

해설 음영발생 원인
① 주변에 높은 산, 나무, 수목, 전주, 건물 등의 음영 (주변 지형지물은 최대 높이의 약 세 배 길이만큼 음영에 영향을 준다)
② 태양광모듈 설치 열이 2열 이상일 경우 앞열의 영향으로 뒷열에 음영
③ 구름, 눈, 새의 분비물, 꽃가루, 먼지 등으로 인한 음영
④ 다만, 전기선, 피뢰침, 안테나 등 경미한 음영은 장애물로 보지 아니한다.

47 태양전지 모듈 조립 시 주의사항으로 적합하지 않은 것은?

① 태양전지 모듈의 파손방지를 위해 충격이 가지 않도록 한다.
② 태양전지 모듈의 인력 이동시 2인 1조로 한다.
③ 태양전지 모듈과 가대의 접합 시 가스켓 등은 사용하지 않는다.
④ 접속하지 않은 모듈의 리드선은 빗물 등 이물질이 유입되지 않도록 보호테이프로 감는다.

해설 가스켓(Gasket) 설치위치

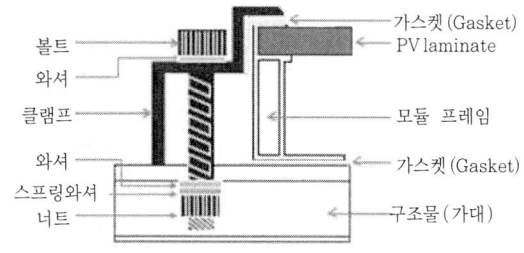

① 가스켓(Gasket) : 두 개의 고정된 부품 사이에서 물이나 가스의 누수방지를 위하여 끼워 넣는 패킹(packing)이지만, 태양광모듈 설치시는 이종금속 접합부의 절연 역할을 한다.
② 이종금속의 접촉부식 : 종류가 다른 금속이 접촉한 상태에서 염분 등 전해질(전류 운반매체로 용액, 토양 등) 용액에 접촉되면 그곳에 국부전지가 형성되어, 그 용액 중에서 금속의 전극 전위에 따라서 마이너스(-) 전위가 높은 금속이 양극으로 되어 용액 중에서 용해하여 부식되며, 대기중의 습기나 온도의 영향을 받아서 접촉부식이 발생할 수 있다.
③ 태양광 모듈 프레임(알루미늄)과 가대(철)의 접합 시에는 부식방지를 위해 가스켓을 사용하여 조립한다.

48 태양광발전시스템의 일반적인 시공 절차에 대한 순서로 옳은 것은?

① 반입 자재 검수 → 토목공사 → 기기설치공사 → 전기배관 배선공사 → 점검 및 검사
② 토목공사 → 반입 자재 검수 → 기기설치공사 → 전기배관 배선공사 → 점검 및 검사
③ 반입 자재 검수 → 토목공사 → 전기배관배선공사 → 기기 설치공사 → 점검 및 검사
④ 토목공사 → 반입 자재 검수 → 전기배관배선공사 → 기기설치공사 → 점검 및 검사

해설 태양광발전시스템의 시공절차

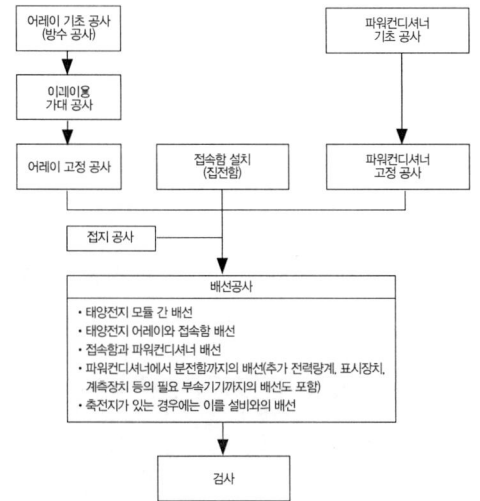

49 접지극의 물리적인 접지저항 저감방법 중 수직공법인 것은?

① 보링공법
② MESH 공법
③ 접지극의 치수확대
④ 접지극의 병렬접속

해설 접지저항 저감방법
(1) 물리적인 저감방법
1) 수평공법
① 접지극의 병렬접속(접지극의 상호 간격을 크게 한다)
② 접지극의 치수 확대(깊이 매설)
③ 매설지선 공법(하나의 접지극 대신 지선을 땅에 매설하는 방법) 및 평판 접지전극의 사용
④ MESH 공법
⑤ 구조체 접지(철근, 철골, 수도관 등 건물의 구조체를 접지극으로 사용)
⑥ 돌기형 접지극의 사용(접지봉의 표면에 돌기를 만들어 대지와의 접촉면적을 크게 하는 방법)

2) 수직공법
① 보링공법
② 접지봉 심타법

(2) 화학적 저감방법
① 토양의 고유저항을 화학적으로 저감시키는 방법
② 염, 황산 암모니아, 탄산소다, 벤트나이트 등을 주변 토양에 혼합한다.
③ 처음에는 저항값이 작으나, 1~2년후 에는 거의 효과 적음

50 자가용 전기설비의 검사를 받으려면 신청인은 안전공사에 검사희망일 며칠 전까지 사용전 검사를 신청하여야 하는가?

① 5일
② 7일
③ 14일
④ 30일

해설 사용전 검사
① 각종 발전설비, 송·변전·배전설비 및 가로등, 신

정답 48. ② 49. ① 50. ②

호등, 보안등, 공장, 상가 등 대형건물의 설치공사 또는 변경공사를 완료하고, 그 전기설비가 공사계획의 인가 또는 신고를 한 내용 및 전기설비기술기준에 적합한 지의 여부에 대한 검사를 산업통상자원부장관 또는 시·도지사로부터 위탁받아 한국전기안전공사에서 수행한다.
② 태양광발전소에 관한 공사의 경우에는 전체의 공사가 완료된 때 검사를 실시한다.
③ 사용전 검사를 받으려는 자는, 검사를 받으려는 날의 7일전까지 한국전기안전공사에 사용전 검사 신청서를 제출하여야 한다.

51 2[Ω], 3[Ω], 5[Ω]의 저항 3개가 직렬로 접속된 회로에 5[A]의 전류가 흐르면 공급전압은 몇 [V]인가?

① 30
② 50
③ 70
④ 100

해설 저항의 직렬접속

2개 이상의 저항을 전원에 차례로 연결하여 회로에 전전류가 각 저항을 차례로 흐르게 하는 접속으로 각 저항 R_1, R_2, R_3에 흐르는 전류 I의 크기는 일정하다.

① 합성 저항 R
$$R = R_1 + R_2 + R_3 \ [\Omega]$$
$$= 2 + 3 + 5 = 10 \ [\Omega]$$

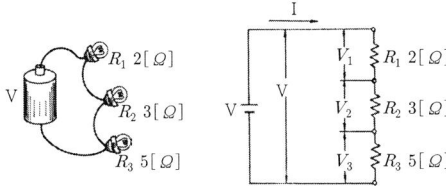

② 전류 I
$$I = \frac{V}{R} = \frac{V}{R_1 + R_2 + R_3} \ [A]$$

③ 각 저항 양단의 전압 강하 V_1, V_2, V_3
$$V_1 = R_1 I \ [V], \ V_2 = R_2 I \ [V], \ V_3 = R_3 I \ [V]$$
$$V_1 = 2 \times 5 = 10 \ [V], \ V_2 = 3 \times 5 = 15 \ [V],$$
$$V_3 = 5 \times 5 = 25 \ [V]$$

④ 전원 전압 V
$$V = V_1 + V_2 + V_3$$
$$= R_1 I + R_2 I + R_3 I$$
$$= (R_1 + R_2 + R_3) \cdot I \ [V]$$
$$= (2 + 3 + 5) \times 5 = 50 \ [V]$$

52 전기공사의 종류와 예시가 잘못 짝지어진 것은?

① 발전설비공사 : 태양광발전소의 전기설비공사
② 송전설비공사 : 철탑조립공사
③ 변전설비공사 : 모선설비공사
④ 배전설비공사 : 보호제어설비설치공사

해설 전기공사의 종류

발전·송전·변전 및 배전 설비공사

1) 발전설비공사
발전소(원자력발전소, 화력발전소, 풍력발전소, 수력발전소, 조력발전소, 태양열발전소, 내연발전소, 열병합발전소, 태양광발전소 등의 발전소를 말한다)의 전기설비공사와 이에 따른 제어설비공사

2) 송전설비공사
① 공중송전설비공사 : 공중송전설비공사에 부대되는 철탑기초공사 및 철탑조립공사(지지물설치 및 철탑도장을 포함한다), 공중전선설치공사(금구류 설치를 포함한다), 횡단개소의 보조설비공사, 보호선·보호망 공사
② 지중송전설비공사 : 지중송전설비공사에 부대되는 전력구설비공사, 공동구 안의 전기설비공사, 전력지중관로설비공사, 전력케이블설치공사(전선방재설비공사를 포함한다)
③ 물밑송전설비공사 : 물밑전력케이블설치공사
④ 터널 안 전선로공사 : 철도·궤도·자동차도·인도 등의 터널 안 전선로공사

3) 변전설비공사
① 변전설비기초공사 : 변전기기, 철구, 가대 및 덕트 등의 설치를 위한 공사
② 모선설비공사 : 모선(母線)설치(금구류 및 애자장치를 포함한다), 지지(支持) 및 분기개소의 설비공사
③ 변전기기설비공사 : 변압기, 개폐장치(차단기, 단로기 등을 말한다), 피뢰기 등의 설치공사
④ 보호제어설비설치공사 : 보호·제어반 및 제어케이

블의 설치공사

4) 배전설비공사
① 공중배전설비공사 : 전주 등 지지물공사, 변압기 등 전기기기설치공사, 가선공사(수목전지공사를 포함한다)
② 지중배전설비공사 : 지중배전설비공사에 부대되는 전력구설비공사, 공동구 안의 전기설비공사, 전력지중관로설비공사, 변압기 등 전기기기설치공사, 전력케이블설치공사(전선방재설비공사를 포함한다)
③ 물밑배전설비공사 : 물밑전력케이블설치공사
④ 터널 안 전선로공사 : 철도·궤도·자동차도·인도 등의 터널 안 전선로공사

⑧ 금속제 케이블트레이시스템은 기계적 및 전기적으로 완전하게 접속하여야 하며 금속제 트레이는 접지공사를 하여야 한다.
⑨ 케이블이 케이블트레이시스템에서 금속관, 합성수지관 등 또는 함으로 옮겨가는 개소에는 케이블에 압력이 가하여지지 않도록 지지하여야 한다.
⑩ 별도로 방호를 필요로 하는 배선부분에는 필요한 방호력이 있는 불연성의 커버 등을 사용하여야 한다.
⑪ 케이블트레이가 방화구획의 벽, 마루, 천장 등을 관통하는 경우에 관통부는 불연성의 물질로 충전(充塡)하여야 한다.

53 케이블 트레이 및 부속재 선정 시 고려사항으로 옳은 것은?

① 전선과 피복에 돌기 등이 있어도 된다.
② 케이블트레이의 안전율은 0.5 이상으로 하여야 한다.
③ 비금속제 케이블트레이는 방식성 재료의 것이어야 한다.
④ 옆면 레일 또는 이와 유사한 구조재를 설치하여야 한다.

해설 케이블트레이의 선정
① 수용된 모든 전선을 지지할 수 있는 적합한 강도의 것이어야 한다. 이 경우 케이블 트레이의 안전율은 1.5 이상으로 하여야 한다.
② 지지대는 트레이 자체 하중과 포설된 케이블 하중을 충분히 견딜 수 있는 강도를 가져야 한다.
③ 전선의 피복 등을 손상시킬 돌기 등이 없이 매끈하여야 한다.
④ 금속재의 것은 적절한 방식처리를 한 것이거나 내식성 재료의 것이어야 한다.
⑤ 측면 레일 또는 이와 유사한 구조재를 부착하여야 한다.
⑥ 배선의 방향 및 높이를 변경하는데 필요한 부속재 기타 적당한 기구를 갖춘 것이어야 한다.
⑦ 비금속제 케이블 트레이는 난연성 재료의 것이어야 한다.

54 간선의 굵기를 선정하는 결정요소가 아닌 것은?

① 허용전류
② 기계적 강도
③ 전압강하
④ 불평형 전류

해설 전선의 굵기 선정시 고려사항
① 허용전류
② 전압강하
③ 기계적강도
④ 기타(전압, 전력손실, 경제성 등)

55 브리지 정류기에 대한 설명 중 틀린 것은?

① 전파 정류기이다.
② 4개의 다이오드가 필요하다.
③ 맥류주파수는 입력주파수의 2배이다.
④ DC 전압을 AC 전압으로 변환하기 위해 사용한다.

해설 브리지 정류기(bridge rectifier)

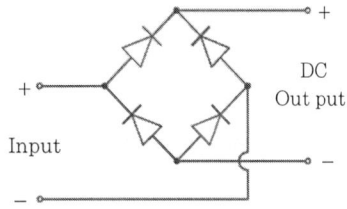

① 4개의 다이오드를 브리지 형으로 접속한 전파(全波)

정답 53. ④ 54. ④ 55. ④

정류기
② 마주 보는 한 쌍의 접속점에 교류(AC) 전압을 인가했을 때 다른 또 한 쌍의 마주 보는 접속점에서 직류(DC) 전압을 인출할 수 있다.

56 공사현장에 주요공사가 완료되고 현장이 정리 단계에 있을 때 예비준공검사를 실시하는 시기는?

① 준공예정 15일 전
② 준공예정 1개월 전
③ 준공예정 2개월 전
④ 준공예정 3개월 전

해설 예비준공검사

① 공사현장에 주요공사가 완료되고 현장이 정리단계에 있을 때에는 준공예정일 2개월 전에 준공기 내 준공가능 여부 및 미진한 사항의 사전 보완을 위해 예비 준공검사를 실시하여야 한다. 다만, 소규모 공사인 경우에는 발주자와 협의하여 생략할 수 있다.
② 감리업자는 전체공사 준공시에는 책임감리원, 비상주감리원 중에서 고급감리원 이상으로 검사자를 지정하여 합동으로 검사하도록 하여야 하며, 필요시 지원업무담당자 또는 시설물 유지관리 직원 등을 입회하도록 하여야 한다. 연차별로 시행하는 장기 계속공사의 예비준공검사의 경우에는 해당 책임감리원을 검사자로 지정할 수 있다.
③ 예비준공검사는 감리원이 확인한 정산설계도서 등에 따라 검사하여야 하며, 그 검사내용은 준공검사에 준하여 철저히 시행되어야 한다.
④ 책임감리원은 예비준공검사를 실시하는 경우에는 공사업자가 제출한 품질시험·검사총괄표의 내용을 검토하여야 한다.
⑤ 예비준공 검사자는 검사를 행한 후 보완사항에 대하여는 공사업자에게 보완을 지시하고 준공검사자가 검사시 확인할 수 있도록 감리업자 및 발주자에게 검사결과를 제출하여야 한다. 공사업자는 예비준공검사의 지적사항 등을 완전히 보완하고 책임감리원의 확인을 받은 후 준공 검사원을 제출하여야 한다.

57 전선을 지중 매설할 경우 중량물의 압력을 받을 위험이 있는 경우 매설 깊이는?

① 0.6[m] 이상　② 1.0[m] 이상
③ 1.2[m] 이상　④ 1.5[m] 이상

해설 지중배선의 시공

케이블 표시시트 설치　　　케이블 표시시트

① 지중매설관은 배선용 탄소강관, 내충격성의 경질비닐 전선관, 내충격성 경질 염화비닐관을 사용한다.
② 지중전선의 매설개소는 필요에 따라 매설깊이, 방향 등 지상에서 용이하게 확인할 수 있도록 표주 등에 의해 표시한다.
③ 지중배관과 지표면의 중간에 케이블표시시트를 포설한다.
(지중선로 포설후 지상으로부터 무단 굴착시 예상되는 케이블 손상방지)
④ 지중배관의 깊이는 1.0[m] 이상(중량물의 압력을 받을 우려가 없는 경우에는 0.6[m] 이상)

58 낙뢰로 인한 내부 전기·전자시스템을 보호하기 위한 LPMS의 기본 보호 대책이 아닌 것은?

① 접지와 본딩　② 협조된 SPD
③ 수뢰부 System　④ 자기차폐

해설 LEMP(뇌전자계임펄스)에 대한 보호시스템 LPMS
뇌전자계임펄스에 대한 내부시스템 보호를 위한 모든 시스템
(1) 전기·전자시스템의 고장을 줄이기 위한 기본보호 대책

1) 구조물의 경우
① 접지 및 본딩 대책
② 자기차폐
③ 선로의 경로

④ 협조된 SPD보호

2) 인입선의 경우
① 선로의 말단과 선로상의 여러 위치에 설치된 서지보호장치
② 케이블의 자기차폐

59
220[V], 60[Hz] 교류전원을 변압기를 사용하여 24[V]의 교류전원으로 바꾸려고 한다. 이 변압기 1차 코일의 권선수가 300회 일 때, 2차 코일의 권선수는 몇 회로 하면 되는가?

① 약 22회 ② 약 33회
③ 약 66회 ④ 약 600회

해설 변압기의 원리

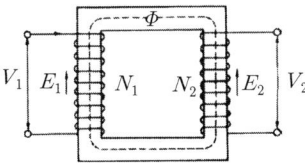

① 1개의 철심에 2개의 권선(코일)을 감고 한쪽의 권선에 전압[V]의 사인파 전압을 가하면, 철심 중에 자속 Φ[Wb]가 발생하며, 이 자속과 쇄교하는 다른 쪽 권선에는 권선 횟수에 비례하는의 전압을 공급 받게 된다.
② 1차, 2차 권선에 유도되는 기전력의 비는 변압기의 권수비에 비례하며 권수비를 라 하면

$$a = \frac{N_1}{N_2} = \frac{V_1}{V_2}$$

③ $a = \frac{300}{N_2} = \frac{220}{24}$

$\therefore N_2 = \frac{N_1 \times V_2}{V_1} = \frac{300 \times 24}{220} \fallingdotseq 33$ [회]

60
뇌서지 등에 의한 피해로부터 태양광발전시스템을 보호하기 위한 대책으로 옳지 않은 것은?

① 피뢰소자를 어레이 주회로 내에 분산시켜 설치함과 동시에 접속함에도 설치한다.
② 뇌서지가 내부로 침입하지 못하도록 피뢰소자를 설비인입구에서 먼 장소에 설치한다.
③ 뇌우의 발생지역에서는 교류전원 측에 내뢰 트랜스를 설치한다.
④ 저압 배전선으로부터 침입하는 뇌서지에 대해서는 분전반에 피뢰소자를 설치한다.

해설 PV 시스템을 보호하기 위한 대책
① 피뢰소자를 어레이 주회로 내에 분산시켜 설치함과 동시에 접속함에도 설치한다.
② 뇌서지가 내부로 침입하지 못하도록 피뢰소자를 설비인입구에서 가까운 장소에 설치한다.
③ 뇌우의 발생지역에서는 교류전원 측에 내뢰 트랜스를 설치한다.
④ 저압 배전선으로부터 침입하는 뇌서지에 대해서는 분전반에 피뢰소자를 설치한다.
⑤ 접속함 및 분전반 안에 설치하는 피뢰소자는 방전내량이 큰 것을 선정한다.
⑥ 피뢰소자의 접지측 배선은 되도록 짧게 유지하면서 설치한다.

61
태양전지 모듈, 전선 및 개폐기 등의 유지관리 사항 중 틀린 것은?

① 전선의 공칭단면적 2.0[mm²] 이상의 연동선 또는 동등 이상의 세기 및 굵기인지 확인한다.
② 전기적으로 완전한 접속과 동시에 접속점에 장력이 가해지지 않도록 한다.
③ 충전부분이 노출되었는지 확인한다.
④ 전로에 단락이 생긴 경우 전로를 보호하는 과전류차단기 시설을 확인한다.

해설 태양전지 모듈 등의 시설
1) 충전부분은 노출되지 않도록 시설할 것

2) 태양전지 모듈에 접속하는 부하측의 전로(복수의 태양전지 모듈을 시설한 경우에는 그 집합체에 접속하는 부하측의 전로)에는 그 접속점에 근접하여 개폐기 기타 이와 유사한 기구(부하전류를 개폐할 수 있는 것에 한한다)를 시설할 것

3) 태양전지 모듈을 병렬로 접속하는 전로에는 그 전로에 단락이 생긴 경우에 전로를 보호하는 과전류차단기 기타의 기구를 시설할 것. 다만, 그 전로가 단락전류에 견딜 수 있는 경우에는 그렇지 않다.

4) 전선은 다음에 의하여 시설할 것. 다만, 기계기구의 구조상 그 내부에 안전하게 시설할 수 있을 경우에는 그렇지 않다.
① 전선은 공칭단면적 2.5[mm²] 이상의 연동선 또는 이와 동등 이상의 세기 및 굵기의 것일 것
② 옥내에 시설할 경우에는 합성수지관공사, 금속관공사, 가요전선관공사 또는 케이블공사로 시설할 것
③ 옥측 또는 옥외에 시설할 경우에는 합성수지관공사, 금속관공사, 가요전선관공사 또는 케이블공사로 시설할 것

62 역률을 개선하였을 경우 그 효과로 맞지 않는 것은?

① 전력손실의 감소
② 설비용량의 무효분 증가
③ 전압강하의 감소
④ 각종기기의 수명연장

해설 **역률개선효과**
① 전력손실의 감소(변압기, 배전선로)
② 설비용량의 효율적 운용
③ 전압강하의 감소
④ 각종기기의 수명연장
⑤ 전력계통의 안정
⑥ 전기요금 절약

63 송전설비의 배전반에서 주회로의 인입부분 및 인출부분에 대한 일상점검의 내용이 아닌 것은?

① 볼트 종류의 이완상태에 따른 진동음 발생 여부를 점검한다.
② 케이블의 접속부분에서 과열현상에 의한 이상한 냄새의 발생 여부를 점검한다.
③ 케이블의 관통부분에서 곤충이나 벌레 등의 침입 가능성이 있는지 점검한다.
④ 부싱부분에서 접지 및 절연저항 값을 측정하고 점검한다.

해설 **주회로 인입·인출부(일상점검)**

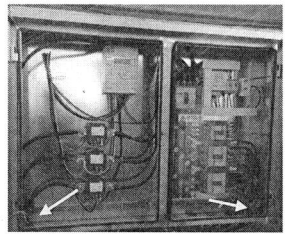

1) 폐쇄 모선의 접속부
① 이상 소리음 : 볼트 풀림 등에 의한 진동

2) 부싱
① 손상 : Corona 방전에 의한 이상음 점검, 균열, 파손 등

3) 케이블 단말부 및 접속부, 관통부 등
① 이상 소리음 : 볼트 풀림 등에 의한 진동
② 이상 냄새 : Corona 방전에 의한 과열 냄새
③ 손상 : 배선, 케이블 막이 판의 탈락 및 간격
④ 쥐, 곤충, 설치류 등의 침입 : 곤충 및 설치류 등의 침입 흔적

64 정전작업 전 조치사항으로 틀린 것은?

① 잔류전하의 방전
② 단락접지기구의 철거
③ 검전기에 의한 정전확인
④ 개로개폐기의 시건 또는 표시

해설 **정전작업**
1) 정전작업 전 조치사항
① 전원차단후 각 단로기 등을 개방하고 확인할 것
② 차단장치나 단로기 등에 잠금(시건)장치 및 꼬리표를 부착할 것
③ 전기기기 등에 공급되는 모든 전원을 관련 배선도, 도면 등을 통해 확인할 것
④ 검전기를 이용하여 작업대상 기기가 충전되었는지 확인 할 것(잔류전하 방전)

2) 정전작업 중 조치사항
① 작업지휘자에 의한 작업지휘
② 개폐기 관리(전원 재투입 방지, 잠금장치 및 꼬리표 부착 관리)
③ 근접 활선에 대한 방호상태 관리

④ 단락접지의 상태관리

3) 정전작업 후 조치사항
① 작업기기, 단락접지기구(접지선)를 제거하고 전기기기 등이 안전하게 통전될 수 있는지 확인
② 모든 작업자가 작업이 완료된 전기기기 등에서 떨어져 있는지 확인할 것
③ ④ 모든 이상 유무를 확인한 후 전기기기 등의 전원을 투입할 것

65 태양광발전시스템 보호계전기의 점검내용으로 틀린 것은?

① 접점의 접촉상태의 양호 여부
② 단자부의 볼트 이완 여부
③ 이물질, 먼지 등의 접착 여부
④ 부싱 단자부의 변색 여부

해설 보호계전기의 점검

과전류 계전기(Over Current Relay)

위 치	목 적	내 용
외부 일반	볼트 체결	- 단자부 볼트 및 너트의 체결상태와 바닥에 떨어진 부품의 유무
	오손	- 이물질, 먼지 등의 접착 여부
	손상	- 패킹류 및 커버 손상 여부
접점부, 도전부	손상	- 접점표면점검 - 혼촉, 코일소손, 단선, 단락, 절연파괴 등 점검
	접촉	- 접점 접촉상태 - CT 2차측 점검(테스터 플러그 사용시)
기계부	동작	- 기어 마찰에 의한 헐거움 여부 - 가동부의 회전장치, 표시기 정상여부 - 회전부 동작상태
정정부	볼트 체결	- 정정탭의 상태
	정정	- 정정탭, 정정레버 등 점검

66 태양전지 모듈 및 어레이 설치 후 확인사항이 아닌 것은?

① 극성   ② 전압
③ 단락전류   ④ 개방전류

해설 검사 항목
① 전압 및 극성 확인
② 단락전류 측정
③ 접지확인(일반적으로 직류측 회로는 비접지한다)

※ 태양광모듈 어레이에서는 직류가 발생된다.

67 태양광발전시스템 시공 시 작업의 종류에 따른 필요 공구가 잘못 연결된 것은?

① 도통시험 - 레벨미터
② 프레임 커팅 - 스피드 커터
③ 앵커 구멍 천공 - 앵커 드릴
④ 절삭부분 가공 - 핸드 그라인더

해설 ① 도통시험
전원을 절단한 채 각 장소간의 접속 유무, 또는 저항의 개략 값을 검토하는 것을 말하며, 보통은 회로시험기로 측정을 하며, 도통 시험의 결과는 단선의 유무, 접속 불량 장소 또는 오접속 발견을 위함이다.
② 레벨 미터(Level meter)
표준 가변 저항기, 증폭기, 지시계 등으로 구성되며, 저주파 전송 선로의 신호 레벨 등을 측정하는 계기

68 전압 동요에 의한 플리커의 경감대책으로 전원측에 실시하는 대책 중 틀린 것은?

① 전용 계통으로 공급한다.
② 단락 용량이 적은 계통에서 공급한다.
③ 전용 변압기로 공급한다.
④ 공급전압을 승압한다.

해설 플리커(Flicker)현상의 경감대책

부하의 특성에 기인하는 전압동요에 의해서 조명이 깜박거린다거나 텔레비전의 영상이 일그러진다든가 하는 현상

1) 전력공급측
① 전용계통으로 공급
② 공급전압을 승압
③ 전용 변압기로 공급
④ 단락용량이 큰 계통에서 공급

2) 수용가측
① 전원계통에 리액터 성분 보상 : 직렬 콘덴서, 3권선 보상변압기
② 전압강하 보상 : 부스터, 상호 보상리액터
③ 부하의 무효전력 변동분을 흡수 : 동기조상기와 리액터, TCR, TSC

69 계산 값이 항상 1 이상인 것은?

① 부등율
② 수용율
③ 부하율
④ 전압 강하율

해설 부등률(diversity factor)
① 몇 개의 수용가가 동일 배전 변압기로부터 전력을 공급받고 있을 때, 합성 최대 수용 전력은 각각 수용가의 최대 수용 전력의 합보다 적게 된다.
② 부등률은 1보다 크다.

$$부등률 = \frac{수용\ 설비\ 각각의\ 최대\ 수용\ 전력의\ 합\ [kW]}{합성\ 최대\ 수용\ 전력\ [kW]}$$

70 인버터의 유로효율에 대한 관계식으로 옳은 것은?

① $\eta_{EURO} = 0.01\eta5\% + 0.05\eta10\% + 0.16\eta20\% + 0.1\eta30\% + 0.48\eta50\% + 0.2\eta100\%$
② $\eta_{EURO} = 0.01\eta5\% + 0.08\eta10\% + 0.13\eta20\% + 0.1\eta30\% + 0.48\eta50\% + 0.2\eta100\%$
③ $\eta_{EURO} = 0.03\eta5\% + 0.06\eta10\% + 0.13\eta20\% + 0.1\eta30\% + 0.48\eta50\% + 0.2\eta100\%$
④ $\eta_{EURO} = 0.03\eta5\% + 0.06\eta10\% + 0.16\eta20\% + 0.1\eta30\% + 0.45\eta50\% + 0.2\eta100\%$

해설 중대형 태양광발전용 인버터 효율시험
교류전원을 정격전압 및 정격 주파수로 운전한다. 운전 시작 후 최소한 2시간 이후에 측정한다.

1) 출력전력이 정격출력의 5[%], 10[%], 20[%], 30[%], 50[%], 그리고 100[%]일 때의 각각의 전력변환효율을 측정한다.

2) 직류입력을 정격전압으로 두고 측정한다.

3) 독립형 인버터의 경우 정격효율로 측정한다.

4) 판정기준
① 계통연계형 인버터의 경우 Euro 변환효율로 측정하여, 정격용량이 10[kW] 초과 30[kW] 이하에서는 90[%], 30[kW] 초과 100[kW] 이하에서는 92[%], 100[kW] 초과에서는 94[%] 이상일 것
($\eta_{EURO} = 0.03\eta5\% + 0.06\eta10\% + 0.13\eta20\% + 0.1\eta30\% + 0.48\eta50\% + 0.2\eta100\%$)
② 독립형 인버터의 경우 정격효율로 측정하여 정격용량이 10[kW] 초과 30[kW] 이하에서는 88[%], 30[kW] 초과 100[kW] 이하에서는 90[%], 100[kW] 초과에서는 92[%] 이상일 것

71 태양광발전소에서 생산된 전력을 거래하는 방법으로 잘못된 것은?

① 현물시장
② 한국형 FIT
③ 고정가격 경쟁입찰(SMP+1REC방식)
④ 고정가격 경쟁입찰(SMP+1REC가격×가중치방식)

해설 한국형 FIT(Feed in Tariff)
① 한국형(FIT)는 소규모 태양광 발전사업자의 안정적인 수익 창출과 전기 판매절차의 편의성을 제고하기 위해 도입
② 전년도 고정가격계약 경쟁 입찰 평균가 중 가장 높은 가격으로 산정된 고정가격으로 6개의 공급의무자(한수원, 남동발전, 중부발전, 서부발전, 남부발전, 동서발전)와 20년간 거래할 수 있는 제도

72 전기사업법령에 따라 전기안전관리자의 선임신고를 한 자가 선임신고증명서의 발급을 요구한 경우에는 산업통상자원부령으로 정하는 바에 따라 어디에서 선임신고 증명서를 발급하는가?

① 고용노동부
② 전력기술인단체
③ 산업통상자원부
④ 한국산업인력공단

[해설] 전기안전관리자의 선임 및 해임신고
① 전기안전관리자의 선임 또는 해임신고를 하려는 자는 신고서에 관련 서류를 첨부하여 선임 또는 해임한 날부터 30일 이내에 전력기술인단체 중 산업통상자원부장관이 지정하여 고시하는 단체(전력기술인단체)에 제출해야 한다.
② 전력기술인단체는 전기안전관리자의 선임 또는 해임신고를 한 자가 전기안전관리자 선임(해임)신고 증명서의 발급을 요구하면 지체 없이 전기안전관리자 선임(해임)신고 증명서를 발급해야 한다.

73 태양광발전 전지에서 인버터까지의 직류전로(어레이 주회로) 접지에 대하여 옳은 것은?

① TN 접지공사
② TT 접지공사
③ IT 접지공사
④ 원칙적으로 접지공사를 하지 않는다.

[해설] 태양전지에서 인버터까지의 직류전로에는 일반적으로 접지를 하지 않는다.

74 태양광발전시스템의 접속함 정기점검시 육안점검 항목으로 틀린 것은?

① 접지선의 손상
② 전해액면 저하
③ 외부배선의 손상
④ 외함의 부식 및 파손

[해설] 접속함 정기점검내용

점검방법	점검 항목	점검 내용
육안점검	외함	부식 및 파손 상태 볼트 및 너트 조임 상태
	외부 배선 및 접속단자(퓨즈, 역전류 방지 다이오드, SPD, 극성)	배선 상태 접속 단자의 정상 유무 극성 상태(전체 회로) 전선인입부의 방수처리상태
	접지선 및 접지단자	접지선 손상, 접속 상태 단자 조임 상태
측정 및 시험	절연저항측정 (태양 전지와 접지 사이)	0.2[MΩ] 이상, 측정 전압 DC 500[V]
	절연저항측정 (인버터 입출력 단자와 접지 사이)	1[MΩ] 이상, 측정 전압 DC 500[V]
	개방전압측정	규정의 전압 여부, 어레이 출력확인

※ 전해액면 저하는 축전지의 육안점검사항이다.

75 태양광발전 모듈의 고장원인으로 적당하지 않은 것은?

① 습기 및 수분침투에 의한 내부회로의 단락
② 기계적 스트레스에 의한 태양전지 셀의 파손
③ 염해, 부식성 가스 등 주변 환경에 의한 부식
④ 경년 열화에 의한 태양전지 셀 및 리본의 노화

[해설] 모듈의 고장원인
① 제조결함(백화현상, 적화현상, 황색 변이, 핫스팟, 백시트 에어 버블링 등)
② 시공불량(모듈 시공시 외부 충격의 영향, 구조물의 불균형 시공으로 인한 프레임 변형 등)
③ 전기적(전압, 전류), 기계적(열응력, 충격) 스트레스에 의한 태양전지 셀의 파손
④ 염해, 부식성 가스 등 주변 환경에 의한 부식
⑤ 경년 열화에 의한 태양전지 셀 및 리본의 노화

정답 72. ② 73. ④ 74. ② 75. ①

76 바이패스 다이오드(Bypass Diode) 고장의 원인이 아닌 것은?

① 빈번한 차광
② 외부의 충격
③ 낙뢰 및 서지
④ 인버터 용량과다

해설 바이패스 다이오드(Bypass Diode) 고장의 원인
① 다이오드 항복전압 이상의 서지전압
② 정션박스 내부의 열배출 미비로 인한 파괴
③ 빈번한 차광에 의한 열발생
④ 외부의 충격

77 다음 중 태양전지 및 어레이의 점검내용이 아닌 것은?

① 프레임 파손 및 변형
② 유리표면의 오염 및 파손
③ 보호계전기의 설정
④ 지지대의 접지 및 고정

해설 태양전지(어레이)의 육안점검
① 모듈의 오염 및 파손
② 프레임 파손 및 변형유무
③ 가대의 부식 및 녹 발생
④ 가대의 고정(볼트 및 너트의 풀림) 및 접지
⑤ 외부배선의 손상
⑥ 변색, 낙엽 등의 유무 검사
⑦ 지붕재의 파손 및 지지기구와의 고정상태

78 태양전지 모듈 설치 시 감전방지대책으로 옳은 것은?

① 작업 시에는 일반 장갑을 착용한다.
② 강우 시 발전이 없기 때문에 작업을 해도 무관하다.
③ 태양광 모듈을 수리할 경우 표면을 차광시트로 씌워야 한다.
④ 태양전지 모듈은 저압이기 때문에 공구는 반드시 절연처리 될 필요가 없다.

해설 모듈 설치 시 감전방지대책
① 전선피복 상태 관리
② 절연 장갑을 착용한다.
③ 절연 처리된 공구를 사용한다.
④ 태양전지 모듈 및 인버터 전원 개방
⑤ 작업 전 태양전지 모듈 표면에 차광막을 씌워 태양광을 차폐한다.
⑥ 강우 시에는 감전사고와 미끄러짐으로 인한 추락사고로 이어질 우려가 있으므로 작업을 금지한다.

79 안전장비의 정기점검 관리 보관 요령으로 틀린 것은?

① 세척한 후에 그늘진 곳에 보관할 것
② 청결하고 습기가 없는 장소에 보관할 것
③ 보호구 사용 후에는 손질하여 항상 깨끗이 보관할 것
④ 한 달에 한 번 이상 책임있는 감독자가 점검을 할 것

해설 보호구의 점검과 관리
보호구는 필요할 때 언제든지 사용할 수 있는 상태로 손질하여 놓아야 하며, 정기적으로 점검·관리한다.
① 적어도 한 달에 한번이상 책임있는 감독자가 점검을 할 것
② 청결하고, 습기가 없으며, 통풍이 잘되는 장소에 보관 할 것
③ 부식성 액체, 유기용제, 기름, 화장품, 산(acid) 등과 혼합하여 보관하지 말 것
④ 보호구는 항상 깨끗하게 보관하고 땀 등으로 오염된 경우에는 세척하고, 건조시킨 후 보관할 것

80 태양광발전시스템의 안전관리 예방업무가 아닌 것은?

① 시설물 위험방지
② 안전관리비 실행 집행 및 관리
③ 안전작업 관련 훈련 및 교육
④ 안전장구, 보호구, 소화설비의 설치, 점검,

정답 76. ④ 77. ③ 78. ③ 79. ①

정비

[해설] 안전관리 예방업무
① 시설물 및 작업장 위험 방지
② 안전작업 관련 훈련 및 교육
③ 안전장구, 보호구, 소화설비의 설치, 점검
④ 위험예지 활동 이행
⑤ 안전점검 이행
⑥ 현장 안전관리계획 수립

2022 제4회 CBT 복원 기출문제

01 신에너지 및 재생에너지 개발·이용·보급 촉진법에서 기본계획의 계획기간은 몇 년 이상으로 하는가?

① 1년   ② 3년
③ 5년   ④ 10년

해설 기본계획의 수립(신재생에너지법 제5조)
① 산업통상자원부장관은 관계 중앙행정기관의 장과 협의를 한 후 신·재생에너지정책심의회의 심의를 거쳐 신·재생에너지의 기술개발 및 이용·보급을 촉진하기 위한 기본계획을 5년마다 수립하여야 한다.
② 기본계획의 계획기간은 10년 이상으로 한다.

02 저탄소 녹색성장 기본법에서 정한 온실가스에 속하지 않는 것은?

① 육불화황   ② 이산화탄소
③ 과산화수소 ④ 아산화질소

해설 정의(녹색성장법 제2조)
온실가스 : 이산화탄소(CO_2), 메탄(CH_4), 아산화질소(N_2O), 수소불화탄소(HFCs), 과불화탄소(PFCs), 육불화황(SF_6) 및 그밖에 대통령령으로 정하는 것으로 적외선 복사열을 흡수하거나 재방출하여 온실효과를 유발하는 대기 중의 가스 상태의 물질

03 햇빛·물·지열(地熱)·강수(降水)·생물유기체 등을 포함하는 재생 가능한 에너지를 변환시켜 이용하는 에너지에 해당하지 않는 것은?

① 해양에너지   ② 지열에너지
③ 수소에너지   ④ 태양에너지

해설 신·재생에너지의 정의
1) 신에너지 : 기존의 화석연료를 변환시켜 이용하거나 수소·산소 등의 화학 반응을 통하여 전기 또는 열을 이용하는 에너지
① 수소에너지
② 연료전지
③ 석탄을 액화·가스화한 에너지 및 중질잔사유을 가스화

2) 재생에너지 : 햇빛·물·지열·강수·생물유기체 등을 포함하는 재생 가능한 에너지를 변환시켜 이용하는 에너지
① 태양에너지
② 풍력
③ 수력
④ 해양에너지
⑤ 지열에너지
⑥ 생물자원을 변환시켜 이용하는 바이오에너지
⑦ 폐기물에너지(비재생폐기물로부터 생산된 것은 제외한다)

04 분산형 전원 발전설비의 역률은 계통 연계지점에서 원칙적으로 얼마 이상을 유지하여야 하는가?

① 0.8   ② 0.85
③ 0.9   ④ 0.95

해설 전기품질 항목
① 직류 유입 제한
분산형전원 및 그 연계 시스템은 분산형전원 연결점에서 최대 정격 출력전류의 0.5[%]를 초과하는 직류 전류를 계통으로 유입시켜서는 안된다.
② 역률
분산형전원의 역률은 90[%] 이상으로 유지함을 원칙으로 한다.
③ 플리커(flicker)
④ 고조파

05 반동수차의 종류가 아닌 것은?

① 펠톤수차
② 카플란수차
③ 프란시스수차
④ 프로펠러수차

정답 1.④ 2.③ 3.③ 4.③

해설 수차의 종류 및 특징

수차의 종류		특징
충동 수차	펠톤(Pelton)수차 튜고(Turgo)수차 오스버그(Ossberger)수차	수차가 물에 완전히 잠기지 않음 물은 수차의 일부 방향에서만 공급되며, 운동에너지만을 전환함
반동 수차	프란시스(Francis)수차	수차가 물에 완전히 잠김
	프로 펠러 수차	카플란(Kaplan)수차 튜브라(Tubular)수차 벌브(Bulb)수차 림(Rim)수차	수차의 원주방향에서 물이 공급됨 동압(dynamic pressure) 및 정압(static pressure)이 전환됨

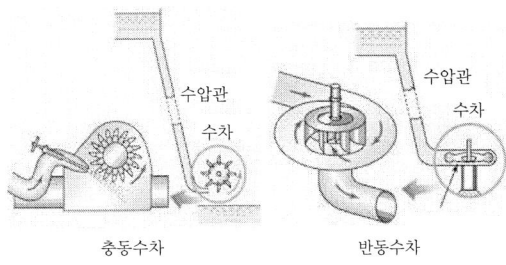

충동수차   반동수차

① 충동수차(impulse water turbine) : 물을 노즐(nozzle)로부터 분출시켜서 위치 에너지를 전부 운동 에너지로 바꾸는 수차
② 반동수차(reaction water turbine) : 물의 위치에너지를 압력에너지로 바꾸고 이것을 러너에 유입시켜 빠져나갈 때의 반작용으로 동력을 발생하는 수차

06 신·재생 에너지 설비의 설치계획서를 받은 산업통상자원부장관은 설치계획서를 받은 날부터 타당성을 검토한 후 그 결과를 해당 설치의무기관의 장 또는 대표자에게 통보하여야 할 일수로 옳은 것은?

① 10일 ② 20일
③ 30일 ④ 50일

해설 신·재생에너지 설비의 설치계획서 제출 등

① 설치의무기관의 장 또는 대표자가 신·재생에너지 공급의무 비율에 해당하는 건축물을 신축·증축 또는 개축하려는 경우에는 신·재생에너지 설비의 설치계획서를 해당 건축물에 대한 건축허가를 신청하기 전에 산업통상자원부장관에게 제출하여야 한다.
② 산업통상자원부장관은 설치계획서를 받은 날부터 30일 이내에 타당성을 검토한 후 그 결과를 해당 설치의무기관의 장 또는 대표자에게 통보하여야 한다.
③ 산업통상자원부장관은 설치계획서를 검토한 결과, 기준에 미달한다고 판단한 경우에는 미리 그 내용을 설치의무기관의 장 또는 대표자에게 통지하여 의견을 들을 수 있다.

07 연료전지 구성요소 중 개질기(Reformer)에 대한 설명으로 옳은 것은?

① 연료전지에서 나오는 직류를 교류로 변환시키는 장치
② 수소가 함유된 일반연료(천연가스, 메탄올, 석탄 등)로부터 수소를 발생시키는 장치
③ 전해질이 함유된 전해질 판, 연료극, 공기극으로 구성된 장치
④ 원하는 전기출력을 얻기 위해 단위전지 수십에서 수백장을 직렬로 쌓아 올린 본체

해설 연료전지 발전시스템 구성도

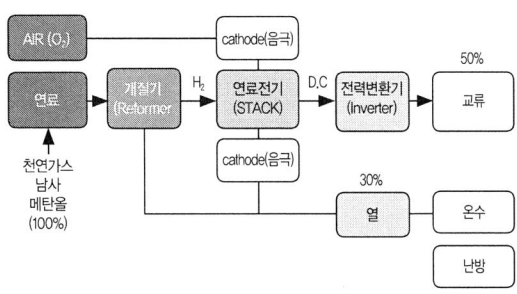

1) 개질기(Fuel Reformer)
화학적으로 수소를 함유하는 일반 연료(LPG, LNG, 메탄, 석탄가스 메탄올 등)로부터 연료전지가 필요로 하는 수소를 많이 포함하는 가스로 변환하는 제어장치

2) 스택(Stack)

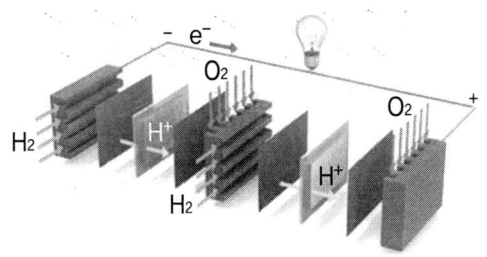

① 연료 개질 장치에서 들어오는 수소와 공기 중의 산소로 직류 전기와 물 및 부산물인 열을 발생시킨다.
② 원하는 전기출력을 얻기 위해 단위전지를 수십장, 수백장 직렬로 쌓아 올린 본체.

3) 전력변환기(Inverter)
연료전지에서 나오는 직류 전원(DC)을 교류 전원(AC)로 변환시키는 장치

4) 주변보조기(BOP: Balance of Plant)
연료, 공기, 열회수 등을 위한 펌프류, Blower, 센서 등

08 일조율에 관한 설명으로 옳은 것은?
① 가조시간에 대한 일조시간의 비
② 해뜨는 시간부터 해지는 시간까지의 일사량
③ 구름의 방해 없이 지표면에 태양이 비친 시간
④ 지표면에 직접 도달하는 직달 일조강도의 적산

해설 일조시간과 가조시간
1) 일조시간(Duration of Sunshine)
① 태양광선이 구름이나 안개 등에 의해서 차단되지 않고 지표면을 비춘 시간
② 일조율 = $\dfrac{일조시간}{가조시간} \times 100$ [%]

2) 가조시간(Possible Duration of Sunshine)
① 해가 뜬 다음부터 다시 질 때까지 태양에서 오는 직사광선
② 일조(日照)를 기대할 수 있는 시간을 말하며 산, 구름, 안개나 건조물에 의해 바뀔 수 있다.
③ 산, 구름, 안개 등 장애물이 없다고 가정했을 때의 일조시간은 가조시간과 동일하다.

09 위도 37.5°일 때 동지 시의 남중고도는?
① 33°   ② 29°
③ 26°   ④ 14°

해설 남중고도
① 겨울철 태양의 남중고도가 가장 낮아 모듈간 그림자의 영향이 가장 많다.
② 지구의 자전축은 23.5도 기울어져 있다.
③ 계절별 남중고도 및 모듈 설치각도

계절별 구분	남중고도	모듈 설치각도
여름	90-33.5+23.5=80	10°
봄, 가을	90-33.5+0=56.5	33.5°
겨울	90-33.5-23.5=33	57°

④ 최적 설치 각도

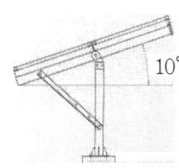
하지(여름) 경사각

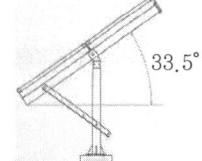
춘. 추분(봄, 가을)

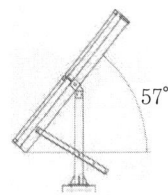
동지(겨울) 경사각

10 부지선정 시 일반적으로 고려되어야 하는 사항으로 틀린 것은?
① 지리적인 조건   ② 풍향 조건
③ 행정상의 조건   ④ 건설 환경적 조건

해설 부지선정 시 일반적인 고려사항
① 일사량 : 남향을 표준으로 한다.
② 일조시간 : 고지대가 유리함
③ 자연환경검토 : 적설 및 적운이 적은 지역, 음영발생 여부, 바람이 잘 들 수 있을 것(모듈 효율 상승),

정답 8. ① 9. ② 10. ②

지반지질 상태 등
④ 접근성 : 비포장도로 4[m], 포장도로 3[m]
⑤ 행정상 조건(인허가문제) : 각 지자체별로 개발행위 및 산지전용 가능여부 등에 관한 규제가 상이 함
⑥ 계통연계 : 3상 전주 인입 가능 여부 및 한전선로(분산형전원) 용량 확인
⑦ 경제성(토지비, 송전 설치비, 발전용량에 맞는 부지 선정 등)
⑧ 기타 – 민원

11 전기공사업법에 규정된 전기공사기술자의 양성 교육훈련의 교육시간은?

① 20시간   ② 30시간
③ 40시간   ④ 60시간

해설 양성교육훈련의 실시 등

산업통상자원부장관은 지정교육훈련기관이 다음의 사람에 대하여 양성교육훈련을 실시하게 하여야 한다.
1) 초급 전기공사기술자로 인정을 받으려는 사람으로서 다음의 어느 하나에 해당하는 사람
① 기능사의 자격을 취득한 사람
② 등급인정기준에 따른 학력·경력자
2) 등급의 변경을 인정받으려는 전기공사기술자

※ 양성교육훈련의 교육실시기준(제12조의4 제2항 관련)

대상자	교육 시간	교육 내용
전기공사기술자로 인정을 받으려는 사람 및 등급의 변경을 인정받으려는 전기공사기술자	20시간	기술능력의 향상

12 분산형전원 배전계통 연계 기술기준에 따라 분산형전원을 특고압 한전계통에 연계하는 경우 연계계통의 전기방식으로 옳은 것은?

① 교류 단상 22.9kV
② 교류 삼상 22.9kV
③ 교류 단상 154kV
④ 교류 삼상 154kV

해설 연계구분에 따른 계통의 전기방식

구분	연계계통의 전기방식
저압 한전계통 연계	교류 단상 220V 또는 교류 삼상 380V 중 기술적으로 타당하다고 한전이 정한 한가지 전기방식
특고압 한전계통 연계	교류 삼상 22,900V

13 사업계획서 작성 시 사업계획의 개요에 포함되어야 될 사항으로 틀린 것은?

① 소유부지면적
② 전기설비의 명칭
③ 사업개시 예정일
④ 전기설비의 작업자 수

해설 사업계획에 포함되어야 할 사항

① 사업 구분
② 사업계획 개요(사업자명, 전기설비의 명칭 및 위치, 발전형식 및 연료, 설비용량, 소요부지면적, 준비기간, 사업개시 예정일 및 운영기간을 포함한다)
③ 전기설비 개요
④ 전기설비 건설 계획(구체적인 주요공정 추진 일정 및 건설인력 관련 계획을 포함한다)
⑤ 전기설비 운영 계획(기술 인력의 확보 계획을 포함한다)
⑥ 부지의 확보 및 배치 계획[석탄을 이용한 화력발전의 경우 회(灰)처리장에 관한 사항을 포함한다]
⑦ 전력계통의 연계 계획(발전사업 및 구역전기사업의 경우만 해당한다)
⑧ 연료 및 용수 확보 계획(발전사업 및 구역전기사업의 경우만 해당한다)
⑨ 온실가스 감축계획(화력발전의 경우만 해당한다)
⑩ 소요금액 및 재원조달계획(「전기사업회계규칙」의 계정과목 분류에 따른 공사비 개괄 계산서를 포함한다)
⑪ 사업개시 예정일부터 5년간 연도별·용도별 공급계획(전기판매사업 및 구역전기사업의 경우에만 해당한다)

14 국토의 계획 및 이용에 관한 법률에 따라 개발행위허가의 경미한 변경으로 틀린 것은?

① 사업기간을 단축하는 경우
② 관계 법령의 개정에 따라 허가받은 사항을 불가피하게 변경하는 경우
③ 부지면적 또는 건축물 연면적을 10퍼센트 범위에서 축소하는 경우
④ 도시·군관리계획의 변경에 따라 허가받은 사항을 불가피하게 변경하는 경우

[해설] 개발행위허가의 경미한 변경
1) 사업기간을 단축하는 경우
2) 다음의 어느 하나에 해당하는 경우
① 부지면적 또는 건축물 연면적을 5% 범위에서 축소
② 관계 법령의 개정 또는 도시·군관리계획의 변경에 따라 허가받은 사항을 불가피하게 변경하는 경우
③ 허용되는 오차를 반영하기 위한 변경인 경우
④ 허가를 받거나 신고를 하고 건축 중인 부분의 위치가 1m 이내에서 변경되는 경우

15 산업통상자원부장관의 허가가 필요한 발전설비 용량 [kW]은?

① 2000　　② 2500
③ 3000　　④ 3500

[해설] 사업허가의 신청
① 전기사업의 허가를 신청하려는 자는 전기사업허가신청서에 관련 서류(전자문서를 포함한다. 이하 같다)를 첨부하여 산업통상자원부장관에게 제출하여야 한다.
② 다만, 발전설비용량이 3,000[kW] 이하인 발전사업의 허가를 받으려는 자는 특별시장·광역시장·특별자치시장·도지사 또는 특별자치도지사에게 제출하여야 한다.

16 다음 중 태양광발전의 특징으로 옳지 않은 것은?

① 무인화 가능
② 청정 발전방식
③ 운영 유지비 많음
④ 무한정한 에너지

[해설] 태양광발전의 특징
1) 장점
① 에너지의 원료인 태양의 빛은 무료이며, 무한이다.
② 환경오염이 없는 청정에너지원이다.
③ 발전과정에서 환경오염이 없다.
④ 유지관리 비용이 적다.(무인화)

2) 단점
① 에너지밀도가 낮아 큰 설치면적이 필요하다.
② 설치장소가 한정적이며, 시스템 비용이 고가이다.
③ 발전량은 계절과 일조량의 영향을 많이 받는다.

17 전기공사 기술자의 인정기준 중 기사의 자격을 취득한 후 5년 이상 전기공사업무를 수행한 전기공사기술자는?

① 특급전기공사기술자
② 고급전기공사기술자
③ 중급전기공사기술자
④ 초급전기공사기술자

[해설] 전기공사기술자의 등급 및 인정기준

등급	국가기술자격자	학력·경력자
특급전기공사기술자	기술사 또는 기능장의 자격을 취득한 사람	
고급전기공사기술자	① 기사의 자격을 취득한 후 5년 이상 전기공사업무를 수행한 사람 ② 산업기사의 자격을 취득한 후 8년 이상 전기공사업무를 수행한 사람 ③ 기능사의 자격을 취득한 후 11년 이상 전기공사업무를 수행한 사람	

정답 14. ③ 15. ④ 16. ③ 17. ②

등급	국가기술자격자	학력 · 경력자
중급 전기 공사 기술자	① 기사의 자격을 취득한 후 2년 이상 전기공사업무를 수행한 사람 ② 산업기사의 자격을 취득한 후 5년 이상 전기공사업무를 수행한 사람 ③ 기능사의 자격을 취득한 후 8년 이상 전기공사업무를 수행한 사람	① 전기 관련 학과의 석사 이상의 학위를 취득한 후 5년 이상 전기공사업무를 수행한 사람 ② 전기 관련 학과의 학사 학위를 취득한 후 7년 이상 전기공사업무를 수행한 사람 ③ 전기 관련 학과의 전문학사 학위를 취득한 후 9년(3년제 전문학사 학위를 취득한 경우에는 8년) 이상 전기공사업무를 수행한 사람 ④ 전기 관련 학과의 고등학교를 졸업한 후 11년 이상 전기공사업무를 수행한 사람
초급 전기공사 기술자	① 산업기사 또는 기사의 자격을 취득한 사람 나. 기능사의 자격을 취득한 사람	① 전기 관련 학과의 학사 이상의 학위를 취득한 사람 ② 전기 관련 학과의 전문학사 학위를 취득한 후 2년(3년제 전문학사 학위를 취득한 경우에는 1년) 이상 전기공사업무를 수행한 사람 ③ 전기 관련 학과의 고등학교를 졸업한 후 4년 이상 전기공사업무를 수행한 사람 ④ 전기 관련 학과 외의 학사 이상의 학위를 취득한 후 4년 이상 전기공사업무를 수행한 사람 ⑤ 전기 관련 학과 외의 전문학사 학위를 취득한 후 6년(3년제 전문학사 학위를 취득한 경우에는 5년) 이상 전기공사업무를 수행한 사람 ⑥ 전기 관련 학과 외의 고등학교 이하인 학교를 졸업한 후 8년 이상 전기공사업무를 수행한 사람

18 신재생에너지의 중요성에 대한 설명과 무관한 것은?

① 화석연료의 고갈문제 해결
② 발생의 증가
③ 기후변화 협약
④ 최근 유가의 불안정

해설 신 · 재생에너지의 중요성

① 최근 유가의 불안정, 기후변화협약 규제 대응 등 신 · 재생에너지의 중요성이 재인식되면서 에너지 공급방식 다양화 필요
② 기후변화 협약은 선진국들이 이산화탄소()를 비롯하여 각종 온실 기체의 방출을 제한하고 지구 온난화를 막는 데 주요 목적
③ 기존에너지원 대비 가격경쟁력 확보시 신 · 재생에너지산업은 미래 산업, 차세대산업으로 급신장 예상
④ 정부는 2030년 재생에너지 비율을 20% 보급한다는 장기적인 목표 하에 신 · 재생에너지기술개발 및 보급사업 등에 대한 지원 강화

19 온실효과에 대한 설명으로 틀린 것은?

① 온실효과 가스가 존재하지 않는다면 평균기온은 -18[℃]에 이른다.
② 석탄 등 화석연료 대량소비는 발생 주원인이다.
③ 발생 증가는 지구온난화에 영향을 준다.
④ 지구 온난화는 연간 강수량을 증가시킨다.

해설 지구온난화의 요인 및 영향

① 지구온난화의 요인중 화석연료의 사용에 따른 이산화탄소(CO_2) 등 온실가스의 배출량 증가가 가장 중요한 요인이다.
② 이산화탄소가 없을 경우 지구 평균온도는 -18 ~ -20[℃]이 되어, 인간을 비롯한 생명체가 살기 어려운 환경이 된다.
③ 기온 증가와 더불어 폭우, 가뭄, 폭염과 같은 이상 기상 현상이 더 빈번해지고 더욱 강력해질 것으로 예측된다.
④ 기온 증가는 산림분포지역과 생태계의 변화를 가져올 뿐만 아니라 많은 지역에서 이용가능한 수자원(연편균 강수량)의 감소를 야기할 것으로 보인다.

20 발전사업자 등에게 총전력생산량의 일부를 의무적으로 신재생에너지로 공급하게 하는 제도에서 정하고 있는 2023년도 신재생에너지 의무공급량 비율은?

① 12.5[%] ② 13.0[%]
③ 17.0[%] ④ 20[%]

해설 신·재생에너지 공급의무화 등

(1) 산업통상자원부장관은 신·재생에너지의 이용·보급을 촉진하고 신·재생에너지산업의 활성화를 위하여 필요하다고 인정하면 다음의 어느 하나에 해당하는 자 중 대통령령으로 정하는 자에게 발전량의 일정량 이상을 의무적으로 신·재생에너지를 이용하여 공급하게 할 수 있다.
① 발전사업자
② 발전사업의 허가를 받은 것으로 보는 자
③ 공공기관

(2) 공급의무자가 의무적으로 신·재생에너지를 이용하여 공급하여야 하는 발전량의 합계는 총전력생산량의 25% 이내의 범위에서 연도별로 대통령령으로 정한다. 이 경우 균형 있는 이용·보급이 필요한 신·재생에너지에 대하여는 대통령령으로 정하는 바에 따라 총의무공급량 중 일부를 해당 신·재생에너지를 이용하여 공급하게 할 수 있다.

※ 연도별 의무공급량의 합계 등

(1) 의무공급량의 연도별 합계는 공급의무자의 다음 계산식에 따른 총전력생산량에 아래 표에 따른 비율을 곱한 발전량 이상으로 한다. 이 경우 의무공급량은 공급인증서를 기준으로 산정한다.

> 총전력 생산량 = 지난 연도 총전력생산량 − (신·재생에너지 발전량 + 산업통상자원부장관이 정하여 고시하는 설비에서 생산된 발전량)

(2) 산업통상자원부장관은 3년마다 신·재생에너지 관련 기술 개발의 수준 등을 고려하여 아래 표에 따른 비율을 재검토하여야 한다. 다만, 신·재생에너지의 보급 목표 및 그 달성 실적과 그 밖의 여건 변화 등을 고려하여 재검토 기간을 단축할 수 있다.

※ 연도별 의무공급량의 비율

해당 연도	비율[%]
2012년	2.0
2013년	2.5
2014년	3.0
2015년	3.0
2016년	3.5
2017년	4.0
2018년	5.0
2019년	6.0
2020년	7.0
2021년	9.0
2022년	12.5
2023년	13.0
2024년	13.5
2025년	14.0
2026년	15.0
2027년	17.0
2028년	19.0
2029년	22.5
2030년 이후	25.0

21 전기설비기술기준의 판단기준에 따라 피뢰기를 설치하지 않아도 되는 곳은?

① 가공전선로와 지중전선로가 접속되는 곳
② 변전소의 가공전선 인입구 중 보호범위 내의 피보호기기
③ 고압 가공전선로로부터 공급을 받는 수용장소의 인입구
④ 특고압 가공전선로로부터 공급을 받는 수용장소의 인입구

해설 피뢰기의 시설

고압 및 특고압의 전로 중 다음에 열거하는 곳 또는 이에 근접한 곳에는 피뢰기를 시설하여야 한다.
① 발전소·변전소 또는 이에 준하는 장소의 가공전선 인입구 및 인출구
② 가공전선로에 접속하는 제29조의 배전용 변압기의 고압측 및 특고압측
③ 고압 및 특고압 가공전선로로부터 공급을 받는 수용장소의 인입구
④ 가공전선로와 지중전선로가 접속되는 곳

22 P-N 접합에 의한 태양광발전의 진행단계가 아닌 것은?

① 광흡수 ② 전하생성
③ 단락전류 ④ 전하수집

해설 태양전지의 원리

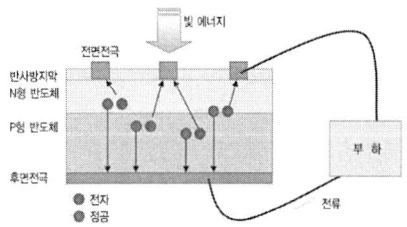

① pn접합구조를 가진 태양전지(solar cell)로서 외부로부터 광자(photon)가 태양전지의 내부로 흡수되면 광자가 지닌 에너지에 의해 태양전지 내부에서 전자(electron)와 정공(hole)의 쌍(e-h pair)이 생성된다.
② 생성된 전자-정공 쌍은 pn접합에서 발생한 전기장에 의해 전자는 n형반도체로 이동하고 정공은 p형반도체로 이동해서 각각의 표면에 있는 전극에서 수집되며, 각각의 전극에서 수집된 전하(charge)를 외부 회로로 흐르게 하면 전류가 발생된다.

23 책임감리원은 최종감리보고서를 감리기간 종료 후 며칠 이내에 발주자에게 제출하여야 하는가?

① 3일 이내 ② 7일 이내
③ 14일 이내 ④ 30일 이내

해설 감리보고 등

책임감리원은 다음의 사항이 포함된 최종감리보고서를 감리기간 종료 후 14일 이내에 발주자에게 제출하여야 한다.
① 공사 및 감리용역 개요 등(사업목적, 공사개요, 감리용역 개요, 설계용역 개요)
② 공사추진 실적현황(기성 및 준공검사 현황, 공종별 추진실적, 설계변경 현황, 공사현장 실정보고 및 처리현황, 지시사항 처리, 주요인력 및 장비투입현황, 하도급 현황, 감리원 투입현황)
③ 품질관리 실적(검사요청 및 결과통보현황, 각종 측정기록 및 조사표, 시험장비 사용현황, 품질관리 및 측정자 현황, 기술검토실적 현황 등)
④ 주요기자재 사용실적(기자재 공급원 승인현황, 주요기자재 투입현황, 사용자재 투입현황)
⑤ 안전관리 실적(안전관리조직, 교육실적, 안전점검실적, 안전관리비 사용실적)
⑥ 환경관리 실적(폐기물발생 및 처리실적)
⑦ 종합분석

24 수 개 또는 수십 개의 태양광발전 전지를 직렬로 연결하기 위해서 납땜하는 제조 공정은?

① Lay-Up 공정
② Laminator 공정
③ 시뮬레이터 공정
④ Tabbing & String 공정

해설 Tabbing & String

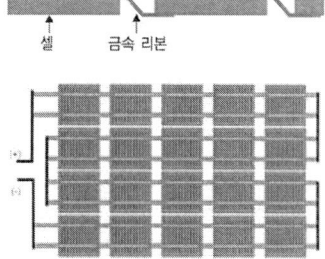

일반적인 태양광 모듈은 태양전지의 전면에 있는 Ag 버스바(Busbar)를 인접한 다른 태양전지 후면에 금속 리본을 납땜하여 연결한다. 이 방법은 공정상 설비가 단순하여 신뢰성이 높지만 출력저하를 일으키는 몇 가지 문제점이 있다. 태양전지 전면 리본의 영향으로 전류 수집에 손실이 생기며, 납땜(Soldering)과정에서 태양전지에 국부적인 열전달과 압력으로 인한 휨현상(Bowing)과 미세 균열을 일으킬 수 있다.

25 다결정 실리콘 태양전지 제조과정에 포함되지 않는 공정은?

① 방향성 고결 ② 블록으로 절단
③ 인발 공정   ④ 웨이퍼로 켜기

해설 단결정 실리콘 태양전지의 제조방법

폴리실리콘   Czochralski 법   웨이퍼 슬라이싱

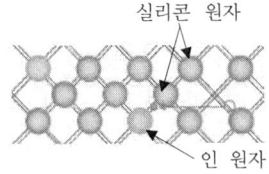
인듐(In) 도핑

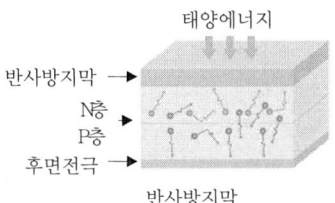

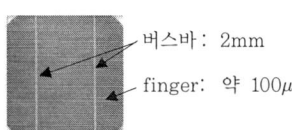
전면전극 구조

① 폴리실리콘
　모래에서 뽑아낸 태양광 기초소재
② 초크랄스키(Czochralski) 공정
　실리콘을 뜨거운 열로 녹여 고순도의 실리콘 용액을 만들고 이것으로 실리콘 기둥인 잉곳(Ingot)을 만드는 실리콘 결정 성장기술
③ 얇은 웨이퍼 만들기(Wafer Slicing)
　잉곳(Ingot)을 다이아몬드 톱을 이용해 균일한 두께로 얇게 절단하여 웨이퍼를 만든다.
④ 인듐(In) 도핑
　웨이퍼에 전도성을 띠게 하기 위해 불순물로 인듐(In)을 고온에서 확산 및 P/N층을 접합하게 되면, 자유전자가 부족한 p형반도체가 되며, 도핑 물질로서 붕소(B), 갈륨(Ga), 인듐(In)등 3족 원소를 사용한다. 자유전자는 일정한 방향성을 갖고 이동할 수 있다.
⑤ 반사방지막
　전기를 얻기 위해 전극을 형성한 후 마지막으로 빛의 반사를 최대한 막기 위해 반사 방지막을 형성한다.
⑥ 전/후면 전극
　반사방지막 위에 전극 형성을 위한 실크스크린을 인쇄한다.

※ 인발(Drawing) 공정

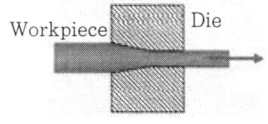

길이가 긴 봉재나 선재를 인발 다이(Die) 사이로 잡아 당겨서 소재의 단면적을 감소시키는 공정

26 n개의 태양광발전 전지를 직병렬로 접속한 경우의 설명으로 옳은 것은?

① 태양광발전 전지를 직렬로 접속하면 전압은 n배로 높아진다.
② 태양광발전 전지를 직렬로 접속하면 전류는 n배로 높아진다.
③ 태양광발전 전지를 병렬로 접속하면 전압은 n배로 높아진다.
④ 태양광발전 전지를 병렬로 접속하면 전류는 변하지 않는다.

해설 태양전지의 접속

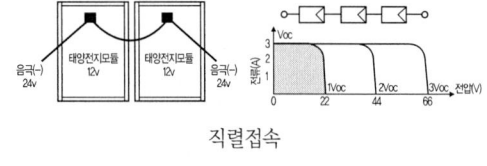
직렬접속

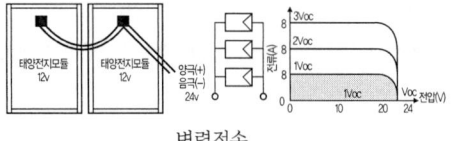
병렬접속

① 직렬접속 : 전압은 증가한다.(전류는 변화 없음)
② 병렬접속 : 전류는 증가한다.(전압은 변화 없음)

27. 고압 또는 특고압 전로중 기계기구 및 전선을 보호하기 위하여 필요한 곳에는 무엇을 시설하여야 하는가?

① 영상변류기
② 과전류차단기
③ 콘덴서형 변성기
④ 지락차단기

해설 태양전지 모듈 등의 시설(판단기준 제54조)

1) 충전부분은 노출되지 않도록 시설할 것

2) 태양전지 모듈에 접속하는 부하측의 전로(복수의 태양전지 모듈을 시설한 경우에는 그 집합체에 접속하는 부하측의 전로)에는 그 접속점에 근접하여 개폐기 기타 이와 유사한 기구(부하전류를 개폐할 수 있는 것에 한한다)를 시설할 것

3) 태양전지 모듈을 병렬로 접속하는 전로에는 그 전로에 단락이 생긴 경우에 전로를 보호하는 과전류차단기 기타의 기구를 시설할 것. 다만, 그 전로가 단락전류에 견딜 수 있는 경우에는 그렇지 않다.

4) 전선은 다음에 의하여 시설할 것. 다만, 기계기구의 구조상 그 내부에 안전하게 시설할 수 있을 경우에는 그렇지 않다.
① 전선은 공칭단면적 2.5[mm²] 이상의 연동선 또는 이와 동등 이상의 세기 및 굵기의 것일 것
② 옥내에 시설할 경우에는 합성수지관공사, 금속관공사, 가요전선관공사 또는 케이블공사로 시설할 것
③ 옥측 또는 옥외에 시설할 경우에는 합성수지관공사, 금속관공사, 가요전선관공사 또는 케이블공사로 시설할 것

28. 바이패스 다이오드에 대한 설명 중 틀린 것은?

① 차광된 태양전지에서 발생할 수 있는 열점을 방지
② 태양전지에 음영이 있을 때 발전하지 않는 태양전지로 전류가 흐르는 것을 방지
③ 배터리로부터 태양광 어레이로 전류가 흐르는 것을 방지
④ 모듈 접속함에 부착되며, 실리콘으로 밀폐되기도 함

해설 바이패스 다이오드(Bypass Diode)

1) 태양광 모듈의 그림자 영향
① 태양광 모듈은 아주 적은 일부가 그림자에 가려지더라도 모듈 전체의 출력이 크게 저하된다.
② 모듈은 각각의 태양전지를 직렬로 연결하기 때문에 수십 개의 태양전지로 구성된 모듈에서 단 한 개의 셀이 나뭇잎 등에 의해 완전히 가려졌다면 출력 값은 거의 제로(Zero)에 가깝게 떨어진다.
③ 전체 개방전압에서 그림자가 발생한 모듈의 개방전압을 뺀 값 이하에서 전압 동작점이 존재할 때에 그림자가 발생한 모듈의 전류가 역방향이 된다. 따라서 역 전압이 인가되고 부하처럼 동작되어 열이 발생되고 모듈이 파손되는 원인이 된다.

2) 대책(바이패스 다이오드)

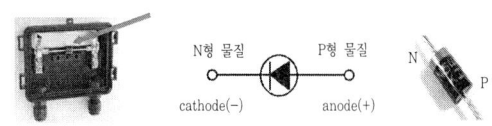

바이패스다이오드 (Junction Box에 설치)　회로 표기방법 (기호)　N, P 구분

① 바이패스다이오드(Bypass Diode)는 전류를 한쪽방향으로만 흐르게 만들어 주는 부품으로 P에서 N방향으로 전류가 흐르고 반대 방향으로는 전류를 거의 통과시키지 않는다.

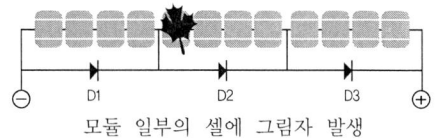

모듈 일부의 셀에 그림자 발생

정답 27. ② 28. ③

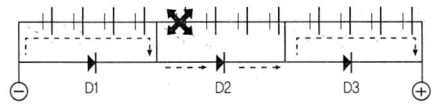

그림자 발생된 모듈의 전류흐름

② 그림자로 인해 출력이 저하된 셀 또는 셀 그룹을 우회해 전류가 흐르도록 하고, 이를 통한 출력감소는 오직 그림자에 의해 가려진 셀 또는 셀 그룹에 해당하는 부분으로 제한해 출력을 유지한다.

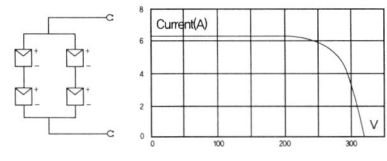

셀이 정상 연결되었을 때

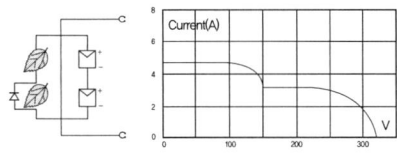

셀 일부가 정상동작하지 않을 시

③ 일반적으로 모듈 한 장(태양전지 6×9)에 셀 54개 배열의 경우에는 다이오드 3개(1개당 18개의 셀)를 병렬로 설치한다.

29 역류방지소자에 관한 내용 중 틀린 것은?

① 역류방지소자는 반드시 접속함 내에 설치해야 한다.
② 회로의 최대 역전압에 충분히 견딜 수 있어야 한다.
③ 역류방지소자는 설치할 회로의 최대전류를 흘릴 수 있어야 한다.
④ 모듈 방향으로 흐르는 역전류를 방지하기 위해 각 스트링마다 역류방지소자를 설치해야 한다.

해설 역류방지 소자

1) 태양광모듈의 역전류 영향
① 어레이 내의 스트링과 스트링 사이에 그림자 및 전압 불균형 등의 원인으로 병렬 접속된 스트링사이에 역전류가 흘러 어레이에 영향을 준다.
② 어레이의 직류 출력회로에 축전지가 설치되어 있는 경우, 야간이나 흐린 날 등의 태양전지에서 전력이 생산되지 않을 때는 태양전지가 축전지의 부하가 된다.

2) 대책(역류방지 소자)
① 태양전지 모듈의 스트링마다 역류방지 다이오드(Blocking Diode)를 설치해서, 전류의 역방향 흐름을 방지한다.
② 1대의 인버터에 접속되는 태양전지 직렬군(스트링)이 2병렬 이상 접속될 경우, 각 직렬군에 역전류방지 다이오드가 설치되어야 한다.
③ 설치할 회로의 최대전류를 흐르게 할 수 있어야하며, 동시에 사용회로의 최대 역전압에 견딜 수 있어야 한다.
④ 일반적으로 접속함에 설치되며, 커넥터에 사용되기도 한다.

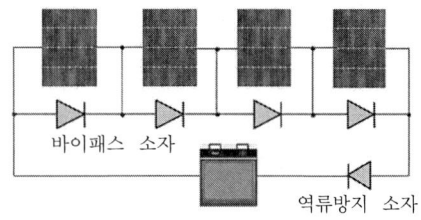

바이패스 및 역류방지 소자

역류방지다이오드용 커넥터

30 인버터 출력 데이터 중 모니터링시스템에 전송되는 것이 아닌 것은?

① 일사량
② 발전량
③ 입력 측 전압, 전류, 전력
④ 출력 측 전압, 전류, 전력

정답 29. ①

해설 **인버터의 표시사항**

입력단(모듈출력)의 전압, 전류, 전력과 출력단(인버터 출력)의 전압, 전류, 전력, 주파수, 누적발전량, 최대출력량(peak)이 표시되어야 한다.

인버터(Inverter)는 태양 전지의 모듈로부터 직류 전원을 공급받아 정전압, 정주파수의 안정된 교류전원을 공급하는 장치로서 전력계통선과 병렬로 운전하며, 기동정지, 최대출력점 추적제어(MPPT), 각종 보호회로, 단독운전방지 등의 기능이 있어야 한다.

31 공사감리원 배치시기로 적절한 것은?

① 착공 7일후
② 착공 10일후
③ 공사 시작 전
④ 현장여건에 따른 적당한 시기

해설 **감리원의 배치 등**

다음의 어느 하나에 해당하는 자가 공사감리를 하려는 경우에는 산업통상자원부장관이 정하여 고시하는 감리원 배치 기준에 따라 소속 감리원을 공사 시작 전에 배치하여야 한다.
① 감리업자
② 소속 감리원에게 공사감리 업무를 수행하게 하는 자

32 태양광발전시스템의 구성요소 중 인버터의 역할은?

① 직류→교류로 변환
② 교류→직류로 변환
③ 교류→교류로 변환
④ 직류→직류로 변환

해설 **태양광발전시스템의 구성도**

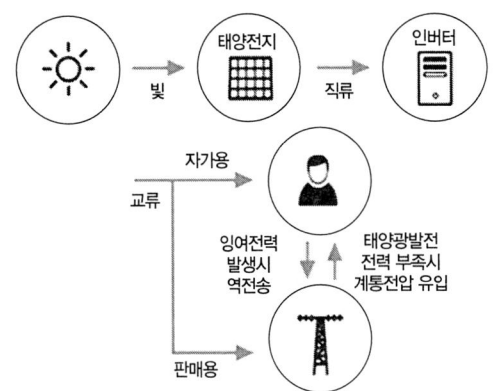

33 인버터의 단독운전방지기능 중 능동적 방식에 해당하지 않는 것은?

① 전압위상도약 검출방식
② 무효전력 변동방식
③ 부하 변동방식
④ 주파수 시프트방식

해설 **단독운전 검출방식**

(1) 수동적 방식
① 주파수 변화율 검출방식
② 전압위상도약 검출방식
③ 3차 고조파전압 왜곡검출방식

(2) 능동적 방식
1) 종래형 능동적 방식
① 주파수 시프트 방식
② 슬립 모드 주파수 시프트 방식
③ 유효·무효 전력변동방식
④ 차수간 고조파주입방식
⑤ 부하변동방식
2) 시형 능동적 방식(스텝 주입부 주파수 피드백 방식)

34 다음 중 트랜스리스방식의 인버터 회로 구성이 아닌 것은?

① 변압기   ② 컨버터
③ 인버터   ④ 개폐기

해설 **인버터의 회로방식별 분류**

1) 상용주파 변압기 절연방식

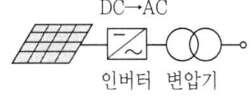

정답 30. ① 31. ③ 32. ① 33. ① 34. ①

① PWM 인버터를 이용하여 상용주파수의 교류를 만들고, 상용주파수의 변압기를 이용하여 절연과 전압변환을 한다.
② 내부 신뢰성이나 노이즈 컷이 우수하지만, 상용주파수의 변압기를 별도로 이용하기 때문에 무겁고 크며, 변압기의 효율이 감소된다.

2) 고주파 변압기 절연방식

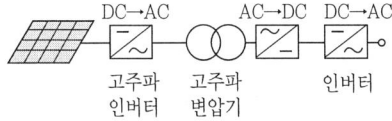

① 태양전지의 직류 출력을 고주파의 교류로 변환한 후 소형의 고주파 변압기로 절연을 한다.
② 일단 직류로 변환하고 재차 상용주파의 교류로 변환하며, 소형 경량이지만 회로가 복잡한 단점이 있다.

3) 트랜스리스(Transless) 방식

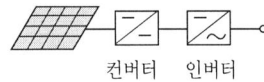

① 태양전지의 직류출력을 DC-DC 컨버터로 승압하고 인버터에서 상용주파의 교류로 변환한다.
② 소형 경량이며, 저렴하고 효율이 우수하고 신뢰성이 높다.
③ 상용전원과의 사이에는 절연이 되지 않아 안전성이 떨어진다.

35 모듈의 온도에 따른 I-V 특성곡선에서 태양전지 특징을 설명한 것 중 옳은 것은?

① 태양전지 전압은 온도에 반비례한다.
② 태양전지 온도가 올라가면 발전량이 증가한다.
③ 태양전지 전압은 온도에 비례한다.
④ 태양전지 온도와 발전량은 상관관계가 없다.

해설 태양광 모듈의 온도에 따른 출력 전압과 전류 값
① 태양광 모듈의 온도특성을 살펴보면 전류는 양(+)

의 온도계수를 가지고 전압과 전력은 음(-)의 온도계수를 가진다. 음의 온도계수의 의미는 온도가 높을수록 태양광 모듈의 전압과 전력은 감소하고, 온도가 낮을수록 태양광 모듈의 전압과 전력이 증가한다는 것을 의미한다.
② 태양전지가 보다 높은 온도에 노출되면 단락전류(Isc)는 조금 증가하며 개방전압(Voc)은 크게 감소한다.
③ 폴리 실리콘 계열의 태양전지는 표면온도가 1[℃] 상승할 때, 대략 0.3~0.5[%]의 출력이 감소한다.

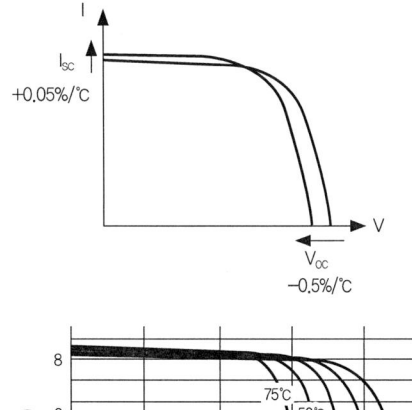

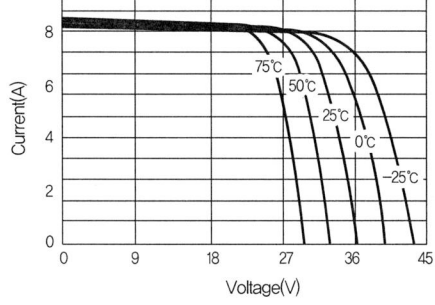

36 계통연계형 인버터의 기능에 해당하지 않는 것은?

① 자동운전 정지기능
② 자동전류 조정기능
③ 단독운전 방지기능
④ 최대출력 추종제어기능

해설 태양광 인버터의 기능
① 자동운전 정지
② 최대출력 추종제어
③ 자동전압조정

정답 35. ① 36. ②

④ 직류지락 검출
⑤ 단독 운전방지
⑥ 계통연계 보호장치

37 태양 고도각 25°, 태양광발전 어레이 경사각 32°, 어레이 길이가 2.4m일 때 어레이 간 이격거리는 약 몇 m 인가?

① 3.06
② 4.48
③ 4.76
④ 5.21

해설 어레이 간 최소 이격 거리(d)

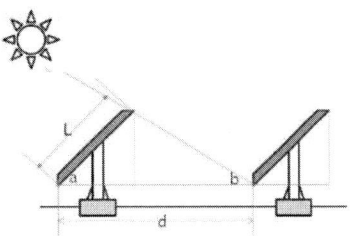

$$d = \frac{\text{어레이 길이}(L) \times \sin(180 - \text{경사각} - \text{고도각})}{\sin(\text{고도각})}$$

$$= \frac{2.4 \times \sin(180° - 32° - 25°)}{\sin 25°}$$

$$≒ 4.76$$

38 전기사업자 및 한국전력거래소는 전압 및 주파수의 측정기준·측정방법 및 보존방법 등을 정하여 산업통상자원부장관에게 제출하고, 매년 최소 몇 회 이상 측정하고 그 측정결과를 몇 년간 보존해야 하는가?

① 1회, 3년
② 1회, 5년
③ 2회, 3년
④ 2회, 5년

해설 전압 및 주파수의 측정(전기사업법 시행규칙 제19조)
1) 전기사업자 및 한국전력거래소는 다음의 사항을 매년 1회 이상 측정하여야 하며 측정 결과를 3년간 보존하여야 한다.
① 발전사업자 및 송전사업자의 경우에는 전압 및 주파수
② 배전사업자 및 전기판매사업자의 경우에는 전압
③ 한국전력거래소의 경우에는 주파수

2) 전기사업자 및 한국전력거래소는 (1)에 따른 전압 및 주파수의 측정기준·측정방법 및 보존방법 등을 정하여 산업통상자원부장관에게 제출하여야 한다.

39 태양전지 모듈과 인버터 간의 지중 배선시 알맞은 공사방법은?

① 중량물의 압력을 받을 우려가 있는 경우 1.0 이상, 일반장소는 0.5[m] 이상 깊이로 매설한다.
② 중량물의 압력을 받을 우려가 있는 경우 1.2 이상, 일반장소는 0.5[m] 이상 깊이로 매설한다.
③ 중량물의 압력을 받을 우려가 있는 경우 1.0 이상, 일반장소는 0.6[m] 이상 깊이로 매설한다.
④ 중량물의 압력을 받을 우려가 있는 경우 1.2 이상, 일반장소는 0.6[m] 이상 깊이로 매설한다.

해설 지중배선의 시공

케이블 표시시트 설치   지중 케이블 표주

① 지중매설관은 배선용 탄소강관, 내충격성의 경질비닐 전선관, 내충격성 경질 염화비닐관을 사용한다.
② 지중전선의 매설개소는 필요에 따라 매설깊이, 방향 등 지상에서 용이하게 확인할 수 있도록 표주 등에 의해 표시한다.
③ 지중배관과 지표면의 중간에 케이블 표시시트를 포설한다. (지중선로 포설후 지상으로부터 무단 굴착 시 예상되는 케이블 손상방지)
④ 지중배관의 깊이는 1.0[m] 이상(중량물의 압력을 받을 우려가 없는 경우에는 0.6[m] 이상)

40 전력시설물 공사감리업무 수행지침에 따라 시공된 공사가 품질확보 미흡 또는 위해를 발생시킬 우려가 있다고 판단되거나, 감리원의 확인·검사에 대한 승인을 받지 아니하고 후속공정을 진행한 경우와 관계 규정에 맞지 아니하게 시공한 경우 감리원이 할 수 있는 조치로 옳은 것은?

① 경고
② 재시공
③ 전면중지
④ 부분중지

해설 (1) 재시공 : 시공된 공사가 품질확보 미흡 또는 위해를 발생시킬 우려가 있다고 판단되거나, 감리원의 확인·검사에 대한 승인을 받지 아니하고 후속 공정을 진행한 경우와 관계 규정에 맞지 아니하게 시공한 경우

(2) 공사중지 : 시공된 공사가 품질확보 미흡 또는 중대한 위해를 발생시킬 우려가 있다고 판단되거나, 안전상 중대한 위험이 발견된 경우에는 공사중지를 지시할 수 있으며 공사중지는 부분중지와 전면중지로 구분한다.

1) 부분중지
① 재시공 지시가 이행되지 않는 상태에서는 다음 단계의 공정이 진행됨으로써 하자발생이 될 수 있다고 판단될 때
② 안전시공상 중대한 위험이 예상되어 물적, 인적 중대한 피해가 예견될 때
③ 동일 공정에 있어 3회 이상 시정지시가 이행되지 않을 때
④ 동일 공정에 있어 2회 이상 경고가 있었음에도 이행되지 않을 때

2) 전면중지
① 공사업자가 고의로 공사의 추진을 지연시키거나, 공사의 부실 발생우려가 짙은 상황에서 적절한 조치를 취하지 않은 채 공사를 계속 진행하는 경우
② 부분중지가 이행되지 않음으로써 전체공정에 영향을 끼칠 것으로 판단될 때
③ 지진·해일·폭풍 등 불가항력적인 사태가 발생하여 시공을 계속할 수 없다고 판단될 때
④ 천재지변 등으로 발주자의 지시가 있을 때

41 태양전지에서 옥내에 이르는 배선에 쓰이는 연결전선으로 적당하지 않은 것은?

① GV전선
② CV전선
③ 모듈 전용선
④ TFR-CV 전선

해설 전기배선
① 모듈에서 인버터에 이르는 배선에 사용되는 케이블은 모듈 전용선 또는 단심(1C) 난연성 케이블(TFR-CV, F-CV, FR-CV 등)을 사용하여야 하며, 케이블이 지면 위에 설치되거나 포설되는 경우에는 피복에 손상이 발생되지 않게 별도의 조치를 취해야 한다.
② 모듈 간 배선은 바람에 흔들림이 없도록 코팅된 와이어 또는 동등이상(내구성) 재질의 타이(Tie)로 단단히 고정하여야 하며, 모듈의 출력배선은 군별 및 극성별로 확인할 수 있도록 표시하여야 한다.

※ GV : PVC(Vinyl) insulated wire for Grounding use/ 접지용 비닐절연전선

42 다음 중 설계도서 적용 시 고려사항으로 볼 수 없는 것은?

① 도면상 축적으로 잰 치수가 숫자로 나타낸 치수보다 우선한다.
② 특별시방서는 당해 공사에 한하여 일반시방서에 우선한다.
③ 특별시방서 및 도면에 기대되지 않은 사항은 일반시방서에 의한다.
④ 설계도면 및 시방서의 어느 한 쪽에 기재되어 있는 것은 그 양쪽에 기재되어 있는 사항과 동일하게 다룬다.

해설 설계도서 검토 및 적용시 고려사항
① 설계도면 및 시방서의 어느 한쪽에 기재되어 있는

것은 그 양쪽에 기재되어 있는 사항과 완전히 동일하게 다룬다.
② 숫자로 나타낸 치수는 도면상 축척으로 잰 치수보다 우선한다.
③ 특별시방서는 당해 공사에 한하여 일반시방서에 우선하여 적용한다.
④ 특별시방서 및 도면에 기재되지 않은 사항은 일반시방서에 의한다.
⑤ 상기 이외의 사항에 대해 공사계약문서 상호간에 차이와 문제가 있을 때는 감리원의 의견을 참조하여 사업주체가 최종적으로 결정한다.

43 시설물별 표준적인 시공기준으로 발주처 또는 설계 등 용역업자가 공사시방서를 작성하는 경우에 활용하기 위한 시공기준을 규정한 시방서는 어느 것인가?

① 표준시방서 ② 전문시방서
③ 특기시방서 ④ 기술시방서

해설 표준시방서
① 시설물의 안전 및 공사시행의 적정성과 품질확보 등을 위해 시설물별로 정한 표준적인 시공기준을 말한다.
② 발주청이나 설계 등을 맡은 용역업자가 공사시방서를 작성하는 경우에 활용한다.
③ 공사 종류에 따라 내용과 형식이 달라져서, 도로공사표준시방서, 건축공사표준시방서 등 표준시방서의 종류 또한 다양하다.

44 직류 송전방식의 장점이 아닌 것은?

① 안정도가 좋다.
② 송전효율이 좋다.
③ 절연계급을 낮출 수 있다.
④ 회전자계를 쉽게 얻을 수 있다.

해설 송전방식
1) 교류 방식
① 변압기를 이용하여 전압의 승압·강하가 쉽다.
② 교류기는 회전자계를 쉽게 얻을 수 있다.
③ 대부분이 교류 송전 방식이므로 운용상의 일관성을 갖는다.

2) 직류 방식
① 교류보다 배 낮은 전압으로 송전이 가능하므로 절연이 쉽다.
② 리액턴스에 의한 전압강하가 없으므로 장거리 송전에 적합하다.
③ 안정도가 좋다.

45 지상에 태양전지 어레이를 설치하기 위한 기초 형식 중 지지층이 얕은 경우에 사용하는 방식이 아닌 것은?

① 말뚝 기초 ② 직접 기초
③ 독립 푸팅 기초 ④ 복합 푸팅 기초

해설 기초의 분류

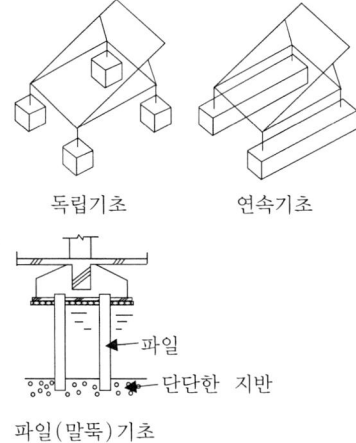

독립기초   연속기초

파일(말뚝)기초

(1) 얕은 기초(Shallow Foundation)
1) 독립 기초(Individual Footing) : 단일기둥을 지지, 기둥간격이 넓은 경우
2) 복합 기초(Contentious Footing) : 다수의 연속기둥 또는 벽체를 지지
3) 전면(온통)기초(Mat 또는 Raft Foundation)
※ 직접기초 : 독립기초, 연속기초, 전면(온통)기초

(2) 깊은 기초(Deep Foundation)

1) 파일(말뚝)기초(Pile Foundation)
2) 피어기초(Pier Foundation)
3) 케이슨(우물통)기초

46 태양전지 어레이용 지지대에 영구적으로 작용하는 상정하중은?

① 고정하중 ② 풍압하중
③ 적설하중 ④ 지진하중

해설 **구조물의 상정하중**
① 수직하중 : 고정하중, 활하중, 적설하중
② 수평하중 : 풍하중, 지진하중
③ 고정하중 : 가대 본체의 하중과 가대에 적재하는 태양광 모듈 등의 적재하중 및 어레이의 구성에 필요한 기자재 등의 중량을 가산한 것으로써 영구적으로 작용하는 하중이다.

47 태양광발전시스템을 전력계통과 연계하기 위한 변압기의 결선방법으로 가장 적당한 것은? (단, 인버터는 절연변압기를 사용하고 있는 경우이다.)

① Y-Y ② Y-Δ
③ Δ-Δ ④ Δ-Y

해설 **변압기의 결선방법**
① 3[MW]급 태양광발전소의 배전방식은 대부분 13,200[V]/22,900[V]의 3상4선식인 다중접지방식이므로 지락사고시의 지락전류가 매우 크고 유도장해 등의 문제와 중성선의 단선 또는 불량으로 인한 대지전위 상승에 의한 피해 등의 문제가 일단접지식 변압기의 사용을 되도록 억제하고 있으며 불가피하게 사용하는 경우라도 1뱅크 용량 30[kVA]이하로 제한하고 있으므로 태양광발전사업자 입장에서는 비접지식 변압기를 사용하는 수밖에 없다.
② 저압측 인버터에서 공급하는 전압과 전기방식이 저압 교류 3상 3선식 220[V]나 380[V]의 경우에는 변압기 결선을 승압측을 Y결선으로 하고, 저압측을 △로 선정(Y-△)하여 공급하게 되면, 고조파 등의 문제가 해결된다.

48 도선의 길이가 2배로 늘어나고 지름이 1/2로 줄어들 경우 그 도선의 저항은?

① 4배 증가 ② 4배 감소
③ 8배 증가 ④ 8배 감소

해설 **저항(R)**
저항 값은 도체의 길이에 비례하고, 단면적에 반비례하므로 도체의 길이 l [m], 단면적 A [m^2], 고유 저항 ρ, 반지름 r 이라고 하면,

$$R = \rho \frac{l}{A} = \frac{2}{\left(\frac{1}{2}r\right)^2} = 8배\ 증가$$

49 태양광발전시스템의 시공절차에 대한 순서로 옳은 것은?

① 기초공사 → 자재주문 → 시스템 설계 → 모듈설치 → 계통공사 → 시운전 및 점검
② 시스템 설계 → 자재주문 → 기초공사 → 계통공사 → 모듈설치 → 시운전 및 점검
③ 자재주문 → 시스템 설계 → 기초공사 → 모듈설치 → 계통공사 → 시운전 및 점검
④ 시스템 설계 → 자재주문 → 기초공사 → 모듈설치 → 계통공사 → 시운전 및 점검

해설 **태양광발전시스템 건설을 위한 기본 계획 흐름도**

① 현장여건분석 ② 시스템 설계 ③ 구성요소제작
④ 기초공사 ⑤ 구조물 설치 ⑥ 모듈 설치
⑦ 간선공사 ⑧ 인버터 설치 ⑨ 시운전

50 태양광설비의 설치·보수공사에 관한 설계도서에 포함되지 않는 것은?

① 설계도면
② 기술 계산서
③ 공사 계획서
④ 공사비 산출내역서

해설 설계도서

1) 설계 설명서
설계의 목적, 공사종목 및 그 개요, 각 설계에 대한 분석자료(인입지점, 발전소의 특성 등), 관계 관공서 등과의 협의 사항, 설계시 적용한 특별한 사항

2) 설계도면
배치도, 단선접속도, 계통도, 배선도(평면도, 결선도, 기기상세도), 피뢰 설계도, 어레이 배치도, 접속반 내부 결선도

3) 기술계산서
부하계산서, 전압강하계산서, 변압기용량계산서, 차단기용량계산서, 축전지용량계산서, 접지계산서

4) 설계시방서
① 중간설계 및 실시설계도면에 구체적으로 표시할 수 없는 내용과 공사수행을 위한 시공 방법, 자재의 성능·규격 및 공법, 품질시험 및 검사 등 품질관리, 안전관리, 환경관리 등에 관한 사항을 기술한다.
② 표준시방서 및 전문시방서를 기본으로 하여 작성하되, 공사의 특수성·지역여건·공사방법 등을 고려하여 작성한다.
③ 공사시방서, 전문시방서, 표준시방서, 특기시방서 등

5) 예산내역서
자재 산출근거서, 공량산출서, 일위대가표, 내역서, 공사원가산출서, 단가대비표, 견적서 등

51 전기설비기술기준의 판단기준에서 저압 옥내배선을 금속관공사로 시공할 때 그 방법이 틀린 것은?

① 금속관내에서 전선은 접속점을 만들어서는 안된다.
② 금속관 배선은 절연전선(옥외용 비닐절연전선을 제외)을 사용해야 한다.
③ 교류회로는 1회로의 전선 전부를 동일 관내에 넣는 것을 원칙으로 한다.
④ 금속관을 콘크리트에 매설하는 경우 관의 두께는 1.0[mm] 이상을 사용해야 한다.

해설 금속관배선의 시설조건

1) 전선은 절연전선(옥외용 비닐절연전선을 제외한다)일 것

2) 전선은 연선일 것 다만, 다음의 것은 적용하지 않는다.
① 짧고 가는 금속관에 넣은 것
② 단면적 10[mm^2](알루미늄선은 단면적 16[mm^2]) 이하의 것

3) 전선은 금속관 안에서 접속점이 없도록 할 것

4) 관의 두께는 다음에 의할 것
① 콘크리트에 매설하는 것은 1.2[mm] 이상
② ①이외의 것은 1[mm] 이상. 다만, 이음매가 없는 길이 4[m]이하인 것을 건조하고 전개된 곳에 시설하는 경우에는 0.5[mm]까지로 감할 수 있다.

52 보기에서 태양광발전 모듈의 설치가 가능한 위치를 모두 나타낸 것은?

| ㄱ. 평면지붕 | ㄴ. 벽 |
| ㄷ. 경사지붕 | ㄹ. 유리창 |

① ㄱ, ㄴ, ㄷ
② ㄱ, ㄴ, ㄹ
③ ㄱ, ㄷ, ㄹ
④ ㄱ, ㄴ, ㄷ, ㄹ

해설 건축물 설치 부위에 따른 분류
1) 평지붕형(지붕 설치형)
2) 경사지붕형(지붕 설치형)
3) 톱라이트형

정답 50. ③ 51. ④ 52. ④

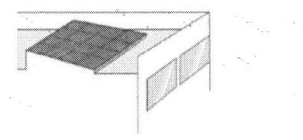

① 지붕 채광용 톱 라이트 부분의 유리에 맞게 태양전지를 설치
② 톱라이트의 기능으로 실내 채광 및 설치된 셀에 의한 차폐 기능
③ 셀의 배치에 따라 개구율을 바꾼다.

4) 벽 설치형
① 벽에 가대(지지 금속물) 등을 설치하고 그 위에 태양전지 모듈을 설치
② 중, 고층건물의 벽면을 유효하게 이용

5) 창재형

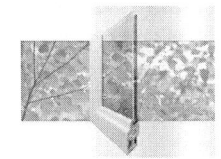

① 유리창의 기능(채광성, 투시성)
② 셀의 배치에 따라 개구율을 바꾼다.

6) 차양형

창의 상부 등 건물 외부에 지지 기구(가대)를 설치하고 태양전지 모듈을 설치하여 차양 기능을 보완

7) 루버형

① 개구부의 블라인드 기능을 보유하고 있는 타입
② 기존 루버재와 같은 의장성을 재현하여 건축의 디자인을 손상시키지 않고도 설치

8) 난간형

① 수직설치되어 공간에 여유가 있고 기존의 가대가 필요 없으며, 또한 옥상에 설치하지 않으므로 건물 옥상 등을 유효하게 활용
② 양면 수광형의 태양전지 등 수직설치 공법이 가능

53 사이리스터에 대한 설명으로 틀린 것은?

① 4개의 단자를 갖는 4층 구조의 반도체 소자이다.
② 주 전극은 캐소드와 애노드로 PNPN 구조의 스위칭 소자이다.
③ 제어단자 연결에 따라 N-게이트 사이리스터와 P-게이트 사이리스터로 분류된다.
④ 애노드와 캐소드 간의 순방향 전압이 브레이크-오버 전압을 초과하면 도통된다.

해설 사이리스터(SCR)

제어단자(G)로부터 음극(K)에 전류를 흘리는 것으로, 양극(A)과 음극(K) 사이를 도통(導通)시킬 수 있는 3단자의 반도체 소자이다.
실리콘제어정류기(Silicon Controlled Rectifier, SCR)라고도 불리며, PNPN의 4중 구조를 하고있다.

54 빙설이 적고 민가가 밀집한 도시에 시설하는 고압 가공전선로 설계에 사용하는 풍압하중은?

① 갑종 풍압하중
② 을종 풍압하중
③ 병종 풍압하중
④ 갑종 풍압하중과 을종 풍압하중을 각 설비에 따라 혼용

정답 53. ①

해설 **풍압하중의 종별과 적용**
인가가 많이 연접되어 있는 장소에 시설하는 가공전선로의 구성재 중 다음의 풍압하중에 대하여는 빙설의 양과 관계없이 갑종 풍압하중 또는 을종 풍압하중 대신에 병종 풍압하중을 적용할 수 있다.
① 저압 또는 고압 가공전선로의 지지물 또는 가섭선
② 사용전압이 35[kV] 이하의 전선에 특고압 절연전선 또는 케이블을 사용하는 특고압 가공전선로의 지지물, 가섭선 및 특고압 가공전선을 지지하는 애자장치 및 완금류

55 가공 전선로와 비교하여 지중 전선로의 장점으로 틀린 것은?

① 고장이 적다.
② 보안상의 위험이 적다.
③ 공사 및 보수가 용이하다.
④ 설비의 안전성에 있어서 유리하다.

해설 **지중전선로의 장·단점**
1) 장점
① 도시의 미관을 해치지 않는다.
② 폭풍우나 낙뢰(落雷), 염진(鹽塵) 등의 기상적 재해로부터 안전하다.
③ 고장이 적다.
④ 유도장해 경감

2) 단점
① 고장점 발견 복구가 어렵다.
② 공사비가 비싸고 공사기간이 길다.
③ 송전용량이 비교적 낮다.
④ 신규 추가설치가 곤란하다.

56 자가용 전기설비 사용전검사에 대한 설명으로 틀린 것은?

① 검사 결과의 통지는 검사완료로부터 5일 이내에 검사확인증을 신청인에게 통지하여야 한다.
② 검사 결과 검사기준에 부적합한 경우 사용전검사의 재검사 기간은 검사일 다음날부터 15일 이내로 한다.
③ 검사의 목적은 전기설비가 공가계획대로 설계 시공되었는가를 확인하여 전기설비의 안전성을 확보하는 것이다.
④ 전기안전에 지장이 없는 경우라도 발전기 인가 출력보다 낮고 저출력 운전시에는 임시사용이 불가능하다.

해설 **사용전검사와 임시사용을 허용할 경우의 그 사용기간과 기준**
(1) 사용전검사
① 각종 발전설비, 송·변전·배전설비 및 가로등, 신호등, 보안등, 공장, 상가 등 대형건물의 설치공사 또는 변경공사를 완료하고, 그 전기설비가 공사계획의 인가 또는 신고를 한 내용 및 전기설비기술기준에 적합한 지의 여부에 대한 검사를 산업통상자원부장관 또는 시·도지사로부터 위탁받아 한국전기안전공사에서 수행한다.
② 태양광 발전소에 관한 공사의 경우에는 전체의 공사가 완료된 때 검사를 실시한다.
③ 사용전검사를 받으려는 자는, 검사를 받으려는 날의 7일전까지 한국전기안전공사에 사용전검사 신청서를 제출하여야 한다.

(2) 임시사용을 허용할 경우의 그 사용기간과 기준
1) 임시사용기간은 임시사용 사유의 해소기간, 위험도 등을 고려하여 3개월 이내로 한다.

2) 3개월 이내에 임시사용 사유가 해소될 수 없는 특별한 사유가 있다고 인정되는 경우에는 전체 임시사용 기간이 1년을 초과하지 아니하는 범위 내에서 재연장 할 수 있다.

3) 임시사용의 허용기준
① 발전기의 출력이 인가를 받거나 신고한 출력보다 낮으나 사용상 안전에 지장이 없다고 인정되는 경우
② 송·수전과 직접적인 관련이 없는 보호울타리 등이 시공되지 아니한 상태이나 사람이 접근할 수 없도록 안전조치를 취한 경우
③ 공사계획을 인가받거나 신고한 전기설비중 교대성·예비성설비 또는 비상용예비발전기가 완공되지 아니한 상태이나 주된 설비가 전기의 사용상이나 안전에 지장이 없다고 인정되는 경우

57 자가용전기설비 중 태양광 발전설비 전력변환장치의 정기검사 항목으로 틀린 것은?

① 외관검사 ② 윤활유
③ 절연내력 ④ 절연저항

해설 **자가용 태양광 발전설비 전력변환장치의 정기검사 항목**

1) 일반 규격
① 규격확인

2) 본체
② 외관검사
③ 절연저항
④ 절연내력
⑤ 제어회로 및 경보장치
⑥ 전력조절부/Static 스위치 자동·수동 절체시험
⑦ 역방향운전 제어시험
⑧ 단독운전 방지시험
⑨ 인버터 자동·수동 절체시험
⑩ 충전기능시험

3) 보호장치
① 외관검사
② 절연저항
③ 보호장치시험

4) 축전지
① 시설상태 확인
② 전해액 확인
③ 환기시설 상태

58 건축물에 설치된 태양광설비를 직접적인 낙뢰로부터 보호하기 위한 외부 뇌보호시스템이 아닌 것은?

① 접지 시스템
② SPD 시스템
③ 수뢰부 시스템
④ 인하도선 시스템

해설 **외부 피뢰시스템**

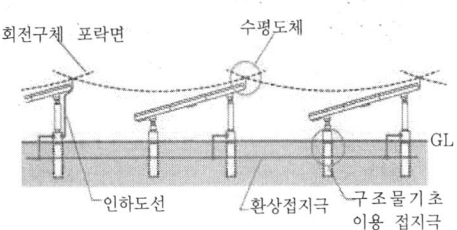

(1) 수뢰부 시스템
① 뇌격이 피 보호범위내로 침입할 확률을 감소시키는 것
② 돌침(피뢰침), 수평도체, 메시 도체(케이지)방식의 개별 또는 이들의 조합으로 한다.
③ PV설비 전체를 보호할 수 있는 범위내로 해야 한다.

(2) 인하도선 시스템
① 위험한 불꽃방전의 발생확률을 감소시키기 위하여 뇌격점과 대지사이를 연결하는 도선
② 다수의 병렬 전류통로를 형성해야 한다.
③ 전류통로의 배선 길이는 최소로 유지해야 한다.
④ 인하도선은 가능한 한 수뢰부도체에서 직접 연결되도록 배치하여야 한다.
⑤ 인하도선은 지표면과 가까운 부분에 접지시험단자를 시설한다. 다만, 자연적 구성부재를 이용하는 경우는 생략한다.

(3) 접지 시스템
① 위험한 과전압을 발생시키지 않고 뇌전류를 대지로 방류하기 위해서는 접지의 형상, 크기 및 접지저항 값이 중요하다. 다만, 일반적으로는 낮은 접지저항을 권장하다.
② 피뢰설비의 관점에서는 구조체를 사용한 통합단일의 접지가 바람직하며, 모든 접지목적(즉, 피뢰설비, 저압전력시스템, 통신시스템 등)에도 적합하다.

※ 서지보호기(Surge Protective Device)

내부 계통에 서지 전류가 들어올 때, 그 전류가 부하를 통해 흐르지 않고 우회하도록 하여 부하에서 발생하는 전압이 과다하게 상승하는 것을 막아서 내부 부하를 보호한다.

※ 낙뢰(lightning flash to earth) : 1회 이상의 뇌격으로 구성된 구름과 대지사이에서 발생하는 전기적 방전

※ 뇌격(lightning stroke) : 낙뢰에 있어서 단일의 전기적 방전

59 지진구역 I 에서 태양광발전설비 기초구조물 시공에 적용되는 평균재현주기 500년의 지진지반운동에 해당하는 지진구역계수로 옳은 것은?

① 0.07　　② 0.09
③ 0.11　　④ 0.13

해설 내진설계 용어

① 지진구역

지진구역	행정구역	
I	시	서울, 인천, 대전, 부산, 대구, 울산, 광주, 세종
	도	경기, 충북, 충남, 경북, 경남, 전북, 전남, 강원 남부[1]
II	도	강원 북부[2], 제주

1. 강원 남부(군, 시) : 영월, 정선, 삼척, 강릉, 동해, 원주, 태백
2. 강원 북부(군, 시) : 홍천, 철원, 화천, 횡성, 평창, 양구, 인제, 고성, 양양, 춘천, 속초

② 지진구역계수
재현주기에따라 지진의 크기를 가 구역별로 나타낸 계수이며, I구역에서는 0.11, II구역에서는 0.07이다. 우리나라에서의 지진구역계수는 500년 재현주기에 해당하는 지진가속도로 결정된다.

60 인버터의 절연저항 측정 시 주의사항으로 틀린 것은?

① SA 등의 정격에 약한 회로들은 회로에서 분리하여 측정한다.
② 정격전압이 입·출력과 다를 때는 낮은 측의 전압을 선택기준으로 한다.
③ 절연변압기를 장착하지 않은 인버터는 제조사가 추천하는 방법에 따라 측정한다.
④ 입·출력단자에 주회로 이외의 제어단자 등이 있는 경우 이것을 포함해서 측정한다.

해설 인버터의 절연저항 측정

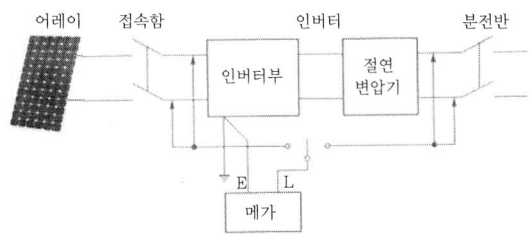

1) 입력회로
① 태양전지회로를 접속함에서 분리한다.
② 분전반 내의 분기회로 차단기를 개방한다.
③ 인버터의 입·출력단자를 단락하고, 직류단자와 대지 간을 절연저항계(Megger)로 측정한다.

2) 출력회로
① 태양전지회로를 접속함에서 분리한다.
② 분전반 내의 분기회로 차단기를 개방한다.
③ 인버터의 교류측 회로를 분전반 차단기에서 분리하여 분전반까지의 전로를 포함하여 측정한다.
④ 인버터의 입·출력단자를 단락하고, 출력단자와 대지 간을 절연저항계(Megger)로 측정한다.

3) 기타 주의사항
① 정격전압이 입출력과 다를 때는 높은 측의 전압을 절연저항계의 선택기준으로 한다.
② 입출력 단자에 주회로 이외의 제어단자 등이 있는 경우는 이것을 포함해서 측정한다.
③ 서지업서버 등의 정격에 약한 회로들은 회로에서 분리하여 측정한다.

④ 절연변압기가 별도로 설치된 경우에는 이를 포함하여 측정한다.
⑤ 절연변압기를 장착하지 않은 인버터는 제조사 추천 방식으로 측정한다.

61 태양광 발전설비의 유지관리에 있어 인버터의 이상신호에 따른 조치가 틀린 것은?

① 인버터 출력전압(Inverter voltage fault) – 인버터 및 계통전압 점검 후 운전
② 한전 과전압(Line over voltage fault) – 계통전압 확인 후 정상 시 5분후 재가동
③ 인버터 과전류(Inverter over current fault) – 계통전류 확인 후 정상 시 5분후 재가동
④ 한전 주파수(Line under frequency fault) – 계통주파수 확인 후 정상 시 5분후 재가동

[해설] 한전계통에의 재병입(Reconnection)
① 한전계통에서 이상 발생 후 해당 한전계통의 전압 및 주파수가 정상 범위 내에 들어올 때까지 분산형 전원의 재병입이 발생해서는 안된다.
② 분산형전원 연계 시스템은 안정상태의 한전계통 전압 및 주파수가 정상 범위로 복원된 후 그 범위 내에서 5분간 유지되지 않는 한 분산형전원의 재병입이 발생하지 않도록 하는 지연기능을 갖추어야 한다.

62 2500kWp 태양광발전시스템을 공장 지붕에 설치하려할 때 REC 가중치는 얼마인가?

① 1.0
② 1.25
③ 1.2
④ 1.5

[해설] 태양광에너지 공급인증서 가중치

구분	공급인증서 가중치	대상에너지 및 기준 설치유형	세부기준
태양광 에너지	1.2	일반부지에 설치하는 경우	100KW미만
	1.0		100KW부터
	0.8		3,000KW초과부터
	0.5	임야에 설치하는 경우	–
	1.5	건축물 등 기존 시설물을 이용하는 경우	3,000KW이하
	1.0		3,000KW초과부터
	1.6	유지 등의 수면에 부유하여 설치하는 경우	100KW미만
	1.4		100KW부터
	1.2		3,000KW초과부터
	1.0	자가용 발전설비를 통해 전력을 거래하는 경우	

63 접지저항의 측정에 관한 설명 사항 중 틀린 것은?

① 접지저항의 측정방법에는 전위차계식과 간이 측정법 등이 있다.
② 접지전극과 보조전극의 간격은 최소한 5[m] 이상으로 한다.
③ 접지전극은 E단자에 접속하고 보조전극은 P, C단자에 접속한다.
④ 접지저항계의 지침은 '0'이 되도록 다이얼을 조정하고 그때의 눈금을 읽어 접지저항 값을 측정한다.

[해설] 전위강하법에 의한 접지저항 측정법
측정접지체(E)에서 전류보조전극(C)을 멀리(10[m]이상) 설치하고, E와 C를 잇는 직선상에서 전압보조극(P)을 이동시키면서 접지저항을 측정한다.

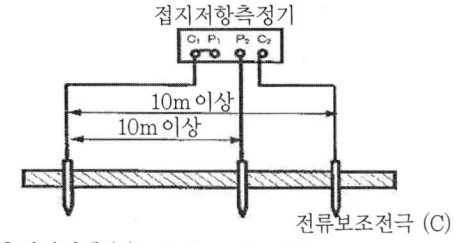

64 발전시설용량이 3천킬로와트 이하인 태양광발전사업의 사업개시 신고를 하려는 자는 사업개시신고서를 누구에게 제출하여야 하는가?

① 국무총리
② 시·도지사
③ 한국전력공사 사장
④ 전기기술인협회 회장

해설 태양광발전사업 진행 절차
① 부지선정
② 개발행위허가(발전소 소재지 지자체)
③ 발전사업허가(발전소 소재지 지자체, 3MW 초과는 산업통상자원부)
④ 공사계획신고/인가(발전소 소재지 지자체, 10MW 초과는 산업통상자원부)
⑤ 발전소 시공(시공사)
⑥ 전력거래소 회원 가입 신청, 전력거래자 등록 신청(전력거래소 거래시)
⑦ 송배전선로 이용 계약(한국전력공사 해당 지사)
⑧ 신규설비(발전기, ESS) 등록, 신규설비 코드부여 등 등(전력거래소 거래시)
⑨ 사용전검사(전기안전공사)
⑩ 전력량 계량설비 봉인(한국전력공사, 전력거래소 거래시)
⑪ 신재생에너지 설비 설치 확인(한국에너지공단)
⑫ 사업개시신고(3MW 초과 : 산업통상자원부, 3MW 이하 : 발전소 소재지 지자체)
⑬ 공급인증서(REC) 발급(한국에너지공단)

65 전기사업법령에 따라 전기안전관리자를 선임하지 아니한 자는 얼마 이하의 벌금에 처하는가?

① 500만원   ② 1000만원
③ 1500만원   ④ 2000만원

해설 벌칙
① 전기안전관리자를 선임하지 아니한 자는 500만원 이하의 벌금
② 전기안전관리자를 해임한 경우에는 다른 전기안전관리자를 선임하기 전까지 산업통상자원부령으로 정하는 바에 따라 대행자를 각각 지정하여야 하나 위반하여 전기안전관리자의 대행자를 지정하지 아니한 자는 300만원 이하의 과태료를 부과
③ 전기안전관리자의 선임 또는 해임 신고를 하지 아니하거나 거짓으로 선임 신고를 한 자는 100만원 이하의 과태료를 부과
④ 전기안전관리자의 성실의무 등을 위반하여 필요한 조치를 요구하지 아니한 전기안전관리자는 100만원 이하의 과태료를 부과

66 태양광 모듈 2차측 회로를 비접지 방식으로 할 경우 비접지 확인 방법이 아닌 것은?

① 검전기로 확인   ② 전류계로 확인
③ 회로시험기로 확인 ④ 간이측정기로 확인

해설 안전대책(비접지 확인)
회로시험기(Circuit Tester), 검전기(Electroscope), 간이측정기로 측정한다.

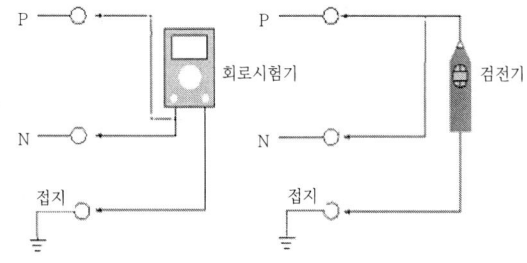

67 태양광발전시스템의 유지관리를 지원하기 위해 제공되는 운전지침에 기술되어야 하는 사항으로 적합하지 않은 것은?

① 성능 규격
② 기동에 관한 사항
③ 운전에 관한 사항
④ 비품 및 공구 List

해설 태양광발전시스템의 운영관리 지침 내용
① 태양광발전시스템의 성능(시설용량과 발전량)
② 태양광발전시스템의 모듈관리 내용
③ 태양광발전시스템의 인버터 및 접속함 관리내용
④ 태양광발전시스템의 구조물 및 전선관리 내용
⑤ 태양광발전시스템의 운전(기동 및 응급조치)

68 저압전로에서 정전이 어려운 경우 등 절연저항 측정이 곤란한 경우 누설전류는 최대 몇 [mA] 이하로 유지하여야 하는가?

① 0.03 ② 0.01
③ 1   ④ 30

해설 전로의 절연저항 및 절연내력
① 사용전압이 저압인 전로에서 정전이 어려운 경우 등 절연저항 측정이 곤란한 경우에는 누설전류를 1[mA] 이하로 유지하여야 한다.
② 고압 및 특고압의 전로(회전기, 정류기, 연료전지 및 태양전지 모듈의 전로, 변압기의 전로, 기구 등의 전로 및 직류식 전기철도용 전차선을 제외한다)는 표에서 정한 시험전압을 전로와 대지 사이(다심 케이블은 심선 상호 간 및 심선과 대지 사이)에 연속하여 10분간 가하여 절연내력을 시험하였을 때에 이에 견디어야 한다.

전로의 종류	시험 전압
1. 최대사용전압 7[kV] 이하인 전로	최대사용전압의 1.5배의 전압
2. 최대사용전압 7[kV] 초과 25[kV] 이하인 중성점 접지식 전로 (중성선을 가지는 것으로서 그 중성선을 다중접지 하는 것에 한한다)	최대사용전압의 0.92배의 전압
3. 최대사용전압 7[kV] 초과 60[kV] 이하인 전로	최대사용전압의 1.25배의 전압(10,500[V] 미만으로 되는 경우는 10,500[V])압
4. 최대사용전압60[kV] 초과 중성점 비접지식전로	최대사용전압의 1.25배의 전압
5. 최대사용전압60[kV] 초과 중성점 접지식 전로	최대사용전압의1.1배의 전압(75[kV] 미만으로 되는 경우에는 75[kV])
6. 최대사용전압이 60[kV]초과 중성점 직접접지식 전로	최대사용전압의 0.72배의 전압
7. 최대사용전압이 170[kV]초과 중성점 직접 접지식 전로로서 그 중성점이 직접 접지되어 있는 발전소 또는 변전소 혹은 이에 준하는 장소에 시설하는 것	최대사용전압의 0.64배의 전압
8. 최대사용전압이 60[kV]를 초과하는 정류기에 접속되고 있는 전로	교류측 및 직류 고전압 측에 접속되고 있는 전로는 교류측의 최대사용전압의 1.1배의 직류전압
	직류측 중성선 또는 귀선이 되는 전로는 계산식에 의하여 구한 값

69 태양광발전시스템의 계측 및 표시에 필요한 기기로 틀린 것은?

① 교류회로 전압 측정을 위한 분류기
② 계측 데이터를 복사, 보존하기 위한 기억장치
③ 검출된 전압, 전류, 전력 등의 데이터 전송을 위한 신호변환기
④ 일시 계측 데이터를 적산하여 평균값 및 적산 값을 얻기 위한 연산장치

해설 태양광발전시스템의 계측시스템 구성
① 검출기
태양광발전시스템의 기상데이터와 전압, 전류 등을 측정하는 장치로 직류측의 전압은 분압기로 전류는 분류기를 이용하고, 교류측의 전압, 전류, 역률, 주파수 계측은 PT, CT를 통해서 검출, 지시계 또는 신호변환기로 전송하는 장치
② 신호변환기
검출기로 검출된 데이터를 컴퓨터 및 먼거리에 설치한 표시장치에 전송할 때 사용하는 장치
③ 연산장치
검출기를 통해 얻어진 순시계측 데이터는 적산하고, 일정기간 동안의 데이터는 평균하는 등 필요 데이터를 가공하는 장치
④ 기억장치
컴퓨터가 필요로 하는 정보, 컴퓨터가 자료를 처리하여 얻은 결과 등을 저장하는 기능을 하는 장치

※ 분류기 : 어느 전로(電路)의 전류를 측정하려는 경우에 전로의 전류가 전류계의 정격보다 큰 경우에는 전류계와 병렬로 다른 전로를 만들고, 전류를 분류하여 측정하며, 이와 같이 전류를 분류하는 전로(저항기)를 분류라 한다.

70 태양광발전시스템의 일상점검 점검항목이 아닌 것은?

① 인버터 – 통풍 확인
② 접속함 – 절연저항 측정
③ 인버터 – 표시부의 이상표시
④ 태양전지모듈 – 표면의 오염 및 파손

해설 PCS(인버터)의 일상점검
① 외함의 부식 및 파손
② 외부배선의 손상 및 접속단자 풀림
③ 접지선의 손상 및 접지단자 풀림
④ 환기팬확인
⑤ 이음, 이취, 연기 발생 및 이상 과열 상태
⑥ LCD표시창 발전상황 정보표시 이상 여부

※ 정기점검
원칙적으로 시설물을 정지 상태에서 운전제어장치의 기계점검, 절연저항측정, 배전반의 기능을 확인하고 유지하기 위한 계획을 수립하여 점검

71 태양광발전시스템 모듈의 고장으로 틀린 것은?

① 핫스팟   ② 백화현상
③ 프레임 변형   ④ 부스바 과열

해설 모듈의 고장원인
① 제조결함(백화현상, 적화현상, 황색 변이, 핫스팟, 백시트 에어 버블링 등)
② 시공불량(모듈 시공시 외부 충격의 영향, 구조물의 불균형 시공으로 인한 프레임 변형 등)
③ 전기적(전압, 전류), 기계적(열응력, 충격) 스트레스에 의한 태양전지 셀의 파손
④ 염해, 부식성 가스 등 주변 환경에 의한 부식
⑤ 경년 열화에 의한 태양전지 셀 및 리본의 노화

72 태양광발전시스템 운전 조작 방법 중 운전 시 행해지는 조작 방법으로 틀린 것은?

① Main VCB반 전압 확인
② 한전 전원 복구 여부 확인
③ DC용 차단기 ON, AC측 차단기 ON
④ 5분 후 인버터 정상 작동 여부 확인

해설 태양광발전시스템의 운전조작방법
① Main VCB반 전압 확인
(VCB를 통해 전력계통의 전기가 투입돼야만 인버터 가동됨)

정답 69. ① 70. ② 71. ④ 72. ②

② 인버터 AC 전압 확인
③ 접속반, 인버터의 DC전압 확인
④ DC용 차단기 ON, AC측 차단기 ON
⑤ 인버터의 정상동작 여부확인(5분후 동작)

73 고소작업차 안전운전에 관한 기술지침에 따른 안전수칙에 대한 설명으로 틀린 것은?

① 고소작업차를 임의변경 또는 개조하지 말아야 한다.
② 고소작업차 운전자에게는 실기교육을 실시하여야 한다.
③ 조작레버는 중립 또는 차단상태에서 시동을 걸어야 한다.
④ 붐이나 작업대는 다른 구조물을 지지할 수 있도록 하여야 한다.

해설 고소작업차 안전운전에 관한 기술지침(안전수칙)
① 고소작업차를 임의변경 또는 개조하지 말아야 한다.
② 작업장 주변의 위험한 지면, 물체, 건물 등에 주의하여 장비를 조작하여야 하며 사람이 접근하지 않도록 하여야 한다.
③ 작동전 방비의 이상유무를 확인하여야 한다.
④ 운전자는 장비 용량의 한계를 숙지하여 허용 한계 내에서 작동하여야 한다.
⑤ 안전기를 이용하여 장비가 항상 지면에 수평을 이루는 상태에서 작업을 수행하며 최대 허용 경사도가 초과되는 곳에서는 작업을 금지하여야 한다.
⑥ 작업자가 오르고 내릴 때는 작업대는 구조물과 간격이 30cm 이내에 있어야 한다.
⑦ 고소작업차 사용자에 대한 교육은 주기적으로 실시하며 특히 운전자에게는 실기교육을 실시하여야 한다.
⑧ 붐이나 작업대를 다른 구조물을 지지하는 용도로 사용하지 말아야 한다.
⑨ 조작레버는 중립 또는 차단상태에서 시동을 걸어야 한다.

74 태양광발전시스템의 시공절차와 주의사항에 대한 설명으로 틀린 것은?

① 주철가대, 금속제 외함 및 금속배관 등은 누전사고 방지를 위한 접지공사가 필요하다.
② 태양광발전시스템의 전기공사는 태양전지 모듈의 설치와 병행하여 진행한다.
③ 공사용 자재 반입 시 레커차를 사용할 경우, 레커차의 암 선단이 배전선에 근접할 때, 절연전선 또는 전력케이블에 보호관을 씌운 후 전력회사에 통보한다.
④ 태양전지 모듈의 배열 및 결선방법은 모듈의 출력 전압과 설치장소에 따라 다르기 때문에 체크리스트를 이용하여 시공 전과 후에도 확인하는 것이 바람직하다.

해설 관계기관에 사전 협조요청
① 공사계획서 및 자재 반입 계획서 작성시 현장을 점검하여 관계기관의 협조에 의한 안전조치의 필요성이 요구될 때에는 반드시 공사 착공 전에 사전협의 및 안전조치 후 공사를 시행한다.
② 배전선로의 절연전선 또는 전력케이블은 전력회사의 소유여서 임으로 전력케이블에 보호관을 씌울 수는 없으며, 전력회사에 협조요청하면 전력회사와 계약된 배전선로 유지보수업체에서 조치를 취한다.

75 태양광발전시스템의 시공 작업 중에 발생할 수 있는 감전사고로부터 보호하기 위한 방지대책으로 틀린 것은?

① 절연장갑을 낀다.
② 절연 처리가 된 공구를 사용한다.
③ 태양전지 모듈의 표면에 차광시트를 붙여 태양광을 차단한다.
④ 강우 시에는 발전하지 않으니 미끄러짐을 주의하여 작업을 진행한다.

해설 모듈 설치 시 감전방지대책
① 전선피복 상태 관리
② 절연 장갑을 착용한다.
③ 절연 처리된 공구를 사용한다.
④ 태양전지 모듈 및 인버터 전원 개방

⑤ 작업 전 태양전지 모듈 표면에 차광막을 씌워 태양광을 차폐한다.
⑥ 강우 시에는 감전사고와 미끄러짐에 의한 추락사고의 위험이 있으므로 작업을 금한다.
답 ④

76 200kWp 태양광발전시스템 효율이 83%인 발전소의 1년간 경사면 일사량이 1560kWh/일 경우 시스템 이용률은 약 몇 %인가?

① 14.56
② 14.78
③ 15.02
④ 15.48

해설 시스템 이용률(Capacity Factor, L_{SP})

$$L_{SP} = \frac{발전\ 전력량[kWh/year]}{24[h] \times 365[day] \times 설치용량[KW]}$$

$$= \frac{258,960}{24 \times 365 \times 200} = 14.78 [\%]$$

※ 발전전력량(P_G)

$$P_G = \frac{설치용량[kW] \times 경사면\ 일사량[kWh/m^2] \times 효율}{표준\ 일사강도[kW/m^2]}$$

$$= \frac{200 \times 1560 \times 0.83}{1} = 258,960 [kWh/year]$$

77 절연용 방호구가 아닌 것은?

① 애자커버
② 핫스틱
③ 고무판
④ 절연시트

해설 절연용 방호구(insulating device)
① 전로(電路)에 접근해서 공작물의 건설, 해체, 점검수리 등의 작업 시 감전사고를 방지하기 위하여 충전전로에 절연용 방호구를 장착하도록 규정하고 있다.
② 선 커버, 애자 커버, 절연시트 고무판 등을 사용해 전로에 장착하는 것

전선커버   애자커버

절연매트

※ 절연봉(핫스틱, COS조작봉)
COS(Cut Out Switch) 및 단로기(D.S)개폐 조작에 사용

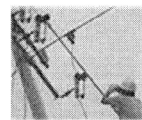

78 태양광발전설비의 유지관리에 있어 인버터의 이상신호 및 조치 시에 인버터를 정지후 5분 뒤에 재가동하여야 되는 경우가 아닌 것은?

① 정전 발생 시 한전계통 입력전원
② 계통 전압이 규정치 이상 또는 이하일 때
③ 계통 주파수가 규정치 이상 또는 이하일 때
④ 인버터 출력전압이 규정 전압을 벗어났을 때

해설 한전계통에의 재병입(Reconnection)
① 한전계통에서 이상 발생 후 해당 한전계통의 전압 및 주파수가 정상 범위 내에 들어올 때까지 분산형전원의 재병입이 발생해서는 안된다.
② 분산형전원 연계 시스템은 안정상태의 한전계통 전압 및 주파수가 정상 범위로 복원된 후 그 범위 내에서 5분간 유지되지 않는 한 분산형전원의 재병입이 발생하지 않도록 하는 지연기능을 갖추어야 한다.

79 태양광발전설비 운영에 관한 설명 중 틀린 것은?

① 태양광발전설비의 발전량은 여름철이 봄철, 가을철보다 많다.
② 태양전지 모듈 표면의 온도가 높을수록 발전효율이 저하되므로 정기적으로 물을 뿌려 온도를 조절해 준다.

③ 태양광발전설비의 고장요인은 대부분 인버터에서 발생하므로 정기적으로 정상가동 유무를 확인한다.
④ 태양광발전설비의 일상점검, 정기점검은 주기에 맞춰 검사한다.

해설 **남해지역 고정식 태양광발전소 발전량**

	1월	2월	3월	4월	5월	6월
[kWh]	3,057	3,295	4,348	3,997	4,157	3,831
[%]	7.39	7.96	10.51	9.66	10.05	9.26
	7월	8월	9월	10월	11월	12월	합계
	2,766	3,398	3,603	3,217	2,937	2,776	41,382
	6.68	8.21	8.71	7.77	7.10	6.71	100[%]

전량은 3월~6월 가장 높게 발생된다.

80 태양광발전시스템 설치 시 안전관리 대책에 대한 설명으로 틀린 것은?

① 구조물 설치 시 안전 난간대를 설치한다.
② 접속함, 인버터 등 연결 시 절연장갑을 착용한다.
③ 모듈 설치시 안전모, 안전화, 안전벨트를 착용한다.
④ 임시배선작업 시 누전위험장소에는 배선용 차단기를 설치한다.

해설 **누전차단기에 의한 감전방지**
(1) 사업주는 다음의 전기 기계·기구에 대하여 누전에 의한 감전위험을 방지하기 위하여 해당 전로의 정격에 적합하고 감도가 양호하며 확실하게 작동하는 감전방지용 누전차단기를 설치하여야 한다.
① 대지전압이 150[V]를 초과하는 이동형 또는 휴대형 전기기계·기구
② 물 등 도전성이 높은 액체가 있는 습윤 장소에서 사용하는 저압(750[V] 이하 직류전압이나 600[V] 이하의 교류전압을 말한다)용 전기기계·기구
③ 철판·철골 위 등 도전성이 높은 장소에서 사용하는 이동형 또는 휴대형 전기기계·기구
④ 임시배선의 전로가 설치되는 장소에서 사용하는 이동형 또는 휴대형 전기기계·기구

(2) 사업주는 (1)에 따라 감전방지용 누전차단기를 설치하기 어려운 경우에는 작업 시작 전에 접지선의 연결 및 접속부 상태 등이 적합한지 확실하게 점검하여야 한다.

(3) 다음의 어느 하나에 해당하는 경우에는 (1)과 (2)를 적용하지 아니한다.
① 이중절연구조 또는 이와 동등 이상으로 보호되는 전기기계·기구
② 절연대 위 등과 같이 감전 위험이 없는 장소에서 사용하는 전기기계·기구
③ 비접지방식의 전로

※ 이중절연구조
이중절연방식의 전기기계기구는 절연파괴 시에도 보호절연이 추가로 되어 있어 감전이 되지 않아 접지를 실시하지 않은 장소에서도 사용이 가능하며 일반적으로 전기기계기구 명판에 아래와 같은 기호가 표시되어 있다.

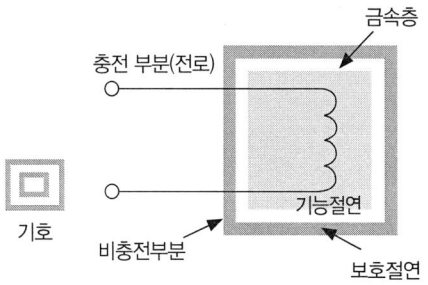

※ 비접지 방식의 전로
비접지 방식의 경우 대지와의 귀환회로가 구성되어 있지 않아 충전부와 인체와의 접촉 시에도 인체에 흐르는 전류를 저감시킬 수 있어 감전이 발생되지 않는 원리이나, 별도의 회로를 구성해야하는 단점으로 인해 수영장 또는 수술실 등 일부 장소에 한해 제한적으로 적용하고 있음

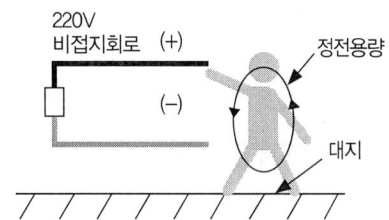

2021년 기출문제

2021 제1회 CBT 복원 기출문제

15.2.48 / 15.4.2 / 16.2.15 / 16.4.13 / 18.4.1 / 19.1.4 / 19.1.11 / 20.1.20 / 21.1.1 / 21.1.5

01 도체에 빛을 조사하면 그 표면에서 전자를 방출하는 현상은?

① 쇼트키 효과
② 광전 효과
③ 터널링 효과
④ 페르미 준위

해설 광전 효과(Photovoltaic Effect)

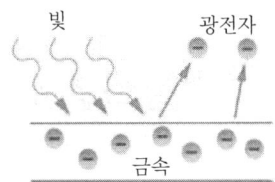

① 금속 등의 물질이 고유의 특정 파장보다 짧은 파장(높은 에너지)을 가진 전자기파를 흡수했을 때 전자를 내보내는 현상
② 방출되는 전자를 광전자라 한다.

15.4.14 / 17.1.1 / 18.4.28 / 19.2.20 / 21.1.2

02 태양광발전시스템의 구성요소 중 인버터의 역할은?

① 직류→교류로 변환
② 교류→직류로 변환
③ 교류→교류로 변환
④ 직류→직류로 변환

해설 태양광발전시스템의 구성도

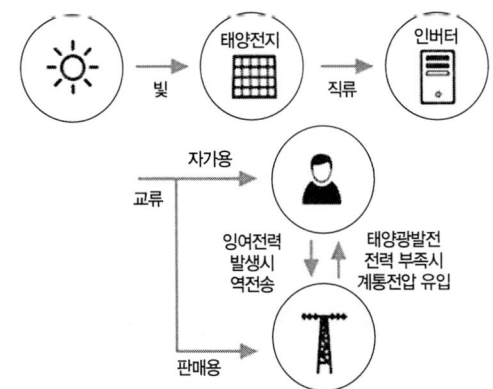

인버터(Inverter)는 태양 전지의 모듈로부터 직류 전원을 공급받아 정전압, 정주파수의 안정된 교류전원을 공급하는 장치로서 전력계통선과 병렬로 운전하며, 기동정지, 최대출력점 추적제어(MPPT), 각종 보호회로, 단독운전방지 등의 기능이 있어야 한다.

15.2.7 / 15.4.13 / 17.4.12 / 18.1.15 / 18.2.3 / 19.1.14 / 20.1.4 / 20.3.2 / 21.1.3 / 21.1.33

03 태양광발전시스템에서 인버터의 회로방식이 아닌 것은?

① 트랜스리스 방식
② 주파수 시프트 방식
③ 고주파 변압기 절연방식
④ 상용주파 변압기 절연방식

해설 인버터의 회로방식별 분류

1) 상용주파 변압기 절연방식

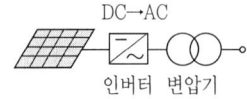

① PWM 인버터를 이용하여 상용주파수의 교류를 만들고, 상용주파수의 변압기를 이용하여 절연과 전압변환을 한다.
② 내부 신뢰성이나 노이즈 컷이 우수하지만, 상용주파수의 변압기를 별도로 이용하기 때문에 무겁고 크며, 변압기의 효율이 감소된다.

2) 고주파 변압기 절연방식

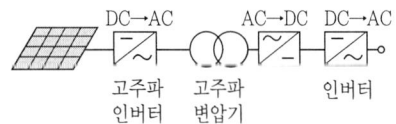

① 태양전지의 직류 출력을 고주파의 교류로 변환한 후 소형의 고주파 변압기로 절연을 한다.
② 일단 직류로 변환하고 재차 상용주파의 교류로 변환하며, 소형 경량이지만 회로가 복잡한 단점이 있다.

3) 트랜스리스(Transless) 방식

정답 1.② 2.① 3.②

① 태양전지의 직류출력을 DC-DC 컨버터로 승압하고 인버터에서 상용주파의 교류로 변환한다.
② 소형 경량이며, 저렴하고 효율이 우수하고 신뢰성이 높다.
③ 상용전원과의 사이에는 절연이 되지 않아 안전성이 떨어진다.

14.4.78 / 15.2.3 / 15.4.10 / 16.2.70 / 17.2.64 / 17.4.71 / 18.1.67 / 18.4.69 / 19.1.71 / 21.1.4

04 교토 의정서에서 정한 지구 온난화 방지를 위한 감축대상 가스가 아닌 것은?

① CH_4 ② N_2O ③ SF_6 ④ NFC

해설 온실가스 및 온실효과

① 온실가스
이산화탄소(CO_2), 메탄(CH_4), 아산화질소(N_2O), 수소불화탄소(HFCs), 과불화탄소(PFCs), 육불화황(SF_6) 및 그밖에 대통령령으로 정하는 것으로 적외선 복사열을 흡수하거나 재방출하여 온실효과를 유발하는 대기 중의 가스 상태의 물질

② 온실효과

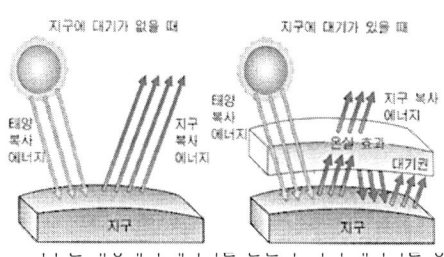

출하여, 복사평형을 유지하지 못하고, 태양의 열이 지구로 들어와서 나가지 못하고 순환되는 현상으로 화석연료 연소를 포함한 인간 활동 때문에 발생된다.

15.2.48 / 15.4.2 / 16.2.15 / 16.4.13 / 18.4.1 / 19.1.4 / 19.1.11 / 20.1.20 / 21.1.1 / 21.1.5

05 다음 전지중 광기전력 효과에 의해 빛에너지를 직접 변환해서 전기에너지를 얻을 수 있는 것은?

① 2차전지   ② 연료전지
③ 태양전지   ④ 인산전지

해설 PN접합에 의한 태양광 발전의 원리

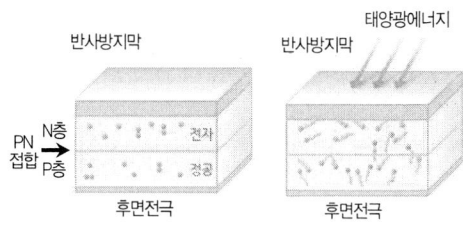

① p-n접합부 또는 정류작용이 있는 금속과 반도체의 경계면에는 접촉전위차가 있으므로 이 부분에 빛을 입사시키면, 반도체 중에 만들어진 전자와 정공(正孔)이 접촉전위차 때문에 분리되어 양쪽 물질에 서로 다른 종류의 전하가 나타나고 그 사이에 전위차(광기전력)가 생긴다.

② p-n접합 또는 금속과 반도체의 접촉 사이에 외부 회로를 연결하면 광전류가 구해지는데, 태양전지에 이용된다.

③ 1839년 프랑스의 물리학자 에드몬드 베크렐(Edmond Becquerel)이 전해액에 담근 은 전극에 빛을 비추니 적은 양의 전류가 흐르는 것을 처음으로 발견했다.

15.2.75 / 15.4.65 / 15.4.74 / 17.1.62 / 17.2.63 / 17.4.1 / 17.4.3 / 17.4.76 / 18.1.8 / 18.2.72 / 19.4.15 / 20.1.18 / 20.1.72 / 20.1.77 / 21.1.6 / 21.2.12

06 신재생에너지에 대한 설명으로 옳은 것은?

① 해양에너지는 수력, 조력, 조류발전 등이 있다.
② 폐기물 에너지는 비가연성 폐기물의 화학분해를 이용한 것이다.
③ 태양광발전은 태양광에너지를 직접 전기로 변환시키는 기술을 이용한다.
④ 조력발전은 해안으로 들어오는 파력에너지를 회전력으로 변환하는 것이다.

해설 신·재생에너지 설비

(1) 해양에너지

해양의 조수·파도·해류·온도차 등을 변환시켜 전기 또는 열을 생산하는 기술로써 전기를 생산하는 방식은 조력·파력·조류·온도차 발전 등이 있음

① 조력발전 : 조석간만의 차를 동력원으로 해수면의 상승하강운동을 이용하여 전기를 생산

시화조력발전 원리

② 파력발전 : 연안 또는 심해의 파랑에너지를 이용하여 전기를 생산하는 기술, 제주도 파력발전소는 파도가 치면 바닷물이 발전기 안의 공기를 위로 압축시키고, 위로 밀려올라간 공기는 터빈을 돌려 전기를 발생시킨다.

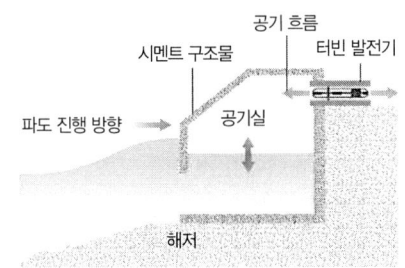

③ 조류발전 : 해수의 유동에 의한 운동에너지를 이용하여 전기를 생산

④ 온도차발전 : 해양 표면층의 온수(예 : 25~30℃)와 심해 500~1000m정도의 냉수(예 : 5~7℃)와의 온도차를 이용하여 열에너지를 기계적 에너지로 변환시켜 발전

(2) 폐기물에너지

사업장 또는 가정에서 발생되는 가연성 폐기물중 에너지 함량이 높은 폐기물을 여러 가지 기술에 의해 연료로 만들거나 소각하여 에너지로 이용한다.

(3) 태양광발전

태양의 빛에너지를 변환시켜 전기를 생산한다.

07 태양광발전시스템의 인버터 기능이 아닌 것은?

① 자동운전 정지기능
② 단독운전 방지기능
③ 자동전압 조정기능
④ 자동온도 조정기능

해설 태양광 인버터의 기능
① 자동운전 정지   ② 최대출력 추종제어
③ 자동전압조정   ④ 직류지락 검출
⑤ 단독 운전방지   ⑥ 계통연계 보호장치

08 위도 36.5° 일 때 동지 시의 남중고도는?

① 45°   ② 40°
③ 35°   ④ 30°

해설 남중고도
① 겨울철 태양의 남중고도가 가장 낮아 모듈간 그림자의 영향이 가장 많다.
② 지구의 자전축은 23.5도 기울어져 있다.
③ 계절별 남중고도 및 모듈 설치각도

계절별 구분	남중고도	모듈 설치각도
여름	90−36.5+23.5=77	13°
봄, 가을	90−36.5+0=53.5°	36.5°
겨울	90−36.5−23.5=30°	60°

④ 최적 설치 각도

하지(여름) 경사각   춘. 추분(봄, 가을)

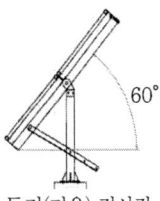

동지(겨울) 경사각

15.4.6 / 19.4.11 / 21.1.9

09 선로에 들어오는 이상전압의 크기를 완화하고 파고값을 낮추기 위하여 설치하는 것은?

① 피뢰침   ② 종단 저항
③ 서지 흡수기   ④ 바이패스 장치

해설 서지흡수기(Surge Absorber)

① 피뢰기와 같은 구조이며, 적용범위만을 조정하여 적용시키는 일종의 옥내 피뢰기이다.
② 피뢰기와는 다르게 뇌서지에는 사용하지 못하며, 특히 방전내량이 낮다.
③ 차단기(VCB)의 개폐서지를 대지로 방전시키고 개폐서지로부터 2차기기(몰드변압기, 건식변압기, 고압모터 등)를 보호하는 역할을 한다.

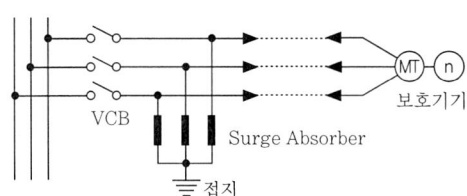

서지흡수기 설치 장소

서지흡수기 (SA)

13.4.2 / 14.4.14 / 17.2.17 / 18.2.20 / 19.1.18 / 20.1.6 / 21.1.10

10 n개의 태양전지를 직·병렬로 접속한 경우의 설명으로 옳은 것은?

① 태양전지를 직렬로 접속하면 전압은 n배로 높아진다.
② 태양전지를 직렬로 접속하면 전류는 n배로 높아진다.
③ 태양전지를 병렬로 접속하면 전압은 n배로 높아진다.
④ 태양전지를 병렬로 접속하면 전류는 변하지 않는다

해설 태양전지 직병렬 계산식

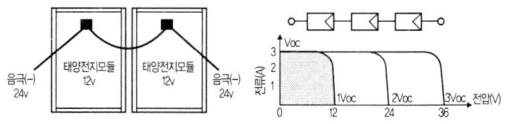

직렬접속

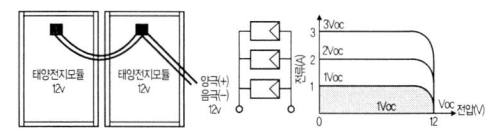

병렬접속

① 직렬접속 : 전압은 증가한다.(전류는 변화 없음)
② 병렬접속 : 전류는 증가한다.(전압은 변화 없음)

13.4.6 / 13.4.47 / 14.4.43 / 14.4.57 / 15.2.16 / 15.2.46 /
15.2.56 / 15.4.5 / 16.2.6 / 16.2.7 / 17.1.7 / 18.4.4 /
18.4.46 / 19.4.8 / 20.1.9 / 21.1.11 / 21.2.17 / 21.2.43

11 다결정 실리콘 태양전지에 관한 설명으로 옳지 않은 것은?

① 재료가 저렴하다.
② 단결정에 비해 효율이 좋다.
③ 가장 많이 사용하는 태양전지이다.
④ 반도체 IC제조과정에서 발생한 불량 실리콘을 재이용한 것이다.

해설 단결정과 다결정의 특징

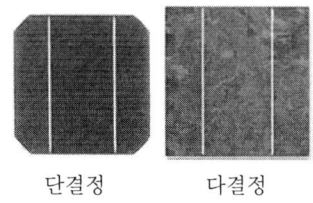

단결정   다결정

1) 단결정
① 검은색으로 무늬가 없으며, 단단하고 구부러지지 않는다.
② 실리콘의 원자배열이 규칙적이며 배열방향이 일정하여 전자의 이동에 걸림이 없어 변환효율이 높다.
③ 폴리 실리콘을 석영도가니에 불순물(붕소, 인)과 함께 넣어 고온으로 용융시켜 원주모양의 단결정 실리콘 잉곳을 만든 후 이것을 얇게 절단한 것을 단결정 실리콘 웨이퍼라고 한다.
④ 고진동 상태에서 1400℃ 이상의 고온에 녹은 폴리 실리콘은 정밀하게 조절되는 조건하에서 큰 직경을

가진 단절 봉으로 성장한다.

2) 다결정
① 청색으로 무늬가 다양하며, 단단하고 구부러지지 않는다.
② 단결정질에 비해 공정이 간단하고 단결정질보다 가격도 저렴하여 널리 사용되고 있으나 변환효율이 단결정보다 낮다.
③ 폴리 실리콘을 석영도가니에 넣고 높은 온도로 가열하여 녹인 다음 정제한 후 일정한 틀에 부어 응고시키는 방법으로 잉곳을 만들며, 단결정 제조방법보다 간단하여 원가를 낮출 수 있고 대량생산이 가능하다.
④ 제조에 필요한 온도는 약 800~1000℃로 높다.

13.4.4 / 16.2.12 / 16.4.12 / 19.1.13 / 19.4.1 / 21.1.12 / 21.4.7 / 21.4.8

12 어느 회로에 전압과 전류의 실효값이 각각 50V, 10A이고 역률이 0.8이다. 소비전력은 몇 W 인가?

① 300 ② 400 ③ 500 ④ 600

해설 소비전력(Power consumption)
① 소비전력(P)은 전기·전자기기가 운용되기 위해 필요한 단위 시간당 전기 에너지의 양을 의미하며, 단위는 [W] (Watt, 와트)를 사용한다.
② P : 소비 전력(유효전력), V : 실효 전압, I : 실효 전류, $\cos\theta$: 역률(power factor)
  $P = V \times I \times \cos\theta$
  $= 50 \times 10 \times 0.8 = 400$ [W]

16.2.17 / 16.2.68 / 16.4.16 / 18.1.16 / 18.1.71 / 18.2.6 / 19.2.15 / 19.4.19 / 20.1.75 / 20.3.3 / 20.1.11 / 21.1.13 / 21.2.6

13 연료전지 구성요소 중 개질기에 대한 설명으로 옳은 것은?

① 연료전지에서 나오는 직류를 교류로 변환시키는 장치
② 전해질이 함유된 전해질 판, 연료극, 공기극으로 구성된 장치
③ 수소가 함유된 일반연료(천연가스, 메탄올, 석탄 등)로부터 수소를 발생시키는 장치
④ 원하는 전기출력을 얻기 위해 단위전지 수십에서 수백장을 직렬로 쌓아 올린 본체

해설 연료전지 발전시스템 구성도

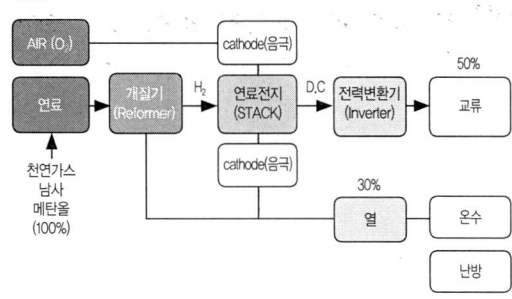

1) 개질기(Fuel Reformer)
  화학적으로 수소를 함유하는 일반 연료(LPG, LNG, 메탄, 석탄가스 메탄올 등)로부터 연료전지가 필요로 하는 수소를 많이 포함하는 가스로 변환하는 제어장치

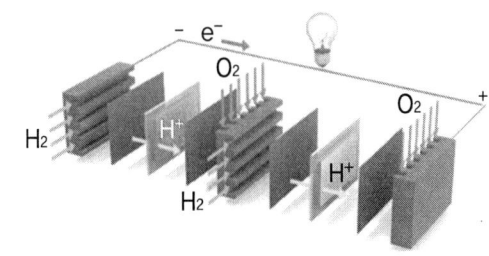

① 연료 개질 장치에서 들어오는 수소와 공기 중의 산소로 직류 전기와 물 및 부산물인 열을 발생시킨다.
② 원하는 전기출력을 얻기 위해 단위전지를 수십장, 수백장 직렬로 쌓아 올린 본체.

2) 전력변환기(Inverter)
  연료전지에서 나오는 직류 전원(DC)을 교류 전원(AC)로 변환시키는 장치

3) 주변보조기(BOP: Balance of Plant)
  연료, 공기, 열회수 등을 위한 펌프류, Blower, 센서 등

16.4.17 / 17.1.19 / 18.4.12 / 19.2.10 / 20.1.16 / 20.3.20 / 21.1.14 / 21.2.20

14 실리콘(Si)에 도너(donor)불순물을 인가하여 만든 반도체는?

① 진성 반도체   ② P형반도체
③ N형반도체   ④ 제너 다이오드

해설 N형반도체
① 음의 (negative) 전하를 가지는 자유전자가 다수 캐리어인 것으로부터, negative의 머리글자를 취해서 N형반도체라 한다.
② 실리콘과 동일한 4가 원소의 진성 반도체에, 미량의 5가 원소 (인, 비소 등)를 불순물로 첨가해서 만들어진다.
③ 결정(結晶) 속의 자유전자 때문에 도전율이 크게 된다.
④ N형반도체를 만들기 위한 불순물을 도너(donor)라 한다.

17.2.3 / 20.1.8 / 21.1.15

15 축전지의 기대수명 결정요소로 관계가 적은 것은?

① 사용온도　② 방전심도
③ 방전횟수　④ 축전지 용량

해설 축전지의 수명
기대수명은 축전지의 사용기간이 경과함에 따라 성능이 급격히 저하되는 80% 용량까지의 시점

1) 사용온도

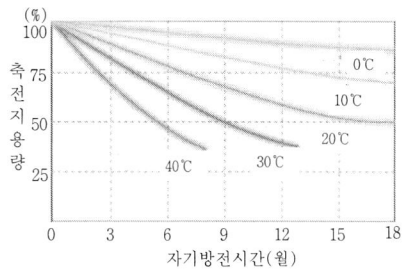

① 축전지의 기대수명은 온도 25℃ 이하의 경우를 정의하는데, 25℃를 넘는 범위라면, 온도가 10℃ 올라가면 수명이 절반으로 줄어든다.
② 축전지의 자기방전은 온도가 높으면 증가하며, 25℃에서 월 3%이하의 자기방전이 발생된다.

2) 충전전압
충전전압이 높게 인가되면 과충전이 되고, 낮은 경우에는 충전부족이되며, 어떤 경우든 축전지의 수명을 단축시키기 때문에 충전전압의 관리가 중요하다.

3) 방전
축전지는 열화에 따라 내부저항이 증가하기 때문에 방전전류가 크면 클수록 내부의 전압강하가 커지고, 축전지 전압이 낮아져 방전시간이 단축되며, 방전횟수가 많을수록 수명도 짧아진다.

4) 방전심도(DOD)와 수명관계

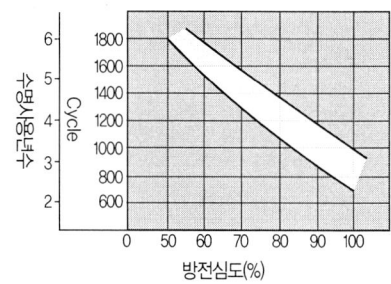

① 방전심도(DOD)는 축전지 잔존용량의 표시
② 방전심도 = $\dfrac{실제 방전량}{축전지의 정격용량} \times 100\%$
③ 방전심도(%)가 50%인 경우 만나는 곡선에서 1800사이클, 100%의 경우 700사이클 이며, 연간 250사이클을 기준해 보면 1800사이클(7년 1개월), 700사이클(2년 9개월)의 수명임을 알 수 있다.
④ 방전심도를 낮게 설정하면 축전지 수명은 길어지고, 잔존 용량은 증가한다.

17.4.18 / 21.1.16

16 태양광발전시스템의 교류측 기기에 속하지 않는 것은?

① 분전반　② 접속함
③ 적산전력량계　④ 지락과전류차단기

해설 계통연계형 태양광발전시스템의 구성

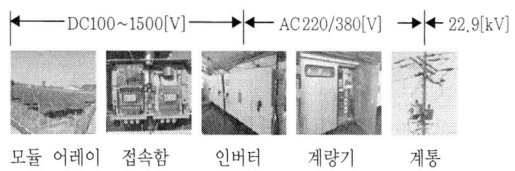

15.2.15 / 17.2.12 / 19.1.15 / 19.2.17 / 19.4.20 / 20.3.12 / 21.1.17 / 21.4.4

17 수평축 풍력발전기로 분류되는 것은?

① 듀블러형　② 프로펠러형
③ 다리우스형　④ 사보니우스형

해설 회전축방향에 따른 구분

① 수평축
  간단한 구조로 이루어져 있어 설치하기 편리하나 바람의 방향에 영향을 받음(중대형급 이상은 수평축을 사용하고, 100kW급 이하 소형은 수직축도 사용됨)

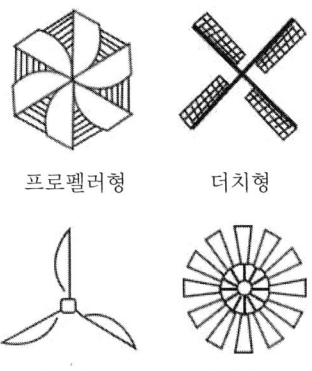

프로펠러형   더치형
세일윙형   블레이드형

② 수직축
  바람의 방향과 관계가 없어 사막이나 평원에 많이 설치하여 이용 가능하지만 소재가 비싸고 수평축 풍차에 비해 효율이 떨어지는 단점이 있다.

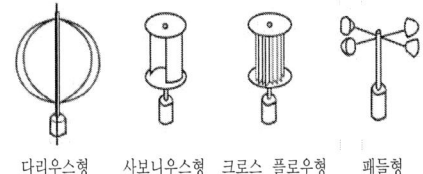

다리우스형   사보니우스형   크로스 플로우형   패들형

16.2.1 / 17.2.19 / 17.4.17 / 18.1.18 / 19.4.13 / 19.2.11 / 21.1.18

18 다음 [보기]의 특징을 만족하는 태양전지는?

[보 기]

ㄱ. 박막 형태로 태양전지를 제작
ㄴ. 빛 흡수층의 밴드갭에너지는 1.04~1.2[eV] 정도임
ㄷ. 직접 천이형 반도체로서 빛 흡수율이 뛰어남
ㄹ. 환경오염 문제는 상대적으로 낮지만 향후 원료 물질의 부족 문제가 존재

① GaAs 태양전지
② CIGS 태양전지
③ 박막 실리콘 태양전지
④ 단결정 실리콘 태양전지

해설 화합물 반도체 CIGS 박막태양전지

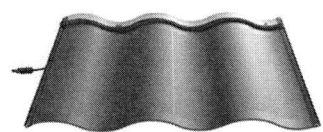

① CIGS는 Cu(구리), In(인듐), Ga(갈륨), Se(셀레늄)의 4가지 화합물 반도체를 접합한 다원소의 화합물 반도체 태양전지
② 조성조절을 통해 1.0~2.0[eV]까지 밴드갭 조절이 용이해 tandem형 태양전지 구현에도 유리하며, 기판을 유리 대신 가볍고 휘어지는 기판을 사용할 경우 건물, 자동차, 레저용 등 다양한 분야에 적용이 가능할 것으로 예상된다.
③ 광흡수층은 직접 천이용 밴드갭을 가지며 광흡수계수가 10^5/cm로 매우 높아, 수 [μm]의 얇은 두께의 흡수층으로도 태양광을 효율적으로 흡수할 수 있으며, 박막화가 가능하고 제조공정이 짧아 저가격화가 가능하다.
④ 흐린 날에도 발전이 잘되는 특성을 가지며, 열적 출력 변화가 결정질 대비 좋으나, 변환효율이 낮아 결정계실리콘 태양전지와 같은 출력을 내기 위해서는 넓은 면적을 필요로 한다.
⑤ CIS계 태양전지 속에는 원재료의 일부에 유해한 카드뮴이 들어있기 때문에 폐기시 환경유해물질로 인한 처리비용이 든다.

15.2.18 / 18.4.9 / 19.1.1 / 21.1.19

19 다음 설명 중 틀린 것은?

① 옴의 법칙에서 전압은 저항에 반비례함을 의미한다.
② 온도의 상승에 따라 도체의 전기저항은 증가한다.
③ 도선의 저항은 길이에 비례하고 단면적에 반비례한다.
④ 전기가 누설되지 않도록 하는 것을 절연이라고 하며 그 재료를 절연물이라고 한다.

해설 옴의 법칙(Ohm's law)

도체에 전압이 가해졌을 때 흐르는 전류의 크기는 도체의 저항에 반비례하므로 가해진 전압을 V [V], 전류 I [A], 도체의 저항을 R [Ω]이라고 하면

$I = \dfrac{V}{R}$, $V = I \times R$ (전압은 저항에 비례한다)

14.4.8 / 15.2.2 / 18.4.19 / 20.4.3 / 21.1.20

20 태양전지의 직렬저항 증가에 따른 영향으로 옳은 것은?

① 개방전압 감소   ② 누설전류 증가
③ 단락전류 증가   ④ 충진율 감소

해설 직렬저항 증가에 따른 영향

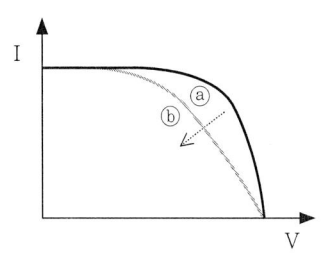

① 태양전지의 에미터와 베이스의 수직 저항성분과 금속전극과 에미터, 베이스 사이의 접촉저항, 전면 및 후면의 금속전극의 저항과 같은 세가지 원인에 의해 발생된다.
② 직렬 저항이 커짐에 따라 태양전지의 단락전류가 감소하기는 하지만 주된 영향을 받는 파라미터는 곡선인자이다.
③ 직렬저항은 태양전지의 개방전압에 큰 영향을 미치지 않지만 개방전압부근에서의 전류전압곡선은 직렬저항에 의해 크게 영향을 받는다.
④ 직렬저항이 증가하면 위의 그림처럼 전류전압곡선이 ⓐ에서 ⓑ로 이동하여 충진율(곡선인자)이 감소하게 된다.

15.4.31 / 18.2.22 / 21.1.21

21 태양광 설치 공사 중 태양전지 모듈의 설치 시 추락방지에 대한 안전대책이 아닌 것은?

① 안전모 착용   ② 안전대 착용
③ 저압 절연장갑 착용 ④ 안전화 착용

해설 태양광발전시스템의 안전관리대책

공정	조치 사항	비 고
모듈 설치	고소작업시 안전 난간대 설치 안전모, 안전화, 안전벨트 착용	추락 사고 예방
배관배선작업	사다리 적합품 사용 안전모, 안전화, 안전벨트 착용	
구조물 설치	리프트카 사용, 안전 난간대 설치 안전모, 안전화, 안전벨트 착용	
인버터, 접속함 등 연결	태양전지 모듈 등 전원개방 절연 장갑 착용	감전 사고 예방
임시배선작업	누전위험장소 누전차단기 설치 전선 피복상태, 접지선 관리	

13.4.34 / 14.4.25 / 15.2.31 / 15.4.38 / 17.1.25 / 17.2.30 /
17.4.21 / 17.4.34 / 18.4.34 / 19.1.22 / 20.1.40 / 20.3.38
/ 20.4.29 / 21.1.22 / 21.2.25

22 태양광발전시스템의 시공절차에 포함되지 않는 것은?

① 접지공사
② 어레이 기초공사
③ 인버터 설치공사
④ 태양광 어레이의 발전량 산출

해설 태양광발전시스템의 시공절차

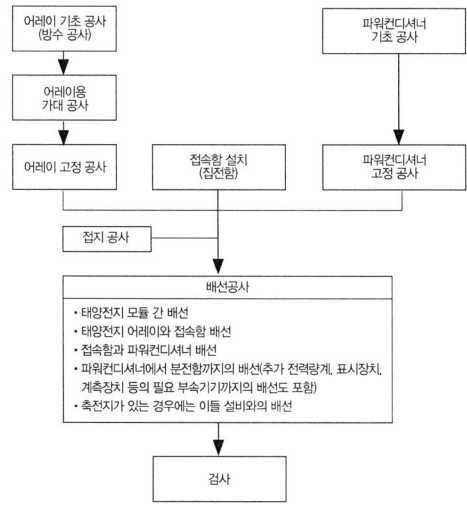

※ 파워컨디셔너(PCS)
① 전기의 성질(AC/DC, 전압, 주파수)을 바꿔주는 전력변환장치의 총칭
② 태양광인버터는 PCS의 한 종류이다.

15.2.38 / 16.2.22 / 18.1.25 / 21.1.23 / 21.4.36

23 책임감리원은 최종감리보고서를 감리기간 종료 후 며칠 이내에 발주자에게 제출하여야 하는가?

① 3일 이내   ② 7일 이내
③ 14일 이내 ④ 30일 이내

해설 감리보고 등

책임감리원은 다음의 사항이 포함된 최종감리보고서를 감리기간 종료 후 14일 이내에 발주자에게 제출하여야 한다.
① 공사 및 감리용역 개요 등(사업목적, 공사개요, 감리용역 개요, 설계용역 개요)
② 공사추진 실적현황(기성 및 준공검사 현황, 공종별 추진실적, 설계변경 현황, 공사현장 실정보고 및 처리현황, 지시사항 처리, 주요인력 및 장비투입현황, 하도급 현황, 감리원 투입현황)
③ 품질관리 실적(검사요청 및 결과통보현황, 각종 측정기록 및 조사표, 시험장비 사용현황, 품질관리 및 측정자 현황, 기술검토실적 현황 등)
④ 주요기자재 사용실적(기자재 공급원 승인현황, 주요 기자재 투입현황, 사용자재 투입현황)
⑤ 안전관리 실적(안전관리조직, 교육실적, 안전점검 실적, 안전관리비 사용실적)
⑥ 환경관리 실적(폐기물 발생 및 처리실적)
⑦ 종합분석

13.4.25 / 17.2.26 / 21.1.24

24 태양광발전시스템의 기획 및 설계 시 조사 할 항목과 연결이 잘못된 것은?

① 설치조건의 조사 – 설치장소, 재료의 반입경로
② 설계조건의 검토 – 전기안전관리자 이력 검토
③ 환경조건의 조사 – 빛, 염해, 공해
④ 사전조사 – 각 지자체 조례 등

해설 설계시 조사할 항목
① 사전조사 : 각 지자체 조례 등
② 환경조건의 조사 : 연평균 일사량 및 일조시간, 염해, 공해
③ 설치조건의 조사 : 부지의 접근성 및 주변 환경, 민원발생 가능 여부

④ 전력 계통과의 연계 조건 : 전력계통 인입선 위치와 계통연계 가능한 용량 확인
⑤ 경제성 조건 : 총 투자비 기준으로 발전 매전 수입 시 경제적인 수익률의 검토

13.4.21 / 15.2.26 / 17.4.40 / 19.1.30 / 19.2.38 / 20.4.31 / 21.1.25

25 감리원은 공사가 시작된 경우에는 공사업자로부터 착공신고서를 제출받아 적정성 여부를 검토해야한다. 그 서류가 아닌 것은?

① 품질관리계획서
② 안전관리계획서
③ 공사도급 계약서 사본 및 산출내역서
④ 기술계산서

해설 착공신고서 검토 및 보고

감리원은 공사가 시작된 경우에는 공사업자로부터 다음의 서류가 포함된 착공신고서를 제출받아 적정성 여부를 검토하여 7일 이내에 발주자에게 보고하여야 한다.
① 시공관리책임자 지정통지서(현장관리조직, 안전관리자)
② 공사 예정공정표
③ 품질관리계획서
④ 공사도급 계약서 사본 및 산출내역서
⑤ 공사 시작 전 사진
⑥ 현장기술자 경력사항 확인서 및 자격증 사본
⑦ 안전관리계획서
⑧ 작업인원 및 장비투입 계획서
⑨ 그밖에 발주자가 지정한 사항

15.4.37 / 19.2.25 / 21.1.26

26 지붕형 태양광발전 어레이 기초공사에 포함되는 것은?

① 방수공사   ② 접지공사
③ 구조물공사 ④ 모듈 설치공사

해설 지붕형 태양광발전시스템 어레이 기초공사
① 구조물의 기초를 설치하기 위해서 지붕의 방수기능에 대한 손상이 우려될 때는 방수공사 기능을 가진 사람이 작업을 실시하며, 방수기능이 확인된 공법

정답 23. ③ 24. ② 25. ④ 26. ①

281

을 사용하는 등의 방법으로 확실하게 방수처리를 해야 한다.

② 기존건물의 옥상이나 개인주택의 평지붕 옥상에 설치하는 기초 및 어레이는 자중에 더하여 풍압·적설의 최대하중에도 건물의 강도가 충분한가를 검토한 후 설계를 한다.

③ 신축건물의 경우 태양전지 어레이의 기초부까지 방수를 포함하여 건축업자에게 시공하도록 하면 건물 철근과 직결한 강도 높은 앵커볼트를 사용할 수 있으며 방수도 완전하게 된다.

13.4.9 / 16.4.14 / 21.1.27

27 신재생에너지 중 재생에너지의 특징이 아닌 것은?

① 비고갈성 에너지이다.
② 기술주도형 자원이다.
③ 친환경 청정에너지이다.
④ 시설투자비가 적은 에너지이다.

[해설] 신·재생 에너지의 특징

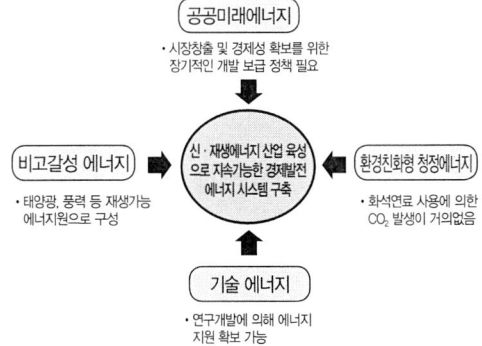

※ 개발 초기에 투자비용이 많이 들고, 경제성이 낮은 편이다.

16.2.28 / 16.4.35 / 17.2.38 / 19.4.23 / 19.4.28 / 19.4.33 / 20.3.24 / 20.3.26 / 20.3.27 / 20.3.32 / 21.1.28 / 21.2.34

28 전력시설물 공사감리업무 수행지침에 의해 상주감리원은 공사현장(공사와 관련한 외부 현장점검, 확인 등 포함)에서 운영요령에 따라 배치된 일수를 상주하여야 하며, 다른 업무 또는 부득이한 사유로 며칠 이상 현장을 이탈하는 경우에는 반드시 감리업무일지에 기록하고, 발주자(지원업무담당자)의 승인(부재시 유선보고)을 받아야 하는가?

① 1 ② 3 ③ 5 ④ 7

[해설] 상주감리원은 다음에 따라 현장 근무를 하여야 한다.

① 상주감리원은 공사현장(공사와 관련한 외부 현장점검, 확인 등 포함)에서 운영요령에 따라 배치된 일수를 상주하여야 하며, 다른 업무 또는 부득이한 사유로 1일 이상 현장을 이탈하는 경우에는 반드시 감리업무일지에 기록하고, 발주자(지원업무담당자)의 승인(부재시 유선보고)을 받아야 한다.

② 상주감리원은 감리사무실 출입구 부근에 부착한 근무상황판에 현장 근무위치 및 업무내용 등을 기록하여야 한다.

15.4.26 / 18.1.27 / 21.1.29

29 국내에서 태양광발전시스템의 모듈을 고정식으로 설치할 때 최적 경사각은 일반적으로 몇 도 정도인가?

① 5~15 ② 24~36
③ 55~60 ④ 75~90

[해설] 연평균 경사각도에 의한 효율(정남향 기준)

각도(°)	효율(%)
0	89
5	97
30	100
45	98
60	92
90	68

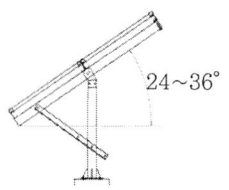

※ 고정식 설치시 태양전지는 많은 일사량을 받도록 지면과 약 30도(제주도 24도)의 경사면에 설치한다.

정답 27. ④ 28. ① 29. ②

14.4.37 / 17.1.26 / 20.3.30 / 21.1.30

30 3상 3선식 배전방식의 전압강하 계산식으로 옳은 것은? (단, e : 전압강하(V), L : 전선의 길이(m), I : 부하전류(A), A : 사용전선(연동선)의 단면적(mm²)이다.)

① $e = \dfrac{35.6 \times L \times I}{1000 \times A}$

② $e = \dfrac{30.8 \times L \times I}{1000 \times A}$

③ $e = \dfrac{15.6 \times L \times I}{1000 \times A}$

④ $e = \dfrac{24.6 \times L \times I}{1000 \times A}$

해설 전압강하 및 전선 굵기 계산식

전기공급방식	전압강하(e)	전선의 단면적(A)
단상 2선식 직류 2선식	$e = \dfrac{35.6 \times L \times I}{1,000 \times A}$	$A = \dfrac{35.6 \times L \times I}{1,000 \times e}$
3상 3선식	$e = \dfrac{30.8 \times L \times I}{1,000 \times A}$	$A = \dfrac{30.8 \times L \times I}{1,000 \times e}$
단상 3선식 3상 4선식 직류 3선식	$e = \dfrac{17.8 \times L \times I}{1,000 \times A}$	$A = \dfrac{17.8 \times L \times I}{1,000 \times e}$

13.4.35 / 14.4.23 / 14.4.30 / 16.2.46 / 16.4.28 / 17.2.31 / 18.1.23 / 18.1.53 / 20.3.39 / 21.1.31 / 21.2.48 / 21.4.25

31 접지저항은 대지 저항률에 따라 크게 좌우된다. 대지 저항률에 영향을 주는 요인으로 틀린 것은?

① 물리적 영향
② 온도적 영향
③ 계절적 영향
④ 흙의 종류나 수분의 영향

해설 대지 저항률
(1) 접지 저항 계산 및 접지전극 수의 계산에 절대적인 함수이며, 정확한 대지 저항률의 측정 및 반영을 통해 확실한 접지의 설계 및 시공이 가능한데 대지 저항률은 여러 가지 변수에 의해 변화하게 되며, 이러한 대지 저항률의 변화에 의해 시공된 접지 저항치가 변화하게 된다.

(2) 대지 저항률에 영향을 주는 요인
① 대지내의 수분의 함유량
② 수분의 화학적 성분
③ 토양의 종류
④ 지질 성분
⑤ 대지의 온도 및 기후
⑥ 지역적 특성

17.1.22 / 21.1.32

32 감리용역 계약문서가 아닌 것은?

① 과업 지시서
② 공사입찰 유의서
③ 감리비 산출내역서
④ 기술용역계약 일반조건

해설 설계감리용역 계약문서
① 계약서
② 설계감리용역 입찰유의서
③ 설계감리용역계약 일반조건
④ 설계감리용역계약 특수조건
⑤ 과업내용서
⑥ 설계감리비 산출내역서

15.2.7 / 15.4.13 / 17.4.12 / 18.1.15 / 18.2.3 / 19.1.14 / 20.1.4 / 20.3.2 / 21.1.3 / 21.1.33

33 다음 그림과 같은 인버터의 회로방식은?

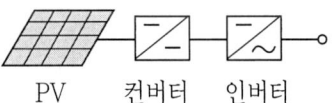

① 트랜스리스 방식
② 주파수 시프트 방식
③ 고주파 변압기 절연방식
④ 상용주파 변압기 절연방식

해설 **인버터의 회로방식별 분류**

1) 상용주파 변압기 절연방식

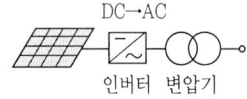

① PWM 인버터를 이용하여 상용주파수의 교류를 만들고, 상용주파수의 변압기를 이용하여 절연과 전압변환을 한다.
② 내부 신뢰성이나 노이즈 컷이 우수하지만, 상용주파수의 변압기를 별도로 이용하기 때문에 무겁고 크며, 변압기의 효율이 감소된다.

2) 고주파 변압기 절연방식

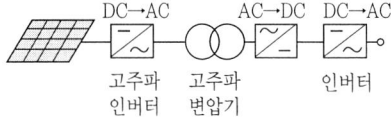

① 태양전지의 직류 출력을 고주파의 교류로 변환한 후 소형의 고주파 변압기로 절연을 한다.
② 일단 직류로 변환하고 재차 상용주파의 교류로 변환하며, 소형 경량이지만 회로가 복잡한 단점이 있다.

3) 트랜스리스(Transless) 방식

① 태양전지의 직류출력을 DC-DC 컨버터로 승압하고 인버터에서 상용주파의 교류로 변환한다.
② 소형 경량이며, 저렴하고 효율이 우수하고 신뢰성이 높다.
③ 상용전원과의 사이에는 절연이 되지 않아 안전성이 떨어진다.

13.4.22 / 15.2.37 / 16.4.27 / 17.1.33 / 17.2.36 / 17.4.29 / 18.4.33 / 20.4.27 / 21.1.34

34 태양광시스템에서 방화구획 관통부를 처리하는 주된 목적은?

① 다른 설비로의 화재확산 방지
② 배전반 및 분전반 보호
③ 태양전지 어레이 보호
④ 인버터 보호

해설 **방화구획 관통부의 처리**

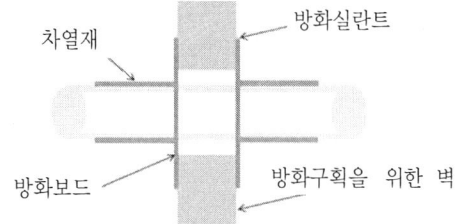

1) 방화구획 관통부의 처리를 하는 것은 화재 발생 시의 방화 대책물인 벽, 바닥, 기둥 등을 통과하는 전선, 배관의 관통 부분에서 다른 설비로 불길이 번지거나 확대하는 것을 방지하기 위해서이다.

2) 배선을 옥외에서 옥내로 끌어들인 관통 부분의 처리 방법으로는 다음과 같다.
① 난연성
관통 부분의 충전재, 케이블, 배관재의 변형, 파손, 탈락, 소실로 인해 뒷면에 화염, 연기가 나지 않을 것
② 내열성
관통 부분의 충전재, 내열씰재의 전열에 의해 뒷면이 연소할 위험이 있는 온도가 되지 않을 것
③ 관통부의 내화구조에 대한 성능시험은 단일 제품(예: 방화용 실런트 또는 기타자재)에 대한 시험이 아니라 복합구조(예: 방화용 실런트와 철판, 암면 등의 조합)의 시스템을 제시하여 그 시스템에 대해서 시험성적을 취득한다.

13.4.40 / 15.2.29 / 15.2.55 / 17.4.37 / 18.2.27 / 18.4.26 / 18.4.57 / 19.1.32 / 19.2.32 / 19.2.43 / 20.1.22 / 20.4.32 / 21.1.35 / 21.4.46

35 태양광발전시스템의 사용전검사시 태양광발전전지 검사중 전지의 전기적 특성시험이 아닌 것은?

① 충진율
② 개방전압
③ 단독 운전방지 시험
④ 최대 출력전압 및 전류

해설 **태양광전지 사용전검사의 세부내용**
1) 규격확인
2) 외관검사
3) 전지 전기적 특성시험

① 최대출력
② 개방전압
③ 단락전류
④ 최대 출력전압 및 전류
⑤ 충진율
⑥ 전력변환효율
4) Array
① 절연저항
② 접지저항

13.4.23 / 16.2.39 / 20.1.35 / 21.1.36 / 21.4.24

36 배전선로의 손실 경감과 관계없는 것은?

① 승압
② 역률 개선
③ 다중접지방식 채용
④ 부하의 불평형 방지

해설 **배전선로의 손실 경감 대책**

① 배전전압의 승압
전력손실은 전압의 제곱에 반비례하여 감소되므로, 배전전압을 승압한다는 것은 손실 경감책, 전압변동 경감책으로 효과적이다.

② 전류밀도의 감소와 평형
일반적인 배전선로에서는 각 상의 부하전류가 불평형으로 되는 것이 보통이며, 심할 경우에는 손실 증가가 일어나므로 부하의 재분배 등으로 불평등을 시정하여야 하며, 장래 예상되는 부하증가, 선로의 구간 연장 등에 대비해서 부하 불평형이 일어나지 않도록 하여야 한다.

③ 전력용 콘덴서의 설치
전력 손실은 부하 역률의 제곱에 반비례하므로 부하 역률을 개선하면 전력 손실을 크게 절감할 수 있다.

④ 저손실 변압기의 채용
현재 배전용 변압기는 적철심형보다 철손이 적은 권철심형을 사용하고 있다. 이 변압기의 철심으로는 규소강판을 사용하고 있으나 새로 개발된 저손실 철심재료인 3차 재결정 방향성 규소강판이나 비정질(아몰퍼스) 철심재료를 사용한 변압기로 대체하면 기존의 규소강판 변압기에 비해 철손을 1/3~1/4 수준으로 낮출 수 있다.

18.1.32 / 18.2.35 / 21.1.37

37 설계 감리원이 발주자에게 제출하는 준공서류가 아닌 것은?

① 감리기록서류
② 설계용역 준공검사원
③ 설계감리 결과보고서
④ 설계도서 검토의견서

해설 **설계감리의 기성 및 준공**

책임 설계감리원이 설계감리의 기성 및 준공을 처리한 때에는 다음의 준공서류를 구비하여 발주자에게 제출한다.
1) 설계용역 기성부분 검사원 또는 설계용역 준공검사원
2) 설계용역 기성부분 내역서
3) 설계감리 결과보고서
4) 감리기록서류
  ① 설계감리일지   ② 설계감리지시부
  ③ 설계감리기록부   ④ 설계감리요청서
  ⑤ 설계자와 협의사항 기록부
5) 그밖에 발주자가 과업지시서상에서 요구한 사항

13.4.26 / 15.4.28 / 16.4.38 / 17.1.51 / 17.2.22 / 17.2.54 / 17.4.23 / 17.4.53 / 18.1.21 / 18.1.47 / 18.2.46 / 18.2.53 / 18.4.23 / 19.1.60 / 19.2.26 / 19.2.42 / 19.4.27 / 19.4.49 / 20.1.52 / 20.3.23 / 20.3.41 / 20.4.24 / 21.1.38 / 21.4.42 / 21.4.48

38 태양광발전시스템 시공 중 감전방지 대책에 대한 설명으로 틀린 것은?

① 강우시 작업을 중단한다.
② 저압 전로용 절연장갑을 착용한다.
③ 이중절연 처리된 공구를 사용한다.
④ 작업 종료 후 태양전지 모듈 표면에 차광 시트를 붙인다.

해설 **모듈 설치 시 감전방지대책**

① 전선피복 상태 관리
② 절연 장갑을 착용한다.
③ 절연 처리된 공구를 사용한다.
④ 태양전지 모듈 및 인버터 전원 개방
⑤ 작업 전 태양전지 모듈 표면에 차광막을 씌워 태양광을 차폐한다.
⑥ 강우시에는 감전사고와 미끄러짐에 의한 추락사고의 위험이 있으므로 작업을 금한다.

17.1.32 / 20.1.23 / 21.1.39

39 가공송전 선로에 사용되는 전선의 구비 조건이 아닌 것은?

① 내구성이 있을 것
② 도전율이 높을 것
③ 비중(밀도)이 높을 것
④ 가선작업이 용이할 것

해설 전선의 구비조건
① 도전율이 클 것
② 기계적 강도가 클 것
③ 가요성이 클 것
④ 내구성이 클 것
⑤ 비중이 작을 것(가벼울 것)
⑥ 가격이 저렴할 것

18.4.39 / 21.1.40

40 인접한 전력시설물의 현장이 3개소 이하로서 발주자가 통합하여 공사감리를 시행할 경우 공사현장 간 이동거리가 몇 [km] 미만이어야 하는가?(단, 공사현장은 서울특별시에 소재한다)

① 10　② 20　③ 30　④ 40

해설 통합감리기준
다음의 공사감리는 인접한 전력시설물공사의 현장이 3개소 이하로서 공사현장 간에 이동거리가 30[km](특별시 및 광역시인 경우에는 10[km])미만인 경우로 한다.
① 발주자가 통합하여 발주하는 공사감리
② 소속 감리원에게 통합하여 수행하게 하는 공사감리

14.4.42 / 17.1.23 / 21.1.41

41 태양광발전시스템 준공시 점검할 부분이 아닌 것은?

① 인버터(파워컨디셔너) 점검
② 중계단자함(접속함) 점검
③ 태양전지(어레이) 점검
④ 부하 점검

해설 태양광발전시스템 준공시 점검내용
① 태양전지 어레이
② 중간단자함
③ 인버터
④ 개폐기, 전력량계, 인입구 등
⑤ 운전 및 정지
⑥ 발전 전력

20.1.41 / 21.1.42

42 태양광발전시스템의 유지보수에서 연계 보호장치의 점검 부위가 아닌 것은?

① 전자접촉기　② 보호릴레이
③ 보조릴레이　④ 냉각팬 히터

13.4.14 / 14.4.1 / 14.4.9 / 15.2.5 / 15.2.43 / 17.1.20 /
17.4.14 / 18.2.11 / 19.2.5 / 20.1.17 / 20.3.1 / 20.4.4 /
20.4.6 / 21.1.43 / 21.2.2 / 21.2.13 / 21.2.18

43 모듈의 온도에 따른 I-V 특성곡선에서 태양전지 특징을 설명한 것 중 옳은 것은?

① 태양전지 전압은 온도에 반비례한다.
② 태양전지 온도가 올라가면 발전량이 증가한다.
③ 태양전지 전압은 온도에 비례한다.
④ 태양전지 온도와 발전량은 상관관계가 없다.

해설 태양광 모듈의 온도에 따른 출력 전압과 전류 값지
① 태양광 모듈의 온도특성을 살펴보면 전류는 양(+)의 온도계수를 가지고 전압과 전력은 음(-)의 온도계수를 가진다. 음 온도계수의 의미는 온도가 높을수록 태양광 모듈의 전압과 전력은 감소하고, 온도가 낮을수록 태양광 모듈의 전압과 전력이 증가한다는 것을 의미한다.
② 태양전지가 보다 높은 온도에 노출되면 단락전류(I_{sc})는 조금 증가하며 개방전압(V_{oc})은 크게 감소한다.
③ 폴리실리콘 계열의 태양전지는 표면온도가 1[℃] 상승할 때, 대략 0.3~0.5[%]의 출력이 감소한다.

정답　39. ③　40. ①　41. ④　42. ①　43. ①

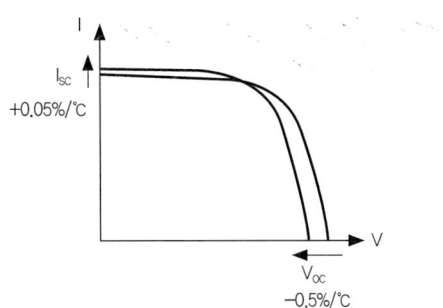

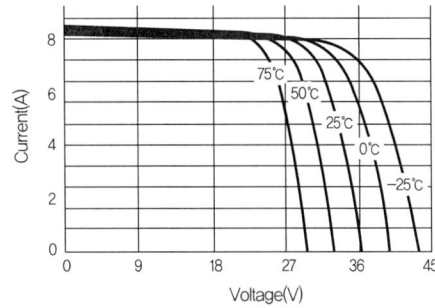

18.2.45 / 20.3.42 / 21.1.44

44 태양광발전시스템 화재의 원인으로 틀린 것은?

① 누전 ② 단락
③ 저전압 ④ 접촉부 과열

해설 **태양광발전소의 화재원인**
① 전선의 접속부위 단락과 누전
② PCS 및 ESS의 과전압, 과열
③ PV모듈 핫스팟 등
④ 다이오드 접촉 불량
⑤ PCB에 습기의 침투로 절연 파괴
⑥ 퓨즈 접촉 불량

20.3.43 / 21.1.45

45 태양광 시스템용 배터리 충전 컨트롤러-성능 및 기능(KS C IEC 62509:2010)에 따라 배터리 충전 컨트롤러(BCC)는 태양광(PV)발전기로부터 받는 전체 정격 전류의 몇 %까지 과전류에 의해 손상되지 않아야 하는가?

① 105 ② 110 ③ 125 ④ 150

해설 **과전류 동작**
① 태양광(PV)측
배터리 충전 컨트롤러(BCC)는 태양광(PV) 발전기로부터 받는 전체 정격 전류의 125%까지 과전류에 의해 손상되지 않아야 한다. 과전류가 흘러 수동 리셋을 하지 않은 후에도 정상적으로 동작되어야 한다.
② 부하측
배터리 충전 컨트롤러(BCC)가 부하 단자를 갖고 있는 경우, 이 단자는 필수 태양광(PV) 배터리 충전 컨트롤러(BCC) 기능의 동작이 과부하로 손상되는 것을 방지하기 위해 전류 보호가 되어야 한다.

16.2.47 / 16.2.51 / 16.4.47 / 17.2.42 / 18.1.45 / 18.2.44 /
18.2.54 / 19.1.43 / 19.1.51 / 19.1.53 / 19.4.42 / 19.4.47 /
20.3.48 / 20.4.42 / 20.4.45 / 20.4.51 / 21.1.46 / 21.1.51 /
21.1.58 / 21.4.44 / 21.2.47 / 21.4.56

46 우박의 충격에 대한 결정질 실리콘 태양광발전 모듈의 기계적 강도를 시험할 경우 품질기준으로 최대 출력은 시험 전 값의 최소 몇 [%] 이상이어야 하는가?

① 89 ② 92 ③ 95 ④ 98

해설 **우박 시험**
1) 시험방법
우박의 충격에 대한 모듈의 기계적 강도를 시험한다.

2) 품질기준
① 최대 출력 : 시험 전 값의 95[%] 이상일 것
② 절연 저항 : 절연저항시험 값을 만족시킬 것
③ 외관 : 두드러진 이상이 없고, 표시는 판독할 수 있으며 외관검사 기준을 만족시킬 것

14.4.55 / 18.4.45 / 21.1.47

47 태양광발전시스템 공사계획을 사전인가 받아야 하는 설비용량은 몇 [kW]인가?

① 100 ② 3,000 ③ 4,000 ④ 10,000

해설 **전기사업용전기설비 공사계획의 인가 및 신고의 대상** (전기사업법 시행규칙 제28조)

공사의 종류	인가가 필요한 것	신고가 필요한 것
태양광설비 태양전지	출력 10,000[kW]] 이상의 태양전지의 설치 또는 전체 모듈 대체	출력 10,000[kW]] 미만의 태양전지의 설치 또는 전체 모듈대체
태양광설비 전력변환장치	출력 10,000[kW]] 이상의 전력변환장치의 설치 또는 대체	출력 10,000[kW]] 미만의 전력변환장치의 설치 또는 대체

19.4.46 / 21.1.48

48 전기사업 허가신청서에 작성하는 내용 중 신청 내용에 해당하지 않는 것은?

① 설치장소
② 전기신사업 종류
③ 사업에 필요한 준비기간
④ 전기사업용 전기설비에 관한 사항

해설 전기사업 허가신청서의 신청내용
① 사업의 종류
② 설치장소
③ 사업구역 또는 특정한 공급구역
④ 전기사업용 전기설비에 관한 사항
⑤ 사업에 필요한 준비기간

13.4.57 / 16.4.51 / 18.1.59 / 20.1.44 / 21.1.49 / 21.2.60

49 자가용 태양광발전설비의 사용전 검사 항목이 아닌 것은?

① 부하운전시험 검사
② 변압기본체 검사
③ 전력변환장치 검사
④ 종합연동시험 검사

해설 자가용 태양광발전설비의 사용전 검사 항목
(1) 외관검사(공사계획 인가·신고 내용 확인)
(2) 태양광전지
 ① 일반규격
 ② 본체
(3) 전력변환장치
 ① 일반규격
 ② 본체
 ③ 보호장치
 ④ 축전지

(4) 종합연동시험
(5) 부하운전시험
(6) 접지저항측정
(7) 절연저항측정(변압기, 발전기 등)
(8) 절연내력시험(변압기, 발전기 등 기계기구)
(9) 절연유시험 및 측정(내압시험 및 산가측정)
(10) 보호장치시험
(11) 계측장치
(12) 제어회로 동작 및 기기조작시험
(13) 전선로(전압 5만 볼트 이상)
(14) 기타 검사에 필요한 사항
※ (6)~(14)은 전기수용설비 항목을 준용함

18.4.49 / 21.1.50

50 주회로를 점검할 때 안전을 위하여 점검하는 사항이 아닌 것은?

① 단로기를 투입시킨다.
② 관련된 차단기를 열고 주회로에 무전압이 되게 한다.
③ 검전기로 무전압 상태를 확인하고 접지 및 점검 작업을 한다.
④ 차단기는 단로 상태가 되도록 인출하고 "점검중"이라는 표지판을 부착한다.

해설 단로기(Disconnecting Switch)

① 기기의 점검, 보수, 수리 등을 할 때 해당 부분을 전원으로부터 분리하거나 회로의 접속을 변경할 때 사용되는 것으로 항상 무부하 상태에서 개폐, 부하전류 또는 고장전류를 개폐 또는 차단하지는 못한다.
② 차단기로 부하전류를 차단한 후 단로기를 개폐해야 한다.

16.2.47 / 16.2.51 / 16.4.47 / 17.2.42 / 18.1.45 / 18.2.44 / 18.2.54 / 19.1.43 / 19.1.51 / 19.1.53 / 19.4.42 / 19.4.47 / 20.3.48 / 20.4.42 / 20.4.45 / 20.4.51 / 21.1.46 / 21.1.51 / 21.1.58 / 21.4.44 / 21.2.47 / 21.4.56

51 결정질 태양전지모듈이 태양광에 노출되는 경우에 따라 유기되는 열화정도를 테스트할 수 있는 장치로 옳은 것은?

① UV 시험장치
② 항온항습 장치
③ 염수분무 장치
④ 솔라시뮬레이터

해설 태양전지모듈 시험장치
① UV시험 장치
  태양전지모듈이 태양광에 노출되는 경우에 따라서 유지되는 열화정도를 시험하기 위한 장치
② 항온항습 장치
  태양전지모듈의 온도 사이클 시험, 온습도 사이클 시험, 내열-내습성시험을 하기 위한 챔버, 온도 ±2[℃] 이내, 습도 ±5[%] 이내이어야 한다.
③ 염수분부 장치
  태양전지모듈의 구성 재료와 패키지 등의 구성품을 대상으로 염수(바닷물)에 대한 내구성을 시험하기 위한 환경 챔버
④ 솔라시뮬레이터
  태양전지모듈의 발전성능을 옥내에서 시험하기 위한 인공광원이며, 방사조도 +2[%] 이내, 광원 균일도 +2[%] 이내의 A등급 이상의 것

19.2.48 / 21.1.52

52 태양광 발전용 파워컨디셔너의 효율 측정방법 관련 기준은?

① KS C 8533
② KS C 8683
③ KS C 8541
④ KS C 61683

해설 KS C 8533, 태양광 발전용 파워컨디셔너의 효율 측정방법
KS C 8541, 리튬2차전지 통칙
KS C 61683, 태양광발전시스템―파워조절기―효율측정절차

16.2.45 / 16.4.54 / 19.1.54 / 20.4.44 / 20.4.58 / 21.1.53

53 태양광발전시스템의 계측에 관한 설명으로 틀린 것은?

① 풍향·풍속 등도 중요하므로 이에 대한 계측도 필요하다.

② 직류회로의 전압은 직접 또는 PT, CT를 통해서 검출한다.
③ 태양전지는 온도에 따라 변환효율이 변동되므로 온도계측도 이루어진다.
④ 일사계는 보통 대지에 수평으로 설치되나 어레이와 같은 각도로 설치하는 경우도 있다.

해설 태양광발전시스템의 계측시스템 구성
① 검출기
  태양광발전시스템의 기상데이터와 전압, 전류 등을 측정하는 장치로 직류측의 전압은 분압기로 전류는 분류기를 이용하고, 교류측의 전압, 전류, 역률, 주파수 계측은 PT, CT를 통해서 검출, 지시계 또는 신호변환기로 전송하는 장치
② 신호변환기
  검출기로 검출된 데이터를 컴퓨터 및 먼거리에 설치한 표시장치에 전송할 때 사용하는 장치
③ 연산장치
  검출기를 통해 얻어진 순시계측 데이터는 적산하고, 일정기간 동안의 데이터는 평균하는 등 필요 데이터를 가공하는 장치
④ 기억장치
  컴퓨터가 필요로 하는 정보, 컴퓨터가 자료를 처리하여 얻은 결과 등을 저장하는 기능을 하는 장치

17.4.45 / 20.3.54 / 21.1.54

54 태양광발전시스템 고장으로 문제점이 발견된 경우 판단 및 조치사항에 대한 설명으로 틀린 것은?

① 태양전지 셀 및 바이패스 다이오드가 손상된 경우, 태양전지 모듈을 교체한다.
② 태양전지 모듈에서 음영이 들지 않았음에도 불구하고 단락전류 값이 갑자기 작아지면 즉시 모듈을 교체하여야 한다.
③ 파워컨디셔너가 고장인 경우에는 유지보수 담당자가 직접 수리보수 하지 않도록 하고, 제조업체에 AS를 의뢰하여 보수해야 한다.
④ 불량 모듈을 교체할 때에는 동일 규격제품으로 교체하고, 그러지 못한 경우에는 더 작은 단락전류 값을 가진 모듈로 교체해야 안전하다.

정답 51. ① 52. ① 53. ② 54. ④

해설 태양광발전시스템의 고장별 조치방법
① 모듈의 파손, 열화, 단자의 방수 성능저하 등과 케이블의 열화, 피복 손상이 있는 경우 절연열화의 문제가 발생되므로 절연저항 기준치 이하인 경우 해당 스트링의 모듈 및 선로를 육안점검한다.
② 육안점검으로 찾지 못한 경우에는 전체 스트링의 중간(1/2)지점에서 모듈의 커넥터를 분리하고, 절연저항을 측정한다.
③ 절연저항이 낮은 쪽으로 구간을 축소해 최종적으로 모듈 뒷면 단자함을 개방해서 불량모듈을 선별한다.
④ 불량모듈이 선별되면 동일 제조사의 동일규격 제품으로 교체한다.

20.1.53 / 21.1.55

55 건물일체형 태양광 모듈(BIPV)-성능평가 요구사항(KS C 8577 : 2016)에 따라 절연시험 시 모듈의 측정 면적에 따라 0.1 미만에서는 몇 MΩ 이상이어야 하는가?

① 0.4 ② 4 ③ 40 ④ 400

해설 절연시험
1) 시험방법
① 절연내력시험은 최대 시스템 전압의 두배에 1000V를 더한 것과 같은 전압을 최대 500V/s 이하의 상승률로 태양광발전 모듈의 출력단자와 모듈 또는 접지단자(프레임)에 1분간 유지한다. 다만 최대 시스템 전압이 50V 이하일 때의 인가전압은 500V로 한다.
② 절연저항시험은 시험기 전압이 500V/s를 초과하지 않는 상승률로 500V 또는 모듈 시스템의 최대 전압이 500V보다 큰 경우 모듈의 최대 시스템 전압까지 올린 후 2분간 유지하며, KS C IEC61215에 따라 시험한다.

2) 품질기준
① 시험동안 절연파괴 또는 표면 균열이 없어야 한다.
② 모듈 측정 면적에 따라 $0.1m^2$ 미만에서는 400MΩ 이상 일 것
③ 모듈의 시험 면적에 따라 $0.1m^2$ 이상에서는 측정값과 면적의 곱이 400MΩ · m^2

15.2.52 / 15.4.52 / 15.4.60 / 16.2.55 / 17.1.54 / 17.2.48 / 19.1.46 / 21.1.56

56 인버터 입력회로 절연저항 측정방법에 대한 설명으로 틀린 것은?

① 분전반 내의 분기차단기를 개방한다.
② 직류측 전체의 입력단자와 교류측 전체 출력 단자를 각각 단락한다.
③ 접속함까지의 전로를 포함하여 절연저항을 측정하는 것으로 한다.
④ 태양전지 회로를 접속함에서 분리하여 인버터의 입력단자 및 출력 단자를 각각 단락하면서 출력단자와 대지간의 절연저항을 측정한다.

해설 직류회로의 절연저항 측정시 주의사항
① 접속함에서 태양광전지 스트링의 양극과 음극을 단락시키고, 이 부분(DC전로)과 대지(접지) 간에 500[V] 또는 1000[V] Megger로 절연저항을 측정하여 기준 값 이상 유지하여야 한다.
② 측정 전에 반드시 주 차단기를 개방하고, 피측정 회로에 접속된 서지업서버(SA), 서지보호장치(SPD)가 있으면 접지단자를 분리한다.
③ 정격전압이 입출력과 다를 때는 높은 측의 전압을 절연저항계의 선택기준으로 한다.
④ 입출력 단자에 주회로 이외의 제어단자 등이 있는 경우는 이것을 포함해서 측정한다.
⑤ 주간에는 태양전지에서 전압이 발생되므로, 주의해서 측정하고, 우천 시는 측정을 하지 않는다.

17.1.45 / 17.2.45 / 17.4.25 / 18.2.51 / 21.1.57 / 21.2.29

57 자가용 전기설비의 검사항목 중 태양광발전시스템의 정기점검 항목으로 틀린 것은?

① 내연기관검사
② 보호장치검사
③ 종합연동시험검사
④ 부하운전시험검사

해설 자가용 태양광발전설비의 정기검사 항목
(1) 외관(설계도면 및 시설상태 확인)
(2) 태양광전지

정답 55. ④ 56. ④ 57. ①

① 일반규격   ② 태양전지

(3) 전력변환장치
① 일반규격   ② 본체
③ 보호장치   ④ 축전지

(4) 종합연동시험
(5) 부하운전시험
(6) 기타부속설비(전기수용설비 항목을 준용)

16.2.47 / 16.2.51 / 16.4.47 / 17.2.42 / 18.1.45 / 18.2.44 / 18.2.54 / 19.1.43 / 19.1.51 / 19.1.53 / 19.4.42 / 19.4.47 / 20.3.48 / 20.4.42 / 20.4.45 / 20.4.51 / 21.1.46 / 21.1.51 / 21.1.58 / 21.4.44 / 21.2.47 / 21.4.56

58 태양광전지(KS C 8566 : 2015)에서 솔라시뮬레이터 측정용 분광 복사계의 파장 간격은 몇 nm 이하이어야 하는가?

① 3   ② 5   ③ 7   ④ 10

[해설] 솔라시뮬레이터

분광 복사계(spectroradiometer)는 CIE 63-1984에 규정된 것으로 태양전지 시료의 분광 응답 파장 영역에서 솔라시뮬레이터의 분광 조사강도를 측정할 수 있어야 한다. 측정결과로부터 KS C IEC 60904-3에서 규정한 기준 태양광 스펙트럼분포와 인공광원의 스펙트럼(KS C IEC 60904-9에 정한 바와 같이 400[nm]에서 1100[nm] 구간) 조사 강도 분포와의 정합도를 구할 수 있다.
솔라 시뮬레이터 측정용 분광 복사계이 파장 간격은 5[nm] 이하이어야 한다.

15.4.57 / 21.1.59

59 송·배전반의 육안검사 사항으로 옳은 것은?

① 가대의 고정상태
② 부스바 단자의 풀림
③ 오일 온도계
④ 퓨즈 및 차단기 상태

[해설] 배전반의 일상점검에 따른 항목별 점검 내용

(1) 외함
1) 외함 일부(문, 외함)
① 볼트 조임 : 뒷커버 등 볼트 조임의 이완 또는 바닥에 떨어진 볼트
② 손상 : 부식 및 파손, 문의 개폐 상태, 점검창 및 패킹 열화 상태
③ 이상 소리음 : 볼트 풀림 등에 의한 진동
④ 오손 : 점검창 오손 등으로 내부 불(不)확인

2) 명판
① 손상 : 조임 이완, 파손, 선명도 등

3) 인출 기구, 조작 기구
① 위치 : 인출기기의 접촉 및 단로 위치

4) 반출 기구(고정 장치)
① 위치 : 정해진 위치 여부

(2) 모선 및 지지물
1) 모선 전반(가대 포함)
① 이상 소리음 : 부스바 단자의 풀림 등에 의한 진동, Corona 방전에 의한 이상음
② 이상 냄새 : Corona 방전에 의한 과열 냄새

(3) 주회로 인입·인출부
1) 폐쇄 모선의 접속부
① 이상 소리음 : 볼트 풀림 등에 의한 진동

2) 부싱
① 손상 : Corona 방전에 의한 이상음 점검, 균열, 파손 등

3) 케이블 단말부 및 접속부, 관통부 등
① 이상 소리음 : 볼트 풀림 등에 의한 진동
② 이상 냄새 : Corona 방전에 의한 과열 냄새
③ 손상 : 배선, 케이블 막이판의 탈락 및 간격
④ 쥐, 곤충, 설치류 등의 침입 : 곤충 및 설치류 등의 침입 흔적

(4) 배선용 차단기, 누전차단기
1) 외부 일반
① 냄새 : 과열에 의한 이상한 냄새
② 표시 : 개폐기의 핸들과 표시 등의 상태

(5) 주회로용 퓨즈
1) 외부 일반
① 손상 : 퓨즈통, 애자 등의 변색, 균열, 파손, 변형
② 소리 : Corona 방전에 의한 이상음, 볼트류의 조임이 이완되어 진동음
③ 냄새 : Corona 방전 또는 과열

2) 용단표시장치
① 지시표시 : 용단표시장치 동작상태

(6) 제어회로의 배선
1) 배선 전반

① 손상 : 가동부 등 전선 절연 피복 점검, 전선 지지물 탈락.
② 이상 냄새 : 과열 등에 의한 냄새
③ 손상

(7) 단자대
1) 외부 일반
① 조임 이완 : 볼트 및 너트 체결 상태
② 손상 : 절연물, 균열 등의 파손 상태

(8) 접지
1) 접지 단자, 접지선
① 손상 : 접지선의 부식 및 단선 상태
② 표시 : 표시 부착물 탈락

※ 코로나(Corona) 방전 : 전선에 가해지는 전압이 어떤 값(임계 전압) 이상으로 되면 전선 표면의 공기 절연이 국부적으로 파괴되어 엷은 빛과 낮은 소리를 내게 되는 현상

16.4.3 / 17.1.53 / 17.2.59 / 17.4.41 / 19.1.49 / 20.1.42 / 20.3.47 / 20.4.43 / 21.1.60

60 태양광발전시스템의 개방전압을 측정할 때 유의해야 할 사항으로 틀린 것은?

① 태양전지 어레이의 표면은 청소하지 않아도 된다.
② 각 스트링의 측정은 안정된 일사강도가 얻어질 때 실시한다.
③ 태양전지 셀은 비 오는 날에도 미소한 전압을 발생하고 있으므로 매우 주의하여 측정해야 한다.
④ 측정시각은 일사강도, 온도의 변동을 극히 적게 하기 위해 맑을 때, 남쪽에 있을 때의 전후 1시간에 실시하는 것이 바람직하다.

해설 개방전압 측정 시 주의사항
① 각 모듈이 음영의 영향을 받지 않는 것을 확인한다. (모듈의 불량 또는 모듈간의 접속불량 등이 발생하면 각 스트링의 개방전압 측정치가 불균일하다)
② 각 모듈이 균일한 일사조건이 되기 쉬운 약간 흐린 날씨라면 평가하기 쉬우나, 아침, 저녁의 낮은 일사 조건은 피한다.
③ 맑은 날, 남중고도에 있을 때 측정하면 오차가 적다.
④ 우천 시에는 감전의 위험이 있으니, 측정을 피한다.

16.2.72 / 16.4.66 / 21.1.61

61 산업통상자원부장관이 신·재생에너지의 이용·보급을 촉진하기 위하여 필요하다고 인정하면 대통령령으로 정하는 바에 따라 진행하는 보급 사업으로 틀린 것은?

① 정부와 연계한 보급사업
② 신기술의 적용사업 및 시범사업
③ 실용화된 신·재생에너지 설비의 보급을 지원하는 사업
④ 환경친화적 신·재생에너지 집적화단지 및 시범단지 조성사업

해설 보급사업(신재생에너지법 제27조)
산업통상자원부장관은 신·재생에너지의 이용·보급을 촉진하기 위하여 필요하다고 인정하면 대통령령으로 정하는 바에 따라 다음의 보급사업을 할 수 있다.
① 신기술의 적용사업 및 시범사업
② 환경친화적 신·재생에너지 집적화단지 및 시범단지 조성사업
③ 지방자치단체와 연계한 보급사업
④ 실용화된 신·재생에너지 설비의 보급을 지원하는 사업
⑤ 그밖에 신·재생에너지 기술의 이용·보급을 촉진하기 위하여 필요한 사업으로서 산업통상자원부장관이 정하는 사업

18.4.65 / 21.1.62

62 전기설비기술기준의 판단기준에서 사용전압 35[kV] 이하 특고압용 기계기구(이에 부속하는 특고압의 전기로 충전하는 전선으로 케이블 이외의 것을 포함한다)를 시설하는 경우 울타리 높이와 울타리로부터 충전부분까지의 거리의 합계 또는 지표상의 높이는 몇 [m] 이상으로 하여야 하는가?

① 5 ② 6 ③ 6.12 ④ 6.24

해설 특고압용 기계기구의 시설(판단기준 제 31조)
(1) 특고압용 기계기구(이에 부속하는 특고압의 전기로 충전하는 전선으로서 케이블 이외의 것을 포함한다)는 다음의 어느 하나에 해당하는 경우, 발전소·변전소·개폐소 또는 이에 준하는 곳에 시설하는 경우 이외에는 시설하여서는 아니 된다.
① 기계기구의 주위에 울타리·담 등을 시설하는 경우
② 기계기구를 지표상 5m 이상의 높이에 시설하고 충전부분의 지표상의 높이를 표에서 정한 값 이상으로 하고 또한 사람이 접촉할 우려가 없도록 시설하는 경우

사용전압의 구분	울타리·담 등의 높이와 울타리·담 등으로부터 충전부분까지의 거리의 합계
35[kV] 이하	5[m]
35[kV] 초과 160[kV] 이하	6[m]
160[kV] 초과	6[m] 에 160[kV] 을 초과하는 10[kV] 또는 그 단수마다 12[cm]를 더한 값

③ 옥내에 설치한 기계기구를 취급자 이외의 사람이 출입할 수 없도록 설치한 곳에 시설하는 경우
④ 충전부분이 노출하지 아니하는 기계기구를 사람이 쉽게 접촉할 우려가 없도록 시설하는 경우

13.4.76 / 15.2.25 / 16.4.73 / 17.4.66 / 17.4.67 / 18.1.24 / 18.1.75 / 19.1.62 / 19.2.78 / 19.4.67 / 20.3.73 / 21.1.63 / 21.1.76 / 21.4.70

63 신에너지 및 재생에너지 개발·이용·보급 촉진법에 따라 신·재생에너지의 공급인증서에 포함되어야 하는 기재사항이 아닌 것은?

① 유효기간
② 신·재생에너지 공급자
③ 수요 전력의 예상량
④ 신·재생에너지의 종류별 공급량 및 공급기간

해설 신·재생에너지 공급인증서 등(신재생에너지법 제12조의7)
1) 신·재생에너지를 이용하여 에너지를 공급한 자는 산업통상자원부장관이 신·재생에너지를 이용한 에너지 공급의 증명 등을 위하여 지정하는 기관으로부터 그 공급 사실을 증명하는 인증서를 발급받을 수 있다. 다만, 발전차액을 지원받은 신·재생에너지 공급자에 대한 공급인증서는 국가에 대하여 발급한다.
2) 공급인증서를 발급받으려는 자는 공급인증기관에 대통령령으로 정하는 바에 따라 공급인증서의 발급을 신청하여야 한다.
3) 공급인증기관은 신청을 받은 경우에는 신·재생에너지의 종류별 공급량 및 공급기간 등을 확인한 후 다음의 기재사항을 포함한 공급인증서를 발급하여야 한다. 이 경우 균형 있는 이용·보급과 기술개발 촉진 등이 필요한 신·재생에너지에 대하여는 대통령령으로 정하는 바에 따라 실제 공급량에 가중치를 곱한 양을 공급량으로 하는 공급인증서를 발급할 수 있다.
① 신·재생에너지 공급자
② 신·재생에너지의 종류별 공급량 및 공급기간
③ 유효기간

4) 공급인증서의 유효기간은 발급받은 날부터 3년으로 하되, 공급의무자가 구매하여 의무공급량에 충당하거나 발급받아 산업통상자원부장관에게 제출한 공급인증서는 그 효력을 상실한다. 이 경우 유효기간이 지나거나 효력을 상실한 해당 공급인증서는 폐기하여야 한다.
5) 공급인증서를 발급받은 자는 그 공급인증서를 거래하려면 공급인증서 발급 및 거래시장 운영에 관한 규칙으로 정하는 바에 따라 공급인증기관이 개설한 거래시장에서 거래하여야 한다.
6) 산업통상자원부장관은 다른 신·재생에너지와의 형평을 고려하여 공급인증서가 일정 규모 이상의 수력을 이용하여 에너지를 공급하고 발급된 경우 등 산업통상자원부령으로 정하는 사유에 해당할 때에는 거래시장에서 해당 공급인증서가 거래될 수 없도록 할 수 있다.
7) 산업통상자원부장관은 거래시장의 수급조절과 가격 안정화를 위하여 대통령령으로 정하는 바에 따라 국가에 대하여 발급된 공급인증서를 거래할 수 있다. 이 경우 산업통상자원부장관은 공급의무자의 의무공급량, 의무이행실적 및 거래시장 가격 등을 고려하여야 한다.
8) 신·재생에너지 공급자가 신·재생에너지 설비에 대한 지원 등 대통령령으로 정하는 정부의 지원을 받은 경우에는 대통령령으로 정하는 바에 따라 공급인증서의 발급을 제한할 수 있다.

64 저탄소 녹색성장 기본법령에 따른 국가의 책무에 해당하지 않는 것은?

① 국가는 정치·경제·사회·교육·문화 등 국정의 모든 부문에서 저탄소 녹색성장의 기본원칙이 반영될 수 있도록 노력하여야 한다.
② 국가는 각종 정책을 수립할 때 경제와 환경의 조화로운 발전 및 기후변화에 미치는 영향 등을 종합적으로 고려하여야 한다.
③ 국가는 국제적인 기후변화대응 및 에너지·자원 개발협력에 능동적으로 참여하고, 선진국가로부터 기술적·재정적 지원을 받아야 한다.
④ 국가는 에너지와 자원의 위기 및 기후변화 문제에 대한 대응책을 정기적으로 점검하여 성과를 평가하고 국제협상의 동향 및 주요 국가의 정책을 분석하여 적절한 대책을 마련하여야 한다.

해설 국가는 국제적인 기후변화대응 및 에너지·자원 개발협력에 능동적으로 참여하고, 개발도상국가에 대한 기술적·재정적 지원을 할 수 있다.

65 전기판매사업자가 전력시장운영규칙으로 정하는 바에 따라 우선적으로 구매할 수 있는 대상으로 틀린 것은?

① 자가용전기설비를 설치한 자
② 수력발전소를 운영하는 발전사업자
③ 설비용량이 3만 킬로와트 이하인 발전사업자
④ 발전사업의 허가를 받은 것으로 보는 집단에너지사업자

해설 전력거래(전기사업법 제31조)
전기판매사업자는 다음의 어느 하나에 해당하는 자가 생산한 전력을 전력시장운영규칙으로 정하는 바에 따라 우선적으로 구매할 수 있다.
① 대통령령으로 정하는 규모 이하의 발전사업자
② 자가용전기설비를 설치한 자
③ 신에너지 및 재생에너지를 이용하여 전기를 생산하는 발전사업자
④ 발전사업의 허가를 받은 것으로 보는 집단에너지사업자
⑤ 수력발전소를 운영하는 발전사업자

66 전기사업법에 따라 전기공급의 의무와 관련하여 대통령령으로 정하는 정당한 사유없이 전기의 공급을 거부하여서는 안되는 사업자로 틀린 것은?

① 발전사업자
② 전기판매사업자
③ 구역전기사업자
④ 전기자동차충전사업자

해설 전기공급의 의무(전기사업법 제14조)
발전사업자, 전기판매사업자 및 전기자동차충전사업자는 대통령령으로 정하는 정당한 사유없이 전기의 공급을 거부하여서는 아니 된다.

67 에너지·자원의 투입과 온실가스 및 오염물질의 발생을 최소화하는 제품은?

① 녹색제품
② 온실가스 제품
③ 에너지자원 제품
④ 오염물질의 제품

해설 정의(녹색성장법 제2조)
① 녹색제품: 에너지·자원의 투입과 온실가스 및 오염물질의 발생을 최소화하는 제품
② 자원순환: 환경정책상의 목적을 달성하기 위하여 필요한 범위 안에서 폐기물의 발생을 억제하고 발생된 폐기물을 적정하게 재활용 또는 처리하는 등 자원의 순환과정을 환경친화적으로 이용·관리하는 것
③ 녹색생활: 기후변화의 심각성을 인식하고 일상생활에서 에너지를 절약하여 온실가스와 오염물질의 발생을 최소화하는 생활
④ 온실가스: 이산화탄소(CO_2), 메탄(CH_4), 아산화질소(N_2O), 수소불화탄소(HFCs), 과불화탄소(PFCs), 육불화황(SF_6) 및 그밖에 대통령령으로 정하는 것으로 적외선 복사열을 흡수하거나 재방출하여 온실효과를 유발하는 대기 중의 가스 상태의 물질
⑤ 에너지 자립도: 국내 총소비에너지량에 대하여 신·재생에너지 등 국내 생산에너지량 및 우리나라가 국외에서 개발(지분 취득을 포함한다)한 에너지양을 합한 양이 차지하는 비율

14.4.64 / 15.2.67 / 16.2.71 / 16.4.78 / 17.2.61 / 17.2.69 / 17.4.64 / 18.1.66 / 19.1.73 / 19.2.79 / 19.4.65 / 20.1.61 / 20.1.71 / 21.1.68

68 산업통상자원부령으로 정하는 소규모의 전기설비로서 한정된 구역에서 전기를 사용하기 위하여 설치하는 전기설비는?

① 지역전기설비
② 일반용전기설비
③ 자가용전기설비
④ 전기사업용전기설비

해설 정의(전기사업법 제2조)
① 전기사업 : 발전사업 · 송전사업 · 배전사업 · 전기판매사업 및 구역전기사업
② 발전사업 : 전기를 생산하여 이를 전력시장을 통하여 전기판매사업 자에게 공급하는 것을 주된 목적으로 하는 사업
③ 송전사업 : 발전소에서 생산된 전기를 배전사업자에게 송전하는 데 필요한 전기설비를 설치 · 관리하는 것을 주된 목적으로 하는 사업
④ 배전사업 : 발전소로부터 송전된 전기를 전기사용자에게 배전하는 데 필요한 전기설비를 설치 · 운용하는 것을 주된 목적으로 하는 사업
⑤ 구역전기사업 : 대통령령으로 정하는 규모 이하의 발전설비를 갖추고 특정한 공급구역의 수요에 맞추어 전기를 생산하여 전력시장을 통하지 아니하고 그 공급구역의 전기사용자에게 공급하는 것을 주된 목적으로 하는 사업
⑥ 일반용전기설비 : 산업통상자원부령으로 정하는 소규모의 전기설비로서 한정된 구역에서 전기를 사용하기 위하여 설치하는 전기설비

15.2.63 / 15.4.42 / 16.2.57 / 19.2.65 / 21.1.69

69 전기공사업법에 의거 전기공사 수급인의 하자담보책임기간의 범위는?

① 전기공사의 완공일부터 5년
② 전기공사의 완공일부터 10년
③ 전기공사의 완공일부터 15년
④ 전기공사의 완공일부터 20년

해설 전기공사 수급인의 하자담보책임(전기공사업법 제15조의2)
(1) 수급인은 발주자에 대하여 전기공사의 완공일부터 10년의 범위에서 전기공사의 종류별로 대통령령으로 정하는 기간에 해당 전기공사에서 발생하는 하자에 대하여 담보책임이 있다.

(2) (1)에도 불구하고 수급인은 다음의 어느 하나의 사유로 발생하는 하자에 대하여는 담보책임이 없다.
① 발주자가 제공한 재료의 품질이나 규격 등의 기준미달로 인한 경우
② 발주자의 지시에 따라 시공한 경우

(3) 공사에 관한 하자담보책임에 관하여 다른 법률에 특별한 규정이 있는 경우에는 그 법률에서 정하는 바에 따른다.

17.2.67 / 21.1.70

70 신 · 재생에너지 정책심의회위원으로 소속공무원을 지명할 수 없는 기관은?

① 기획재정부
② 보건복지부
③ 국토교통부
④ 농림축산식품부

해설 신 · 재생에너지정책심의회의 구성(신재생에너지법 시행령 제4조)
1) 신 · 재생에너지정책심의회는 위원장 1명을 포함한 20명 이내의 위원으로 구성한다.

2) 심의회의 위원장은 산업통상자원부 소속 에너지 분야의 업무를 담당하는 고위공무원단에 속하는 일반직공무원 중에서 산업통상자원부장관이 지명하는 사람으로 하고, 위원은 다음의 사람으로 한다.
① 기획재정부, 과학기술정보통신부, 농림축산식품부, 산업통상자원부, 환경부, 국토교통부, 해양수산부의 3급 공무원 또는 고위공무원단에 속하는 일반직 공무원 중 해당 기관의 장이 지명하는 사람 각 1명
② 신 · 재생에너지 분야에 관한 학식과 경험이 풍부한 사람 중 산업통상자원부장관이 위촉하는 사람

13.4.73 / 15.4.67 / 16.2.42 / 16.4.68 / 16.4.70 / 17.4.65 / 18.1.74 / 18.4.24 / 18.4.63 / 19.4.38 / 20.1.65 / 20.1.79 / 20.3.66 / 21.1.71 / 21.2.27 / 21.4.37 / 21.4.68

71 전기사업자는 사업을 시작한 경우에는 지체 없이 그 사실을 누구에게 신고하여야 하는가?

① 교육부 장관
② 도지사
③ 시장, 군수
④ 산업통상자원부장관

정답 69. ② 70. ② 71. ④

해설 **전기설비의 설치 및 사업의 개시 의무(전기사업법 제9조)**
① 전기사업자는 산업통상자원부장관이 지정한 준비기간에 사업에 필요한 전기설비를 설치하고 사업을 시작하여야 한다.
② 준비기간은 10년을 넘을 수 없다. 다만, 산업통상자원부장관이 정당한 사유가 있다고 인정하는 경우에는 준비기간을 연장할 수 있다.
③ 산업통상자원부장관은 전기사업을 허가할 때 필요하다고 인정하면 전기사업별 또는 전기설비별로 구분하여 준비기간을 지정할 수 있다.
④ 전기사업자는 사업을 시작한 경우에는 지체 없이 그 사실을 산업통상자원부장관에게 신고하여야 한다.

19.1.69 / 21.1.72
72 전기설비기술기준의 판단기준에 의거하여 이차전지를 이용한 전기저장장치 시설에 대한 설명으로 틀린 것은?
① 침수의 우려가 없는 곳에 시설할 것
② 이차전지를 시설하는 장소는 보수점검을 위한 최소한의 작업공간을 확보하고 조명설비를 시설할 것
③ 이차전지를 시설하는 장소는 폭발성 가스의 축척을 방지하기 위한 환기시설을 갖추고 적정한 온도와 습도를 유지할 것
④ 이차전지의 지지물은 부식성 가스 또는 용액에 의하여 부식되지 아니하도록 하고 적재하중 또는 지진 등 기타 진동과 충격에 대하여 안전한 구조일 것

해설 **전기저장장치 일반 요건(판단기준 제295조)**
이차전지를 이용한 전기저장장치는 다음에 따라 시설하여야 한다.
① 충전부분이 노출되지 않도록 시설하고, 금속제의 외함 및 이차전지의 지지대는 제 33조에 따라 접지공사를 할 것.
② 이차전지를 시설하는 장소는 폭발성 가스의 축적을 방지하기 위한 환기시설을 갖추고 적정한 온도와 습도를 유지할 것.
③ 이차전지를 시설하는 장소는 보수점검을 위한 충분한 작업공간을 확보하고 조명설비를 시설할 것.
④ 이차전지의 지지물은 부식성 가스 또는 용액에 의하여 부식되지 아니하도록 하고 적재하중 또는 지진 등 기타 진동과 충격에 대하여 안전한 구조일 것.
⑤ 침수의 우려가 없는 곳에 시설할 것.

16.2.77 / 17.1.63 / 17.1.72 / 20.4.63 / 21.1.72
73 정부가 중소기업의 녹색기술 및 녹색경영을 촉진하기 위하여 수립·시행할 수 있는 시책으로 틀린 것은?
① 중소기업의 녹색기술 사업화의 촉진
② 녹색기술 개발 촉진을 위한 공공시설의 이용
③ 대기업과 중소기업의 공동사업에 대한 우선 지원
④ 해외전문연구소의 중소기업에 대한 기술지도·기술이전 및 기술인력 파견에 대한 지원

해설 **중소기업의 지원 등(녹색성장법 제33조)**
정부는 중소기업의 녹색기술 및 녹색경영을 촉진하기 위하여 다음의 시책을 수립·시행할 수 있다.
① 대기업과 중소기업의 공동사업에 대한 우선 지원
② 대기업의 중소기업에 대한 기술지도·기술이전 및 기술인력 파견에 대한 지원
③ 중소기업의 녹색기술 사업화의 촉진
④ 녹색기술 개발 촉진을 위한 공공시설의 이용
⑤ 녹색기술·녹색산업에 관한 전문인력 양성·공급 및 국외진출
⑥ 그밖에 중소기업의 녹색기술 및 녹색경영을 촉진하기 위한 사항

14.4.76 / 21.1.74
74 다음 설명의 (   )안에 알맞은 내용은?

"발전사업자가 발전용 전기설비용량을 변경하려 할 때 변경허가 용량의 (   ) 이하인 경우에는 주무부처 장관의 변경허가에 속하지 아니한다."

① 100분의 1　　② 100분의 5
③ 100분의 10　　④ 100분의 20

정답 72. ② 73. ④ 74. ③

해설 변경허가사항 등(전기사업법 시행규칙 제5조)

(1) 전기사업을 하려는 자는 전기사업의 종류별로 산업통상자원부장관의 허가를 받아야 한다. 허가받은 사항 중 산업통상자원부령으로 정하는 중요 사항을 변경하려는 경우에도 또한 같으며, 중요 사항이란 다음의 사항을 말한다.

1) 사업구역 또는 특정한 공급구역

2) 공급전압

3) 발전사업 또는 구역전기사업의 경우 발전용 전기설비에 관한 다음의 어느 하나에 해당하는 사항
① 설치장소(동일한 읍·면·동에서 설치장소를 변경하는 경우는 제외한다)
② 설비용량(변경 정도가 허가 또는 변경허가를 받은 설비용량의 100분의 10 이하인 경우는 제외한다)
③ 원동력의 종류(허가 또는 변경허가를 받은 설비용량이 30만[kW] 이상인 발전용 전기설비에 신·재생에너지를 이용하는 발전용 전기설비를 추가로 설치하는 경우는 제외한다)

(2) 변경허가를 받으려는 자는 사업허가 변경신청서에 변경내용을 증명하는 서류를 첨부하여 산업통상자원부장관 또는 시·도지사에게 제출하여야 한다.

20.1.73 / 21.1.75

75 전기설비기술기준에 따른 발전소 등의 부지 시설조건에서 산지전용 후 발생하는 절토면 최하단부에서 발전 및 변전설비까지의 최소이격거리는 보안울타리, 외곽도로, 수림대 등을 포함하여 몇 m 이상이 되어야 하는가? (단, 옥내변전소와 옹벽, 낙석방지망 등 안전대책을 수립한 시설의 경우가 아닌 경우이다.)

① 2   ② 3   ③ 6   ④ 12

해설 발전소 등의 부지 시설조건
전기설비의 부지(敷地)의 안정성 확보 및 설비 보호를 위하여 발전소·변전소·개폐소를 산지에 시설할 경우에는 풍수해, 산사태, 낙석 등으로부터 안전을 확보할 수 있도록 다음에 따라 시설하여야 한다.

① 부지조성을 위해 산지를 전용할 경우에는 전용하고자 하는 산지의 평균 경사도가 25도 이하여야 하며, 산지전용면적중 산지전용으로 발생되는 절·성토 경사면의 면적이 100분의 50을 초과해서는 아니 된다.

② 산지전용 후 발생하는 절·성토면의 수직높이는 15m 이하로 한다. 다만, 345kV급 이상 변전소 또는 전기사업용전기설비인 발전소로서 불가피하게 절·성토면 수직높이가 15m 초과되는 장대비탈면이 발생할 경우에는 절·성토면의 안정성에 대한 전문용역기관(토질 및 기초와 구조분야 전문기술사를 보유한 엔지니어링 활동주체로 등록된 업체)의 검토 결과에 따라 용수, 배수, 법면보호 및 낙석방지 등 안전대책을 수립한 후 시행하여야 한다.

③ 산지전용 후 발생하는 절토면 최하단부에서 발전 및 변전설비까지의 최소이격거리는 보안울타리, 외곽도로, 수림대 등을 포함하여 6m 이상이 되어야 한다. 다만, 옥내변전소와 옹벽, 낙석방지망 등 안전대책을 수립한 시설의 경우에는 예외로 한다.

16.4.77 / 21.1.76

76 공사업자의 등록취소사항에 해당되지 않는 것은?

① 부정한 방법으로 공사업의 등록을 한 경우
② 시정명령 또는 지시를 이행하지 아니한 경우
③ 최근 5년간 3회 이상 영업정지처분을 받은 경우
④ 공사업을 등록한 후 1년 이내에 영업을 시작하지 아니한 경우

해설 등록취소 등(전기공사업법 제28조)
시·도지사는 공사업자가 다음의 어느 하나에 해당하면 등록을 취소하거나 6개월 이내의 기간을 정하여 영업의 정지를 명할 수 있다. 다만, ①, ③, ④, ⑦, ⑧에 해당하는 경우에는 등록을 취소하여야 한다.
① 거짓이나 그 밖의 부정한 방법으로 공사업의 등록, 공사업의 등록기준에 관한 신고 행위를 한 경우
② 대통령령으로 정하는 기술능력 및 자본금 등에 미달하게 된 경우
③ 공사업의 등록을 할 수 없는 결격사유 중 어느 하나에 해당하게 된 경우
④ 타인에게 성명·상호를 사용하게 하거나 등록증 또는 등록수첩을 빌려 준 경우

정답 75. ③ 76. ②

⑤ 시정명령 또는 지시를 이행하지 아니한 경우
⑥ ①~⑤규정 중 어느 하나에 해당하는 경우로서 해당 전기공사가 완료되어 시정명령 또는 지시를 명할 수 없게 된 경우
⑦ 공사업의 등록을 한 후 1년 이내에 영업을 시작하지 아니하거나 계속하여 1년 이상 공사업을 휴업한 경우
⑧ 영업정지처분기간에 영업을 하거나 최근 5년간 3회 이상 영업정지처분을 받은 경우

표준주파수	허용오차
60[Hz]	60[Hz] 상하로 0.2[Hz] 이내

77 다음 중 신·재생에너지 통계전문기관은?

① 신·재생에너지협회
② 신·재생에너지센터
③ 통계청
④ 한국에너지기술연구원

해설 신·재생에너지센터
① 에너지·자원 관련 기술 개발의 기획·관리·평가 기능 강화를 통한 효율적인 연구관리 체계 구축
② 기술 개발 성과의 실용화 및 보급 추진
③ 정부와 민간 부문의 연계 강화를 통한 기술 개발 및 정보 교환 체계 확립

78 전기사업자가 유지해야 하는 표준주파수의 허용오차는?

① 60[Hz] 상하로 0.1[Hz] 이내
② 60[Hz] 상하로 0.2[Hz] 이내
③ 60[Hz] 상하로 0.3[Hz] 이내
④ 60[Hz] 상하로 0.5[Hz] 이내

해설 전기의 품질기준(전기사업법 시행규칙 제18조 별표3)
전기사업자와 전기신사업자는 그가 공급하는 전기가 표에 따른 표준전압·표준주파수 및 허용오차의 범위에서 유지되도록 하여야 한다.
① 표준전압 및 허용오차

표준전압	허용오차
110[V]	110[V]의 상하로 6[V] 이내
220[V]	220[V]의 상하로 13[V] 이내
380[V]	380[V]의 상하로 38[V] 이내

② 표준주파수 및 허용오차

79 산업통상자원부장관이 신·재생에너지의 이용, 보급을 촉진하고자 신축·증축 또는 개축하는 건축물에 대하여 설계 시 산출된 예상에너지 사용량의 일정비율 이상을 신재생에너지를 이용하도록 신재생에너지설비를 의무적으로 설치하게 할 수 있는 단체에 해당하지 않는 것은?

① 신재생에너지 발전사업자
② 국가 및 지방자치단체
③ 정부가 대통령령이 정하는 금액 이상을 출연한 정부출연기관
④ 정부출자기업체

해설 설치의무화 대상기관
1) 국가기관 및 지방자치단체
2) 공공기관
3) 정부가 연간 50억 이상 출연한 정부출연기관
4) 정부출자기업체
5) 지방자치단체 및 공공기관, 정부출연기관 또는 정부출자기업체가 대통령령으로 정하는 비율 또는 금액 이상을 출자한 법인
 ① 납입자본금의 100분의 50 이상을 출자한 법인
 ② 납입자본금으로 50억원 이상을 출자한 법인
6) 특별법에 따라 설립된 법인

80 특고압 가공전선로에서 발생하는 극저주파 전자계는 지표상 1[m]에서 전계강도 몇 [kV/m]이 되도록 시설하여야 하는가?

① 3.5 ② 4.5 ③ 5.5 ④ 6.5

해설 유도장해 방지(기술기준 제17조)
① 특고압 가공전선로에서 발생하는 극저주파 전자계는 지표상 1[m]에서 전계가 3.5[kV/m] 이하, 자계가 83.3[μT] 이하가 되도록 시설하는 등 상시 정전유도 및 전자유도작용에 의하여 사람에게 위험을 줄 우려가 없도록 시설하여야 한다. 다만, 논밭, 산림 그밖에 사람의 왕래가 적은 곳에서 사람에 위험을 줄 우려가 없도록 시설하는 경우에는 그렇지 않다.

정답 77. ② 78. ② 79. ① 80. ①

2021 제2회 CBT 복원 기출문제

13.4.17 / 15.4.59 / 17.1.18 / 17.4.2 / 18.4.3 / 19.1.6 / 21.2.1 / 21.4.18

01 최대전력 추종(MPPT)제어에 있어 P&O(Perturb & Observe)방식에 대한 설명으로 옳은 것은?

① 직접제어방식이다.
② 계산량이 많아서 빠른 프로세서가 요구된다.
③ 최대 전력점 부근에서 진동이 발생하여 손실이 생긴다.
④ 태양전지 출력의 컨덕턴스와 증분 컨덕턴스를 비교하여 최대 전력 동작점을 찾는다.

해설 P&O(Perturb & Observe)방식
① 태양전지 출력전압의 주기적인 증감률과 전류 주기에서 측정되는 전력의 증감률에 의해서 제어되는 방식이다.
② 한번 전압의 변화에 따른 방향이 결정되면 빠른 응답과 정상상태에서의 변동을 고려하여 설정된 일정한 비율로 동작점이 이동되게 한다.
③ 높은 효율을 위해 최대전력점과의 거리에 따라서 비율을 변화하기도 한다.
④ 정상상태에서 출력전력의 미소 진동이 존재하며, 조사량의 변화가 큰 경우에는 정상적인 최대전력 추종제어가 곤란하기도 한다.

13.4.14 / 14.4.1 / 14.4.9 / 15.2.5 / 15.2.43 / 17.1.20 / 17.4.14 / 18.2.11 / 19.2.5 / 20.1.17 / 20.3.1 / 20.4.4 / 20.4.6 / 21.1.43 / 21.2.2 / 21.2.13 / 21.2.18

02 태양전지의 변환효율을 높이기 위한 방법으로 틀린 것은?

① 가급적 많은 빛이 반도체 내부에서 흡수되도록 하여야한다.
② 입사 태양광 에너지를 높이고 온도를 높게 유지해야 한다.
③ 빛에 의해 생성된 전자와 정공쌍이 소멸되지 않게 외부회로까지 전달되도록 해야 한다.
④ PN 접합부에 큰 전기장이 발생하도록 소재 및 공정을 설계해야 한다.

해설 태양광 모듈의 온도에 따른 출력 전압과 전류 값
① 태양광 모듈의 온도특성을 살펴보면 전류는 양(+)의 온도계수를 가지고 전압과 전력은 음(−)의 온도계수를 가진다. 음 온도계수의 의미는 온도가 높을수록 태양광 모듈의 전압과 전력은 감소하고, 온도가 낮을수록 태양광 모듈의 전압과 전력이 증가한다는 것을 의미한다.
② 태양전지가 보다 높은 온도에 노출되면 단락전류(I_{SC})는 조금(+0.05[%/℃]) 증가하며, 개방전압(V_{OC})은 (−0.5[%/℃]) 감소한다.
③ 폴리실리콘 계열의 태양전지는 표면온도가 1[℃] 상승할 때, 대략 0.3~0.5[%]의 출력이 감소한다.

17.2.7 / 18.1.5 / 18.1.13 / 21.2.3

03 반지름 2[mm], 길이 100[m]인 도선의 저항은 약 몇 [Ω]인가? (단, 도체의 저항률은 3.14 × 10^{-8}[Ω·m]이다)

① 0.1   ② 0.25   ③ 0.5   ④ 1

해설 저항(R)
저항값은 도체의 길이에 비례하고, 단면적에 반비례하므로 도체의 길이 l[m], 단면적 A[m²], 고유 저항을 ρ라고 하면

$$R = \rho \frac{l}{A} = 3.14 \times 10^{-8} \frac{100}{\pi \times (2 \times 10^{-3})^2}$$

$\fallingdotseq 0.25\,[\Omega]$

16.4.5 / 17.1.30 / 19.1.5 / 21.2.4

04 태양광발전시스템 중 타 에너지원의 발전시스템과 결합하여 전력을 공급하는 방식은?

① 독립형
② 계통 연계형
③ 건물일체형
④ 하이브리드형

해설 태양광발전시스템의 종류
1) 독립형 태양광발전 시스템
① 외딴 섬과 같이 전기가 들어오지 않는 지역에서, 상용전력계통과 직접 연결되지 않고 분리된 발전방식으로, 태양광발전시스템의 발전 전력만으로 부하에 전력을 공급한다.

정답 1.③ 2.② 3.② 4.④

② 야간 혹은 우천 시, 태양광발전시스템의 발전이 불가할 때는 발전된 전력을 저장할 수 있는 축전장치를 접속하여 태양광 전력을 저장하여 사용하는 방식

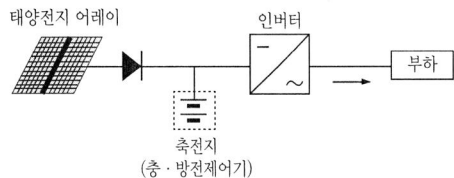

2) 계통연계형 : 태양광발전으로 부하에 전력공급시 전기가 부족하면 전력회사의 상용전력계통에서 공급을 받고, 전기가 남을 때는 전력회사(상용계통)에 공급하는 시스템

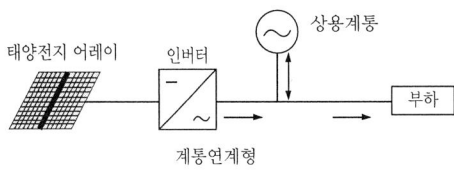

3) 하이브리드(Hybrid)형 : 풍력발전, 디젤발전 등 타 에너지원에 의한 발전방식과 결합된 방식

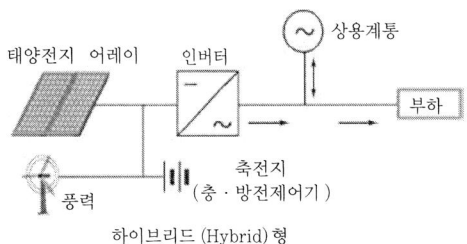

하이브리드 (Hybrid)형

14.4.54 / 15.4.19 / 17.1.11 / 19.1.9 / 19.4.3 / 19.4.7 / 20.4.10 / 21.2.5

05 태양광발전 모듈 전면적 1000m²에서 일조강도가 1000W/m²이고, 최대출력이 100kW 이면 변환효율은 몇 % 인가?

① 5 ② 10 ③ 15 ④ 20

해설 **변환효율 η(Conversion Efficiency)**

① 표준시험조건(Standard Test Conditions, STC)에서 측정한 태양전지 출력전력을 입사된 빛 에너지(소자넓이×경사면 조사 강도)로 나누어 백분율로 나타낸 것

② 최대출력 P_{max}[W], 모듈 전면적 A[m²], 조사강도 G[W/m²]

$$\eta = \frac{P_{max}}{A \times G} \times 100 [\%]$$

$$= \frac{100 \times 10^3}{1000 \times 1000} \times 100 = 10 \, (\%)$$

16.2.17 / 16.2.68 / 16.4.16 / 18.1.16 / 18.1.71 / 18.2.6 / 19.2.15 / 19.4.19 / 20.1.75 / 20.3.3 / 20.1.11 / 21.1.13 / 21.2.6

06 연료전지에 대한 설명 중 틀린 것은?

① 배터리와 같이 에너지 저장장치이다.
② 수소와 산소의 전기화학 반응을 통해 전기를 생산한다.
③ 기존 화석연료를 이용하는 발전에 비해 발전효율이 높다.
④ 최종 반응은 수소와 산소로부터 물이 생성되는 반응을 한다.

해설 **연료전지의 발전원리**

① 외부에서 수소와 산소를 공급하면 전기 에너지를 만든다.
② 수소와 산소의 화학반응으로 생기는 화학에너지를 직접 전지에너지로 변환시킨다.
  $H_2 + 1/2 \, O_2 \rightarrow H_2O$ + 전기
③ 생성물이 전기와 순수(純水)인 발전효율 30~40%, 열효율 40% 이상으로 총 70~80%의 효율을 갖는다.
④ 배터리와 같은 에너지 저장기능은 없다.

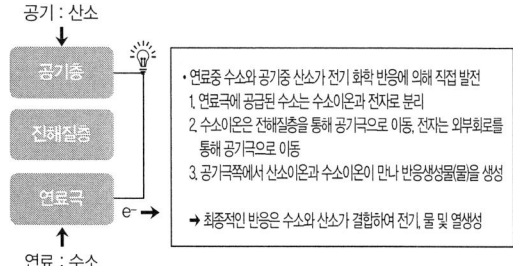

15.2.27 / 17.1.37 / 18.4.10 / 18.4.13 / 19.2.31 / 21.2.7

07 인버터에 관한 사항으로 틀린 것은?

① 인버터 설치용량은 설계용량 이상
② 인버터에 연결된 모듈 설치용량은 인버터 설치용량의 110[%] 이내

③ 각 직렬군의 태양전지 개방전압은 인버터 입력전압범위 안에 존재
④ 옥내용을 옥외에 설치하는 경우는 5[kW]이상 용량일 경우에만 가능

해설 인버터 설치용량과 표시사항
① 입력단(모듈출력)의 전압, 전류, 전력과 (인버터 출력)의 전압, 전류, 전력, 주파수, 누적발전량, 최대출력량(peak)이 표시되어야 한다.
② 인버터의 설치용량은 사업계획서 상의 인버터 설계용량 이상이어야 하고, 인버터에 연결된 모듈의 설치용량은 인버터 설치용량의 105[%] 이내이어야 한다. 다만, 각 직렬군의 태양전지 개방전압은 인버터 입력전압 범위 안에 있어야 한다.
③ 인버터는 옥내·옥외용을 구분하여 설치하여야한다. 단, 옥내용을 옥외에 설치하는 경우는 5[kW]이상 용량일 경우에만 가능하며 이 경우 빗물 침투를 방지할 수 있도록 옥내에 준하는 수준으로 외함 등을 설치하여야 한다.

13.4.15 / 18.1.14 / 19.2.13 / 19.4.17 / 21.2.8 / 21.4.35

08 음영이 있는 외벽 등에 설치된 소형 태양광발전 시스템에 가장 적절한 인버터는?

① 모듈 인버터
② 중앙 집중식 인버터
③ 고전압 방식의 인버터
④ 마스터-슬레이브 제어형 인버터

해설 태양광발전시스템의 인버터 운영방식

1) 중앙집중형 인버터방식

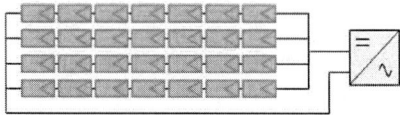

① 발전소 현장에 1대의 인버터만 설치함
② 모든 전선이 한 곳으로 오기 때문에 작업공정이 간단, 설치비가 적게 소요되며, 발전량 확인이 용이하다.
③ 단일형 인버터는 제품 이상발생 시 전체 발전소가 가동을 멈추기 때문에 발전 손실이 크다.

2) 분산형(스트링 포함) 인버터 방식

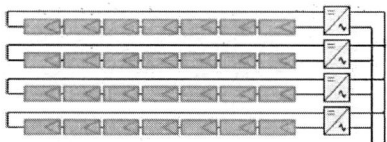

① 발전소 현장에 소형 인버터 여러 대를 설치함
② 특정 인버터가 고장이 나더라도 해당 인버터 부분에서만 발전 손실이 일어나고 나머지 인버터는 정상적으로 발전이 되기 때문에 발전 손실을 최소화할 수 있다.
③ 방향과 경사가 서로 다른 하부 어레이들로 구성된 시스템, 부분적으로 음영이 지는 시스템의 경우 분산형 인버터 방식을 고려할 필요가 있다.

3) 주/종속시스템(Master-Slave System)

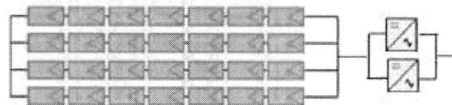

① 인버터 2~3대를 결합하여 회로를 구성한다.
② 발전을 시작하면 마스터 인버터만 구동되고, 마스터 인버터의 전력한계에 도달하면, 다음 슬래브 인버터가 자동 연결되어 생산된 발전량에 대응한다.
③ 낮은 발전량에서도 대용량 인버터 한 대가 운영되는 방식보다는 효율이 높아진다.
④ Master와 Slave의 기능은 정기적(1~3개월)으로 교대를 해주어, 균등운전이 되게 한다.

4) 모듈인버터(마이크로 인버터: MIC, Module Integrated Central) 방식

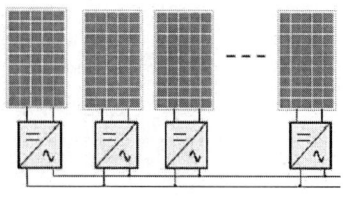

① 태양전지 모듈 1개에 인버터 1개를 부착하는 방식으로 스트링 인버터의 작은 형태이다.
② 태양전지 1장에 대한 모니터링이 가능하여 유지보수가 쉽다
③ 각 마이크로인버터(MIC; Module Integrated

Converter)의 최대 효율은 낮지만, 태양전지 모듈에 대해 개별로 MPPT를 하므로, 전체 발전량에 있어서는 스트링 인버터 이상의 발전효율을 가지고 있다.
④ 대용량 발전소보다는 소용량 발전소에서 효율이 높고, 태양전지 모듈 1장으로도 태양광발전을 할 수 있다.
⑤ 고장 난 인버터는 쉽게 교체 가능하며, 시스템 확장이 쉽다.

09 최대눈금이 50[V]인 직류전압계가 있다. 이 전압계를 사용하여 150[V]의 전압을 측정하려면 배율기의 저항은 몇 [Ω]을 사용하면 되는가? (단, 전압계의 내부저항은 5000[Ω]이다.)

① 1000   ② 2500
③ 5000   ④ 10000

해설 배율기(multiplier)

전압계에 직렬로 접속해서 전압의 측정범위를 넓히기 위해 사용되는 저항기이다.

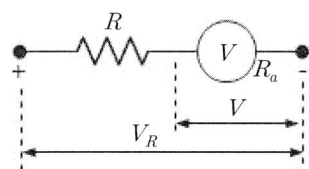

V_R : 측정하고자 하는 전압
V : 전압계로 유입되는 전압
R_a : 전압계 내부저항
R : 배율기의 저항

$$V_R = \frac{R_a + R}{R_a} \cdot V \text{ [V]}$$

배율기의 배율$(m) = \dfrac{V}{V_R} = \dfrac{R_a + R}{R_a}$

$= 1 + \dfrac{R}{R_a}$

$= \dfrac{150}{50} = 3$

$\therefore R = (m-1)R_a = (3-1) \cdot 5000$
$= 10,000 \text{ [}\Omega\text{]}$

10 조도의 단위로 옳은 것은?

① J   ② lx   ③ lm   ④ J/s

해설 단위 설명

① 에너지 또는 일의 단위 : 줄[J]
② 조도 : 어떤 면이 받는 빛의 세기를 나타내는 값으로 단위 면적에 도달하는 광선속으로 계산되며, 단위로는 럭스[lx]를 쓴다.
③ 가시광선의 총량 : 루멘[lm]
④ 1초 동안의 1줄(N·m)에 해당하는 일률의 SI 단위계 단위[W] = [J/S]

11 "임의의 폐회로에서 기전력의 총합은 저항에서 발생하는 전압강하의 총합과 같다."는 법칙은?

① 페러데이의 법칙
② 플레밍의 오른손 법칙
③ 키르히호프의 제1법칙
④ 키르히호프의 제2법칙

해설 키르히호프의 법칙(Kirchhoff's law)

1) 키르히호프의 제1법칙
① 회로망에 있어서 임의의 한 접속점에 흘러들어오는 전류의 합은 흘러나가는 전류의 합과 같다.

$$\sum \text{유입 전류} = \sum \text{유출 전류}$$

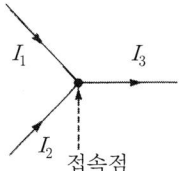

② 그림과 같이 흘러들어오는 전류를 I_1, I_2라 하고, 접속점에서 흘러나가는 전류를 I_3라 하면,
$I_1 + I_2 = I_3$ ∴ $I_1 + I_2 + (-I_3) = 0$

2) 키르히호프의 제2법칙
회로망 중의 임의의 폐회로(closed circuit)내에서 그 폐회로를 따라 한 방향으로 일주하면서 생기는 전압강하의 합은 그 폐회로 내에 포함되어 있는 기전력의 합과 같다.

$\sum 기전력 = \sum 전압\ 강하$

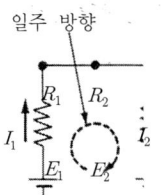

$E_1 - E_2 = R_1 I_1 - R_2 I_2$
$\therefore E_1 - E_2 - R_1 I_1 + R_2 I_2 = 0$

15.2.75 / 15.4.65 / 15.4.74 / 17.1.62 / 17.2.63 / 17.4.1 /
17.4.3 / 17.4.76 / 18.1.8 / 18.2.72 / 19.4.15 / 20.1.18 /
20.1.72 / 20.1.77 / 21.1.6 / 21.2.12

12 해양에너지에 대한 설명으로 틀린 것은?

① 조력발전은 밀물과 썰물 사이의 낮은 낙차를 이용한 것이다.
② 파력발전은 파도에 의한 해면의 상하운동을 이용한 것이다.
③ 소수력발전은 밀물과 썰물로 발생하는 조류를 이용한 것이다.
④ 해양 온도차발전은 해수 표층과 심층과의 온도차를 이용한 것이다.

해설 소수력발전

(1) 소수발전 시스템 구성도

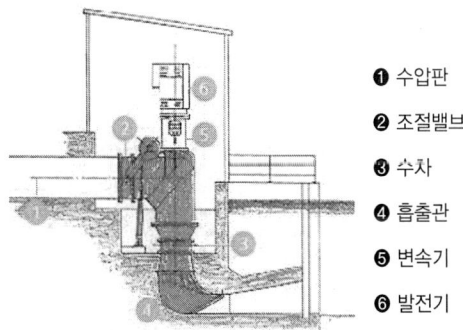

❶ 수압판
❷ 조절밸브
❸ 수차
❹ 흡출관
❺ 변속기
❻ 발전기

(2) 소수력발전 시스템

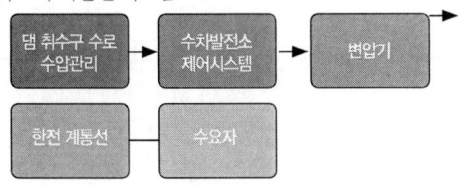

13.4.14 / 14.4.1 / 14.4.9 / 15.2.5 / 15.2.43 / 17.1.20 /
17.4.14 / 18.2.11 / 19.2.5 / 20.1.17 / 20.3.1 / 20.4.4 /
20.4.6 / 21.1.43 / 21.2.2 / 21.2.13 / 21.2.18

13 태양전지 모듈의 전류-전압 및 전력-전압 특성 곡선을 통해 알 수 없는 변수는?

① 개방전압(V_{OC}) ② 단락전류(I_{SC})
③ 최대출력(P_{max}) ④ 모듈온도(T_{cell})

해설 태양전지의 전압-전류 특성

태양전지에 태양광이 입사되면 광 에너지가 전기에너지로 변환되어 태양전지 단자에 전기적 출력이 발생하는데 이것을 전압-전류 특성이라 하며, 전압-전류의 출력 값을 그래프로 나타낸 것을 V-I 특성곡선이라 한다.

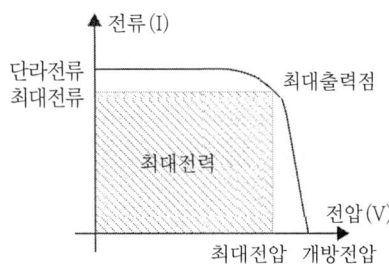

13.4.13 / 14.4.6 / 15.2.10 / 15.2.57 / 16.4.4 / 19.4.10 /
20.3.4 / 20.4.7 / 21.2.14

14 태양전지 표준모듈의 프레임 구조에 해당하지 않는 것은?

① EVA ② 전지 ③ EPDM ④ Glass

해설 모듈의 구조

프레임 - Glass(저철분 강화유리) - EVA(Ethylene Vinyl Acetate, Cell을 충격 습기에서 보호) - Cell(태양전지) - EVA - Back layer(Cell로의 습기 침입방지, 전극보호) - 정션박스(Cable, 바이패스 다이오드)

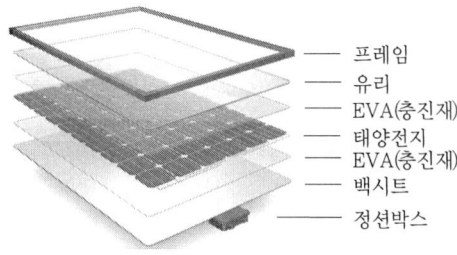

정답 12. ③ 13. ④ 14. ③

13.4.12 / 16.2.19 / 16.4.2 / 17.2.15 / 19.2.18 / 19.4.16 / 21.2.15 / 21.4.20

15 PN접합 다이오드의 순바이어스란?

① 인가전압의 극성과는 관계없다.
② P형반도체에 +, N형반도체에 -의 전압을 인가한다.
③ P형반도체에 -, N형반도체에 +의 전압을 인가한다.
④ 반도체의 종류에 관계없이 같은 극성의 전압을 인가한다.

해설 PN 접합과 바이어스

1) 순방향 바이어스

P영역에 양(+)의 전압을 N영역에 (-)의 전압이 인가된 상태를 순방향(forward) 바이어스가 인가되었다고 함

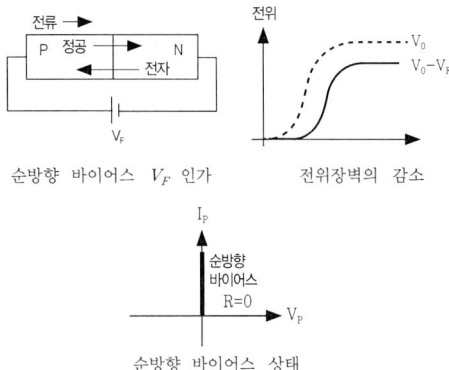

순방향 바이어스 V_F 인가   전위장벽의 감소

순방향 바이어스 상태

① p형과 n형반도체에 각각 존재하는 양공과 전자가 모두 p-n 접합 다이오드의 접합부 쪽으로 이동한다.
② 접합부에 형성된 결핍층(depletion layer)의 너비가 줄어들고 접합부에 형성된 포텐셜 장벽이 낮아지게 된다.
③ p형반도체의 양공은 n형반도체로 옮겨 가고, n형반도체의 전자는 p형반도체로 옮겨 가므로 p-n접합부를 지나는 전류가 흐른다.
④ 이상적인 전류-전압 특성은 순방향 바이어스상태에서 저항이 0이고, 전류는 무한대로 흐른다.

2) 역방향 바이어스

P영역에 (-)의 전압을 N영역에 (+)의 전압이 인가된 상태를 역방향(reverse) 바이어스가 인가되었다고 함

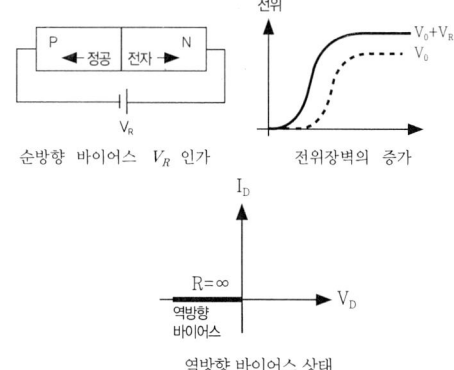

순방향 바이어스 V_R 인가   전위장벽의 증가

역방향 바이어스 상태

① p형과 n형반도체에 각각 존재하는 양공과 전자가 모두 p-n 접합 다이오드 양쪽 극단으로 이동한다.
② 접합부에 형성된 결핍층(depletion layer)의 너비가 늘어나고 접합부에 형성된 포텐셜 장벽도 높아진다.
③ p형반도체의 양공은 p형반도체의 끝 쪽으로, n형반도체의 전자는 n형반도체의 끝 쪽으로 옮겨 가게 되어 p-n접합부에는 전류가 흐르지 않는다.
④ 다이오드는 부도체와 같은 특성으로 저항은 무한대이고, 전류는 0이다.

13.4.11 / 14.4.36 / 16.4.26 / 17.2.5 / 17.2.25 / 17.2.33 / 17.4.7 / 18.2.40 / 19.1.39 / 20.4.25 / 21.2.16 / 21.2.32 / 21.4.3

16 건축물에 설치된 태양광설비를 직접적인 낙뢰로부터 보호하기 위한 외부 뇌보호시스템이 아닌 것은?

① 접지 시스템   ② SPD 시스템
③ 수뢰부 시스템   ④ 인하도선 시스템

해설 서지보호장치(SPD, Surge Protective Device) 시스템

내부계통에 서지 전류가 들어올 때, 그 전류가 부하를 통해 흐르지 않고 우회하도록 하여 부하에서 발생하는 과전압이 과다하게 상승하는 것을 막아서 부하를 보호한다.

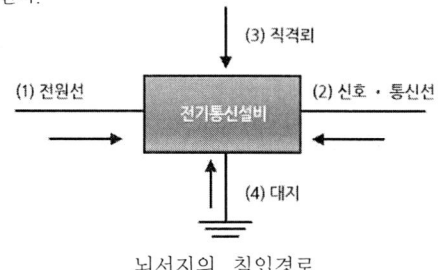

뇌서지의 침입경로

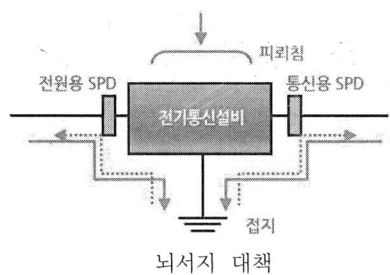

뇌서지 대책

① SPD는 크게 반도체형과 갭형이 있고, 기능면으로 구별하면 억제형과 차단형으로 구분할 수 있다.
② 종래의 SPD 소자에 탄화규소(SiC)가 사용되어 왔으나 산화아연(ZnO)이 개발된 이후, 반도체형의 SPD 소자에 산화아연이 많이 사용된다.
③ 산화아연은 큰 서지 내량과 우수한 제한 전압 특성 등의 특징을 갖고 있어 직렬 갭을 필요로 하지 않는 이상적인 SPD로서 옥내·외 및 기기의 입·출력부에 설치된다.
④ SPD의 구비 조건으로서는 동작전압이 낮고 응답시간이 빠르고 정전 용량이 작아야 된다.
⑤ 탄소 피뢰기, 가스 주입 차단관 등은 차단형 소자로서 응답속도가 느리고 정전용량이 커서, 뇌 서지 보호에는 적당하지 않기 때문에 최근에는 반도체형 SPD가 많이 사용되고 있다.
⑥ SPD 설치시 접속도체 길이가 길어지는 것은 뇌서지 회로의 임피던스를 증가시켜 과전압 보호 효과를 감소시키기 때문에 전체 길이는 0.5[m] 이하가 되도록 규정하고 있다.

※ 서지란 전기회로나 전기기기 내에 운전중에 고장의 제거나 제어 등을 위한 개폐조작 혹은 뇌방전에 의해서 과도적으로 발생하여 진행하는 과전압 또는 과전류를 말한다.

13.4.6 / 13.4.47 / 14.4.43 / 14.4.57 / 15.2.16 / 15.2.46 / 15.2.56 / 15.4.5 / 16.2.6 / 16.2.7 / 17.1.7 / 18.4.4 / 18.4.46 / 19.4.8 / 20.1.9 / 21.1.11 / 21.2.17 / 21.2.43

17 단결정 태양전지의 제조공정 순서를 옳게 나열한 것은?

① 폴리실리콘 → Czochralski공정 → 웨이퍼 슬라이싱 → 반사방지막 → 전/후면 전극 → 인 도핑
② Czochralski공정 → 폴리실리콘 → 웨이퍼 슬라이싱 → 반사방지막 → 전/후면 전극 → 인 도핑
③ 폴리실리콘 → Czochralski공정 → 웨이퍼 슬라이싱 → 인 도핑 → 전/후면 전극 → 반사방지막
④ 폴리실리콘 → Czochralski공정 → 웨이퍼 슬라이싱 → 인 도핑 → 반사방지막 → 전/후면 전극

해설 단결정 실리콘 태양전지의 제조방법

폴리실리콘   Czochralski법   웨이퍼 슬라이싱

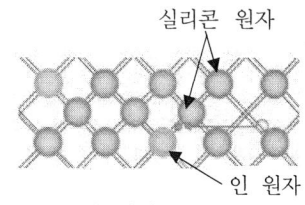

인듐(In) 도핑

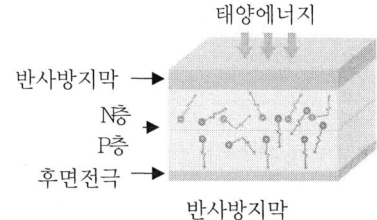

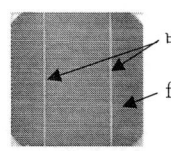

전면전극 구조

① 폴리실리콘
모래에서 뽑아낸 태양광 기초소재
② 초크랄스키(Czochralski) 공정
실리콘을 뜨거운 열로 녹여 고순도의 실리콘 용액을 만들고 이것으로 실리콘 기둥인 잉곳(Ingot)을 만드는

정답 17. ④

실리콘 결정 성장기술

③ 얇은 웨이퍼 만들기(Wafer Slicing)
잉곳(Ingot)을 다이아몬드 톱을 이용해 균일한 두께로 얇게 절단하여 웨이퍼를 만든다.

④ 인듐(In) 도핑
웨이퍼에 전도성을 띠게 하기 위해 불순물로 인듐(In)을 고온에서 확산 및 P/N층을 접합하게 되면, 자유전자가 부족한 p형 반도체가 되며, 도핑 물질로서 붕소(B), 갈륨(Ga), 인듐(In)등 3족 원소를 사용한다. 자유전자는 일정한 방향성을 갖고 이동할 수 있다.

⑤ 반사방지막
전기를 얻기 위해 전극을 형성한 후 마지막으로 빛의 반사를 최대한 막기 위해 반사 방지막을 형성한다.

⑥ 전/후면 전극
반사방지막 위에 전극 형성을 위한 실크스크린을 인쇄한다.

13.4.14 / 14.4.1 / 14.4.9 / 15.2.5 / 15.2.43 / 17.1.20 / 17.4.14 / 18.2.11 / 19.2.5 / 20.1.17 / 20.3.1 / 20.4.4 / 20.4.6 / 21.1.43 / 21.2.2 / 21.2.13 / 21.2.18

18 태양광발전 모듈의 출력전압과 출력전류에 영향을 주는 각 인자와의 연결로 옳은 것은?

① 전류-풍량, 전압-풍량
② 전류-일사량, 전압-온도
③ 전류-풍량, 전압-일사량
④ 전류-온도, 전압-일사량

해설 모듈의 특성곡선(400W급)

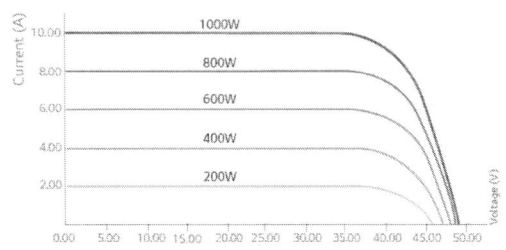

① $200W/m^2$의 일사량에 종측 전류는 2A, 횡측 전압은 46V 정도가 발생되며, $1000W/m^2$의 일사량에는 종측 전류는 5배 증가한 10A, 횡측 전압은 49V로 별 차이가 없음을 알 수 있다.

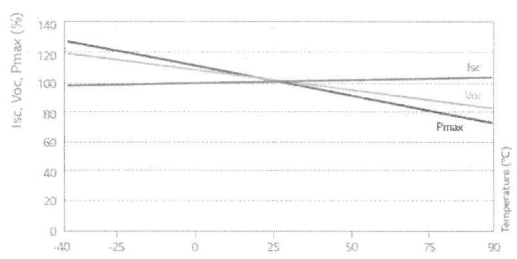

② 횡측 온도의 변화에 단락전류(I_{sc}) 변화폭은 적으나, 개방전압(V_{oc})은 약 40(%)의 변화를 확인할 수 있다.

13.4.52 / 16.4.19 / 20.4.57 / 21.2.19

19 열점(Hot Spot)의 발생원인과 대책에 대한 설명으로 틀린 것은?

① 태양전지 셀의 결함, 특성으로 국부적 과열로 발생된다.
② 태양전지 모듈마다 SPD를 설치하여 전압의 파고치를 저하시킨다.
③ 바이패스 소자를 셀 구간마다 접속하여 역전류가 발생하면 우회시킨다.
④ 나뭇잎, 새의 배설물 등의 그늘로 인한 태양전지 셀 내부 열화로 발생한다.

해설 핫스팟(Hot Spot, 열점)

① 태양전지에 부분음영이 발생하면 직렬저항이 증가하고 병렬저항의 감소에 따라 전류가 줄어, 직렬로 연결된 다른 태양전지와 부정합 현상이 발생되고 태양전지에 역전압을 인가시킴과 동시에 열점을 발생시킨다.
② 열점현상이 지속되면 셀이나 유리의 파손, 납땜의 용융, 태양전지의 열화 같은 모듈 손실이 발생된다.
③ 바이패스 다이오드는 모듈의 손상을 방지해 주고, 부분 음영에 따른 전력손실을 최소화하는 역할을 한다.

※ 서지 어레스터(SPD: Surge Protective Device)는 계통에 서지 전류가 들어올 때, 그 전류가 부하를 통해 흐르지 않고 우회하도록 하여 부하에서 발생하는 전압강하가 과다하게 상승하는 것을 막아서 부하를 보호한다.

16.4.17 / 17.1.19 / 18.4.12 / 19.2.10 / 20.1.16 / 20.3.20 / 21.1.14 / 21.2.20

20 N형반도체의 다수캐리어는?

① 양성자 ② 중성자
③ 전자   ④ 정공

해설 p형과 n형반도체
① p형반도체 : 정공이 다수캐리어
② n형반도체 : 전자가 다수캐리어

15.4.18 / 15.4.39 / 18.1.6 / 19.2.22 / 21.2.21

21 인버터 선정시 검토사항으로 틀린 것은?

① 소음 발생이 적을 것
② 고조파의 발생이 적을 것
③ 기동·정지가 안정적일 것
④ 야간의 대기전압 손실이 클 것

해설 인버터 선정시 검토사항
① 소음 발생이 적을 것
② 고조파의 발생이 적을 것
③ 노이즈의 발생이 적을 것
④ 기동·정지가 안정적일 것
⑤ 야간의 대기전압 손실이 적을 것
⑥ 공급 안정성에서 직류분이 적을 것

15.2.21 / 18.2.30 / 21.2.22

22 지붕설치형 태양전지 모듈의 설치방법 중 유의할 사항으로 틀린 것은?

① 모듈 교환이 쉬울 것
② 지붕과 태양전지 모듈간은 간격이 없도록 할 것
③ 지지기구 등의 노출부를 가능한 줄일 것
④ 적설량이 많은 곳에서는 적설하중을 고려할 것

해설 태양광 모듈과 지붕 사이는 태양광모듈 뒤편으로 차가운 공기가 순환될 정도의 간격을 유지시켜야 모듈의 온도를 낮추어 효율을 증가시키며, 통풍공간은 물방울이나 습기를 증발시키는 역할도 하므로 태양광모듈과 지붕면간 이격거리는 10[cm]이상 이어야 하고, 배선처리는 바닥에 닿지 않도록 단단하게 고정해야 한다.

20.3.21 / 21.2.23

23 전압 33000V, 주파수 60Hz, 선로길이 7km 1회선의 3상 지중 송전선로가 있다. 이의 3상 무부하 충전전류는 약 몇 A인가? (단, 케이블의 심선 1선당의 정전용량은 0.4µF/km라고 한다.)

① 10.5   ② 20.1
③ 30.5   ④ 41.3

해설 정전용량(C)

$C = 7 \times 0.4 = 2.8\,[\mu F]$

충전전류 (I_C)

$I_C = \dfrac{wCV}{\sqrt{3}} = \dfrac{2\pi 60 \times 2.8 \times 10^{-6} \times 33000}{\sqrt{3}} = 20.1\,[A]$

16.2.23 / 21.2.24

24 인버터의 직류측 회로를 비접지로 하는 경우 비접지의 확인방법이 아닌 것은?

① 테스터로 확인
② 검전기로 확인
③ 간이측정기 사용
④ 활선접근경보장치사용

해설 안전대책(비접지 확인)
회로시험기(Circuit Tester), 검전기(Electroscope), 간이측정기로 측정한다.

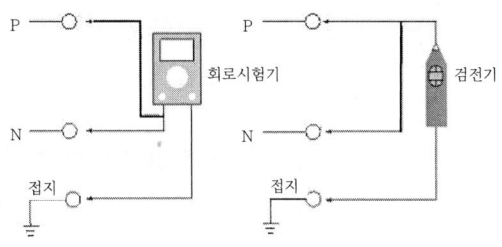

정답 20. ③ 21. ④ 22. ② 23. ② 24. ④

※ 활선접근경보장치

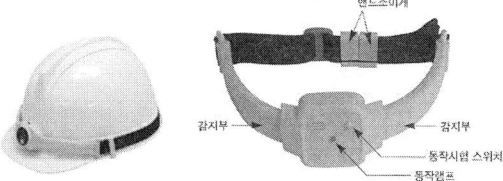

활선 작업이나 활선 근접 작업 등의 전기 작업을 하는 동안 고압이나 특고압 선로나 설비에 접촉하거나 근접할 경우 작업자에게 명확히 경고하기 위하여 근로자의 안전모, 손목 등에 착용한다.

13.4.34 / 14.4.25 / 15.2.31 / 15.4.38 / 17.1.25 / 17.2.30 / 17.4.21 / 17.4.34 / 18.4.34 / 19.1.22 / 20.1.40 / 20.3.38 / 20.4.29 / 21.1.22 / 21.2.25

25 태양광발전시스템의 시공절차로 옳은 것은?

① 모듈설치 → 기초공사 → 가대설치 → 기기설치 → 배관배선 → 시운전
② 기초공사 → 가대설치 → 모듈설치 → 기기설치 → 배관배선 → 시운전
③ 모듈설치 → 가대설치 → 기초공사 → 배관배선 → 기기설치 → 시운전
④ 기초공사 → 모듈설치 → 배관배선 → 가대설치 → 기기설치 → 시운전

[해설] 태양광발전시스템 건설을 위한 기본 계획 흐름도

① 현장여건분석 ② 시스템 설계 ③ 구성요소제작
④ 기초공사   ⑤ 구조물 설치 ⑥ 모듈 설치
⑦ 간선공사   ⑧ 인버터 설치 ⑨ 시운전

※ 배관배선(간선공사)과 기기설치는 작업순서의 변경이 가능함

15.4.25 / 18.2.24 / 20.3.31 / 21.2.26

26 부하 역률 0.8일 때 선로의 저항 손실은 부하역률 0.9일 때 선로의 저항 손실에 비하여 약 몇 배인가?

① 동일하다.   ② 1.3배
③ 1.5배   ④ 1.8배

[해설] 저항 손실(P_l)

① $P = VI\cos\theta \quad \left(I = \dfrac{P}{V\cos\theta}\right)$

② $P_l = I^2 R = \dfrac{1}{V^2} \cdot \dfrac{P^2 R}{\cos\theta^2}$

$P_l \propto \dfrac{1}{\cos\theta^2}$

∴ $\dfrac{P_{l0.9}}{P_{l0.8}} = \dfrac{0.9^2}{0.8^2} ≒ 1.3$

13.4.73 / 15.4.67 / 16.2.42 / 16.4.68 / 16.4.70 / 17.4.65 / 18.1.74 / 18.4.24 / 18.4.63 / 19.4.38 / 20.1.65 / 20.1.79 / 20.3.66 / 21.1.71 / 21.2.27 / 21.4.37 / 21.4.68

27 3,000[kW] 이하의 전기발전사업 허가권자는?

① 시 · 도지사
② 전기위원회
③ 한국전력공사
④ 산업통상자원부장관

[해설] 사업허가의 신청(전기사업법 시행규칙 제4조)

① 전기사업의 허가를 신청하려는 자는 전기사업허가 신청서에 관련 서류(전자문서를 포함한다. 이하 같다)를 첨부하여 산업통상자원부장관에게 제출하여야 한다.
② 다만, 발전설비용량이 3,000[kW] 이하인 발전사업의 허가를 받으려는 자는 특별시장 · 광역시장 · 특별자치시장 · 도지사 또는 특별자치도지사에게 제출하여야 한다.

16.2.11 / 16.4.32 / 17.1.28 / 20.1.39 / 20.3.6 / 20.3.7 / 21.2.28 / 21.2.31

28 창문 상부 등 건물 외부에 가대를 설치하고 그 위에 태양광 모듈을 설치한 형태는?

① 경사지붕형   ② 벽 건재형
③ 루버형   ④ 차양형

해설 가변 차양형

① 태양 고도에 따라 태양전지 모듈의 차양 각도를 조절함으로써, 건물 실내로 유입되는 태양광의 양을 조절 가능하며, 경사 고정형 대비 발전 효율을 향상시킬 수 있는 가변 차양형 BIPV 시스템이 설치되고 있다.
② 건축물의 외부 이미지 상승과 쾌적한 환경을 동시에 만족시켜 줄 수 있다.

17.1.45 / 17.2.45 / 17.4.25 / 18.2.51 / 21.1.57 / 21.2.29

29 사업용 태양광발전설비 정기검사 항목이 아닌 것은?

① 변압기 검사 ② 접속함 검사
③ 태양전지 검사 ④ 전력변환장치 검사

해설 사업용 태양광 발전설비 정기검사 항목
① 태양광 전지
② 전력변환장치
③ 변압기
④ 차단기(발전기용)
⑤ 전선로(모선)
⑥ 접지설비
⑦ 종합연동시험
⑧ 부하운전시험

15.4.36 / 18.1.40 / 18.2.31 / 18.2.33 / 20.1.27 / 20.3.25 / 21.2.30

30 다음 중 시방서의 종류가 아닌 것은?

① 표준시방서 ② 공사시방서
③ 전문시방서 ④ 설계시방서

해설 시방서의 종류
① 일반 시방서 : 입찰 요구 조건과 계약 조건으로 구분되어 비기술적인 일반 사항을 규정하는 시방서
② 공사(기술) 시방서 : 크게 두 가지의 내용으로 구성되어 있는데 해당 주요내용으로 첫째, 설계 도면으로 표시할 수 없는 공사 전반에 걸친 기술적인 사항을 규정하는 시방서이고 둘째, 각 해당 공정별 재료의 성능, 규격 및 시험 등의 재료에 관한 사항과 시공 방법 및 시공 상태, 허용 오차 등의 시공에 대한 사항, 해당 공사 전반에 대한 주의 사항들이 수록되어 있다.
③ 표준 시방서 : 일반적으로 별도의 공사시방서를 작성하지 않고 모든 공사에 공통적으로 적용되는 사항을 규정한 시방서
④ 특기(전문) 시방서 : 공사의 특성에 따라 표준 시방서의 적용 범위와 표준 시방서에 없는 사항 및 특기 시방으로 정한 사항 등을 규정하는 시방서이다.

16.2.11 / 16.4.32 / 17.1.28 / 20.1.39 / 20.3.6 / 20.3.7 / 21.2.28 / 21.2.31

31 기와, 착색 슬레이트, 금속지붕 등의 지붕재에 전용지지기구와 받침대를 설치하여 그 위에 태양광발전 모듈을 설치하는 형태를 무엇이라 하는가?

① 평지붕형 ② 톱라이트형
③ 경사 지붕형 ④ 지붕재 일체형

해설 건축물 설치 부위에 따른 분류
1) 평지붕형(지붕 설치형)
① 아스팔트 방수 시트 등의 방수층 위에 철가대를 설치하고 태양전지를 설치하는 타입
② 주로 청사나 학교 관사의 옥상에 설치되어 있다.

2) 경사지붕형(지붕 설치형)

① 지붕재(기와 착색 슬레이트, 금속 지붕 등)에 전용 지지 기구와 받침대를 설치하여 그 위에 태양전지 모듈을 설치하는 타입
② 주로 주택용 설치공법으로 사용된다.

3) 지붕재 일체형(지붕 건재형)
① 지붕재(금속 지붕 평판 기와 등)에 태양전지 모듈을 부착시키는 타입
② 주변 지붕재와 같은 형상을 하고 있으므로 지붕과 일체감이 있으며 건축의 디자인을 손상시키지 않는

마감을 실현할 수 있다.
③ 지붕의 여러 기능(방수성, 내구성 등)을 겸비하고 있는 건재이다.

4) 지붕재형(지붕 건재형)
① 태양전지 모듈 자체가 지붕재로서의 기능을 보유하고 있는 타입
② 주변 지붕재와의 배합이 가능하다.
③ 주로 신축 주택용으로 설치된다.

※ 고전압시험 또는 연구에 사용할 목적으로 서지전압을 모의하기 위해서 인위적으로 발생시킨 충격파를 임펄스라 한다.

16.4.36 / 17.4.28 / 21.2.33

33 지붕설치형 태양전지 모듈과 가대 지지기구의 재료에 관한 설명으로 틀린 것은?

① 태양전지 모듈은 지붕 위에서 취급이 쉽도록 짧은 변은 1[m] 이하, 중량은 15[kg] 정도 이하로 한다.
② 가대 지지기구의 재료는 장기간 옥외 사용에 견딜 수 있도록 일반 강재를 이용하여 제작 한다.
③ 태양전지 셀의 색은 기본적으로 단결정은 흑색계, 다결정은 청색계, 아몰퍼스는 갈색계통이다.
④ 태양전지 모듈은 작업성을 고려하여 매수를 적게 하기 위해 출력이 큰 대형사이즈가 사용된다.

13.4.11 / 14.4.36 / 16.4.26 / 17.2.5 / 17.2.25 / 17.2.33 / 17.4.7 / 18.2.40 / 19.1.39 / 20.4.25 / 21.2.16 / 21.2.32 / 21.4.3

32 과도 과전압을 제한하고 서지전류를 우회시키는 장치의 약어는?

① DS   ② SPD
③ ELB ④ MCCB

해설 서지보호기(Surge Protective Device)
내부계통에 서지 전류가 들어올 때, 그 전류가 부하를 통해 흐르지 않고 우회하도록 하여 부하에서 발생하는 과전압이 과다하게 상승하는 것을 막아서 부하를 보호한다.

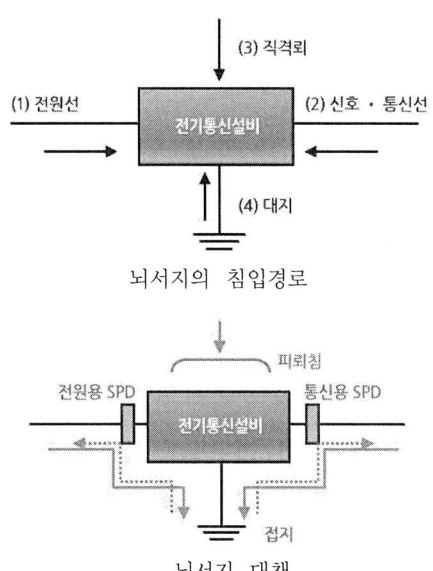

뇌서지의 침입경로

뇌서지 대책

※ 서지(surge) : 뇌전자계임펄스에 의해 발생한 과전압 또는 과전류로서 나타나는 일시적인 파동

해설 지지대, 연결부, 기초(용접부위 포함)
지지대는 다음의 재질로 제작하여야 한다. 지지대간 연결 및 모듈-지지대 연결은 가능한 볼트로 체결하되, 절단가공 및 용접부위(도금처리제품 한정)는 용융아연 도금처리를 하거나 에폭시 아연페인트를 2회 이상 도포하여야 한다.
① 용융아연 또는 용융아연-알루미늄-마그네슘합금 도금된 형강
② 스테인리스 스틸(STS)
③ 알루미늄합금
④ ①~③까지의 동등이상 성능

16.2.28 / 16.4.35 / 17.2.38 / 19.4.23 / 19.4.28 / 19.4.33 / 20.3.24 / 20.3.26 / 20.3.27 / 20.3.32 / 21.1.28 / 21.2.34

34 전력시설물 공사감리업무 수행지침에 따라 감리원은 공사 시작과 동시에 공사업자에게 가설시설물의 면적, 위치 등을 표시한 가설시설물 설치계획표를 작성하여 제출하도록 하여야 한다. 이 가설시설물에 포함이 되지 않는 것은?

① 자재 야적장
② 공사용 임시전력
③ 공사용 도로(발·변전설비, 송·배전설비 제외)
④ 가설시설물, 작업장, 창고, 숙소, 식당 및 그 밖의 부대설비

해설 현장사무소, 공사용 도로, 작업장 부지 등의 선정
감리원은 공사 시작과 동시에 공사업자에게 다음에 따른 가설시설물의 면적, 위치 등을 표시한 가설시설물 설치계획표를 작성하여 제출하도록 하여야 한다.
① 공사용 도로(발·변전설비, 송·배전설비에 해당)
② 가설사무소, 작업장, 창고, 숙소, 식당 및 그 밖의 부대설비
③ 자재 야적장

13.4.29 / 16.4.40 / 19.4.34 / 21.2.35

35 모듈에서 접속함 직류배선이 50[m]이며, 모듈 어레이 전압이 600[V], 전류가 8[A]일 때, 전압강하는 몇 [V] 인가? (단, 전선의 단면적은 4.0[mm²]이다.)

① 1.56[V]   ② 2.56[V]
③ 3.56[V]   ④ 4.56[V]

해설 전압강하(e)

$$e = \frac{35.6 \times L(\text{전선의 길이}) \times I(\text{전류})}{1000 \times A(\text{전선의 단면적})}$$

$$= \frac{35.6 \times 50 \times 8}{1000 \times 4} = 3.56 \text{ [V]}$$

15.2.32 / 17.1.31 / 19.1.35 / 21.2.36

36 전력계통의 무효전력을 조정하여 전압조정 및 전력손실의 경감을 도모하기 위한 설비는?

① 조상설비
② 보호계전장치
③ 계기용변성기
④ 부하시 Tap 절환장치

해설 조상설비(Phase Modifying Equipment)
전력 계통의 무효 전력 및 전압 제어용으로 사용되는 외에 무효 전력 조류의 적정 배분으로 전력 손실 경감을 목적으로 하는 경우도 있다.

1) 종류
① 회전기 : 동기 조상기, 비동기 조상기
② 정지기 : 전력용 콘덴서, 분로 리액터

2) 동기 조상기
① 앞선 전류(콘덴서)와 뒤진 전류(리액터) 작용이 가능하다(진상, 지상)
② 현재는 거의 사용되고 있지 않다.

14.4.27 / 15.4.15 / 17.1.47 / 17.2.44 / 17.4.52 / 18.1.57 / 18.4.5 / 20.4.49 / 21.2.37 / 21.4.58

37 태양광발전시스템의 모니터링 시스템 프로그램 기능이 아닌 것은?

① 데이터 수집기능
② 데이터 저장기능
③ 데이터 분석기능
④ 데이터 예측기능

해설 모니터링 시스템 프로그램 기능
① 데이터 수집기능
  인버터로부터 데이터를 공급받아 전압과 전력에 대한 정보를 제공하며 일사량과 모듈 표면온도 등의 정보를 제공한다.
② 데이터 저장기능
  실시간 데이터가 저장되어 평균 자료를 한눈에 알아볼 수 있도록 한다.
③ 데이터 분석기능
  저장된 데이터로 표를 작성하여 일일 평균값 등의 변화를 한눈에 알 수 있도록 데이터를 제공한다.
④ 데이터 통계기능
  저장된 데이터를 바탕으로 일간, 월간, 연간 통계를 알아볼 수 있도록 제공한다.

정답 34. ③ 35. ③ 36. ① 37. ④

38 전력시설물 공사감리업무 수행지침에 따라 기자재 공급승인요청서에 첨부되어 제출되는 서류가 아닌 것은?

① 현장테스트 사진
② 납품실적 증명서
③ 시험성과 대비표
④ 품질시험 대행 국·공립시험기관의 시험성과

해설 감리원은 주요기자재 공급승인 요청서에 다음의 관계서류를 첨부하도록 하여야 한다.
① 품질시험 대행 국·공립시험기관의 시험성과
② 납품실적 증명
③ 시험성과 대비표

시험항목	시방기준	시험성과	판정·비고

39 건설공사에 관한 기획, 타당성 조사, 분석, 설계, 조달, 계약, 시공관리, 감리평가, 사후관리 등에 관한 업무의 전부 또는 일부를 수행하는 건설용역업은?

① Construction Management
② Project Management
③ Design Management
④ Agency Management

해설 건설사업관리(Construction Management)
① 건설공사의 기획·타당성조사·분석·설계·조달·계약·시공관리·감리·평가·사후관리 등과 관리업무의 전부 또는 일부를 맡아서 수행하는 것을 말한다.
② 건축주를 대신해서 공사 일체를 맡아서 해주는 일이 필요하여 법으로 제도화하였다. 흔히 CM이라 부른다.

40 저압 배전선로의 저압 네트워크 방식에 대한 설명으로 틀린 것은?

① 전력손실이 감소한다.
② 플리커, 전압변동률이 적다.
③ 특별한 보호장치가 필요 없다.
④ 무정전 공급이 가능해서 공급신뢰도가 높다.

해설 저압 네트워크 배전방식(Network System)
1) 2개 이상의 배전 변압기 2차측을 전기적으로 연결해서 망상으로 한 것인데, 각 수용가에는 네트워크로부터 분기되어 직접 전기를 공급하는 방식이다.
① 전력 손실 감소
② 플리커, 전압 변동률이 적다.
③ 기기의 이용률 향상
④ 부하 증가에 대한 적응성이 좋음
⑤ 변전소 수를 줄일 수 있다.
⑥ 무정전 공급이 가능해서 공급신뢰도가 높다.
⑦ 건설비가 비싸다.
⑧ 특별한 보호장치가 필요하다.

2) 네트워크 프로텍터(network protector) = (계전기 + 차단기)
변압기 1차측에서 고장이 발생되어 변전소의 차단기가 동작되면 변압기를 통해 1차측으로 역가압되지 않도록 변압기 2차측에 설치한다.

17.4.43 / 21.2.41

41 태양광발전용 축전지의 측정 항목으로 틀린 것은?

① 일사량 ② 단자전압
③ 충전전류 ④ 방전전류

해설 축전지의 측정 항목
① 비중
② 단자전압
③ 충전전류
④ 방전전류

17.1.58 / 17.4.50 / 17.4.56 / 18.2.41 / 19.1.44 / 19.2.44 / 20.3.59 / 21.2.42 / 21.4.52

42 태양광발전시스템용 배전반의 무정전 문제 진단을 위한 일상점검 시 작업요령으로 틀린 것은?

① 이상한 냄새 유무를 맡아 본다.
② 과열로 인한 변색 유무를 관찰한다.
③ 보호계전기 Alarm 이력을 확인한다.
④ LBS 접촉부 볼트 조임이 느슨한지 조여 본다.

해설 일상(순시)점검
배전반의 기능을 유지하기 위한 일상점검을 말하며 아래의 서술된 요령으로 실시한다.

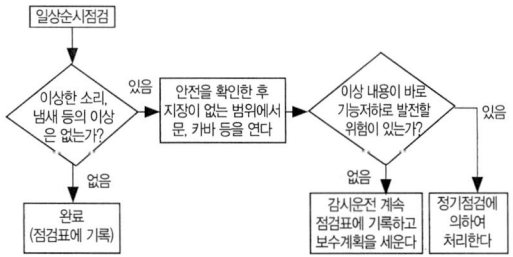

① 매일의 일상순시점검은 문을 열어 점검한다던가, 커버를 해체한 후 점검한다던가 하는 것이 아니고 이상한 소리, 냄새, 손상 등을 배전반 외부에서 점검 항목의 대상항목에 따라 점검하는 것
② 이상상태를 발견한 경우에는 배전반의 문을 열고 이상의 정도를 확인한다.
③ 이상의 상태가 직접 운전을 하지 못할 정도로 전개되는 경우를 제외하고는 이상상태의 내용을 기록하여 정기점검시에 운영한다.

※ 정기점검
배전반의 기능을 확인하고 유지하기 위한 계획을 수립하여 점검하는 것
① 원칙적으로 정전을 시키고 무전압 상태에서 기기의 이상상태를 점검하고 필요에 따라서는 기기를 분해해서 점검을 실시한다.
② 모선을 정전하지 않고 점검을 하여야 할 경우에는 안전사고가 일어나지 않도록 주의하여야 한다.

13.4.6 / 13.4.47 / 14.4.43 / 14.4.57 / 15.2.16 / 15.2.46 / 15.2.56 / 15.4.5 / 16.2.6 / 16.2.7 / 17.1.7 / 18.4.4 / 18.4.46 / 19.4.8 / 20.1.9 / 21.1.11 / 21.2.17 / 21.2.43

43 단결정 실리콘 태양전지에 가장 많은 전류를 생성하는 파장대역은?

① 자외선 ② 가시광선
③ 적외선 ④ 원적외선

해설 결정질 실리콘에 사용되는 태양광 스펙트럼

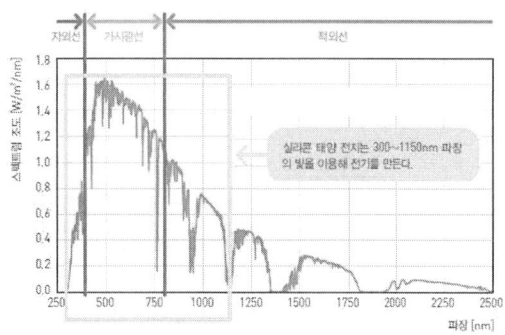

① 빛은 다양한 파장의 스펙트럼을 갖고 있으며, 자외선, 가시광선, 적외선 파장 중 태양 전지판은 주로 가시광선 영역에서 전자 이동이 일어난다.
② 태양 전지판이 검은색이나 진한 푸른색을 띠는 것은 이 상태에서 가시광선을 가장 잘 흡수하기 때문이다.

16.2.52 / 18.1.41 / 21.2.44

44 태양광발전시스템의 성능평가의 대분류로 틀린 것은?

① 태양광발전시스템의 사이트
② 태양광발전시스템의 신뢰성
③ 태양광발전시스템의 설비 폐기 비용
④ 태양광발전시스템의 발전 전력 생산능력

정답 41. ① 42. ④ 43. ②

해설 태양광발전시스템 성능평가의 대분류
① 태양광 발전 시스템 구성 요인의 성능 및 신뢰성
② 태양광 발전 시스템의 사이트
③ 태양광 발전 시스템의 신뢰성
④ 태양광 발전 시스템의 설비 설치비용(경제성)
⑤ 태양광 발전 시스템의 발전 전력 생산 능력(발전성능)

16.2.37 / 17.1.34 / 17.4.26 / 19.4.40 / 20.3.11 / 20.3.14 / 20.3.37 / 21.2.45

45 설비용량 1000kVA인 오피스빌딩의 변압기 용량을 결정하고자 한다. 설비의 수용률 60%, 부등률은 1.20이다. 이때 변압기 용량(kVA)은 얼마인가?

① 300   ② 400   ③ 500   ④ 600

해설 변압기용량 $= \dfrac{\text{설비용량} \times \text{수용률}}{\text{부등률}}$

$= \dfrac{1000 \times 0.6}{1.2} = 500$

17.1.44 / 21.2.46

46 송·변전설비 중 배전반에서 주회로 인입·인출부의 일상점검 내용이 아닌 것은?

① 볼트류 등의 조임 상태 확인
② 쥐, 곤충 등의 침입 여부 확인
③ 표시기, 표시등의 정확 유무 확인
④ 코로나 방전에 의한 이상음 여부 확인

해설 배전반 주회로 인입·인출부의 일상점검
1) 폐쇄 모선의 접속부
① 이상 소리음 : 볼트 풀림 등에 의한 진동

2) 부식
① 손상 : Corona 방전에 의한 이상음 점검, 균열, 파손 등

3) 케이블 단말부 및 접속부, 관통부 등
① 이상 소리음 : 볼트 풀림 등에 의한 진동
② 이상 냄새 : Corona 방전에 의한 과열 냄새
③ 손상 : 배선, 케이블 막이 판의 탈락 및 간격
④ 쥐, 곤충, 설치류 등의 침입 : 곤충 및 설치류 등의 침입 흔적

16.2.47 / 16.2.51 / 16.4.47 / 17.2.42 / 18.1.45 / 18.2.44 / 18.2.54 / 19.1.43 / 19.1.51 / 19.1.53 / 19.4.42 / 19.4.47 / 20.3.48 / 20.4.42 / 20.4.45 / 20.4.51 / 21.1.46 / 21.1.51 / 21.1.58 / 21.4.44 / 21.2.47 / 21.4.56

47 박막 태양광발전 모듈의 성능시험으로 틀린 것은?

① 단자강도 시험
② 고온고습 시험
③ 열점 내구성 시험
④ 전기자기 적합성 시험

해설 박막 태양광발전 모듈(성능)
① 외관검사   ② 최대 출력 결정
③ 절연시험   ④ 온도계수의 측정
⑤ 공칭 태양전지 동작온도(NOTC)에서의 측정
⑥ STC 및 NOCT에서의 성능
⑦ 낮은 조사강도에서의 특성
⑧ 옥외 노출시험   ⑨ 열점 내구성시험
⑩ UV 전처리시험 ⑪ 온도사이클시험
⑫ 습도-동결시험   ⑬ 고온고습시험
⑭ 단자강도시험   ⑮ 습윤누설전류시험
⑯ 기계적 하중 시험 ⑰ 우박 시험
⑱ 바이패스 다이오드 열시험
⑲ 염수분무 시험

※ 전기자기 적합성 시험은 태양광인버터 외형, 방열판의 시험항목

13.4.35 / 14.4.23 / 14.4.30 / 16.2.46 / 16.4.28 / 17.2.31 / 18.1.23 / 18.1.53 / 20.3.39 / 21.1.31 / 21.2.48 / 21.4.25

48 접지저항의 측정방법이 아닌 것은?

① 보호 접지저항계 측정법
② 전위차계 접지저항계 측정법
③ 클램프 온(Clamp On) 측정법
④ 콜라우시(Kohlrausch) 브리지법

해설 접지
1) 접지의 목적
① 감전 사고방지
② 누전화재방지
③ 낙뢰로부터의 보호
④ 폭발 방지

정답 44. ③ 45. ③ 46. ③ 47. ④ 48. ①

⑤ 정전기에 의한 장해방지
⑥ 이상전위의 혼식방지
⑦ 강전기구의 장해방지

2) 접지저항의 측정방법
① 전위차계 접지저항계 측정법
② 전압 강하식 접지저항계 측정법
③ 이전극법에 의한 측정법
④ 클램프 온(Clamp On) 측정법
⑤ 콜라우시(Kohlrausch) 브리지법

17.2.58 / 19.1.57 / 19.1.58 / 19.2.47 / 19.4.58 / 20.1.46 /
20.1.47 / 20.4.48 / 20.4.59 / 21.2.49

49 절연 안전모의 착용 시 주의사항으로 틀린 것은?

① 턱끈을 단단히 조임
② 머리에 적합하도록 헤드밴드를 조절
③ 한번이라도 큰 충격을 받았으면 사용하지 않음
④ 금속이나 도전성이 뛰어난 재료를 사용한 것을 사용

해설 절연 안전모의 사용 시 주의 사항
1) 착용 전
① 보호구 관리요령에 따라 정기점검을 받았는지 여부
② 흙, 기름, 물기 등이 있는지 또는 건조한지 여부
③ 충격의 흔적이 있는지 여부
④ 변색되거나 변형되었는지 여부
⑤ 장착제, 충격 흡수재 등의 손상이나 더러움 여부

2) 착용시
① 머리에 적합하도록 헤드밴드를 조절
② 턱끈을 단단히 조임
③ 한번이라도 큰 충격을 받았으면 사용하지 않음

17.2.53 / 21.2.50

50 변압기에 대한 일상점검의 항목으로 틀린 것은?

① 냉각팬 필터부분의 막힘 여부
② 과열에 의한 이상한 냄새의 발생 여부
③ 코로나에 의한 이상한 소리의 발생 여부
④ 온도계의 표시가 적정 온도범위에서 유지되는지 여부

해설 변압기의 일상점검
1) 외부일반
① 소리 : 코로나에 의한 이상한 소리의 발생 여부
② 냄새 : 코로나 방전 또는 과열에 의한 이상한 소리의 발생 여부
③ 누설 : 절연유의 누설 발생 여부

2) 온도계의 지시표시 : 지시는 소정의 범위에서 유지되는지 여부

3) 유면계 가스압력계의 지시표시
① 유면은 적당한 위치를 유지되는지 여부
② 가스압력은 규정치보다 낮지 않은지 여부(질소봉입의 경우)

13.4.53 / 15.4.58 / 16.4.49 / 18.1.55 / 18.2.32 / 18.4.35 /
18.4.43 / 19.2.55 / 20.1.55 / 20.3.46 / 20.4.56 / 21.2.51

51 인버터에 'Line Over Frequency Fault'로 표시되었을 경우의 현상 설명으로 옳은 것은?

① 계통전압이 규정치 이상일 때
② 계통전압이 규정치 이하일 때
③ 계통주파수가 규정치 이상일 때
④ 계통주파수가 규정치 이하일 때

해설 인버터의 표시내용
① 한전 과전압(Line over voltage fault) : 계통 전압이 규정치 이상
② 한전 부속 전압(Line under voltage fault) : 계통 전압이 규정치 이하
③ 한전 주파수(Line under frequency fault) : 계통 주파수가 규정치 이하
④ 한전 계통 고주파수(Line over frequency fault) : 계통 주파수가 규정치 이상
⑤ 인버터 과전류(Inverter over current fault) : 인버터 전류의 규정 값 이상
⑥ 인버터(Inverter over Temperature) : 인버터의 온도 이상
⑦ 인버터 MC 이상(Inverter MC fault) : 전자접촉기(MC) 이상

정답 49. ④ 50. ① 51. ③

52 태양광발전시스템에서 발전하지 못하거나 발전한 전력이 부하공급에 부족할 경우, 계통으로부터 부족한 전력 공급 유무를 확인할 수 있는 시험은?

① 단독운전 방지시험
② 제어회로 경보장치
③ 역방향운전 제어시험
④ 전력변환장치 자동 수동 절체시험

해설 시험 및 측정
① 단독운전 방지시험
단독운전(한전 정전시 분리된 계통에 전력을 계속 공급하게 되는 운전상태)시의 문제점을 해결하기 위한 기능으로, 단독운전 발생 후 최대 0.5초 이내에 한전계통에 대한 가압을 중지해야 한다.
② 제어회로 및 경보장치 시험
각종 보호계전기 제어기능 등을 수동으로 동작시켜 차단 및 경보상태를 확인한다.
③ 역방향운전 제어시험
태양광발전소에서 발전하지 못하거나 발전한 전력이 부하공급에 부족할 경우, 부족한 전력을 계통으로부터 공급 가능여부를 확인한다.
④ 전력변환장치 자동 수동 절체시험
운전 중인 인버터의 이상여부나 과부하시 대기 중인 인버터로 무순단 절체상태를 확인한다.

53 태양광발전소의 정기검사는 몇 년마다 받아야 하는가?

① 2년   ② 3년
③ 4년   ④ 5년

해설 자가용/전기사업용전기설비의 정기검사
① 태양광·전기설비 계통 : 4년 이내
② 구역전기사업자의 송전·변전 : 2년 이내

54 개인보호구의 사용 및 관리에 관한 기술지침에 따라 안전화 중 고압에 의한 감전 방지 및 방수를 겸한 것은?

① 절연화   ② 절연장화
③ 발등안전화   ④ 정전기안전화

해설 안전화의 종류
① 절연화 : 물체의 낙하, 충격 또는 날카로운 물체에 의한 찔림 위험으로부터 발을 보호하고 저압의 전기에 의한 감전을 방지하기 위한 것
② 발등안전화 : 물체의 낙하, 충격 또는 날카로운 물체에 의한 찔림 위험으로부터 발 및 발등을 보호하기 위한 것
③ 정전기안전화 : 물체의 낙하, 충격 또는 날카로운 물체에 의한 찔림 위험으로부터 발을 보호하고 정전기의 인체 대전을 방지하기 위한 것

55 태양전지 모듈 어레이의 절연내압 측정시 개방전압 1.5배 직류전압 또는 1배의 교류전압을 몇 분간 인가하는가?

① 5분   ② 10분
③ 15분   ④ 20분

해설 태양전지 모듈의 절연내력
태양전지 모듈은 최대사용전압(개방전압)의 1.5배의 직류전압 또는 1배의 교류전압(500[V] 미만으로 되는 경우에는 500[V])을 충전부분과 대지사이에 연속하여 10분간 가하여 절연내력을 시험하였을 때에 이에 견디는 것이어야 한다.

56 다음 중 태양광발전설비의 신뢰성 평가 분석 항목이 아닌 것은?

① 트러블
② 경제성
③ 운전데이터 결측 상황
④ 계획정지

해설 태양광 발전 시스템의 신뢰성 평가 및 분석 항목
1) 트러블
① 시스템 트러블 : 인버터 운전 정지, 직류 지락, ELB 트립, 계통 지락, 원인불명 등에 의한 태양광 발전 시스템 운전 정지 등
② 계측 트러블 : 컴퓨터 전원의 차단, 프리즈, 컴퓨터의 조작 오류 등

2) 태양광 발전 시스템의 정상 운전 데이터의 결측 사항 등

3) 태양광 발전 시스템의 계획 정지 : 개수 정전, 계통 정전 등

15.2.53 / 21.2.57
57 태양광발전설비의 전력 케이블로 적당하지 않은 것은?
① FR-CV
② UV케이블
③ EM케이블
④ FR-CVVS

해설 FR-CVVS(제어용난연 비닐절연 난연 비닐시스 케이블)

① 600V 이하의 난연성이 요구되는 제어용 회로에 사용되는 케이블
② 관로 또는 지중 포설되며, 최대도체 사용온도는 60[℃]이다.

19.2.53 / 21.2.58
58 중대형 태양광발전용 인버터(KS C 8565:2016) 표준의 적용 범위로 틀린 것은?
① 정격 출력 전류 2000A 이하
② 직류 입력 전압 1500V 이하
③ 교류 출력전압 1000V 이하
④ 정격 출력 10kW 초과 250kW 이하

해설 KS C 8565 : 2016
중대형 태양광 발전용 인버터(계통연계형, 독립형)
정격 출력 10[kW] 초과 250[kW](직류 입력 전압 1500[V] 이하, 교류 출력 전압 1000[V] 이하) 이하인 태양광 발전용 인버터(계통연계형, 독립형)의 시험방법 및 평가기준에 대하여 규정한다.

17.2.60 / 20.1.60 / 20.3.50 / 21.2.59
59 박막 태양광발전 모듈의 최대 출력 결정 시 품질기준으로 시험 시료의 출력 균일도는 평균 출력의 몇 [%] 이내이어야 하는가?
① ±1
② ±3
③ ±5
④ ±10

해설 최대출력 결정시험
① 해당 태양광 모듈의 최대출력을 측정하되, 시험 시료의 평균출력은 정격출력 이상일 것
② 시험 시료의 출력 균일도는 평균출력의 ±3[%] 이내일 것

13.4.57 / 16.4.51 / 18.1.59 / 20.1.44 / 21.1.49 / 21.2.60
60 자가용 태양광발전설비의 정기검사 항목 중 전력변환장치의 검사세부종목에 해당되지 않는 것은?
① 절연저항
② 외관검사
③ 환기시설상태
④ 단독운전방지시험

해설 자가용 태양광 발전설비 전력변환장치의 정기검사 항목
1) 일반 규격
① 규격 확인

2) 본체
② 외관검사
③ 절연저항
④ 절연내력
⑤ 제어회로 및 경보장치
⑥ 전력조절부/Static 스위치 자동·수동 절체시험
⑦ 역방향운전 제어시험
⑧ 단독운전 방지시험
⑨ 인버터 자동·수동 절체시험
⑩ 충전기능시험

3) 보호장치
① 외관검사
② 절연저항
③ 보호장치시험

4) 축전지
① 시설상태 확인
② 전해액 확인
③ 환기시설 상태

정답 56.② 57.④ 58.① 59.② 60.③

18.1.62 / 21.2.61

61 설비인증을 받은 자는 신재생에너지 설비의 결함으로 인하여 제3자가 입을 수 있는 손해를 담보하기 위하여 보험 또는 공제에 가입하여야 한다. 이때 보험 또는 공제의 기간·종류·대상 및 방법에 필요한 사항은 무엇으로 정하는가?

① 대통령령
② 시·도시사령
③ 산업통상자원부령
④ 과학기술정보통신부령

해설 보험·공제 가입(신재생에너지법 제13조의2)
① 설비인증을 받은 자는 신·재생에너지 설비의 결함으로 인하여 제3자가 입을 수 있는 손해를 담보하기 위하여 보험 또는 공제에 가입하여야 한다.
② ①에 따른 보험 또는 공제의 기간·종류·대상 및 방법에 필요한 사항은 대통령령으로 정한다.

19.4.63 / 21.2.62

62 신에너지 및 재생에너지 개발·이용·보급 촉진법에 따라 공급의무자가 의무적으로 신·재생에너지를 이용하여 공급하여야 하는 발전량의 합계는 총전력생산량의 몇 % 이내의 범위에서 연도별로 대통령령으로 정하는가?

① 25 ② 3 ③ 5 ④ 10

해설 신·재생에너지 공급의무화 등(신재생에너지법 제12조의5)
(1) 산업통상자원부장관은 신·재생에너지의 이용·보급을 촉진하고 신·재생에너지산업의 활성화를 위하여 필요하다고 인정하면 다음의 어느 하나에 해당하는 자 중 대통령령으로 정하는 자에게 발전량의 일정량 이상을 의무적으로 신·재생에너지를 이용하여 공급하게 할 수 있다.
① 발전사업자
② 발전사업의 허가를 받은 것으로 보는 자
③ 공공기관

(2) 공급의무자가 의무적으로 신·재생에너지를 이용하여 공급하여야 하는 발전량의 합계는 총전력생산량의 25% 이내의 범위에서 연도별로 대통령령으로 정한다. 이 경우 균형 있는 이용·보급이 필요한 신·재생에너지에 대하여는 대통령령으로 정하는 바에 따라 총의무공급량 중 일부를 해당 신·재생에너지를 이용하여 공급하게 할 수 있다.

15.2.71 / 16.2.66 / 21.2.63

63 전기공사업의 등록기준으로 옳은 것은?

① 자본금 1억원 이상, 전기공사기술자 2명 이상, 공사업 운영을 위한 사무실 확보
② 자본금 1억5천만원 이상, 전기공사기술자 3명 이상, 공사업 운영을 위한 사무실 확보
③ 자본금 1억원 이상, 전기공사기술자 2명 이상, 공부상 면적이 $25[m^2]$ 이상 사무실 확보
④ 자본금 1억5천만원 이상, 전기공사기술자 3명 이상, 공부상 면적이 $25[m^2]$ 이상 사무실 확보

해설 공사업의 등록기준

항목	공사업의 등록기준
기술능력	전기공사기술자 3명 이상(3명 중 1명 이상은 국가기술자격 종목 중 기술사, 기능장, 기사 또는 산업기사의 자격을 취득한 사람이어야 한다)
자본금	1억5천만원 이상
사무실	공사업 운영을 위한 사무실

정답 61. ① 62. ① 63. ②

64 전로의 절연원칙에 따라 반드시 절연하여야 하는 것은?

① 전로의 중성점에 접지공사를 하는 경우의 접지점
② 계기용변성기의 2차측 전로의 접지점
③ 저압 가공전선로의 접지측 전선
④ 22.9[kV] 중성선의 다중접지의 접지점

해설 전로의 절연

전로는 다음의 부분 이외에는 대지로부터 절연하여야 한다.
① 저압전로에 접지공사를 하는 경우의 접지점
② 전로의 중성점에 접지공사를 하는 경우의 접지점
③ 계기용변성기의 2차측 전로에 접지공사를 하는 경우의 접지점
④ 저압 가공 전선의 특고압 가공 전선과 동일 지지물에 시설되는 부분에 접지공사를 하는 경우의 접지점
⑤ 중성점이 접지된 특고압 가공선로의 중성선에 다중 접지를 하는 경우의 접지점
⑥ 소구경관(小口經管)(박스를 포함한다)에 접지공사를 하는 경우의 접지점
⑦ 저압전로와 사용전압이 300V 이하의 저압전로를 결합하는 변압기의 2차측 전로에 접지공사를 하는 경우의 접지점

65 전기설비기술기준의 판단기준에서 정의하는 "리플프리직류"는 교류를 직류로 변환할 때 리플성분이 몇 % (실효값) 이하 포함한 직류를 말하는가?

① 10   ② 15   ③ 20   ④ 25

해설 리플프리직류

Ripple 전압

교류를 직류로 변환할 때 리플(Ripple)성분이 10%(실효값) 이하 포함한 직류

※ 리플(Ripple)성분 : 교류를 정류하여 직류로 만들 때, 완벽하게 직류가 되지 않고, 일부 남아 있는 교류성분

66 신에너지 및 재생에너지 기술개발 및 이용·보급에 관한 계획을 협의하려는 자는 그 시행 사업연도 개시 몇 개월 전까지 산업통상자원부장관에게 계획서를 제출하여야 하는가?

① 1개월 전   ② 3개월 전
③ 4개월 전   ④ 6개월 전

해설 신·재생에너지 기술개발 등에 관한 계획의 사전협의 (신재생에너지법 제7조)

국가기관, 지방자치단체, 공공기관, 그밖에 대통령령으로 정하는 자가 신·재생에너지 기술개발 및 이용·보급에 관한 계획을 수립·시행하려면 대통령령으로 정하는 바에 따라 미리 산업통상자원부장관과 협의하여야 한다.

신·재생에너지 기술개발 등에 관한 계획의 사전협의 (신재생에너지법 시행령 제3조)

1) 대통령령으로 정하는 자란 다음의 어느 하나에 해당하는 자
① 정부로부터 출연금을 받은 자
② 정부출연기관 또는 정부로부터 출연금을 받은 자로부터 납입자본금의 100분의 50 이상을 출자 받은 자

2) 신에너지 및 재생에너지 기술개발 및 이용·보급에 관한 계획을 협의하려는 자는 그 시행 사업연도 개시 4개월 전까지 산업통상자원부장관에게 계획서를 제출하여야 한다.

67 신에너지 및 재생에너지 개발·이용·보급 촉진법의 제정 목적으로 틀린 것은?

① 에너지원의 단일화
② 온실가스 배출의 감소
③ 에너지의 안정적인 공급
④ 에너지 구조의 환경친화적 전환

해설 목적(신재생에너지법 제1조)
① 신에너지 및 재생에너지의 기술개발 및 이용·보급 촉진
② 신에너지 및 재생에너지 산업의 활성화를 통하여 에너지원을 다양화

정답 64. ③ 65. ① 66. ③ 67. ①

③ 에너지의 안정적인 공급
④ 에너지 구조의 환경친화적 전환
⑤ 온실가스 배출의 감소를 추진함으로써 환경의 보전, 국가경제의 건전하고 지속적인 발전 및 국민복지의 증진에 이바지함

16.2.27 / 17.1.16 / 17.1.71 / 18.4.60 / 19.2.30 / 19.4.69 / 20.3.69 / 21.2.68 / 21.4.15 / 21.4.60

68 전기설비기술기준의 판단기준에 따라 피뢰기를 설치하지 않아도 되는 곳은?

① 가공전선로와 지중전선로가 접속되는 곳
② 변전소의 가공전선 인입구 중 보호범위 내의 피보호기기
③ 고압 가공전선로로부터 공급을 받는 수용장소의 인입구
④ 특고압 가공전선로로부터 공급을 받는 수용장소의 인입구

해설 피뢰기의 시설
고압 및 특고압의 전로 중 다음에 열거하는 곳 또는 이에 근접한 곳에는 피뢰기를 시설하여야 한다.
① 발전소·변전소 또는 이에 준하는 장소의 가공전선 인입구 및 인출구
② 가공전선로에 접속하는 제29조의 배전용 변압기의 고압측 및 특고압측
③ 고압 및 특고압 가공전선로로부터 공급을 받는 수용장소의 인입구
④ 가공전선로와 지중전선로가 접속되는 곳

14.4.79 / 19.1.75 / 20.4.78 / 21.2.69

69 전기설비기술기준의 판단기준에 의거하여 고압 옥측전선로의 전선으로 사용할 수 있는 것은?

① 케이블   ② 나경동선
③ 절연전선   ④ 다심형 전선

해설 고압 옥측전선로의 시설(판단기준 제95조)
고압 옥측전선로는 전개된 장소에 다음에 따라 시설하여야 한다.
① 전선은 케이블일 것
② 케이블은 견고한 관 또는 트라프에 넣거나 사람이 접촉할 우려가 없도록 시설할 것
③ 케이블을 조영재의 옆면 또는 아랫면에 따라 붙일 경우에는 케이블의 지지점 간의 거리를 2m(수직으로 붙일 경우에는 6m)이하로 하고 또한 피복을 손상하지 아니하도록 붙일 것
④ 케이블을 조가용선에 조가하여 시설하는 경우에 제69조(제3항을 제외한다)의 규정에 준하여 시설하고 또한 전선이 고압 옥측전선로를 시설하는 조영재에 접촉하지 아니하도록 시설할 것

※ 조가용선

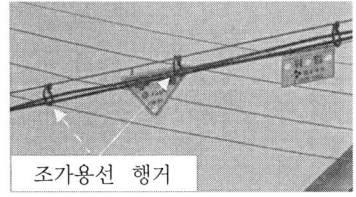

케이블을 가공으로 설치할 경우 케이블 무게로 인한 처짐 현상을 방지하기 위해 조가용선을 설치한다.

17.2.72 / 20.3.78 / 21.2.70

70 전기설비 기술기준의 판단기준에서 관광숙박업에 이용되는 객실의 입구에 조명용 전등을 설치할 경우 몇 분 이내에 소등되는 타임스위치를 시설해야 하는가?

① 1   ② 2
③ 3   ④ 5

해설 점멸장치와 타임스위치 등의 시설(판단기준 제177조)
조명용 전등을 설치할 때에는 다음에 따라 타임스위치를 시설하여야 한다.
① 관광진흥법과 공중위생법에 의한 관광숙박업 또는 숙박업(여인숙 업을 제외한다)에 이용되는 객실의 입구 등은 1분 이내에 소등되는 것일 것
② 일반주택 및 아파트 각 호실의 현관등은 3분 이내에 소등되는 것일 것

20.1.69 / 21.2.71

71 전기설비기술기준의 판단기준에 따라 몇 V를 초과하는 축전지는 비접지측 도체에 쉽게 차단할 수 있는 곳에 개폐기를 시설하여야 하는가?

① 30   ② 60
③ 150   ④ 400

해설 축전지실 등의 시설
① 30V를 초과하는 축전지는 비접지측 도체에 쉽게 차단할 수 있는 곳에 개폐기를 시설하여야 한다.
② 옥내전로에 연계되는 축전지는 비접지측 도체에 과전류보호장치를 시설하여야 한다.
③ 축전지실 등은 폭발성의 가스가 축적되지 않도록 환기장치 등을 시설하여야 한다.

15.2.73 / 21.2.72
72 시간대별로 전력거래량을 측정할 수 있는 전력량계를 설치·관리하여야하는 자가 아닌 것은?

① 발전사업자
② 송전사업자
③ 구역전기사업자
④ 자가용전기설비를 설치한 자

해설 전력량계의 설치·관리(전기사업법 제19조)
다음의 자는 시간대별로 전력거래량을 측정할 수 있는 전력량계를 설치·관리하여야 한다.
① 발전사업자(대통령령으로 정하는 발전사업자는 제외한다)
② 자가용전기설비를 설치한 자(전력을 거래하는 경우만 해당한다)
③ 구역전기사업자(전력을 거래하는 경우만 해당한다)
④ 배전사업자
⑤ 전력을 직접 구매하는 전기사용자

17.2.65 / 18.4.74 / 20.4.65 / 21.2.73
73 녹색산업투자회사의 등록을 취소할 수 있는 기관은?

① 한국에너지공단
② 금융위원회
③ 녹색성장위원회
④ 한국신재생에너지협회

해설 녹색산업투자회사의 설립과 지원(녹색성장법 제29조)
(1) 녹색기술 및 녹색산업에 자산을 투자하여 그 수익을 투자자에게 배분하는 것을 목적으로 하는 녹색산업투자회사(집합투자기구를 말한다)를 설립할 수 있다.

(2) 녹색산업투자회사가 투자하는 녹색기술 및 녹색산업은 다음에서 정하는 사업 또는 기업으로 한다.
① 녹색기술에 대한 연구와 시제품의 제작 및 상용화를 위한 연구개발 또는 기술지원 사업
② 녹색산업에 해당하는 사업
③ 녹색기술 또는 녹색산업에 대한 투자 또는 영업을 영위하는 기업

(3) 정부는 공공기관이 녹색산업투자회사에 출자하려는 경우 이를 위한 자금의 전부 또는 일부를 예산의 범위에서 지원할 수 있다.

(4) 금융위원회는 규정에 따라 공공기관이 출자한 녹색산업투자회사(해당 회사의 자산운용회사·자산보관회사 및 일반사무관리회사를 포함한다)에게 해당 회사의 업무 및 재산 등에 관한 자료의 제출이나 보고를 요구할 수 있으며, 관계 중앙행정기관은 금융위원회에 해당 자료의 제출을 요구할 수 있다.

(5) 관계 중앙행정기관은 (4)에 의하여 제출된 자료나 보고 내용에 대하여 검사가 필요하다고 인정하는 경우 금융위원회에게 해당 녹색산업투자회사에 대한 업무 및 재산 등에 관한 검사를 요청할 수 있으며, 해당 검사 결과 중대한 문제가 있다고 여겨지는 경우에는 금융위원회는 관계 중앙행정기관과 협의하여 해당 녹색산업투자회사의 등록을 취소할 수 있다.

(6) (1) 내지 (5)에 따른 녹색산업투자회사의 설립·운영 및 재정지원과 그밖에 필요한 세부사항은 대통령령으로 정한다.

15.2.66 / 21.2.74
74 전기설비의 제2차 접근상태는 가공 전선이 다른 시설물과 접근하는 경우 그 가공전선이 다른 시설물의 위쪽 또는 옆쪽에서 수평 거리로 몇 [m] 미만인 곳에 시설되는 상태를 말하는가?

① 0.5 ② 1 ③ 2 ④ 3

정답 71. ① 72. ② 73. ② 74. ④

해설 **용어의 정의(판단기준 제2조)**

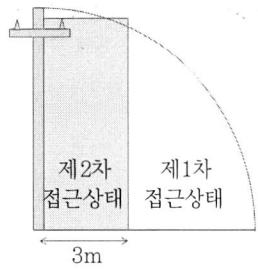

① 제1차 접근 상태 : 가공 전선이 다른 시설물과 접근(병행하는 경우를 포함하며 교차하는 경우 및 동일 지지물에 시설하는 경우를 제외한다)하는 경우에 가공 전선이 다른 시설물의 위쪽 또는 옆쪽에서 수평 거리로 가공 전선로의 지지물의 지표상의 높이에 상당하는 거리 안에 시설(수평 거리로 3 [m] 미만인 곳에 시설되는 것을 제외한다)됨으로써 가공 전선로의 전선의 절단, 지지물의 도괴 등의 경우에 그 전선이 다른 시설물에 접촉할 우려가 있는 상태

② 제2차 접근상태 : 가공 전선이 다른 시설물과 접근하는 경우에 그 가공 전선이 다른 시설물의 위쪽 또는 옆쪽에서 수평 거리로 3 [m] 미만인 곳에 시설되는 상태

③ 제2차 접근 상태가 제1차 접근상태보다 더 위험한 상태이다.

19.2.75 / 21.2.75

75 전기설비기술기준의 판단기준에서 저압 가공전선(다중 접지된 중성선은 제외한다)과 고압 가공전선을 동일 지지물에 시설하는 경우 저압 가공전선과 고압 가공전선 사이의 이격거리는 몇 cm 이상이어야 하는가?

① 50 ② 100 ③ 150 ④ 200

해설 **저고압 가공전선 등의 병가(판단기준 제75조)**

(1) 저압 가공전선(다중 접지된 중성선은 제외한다. 이하 같다)과 고압 가공전선을 동일 지지물에 시설하는 경우에는 다음에 따라야 한다.

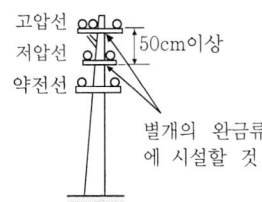

① 저압 가공전선을 고압 가공전선의 아래로 하고 별개의 완금류에 시설할 것

② 저압 가공전선과 고압 가공전선 사이의 이격거리는 50[cm] 이상일 것 다만, 각도주(角度柱)·분기주(分岐柱) 등에서 혼촉(混觸)의 우려가 없도록 시설하는 경우에는 그러하지 않다.

13.4.80 / 17.2.76 / 17.4.65 / 21.2.76

76 전기공사기술자의 등급 및 경력 등에 관한 증명서를 발급하는 자는?

① 산업통상자원부장관
② 한국산업인력공단
③ 시·도지사
④ 전기공사협회

해설 **전기공사기술자의 인정, 정의(전기공사업법 제17조의 2, 제2조)**

1) 전기공사기술자로 인정을 받으려는 사람은 산업통상자원부장관에게 신청하여야 한다.

2) 산업통상자원부장관은 신청인이 다음에 해당하면 전기공사기술자로 인정하여야 한다.
① 국가기술자격법에 따른 전기 분야의 기술자격을 취득한 사람
② 일정한 학력과 전기 분야에 관한 경력을 가진 사람

3) 산업통상자원부장관은 신청인을 전기공사기술자로 인정하면 전기공사기술자의 등급 및 경력 등에 관한 증명서를 해당 전기공사기술자에게 발급하여야 한다.

4) 신청절차와 기술자격·학력·경력의 기준 및 범위 등은 대통령령으로 정한다.

18.2.76 / 21.2.77

77 신재생에너지 센터는 다음 중 어느 부설기관인가?

① 한국전력공사 ② 한국원자력발전
③ 한국에너지공단 ④ 신재생에너지협회

정답 75.① 76.① 77.③

해설 한국에너지공단
① 1980년 설립되어, 에너지공급단계 이후 합리적·효율적 에너지이용 증진과 신·재생에너지 보급 촉진 및 산업 활성화로 온실가스 저감을 유도하고 국민의 삶의 질을 제고하는 것을 목적으로 한다.
② 정부차원의 종합지원 정책인 대체에너지 기술개발기본 계획(1988-2001년)이 수립되며, 이의 효율적인 추진을 위하여 정부에서는 한국에너지공단 내에 대체에너지 사업부(신재생에너지 센터)를 설치하여 전문적인 신·재생에너지 개발 전담기관으로 출범한다.

16.2.79 / 21.2.78

78 450/750[V] 일반용 단심 비닐 절연 전선을 사용한 저압 가공전선이 위쪽에는 상부 조영재와 접근하는 경우의 전선과 상부 조영재 상호간의 최소 이격거리 [m]는?

① 1.0   ② 1.2   ③ 2.0   ④ 2.5

해설 저압 인입선의 시설(판단기준 제100조)
저압 가공 인입선과 다른 시설물 사이의 이격거리는 다음에서 정한 값 이상이어야 한다.

다른 시설물의 구분	접근 형태	이격거리
조영물의 상부 조영재	위쪽	2[m] (전선이 다심형 전선, 옥외용 비닐절연전선 이외의 저압 절연전선인 경우에는 1[m], 고압 절연전선, 특고압 절연전선 또는 케이블인 경우에는 50[cm])
	옆쪽 또는 아래쪽	30[cm] (전선이 고압 절연전선, 특고압 절연전선 또는 케이블인 경우에는 15[cm])
조영물의 상부 조영재 이외의 부분 또는 조영물 이외의 시설물		30[cm] (전선이 고압 절연전선, 특고압 절연전선 또는 케이블인 경우에는 15[cm])

19.4.80 / 21.2.79

79 전기설비기술기준의 판단기준에 따라 중성점 직접접지식 전로에 접속하는 변압기를 설치하는 곳에 절연유의 구외 유출 및 지하 침투를 방지하기 위한 설비를 갖추어야 하는 경우, 이때 중성점 직접접지식 전로의 사용전압은 몇 kV 이상인가?

① 20   ② 50   ③ 70   ④ 100

해설 절연유의 구외 유출방지(판단기준 제45조)
사용전압이 100kV 이상의 변압기를 설치하는 곳에는 절연유의 구외 유출 및 지하침투를 방지하기 위하여 다음에 따라 절연유 유출 방지설비를 하여야 한다.
① 변압기 주변에 집유조 등을 설치할 것

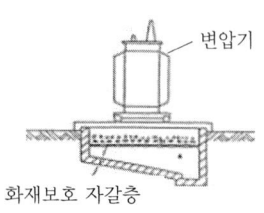

화재보호 자갈층
통합집수탱크를 가진 집유조

② 절연유 유출방지설비의 용량은 변압기 탱크 내장유량의 50% 이상으로 할 것. 다만, 주수식(注水式)의 소화설비 사용이 예상될 경우는 초기소화 및 공공소방차의 방수소요량을 고려할 것
③ 위의 ②호에서 변압기 탱크가 2개 이상일 경우에는 공동의 집유조 등을 설치할 수 있으며 그 용량은 변압기 1 탱크 내장유량이 최대인 것의 50% 이상일 것.

17.1.79 / 18.1.70 / 21.2.80 / 21.4.71

80 대통령령으로 정하는 신·재생에너지 연료의 기준 및 범위에 해당하는 연료로 틀린 것은? (단, 폐기물관리법에 따른 폐기물을 이용하여 제조한 것은 제외한다.)

① 액화석유가스
② 동물·식물의 유지(油脂)를 변환시킨 바이오디젤
③ 중질잔사유을 가스화한 공정에서 얻어지는 합성가스
④ 생물유기체를 변환시킨 바이오가스, 바이오에탄올, 바이오액화유 및 합성가스

해설 신·재생에너지 연료의 기준 및 범위(신재생에너지법 시행령 제18조의 12)

① 수소
② 중질잔사유을 가스화한 공정에서 얻어지는 합성가스
③ 생물유기체를 변환시킨 바이오가스, 바이오에탄올, 바이오액화유 및 합성가스
④ 동물·식물의 유지를 변환시킨 바이오디젤
⑤ 생물유기체를 변환시킨 목재칩, 펠릿 및 목탄 등의 고체연료

※ 중질잔사유 : 원유를 정제하고 남은 최종 잔재물로서 감압증류 과정에서 나오는 감압잔사유, 아스팔트와 열분해 공정에서 나오는 코크, 타르 및 피치 등

※ 감압증류 : 끓는점이 비교적 높은 액체 혼합물을 분리하기 위하여 액체에 작용하는 압력을 감소시켜 증류 속도를 빠르게 하는 방법

80. ①

2021 제4회 CBT 복원 기출문제

14.4.4 / 14.4.13 / 15.2.11 / 15.2.17 / 15.4.17 / 17.2.14 / 17.4.5 / 18.1.3 / 18.4.7 / 20.1.3 / 20.1.19 / 20.3.8 / 20.3.9 / 21.4.1

01 태양광발전시스템을 계통에 접속하여 역송전 운전을 하는 경우 전력전송을 위한 수전점의 전압이 상승하여 전력회사의 운용범위를 넘지 못하게 하는 인버터의 기능은?

① 자동운전 정지기능
② 계통연계 보호기능
③ 단독운전 방지기능
④ 자동전압 조정기능

해설 태양광발전시스템 인버터의 기능
① 자동운전 정지(Auto shutdown) 기능
인버터는 해가 떠오르고 출력이 발생되는 조건이 되면 자동적으로 운전을 시작하며, 해가 지는 동안에도 출력이 발생하는 한 가동은 계속되고 완전한 일몰 뒤 운전을 자동정지한다.
② 계통연계 보호기능
전력계통에 연계되어 운전하고 있는 태양광발전시스템에서 계통 측이나 인버터측에서 이상이 발생했을 때 이를 검지하고 신속하게 인버터를 정지해서 계통 측에 안전을 확보하는 장치이다.
③ 단독운전 방지(Non-islanding) 기능
단독운전(한전 정전시 분리된 계통에 전력을 계속 공급하게 되는 운전상태)시의 문제점을 해결하기 위한 기능으로, 단독운전 발생 후 최대 0.5초 이내에 한전계통에 대한 가압을 중지해야 한다.
④ 자동전압 조정기능
태양광발전시스템을 계통에 접속하여 역송전 운전을 하는 경우 수전점의 전압이 상승해서 전력회사의 운용범위를 초과할 가능성이 있기 때문에 자동전압 조정기능을 설치하여 전압의 상승을 방지할 수 있으며, 전압 조정방법에는 진상무효전력제어와 출력제어 방법이 있다.

19.1.2 / 19.1.38 / 21.4.2

02 수 개 또는 수십 개의 태양광발전 전지를 직렬로 연결하기 위해서 납땜하는 제조 공정은?

① Lay-Up 공정
② Laminator 공정
③ 시뮬레이터 공정
④ Tabbing & String 공정

해설 Tabbing & String

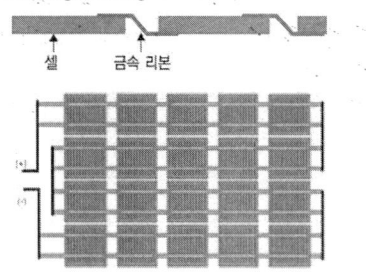

일반적인 태양광 모듈은 태양전지의 전면에 있는 Ag 버스바(Busbar)를 인접한 다른 태양전지 후면에 금속 리본을 납땜하여 연결한다. 이 방법은 공정상 설비가 단순하여 신뢰성이 높지만 출력저하를 일으키는 몇 가지 문제점이 있다. 태양전지 전면 리본의 영향으로 전류 수집에 손실이 생기며, 납땜(Soldering)과정에서 태양전지에 국부적인 열전달과 압력으로 인한 휨현상(Bowing)과 미세 균열을 일으킬 수 있다.

13.4.11 / 14.4.36 / 16.4.26 / 17.2.5 / 17.2.25 / 17.2.33 / 17.4.7 / 18.2.40 / 19.1.39 / 20.4.25 / 21.2.16 / 21.2.32 / 21.4.3

03 뇌 보호형 부품이 아닌 것은?

① 내뢰트랜스   ② 서지흡수기
③ 단로기   ④ 피뢰기

해설 건축물의 뇌보호시스템
(1) 건축물의 뇌보호
1) 외부 뇌보호
① 수뢰부(회전구체법, 각도법, 메시법)
② 인하도선
③ 접지(구도체 이용 등)

2) 내부 뇌보호시스템
① 피뢰기(LA)
② 내뢰트랜스
③ 서지보호장치(SPD)
④ 서지흡수기(SA)

※ 단로기(Disconnecting Switch)

① 기기의 점검, 보수, 수리 등을 할 때 해당 부분을 전원으로부터 분리하거나 회로의 접속을 변경할 때 사용되는 것으로 항상 무부하 상태에서 개폐, 부하전

정답 1. ④ 2. ④ 3. ③

류 또는 고장전류를 개폐 또는 차단하지는 못한다.
② 차단기로 부하전류를 차단한 후 단로기를 개폐해야 한다.

15.2.15 / 17.2.12 / 19.1.15 / 19.2.17 / 19.4.20 / 20.3.12 / 21.1.17 / 21.4.4

04 풍력발전시스템에서 한계 풍속 이상이 되었을 때 양력이 회전날개에 작용하지 못하도록 하는 날개의 공기역학적 형상에 의한 제어방식은?

① 요제어(yaw control)
② 피치제어(pitch control)
③ 스톨제어(stall control)
④ 브레이크제어(brake control)

해설 풍력발전시스템의 운전제어방법

풍력발전기는 정격풍속 이상에서 높은 효율을 얻기 위해 운전제어 장치를 사용하여 풍력터빈의 출력을 제어한다.

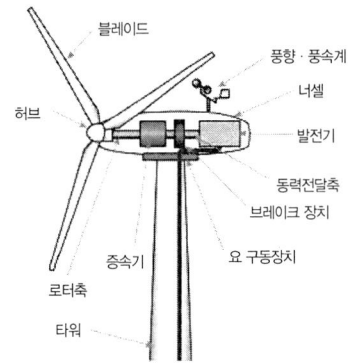

1) 요(Yaw)제어
① 풍력발전기가 최대의 효율을 발휘하기 위해서는 날개의 회전면과 바람이 직각이 되도록 하여야 한다. 이를 위해서는 바람의 방향에 따라서 블레이드의 회전면을 추종하여 제어하는 기술이 필요한데 이것을 요제어라고 한다.
② 요(Yaw)제어는 풍향계와 구동기어 및 구동모터로 구성되어 있다. 너셀 외부에 설치된 풍향계가 바람의 방향을 검출하고 바람의 방향이 바뀌게 되면 구동모터가 작동하여 바람이 부는 방향으로 너셀을 움직여 날개의 회전면이 바람 방향과 직각이 되도록 한다.

2) 피치(Pitch)제어
① 풍속 및 발전기 출력을 검지하여 블레이드의 피치각을 변화시켜 출력을 제어한다.
② 회전체 블레이드의 피차각을 길이방향 주위에서 변

화시켜, 회전체의 출력이 정격출력에 도달한 후 일정하게 유지되도록 공기 역학적 힘을 제어한다.
③ 컴퓨터에 의한 유압계통에 의해 작동되며, 전동기에 의해 전기적으로 블레이드의 피치각을 제어한다.
④ 낮은 풍속에서도 블레이드를 최적각도로 일정하게 유지할 수 있어, 낮은 풍속지역에서 실속제어 풍차보다 좋은 출력을 얻는다.

3) 실속(Stall)제어
① 피치각을 고정하고 풍속이 일정 이상이 되면 블레이드의 형상이 유체역학적 특성에 의해 실속현상이 일어나서 출력저하가 되는 것을 이용하여 출력을 제어하는 것[실속현상 : 날개 주위의 공기흐름이 무질서 상태가 되면서(난류) 양력(상승하려는 힘)을 급격히 상실하는 현상]
② 블레이드의 과회전에 블레이드의 선단부가 원심력의 작용에 의해서 회전하는 공력 브레이크를 구비하는 것이 많이 사용된다.
③ 피치제어에 비하여 구조가 단순하고 가격이 낮다.

4) 능동적(Active) 실속제어
① 피치제어와 실속제어를 조합한 것이다.
② 낮은 풍속에서도 블레이드는 피치제어 풍차와 같이 큰 회전력을 얻어 높은 효율을 이루기 위해 피치각을 제어한다.
③ 풍차가 정격용량에 도달하였을 때, 피치제어 풍차보다 반대방향으로 블레이드의 피치각을 변화시키도록 제어한다.
④ 피치제어 풍차와 같이 풍차출력을 원활하게 제한 가능하다.

14.4.17 / 17.1.5 / 20.1.1 / 21.4.5

05 태양광발전 모듈의 가로가 1.6m, 세로가 1m이고, 변환효율이 10%인 경우 충진율(FF)은? (단, Voc = 40V, Isc = 8A이고, 표준시험 조건이다.)

① 0.50   ② 0.65   ③ 0.70   ④ 0.80

해설 ① 최대출력(P)

$P =$ 모듈면적 $\times$ 표준일사강도 $\times$ 효율
$= (1.6 \times 1) \times 1,000 \times 0.1 = 160[W]$

② 충진율(Fill Factor)

$$FF = \frac{\text{최대출력}}{\text{단락전류} \times \text{개방전압}} = \frac{160}{8 \times 40} = 0.5$$

13.4.7 / 15.4.9 / 18.1.20 / 18.2.2 / 20.4.1 / 21.4.6

06 "수십 장의 태양전지 셀을 직렬로 연결하여 일정한 틀에 고정하여 구성한 것"을 무엇이라 하는가?

① 태양전지 어레이   ② 태양전지 모듈
③ 태양전지 프레임   ④ 태양전지 단자함

해설 태양광발전시스템의 회로구성

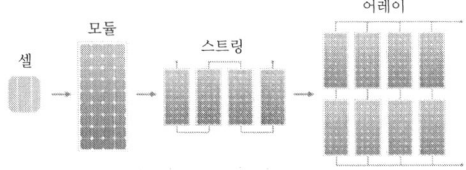

1) 셀(Cell)
① 태양전지의 가장 기본 소자
② 실리콘 계열의 태양전지 셀의 개방전압 0.59[V], 단락전류 10[A] 정도이다.

2) 모듈(Module)

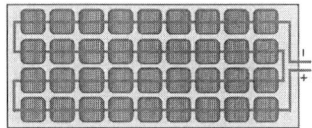

셀 36개의 직렬연결

① 셀을 직렬로 연결하여 태양광 아래서 일정한 전압과 전류를 발생시키는 장치
② 셀 자체가 너무 얇아 파손되기 쉬우므로 외부충격이나 악천후로부터 보호하기 위하여 견고한 알루미늄 프레임 안에 표면유리/충진재/태양전지 셀/충진재/후면시트 등의 순서로 제작한 제품에 케이블과 접선 박스를 붙여 하나의 태양전지판 형태로 만든 제품
③ 365[W] 모듈 한 장은 단결정 72셀(6 inches), 사이즈는 1,960×992×40mm, 중량 22.5kg 정도이다.
④ 365[W] 모듈 한 장의 최대출력 동작전압 39.1[V], 최대출력 동작전류 9.35[A], 개방전압은 47.2[V], 단락전류 9.79[A], 효율은 18.8% 정도이다.

3) 스트링(String)
① 스트링은 태양전지의 모듈을 직렬로 연결하여 하나의 단위 스트링으로 구성된다.
② 단위 스트링의 출력전압이 어레이의 출력전압이며 또한 이 전압은 인버터의 직류 입력전압과 연관이 있다.
③ 스트링의 출력전압은 인버터의 최대 출력점(Maximum Power Point Tracking) 범위 이내가 되도록 하여야 한다.

4) 어레이(Array)
① 다수의 스트링을 병렬로 접속한 모듈의 집합체
② 스트링회로를 전기적으로 보호하기 위한 퓨즈, 차단기, 역류 방지소자, 서지 보호장치 등으로 구성되어 있으며 접속함에 수납되어 있다.

13.4.4 / 16.2.12 / 16.4.12 / 19.1.13 / 19.4.1 / 21.1.12 / 21.4.7 / 21.4.8

07 실효값이 220[V]인 교류전압을 1.2[kΩ]의 저항에 인가할 경우 소비되는 전력은 약 몇 [W]인가?

① 14.4   ② 18.3   ③ 26.4   ④ 40.3

해설 실효값(effective value)

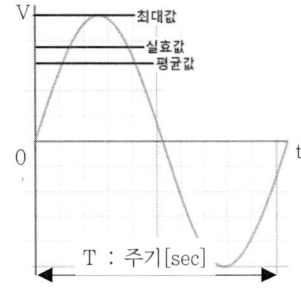

① 저항 R에 직류 전압 V[V]와 교류 전압 [V]를 같은 시간 동안 인가해서 발열량이 서로 같을 때, 직류 전압과 같은 효과가 있는 것으로 생각하고 실효적으로 같다고 결정한 값
② 정현파 교류의 실효값 V[V]와 최대값 V_m[V] 사이의 관계
$$V = \frac{1}{\sqrt{2}} \cdot V_m \fallingdotseq 0.707\, V_m\ [V]$$
③ 소비전력(P)
$$P = \frac{V^2}{R} = \frac{220^2}{1200} \fallingdotseq 40.3\ [W]$$

13.4.4 / 16.2.12 / 16.4.12 / 19.1.13 / 19.4.1 / 21.1.12 / 21.4.7 / 21.4.8

08 역률이 50[%]이고 1상의 임피던스가 60[Ω]인 유도 부하를 △로 결선하고 여기에 병렬로 저항 20[Ω]을 Y결선으로 하여 3상 선간전압 200[V]를 가할 때, 소비전력(W)은?

① 2000   ② 2200   ③ 2500   ④ 3000

해설 3상회로의 결선법

1) Y(성형 결선) 결선회로

정답 6. ② 7. ④

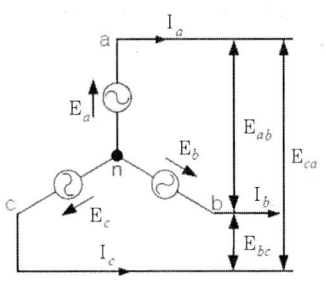

Y 결선회로

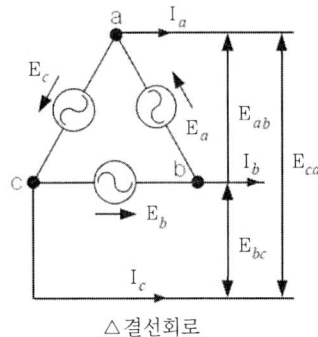

△결선회로

① 상전압 $E_P(E_a, E_b, E_c)$과 선간전압 $E_l(E_{ab}, E_{bc}, E_{ca})$의 관계

$$E_P = \frac{E_l}{\sqrt{3}}$$

② 상전류와 선간전류는 같다.

2) △(삼각) 결선회로
① 상전압과 선간전압은 같다.
② 상전류(I_P)와 선간전류(I_l)의 관계

$$I_P = \frac{I_l}{\sqrt{3}}$$

3) 유도부하의 전력(P_1)

$$P_1 = 3EI\cos\theta = 3 \times 200 \times \frac{200}{60} \times 0.5 = 1,000 (\text{W})$$

4) 저항부하의 전력(P_2)
선간전압은 저항이 연결된 상전압으로 변경한다.

$$P_1 = 3 \times \frac{E^2}{R} = 3 \times \frac{\left(\frac{200}{\sqrt{3}}\right)^2}{20} = 2,000 (\text{W})$$

5) 합성전력(P_T)

$$P_T = P_1 + P_2 = 1,000 + 2,000 = 3,000 (\text{W})$$

09 태양광발전에 대한 설명으로 틀린 것은?

① 무한 청정에너지이다.
② 주간에만 발전이 가능하다.
③ 발전량은 계절에 관계없이 일정하다.
④ 일사량과 관계는 있지만 어느 지역이나 이용가능하다.

해설 태양광발전의 특징

1) 장점
① 에너지의 원료인 태양의 빛은 무료이며, 무한이다.
② 환경오염이 없는 청정에너지원이다.
③ 발전과정에서 환경오염이 없다.
④ 유지관리 비용이 적다.

2) 단점
① 에너지밀도가 낮아 큰 설치면적이 필요하다.
② 설치장소가 한정적이며, 시스템 비용이 고가이다.
③ 발전량은 계절과 일조량의 영향을 많이 받는다.

※ 남해지역 고정식 태양광발전소 발전량

	1월	2월	3월	4월	5월	6월
[kWh]	3,057	3,295	4,348	3,997	4,157	3,831
[%]	7.39	7.96	10.51	9.66	10.05	9.26

7월	8월	9월	10월	11월	12월	합계
2,766	3,398	3,603	3,217	2,937	2,776	41,382
6.68	8.21	8.71	7.77	7.10	6.71	100[%]

10 STC 조건하에서 다음과 같은 특성을 가진 결정질 태양전지 모듈의 온도가 −15[℃]일 때, 최대전압은 몇 [V]인가? (단, 개방전압(V_{OC}) = 40[V], 전압 온도계수(a_{voc}) = 0.25[V/℃]이다)

① 50   ② 60   ③ 70   ④ 80

해설 최대 전압(V_{MT})

V_{MT} = 개방전압 − 온도계수 × 온도차 (V)
    = 40 − 0.25 × (−15−25) = 50 [V]

15.2.1 / 19.1.20 / 19.4.6 / 20.4.16 / 21.4.11

11 저항이 있는 도선에 전류가 흐르면 열이 발생한다. 이와 같이 전류의 열작용과 가장 관계가 깊은 법칙은?

① 키르히호프의 전류법칙
② 옴의 법칙
③ 줄의 법칙
④ 키르히호프의 전압법칙

해설 줄의 법칙(Joule's law)

① 전열기에 전압을 가하여 전류를 흘리면 열이 발생하는 발열 현상은 큰 저항체인 전열선에 전류가 흐를 때 열이 발생하는 것이며, 줄의 법칙에 의하면 전류에 의해서 매초 발생하는 열량은 전류의 2승과 저항의 곱에 비례하고 단위는 줄(Joule, 기호[J])이나 칼로리[cal]을 사용한다.

② I [A]의 전류가 저항 R [Ω]인 도체에 t [S]동안 흐를 때 그 도체의 발생하는 열에너지 H 는
$$H = I^2Rt \text{ [J]}$$

③ 열에너지(H)를 [cal]로 표시하면,
$$H = \frac{I^2Rt}{4.148} ≒ 0.24 I^2Rt \text{ [cal]}$$

17.1.9 / 17.2.18 / 20.3.13 / 21.4.12

12 지구 대기의 영향을 받지 않는 우주에서의 태양복사에너지 대기질량(AM)은?

① AM 0   ② AM 1
③ AM 1.5   ④ AM 2

해설 대기 질량 지수(Air Mass index)

빛이 지표면에 이르는 가장 짧은 거리를 통해 공기나 먼지 등에 흡수되어 감소된 태양광에너지의 크기를 나타내는 것

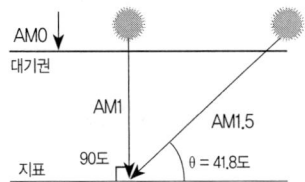

AM 0 : 대기권 밖에서 측정하는 스펙트럼
AM 1 : 태양의 직사광이 지표면에 수직으로 입사한 경우
AM 1.5 : 태양의 직사광이 지표면에 경사각 41.8°
　　　　(천정각 48.2°)
AM 2 : 태양의 직사광이 지표면에 경사각 30°
　　　(천정각 60°)

16.4.18 / 17.2.47 / 19.1.16 / 20.1.13 / 20.3.53 / 21.4.13

13 계통연계형 인버터에서 유럽의 기후에 대해 가중된 동적 효율을 무엇이라 하는가?

① 변환효율(η_{con})   ② 추적효율(η_{Tr})
③ 정격효율(η_{Inv})   ④ 유로효율(η_{Euro})

해설 인버터의 공칭효율과 유로효율

(1) 공칭효율 : 인버터를 운전하는 조건에서 최대의 효율이 나오는 조건에서 효율

(2) 유로 효율(Euro Efficiency)
① 인버터를 실제 운전조건과 같게 해서 전 부하에서 부분 부하로 운전해서 효율의 가중평균을 낸, 유럽의 기후에 대해 가중된 동적 효율
② 실제로 인버터의 공칭효율이 98%인 경우에도 유로효율은 94%대가 나오는 경우도 있다.
③ 태양광발전소의 출력은 이 유로효율에 비례하기 때문에 공칭효율에 현혹되지 말고 유로효율을 구해야 한다.
④ 유로효율의 평상치는 94% 수준인데, 메이커에 따라 유로효율이 97%인 인버터도 출시되고 있어, 인버터를 잘 선택하면 태양광발전소 출력을 추가로 2% 이상 높일 수가 있다.

15.4.55 / 18.1.54 / 19.2.57 / 19.2.60 / 19.4.55 / 20.1.43 / 21.4.14 / 21.4.59

14 태양광발전용 접속함의 병렬 스트링 수에 의한 분류에서 소형(3회로 이하)일 경우 접속함이 제공하는 보호등급으로 옳은 것은?(실내형인 경우)

① IP55 이상   ② IP54 이상
③ IP45 이상   ④ IP20 이상

정답 10. ① 11. ③ 12. ① 13. ④

해설 태양광발전용 접속함

(1) 구분

병렬 스트링 수에 의한 분류	설치장소에 의한 분류
소형(3회로 이하)	실내형: IP54 이상
	실외형: IP54 이상
중대형(4회로 이상)	실내형: IP20 이상
	실외형: IP54 이상

(2) IP 등급의 표시 내용

| 숫자 | 제1숫자 | 제2숫자 |
	방수 보호정도	방수 보호정도
0	없음	없음
1	손의 접근으로부터 보호	수직으로 떨어지는 물방울로부터의 보호
2	손가락의 접근으로부터의 보호	수직에서 15° 범위에서 떨어지는 물방울로부터의 보호
3	공구의 선단 등으로부터 보호	수직에서 60° 범위에서 떨어지는 물방울로부터의 보호
4	WIRE 등으로부터의 보호	전방향으로 비산되는 물로부터의 보호
5	분진으로부터 보호	전방향으로 쏟아지는 물로부터의 보호
6	완전한 방진구조	파도 등의 강력하게 쏟아지는 물로부터의 보호
7	-	일정한 조건으로 물에 잠겨서 사용 가능
8	-	물속에서 사용 가능

16.2.27 / 17.1.16 / 17.1.71 / 18.4.60 / 19.2.30 / 19.4.69 / 20.3.69 / 21.2.68 / 21.4.15 / 21.4.60

15 직격뢰와 유도뢰에 대한 설명이 아닌 것은?

① 직격뢰는 에너지가 매우 작다.
② 유도뢰에 의한 순간적인 전압상승을 뇌서지라고 한다.
③ 정전유도에 의한 유도뢰는 케이블에 유도된 플러스 전하가 낙뢰로 인한 지표면 전하의 중화에 의해 뇌서지가 된다.
④ 전자유도에 의한 유도뢰는 케이블 부근에 낙뢰로 인한 뇌전류에 따라 케이블에 유도되어 뇌서지가 된다.

해설 직격뢰

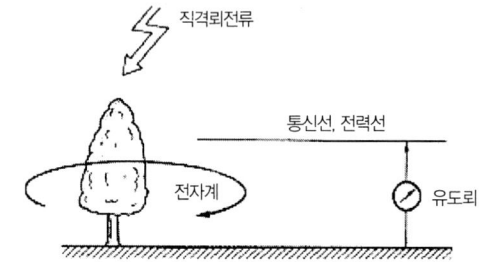

수목 등의 직격뢰에 의한 유도뢰

① 뇌격전류 크기는 26[kA]이하가 약 50[%], 26~100[kA]가 50[%] 정도를 차지한다.
② 구조물, 태양전지 어레이 등에 직접 내리는 낙뢰로 유입되는 전류와 발생전압이 크기 때문에, 뇌격을 직접 받으면 피뢰기(LA)마저도 소손되는 경우가 있다.
③ 직격뢰의 피해를 방지하는 것은 매우 어려우나, 피뢰침 등을 설치하여 전기설비에 대한 직접 뇌격을 피하는 대책이 취해지고 있다.

13.4.59 / 17.1.17 / 18.1.2 / 18.2.9 / 18.4.51 / 19.1.3 / 19.4.14 / 20.3.15 / 20.4.17 / 21.4.16

16 바이패스 다이오드에 대한 설명으로 틀린 것은?

① 차광된 태양전지에서 발생할 수 있는 열점을 방지
② 태양광발전 모듈용 접속함에 부착되며, 실리콘으로 밀폐되기도 함
③ 배터리로부터 태양광발전 어레이로 전류가 흐르는 것을 방지
④ 태양전지에 음영이 있을 때 발전하지 않는 태양전지로 전류가 흐르는 것을 방지

해설 바이패스 다이오드(Bypass Diode)

1) 태양광 모듈의 그림자 영향
① 태양광 모듈은 아주 적은 일부가 그림자에 가려지더라도 모듈 전체의 출력이 크게 저하된다.
② 모듈은 각각의 태양전지를 직렬로 연결하기 때문에 수십 개의 태양전지로 구성된 모듈에서 단 한 개의 셀이 나뭇잎 등에 의해 완전히 가려졌다면 출력 값은 거의 제로(Zero)에 가깝게 떨어진다.
③ 전체 개방전압에서 그림자가 발생한 모듈의 개방전압을 뺀 값 이하에서 전압 동작점이 존재할 때에 그림자가 발생한 모듈의 전류가 역방향이 된다. 따라

서 역 전압이 인가되고 부하처럼 동작되어 열이 발생되고 모듈이 파손되는 원인이 된다.

2) 대책(바이패스 다이오드)

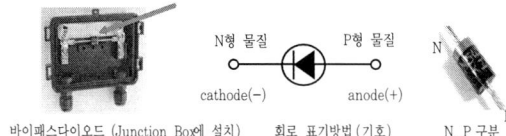

① 바이패스다이오드(Bypass Diode)는 전류를 한쪽방향으로만 흐르게 만들어 주는 부품으로 P에서 N방향으로 전류가 흐르고 반대 방향으로는 전류를 거의 통과시키지 않는다.

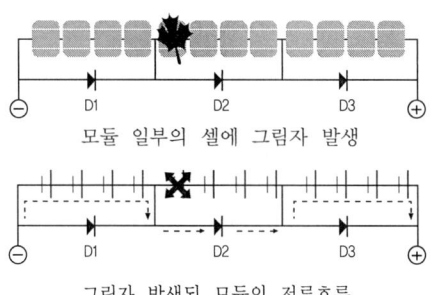

② 그림자로 인해 출력이 저하된 셀 또는 셀 그룹을 우회해 전류가 흐르도록 하고, 이를 통한 출력감소는 오직 그림자에 의해 가려진 셀 또는 셀 그룹에 해당하는 부분으로 제한해 출력을 유지한다.

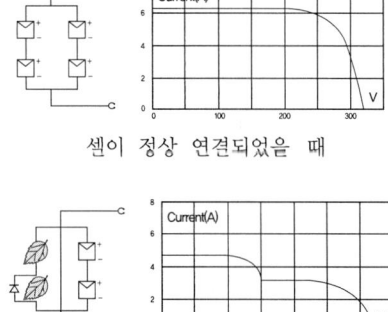

③ 일반적으로 모듈 한 장(태양전지 6×9)에 셀 54개 배열의 경우에는 다이오드 3개(1개당 18개의 셀)를 병렬로 설치한다.

16.4.60 / 18.1.10 / 18.1.51 / 19.1.55 / 21.4.17

17 태양광모듈의 표면재료에 쓰이는 강화유리의 조건이 아닌 것은?

① 광 투과도가 높을 것
② 광 반사 및 흡수가 높을 것
③ 기계적 강화를 위해 열처리를 수행 할 것
④ 반사손실을 낮추기 위한 처리가 되어 있을 것

해설 저철분 강화유리

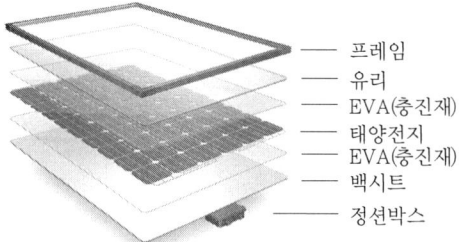

태양광발전 모듈에 사용되는 유리는 주로 두께 3.2[mm](일부4[mm])가 사용되며, 철분함량 150[PPM]이하의 저철분 유리를 강화 처리한 제품으로 모듈내부와 태양전지를 보호하고 투과율 (91[%] 이상) 및 집광은 최대화, 반사율은 최소화 하여 태양전지의 발전효율을 최대화 시킬 목적으로 제작됨

13.4.17 / 15.4.59 / 17.1.18 / 17.4.2 / 18.4.3 / 19.1.6 / 21.2.1 / 21.4.18

18 태양광모듈의 출력은 일사강도와 태양전지 표면의 온도에 따라 변동한다. 실시간으로 변화하는 일사강도에 따라 인버터가 최대 출력점에서 동작하도록 하는 기능은?

① 자동운전 정지기능
② 최대전력 추종제어기능
③ 단독운전 방지기능
④ 자동전류 조정기능

해설 최대전력 추종(MPPT ; Maximum Power Point Tracking)제어 기능

태양전지의 출력은 일사강도나 태양전지의 표면온도에 따라 변화하며, 이들 변동에서 태양전지의 동작점이 항상 최대출력점을 추종하도록 변화시켜, 태양전지에서 최대 출력을 유도하는 제어

19 태양광설비 3[MWp], 일일발전시간이 4.6시간인 경우 연간 발전량은?

① 1095[MWh]　② 13.7[MWh]
③ 5037[MWh]　④ 328.8[MWh]

해설 연간 발전량[MWh]

연간 발전량 = 설비용량 × 1일 평균발전시간 × 365일
= 3 × 4.6 × 365 = 5,037 [MWh]

20 PN 접합 다이오드에 공핍층이 생기는 경우는?

① (−) 전압만 인가할 때 생긴다.
② 전압을 가하지 않을 때 생긴다.
③ 전자와 정공의 확산에 의해 생긴다.
④ 다수 전송파가 많이 모여 있는 순간에 생긴다.

해설 공핍 영역(Depletion region)

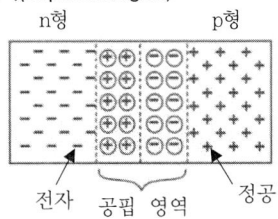

① N형반도체 다수의 반송자는 전자이고 소수의 반송자는 정공이 되어 (−)전기를 띠고 P형반도체에서는 정공이 전자수보다 많아 (+)전기를 띤다.
② N형 영역의 자유전자는 불규칙적으로 움직여 PN 접합이 형성되는 순간 N형 영역의 접합 근처에 있던 일부의 자유전자는 접합을 넘어 P형 영역으로 확산(Diffusion)되고 이들 전자는 접합 근처의 정공과 결합한다.
③ PN 접합이 형성되기 전의 N형 물질에는 양자와 같은 수의 많은 전자가 존재해 물질의 극성은 중성상태이며, P형 물질도 동일하게 적용되나 접합이 형성되는 과정에서 N형 영역의 전자들이 접합을 넘어 확산되면서 N형 영역은 자유전자들을 잃게 되어 P영역 접합 부근에 음전하층이 형성되는 공핍층이 만들어진다.
④ 최초 PN접합에서 접합면을 통해 자유전자가 움직이면 공핍영역은 평형상태가 될 때까지 확산되며 평형 상태에서는 더 이상 전자가 이동하지 않아, 공핍층은 전자의 이동을 막는 장벽 역할을 하게 된다.

21 이동식 비계 설치 및 사용안전 기술지침에 따른 사용상의 주의사항으로 틀린 것은?

① 이동식 비계는 가능한 작업장소 가까이에 설치하여야 한다.
② 근로자가 탑승한 상태에서 이동식 비계를 이동시키지 말아야 한다.
③ 작업발판에는 3인 이상이 탑승하여 작업하지 않도록 하여야 한다.
④ 이동식 비계에는 최소적재하중 등의 안전표지를 잘 보이는 위치에 부착하여야 한다.

해설 이동식 비계

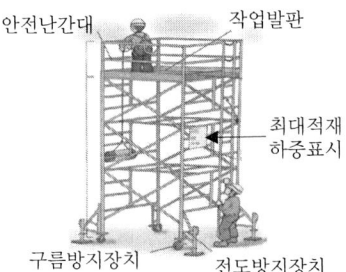

이동식 비계에는 최대적재하중 등의 안전표지를 잘 보이는 위치에 부착하여야 한다.

22 가공 전선로와 비교하여 지중 전선로의 장점으로 틀린 것은?

① 고장이 적다.
② 보안상의 위험이 적다.
③ 공사 및 보수가 용이하다.
④ 설비의 안전성에 있어서 유리하다.

해설 지중전선로의 장·단점

1) 장점
① 도시의 미관을 해치지 않는다.
② 폭풍우나 낙뢰(落雷), 염진(鹽塵) 등의 기상적 재해로부터 안전하다.
③ 고장이 적다.
④ 유도장해 경감

2) 단점
① 고장점 발견 복구가 어렵다.
② 공사비가 비싸고 공사기간이 길다.
③ 송전용량이 비교적 낮다.
④ 신규 추가설치가 곤란하다.

16.2.36 / 16.2.43 / 18.2.49 / 18.4.21 / 19.2.58 / 21.4.23

23 태양전지 모듈 시공시의 안전대책에 대한 고려사항으로 적절하지 않은 것은?

① 절연된 공구를 사용한다.
② 강우 시에는 반드시 우비를 착용하고 작업에 임한다.
③ 안전모, 안전대, 안전화, 안전허리띠 등을 반드시 착용한다.
④ 작업자는 자신의 안전 확보와 2차 재해방지를 위해 작업에 적합한 복장을 갖춰 작업에 임해야 한다.

해설 안전 대책
① 작업전 태양전지 모듈 표면에 차광막을 씌워 태양광을 차폐한다.
② 절연 장갑을 사용한다.
③ 절연 처리된 공구를 사용한다.
④ 강우 시에는 감전사고와 미끄러짐으로 인한 추락사고로 이어질 우려가 있으므로 작업을 금지한다.

13.4.23 / 16.2.39 / 20.1.35 / 21.1.36 / 21.4.24

24 배전선로의 손실 경감과 관계없는 것은?

① 승압
② 다중접지방식 채용
③ 부하의 불평형 방지
④ 역률 개선

해설 배전선로의 손실 경감 대책
① 배선선압의 승압
　전력손실은 전압의 제곱에 반비례하여 감소되므로, 배전전압을 승압한다는 것은 손실 경감책, 전압변동 경감책으로서 효과적이다.
② 전류밀도의 감소와 평형
　일반적인 배전선로에서는 각 상의 부하전류가 불평형으로 되는 것이 보통이며, 심할 경우에는 손실증가가 일어나므로 부하의 재분배 등으로 불평등을 시정하여야 하며, 장래 예상되는 부하증가, 선로의 구간 연장 등에 대비해서 부하 불평형이 일어나지 않도록 하여야 한다.

③ 전력용 콘덴서의 설치
　전력 손실은 부하 역률의 제곱에 반비례하므로 부하 역률을 개선하면 전력 손실을 크게 절감할 수 있다.
④ 저손실 변압기의 채용
　현재 배전용 변압기는 적철심형보다 철손이 적은 권철심형을 사용하고 있다. 이 변압기의 철심으로는 규소강판을 사용하고 있으나 새로 개발된 저손실 철심재료인 3차 재결정 방향성 규소강판이나 비정질(아몰퍼스) 철심재료를 사용한 변압기로 대체하면 기존의 규소강판 변압기에 비해 철손을 1/3~1/4 수준으로 낮출 수 있다.

13.4.35 / 14.4.23 / 14.4.30 / 16.2.46 / 16.4.28 / 17.2.31 /
18.1.23 / 18.1.53 / 20.3.39 / 21.1.31 / 21.2.48 / 21.4.25

25 접지저항을 저감시키는 시공방법으로 틀린 것은?

① 접지전극의 크기를 작게 한다.
② 접지전극의 상호간격을 크게 한다.
③ 접지전극을 땅속에 깊게 매설한다.
④ 접지전극 주변의 매설토양을 개량한다.

해설 접지저항 저감방법
(1) 물리적인 저감방법
1) 수평공법
① 접지극의 병렬접속(접지극의 상호 간격을 크게 한다)
② 접지극의 치수 확대(깊이 매설)
③ 매설지선 공법(하나의 접지극 대신 지선을 땅에 매설하는 방법) 및 평판 접지전극의 사용
④ MESH 공법
⑤ 구조체 접지(철근, 철골, 수도관 등 건물의 구조체를 접지극으로 사용)
⑥ 돌기형 접지극의 사용(접지봉의 표면에 돌기를 만들어 대지와의 접촉면적을 크게 하는 방법)
2) 수직공법
① 보링공법
② 접지봉 심타법

(2) 화학적 저감방법
① 토양의 고유저항을 화학적으로 저감시키는 방법

정답 23. ② 24. ② 25. ①

② 염, 황산 암모니아, 탄산소다, 밴트나이트 등을 주변 토양에 혼합한다.
③ 처음에는 저항값이 작으나, 1~2년후 에는 거의 효과 적음

15.4.24 / 16.4.24 / 18.1.39 / 19.4.22 / 20.4.23 / 20.4.28 / 21.4.26 / 21.2.40

26 저압 배전선로의 구성 중 방사상 방식의 특징이 아닌 것은?

① 구성이 단순하다.
② 공사비가 저렴하다.
③ 전압변동 및 전력손실이 크다.
④ 사고에 의한 정전 범위가 좁다.

해설 방사상(수지식) 방식

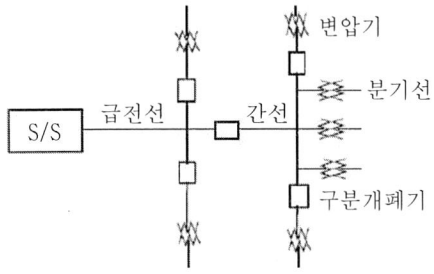

1) 부하의 분포에 따라서 나뭇가지 모양으로 분기선을 내면서 수요의 증가에 대응하는 배전방식

2) 장점 : 간단하고 공사비가 저렴하다.

3) 단점
① 전압 변동 및 전력손실이 크다.
② 선로에 사고가 발생하면 사고선로 이후의 부하가 모두 정전이 불가피하므로 공급신뢰도가 매우 낮다.

15.2.36 / 16.4.39 / 19.1.23 / 20.1.26 / 21.4.27

27 전력시설물 공사감리업무 수행지침에 의해 책임감리원이 분기보고서를 발주자에게 제출하는 기간은 매 분기 말 다음 달 며칠 이내로 제출하여야 하는가?

① 5일
② 7일
③ 10일
④ 15일

해설 책임감리원은 다음의 내용이 포함된 분기보고서를 작성하여 발주자에게 제출하여야 한다. 보고서는 매 분기말 다음 달 7일 이내로 제출한다.
① 공사추진 현황(공사계획의 개요와 공사추진계획 및 실적, 공정현황, 감리용역현황, 감리조직, 감리원 조치내역 등)
② 감리원 업무일지
③ 품질검사 및 관리현황
④ 검사요청 및 결과통보내용
⑤ 주요기자재 검사 및 수불내용(주요기자재 검사 및 입·출고가 명시된 수불현황)
⑥ 설계변경 현황
⑦ 그밖에 책임감리원이 감리에 관하여 중요하다고 인정하는 사항

13.4.28 / 15.2.24 / 15.4.40 / 17.1.29 / 17.4.33 / 18.1.26 / 18.1.37 / 18.2.29 / 18.4.2 / 19.2.27 / 19.4.32 / 21.4.28 / 21.4.33

28 태양전지 모듈 및 어레이 설치 후 확인 및 점검 사항이 아닌 것은?

① 비접지 확인
② 개방전류 측정
③ 전압극성의 확인
④ 모듈전압의 확인

해설 검사 항목
① 전압 및 극성 확인
② 단락전류 측정
③ 접지확인(일반적으로 직류측 회로는 비접지 한다)
※ 태양광모듈 어레이에서는 직류가 발생된다.

20.1.34 / 21.4.29

29 수공구 사용 안전지침에 따른 조립공구에 속하지 않는 것은?

① 드라이버
② 클램프
③ 플라이어
④ 렌치

해설 수공구의 종류
1) 조립공구
① 렌치(Wrench)
② 드라이버(Driver)
③ 플라이어(Pliers)

2) 절단공구
① 칼(Knife)
② 톱(Saw)

정답 26. ④ 27. ② 28. ② 29. ②

③ 가위(Scissors)　④ 끌(Chisel)

3) 타격공구
   해머 등

4) 고정공구
   ① 클램프(Clamp)　② 바이스(Vices)

14.4.24 / 17.4.27 / 21.4.30

30 태양광발전시스템과 분산형전원의 전력계통 연계시 특징이 아닌 것은?

① 부하율이 향상된다.
② 공급신뢰도가 향상된다.
③ 배전선로 이용률이 향상된다.
④ 고장시의 단락용량이 줄어든다.

해설 분산형전원의 전력계통 연계시 장·단점

(1) 장점
① 배전선로 이용률이 향상
② 송전계통과 배전계통의 운영비 감소
③ 부하중심지 건설로 송전손실 경감
④ 첨두부하에 대한 대응력 강화(부하율 향상)
⑤ 전력부하 변동에 대한 대응력 강화(공급신뢰도)
⑥ 대규모 전원의 보완(전원계획상의 유연성)

(2) 단점
1) 전체 전력시스템에 변동성을 가중시킴
① 초, 분, 시간, 수 시간 단위의 변동성 유발
② 이에 대응하여 주파수를 제어하기 위한 추가적인 수단이 필요

2) 전체 전력시스템에 불확실성을 가중시킴
① 예측된 발전량과 실제 발전량의 차이가 매우 커질 수 있음
② 불확실성에 대비하기 위해 송전망 운영자는 과도한 예비력을 확보해야만 하고, 예비력의 증가는 전력계통 운영비용의 증가로 이어짐

3) 기존 배전시스템의 제어방식과 상충
   전통적인 배전시스템 운영, 제어, 보호 체계에 혼란
   (배전기기 오/부작동)

16.2.24 / 19.2.29 / 21.4.31

31 태양광발전 모듈의 시공기준에 대한 설명으로 틀린 것은?

① 전선, 피뢰침, 안테나 등의 경미한 음영도 장애물로 본다.
② 모듈 설치 열이 2열 이상일 경우 앞열은 뒷열에 음영이지지 않도록 설치하여야 한다.
③ 일조시간은 장애물로 인한 음영에도 불구하고 1일 5시간(춘계(3~5월), 추계(9~11월) 기준) 이상이어야 한다.
④ 모듈의 설치용량은 사업계획서상의 모듈 설계용량과 동일하여야 하나 동일하게 설치할 수 없는 경우에 한하여 설계용량의 110% 이내까지 가능하다.

해설 음영발생 원인
① 주변에 높은 산, 나무, 수목, 전주, 건물 등의 음영
   (주변 지형지물은 최대 높이의 약 세 배 길이만큼 음영에 영향을 준다)
② 태양광모듈 설치 열이 2열 이상일 경우 앞열의 영향으로 뒷열에 음영
③ 구름, 눈, 새의 분비물, 꽃가루, 먼지 등으로 인한 음영
④ 다만, 전기선, 피뢰침, 안테나 등 경미한 음영은 장애물로 보지 아니한다.

16.2.26 / 20.1.33 / 21.4.32

32 감리원은 공사업자의 시공기술자 등이 공사현장에 적합하지 않다고 인정되는 경우에는 시정을 요구하고 발주자에게 그 실정을 보고해 교체사유가 인정되면 공사업자는 교체요구에 응하여야 한다. 교체사유로서 틀린 것은?

① 시공관리책임자가 불법 하도급을 하거나 이를 방치하였을 때
② 시공관리책임자가 시공능력이 준수하다고 인정되나 정당한 사유없이 기성공정이 예정공정보다 빠를 때
③ 시공관리 책임자가 감리원과 발주자의 사전 승낙을 받지 아니하고 정당한 사유없이 해당 공사현장을 이탈할 때

정답 30. ④ 31. ①

④ 시공관리책임자가 고의 또는 과실로 공사를 조잡하게 시공하거나 부실시공을 하여 일반인에게 위해를 끼친 때

해설 시공기술자 등의 교체
(1) 감리원은 공사업자의 시공기술자 등이 (2)의 각 호에 해당되어 해당 공사현장에 적합하지 않다고 인정되는 경우에는 공사업자 및 시공기술자에게 문서로 시정을 요구하고, 이에 불응하는 때에는 발주자에게 그 실정을 보고하여야 한다.

(2) 감리원으로부터 시공기술자의 실정보고를 받은 발주자는 지원업무담당자에게 실정 등을 조사·검토하게 하여 교체사유가 인정될 경우에는 공사업자에게 시공기술자의 교체를 요구하여야 한다. 이 경우 교체 요구를 받은 공사업자는 특별한 사유가 없으면 신속히 교체요구에 응하여야 한다.
① 시공기술자 및 안전관리자가 관계 법령에 따른 배치기준, 겸직금지, 보수교육 이수 및 품질관리 등의 법규를 위반하였을 때
② 시공관리책임자가 감리원과 발주자의 사전 승낙을 받지 아니하고 정당한 사유없이 해당 공사현장을 이탈한 때
③ 시공관리책임자가 고의 또는 과실로 공사를 조잡하게 시공하거나 부실시공을 하여 일반인에게 위해(危害)를 끼친 때
④ 시공관리책임자가 계약에 따른 시공 및 기술능력이 부족하다고 인정되거나 정당한 사유없이 기성 공정이 예정공정에 현격히 미달한 때
⑤ 시공관리책임자가 불법 하도급을 하거나 이를 방치하였을 때
⑥ 시공기술자의 기술능력이 부족하여 시공에 차질을 초래하거나 감리원의 정당한 지시에 응하지 아니할 때
⑦ 시공관리책임자가 감리원의 검사·확인 등 승인을 받지 아니하고 후속공정을 진행하거나 정당한 사유 없이 공사를 중단할 때

13.4.28 / 15.2.24 / 15.4.40 / 17.1.29 / 17.4.33 / 18.1.26 / 18.1.37 / 18.2.29 / 18.4.2 / 19.2.27 / 19.4.32 / 21.4.28 / 21.4.33

33 태양전지 모듈의 배선공사가 끝나고 확인할 사항이 아닌 것은?

① 극성 확인
② 전압 확인
③ 단락전류 확인
④ 양극접지 확인

해설 모듈의 배선 연결 후 점검 사항
① 전압 및 극성 확인
② 단락전류 측정
③ 접지확인(일반적으로 직류측 회로는 비접지한다)

13.4.27 / 15.4.29 / 16.2.33 / 17.2.29 / 18.1.33 / 19.2.40 / 21.4.34

34 다음 중 감리원의 감리업무가 아닌 것은?

① 발주자의 권한 대행
② 공사의 품질확보와 향상에 노력
③ 공사의 계획, 발주, 설계, 시공 등 전반 업무 총괄
④ 품질관리, 공사관리, 안전관리 등에 대한 기술지도

해설 전력시설물공사의 설계감리 용역 및 공사의 발주는 발주자의 역할이다.

13.4.15 / 18.1.14 / 19.2.13 / 19.4.17 / 21.2.8 / 21.4.35

35 파워컨디셔너시스템(PCS)의 구성 방식 중 모든 모듈에 인버터를 설치하고, 각 인버터의 교류출력을 병렬로 연결하여 사용하는 구성 방식은?

① 스트링 인버터 방식
② 마스터 슬레이브 방식
③ 모듈 인버터 방식
④ 중앙집중형 인버터 방식

해설 모듈인버터(마이크로 인버터: MIC, Module Integrated Central) 방식

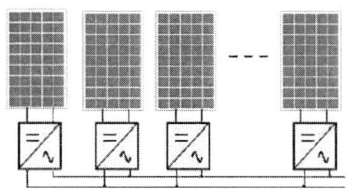

정답 32. ② 33. ④ 34. ③ 35. ③

① 태양전지 모듈 1개에 인버터 1개를 부착하는 방식으로 스트링 인버터의 작은 형태이다.
② 태양전지 1장에 대한 모니터링이 가능하여 유지보수가 쉽다.
③ 각 마이크로인버터(MIC; Module Integrated Converter)의 최대 효율은 낮지만, 태양전지 모듈에 대해 개별로 MPPT를 하므로, 전체 발전량에 있어서는 스트링 인버터 이상의 발전효율을 가지고 있다.
④ 대용량 발전소보다는 소용량 발전소에서 효율이 높고, 태양전지 모듈 1장으로도 태양광발전을 할 수 있다.
⑤ 고장 난 인버터는 쉽게 교체 가능하며, 시스템 확장이 쉽다.

15.2.38 / 16.2.22 / 18.1.25 / 21.1.23 / 21.4.36

36 책임감리원이 발주자에게 제출하는 최종감리보고서 중 공사추진 실적현황과 관련이 없는 것은?

① 하도급 현황
② 지시사항 처리
③ 감리용역 개요
④ 기성 및 준공검사 현황

해설 감리보고 등

책임감리원은 다음의 사항이 포함된 최종감리보고서를 감리기간 종료 후 14일 이내에 발주자에게 제출하여야 한다.
① 공사 및 감리용역 개요 등(사업목적, 공사개요, 감리용역 개요, 설계용역 개요)
② 공사추진 실적현황(기성 및 준공검사 현황, 공종별 추진실적, 설계변경 현황, 공사현장 실정보고 및 처리현황, 지시사항 처리, 주요인력 및 장비투입현황, 하도급 현황, 감리원 투입현황)
③ 품질관리 실적(검사요청 및 결과통보현황, 각종 측정기록 및 조사표, 시험장비 사용현황, 품질관리 및 측정자 현황, 기술검토실적 현황 등)
④ 주요기자재 사용실적(기자재 공급원 승인현황, 주요기자재 투입현황, 사용자재 투입현황)
⑤ 안전관리 실적(안전관리조직, 교육실적, 안전점검실적, 안전관리비 사용실적)
⑥ 환경관리 실적(폐기물 발생 및 처리실적)
⑦ 종합분석

13.4.73 / 15.4.67 / 16.2.42 / 16.4.68 / 16.4.70 / 17.4.65 / 18.1.74 / 18.4.24 / 18.4.63 / 19.4.38 / 20.1.65 / 20.1.79 / 20.3.66 / 21.1.71 / 21.2.27 / 21.4.37 / 21.4.68

37 전력시설물 공사감리업무 수행지침에 따라 감리업자는 공사감리업을 수행하기 위해 누구에게 등록을 해야 하는가?

① 시·도지사
② 한국전기안전공사장
③ 산업통상자원부장관
④ 한국전기기술인 협회장

해설 정의

① 공사감리 : 공사에 대하여 발주자의 위탁을 받은 감리업자가 설계도서, 그 밖의 관계 서류의 내용대로 시공되는지 여부를 확인하고, 품질관리·공사관리 및 안전관리 등에 대한 기술지도를 하며, 관계 법령에 따라 발주자의 권한을 대행하는 것
② 발주자 : 공사를 발주하는 자
③ 감리업자 : 시·도지사에게 등록한 자

17.4.13 / 21.4.38

38 송전선로를 연가하는 주된 목적은?

① 페란티 효과의 방지
② 송전선의 절약
③ 유도장해 방지
④ 코로나 방지

해설 유도장해 방지

전력선이 통신선과 인접하여 가설되면 유도장해에 의해서 전력선이 통신선에 장해를 준다

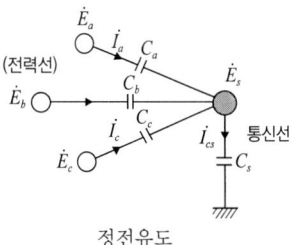

정전유도

① 전선로를 충분히 연가 한다.
② 송전선과 통신선과의 거리를 멀게 한다.
③ 지락 고장 전류를 작게 하기 위하여 중성점의 접지 저항을 크게 한다.

정답 36. ③ 37. ① 38. ③

④ 중성점을 접지시키는 장소를 적절하게 선택한다.
⑤ 고장이 났을 때에 고장 구간을 빨리 차단한다.
⑥ 전력선이나 통신선에 케이블을 사용한다.
⑦ 통신선에 피뢰기나 차폐선을 설치한다.
⑧ 소호 리액터 접지방식은 통신선의 유도장해가 가장 적다.

※ 연가
3상 송전선로에서 각 상 선간거리 및 전선로 높이가 달라지면 각 상의 정전용량 및 인덕턴스도 달라지기 때문에 선로의 전압강하 역시 달라져 수전단의 전압이 불평형 상태가 되는데 이러한 현상을 방지하기 위하여 전선로의 전구간을 3등분하여 전선의 배치를 변경함으로써 각 상의 선로정수가 평형이 되도록 재배치하는 것

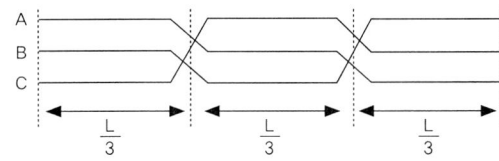

39 코로나 현상으로 발생되는 영향이 아닌 것은?

① 통신선 유도장해 발생 증가
② 소호리액터 소호능력 증가
③ 송전효율 저하
④ 잡음 발생

해설 코로나(corona)현상으로 발생되는 영향

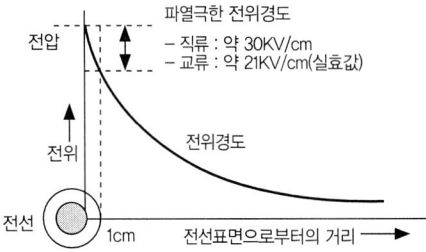

전선에 가해지는 전압이 어떤 값(임계 전압) 이상으로 되면 전선 표면의 공기 절연이 국부적으로 파괴되어 엷은 빛과 낮은 소리를 내게 되는 현상
① 코로나 손실발생 및 송전효율 저하
② 잡음 발생
③ 통신선 유도장해
④ 소호리액터 소호능력 저하
⑤ 전선부식

40 태양광발전시스템의 어레이 설치 종류가 아닌 것은?

① 양축식 ② 일자식
③ 단축식 ④ 고정식

해설 태양광발전시스템 구조물의 분류

1) 고정식
① 한번 설치하면 경사각 및 방위각 수정이 불가능하기 때문에 정남향 방향으로, 경사각을 두어 고정하는 방식
② 각도 변경이 필요 없어, 유지관리비가 저렴하다.
③ 바람이 강한 지역에 안전한 구조이나, 다른 구조물에 비해서는 발전량이 다소 적다.

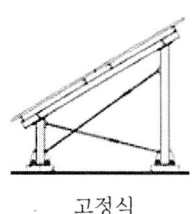 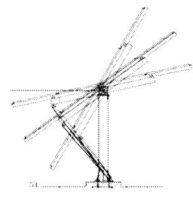

　　고정식　　　　　　경사 가변식

2) 가변식
① 계절에 따른 태양의 고도각에 대응하기 위해 어레이의 경사각을 수동으로 조절해서 전력량이 최대가 되게 하는 방식
② 모듈의 수평면의 각도를 태양광의 고도와 직각으로 최대한 맞춰 전력량을 증대 시킨다.
③ 계절별 구조물의 각도 변경을 위한 인력이 필요하다.

3) 단축(1축) 추적식
① 어레이는 대지와 수평을 이루며, 남쪽으로의 경사각은 없다.
② 태양의 이동에 따라 해가 뜨는 동쪽에서 해가 지는 서쪽방향으로 추적하는 방식이다.
③ 고정식·가변식보다는 효율이 높고, 양축식보다는 효율이 낮다.
④ 구동장치가 필요하며, 운영 및 유지관리 비용이 소요된다.

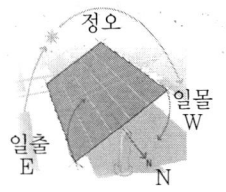

단축(1축) 추적식

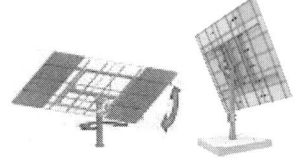

양축(2축) 추적식

4) 양축(2축) 추적식
① 태양의 동서방향을 추적하는 단축 추적식에 추가로 태양의 경사각(계절의 변화)까지 추적하는 방식
② 가장 효과적으로 많은 발전량을 생산할 수 있다.
③ 모듈간 음영발생을 방지하기 위해서는 이격 거리가 많이 필요하다.
④ 양축(2개의 구동장치)을 구동하기 위한 전력이 필요하고, 고장 발생에 따른 유지비용이 소요된다.

13.4.70 / 16.2.41 / 16.4.74 / 17.4.59 / 21.4.41

41 태양광발전사업의 허가를 받기위해 전기사업허가신청서와 함께 제출하는 사업계획서 내용 중 전기 설비 개요에 포함되어야 할 사항으로 틀린 것은?

① 태양전지의 종류
② 인버터의 입력전압
③ 집광판의 설치단가
④ 태양전지의 정격출력

해설 사업허가의 신청(전기사업법 시행규칙 제4조)
사업계획의 전기설비(태양광) 개요에 포함되어야 할 사항
① 태양전지의 종류, 정격용량, 정격전압 및 정격출력
② 인버터(Inverter)의 종류, 입력전압, 출력전압 및 정격출력
③ 집광판의 면적

13.4.26 / 15.4.28 / 16.4.38 / 17.1.51 / 17.2.22 / 17.2.54 / 17.4.23 / 17.4.53 / 18.1.21 / 18.1.47 / 18.2.46 / 18.2.53 / 18.4.23 / 19.1.60 / 19.2.26 / 19.2.42 / 19.4.27 / 19.4.49 / 20.1.52 / 20.3.23 / 20.3.41 / 20.4.24 / 21.1.38 / 21.4.42 / 21.4.48

42 정전작업에 관한 기술지침에 따른 단락접지시에 고려사항으로 틀린 것은?

① 단락접지기구는 단락 시 용단되지 않도록 충분한 전류용량을 가진 것을 사용한다.
② 단락접지를 한 지점은 누구나 용이하게 알 수 있도록 접지표지를 부착하도록 한다.
③ 대지에 접지봉을 매설할 때에는 수분이 없는 장소를 선택하여 접지저항이 충분히 작도록 한다.
④ 저압선과 고압선이 병가되어 있는 때에는 저압 접지선을 이용하여 접지하는 방법을 고려할 수 있다.

해설 단락접지기구

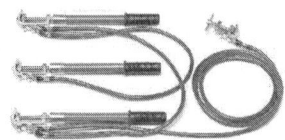

대지에 접지봉을 매설할 때에는 수분이 많은 장소를 선택하여 접지저항이 충분히 작도록 한다.

17.1.42 / 21.4.43

43 결정질 실리콘 태양광발전 모듈의 인증 제품에 대한 표시사항으로 틀린 것은?

① 제품의 단가
② 인증부여 번호
③ 설비명 및 모델명
④ 제품의 주요 사항

해설 제품 인증 표시의 방법
① KS마크의 크기 3mm 이상
② KS명 또는 KS번호
③ 인증번호
④ 설비명 및 모델명 모델 코드
⑤ 제품의 주요 사양
⑥ 제조연월일

정답 41. ③ 42. ③ 43. ①

⑦ 제조자명 및 소재지
  (해당하는 경우 수입사 포함)
⑧ 인증기관명
⑨ KS C 8561의 표시사항

16.2.47 / 16.2.51 / 16.4.47 / 17.2.42 / 18.1.45 / 18.2.44 /
18.2.54 / 19.1.43 / 19.1.51 / 19.1.53 / 19.4.42 / 19.4.47 /
20.3.48 / 20.4.42 / 20.4.45 / 20.4.51 / 21.1.46 / 21.1.51
/ 21.1.58 / 21.4.44 / 21.2.47 / 21.4.56

44 고온·고습, 영향의 저온 등의 가혹한 자연환경에 반복 장시간 놓았을 때, 열팽창률의 차이나 수분의 침입·확산, 호흡작용 등에 의한 구조나 재료의 영향을 시험하는 것은?

① 고온고습 시험
② 습도-동결 시험
③ 온도 사이클 시험
④ 열점 내구성 시험

해설 태양광발전 모듈 습도-동결 시험
① 고온측 온도 조건을 (85 ± 2) [℃], 상대습도 (85 ± 5) [%] R.H.에서 20시간 유지하고, 저온측 온도 조건을 (-40 ± 2) [℃] 조건에서 0.5시간 유지한다.
② ①의 조건을 1사이클로 하여 24시간 이내에 하고 10회 실시한다.
③ 최대 출력은 시험 전 값의 95[%] 이상일 것.

14.4.46 / 14.4.53 / 14.4.56 / 21.4.45

45 태양광발전시스템에서 모듈의 결함을 발견하기 위한 점검 및 측정 방법으로 옳지 않은 것은?

① 육안검사   ② 다기능 측정
③ 절연저항 측정   ④ 입출력 측정

모듈의 결함을 발견하기 위한 점검 및 측정 방법
① 외관검사(육안검사)   ② 절연시험
③ 성능시험   ④ 다기능 측정

해설 ※ 인버터 회로의 입출력 측정
(1) 입력 회로의 경우 태양 전지 회로를 접속함에서 분리하여 인버터의 입력 단자 및 출력 단자를 각각 단락하면서 입력 단자와 대지 간의 절연 저항을 측정한다.

(2) 접속함까지의 전로를 포함하여 절연 저항을 측정한다.

(3) 측정 순서 및 내용
① 태양 전지 회로를 접속함에서 분리한다.
② 분전반 내의 분기 차단기를 개방(off)한다.
③ 직류측의 모든 입력 단자 및 교류측의 전체 출력 단자를 각각 단락한다.
④ 직류 단자와 대지 간의 절연 저항을 측정한다.

(4) 출력 회로의 경우 인버터의 입출력 단자를 단락하여 출력 단자와 대지 간의 절연저항을 측정한다.

13.4.40 / 15.2.29 / 15.2.55 / 17.4.37 / 18.2.27 / 18.4.26 /
18.4.57 / 19.1.32 / 19.2.32 / 19.2.43 / 20.1.22 / 20.4.32
/ 21.1.35 / 21.4.46

46 태양광발전시스템 운전 중 설비의 안정성 확보를 위하여 전기사업법에 따라 정기검사를 신청한다. 이때 검사를 하는 기관으로 옳은 것은?

① 한국전력공사
② 한국전기안전공사
③ 한국에너지관리공단
④ 한국전기기술인협회

해설 사용전검사
① 각종 발전설비, 송·변전·배전설비 및 가로등, 신호등, 보안등, 공장, 상가 등 대형건물의 설치공사 또는 변경공사를 완료하고, 그 전기설비가 공사계획의 인가 또는 신고를 한 내용 및 전기설비기술기준에 적합한 지의 여부에 대한 검사를 산업통상자원부장관 또는 시·도지사로부터 위탁받아 한국전기안전공사에서 수행한다.
② 태양광 발전소에 관한 공사의 경우에는 전체의 공사가 완료된 때 검사를 실시한다.
③ 사용전검사를 받으려는 자는, 검사를 받으려는 날의 7일전까지 한국전기안전공사에 사용전검사 신청서를 제출하여야 한다.

14.4.18 / 15.2.45 / 21.4.47

47 분산형 전원 발전설비는 고장에 의한 단독운전 상태가 발생했을 경우 몇 초 이내에 전력계통으로부터 분리시켜야 하는가?

① 0.5   ② 0.3   ③ 0.1   ④ 1.0

정답 44.② 45.④ 46.②

해설 단독운전 방지(Non-islanding) 기능
단독운전(한전 정전시 분리된 계통에 전력을 계속 공급하게 되는 운전상태)시의 문제점을 해결하기 위한 기능으로, 단독운전 발생 후 최대 0.5초 이내에 한전계통에 대한 가압을 중지해야 한다.

13.4.26 / 15.4.28 / 16.4.38 / 17.1.51 / 17.2.22 / 17.2.54 / 17.4.23
/ 17.4.53 / 18.1.21 / 18.1.47 / 18.2.46 / 18.2.53 / 18.4.23 /
19.1.60 / 19.2.26 / 19.2.42 / 19.4.27 / 19.4.49 / 20.1.52 /
20.3.23 / 20.3.41 / 20.4.24 / 21.1.38 / 21.4.42 / 21.4.48

48 단락접지기구를 설치하거나 철거할 경우 주의 사항으로 틀린 것은?

① 개폐장치 내부에 설치된 단락접지기구는 문이나 덮개로 가려서는 안된다.
② 설치하기 전 도체 내에 끊어진 연선이 있는지, 클램프 기구의 결함이 있는지 등을 검사한다.
③ 케이블 및 클램프의 용량, 상세한 관련 정보에 대하여는 점검자가 직접 측정하여 기록한 후 보관한다.
④ 정전된 가공전로 도체에 단락접지기구를 설치하거나 철거할 때에는 절연봉, 절연장갑 또는 기타 이와 유사한 보호구를 사용한다.

해설 정전작업 시의 단락접지
1. 일반사항
(1) 정전작업 시의 방호대상과 방호범위가 안전작업 절차에 규정되어야 하며, 특히 고압 및 특고압 회로에 대한 정전작업은 높은 수준의 방호가 이루어져야 한다.

(2) 정전작업 시에는 아래와 같은 예상치 못한 위험요인과 변수가 발생할 수 있으므로 특별히 주의를 기울여야 한다.
① 충전선로 가까운 장소에서의 유도
② 부적절한 재통전을 일으키는 스위치 투입 실수
③ 통전중인 도체를 정전중인 회로에 접촉시킴으로 인한 사고성 통전
④ 낙뢰에 의한 극히 높은 전압
⑤ 커패시터 또는 케이블 등 그 밖의 다른 기기에 의한 충전 전하

2. 단락접지 방법과 절차
(1) 정전작업 중 정전된 회로가 실수로 재통전 될 수 있으므로, 적절한 단락접지를 수행하여 작업자를 보호하여야 한다.

(2) 사고 시 100kA를 초과하는 고장전류가 흐를 수 있으므로, 단락접지기구에 사용되는 접지클램프 및 케이블은 다음의 조건을 만족하여야 한다.
① 접지클램프는 고장전류에 견딜 수 있는 충분한 용량과 케이블에 부착하기에 적합하여야 한다.
② 접지케이블은 고장전류를 흘릴 수 있는 충분한 용량이어야 한다.
③ 접지케이블은 낮은 저항을 유지하기 위하여 가능한 짧아야 한다.
④ 접지케이블은 접지 구조물과 정전된 3상 전원선, 중성선 등에 연결하여야 한다.

(3) 단락접지기구 설치시 고려사항
① 단락접지기구를 설치하기 전 전선의 손상, 클램프 단자의 풀림, 클램프의 결함, 기구의 결함여부 등을 점검하여야 한다.
② 단락접지기구는 정전상태에서 정전작업을 수행하는 지점마다 설치하여야 한다.
③ 비접지된 단락접지기구, 정전된 가공 전로 도체에 단락접지기구를 설치하거나 철거할 때에는 절연봉, 절연장갑 또는 기타 이와 유사한 보호구를 사용한다.
④ 단락접지 인하도선은 금속구조물이나 스위치기어의 접지 버스바(Bus bar)에 먼저 접속한 후 정전설비의 상도체간을 연결하여야 한다.

(4) 단락접지기구 철거 시 고려사항
1) 단락접지기구를 철거할 때에는 설치절차와 반대로 정전설비의 상도체로부터 인하도선을 먼저 분리한 후 금속구조물이나 접지 버스에 연결된 인하도선을 분리시킨다.

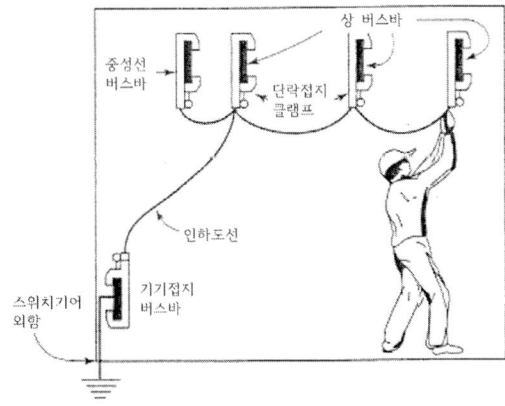

2) 단락접지기구를 철거한 후 재통전하기 전 다음의 사항을 확인하는 절차가 수립·시행되어야 한다.
① 설치하는 모든 단락접지기구에는 식별번호를 부여하여 기록하고, 철거할 때 설치 시 기록한 번호를 지워 나간다.

② 단락접지기구가 배전반 내에 설치된 곳에는 문을 닫고 덮개를 덮어서는 아니 되며, 만일 접지기구가 잘 보이지 않는 곳에 설치될 때에는 단락접지기구가 안쪽에 있다는 사실을 알리기 위하여 문이나 덮개에 표지를 부착하여야 한다.
③ 재통전하기 전 모든 도체에 접지된 부분이 있는지 확인하기 위하여 절연저항 측정기로 절연시험을 하여야 한다.

※ 케이블 및 클램프의 용량, 상세한 관련 정보에 대하여는 단락접지기구의 제조사 사용설명서를 참고한다.

14.4.61 / 17.2.46 / 18.2.50 / 20.3.60 / 21.4.49

49 태양광발전사업을 하기 위하여 전기사업 허가신청서를 제출할 때 제출하는 첨부서류로 틀린 것은?

① 사업계획서
② 송전관계일람도
③ 발전원가명세서
④ 전기안전점검신청서

해설 발전사업 신청에 필요한 서류(200[kW]초과 3000[kW] 이하인 경우)
(1) 전기사업 허가신청서

(2) 사업계획서
① 기술능력 관련(전기설비 건설 및 운영 계획 관련 증명서류)
② 계획에 따른 수행 가능 여부 관련(송전관계 일람도)
③ 발전원가 명세서(발전사업 또는 구역전기사업의 허가를 신청하는 경우만 해당한다)

(3) 정관, 대차대조표 및 손익계산서(신청자가 법인인 경우만 해당하며, 설립 중인 법인의 경우에는 정관만 제출한다)

(4) 신청자(발전설비용량 3000[kW] 이하인 신청자는 제외한다)의 주주명부. 이 경우 신청자가 재무능력을 평가할 수 없는 신설법인인 경우에는 신청자의 최대주주를 신청자로 본다.

16.4.46 / 21.4.50

50 사업용 태양광발전설비 정기검사 중 변압기검사 수검자 준비 자료에 해당하는 것은?

① 계기교정시험 성적서
② 안전밸브시험 성적서
③ 접지저항시험 성적서
④ 태양전지 트립 인터록 도면

해설 사업용 태양광발전설비 정기검사 중 변압기검사 수검자 준비 자료
① 전회검사 성적서
② 시퀀스 도면
③ 보호계전기시험 성적서
④ 계기교정시험 성적서
⑤ 경보회로시험 성적서
⑥ 절연저항시험 성적서
⑦ 절연유 내압시험 성적서

20.1.48 / 21.4.51

51 발전 또는 구역전기 사업허가증의 사업규모에 작성되는 내용으로 틀린 것은?

① 주파수
② 공급단자
③ 설비용량
④ 공급전압

해설 전기사업용 전기설비에 관한 사항(발전 사업허가증)
① 설치장소
② 원동력의 종류
③ 설비용량
④ 공급전압
⑤ 주파수

17.1.58 / 17.4.50 / 17.4.56 / 18.2.41 / 19.1.44 / 19.2.44 / 20.3.59 / 21.2.42 / 21.4.52

52 주로 정지 상태에서 행하는 점검으로 제어운전장치의 기계 점검, 절연저항의 측정 등을 실시할 때 하는 점검은?

① 일상점검
② 정기점검
③ 임시점검
④ 완공시 점검

해설 전기설비 점검의 종류
① 일상(순시)점검
시설물의 기능을 유지하기 위한 점검
② 정기점검
원칙적으로 시설물을 정지 상태에서 운전제어장치의 기계점검, 절연저항측정, 배전반의 기능을 확인하고 유지하기 위한 계획을 수립하여 점검
③ 임시점검
일상순시점검 및 정기점검에 의하여 상세하게 점검할 경우가 발생되는 경우에 실시한다.

15.4.51 / 16.4.52 / 18.4.42 / 21.4.53

53 절연용 방호구가 아닌 것은?

① 애자커버
② 핫스틱
③ 고무판
④ 절연시트

정답 49.④ 50.① 51.② 52.②

해설 절연용 방호구(insulating device)
① 전로(電路)에 접근해서 공작물의 건설, 해체, 점검 수리 등의 작업 시 감전사고를 방지하기 위하여 충전 전로에 절연용 방호구를 장착하도록 규정하고 있다.
② 선 커버, 애자 커버, 절연시트 고무판 등을 사용해 전로에 장착하는 것

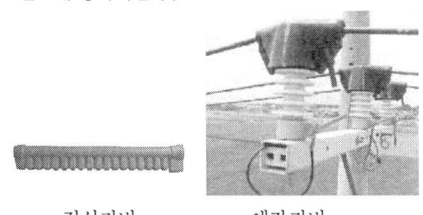

전선커버　　　애자커버

절연매트

※ 절연봉(핫스틱, COS조작봉)
COS(Cut Out Switch) 및 단로기(D.S)개폐 조작에 사용

17.2.55 / 21.4.54
54 운전 상태에서 점검이 가능한 점검분류는 무엇인가?

① 임시점검　　② 일상점검
③ 정기점검(보통)　④ 정기점검(세밀)

해설 일상순시점검
일상순시점검은 배전반의 기능을 유지하기 위한 일상 점검을 말하며 아래의 서술된 요령으로 실시한다.

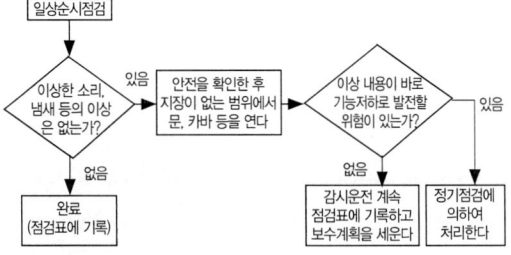

① 매일의 일상순시점검은 문을 열어 점검한다던가, 커버를 해체한 후 점검한다던가 하는 것이 아니고 이상한 소리, 냄새, 손상 등을 배전반 외부에서 점검항목의 대상항목에 따라 점검하는 것
② 이상상태를 발견한 경우에는 배전반의 문을 열고 이상의 정도를 확인한다.
③ 이상의 상태가 직접 운전을 하지 못할 정도로 전개되는 경우를 제외하고는 이상상태의 내용을 기록하여 정기점검 시에 운영한다.

20.3.49 / 21.4.55
55 유지관리비의 구성요소로 틀린 것은?

① 부지매각비　　② 일반관리비
③ 운용지원비　　④ 보수비와 개량비

해설 유지관리비
① 보전비 : 법령정검, 정기점검보수, 일상점검, 경상수선 등
② 수선비 : 임시수선 등
③ 개량비
④ 운용비 : 경비, 전화, 수도, 소모품 등
⑤ 일반관리비 : 조세공과, 보험료, 감가상각비 등
⑥ 운영지원비 : 기술자료 수집, 기술연구 등

16.2.47 / 16.2.51 / 16.4.47 / 17.2.42 / 18.1.45 / 18.2.44 / 18.2.54 / 19.1.43 / 19.1.51 / 19.1.53 / 19.4.42 / 19.4.47 / 20.3.48 / 20.4.42 / 20.4.45 / 20.4.51 / 21.1.46 / 21.1.51 / 21.1.58 / 21.4.44 / 21.2.47 / 21.4.56

56 결정질 실리콘 태양전지 모듈의 최대 출력 결정 시 품질기준으로 틀린 것은?

① 시험 시료의 출력 균일도는 평균출력의 ±3[%] 이내일 것
② 시험시료의 최종 환경시험 후 최대출력의 열화는 최초 최대출력의 −8[%]를 초과하지 않을 것
③ 해당 태양전지 모듈의 최대 출력을 측정하되, 시험시료의 평균출력은 정격출력 이상일 것
④ 최대 시스템 전압의 두 배에 1000[V]를 더한 것과 같은 전압을 최대 500[V/s]이하의 상승률로 태양전지모듈의 출력단자와 패널 또는 접지단자(프레임)에 1분 간 유지할 것

정답 53. ② 54. ② 55. ① 56. ④

해설 최대 출력 결정 시 품질기준
① 해당 태양광 모듈의 최대 출력을 측정하되, 시험시료의 평균출력은 정격 출력 이상일 것
② 시험시료의 출력 균일도는 평균 출력의 ±3 % 이내일 것
③ 시험시료의 최종 환경시험 후 최대 출력의 열화는 최초 최대 출력의 −8 %를 초과하지 않을 것

17.1.46 / 19.1.56 / 20.1.51 / 21.4.57

57 태양광발전시스템에 사용되는 인버터 중 계통연계형 인버터의 시험항목이 아닌 것은?

① 부하 불평형 시험
② 입력 전압 급변 시험
③ 최대 전압 추종 시험
④ 출력 전류 직류분 검출 시험

해설 태양광 발전용 독립형/계통연계형 중대형 인버터의 시험항목

시험항목		독립형	계통연계형
1. 구조 시험		O	O
2. 절연 성능 시험	a) 절연 저항 시험	O	O
	b) 내전압 시험	O	O
	c) 감전 보호 시험	O	O
	d) 절연 거리 시험	O	O
3. 보호 성능 시험	a) 출력 과전압 및 부족 전압 보호 기능 시험	×	O
	b) 주파수 상승 및 저하 보호 기능 시험	×	O
	c) 단독 운전 방지 기능 시험	×	O
	d) 복전 후 일정 시간 투입 방지 기능 시험	×	O
4. 정상 특성 시험	a) 교류 전압, 주파수 추종 범위 시험	×	O
	b) 교류 출력 전류 변형률 시험	×	O
	c) 누설 전류 시험	O	O
	d) 온도 상승 시험	O	O
	e) 효율 시험	O	O
	f) 대기 손실 시험	×	O
	g) 자동 기동 · 정지 시험	×	O
	h) 최대 전력 추종 시험	×	O
	i) 출력 전류 직류분 검출 시험	×	O
5. 과도 응답 특성 시험	a) 입력 전력 급변 시험	O	O
	b) 계통 전압 급변 시험	×	O
	c) 계통 전압 위상 급변 시험	×	O
6. 외부 사고 시험	a) 출력측 단락 시험	O	O
	b) 계통 전압 순간 정전 · 강하 시험	×	O
	c) 부하 차단 시험	O	O
7. 내전기 환경 시험	a) 계통 전압 왜형률 내량 시험	×	O
	b) 계통 전압 불평형 시험	×	O
	c) 부하 불평형 시험	O	×
8. 내주위 환경 시험	a) 습도 시험	O	O
	b) 온도 사이클 시험	O	O
9. 전기자기 적합성 (EMC)	a) 전자파 내성(EMI)	O	O
	b) 전자파 내성(EMS)	O	O

14.4.27 / 15.4.15 / 17.1.47 / 17.2.44 / 17.4.52 / 18.1.57 / 18.4.5 / 20.4.49 / 21.2.37 / 21.4.58

58 태양광발전시스템에서 모니터링 프로그램의 기능이 아닌 것은?

① 데이터 수집기능 ② 데이터 저장기능
③ 데이터 연산기능 ④ 데이터 분석기능

해설 모니터링 시스템 프로그램 기능
① 데이터 수집기능
  인버터로부터 데이터를 공급받아 전압과 전력에 대한 정보를 제공하며 일사량과 모듈 표면온도 등의 정보를 제공한다.
② 데이터 저장기능
  실시간 데이터가 저장되어 평균 자료를 한눈에 알아볼 수 있도록 한다.
③ 데이터 분석기능
  저장된 데이터로 표를 작성하여 일일 평균값 등의 변화를 한눈에 알 수 있도록 데이터를 제공한다.
④ 데이터 통계기능
  저장된 데이터를 바탕으로 일간, 월간, 년간 통계를 알아볼 수 있도록 제공한다.

15.4.55 / 18.1.54 / 19.2.57 / 19.2.60 / 19.4.55 / 20.1.43 / 21.4.14 / 21.4.59

59 태양광발전용 접속함(KS C 8567 : 2017)에 사용되는 직류(DC)용 퓨즈는 회로 정격전류에 대하여 몇 %의 과부하 내량을 가져야 하는가?

① 110 ② 125 ③ 135 ④ 150

해설 태양광발전용 접속함(KS C 8567:2017)

정답 57. ① 58. ③ 59. ③

① 퓨즈는 회로 정격 전류에 대하여 135 [%]의 과부하 내량을 가져야 한다.
② 퓨즈의 과전류 보호 정격은 회로 정격 전류의 1.5배 이상 2.4배 이하이어야 한다.

16.2.27 / 17.1.16 / 17.1.71 / 18.4.60 / 19.2.30 / 19.4.69 / 20.3.69 / 21.2.68 / 21.4.15 / 21.4.60

60 피뢰기의 점검 내용이 아닌 것은?

① 단자부의 볼트 조임과 이완 여부
② 애자 등의 균열, 파손, 변형 손상여부
③ 부하의 용도 및 부하의 적정사용량을 합산하여 설치용량 산정 여부
④ 밀봉금속 뚜껑 등의 파손, 팽창, 섬락(Flash Over) 등의 흔적 여부

해설 피뢰기의 점검 내용

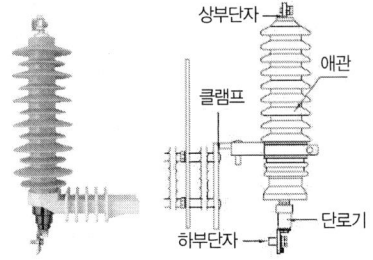

① 단자부의 볼트 조임과 이완 여부
② 절연물의 파손 및 오손유무
③ 접지선의 접속상태
④ 애자 등의 균열, 파손, 변형 손상여부
⑤ 코로나방전에 의한 이상한 소리
⑥ 내부 콤파운드의 분출, 밀봉금속뚜껑 등의 파손, 팽창, 섬락 등의 흔적 여부(방전 흔적)

14.4.70 / 21.4.61

61 저압가공전선이 다른 저압 가공전선과 접근상태로 시설되거나 교차하여 시설되는 경우 저압 가공전선 상호 간의 이격거리는 몇 [cm] 이상인가?

① 60   ② 50   ③ 40   ④ 2

해설 저압 가공전선 상호 간의 접근 또는 교차(판단기준 제84조)

저압 가공전선이 다른 저압 가공전선과 접근상태로 시설되거나 교차하여 시설되는 경우에는 저압 가공전선 상호 간의 이격거리는 60 cm(어느 한 쪽의 전선이 고압 절연전선, 특고압 절연전선 또는 케이블인 경우에 30 cm) 이상, 하나의 저압 가공전선과 다른 저압 가공전선로의 지지물 사이의 이격거리는 30 cm 이상이어야 한다.

17.1.75 / 19.4.61 / 21.4.62

62 저압 및 고압 가공전선로(전기철도용 급전선로는 제외)와 기설 가공약전류전선로가 병행하는 경우 유도작용에 의하여 통신상의 장해가 생기지 않도록 전선과 기설 약전류 전선간의 이격거리는 최소 몇 [m] 이상으로 하여야 하는가?

① 0.5   ② 1   ③ 1.5   ④ 2

해설 가공 약전류전선로의 유도장해 방지(판단기준 제68조)
1) 저압 가공전선로(전기철도용 급전선로는 제외한다) 또는 고압 가공전선로(전기철도용 급전선로는 제외한다)와 기설 가공약전류전선로가 병행하는 경우에는 유도작용에 의하여 통신상의 장해가 생기지 아니하도록 전선과 기설 약전류 전선간의 이격거리는 2[m] 이상이어야 한다. 다만, 저압 또는 고압의 가공전선이 케이블인 경우 또는 가공약전류 전선로의 관리자의 승낙을 받은 경우에는 그러하지 않다.

2) 1)에 따라 시설하더라도 기설 가공약전류전선로에 장해를 줄 우려가 있는 경우에는 다음 중 한 가지 또는 두 가지 이상을 기준으로 하여 시설하여야 한다.
① 가공전선과 가공약전류 전선간의 이격거리를 증가시킬 것
② 교류식 가공전선로의 경우에는 가공전선을 적당한 거리에서 연가 할 것
③ 가공전선과 가공약전류전선 사이에 인장강도 5.26[kN] 이상의 것 또는 지름 4[mm]이상인 경동선의 금속선 2가닥 이상을 시설하고 이에 접지공사를 할 것

20.3.62 / 21.4.63

63 전기설비기술기준의 판단기준에 따라 가공 직류 전차선은 지름 몇 mm의 경동선을 사용하여야 하는가?

① 1.25   ② 2.5   ③ 5   ④ 7

정답 60. ③ 61. ① 62. ④ 63. ④

해설 **가공 직류 전차선의 굵기**
가공 직류 전차선은 사용전압이 저압인 경우 지름 7mm의 경동선, 고압인 경우 지름 7.5mm의 경동선 또는 이와 동등 이상의 세기 및 굵기가 유지되어야 한다.

15.4.66 / 21.4.64
64 전기공사업자가 기술기준 및 설계도서에 적합하게 시공하지 않을 경우 행정처분으로 맞는 것은?

① 영업정지 1개월 ② 영업정지 2개월
③ 영업정지 3개월 ④ 영업정지 4개월

해설 **행정처분 및 과징금의 부과기준(전기공사업법 시행규칙 제14조1)**
1) 영업정지 2개월 또는 과징금 400만원
① 시공관리책임자를 지정하지 않거나 그 지정 사실을 알리지 않은 경우
② 기술기준 및 설계도서에 적합하게 시공하지 않은 경우

2) 영업정지 4개월 또는 과징금 600만원
① 전기공사기술자가 아닌 자에게 전기공사의 시공관리를 맡긴 경우
② 전기공사의 시공관리를 하는 전기공사기술자가 부적당하다고 인정되는 경우

3) 등록취소
① 공사업의 등록을 한 후 1년 이내에 영업을 개시하지 아니하거나 계속하여 1년 이상 공사업을 휴업한 경우
② 영업정지 처분기간에 영업을 하거나 최근 5년간 3회 이상 영업정지 처분을 받은 경우

13.4.65 / 14.4.71 / 17.2.66 / 18.2.61 / 20.3.74 / 21.4.65
65 전기사업법에 따라 전력시장에서 전력을 직접 구매할 수 있는 대통령령으로 정하는 규모 이상의 전기사용자의 수전설비 용량은 몇 [kVA] 이상인가?

① 10000 ② 20000
③ 30000 ④ 50000

해설 **전력의 직접 구매(전기사업법 시행령 제20조)**
수전설비의 용량이 30,000[kVA] 이상인 전기사용자는 전력시장에서 전력을 직접 구매할 수 있다.

18.4.62 / 21.4.66
66 전기설비기술기준의 판단기준에서 22.9[kV] 특고압 가공전선로에서 건조물의 상부 조영재 옆쪽 또는 아래쪽에서 접근상태로 시설하는 경우 특고압 절연전선(다중접지한 중성선 제외)과 건조물의 조영재 사이의 최소이격거리 [m]는?

① 1.0 ② 1.2
③ 1.5 ④ 2.0

해설 **25 kV 이하인 특고압 가공전선로의 시설(판단기준 제135조)**
(1) 사용전압이 15kV를 초과하고 25kV 이하인 특고압 가공전선로(중성선 다중접지식의 것으로서 전로에 지락이 생겼을 때에 2초 이내에 자동적으로 이를 전로로부터 차단하는 장치가 되어 있는 것에 한한다)를 다음에 따라 시설하는 경우에는 규정에 의하지 아니할 수 있다.
① 특고압 가공전선(다중접지를 한 중성선을 제외한다. 이하 이 조에서 같다)이 건조물과 접근하는 경우에 특고압 가공전선과 건조물의 조영재 사이의 이격거리는 표에서 정한 값 이상일 것

건조물의 조영재	접근 형태	전선의 종류	이격거리 [m]
상부 조영재	위쪽	나전선	3
		특고압 절연전선	2.5
		케이블	1.2
	옆쪽 또는 아래쪽	나전선	1.5
		특고압 절연전선	1.0
		케이블	0.5
기타의 조영재		나전선	1.5
		특고압 절연전선	1.0
		케이블	0.5

정답 64. ② 65. ③ 66. ①

16.4.64 / 18.1.68 / 19.2.63 / 20.3.61 / 21.4.67

67 저탄소 녹색성장 기본법에 의해 국가의 저탄소 녹색성장과 관련된 주요 정책 및 계획과 그 이행에 관한 사항을 심의하기 위하여 국무총리 소속으로 두는 녹색성장위원회의 구성으로 옳은 것은?

① 위원장 1명을 포함한 30명 이내의 위원으로 구성한다.
② 위원장 1명을 포함한 50명 이내의 위원으로 구성한다.
③ 위원장 2명을 포함한 30명 이내의 위원으로 구성한다.
④ 위원장 2명을 포함한 50명 이내의 위원으로 구성한다.

해설 녹색성장위원회의 구성 및 운영(녹색성장법 제14조)
1) 국가의 저탄소 녹색성장과 관련된 주요 정책 및 계획과 그 이행에 관한 사항을 심의하기 위하여 국무총리 소속으로 녹색성장위원회를 둔다.
2) 위원회는 위원장 2명을 포함한 50명 이내의 위원으로 구성한다.
3) 위원회의 위원장은 국무총리와 위원 중에서 대통령이 지명하는 사람이 된다.
4) 위원회의 위원은 다음의 사람이 된다.
① 기획재정부장관, 과학기술정보통신부장관, 산업통상자원부장관, 환경부장관, 국토교통부장관 등 대통령령으로 정하는 공무원
② 기후변화, 에너지·자원, 녹색기술·녹색산업, 지속가능발전 분야 등 저탄소 녹색성장에 관한 학식과 경험이 풍부한 사람 중에서 대통령이 위촉하는 사람
5) 위원회의 사무를 처리하게 하기 위하여 위원회에 간사위원 1명을 두며, 간사위원의 지명에 관한 사항은 대통령령으로 정한다.
6) 위원장은 각자 위원회를 대표하며, 위원회의 업무를 총괄한다.
7) 위원장이 부득이한 사유로 직무를 수행할 수 없는 때에는 국무총리인 위원장이 미리 정한 위원이 위원장의 직무를 대행한다.
8) 위원의 임기는 1년으로 하되, 연임할 수 있다.

13.4.73 / 15.4.67 / 16.2.42 / 16.4.68 / 16.4.70 / 17.4.65 / 18.1.74 / 18.4.24 / 18.4.63 / 19.4.38 / 20.1.65 / 20.1.79 / 20.3.66 / 21.1.71 / 21.2.27 / 21.4.37 / 21.4.68

68 전기사업법에 따라 전기사업자는 전기사업용전기설비의 설치공사 또는 변경공사로서 산업통상자원부령으로 정하는 공사를 하려는 경우에는 그 공사계획에 대하여 누구에게 인가를 받아야 하는가?

① 대통령
② 시·도지사
③ 전기위원회
④ 산업통상자원부장관

해설 전기사업용전기설비의 공사계획의 인가 또는 신고(전기사업법 제61조)
① 전기사업자는 전기사업용전기설비의 설치공사 또는 변경공사로서 산업통상자원부령으로 정하는 공사를 하려는 경우에는 그 공사계획에 대하여 산업통상자원부장관의 인가를 받아야 한다. 인가받은 사항을 변경하려는 경우에도 또한 같다.
② ①의 후단에도 불구하고 인가를 받은 사항 중 산업통상자원부령으로 정하는 경미한 사항을 변경하려는 경우에는 산업통상자원부장관에게 신고하여야 한다.
③ 전기사업자는 ①에 따라 인가를 받아야 하는 공사 외의 전기사업용전기설비의 설치공사 또는 변경공사로서 산업통상자원부령으로 정하는 공사를 하려는 경우에는 공사를 시작하기 전에 산업통상자원부장관에게 신고하여야 한다. 신고한 사항을 변경하려는 경우에도 또한 같다.

17.1.69 / 20.3.75 / 21.4.69

69 산업통상자원부장관은 발전차액을 반환할 자가 며칠 이내에 이를 반환하지 아니하면 국세체납처분의 예에 따라 징수할 수 있는가?

① 15   ② 30   ③ 45   ④ 60

해설 지원 중단 등(신재생에너지법 제18조, 제17조)
1) 산업통상자원부장관은 발전차액을 지원받은 신·재생에너지 발전사업자가 다음의 어느 하나에 해당하면 산업통상자원부령으로 정하는 바에 따라 경고를

정답 67. ④ 68. ④ 69. ②

하거나 시정을 명하고, 그 시정명령에 따르지 아니하는 경우에는 발전차액의 지원을 중단할 수 있다.
① 거짓이나 부정한 방법으로 발전차액을 지원받은 경우
② 산업통상자원부장관은 발전차액을 지원받은 신·재생에너지 발전사업자가 결산재무제표 등 기준가격 설정을 위하여 필요한 자료요구에 따르지 아니하거나 거짓으로 자료를 제출한 경우

2) 산업통상자원부장관은 발전차액을 지원받은 신·재생에너지 발전사업자가 1항 ①호에 해당하면 산업통상자원부령으로 정하는 바에 따라 그 발전차액을 환수할 수 있다. 이 경우 산업통상자원부장관은 발전차액을 반환할 자가 30일 이내에 이를 반환하지 아니하면 국세 체납처분의 예에 따라 징수할 수 있다.

④ 법인의 대표자나 법인 또는 개인의 대리인, 사용인, 그 밖의 종업원이 그 법인 또는 개인의 업무에 관하여 ①~③까지의 어느 하나에 해당하는 위반행위를 하면 그 행위자를 벌하는 외에 그 법인 또는 개인에게도 해당 조문의 벌금형을 과한다. 다만, 법인 또는 개인이 그 위반행위를 방지하기 위하여 해당 업무에 관하여 상당한 주의와 감독을 게을리하지 아니한 경우에는 그렇지 않다.

17.1.79 / 18.1.70 / 21.2.80 / 21.4.71

71 중질잔사유(中質殘渣油)를 가스화한 에너지의 범위로 옳은 것은?

① 고체가스　　② 합성가스
③ 메탄가스　　④ 바이오가스

해설 신·재생에너지 연료의 기준 및 범위(신재생에너지법 시행령 제18조의 12)
① 수소
② 중질잔사유을 가스화한 공정에서 얻어지는 합성가스
③ 생물유기체를 변환시킨 바이오가스, 바이오에탄올, 바이오액화유 및 합성가스
④ 동물·식물의 유지를 변환시킨 바이오디젤
⑤ 생물유기체를 변환시킨 목재칩, 펠릿 및 목탄 등의 고체연료

※ 중질잔사유 : 원유를 정제하고 남은 최종 잔재물로서 감압증류 과정에서 나오는 감압잔사유, 아스팔트와 열분해 공정에서 나오는 코크, 타르 및 피치 등

※ 감압증류 : 끓는점이 비교적 높은 액체 혼합물을 분리하기 위하여 액체에 작용하는 압력을 감소시켜 증류 속도를 빠르게 하는 방법

13.4.76 / 15.2.25 / 16.4.73 / 17.4.66 / 17.4.67 / 18.1.24 / 18.1.75 / 19.1.62 / 19.2.78 / 19.4.67 / 20.3.73 / 21.1.63 / 21.1.76 / 21.4.70

70 신재생에너지 개발·이용·보급 촉진법에 의해 공급인증기관이 개설한 거래시장 외에서 공급인증서를 거래한 자에게 부과하는 벌칙으로 옳은 것은?

① 1년 이하의 징역 또는 1천만원 이하의 벌금
② 2년 이하의 징역 또는 2천만원 이하의 벌금
③ 3년 이하의 징역 또는 3천만원 이하의 벌금
④ 3년 이상의 징역 또는 지원받은 금액의 3배 이상에 상당하는 벌금

해설 벌칙(신재생에너지법 제34조)
① 거짓이나 부정한 방법으로 발전차액을 지원받은 자와 그 사실을 알면서 발전차액을 지급한 자는 3년 이하의 징역 또는 지원받은 금액의 3배 이하에 상당하는 벌금에 처한다.
② 거짓이나 부정한 방법으로 공급인증서를 발급받은 자와 그 사실을 알면서 공급인증서를 발급한 자는 3년 이하의 징역 또는 3천만원 이하의 벌금에 처한다.
③ 공급인증기관이 개설한 거래시장 외에서 공급인증서를 거래한 자는 2년 이하의 징역 또는 2천만원 이하의 벌금에 처한다.

15.2.61 / 16.2.69 / 17.2.68 / 18.4.66 / 19.1.67 / 20.3.76 / 21.4.72

72 신에너지 및 재생에너지 개발·이용·보급 촉진법령에 따라 발전량의 일정량 이상을 의무적으로 신·재생에너지를 이용하여 공급하는 자로서 대통령령으로 정하는 자가 아닌 자는?

① 한국광물공사
② 한국수자원공사
③ 한국지역난방공사

④ 발전사업자로서 50만킬로와트 이상의 발전설비(신·재생에너지 설비는 제외한다.)를 보유하는 자

해설 신·재생에너지 공급의무자(신재생에너지법 시행령 제18조의3)
① 전기사업법에 따른 발전사업자로서 5000,000[kW] 이상의 발전설비(신·재생에너지 설비는 제외한다)를 보유하는 자
② 집단에너지사업법 및 전기사업법에 따른 발전사업의 허가를 받은 것으로 보는 자로서 500,000[kW] 이상의 발전설비(신·재생에너지 설비는 제외한다)를 보유하는 자
③ 한국수자원공사
④ 한국지역난방공사

15.4.78 / 16.2.80 / 19.1.61 / 21.4.73

73 신에너지 및 재생에너지 개발·이용·보급 촉진법에 의거하여 산업통상자원부장관은 몇 년마다 신·재생에너지 관련 기술 개발의 수준 등을 고려하여 연도별 의무공급량의 비율을 재검토하여야 하는가?

① 1년 ② 2년
③ 3년 ④ 4년

해설 연도별 의무공급량의 합계 등(신재생에너지법 시행령 제18조의4)
(1) 의무공급량의 연도별 합계는 공급의무자의 다음 계산식에 따른 총전력생산량에 아래 표에 따른 비율을 곱한 발전량 이상으로 한다. 이 경우 의무공급량은 공급인증서를 기준으로 산정한다.

> 총전력 생산량 = 지난 연도 총전력생산량 - (신·재생에너지 발전량 + 산업통상자원부장관이 정하여 고시하는 설비에서 생산된 발전량)

(2) 산업통상자원부장관은 3년마다 신·재생에너지 관련 기술 개발의 수준 등을 고려하여 아래의 표에 따른 비율을 재검토하여야 한다. 다만, 신·재생에너지의 보급 목표 및 그 달성 실적과 그 밖의 여건 변화 등을 고려하여 재검토 기간을 단축할 수 있다.

※ 연도별 의무공급량의 비율

해당 연도	비율[%]
2012년	2.0
2013년	2.5
2014년	3.0
2015년	3.0
2016년	3.5
2017년	4.0
2018년	5.0
2019년	6.0
2020년	7.0
2021년	9.0
2022년	12.5
2023년	13.0
2024년	13.5
2025년	14.0
2026년	15.0
2027년	17.0
2028년	19.0
2029년	22.5
2030년 이후	25.0

16.2.76 / 16.4.76 / 20.3.68 / 20.4.71 / 21.4.74

74 발전기·연료전지 또는 태양전지 모듈(복수의 태양전지 모듈을 설치하는 경우에는 그 집합체)에 시설되는 계측하는 장치를 사용하여 측정하는 사항으로 틀린 것은?

① 전압 ② 전류 ③ 전력 ④ 역률

해설 계측장치(판단기준 제50조)
발전소에는 다음의 사항을 계측하는 장치를 시설하여야 한다. 다만, 태양전지 발전소는 연계하는 전력계통에 그 발전소 이외의 전원이 없는 것에 대해서는 그렇지 않다.
① 발전기·연료전지 또는 태양전지 모듈의 전압 및 전류 또는 전력
② 발전기의 베어링 및 고정자의 온도
③ 정격출력이 10,000[kW]를 초과하는 증기터빈에 접속하는 발전기의 진동의 진폭(정격출력이 400,000[kW] 이상의 증기터빈에 접속하는 발전기는 이를 자동적으로 기록하는 것에 한한다)
④ 주요 변압기의 전압 및 전류 또는 전력
⑤ 특고압용 변압기의 온도

15.4.69 / 19.1.66 / 21.4.75

75 신에너지 및 재생에너지 개발·이용·보급 촉진법에 의거 산업통상자원부장관이 청문을 통하여 내리는 처분으로 옳은 것은?

① 건축물 인증 취소
② 발전설비의 지정 취소
③ 송전설비의 지정 취소
④ 공급인증기관의 지정 취소

해설 청문(신재생에너지법 제24조)
산업통상자원부장관은 다음에 해당하는 처분을 하려면 청문을 하여야 한다.
① 공급인증기관의 지정 취소
② 관리기관의 지정 취소

14.4.74 / 15.4.80 / 20.4.77 / 21.4.76

76 정부는 기후변화대응의 기본원칙에 따라 기후변화대응 기본계획을 수립 시행하여야 하는데 그 계획기간은 몇 년으로 하여야 하는가?

① 10 ② 20
③ 30 ④ 50

해설 기후변화대응 기본계획(녹색성장법 제40조)
① 정부는 기후변화대응의 기본원칙에 따라 20년을 계획기간으로 하는 기후변화대응 기본계획을 5년마다 수립·시행하여야 한다.
② 기후변화대응 기본계획을 수립하거나 변경하는 경우에는 위원회의 심의 및 국무회의 심의를 거쳐야 한다. 다만, 대통령령으로 정하는 경미한 사항을 변경하는 경우에는 그러하지 않다.

20.3.71 / 21.4.77

77 전기설비기술기준의 판단기준에 따른 전기울타리의 시설기준으로 틀린 것은?

① 전기울타리는 사람이 쉽게 출입하지 아니하는 곳에 시설할 것
② 전선과 이를 지지하는 기둥 사이의 이격거리는 2.5cm 이상일 것
③ 전선은 인장강도 1.38kN 이상의 것 또는 지름 2mm 이상의 경동선일 것
④ 전선과 다른 시설물(가공 전선을 제외한다.) 또는 수목 사이의 이격거리는 10cm 이상일 것

해설 전기울타리의 시설
전기울타리는 다음에 따르고 또한 견고하게 시설하여야 한다.
① 전기울타리는 사람이 쉽게 출입하지 아니하는 곳에 시설할 것.
② 전기울타리를 시설한 곳에는 사람이 보기 쉽도록 적당한 간격으로 경고표시 그림 또는 글자로 위험표시를 시설 할 것.
③ 전선은 인장강도 1.38 kN 이상의 것 또는 지름 2mm 이상의 경동선일 것.
④ 전선과 이를 지지하는 기둥 사이의 이격거리는 2.5cm 이상일 것.
⑤ 전선과 다른 시설물(가공 전선을 제외한다) 또는 수목 사이의 이격거리는 30cm 이상일 것.

15.4.32 / 17.4.75 / 18.4.68 / 19.1.24 / 20.3.29 / 20.3.35 / 21.4.78

78 전기설비기술기준의 판단기준에서 저압 옥내배선을 금속관공사로 시공할 때 그 방법이 틀린 것은?

① 금속관내에서 전선은 접속점을 만들어서는 안된다.
② 금속관 배선은 절연전선(옥외용 비닐절연전선을 제외)을 사용해야 한다.
③ 교류회로는 1회로의 전선 전부를 동일 관내에 넣는 것을 원칙으로 한다.
④ 금속관을 콘크리트에 매설하는 경우 관의 두께는 1.0[mm] 이상을 사용해야 한다.

해설 금속관배선의 시설조건
1) 전선은 절연전선(옥외용 비닐절연전선을 제외한다)일 것

정답 75. ④ 76. ② 77. ④ 78. ④

2) 전선은 연선일 것 다만, 다음의 것은 적용하지 않는다.
① 짧고 가는 금속관에 넣은 것
② 단면적 10[mm²](알루미늄선은 단면적 16[mm²]) 이하의 것

3) 전선은 금속관 안에서 접속점이 없도록 할 것

4) 관의 두께는 다음에 의할 것
① 콘크리트에 매설하는 것은 1.2[mm] 이상
② ①이외의 것은 1[mm] 이상. 다만, 이음매가 없는 길이 4[m]이하인 것을 건조하고 전개된 곳에 시설하는 경우에는 0.5[mm]까지로 감할 수 있다.

15.2.78 / 16.4.75 / 19.4.79 / 21.4.79

79 저탄소 녹색성장 기본법에서 정한 저탄소 녹색성장 추진의 기본원칙이라 할 수 없는 것은?

① 정부는 저탄소 녹색성장의 시급성과 긴박성을 인식하고 정부 주도로 저탄소 녹색성장을 최우선적으로 추진한다.
② 정부는 녹색기술과 녹색산업을 경제성장의 핵심동력으로 삼고 새로운 일자리를 창출·확대할 수 있는 새로운 경제체제를 구축한다.
③ 정부는 국가의 자원을 효율적으로 사용하기 위하여 성장잠재력과 경쟁력이 높은 녹색기술 및 녹색산업 분야에 대한 중점투자 및 지원을 강화한다.
④ 정부는 사회·경제활동에서 에너지와 자원 이용의 효율성을 높이고 자원순환을 촉진한다.

해설 저탄소 녹색성장 추진의 기본원칙(녹색성장법 제3조)
① 정부는 기후변화·에너지·자원 문제의 해결, 성장동력 확충, 기업의 경쟁력 강화, 국토의 효율적 활용 및 쾌적한 환경 조성 등을 포함하는 종합적인 국가 발전전략을 추진한다.
② 정부는 시장기능을 최대한 활성화하여 민간이 주도하는 저탄소 녹색성장을 추진한다.
③ 정부는 녹색기술과 녹색산업을 경제성장의 핵심 동력으로 삼고 새로운 일자리를 창출·확대할 수 있는 새로운 경제체제를 구축한다.
④ 정부는 국가의 자원을 효율적으로 사용하기 위하여 성장잠재력과 경쟁력이 높은 녹색기술 및 녹색산업 분야에 대한 중점 투자 및 지원을 강화한다.
⑤ 정부는 사회·경제 활동에서 에너지와 자원 이용의 효율성을 높이고 자원순환을 촉진한다.
⑥ 정부는 자연자원과 환경의 가치를 보존하면서 국토와 도시, 건물과 교통, 도로·항만·상하수도 등 기반시설을 저탄소 녹색성장에 적합하게 개편한다.
⑦ 정부는 환경오염이나 온실가스 배출로 인한 경제적 비용이 재화 또는 서비스의 시장가격에 합리적으로 반영되도록 조세체계와 금융체계를 개편하여 자원을 효율적으로 배분하고 국민의 소비 및 생활 방식이 저탄소 녹색성장에 기여하도록 적극 유도한다. 이 경우 국내산업의 국제경쟁력이 약화되지 않도록 고려하여야 한다.
⑧ 정부는 국민 모두가 참여하고 국가기관, 지방자치단체, 기업, 경제단체 및 시민단체가 협력하여 저탄소 녹색성장을 구현하도록 노력한다.
⑨ 정부는 저탄소 녹색성장에 관한 새로운 국제적 동향을 조기에 파악·분석하여 국가 정책에 합리적으로 반영하고, 국제사회의 구성원으로서 책임과 역할을 성실히 이행하여 국가의 위상과 품격을 높인다.

15.4.70 / 15.4.77 / 17.1.78 / 18.2.79 / 18.4.40 / 20.4.38 / 20.4.75

80 발전소와 전기수용설비, 변전소와 전기수용설비, 송전선로와 전기수용설비 상호간을 연결하는 선로는?

① 송전선로   ② 배전선로
③ 개폐소   ④ 발전선로

해설 정의(전기사업법 시행규칙 제2조)
1) 변전소 : 변전소의 밖으로부터 전압 50,000[V] 이상의 전기를 전송받아 이를 변성(전압을 올리거나 내리는 것 또는 전기의 성질을 변경시키는 것)하여 변전소 밖의 장소로 전송할 목적으로 설치하는 변압기와 그 밖의 전기설비 전체

2) 개폐소 : 다음의 곳의 전압 50,000[V] 이상의 송전선로를 연결하거나 차단하기 위한 전기설비
① 발전소 상호간
② 변전소 상호간
③ 발전소와 변전소 간

3) 송전선로 : 다음의 곳을 연결하는 전선로(통신용으로 전용하는 것은 제외한다)와 이에 속하는 전기설비
① 발전소 상호간
② 변전소 상호간
③ 발전소와 변전소 간

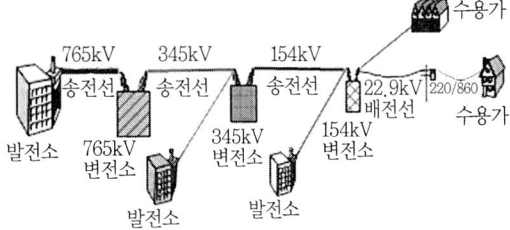

4) 배전선로 : 다음 각 목의 곳을 연결하는 전선로와 이에 속하는 전기설비
① 발전소와 전기수용설비
② 변전소와 전기수용설비
③ 송전선로와 전기수용설비
④ 전기수용설비 상호간

5) 전기수용설비 : 수전설비와 구내배전설비

6) 수전설비 : 타인의 전기설비 또는 구내발전설비로부터 전기를 공급받아 구내배전설비로 전기를 공급하기 위한 전기설비로서 수전지점으로부터 배전반(구내배전설비로 전기를 배전하는 전기설비)까지의 설비

7) 구내배전설비 : 수전설비의 배전반에서부터 전기사용기기에 이르는 전선로·개폐기·차단기·분전함·콘센트·제어반·스위치 및 그 밖의 부속설비

2020년 기출문제

2020 제1,2회 기출문제

01 태양전지 모듈의 가로가 1.6[m], 세로가 1[m]이고, 변환효율이 10[%]인 경우의 충진율(FF)은? (단, Voc = 40V, Isc = 8A이고, 표준시험 조건이다.)

① 0.50 ② 0.65 ③ 0.70 ④ 0.80

해설 ① 최대출력(P)

P = 모듈면적 × 표준일사강도 × 효율
  = (1.6 × 1) × 1,000 × 0.1 = 160[W]

② 충진율(Fill Factor)

$$FF = \frac{최대출력}{단락전류 \times 개방전압} = \frac{160}{8 \times 40} = 0.5$$

02 사이리스터에 대한 설명으로 틀린 것은?

① 4개의 단자를 갖는 4층 구조의 반도체 소자이다.
② 주 전극은 캐소드와 애노드로 PNPN 구조의 스위칭 소자이다.
③ 제어단자 연결에 따라 N-게이트 사이리스터와 P-게이트 사이리스터로 분류된다.
④ 애노드와 캐소드 간의 순방향 전압이 브레이크-오버 전압을 초과하면 도통된다.

해설 사이리스터(SCR)

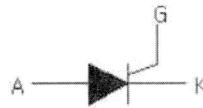

제어단자(G)로부터 음극(K)에 전류를 흘리는 것으로, 양극(A)과 음극(K) 사이를 도통(導通)시킬 수 있는 3단자의 반도체 소자이다.
실리콘제어정류기(Silicon Controlled Rectifier, SCR) 라고도 불리며, PNPN의 4중 구조를 하고있다.

03 태양광발전용 인터버의 고주파 변압기 절연방식이나 트랜스리스 방식의 출력전류에 중첩하는 직류분을 억제하기 위하여 적용하는 인버터의 주요기능은?

① 직류검출 ② 직류지락검출
③ 자동전압조정 ④ 자동운전·정지

해설 직류검출

인버터 출력전류의 직류분이 정격전류의 5% 이내이어야 하며, 상용 주파수 변압기를 사용한 인버터를 제외한 모든 인버터에 적용된다.

04 다음 그림과 같은 인버터의 회로방식은?

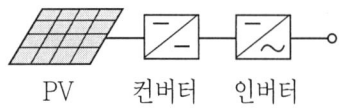

① 트랜스리스 방식
② 주파수 시프트 방식
③ 고주파 변압기 절연방식
④ 상용주파 변압기 절연방식

해설 인버터의 회로방식별 분류

1) 상용주파 변압기 절연방식

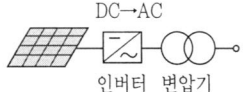

① PWM 인버터를 이용하여 상용주파수의 교류를 만들고, 상용주파수의 변압기를 이용하여 절연과 전압변환을 한다.
② 내부 신뢰성이나 노이즈 컷이 우수하지만, 상용주파수의 변압기를 별도로 이용하기 때문에 무겁고 크며, 변압기의 효율이 감소된다.

2) 고주파 변압기 절연방식

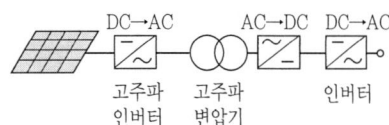

정답 1.① 2.① 3.① 4.①

① 태양전지의 직류 출력을 고주파의 교류로 변환한 후 소형의 고주파 변압기로 절연을 한다.
② 일단 직류로 변환하고 재차 상용주파의 교류로 변환하며, 소형 경량이지만 회로가 복잡한 단점이 있다.

3) 트랜스리스(Transless) 방식

컨버터   인버터

① 태양전지의 직류출력을 DC-DC 컨버터로 승압하고 인버터에서 상용주파의 교류로 변환한다.
② 소형 경량이며, 저렴하고 효율이 우수하고 신뢰성이 높다.
③ 상용전원과의 사이에는 절연이 되지 않아 안전성이 떨어진다.

15.4.16 / 16.4.11 / 18.1.17 / 18.4.18 / 19.2.8 / 19.2.16 / 19.4.2 / 20.1.5 / 20.4.14 / 20.4.20

05 어떤 두 점 사이를 4C의 전하가 이동하여 400J의 일을 했을 때, 이 두 점 사이의 전위차(V)는?

① 0.01   ② 25   ③ 100   ④ 1600

해설 전위차(V)

$$V = \frac{W}{Q} = \frac{400}{4} = 100 \ [V]$$

13.4.2 / 14.4.14 / 17.2.17 / 18.2.20 / 19.1.18 / 20.1.6 / 21.1.10

06 태양광발전 어레이에 그림과 같이 음영이 발생하였다면 출력전력은 몇 W인가?

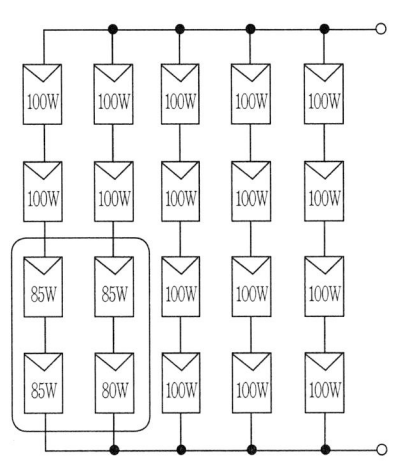

① 1860   ② 1880
③ 1935   ④ 2000

해설 부정합 손실(mismatch loss)

① 태양광발전소에 동일한 PV모듈로 시스템을 설계하더라도 모듈간의 전기적 특성차로 인해 시스템 전체의 최대출력이 각 모듈간의 최대 출력의 합보다 작아지게 되는 차이를 말한다.
② 출력차이는 제조공정에서의 오차, 장시간 사용에 의한 성능저하, 구름이나 건물에 의한 부분적인 그림자와 설치된 모듈의 고도각 차이, 온도 차이 등과 같이 여러 요인에 의해 발생된다.
③ 부분음영에 의한 부정합은 시스템의 효율을 악화시키며 모듈 성능 및 수명을 단축시킨다.
④ 스트링에 음영이 발생하면 스트링전류는 음영이 발생한 모듈에 의해 감소되나 발전전압이 모듈의 개방전압보다 낮아지게 되면 바이패스다이오드가 작동하여 음영이 없는 모듈만 동작하게 된다.
⑤ 바이패스 다이오드가 없으면 PV스트링은 음영이 발생한 모듈중 가장 저된 특성의 전류와 전압으로 동작되고, PV모듈은 국부적으로 가열되어 손상될 수 있다.

∴ 출력전력$(P) = (85 \times 4) + (80 \times 4) + (100 \times 4 \times 3) = 1,860 \ [W]$

20.1.7 / 21.2.10

07 조도의 단위로 옳은 것은?

① J   ② lx
③ lm   ④ J/s

해설 단위 설명

① 에너지 또는 일의 단위 : 줄[J]
② 조도 : 어떤 면이 받는 빛의 세기를 나타내는 값으로 단위 면적에 도달하는 광선속으로 계산되며, 단위로는 럭스[lx]를 쓴다.
③ 가시광선의 총량 : 루멘[lm]
④ 1초 동안의 1줄(N·m)에 해당하는 일률의 SI 단위계 단위[W] = [J/S]

17.2.3 / 20.1.8 / 21.1.15

08 축전지의 기대수명 결정요소로 관계가 적은 것은?

① 사용온도 ② 방전심도
③ 방전횟수 ④ 축전지 용량

해설 축전지의 수명

기대수명은 축전지의 사용기간이 경과함에 따라 성능이 급격히 저하되는 80% 용량까지 시점

1) 사용온도

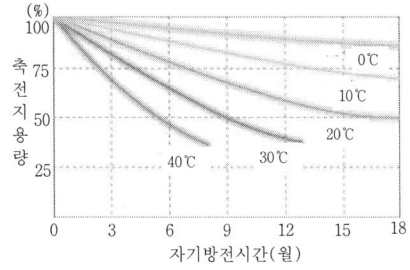

① 축전지의 기대수명은 온도 25℃ 이하의 경우를 정의하는데, 25℃를 넘는 범위라면, 온도가 10℃ 올라가면 수명이 절반으로 줄어든다.
② 축전지의 자기방전은 온도가 높으면 증가하며, 25℃에서 월 3%이하의 자기방전이 발생된다.

2) 충전전압

충전전압이 높게 인가되면 과충전이 되고, 낮은 경우에는 충전부족이되며, 어떤 경우든 축전지의수명을 단축시키기 때문에 충전전압의 관리가 중요하다.

3) 방전

축전지는 열화에 따라 내부저항이 증가하기 때문에 방전전류가 크면 클수록 내부의 전압강하가 커지고, 축전지 전압이 낮아져 방전시간이 단축되며, 방전횟수가 많을수록 수명도 짧아진다.

4) 방전심도(DOD)와 수명관계

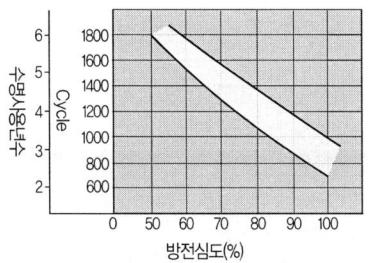

① 방전심도(DOD)는 축전지 잔존용량의 표시
② 방전 심도 = $\dfrac{\text{실제 방전량}}{\text{축전지의 정격용량}} \times 100\%$
③ 방전심도(%)가 50%인 경우 만나는 곡선에서 1800사이클, 100%의 경우 700사이클 이며, 연간 250사이클을 기준해 보면 1800사이클(7년 1개월), 700사이클(2년 9개월)의 수명임을 알 수 있다.
④ 방전심도를 낮게 설정하면 축전지 수명은 길어지고, 잔존 용량은 증가한다.

13.4.6 / 13.4.47 / 14.4.43 / 14.4.57 / 15.2.16 / 15.2.46 / 15.2.56 / 15.4.5 / 16.2.6 / 16.2.7 / 17.1.7 / 18.4.4 / 18.4.46 / 19.4.8 / 20.1.9 / 21.1.11 / 21.2.17 / 21.2.43

09 변환효율이 가장 좋은 태양전지의 종류는?

① CIGS ② 단결정
③ 다결정 ④ 아몰퍼스

해설 태양전지의 변환효율

단결정 Si > 다결정 Si > CIGS, 아몰퍼스 Si

※ CIGS 박막과 아몰퍼스 태양전지의 변환효율 한계는 12~13%이다.

17.1.12 / 18.2.4 / 20.3.19 / 20.1.10

10 소수력발전시스템에서 충동수차의 종류가 아닌 것은?

① 펠톤 수차 ② 튜고 수차
③ 오스버그 수차 ④ 프란시스 수차

해설 수차의 종류 및 특징

수차의 종류		특징
충동 수차	펠톤(Pelton)수차 튜고(Turgo)수차 오스버그(Ossberger)수차	수차가 물에 완전히 잠기지 않음 물은 수차의 일부 방향에서만 공급되며, 운동에너지만을 전환함
반동 수차	프란시스(Francis)수차	수차가 물에 완전히 잠김
	프로펠러 수차	카플란(Kaplan)수차 튜브라(Tubular)수차 벌브(Bulb)수차 림(Rim)수차	수차의 원주방향에서 물이 공급됨 동압(dynamic pressure) 및 정압(static pressure)이 전환됨

정답 8. ④ 9. ② 10. ④

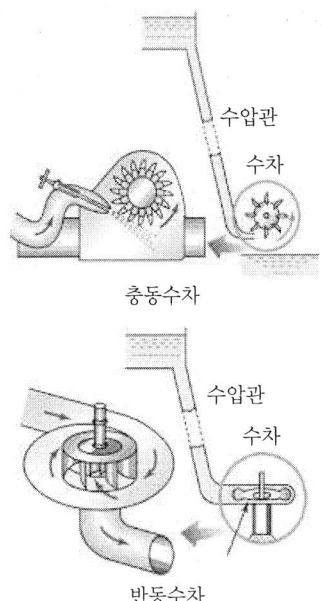

충동수차

반동수차

① 충동수차(impulse water turbine) : 물을 노즐(nozzle)로부터 분출시켜서 위치에너지를 전부 운동 에너지로 바꾸는 수차
② 반동수차(reaction water turbine) : 물의 위치에너지를 압력에너지로 바꾸고 이것을 러너에 유입시켜 빠져나갈 때의 반작용으로 동력을 발생하는 수차

16.2.17 / 16.2.68 / 16.4.16 / 18.1.16 / 18.1.71 / 18.2.6 / 19.2.15 / 19.4.19 / 20.1.75 / 20.3.3 / 20.1.11 / 21.1.13 / 21.2.6

11 용융탄산염형 연료전지의 동작온도 범위는 약 얼마인가?

① 50~150℃   ② 150~220℃
③ 600~700℃   ④ 상온~100℃

해설 용융탄산염 연료전지MCFC(Molten Carbonate Fuel Cell)는 용융된 탄산나트륨 또는 탄산칼륨을 전해질로 사용하며, 탄산염을 녹이기위해 650℃ 이상의 고온을 필요로해서 고온형 연료전지로 분류한다.

13.4.10 / 18.1.1 / 18.2.8 / 20.1.12

12 태양광발전 모듈의 NOCT(공칭동작온도) 측정 조건에 대한 설명으로 틀린 것은?

① 풍속 1.0m/s
② 공기온도 25℃
③ 방사조도 800W · m^2
④ 모듈 후면 개방상태

해설 공칭 태양광발전 전지 동작 온도 측정시험
태양광발전 모듈의 공칭 전지 동작 온도(Nominal Operating Cell Temperature, NOCT)는 다음의 표준기준 환경(Standard Reference Environment, SRE)에서 개방형 선반식 가대(open rack)에 설치한 모듈을 구성하는 태양광발전 전지의 평균 접합 온도로 정의된다.
① 경사각 : 수평면을 기준으로 45도
② 경사면 일조강도 : 800[W · m^2]
③ 주위기온 : 20[℃]
④ 풍속 : 1[m/s]
⑤ 전기적 부하 : 없음(회로 개방 상태)

16.4.18 / 17.2.47 / 19.1.16 / 20.1.13 / 20.3.53 / 21.4.13

13 인버터의 유로효율에 대한 관계식으로 옳은 것은?

① $\eta_{EURO} = 0.01\eta5\% + 0.05\eta10\% + 0.16\eta20\% + 0.1\eta30\% + 0.48\eta50\% + 0.2\eta100\%$

② $\eta_{EURO} = 0.01\eta5\% + 0.08\eta10\% + 0.13\eta20\% + 0.1\eta30\% + 0.48\eta50\% + 0.2\eta100\%$

③ $\eta_{EURO} = 0.03\eta5\% + 0.06\eta10\% + 0.13\eta20\% + 0.1\eta30\% + 0.48\eta50\% + 0.2\eta100\%$

④ $\eta_{EURO} = 0.03\eta5\% + 0.06\eta10\% + 0.16\eta20\% + 0.1\eta30\% + 0.45\eta50\% + 0.2\eta100\%$

해설 중대형 태양광발전용 인버터 효율시험
교류전원을 정격전압 및 정격 주파수로 운전한다. 운전 시작 후 최소한 2시간 이후에 측정한다.
1) 출력전력이 정격출력의 5[%], 10[%], 20[%], 30[%], 50[%], 그리고 100[%]일 때의 각각의 전력변환효율을 측정한다.
2) 직류입력을 정격전압으로 두고 측정한다.
3) 독립형 인버터의 경우 정격효율로 측정한다.
4) 판정기준
① 계통연계형 인버터의 경우 Euro 변환효율로 측정

하여, 정격용량이 10[kW] 초과 30[kW] 이하에서는 90[%], 30[kW] 초과 100[kW] 이하에서는 92[%], 100[kW] 초과에서는 94[%] 이상일 것

($\eta_{EURO} = 0.03\eta 5\% + 0.06\eta 10\% + 0.13\eta 20\% + 0.1\eta 30\% + 0.48\eta 50\% + 0.2\eta 100\%$)

② 독립형 인버터의 경우 정격효율로 측정하여 정격용량이 10[kW] 초과 30[kW] 이하에서는 88[%], 30[kW] 초과 100[kW] 이하에서는 90[%], 100[kW] 초과에서는 92[%] 이상일 것

16.2.9 / 17.4.6 / 19.1.19 / 20.1.14

14 태양광발전용 축전지의 기능을 모두 나타낸 것은?

> ㄱ. 발전전력 급변 시의 버퍼 역할
> ㄴ. 태양전지 출력전압의 안정화
> ㄷ. 재해 시 전력의 공급
> ㄹ. 전력저장

① ㄱ, ㄴ, ㄹ ② ㄱ, ㄷ, ㄹ
③ ㄴ, ㄷ, ㄹ ④ ㄱ, ㄴ, ㄷ, ㄹ

해설 축전지부착 계통연계시스템
축전지가 있는 계통연계시스템은 일반적인 계통연계시스템에 비해 적용범위를 확대할 수 있다.
① 방재 대응형
  평상시 계통연계시스템으로 동작하고, 재해시 인버터를 자립운전으로 전환하고 특정 방재 대응부하에 전력을 공급한다.
② 부하 평준화 대응형(피크 시프트형, 야간전력 저장형)
  태양전지 출력과 축전지 출력을 병용하여 부하의 피크 시에 인버터를 필요한 출력으로 운전하고, 수전전력의 증대를 억제하여 출력전압의 안정화 및 기본 전력요금을 절감한다.
③ 계통 안정화 대응형(Buffer)
  태양전지와 축전지를 병렬운전하며, 기후 급변 시나 계통부하 급변 시에 축전지를 방전하고, 태양전지 출력이 증대하여 계통전압이 상승하려고 할 때는 축전지를 충전하여 역조류를 감소시키고, 전압이 상승하는 것을 방지하는 버퍼(buffer, 완충제)) 역할

13.4.1 / 13.4.5 / 14.4.33 / 15.2.9 / 17.2.20 / 18.2.1 / 19.4.18 / 20.1.15

15 접속함 내부의 구성기기가 아닌 것은?

① 단자대   ② 주개폐기
③ 바이패스 다이오드 ④ 역류방지 다이오드

해설 태양광발전용 접속함
어레이를 구성하고 있는 모든 태양광발전 모듈의 스트링이 연결되는 단자가 들어있으며, 태양광발전 모듈 스트링의 출력을 인버터에 중계하며, 접속함의 주요자재는 다음과 같다.

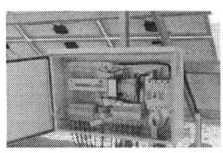

① 외함   ② DC Connector
③ Terminal Block   ④ DC 퓨즈
⑤ 퓨즈 링크(홀더) ⑥ 다이오드
⑦ 방열판   ⑧ PCB
⑨ DC 개폐기(차단기) ⑩ SPD
⑪ power supply   ⑫ FAN
⑬ 케이블 그랜드   ⑭ 모니터링 설비
⑮ 전류센서
⑯ 기타(제조사가 주요 자재로 취급하는 것)

※ 자재 중에서 수명(shelf life) 또는 보관 시 환경관리가 필요한 자재는 반도체 부품으로 다이오드 등이다.

※바이패스 다이오드는 태양전지 모듈의 뒷면(백시트) 정션(Junction Box)박스 내에 설치된다.

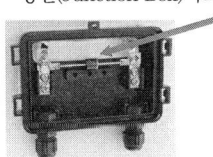  

바이패스 다이오드(Junction Box에 설치)

16.4.17 / 17.1.19 / 18.4.12 / 19.2.10 / 20.1.16 / 20.3.20 / 21.1.14 / 21.2.20

16 n형 반도체를 만들기 위해 첨가되는 원자로 틀린 것은?

① P   ② B   ③ As   ④ Sb

해설 N형 반도체

① 전하를 옮기는 캐리어로 자유전자가 사용되는 반도체이다.
② 음의 전하를 가지는 자유전자가 다수 캐리어로서 이동해서 전류가 생긴다.
③ 실리콘과 동일한 4가 원소의 진성 반도체에, 미량의 5가 원소 인(P), 비소(As), 안티모니(Sb) 등을 불순물로 첨가해서 만들어진다.

13.4.14 / 14.4.1 / 14.4.9 / 15.2.5 / 15.2.43 / 17.1.20 / 17.4.14 / 18.2.11 / 19.2.5 / 20.1.17 / 20.3.1 / 20.4.4 / 20.4.6 / 21.1.43 / 21.2.2 / 21.2.13 / 21.2.18

17 태양광발전 모듈의 출력전압과 출력전류에 영향을 주는 각 인자와의 연결로 옳은 것은?

① 전류–풍량, 전압–풍량
② 전류–일사량, 전압–온도
③ 전류–풍량, 전압–일사량
④ 전류–온도, 전압–일사량

해설 모듈의 특성곡선(400W급)

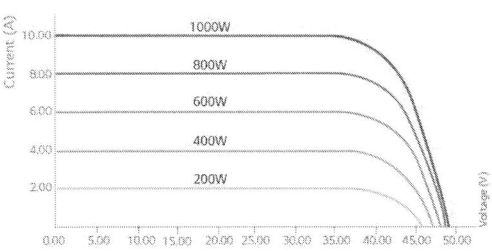

① 200W/m²의 일사량에 종측 전류는 2A, 횡측 전압은 46V 정도가 발생되며, 1000W/m²의 일사량에는 종측 전류는 5배 증가한 10A, 횡측 전압은 49V로 별 차이가 없음을 알 수 있다.

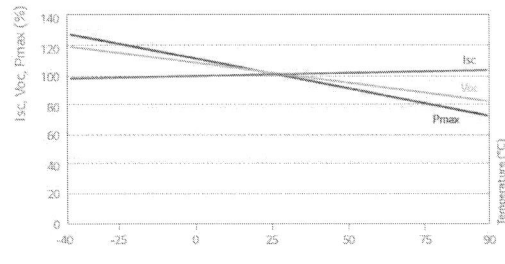

② 횡측 온도의 변화에 단락전류(I_{sc}) 변화폭은 적으나, 개방전압(V_{oc})은 약 40(%)의 변화를 확인할 수 있다.

15.2.75 / 15.4.65 / 15.4.74 / 17.1.62 / 17.2.63 / 17.4.1 / 17.4.3 / 17.4.76 / 18.1.8 / 18.2.72 / 19.4.15 / 20.1.18 / 20.1.72 / 20.1.77 / 21.1.6 / 21.2.12

18 신재생에너지에 대한 설명으로 옳은 것은?

① 해양에너지는 조력, 수력, 해양온도차발전 등이 있다.
② 수력발전은 표층과 심층의 해수온도차를 이용한 것이다.
③ 수소에너지는 신에너지와 재생에너지 중 재생에너지에 속한다.
④ 폐기물에너지는 가연성 폐기물에서 발생되는 발열량을 이용한 것이다.

해설 신·재생에너지 설비

(1) 해양에너지
해양의 조수·파도·해류·온도차 등을 변환시켜 전기 또는 열을 생산하는 기술로써 전기를 생산하는 방식은 조력·파력·조류·온도차 발전 등이 있음

① 조력발전 : 조석간만의 차를 동력원으로 해수면의 상승하강운동을 이용하여 전기를 생산

시화조력발전 원리

② 파력발전 : 연안 또는 심해의 파랑에너지를 이용하여 전기를 생산하는 기술, 제주도 파력발전소는 파도가 치면 바닷물이 발전기 안의 공기를 위로 압축시키고, 위로 밀려올라간 공기는 터빈을 돌려 전기를 발생시킨다.

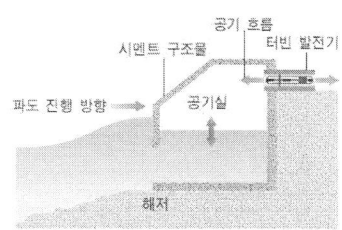

③ 조류발전 : 해수의 유동에 의한 운동에너지를 이용하여 전기를 생산
④ 온도차발전 : 해양 표면층의 온수(예 : 25~30℃)와 심해 500~1000m정도의 냉수(예 : 5~7℃)와의 온도차를 이용하여 열에너지를 기계적 에너지로 변환시켜 발전

(2) 폐기물에너지 : 사업장 또는 가정에서 발생되는 가연성 폐기물중 에너지 함량이 높은 폐기물을 여러 가지

기술에 의해 연료로 만들거나 소각하여 에너지로 이용한다.

(3) 태양광발전 : 태양의 빛에너지를 변환시켜 전기를 생산한다.

14.4.4 / 14.4.13 / 15.2.11 / 15.2.17 / 15.4.17 / 17.2.14 / 17.4.5 / 18.1.3 / 18.4.7 / 20.1.3 / 20.1.19 / 20.3.8 / 20.3.9 / 21.4.1

19 계통연계형 인버터의 주요 3기능에 해당하지 않는 것은?

① 충·방전 조정기능
② 자동운전·정지기능
③ 단독운전 방지기능
④ 최대전력 추종제어기능

해설 태양광발전시스템 인버터의 주요기능

① 자동운전 정지(Auto shutdown) 기능
　인버터는 해가 떠오르고 출력이 발생되는 조건이 되면 자동적으로 운전을 시작하며, 해가 지는 동안에도 출력이 발생하는 한 가동은 계속되고 완전한 일몰 뒤 운전이 정지한다.
② 단독운전 방지(Non-islanding) 기능
　단독운전(한전 정전시 분리된 계통에 전력을 계속 공급하게 되는 운전상태)시의 문제점을 해결하기 위한 기능으로, 단독운전 발생 후 최대 0.5초 이내에 한전계통에 대한 가압을 중지해야 한다.
③ 최대전력 추종(MPPT ; Maximum Power Point Tracking)제어 기능
　태양전지의 출력은 일사강도나 태양전지의 표면온도에 따라 변화하며, 이들 변동에서 태양전지의 동작점이 항상 최대출력점을 추종하도록 변화시켜, 태양전지에서 최대 출력을 유도하는 제어

15.2.48 / 15.4.2 / 16.2.15 / 16.4.13 / 18.4.1 / 19.1.4 / 19.1.11 / 20.1.20 / 21.1.1 / 21.1.5

20 태양전지의 기본 동작원리인 광기전력효과를 최초로 발견한 사람은?

① Neville Mott
② Charles Fritts
③ Walter Schottky
④ Alexandre-Edmond Becquerel

해설 광기전력효과

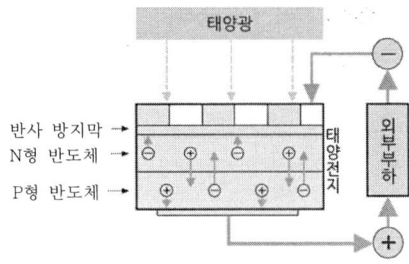

① p-n 접합이 있는 반도체에 빛을 조사하였 때 기전력이 발생하는 현상. 광여기로 발생하는 전자와 정공이 p-n 접합면을 통해 전자는 p형에서 n형으로, 후자는 역방향으로 각각 확산함으로써 기전력이 발생한다. 이 효과를 이용한 것이 광전지이다.
② 1839년 에드몽 베크렐(Alexandre-Edmond Becquerel)은 빛에 노출된 전도 용액을 통해 광전효과를 관찰하였다.

20.1.21

21 고소작업차 안전운전에 관한 기술지침에 따른 안전수칙에 대한 설명으로 틀린 것은?

① 고소작업차를 임의변경 또는 개조하지 말아야 한다.
② 고소작업차 운전자에게는 실기교육을 실시하여야 한다.
③ 조작레버는 중립 또는 차단상태에서 시동을 걸어야 한다.
④ 붐이나 작업대는 다른 구조물을 지지할 수 있도록 하여야 한다.

해설 고소작업차 안전운선에 관한 기술지침(안선수칙)

① 고소작업차를 임의변경 또는 개조하지 말아야 한다.
② 작업장 주변의 위험한 지면, 물체, 건물 등에 주의하여 장비를 조작하여야 하며 사람이 접근하지 않도록 하여야 한다.
③ 작동전 장비의 이상유무를 확인하여야 한다.
④ 운전자는 장비 용량의 한계를 숙지하여 허용 한계 내에서 작동하여야 한다.
⑤ 안전기를 이용하여 장비가 항상 지면에 수평을 이루는 상태에서 작업을 수행하며 최대 허용 경사도가 초과되는 곳에서는 작업을 금지하여야 한다.
⑥ 작업자가 오르고 내릴 때의 작업대는 구조물과 간격이 30cm 이내에 있어야 한다.

⑦ 고소작업차 사용자에 대한 교육은 주기적으로 실시하며 특히 운전자에게는 실기교육을 실시하여야 한다.
⑧ 붐이나 작업대는 다른 구조물을 지지하는 용도로 사용하지 말아야 한다.
⑨ 조작레버는 중립 또는 차단상태에서 시동을 걸어야 한다.

13.4.40 / 15.2.29 / 15.2.55 / 17.4.37 / 18.2.27 / 18.4.26 / 18.4.57 / 19.1.32 / 19.2.32 / 19.2.43 / 20.1.22 / 20.4.32 / 21.1.35 / 21.4.46

22 태양광 발전소 공사의 경우 사용전검사를 받는 시기는?

① 공사가 착공된 때
② 전체 공사가 완료된 때
③ 태양광발전 어레이 공사가 완료된 때
④ 내압시험을 할 수 있는 상태가 된 때

해설 **사용전 검사**
① 각종 발전설비, 송·변전·배전설비 및 가로등, 신호등, 보안등, 공장, 상가 등 대형건물의 설치공사 또는 변경공사를 완료하고, 그 전기설비가 공사계획의 인가 또는 신고를 한 내용 및 전기설비기술기준에 적합한 지의 여부에 대한 검사를 산업통상자원부장관 또는 시·도지사로부터 위탁받아 한국전기안전공사에서 수행한다.
② 태양광 발전소에 관한 공사의 경우에는 전체의 공사가 완료된 때 검사를 실시한다.
③ 사용전 검사를 받으려는 자는, 검사를 받으려는 날의 7일전까지 한국전기안전공사에 사용전 검사 신청서를 제출하여야 한다.

17.1.32 / 20.1.23 / 21.1.39

23 가공전선의 구비조건으로 틀린 것은?

① 비중이 클 것
② 도전율이 클 것
③ 내구성이 있을 것
④ 기계적강도가 클 것

해설 **전선의 구비조건**
① 도전율이 클 것
② 기계적 강도가 클 것
③ 가요성이 클 것
④ 내구성이 클 것
⑤ 비중이 작을 것(가벼울 것)
⑥ 가격이 저렴할 것

16.4.37 / 20.1.24

24 변전실의 면적에 영향을 주는 요소로 틀린 것은?

① 변전실의 접지방식
② 수전전압 및 수전방식
③ 건축물의 구조적 여건
④ 변전설비 변압방식, 변압기 용량, 수량 및 형식

해설 **변전실 면적에 영향을 주는 요소**
① 수전전압 및 수전방식
② 변전설비 강압방식, 변압기 용량, 수량 및 형식(변전설비 시스템 방식)
③ 설치 기기와 큐비클 및 시방
④ 기기의 배치방법 및 유지보수 필요 면적
⑤ 건축물의 구조적 여건

17.1.65 / 19.4.21 / 20.1.25

25 금속제 케이블트레이의 종류로 틀린 것은?

① 사다리형   ② 통풍 채널형
③ 바닥 밀폐형   ④ 바닥 개방형

해설 케이블 트레이는 케이블을 지지하기 위하여 사용하는 금속제 또는 불연성 재료로 제작된 유닛 또는 유닛의 집합체 및 그에 부속하는 부속재 등으로 구성된 견고한 구조물을 말하며 사다리형, 펀칭형, 통풍 채널형, 바닥 밀폐형 기타 이와 유사한 구조물을 포함한다

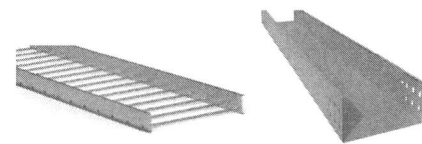

사다리형   바닥밀폐형

정답 22. ② 23. ① 24. ① 25. ④

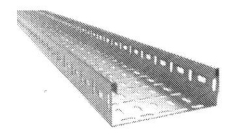
통풍채널형

26 전력시설물 공사감리업무 수행지침에 의해 책임감리원이 분기보고서를 발주자에게 제출하는 기간은 매 분기 말 다음 달 며칠 이내로 제출하여야 하는가?

① 5일 ② 7일 ③ 10일 ④ 15일

해설 책임감리원은 다음의 내용이 포함된 분기보고서를 작성하여 발주자에게 제출하여야 한다. 보고서는 매 분기말 다음 달 7일 이내로 제출한다.
① 공사추진 현황(공사계획의 개요와 공사추진계획 및 실적, 공정현황, 감리용역현황, 감리조직, 감리원 조치내역 등)
② 감리원 업무일지
③ 품질검사 및 관리현황
④ 검사요청 및 결과통보내용
⑤ 주요기자재 검사 및 수불내용(주요기자재 검사 및 입·출고가 명시된 수불현황)
⑥ 설계변경 현황
⑦ 그밖에 책임감리원이 감리에 관하여 중요하다고 인정하는 사항

27 시설물별 표준적인 시공기준으로 발주처 또는 설계 등 용역업자가 공사시방서를 작성하는 경우에 활용하기 위한 시공기준을 규정한 시방서는 어느 것인가?

① 표준시방서 ② 전문시방서
③ 특기시방서 ④ 기술시방서

해설 표준시방서
① 시설물의 안전 및 공사시행의 적정성과 품질확보 등을 위해 시설물별로 정한 표준적인 시공기준을 말한다.
② 발주청이나 설계 등을 맡은 용역업자가 공사시방서를 작성하는 경우에 활용한다.
③ 공사 종류에 따라 내용과 형식이 달라져서, 도로공사표시시방서, 건축공사표준시방서 등 표준시방서의 종류 또한 다양하다.

28 KEC규정변경으로 인하여 삭제됨

29 가공전선로와 비교하여 지중전선로의 특징으로 옳은 것은?

① 건설비가 싸다.
② 건설기간이 짧다.
③ 사고복구를 단시간에 할 수 있다.
④ 외부 기상조건의 영향을 거의 받지 않는다.

해설 지중전선로의 장·단점
1) 장점
① 도시의 미관을 해치지 않는다.
② 폭풍우나 낙뢰(落雷), 염진(鹽塵) 등의 기상적 재해로부터 안전하다.
③ 고장이 적다.
④ 유도장해 경감

2) 단점
① 고장점 발견 복구가 어렵다.
② 공사비가 비싸고 공사기간이 길다.
③ 송전용량이 비교적 낮다.
④ 신규 추가설치가 곤란하다.

30 전력시설물 공사감리업무 수행지침에 따라 기자재 공급승인요청서에 첨부되어 제출되는 서류가 아닌 것은?

① 현장테스트 사진
② 납품실적 증명서
③ 시험성과 대비표
④ 품질시험 대행 국·공립시험기관의 시험성과

해설 감리원은 주요기자재 공급승인 요청서에 다음의 관계서류를 첨부하도록 하여야 한다.

정답 26. ② 27. ① 28. 29. ④ 30. ①

① 품질시험 대행 국·공립시험기관의 시험성과
② 납품실적 증명
③ 시험성과 대비표

시험항목	시방기준	시험성과	판정·비고

13.4.39 / 14.4.34 / 15.2.34 / 17.4.44 / 18.1.36 / 19.1.40 / 19.4.31 / 20.1.31

31 태양광발전 모듈에서 인버터 입력단 간 및 인버터 출력단과 계통연계점 간의 전압강하와 전선의 길이에 대하여 다음 (   )에 들어갈 내용으로 옳은 것은?

전압강하	전선길이
5%	120m 이하
6%	( )m 이하
7%	( )m 초과

① ㉠:150, ㉡:150
② ㉠:150, ㉡:250
③ ㉠:200 ㉡:200
④ ㉠:200, ㉡:300

해설 **전압강하**

모듈에서 인버터 입력단 간 및 인버터 출력단과 계통연계점 간의 전압강하는 각 3[%]을 초과하여서는 아니 된다. 다만, 전선길이가 60[m]을 초과할 경우에는 아래 표에 따라 시공할 수 있다.

전선길이	120[m] 이하	200[m] 이하	200[m] 초과
전압강하	5[%]	6[%]	7[%]

16.4.21 / 17.4.30 / 18.1.35 / 19.4.30 / 20.1.32 / 20.3.40

32 태양광발전 모듈의 설치구조물의 구조설계 시 일반적으로 적용되는 상정하중에 해당하지 않는 것은?

① 적설하중
② 지진하중
③ 고정하중
④ 온도하중

해설 **구조물의 상정하중**
① 수직하중 : 고정하중, 활하중, 적설하중
② 수평하중 : 풍하중, 지진하중
③ 고정하중 : 가대 본체의 하중과 가대에 적재하는 태양광 모듈 등의 하중 및 어레이의 구성에 필요한 기자재 등의 중량을 가산한 것으로써 영구적으로 작용하는 하중이다.

16.2.26 / 20.1.33 / 21.4.32

33 전력시설물 공사감리업무 수행지침에 따라 감리원은 공사업자의 시공기술자 등이 공사현장에 적합하지 않다고 인정되는 경우에는 시정을 요구하고 이에 불응하는 때에는 발주자에게 그 실정을 보고하여 교체사유가 인정되면 공사업자는 교체요구에 응하여야 한다. 이 경우의 교체사유로 틀린 것은?

① 시공관리책임자가 불법 하도급을 하거나 이를 방치하였을 때
② 시공관리책임자가 시공능력이 준수하다고 인정되나 정당한 사유 없이 기성공정이 예정 공정보다 빠를 때
③ 시공관리책임자가 감리원과 발주자의 사전승낙을 받지 아니하고 정당한 사유 없이 해당공사현장을 이탈한 때
④ 시공관리책임자가 고의 또는 과실로 공사를 조잡하게 시공하거나 부실시공을 하여 일반인에게 위해를 끼친 때

해설 **시공기술자 등의 교체**
(1) 감리원은 공사업자의 시공기술자 등이 (2)의 각 호에 해당되어 해당 공사현장에 적합하지 않다고 인정되는 경우에는 공사업자 및 시공기술자에게 문서로 시정을 요구하고, 이에 불응하는 때에는 발주자에게 그 실정을 보고하여야 한다.

(2) 감리원으로부터 시공기술자의 실정보고를 받은 발주자는 지원업무담당자에게 실정 등을 조사·검토하게 하여 교체사유가 인정될 경우에는 공사업자에

게 시공기술자의 교체를 요구하여야 한다. 이 경우 교체 요구를 받은 공사업자는 특별한 사유가 없으면 신속히 교체요구에 응하여야 한다.
① 시공기술자 및 안전관리자가 관계 법령에 따른 배치기준, 겸직금지, 보수교육 이수 및 품질관리 등의 법규를 위반하였을 때
② 시공관리책임자가 감리원과 발주자의 사전 승낙을 받지 아니하고 정당한 사유없이 해당 공사현장을 이탈한 때
③ 시공관리책임자가 고의 또는 과실로 공사를 조잡하게 시공하거나 부실시공을 하여 일반인에게 위해(危害)를 끼친 때
④ 시공관리책임자가 계약에 따른 시공 및 기술능력이 부족하다고 인정되거나 정당한 사유없이 기성 공정이 예정공정에 현격히 미달한 때
⑤ 시공관리책임자가 불법 하도급을 하거나 이를 방치하였을 때
⑥ 시공기술자의 기술능력이 부족하여 시공에 차질을 초래하거나 감리원의 정당한 지시에 응하지 아니할 때
⑦ 시공관리책임자가 감리원의 검사·확인 등 승인을 받지 아니하고 후속공정을 진행하거나 정당한 사유 없이 공사를 중단할 때

20.1.34 / 21.4.29
34 수공구 사용 안전지침에 따른 조립공구에 속하지 않는 것은?

① 끌 ② 렌치
③ 드라이버 ④ 플라이어

해설 수공구의 종류
1) 조립공구
① 렌치(Wrench)
② 드라이버(Driver)
③ 플라이어(Pliers)

2) 절단공구
① 칼(Knife)
② 톱(Saw)
③ 가위(Scissors)
④ 끌(Chisel)

3) 타격공구
해머 등

4) 고정공구
① 클램프(Clamp)
② 바이스(Vices)

13.4.23 / 16.2.39 / 20.1.35 / 21.1.36 / 21.4.24
35 배전선로의 전력손실 경감과 관계없는 것은?

① 승압
② 역률 개선
③ 다중접지방식 채용
④ 부하의 불평형 방지

해설 배전선로의 손실 경감 대책
① 배전전압의 승압
전력손실은 전압의 제곱에 반비례하여 감소되므로, 배전전압을 승압한다는 것은 손실 경감책, 전압변동 경감책으로 효과적이다.
② 전류밀도의 감소와 평형
일반적인 배전선로에서는 각 상의 부하전류가 불평형으로 되는 것이 보통이며, 심할 경우에는 손실 증가가 일어나므로 부하의 재분배 등으로 불평등을 시정하여야 하며, 장래 예상되는 부하증가, 선로의 구간 연장 등에 대비해서 부하 불평형이 일어나지 않도록 하여야 한다.
③ 전력용 콘덴서의 설치
전력 손실은 부하 역률의 제곱에 반비례하므로 부하 역률을 개선하면 전력 손실을 크게 절감할 수 있다.
④ 저손실 변압기의 채용
현재 배전용 변압기는 적철심형보다 철손이 적은 권철심형을 사용하고 있다. 이 변압기의 철심으로는 규소강판을 사용하고 있으나 새로 개발된 저손실 철심재료인 3차 재결정 방향성 규소강판이나 비정질(아몰퍼스) 철심재료를 사용한 변압기로 대체하면 기존의 규소강판 변압기에 비해 철손을 1/3~1/4 수준으로 낮출 수 있다.

36 KEC규정변경으로 인하여 삭제됨

16.2.35 / 18.4.32 / 19.4.35 / 20.1.37 / 20.3.28

37 설계감리업무 수행지침에 따른 설계감리원의 기본임무 수행 사항이 아닌 것은?

① 과업지시서에 따라 업무를 성실히 수행하고 설계의 품질향상에 따라 노력하여야 한다.
② 설계용역 계약 및 설계감리용역 계약내용이 충실히 이행될 수 있도록 하여야 한다.
③ 설계 및 설계감리용역 시행에 따른 업무연락, 문제점 파악 및 민원해결 등을 성실히 수행하여야 한다.
④ 설계공정의 진척에 따라 설계자로부터 필요한 자료 등을 제출받아 설계용역이 원활히 추진될 수 있도록 설계감리 업무를 수행하여야 한다.

해설 설계감리원의 기본임무

① 설계용역 계약 및 설계감리용역 계약내용이 충실히 이행될 수 있도록 하여야 한다.
② 해당 설계용역이 관련 법령 및 전기설비기술기준 등에 적합한 내용대로 설계되는지의 여부를 확인 및 설계의 경제성 검토를 실시하고, 기술지도 등을 하여야 한다.
③ 설계공정의 진척에 따라 설계자로부터 필요한 자료 등을 제출받아 설계용역이 원활히 추진될 수 있도록 설계감리 업무를 수행하여야 한다.
④ 과업지시서에 따라 업무를 성실히 수행하고 설계의 품질향상에 따라 노력하여야 한다.

16.4.30 / 20.1.38

38 태양광발전시스템의 시공절차와 주의사항에 대한 설명으로 틀린 것은?

① 주철가대, 금속제 외함 및 금속배관 등은 누전사고 방지를 위한 접지공사가 필요하다.
② 태양광발전시스템의 전기공사는 태양광발전 모듈의 설치와 병행하여 진행한다.
③ 공사용 자재 반입 시 레커차를 사용할 경우, 레커차의 암 선단이 배전선에 근접할 때, 절연전선 또는 전력케이블에 보호관을 씌운 후 전력회사에 통보한다.
④ 태양광발전 모듈의 배열 및 결선방법은 모듈의 출력전압과 설치장소에 따라 다르기 때문에 체크리스트를 이용하여 시공 전과 후에도 확인하는 것이 바람직하다.

해설 관계기관에 사전 협조요청

① 공사계획서 및 자재 반입 계획서 작성시 현장을 점검하여 관계기관의 협조에 의한 안전조치의 필요성이 요구될 때에는 반드시 공사 착공 전에 사전협의 및 안전조치 후 공사를 시행한다.
② 배전선로의 절연전선 또는 전력케이블은 전력회사의 소유여서 임으로 전력케이블에 보호관을 씌울 수는 없으며, 전력회사에 협조요청하면 전력회사와 계약된 배전선로 유지보수업체에서 조치를 취한다.

16.2.11 / 16.4.32 / 17.1.28 / 20.1.39 / 20.3.6 / 20.3.7 / 21.2.28 / 21.2.31

39 지붕에 설치하는 태양광발전 형태는?

① 창재형
② 차양형
③ 루버형
④ 톱 라이트형

해설 루버형과 톱라이트형

1) 루버(Louver)형
개구부의 블라인드 기능 태양광

2) 톱라이트(Top Light)형

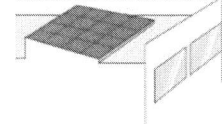

① 지붕에 설치한다.
② 지붕 채광용 톱 라이트 부분의 유리에 맞게 태양전지를 설치하는 형태
③ 톱라이트의 기능으로 실내 채광 및 설치된 셀에 의한 차폐 기능도 있다.
④ 셀을 어떻게 배치하는 가에 따라서 개구율을 바꿀 수 있다.

13.4.34 / 14.4.25 / 15.2.31 / 15.4.38 / 17.1.25 / 17.2.30 / 17.4.21 / 17.4.34 / 18.4.34 / 19.1.22 / 20.1.40 / 20.3.38 / 20.4.29 / 21.1.22 / 21.2.25

40 태양광발전시스템의 일반적인 시공 순서로 옳은 것은?

```
㉠ 모듈          ㉡ 어레이
㉢ 인버터        ㉣ 접속반
㉤ 계통 간 전선
```

① ㉠→㉡→㉣→㉢→㉤
② ㉠→㉤→㉢→㉡→㉣
③ ㉠→㉣→㉡→㉤→㉢
④ ㉠→㉢→㉤→㉣→㉡

[해설] 계통연계형 태양광발전시스템의 구성

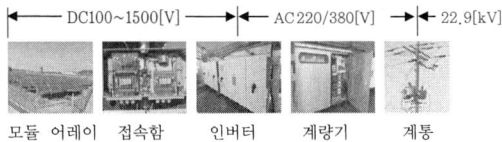

모듈 어레이 접속함   인버터   계량기   계통

20.1.41 / 21.1.42

41 태양광발전시스템의 유지보수에서 연계 보호장치의 점검 부위가 아닌 것은?

① 전자접촉기   ② 보호릴레이
③ 보조릴레이   ④ 냉각팬 히터

16.4.3 / 17.1.53 / 17.2.59 / 17.4.41 / 19.1.49 / 20.1.42 / 20.3.47 / 20.4.43 / 21.1.60

42 태양광발전시스템의 개방전압을 측정할 때 유의해야 할 사항으로 틀린 것은?

① 태양광발전 어레이의 표면은 청소하지 않아도 된다.
② 각 스트링의 측정은 안정된 일사강도가 얻어질 때 실시한다.
③ 태양광발전 모듈은 비오는 날에도 미소한 전압을 발생하고 있으므로 매우 주의하여 측정해야 한다.
④ 측정시각은 일사강도, 온도의 변동을 극히 적게 하기 위해 맑을 때, 남쪽에 있을 때의 전후 1시간에 실시하는 것이 바람직하다.

[해설] 개방전압 측정 시 주의사항
① 각 모듈이 음영의 영향을 받지 않는 것을 확인한다. (모듈의 불량 또는 모듈간의 접속불량 등이 발생하면 각 스트링의 개방전압 측정치가 불균일하다)
② 각 모듈이 균일한 일사조건이 되기 쉬운 약간 흐린 날씨라면 평가하기 쉬우나, 아침, 저녁의 낮은 일사 조건은 피한다.
③ 맑은 날, 남중고도에 있을 때 측정하면 오차가 적다.
④ 우천 시에는 감전의 위험이 있으니, 측정을 피한다.

15.4.55 / 18.1.54 / 19.2.57 / 19.2.60 / 19.4.55 / 20.1.43 / 21.4.14 / 21.4.59

43 태양광발전용 접속함의 고장과 원인의 연결로 틀린 것은?

① 퓨즈 폴더 변형-과열
② 어레이 단자 변형-환기불량
③ 환기 팬 소음-환기팬 노화
④ 다이오드 과열-과전류 직속

[해설] 어레이 단자는 외부 충격에 의한 변형

13.4.57 / 16.4.51 / 18.1.59 / 20.1.44 / 21.1.49 / 21.2.60

44 자가용전기설비 검사업무 처리규정에 따라 정기검사 시 태양광 발전설비 전력변환장치의 검사 세부 종목이 아닌 것은?

① 규격확인
② 충전기능시험
③ 부하운전시험
④ 제어회로 및 경보장치

해설 **자가용 태양광 발전설비 전력변환장치의 정기검사 항목**

1) 일반 규격
① 규격 확인

2) 본체
② 외관검사
③ 절연저항
④ 절연내력
⑤ 제어회로 및 경보장치
⑥ 전력조절부/Static 스위치 자동·수동 절체시험
⑦ 역방향운전 제어시험
⑧ 단독운전 방지시험
⑨ 인버터 자동·수동 절체시험
⑩ 충전기능시험

3) 보호장치
① 외관검사
② 절연저항
③ 보호장치시험

4) 축전지
① 시설상태 확인
② 전해액 확인
③ 환기시설 상태

15.4.43 / 16.4.43 / 16.4.53 / 17.4.58 / 18.2.26 / 19.4.48 / 20.1.45

45 인버터의 절연저항 측정 시 주의사항으로 틀린 것은?

① SA 등의 정격에 약한 회로들은 회로에서 분리하여 측정한다.
② 정격전압이 입·출력과 다를 때는 낮은 측의 전압을 선택기준으로 한다.
③ 절연변압기를 장착하지 않은 인버터는 제조사가 추천하는 방법에 따라 측정한다.
④ 입·출력단자에 주회로 이외의 제어단자 등이 있는 경우 이것을 포함해서 측정한다.

해설 **인버터의 절연저항 측정**

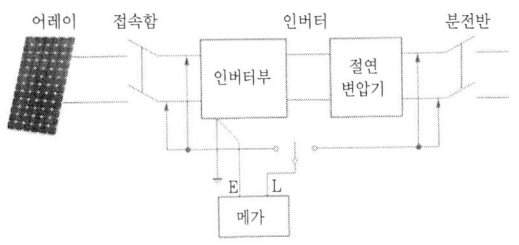

1) 입력회로
① 태양전지회로를 접속함에서 분리한다.
② 분전반 내의 분기회로 차단기를 개방한다.
③ 인버터의 입·출력단자를 단락하고, 직류단자와 대지 간을 절연저항계(Megger)로 측정한다.

2) 출력회로
① 태양전지회로를 접속함에서 분리한다.
② 분전반 내의 분기회로 차단기를 개방한다.
③ 인버터의 교류측 회로를 분전반 차단기에서 분리하여 분전반까지의 전로를 포함하여 측정한다.
④ 인버터의 입·출력단자를 단락하고, 출력단자와 대지 간을 절연저항계(Megger)로 측정한다.

3) 기타 주의사항
① 정격전압이 입출력과 다를 때는 높은 측의 전압을 절연저항계의 선택기준으로 한다.
② 입출력 단자에 주회로 이외의 제어단자 등이 있는 경우는 이것을 포함해서 측정한다.
③ 서지업서버 등의 정격에 약한 회로들은 회로에서 분리하여 측정한다.
④ 절연변압기가 별도로 설치된 경우에는 이를 포함하여 측정한다.
⑤ 절연변압기를 장착하지 않은 인버터는 제조사 추천 방식으로 측정한다.

17.2.58 / 19.1.57 / 19.1.58 / 19.2.47 / 19.4.58 / 20.1.46 / 20.1.47 / 20.4.48 / 20.4.59 / 21.2.49

46 충전전로를 취급하는 근로자가 착용하여야 하는 절연용 보호구가 아닌 것은?

① 절연화
② 절연 담요
③ 절연 안전모
④ 절연 고무장갑

해설 **절연용 보호구**

활선작업 또는 활선근접작업에서 감전을 방지하기 위하여 작업자가 신체에 착용하는 절연 안전모, 절연 고무장갑, 절연화, 절연장화, 절연복 등을 말한다.

정답 44. ③ 45. ② 46. ②

17.2.58 / 19.1.57 / 19.1.58 / 19.2.47 / 19.4.58 / 20.1.46 /
20.1.47 / 20.4.48 / 20.4.59 / 21.2.49

47 절연 안전모의 착용 시 주의사항으로 틀린 것은?

① 턱끈을 단단히 조임
② 머리에 적합하도록 헤드밴드를 조절
③ 한번이라도 큰 충격을 받았으면 사용하지 않음
④ 금속이나 도전성이 뛰어난 재료를 사용한 것을 사용

해설 절연 안전모의 사용 시 주의 사항
1) 착용 전
① 보호구 관리요령에 따라 정기점검을 받았는지 여부
② 흙, 기름, 물기 등이 있는지 또는 건조한 지 여부
③ 충격의 흔적이 있는지 여부
④ 변색되거나 변형되었는지 여부
⑤ 장착제, 충격 흡수재 등의 손상이나 더러움 여부

2) 착용시
① 머리에 적합하도록 헤드밴드를 조절
② 턱끈을 단단히 조임
③ 한번이라도 큰 충격을 받았으면 사용하지 않음

20.1.48 / 21.4.51

48 발전 또는 구역전기 사업허가증의 사업규모에 작성되는 내용으로 틀린 것은?

① 주파수
② 공급단자
③ 설비용량
④ 공급전압

해설 전기사업용 전기설비에 관한 사항(발전 사업허가증)
① 설치장소
② 원동력의 종류
③ 설비용량
④ 공급전압
⑤ 주파수

14.4.48 / 15.2.41 / 16.4.23 / 17.1.13 / 18.1.50 / 20.1.49 / 20.4.41

49 분산형전원 배전계통 연계 기술기준에 따라 분산형전원 및 그 연계 시스템은 분산형전원 연결점에서 최대 정격 출력전류의 몇 %를 초과하는 직류 전류를 계통으로 유입시켜서는 안 되는가?

① 0.1
② 0.2
③ 0.3
④ 0.5

해설 전기품질 항목
① 직류 유입 제한
분산형전원 및 그 연계 시스템은 분산형전원 연결점에서 최대 정격 출력전류의 0.5[%]를 초과하는 직류 전류를 계통으로 유입시켜서는 안된다.
② 역률
분산형전원의 역률은 90[%] 이상으로 유지함을 원칙으로 한다.
③ 플리커(flicker)
④ 고조파

16.4.44 / 17.4.47 / 20.1.50 / 20.3.44

50 결정질 실리콘 태양광발전 모듈(성능)(KS C 8561:2020)에 따른 외관 검사에서 모듈 외관, 태양전지 등의 크랙, 구부러짐, 갈라짐 등의 이상 유무를 확인하기 위해 몇 lx 이상의 광조사상태에서 검사하는가?

① 1000
② 1200
③ 1500
④ 2000

해설 모듈 외관(육안) 검사
1000[Lux] 이상의 광조사 상태에서 모듈 외관, 태양전지 셀 등에 크랙(Crack), 구부러짐, 갈라짐 등이 없는지 확인하고, 셀 간 접속 및 다른 접속부분에 결함이 없는지, 셀과 셀, 셀과 프레임상의 터치가 없는지, 접속에 결함이 없는지 등을 검사한다.

17.1.46 / 19.1.56 / 20.1.51 / 21.4.57

51 중대형 태양광 발전용 인버터(계통연계형, 독립형)(KS C 8565:2016)에 따른 인버터의 시험 항목으로 틀린 것은?

① 절연성능시험
② 정상특성시험
③ 전기자기 적합성
④ 과열점 내구성시험

해설 태양광 발전용 독립형/계통연계형 중대형 인버터의 시험항목

정답 47. ④ 48. ② 49. ④ 50. ① 51. ④

시험항목		독립형	계통연계형
1. 구조 시험		O	O
2. 절연 성능 시험	a) 절연 저항 시험	O	O
	b) 내전압 시험	O	O
	c) 감전 보호 시험	O	O
	d) 절연 거리 시험	O	O
3. 보호 성능 시험	a) 출력 과전압 및 부족 전압 보호 기능 시험	×	O
	b) 주파수 상승 및 저하 보호 기능 시험	×	O
	c) 단독 운전 방지 기능 시험	×	O
	d) 복전 후 일정 시간 투입 방지 기능 시험	×	O
4. 정상 특성 시험	a) 교류 전압, 주파수 추종 범위 시험	×	O
	b) 교류 출력 전류 변형률 시험	×	O
	c) 누설 전류 시험	O	O
	d) 온도 상승 시험	O	O
	e) 효율 시험	O	O
	f) 대기 손실 시험	×	O
	g) 자동 기동·정지 시험	×	O
	h) 최대 전력 추종 시험	×	O
	i) 출력 전류 직류분 검출 시험	×	O
5. 과도 응답 특성 시험	a) 입력 전력 급변 시험	O	O
	b) 계통 전압 급변 시험	×	O
	c) 계통 전압 위상 급변 시험	×	O
6. 외부 사고 시험	a) 출력측 단락 시험	O	O
	b) 계통 전압 순간 정전·강하 시험	×	O
	c) 부하 차단 시험	O	O
7. 내전기 환경 시험	a) 계통 전압 왜형률 내량 시험	×	O
	b) 계통 전압 불평형 시험	×	O
	c) 부하 불평형 시험	O	×
8. 내주위 환경 시험	a) 습도 시험	O	O
	b) 온도 사이클 시험	O	O
9. 전기자기 적합성 (EMC)	a) 전자파 내성(EMI)	O	O
	b) 전자파 내성(EMS)	O	O

13.4.26 / 15.4.28 / 16.4.38 / 17.1.51 / 17.2.22 / 17.2.54 / 17.4.23 / 17.4.53 / 18.1.21 / 18.1.47 / 18.2.46 / 18.2.53 / 18.4.23 / 19.1.60 / 19.2.26 / 19.2.42 / 19.4.27 / 19.4.49 / 20.1.52 / 20.3.23 / 20.3.41 / 20.4.24 / 21.1.38 / 21.4.42 / 21.4.48

52 감전의 위험을 방지하기 위해 정전작업 시에 작성하는 정전작업요령에 포함되는 사항이 아닌 것은?

① 정전확인순서에 관한 사항
② 단락접지실시에 관한 사항
③ 단독 근무 시 필요한 사항
④ 시운전을 위한 일시운전에 관한 사항

해설 정전작업요령

정전작업시에는 감전사고의 위험을 방지하기 위해 다음의 사항을 포함한 정전작업요령을 작성하고 이 요령에 의거 작업을 실시해야 한다.
① 작업책임자의 임명, 정전범위 및 절연보호구의 작업시작전 점검 등 작업시작 전에 필요한 사항
② 전로 또는 설비의 정전순서에 관한 사항
③ 개폐기 관리 및 표지판 부착에 관한 사항
④ 정전확인 순서에 관한 사항
⑤ 단락접지 실시에 관한 사항
⑥ 전원 재투입 순서에 관한 사항
⑦ 점검 또는 시운전을 위한 일시운전에 관한 사항
⑧ 교대 근무시 근무인계에 필요한 사항

20.1.53 / 21.1.55

53 건물일체형 태양광 모듈(BIPV)-성능평가 요구사항(KS C 8577 : 2016)에 따라 절연시험 시 모듈의 측정 면적에 따라 $0.1m^2$ 미만에서는 몇 MΩ 이상이어야 하는가?

① 0.4 ② 4 ③ 40 ④ 400

해설 절연시험

1) 시험방법
① 절연내력시험은 최대 시스템 전압의 두배에 1000V를 더한 것과 같은 전압을 최대 500V/s 이하의 상승률로 태양광발전 모듈의 출력단자와 모듈 또는 접지단자(프레임)에 1분간 유지한다. 다만 최대 시스템 전압이 50V 이하일 때는 인가전압을 500V로 한다.
② 절연저항시험은 시험기 전압이 500V/s를 초과하지 않는 상승률로 500V 또는 모듈 시스템의 최대 전압이 500V보다 큰 경우 모듈의 최대 시스템 전압까지 올린 후 이 수준에서 2분간 유지하며, KS C IEC61215에 따라 시험한다.

2) 품질기준
① 시험동안 절연파괴 또는 표면 균열이 없어야 한다.
② 모듈 측정 면적에 따라 $0.1m^2$ 미만에서는 400MΩ 이상 일 것
③ 모듈의 시험 면적에 따라 $0.1m^2$ 이상에서는 측정값과 면적의 곱이 400MΩ · m^2

정답 52. ③ 53. ④

13.4.51 / 14.4.49 / 20.1.54 / 20.3.58 / 20.4.54

54 태양광발전 어레이의 육안점검 사항으로 틀린 것은?

① 환기
② 가대의 부식과 녹슴
③ 외부 배선(접속 케이블)
④ 유리 등의 표면 오염과 파손

해설 태양전지(어레이)의 육안점검
① 모듈의 오염 및 파손
② 프레임 파손 및 변형유무
③ 가대의 부식 및 녹 발생
④ 가대의 고정(볼트 및 너트의 풀림) 및 접지
⑤ 외부배선의 손상
⑥ 변색, 낙엽 등의 유무 검사
⑦ 지붕재의 파손 및 지지기구와의 고정상태

13.4.53 / 15.4.58 / 16.4.49 / 18.1.55 / 18.2.32 / 18.4.35 /
18.4.43 / 19.2.55 / 20.1.55 / 20.3.46 / 20.4.56 / 21.2.51

55 태양광발전용 인버터의 표시부에 "Line Inverter Async Fault"가 나타난 경우 조치 사항으로 옳은 것은?

① 퓨즈 교체 점검 후 운전
② 인버터 전압 점검 후 운전
③ 계통 주파수 점검 후 운전
④ 전자접촉기 교체 점검 후 운전

해설 인버터 표시부 내용 및 조치사항
1) Inverter fuse fault
① 진단 : 인버터 퓨즈 소손
② 조치사항 : 퓨즈 교체 점검 후 운전

2) Inverter voltage fault
① 진단 : 인버터 전압이 규정전압을 벗어 났을 때 발생
② 조치사항 : 인버터 및 계통 전압 점검 후 운전

3) Line Inverter Async Fault
① 진단 : 인버터와 계통의 주파수가 동기되지 않을 때 발생
② 조치사항 : 인버터 점검 또는 계통 주파수 점검 후 운전

4) Inverter M/C fault
① 진단 : 전자 접촉기 고장
② 조치사항 : 전자 접촉기 교체 점검 후 운전

15.4.44 / 17.2.49 / 17.4.60 / 18.4.56 / 20.1.56 / 21.2.56

56 태양광발전시스템의 신뢰성 평가·분석 항목에서 계측 트러블에 속하는 것은?

① 직류지락   ② 계통지락
③ 인버터 정지   ④ 컴퓨터의 조작오류

해설 태양광 발전 시스템의 신뢰성 평가 및 분석 항목
1) 트러블
① 시스템 트러블 : 인버터 운전 정지, 직류 지락, ELB 트립, 계통 지락, 원인불명 등에 의한 태양광 발전 시스템 운전 정지 등
② 계측 트러블 : 컴퓨터 전원의 차단, 프리즈, 컴퓨터의 조작 오류 등
2) 태양광 발전 시스템의 정상 운전 데이터의 결측 사항 등
3) 태양광 발전 시스템의 계획 정지 : 개수 정전, 계통 정전 등

13.4.55 / 17.1.49 / 19.2.51 / 20.1.57

57 태양광발전 모듈의 유지관리 사항이 아닌 것은?

① 모듈의 유리표면 청결 유지
② 음영이 생기지 않도록 주변정리
③ 셀이 병렬로 연결되었는지 여부
④ 케이블 극성 유의 및 방수 커넥터 사용여부

해설 모듈(Module)
태양광 모듈의 셀은 직렬로 연결되고 프레임 내에 진공·압축되어 있어, 셀의 연결 상태확인은 불필요하다.

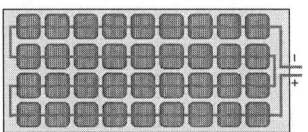

셀 36개의 직렬연결

정답 54. ① 55. ③ 56. ④ 57. ③

15.4.41 / 17.1.50 / 17.4.55 / 18.2.56 / 18.4.59 / 19.1.59 /
20.1.58 / 20.3.56 / 20.4.52

58 태양광발전시스템의 성능평가를 위한 사이트 평가방법이 아닌 것은?

① 설치 용량
② 설치 대상 기관
③ 설치 시설의 지역
④ 설치 가격의 경제성

해설 태양광 발전 시스템의 사이트 평가 방법
① 태양광 발전 시스템의 설비 설치의 대상기관
② 태양광 발전 시스템 설비 설치의 시설 분류
③ 태양광 발전 시스템의 설비 설치의 시설 지역
④ 태양광 발전 시스템의 설비 설치 형태
⑤ 태양광 발전 시스템의 설비 설치 용량
⑥ 태양광 발전 시스템 설비 설치의 방위와 각도
⑦ 태양광 발전 시스템의 설비 설치 시공업자
⑧ 태양광 발전 시스템의 설비 설치기기 장비 제조사

13.4.44 / 13.4.54 / 16.4.48 / 17.1.57 / 17.4.48 / 18.1.49 /
18.4.44 / 18.4.53 / 19.4.50 / 20.1.59

59 중간단자함(접속함)의 육안점검 항목으로 틀린 것은?

① 개방전압
② 배선의 극성
③ 단자대 나사의 풀림
④ 외함의 부식 및 파손

해설 접속함 정기점검내용

점검 방법	점검 항목	점검 내용
육안 점검	외함	부식 및 파손 상태 볼트 및 너트 조임 상태
	외부 배선 및 접속단자 (퓨즈, 역전류 방지 다이오드, SPD, 극성)	배선 상태 접속 단자의 정상 유무 극성 상태(전체 회로) 전선 인입부의 방수처리 상태
	접지선 및 접지단자	접지선 손상, 접속 상태 단자 조임 상태

측정 및 시험	절연저항측정 (태양 전지와 접지 사이)	0.2[MΩ] 이상, 측정 전압 DC 500[V]
	절연저항측정 (인버터 입출력 단자와 접지 사이)	1[MΩ] 이상, 측정 전압 DC 500[V]
	개방전압측정	규정의 전압 여부, 어레이 출력확인

17.2.60 / 20.1.60 / 20.3.50 / 21.2.59

60 박막 태양광발전 모듈(성능)(KS C 8562 : 2015)에 따라 모듈의 자외선 열화에 민감한 재질과 압착 본드의 특성을 검사하기 위해 자외선을 모듈에 사전 조사하는 것을 목적으로 하는 시험은?

① 고온고습 시험
② 옥외노출 시험
③ UV 전처리 시험
④ 온도 사이클 시험

해설 UV 전처리 시험(UV preconditioning test)
1) 시험방법
모듈의 자외선(UV)열화에 민감한 재질과 압착 본드의 특성을 검사하기 위해 자외선을 모듈에 사전 조사하는 것을 목적으로 KS C IEC 61646에 따라 시험한다.

2) 품질기준
① 절연저항 : 절연시험 품질기준을 만족시킬 것
② 외관 : 두드러진 이상이 없고, 표시는 판독할 수 있으며 외관검사 품질기준을 만족시킬 것

14.4.64 / 15.2.67 / 16.2.71 / 16.4.78 / 17.2.61 / 17.2.69 / 17.4.64 /
18.1.66 / 19.1.73 / 19.2.79 / 19.4.65 / 20.1.61 / 20.1.71 / 21.1.68

61 전기사업법의 용어 정의에서 전기를 생산하여 이를 전력시장을 통하여 전기판매사업자에게 공급하는 것을 주된 목적으로 하는 사업은?

① 발전사업   ② 배전사업
③ 송전사업   ④ 변전사업

해설 전기사업법의 정의(전기사업법 제2조)
① 전기사업 : 발전사업·송전사업·배전사업·전기판매사업 및 구역전기사업
② 발전사업 : 전기를 생산하여 이를 전력시장을 통하

여 전기판매사업 자에게 공급하는 것을 주된 목적으로 하는 사업
③ 송전사업 : 발전소에서 생산된 전기를 배전사업자에게 송전하는 데 필요한 전기설비를 설치·관리하는 것을 주된 목적으로 하는 사업
④ 배전사업 : 발전소로부터 송전된 전기를 전기사용자에게 배전하는 데 필요한 전기설비를 설치·운용하는 것을 주된 목적으로 하는 사업
⑤ 구역전기사업 : 대통령령으로 정하는 규모 이하의 발전설비를 갖추고 특정한 공급구역의 수요에 맞추어 전기를 생산하여 전력시장을 통하지 아니하고 그 공급구역의 전기사용자에게 공급하는 것을 주된 목적으로 하는 사업

13.4.58 / 14.4.72 / 15.2.77 / 15.4.61 / 17.2.73 / 18.1.69 / 18.2.25 / 18.4.11 / 19.2.14 / 20.1.62 / 20.4.26

62 전기설비기술기준의 판단기준에 따라 저압 접촉전선을 옥측 또는 옥외에 시설하는 경우 시설하는 공사로 틀린 것은?

① 애자 공사
② 버스덕트 공사
③ 합성수지관 공사
④ 절연 트롤리 공사

해설 옥측 또는 옥외에 시설하는 접촉전선의 시설
저압 접촉전선을 옥측 또는 옥외에 시설하는 경우에는 기계기구에 시설하는 경우 이외에는 애자 공사, 버스덕트 공사 또는 절연 트롤리 공사에 의하여 시설하여야 한다.

16.1.62 / 16.1.72 / 17.1.76 / 17.1.72 / 18.1.77 / 20.1.63 / 20.3.64 / 20.3.77 / 20.4.69

63 신에너지 및 재생에너지 개발·이용·보급 촉진법에 따라 산업통상자원부장관이 혼합의무자에게 요구할 수 있는 제출 자료 중 신·재생에너지 연료 혼합시설에 관한 사항으로 틀린 것은?

① 신·재생애너지 연료 혼합시설 현황
② 신·재생애너지 연료 혼합시설 변동사항
③ 신·재생애너지 연료 혼합시설의 사용실적
④ 신·재생애너지 연료 혼합시설의 근로자 안전교육 실적

해설 신·재생에너지 연료 혼합의무
(1) 신·재생에너지 연료 혼합의무 등(신재생에너지법 제23조의2)
① 산업통상자원부장관은 신·재생에너지의 이용·보급을 촉진하고 신·재생에너지 산업의 활성화를 위하여 필요하다고 인정하는 경우 대통령령으로 정하는 바에 따라 석유정제업자 또는 석유수출입업자에게 일정 비율 이상의 신·재생에너지 연료를 수송용 연료에 혼합하게 할 수 있다.
② 산업통상자원부장관은 ①항에 따른 혼합의무의 이행 여부를 확인하기 위하여 혼합의무자에게 대통령령으로 정하는 바에 따라 필요한 자료의 제출을 요구할 수 있다.

(2) 자료제출(신재생에너지법 시행령 제26조의3)
산업통상자원부장관은 혼합의무자에게 다음의 자료 제출을 요구할 수 있다.

1) 신·재생에너지 연료 혼합의무 이행확인에 관한 다음의 자료
① 수송용 연료의 생산량
② 수송용 연료의 내수판매량
③ 수송용 연료의 재고량
④ 수송용 연료의 수출입량
⑤ 수송용 연료의 자가 소비량

2) 신·재생에너지 연료 혼합시설에 관한 다음의 자료
① 신·재생에너지 연료 혼합시설 현황
② 신·재생에너지 연료 혼합시설 변동사항
③ 신·재생에너지 연료 혼합시설의 사용실적

3) 혼합의무자의 사업에 관한 다음의 자료
① 수송용 연료 및 신·재생에너지 연료 거래실적
② 신·재생에너지 연료 평균거래가격
③ 결산재무제표

4) 그밖에 혼합의무의 이행 여부를 확인하기 위하여 산업통상자원부장관이 필요하다고 인정하는 자료

정답 61. ① 62. ③ 63. ④

13.4.64 / 14.4.65 / 14.4.77 / 15.4.71 / 17.1.8 / 17.2.75 / 17.4.70 / 18.4.67 / 19.2.70 / 19.2.72 / 20.1.64

64 신에너지 및 재생에너지 개발·이용·보급 촉진법에 따라 햇빛·물·지열(地熱)·강수(降水)·생물유기체 등을 포함하는 재생 가능한 에너지를 변환시켜 이용하는 에너지에 해당하지 않는 것은?

① 풍력
② 연료전지
③ 해양에너지
④ 태양에너지

해설 신·재생에너지의 정의(신재생에너지법 제2조)
1) 신에너지 : 기존의 화석연료를 변환시켜 이용하거나 수소·산소 등의 화학 반응을 통하여 전기 또는 열을 이용하는 에너지
  ① 수소에너지
  ② 연료전지
  ③ 석탄을 액화·가스화한 에너지 및 중질잔사유을 가스화

2) 재생에너지 : 햇빛·물·지열·강수·생물유기체 등을 포함하는 재생 가능한 에너지를 변환시켜 이용하는 에너지
  ① 태양에너지   ② 풍력
  ③ 수력   ④ 해양에너지
  ⑤ 지열에너지
  ⑥ 생물자원을 변환시켜 이용하는 바이오에너지
  ⑦ 폐기물에너지(비재생폐기물로부터 생산된 것은 제외한다)

13.4.73 / 15.4.67 / 16.2.42 / 16.4.68 / 16.4.70 / 17.4.65 / 18.1.74 / 18.4.24 / 18.4.63 / 19.4.38 / 20.1.65 / 20.1.79 / 20.3.66 / 21.1.71 / 21.2.27 / 21.4.37 / 21.4.68

65 전기사업법에 따라 전기사업자는 전기사업용전기설비의 설치공사 또는 변경공사로서 산업통상자원부령으로 정하는 공사를 하려는 경우에는 그 공사계획에 대하여 누구에게 인가를 받아야 하는가?

① 대통령
② 시·도지사
③ 전기위원회
④ 산업통상자원부장관

해설 전기사업용전기설비의 공사계획의 인가 또는 신고(전기사업법 제61조)
① 전기사업자는 전기사업용전기설비의 설치공사 또는 변경공사로서 산업통상자원부령으로 정하는 공사를 하려는 경우에는 그 공사계획에 대하여 산업통상자원부장관의 인가를 받아야 한다. 인가받은 사항을 변경하려는 경우에도 또한 같다.
② ①의 후단에도 불구하고 인가를 받은 사항 중 산업통상자원부령으로 정하는 경미한 사항을 변경하려는 경우에는 산업통상자원부장관에게 신고하여야 한다.
③ 전기사업자는 ①에 따라 인가를 받아야 하는 공사 외의 전기사업용전기설비의 설치공사 또는 변경공사로서 산업통상자원부령으로 정하는 공사를 하려는 경우에는 공사를 시작하기 전에 산업통상자원부장관에게 신고하여야 한다. 신고한 사항을 변경하려는 경우에도 또한 같다.

20.1.66 / 20.4.67

66 전기설비기술기준의 판단기준에 따라 고압 옥내배선 공사로 할 수 없는 공사방법은?

① 케이블 공사
② 버스덕트 공사
③ 케이블 트레이 공사
④ 애자 공사(건조한 장소로서 전개된 장소에 한함)

해설 고압 옥내배선 등의 시설 방법
① 애자 공사(건조한 장소로서 전개된 장소에 한한다)
② 케이블 공사
③ 케이블 트레이 공사

20.1.67

67 전기공사업법에 따라 이해관계인이 시·도지사에게 공사업자에 대한 조치를 요구하려고 할 때 서면으로 밝혀야 하는 구체적인 사항에 해당하지 않는 것은?

① 공사명   ② 공사업자명
③ 법령 위반사항   ④ 공사업자 주소

정답 64.② 65.④

해설 이해관계인의 요구
이해관계인이 시·도지사에게 공사업자에 대한 조치를 요구하려면 다음의 사항을 구체적으로 밝힌 서면으로 하여야 한다.
① 공사업자명
② 공사명
③ 공사장소
④ 법령 위반사항
⑤ 요구사항

20.1.68

68 전기설비기술기준의 판단기준에 따라 의료장소의 전로에서 정격 감도전류 30mA이하, 동작시간 0.03초 이내의 누전차단기를 생략할 수 있는 경우로 틀린 것은?

① 의료 IT 계통의 전로
② 건조한 장소에 설치하는 의료용 전기기기의 전원회로
③ 의료장소의 바닥으로부터 2.0m를 초과하는 높이에 설치된 조명기구의 전원회로
④ TT 계통 또는 TN 계통에서 전원자동차단에 의한 보호가 의료행위에 중대한 지장을 초래할 우려가 있는 회로에 누전경보기를 시설하는 경우

해설 의료장소 전기설비의 시설
의료장소의 전로에는 정격 감도전류 30mA 이하, 동작시간 0.03초 이내의 누전차단기를 설치할 것. 다만, 다음의 경우는 그러하지 아니하다.
① 의료 IT 계통의 전로
② TT 계통 또는 TN 계통에서 전원자동차단에 의한 보호가 의료행위에 중대한 지장을 초래할 우려가 있는 회로에 누전경보기를 시설하는 경우
③ 의료장소의 바닥으로부터 2.5m를 초과하는 높이에 설치된 조명기구의 전원회로
④ 건조한 장소에 설치하는 의료용 전기기기의 전원회로

20.1.69 / 21.2.71

69 전기설비기술기준의 판단기준에 따라 몇 V를 초과하는 축전지는 비접지측 도체에 쉽게 차단할 수 있는 곳에 개폐기를 시설하여야 하는가?

① 30　② 60　③ 150　④ 400

해설 축전지실 등의 시설
① 30V를 초과하는 축전지는 비접지측 도체에 쉽게 차단할 수 있는 곳에 개폐기를 시설하여야 한다.
② 옥내전로에 연계되는 축전지는 비접지측 도체에 과전류보호장치를 시설하여야 한다.
③ 축전지실 등은 폭발성의 가스가 축적되지 않도록 환기장치 등을 시설하여야 한다.

15.4.63 / 19.4.75 / 20.1.70

70 저탄소 녹색성장 기본법에 따라 다음 (㉠),(㉡)에 들어갈 내용으로 옳은 것은?

온실가스 감축 목표는 2030년 국가 온실가스 총배출량을 2017년의 온실가스 총배출량의 (㉠)분의 (㉡)만큼 감축하는 것으로 한다.

① ㉠:100, ㉡:30
② ㉠:100, ㉡:50
③ ㉠:1000, ㉡:244
④ ㉠:1000, ㉡:377

해설 온실가스 감축 국가목표 설정·관리
① 온실가스 감축 목표는 2030년의 국가 온실가스 총배출량을 2017년의 온실가스 총배출량의 1000분의 244만큼 감축하는 것으로 한다.
② 감축 목표 달성 여부에 대한 실적을 계산할 때에는 국제 탄소시장 등을 활용한 국외 감축분, 탄소흡수원을 활용한 감축분을 포함한다.
③ 환경부장관은 온실가스 감축 목표의 설정·관리 및 이행을 위한 범정부적 시책 마련 등 정책조정에 관한 업무를 지원한다. 이 경우 관계 중앙행정기관의 장은 환경부장관이 요청하는 자료를 제공하는 등 최대한 협조하여야 한다.

14.4.64 / 15.2.67 / 16.2.71 / 16.4.78 / 17.2.61 / 17.2.69 / 17.4.64 / 18.1.66 / 19.1.73 / 19.2.79 / 19.4.65 / 20.1.61 / 20.1.71 / 21.1.68

71 전기사업법의 용어 정의에서 대통령령으로 정하는 규모 이하의 발전설비를 갖추고 특정한 공급구역의 수요에 맞추어 전기를 생산하여 전력시장을 통하지 아니하고 그 공급구역의 전기사용자에게 공급하는 것을 주된 목적으로 하는 사업은?

① 발전사업 ② 송전사업
③ 배전사업 ④ 구역전기사업

해설 전기사업법의 정의(전기사업법 제2조)
① 전기사업 : 발전사업·송전사업·배전사업·전기판매사업 및 구역전기사업
② 발전사업 : 전기를 생산하여 이를 전력시장을 통하여 전기판매사업 자에게 공급하는 것을 주된 목적으로 하는 사업
③ 송전사업 : 발전소에서 생산된 전기를 배전사업자에게 송전하는 데 필요한 전기설비를 설치·관리하는 것을 주된 목적으로 하는 사업
④ 배전사업 : 발전소로부터 송전된 전기를 전기사용자에게 배전하는 데 필요한 전기설비를 설치·운용하는 것을 주된 목적으로 하는 사업
⑤ 구역전기사업 : 대통령령으로 정하는 규모 이하의 발전설비를 갖추고 특정한 공급구역의 수요에 맞추어 전기를 생산하여 전력시장을 통하지 아니하고 그 공급구역의 전기사용자에게 공급하는 것을 주된 목적으로 하는 사업

15.2.75 / 15.4.65 / 15.4.74 / 17.1.62 / 17.2.63 / 17.4.1 / 17.4.3 / 17.4.76 / 18.1.8 / 18.2.72 / 19.4.15 / 20.1.18 / 20.1.72 / 20.1.77 / 21.1.6 / 21.2.12

72 신에너지 및 재생에너지 개발·이용·보급 촉진법에 따라 물의 표층의 열을 변환시켜 에너지를 생산하는 설비는?

① 전력저장 설비
② 수열에너지 설비
③ 해양에너지 설비
④ 폐기물에너지 설비

해설 신·재생에너지 설비(신재생에너지법 시행규칙 제2조)
① 연료전지 설비 : 수소와 산소의 전기화학 반응을 통하여 전기 또는 열을 생산하는 설비
② 태양열 설비 : 태양의 열에너지를 변환시켜 전기를 생산하거나 에너지원으로 이용하는 설비
③ 태양광 설비 : 태양의 빛에너지를 변환시켜 전기를 생산하는 설비
④ 수력 설비 : 물의 유동(流動) 에너지를 변환시켜 전기를 생산하는 설비
⑤ 해양에너지 설비 : 해양의 조수, 파도, 해류, 온도차 등을 변환시켜 전기 또는 열을 생산하는 설비
⑥ 지열에너지 설비 : 물, 지하수 및 지하의 열 등의 온도차를 변환시켜 에너지를 생산하는 설비
⑦ 폐기물에너지 설비 : 폐기물을 변환시켜 연료 및 에너지를 생산하는 설비
⑧ 수열에너지 설비 : 물의 열을 변환시켜 전기를 생산하는 설비
⑨ 전력저장 설비 : 신에너지 및 재생에너지를 이용하여 전기를 생산하는 설비와 연계된 전력저장 설비

20.1.73 / 21.1.75

73 전기설비기술기준에 따른 발전소 등의 부지 시설조건에서 산지전용 후 발생하는 절토면 최하단부에서 발전 및 변전설비까지의 최소이격거리는 보안울타리, 외곽도로, 수림대 등을 포함하여 몇 m 이상이 되어야 하는가? (단, 옥내변전소와 옹벽, 낙석방지망 등 안전대책을 수립한 시설의 경우가 아닌 경우이다.)

① 2 ② 3 ③ 6 ④ 12

해설 발전소 등의 부지 시설조건
전기설비의 부지(敷地)의 안정성 확보 및 설비 보호를 위하여 발전소·변전소·개폐소를 산지에 시설할 경우에는 풍수해, 산사태, 낙석 등으로부터 안전을 확보할 수 있도록 다음에 따라 시설하여야 한다.
① 부지조성을 위해 산지를 전용할 경우에는 전용하고자 하는 산지의 평균 경사도가 25도 이하여야 하며, 산지전용면적중 산지전용으로 발생되는 절·성토 경사면의 면적이 100분의 50을 초과해서는 아니 된다.
② 산지전용 후 발생하는 절·성토면의 수직높이는 15m 이하로 한다. 다만, 345kV급 이상 변전소 또는 전기사업용전기설비인 발전소로서 불가피하게

정답 70.③ 71.④ 72.②

절·성토면 수직높이가 15m 초과되는 장대비탈면이 발생할 경우에는 절·성토면의 안정성에 대한 전문용역기관(토질 및 기초와 구조분야 전문기술사를 보유한 엔지니어링 활동주체로 등록된 업체)의 검토 결과에 따라 용수, 배수, 법면보호 및 낙석방지 등 안전대책을 수립한 후 시행하여야 한다.

③ 산지전용 후 발생하는 절토면 최하단부에서 발전 및 변전설비까지의 최소이격거리는 보안울타리, 외곽도로, 수림대 등을 포함하여 6m 이상이 되어야 한다. 다만, 옥내변전소와 옹벽, 낙석방지망 등 안전대책을 수립한 시설의 경우에는 예외로 한다.

13.4.76 / 15.2.25 / 16.4.73 / 17.4.66 / 17.4.67 / 18.1.24 / 18.1.75 / 19.1.62 / 19.2.78 / 19.4.67 / 20.3.73 / 21.1.63 / 21.1.76 / 21.4.70

74 저탄소 녹색성장 기본법에 따라 에너지·자원의 투입과 온실가스 및 오염물질의 발생을 최소화하는 제품은?

① 녹색제품
② 온실가스 제품
③ 에너지자원 제품
④ 오염물질의 제품

해설 정의(녹색성장법 제2조)

① 녹색제품: 에너지·자원의 투입과 온실가스 및 오염물질의 발생을 최소화하는 제품
② 자원순환: 환경정책상의 목적을 달성하기 위하여 필요한 범위 안에서 폐기물의 발생을 억제하고 발생된 폐기물을 적정하게 재활용 또는 처리하는 등 자원의 순환과정을 환경친화적으로 이용·관리하는 것
③ 녹색생활: 기후변화의 심각성을 인식하고 일상생활에서 에너지를 절약하여 온실가스와 오염물질의 발생을 최소화하는 생활
④ 온실가스: 이산화탄소(CO_2), 메탄(CH_4), 아산화질소(N_2O), 수소불화탄소(HFCs), 과불화탄소(PFCs), 육불화황(SF_6) 및 그밖에 대통령령으로 정하는 것으로 적외선 복사열을 흡수하거나 재방출하여 온실효과를 유발하는 대기 중의 가스 상태의 물질
⑤ 에너지 자립도: 국내 총소비에너지량에 대하여 신·재생에너지 등 국내 생산에너지량 및 우리나라가 국외에서 개발(지분 취득을 포함한다)한 에너지양을 합한 양이 차지하는 비율

16.2.17 / 16.2.68 / 16.4.16 / 18.1.16 / 18.1.71 / 18.2.6 / 19.2.15 / 19.4.19 / 20.1.75 / 20.3.3 / 20.1.11 / 21.1.13 / 21.2.6

75 전기설비기술기준의 판단기준에 따라 연료전지는 자동적으로 이를 전로에서 차단하고 연료전지에 연료가스 공급을 자동적으로 차단하며 연료전지 내의 연료가스를 자동적으로 배제하는 장치를 시설하여야 하는 경우로 틀린 것은?

① 연료전지에 과전류가 생긴 경우
② 연료전지의 온도가 현저하게 상승한 경우
③ 발전요소(發電要素)의 발전전압에 이상이 생겼을 경우
④ 공기 출구에서의 연료가스 농도가 현저히 저하된 경우

해설 발전기 등의 보호장치

연료전지는 다음의 경우에 자동적으로 이를 전로에서 차단하고 연료전지에 연료가스 공급을 자동적으로 차단하며 연료전지내의 연료가스를 자동적으로 배제하는 장치를 시설하여야 한다.

① 연료전지에 과전류가 생긴 경우
② 발전요소(發電要素)의 발전전압에 이상이 생겼을 경우 또는 연료가스 출구에서의 산소농도 또는 공기 출구에서의 연료가스 농도가 현저히 상승한 경우
③ 연료전지의 온도가 현저하게 상승한 경우

13.4.76 / 15.2.25 / 16.4.73 / 17.4.66 / 17.4.67 / 18.1.24 / 18.1.75 / 19.1.62 / 19.2.78 / 19.4.67 / 20.3.73 / 21.1.63 / 21.1.76 / 21.4.70

76 신에너지 및 재생에너지 개발·이용·보급 촉진법에 따라 거짓이나 부정한 방법으로 공급인정서를 발급받은 자와 그 사실을 알면서 공급인증서를 발급한 자에게 적용되는 벌칙으로 옳은 것은?

① 1년 이하의 징역 또는 1천만원 이하의 벌금
② 2년 이하의 징역 또는 2천만원 이하의 벌금
③ 3년 이하의 징역 또는 3천만원 이하의 벌금
④ 3년 이하의 징역 또는 지원받은 금액의 3배 이하의 상당하는 벌금

해설 벌칙(신재생에너지법 제34조)

① 거짓이나 부정한 방법으로 발전차액을 지원받은 자와 그 사실을 알면서 발전차액을 지급한 자는 3년

정답 73. ③ 74. ①

이하의 징역 또는 지원받은 금액의 3배 이하에 상당하는 벌금에 처한다.
② 거짓이나 부정한 방법으로 공급인증서를 발급받은 자와 그 사실을 알면서 공급인증서를 발급한 자는 3년 이하의 징역 또는 3천만원 이하의 벌금에 처한다.
③ 공급인증기관이 개설한 거래시장 외에서 공급인증서를 거래한 자는 2년 이하의 징역 또는 2천만원 이하의 벌금에 처한다.
④ 법인의 대표자나 법인 또는 개인의 대리인, 사용인, 그 밖의 종업원이 그 법인 또는 개인의 업무에 관하여 ①~③까지의 어느 하나에 해당하는 위반행위를 하면 그 행위자를 벌하는 외에 그 법인 또는 개인에게도 해당 조문의 벌금형을 과한다. 다만, 법인 또는 개인이 그 위반행위를 방지하기 위하여 해당 업무에 관하여 상당한 주의와 감독을 게을리하지 아니한 경우에는 그렇지 않다.

15.2.75 / 15.4.65 / 15.4.74 / 17.1.62 / 17.2.63 / 17.4.1 / 17.4.3 / 17.4.76 / 18.1.8 / 18.2.72 / 19.4.15 / 20.1.18 / 20.1.72 / 20.1.77 / 21.1.6 / 21.2.12

77 신에너지 및 재생에너지 개발·이용·보급 촉진법에 따라 태양의 빛에너지를 변환시켜 전기를 생산하거나 채광(採光)에 이용하는 설비는?

① 풍력 설비
② 지열 설비
③ 태양열 설비
④ 태양광 설비

해설 신·재생에너지 설비(신재생에너지법 시행규칙 제2조)
① 연료전지 설비 : 수소와 산소의 전기화학 반응을 통하여 전기 또는 열을 생산하는 설비
② 태양열 설비 : 태양의 열에너지를 변환시켜 전기를 생산하거나 에너지원으로 이용하는 설비
③ 태양광 설비 : 태양의 빛에너지를 변환시켜 전기를 생산하거나 채광(採光)에 이용하는 설비
④ 수력 설비: 물의 유동(流動) 에너지를 변환시켜 전기를 생산하는 설비
⑤ 해양에너지 설비 : 해양의 조수, 파도, 해류, 온도차 등을 변환시켜 전기 또는 열을 생산하는 설비
⑥ 지열에너지 설비 : 물, 지하수 및 지하의 열 등의 온도차를 변환시켜 에너지를 생산하는 설비
⑦ 폐기물에너지 설비 : 폐기물을 변환시켜 연료 및 에너지를 생산하는 설비
⑧ 수열에너지 설비 : 물의 표층의 열을 변환시켜 에너지를 생산하는 설비
⑨ 바이오에너지 설비 : 바이오에너지를 생산하거나 이를 에너지원으로 이용하는 설비

18.4.71 / 20.1.78 / 20.4.64

78 전기설비기술기준의 판단기준에 따라 저압전로에 사용하는 정격전류 50A의 배선용 차단기에 100A의 전류를 통했을 때 몇 분내에 자동적으로 동작하여야 하는가?

① 1분
② 2분
③ 4분
④ 8분

해설 저압전로 중의 과전류차단기의 시설
과전류차단기로 저압전로에 사용하는 배선용차단기는 다음에 적합한 것이어야 한다.
① 정격전류에 1배의 전류로 자동적으로 동작하지 아니할 것.
② 정격전류의 1.25배 및 2배의 전류를 통한 경우에 표에서 정한 시간 내에 자동적으로 동작할 것.

정격전류의 구분	시 간	
	정격전류의 1.25배의 전류를 통한 경우	정격전류의 2배의 전류를 통한 경우
30 A 이하	60분	2분
30 A 초과 50 A 이하	60분	4분
50 A 초과 100 A 이하	120분	6분
100 A 초과 225 A 이하	120분	8분
225 A 초과 400 A 이하	120분	10분
400 A 초과 600 A 이하	120분	12분
600 A 초과 800 A 이하	120분	14분
800 A 초과 1,000 A 이하	120분	16분
1,000 A 초과 1,200 A 이하	120분	18분
1,200 A 초과 1,600 A 이하	120분	20분
1,600 A 초과 2,000 A 이하	120분	22분
2,000 A 초과	120분	24분

13.4.73 / 15.4.67 / 16.2.42 / 16.4.68 / 16.4.70 / 17.4.65 / 18.1.74 / 18.4.24 / 18.4.63 / 19.4.38 / 20.1.65 / 20.1.79 / 20.3.66 / 21.1.71 / 21.2.27 / 21.4.37 / 21.4.68

79 신에너지 및 재생에너지 개발·이용·보급 촉진법에 따라 신·재생에너지 설비 및 그 부품 중 공용화 품목의 지정을 요청하려는 자는 지정요청서와 첨부서류들을 누구에게 제출하여야 하는가?

① 국가기술표준원장
② 한국전기안전공사장
③ 산업통상자원부장관
④ 신·재생에너지센터 소장

해설 신·재생에너지 설비 및 그 부품에 대한 공용화 품목의 지정절차 등

공용화 품목의 지정을 요청하려는 자는 지정요청서에 다음의 서류를 첨부하여 국가기술표준원장에게 제출하여야 한다.
① 대상 품목의 명칭·규격 및 설명서
② 공용화 품목으로 지정받으려는 사유
③ 공용화 품목으로 지정될 경우의 기대효과

18.1.78 / 18.4.64 / 20.1.80

80 전기설비기술기준의 판단기준에 따라 특고압 옥내배선이 저압 옥내전선·관등회로의 배선·고압 옥내전선·약전류 전선 등 또는 수관·가스관이나 이와 유사한 것과 접근하거나 교차하는 경우 특고압 옥내배선과 저압 옥내전선·관등회로의 배선 또는 고압 옥내전선 사이의 이격거리는 몇 cm 이상으로 하여야 하는가? (단, 상호 간에 견고한 내화성의 격벽을 시설하는 경우 이외이다.)

① 30   ② 40
③ 50   ④ 60

해설 특고압 옥내 전기설비의 시설
특고압 옥내배선이 저압 옥내전선·관등회로의 배선 또는 고압 옥내전선·약전류 전선 등 또는 수관·가스관이나 이와 유사한 것과 접근하거나 교차하는 경우에는 다음에 따라야 한다.

① 특고압 옥내배선과 저압 옥내전선·관등회로의 배선 또는 고압 옥내전선 사이의 이격거리는 60cm 이상일 것. 다만, 상호 간에 견고한 내화성의 격벽을 시설할 경우에는 그러하지 아니하다.
② 특고압 옥내배선과 약전류 전선 등 또는 수관·가스관이나 이와 유사한 것과 접촉하지 아니하도록 시설할 것.

정답 78. ③ 79. ① 80. ④

2020 제3회 기출문제

13.4.14 / 14.4.1 / 14.4.9 / 15.2.5 / 15.2.43 / 17.1.20 / 17.4.14 / 18.2.11 / 19.2.5 / 20.1.17 / 20.3.1 / 20.4.4 / 20.4.6 / 21.1.43 / 21.2.2 / 21.2.13 / 21.2.18

01 일반적인 태양전지의 온도특성에 대하여 옳게 설명한 것은?

① 온도가 내려가면 단락전류는 감소하고 개방전압은 상승한다.
② 온도가 올라가면 단락전류는 증가하고 개방전압은 상승한다.
③ 온도가 내려가면 단락전류는 증가하고 개방전압은 하강한다.
④ 온도가 올라가면 단락전류는 감소하고 개방전압은 하강한다.

해설 모듈의 특성곡선(400W급)

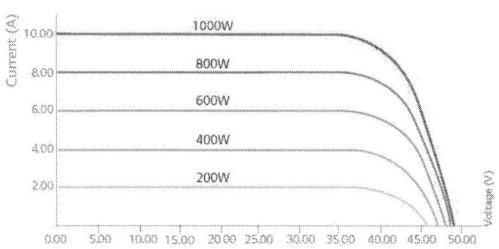

① $200W/m^2$의 일사량에 종측 전류는 2A, 횡측 전압은 46V 정도가 발생되며, $1000W/m^2$의 일사량에는 종측 전류는 5배 증가한 10A, 횡측 전압은 49V로 별 차이가 없음을 알 수 있다.

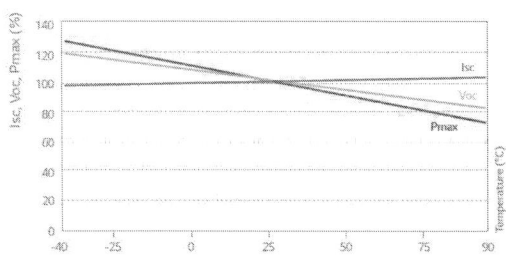

② 횡측 온도의 변화에 단락전류(I_{sc}) 변화폭은 적으나, 개방전압(V_{oc})은 약 40(%)의 변화를 확인할 수 있다.

※ 온도가 내려가면 단락전류(I_{sc})는 감소하고, 개방전압(V_{oc}), 최대전력(P_{max})은 상승한다.

15.2.7 / 15.4.13 / 17.4.12 / 18.1.15 / 18.2.3 / 19.1.14 / 20.1.4 / 20.3.2 / 21.1.3 / 21.1.33

02 태양광발전시스템에서 인버터 회로방식이 아닌 것은?

① 트랜스리스 방식
② 주파수 시프트 방식
③ 고주파 변압기 절연방식
④ 상용주파 변압기 절연방식

해설 인버터의 회로방식별 분류

1) 상용주파 변압기 절연방식

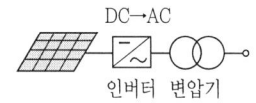

① PWM 인버터를 이용하여 상용주파수의 교류를 만들고, 상용주파수의 변압기를 이용하여 절연과 전압변환을 한다.
② 내부 신뢰성이나 노이즈 컷이 우수하지만, 상용주파수의 변압기를 별도로 이용하기 때문에 무겁고 크며, 변압기의 효율이 감소된다.

2) 고주파 변압기 절연방식

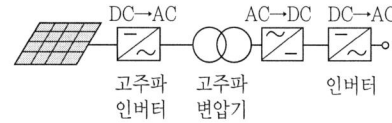

① 태양전지의 직류 출력을 고주파의 교류로 변환한 후 소형의 고주파 변압기로 절연을 한다.
② 일단 직류로 변환하고 재차 상용주파의 교류로 변환하며, 소형 경량이지만 회로가 복잡한 단점이 있다.

3) 트랜스리스(Transless) 방식

① 태양전지의 직류출력을 DC-DC 컨버터로 승압하고 인버터에서 상용주파의 교류로 변환한다.
② 소형 경량이며, 저렴하고 효율이 우수하고 신뢰성이 높다.
③ 상용전원과의 사이에는 절연이 되지 않아 안전성이 떨어진다.

정답 1. ① 2. ②

16.2.17 / 16.2.68 / 16.4.16 / 18.1.16 / 18.1.71 / 18.2.6 / 19.2.15 /
19.4.19 / 20.1.75 / 20.3.3 / 20.1.11 / 21.1.13 / 21.2.6

03 연료전지 발전시스템의 구성요소로 틀린 것은?

① 개질기　　② 증기터빈
③ 전력변환기　　④ 스택(STACK)

해설 연료전지 발전시스템 구성도

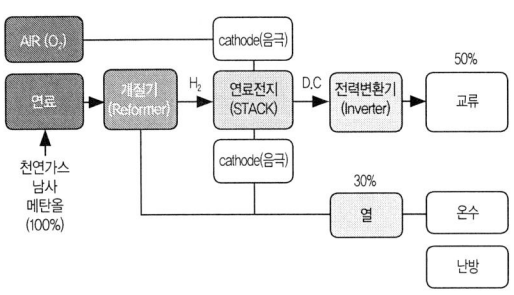

1) 개질기(Fuel Reformer)
   화학적으로 수소를 함유하는 일반 연료(LPG, LNG, 메탄, 석탄가스 메탄올 등)로부터 연료전지가 필요로 하는 수소를 많이 포함하는 가스로 변환하는 제어장치

2) 스택(Stack)

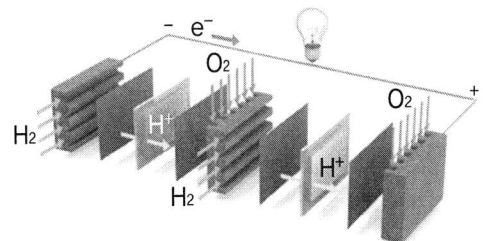

① 연료 개질 장치에서 들어오는 수소와 공기 중의 산소로 직류 전기와 물 및 부산물인 열을 발생시킨다.
② 원하는 전기출력을 얻기 위해 단위전지를 수십장, 수백장 직렬로 쌓아 올린 본체.

3) 전력변환기(Inverter)
   연료전지에서 나오는 직류 전원(DC)을 교류 전원(AC)로 변환시키는 장치

4) 주변보조기(BOP: Balance of Plant)
   연료, 공기, 열회수 등을 위한 펌프류, Blower, 센서 등

13.4.13 / 14.4.6 / 15.2.10 / 15.2.57 / 16.4.4 / 19.4.10 / 20.3.4 /
20.4.7 / 21.2.14

04 봉지재는 태양광발전 모듈에서 태양전지와 상단 층, 후면 층 사이에 접착을 위해 사용된다. 봉지재로 가장 널리 사용되는 것은?

① 테틀라(Tedlar)
② 아크릴(Acrylic)
③ 폴리머(Polymers)
④ EVA(Ethyl Vinyl Acetate)

해설 EVA(Ethyl Vinyl Acetate)

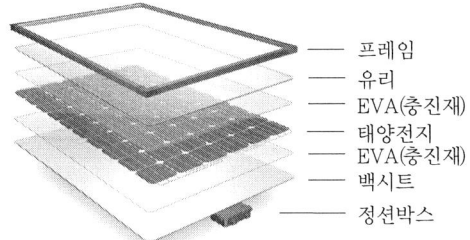

① 태양전지의 전면과 후면에 위치해 태양전지의 파손을 방지하는 완충재 기능과 후면시트를 접착해 봉입하는 역할, 장기간 성능저하와 변색이 없고 접착력을 유지해야하며, 습기침투 등 외부환경으로부터 태양전지를 보호해 20~30년 이상되는 태양전지의 수명을 유지하기 위한 재료이다.
② 백시트(불소필름과 PET 필름 적층)의 반사율 및 백색도 향상을 위해 형광 증백제를 필름 전체함량 중 100 ~ 900[ppm]으로 함유한다. 100[ppm] 미만인 경우는 백색도가 떨어져 광반사 효율이 떨어지며, 900[ppm]을 초과하는 경우는 백색도 및 반사율은 증가하나 자외선(ultraviolet, UV)에 안정성이 떨어져 외부에 장기 노출 시 황변현상이 나타나 백색도 및 반사율이 저하될 수 있다.

18.2.19 / 20.3.5

05 다음 그림의 다이오드 명칭으로 옳은 것은?

① 정류 다이오드　　② 제너 다이오드
③ 포토 다이오드　　④ 발광 다이오드

해설 제너 다이오드(Zener diode)

① 다이오드의 일종으로 정전압 다이오드라고도 하며, 일정한 전압을 얻을 목적으로 사용되는 소자.
② 정방향에서는 일반 다이오드와 동일한 특성을 보이지만 역방향으로 전압을 걸면 일반 다이오드보다 낮은 특정 전압(항복 전압 혹은 제너 전압)에서 역방향 전류가 흐르는 소자

16.2.11 / 16.4.32 / 17.1.28 / 20.1.39 / 20.3.6 / 20.3.7 / 21.2.28 / 21.2.31

06 기와, 착색 슬레이트, 금속지붕 등의 지붕재에 전용지지기구와 받침대를 설치하여 그 위에 태양광발전 모듈을 설치하는 형태를 무엇이라 하는가?

① 평지붕형　　② 톱라이트형
③ 경사 지붕형　④ 지붕재 일체형

해설 건축물 설치 부위에 따른 분류

1) 평지붕형(지붕 설치형)
① 아스팔트 방수 시트 방수 등의 방수층 위에 철가대를 설치하고 태양전지를 설치하는 타입
② 설치공법으로서 각 모듈 제조회사의 표준 사양으로 되어 있다.
③ 주로 청사나 학교 관사의 옥상에 설치되어 있는 사례가 있다.

2) 경사지붕형(지붕 설치형)

① 지붕재(기와 착색 슬레이트, 금속 지붕 등)에 전용 지지 기구와 받침대를 설치하여 그 위에 태양전지 모듈을 설치하는 타입
② 주로 주택용 설치공법으로서 각 모듈 제조회사의 표준 사양으로 되어있다.

3) 지붕재 일체형(지붕 건재형)
① 지붕재(금속 지붕 평판 기와 등)에 태양전지 모듈을 부착시키는 타입
② 주변 지붕재와 같은 형상을 하고 있으므로 지붕과 일체감이 있으며 건축의 디자인을 손상시키지 않는 마감을 실현할 수 있다.
③ 지붕의 여러 기능(방수성, 내구성 등)을 겸비하고 있는 건재이다.

4) 지붕 재형(지붕 건재형)
① 태양전지 모듈 자체가 지붕재로서의 기능을 보유하고 있는 타입
② 주변 지붕재와의 배합이 가능하다.
③ 주로 신축 주택용으로 설치되는 사례가 많다.

16.2.11 / 16.4.32 / 17.1.28 / 20.1.39 / 20.3.6 / 20.3.7 / 21.2.28 / 21.2.31

07 보기에서 태양광발전 모듈의 설치가 가능한 위치를 모두 나타낸 것은?

| ㄱ. 평면지붕　　ㄴ. 벽 |
| ㄷ. 경사지붕　　ㄹ. 유리창 |

① ㄱ, ㄴ, ㄷ　　② ㄱ, ㄴ, ㄹ
③ ㄱ, ㄷ, ㄹ　　④ ㄱ, ㄴ, ㄷ, ㄹ

해설 건축물 설치 부위에 따른 분류

1) 평지붕형(지붕 설치형)

2) 경사지붕형(지붕 설치형)

3) 톱라이트형

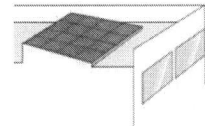

① 지붕 채광용 톱 라이트 부분의 유리에 맞게 태양전지를 설치
② 톱라이트의 기능으로 실내 채광 및 설치된 셀에 의한 차폐 기능
③ 셀의 배치에 따라 개구율을 바꾼다.

4) 벽 설치형
① 벽에 가대(지지 금속물) 등을 설치하고 그 위에 태양전지 모듈을 설치
② 중, 고층건물의 벽면을 유효하게 이용

5) 창재형

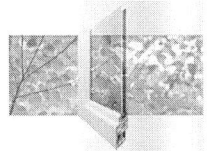

① 유리창의 기능(채광성, 투시성)
② 셀의 배치에 따라 개구율을 바꾼다.

6) 차양형

창의 상부 등 건물 외부에 지지 기구(가대)를 설치하고 태양전지 모듈을 설치하여 차양 기능을 보완

7) 루버형

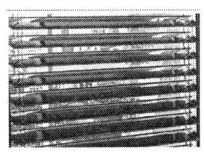

① 개구부의 블라인드 기능을 보유하고 있는 타입
② 기존 루버재와 같은 의장성을 재현하여 건축의 디자인을 손상시키지 않고도 설치

8) 난간형

① 수직설치되어 공간에 여유가 있고 기존의 가대가 필요 없으며, 또한 옥상에 설치하지 않으므로 건물 옥상 등을 유효하게 활용
② 양면 수광형의 태양전지 등 수직설치 공법이 가능

14.4.4 / 14.4.13 / 15.2.11 / 15.2.17 / 15.4.17 / 17.2.14 / 17.4.5 / 18.1.3 / 18.4.7 / 20.1.3 / 20.1.19 / 20.3.8 / 20.3.9 / 21.4.1

08 계통측과 인버터측에 이상이 발생할 경우 저압 연계시스템에 설치되는 보호계전기가 아닌 것은?

① OVR ② UVR ③ OFR ④ AVR

해설 자동전압 조정기(Automatic Voltage Regulator, AVR)
① 교류전압의 불규칙한 전압변동을 자동적으로 조정하여 일정한 전압을 부하에 공급
② 컴퓨터 및 주변장치의 효율적인 운영과 신뢰할 수 있는 동작상태를 안정적으로 공급하는 장비

14.4.4 / 14.4.13 / 15.2.11 / 15.2.17 / 15.4.17 / 17.2.14 / 17.4.5 / 18.1.3 / 18.4.7 / 20.1.3 / 20.1.19 / 20.3.8 / 20.3.9 / 21.4.1

09 태양광발전용 인버터의 기능이 아닌 것은?

① 자동운전 정지기능
② 자동전압 조정기능
③ 최대전력 추종제어 기능
④ 교류를 직류로 변환하는 기능

해설 태양광 인버터(직류를 교류로 변환)의 기능
① 자동운전 정지
② 최대출력 추종제어
③ 자동전압조정
④ 직류지락 검출
⑤ 단독 운전방지
⑥ 계통연계 보호장치

※ 태양광발전시스템의 구성도

생산된 직류전기(DC)는 인버터를 통해 일반적으로 사용할 수 있는 교류전기(AC)로 변경한다.

15.4.7 / 15.4.11 / 18.1.7 / 18.1.31 / 18.2.13 / 20.3.10 / 20.3.17 / 20.4.11

10 납축전지(연축전지)의 공칭전압은 몇 V/cell인가?

① 1.0 ② 2.0
③ 3.0 ④ 4.0

해설 납축전지와 알칼리축전지의 비교

	납축전지	알칼리축전지
공칭전압	2.0[V]	1.2[V]
방전종지전압	1.6[V]	0.96[V]
기전력	2.05~2.08[V]	1.32[V]
공칭용량	10[Ah]	5[Ah]
기계적강도	약함	강함
과충방전에 의한 전기적 강도	약함	강함
충전시간	길다	짧다
종류	클래드식(CS) 페이스트식(HS형)	소결식(AH, AHH형) 포켓식(AL, AM, AMH, AH형)
수명	5~15년	15~20년

16.2.37 / 17.1.34 / 17.4.26 / 19.4.40 / 20.3.11 / 20.3.14 / 20.3.37 / 21.2.45

11 송전단 전압 66kV, 부하 시 수전단 전압 60kV, 무부하 시 수전단 전압 63kV인 경우 전압변동률은 몇 %인가?

① 4.76 ② 5 ③ 9.09 ④ 10

해설 전압변동률(ϵ)
무부하일때의 전압과 정격전압일때의 2차측(수전단) 전압에 대한 변동률

$$\epsilon = \frac{V_0 - V_n}{V_n} \times 100[\%] = \frac{63-60}{60} \times 100 = 5[\%]$$

V_0 : 무부하, V_n : 정격전압

15.2.15 / 17.2.12 / 19.1.15 / 19.2.17 / 19.4.20 / 20.3.12 / 21.1.17 / 21.4.4

12 풍력발전의 출력제어 방식 중 바람방향을 향하도록 블레이드의 방향을 조절하는 제어 방식은?

① 요 제어(Yaw Control)
② 실속 제어(Stall Control)
③ 위상 제어(Phase Control)
④ 날개각 제어(Pitch Control)

해설 요 제어(Yaw Control)

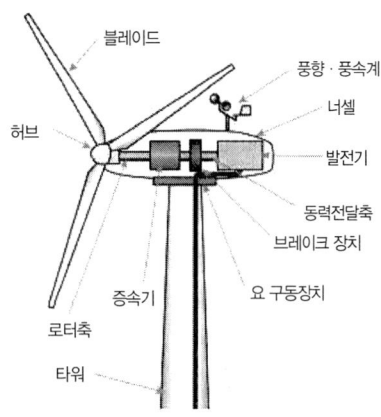

① 풍력발전기가 최대의 효율을 발휘하기 위해서는 날개의 회전면과 바람이 직각이 되도록 하여야 한다. 이를 위해서는 바람의 방향에 따라서 블레이드의 회전면을 추종하여 제어하는 기술이 필요한데 이것을 요제어라고 한다.

② 요(Yaw)제어는 풍향계와 구동기어 및 구동모터로 구성되어 있다. 너셀 외부에 설치된 풍향계가 바람의 방향을 검출하고 바람의 방향이 바뀌게 되면 구동모터가 작동하여 바람이 부는 방향으로 너셀을 움직여 날개의 회전면이 바람 방향과 직각이 되도록 한다.

17.1.9 / 17.2.18 / 20.3.13 / 21.4.12

13 지구 대기의 영향을 받지 않는 우주에서의 태양 복사에너지 대기질량(AM)은?

① AM 0 ② AM 1
③ AM 1.5 ④ AM 2

해설 대기 질량 지수(Air Mass index)
빛이 지표면에 이르는 가장 짧은 거리를 통해 공기나 먼지 등에 흡수되어 감소된 태양광에너지의 크기를 나타내는 것

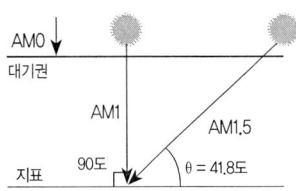

AM 0 : 대기권 밖에서 측정하는 스펙트럼
AM 1 : 태양의 직사광이 지표면에 수직으로 입사한 경우
AM 1.5 : 태양의 직사광이 지표면에 경사각 $41.8°$
  (천정각 $48.2°$)
AM 2 : 태양의 직사광이 지표면에 경사각 $30°$
  (천정각 $60°$)

16.2.37 / 17.1.34 / 17.4.26 / 19.4.40 / 20.3.11 / 20.3.14 / 20.3.37 / 21.2.45

14 역률 0.7, 30kW인 유도전동기와 25kW인 전열기가 있다. 이 부하에 공급할 주상 변압기의 용량은 약 몇 kVA인가?

① 55 ② 64 ③ 68 ④ 92

해설 변압기 용량$[KVA] = \dfrac{전력[W]}{역률}$

$= \dfrac{30}{0.7} + 25 ≒ 68[KVA]$

∵ 전열기는 저항(R) 성분으로 전압(V)과 전류(I)는 동상이라 역률이 1이다.

13.4.59 / 17.1.17 / 18.1.2 / 18.2.9 / 18.4.51 / 19.1.3 / 19.4.14 / 20.3.15 / 20.4.17 / 21.4.16

15 바이패스 다이오드에 대한 설명으로 틀린 것은?

① 차광된 태양전지에서 발생할 수 있는 열점을 방지
② 태양광발전 모듈용 접속함에 부착되며, 실리콘으로 밀폐되기도 함
③ 배터리로부터 태양광발전 어레이로 전류가 흐르는 것을 방지
④ 태양전지에 음영이 있을 때 발전하지 않는 태양전지로 전류가 흐르는 것을 방지

해설 바이패스 다이오드(Bypass Diode)
1) 태양광 모듈의 그림자 영향
① 태양광 모듈은 아주 적은 일부가 그림자에 가려지더라도 모듈 전체의 출력이 크게 저하된다.
② 모듈은 각각의 태양전지를 직렬로 연결하기 때문에 수십 개의 태양전지로 구성된 모듈에서 단 한 개의 셀이 나뭇잎 등에 의해 완전히 가려졌다면 출력 값은 거의 제로(Zero)에 가깝게 떨어진다.
③ 전체 개방전압에서 그림자가 발생한 모듈의 개방전압을 뺀 값 이하에서 전압 동작점이 존재할 때에 그림자가 발생한 모듈의 전류가 역방향이 된다. 따라서 역 전압이 인가되고 부하처럼 동작되어 열이 발생되고 모듈이 파손되는 원인이 된다.

2) 대책(바이패스 다이오드)

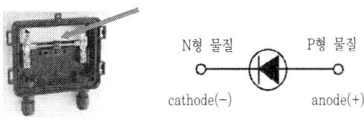

바이패스다이오드 (Junction Box에 설치)　회로 표기방법 (기호)　N, P 구분

① 바이패스다이오드(Bypass Diode)는 전류를 한쪽방향으로만 흐르게 만들어 주는 부품으로 P에서 N방향으로 전류가 흐르고 반대 방향으로는 전류를 거의 통과시키지 않는다.

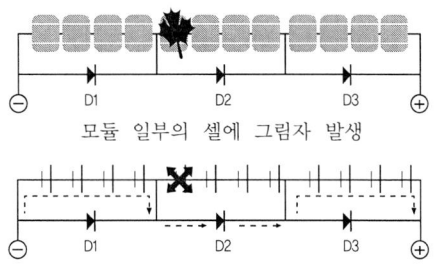

모듈 일부의 셀에 그림자 발생

그림자 발생된 모듈의 전류흐름

② 그림자로 인해 출력이 저하된 셀 또는 셀 그룹을 우회해 전류가 흐르도록 하고, 이를 통한 출력감소는 오직 그림자에 의해 가려진 셀 또는 셀 그룹에 해당하는 부분으로 제한해 출력을 유지한다.

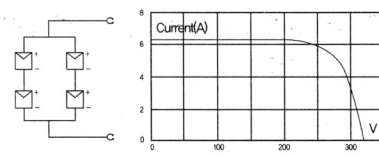

셀이 정상 연결되었을 때

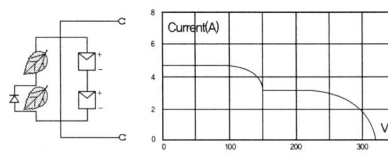

셀 일부가 정상동작하지 않을 시

③ 일반적으로 모듈 한 장(태양전지 6×9)에 셀 54개 배열의 경우에는 다이오드 3개(1개당 18개의 셀)를 병렬로 설치한다.

14.4.15 / 17.2.4 / 20.3.16 / 20.3.18 / 21.4.19

16 200kWp 태양광발전시스템 효율이 83%인 발전소의 1년간 경사면 일사량이 1560kWh/일 경우 시스템 이용률은 약 몇 %인가?

① 14.56　　② 14.78
③ 15.02　　④ 15.48

해설 시스템 이용률(Capacity Factor, L_{SP})

$$L_{SP} = \frac{\text{발전 전력량}[kWh/year]}{24[h] \times 365[day] \times \text{설치용량}[KW]}$$

$$= \frac{258{,}960}{24 \times 365 \times 200} = 14.78\,[\%]$$

발전전력량 (P_G)

$$P_G = \frac{\text{설치용량}[kW] \times \text{경사면 일사량}[kWh/m^2] \times \text{효율}}{\text{표준 일사강도}[kW/m^2]}$$

$$= \frac{200 \times 1560 \times 0.83}{1} = 258{,}960\,[kWh/year]$$

15.4.7 / 15.4.11 / 18.1.7 / 18.1.31 / 18.2.13 / 20.3.10 / 20.3.17 / 20.4.11

17 부동 충전방식의 축전지용량 산정 시 필요한 용량환산시간(K)의 선정에 고려되는 요소가 아닌 것은?

① 보수율　　② 방전시간
③ 축전지 온도　　④ 허용최저전압

해설 용량환산시간(K)의 선정

축전지의 사용할 수 있는 시간을 용량에 따라 환산한 값
① 축전지의 종류
② 방전시간
③ 셀 당 허용최저전압
④ 최저 축전지온도

14.4.15 / 17.2.4 / 20.3.16 / 20.3.18 / 21.4.19

18 태양광설비 용량이 3MWp, 일일발전시간이 4.6시간인 경우 연간발전량은 몇 MWh인가? (단, 태양광 발전소는 1년 365일 동일 발전량으로 발전하며, 효율은 100%로 가정한다.)

① 620　　② 1095
③ 3280　　④ 5037

해설 연간 발전량[MWh]

연간 발전량 = 설비용량 × 1일 평균발전시간 × 365일
= 3 × 4.6 × 365 = 5,037 [MWh]

17.1.12 / 18.2.4 / 20.3.19 / 20.1.10

19 반동수차의 종류가 아닌 것은?

① 펠톤 수차　　② 튜브라 수차
③ 카플란 수차　　④ 프란시스 수차

해설 수차의 종류 및 특징

수차의 종류		특징
충동수차	펠톤(Pelton)수차 튜고(Turgo)수차 오스버그(Ossberger)수차	수차가 물에 완전히 잠기지 않음 물은 수차의 일부 방향에서만 공급되며, 운동에너지만을 전환함
반동수차	프란시스(Francis)수차	수차가 물에 완전히 잠김
	프로펠러수차 { 카플란(Kaplan)수차 튜브라(Tubular)수차 벌브(Bulb)수차 림(Rim)수차 }	수차의 원주방향에서 물이 공급됨 동압(dynamic pressure) 및 정압(static pressure)이 전환됨

정답 16. ② 17. ① 18. ④ 19. ①

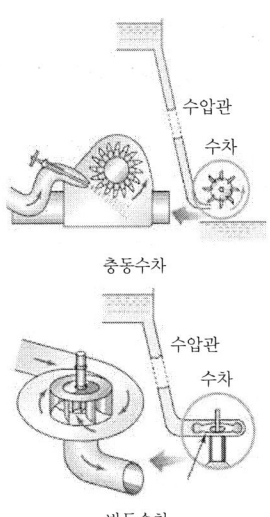

충동수차

반동수차

① 충동수차(impulse water turbine) : 물을 노즐(nozzle)로부터 분출시켜서 위치 에너지를 전부 운동 에너지로 바꾸는 수차
② 반동수차(reaction water turbine) : 물의 위치에너지를 압력에너지로 바꾸고 이것을 러너에 유입시켜 빠져나갈 때의 반작용으로 동력을 발생하는 수차

16.4.17 / 17.1.19 / 18.4.12 / 19.2.10 / 20.1.16 / 20.3.20 /
21.1.14 / 21.2.20

20 n형 반도체의 다수캐리어는?

① 전자　　　② 정공
③ 중성자　　④ 양성자

해설 p형과 n형반도체
① p형반도체 : 정공이 다수캐리어
② n형반도체 : 전자가 다수캐리어

20.3.21 / 21.2.23

21 전압 33000V, 주파수 60Hz, 선로길이 7km 1회선의 3상 지중 송전선로가 있다. 이의 3상 무부하 충전전류는 약 몇 A인가? (단, 케이블의 심선 1선당의 정전용량은 0.4μF/km라고 한다.)

① 10.5　② 20.1　③ 30.5　④ 41.3

해설 정전용량(C)

$C = 7 \times 0.4 = 2.8\,[\mu F]$

충전전류 (I_C)

$I_C = \dfrac{wCV}{\sqrt{3}} = \dfrac{2\pi 60 \times 2.8 \times 10^{-6} \times 33000}{\sqrt{3}} = 20.1\,[A]$

20.3.22 / 21.4.21

22 이동식 비계 설치 및 사용안전 기술지침에 따른 사용상의 주의사항으로 틀린 것은?

① 이동식 비계는 가능한 작업장소 가까이에 설치하여야 한다.
② 근로자가 탑승한 상태에서 이동식 비계를 이동시키지 말아야 한다.
③ 작업발판에는 3인 이상이 탑승하여 작업하지 않도록 하여야 한다.
④ 이동식 비계에는 최소적재하중 등의 안전표지를 잘 보이는 위치에 부착하여야 한다.

해설 이동식 비계

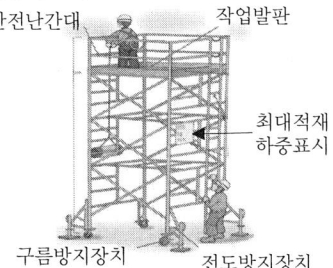

안전난간대 / 작업발판 / 최대적재하중표시 / 구름방지장치 / 전도방지장치

이동식 비계에는 최대적재하중 등의 안전표지를 잘 보이는 위치에 부착하여야 한다.

13.4.26 / 15.4.28 / 16.4.38 / 17.1.51 / 17.2.22 / 17.2.54 / 17.4.23
/ 17.4.53 / 18.1.21 / 18.1.47 / 18.2.46 / 18.2.53 / 18.4.23 /
19.1.60 / 19.2.26 / 19.2.42 / 19.4.27 / 19.4.49 / 20.1.52 /
20.3.23 / 20.3.41 / 20.4.24 / 21.1.38 / 21.4.42 / 21.4.48

23 태양광발전 모듈 설치 시 감전방지대책으로 옳은 것은?

① 작업 시에는 일반 장갑을 착용한다.
② 강우 시 발전이 없기 때문에 작업을 해도 무관하다.
③ 태양광발전 모듈을 수리할 경우 표면을 차광시트로 씌워야 한다.
④ 태양광발전 모듈은 저압이기 때문에 공구는 반드시 절연 처리될 필요가 없다.

해설 모듈 설치 시 감전방지대책
① 전선피복 상태 관리
② 절연 장갑을 착용한다.

정답　20. ①　21. ②　22. ④　23. ③

③ 절연 처리된 공구를 사용한다.
④ 태양전지 모듈 및 인버터 전원 개방
⑤ 작업 전 태양전지 모듈 표면에 차광막을 씌워 태양광을 차폐한다.
⑥ 강우시에는 감전사고와 미끄러짐에 의한 추락사고의 위험이 있으므로 작업을 금한다.

16.2.28 / 16.4.35 / 17.2.38 / 19.4.23 / 19.4.28 / 19.4.33 / 20.3.24 / 20.3.26 / 20.3.27 / 20.3.32 / 21.1.28 / 21.2.34

24 전력시설물 공사감리업무 수행지침에 따라 감리원은 공사업자에게 해당 공사의 예비준공검사(부분 준공, 발주자의 필요에 따른 기성부분 포함) 완료 후 며칠 이내에 시설물의 인수·인계를 위한 계획을 수립하도록 하고 이를 검토하여야 하는가?

① 3 ② 7 ③ 14 ④ 30

해설 시설물 인수·인계
감리원은 공사업자에게 해당 공사의 예비준공검사(부분 준공, 발주자의 필요에 따른 기성부분 포함) 완료 후 30일 이내에 다음의 사항이 포함된 시설물의 인수·인계를 위한 계획을 수립하도록 하고 이를 검토하여야 한다.
1) 일반사항(공사개요 등)
2) 운영지침서(필요한 경우)
① 시설물의 규격 및 기능점검 항목
② 기능점검 절차
③ Test 장비 확보 및 보정
④ 기자재 운전지침서
⑤ 제작도면·절차서 등 관련 자료
3) 시운전 결과 보고서(시운전 실적이 있는 경우)
4) 예비 준공검사결과
5) 특기사항

15.4.36 / 18.1.40 / 18.2.31 / 18.2.33 / 20.1.27 / 20.3.25 / 21.2.30

25 시설물의 안전 및 공사시행의 적정성과 품질확보 등을 위하여 시설별로 정한 시공기준으로서 발주청 또는 설계 등 용역업자가 공사시방서를 작성하는 경우에 활용하기 위한 시공기준으로 옳은 것은?

① 일반시방서 ② 전문시방서
③ 공사시방서 ④ 표준시방서

해설 표준시방서
① 시설물의 안전 및 공사시행의 적정성과 품질확보 등을 위해 시설물별로 정한 표준적인 시공기준을 말한다.
② 발주청이나 설계 등을 맡은 용역업자가 공사시방서를 작성하는 경우에 활용한다.
③ 공사 종류에 따라 내용과 형식이 달라져서, 도로공사표준시방서, 건축공사표준시방서 등 표준시방서의 종류 또한 다양하다.

16.2.28 / 16.4.35 / 17.2.38 / 19.4.23 / 19.4.28 / 19.4.33 / 20.3.24 / 20.3.26 / 20.3.27 / 20.3.32 / 21.1.28 / 21.2.34

26 전력시설물 공사감리업무 수행지침에 따른 부진공정 만회대책에 대한 내용이다. 다음 (　)에 들어갈 내용으로 옳은 것은?

> 감리원은 공사 진도율이 계획공정 대비 월간 공정 실적이 (　)% 이상 지연되거나, 누계 공정 실적이 (　)% 이상 지연될 때에는 공사업자에게 부진사유 분석, 만회대책 및 만회공정표를 수립하여 제출하도록 지시하여야 한다.

① ⓐ 5, ⓑ 10   ② ⓐ 10, ⓑ 5
③ ⓐ 5, ⓑ 15   ④ ⓐ 15, ⓑ 10

해설 부진공정 만회대책
① 감리원은 공사 진도율이 계획공정 대비 월간 공정 실적이 10% 이상 지연되거나, 누계공정 실적이 5% 이상 지연될 때에는 공사업자에게 부진사유 분석, 만회대책 및 만회공정표를 수립하여 제출하도록 지시하여야 한다.
② 감리원은 공사업자가 제출한 부진공정 만회대책을 검토·확인하고, 그 이행 상태를 주간단위로 점검·평가하여야 하며, 공사추진회의 등을 통하여 미조치 내용에 대한 필요대책 등을 수립하여 정상공정으로 회복할 수 있도록 조치하여야 한다.
③ 감리원은 검토·확인한 부진공정 만회대책과 그 이행 상태의 점검·평가결과를 감리보고서에 수록하여 발주자에게 보고하여야 한다.

정답 24. ④ 25. ④ 26. ②

16.2.28 / 16.4.35 / 17.2.38 / 19.4.23 / 19.4.28 / 19.4.33 /
20.3.24 / 20.3.26 / 20.3.27 / 20.3.32 / 21.1.28 / 21.2.34

27 전력시설물 공사감리업무 수행지침에 따라 시공된 공사가 품질확보 미흡 또는 위해를 발생시킬 우려가 있다고 판단되거나, 감리원의 확인·검사에 대한 승인을 받지 아니하고 후속공정을 진행한 경우와 관계 규정에 맞지 아니하게 시공한 경우 감리원이 할 수 있는 조치로 옳은 것은?

① 경고　　　　② 재시공
③ 전면중지　　④ 부분중지

해설 감리원의 공사중지 및 재시공 지시 등의 적용한계
(1) 재시공: 시공된 공사가 품질확보 미흡 또는 위해를 발생시킬 우려가 있다고 판단되거나, 감리원의 확인·검사에 대한 승인을 받지 아니하고 후속 공정을 진행한 경우와 관계 규정에 맞지 아니하게 시공한 경우

(2) 공사중지: 시공된 공사가 품질확보 미흡 또는 중대한 위해를 발생시킬 우려가 있다고 판단되거나, 안전상 중대한 위험이 발견된 경우에는 공사중지를 지시할 수 있으며 공사중지는 부분중지와 전면중지로 구분한다.

1) 부분중지
① 재시공 지시가 이행되지 않는 상태에서 다음 단계의 공정이 진행됨으로써 하자발생이 될 수 있다고 판단될 때
② 안전시공상 중대한 위험이 예상되어 물적, 인적 중대한 피해가 예견될 때
③ 동일 공정에 있어 3회 이상 시정지시가 이행되지 않을 때
④ 동일 공정에 있어 2회 이상 경고가 있었음에도 이행되지 않을 때

2) 전면중지
① 공사업자가 고의로 공사의 추진을 지연시키거나, 공사의 부실 발생우려가 짙은 상황에서 적절한 조치를 취하지 않은 채 공사를 계속 진행하는 경우
② 부분중지가 이행되지 않음으로써 전체공정에 영향을 끼칠 것으로 판단될 때
③ 지진·해일·폭풍 등 불가항력적인 사태가 발생하여 시공을 계속할 수 없다고 판단될 때
④ 천재지변 등으로 발주자의 지시가 있을 때

16.2.35 / 18.4.32 / 19.4.35 / 20.1.37 / 20.3.28

28 설계감리업무 수행지침에 따른 용어의 정의에서 설계용역 또는 설계감리업무가 원활하게 이루어지도록 하기 위하여 설계자, 설계감리원 및 발주자가 사전에 충분한 검토와 협의를 통해 관련자 모두가 동의하는 조치가 이루어지도록 하는 것은?

① 작성　　② 승인　　③ 확인　　④ 조정

해설 정의
1) 작성
설계용역 또는 설계감리에 관한 각종 변경설계서, 계획서, 보고서 및 관련 도서를 양식에 맞게 제작하여 관련자에게 제출하는 것을 말하며, 설계서 및 서류별로 작성주체, 소요비용에 관해 계약시 명시하거나 사전에 협의하는 것을 원칙으로 한다.

2) 승인
설계감리원 및 설계자가 승인 요청한 사항 등에 대하여 발주자가 설계감리원 및 설계자에게 또는 설계감리원이 설계자에게 서면으로 동의하는 것을 말한다. 이 경우 설계감리원 및 설계자는 승인되지 않은 업무를 수행할 수 없다.

3) 확인
발주자 또는 설계감리원이 설계자가 설계용역을 계약문서 대로 실시하고 있는지 및 지시·조정·승인 사항에 대한 이행 여부를 문서 등으로 확인하는 것을 말한다.

4) 조정
설계용역 또는 설계감리업무가 원활하게 이루어지도록 하기 위하여 설계자, 설계감리원 및 발주자가 사전에 충분한 검토와 협의를 통해 관련자 모두가 동의하는 조치가 이루어지도록 하는 것을 말한다.

29 금속관을 구부릴 때 금속관의 단면이 심하게 변형되지 않도록 구부려야 하며, 그 안측의 반지름은 관 안지름의 몇 배 이상이 되어야 하는가?

① 3　　② 4　　③ 5　　④ 6

해설 관 굴곡

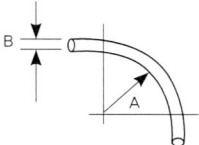

정답 27. ② 28. ④ 29. ④

금속관을 구부릴 때 금속관의 단면이 심하게 변형되지 않도록 구부려야 하며, 그 안측의 반지름(A)은 관 안지름(B)의 6배 이상이 되어야 한다

14.4.37 / 17.1.26 / 20.3.30 / 21.1.30

30 3상 3선식 배전방식의 전압강하 계산식으로 옳은 것은? (단, e : 전압강하(V), L : 전선의 길이(m), I : 부하전류(A), A : 사용전선(연동선)의 단면적(mm²)이다.)

① $e = \dfrac{35.6 \times L \times I}{1000 \times A}$

② $e = \dfrac{30.8 \times L \times I}{1000 \times A}$

③ $e = \dfrac{15.6 \times L \times I}{1000 \times A}$

④ $e = \dfrac{24.6 \times L \times I}{1000 \times A}$

해설 전압강하 및 전선 굵기 계산식

전기공급방식	전압강하(e)	전선의 단면적(A)
단상 2선식 직류 2선식	$e = \dfrac{35.6 \times L \times I}{1,000 \times A}$	$A = \dfrac{35.6 \times L \times I}{1,000 \times e}$
3상 3선식	$e = \dfrac{30.8 \times L \times I}{1,000 \times A}$	$A = \dfrac{30.8 \times L \times I}{1,000 \times e}$
단상 3선식 3상 4선식 직류 3선식	$e = \dfrac{17.8 \times L \times I}{1,000 \times A}$	$A = \dfrac{17.8 \times L \times I}{1,000 \times e}$

15.4.25 / 18.2.24 / 20.3.31 / 21.2.26

31 부하 역률이 0.8인 선로의 저항 손실은 부하 역률이 0.9인 선로의 저항 손실에 비하여 약 몇 배인가?

① 1.3배
② 1.5배
③ 1.8배
④ 동일하다.

해설 저항 손실(P_l)

① $P = VI\cos\theta \quad \left(I = \dfrac{P}{V\cos\theta}\right)$

② $P_l = I^2 R = \dfrac{1}{V^2} \cdot \dfrac{P^2 R}{\cos^2\theta}$

$P_l \propto \dfrac{1}{\cos\theta^2}$

∴ $\dfrac{P_{l0.9}}{P_{l0.8}} = \dfrac{0.9^2}{0.8^2} ≒ 1.3$

16.2.28 / 16.4.35 / 17.2.38 / 19.4.23 / 19.4.28 / 19.4.33 / 20.3.24 / 20.3.26 / 20.3.27 / 20.3.32 / 21.1.28 / 21.2.34

32 전력시설물 공사감리업무 수행지침에 따라 감리원은 공사업자가 작성·제출한 시공계획서를 공사 시작일부터 며칠 이내에 제출받아 이를 검토·확인하여야 하는가?

① 10 ② 20 ③ 30 ④ 40

해설 시공계획서의 검토·확인

감리원은 공사업자가 작성·제출한 시공계획서를 공사 시작일부터 30일 이내에 제출받아 이를 검토·확인하여 7일 이내에 승인하여 시공하도록 하여야 하고, 시공계획서의 보완이 필요한 경우에는 그 내용과 사유를 문서로서 공사업자에게 통보하여야 한다. 시공계획서에는 시공계획서의 작성기준과 함께 다음의 내용이 포함되어야 한다.
① 현장 조직표
② 공사 세부공정표
③ 주요 공정의 시공 절차 및 방법
④ 시공일정
⑤ 주요 장비 동원계획
⑥ 주요 기자재 및 인력투입 계획
⑦ 주요 설비
⑧ 품질·안전·환경관리 대책 등

15.4.32 / 17.4.75 / 18.4.68 / 19.1.24 / 20.3.29 / 20.3.35 / 21.4.78

33 직류 송전방식의 장점이 아닌 것은?

① 안정도가 좋다.
② 송전효율이 좋다.
③ 절연계급을 낮출 수 있다.
④ 회전자계를 쉽게 얻을 수 있다.

[해설] 송전방식

1) 교류 방식
① 변압기를 이용하여 전압의 승압·강하가 쉽다.
② 교류기는 회전자계를 쉽게 얻을 수 있다.
③ 대부분이 교류 송전 방식이므로 운용상의 일관성을 갖는다.

2) 직류 방식
① 교류보다 $\sqrt{2}$ 배 낮은 전압으로 송전이 가능하므로 절연이 쉽다.
② 리액턴스에 의한 전압강하가 없으므로 장거리 송전에 적합하다.
③ 안정도가 좋다.

34 KEC규정변경으로 인하여 삭제됨

15.4.32 / 17.4.75 / 18.4.68 / 19.1.24 / 20.3.29 / 20.3.35 / 21.4.78

35 금속관공사 시 금속관을 절단한 후 절단면을 다듬기 위하여 사용하는 공구는?

① 리머
② 오스터
③ 파이프 밴더
④ 와이어스트리퍼

[해설] 리머(reamer)

금속배관 안쪽의 절단면을 다듬기 위한 공구

17.2.21 / 20.3.36

36 태양광발전시스템에서 사용하는 0.6/1kV TFR-CV 케이블의 최고 허용온도는 몇 ℃인가?

① 80 ② 90 ③ 100 ④ 110

[해설] CV케이블의 장점

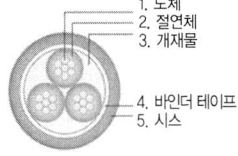

1. 도체
2. 절연체
3. 개재물
4. 바인더 테이프
5. 시스

1) PE와 같이 우수한 전기적 특성을 가지고 있다.

2) PE와 비교하여 내열성, 기계적 성능을 향상시켜 열변형특성, 열노화 특성이 우수하기 때문에 연속 최고허용온도를 90[℃]로 향상시킨 것으로 대용량의 초고압 송전용 케이블의 절연재료로 사용되고 있다.

3) 내약품성 및 내수성이 우수하다.

4) 화학적 물리적 특성이 우수하다.

※ 내후성 : 각종 기후에 견디는 성질

16.2.37 / 17.1.34 / 17.4.26 / 19.4.40 / 20.3.11 / 20.3.14 / 20.3.37 / 21.2.45

37 계산 값이 항상 1 이상인 것은?

① 부등율
② 수용율
③ 부하율
④ 전압 강하율

[해설] 부등률(diversity factor)

① 몇 개의 수용가가 동일 배전변압기로부터 전력을 공급받고 있을 때, 합성최대수용전력은 각각 수용가의 최대수용전력의 합보다 적게 된다.

② 부등률은 1보다 크다.

$$부등률 = \frac{수용\ 설비\ 각각의\ 최대\ 수용\ 전력의\ 합\ [\text{kW}]}{합성\ 최대\ 수용\ 전력\ [\text{kW}]}$$

3.4.34 / 14.4.25 / 15.2.31 / 15.4.38 / 17.1.25 / 17.2.30 / 17.4.21 / 17.4.34 / 18.4.34 / 19.1.22 / 20.1.40 / 20.3.38 / 20.4.29 / 21.1.22 / 21.2.25

38 태양광발전시스템 관련 기기 반입 시 주의사항이 아닌 것은?

① 단락접지기 사용
② 작업감시자 배치
③ 충전된 선로에 대해 충분한 안전거리 확보
④ 전력회사와 사전 협의 하에 절연전선 및 케이블에 보호관 조치

[해설] 단락접지용구

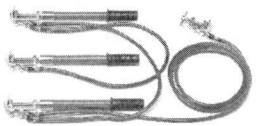

① 정비작업 중 정전된 회로가 실수로 재통전 될 수 있

으므로, 적절한 단락접지를 수행하여 작업자를 보호하여야 한다.
② 단락접지기구는 정전상태에서 정비작업을 수행하는 지점마다 설치하여야 한다.
③ 단락접지기구를 철거할 때에는 설치절차와 반대로 정전설비의 상도체로부터 인하도선을 먼저 분리한 후 금속구조물이나 접지 버스에 연결된 인하도선을 분리시킨다.

13.4.35 / 14.4.23 / 14.4.30 / 16.2.46 / 16.4.28 / 17.2.31 / 18.1.23 / 18.1.53 / 20.3.39 / 21.1.31 / 21.2.48 / 21.4.25

39 접지극의 물리적인 접지저항 저감방법 중에서 수평공법이 아닌 것은?

① 보링 공법
② MESH 공법
③ 접지극 병렬접속
④ 접지극 치수확대

해설 접지저항 저감방법
(1) 물리적인 저감방법
1) 수평공법
① 접지극의 병렬접속(접지극의 상호 간격을 크게 한다)
② 접지극의 치수 확대(깊이 매설)
③ 매설지선 공법(하나의 접지극 대신 지선을 땅에 매설하는 방법) 및 평판 접지전극의 사용
④ MESH 공법
⑤ 구조체 접지(철근, 철골, 수도관 등 건물의 구조체를 접지극으로 사용)
⑥ 돌기형 접지극의 사용(접지봉의 표면에 돌기를 만들어 대지와의 접촉면적을 크게 하는 방법)

2) 수직공법
① 보링공법
② 접지봉 심타법

(2) 화학적 저감방법
① 토양의 고유저항을 화학적으로 저감시키는 방법
② 염, 황산 암모니아, 탄산소다, 벤트나이트 등을 주변 토양에 혼합한다.
③ 처음에는 저항값이 작으나, 1~2년후 에는 거의 효과 적음

16.4.21 / 17.4.30 / 18.1.35 / 19.4.30 / 20.1.32 / 20.3.40

40 태양광발전시스템의 구조물 상정하중 계산 중 수직하중이 아닌 것은?

① 활하중
② 풍하중
③ 고정하중
④ 적설하중

해설 구조물의 상정하중
① 수직하중 : 고정하중, 활하중, 적설하중
② 수평하중 : 풍하중, 지진하중
③ 고정하중 : 가대 본체의 하중과 가대에 적재하는 태양광 모듈 등의 적재하중 및 어레이의 구성에 필요한 기자재 등의 중량을 가산한 것으로써 영구적으로 작용하는 하중이다.

13.4.26 / 15.4.28 / 16.4.38 / 17.1.51 / 17.2.22 / 17.2.54 / 17.4.23 / 17.4.53 / 18.1.21 / 18.1.47 / 18.2.46 / 18.2.53 / 18.4.23 / 19.1.60 / 19.2.26 / 19.2.42 / 19.4.27 / 19.4.49 / 20.1.52 / 20.3.23 / 20.3.41 / 20.4.24 / 21.1.38 / 21.4.42 / 21.4.48

41 정전작업에 관한 기술지침에 따른 단락접지시에 고려사항으로 틀린 것은?

① 단락접지기구는 단락 시 용단되지 않도록 충분한 전류용량을 가진 것을 사용한다.
② 단락접지를 한 지점은 누구나 용이하게 알 수 있도록 접지표지를 부착하도록 한다.
③ 대지에 접지봉을 매설할 때에는 수분이 없는 장소를 선택하여 접지저항이 충분히 작도록 한다.
④ 저압선과 고압선이 병가되어 있는 때에는 저압 접지선을 이용하여 접지하는 방법을 고려할 수 있다.

해설 단락접지기구(부스의 경우)

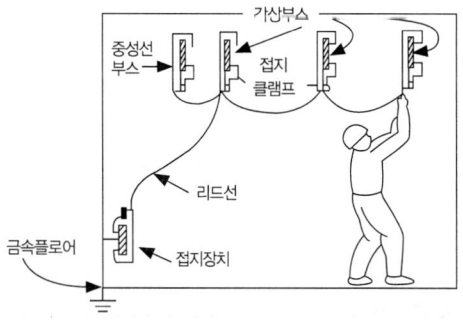

대지에 접지봉을 매설할 때에는 수분이 많은 장소를 선택하여 접지저항이 충분히 작도록 한다.

정답 39. ① 40. ② 41. ③

42 태양광발전시스템 화재의 원인으로 틀린 것은?

① 누전 ② 단락
③ 저전압 ④ 접촉부 과열

해설 태양광발전소의 화재원인
① 전선의 접속부위 단락과 누전
② PCS 및 ESS의 과전압, 과열
③ PV모듈 핫스팟 등
④ 다이오드 접촉 불량
⑤ PCB에 습기의 침투로 절연 파괴
⑥ 퓨즈 접촉 불량

43 태양광시스템용 배터리 충전 컨트롤러-성능 및 기능(KS C IEC 62509:2010)에 따라 배터리 충전 컨트롤러(BCC)는 태양광(PV)발전기로부터 받는 전체 정격 전류의 몇 %까지 과전류에 의해 손상되지 않아야 하는가?

① 105 ② 110 ③ 125 ④ 150

해설 과전류 동작
1) 태양광(PV)측
배터리 충전 컨트롤러(BCC)는 태양광(PV) 발전기로부터 받는 전체 정격 전류의 125%까지 과전류에 의해 손상되지 않아야 한다. 과전류가 흘러 수동 리셋을 하지 않은 후에도 정상적으로 동작되어야 한다.

2) 부하측
배터리 충전 컨트롤러(BCC)가 부하 단자를 갖고 있는 경우, 이 단자는 필수 태양광(PV) 배터리 충전 컨트롤러(BCC) 기능의 동작이 과부하로 손상되는 것을 방지하기 위해 전류 보호가 되어야 한다.

44 결정질 실리콘 태양광발전 모듈(성능)(KS C 8561 : 2020)에 따라 모듈외관, 태양전지 등에 크랙, 구부러짐, 갈라짐 등을 확인하기 위한 외관검사 시 몇 Lux 이상의 광 조사상태에서 진행하여야 하는가?

① 200 ② 500
③ 800 ④ 1000

해설 외관검사
1000 Lux 이상의 광 조사상태에서 모듈외관, 태양전지 등에 크랙, 구부러짐, 갈라짐 등이 없는지를 확인하고, 태양전지 간 접속 및 다른 접속 부분에 결함이 없는지, 태양전지와 태양전지, 태양전지와 프레임상의 접촉이 없는지, 접착에 결함이 없는지, 태양전지와 모듈 끝 부분을 연결하는 기포 또는 박리가 없는지 등을 검사하며, KS C IEC 61215에 따라 시험한다.

45 태양광발전시스템 유지보수 계획 시 고려해야 할 사항이 아닌 것은?

① 환경조건 ② 고장이력
③ 설비의 종류 ④ 설비의 중요도

해설 태양광발전시스템 점검 계획 시 고려사항
① 환경조건
② 설비의 중요도
③ 설비의 사용시간
④ 고장이력
⑤ 부하상태
⑥ 보수방법

46 인버터의 이상신호 중 "Line Phase Sequence Fault" 표시는 어떤 현상에 대한 표시인가?

① R상이 결상일 경우
② 계통전압이 역상일 경우
③ 계통주파수가 규정값 이하일 경우
④ 인버터와 계통 주파수가 동기화되지 않은 경우

정답 42. ③ 43. ③ 44. ④ 45. ③

해설 인버터 표시부 내용 및 조치사항

1) Line R phase fault
① R상 결상시 발생
② R상 확인 후 정상시 재 운전

2) Line phase sequence fault
① 계통 전압이 역상일 때 발생
② 상회전 확인 후 정상시 재 운전

3) Line under frequency fault
① 계통 주파수가 규정치 이하일 때 발생
② 계통주파수 확인 후 정상시 5분 후 재 기동

4) Line Inverter async fault
① 인버터와 계통 주파수가 동기화되지 않은 경우
② 인버터 점검 또는 계통 주파수 점검 후 운전

6.4.3 / 17.1.53 / 17.2.59 / 17.4.41 / 19.1.49 / 20.1.42 / 20.3.47 / 20.4.43 / 21.1.60

47 태양광발전 어레이의 동작 불량 스트링이나 태양광발전 모듈의 검출 및 직렬 접속선의 결선누락 사고, 잘못 연결된 극성 등을 검출하기 위해 측정하는 것은?

① 발전량
② 절연저항
③ 접지저항
④ 개방전압

해설 개방전압(Open Circuit Voltage)

태양전지 셀 모듈의 출력 단자를 개방한 때의 양 단자 간의 전압(V_{∞}), 단위 [V], 특정한 온도와 일조 강도에서 부하를 연결하지 않은 개방 상태의 태양광발전설비 양단에 걸리는 전압을 말하며, 태양전지 스트링과 모듈의 동작불량, 직렬 접속선의 결선 누락 등, 각 스트링의 연결 상태확인이 가능하여, 우선적으로 실시한다.

16.2.47 / 16.2.51 / 16.4.47 / 17.2.42 / 18.1.45 / 18.2.44 / 18.2.54 / 19.1.43 / 19.1.51 / 19.1.53 / 19.4.42 / 19.4.47 / 20.3.48 / 20.4.42 / 20.4.45 / 20.4.51 / 21.1.46 / 21.1.51 / 21.1.58 / 21.4.44 / 21.2.47 / 21.4.56

48 태양광발전 모듈의 발전성능을 옥내에서 시험하기 위해 사용하는 인공광원은?

① 항온항습 장치
② UV시험 장치
③ 염수분무 장치
④ 솔라 시뮬레이터

해설 태양전지모듈 시험장치

① 항온항습 장치
태양전지모듈의 온도 사이클 시험, 온습도 사이클 시험, 내열-내습성시험을 하기위한 챔버, 온도 ±2 [℃] 이내, 습도 ±5[%] 이내이어야 한다.
② UV시험 장치
태양전지모듈이 태양광에 노출되는 경우에 따라서 유지되는 열화정도를 시험하기 위한 장치
③ 염수분부 장치
태양전지모듈의 구성 재료와 패키지 등의 구성품을 대상으로 염수(바닷물)에 대한 내구성을 시험하기 위한 환경 챔버
④ 솔라 시뮬레이터
태양광발전 모듈의 발전성능을 옥내에서 시험하기 위한 인공광원이며, 방사조도 ±2[%] 이내, 광원 균일도 ±2[%] 이내의 A등급 이상의 것

20.3.49 / 21.4.55

49 유지관리비의 구성요소로 틀린 것은?

① 부지매각비
② 일반관리비
③ 운용지원비
④ 보수비와 개량비

해설 유지관리비

① 보전비 : 법령정검, 정기점검보수, 일상점검, 경상수선 등
② 수선비 : 임시수선 등
③ 개량비
④ 운용비 : 경비, 전화, 수도, 소모품 등
⑤ 일반관리비 : 조세공과, 보험료, 감가상각비 등
⑥ 운영지원비 : 기술자료 수집, 기술연구 등

17.2.60 / 20.1.60 / 20.3.50 / 21.2.59

50 박막 태양광발전 모듈(성능)(KS C 8562 : 2015)에 따른 최대 출력 결정 시 품질기준으로 시험 시료의 출력 균일도는 평균 출력의 몇 % 이내이어야 하는가?

① ±1
② ±3
③ ±5
④ ±10

해설 최대출력 결정시험

① 해당 태양광 모듈의 최대출력을 측정하되, 시험 시료의 평균출력은 정격출력 이상일 것
② 시험 시료의 출력 균일도는 평균출력의 ±3[%] 이내일 것

정답 46. ② 47. ④ 48. ④ 49. ① 50. ②

18.1.43 / 20.3.51 / 20.4.46 / 20.4.50

51 배선용차단기, 누전차단기의 정기점검 내용으로 틀린 것은?

① 유면은 적당한 위치에 있는지 확인
② 과열에 의한 이상한 냄새는 없는지 확인
③ 동작 상태를 표시하는 부분이 잘 보이는지 확인
④ 개폐기구의 핸들과 표시등의 상태는 올바른지 확인

[해설] 변압기(유면계)의 점검내용 : 유면은 적당한 위치에 있는지 확인

20.3.52 / 21.2.54

52 개인보호구의 사용 및 관리에 관한 기술지침에 따라 안전화 중 고압에 의한 감전 방지 및 방수를 겸한 것은?

① 절연화   ② 절연장화
③ 발등안전화 ④ 정전기안전화

[해설] 안전화의 종류
① 절연화 : 물체의 낙하, 충격 또는 날카로운 물체에 의한 찔림 위험으로부터 발을 보호하고 저압의 전기에 의한 감전을 방지하기 위한 것
② 발등안전화 : 물체의 낙하, 충격 또는 날카로운 물체에 의한 찔림 위험으로부터 발 및 발등을 보호하기 위한 것
③ 정전기안전화 : 물체의 낙하, 충격 또는 날카로운 물체에 의한 찔림 위험으로부터 발을 보호하고 정전기의 인체대전을 방지하기 위한 것

16.4.18 / 17.2.47 / 19.1.16 / 20.1.13 / 20.3.53 / 21.4.13

53 중대형 태양광 발전용 인버터(계통연계형, 독립형)(KS C 8565 : 2020)의 효율시험에서 교류전원을 정격 전압 및 정격 주파수로 운전하고, 운전 시작 후 최소한 몇 시간 이후에 측정하여야 하는가?

① 1   ② 2   ③ 3   ④ 4

[해설] 중대형 태양광발전용 인버터 효율시험

교류전원을 정격전압 및 정격 주파수로 운전하고, 운전 시작 후 최소한 2시간 이후에 측정한다.

1) 출력전력이 정격출력의 5[%], 10[%], 20[%], 30[%], 50[%], 그리고 100[%]일 때의 각각의 전력변환효율을 측정한다.

2) 직류입력을 정격전압으로 두고 측정한다.

3) 독립형 인버터의 경우 정격효율로 측정한다.

4) 판정기준
① 계통연계형 인버터의 경우 Euro 변환효율로 측정한다.
② 정격용량이 10[kW] 초과 30[kW] 이하에서는 90[%], 30[kW] 초과 100[kW] 이하에서는 92[%], 100[kW] 초과에서는 94[%] 이상일 것
③ 독립형 인버터의 경우 정격효율로 측정하여 정격용량이 10[kW] 초과 30[kW] 이하에서는 88[%], 30[kW] 초과 100[kW] 이하에서는 90[%], 100[kW] 초과에서는 92[%] 이상일 것.

17.4.45 / 20.3.54 / 21.1.54

54 태양광발전시스템 고장으로 문제점이 발견된 경우 판단 및 조치사항으로 적합하지 않은 것은?

① 불량 모듈을 교체할 때에는 동일 규격제품으로 교체한다.
② 파워컨디셔너가 고장인 경우에는 유지보수 담당자가 직접 수리 보수한다.
③ 태양전지 셀 및 바이패스 다이오드가 손상된 경우, 태양전지 모듈을 교체한다.
④ 태양전지 모듈에 음영이 들지 않았음에도 불구하고 정격전류값이 갑자기 작아지면 즉시 모듈을 교체하여야 한다.

[해설] 파워컨디셔너가 고장인 경우에는 유지보수 담당자가 직접 수리보수 하지 않도록 하고, 제조업체에 AS를 의뢰하여 보수해야 한다.

14.4.45 / 15.4.54 / 16.4.56 / 17.1.55 / 17.4.57 / 18.1.52 / 19.1.41 / 19.2.46 / 19.4.56 / 20.3.55

55 태양광발전 모듈의 고장으로 틀린 것은?

정답 51.① 52.② 53.② 54.②

① 핫 스팟　　② 백화현상
③ 프레임 변형　④ 부스바 과열

해설 모듈의 고장원인
① 제조결함(백화현상, 적화현상, 황색 변이, 핫스팟, 백시트 에어 버블링 등)
② 시공불량(모듈 시공시 외부 충격의 영향, 구조물의 불균형 시공으로 인한 프레임 변형 등)
③ 전기적(전압, 전류), 기계적(열응력, 충격) 스트레스에 의한 태양전지 셀의 파손
④ 염해, 부식성 가스 등 주변 환경에 의한 부식
⑤ 경년 열화에 의한 태양전지 셀 및 리본의 노화

15.4.41 / 17.1.50 / 17.4.55 / 18.2.56 / 18.4.59 / 19.1.59 / 20.1.58 / 20.3.56 / 20.4.52

56 태양광발전시스템의 성능평가를 위한 사이트 평가방법이 아닌 것은?

① 설치용량　　② 시공업자
③ 발전성능　　④ 설치대상기관

해설 태양광 발전 시스템의 사이트 평가 방법
① 태양광 발전 시스템의 설비 설치의 대상기관
② 태양광 발전 시스템 설비 설치의 시설 분류
③ 태양광 발전 시스템의 설비 설치의 시설 지역
④ 태양광 발전 시스템의 설비 설치 형태
⑤ 태양광 발전 시스템의 설비 설치 용량
⑥ 태양광 발전 시스템 설비 설치의 방위와 각도
⑦ 태양광 발전 시스템의 설비 설치 시공업자
⑧ 태양광 발전 시스템의 설비 설치기기 장비 제조사

18.2.59 / 20.3.57

57 선간전압이 100kV인 충전전로 인근에서 유자격자가 작업하는 경우 노출 충전부에 접근 한계거리 몇 cm 이내로 접근하거나 절연손잡이가 없는 도전체에 접근할 수 없도록 하여야 하는가? (단, 근로자 및 노출 충전부에 안전대책이 없는 경우이다.)

① 110　　② 130
③ 150　　④ 170

해설 충전전로에서의 전기작업
유자격자가 충전전로 인근에서 작업하는 경우에는 다음의 경우를 제외하고는 노출 충전부에 다음 표에 제시된 접근한계거리 이내로 접근하거나 절연 손잡이가 없는 도전체에 접근할 수 없도록 할 것
① 근로자가 노출 충전부로부터 절연된 경우 또는 해당 전압에 적합한 절연장갑을 착용한 경우
② 노출 충전부가 다른 전위를 갖는 도전체 또는 근로자와 절연된 경우
③ 근로자가 다른 전위를 갖는 모든 도전체로부터 절연된 경우

충전전로의 선간전압 [kV]	충전전로에 대한접근 한계거리[cm]]
0.3 이하	접촉금지
0.3 초과 0.75 이하	30
0.75 초과 2 이하	45
2 초과 15 이하	60
15 초과 37 이하	90
37 초과 88 이하	110
88 초과 121 이하	130
121 초과 145 이하	150
145 초과 169 이하	170
169 초과 242 이하	230
242 초과 362 이하	380
362 초과 550 이하	550
550 초과 800 이하	790

13.4.51 / 14.4.49 / 20.1.54 / 20.3.58 / 20.4.54

58 태양광발전 모듈의 점검항목이 아닌 것은?

① 가대 접지 상태
② 전력량계 설치 유무
③ 표면의 오염 및 파손상태
④ 프레임 파손 및 변형 유무

해설 태양전지(어레이)의 육안점검
① 모듈의 오염 및 파손
② 프레임 파손 및 변형유무
③ 가대의 부식 및 녹 발생
④ 가대의 고정(볼트 및 너트의 풀림) 및 접지
⑤ 외부배선의 손상
⑥ 변색, 낙엽 등의 유무 검사
⑦ 지붕재의 파손 및 지지기구와의 고정상태

정답　55. ④　56. ③　57. ②　58. ②

17.1.58 / 17.4.50 / 17.4.56 / 18.2.41 / 19.1.44 / 19.2.44 /
20.3.59 / 21.2.42 / 21.4.524

59 전기안전관리자의 직무 고시에 따른 태양광발전시스템의 점검에서 유지보수 시의 점검 종류가 아닌 것은?

① 일시점검 ② 일상점검
③ 정기점검 ④ 정밀점검

해설 점검의 종류
1) 일상점검
   설비의 운전상태에서 매일 또는 주 1회씩 점검

2) 정기점검
   설비를 정지시켜 일정한 주기마다 점검
   ① 보통점검 : 설비를 정지시켜 점검, 주기는 1개월 ~ 1년 정도
   ② 정밀점검 : 설비의 분해점검, 주기는 1년 ~ 10년 정도

3) 임시점검
   천재지변, 기기고장, 순시점검 중이나 운전중 이상 발견시 점검

14.4.61 / 17.2.46 / 18.2.50 / 20.3.60 / 21.4.49

60 전기사업법에 따라 태양광발전소 전기사업허가 신청서를 제출할 때 산업통상자원부장관에게 제출해야 하는 발전설비용량 기준은?

① 200kW 초과 ② 200kW 미만
③ 3000kW 초과 ④ 3000kW 미만

해설 사업허가의 신청(전기사업법 시행규칙 제4조)
① 전기사업의 허가를 신청하려는 자는 전기사업허가 신청서에 관련 서류(전자문서를 포함한다. 이하 같다)를 첨부하여 산업통상자원부장관에게 제출하여야 한다.
② 다만, 발전설비용량이 3,000[kW] 이하인 발전사업의 허가를 받으려는 자는 특별시장·광역시장·특별자치시장·도지사 또는 특별자치도지사에게 제출하여야 한다.

16.4.64 / 18.1.68 / 19.2.63 / 20.3.61 / 21.4.67

61 저탄소 녹색성장 기본법령에 따라 녹색성장위원회의 사무를 처리하게 하기 위하여 녹색성장위원회에 두는 간사위원은?

① 국무조정실장
② 금융위원회위원장
③ 신재생에너지센터장
④ 방송통신위원회위원장

해설 녹색성장위원회의 구성 및 운영
① 위원회의 위원은 기획재정부장관, 교육부장관, 과학기술정보통신부장관, 외교부장관, 행정안전부장관, 문화체육관광부장관, 농림축산식품부장관, 산업통상자원부장관, 보건복지부장관, 환경부장관, 여성가족부장관, 국토교통부장관, 해양수산부장관, 중소벤처기업부장관, 방송통신위원회위원장, 금융위원회위원장 및 국무조정실장을 말한다.
② 위원회의 사무를 처리하게 하기 위하여 위원회에 간사위원 1명을 두며, 간사위원의 지명에 관한 사항은 대통령령으로 정하고, 간사위원은 국무조정실장이 된다.
③ 위원장은 필요하다고 인정하는 때에는 중앙행정기관의 장으로 하여금 소관 분야의 안건과 관련하여 위원회에 참석하여 의견을 제시하게 하거나 관계 전문가를 참석하게 하여 의견을 들을 수 있다.

20.3.62 / 21.4.63

62 전기설비기술기준의 판단기준에 따라 가공 직류 전차선은 지름 몇 mm의 경동선을 사용하여야 하는가?

① 1.25 ② 2.5 ③ 5 ④ 7

해설 가공 직류 전차선의 굵기
가공 직류 전차선은 사용전압이 저압인 경우 지름 7mm의 경동선, 고압인 경우 지름 7.5mm의 경동선 또는 이와 동등 이상의 세기 및 굵기가 유지되어야 한다.

20.3.63 / 21.1.64

63 저탄소 녹색성장 기본법령에 따른 국가의 책무에 해당하지 않는 것은?

정답 59.① 60.③ 61.① 62.④

① 국가는 정치·경제·사회·교육·문화 등 국정의 모든 부문에서 저탄소 녹색성장의 기본 원칙이 반영될 수 있도록 노력하여야 한다.
② 국가는 각종 정책을 수립할 때 경제와 환경의 조화로운 발전 및 기후변화에 미치는 영향 등을 종합적으로 고려하여야 한다.
③ 국가는 국제적인 기후변화대응 및 에너지·자원 개발협력에 능동적으로 참여하고, 선진국가로부터 기술적·재정적 지원을 받아야 한다.
④ 국가는 에너지와 자원의 위기 및 기후변화 문제에 대한 대응책을 정기적으로 점검하여 성과를 평가하고 국제협상의 동향 및 주요 국가의 정책을 분석하여 적절한 대책을 마련하여야 한다.

해설 국가는 국제적인 기후변화대응 및 에너지·자원 개발 협력에 능동적으로 참여하고, 개발도상국가에 대한 기술적·재정적 지원을 할 수 있다.

16.4.62 / 16.4.72 / 17.1.76 / 17.4.72 / 18.1.77 / 20.1.63 / 20.3.64 / 20.3.77 / 20.4.69

64 신에너지 및 재생에너지 개발·이용·보급 촉진법령에 따라 산업통상자원부장관이 혼합의무자에게 제출을 요구할 수 있는 자료 중 신·재생에너지 연료 혼합의무 이행확인에 관한 자료의 내용이 아닌 것은?

① 수송용연료의 생산량
② 수송용연료의 수출입량
③ 수송용연료의 내수판매량
④ 수송용연료의 자가발전량

해설 **신·재생에너지 연료 혼합의무**
(1) 신·재생에너지 연료 혼합의무 등(신재생에너지법 제23조의2)
① 산업통상자원부장관은 신·재생에너지의 이용·보급을 촉진하고 신·재생에너지 산업의 활성화를 위하여 필요하다고 인정하는 경우 대통령으로 정하는 바에 따라 석유정제업자 또는 석유수출입업자에게 일정 비율 이상의 신·재생에너지 연료를 수송용 연료에 혼합하게 할 수 있다.
② 산업통상자원부장관은 ①항에 따른 혼합의무의 이행 여부를 확인하기 위하여 혼합의무자에게 대통령령으로 정하는 바에 따라 필요한 자료의 제출을 요구할 수 있다.

(2) 자료제출(신재생에너지법 시행령 제26조의3)
산업통상자원부장관은 혼합의무자에게 다음의 자료 제출을 요구할 수 있다.
1) 신·재생에너지 연료 혼합의무 이행확인에 관한 다음의 자료
① 수송용 연료의 생산량
② 수송용 연료의 내수판매량
③ 수송용 연료의 재고량
④ 수송용 연료의 수출입량
⑤ 수송용 연료의 자가 소비량

2) 신·재생에너지 연료 혼합시설에 관한 다음의 자료
① 신·재생에너지 연료 혼합시설 현황
② 신·재생에너지 연료 혼합시설 변동사항
③ 신·재생에너지 연료 혼합시설의 사용실적

3) 혼합의무자의 사업에 관한 다음의 자료
① 수송용 연료 및 신·재생에너지 연료 거래실적
② 신·재생에너지 연료 평균거래가격
③ 결산재무제표

4) 그밖에 혼합의무의 이행 여부를 확인하기 위하여 산업통상자원부장관이 필요하다고 인정하는 자료

13.4.71 / 14.4.73 / 15.4.72 / 16.2.64 / 17.4.77 / 19.1.77 / 20.3.65

65 전기설비기술기준에서 정의하는 전압의 구분으로 옳은 것은?

① 저압 : 직류는 500V 이하, 교류는 500V 이하
② 고압 : 직류는 750V를, 교류는 900V를 초과하고, 5kV 이하
③ 고압 : 직류는 600V를, 교류는 500V를 초과하고, 10kV 이하
④ 특고압 : 7kV를 초과

해설 **전압의 종별**

구분	개정(2021. 1. 1)
저압	DC 1500[V] 이하
	AC 1000[V] 이하
고압	DC 1500[V] 초과 7000[V] 이하
	AC 1000[V] 초과 7000[V] 이하
특고압	7000[V] 초과

정답 63.③ 64.④ 65.④

13.4.73 / 15.4.67 / 16.2.42 / 16.4.68 / 16.4.70 / 17.4.65 / 18.1.74 / 18.4.24 / 18.4.63 / 19.4.38 / 20.1.65 / 20.1.79 / 20.3.66 / 21.1.71 / 21.2.27 / 21.4.37 / 21.4.68

66 전기공사업법령에 따라 공사업을 하려는 자는 산업통상자원부령으로 정하는 바에 따라 누구에게 등록하여야 하는가?

① 시·도지사
② 전기공사협회장
③ 산업통상자원부장관
④ 한국전기기술인협회장

해설 공사업의 등록(전기공사업법 제4조)
① 공사업을 하려는 자는 산업통상자원부령으로 정하는 바에 따라 주된 영업소의 소재지를 관할하는 특별시장·광역시장·도지사 또는 특별자치도지사에게 등록하여야 한다.
② 공사업의 등록을 하려는 자는 대통령령으로 정하는 기술능력 및 자본금 등을 갖추어야 한다.
③ 공사업을 등록한 자 중 등록한 날부터 5년이 지나지 아니한 자는 ②항에 따른 기술능력 및 자본금 등에 관한 사항을 대통령령으로 정하는 기간이 지날 때마다 산업통상자원부령으로 정하는 바에 따라 시·도지사에게 신고하여야 한다.
④ 시·도지사는 ①항에 따라 공사업의 등록을 받으면 등록증 및 등록수첩을 내주어야 한다.

16.4.63 / 17.1.74 / 19.1.76 / 19.1.78 / 20.3.67

67 전기사업법령에 따라 전력정책심의회의 심의를 거치지 아니하고 변경할 수 있는 기본계획의 경미한 변경 사항으로 틀린 것은?

① 전력산업기반조성계획을 수립하려는 경우
② 전기설비별 용량의 20퍼센트 이내의 범위에서 그 용량을 변경하는 경우
③ 전기설비 설치공사의 착공·준공 또는 공사기간을 2년 이내의 범위에서 조정하는 경우
④ 신규건설 또는 폐지되는 연도별 전기설비용량의 5퍼센트 이내의 범위에서 전기설비용량을 변경하는 경우

해설 전력수급기본계획

(1) 전력수급기본계획의 수립(전기사업법 제25조)
1) 산업통상자원부장관은 전력수급의 안정을 위하여 전력수급기본계획을 수립하여야 한다.

2) 산업통상자원부장관은 기본계획을 수립하거나 변경하고자 하는 때에는 관계 중앙행정기관의 장과 협의하고 공청회를 거쳐 의견을 수렴한 후 전력정책심의회의 심의를 거쳐 이를 확정한다.
다만, 산업통상자원부장관이 책임질 수 없는 사유로 공청회가 정상적으로 진행되지 못하는 등 대통령령으로 정하는 사유가 있는 경우에는 공청회를 개최하지 아니할 수 있으며 이 경우 대통령령으로 정하는 바에 따라 공청회에 준하는 방법으로 의견을 들어야 한다.

3) 기본계획 중 대통령령으로 정하는 경미한 사항을 변경하는 경우에는 2)항에 따른 절차를 생략할 수 있다.

4) 기본계획에는 다음의 사항이 포함되어야 한다.
① 전력수급의 기본방향에 관한 사항
② 전력수급의 장기전망에 관한 사항
③ 발전설비계획 및 주요 송전·변전설비계획에 관한 사항
④ 전력수요의 관리에 관한 사항
⑤ 직전 기본계획의 평가에 관한 사항
⑥ 그밖에 전력수급에 관하여 필요하다고 인정하는 사항

(2) 기본계획의 경미한 사항의 변경(전기사업법 시행령 제15조2)
대통령령으로 정하는 경미한 사항을 변경하는 경우란 다음의 어느 하나에 해당하는 경우를 말한다.
① 전기설비 설치공사의 착공 또는 준공 등의 기간을 2년의 범위에서 조정하는 경우
② 전기설비별 용량의 20[%]의 범위에서 그 용량을 변경하는 경우
③ 연도별 전기설비 총용량의 5[%]의 범위에서 그 총용량을 변경하는 경우

16.2.76 / 16.4.76 / 20.3.68 / 20.4.71 / 21.4.74

68 전기설비기술기준의 판단기준에 따라 발전기·연료전지 또는 태양전지 모듈(복수의 태양전지 모듈을 설치하는 경우에는 그 집합체)에 시설되는 계측하는 장치로 측정하는 대상이 아닌 것은?

① 전압　　② 전류
③ 역률　　④ 전력

[해설] **계측장치(판단기준 제50조)**

발전소에는 다음의 사항을 계측하는 장치를 시설하여야 한다. 다만, 태양전지 발전소는 연계하는 전력계통에 그 발전소 이외의 전원이 없는 것에 대하여는 그렇지 않다.
① 발전기·연료전지 또는 태양전지 모듈의 전압 및 전류 또는 전력
② 발전기의 베어링 및 고정자의 온도
③ 정격출력이 10,000[kW]를 초과하는 증기터빈에 접속하는 발전기의 진동의 진폭(정격출력이 400,000[kW] 이상의 증기터빈에 접속하는 발전기는 이를 자동적으로 기록하는 것에 한한다)
④ 주요 변압기의 전압 및 전류 또는 전력
⑤ 특고압용 변압기의 온도

16.2.27 / 17.1.16 / 17.1.71 / 18.4.60 / 19.2.30 / 19.4.69 / 20.3.69 / 21.2.68 / 21.4.15 / 21.4.60

69 전기설비기술기준의 판단기준에 따라 피뢰기를 설치하지 않아도 되는 곳은?

① 가공전선로와 지중전선로가 접속되는 곳
② 변전소의 가공전선 인입구 중 보호범위 내의 피보호기기
③ 고압 가공전선로로부터 공급을 받는 수용장소의 인입구
④ 특고압 가공전선로로부터 공급을 받는 수용장소의 인입구

[해설] **피뢰기의 시설**

고압 및 특고압의 전로 중 다음에 열거하는 곳 또는 이에 근접한 곳에는 피뢰기를 시설하여야 한다.
① 발전소·변전소 또는 이에 준하는 장소의 가공전선 인입구 및 인출구

② 가공전선로에 접속하는 제29조의 배전용 변압기의 고압측 및 특고압측
③ 고압 및 특고압 가공전선로로부터 공급을 받는 수용장소의 인입구
④ 가공전선로와 지중전선로가 접속되는 곳

15.4.47 / 15.4.79 / 16.4.79 / 18.4.70 / 20.3.70 / 20.4.72

70 전기사업법령에 따라 전기안전관리자를 선임하지 아니한 자는 얼마 이하의 벌금에 처하는가?

① 500만원　　② 1000만원
③ 1500만원　　④ 2000만원

[해설] **벌칙**

① 전기안전관리자를 선임하지 아니한 자는 500만원 이하의 벌금
② 전기안전관리자를 해임한 경우에는 다른 전기안전관리자를 선임하기 전까지 산업통상자원부령으로 정하는 바에 따라 대행자를 각각 지정하여야 하나 위반하여 전기안전관리자의 대행자를 지정하지 아니한 자는 300만원 이하의 과태료를 부과
③ 전기안전관리자의 선임 또는 해임 신고를 하지 아니하거나 거짓으로 선임 신고를 한 자는 100만원 이하의 과태료를 부과
④ 전기안전관리자의 성실의무 등을 위반하여 필요한 조치를 요구하지 아니한 전기안전관리자는 100만원 이하의 과태료를 부과

20.3.71 / 21.4.77

71 전기설비기술기준의 판단기준에 따른 전기울타리의 시설기준으로 틀린 것은?

① 전기울타리는 사람이 쉽게 출입하지 아니하는 곳에 시설할 것
② 전선과 이를 지지하는 기둥 사이의 이격거리는 2.5cm 이상일 것
③ 전선은 인장강도 1.38kN 이상의 것 또는 지름 2mm 이상의 경동선일 것
④ 전선과 다른 시설물(가공 전선을 제외한다.) 또는 수목 사이의 이격거리는 10cm 이상일 것

[해설] **전기울타리의 시설**

전기울타리는 다음에 따르고 또한 견고하게 시설하여야 한다.

정답 68. ③　69. ②　70. ①　71. ④

① 전기울타리는 사람이 쉽게 출입하지 아니하는 곳에 시설할 것.
② 전기울타리를 시설한 곳에는 사람이 보기 쉽도록 적당한 간격으로 경고표시 그림 또는 글자로 위험표시를 시설 할 것.
③ 전선은 인장강도 1.38 kN 이상의 것 또는 지름 2mm 이상의 경동선일 것.
④ 전선과 이를 지지하는 기둥 사이의 이격거리는 2.5cm 이상일 것.
⑤ 전선과 다른 시설물(가공 전선을 제외한다) 또는 수목 사이의 이격거리는 30cm 이상일 것.

13.4.68 / 15.2.65 / 16.4.61 / 18.2.65 / 18.4.77 / 19.2.61 / 19.4.64 / 20.3.72

72 신에너지 및 재생에너지 개발·이용·보급 촉진법령에서 기본계획의 계획기간은 몇 년 이상으로 하는가?

① 1년   ② 3년
③ 5년   ④ 10년

해설 기본계획의 수립(신재생에너지법 제5조)
① 산업통상자원부장관은 관계 중앙행정기관의 장과 협의를 한 후 신·재생에너지정책심의회의 심의를 거쳐 신·재생에너지의 기술개발 및 이용·보급을 촉진하기 위한 기본계획을 5년마다 수립하여야 한다.
② 기본계획의 계획기간은 10년 이상으로 한다.

13.4.76 / 15.2.25 / 16.4.73 / 17.4.66 / 17.4.67 / 18.1.24 / 18.1.75 / 19.1.62 / 19.2.78 / 19.4.67 / 20.3.73 / 21.1.63 / 21.1.76 / 21.4.70

73 신에너지 및 재생에너지 개발·이용·보급 촉진법령에 따라 공급인증서를 발급받으려는 자는 공급인증서 발급 및 거래시장 운영에 관한 규칙에서 정하는 바에 따라 신·재생에너지를 공급한 날부터 며칠 이내에 발급 신청을 하여야 하는가?

① 30   ② 60   ③ 90   ④ 120

해설 신·재생에너지 공급인증서의 발급 신청 등(신재생에너지법 시행령 제18조의8)

① 공급인증서를 발급받으려는 자는 공급인증서 발급 및 거래시장 운영에 관한 규칙에서 정하는 바에 따라 신·재생에너지를 공급한 날부터 90일 이내에 발급 신청을 하여야 한다.
② 발급 신청을 받은 공급인증기관은 발급 신청을 한 날부터 30일 이내에 공급인증서를 발급하여야 한다.

13.4.65 / 14.4.71 / 17.2.66 / 18.2.61 / 20.3.74 / 21.4.65

74 전기사업법령에 따라 전기사용자는 전력시장에서 전력을 직접 구매할 수 없으나 대통령령으로 정하는 규모 이상의 전기사용자는 그러하지 아니한다. 대통령령으로 정하는 규모로 옳은 것은?

① 수전설비(受電設備)의 용량이 5천키로볼트암페어 이상인 전기사용자
② 수전설비(受電設備)의 용량이 1만키로볼트암페어 이상인 전기사용자
③ 수전설비(受電設備)의 용량이 3만키로볼트암페어 이상인 전기사용자
④ 수전설비(受電設備)의 용량이 5만키로볼트암페어 이상인 전기사용자

해설 전력의 직접 구매
① 전기사용자는 전력시장에서 전력을 직접 구매할 수 없다. 다만, 대통령령으로 정하는 규모 이상의 전기사용자는 그러하지 아니하다.
② 대통령령으로 정하는 규모 이상의 전기사용자란 수전설비(受電設備)의 용량이 3만킬로볼트암페어 이상인 전기사용자를 말한다.

17.1.69 / 20.3.75 / 21.4.69

75 신에너지 및 재생에너지 개발·이용·보급 촉진법령에 따라 산업통상자원부장관은 발전차액을 반환할 자가 며칠 이내에 이를 반환하지 아니하면 국세 체납처분의 예에 따라 징수할 수 있는가?

① 15   ② 30   ③ 45   ④ 60

정답 72. ④ 73. ③ 74. ③ 75. ②

해설 지원 중단 등(신재생에너지법 제18조, 제17조)

1) 산업통상자원부장관은 발전차액을 지원받은 신·재생에너지 발전사업자가 다음의 어느 하나에 해당하면 산업통상자원부령으로 정하는 바에 따라 경고를 하거나 시정을 명하고, 그 시정명령에 따르지 아니하는 경우에는 발전차액의 지원을 중단할 수 있다.
   ① 거짓이나 부정한 방법으로 발전차액을 지원받은 경우
   ② 산업통상자원부장관은 발전차액을 지원받은 신·재생에너지 발전사업자가 결산재무제표 등 기준가격 설정을 위하여 필요한 자료요구에 따르지 아니하거나 거짓으로 자료를 제출한 경우

2) 산업통상자원부장관은 발전차액을 지원받은 신·재생에너지 발전사업자가 1)항 ①호에 해당하면 산업통상자원부령으로 정하는 바에 따라 그 발전차액을 환수할 수 있다. 이 경우 산업통상자원부장관은 발전차액을 반환할 자가 30일 이내에 이를 반환하지 아니하면 국세 체납처분의 예에 따라 징수할 수 있다.

15.2.61 / 16.2.69 / 17.2.68 / 18.4.66 / 19.1.67 / 20.3.76 / 21.4.72

76 신에너지 및 재생에너지 개발·이용·보급 촉진법령에 따라 발전량의 일정량 이상을 의무적으로 신·재생에너지를 이용하여 공급하는 자로서 대통령령으로 정하는 자가 아닌 자는?

① 한국광물공사
② 한국수자원공사
③ 한국지역난방공사
④ 발전사업자로서 50만킬로와트 이상의 발전설비(신·재생에너지 설비는 제외한다.)를 보유하는 자

해설 신·재생에너지 공급의무자(신재생에너지법 시행령 제18조의3)
① 전기사업법에 따른 발전사업자로서 500,000[kW] 이상의 발전설비(신·재생에너지 설비는 제외한다)를 보유하는 자
② 집단에너지사업법 및 전기사업법에 따른 발전사업의 허가를 받은 것으로 보는 자로서 500,000[kW] 이상의 발전설비(신·재생에너지 설비는 제외한다)를 보유하는 자
③ 한국수자원공사
④ 한국지역난방공사

16.4.62 / 16.4.72 / 17.1.76 / 17.4.72 / 18.1.77 / 20.1.63 / 20.3.64 / 20.3.77 / 20.4.69

77 신에너지 및 재생에너지 개발·이용·보급 촉진 법령에 따라 신·재생에너지 연료의 연도별 의무혼합량 계산시 적용되는 연도별 혼합의무비율은 신·재생에너지 기술개발 수준, 연료 수급 상황 등을 고려하여 2021년 7월 1일을 기준으로 몇 년마다 재검토를 해야하는가?

① 1   ② 3   ③ 5   ④ 10

해설 신·재생에너지 연료의 혼합량 산정 계산식

석유정제업자 또는 석유수출입업자가 수송용 연료에 혼합하여야 하는 신·재생에너지 연료의 연도별 의무혼합량은 다음 계산식에 따라 산정한다.

> 연도별 의무혼합량 = (연도별 혼합의무비율) × [수송용 연료(혼합된 신·재생에너지 연료를 포함한다)의 내수판매량]

※ 산업통상자원부장관은 신·재생에너지 기술개발 수준, 연료 수급 상황 등을 고려하여 2021년 7월 1일을 기준으로 3년마다(매 3년이 되는 해의 7월 1일 전까지를 말한다) 연도별 혼합의무비율을 재검토한다. 다만, 신·재생에너지 연료 혼합의무의 이행실적과 국내외 시장여건 변화 등을 고려하여 재검토 기간을 단축할 수 있다.

17.2.72 / 20.3.78 / 21.2.70

78 전기설비기술기준의 판단기준에 따라 관광 숙박업에 이용되는 객실의 입구에 조명용전등을 설치할 경우 몇 분 이내에 소등되는 타임스위치를 시설해야 하는가?

① 1   ② 2
③ 3   ④ 5

해설 점멸장치와 타임스위치 등의 시설(판단기준 제177조)

정답 76. ① 77. ② 78. ①

조명용 전등을 설치할 때에는 다음에 따라 타임스위치를 시설하여야 한다.
① 관광진흥법과 공중위생법에 의한 관광숙박업 또는 숙박업(여인숙 업을 제외한다)에 이용되는 객실의 입구 등은 1분 이내에 소등되는 것일 것
② 일반주택 및 아파트 각 호실의 현관등은 3분 이내에 소등되는 것일 것

15.2.80 / 18.2.68 / 20.3.79 / 20.4.62 / 21.1.80

79 전기설비기술기준에 따라 특고압 가공전선로에서 발생하는 극저주파 전자계는 지표상 1m에서 전계가 몇 kV/m 이하, 자계가 몇 μT 이하가 되도록 시설하여야 하는가?

① 3.5kV/m 이하, 83.3μT 이하
② 4.5kV/m 이하, 63.3μT 이하
③ 5.5kV/m 이하, 83.3μT 이하
④ 6.5kV/m 이하, 63.3μT 이하

해설 유도장해 방지(기술기준 제17조)
특고압 가공전선로에서 발생하는 극저주파 전자계는 지표상 1[m]에서 전계가 3.5[kV/m] 이하, 자계가 83.3[μT] 이하가 되도록 시설하는 등 상시 정전유도 및 전자유도작용에 의하여 사람에게 위험을 줄 우려가 없도록 시설하여야 한다. 다만, 논밭, 산림 그밖에 사람의 왕래가 적은 곳에서 사람에 위험을 줄 우려가 없도록 시설하는 경우에는 그렇지 않다.

13.4.66 / 14.4.75 / 15.2.72 / 15.2.76 / 16.4.67 / 17.1.73 / 17.2.70 / 17.4.78 / 18.1.73 / 18.2.64 / 18.4.75 / 18.4.80 / 19.1.64 / 19.2.62 / 20.3.80

80 전기설비기술기준의 판단기준에 따라 연료전지 및 태양전지 모듈은 최대사용전압의 1.5배의 직류전압 또는 1배의 교류전압(500V 미만으로 되는 경우에는 500V)을 충전부분과 대지 사이에 연속하여 몇 분간 가하여 절연내력을 시험하였을 때에 이에 견디는 것이어야 하는가?

① 5   ② 10
③ 15   ④ 20

해설 연료전지 및 태양전지 모듈의 절연내력(판단기준 제15조)
연료전지 및 태양전지 모듈은 최대사용전압의 1.5배의 직류전압 또는 1배의 교류전압(500[V] 미만으로 되는 경우에는 500[V])을 충전부분과 대지사이에 연속하여 10분간 가하여 절연내력을 시험하였을 때에 이에 견디는 것이어야 한다.

2020 제4회 CBT 복원 기출문제

01 13.4.7 / 15.4.9 / 18.1.20 / 18.2.2 / 20.4.1 / 21.4.6
수십장의 태양전지 셀을 직렬로 연결한 후 일정한 틀에 고정하여 구성한 것은?

① 태양전지 모듈
② 태양전지 어레이
③ 태양전지 프레임
④ 태양전지 단자함

해설 태양광발전시스템의 회로구성

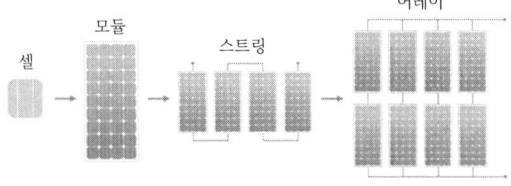

1) 셀(Cell)
① 태양전지의 가장 기본 소자
② 실리콘 계열의 태양전지 셀의 개방전압 0.59[V], 단락전류 10[A] 정도이다.

2) 모듈(Module)

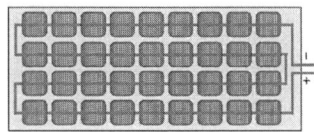

셀 36개의 직렬연결

① 셀을 직렬로 연결하여 태양광 아래서 일정한 전압과 전류를 발생시키는 장치
② 셀 자체가 너무 얇아 파손되기 쉬우므로 외부충격이나 악천후로부터 보호하기 위하여 견고한 알루미늄 프레임 안에 표면유리/충진재/태양전지 셀/충진재/후면시트 등의 순서로 제작한 제품에 케이블과 정션박스를 붙여 하나의 태양전지판 형태로 만든 제품
③ 365[W] 모듈 한 장은 단결정 72셀(6 inches), 사이즈는 1,960×992×40mm, 중량 22.5kg 정도이다.
④ 365[W] 모듈 한 장의 최대출력 동작전압 39.1[V], 최대출력 동작전류 9.35[A], 개방전압은 47.2[V], 단락전류 9.79[A], 효율은 18.8% 정도이다.

3) 스트링(String)
① 스트링은 태양전지의 모듈을 직렬로 연결하여 하나의 단위 스트링으로 구성된다.
② 단위 스트링의 출력전압이 어레이의 출력전압이며 또한 이 전압은 인버터의 직류 입력전압과 연관이 있다.
③ 스트링의 출력전압은 인버터의 최대 출력점(Maximum Power Point Tracking) 범위 이내가 되도록 하여야 한다.

4) 어레이(Array)
① 다수의 스트링을 병렬로 접속한 모듈의 집합체
② 스트링회로를 전기적으로 보호하기 위한 퓨즈, 차단기, 역류 방지소자, 서지 보호장치 등으로 구성되어 있으며 접속함에 수납되어 있다.

02 15.4.1 / 20.4.2
태양전지 모듈 선정시 고려사항에 해당되지 않는 것은?

① 경제성
② 신뢰성
③ 변환효율
④ 태양전지 셀의 크기

해설 모듈 선정시 고려사항
① 효율
② 출력허용오차
③ 신뢰성
④ 경제성
⑤ 유지보수(A/S 네트워크 및 보증기간) 및 관리성

03 14.4.8 / 15.2.2 / 18.4.19 / 20.4.3 / 21.1.20
태양전지의 직렬저항 증가에 의해 영향 받는 요소는?

① 개방전압 감소
② 누설전류 증가
③ 단락전류 증가
④ 충진율 감소

정답 1.① 2.④

해설 직렬저항 증가에 따른 영향

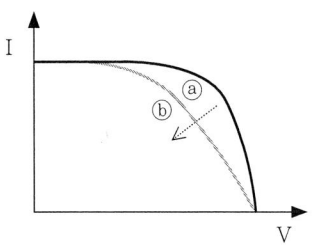

① 태양전지의 에미터와 베이스의 수직저항 성분과 금속전극과 에미터, 베이스 사이의 접촉저항, 전면 및 후면의 금속전극의 저항과 같은 세가지 원인에 의해 발생된다.
② 직렬저항이 커짐에 따라 태양전지의 단락전류가 감소하기는 하지만 주된 영향을 받는 파라미터는 곡선인자이다.
③ 직렬저항은 태양전지의 개방전압에 큰 영향을 미치지 않지만 개방전압부근에서의 전류전압곡선은 직렬저항에 의해 크게 영향을 받는다.
④ 직렬저항이 증가하면 위의 그림처럼 전류전압곡선이 ⓐ에서 ⓑ로 이동하여 충진율(곡선인자)이 감소하게 된다.

13.4.14 / 14.4.1 / 14.4.9 / 15.2.5 / 15.2.43 / 17.1.20 / 17.4.14 / 18.2.11 / 19.2.5 / 20.1.17 / 20.3.1 / 20.4.4 / 20.4.6 / 21.1.43 / 21.2.2 / 21.2.13 / 21.2.18

04 태양광발전 모듈에서 최대출력(P_{mpp})의 의미는?

① $Isc \times Voc$
② $I_{mpp} \times Voc$
③ $Isc \times V_{mpp}$
④ $I_{mpp} \times V_{mpp}$

해설 태양전지의 전압-전류 특성

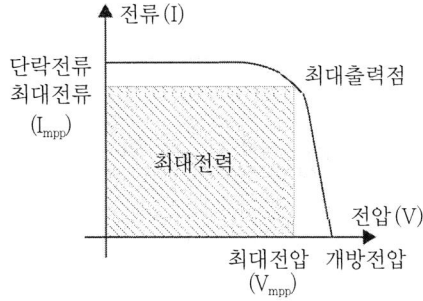

태양전지에서 나오는 전력은 전류와 전압을 곱하여 얻을 수 있으며 최대전류(Max. Power Current, I_{mpp})와 최대전압(Max. Power Volt, V_{mpp})이 만나는 최적의 동작점에서 발생한 전력이 태양전지의 최대출력(Max. Power)값이 된다.

13.4.3 / 16.2.4 / 16.4.10 / 17.1.4 / 19.1.7 / 19.2.12 / 20.4.5 / 20.4.12

05 뇌서지 등에 의한 피해로부터 태양광발전시스템을 보호하기 위한 대책으로 옳지 않은 것은?

① 피뢰소자를 어레이 주회로 내에 분산시켜 설치함과 동시에 접속함에도 설치한다.
② 뇌서지가 내부로 침입하지 못하도록 피뢰소자를 설비인입구에서 먼 장소에 설치한다.
③ 뇌우의 발생지역에서는 교류전원 측에 내뢰 트랜스를 설치한다.
④ 저압 배전선으로부터 침입하는 뇌서지에 대해서는 분전반에 피뢰소자를 설치한다.

해설 PV 시스템을 보호하기 위한 대책
① 피뢰소자를 어레이 주회로 내에 분산시켜 설치함과 동시에 접속함에도 설치한다.
② 뇌서지가 내부로 침입하지 못하도록 피뢰소자를 설비인입구에서 가까운 장소에 설치한다.
③ 뇌우의 발생지역에서는 교류전원 측에 내뢰 트랜스를 설치한다.
④ 저압 배전선으로부터 침입하는 뇌서지에 대해서는 분전반에 피뢰소자를 설치한다.
⑤ 접속함 및 분전반 안에 설치하는 피뢰소자는 방전내량이 큰 것을 선정한다.
⑥ 피뢰소자의 접지측 배선은 되도록 짧게 유지하면서 설치한다.

13.4.14 / 14.4.1 / 14.4.9 / 15.2.5 / 15.2.43 / 17.1.20 / 17.4.14 / 18.2.11 / 19.2.5 / 20.1.17 / 20.3.1 / 20.4.4 / 20.4.6 / 21.1.43 / 21.2.2 / 21.2.13 / 21.2.18

06 실리콘 태양전지 모듈의 출력 특성에 대한 설명으로 틀린 것은?

① 태양광 모듈의 표면온도가 높아지면 출력이 약간 증가한다.
② 태양의 일사강도가 동일한 경우, 여름철에 비해 겨울철의 출력이 높음
③ 단락전류는 일사강도에 비례하는 특성을 보임

정답 3. ④ 4. ④ 5. ②

④ 모듈 온도가 높아지면 개방전압은 일반적으로 감소함

해설 태양광 모듈의 온도에 따른 출력 전압과 전류 값
① 태양광 모듈의 온도특성을 살펴보면 전류는 양(+)의 온도계수를 가지고 전압과 전력은 음(-)의 온도계수를 가진다. 음의 온도계수의 의미는 온도가 높을수록 태양광 모듈의 전압과 전력은 감소하고, 온도가 낮을수록 태양광 모듈의 전압과 전력이 증가한다는 것을 의미한다.
② 태양전지가 보다 높은 온도에 노출되면 단락전류(I_{SC})는 조금(+0.05[%/℃]) 증가하며, 개방전압(V_{OC})은 (-0.5[%/℃]) 감소한다.
③ 폴리실리콘 계열의 태양전지는 표면온도가 1[℃] 상승할 때, 대략 0.3~0.5[%]의 출력이 감소한다.

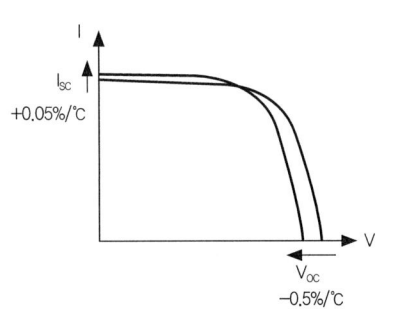

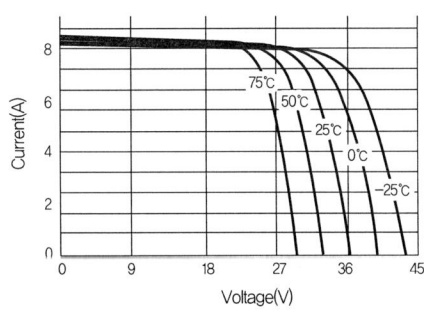

13.4.13 / 14.4.6 / 15.2.10 / 15.2.57 / 16.4.4 / 19.4.10 / 20.3.4 / 20.4.7 / 21.2.14

07 가장 일반적으로 사용되는 태양광 모듈의 구조를 올바르게 나열한 것은?

① Glass - EVA - Cell - Back layer
② Glass - Cell - EVA - Back layer
③ Glass - EVA - Cell - Glass - Back layer
④ Glass - EVA - Cell - EVA - Back layer

해설 모듈의 구조
프레임 - Glass(저철분 강화유리) - EVA(Ethylene Vinyl Acetate, Cell을 충격 습기에서 보호) - Cell(태양전지) - EVA - Back layer(Cell로의 습기 침입방지, 전극보호) - 정션박스(Cable, 바이패스 다이오드)

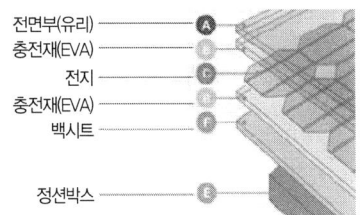

18.1.9 / 20.4.8

08 역류방지소자에 관한 내용 중 틀린 것은?

① 역류방지소자는 반드시 접속함 내에 설치해야 한다.
② 회로의 최대 역전압에 충분히 견딜 수 있어야 한다.
③ 역류방지소자는 설치할 회로의 최대전류를 흘릴 수 있어야 한다.
④ 모듈 방향으로 흐르는 역전류를 방지하기 위해 각 스트링마다 역류방지소자를 설치해야 한다.

해설 역류방지 소자
1) 태양광모듈의 역전류 영향
① 어레이 내의 스트링과 스트링 사이에 그림자 및 전압 불균형 등의 원인으로 병렬 접속된 스트링사이에 역전류가 흘러 어레이에 영향을 준다.
② 어레이의 직류 출력회로에 축전지가 설치되어 있는 경우, 야간이나 흐린 날 등의 태양전지에서 전력이 생산되지 않을 때는 태양전지가 축전지의 부하가 된다.

2) 대책(역류방지 소자)
① 태양전지 모듈의 스트링마다 역류방지 다이오드(Blocking Diode)를 설치해서, 전류의 역방향 흐름을 방지한다.

② 1대의 인버터에 접속되는 태양전지 직렬군(스트링)이 2병렬 이상 접속될 경우, 각 직렬군에 역전류방지 다이오드가 설치되어야 한다.
③ 설치할 회로의 최대전류를 흐르게 할 수 있어야 하며, 동시에 사용회로의 최대 역전압에 견딜 수 있어야 한다.
④ 일반적으로 접속함에 설치되며, 커넥터에 사용되기도 한다.

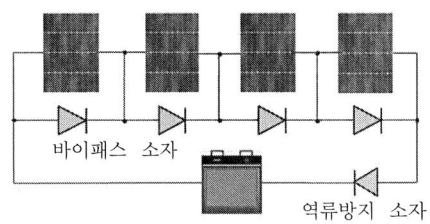

바이패스 및 역류방지 소자

역류방지다이오드용 커넥터

16.2.8 / 16.2.40 / 18.2.10 / 20.4.9 / 21.4.40

09 태양광발전시스템의 발전효율을 극대화하기 위한 시스템은?

① 고정형 시스템 ② 반고정형 시스템
③ 추적형 시스템 ④ 건물일체형 시스템

해설 추적식 구조물의 분류

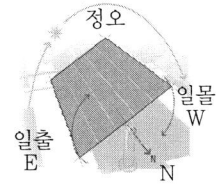

단축(1축) 추적식

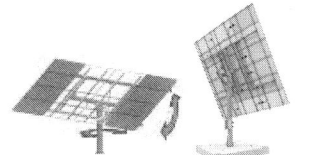

양축(2축) 추적식

1) 단축(1축) 추적식
① 어레이는 대지와 수평을 이루며, 남쪽으로의 경사각은 없다.
② 태양의 이동에 따라 해가 뜨는 동쪽에서 해가 지는 서쪽방향으로 추적하는 방식이다.
③ 고정식·가변식보다는 효율이 높고, 양축식보다는 효율이 낮다.
④ 구동장치가 필요하며, 운영 및 유지관리 비용이 소요된다.

2) 양축(2축) 추적식
① 태양의 동서방향을 추적하는 단축 추적식에 추가로 태양의 경사각(계절의 변화)까지 추적하는 방식
② 가장 효과적으로 많은 발전량을 생산할 수 있다.
③ 모듈간 음영발생을 방지하기 위해서는 이격 거리가 많이 필요하다.
④ 양축(2개의 구동장치)을 구동하기 위한 전력이 필요하고, 고장 발생에 따른 유지비용이 소요된다.

14.4.54 / 15.4.19 / 17.1.11 / 19.1.9 / 19.4.3 / 19.4.7 / 20.4.10 / 21.2.5

10 250W 태양광발전 모듈의 가로와 세로 길이가 각각 1650mm와 960mm 일 경우 변환효율은 약 몇 % 인가? (단, STC조건을 기준으로 한다)

① 14.89 ② 15.02
③ 15.32 ④ 15.78

해설 변환효율(Conversion Efficiency)

표준시험조건(Standard Test Conditions, STC)에서 측정한 태양전지 출력전력을 입사된 빛 에너지(소자 넓이 × 경사면 조사 강도)로 나누어 백분율로 나타낸 것

$$\eta = \frac{P_{AS}}{G_S \times A} \times 100 [\%]$$

$$= \frac{250}{1,000 \times 1.65 \times 0.96} \times 100 \fallingdotseq 15.78 [\%]$$

P_{AS} : 태양전지 어레이 출력전력 [kW]
G_S : 경사면 일사량 [kW/m^2]
A : 태양전지 어레이 면적 [m^2]

15.4.7 / 15.4.11 / 18.1.7 / 18.1.31 / 18.2.13 / 20.3.10 / 20.3.17 / 20.4.11

11 납축전지(연축전지)의 공칭전압은 몇 V/cell인가?

① 1.0　② 2.0　③ 3.0　④ 4.0

[해설] 납축전지와 알칼리축전지의 비교

	납축전지	알칼리축전지
공칭전압	2.0[V]	1.2[V]
방전종지전압	1.6[V]	0.96[V]
기전력	2.05~2.08[V]	1.32[V]
공칭용량	10[Ah]	5[Ah]
기계적강도	약함	강함
과충방전에 의한 전기적 강도	약함	강함
충전시간	길다	짧다
종류	클래드식(CS) 페이스트식(HS형)	소결식(AH, AHH형) 포켓식(AL, AM, AMH, AH형)
수명	5~15년	15~20년

13.4.3 / 16.2.4 / 16.4.10 / 17.1.4 / 19.1.7 / 19.2.12 / 20.4.5 / 20.4.12

12 피뢰소자 중 내뢰트랜스의 선정방법으로 옳지 않은 것은?

① 전기특성이 양호한 것으로 선정한다.
② 1차측, 2차측의 전압 및 용량을 결정하고 카탈로그에 의해 형식을 선정한다.
③ 내뢰트랜스로 보호할 수 없는 경우에만 어레스터와 서지업서버를 사용한다.
④ 1차측과 2차측 간에 실드 판이 있고, 이 판 수가 많을수록 뇌서지에 대한 억제 효과도 높아지므로 많은 것을 선정한다.

[해설] 내뢰트랜스

① 이상전압에 의한 기기의 장애와 인체보호를 목적으로 한다.
② 실드부착 절연트랜스와 어레스터, 콘덴서가 결합되어, 뇌서지를 완전히 차단한다.
③ 뇌서지를 어레스터에서 억제하고, 트랜스에서 서지를 차단한다.
④ 뇌의 다발지역에서는 교류전원측에 내뢰 트랜스를 설치한다.

15.2.8 / 16.4.9 / 18.4.8 / 19.1.12 / 20.4.13

13 다음 중 태양전지의 열손실 요소가 아닌 것은?

① 전도　② 대류
③ 풍속　④ 복사

[해설] 태양전지는 태양빛 에너지가 전기에너지로 전환(전도, 대류, 복사)되는 과정에서 열손실이 발생되며, 풍속은 태양전지의 온도상승을 방지하는 효율상승 요소로 작용된다.

15.4.16 / 16.4.11 / 18.1.17 / 18.4.18 / 19.2.8 / 19.2.16 / 19.4.2 / 20.1.5 / 20.4.14 / 20.4.20

14 2 [Ω], 3 [Ω], 5 [Ω]의 저항 3개가 직렬로 접속된 회로에 5 [A]의 전류가 흐르면 공급 전압은 몇 [V]인가?

① 30　② 50
③ 70　④ 100

[해설] 저항의 직렬접속

2개 이상의 저항을 전원에 차례로 연결하여 회로에 전전류가 각 저항을 차례로 흐르게 하는 접속으로 각 저항 R_1, R_2, R_3에 흐르는 전류 I의 크기는 일정하다.

① 합성 저항 R
$$R = R_1 + R_2 + R_3 \ [\Omega]$$
$$= 2 + 3 + 5 = 10 \ [\Omega]$$

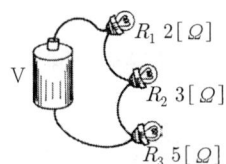

정답 11. ② 12. ③ 13. ③ 14. ②

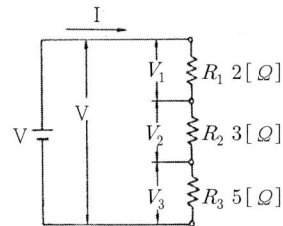

② 전류 I

$$I = \frac{V}{R} = \frac{V}{R_1 + R_2 + R_3} \text{ [A]}$$

③ 각 저항 양단의 전압 강하 V_1, V_2, V_3

$V_1 = R_1 I$ [V], $V_2 = R_2 I$ [V], $V_3 = R_3 I$ [V]

$V_1 = 2 \times 5 = 10$ [V], $V_2 = 3 \times 5 = 15$ [V],

$V_3 = 5 \times 5 = 25$ [V]

④ 전원 전압 V

$$\begin{aligned} V &= V_1 + V_2 + V_3 \\ &= R_1 I + R_2 I + R_3 I \\ &= (R_1 + R_2 + R_3) \cdot I \text{ [V]} \\ &= (2 + 3 + 5) \times 5 = 50 \text{ [V]} \end{aligned}$$

15.4.8 / 20.4.15

15 지표면 1 [m²]당 도달하는 태양광에너지의 양을 나타내는 것은?

① 방사각
② 분광분포
③ 방사조도
④ 대기 통과량

[해설] 방사조도(irradiance)

태양으로부터 방사되는 에너지 중에서 지구에 도달하는 에너지의 크기를 말하며 지구 지표면의 단위면적당 작용하는 에너지의 크기로 표현하며 단위는 [W/m²], 일사량이라고도 한다.

15.2.1 / 19.1.20 / 19.4.6 / 20.4.16 / 21.4.11

16 줄의 법칙을 이용한 발열량(cal) 계산식으로 옳은 것은?

(단 I는 전류[A], R은 저항[Ω], t는 시간[sec]이다.)

① $H = 0.24 I^2 R$
② $H = 0.24 I^2 Rt$
③ $H = 0.024 I^2 Rt$
④ $H = 0.024 I^2 R^2$

[해설] 줄의 법칙(Joule's law)

① 전열기에 전압을 가하여 전류를 흘리면 열이 발생하는 발열 현상은 큰 저항체인 전열선에 전류가 흐를 때 열이 발생하는 것이며, 줄의 법칙에 의하면 전류에 의해서 매초 발생하는 열량은 전류의 2승과 저항의 곱에 비례하고 단위는 줄(Joule, 기호[J])이나 칼로리[cal]을 사용한다.

② I[A]의 전류가 저항이 R [Ω]인 도체에 t [S]동안 흐를 때 그 도체의 발생하는 열에너지 H 는

$H = I^2 Rt$ [J]

③ 열에너지(H)를 [cal]로 표시하면,

$$H = \frac{I^2 Rt}{4.148} \fallingdotseq 0.24 I^2 Rt \text{ [cal]}$$

13.4.59 / 17.1.17 / 18.1.2 / 18.2.9 / 18.4.51 / 19.1.3 / 19.4.14 / 20.3.15 / 20.4.17 / 21.4.16

17 바이패스 다이오드에 대한 설명으로 틀린 것은?

① 열점(hot spot)의 손상을 피할 수 있다.
② 태양광발전 모듈의 스트링과 직렬로 연결한다.
③ 태양광발전 모듈 단자함 출력의 정극(+)과 부극(-) 간에 설치한다.
④ 스트링의 공칭 최대출력 동작전압의 1.5배 이상의 역내압을 가져야 한다.

[해설] 바이패스 다이오드(Bypass Diode)

① 바이패스다이오드(Bypass Diode)는 전류를 한쪽방향으로만 흐르게 만들어 주는 부품으로 P에서 N방향으로 전류가 흐르고 반대 방향으로는 전류를 거의 통과시키지 않는다.

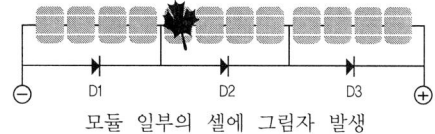

모듈 일부의 셀에 그림자 발생

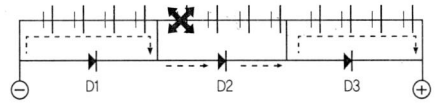

그림자 발생된 모듈의 전류흐름

② 그림자로 인해 출력이 저하된 셀 또는 셀 그룹을 우회해 전류가 흐르도록 하고, 이를 통한 출력감소는 오직 그림자에 의해 가려진 셀 또는 셀 그룹에 해당하는 부분으로 제한해 출력을 유지한다.

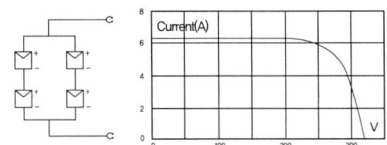

셀이 정상 연결되었을 때

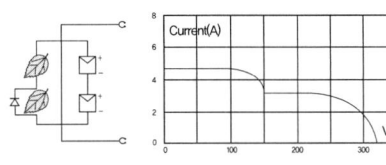

셀 일부가 정상동작하지 않을 시

③ 일반적으로 모듈 한 장(태양전지 6×9)에 셀 54개 배열의 경우에는 다이오드 3개(1개당 18개의 셀)를 병렬로 설치한다.

14.4.19 / 17.1.2 / 20.4.18

18 장거리 전력 전송에 고전압이 사용되는 이유는?

① 저전압보다 조절하기가 더 쉽다.
② 손실(I^2R)이 감소한다.
③ 전자기장이 강하다.
④ 작은 변압기가 사용된다.

해설 고전압 송전

수전단 선간 전압[V], 선로 전류I [A], 부하 역률θ, 수전단 전력 P[kW], 전선 1선당의 저항 R[Ω], 전저항손 P_l [W], 송전거리 l[km], 전선 단면적 A[mm^2], 전선의 고유저항ρ[Ω · mm^2/m^2]

전력 $P = \sqrt{3}\,VI\cos\theta$ [W]

$\therefore I = \dfrac{P}{\sqrt{3}\,V\cos\theta}$

$P_l = 3I^2R = \dfrac{1}{V^2} \cdot \dfrac{P^2R}{\cos^2\theta}$ [W]

$A = \rho\dfrac{l}{R} = \dfrac{1}{V^2} \cdot \dfrac{P^2\rho l}{P_l\cos^2\theta}$

여기서, P, l, ρ 가 일정하다고 하면, $A \propto \dfrac{1}{V^2}$

① 일정 전력을 같은 부하, 역률, 거리 및 같은 손실로 송전하는 경우, 전선의 단면적은 전압의 제곱에 반비례한다.
② 일정 거리에 일정 전력을 송전하는 경우, 전압을 2배로 하면 저항 손실은 1/4로 감소한다.

14.4.11 / 15.4.4 / 16.2.10 / 18.2.17 / 20.4.19

19 다음 [보기] 중 태양광발전의 특징을 모두 나열한 것은?

> ㄱ. 가동부분이 없고 공해가 없는 청정 에너지를 생산함
> ㄴ. 외부의 기후환경에 의한 영향 없이 에너지를 생산함
> ㄷ. 유지가 간편하고 자동화 및 무인화가 용이함
> ㄹ. 적용 규모의 대소에 따른 모듈화가 편리함

① ㄱ, ㄴ, ㄷ   ② ㄱ, ㄴ, ㄹ
③ ㄱ, ㄷ, ㄹ   ④ ㄴ, ㄷ, ㄹ

해설 태양광발전의 특징

1) 장점
① 에너지의 원료인 태양의 빛은 무료이며, 무한이다.
② 환경오염이 없는 청정에너지원이다.
③ 발전과정에서 환경오염이 없다.
④ 유지관리 비용이 적다.

2) 단점
① 에너지밀도가 낮아 큰 설치면적이 필요하다.
② 설치장소가 한정적이며, 시스템 비용이 고가이다.
③ 발전량은 계절과 일조량의 영향을 많이 받는다.

15.4.16 / 16.4.11 / 18.1.17 / 18.4.18 / 19.2.8 / 19.2.16 /
19.4.2 / 20.1.5 / 20.4.14 / 20.4.20

20 내부저항이 각각 0.3[Ω] 및 0.2[Ω]인 1.5[V]의 두 전지를 직렬로 연결한 후에 외부에 2.5[Ω]의 저항 부하를 직렬로 연결하였다. 이 회로에 흐르는 전류는 몇 [A]인가?

① 0.5 ② 1.0 ③ 1.2 ④ 1.5

[해설] 직렬회로

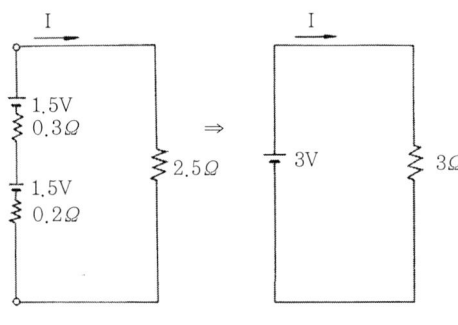

$$전류(I) = \frac{V_T}{R_T} = \frac{1.5 + 1.5}{0.2 + 0.3 + 2.5} = 1[A]$$

18.1.21 / 20.4.21

21 감전을 방지하는 방법으로 전기기기의 접지선을 전원공급선과 함께 3심 코드를 사용하는 방식은?

① 이중절연방식   ② 보호접지방식
③ 누전차단방식   ④ 전용접지선방식

[해설] 전용접지선방식

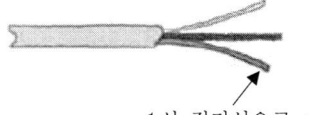

1선 접지선으로 이용

접지형 플러그

15.2.22 / 20.4.22

22 태양전지 모듈 조립 시 주의사항으로 적합하지 않은 것은?

① 태양전지 모듈의 파손방지를 위해 충격이 가지 않도록 한다.
② 태양전지 모듈의 인력 이동시 2인 1조로 한다.
③ 태양전지 모듈과 가대의 접합 시 가스켓 등은 사용하지 않는다.
④ 접속하지 않은 모듈의 리드선은 빗물 등 이물질이 유입되지 않도록 보호테이프로 감는다.

[해설] 가스켓(Gasket) 설치위치

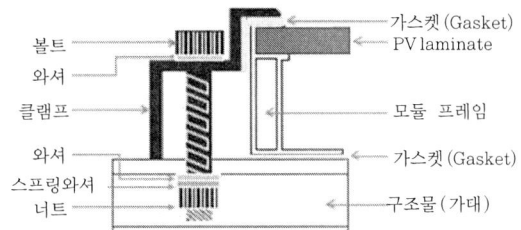

① 가스켓(Gasket) : 두 개의 고정된 부품 사이에서 물이나 가스의 누수방지를 위하여 끼워 넣는 패킹(packing)이지만, 태양광모듈 설치시는 이종금속 접합부의 절연 역할을 한다.
② 이종금속의 접촉부식 : 종류가 다른 금속이 접촉한 상태에서 염분 등 전해질(전류 운반매체로 용액, 토양 등) 용액에 접촉되면 그곳에 국부전지가 형성되어, 그 용액 중에서 금속의 전극 전위에 따라서 마이너스(–) 전위가 높은 금속이 양극으로 되어 용액 중에서 용해하여 부식되며, 대기중의 습기나 온도의 영향을 받아서 접촉부식이 발생할 수 있다.
③ 태양광 모듈 프레임(알루미늄)과 가대(철)의 접합 시에는 부식방지를 위해 가스켓을 사용하여 조립한다.

15.4.24 / 16.4.24 / 18.1.39 / 19.4.22 / 20.4.23 /
20.4.28 / 21.4.26 / 21.2.40

23 저압 배전선로의 구성 중 저압 뱅킹 방식의 특징이 아닌 것은?

① 전압변동 및 전력손실이 크다.
② 변압기의 용량을 저감할 수 있다.

③ 고장 보호 방식이 적당할 때 공급 신뢰도는 향상된다.
④ 부하의 증가에 대응할 수 있는 탄력성이 향상된다.

해설 저압 뱅킹 방식(Secondary Banking System)
동일한 고압 배전선에 접속되어 있는 2대 이상의 배전용 변압기의 2차측 저압 간선을 접속하여 융통성을 도모하는 방식이다.

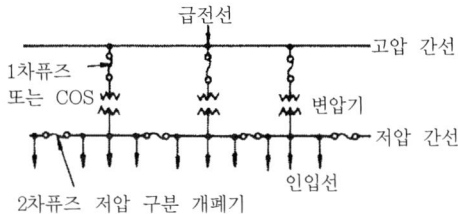

1) 장점
① 전압 강하와 전력 손실을 줄일 수 있다.
② 설비 용량의 경감
③ 부하의 증가에 대한 융통성 증대

2) 단점
① 캐스케이딩(Cascading) 현상 : 변압기 또는 저압 간선에 고장이 발생했을 때 이것을 제거하지 않으면 계속해서 그 뱅크 내의 변압기의 1차측 퓨즈가 차례로 끊어지거나 변압기를 소손시켜 정전 구간을 확대시킨다.
② 캐스케이딩 현상 방지법 : 변압기의 1차측에 퓨즈를 설치하고 인접 변압기를 연락하는 저압선의 중간에 퓨즈 또는 구분 개폐기를 설치한다.

※ 고장보호방식이 확실해야 공급신뢰도가 향상된다.

13.4.26 / 15.4.28 / 16.4.38 / 17.1.51 / 17.2.22 / 17.2.54 / 17.4.23 / 17.4.53 / 18.1.21 / 18.1.47 / 18.2.46 / 18.2.53 / 18.4.23 / 19.1.60 / 19.2.26 / 19.2.42 / 19.4.27 / 19.4.49 / 20.1.52 / 20.3.23 / 20.3.41 / 20.4.24 / 21.1.38 / 21.4.42 / 21.4.48

24 태양광발전시스템의 시공 작업 중에 발생할 수 있는 감전사고로부터 보호하기 위한 방지대책으로 틀린 것은?

① 절연장갑을 낀다.
② 절연 처리가 된 공구를 사용한다.
③ 태양전지 모듈의 표면에 차광시트를 붙여 태양광을 차단한다.
④ 강우 시에는 발전하지 않으니 미끄러짐을 주의하여 작업을 진행한다.

해설 모듈 설치 시 감전방지대책
① 전선피복 상태 관리
② 절연 장갑을 착용한다.
③ 절연 처리된 공구를 사용한다.
④ 태양전지 모듈 및 인버터 전원 개방
⑤ 작업 전 태양전지 모듈 표면에 차광막을 씌워 태양광을 차폐한다.
⑥ 강우 시에는 감전사고와 미끄러짐에 의한 추락사고의 위험이 있으므로 작업을 금한다.

13.4.11 / 14.4.36 / 16.4.26 / 17.2.5 / 17.2.25 / 17.2.33 / 17.4.7 / 18.2.40 / 19.1.39 / 20.4.25 / 21.2.16 / 21.2.32 / 21.4.3

25 건축물에 피뢰설비가 설치되어야 하는 높이는 몇 [m] 이상인가?

① 10   ② 15   ③ 20   ④ 25

해설 피뢰설비
낙뢰의 우려가 있는 건축물, 높이 20[m] 이상의 건축물 또는 높이 20[m] 이상의 공작물(건축물에 공작물을 설치하여 그 전체 높이가 20[m] 이상인 것을 포함한다)에는 다음의 기준에 적합하게 피뢰설비를 설치하여야 한다.
① 피뢰설비는 한국산업표준이 정하는 피뢰레벨 등급에 적합한 피뢰설비일 것. 다만, 위험물저장 및 처리시설에 설치하는 피뢰설비는 한국산업표준이 정하는 피뢰시스템레벨Ⅱ 이상이어야 한다.
② 돌침은 건축물의 맨 윗부분으로부터 25[cm]이상 돌출시켜 설치하되, 설계하중에 견딜 수 있는 구조일 것
③ 피뢰설비의 재료는 최소 단면적이 피복이 없는 동선을 기준으로 수뢰부, 인하도선 및 접지극은 50[mm²] 이상이거나 이와 동등 이상의 성능을 갖출 것
④ 피뢰설비의 인하도선을 대신하여 철골조의 철골구조물과 철근콘크리트조의 철근구조체 등을 사용하는 경우에는 전기적 연속성이 보장될 것. 이 경우 전기적 연속성이 있다고 판단되기 위해서는 건축물 금속 구조체의 최상단부와 지표레벨 사이의 전기저항이 0.2[Ω]이하이어야 한다.
⑤ 측면 낙뢰를 방지하기 위하여 높이가 60[m]을 초과하는 건축물 등에는 지면에서 건축물 높이의 5분

정답 23. ① 24. ④ 25. ③

의 4가 되는 지점부터 최상단부분까지의 측면에 수뢰부를 설치하여야 하며, 지표레벨에서 최상단부의 높이가 150[m]을 초과하는 건축물은 120[m] 지점부터 최상단부분까지의 측면에 수뢰부를 설치할 것. 다만, 건축물의 외벽이 금속부재로 마감되고, 금속부재 상호간에 제④의 후단에 적합한 전기적 연속성이 보장되며 피뢰시스템레벨 등급에 적합하게 설치하여 인하도선에 연결한 경우에는 측면 수뢰부가 설치된 것으로 본다.
⑥ 접지(接地)는 환경오염을 일으킬 수 있는 시공방법이나 화학 첨가물 등을 사용하지 아니할 것

13.4.58 / 14.4.72 / 15.2.77 / 15.4.61 / 17.2.73 / 18.1.69 / 18.2.25 / 18.4.11 / 19.2.14 / 20.1.62 / 20.4.26

26 태양전지 모듈, 전선 및 개폐기 등의 시설 시 적합하지 않은 것은?

① 충전부분은 노출되지 아니하도록 시설할 것
② 태양전지 모듈의 프레임은 지지물과 전기적으로 완전하게 접속할 것
③ 태양전지 모듈에 접속하는 부하측의 전로에는 그 접속점에 근접하여 개폐기 기타 유사한 기구를 시설하지 않을 것
④ 태양전지 모듈은 병렬로 접속하는 전로에는 그 전로에 단락이 생긴 경우에 전로를 보호하는 과전류 차단기, 기타의 기구를 시설할 것

해설 태양전지 모듈 등의 시설(판단기준 제54조)

1) 충전부분은 노출되지 않도록 시설할 것

2) 태양전지 모듈에 접속하는 부하측의 전로(복수의 태양전지 모듈을 시설한 경우에는 그 집합체에 접속하는 부하측의 전로)에는 그 접속점에 근접하여 개폐기 기타 이와 유사한 기구(부하전류를 개폐할 수 있는 것에 한한다)를 시설할 것

3) 태양전지 모듈을 병렬로 접속하는 전로에는 그 전로에 단락이 생긴 경우에 전로를 보호하는 과전류차단기 기타의 기구를 시설할 것 다만, 그 전로가 단락전류에 견딜 수 있는 경우에는 그렇지 않다.

4) 전선은 다음에 의하여 시설할 것. 다만, 기계기구의 구조상 그 내부에 안전하게 시설할 수 있을 경우에는 그렇지 않다.
① 전선은 공칭단면적 2.5[mm²] 이상의 연동선 또는 이와 동등 이상의 세기 및 굵기의 것일 것
② 옥내에 시설할 경우에는 합성수지관공사, 금속관공사, 가요전선관공사 또는 케이블공사로 시설할 것
③ 옥측 또는 옥외에 시설할 경우에는 합성수지관공사, 금속관공사, 가요전선관공사 또는 케이블공사로 시설할 것

13.4.22 / 15.2.37 / 16.4.27 / 17.1.33 / 17.2.36 / 17.4.29 / 18.4.33 / 20.4.27 / 21.1.34

27 전력케이블의 방화시 대책인 난연성도료의 구비조건으로 틀린 것은?

① 난연재는 솔벤트 성분이 있어야 한다.
② 케이블 외피에 부착성이 좋아야 한다.
③ 수성이어야 하며 습기가 스며들지 않아야 한다.
④ 자외선 및 방사선 노출에 영향을 받지 않도록 한다.

해설 전력케이블용 난연도료의 구비조건
① 케이블 외피에 부착성이 좋아야 한다.
② 수성이어야 하며 습기가 스며들지 않아야 한다.
③ 자외선 및 방사선 노출에 영향을 받지 않도록 한다.
④ 연소방지도료에는 인체에 유해한 석면 등이 함유되지 않아야 한다.
⑤ 난연처리하는 케이블·전선 등의 기능에 변화를 일으키지 아니할 것

15.4.24 / 16.4.24 / 18.1.39 / 19.4.22 / 20.4.23 / 20.4.28 / 21.4.26 / 21.2.40

28 저압 배전선로의 저압네트워크 방식에 대한 설명으로 틀린 것은?

① 전력손실이 감소된다.
② 플리커, 전압변동률이 적다.
③ 특별한 보호장치가 필요 없다.
④ 무정전 공급이 가능해서 공급신뢰도가 높다.

해설 저압 네트워크 배전방식(Network System)

1) 2개 이상의 배전 변압기 2차측을 전기적으로 연결해서 망상으로 한 것인데, 각 수용가에는 네트워크로부터 분기되어 직접 전기를 공급하는 방식이다.
① 전력 손실 감소
② 플리커, 전압 변동률이 적다.
③ 기기의 이용률 향상
④ 부하 증가에 대한 적응성이 좋음
⑤ 변전소 수를 줄일 수 있다.
⑥ 무정전 공급이 가능해서 공급신뢰도가 높다.
⑦ 건설비가 비싸다.
⑧ 특별한 보호장치가 필요하다.

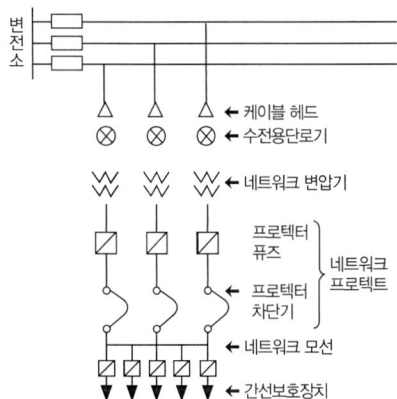

2) 네트워크 프로텍터(network protector) = (계전기 + 차단기)
변압기 1차측에서 고장이 발생되어 변전소의 차단기가 동작되면 변압기를 통해 1차측으로 역가압되지 않도록 변압기 2차측에 설치하는 특별한 보호장치가 필요하다.

13.4.34 / 14.4.25 / 15.2.31 / 15.4.38 / 17.1.25 / 17.2.30 /
17.4.21 / 17.4.34 / 18.4.34 / 19.1.22 / 20.1.40 / 20.3.38
/ 20.4.29 / 21.1.22 / 21.2.25

29 태양광발전시스템의 일반적인 시공 절차에 대한 순서로 옳은 것은?

① 반입 자재 검수 → 토목공사 → 기기설치공사 → 전기배관 배선공사 → 점검 및 검사
② 토목공사 → 반입 자재 검수 → 기기설치공사 → 전기배관 배선공사 → 점검 및 검사
③ 반입 자재 검수 → 토목공사 → 전기배관배선공사 → 기기 설치공사 → 점검 및 검사
④ 토목공사 → 반입 자재 검수 → 전기배관배선공사 → 기기설치공사 → 점검 및 검사

해설 태양광발전시스템의 시공절차

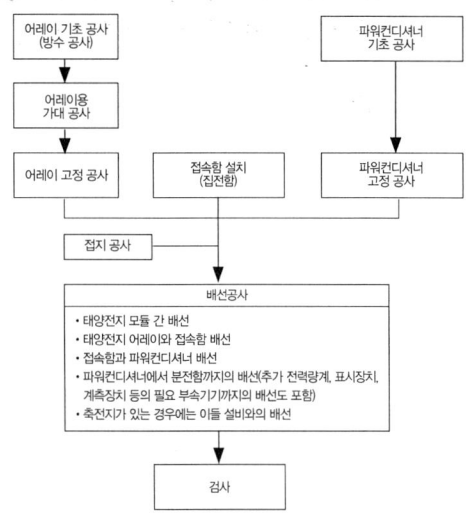

15.4.35 / 16.2.31 / 20.4.30

30 태양광발전시스템의 발전 형태별 태양전지 어레이 설치 시 준비 및 주의사항으로 틀린 것은?

① 가대 및 지지대는 현장에서 직접 용접한다.
② 태양전지 어레이 기초면 수평기, 수평줄을 확보한다.
③ 너트의 풀림방지는 이중너트를 사용하고 스프링와셔를 체결한다.
④ 지지대 기초 앵커볼트의 유지 및 매립은 강제프레임 등에 의하여 고정하는 방식으로 한다.

해설 구조물 현장 용접 금지
① 구조물 및 지지대를 현장 용접시 용접부위의 부식방지를 위한 대책이 곤란하므로, 공장에서 용접을 실시하고 용융아연도금 처리후 현장에 반입하여 조립이 가능하도록 해야 한다.
② 태양광발전소는 20년 이상 운영되므로, 구조물은 발전소 지역(염해 등)에 맞는 종류의 용융아연도금을 실시해야한다.

정답 28. ③ 29. ② 30. ①

13.4.21 / 15.2.26 / 17.4.40 / 19.1.30 / 19.2.38 / 20.4.31 / 21.1.25

31 공사업자가 감리원에게 제출하는 착공신고서류에 포함되지 않는 것은?

① 공사 준공 사진
② 품질 관리 계획서
③ 안전관리 계획서
④ 공사 예정공정표

해설 착공신고서 검토 및 보고

감리원은 공사가 시작된 경우에는 공사업자로부터 다음의 서류가 포함된 착공신고서를 제출받아 적정성 여부를 검토하여 7일 이내에 발주자에게 보고하여야 한다.
① 시공관리책임자 지정통지서(현장관리조직, 안전관리자)
② 공사 예정공정표
③ 품질관리계획서
④ 공사도급 계약서 사본 및 산출내역서
⑤ 공사 시작 전 사진
⑥ 현장기술자 경력사항 확인서 및 자격증 사본
⑦ 안전관리계획서
⑧ 작업인원 및 장비투입 계획서
⑨ 그밖에 발주자가 지정한 사항

13.4.40 / 15.2.29 / 15.2.55 / 17.4.37 / 18.2.27 / 18.4.26 / 18.4.57 /
19.1.32 / 19.2.32 / 19.2.43 / 20.1.22 / 20.4.32 / 21.1.35 / 21.4.46

32 사용전검사 실시 전 준비사항으로 틀린 것은?

① 전기안전관리자의 입회
② 시공관리책임자의 입회
③ 시험성적서 등 해당 검사에 필요한 서류 준비
④ 감리원의 기성검사원에 대한 사전검토 의견서

해설 사용전 검사

사용전 검사를 받으려는 자는 사용전검사 신청서에 다음의 서류를 첨부하여 검사를 받으려는 날의 7일 전까지 한국전기안전공사에 제출하여야 한다.
① 공사계획인가서 또는 신고수리서 사본(저압자가용 전기설비의 경우는 제외한다)
② 설계도서 및 감리원 배치확인서(저압자가용전기설비의 설치공사인 경우만을 말하며, 저압자가용전기설비의 증설공사 및 변경공사의 경우는 제외한다)
③ 자체감리를 확인할 수 있는 서류(전기안전관리자가 자체감리를 하는 경우만 해당한다)
④ 전기안전관리자 선임신고증명서 사본

13.4.30 / 15.4.22 / 17.2.28 / 20.4.33

33 태양광설비의 전기배선 기준으로 옳지 않은 것은?

① 태양전지판의 접속 배선함 연결부위는 일체형 전용 커넥터를 사용한다.
② 태양전지에서 옥내에 이르는 전선은 비닐절연전선 또는 TFR-CV선을 사용한다.
③ 태양전지판의 배선은 바람에 흔들림이 없도록 케이블타이 등으로 단단히 고정한다.
④ 태양전지판의 출력배선은 극성을 확인할 수 있도록 표시를 한다

해설 태양광발전소 전기배선 및 접속함의 설비기준

① 태양전지에서 옥내에 이르는 배선에 쓰이는 전선은 모듈전용선 또는 TFR-CV선을 사용해야하며, 전선이 지면을 통과하는 경우에는 피복에 손상이 발생되지 않도록 별도의 조치를 취해야 한다.
② 태양전지판 결선시에 접속배선함 구멍에 맞추어 압착단자를 사용하여 견고하게 전선을 연결해야하며, 접속배선함 연결부위는 일체형 전용 커넥터를 사용한다.
③ 태양전지판 배선은 바람에 흔들림 없도록 케이블타이 등으로 단단히 고정하여야 하며 태양전지판의 출력배선은 군별, 극성별로 확인할 수 있도록 표시하여야 한다.

16.4.25 / 17.1.24 / 20.4.34

34 비상주감리원의 업무에 해당하지 않는 것은?

① 중요한 설계변경에 대한 기술검토
② 설계변경 및 계약금액 조정의 심사
③ 근무 상황판에 현장근무위치와 업무내용 기록
④ 정기적(분기 또는 월별)으로 현장 시공 상태를 종합적으로 점검·확인·평가하고 기술지도

정답 31. ① 32. ④ 33. ② 34. ③

해설 **비상주감리원의 근무수칙**
① 설계도서 등의 검토
② 상주감리원이 수행하지 못하는 현장 조사 분석 및 시공상의 문제점에 대한 기술검토와 민원사항에 대한 현지조사 및 해결방안 검토
③ 중요한 설계변경에 대한 기술검토
④ 설계변경 및 계약금액 조정의 심사
⑤ 기성 및 준공검사
⑥ 정기적(분기 또는 월별)으로 현장 시공 상태를 종합적으로 점검 · 확인 · 평가하고 기술지도
⑦ 공사와 관련하여 발주자(지원업무수행자 포함)가 요구한 기술적 사항 등에 대한 검토
⑧ 그밖에 감리업무 추진에 필요한 기술지원 업무

17.4.38 / 20.4.35

35 공사업자가 감리원에게 제출하는 시공상세도에 포함되지 않는 것은?

① 실제시공 가능 여부
② 공사추진 실적현황
③ 현장의 시공기술자가 명확하게 이해할 수 있는지 여부
④ 설계도면, 설계 설명서 또는 관계 규정에 일치하는지 여부

해설 **시공상세도 승인**
공사업자가 제출한 날부터 7일 이내에 검토 · 확인하여 승인한다. 다만, 7일 이내에 검토 · 확인이 불가능한 때에는 사유 등을 명시하여 통보하고, 통보사항이 없는 때에는 승인한 것으로 본다.
① 설계도면, 설계 설명서 또는 관계 규정에 일치하는지 여부
② 현장의 시공기술자가 명확하게 이해할 수 있는지 여부
③ 실제시공 가능 여부
④ 안정성의 확보 여부
⑤ 계산의 정확성
⑥ 제도의 품질 및 선명성, 도면작성 표준에 일치 여부
⑦ 도면으로 표시 곤란한 내용은 시공시 유의사항으로 작성되었는지 등의 검토

13.4.33 / 16.2.38 / 20.4.36

36 간선의 굵기를 선정하는 결정요소가 아닌 것은?

① 불평형 전류   ② 기계적 강도
③ 전압강하   ④ 허용전류

해설 **전선의 굵기 선정시 고려사항**
① 허용전류
② 전압강하
③ 기계적강도
④ 기타(전압, 전력손실, 경제성 등)

16.4.22 / 17.4.32 / 20.4.37

37 다음 중 설계도서 적용 시 고려사항으로 볼 수 없는 것은?

① 도면상 축적으로 잰 치수가 숫자로 나타낸 치수보다 우선한다.
② 특별시방서는 당해 공사에 한하여 일반시방서에 우선한다.
③ 특별시방서 및 도면에 기대되지 않은 사항은 일반시방서에 의한다.
④ 설계도면 및 시방서의 어느 한 쪽에 기재되어 있는 것은 그 양쪽에 기재되어 있는 사항과 동일하게 다룬다.

해설 **설계도서 검토 및 적용시 고려사항**
① 설계도면 및 시방서의 어느 한쪽에 기재되어 있는 것은 그 양쪽에 기재되어 있는 사항과 완전히 동일하게 다룬다.
② 숫자로 나타낸 치수는 도면상 축척으로 잰 치수보다 우선한다.
③ 특별시방서는 당해 공사에 한하여 일반시방서에 우선하여 적용한다.
④ 특별시방서 및 도면에 기재되지 않은 사항은 일반시방서에 의한다.
⑤ 상기 이외의 사항에 대해 공사계약문서 상호간에 차이와 문제가 있을 때는 감리원의 의견을 참조하여 사업주체가 최종적으로 결정한다.

15.4.70 / 15.4.77 / 17.1.78 / 18.2.79 / 18.4.40 / 20.4.38 / 20.4.75

38 다음 중 구내배전설비에 해당하지 않는 것은?

① 개폐소
② 전선로
③ 차단기
④ 분전함

해설 정의(전기사업법 시행규칙 제2조)
1) 변전소 : 변전소의 밖으로부터 전압 50,000[V] 이상의 전기를 전송받아 이를 변성(전압을 올리거나 내리는 것 또는 전기의 성질을 변경시키는 것)하여 변전소 밖의 장소로 전송할 목적으로 설치하는 변압기와 그 밖의 전기설비 전체

2) 개폐소 : 다음의 곳의 전압 50,000[V] 이상의 송전선로를 연결하거나 차단하기 위한 전기설비
 ① 발전소 상호간
 ② 변전소 상호간
 ③ 발전소와 변전소 간

3) 송전선로 : 다음의 곳을 연결하는 전선로(통신용으로 전용하는 것은 제외한다)와 이에 속하는 전기설비
 ① 발전소 상호간
 ② 변전소 상호간
 ③ 발전소와 변전소 간

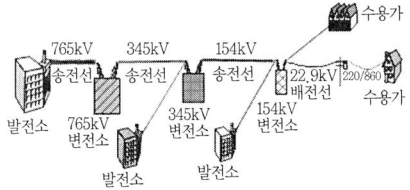

4) 배전선로 : 다음 각 목의 곳을 연결하는 전선로와 이에 속하는 전기설비
 ① 발전소와 전기수용설비
 ② 변전소와 전기수용설비
 ③ 송전선로와 전기수용설비
 ④ 전기수용설비 상호간

5) 전기수용설비 : 수전설비와 구내배전설비

6) 수전설비 : 타인의 전기설비 또는 구내발전설비로부터 전기를 공급받아 구내배전설비로 전기를 공급하기 위한 전기설비로서 수전지점으로부터 배전반(구내배전설비로 전기를 배전하는 전기설비)까지의 설비

7) 구내배전설비 : 수전설비의 배전반에서부터 전기사용기기에 이르는 전선로·개폐기·차단기·분전함·콘센트·제어반·스위치 및 그 밖의 부속설비

14.4.39 / 17.4.31 / 20.4.39

39 선로 구분 기능을 갖고 있는 개폐기에 수용가측의 사고발생시 사고전류를 감지하여 자동으로 접점을 분리시켜 사고구간을 분리하는 것은?

① 자동부하 전환 개폐기(ALTS)
② 자동고장 구간 개폐기(ASS)
③ 리클로져(R/C)
④ 선로개폐기(LS)

해설 자동고장 구간 개폐기(Automatic Section Switch)

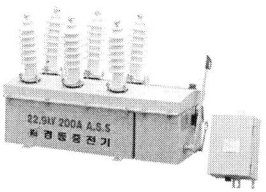

수용가구내에 사고를 자동 분리하고 그 사고의 파급확대를 방지하기 위하여 수용가 구내설비의 피해를 최소한으로 억제하기 위하여 개발된 개폐기로 공급변전소 CB와 Recloser와 협조하여 사고발생 시 고장구간을 자동 분리한다.

15.2.23 / 17.1.35 / 17.2.39 / 18.4.30 / 20.4.40

40 지상에 태양전지 어레이를 설치하기 위한 기초 형식 중 지지층이 얕은 경우에 사용하는 방식이 아닌 것은?

① 말뚝 기초
② 직접 기초
③ 독립 푸팅 기초
④ 복합 푸팅 기초

해설 기초의 분류

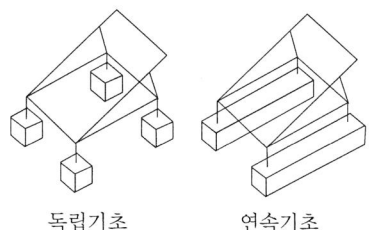

독립기초   연속기초

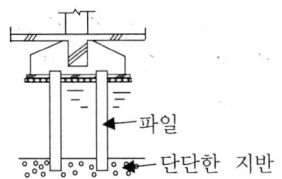

파일(말뚝) 기초

1) 얕은 기초(Shallow Foundation)
① 독립 기초(Individual Footing) : 단일기둥을 지지, 기둥간격이 넓은 경우
② 복합 기초(Contentious Footing) : 다수의 연속기둥 또는 벽체를 지지
③ 전면(온통)기초(Mat 또는 Raft Foundation)

※ 직접기초 : 독립기초, 연속기초, 전면(온통)기초

2) 깊은 기초(Deep Foundation)
 ① 파일(말뚝)기초(Pile Foundation)
 ② 피어기초(Pier Foundation)
 ③ 케이슨(우물통)기초

14.4.48 / 15.2.41 / 16.4.23 / 17.1.13 / 18.1.50 / 20.1.49 / 20.4.41

41 분산형 전원 발전설비는 전력계통 연계지점에서 발전기 용량 정격 최대전류의 몇 [%]이상인 직류전류를 전력계통으로 유입해서는 안 되는가?

① 2
② 1
③ 0.5
④ 0.3

해설 전기품질 항목
① 직류 유입 제한
    분산형전원 및 그 연계 시스템은 분산형전원 연결점에서 최대 정격 출력전류의 0.5[%]를 초과하는 직류전류를 계통으로 유입시켜서는 안된다.
② 역률
    분산형전원의 역률은 90[%] 이상으로 유지함을 원칙으로 한다.
③ 플리커(flicker)
④ 고조파

16.2.47 / 16.2.51 / 16.4.47 / 17.2.42 / 18.1.45 / 18.2.44 / 18.2.54 / 19.1.43 / 19.1.51 / 19.1.53 / 19.4.42 / 19.4.47 / 20.3.48 / 20.4.42 / 20.4.45 / 20.4.51 / 21.1.46 / 21.1.51 / 21.1.58 / 21.4.44 / 21.2.47 / 21.4.56

42 성능평가 측정 중 시험 장치에 관한 설명이다. ( )안의 ㉠, ㉡에 들어갈 내용으로 옳은 것은?

> 항온항습장치는 태양광발전 모듈의 온도 사이클 시험, 습도-동결 시험, 고온고습 시험을 하기 위한 환경 챔버이며, KS C IEC 61215에서 규정하는 온도(㉠)이내, 습도(㉡) 이내이어야 한다

① ㉠±2 ℃, ㉡±2 %
② ㉠±5 ℃, ㉡±2 %
③ ㉠±2 ℃, ㉡±5 %
④ ㉠±5 ℃, ㉡±5 %

해설 태양전지모듈 시험장치
① 항온항습 장치
    태양전지모듈의 온도 사이클 시험, 온습도 사이클 시험, 내열-내습성시험을 하기위한 챔버, 온도 ±2 [℃] 이내, 습도 ±5[%] 이내이어야 한다.
② UV시험 장치
    태양전지모듈이 태양광에 노출되는 경우에 따라서 유지되는 열화정도를 시험하기 위한 장치
③ 염수분부 장치
    태양전지모듈의 구성 재료와 패키지 등의 구성품을 대상으로 염수(바닷물)에 대한 내구성을 시험하기 위한 환경 챔버
④ 솔라시뮬레이터
    태양광발전 모듈의 발전성능을 옥내에서 시험하기 위한 인공광원이며, 방사조도 ±2[%] 이내, 광원 균일도 ±2[%] 이내의 A등급 이상의 것

16.4.3 / 17.1.53 / 17.2.59 / 17.4.41 / 19.1.49 / 20.1.42 / 20.3.47 / 20.4.43 / 21.1.60

43 태양전지 어레이 동작 불량 스트링이나 태양전지 모듈의 검출 및 직렬 접속선의 결선누락 사고, 잘못 연결된 극성 등을 검출하기 위해 측정하는 것은?

① 발전량
② 절연저항
③ 접지저항
④ 개방전압

정답 41. ③ 42. ③

해설 개방전압(Open Circuit Voltage)

태양전지 셀 모듈의 출력 단자를 개방한 때의 양 단자 간의 전압(V_{oc}), 단위 [V], 특정한 온도와 일조 강도에서 부하를 연결하지 않은 개방 상태의 태양광발전설비 양단에 걸리는 전압을 말하며, 태양전지 스트링과 모듈의 동작불량, 직렬 접속선의 결선 누락 등, 각 스트링의 연결 상태확인이 가능하여, 우선적으로 실시한다.

16.2.45 / 16.4.54 / 19.1.54 / 20.4.44 / 20.4.58 / 21.1.53

44 검출기에 의해 측정된 데이터를 컴퓨터 및 먼 거리로 전송하는 것은?

① 연산장치　　② 표시장치
③ 기억장치　　④ 신호변환기

해설 태양광발전시스템의 계측시스템 구성

① 검출기
　태양광발전시스템의 기상데이터와 전압, 전류 등을 측정하는 장치로 직류측의 전압은 분압기로 전류는 분류기를 이용하고, 교류측의 전압, 전류, 역률, 주파수 계측은 PT, CT를 통해서 검출, 지시계 또는 신호변환기로 전송하는 장치

② 신호변환기
　검출기로 검출된 데이터를 컴퓨터 및 먼 거리에 설치한 표시장치에 전송할 때 사용하는 장치

③ 연산장치
　검출기를 통해 얻어진 순시계측 데이터는 적산하고, 일정기간 동안의 데이터는 평균하는 등 필요 데이터를 가공하는 장치

④ 기억장치
　컴퓨터가 필요로 하는 정보, 컴퓨터가 자료를 처리하여 얻은 결과 등을 저장하는 기능을 하는 장치

16.2.47 / 16.2.51 / 16.4.47 / 17.2.42 / 18.1.45 / 18.2.44 / 18.2.54 / 19.1.43 / 19.1.51 / 19.1.53 / 19.4.42 / 19.4.47 / 20.3.48 / 20.4.42 / 20.4.45 / 20.4.51 / 21.1.46 / 21.1.51 / 21.1.58 / 21.4.44 / 21.2.47 / 21.4.56

45 건물일체형 태양광 모듈(BIPV) 성능평가 요구사항(KS C 8577 : 2016)에서 최대 출력 결정 시험의 품질기준 중 박막 BIPV 모듈의 경우로 틀린 것은?

① 시험시료의 출력 균일도는 평균 출력의 ±3% 이내일 것

② 광조사 시험 후 STC 조건에서의 균일도는 10% 이내일 것
③ 해당 태양광 모듈의 최대 출력을 측정하되, 시험시료의 평균 출력은 정격 출력 이상일 것
④ 광조사 시험 후 STC 조건에서의 측정값은 제조자가 표시한 정격 출력 최소값의 90% 이상일 것

해설 최대 출력 결정

(1) 결정 방법
① 환경시험 전후에 모듈의 최대 출력을 결정하는 시험으로 인공광원법에 의해 태양광발전 모듈의 I-V 특성 시험을 수행하며, AM 1.5, 방사조도 1 [kW/m^2]이다.
② 온도 25[℃] 조건에서 기준태양전지를 이용하여 시험을 실시하여 개방전압(Voc), 단락전류(Isc), 최대전압(Vmax), 최대 전류(Imax), 최대 출력(Pmax), 곡선율(FF) 및 효율(Eff)을 측정한다. KS C IEC 61215에서 정하는 KS C IEC 60904-1의 시험방법에 따라 시험한다.

(2) 품질기준
1) 결정질 BIPV 모듈의 경우
① 해당 태양광 모듈의 최대 출력을 측정하되, 시험시료의 평균출력은 정격 출력 이상일 것.
② 시험시료의 출력 균일도는 평균 출력의 ±3 [%] 이내일 것.
③ 시험시료의 최종 환경시험 후 최대 출력의 열화는 최초 최대 출력의 -8 [%]를 초과하지 않을 것.

2) 박막 BIPV 모듈의 경우
① 해당 태양광 모듈의 최대 출력을 측정하되, 시험시료의 평균출력은 정격 출력 이상일 것.
② 시험시료의 출력 균일도는 평균 출력의 ±3 [%] 이내일 것.
③ 광조사 시험 후 STC 조건에서의 측정값은 제조자가 표시한 정격 출력 최소값의 90[%] 이상일 것. 균일도는 5[%] 이내일 것

18.1.43 / 20.3.51 / 20.4.46 / 20.4.50

46 태양광발전시스템에 사용되는 배선용 차단기의 점검내용으로 틀린 것은?

① 계폐 동작의 정상여부
② 부싱 단자부의 변색여부
③ 단자부의 볼트류의 조임 이완여부
④ 절연물 등의 균열, 파손, 변형여부

해설 배선용 차단기의 점검내용
1) 외부일반
① 과열에 의한 이상한 냄새 유무
② 단자부의 볼트류 조임 이완여부
③ 절연물 등의 균열, 파손, 변형여부
④ 절연물에 이물 또는 먼지 등의 부착여부
⑤ 단자부 및 접촉부의 파열에 의한 변색여부

2) 조작 장치
① 계폐 동작의 정상여부
② 계폐 표시의 정상여부

15.4.50 / 20.4.47

47 금속부분에 녹이 발생한 경우 유의하여 점검할 부분이 아닌 곳은?

① 용접 부위의 부식으로 기계적 강도가 떨어질 우려가 없는 부위
② 기구부 등에 녹이 발생하여 회전이 원활하지 않다고 생각하는 부위
③ 녹의 발생으로 접촉저항이 변화하여 통전에 지장이 생기는 부위
④ 녹이 발생하여 미관을 저해하는 부위

해설 금속부분에 녹이 발생한 경우 유의하여 점검할 부분
① 기구부 등에 녹이 쓸어 회전이 원활하게 되지 않는다고 생각되는 개소
② 녹이 발생하여 접촉저항이 변화하여 통전부에저항이 생기는 부위
③ 스프링에 녹이 발생한다든가, 접합 용접부의 침식 등으로 기계적 강도가 떨어질 염려가 있는 부위
④ 녹이 발생함으로써 미관을 해치는 부위
⑤ 용접 부위의 부식으로 기계적 강도가 떨어질 우려가 있는 부위

17.2.58 / 19.1.57 / 19.1.58 / 19.2.47 / 19.4.58 / 20.1.46 / 20.1.47 / 20.4.48 / 20.4.59 / 21.2.49

48 절연 고무장갑의 종류 및 사용전압에 대한 내용으로 틀린 것은?

① A종 : 300V를 초과하고 교류 600V 또는 직류 700V 이하의 작업에 사용
② B종 : 600V 또는 직류 750V를 초과하고 3500V 이하의 작업에 사용
③ C종 : 3500V를 초과하고 7000V 이하의 작업에 사용
④ D종 : 7000V 초과의 작업에 사용

해설 전기용 절연고무장갑
(1) 절연고무장갑의 사용범위
① 활선상태의 배전용 지지물에 누설전류의 발생 우려가 있을 때
② 충전부의 접속, 절단 및 점검, 보수 등의 작업시
③ 습기가 많은 장소에서 개폐기 개방, 투입 등의 작업시
④ 정전 작업시 역 송전이 우려되는 선로나 기기에 단락접지를 하는 경우
⑤ 도체에 임시로 보호접지를 실시하거나 이동시 또는 활선공구 사용시
⑥ 기타 감전이 우려되는 경우

종별	사용 전압
A종	300[V]를 초과하고 교류 600[V] 또는 직류 750[V] 이하의 작업에 사용
B종	600[V]를 또는 직류 750[V]를 초과하고 3,500[V] 이하의 작업에 사용
C종	3,500[V]를 초과하고 7,000[V] 이하의 작업에 사용

14.4.27 / 15.4.15 / 17.1.47 / 17.2.44 / 17.4.52 / 18.1.57 / 18.4.5 / 20.4.49 / 21.2.37 / 21.4.58

49 모니터링 시스템의 운영 점검사항으로 틀린 것은?

① 센서 접속 이상 유무
② 가대 등의 녹 발생 유무
③ 인버터 모니터링 데이터 이상 유무
④ 인터넷 접속 상태 및 통신단자 이상 유무

정답 46. ② 47. ① 48. ①④

해설 **모니터링 시스템의 운영 점검사항**
① 센서 접속 이상 유무
② 인버터 모니터링 데이터 이상 유무
③ 인터넷 접속 상태 및 통신단자 이상 유무

18.1.43 / 20.3.51 / 20.4.46 / 20.4.50

50 배선용차단기, 누전차단기의 정기점검 내용으로 틀린 것은?

① 유면은 적당한 위치에 있는지 확인
② 과열에 의한 이상한 냄새는 없는지 확인
③ 동작 상태를 표시하는 부분이 잘 보이는지 확인
④ 개폐기구의 핸들과 표시등의 상태는 올바른지 확인

해설 변압기(유면계)의 점검내용 : 유면은 적당한 위치에 있는지 확인

16.2.47 / 16.2.51 / 16.4.47 / 17.2.42 / 18.1.45 / 18.2.44 / 18.2.54 / 19.1.43 / 19.1.51 / 19.1.53 / 19.4.42 / 19.4.47 / 20.3.48 / 20.4.42 / 20.4.45 / 20.4.51 / 21.1.46 / 21.1.51 / 21.1.58 / 21.4.44 / 21.2.47 / 21.4.56

51 보기 중 결정질 실리콘 태양전지 모듈 성능시험 항목의 내용을 모두 나타낸 것은?

| ㄱ. 우박 시험 | ㄴ. 절연 시험 |
| ㄷ. 실내노출 시험 | ㄹ. 고온고습 시험 |

① ㄱ, ㄴ, ㄷ
② ㄱ, ㄴ, ㄹ
③ ㄱ, ㄷ, ㄹ
④ ㄴ, ㄷ, ㄹ

해설 **결정질 실리콘 모듈 성능시험항목**
① 외관 검사
② 최대 출력 결정
③ 절연 시험
④ 온도계수의 측정
⑤ 공칭 태양전지 동작 온도(NOCT: Nominal Operating Cell Temperature)의 측정
⑥ STC(Standard Temperature Condition, 표준 온도 조건) 및 NOCT에서의 성능
⑦ 낮은 조사강도에서의 특성
⑧ 옥외노출 시험
⑨ 열점내구성시험
⑩ UV 전처리 시험(UV preconditioning test)
⑪ 온도 사이클 시험
⑫ 습도-동결 시험
⑬ 고온고습 시험
⑭ 단자강도 시험
⑮ 습윤 누설전류 시험
⑯ 기계적 하중 시험
⑰ 우박 시험
⑱ 바이패스 다이오드 열 시험(Bypass diode thermal test)
⑲ 염수분무 시험

15.4.41 / 17.1.50 / 17.4.55 / 18.2.56 / 18.4.59 / 19.1.59 / 20.1.58 / 20.3.56 / 20.4.52

52 성능평가를 위한 측정요소 중 설치코스트 평가 방법에 해당되지 않는 것은?

① 기초공사단가
② 유지·보수단가
③ 계측표시장치단가
④ 태양전지 설치단가

해설 **태양광 발전시스템의 설치비(Cost) 평가 방법**
① 태양광 발전 시스템의 기초 공사 단가
② 태양광 발전 시스템의 어레이 가대 설비 설치 단가
③ 태양광 발전 시스템의 부착 공사 단가
④ 태양광 발전 시스템의 태양 전지 설비 설치 단가
⑤ 태양광 발전 시스템의 인버터 설비 설치 단가
⑥ 태양광 발전 시스템의 계측기 표시 장치의 단가
⑦ 태양광 발전 시스템의 설비 설치 단가

19.4.51 / 20.4.53

53 바이패스 다이오드(Bypass Diode) 고장의 원인이 아닌 것은?

① 빈번한 차광
② 외부의 충격
③ 낙뢰 및 서지
④ 인버터 용량과다

해설 **바이패스 다이오드(Bypass Diode) 고장의 원인**
① 다이오드 항복전압 이상의 서지전압
② 정션박스 내부의 열배출 미비로 인한 파괴
③ 빈번한 차광에 의한 열발생
④ 외부의 충격

정답 49.② 50.① 51.② 52.② 53.④

13.4.51 / 14.4.49 / 20.1.54 / 20.3.58 / 20.4.54

54 다음 중 태양전지 및 어레이의 점검 내용이 아닌 것은?

① 프레임 파손 및 변형
② 유리표면의 오염 및 파손
③ 보호계전기의 설정
④ 지지대의 접지 및 고정

해설 태양전지(어레이)의 육안점검
① 모듈의 오염 및 파손
② 프레임 파손 및 변형유무
③ 가대의 부식 및 녹 발생
④ 가대의 고정(볼트 및 너트의 풀림) 및 접지
⑤ 외부배선의 손상
⑥ 변색, 낙엽 등의 유무 검사
⑦ 지붕재의 파손 및 지지기구와의 고정상태

18.2.47 / 20.4.55

55 태양광발전시스템의 부품교환에 대한 설명으로 틀린 것은?

① 납땜 작업 등은 숙련자에게 맡긴다.
② 부품 교환 시 타입 및 기능을 충분히 조사한다.
③ 조정설정이 필요한 부품은 교환 전 확실히 설정한다.
④ 부품교환시 접속이 틀리지 않도록 하며, 볼트 조임 등을 잊어버리지 않도록 주의한다.

해설 조정설정이 필요한 부품은 교환 후 확실히 설정한다.

13.4.53 / 15.4.58 / 16.4.49 / 18.1.55 / 18.2.32 / 18.4.35 / 18.4.43 / 19.2.55 / 20.1.55 / 20.3.46 / 20.4.56 / 21.2.51

56 태양광발전용 인버터의 표시부에 "Line Inverter Async Fault"가 나타난 경우 조치 사항으로 옳은 것은?

① 퓨즈 교체 점검 후 운전
② 인버터 전압 점검 후 운전
③ 계통 주파수 점검 후 운전
④ 전자접속기 교체 점검 후 운전

해설 인버터 표시부 내용 및 조치사항
1) Inverter fuse fault
① 진단 : 인버터 퓨즈 소손
② 조치사항 : 퓨즈 교체 점검 후 운전

2) Inverter voltage fault
① 진단 : 인버터 전압이 규정전압을 벗어 났을 때 발생
② 조치사항 : 인버터 및 계통 전압 점검 후 운전

3) Line Inverter Async Fault
① 진단 : 인버터와 계통의 주파수가 동기되지 않을 때 발생
② 조치사항 : 인버터 점검 또는 계통 주파수 점검 후 운전

4) Inverter M/C fault
① 진단 : 전자 접촉기 고장
② 조치사항 : 전자 접촉기 교체 점검 후 운전

13.4.52 / 16.4.19 / 20.4.57 / 21.2.19

57 태양광발전소 운전 시 모듈에서 Hotspot 발생의 원인과 설명으로 가장 적절한 것은?

① 전지의 직렬(Rs) 및 병렬(Rsh) 저항이 증가한다.
② 전지의 직렬(Rs) 및 병렬(Rsh) 저항이 감소한다.
③ 전지의 직렬(Rs) 저항이 증가하고 병렬(Rsh) 저항이 감소한다.
④ 전지의 직렬(Rs) 저항이 감소하고 병렬(Rsh) 저항이 증가한다.

해설 핫스팟(Hot Spot, 열점)

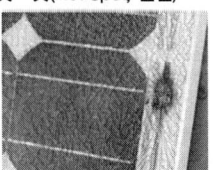

① 태양전지에 부분음영이 발생하면 직렬저항이 증가하고 병렬저항의 감소에 따라 전류가 줄어, 직렬로 연결된 다른 태양전지와 부정합 현상이 발생되고 태양전지에 역전압을 인가시킴과 동시에 열점을 발생시킨다.
② 열점현상이 지속되면 셀이나 유리의 파손, 납땜의 용융, 태양전지의 열화 같은 모듈 손실이 발생된다.

16.2.45 / 16.4.54 / 19.1.54 / 20.4.44 / 20.4.58 / 21.1.53

58 태양광발전시스템 계측에 관한 설명 중 틀린 것은?

① 풍향 풍속 등도 중요하므로 이에 대한 계측도 필요하다
② 직류회로의 전압은 직접 또는 PT, CT를 통해서 검출한다.
③ 태양광발전 전지는 온도에 따라 변환효율이 변동되므로 온도 계측도 이루어진다.
④ 일사계는 보통 대지에 수평으로 설치되나 어레이와 같은 각도로 설치하는 경우도 있다.

해설 태양광발전시스템의 계측시스템 구성
① 검출기
태양광발전시스템의 기상데이터와 전압, 전류 등을 측정하는 장치로 직류측의 전압은 분압기로 전류는 분류기를 이용하고, 교류측의 전압, 전류, 역률, 주파수 계측은 PT, CT를 통해서 검출, 지시계 또는 신호변환기로 전송하는 장치
② 신호변환기
검출기로 검출된 데이터를 컴퓨터 및 먼 거리에 설치한 표시장치에 전송할 때 사용하는 장치
③ 연산장치
검출기를 통해 얻어진 순시계측 데이터는 적산하고, 일정기간 동안의 데이터는 평균하는 등 필요 데이터를 가공하는 장치
④ 기억장치
컴퓨터가 필요로 하는 정보, 컴퓨터가 자료를 처리하여 얻은 결과 등을 저장하는 기능을 하는 장치

17.2.58 / 19.1.57 / 19.1.58 / 19.2.47 / 19.4.58 / 20.1.46 / 20.1.47 / 20.4.48 / 20.4.59 / 21.2.49

59 충전전로를 취급하는 근로자가 착용하는 절연용 보호구가 아닌 것은?

① 절연화   ② 절연 담요
③ 절연 안전모   ④ 절연 고무장갑

해설 절연용 보호구
활선작업 또는 활선근접작업에서 감전을 방지하기 위하여 작업자가 신체에 착용하는 절연 안전모, 절연 고무장갑, 절연화, 절연장화, 절연복 등을 말한다.

16.2.44 / 17.4.46 / 18.4.58 / 20.4.60

60 소형 태양광발전용 인버터(계통연계형, 독립형) 정상특성시험에 해당하지 않는 것은?

① 누설전류 시험
② 온도상승 시험
③ 자동기동 · 정지시험
④ 내전압시험

해설 인버터의 정상특성시험 항목

	시험항목	독립형	계통연계형
정상특성시험	a) 교류전압, 주파수 추종 범위 시험	×	○
	b) 교류 출력전류 변형률 시험	×	○
	c) 누설전류시험	○	○
	d) 온도상승시험	○	○
	e) 효율시험	○	○
	f) 대기손실시험	×	○
	g) 자동기동 · 정지 시험	×	○
	h) 최대전력 추종시험	×	○
	i) 출력전류 직류분 검출시험	×	○

14.4.62 / 17.2.77 / 20.4.61

61 신 · 재생에너지 품질검사기관이 아닌 것은?

① 석유 및 석유대체연료 사업법에 따라 설립된 한국석유 관리원
② 고압가스 안전관리법에 따라 설립된 한국가스안전공사
③ 임업 및 산촌 진흥촉진에 관한 법률에 따라 설립된 한국임업진흥원
④ 전기사업법에 따라 설립된 한국전력공사

해설 신 · 재생에너지 품질검사기관(신재생에너지법 시행령 제18조의13)
① 한국석유관리원
② 한국가스안전공사
③ 한국임업진흥원

정답 58. ② 59. ② 60. ④ 61. ④

62 극저주파 전자계라 함은 0[Hz]를 제외한 몇 [Hz]이하의 전계와 자계를 말하는가?

① 300 ② 400 ③ 500 ④ 700

해설 전자파의 종류

주파수(1초 동안 진동하는 횟수)에 따라 분류된다.
① 극저주파 : 0~300[Hz]로 전력설비 주파수
② 무선주파수 : 300[Hz]~300[MHz]로 AM, FM, TV 방송파
③ 마이크로파 : 300[MHz]~300[GHz]
④ 적외선, 가시광선, 자외선, X선, 감마선

※ 송전선로 등의 주파수는 가정용 전기제품 등과 비교해 같거나 그 이하인 60[Hz]인 것을 감안하면 전자파가 아니라 전자계라고 불리는 것이 올바른 표현이라고 생각되며, 이러한 극저주파 영역의 전자계는 에너지가 극히 미약하고 거리에 따라 급격히 감소하는 특징이 있다.

63 기업이 경영활동에서 자원과 에너지를 절약하고 효율적으로 이용하며 온실가스 배출 및 환경오염의 발생을 최소화하면서 사회적, 윤리적 책임을 다하는 경영은?

① 녹색기술 ② 녹색산업
③ 녹색생활 ④ 녹색경영

해설 정의(녹색성장법 제2조)

① 녹색기술: 온실가스 감축기술, 에너지 이용 효율화 기술, 청정생산기술, 청정에너지 기술, 자원순환 및 친환경 기술(관련 융합기술을 포함한다) 등 사회·경제 활동의 전 과정에 걸쳐 에너지와 자원을 절약하고 효율적으로 사용하여 온실가스 및 오염물질의 배출을 최소화하는 기술
② 녹색생활: 기후변화의 심각성을 인식하고 일상생활에서 에너지를 절약하여 온실가스와 오염물질의 발생을 최소화하는 생활
③ 녹색경영: 기업이 경영활동에서 자원과 에너지를 절약하고 효율적으로 이용하며 온실가스 배출 및 환경오염의 발생을 최소화하면서 사회적, 윤리적 책임을 다하는 경영

④ 온실가스: 이산화탄소(CO_2), 메탄(CH_4), 아산화질소(N_2O), 수소불화탄소(HFCs), 과불화탄소(PFCs), 육불화황(SF_6) 및 그밖에 대통령령으로 정하는 것으로 적외선 복사열을 흡수하거나 재방출하여 온실효과를 유발하는 대기 중의 가스 상태의 물질

64 전기설비기술기준의 판단기준에서 과전류차단기로 저압전로에 사용하는 퓨즈가 견디어야 할 전류는 정격전류의 몇 배인가?

① 1.1배 ② 1.2배
③ 1.25배 ④ 1.5배

해설 저압전로 중의 과전류차단기의 시설(판단기준 제38조)

과전류차단기로 저압전로에 사용하는 퓨즈는 수평으로 붙인 경우에 다음에 적합한 것이어야 한다.
① 정격전류의 1.1배의 전류에 견딜 것
② 정격전류의 1.6배 및 2배의 전류를 통한 경우에 표에서 정한 시간 내에 용단될 것

정격전류의 구분	시간	
	정격전류의 1.6배의 전류를 통한 경우	정격전류의 2배의 전류를 통한 경우
30[A] 이하	60분	2분
30[A] 초과 60[A] 이하	60분	4분
60[A] 초과 100[A] 이하	120분	6분
100[A] 초과 200[A] 이하	120분	8분
200[A] 초과 400[A] 이하	180분	10분
400[A] 초과 600[A] 이하	240분	12분
600[A] 초과	240분	20분

65 녹색기술 또는 녹색산업 관련기업은 녹색기술 또는 녹색사업의 이전, 관련 제품의 제조 등에 의한 매출액이 인증을 신청하는 날이 속하는 해의 전년도를 기준으로 총매출액의 최소 얼마 이상인 기업으로 하는가?

① 100분의 20 ② 100분의 30
③ 100분의 40 ④ 100분의 50

정답 62.① 63.④ 64.①

해설 녹색산업투자회사의 설립(녹색성장법 시행령 제16조)
① 녹색산업투자회사는 출자총액, 신탁총액 또는 자본금의 100분의 60 이상을 녹색기술 및 녹색산업에 출자 또는 투자하는 집합투자기구로 한다.
② 녹색기술 및 녹색산업 관련 기술 및 사업은 각각 인증 대상 녹색기술 또는 녹색사업을 말한다.
③ 녹색기술 또는 녹색산업 관련 기업은 ②에 따른 녹색기술 또는 녹색사업의 이전, 관련 제품의 제조 등에 의한 매출액이 인증을 신청하는 날이 속하는 해의 전년도를 기준으로 총매출액의 100분의 30 이상인 기업으로 한다.
④ 공공기관이 출자하는 녹색산업투자회사의 등록 신청을 받은 경우에는 관계 중앙행정기관의 장에게 그 내용을 통보하고, 등록 결정에 관하여 협의를 할 수 있다.

13.4.74 / 20.4.66

66 전기공사업 등록증 및 등록수첩을 발급하는 자는?
① 대통령
② 산업통상자원부장관
③ 시 · 도지사
④ 지정공사업자단체

해설 공사업의 등록(전기공사업법 제4조)
① 공사업을 하려는 자는 산업통상자원부령으로 정하는 바에 따라 주된 영업소의 소재지를 관할하는 특별시장 · 광역시장 · 도지사 또는 특별자치도지사에게 등록하여야 한다.
② 공사업의 등록을 하려는 자는 대통령령으로 정하는 기술능력 및 자본금 등을 갖추어야 한다.
③ 공사업을 등록한 자 중 등록한 날부터 5년이 지나지 아니한 자는 ②항에 따른 기술능력 및 자본금 등에 관한 사항을 대통령령으로 정하는 기간이 지날 때마다 산업통상자원부령으로 정하는 바에 따라 시 · 도지사에게 신고하여야 한다.
④ 시 · 도지사는 ①항에 따라 공사업의 등록을 받으면 등록증 및 등록수첩을 내주어야 한다.

20.1.66 / 20.4.67

67 전기설비기술기준의 판단기준에 따라 고압 옥내배선 공사로 할 수 없는 공사방법은?
① 케이블 공사
② 버스덕트 공사
③ 케이블 트레이 공사
④ 애자공사(건조한 장소로서 전개된 장소에 한함)

해설 고압 옥내배선 등의 시설 방법
① 애자공사(건조한 장소로서 전개된 장소에 한한다)
② 케이블 공사
③ 케이블 트레이 공사

15.2.74 / 20.4.68

68 ( ) 안에 들어갈 가장 적당한 용어는?

> 전기설비기술기준에서 "발전소"란 발전기 · 원동기 · 연료전지 · ( ) · 해양에너지 그 밖의 기계 기구를 시설하여 전기를 발생시키는 곳을 말한다

① 태양광　　② 태양전지
③ 태양열　　④ 집광판(集光板)

해설 정의(기술기준 제3조)
발전소 : 발전기 · 원동기 · 연료전지 · 태양전지 · 해양에너지발전설비 · 전기저장장치 그 밖의 기계기구[비상용 예비전원을 얻을 목적으로 시설하는 것 및 휴대용 발전기를 제외한다]를 시설하여 전기를 생산(원자력, 화력, 신재생에너지 등을 이용하여 전기를 발생시키는 것과 양수발전, 전기저장장치와 같이 전기를 다른 에너지로 변환하여 저장 후 전기를 공급하는 것)하는 곳

16.4.62 / 16.4.72 / 17.1.76 / 17.4.72 / 18.1.77 / 20.1.63 / 20.3.64 / 20.3.77 / 20.4.69

69 신 · 재생에너지 연료 혼합의무 불이행에 대한 과징금의 통지를 받은 자는 통지를 받은 날부터 며칠 이내에 과징금을 산업통상자원부장관이 정하는 수납기관에 내야 하는가?

정답 65. ② 66. ③ 67. ② 68. ②

① 30　② 60　③ 90　④ 120

[해설] 과징금의 부과 및 납부(신재생에너지법 시행령 제18조의6)
① 산업통상자원부장관은 과징금을 부과하기 위하여 과징금 부과 통지를 할 때에는 공급 불이행분과 과징금의 금액을 분명하게 적은 문서로 하여야 한다.
② ①에 따라 통지를 받은 자는 통지를 받은 날부터 30일 이내에 과징금을 산업통상자원부장관이 정하는 수납기관에 내야 한다. 다만, 천재지변이나 그 밖의 부득이한 사유로 그 기간에 과징금을 낼 수 없을 때에는 그 사유가 해소된 날부터 7일 이내에 내야 한다.
③ ②에 따라 과징금을 받은 수납기관은 과징금을 낸 자에게 영수증을 내주어야 한다.
④ 과징금의 수납기관은 ②에 따라 과징금을 받았을 때에는 지체 없이 그 사실을 산업통상자원부장관에게 통보하여야 한다.
⑤ 과징금은 분할하여 낼 수 없다.

18.2.70 / 19.2.68 / 20.4.70
70 저탄소 녹색성장 기본법에서 정의하는 녹색기술에 해당하지 않는 것은?

① 청정소비기술
② 청정생산기술
③ 온실가스 감축기술
④ 에너지 이용 효율화 기술

[해설] 녹색기술 정의(녹색성장법 제2조)
① 온실가스 감축기술
② 에너지 이용 효율화 기술
③ 청정생산기술
④ 청정에너지기술
⑤ 자원순환 및 친환경 기술(관련 융합기술을 포함한다) 등
⑥ 사회·경제 활동의 전 과정에 걸쳐 에너지와 자원을 절약하고 효율적으로 사용하여 온실가스 및 오염물질의 배출을 최소화하는 기술

16.2.76 / 16.4.76 / 20.3.68 / 20.4.71 / 21.4.74
71 전력계통에 연계하는 태양전지발전소에 시설하는 계측 장치로 옳은 것은?

① 주요변압기의 전압 및 전류 또는 전력
② 주요변압기의 전압 및 전류 또는 온도
③ 주요변압기의 전압 및 전류 또는 역률
④ 주요변압기의 전압 및 유온 또는 주파수

[해설] 계측장치(판단기준 제50조)
발전소에는 다음의 사항을 계측하는 장치를 시설하여야 한다. 다만, 태양전지 발전소는 연계하는 전력계통에 그 발전소 이외의 전원이 없는 것에 대하여는 그렇지 않다.
① 발전기·연료전지 또는 태양전지 모듈의 전압 및 전류 또는 전력
② 발전기의 베어링 및 고정자의 온도
③ 정격출력이 10,000[kW]를 초과하는 증기터빈에 접속하는 발전기의 진동의 진폭(정격출력이 400,000[kW] 이상의 증기터빈에 접속하는 발전기는 이를 자동적으로 기록하는 것에 한한다)
④ 주요 변압기의 전압 및 전류 또는 전력
⑤ 특고압용 변압기의 온도

15.4.47 / 15.4.79 / 16.4.79 / 18.4.70 / 20.3.70 / 20.4.72
72 전기사업법령에 따라 전기안전관리자를 선임하지 아니한 자는 얼마 이하의 벌금에 처하는가?

① 500만원　② 1000만원
③ 1500만원　④ 2000만원

[해설] 벌칙
① 전기안전관리자를 선임하지 아니한 자는 500만원 이하의 벌금
② 전기안전관리자를 해임한 경우에는 다른 전기안전관리자를 선임하기 전까지 산업통상자원부령으로 정하는 바에 따라 대행자를 각각 지정하여야 하나 위반하여 전기안전관리자의 대행자를 지정하지 아니한 자는 300만원 이하의 과태료를 부과
③ 전기안전관리자의 선임 또는 해임 신고를 하지 아니하거나 거짓으로 선임 신고를 한 자는 100만원 이하의 과태료를 부과
④ 전기안전관리자의 성실의무 등을 위반하여 필요한 조치를 요구하지 아니한 전기안전관리자는 100만원 이하의 과태료를 부과

정답 69. ①　70. ①　71. ①　72. ①

16.4.71 / 20.4.73

73 산업통상자원부장관은 전기사업자가 금지행위를 한 경우에는 전기위원회의 심의를 거쳐 대통령령으로 정하는 바에 따라 그 전기사업자의 매출액의 얼마 범위에서 과징금을 부과·징수할 수 있는가?

① 100분의 5
② 100분의 10
③ 100분의 20
④ 100분의 40

해설 금지행위에 대한 과징금의 부과·징수(전기사업법 제24조)
① 산업통상자원부장관은 전기사업자등이 금지행위를 한 경우에는 전기위원회의 심의(전기신사업자의 경우는 제외한다)를 거쳐 대통령령으로 정하는 바에 따라 그 전기사업자등의 매출액의 100분의 5의 범위에서 과징금을 부과·징수할 수 있다. 다만, 매출액이 없거나 매출액의 산정이 곤란한 경우로서 대통령령으로 정하는 경우에는 10억원 이하의 과징금을 부과·징수할 수 있다.
② ①에 따른 위반행위별 유형, 과징금의 부과기준, 그 밖에 필요한 사항은 대통령령으로 정한다.
③ 산업통상자원부장관은 ①에 따른 과징금을 내야 할 자가 납부기한까지 이를 내지 아니하면 국세 체납처분의 예에 따라 징수할 수 있다.

74 KEC 한국전기설비규정의 변경으로 삭제됨

15.4.70 / 15.4.77 / 17.1.78 / 18.2.79 / 18.4.40 / 20.4.38 / 20.4.75

75 전기공사의 종류와 예시가 잘못 짝지어진 것은?

① 발전설비공사 : 태양광발전소의 전기설비공사
② 송전설비공사 : 철탑조립공사
③ 변전설비공사 : 모선설비공사
④ 배전설비공사 : 보호제어설비설치공사

해설 전기공사의 종류(전기공사업법 시행령 제2조2)
발전·송전·변전 및 배전 설비공사
(1) 발전설비공사
발전소(원자력발전소, 화력발전소, 풍력발전소, 수력발전소, 조력발전소, 태양열발전소, 내연발전소, 열병합발전소, 태양광발전소 등의 발전소를 말한다)의 전기설비공사와 이에 따른 제어설비공사

(2) 송전설비공사
① 공중송전설비공사 : 공중송전설비공사에 부대되는 철탑기초공사 및 철탑조립공사(지지물설치 및 철탑도장을 포함한다), 공중전선설치공사(금구류 설치를 포함한다), 횡단개소의 보조설비공사, 보호선·보호망 공사
② 지중송전설비공사 : 지중송전설비공사에 부대되는 전력구설비공사, 공동구 안의 전기설비공사, 전력지중관로설비공사, 전력케이블설치공사(전선방재설비공사를 포함한다)
③ 물밑송전설비공사 : 물밑전력케이블설치공사
④ 터널 안 전선로공사 : 철도·궤도·자동차도·인도 등의 터널 안 전선로공사

(3) 변전설비공사
① 변전설비기초공사 : 변전기기, 철구, 가대 및 덕트 등의 설치를 위한 공사
② 모선설비공사 : 모선(母線)설치(금구류 및 애자장치를 포함한다), 지지(支持) 및 분기개소의 설비공사
③ 변전기기설치공사 : 변압기, 개폐장치(차단기, 단로기 등을 말한다), 피뢰기 등의 설치공사
④ 보호제어설비설치공사 : 보호·제어반 및 제어케이블의 설치공사

(4) 배전설비공사
① 공중배전설비공사: 전주 등 지지물공사, 변압기 등 전기기기설치공사, 가선공사(수목전지공사를 포함한다)
② 지중배전설비공사 : 지중배전설비공사에 부대되는 전력구설비공사, 공동구 안의 전기설비공사, 전력지중관로설비공사, 변압기 등 전기기기설치공사, 전력케이블설치공사(전선방재설비공사를 포함한다)
③ 물밑배전설비공사 : 물밑전력케이블설치공사
④ 터널 안 전선로공사 : 철도·궤도·자동차도·인도 등의 터널 안 전선로공사

정답 73. ① 74. ④ 75. ④

76 전기공사의 시공 및 기술관리의 내용으로 틀린 것은?

① 공사업자는 전기공사의 규모별로 전기공사 시공관리책임자를 지정한다.
② 전기공사기술자로 인정을 받으려는 사람은 산업통상자원부장관에게 신청하여야 한다.
③ 공사업자는 전기공사기술자가 아닌 자에게 전기공사의 시공관리를 맡겨서는 아닌 된다.
④ 전기공사기술자의 기술자격·학력·경력의 기준 및 범위 등은 산업통상자원부장관이 정한다.

해설 전기공사기술자의 인정, 정의(전기공사업법 제17조의 2, 제2조)

1) 전기공사기술자로 인정을 받으려는 사람은 산업통상자원부장관에게 신청하여야 한다.

2) 산업통상자원부장관은 신청인이 다음에 해당하면 전기공사기술자로 인정하여야 한다.
   ① 국가기술자격법에 따른 전기 분야의 기술자격을 취득한 사람
   ② 일정한 학력과 전기 분야에 관한 경력을 가진 사람

3) 산업통상자원부장관은 신청인을 전기공사기술자로 인정하면 전기공사기술자의 등급 및 경력 등에 관한 증명서를 해당 전기공사기술자에게 발급하여야 한다.

4) 신청절차와 기술자격·학력·경력의 기준 및 범위 등은 대통령령으로 정한다.

77 저탄소녹색성장기본법에서 정부는 기후변화대응의 기본원칙에 따라 20년을 계획기간으로 하는 기후변화대응 기본계획을 몇 년마다 수립·시행하여야 하는가?

① 2년 ② 3년 ③ 4년 ④ 5년

해설 기후변화대응 기본계획(녹색성장법 제40조)
① 정부는 기후변화대응의 기본원칙에 따라 20년을 계획기간으로 하는 기후변화대응 기본계획을 5년마다 수립·시행하여야 한다.
② 기후변화대응 기본계획을 수립하거나 변경하는 경우에는 위원회의 심의 및 국무회의 심의를 거쳐야 한다. 다만, 대통령령으로 정하는 경미한 사항을 변경하는 경우에는 그러하지 아니하다.

78 전기설비기술기준의 판단기준에 의거하여 고압 옥측전선로의 전선으로 사용할 수 있는 것은?

① 케이블 ② 나경동선
③ 절연전선 ④ 다심형 전선

해설 고압 옥측전선로의 시설(판단기준 제95조)
고압 옥측전선로는 전개된 장소에 다음에 따라 시설하여야 한다.
① 전선은 케이블일 것
② 케이블은 견고한 관 또는 트라프에 넣거나 사람이 접촉할 우려가 없도록 시설할 것
③ 케이블을 조영재의 옆면 또는 아랫면에 따라 붙일 경우에는 케이블의 지지점 간의 거리를 2m(수직으로 붙일 경우에는 6m)이하로 하고 또한 피복을 손상하지 아니하도록 붙일 것
④ 케이블을 조가용선에 조가하여 시설하는 경우에 제69조(제3항을 제외한다)의 규정에 준하여 시설하고 또한 전선이 고압 옥측전선로를 시설하는 조영재에 접촉하지 아니하도록 시설할 것

※ 조가용선

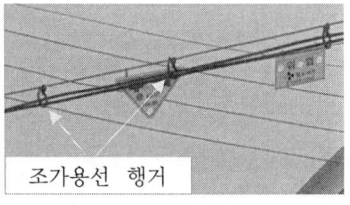

케이블을 가공으로 설치할 경우 케이블 무게로 인한 처짐 현상을 방지하기 위해 조가용선을 설치한다.

정답 76. ④ 77. ④

79 신·재생 에너지 설비의 설치계획서를 받은 산업통상자원부장관은 설치계획서를 받은 날부터 타당성을 검토한 후 그 결과를 해당 설치의무기관의 장 또는 대표자에게 통보하여야 할 일수로 옳은 것은?

① 10일
② 20일
③ 30일
④ 50일

해설 신·재생에너지 설비의 설치계획서 제출 등(신재생에너지법 시행령 제17조)
① 설치의무기관의 장 또는 대표자가 신·재생에너지 공급의무 비율에 해당하는 건축물을 신축·증축 또는 개축하려는 경우에는 신·재생에너지 설비의 설치계획서를 해당 건축물에 대한 건축허가를 신청하기 전에 산업통상자원부장관에게 제출하여야 한다.
② 산업통상자원부장관은 설치계획서를 받은 날부터 30일 이내에 타당성을 검토한 후 그 결과를 해당 설치의무기관의 장 또는 대표자에게 통보하여야 한다. ③ 산업통상자원부장관은 설치계획서를 검토한 결과, 기준에 미달한다고 판단한 경우에는 미리 그 내용을 설치의무기관의 장 또는 대표자에게 통지하여 의견을 들을 수 있다.

80 저탄소 녹색성장 기본법의 목적에서 언급하고 있지 않은 것은?

① 전기사업의 경쟁 촉진
② 국민경제의 발전 도모
③ 경제와 환경의 조화로운 발전
④ 저탄소 녹색성장에 필요한 기반 조성

해설 녹색성장법의 목적(녹색성장법 제1조)
① 경제와 환경의 조화로운 발전을 위하여 저탄소 녹색성장에 필요한 기반을 조성한다.
② 녹색기술과 녹색산업을 새로운 성장 동력으로 활용함으로써 국민경제의 발전을 도모한다.
③ 저탄소 사회 구현을 통하여 국민의 삶의 질을 높인다.
④ 국제사회에서 책임을 다하는 성숙한 선진 일류국가로 도약하는 데 이바지함

2019년 기출문제

2019 제1회 기출문제

01 옴의 법칙에서 전류에 대한 설명으로 옳은 것은?

① 저항에 반비례하고, 전압에 비례한다.
② 저항에 비례하고, 전압에 반비례한다.
③ 저항에 비례하고, 전압에 비례한다.
④ 저항에 반비례하고, 전압에 반비례한다.

해설 옴의 법칙(Ohm's law)
도체에 전압이 가해졌을 때 흐르는 전류의 크기는 도체의 저항에 반비례하므로 가해진 전압을 V [V], 전류 I [A], 도체의 저항을 R [Ω]이라고 하면
$$I = \frac{V}{R}$$

02 수 개 또는 수십 개의 태양광발전 전지를 직렬로 연결하기 위해서 납땜하는 제조 공정은?

① Lay-Up 공정
② Laminator 공정
③ 시뮬레이터 공정
④ Tabbing & String 공정

해설 Tabbing & String

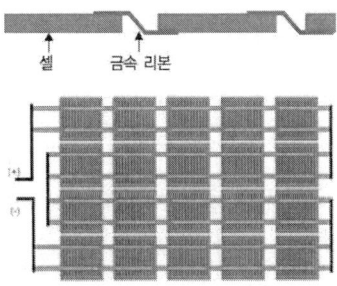

일반적인 태양광 모듈은 태양전지의 전면에 있는 Ag 버스바(Busbar)를 인접한 다른 태양전지 후면에 금속 리본을 납땜하여 연결한다. 이 방법은 공정상 설비가 단순하여 신뢰성이 높지만 출력저하를 일으키는 몇 가지 문제점이 있다. 태양전지 전면 리본의 영향으로 전류 수집에 손실이 생기며, 납땜(Soldering)과정에서 태양전지에 국부적인 열전달과 압력으로 인한 휨현상(Bowing)과 미세 균열을 일으킬 수 있다.

03 태양광발전 모듈에 설치하는 바이패스 소자에 대한 설명으로 틀린 것은?

① 일반적으로 모듈 뒷면의 단자함에 설치한다.
② 바이패스 소자로 대부분 다이오드를 사용한다.
③ 고저항의 셀에 전류가 흘러 발열하게 되는 것을 방지한다.
④ 바이패스 소자는 태양광 발전 모듈 내의 셀과 직렬로 접속하여 사용한다.

해설 바이패스 다이오드(Bypass Diode)

1) 태양광 모듈의 그림자 영향
① 태양광 모듈은 아주 적은 일부가 그림자에 가려지더라도 모듈 전체의 출력이 크게 저하된다.
② 모듈은 각각의 태양전지를 직렬로 연결하기 때문에 수십 개의 태양전지로 구성된 모듈에서 단 한 개의 셀이 나뭇잎 등에 의해 완전히 가려졌다면 출력 값은 거의 제로(Zero)에 가깝게 떨어진다.
③ 전체 개방전압에서 그림자가 발생한 모듈의 개방전압을 뺀 값 이하에서 전압 동작점이 존재할 때에 그림자가 발생한 모듈의 전류가 역방향이 된다. 따라서 역 전압이 인가되고 부하처럼 동작되어 열이 발생되고 모듈이 파손되는 원인이 된다.

2) 대책(바이패스 다이오드)

바이패스 다이오드 (Junction Box에 설치)

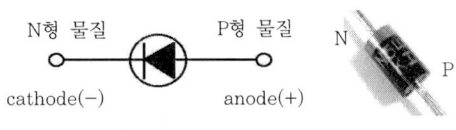

① 바이패스다이오드(Bypass Diode)는 전류를 한쪽방향으로만 흐르게 만들어 주는 부품으로 P에서 N방향으로 전류가 흐르고 반대 방향으로는 전류를 거의 통과시키지 않는다.

정답 1.① 2.④ 3.④

② 바이패스 소자는 태양광발전 모듈 내의 셀과 병렬로 접속하여 사용한다.

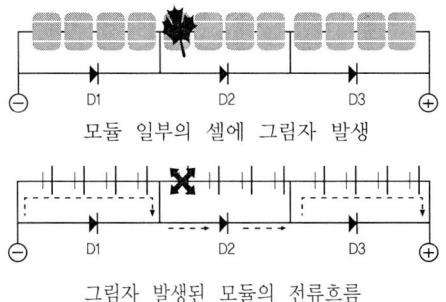

모듈 일부의 셀에 그림자 발생

그림자 발생된 모듈의 전류흐름

15.2.48 / 15.4.2 / 16.2.15 / 16.4.13 / 18.4.1 / 19.1.4 / 19.1.11 / 20.1.20 / 21.1.1 / 21.1.5

04 다음 전지중 광기전력 효과에 의해 빛에너지를 직접 변환해서 전기에너지를 얻을 수 있는 것은?

① 2차전지 ② 연료전지
③ 태양전지 ④ 인산전지

해설 PN접합에 의한 태양광 발전의 원리

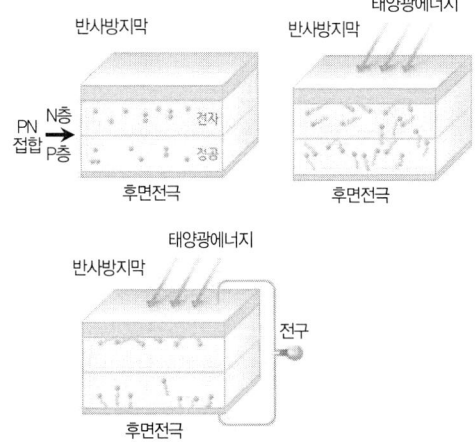

① p-n접합부 또는 정류작용이 있는 금속과 반도체의 경계면에는 접촉전위차가 있으므로 이 부분에 빛을 입사시키면, 반도체 중에 만들어진 전자와 정공(正孔)이 접촉전위차 때문에 분리되어 양쪽 물질에 서로 다른 종류의 전하가 나타나고 그 사이에 전위차(광기전력)가 생긴다.
② p-n접합 또는 금속과 반도체의 접촉 사이에 외부 회로를 연결하면 광전류가 구해지는데, 태양전지에 이용된다.
③ 1839년 프랑스의 물리학자 에드몬드 베크렐(Edmond Becquerel)이 전해액에 담근 은 전극에 빛을 비추니 적은 양의 전류가 흐르는 것을 처음으로 발견했다.

16.4.5 / 17.1.30 / 19.1.5 / 21.2.4

05 태양광발전시스템 중 타 에너지원의 발전시스템과 결합하여 전력을 공급하는 방식은?

① 독립형 ② 계통 연계형
③ 건물일체형 ④ 하이브리드형

해설 태양광발전시스템의 종류

1) 독립형 태양광발전 시스템
① 외딴 섬과 같이 전기가 들어오지 않는 지역에서, 상용전력계통과 직접 연결되지 않고 분리된 발전방식으로, 태양광발전시스템의 발전 전력만으로 부하에 전력을 공급한다.
② 야간 혹은 우천 시, 태양광발전시스템의 발전이 불가할 때는 발전된 전력을 저장할 수 있는 축전장치를 접속하여 태양광 전력을 저장하여 사용하는 방식

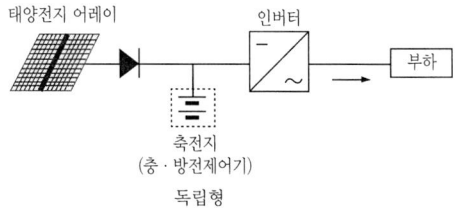

독립형

2) 계통연계형 : 태양광발전으로 부하에 전력공급시 전기가 부족하면 전력회사의 상용전력계통에서 공급을 받고, 전기가 남을 때는 전력회사(상용계통)에 공급하는 시스템

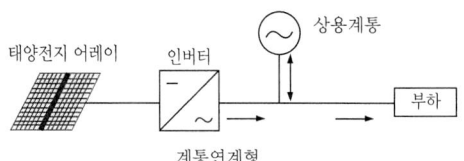

계통연계형

3) 하이브리드(Hybrid)형 : 풍력발전, 디젤발전 등 타 에너지원에 의한 발전방식과 결합된 방식

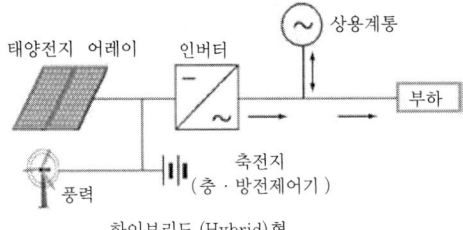

하이브리드 (Hybrid)형

13.4.17 / 15.4.59 / 17.1.18 / 17.4.2 / 18.4.3 / 19.1.6 / 21.2.1 / 21.4.18

06 전력변환장치(PCS)의 자동운전정지기능에 대한 설명 중 틀린 것은?

① 해가 완전히 없어지면 운전을 정지한다.
② 흐린 날이나 비가 오는 날에는 운전을 하지 않는다.
③ 태양광발전 모듈의 출력을 스스로 감시하여 자동적으로 운전한다.
④ 태양광발전 모듈의 출력을 얻을 수 있는 조건이 되면 자동적으로 운전을 시작한다.

해설 자동운전 정지(Auto shutdown) 기능
① 인버터는 해가 떠오르고 출력이 발생되는 조건이 되면 자동적으로 운전을 시작하며, 해가 지는 동안에도 출력이 발생하는 한 가동은 계속되고 완전한 일몰 뒤 운전이 정지한다.
② 흐린 날이나 비오는 날에는 일사량이 인버터의 MPPT 전압범위에 있을 시는 운전을 계속하고, 반대의 경우 대기싱대로 전환된다.

13.4.3 / 16.2.4 / 16.4.10 / 17.1.4 / 19.1.7 / 19.2.12 / 20.4.5 / 20.4.12

07 뇌서지 등에 의한 피해로 부터 태양광발전시스템을 보호하기 위한 대책으로 틀린 것은?

① 뇌우 발생지역에서는 교류 전원 측에 내뢰 트랜스를 설치한다.
② 피뢰 소자를 어레이 주회로 내에 분산시켜 설치함과 동시에 접속함에도 설치한다.
③ 저압 배전선으로부터 침입하는 뇌서지에 대해서는 분전반에 피뢰 소자를 설치한다.
④ 뇌서지가 내부로 침입하지 못하도록 피뢰소자를 설비 인입구에서 먼 장소에 설치한다.

해설 PV 시스템을 보호하기 위한 대책
① 피뢰소자를 어레이 주회로 내에 분산시켜 설치함과 동시에 접속함에도 설치한다.
② 뇌서지가 내부로 침입하지 못하도록 피뢰소자를 설비인입구에서 가까운 장소에 설치한다.
③ 뇌우의 발생지역에서는 교류전원 측에 내뢰 트랜스를 설치한다.
④ 저압 배전선으로부터 침입하는 뇌서지에 대해서는 분전반에 피뢰소자를 설치한다.
⑤ 접속함 및 분전반 안에 설치하는 피뢰소자는 방전내량이 큰 것을 선정한다.
⑥ 피뢰소자의 접지측 배선은 되도록 짧게 설치한다.

17.2.16 / 19.1.8

08 태양광발전시스템을 계통과 연계하기 위한 인버터의 인자가 아닌 것은?

① 전압   ② 전류
③ 위상   ④ 주파수

해설 발전기의 병렬운전(계통 연계) 조건
① 상회전   ② 주파수
③ 위상각   ④ 전압

14.4.54 / 15.4.19 / 17.1.11 / 19.1.9 / 19.4.3 / 19.4.7 / 20.4.10 / 21.2.5

09 250W 태양광발전 모듈의 가로와 세로 길이가 각각 1650mm와 960mm 일 경우 변환효율은 약 몇 % 인가? (단, STC조건을 기준으로 한다)

① 14.89   ② 15.02
③ 15.32   ④ 15.78

해설 변환효율(Conversion Efficiency)
표준시험조건(Standard Test Conditions, STC)에서

정답 6.② 7.④ 8.② 9.④

측정한 태양전지 출력전력을 입사된 빛 에너지(소자 넓이 × 경사면 조사 강도)로 나누어 백분율로 나타낸 것

$$\eta = \frac{P_{AS}}{G_S \times A} \times 100 [\%]$$

$$= \frac{250}{1{,}000 \times 1.65 \times 0.96} \times 100 ≒ 15.78 [\%]$$

P_{AS} : 태양전지 어레이 출력전력 [kW]
G_S : 경사면 일사량 [kW/m^2]
A : 태양전지 어레이 면적 [m^2]

15.4.12 / 19.1.10 / 21.2.11

10 "임의의 폐회로에서 기전력의 총합은 저항에서 발생하는 전압강하의 총합과 같다"는 법칙은?

① 패러데이의 법칙
② 키르히호프의 제1법칙
③ 키르히호프의 제2법칙
④ 플레밍의 오른손 법칙

[해설] **키르히호프의 법칙(Kirchhoff's law)**

1) 키르히호프의 제1법칙
① 회로망에 있어서 임의의 한 접속점에 흘러들어오는 전류의 합은 흘러나가는 전류의 합과 같다.

$$\sum 유입\ 전류 = \sum 유출\ 전류$$

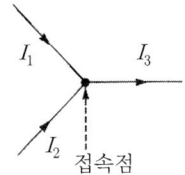

② 그림과 같이 흘러들어오는 전류를 I_1, I_2라 하고, 접속점에서 흘러나가는 전류를 I_3라 하면,

$$I_1 + I_2 = I_3 \quad \therefore \quad I_1 + I_2 + (-I_3) = 0$$

2) 키르히호프의 제2법칙
① 회로망 중의 임의의 폐회로(closed circuit)내에서 그 폐회로를 따라 한 방향으로 일주하면서 생기는 전압 강하의 합은 그 폐회로 내에 포함되어있는 기전력의 합과 같다.

$$\sum 기전력 = \sum 전압\ 강하$$

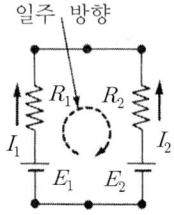

$$E_1 - E_2 = R_1 I_1 - R_2 I_2$$
$$\therefore E_1 - E_2 - R_1 I_1 + R_2 I_2 = 0$$

15.2.48 / 15.4.2 / 16.2.15 / 16.4.13 / 18.4.1 / 19.1.4 / 19.1.11 / 20.1.20 / 21.1.1 / 21.1.5

11 P-N 접합에 의한 태양광발전의 진행단계가 아닌 것은?

① 광흡수   ② 전하생성
③ 단락전류   ④ 전하수집

[해설] **태양전지의 원리**

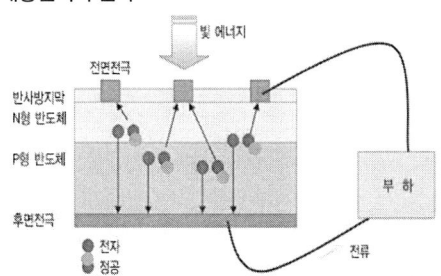

① pn접합구조를 가진 태양전지(solar cell)로서 외부로부터 광자(photon)가 태양전지의 내부로 흡수되면 광자가 지닌 에너지에 의해 태양전지 내부에서 전자(electron)와 정공(hole)의 쌍(e-h pair)이 생성된다.
② 생성된 전자-정공 쌍은 pn접합에서 발생한 전기장에 의해 전자는 n형반도체로 이동하고 정공은 p형반도체로 이동해서 각각의 표면에 있는 전극에서 수집되며, 각각의 전극에서 수집된 전하(charge)를 외부 회로로 흐르게 하면 전류가 발생된다.

15.2.8 / 16.4.9 / 18.4.8 / 19.1.12 / 20.4.13

12 태양광발전 전지의 열손실 요소가 아닌 것은?

① 전도   ② 대류
③ 풍속   ④ 복사

[해설] 태양전지는 태양빛 에너지가 전기에너지로 전환(전도, 대류, 복사)되는 과정에서 열손실이 발생되며, 풍속은 태양전지의 온도상승을 방지하는 효율상승 요소로 작용된다.

13.4.4 / 16.2.12 / 16.4.12 / 19.1.13 / 19.4.1 / 21.1.12 / 21.4.7 / 21.4.8

13 실효값이 220V인 교류전압을 1.2kΩ의 저항에 인가 할 경우 소비되는 전력은 약 몇 W인가?

① 14.4   ② 18.3   ③ 26.4   ④ 40.3

[해설] 실효값(effective value)

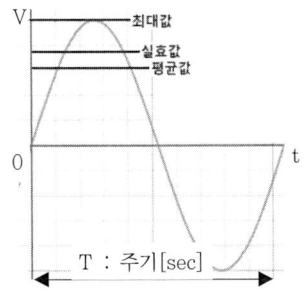

① 저항 R에 직류 전압 V[V]와 교류 전압 v[V]를 같은 시간 동안 인가해서 발열량이 서로 같을 때, 직류 전압과 같은 효과가 있는 것으로 생각하고 실효적으로 같다고 결정한 값

② 정현파 교류의 실효값 V [V]와 최대값 V_m [V] 사이의 관계

$$V = \frac{1}{\sqrt{2}} \cdot V_m ≒ 0.707 V_m \text{ [V]}$$

③ 소비전력(P)

$$P = \frac{V^2}{R} = \frac{220^2}{1200} ≒ 40.3 \text{ [W]}$$

15.2.7 / 15.4.13 / 17.4.12 / 18.1.15 / 18.2.3 / 19.1.14 / 20.1.4 / 20.3.2 / 21.1.3 / 21.1.33

14 그림과 같은 태양광 인버터 회로 방식은?

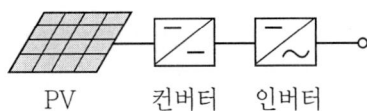

① 트랜스 방식
② 트랜스리스 방식
③ 고주파 변압기 절연방식
④ 상용주파 변압기 절연방식

[해설] 인버터의 회로방식별 분류

1) 상용주파 변압기 절연방식

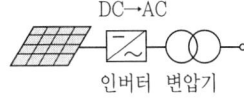

① PWM 인버터를 이용하여 상용주파수의 교류를 만들고, 상용주파수의 변압기를 이용하여 절연과 전압변환을 한다.
② 내부 신뢰성이나 노이즈 컷이 우수하지만, 상용주파수의 변압기를 별도로 이용하기 때문에 무겁고 크며, 변압기의 효율이 감소된다.

2) 고주파 변압기 절연방식

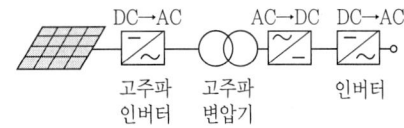

① 태양전지의 직류 출력을 고주파의 교류로 변환한 후 소형의 고주파 변압기로 절연을 한다.
② 일단 직류로 변환하고 재차 상용주파의 교류로 변환하며, 소형 경량이지만 회로가 복잡한 단점이 있다.

3) 트랜스리스(Transless) 방식

① 태양전지의 직류출력을 DC-DC 컨버터로 승압하고 인버터에서 상용주파의 교류로 변환한다.
② 소형 경량이며, 저렴하고 효율이 우수하고 신뢰성이 높다.
③ 상용전원과의 사이에는 절연이 되지 않아 안전성이 떨어진다.

15.2.15 / 17.2.12 / 19.1.15 / 19.2.17 / 19.4.20 / 20.3.12 / 21.1.17 / 21.4.4

15 수평축 풍력발전기로 분류되는 것은?

① 듀블러형 ② 프로펠러형
③ 다리우스형 ④ 사보니우스형

해설 회전축방향에 따른 구분
① 수평축
간단한 구조로 이루어져 있어 설치하기 편리하나 바람의 방향에 영향을 받음(중대형급 이상은 수평축을 사용하고, 100kW급 이하 소형은 수직축도 사용됨)

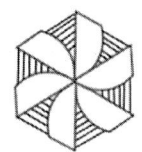

프로펠러형   더치형

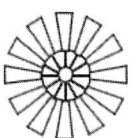

세일윙형   블레이드형

② 수직축
바람의 방향과 관계가 없어 사막이나 평원에 많이 설치하여 이용 가능하지만 소재가 비싸고 수평축 풍차에 비해 효율이 떨어지는 단점이 있다.

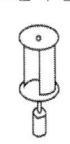
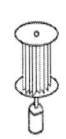
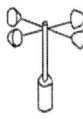

다리우스형   사보니우스형   크로스 플로우형   패들형

16.4.18 / 17.2.47 / 19.1.16 / 20.1.13 / 20.3.53 / 21.4.13

16 인버터의 정격효율을 계산하는 식은?

① 변환효율 x 추적효율
② 변환효율 x 유로효율
③ 유로효율 x 최대효율
④ 추적효율 x 유로효율

해설 인버터의 효율은 태양광발전소의 성능에 매우 중요한 요소이므로, 인버터의 변환효율과 추적효율을 같이 고려한다.

16.2.13 / 19.1.17

17 태양광발전 모듈의 뒷면 표시사항에 해당되지 않는 것은?

① 공칭중량
② 내진등급
③ 공칭 단락전류
④ 내풍압성의 등급

해설 제조 및 사용 표시(KS C 8561:2016)
① 업체명 및 소재지
② 설비명 및 모델명
③ 제품의 주요 사양
(최대출력, 출력공차, 공칭 중량, 최대전압, 최대전류, 개방전압, 단락전류, 내풍압성 등급 등등)
④ 제조일 및 제조 번호
⑤ 인증부여 번호
⑥ 인증 표지
⑦ 기타 사항

13.4.2 / 14.4.14 / 17.2.17 / 18.2.20 / 19.1.18 / 20.1.6 / 21.1.10

18 n개의 태양광발전 전지를 직병렬로 접속한 경우의 설명으로 옳은 것은?

① 태양광발전 전지를 직렬로 접속하면 전압은 n배로 높아진다.
② 태양광발전 전지를 직렬로 접속하면 전류는 n배로 높아진다.
③ 태양광발전 전지를 병렬로 접속하면 전압은 n배로 높아진다.
④ 태양광발전 전지를 병렬로 접속하면 전류는 변하지 않는다

해설 태양전지의 접속

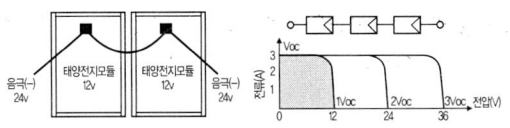

직렬접속

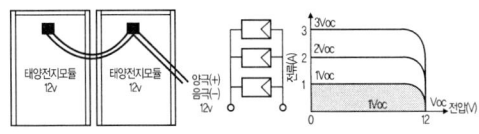

병렬접속

① 직렬접속 : 전압은 증가한다.(전류는 변화 없음)
② 병렬접속 : 전류는 증가한다.(전압은 변화 없음)

16.2.9 / 17.4.6 / 19.1.19 / 20.1.14

19 계통연계형 태양광발전시스템 중 방재대응형 축전지 용량 산출 시 고려되는 항목이 아닌 것은?

① 보수율 ② 방전시간
③ 허용최대전압 ④ 평균방전전류

해설 축전지 용량(C)

충전한 축전지를 방전했을 때 규정 전압으로 내려갈 때까지 낼 수 있는 전기량

K : 방전시간, 축전지온도, 허용최저전압으로 결정되는 용량환산 시간
I : 평균방전전류
L : 보수율(수명말기의 용량 감소율)

$C = K \dfrac{I}{L}$ [Ah]

15.2.1 / 19.1.20 / 19.4.6 / 20.4.16 / 21.4.11

20 일의 단위로 틀린 것은?

① J ② N·m
③ W·s ④ kgf·m/s

해설 일(W)

① 물체에 힘을 가했을 때 힘이 가해진 방향으로 움직인 거리
② SI 유도 단위는 1 뉴턴의 힘이 1 미터의 거리를 이동하게 하는 일로 정의된, 줄(J)이다.

$J = N \cdot m = W \cdot S$

14.4.38 / 16.4.31 / 19.1.21 / 20.1.29 / 21.4.22

21 가공 전선로와 비교하여 지중 전선로의 장점으로 틀린 것은?

① 고장이 적다.
② 보안상의 위험이 적다.
③ 공사 및 보수가 용이하다.
④ 설비의 안전성에 있어서 유리하다.1

해설 지중전선로의 장·단점

1) 장점
① 도시의 미관을 해치지 않는다.
② 폭풍우나 낙뢰(落雷), 염진(鹽塵) 등의 기상적 재해로부터 안전하다.
③ 고장이 적다.
④ 유도장해 경감

2) 단점
① 고장점 발견 복구가 어렵다.
② 공사비가 비싸고 공사기간이 길다.
③ 송전용량이 비교적 낮다.
④ 신규 추가설치가 곤란하다.

13.4.34 / 14.4.25 / 15.2.31 / 15.4.38 / 17.1.25 / 17.2.30 /
17.4.21 / 17.4.34 / 18.4.34 / 19.1.22 / 20.1.40 / 20.3.38
/ 20.4.29 / 21.1.22 / 21.2.25

22 태양광발전시스템의 시공절차로 옳은 것은?

① 모듈설치 → 기초공사 → 가대설치 → 기기설치 → 배관배선 → 시운전
② 기초공사 → 가대설치 → 모듈설치 → 기기설치 → 배관배선 → 시운전
③ 모듈설치 → 가대설치 → 기초공사 → 배관배선 → 기기설치 → 시운전
④ 기초공사 → 모듈설치 → 배관배선 → 가대설치 → 기기설치 → 시운전

해설 태양광발전시스템 건설을 위한 기본 계획 흐름도

 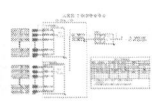 

① 현장여건분석 ② 시스템 설계 ③ 구성요소제작

정답 19. ③ 20. ④ 21. ③ 22. ②

④ 기초공사　⑤ 구조물 설치　⑥ 모듈 설치
⑦ 간선공사　⑧ 인버터 설치　⑨ 시운전

※ 배관배선(간선공사)과 기기설치는 작업순서의 변경이 가능함

15.2.36 / 16.4.39 / 19.1.23 / 20.1.26 / 21.4.27

23 감리보고와 관련하여 분기보고서는 누가 작성하여 누구에게 제출 보고하여야 하는가?

① 공사업자가 작성하여 발주자에게 제출
② 책임감리원이 작성하여 발주자에게 제출
③ 공사업자가 작성하여 감리업자에게 제출
④ 책임감리원이 작성하여 감리업자에게 제출

해설 책임감리원은 다음의 내용이 포함된 분기보고서를 작성하여 발주자에게 제출하여야 한다. 보고서는 매 분기말 다음 달 7일 이내로 제출한다.
① 공사추진 현황(공사계획의 개요와 공사추진계획 및 실적, 공정현황, 감리용역현황, 감리조직, 감리원 조치내역 등)
② 감리원 업무일지
③ 품질검사 및 관리현황
④ 검사요청 및 결과통보내용
⑤ 주요기자재 검사 및 수불내용(주요기자재 검사 및 입·출고가 명시된 수불현황)
⑥ 설계변경 현황
⑦ 그밖에 책임감리원이 감리에 관하여 중요하다고 인정하는 사항

15.4.32 / 17.4.75 / 18.4.68 / 19.1.24 / 20.3.29 / 20.3.35 / 21.4.78

24 금속관의 굵기는 전선의 피복 절연물을 포함한 단면적의 총합계가 관내 단면적의 최대 몇 % 이하가 되어야 하는가? (단, 동일 굵기의 절연전선을 동일 관내에 넣는 경우이다)

① 32　　② 40
③ 48　　④ 52

해설 금속전선관의 굵기는 굵기가 다른 절연전선을 동일관 내에 넣어 시설하는 경우 절연 피복물을 포함한 관내 단면적의 32[%]이하가 되도록 선정한다. 단, 동일 굵기의 경우는 48[%]까지 채울 수 있다.

14.4.26 / 19.1.25

25 전압 동요에 의한 플리커의 경감대책으로 전력 공급측에 실시하는 대책으로 틀린 것은?

① 공급 전압을 승압한다.
② 전용 계통으로 공급한다.
③ 전용 변압기로 공급한다.
④ 단락용량이 적은 계통에서 공급한다.

해설 플리커(Flicker)현상의 경감대책
부하의 특성에 기인하는 전압동요에 의해서 조명이 깜박거린다거나 텔레비전의 영상이 일그러진다든가 하는 현상
1) 전력공급측
① 전용계통으로 공급
② 공급전압을 승압
③ 전용 변압기로 공급
④ 단락용량이 큰 계통에서 공급

2) 수용가측
① 전원계통에 리액터 성분 보상 : 직렬 콘덴서, 3권선 보상변압기
② 전압강하 보상 : 부스터, 상호 보상리액터
③ 부하의 무효전력 변동분을 흡수 : 동기조상기와 리액터, TCR, TSC

14.4.21 / 19.1.26

26 태양광발전 어레이의 출력이 500 W이하일 때 접지선의 굵기는 몇 mm^2인가?

① 1　② 1.5　③ 2　④ 2.5

해설 태양전지 어레이 출력에 따른 접지선 굵기

태양전지 어레이 출력	접지선의 굵기[mm²]
500[W] 이하	1.5
500[W] 초과 2[kW] 이하	2.5
2[kW] 초과	4

15.4.23 / 18.4.22 / 19.1.27

27 태양광발전시스템의 지지대 부속자재의 설치 시 고려사항으로 틀린 것은?

① 건축물의 방수 등에 문제가 없도록 설치한다.
② 볼트 조립은 헐거움이 없이 단단히 조립한다.
③ 바람, 적설하중 및 구조하중은 고려하지 않고 설치한다.
④ 모듈지지의 고정 볼트에는 스프링 와셔 또는 풀림방지너트 등으로 체결한다.

[해설] **지지대 부속자재 설치 시 고려사항**
① 지지물의 자중, 바람, 적설하중, 적재하중 및 구조하중에 맞게 안전한 구조의 것으로 설치한다.
② 태양전지 어레이용 가대 및 지지대의 설치순서, 양중방법 등의 설치계획을 결정한다.
③ 모듈지지의 고정 볼트에는 스프링 와셔 또는 풀림방지 너트 등으로 체결한다.
④ 볼트 조립은 헐거움이 없이 단단히 조립한다.
⑤ 건축물의 방수 등에 문제가 없도록 설치한다.
⑥ 태양전지 모듈의 유지보수를 위한 공간과 작업 안전을 위해 발판, 안전난간을 실시한다.

28 KEC 한국전기설비규정의 변경으로 삭제됨

15.2.30 / 18.1.38 / 19.1.29 / 19.1.34

29 태양광발전시스템 시공 시 필요한 대형장비에 해당하지 않는 것은?

① 굴삭기 ② 지게차
③ 컴프레셔 ④ 크레인

[해설] **컴프레셔**

피스톤 운동을 통하여 기체를 압축하여 압축된 기체를 방출하거나 그 힘을 이용하여 기계를 작동하는 역할을 한다.

13.4.21 / 15.2.26 / 17.4.40 / 19.1.30 / 19.2.38 / 20.4.31 / 21.1.25

30 공사업자가 감리원에게 제출하는 착공신고서류에 포함되지 않는 것은?

① 공사 준공 사진
② 품질 관리 계획서
③ 안전관리 계획서
④ 공사 예정공정표

[해설] **착공신고서 검토 및 보고**
감리원은 공사가 시작된 경우에는 공사업자로부터 다음의 서류가 포함된 착공신고서를 제출받아 적정성 여부를 검토하여 7일 이내에 발주자에게 보고하여야 한다.
① 시공관리책임자 지정통지서(현장관리조직, 안전관리자)
② 공사 예정공정표
③ 품질관리계획서
④ 공사도급 계약서 사본 및 산출내역서
⑤ 공사 시작 전 사진
⑥ 현장기술자 경력사항 확인서 및 자격증 사본
⑦ 안전관리계획서
⑧ 작업인원 및 장비투입 계획서
⑨ 그밖에 발주자가 지정한 사항

정답 27.③ 28. 29.③ 30.①

31 KEC 한국전기설비규정의 변경으로 삭제됨

13.4.40 / 15.2.29 / 15.2.55 / 17.4.37 / 18.2.27 / 18.4.26 /
18.4.57 / 19.1.32 / 19.2.32 / 19.2.43 / 20.1.22 / 20.4.32
/ 21.1.35 / 21.4.46

32 태양광발전시스템의 사용전검사 시 태양광발전전지 검사 중 전지 전기적 특성시험이 아닌 것은?

① 충진율
② 개방전압
③ 단독 운전방지 시험
④ 최대 출력전압 및 전류

해설 태양광 전지의 사용전검사의 세부내용
1) 규격확인

2) 외관검사

3) 전지 전기적 특성시험
① 최대출력
② 개방전압
③ 단락전류
④ 최대 출력전압 및 전류
⑤ 충진율
⑥ 전력변환효율

4) Array
① 절연저항
② 접지저항

13.4.20 / 19.1.33

33 계통연계형 태양광발전의 송·변전설비 중 저압에서 사용되는 차단기는?

① 진공차단기   ② 기중차단기
③ 공기차단기   ④ 유입차단기

해설 기중차단기(ACB ; Air Circuit Breaker)

① 교류회로에서 접촉자간의 개폐동작이 공기 중에서 행해지는 차단기
② 전류비를 고려하여 적합한 적용을 할 때 전류의 손실이 없도록 과전류를 미리 예측하여 자동적으로 회로를 개방하거나 수동적인 방법으로 회로를 개폐하며, 교류 1,000V 이하의 회로에서 사용한다.

15.2.30 / 18.1.38 / 19.1.29 / 19.1.34

34 태양광발전시스템 시공 완료 후 검사에 필요하지 않은 장비는?

① 절연저항계
② 모듈테스터
③ 디지털 멀티미터
④ 레이저 거리측정기

해설 태양광발전시스템 시공 시 필요한 검사(계측)장비
① 일사량계
② 디지털 멀티미터
③ 클램프 미터
④ 접지저항계
⑤ 절연저항계
⑥ 모듈테스터
⑦ 버니어 캘리퍼스
⑧ 내전압 측정기
⑨ 태양광 어레이 테스터
⑩ GPS 수신기
⑪ 배터리 테스터기
⑫ 3상(RST) 테스터기
⑬ 전력분석계
⑭ 적외선 온도계
⑮ 지락전류 시험기
⑯ 열화상 카메라
⑰ 솔라 경로 추적기
⑱ 보호계전기 시험기

정답 31. 32. ③ 33. ② 34. ④

15.2.32 / 17.1.31 / 19.1.35 / 21.2.36

35 전력계통의 무효전력을 조정하여 전압조정 및 전력손실의 경감을 도모하기 위한 설비는?

① 조상설비
② 보호계전장치
③ 계기용변성기
④ 부하시 Tap 절환장치

해설 조상설비(Phase Modifying Equipment)
전력 계통의 무효 전력 및 전압 제어용으로 사용되는 외에 무효 전력 조류의 적정 배분으로 전력 손실 경감을 목적으로 하는 경우도 있다.

1) 종류
① 회전기 : 동기 조상기, 비동기 조상기
② 정지기 : 전력용 콘덴서, 분로 리액터

2) 동기 조상기
① 앞선 전류(콘덴서)와 뒤진 전류(리액터) 작용이 가능하다(진상, 지상)
② 현재는 거의 사용되고 있지 않다.

19.1.36

36 설계감리원이 설계도면의 적정성을 검토할 때 확인사항으로 틀린 것은?

① 도면상에 사업명을 부여 했는지 여부
② 설계입력 자료가 도면에 맞게 표시되었는지 여부
③ 도면작성이 의도하는 대로 경제성, 정확성 및 적징싱 등을 가졌는지 여부
④ 발주자 및 설계자가 설계수행을 위하여 요청하는 사항이 표시되었는지 여부

해설 설계감리원의 설계도면 적정성 검토사항
① 도면작성이 의도하는 대로 경제성, 정확성 및 적정성 등을 가졌는지 여부
② 설계 입력 자료가 도면에 맞게 표시되었는지 여부
③ 설계결과물(도면)이 입력 자료와 비교해서 합리적으로 되었는지 여부
④ 관련 도면들과 다른 관련 문서들의 관계가 명확하게 표시되었는지 여부

⑤ 도면이 적정하게, 해석 가능하게, 실시 가능하며 지속성 있게 표현되었는지 여부
⑥ 도면상에 사업명을 부여 했는지 여부

15.2.33 / 19.1.37

37 태양광발전시스템의 공사감리의 법적 근거는?

① 전기사업법
② 전기공사업법
③ 전력기술관리법
④ 전기설비기술기준

해설 전력기술관리법
전력기술의 연구·개발을 촉진하고 이를 효율적으로 이용·관리함으로써 전력기술 수준을 향상시키고 전력시설물 설치를 적절하게 하여 공공의 안전 확보와 국민경제의 발전에 이바지함을 목적으로 한다.

19.1.2 / 19.1.38 / 21.4.2

38 태양광발전시스템 구성기기 간의 배선공사가 아닌 것은?

① 태양광발전 모듈 간의 배선
② 접속함과 인버터 간의 배선
③ 태양광발전 전지 간의 배선
④ 태양광발전 어레이와 접속함 간의 배선

해설 Tabbing & String

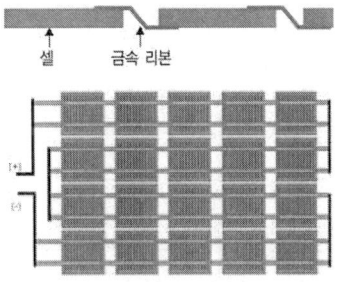

일반적인 태양광 모듈은 태양전지의 전면에 있는 Ag 버스바(Busbar)를 인접한 다른 태양전지 후면에 금속리본을 납땜하여 연결한다. 이 방법은 공정상 설비가 단순하여 신뢰성이 높지만 출력저하를 일으키는 몇 가지 문제점이 있다. 태양전지 전면 리본의 영향으로 전류 수집

정답 35. ① 36. ④ 37. ③ 38. ③

에 손실이 생기며, 납땜(Soldering)과정에서 태양전지에 국부적인 열전달과 압력으로 인한 휨현상(Bowing)과 미세 균열을 일으킬 수 있다.

13.4.11 / 14.4.36 / 16.4.26 / 17.2.5 / 17.2.25 / 17.2.33 / 17.4.7 /
18.2.40 / 19.1.39 / 20.4.25 / 21.2.16 / 21.2.32 / 21.4.3

39 태양광발전시스템에 적용하는 피뢰방식이 아닌 것은?

① 접지방식 ② 돌침방식
③ 수평도체방식 ④ 메시 도체방식

해설 피뢰시스템

낙뢰로 인하여 발생할 수 있는 화재, 파손 또는 인축의 상해 등을 방지할 목적으로 피보호 대상물에 설치하는 돌침, 피뢰도선 및 접지전극 등으로 구성됨

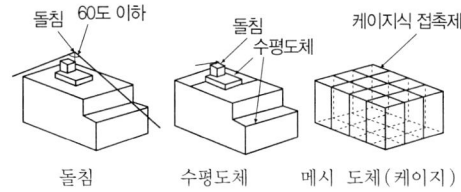

1) 수뇌부 시스템
① 뇌격이 피 보호범위내로 침입할 확률을 감소시키는 것
② 돌침(피뢰침), 수평도체, 메시 도체(케이지)방식의 개별 또는 이들의 조합으로 한다.
③ PV설비 전체를 보호할 수 있는 범위내로 해야 한다.

2) 수뇌부 시스템의 배치
구조물의 모퉁이, 뾰족한 점, 모서리에 설치한다.
① 보호각법
② 회전구체법(Rolling Sphere)
③ 메쉬(Mesh)법

13.4.39 / 14.4.34 / 15.2.34 / 17.4.44 / 18.1.36 /
19.1.40 / 19.4.31 / 20.1.31

40 태양광발전 모듈과 인버터, 인버터와 계통연계점 간의 전압강하는 각 최저 몇 %를 초과하지 않아야 하는가?

① 3 ② 5 ③ 7 ④ 8

해설 전압강하

모듈에서 인버터 입력단 간 및 인버터 출력단과 계통연계점 간의 전압강하는 각 3[%]을 초과하여서는 아니 된다. 다만, 전선길이가 60[m]을 초과할 경우에는 아래 표에 따라 시공할 수 있다.

전선길이	120[m] 이하	200[m] 이하	200[m] 초과
전압강하	5[%]	6[%]	7[%]

14.4.45 / 15.4.54 / 16.4.56 / 17.1.55 / 17.4.57 / 18.1.52 /
19.1.41 / 19.2.46 / 19.4.56 / 20.3.55

41 태양광발전 모듈의 고장 원인이 아닌 것은?

① 제조결함 ② 시공불량
③ 동결파손 ④ 새의 배설물

해설 모듈의 고장원인

① 제조결함(백화현상, 적화현상, 황색 변이, 핫스팟, 백시트 에어 버블링 등)
② 시공불량(모듈 시공시 외부 충격의 영향, 구조물의 불균형 시공으로 인한 프레임 변형 등)
③ 전기적(전압, 전류), 기계적(열응력, 충격) 스트레스에 의한 태양전지 셀의 파손
④ 염해, 부식성 가스 등 주변 환경에 의한 부식
⑤ 경년 열화에 의한 태양전지 셀 및 리본의 노화

※ 태양광발전 모듈 습도–동결 시험
① 고온측 온도 조건을 (85±2) [℃], 상대습도 (85±5) [%] R.H.에서 20시간 유지하고, 저온측 온도 조건을 (−40±2) [℃] 조건에서 0.5시간 유지한다.
② ①의 조건을 1사이클로 하여 24시간 이내에 하고 10회 실시한다.
③ 최대 출력은 시험 전 값의 95[%] 이상일 것.

13.4.46 / 16.2.50 / 17.1.56 / 17.2.52 / 18.2.52 / 19.1.42 /
19.2.52 / 19.4.43

42 태양광발전시스템의 일상점검 항목이 아닌 것은?

① 인버터 – 통풍 확인
② 접속함 – 절연저항 측정
③ 인버터 – 표시부의 이상표시
④ 태양광발전 모듈 – 표면의 오염 및 파손

정답 39. ① 40. ① 41. ③

해설 PCS(인버터)의 일상점검
① 외함의 부식 및 파손
② 외부배선의 손상 및 접속단자 풀림
③ 접지선의 손상 및 접지단자 풀림
④ 환기팬확인
⑤ 이음, 이취, 연기 발생 및 이상 과열 상태
⑥ LCD표시창 발전상황 정보표시 이상 여부

※ 정기점검
원칙적으로 시설물을 정지 상태에서 운전제어장치의 기계점검, 절연저항측정, 배전반의 기능을 확인하고 유지하기 위한 계획을 수립하여 점검

16.2.47 / 16.2.51 / 16.4.47 / 17.2.42 / 18.1.45 / 18.2.44 / 18.2.54 / 19.1.43 / 19.1.51 / 19.1.53 / 19.4.42 / 19.4.47 / 20.3.48 / 20.4.42 / 20.4.45 / 20.4.51 / 21.1.46 / 21.1.51 / 21.1.58 / 21.4.44 / 21.2.47 / 21.4.56

43 성능평가 측정 중 시험 장치에 관한 설명이다. ( )안의 ㉠, ㉡에 들어갈 내용으로 옳은 것은?

> 항온항습장치는 태양광발전 모듈의 온도 사이클 시험, 습도-동결 시험, 고온고습 시험을 하기 위한 환경 챔버이며, KS C IEC 61215에서 규정하는 온도(㉠)이내, 습도(㉡) 이내이어야 한다

① ㉠±2 ℃, ㉡±2 %
② ㉠±5 ℃, ㉡±2 %
③ ㉠±2 ℃, ㉡±5 %
④ ㉠±5 ℃, ㉡±5 %

해설 태양전지모듈 시험장치
① 항온항습 장치
태양전지모듈의 온도 사이클 시험, 온습도 사이클 시험, 내열-내습성시험을 하기위한 챔버, 온도 ±2[℃] 이내, 습도 ±5[%] 이내이어야 한다.
② UV 시험장치
태양전지모듈이 태양광에 노출되는 경우에 따라서 유지되는 열화정도를 시험하기 위한 장치

③ 염수 분부장치
태양전지모듈의 구성 재료와 패키지 등의 구성품을 대상으로 염수(바닷물)에 대한 내구성을 시험하기 위한 환경 챔버
④ 솔라 시뮬레이터
태양광발전 모듈의 발전성능을 옥내에서 시험하기 위한 인공광원이며, 방사조도 ±2[%] 이내, 광원 균일도 ±2[%] 이내의 A등급 이상의 것

17.1.58 / 17.4.50 / 17.4.56 / 18.2.41 / 19.1.44 / 19.2.44 / 20.3.59 / 21.2.42 / 21.4.52

44 정전을 시켜놓고 무전압 상태에서 기기의 이상(異常) 상태를 점검하고, 필요한 경우 기기를 분리하여 점검을 수행해야 하는 점검은?

① 일상점검 ② 임시점검
③ 정기점검 ④ 최종점검

해설 점검의 종류
(1) 일상점검
설비의 운전상태에서 매일 또는 주 1회씩 점검

(2) 정기점검
설비를 정지시켜 일정한 주기마다 점검
① 보통점검 : 설비를 정지시켜 점검, 주기는 1개월 ~ 1년 정도
② 정밀점검 : 설비의 분해점검, 주기는 1년 ~ 10년 정도

(3) 임시점검
천재지변, 기기고장, 순시점검 중이나 운전중 이상발견시 점검

정답 42. ② 43. ③ 44. ③

19.1.45 / 21.2.52

45 태양광발전시스템에서 발전하지 못하거나 발전한 전력이 부하공급에 부족할 경우, 계통으로부터 부족한 전력 공급 유무를 확인할 수 있는 시험은?

① 단독운전 방지시험
② 제어회로 경보장치
③ 역방향운전 제어시험
④ 전력변환장치 자동 수동 절체시험

해설 시험 및 측정
① 단독운전 방지시험
단독운전(한전 정전시 분리된 계통에 전력을 계속 공급하게 되는 운전상태)시의 문제점을 해결하기 위한 기능으로, 단독운전 발생 후 최대 0.5초 이내에 한전계통에 대한 가압을 중지해야 한다.
② 제어회로 및 경보장치 시험
각종 보호계전기 제어기능 등을 수동으로 동작시켜 차단 및 경보상태를 확인한다.
③ 역방향운전 제어시험
태양광발전소에서 발전하지 못하거나 발전한 전력이 부하공급에 부족할 경우, 부족한 전력을 계통으로부터 공급 가능여부를 확인한다.
④ 전력변환장치 자동 수동 절체시험
운전 중인 인버터의 이상여부나 과부하시 대기 중인 인버터로 무순단 절체상태를 확인한다.

15.2.52 / 15.4.52 / 15.4.60 / 16.2.55 / 17.1.54 /
17.2.48 / 19.1.46 / 21.1.56

46 태양광발전시스템 접속함에 DC 500 V 메거로 측정 시 태양광발전 전지와 접지 간 최소 절연저항 값은?

① 0.1 MΩ
② 0.2 MΩ
③ 0.4 MΩ
④ 0.5 MΩ

해설 접속반 DC 500[V] 절연저항시험
① 태양전지-접지선(각 회로별) 간 0.2[MΩ]
② 출력단자-접지선간 1 [MΩ] 이상일 것

16.4.42 / 17.1.48 / 19.1.47

47 발전소 허가기준에 포함되지 않는 것은?

① 전기사업이 계획대로 수행될 수 있을 것.
② 발전소가 해당지역에 집중되어 전력계통의 운영이 용이할 것.
③ 전기사업을 적정하게 수행하는 데 필요한 재무능력 및 기술능력이 있을 것.
④ 구역전기사업의 경우 특정한 공급구역 전력 수요의 50퍼센트 이상으로서 대통령령으로 정하는 공급 능력을 갖출 것

해설 전기사업의 허가(전기사업법 제7조)
(1) 전기사업을 하려는 자는 전기사업의 종류별로 산업통상자원부장관의 허가를 받아야 한다. 허가받은 사항 중 산업통상자원부령으로 정하는 중요 사항을 변경하려는 경우에도 또한 같다.

(2) 산업통상자원부장관은 전기사업을 허가 또는 변경 허가를 하려는 경우에는 미리 전기위원회의 심의를 거쳐야 한다.

(3) 동일인에게는 두 종류 이상의 전기사업을 허가할 수 없다. 다만 동일인이 두 종류 이상의 전기사업을 할 수 있는 경우는 다음과 같다.(전기사업법 시행령 제3조)
① 배전사업과 전기판매사업을 겸업하는 경우
② 도서지역에서 전기사업을 하는 경우
③ 발전사업의 허가를 받은 것으로 보는 집단에너지 사업자가 전기판매사업을 겸업하는 경우. 다만, 허가받은 공급구역에 전기를 공급하려는 경우로 한정한다.

(4) 산업통상자원부장관은 필요한 경우 사업구역 및 특정한 공급구역별로 구분하여 전기사업의 허가를 할 수 있다. 다만, 발전사업의 경우에는 발전소별로 허가할 수 있다.

(5) 전기사업의 허가기준은 다음과 같다.
① 전기사업을 적정하게 수행하는 데 필요한 재무능력 및 기술능력이 있을 것
② 전기사업이 계획대로 수행될 수 있을 것

정답 45. ③ 46. ② 47. ②

③ 배전사업 및 구역전기사업의 경우 둘 이상의 배전사업자의 사업구역 또는 구역전기사업자의 특정한 공급구역 중 그 전부 또는 일부가 중복되지 아니할 것
④ 구역전기사업의 경우 특정한 공급구역의 전력수요의 50[%] 이상으로서 대통령령으로 정하는 공급능력을 갖추고, 그 사업으로 인하여 인근 지역의 전기사용자에 대한 다른 전기사업자의 전기 공급에 차질이 없을 것
⑤ 발전소나 발전연료가 특정 지역에 편중되어 전력계통의 운영에 지장을 주지 아니할 것
⑥ 그밖에 공익상 필요한 것으로서 대통령령으로 정하는 기준에 적합할 것

15.4.53 / 19.1.48

48 일상점검을 할 때 볼트 조임 방법이 틀린 것은?

① 조임은 너트를 돌려서 조여준다.
② 조임은 지정된 재료, 부품을 정확히 사용한다.
③ 2개 이사의 볼트를 사용하는 경우 한쪽만 심하게 조이지 않도록 주의한다.
④ 볼트의 크기에 맞는 파이프렌치를 사용하여 규정된 힘으로 조여준다.

해설 볼트 조입방법 및 규격

(1) 조입방법
1) 조임 시공 일반
① 1차 조임→금매김→본조임 순으로 한다.
② 조임은 토크관리법과 너트회전법에 따른다.

2) 1차 조임
① 조임은 프리세트형 토크렌치, 전동 임펙트렌치 등을 사용하여 너트를 회전시켜 조임
② 1차 조임 토크 값은 목표 값의 70% 정도로 조임

3) 금매김

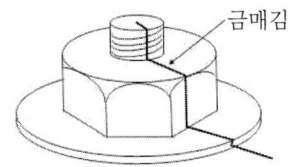

① 1차 조임후 모든 BOLT
② 금매김은 볼트, 너트 와셔 및 부재를 지나도록 한다.

4) 본조임
① 토크관리법 : 표준볼트장력을 얻을 수 있도록 조정된 조임 기기 이용
② 너트 회전법 : 1차 조임 완료 후를 기점으로 해서 너트를 120°(M12는 60°) 회전

(2) 볼트/너트 크기 규격

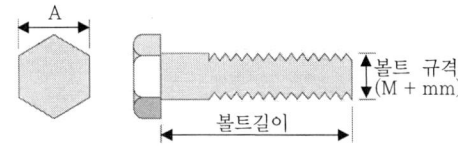

규격	육각머리(A) mm
M6	10
M8	12
M10	14
M12	17
M16	24

※ 너트의 크기에 맞는 토오크렌치를 사용하여 규정된 힘으로 조여준다.

16.4.3 / 17.1.53 / 17.2.59 / 17.4.41 / 19.1.49 / 20.1.42 / 20.3.47 / 20.4.43 / 21.1.60

49 태양광발전 전지의 개방전압의 측정과 관련하여 틀린 것은?

① 교류 전압계를 사용하여 측정하다.
② 각 스트링의 P-N 단자간의 전압을 측정한다.
③ 각 모듈이 그림자에 의해 영향을 받지 않는 상황에서 측정한다.
④ 측정하고자 하는 스트링의 MCCB 또는 퓨즈를 개방(off)한 상태에서 측정한다.

해설 개방 전압 측정순서

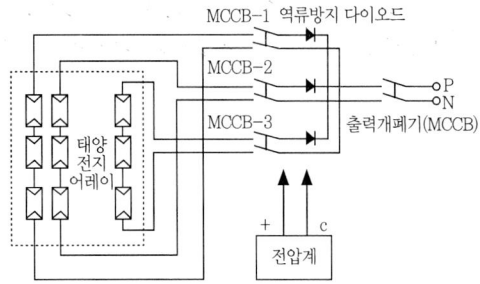

① 접속함 출력개폐기를 OFF한다.
② 접속함 각 스트링의 단로스위치(MCCB)를 모두 OFF한다.
③ 각 모듈이 음영의 영향을 받지 않는 것을 확인한다.
(모듈의 불량 또는 모듈간의 접속불량 등이 발생하면 각 스트링의 개방전압 측정치가 불균일하다)
④ 측정하는 스트링의 단로스위치(MCCB)만 ON 한다.
⑤ 직류전압계로 각 스트링의 P-N 단자간 전압을 측정한다.

14.4.60 / 16.4.58 / 17.2.51 / 17.4.42 / 18.1.58 / 18.2.48 / 19.1.50 / 19.2.49

50 태양광발전시스템이 작동되지 않는 경우 응급조치 순서는?

> 가. 인버터 OFF후 점검
> 나. 접속함 내부 차단기 OFF
> 다. 접속함 내부 차단기 ON
> 라. 인버터 ON

① 가 → 나 → 다 → 라
② 나 → 가 → 라 → 다
③ 다 → 가 → 라 → 나
④ 라 → 가 → 나 → 다

해설 태양광발전시스템의 응급조치순서
① 접속함의 DC 메인 전원 스위치를 개방(off)한다.
② 인버터의 전원 스위치를 개방(off)한다.
③ 한전차단기를 개방(off)한다.
④ 태양광발전시스템을 점검한다.
⑤ 이상이 없을 시 역순으로 작동한다.

16.2.47 / 16.2.51 / 16.4.47 / 17.2.42 / 18.1.45 / 18.2.44 / 18.2.54
/ 19.1.43 / 19.1.51 / 19.1.53 / 19.4.42 / 19.4.47 / 20.3.48 /
20.4.42 / 20.4.45 / 20.4.51 / 21.1.46 / 21.1.51 / 21.1.58 /
21.4.44 / 21.2.47 / 21.4.56

51 태양광전지(KS C 8566:2015)에서 솔라시뮬레이터 측정용 분광 복사계의 파장 간격은 몇 nm 이하이어야 하는가?

① 3 ② 5 ③ 7 ④ 10

해설 솔라시뮬레이터

분광 복사계(spectroradiometer)는 CIE 63-1984에 규정된 것으로 태양전지 시료의 분광 응답 파장 영역에서 솔라시뮬레이터의 분광 조사강도를 측정할 수 있어야 한다.
측정결과로부터 KS C IEC 60904-3에서 규정한 기준태양광 스펙트럼분포와 인공광원의 스펙트럼(KS C IEC 60904-9에 정한 바와 같이 400[nm]에서 1100[nm] 구간) 조사 강도 분포와의 정합도를 구할 수 있다.
솔라 시뮬레이터 측정용 분광 복사계의 파장 간격은 5[nm] 이하이어야 한다.

14.4.47 / 16.4.57 / 18.1.44 / 19.1.52

52 태양광발전시스템의 계측 표시에 관한 설명으로 틀린 것은?

① 시스템의 소비전력을 낮추기 위한 계측
② 시스템에 의한 발전 전력량을 알기 위한 계측
③ 시스템의 운전상태 감시를 위한 계측 또는 표시
④ 시스템의 기기 및 시스템의 종합평가를 위한 계측

해설 계측기기, 표시장치의 설치목적
① 운전상태 감시
② 발전전력량 확인
③ 기기 및 시스템 종합평가
④ 운전상황을 견학자에게 보여주고, 시스템 홍보

정답 49. ① 50. ② 51. ② 52. ①

16.2.47 / 16.2.51 / 16.4.47 / 17.2.42 / 18.1.45 / 18.2.44 /
18.2.54 / 19.1.43 / 19.1.51 / 19.1.53 / 19.4.42 / 19.4.47 /
20.3.48 / 20.4.42 / 20.4.45 / 20.4.51 / 21.1.46 / 21.1.51 /
21.1.58 / 21.4.44 / 21.2.47 / 21.4.56

53 결정질 실리콘 태양광 발전 모듈 (성능) (KS C 8561 : 2016)에서 최대 출력 결정 시험의 품질 기준으로 틀린 것은?

① 시험시료의 출력 균일도는 평균출력의 ± 3% 이내일 것
② 시험시료의 최종 환경시험 후 최대 출력의 열화는 최초출력의 –8%를 초과하지 않을 것
③ 해당 태양광발전 모듈의 최대 출력을 측정하되, 시험시료의 평균 출력은 정격 출력 이상일 것
④ 최대 시스템 전압의 두 배에 1000V를 더한 것과 같은 전압을 최대 500V/s 이하의 상승률로 태양전지 모듈의 출력단자와 패널 또는 접지단자(프레임)에 1분간 유지할 것

해설 최대 출력 결정

(1) 결정 방법
① 환경시험 전후에 모듈의 최대 출력을 결정하는 시험으로 인공광원법에 의해 태양광발전 모듈의 I-V 특성 시험을 수행하며, AM 1.5, 방사조도 1 [kW/m²]이다.
② 온도 25[℃] 조건에서 기준태양전지를 이용하여 시험을 실시하여 개방전압(Voc), 단락전류(Isc), 최대 전압(Vmax), 최대 전류(Imax), 최대 출력(Pmax), 곡선율(FF) 및 효율(Eff)을 측정한다. KS C IEC 61215에서 정하는 KS C IEC 60904-9의 솔라시뮬레이터를 사용하여 시험한다. 단, 시험시료는 9매를 기준으로 한다.

(2) 품질기준
① 해당 태양광 모듈의 최대 출력을 측정하되, 시험시료의 평균출력은 정격 출력 이상일 것.
② 시험시료의 출력균일도는 평균 출력의 ±3 [%] 이내일 것.
③ 시험시료의 최종 환경시험 후 최대 출력의 열화는 최초 최대 출력의 –8 [%]를 초과하지 않을 것.

16.2.45 / 16.4.54 / 19.1.54 / 20.4.44 / 20.4.58 / 21.1.53

54 태양광발전시스템 계측에 관한 설명 중 틀린 것은?

① 풍향 풍속 등도 중요하므로 이에 대한 계측도 필요하다
② 직류회로의 전압은 직접 또는 PT, CT를 통해서 검출한다.
③ 태양광발전 전지는 온도에 따라 변환효율이 변동되므로 온도 계측도 이루어진다.
④ 일사계는 보통 대지에 수평으로 설치되나 어레이와 같은 각도로 설치하는 경우도 있다.

해설 태양광발전시스템의 계측시스템 구성
① 검출기
태양광발전시스템의 기상데이터와 전압, 전류 등을 측정하는 장치로 직류측의 전압은 분압기로 전류는 분류기를 이용하고, 교류측의 전압, 전류, 역률, 주파수 계측은 PT, CT를 통해서 검출, 지시계 또는 신호변환기로 전송하는 장치
② 신호변환기
검출기로 검출된 데이터를 컴퓨터 및 먼 거리에 설치한 표시장치에 전송할 때 사용하는 장치
③ 연산장치
검출기를 통해 얻어진 순시계측 데이터는 적산하고, 일정기간 동안의 데이터는 평균하는 등 필요 데이터를 가공하는 장치
④ 기억장치
컴퓨터가 필요로 하는 정보, 컴퓨터가 자료를 처리하여 얻은 결과 등을 저장하는 기능을 하는 장치

16.4.60 / 18.1.10 / 18.1.51 / 19.1.55 / 21.4.17

55 태양광발전설비 운영 매뉴얼 내용으로 틀린 것은?

① 황사나 먼지 등에 의해 발전효율이 저하된다.
② 풍압에 의해 모듈과 형강의 체결부위가 느슨해질 수 있다
③ 모듈 표면은 강화유리로 제작되어 외부충격에 파손되지 않는다.
④ 고압 분사기를 이용하여 모듈 표면에 정기적으로 물을 뿌려 이물질을 제거해 준다.

해설 태양전지 어레이 관리요령

① 모듈 표면은 강화유리로 제작되어 있으나 강한 충격이 있을 시는 파손될 수 있으므로 주의해야 한다.
② 모듈의 후면 백시트는 날카로운 물체로 인한 손상에 유의해야 한다.
③ 모듈 표면에 그늘이 지거나 나뭇잎 따위가 떨어져 있는 경우 전체적인 발전 효율이 감소하므로 바로 제거한다.
④ 모듈 프레임에 심한 마찰을 가하면, 특수 코팅이 벗겨져 부식이 생길 수 있으며 이에 따라 수명과 강도가 감소할 수 있다.
⑤ 대기오염 황사나 먼지, 공해물질은 발전량을 감소시키므로, 심한 경우 고압 분사기를 이용해 물을 뿌려 청소해주면 발전 효율을 높일 수 있다.
⑥ 풍압이나 진동으로 인해 모듈과 형강의 연결 부위가 느슨해지는 경우가 있으므로 정기적으로 점검한다.

17.1.46 / 19.1.56 / 20.1.51 / 21.4.57

56 태양광발전시스템에 사용되는 인버터 중 계통연계형 인버터의 시험항목이 아닌 것은?

① 부하 불평형 시험
② 입력 전압 급변 시험
③ 최대 전압 추종 시험
④ 출력 전류 직류분 검출 시험

해설 태양광 발전용 독립형/계통연계형 중대형 인버터의 시험항목

시험항목		독립형	계통연계형
1. 구조 시험		○	○
2. 절연 성능 시험	a) 절연 저항 시험	○	○
	b) 내전압 시험	○	○
	c) 감전 보호 시험	○	○
	d) 절연 거리 시험	○	○
3. 보호 성능 시험	a) 출력 과전압 및 부족 전압 보호 기능 시험	×	○
	b) 주파수 상승 및 저하 보호 기능 시험	×	○
	c) 단독 운전 방지 기능 시험	×	○
	d) 복전 후 일정 시간 투입 방지 기능 시험	×	○
4. 정상 특성 시험	a) 교류 전압, 주파수 추종 범위 시험	×	○
	b) 교류 출력 전류 변형률 시험	×	○
	c) 누설 전류 시험	○	○
	d) 온도 상승 시험	○	○
	e) 효율 시험	○	○
	f) 대기 손실 시험	×	○
	g) 자동 기동·정지 시험	×	○
	h) 최대 전력 추종 시험	×	○
	i) 출력 전류 직류분 검출 시험	×	○
5. 과도 응답 특성 시험	a) 입력 전력 급변 시험	○	○
	b) 계통 전압 급변 시험	×	○
	c) 계통 전압 위상 급변 시험	×	○
6. 외부 사고 시험	a) 출력측 단락 시험	○	○
	b) 계통 전압 순간 정전·강하 시험	×	○
	c) 부하 차단 시험	○	○
7. 내전기 환경 시험	a) 계통 전압 왜형률 내량 시험	×	○
	b) 계통 전압 불평형 시험	×	○
	c) 부하 불평형 시험	○	×
8. 내주위 환경 시험	a) 습도 시험	○	○
	b) 온도 사이클 시험	○	○
9. 전기자기 적합성 (EMC)	a) 전자파 내성(EMI)	○	○
	b) 전자파 내성(EMS)	○	○

17.2.58 / 19.1.57 / 19.1.58 / 19.2.47 / 19.4.58 / 20.1.46 / 20.1.47 / 20.4.48 / 20.4.59 / 21.2.49

57 의무안전인증이 필요한 보호구가 아닌 것은?

① 안전모
② 안전화
③ 안전대
④ 안전장갑

해설 안전인증(산업안전보건법 제34조)

안전인증 및 자율안전확인 대상 품목의 표시 및 표시방법	안전인증 의무대상이 아닌 기계·기구 등의 안전인증 표시 및 표시방법
KCs	S

(1) 고용노동부장관은 유해하거나 위험한 기계 · 기구 · 설비 및 방호장치 · 보호구의 안전성을 평가하기 위하여 그 안전에 관한 성능과 제조자의 기술 능력 및 생산 체계 등에 관한 안전인증기준을 정하여 고시할 수 있다. 이 경우 안전인증기준은 유해 · 위험한 기계 · 기구 · 설비 등의 종류별, 규격 및 형식별로 정할 수 있다.

(2) 유해 · 위험한 기계 · 기구 · 설비 등으로서 근로자의 안전 · 보건에 필요하다고 인정되어 대통령령으로 정하는 것을 제조하거나 수입하는 자는 안전인증대상 기계 · 기구 등이 안전인증기준에 맞는지에 대하여 고용노동부장관이 실시하는 안전인증을 받아야 한다.

(3) 다음에 해당하는 보호구(12종)
① 추락 및 감전 위험방지용 안전모
② 안전화
③ 안전장갑
④ 방진마스크
⑤ 방독마스크
⑥ 송기마스크
⑦ 전동식 호흡보호구
⑧ 보호복
⑨ 안전대
⑩ 차광(遮光) 및 비산물(飛散物) 위험방지용 보안경
⑪ 용접용 보안면
⑫ 방음용 귀마개 또는 귀덮개

구분		권장 교정 및 시험주기(년)
계측 장비 교정	계전기 시험기	1
	절연내력 시험기	1
	절연유 내압 시험기	1
	적외선 열화상 카메라기	1
	전원품질분석기	1
	절연저항 측정기 (1,000V, 2,000MΩ)	1
	절연저항 측정기 (500V, 100MΩ)	1
	회로시험기	1
	접지저항 측정기	1
	클램프미터	1
안전 장구 시험	특고압 COS 조작봉	1
	저압검전기	1
	고압 · 특고압 검전기	1
	고압절연장갑	1
	절연장화	1
	절연안전모	1

17.2.58 / 19.1.57 / 19.1.58 / 19.2.47 / 19.4.58 / 20.1.46 / 20.1.47 / 20.4.48 / 20.4.59 / 21.2.49

58 전기안전관리자의 직무에 의거하여 태양광발전시스템 전기안전관리를 수행하기 위하여 계측장비를 주기적으로 교정하고 안전장구의 성능을 유지하여야 한다. 권장교정 및 시험 주기가 틀린 것은?

① 저압검전기 - 1년
② 절연안전모 - 2년
③ 고압절연장갑 - 1년
④ 고압 · 특고압 검전기 - 1년

해설 권장 계측장비 교정 및 시험주기

15.4.41 / 17.1.50 / 17.4.55 / 18.2.56 / 18.4.59 / 19.1.59 / 20.1.58 / 20.3.56 / 20.4.52

59 태양광발전시스템의 성능평가를 위한 사이트 평가방법으로 틀린 것은?

① 설치용량
② 설치각고와 방위
③ 설치시설의 지역
④ 설치지역의 기후

해설 태양광 발전 시스템의 사이트 평가 방법
① 태양광 발전 시스템의 설비 설치의 대상기관
② 태양광 발전 시스템 설비 설치의 시설 분류
③ 태양광 발전 시스템의 설비 설치의 시설 지역
④ 태양광 발전 시스템의 설비 설치 형태

⑤ 태양광 발전 시스템의 설비 설치 용량
⑥ 태양광 발전 시스템 설비 설치의 방위와 각도
⑦ 태양광 발전 시스템의 설비 설치 시공업자
⑧ 태양광 발전 시스템의 설비 설치기기 장비 제조사

13.4.26 / 15.4.28 / 16.4.38 / 17.1.51 / 17.2.22 / 17.2.54 / 17.4.23
/ 17.4.53 / 18.1.21 / 18.1.47 / 18.2.46 / 18.2.53 / 18.4.23 /
19.1.60 / 19.2.26 / 19.2.42 / 19.4.27 / 19.4.49 / 20.1.52 /
20.3.23 / 20.3.41 / 20.4.24 / 21.1.38 / 21.4.42 / 21.4.48

60 고압 활선작업 시의 안전조치사항이 아닌 것은?

① 절연용보호구 착용
② 절연용 방호구 설치
③ 단락접지기구의 철거
④ 활선작업용 기구 사용

해설 활선작업

(1) 고압활선작업

사업주는 고압의 충전전로의 점검 및 수리 등 당해 충전전로를 취급하는 작업에 있어서는 당해 작업에 종사하는 근로자에게 감전의 위험이 발생할 우려가 있는 때에는 다음의 하나에 해당하는 조치를 하여야 한다.
① 근로자에게 절연용 보호구를 착용시키고 당해 충전전로 중 근로자가 취급하고 있는 부분 외의 부분에 근로자의 신체 등이 접촉 또는 접근함으로 인하여 가전의 위험이 발생할 우려가 있는 것에 대하여는 절연용 방호구를 설치할 것
② 근로자에게 활선작업용 기구를 사용하도록 할 것
③ 근로자에게 활선작업용 장치를 사용하도록 할 것 (이 경우 근로자가 취급하고 있는 충전전로의 전위와 전위가 다른 물체와 근로자의 신체 등이 접촉하거나 접근함으로 인하여 감전의 위험이 발생하지 아니하도록 하여야 한다.)

(2) 고압활선 근접작업

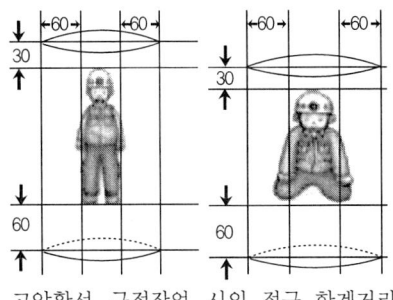

고압활선 근접작업 시의 접근 한계거리

사업주는 고압의 충전전로에 근접하는 장소에서 전로 또는 그 지지물의 설치·점검·수리 및 도장 등의 작업을 함에 있어서 당해 작업에 종사하는 근로자의 신체 등이 충전전로에 접촉하거나 당해 충전전로에 대하여 머리위로의 거리가 30[cm] 이내이거나 신체 또는 발아래로의 거리가 60[cm] 이내로 접근함으로 인하여 감전의 우려가 있는 때에는 당해 충전전로에 절연용 방호구를 설치하여야 한다. 다만, 당해 작업에 종사하는 근로자에게 절연용 보호구를 착용시키고 당해 절연용 보호구를 착용하는 신체외의 부분이 당해 충전전로에 접촉하거나 접근함으로 인하여 감전의 위험이 발생할 우려가 없는 때에는 그러하지 아니하다.

15.4.78 / 16.2.80 / 19.1.61 / 21.4.73

61 신에너지 및 재생에너지 개발·이용·보급 촉진법에 의거하여 산업통상자원부장관은 몇 년마다 신·재생에너지 관련 기술 개발의 수준 등을 고려하여 연도별 의무공급량의 비율을 재검토하여야 하는가?

① 1년
② 2년
③ 3년
④ 4년

해설 연도별 의무공급량의 합계 등(신재생에너지법 시행령 제18조의4)

(1) 의무공급량의 연도별 합계는 공급의무자의 다음 계산식에 따른 총전력생산량에 아래 표에 따른 비율을 곱한 발전량 이상으로 한다. 이 경우 의무공급량은 공급인증서를 기준으로 산정한다.

> 총전력 생산량 = 지난 연도 총전력생산량
> − (신·재생에너지 발전량 + 산업통상자원부장관이 정하여 고시하는 설비에서 생산된 발전량)

(2) 산업통상자원부장관은 3년마다 신·재생에너지 관련 기술 개발의 수준 등을 고려하여 아래의 표에 따른 비율을 재검토하여야 한다. 다만, 신·재생에너지의 보급 목표 및 그 달성 실적과 그 밖의 여건 변화 등을 고려하여 재검토 기간을 단축할 수 있다.

※ 연도별 의무공급량의 비율

해당 연도	비율[%]
2012년	2.0
2013년	2.5
2014년	3.0
2015년	3.0
2016년	3.5
2017년	4.0
2018년	5.0
2019년	6.0
2020년	7.0
2021년	9.0
2022년	12.5
2023년	13.0
2024년	13.5
2025년	14.0
2026년	15.0
2027년	17.0
2028년	19.0
2029년	22.5
2030년 이후	25.0

13.4.76 / 15.2.25 / 16.4.73 / 17.4.66 / 17.4.67 / 18.1.24 / 18.1.75 / 19.1.62 / 19.2.78 / 19.4.67 / 20.3.73 / 21.1.63 / 21.1.76 / 21.4.70

62 신에너지 및 재생에너지 개발·이용·보급 촉진법에 의거하여 산업통상자원부장관이 정하여 고시하는 신·재생에너지의 가중치의 산정 시 고려 사항으로 틀린 것은?

① 전력 판매가
② 지역주민의 수용 정도
③ 전력 수급의 안정에 미치는 영향
④ 온실가스 배출 저감에 미치는 영향

해설 신·재생에너지의 가중치(신재생에너지법 시행령 제18조의9)
신·재생에너지의 가중치는 다음의 사항을 고려하여 산업통상자원부장관이 정하여 고시하는 바에 따른다.
① 환경, 기술개발 및 산업 활성화에 미치는 영향
② 발전 원가
③ 부존 잠재량
④ 온실가스 배출 저감에 미치는 효과
⑤ 전력 수급의 안정에 미치는 영향
⑥ 지역주민의 수용 정도

15.2.70 / 19.1.63

63 저탄소 녹색성장 기본법에 의해 저탄소 녹색성장대책을 수립·시행할 때 지역적 특성과 여건을 고려하여야 하는 기관은?

① 품질검사기관
② 공급인증기관
③ 지방자치단체
④ 신·재생에너지센터

해설 지방자치단체의 책무(녹색성장법 제5조)
① 지방자치단체는 저탄소 녹색성장 실현을 위한 국가시책에 적극 협력하여야 한다.
② 지방자치단체는 저탄소 녹색성장대책을 수립·시행할 때 해당 지방자치단체의 지역적 특성과 여건을 고려하여야 한다.
③ 지방자치단체는 관할구역 내에서의 각종 계획 수립과 사업의 집행과정에서 그 계획과 사업이 저탄소 녹색성장에 미치는 영향을 종합적으로 고려하고, 지역주민에게 저탄소 녹색성장에 대한 교육과 홍보를 강화하여야 한다.
④ 지방자치단체는 관할구역 내의 사업자, 주민 및 민간단체의 저탄소 녹색성장을 위한 활동을 장려하기 위하여 정보 제공, 재정 지원 등 필요한 조치를 강구하여야 한다.

13.4.66 / 14.4.75 / 15.2.72 / 15.2.76 / 16.4.67 / 17.1.73 / 17.2.70 / 17.4.78 / 18.1.73 / 18.2.64 / 18.4.75 / 18.4.80 / 19.1.64 / 19.2.62 / 20.3.80

64 최대 사용전압이 22.9kV인 중성선 접지식 가공전선로는 약 몇 V 의 절연내력 시험전압에 견디어야 하는가?

① 16488
② 21068
③ 28625
④ 34350

해설 전로의 절연저항 및 절연내력(판단기준 제13조)
① 사용전압이 저압인 전로에서 정전이 어려운 경우 등 절연저항 측정이 곤란한 경우에는 누설전류를 1[mA] 이하로 유지하여야 한다.
② 고압 및 특고압의 전로(회전기, 정류기, 연료전지 및 태양전지 모듈의 전로, 변압기의 전로, 기구 등

정답 62. ① 63. ③

의 전로 및 직류식 전기철도용 전차선을 제외한다)는 표에서 정한 시험전압을 전로와 대지 사이(다심 케이블은 심선 상호 간 및 심선과 대지 사이)에 연속하여 10분간 가하여 절연내력을 시험하였을 때에 이에 견디어야 한다.

전로의 종류	시험 전압
1. 최대사용전압 7[kV] 이하인 전로	최대사용전압의 1.5배의 전압
2. 최대사용전압 7[kV] 초과 25[kV] 이하인 중성점 접지식 전로 (중성선을 가지는 것으로서 그 중성선을 다중접지 하는 것에 한한다)	최대사용전압의 0.92배의 전압
3. 최대사용전압 7[kV] 초과 60[kV] 이하인 전로	최대사용전압의 1.25배의 전압(10,500[V] 미만으로 되는 경우는 10,500[V])압
4. 최대사용전압60[kV] 초과 중성점 비접지식전로	최대사용전압의 1.25배의 전압
5. 최대사용전압60[kV] 초과 중성점 접지식 전로	최대사용전압의1.1배의 전압(75[kV] 미만으로 되는 경우에는 75[kV])
6. 최대사용전압이 60[kV]초과 중성점 직접접지식 전로	최대사용전압의 0.72배의 전압
7. 최대사용전압이 170[kV]초과 중성점 직접 접지식 전로로서 그 중성점이 직접 접지되어 있는 발전소 또는 변전소 혹은 이에 준하는 장소에 시설하는 것	최대사용전압의 0.64배의 전압
8. 최대사용전압이 60[kV]를 초과하는 정류기에 접속되고 있는 전로	교류측 및 직류 고전압측에 접속되고 있는 전로는 교류측의 최대사용전압의 1.1배의 직류전압
	직류측 중성선 또는 귀선이 되는 전로는 계산식에 의하여 구한 값

③ 23,000[V]의 절연 내력 시험전압은 최대사용전압의 0.92배의 전압

∴ V = 22,900 × 0.92 = 21,068 [V]

19.1.65

65 전기설비기술기준에 의거하여 발전용 출력설비 중 풍력터빈의 구조에 대한 설명으로 틀린 것은?

① 분진 등에 의한 손모를 고려할 것
② 태양광에 대하여 구조상 안전할 것
③ 운전 중 풍력터빈에 손상을 주는 진동이 없도록 할 것
④ 부하를 차단하였을 때에 최대속도에 대하여 구조상 안전할 것)

해설 풍력터빈의 구조(기술기준 제169조)록

① 부하를 차단하였을 때에도 최대속도에 대하여 구조상 안전할 것.
② 풍압에 대하여 구조상 안전할 것.
③ 운전 중 풍력터빈에 손상을 주는 진동이 없도록 할 것.
④ 설계허용 최대풍속에 있어서 취급자의 의도와 다르게 풍력터빈이 기동하지 않도록 할 것.
⑤ 운전 중에 다른 시설물, 식물 등에 접촉하지 않도록 할 것.
⑥ 풍력터빈의 점검 또는 수리를 위하여 회전부의 정지 및 고정할 수 있는 구조일 것.
⑦ 한랭지에 시설하는 경우 눈·비에 의한 착빙을 고려할 것.
⑧ 분진 등에 의한 손모를 고려할 것.
⑨ 지진에 대하여 안전할 것.
⑩ 해상 및 해안가에 시설하는 경우 염분 및 파랑하중에 대한 영향을 고려할 것.

15.4.69 / 19.1.66 / 21.4.75

66 신에너지 및 재생에너지 개발·이용·보급 촉진법에 의거 산업통상자원부장관이 청문을 통하여 내리는 처분으로 옳은 것은?

① 건축물 인증 취소
② 발전설비의 지정 취소
③ 송전설비의 지정 취소
④ 공급인증기관의 지정 취소

해설 청문(신재생에너지법 제24조)
산업통상자원부장관은 다음에 해당하는 처분을 하려면 청문을 하여야 한다.
① 공급인증기관의 지정 취소
② 관리기관의 지정 취소

15.2.61 / 16.2.69 / 17.2.68 / 18.4.66 / 19.1.67 / 20.3.76 / 21.4.72

67 신에너지 및 재생에너지 개발·이용·보급 촉진법에 의거 신재생에너지 공급의무자에 해당하지 않는 것은?

① 한국석유공사
② 한국수자원공사
③ 한국지역난방공사
④ 50만 kW 이상의 발전설비(신·재생에너지 설비는 제외한다)를 보유하는 자

해설 신·재생에너지 공급의무자(신재생에너지법 시행령 제18조의3)
① 전기사업법에 따른 발전사업자로서 500,000[kW] 이상의 발전설비(신·재생에너지 설비는 제외한다)를 보유하는 자
② 집단에너지사업법 및 전기사업법에 따른 발전사업의 허가를 받은 것으로 보는 자로서 500,000[kW] 이상의 발전설비(신·재생에너지 설비는 제외한다)를 보유하는 자
③ 한국수자원공사
④ 한국지역난방공사

17.2.78 / 19.1.68 / 19.2.69

68 전기설비기술기준의 판단기준에 의거하여 (　) 안의 ㉮, ㉯에 들어갈 내용으로 옳은 것은?

> 두 개 이상의 전선을 병렬로 사용하는 경우 각 전선의 굵기는 동선 (㉮) ㎟ 이상 또는 알루미늄 (㉯) ㎟ 이상으로 하고, 전선은 같은 도체, 같은 재료, 같은 길이 및 같은 굵기의 것을 사용하여야 한다.

① ㉮ 25, ㉯ 35
② ㉮ 35, ㉯ 50
③ ㉮ 50, ㉯ 70
④ ㉮ 70, ㉯ 100

해설 전선의 접속법(판단기준 제11조)
두개 이상의 전선을 병렬로 사용하는 경우에는 다음에 의하여 시설할 것
① 병렬로 사용하는 각 전선의 굵기는 동선 50[mm²] 이상 또는 알루미늄 70[mm²] 이상으로 하고, 전선은 같은 도체, 같은 재료, 같은 길이 및 같은 굵기의 것을 사용할 것
② 같은 극의 각 전선은 동일한 터미널러그에 완전히 접속할 것
③ 같은 극인 각 전선의 터미널러그는 동일한 도체에 2개 이상의 리벳 또는 2개 이상의 나사로 접속할 것
④ 병렬로 사용하는 전선에는 각각에 퓨즈를 설치하지 말 것
⑤ 교류회로에서 병렬로 사용하는 전선은 금속관 안에 전자적 불평형이 생기지 않도록 시설할 것

19.1.69 / 21.1.72

69 전기설비기술기준의 판단기준에 의거하여 이차전지를 이용한 전기저장장치 시설에 대한 설명으로 틀린 것은?

① 침수의 우려가 없는 곳에 시설할 것
② 이차전지를 시설하는 장소는 보수점검을 위한 최소한의 작업공간을 확보하고 조명설비를 시설할 것
③ 이차전지를 시설하는 장소는 폭발성 가스의 축척을 방지하기 위한 환기시설을 갖추고 적정한 온도와 습도를 유지할 것
④ 이차전지의 지지물은 부식성 가스 또는 용액에 의하여 부식되지 아니하도록 하고 적재하중 또는 지진 등 기타 진동과 충격에 대하여 안전한 구조일 것

정답 66. ④ 67. ① 68. ③

해설 **전기저장장치 일반 요건(판단기준 제295조)**
이차전지를 이용한 전기저장장치는 다음에 따라 시설하여야 한다.
① 충전부분이 노출되지 않도록 시설하고, 금속제의 외함 및 이차전지의 지지대는 제 33조에 따라 접지공사를 할 것.
② 이차전지를 시설하는 장소는 폭발성 가스의 축적을 방지하기 위한 환기시설을 갖추고 적당한 온도와 습도를 유지할 것.
③ 이차전지를 시설하는 장소는 보수점검을 위한 충분한 작업공간을 확보하고 조명설비를 시설할 것.
④ 이차전지의 지지물은 부식성 가스 또는 용액에 의하여 부식되지 아니하도록 하고 적재하중 또는 지진 등 기타 진동과 충격에 대하여 안전한 구조일 것.
⑤ 침수의 우려가 없는 곳에 시설할 것.

18.2.62 / 19.1.70

70 전기설비기술기준의 판단기준에 의거한 전기부식방지 시설의 시설 기준으로 틀린 것은?

① 회로의 사용전압은 직류 30 V 이하 일 것
② 지중에 매설하는 양극의 매설깊이는 75cm 이상일 것
③ 전기부식방지용 전원장치에 전기를 공급하는 전로의 사용전압은 저압일 것
④ 전선을 직접 매설식에 의하여 시설하는 경우에는 전선을 피방식체의 아랫면에 밀착하여 시설하는 경우 이외에는 매설깊이를 차량 기타의 중량물의 압력을 받을 우려가 있는 곳에서는 1.2 m 이상 일 것

해설 **전기부식방지 시설(판단기준 제243조)**
(1) 전기부식방지 시설[지중 또는 수중에 시설되는 금속체(피방식체)의 부식을 방지하기 위하여 지중 또는 수중에 시설하는 양극과 피방식체 간에 방식 전류를 통하는 시설을 말하며 전기부식방지용 전원장치를 사용하지 아니하는 것을 제외한다.]는 다음에 따라 시설하여야 한다.
① 전기부식방지 회로의 사용전압은 직류 60[V]이하일 것
② 양극(陽極)은 지중에 매설하거나 수중에서 쉽게 접촉할 우려가 없는 곳에 시설할 것

③ 지중에 매설하는 양극(양극의 주위에 도전 물질을 채우는 경우에는 이를 포함한다)의 매설깊이는 75[cm] 이상일 것
④ 수중에 시설하는 양극과 그 주위 1[m] 이내의 거리에 있는 임의점과의 사이의 전위차는 10[V]를 넘지 아니할 것. 다만, 양극의 주위에 사람이 접촉되는 것을 방지하기 위하여 적당한 울타리를 설치하고 또한 위험 표시를 하는 경우에는 그러하지 아니하다.
⑤ 지표 또는 수중에서 1[m] 간격의 임의의 2점(④의 양극의 주위 1[m] 이내의 거리에 있는 점 및 울타리의 내부점을 제외한다)간의 전위차가 5[V]를 넘지 아니할 것

14.4.78 / 15.2.3 / 15.4.10 / 16.2.70 / 17.2.64 / 17.4.71 / 18.1.67 / 18.4.69 / 19.1.71 / 21.1.4

71 저탄소 녹색성장 기본법에서 정한 온실가스의 종류가 아닌 것은?

① 메탄　　　　　　② 질소
③ 아산화질소　　　④ 수소불화탄소

해설 **정의(녹색성장법 제2조)**
① 저탄소 : 화석연료(化石燃料)에 대한 의존도를 낮추고 청정에너지의 사용 및 보급을 확대하며 녹색기술 연구개발, 탄소흡수원 확충 등을 통하여 온실가스를 적정수준 이하로 줄이는 것
② 자원순환: 환경정책상의 목적을 달성하기 위하여 필요한 범위 안에서 폐기물의 발생을 억제하고 발생된 폐기물을 적정하게 재활용 또는 처리하는 등 자원의 순환과정을 환경친화적으로 이용·관리하는 것
③ 녹색생활: 기후변화의 심각성을 인식하고 일상생활에서 에너지를 절약하여 온실가스와 오염물질의 발생을 최소화하는 생활
④ 온실가스: 이산화탄소(CO_2), 메탄(CH_4), 아산화질소(N_2O), 수소불화탄소(HFCs), 과불화탄소(PFCs), 육불화황(SF_6) 및 그밖에 대통령령으로 정하는 것으로 적외선 복사열을 흡수하거나 재방출하여 온실효과를 유발하는 대기 중의 가스 상태의 물질
⑤ 에너지 자립도: 국내 총소비에너지량에 대하여 신·재생에너지 등 국내 생산에너지량 및 우리나라가 국외에서 개발(지분 취득을 포함한다)한 에너지양을 합한 양이 차지하는 비율

72 전기설비기술기준의 판단기준에서 정의하는 "리플프리직류"는 교류를 직류로 변환할 때 리플성분이 몇 % (실효값) 이하 포함한 직류를 말하는가?

① 10 ② 15 ③ 20 ④ 25

해설 리플프리직류

교류를 직류로 변환할 때 리플(Ripple)성분이 10%(실효값) 이하 포함한 직류

※ 리플(Ripple)성분 : 교류를 정류하여 직류로 만들 때, 완벽하게 직류가 되지 않고, 일부 남아 있는 교류성분

73 전기사업법에서 정의하는 "전기사업"의 구분으로 틀린 것은?

① 발전사업   ② 송전사업
③ 변전사업   ④ 구역전기사업

해설 전기사업법의 정의(전기사업법 제2조)
① 전기사업 : 발전사업·송전사업·배전사업·전기판매사업 및 구역전기사업
② 발전사업 : 전기를 생산하여 이를 전력시장을 통하여 전기판매사업자에게 공급하는 것을 주된 목적으로 하는 사업
③ 송전사업 : 발전소에서 생산된 전기를 배전사업자에게 송전하는 데 필요한 전기설비를 설치·관리하는 것을 주된 목적으로 하는 사업
④ 배전사업 : 발전소로부터 송전된 전기를 전기사용자에게 배전하는 데 필요한 전기설비를 설치·운용하는 것을 주된 목적으로 하는 사업
⑤ 구역전기사업 : 대통령령으로 정하는 규모 이하의 발전설비를 갖추고 특정한 공급구역의 수요에 맞추어 전기를 생산하여 전력시장을 통하지 아니하고 그 공급구역의 전기사용자에게 공급하는 것을 주된 목적으로 하는 사업

74 국가기관, 지방자치단체, 공공기관, 그 밖에 대통령령으로 정하는 자가 신·재생에너지 기술개발 및 이용·보급에 관한 계획을 수립·시행하려면 대통령령으로 정하는 바에 따라 미리 누구와 협의를 하여야 하는가?

① 시·도지사
② 국가기술표준원장
③ 한국전력공사사장
④ 산업통상자원부장관

해설 신·재생에너지 기술개발 등에 관한 계획의 사전협의 (신재생에너지법 제7조)
국가기관, 지방자치단체, 공공기관, 그밖에 대통령령으로 정하는 자가 신·재생에너지 기술개발 및 이용·보급에 관한 계획을 수립·시행하려면 대통령령으로 정하는 바에 따라 미리 산업통상자원부장관과 협의하여야 한다.

75 전기설비기술기준의 판단기준에 의거하여 고압 옥측전선로의 전선으로 사용할 수 있는 것은?

① 케이블   ② 나경동선
③ 절연전선 ④ 다심형 전선

해설 고압 옥측전선로의 시설(판단기준 제95조)
고압 옥측전선로는 전개된 장소에 다음에 따라 시설하여야 한다.
① 전선은 케이블일 것
② 케이블은 견고한 관 또는 트라프에 넣거나 사람이 접촉할 우려가 없도록 시설할 것
③ 케이블을 조영재의 옆면 또는 아랫면에 따라 붙일 경우에는 케이블의 지지점 간의 거리를 2m(수직으로 붙일 경우에는 6m)이하로 하고 또한 피복을 손상하지 아니하도록 붙일 것
④ 케이블을 조가용선에 조가하여 시설하는 경우에 제69조(제3항을 제외한다)의 규정에 준하여 시설하고 또한 전선이 고압 옥측전선로를 시설하는 조영재에 접촉하지 아니하도록 시설할 것

※ 조가용선

정답 72. ① 73. ③ 74. ④ 75. ①

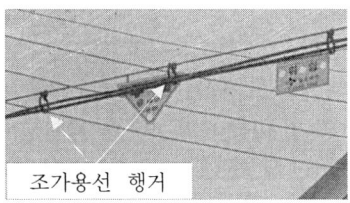

조가용선 행거

케이블을 가공으로 설치할 경우 케이블 무게로 인한 처짐 현상을 방지하기 위해 조가용선을 설치한다.

16.4.63 / 17.1.74 / 19.1.76 / 19.1.78 / 20.3.67

76 전기사업법에서 전력수급의 안정을 위하여 전력수급기본계획을 수립하는 자는?

① 대통령
② 구청장
③ 시 · 도지사
④ 산업통상자원부장관

해설 전력수급기본계획

(1) 전력수급기본계획의 수립(전기사업법 제25조)
1) 산업통상자원부장관은 전력수급의 안정을 위하여 전력수급기본계획을 수립하여야 한다.

2) 산업통상자원부장관은 기본계획을 수립하거나 변경하고자 하는 때에는 관계 중앙행정기관의 장과 협의하고 공청회를 거쳐 의견을 수렴한 후 전력정책심의회의 심의를 거쳐 이를 확정한다.
다만, 산업통상자원부장관이 책임질 수 없는 사유로 공청회가 정상적으로 진행되지 못하는 등 대통령령으로 정하는 사유가 있는 경우에는 공청회를 개최하지 아니할 수 있으며 이 경우 대통령령으로 정하는 바에 따라 공청회에 준하는 방법으로 의견을 들어야 한다.

3) 기본계획 중 대통령령으로 정하는 경미한 사항을 변경하는 경우에는 2)항에 따른 절차를 생략할 수 있다.

4) 기본계획에는 다음의 사항이 포함되어야 한다.
① 전력수급의 기본방향에 관한 사항
② 전력수급의 장기전망에 관한 사항

③ 발전설비계획 및 주요 송전 · 변전설비계획에 관한 사항
④ 전력수요의 관리에 관한 사항
⑤ 직전 기본계획의 평가에 관한 사항
⑥ 그밖에 전력수급에 관하여 필요하다고 인정하는 사항

(2) 기본계획의 경미한 사항의 변경(전기사업법 시행령 제15조2)
대통령령으로 정하는 경미한 사항을 변경하는 경우란 다음의 어느 하나에 해당하는 경우를 말한다.
① 전기설비 설치공사의 착공 또는 준공 등의 기간을 2년의 범위에서 조정하는 경우
② 전기설비별 용량의 20[%]의 범위에서 그 용량을 변경하는 경우
③ 연도별 전기설비 총용량의 5[%]의 범위에서 그 총용량을 변경하는 경우

13.4.71 / 14.4.73 / 15.4.72 / 16.2.64 / 17.4.77 / 19.1.77

77 직류 1500V 이하, 교류 1000V 이하의 전압을 무엇이라 하는가?

① 저압
② 고압
③ 특고압
④ 초고압

해설 전압의 종별

구분	내 용
저압	DC 1500[V] 이하
	AC 1000[V] 이하
고압	DC 1500[V] 초과 7000[V] 이하
	AC 1000[V] 초과 7000[V] 이하
특고압	7000[V] 초과

78 전기사업법에서 대통령으로 정하는 기본계획의 경미한 사항을 변경하는 경우 중 전기설비별 용량의 몇 %의 범위에서 그 용량을 변경하는 경우를 말하는가?

① 20　　② 25
③ 30　　④ 35

[해설] 기본계획의 경미한 사항의 변경(전기사업법 시행령 제15조2)

대통령령으로 정하는 경미한 사항을 변경하는 경우란 다음의 어느 하나에 해당하는 경우를 말한다.
① 전기설비 설치공사의 착공 또는 준공 등의 기간을 2년의 범위에서 조정하는 경우
② 전기설비별 용량의 20[%]의 범위에서 그 용량을 변경하는 경우
③ 연도별 전기설비 총용량의 5[%]의 범위에서 그 총용량을 변경하는 경우

79 신에너지 및 재생에너지 개발·이용·보급 촉진법에 따른 산업통상자원부장관의 권한을 그 일부를 대통령령으로 정하는 바에 따라 위임할 수 있다. 위임받을 수 있는 자가 아닌 것은?

① 특별시장
② 소속 기관의 장
③ 특별자치도지사
④ 신·재생에너지 발전사업자

[해설] 권한의 위임·위탁(신재생에너지법 제32조)
① 이 법에 따른 산업통상자원부장관의 권한은 그 일부를 대통령령으로 정하는 바에 따라 소속 기관의 장, 특별시장·광역시장·도지사 또는 특별자치도지사에게 위임할 수 있다.
② 이 법에 따른 산업통상자원부장관 또는 시·도지사의 업무는 그 일부를 대통령령으로 정하는 바에 따라 센터 또는 한국에너지기술평가원에 위탁할 수 있다.

80 전기설비기술기준의 판단기준에 의거 저압연접 인입선의 시설에 대한 설명으로 틀린 것은?

① 옥내를 통과하지 아니할 것
② 폭 5m을 초과하는 도로를 횡단하지 아니할 것
③ 전선의 높이는 도로를 횡단하는 경우 노면상 2.5m 이상일 것
④ 인입선에서 분기하는 점으로부터 100m을 초과하는 지역에 미치지 아니할 것)

[해설] 저압 연접 인입선의 시설(판단기준 제101조)

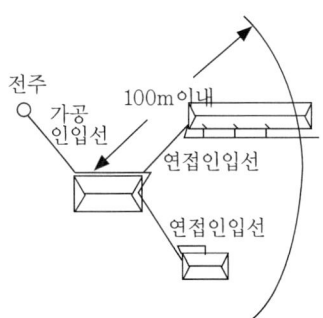

① 인입선에서 분기하는 점으로부터 100[m]을 초과하는 지역에 미치지 아니할 것
② 폭 5[m]을 초과하는 도로를 횡단하지 아니할 것
③ 옥내를 통과하지 아니할 것

2019 제2회 기출문제

01
14.4.10 / 17.4.10 / 18.2.14 / 19.2.1

인버터의 단독운전방지 기능 중 능동적 방식에 해당하지 않는 것은?

① 부하 변동방식
② 무효전력 변동방식
③ 주파수 시프트 방식
④ 전압위상 도약 검출방

해설 단독운전 검출방

(1) 수동적 방식
① 주파수 변화율 검출방식
② 전압위상도약 검출방식
③ 3차 고조파전압 왜곡검출방식

(2) 능동적 방식
1) 종래형 능동적 방식
① 주파수 시프트 방식
② 슬립 모드 주파수 시프트 방식
③ 유효 · 무효 전력변동방식
④ 차수간 고조파주입방식
⑤ 부하변동방식

2) 시형 능동적 방식(스텝 주입부 주파수 피드백 방식)

02
19.2.2

태양광발전 전지의 전류-전압 곡선에 대한 설명 중 옳은 것을 모두 고른 것은?

> ㄱ. 전압이 0인 경우에 흐르는 전류를 단락전류라 한다.
> ㄴ. 생산되는 전력이 최대인 경우의 전압을 개방전압이라 한다.
> ㄷ. 곡선인자(fill factor)가 클수록 변환효율이 높아진다.
> ㄹ. 부하저항이 클수록 변환효율이 높아진다.

① ㄱ, ㄴ
② ㄱ, ㄷ
③ ㄷ, ㄹ
④ ㄴ, ㄹ

해설
① 단락전류(Short-Circuit Current : Isc) : 태양전지에 전압이 제로(0)일때의 전류를
② 개방전압(Open-Circuit Volt : Voc) : 태양전지에 전류가 흐르지 않을 때의 전압
③ 곡선인자(Fill factor) : Voc와 Isc가 연관된 인자이며 태양전지로부터 최대 power로 규정하며, 곡선인자가 클수록 변환효율이 높아진다.
④ 부하저항 : 태양전지 모듈의 출력이 최대치가 되도록 부하저항을 조절하여 효율의 변화는 가능하지만 저항이 크다고 효율이 높아지는 건 아니다.

03
15.4.49 / 18.2.57 / 19.2.3 / 19.4.52 / 21.4.9

태양광발전에 대한 설명으로 틀린 것은?

① 무한 청정에너지이다.
② 주간에만 발전이 가능하다.
③ 발전량은 계절에 관계없이 일정하다.
④ 일사량과 관계는 있지만 어느 지역이나 이용가능하다.

해설 태양광발전의 특징

1) 장점
① 에너지의 원료인 태양의 빛은 무료이며, 무한이다.
② 환경오염이 없는 청정에너지원이다.
③ 발전과정에서 환경오염이 없다.
④ 유지관리 비용이 적다.

2) 단점
① 에너지밀도가 낮아 큰 설치면적이 필요하다.
② 설치장소가 한정적이며, 시스템 비용이 고가이다.
③ 발전량은 계절과 일조량의 영향을 많이 받는다.

※ 남해지역 고정식 태양광발전소 발전량

	1월	2월	3월	4월	5월	6월
[kWh]	3,057	3,295	4,348	3,997	4,157	3,831
[%]	7.39	7.96	10.51	9.66	10.05	9.26
	7월	8월	9월	10월	11월	12월	합계
	2,766	3,398	3,603	3,217	2,937	2,776	41,382
	6.68	8.21	8.71	7.77	7.10	6.71	100[%]

정답 1.④ 2.② 3.③

04 부하의 허용 최저전압이 92V, 축전지와 부하간 접속선의 전압강하가 3V 일 때, 직렬로 접속한 축전지의 개수가 50개라면 축전지 한 개의 허용최저전압은 몇 V/cell 인가?

① 1.9 V/cell ② 1.8 V/cell
③ 1.6 V/cell ④ 1.5 V/cell

[해설] 허용 최저 전압(V)

허용 최저 전압(V)
$$V = \frac{부하의\ 허용\ 최저전압 + 접속선의\ 전압강하}{직렬\ 접속된\ 축전지\ 수량}$$
$$= \frac{92+3}{50} = 1.9\ [V/cell]$$

13.4.14 / 14.4.1 / 14.4.9 / 15.2.5 / 15.2.43 / 17.1.20 / 17.4.14 / 18.2.11 / 19.2.5 / 20.1.17 / 20.3.1 / 20.4.4 / 20.4.6 / 21.1.43 / 21.2.2 / 21.2.13 / 21.2.18

05 태양광발전 모듈에서 최대출력(P_{mpp})의 의미는?

① $Isc \times Voc$ ② $I_{mpp} \times Voc$
③ $Isc \times V_{mpp}$ ④ $I_{mpp} \times V_{mpp}$

[해설] 태양전지의 전압-전류 특성

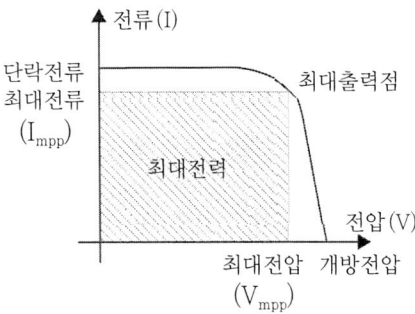

태양전지에서 나오는 전력은 전류와 전압을 곱하여 얻을 수 있으며 최대전류(Max. Power Current, I_{mpp})와 최대전압(Max. Power Volt, V_{mpp})이 만나는 최적의 동작점에서 발생한 전력이 태양전지의 최대출력(Max. Power)값이 된다.

06 최대눈금이 50V인 직류전압계가 있다. 이 전압계를 사용하여 150V의 전압을 측정하려면 배율기의 저항은 몇 Ω을 사용하면 되는가?
(단, 전압계의 내부저항은 5000 Ω이다.)

① 1000 ② 2500
③ 5000 ④ 10000

[해설] 배율기(multiplier)

전압계에 직렬로 접속해서 전압의 측정범위를 넓히기 위해 사용되는 저항기이다.

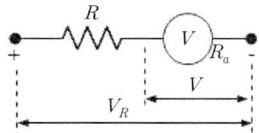

V_R : 측정하고자 하는 전압
V : 전압계로 유입되는 전압
R_a : 전압계 내부저항
R : 배율기의 저항

$$V_R = \frac{R_a + R}{R_a} \cdot V\ [V]$$

배율기의 배율(m) $= \frac{V}{V_R} = \frac{R_a + R}{R_a} = 1 + \frac{R}{R_a}$
$= \frac{150}{50} = 3$

$\therefore R = (m-1)R_a = (3-1) \cdot 5000 = 10,000\ [Ω]$

07 결정질 태양광발전 전지에서 에너지 손실이 가장 큰 부분은?

① 공간 전하 영역에서의 전지 전위차
② 전면 접촉으로 초래된 반사와 차광
③ 장파장 복사에서 너무 낮은 광자에너지
④ 단파장 복사에서 너무 높은 광자에너지

[해설] 에너지 손실
① 태양전지에 들어오는 빛에는 여러 범위의 에너지를 가진 광자가 있고 이 중 일부는 전자-정공쌍을 만들 에너지를 가지고 있지 못해서 광자들은 태양전

지를 통과할 뿐이고 태양전지 내에서 아무 역할도 하지 못한다. 또 다른 단파장(고진동) 복사에서의 광자들은 에너지가 너무 많아서 다 쓰지를 못한다.
② 결정질 태양전지의 경우에 1.1~1.12[eV] 이상의 에너지만 전자-정공쌍을 만드는데 사용되며, 이 에너지를 물질의 갭에너지라하고 광자의 에너지가 이 이상이면 여분의 에너지는 사용하지 못한다.
③ 광자의 에너지가 전자-정공쌍을 만드는 데에 필요한 에너지의 2배 이상이면 하나 이상의 전자-정공을 발생시킬 수 있으나 이 효과는 미미하고 가장 큰 손실이 되며, 이 두가지 이유로 해서 태양전지에 들어오는 태양에너지의 70% 이상을 사용하지 못한다.

15.4.16 / 16.4.11 / 18.1.17 / 18.4.18 / 19.2.8 / 19.2.16 / 19.4.2 / 20.1.5 / 20.4.14 / 20.4.20

08 내부저항이 각각 0.3Ω, 0.2Ω인 1.5V 두 개 전지를 직렬로 연결한 후에 외부에 2.5Ω의 저항부하를 직렬로 연결하였다. 이 회로에 흐르는 전류는 몇 A인가?

① 0.5　　② 1.0
③ 1.2　　④ 1.5

해설 직렬회로

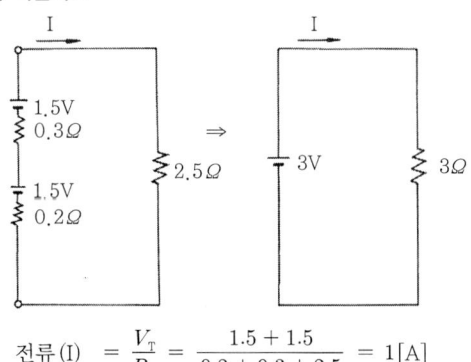

전류(I) $= \dfrac{V_T}{R_T} = \dfrac{1.5 + 1.5}{0.2 + 0.3 + 2.5} = 1[A]$

14.4.16 / 19.2.9

09 무변압기형 인버터의 장점이 아닌 것은?

① 무게 감소　　② 크기 감소
③ 높은 효율　　④ 전자기 간섭 감소

해설 트랜스리스(Transless) 방식

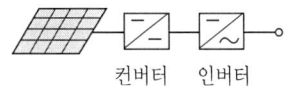
컨버터　인버터

① 태양전지의 직류출력을 DC-DC 컨버터로 승압하고 인버터에서 상용주파의 교류로 변환한다.
② 소형 경량으로 저렴하며, 효율이 우수하고 신뢰성이 높다.
③ 상용전원과의 사이에는 절연이 되지 않아 안정성이 떨어진다.

16.4.17 / 17.1.19 / 18.4.12 / 19.2.10 / 20.1.16 / 20.3.20 / 21.1.14 / 21.2.20

10 P형반도체에 대한 설명으로 옳은 것은?

① 정공을 다수 캐리어로 가진다.
② 불순물이 거의 없거나 매우 적다.
③ 자유전자의 밀도가 정공 밀도보다 높다.
④ 인, 비소, 안티몬과 같은 5가 원소를 첨가한다.

해설 p형반도체 : 정공이 다수캐리어
n형반도체 : 전자가 다수캐리어

16.2.1 / 17.2.19 / 17.4.17 / 18.1.18 / 19.4.13 / 19.2.11 / 21.1.18

11 박막 실리콘 태양광발전 전지에 대한 설명 중 틀린 것은?

① 재료는 인듐을 사용한다.
② 실리콘의 사용량이 적어 저렴하다.
③ 아몰퍼스 실리콘 박막을 적층한 방식이다.
④ 턴덤형 실리콘 태양광발전 전지의 변환효율은 12% 정도이다.

해설 박막형 태양전지
① 유리, 스테인리스 스틸, 플라스틱 등 저가의 기판에 얇은 막 형태의 박막을 형성하는 구조로, 기판위에

형성되는 막의 원료에 따라 비정질 실리콘 태양전지, CdTe, CIGS 박막, a-Si, 염료감응형 태양전지, 유기 태양전지로 구분된다.
② 실리콘 사용량이 적어 저렴하나 제조공정이 복잡하고 에너지 효율이 낮아 결정질 태양전지와 동일한 출력을 내기 위해서는 대면적의 모듈이 필요하다.
③ 결정질 실리콘 태양전지의 두께는 200~300[μm], 박막형 실리콘 태양전지의 두께는 0.3~2[μm]로서 상당히 얇게 제작할 수 있다.
④ 불순물 첨가 (도핑)에 의한 전기 전도도 제어가 쉽지 않으며, 이 경우 p-형보다는 In 등의 첨가 및 열처리에 의하여 n-형 쪽으로 제어하는 것이 보다 쉬운 것으로 알려져 있다.
⑤ 적은 온도계수로 온도에 따른 효율 감소가 적으며, 빛의 강도 변화에 대한 안정성으로 흐린 날, 겨울, 음지에서도 안정적이다.
⑥ 각국 정부의 태양광발전에 대한 관심과 지원이 폭발적으로 증대되면서 폴리실리콘의 양산규모 증대는 벌크형 실리콘 태양전지의 가격 하락을 이끌었고, 차세대 태양전지였던 박막 태양전지는 목표로 했던 가격에 도달했음에도 불구하고 가격적으로는 경쟁력이 없는 결과에 있다.

13.4.3 / 16.2.4 / 16.4.10 / 17.1.4 / 19.1.7 / 19.2.12 / 20.4.5 / 20.4.12

12 뇌, 서지 등의 피해로부터 태양광발전시스템을 보호하기 위한 대책으로 적절하지 않은 것은?

① 피뢰소자의 접지측 배선을 되도록 길게 유지하면서 설치한다.
② 피뢰소자를 접속함 어레이 주회로 내부에 분산시켜 설치한다.
③ 뇌우 다발 지역에서는 교류 전원 측에 내뢰 트랜스를 설치한다.
④ 저압 배전선으로 침입하는 뇌, 서지에 대해서는 분전반에 피뢰소자를 설치한다.

[해설] PV 시스템을 보호하기 위한 대책
① 피뢰소자를 어레이 주회로 내에 분산시켜 설치함과 동시에 접속함에도 설치한다.
② 뇌서지가 내부로 침입하지 못하도록 피뢰소자를 설비인입구에서 가까운 장소에 설치한다.
③ 뇌우의 발생지역에서는 교류전원 측에 내뢰 트랜스를 설치한다.
④ 저압 배전선으로부터 침입하는 뇌서지에 대해서는 분전반에 피뢰소자를 설치한다.
⑤ 접속함 및 분전반 안에 설치하는 피뢰소자는 방전내량이 큰 것을 선정한다.
⑥ 피뢰소자의 접지측 배선은 되도록 짧게 유지하면서 설치한다.

13.4.15 / 18.1.14 / 19.2.13 / 19.4.17 / 21.2.8 / 21.4.35

13 음영이 있는 외벽 등에 설치된 소형 태양광발전 시스템에 가장 적절한 인버터는?

① 모듈 인버터
② 중앙 집중식 인버터
③ 고전압 방식의 인버터
④ 마스터-슬레이브 제어형 인버터

[해설] 태양광발전시스템의 인버터 운영방식
1) 중앙집중형 인버터방식

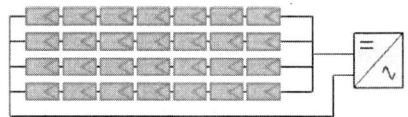

① 발전소 현장에 1대의 인버터만 설치함
② 모든 전선이 한 곳으로 오기 때문에 작업공정이 간단, 설치비가 적게 소요되며, 발전량 확인이 용이하다.
③ 단일형 인버터는 제품 이상발생 시 전체 발전소가 가동을 멈추기 때문에 발전 손실이 크다.

2) 분산형(스트링 포함) 인버터 방식

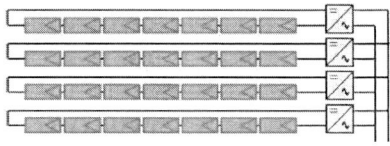

① 발전소 현장에 소형 인버터 여러 대를 설치함
② 특정 인버터가 고장이 나더라도 해당 인버터 부분에서만 발전 손실이 일어나고 나머지 인버터는 정상적으로 발전이 되기 때문에 발전 손실을 최소화할 수 있다.

③ 방향과 경사가 서로 다른 하부 어레이들로 구성된 시스템, 부분적으로 음영이 지는 시스템의 경우 분산형 인버터 방식을 고려할 필요가 있다.

3) 주/종속시스템(Master-Slave System)

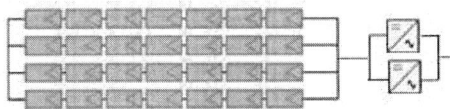

① 인버터 2~3대를 결합하여 회로를 구성한다.
② 발전을 시작하면 마스터 인버터만 구동되고, 마스터 인버터의 전력한계에 도달하면, 다음 슬래브 인버터가 자동 연결되어 생산된 발전량에 대응한다.
③ 낮은 발전량에서도 대용량 인버터 한 대가 운영되는 방식보다는 효율이 높아진다.
④ Master와 Slave의 기능은 정기적(1~3개월)으로 교대를 해주어, 균등운전이 되게 한다.

4) 모듈인버터(마이크로 인버터: MIC, Module Integrated Central) 방식

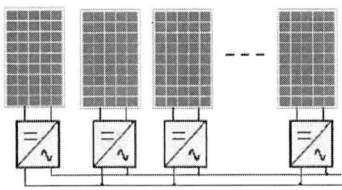

① 태양전지 모듈 1개에 인버터 1개를 부착하는 방식으로 스트링 인버터의 작은 형태이다.
② 태양전지 1장에 대한 모니터링이 가능하여 유지보수가 쉽다
③ 각 마이크로인버터(MIC; Module Integrated Converter)의 최대 효율은 낮지만, 태양전지 모듈에 대해 개별로 MPPT를 하므로, 전체 발전량에 있어서는 스트링 인버터 이상의 발전효율을 가지고 있다.
④ 대용량 발전소보다는 소용량 발전소에서 효율이 높고, 태양전지 모듈 1장으로도 태양광발전을 할 수 있다.
⑤ 고장 난 인버터는 쉽게 교체 가능하며, 시스템 확장이 쉽다.

18.4.11 / 19.2.14

14 인버터의 교류 출력을 저압계통으로 접속할 때 사용하는 차단기를 수납하는 것은?

① 접속함　　　② 분전반
③ 송수전반　　④ 적산전력량계

해설 분전반

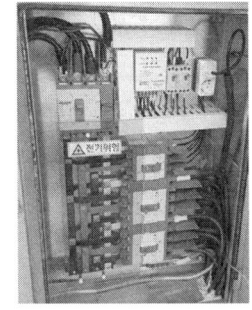

태양광발전소 (100[kW]용) 분전반

① 분전반은 전력간선의 일부 설비로 내부에 과전류를 차단하기 위한 배선용 차단기(MCCB, Molded Circuit Breaker)가 수납되며 용도에 따라서는 전류계, 전압계 등 계기류를 설치하기도 한다.
② 계통연계형의 경우 인버터의 교류 출력을 기존 계통에 접속하는데 이 경우 분전반 내에 전용차단기를 지정하여 접속한다.

16.2.17 / 16.2.68 / 16.4.16 / 18.1.16 / 18.1.71 / 18.2.6 / 19.2.15 / 19.4.19 / 20.1.75 / 20.3.3 / 20.1.11 / 21.1.13 / 21.2.6

15 연료전지 구성요소 중 개질기에 대한 설명으로 옳은 것은?

① 연료전지에서 나오는 직류를 교류로 변환시키는 장치
② 전해질이 함유된 전해질 판, 연료극, 공기극으로 구성된 장치
③ 수소가 함유된 일반연료(천연가스, 메탄올, 석탄 등)로부터 수소를 발생시키는 장치
④ 원하는 전기출력을 얻기 위해 단위전지 수십에서 수백장을 직렬로 쌓아 올린 본체

해설 연료전지 발전시스템 구성도

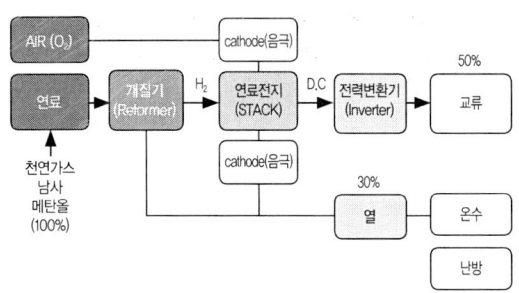

1) 개질기(Fuel Reformer)
화학적으로 수소를 함유하는 일반 연료(LPG, LNG, 메탄, 석탄가스 메탄올 등)로부터 연료전지가 필요로 하는 수소를 많이 포함하는 가스로 변환하는 제어장치

2) 스택(Stack)

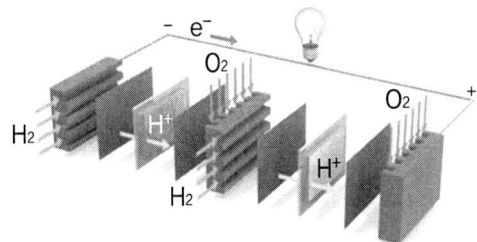

① 연료 개질 장치에서 들어오는 수소와 공기 중의 산소로 직류 전기와 물 및 부산물인 열을 발생시킨다.
② 원하는 전기출력을 얻기 위해 단위전지를 수십장, 수백장 직렬로 쌓아 올린 본체.

3) 전력변환기(Inverter)
연료전지에서 나오는 직류 전원(DC)을 교류 전원(AC)로 변환시키는 장치

4) 주변보조기(BOP: Balance of Plant)
연료, 공기, 열회수 등을 위한 펌프류, Blower, 센서 등

15.4.16 / 16.4.11 / 18.1.17 / 18.4.18 / 19.2.8 / 19.2.16 / 19.4.2 / 20.1.5 / 20.4.14 / 20.4.20

16 점전하를 정전계와 반대방향으로 1m 이동시키는데 360 J의 에너지가 소모되었다. 두 점 사이의 전위차가 60 V라면 점전하의 전하량(C)은?

① 2　　② 4
③ 6　　④ 8

[해설] 전하량(Q)

$$Q = \frac{W}{V} = \frac{360}{60} = 6 \ [C]$$

15.2.15 / 17.2.12 / 19.1.15 / 19.2.17 / 19.4.20 / 20.3.12 / 21.1.17 / 21.4.4

17 풍력발전시스템에서 한계 풍속 이상이 되었을 때 양력이 회전날개에 작용하지 못하도록 하는 날개의 공기역학적 형상에 의한 제어 방식은?

① 요제어(yaw control)
② 피치제어(pitch control)
③ 스톨제어(stall control)
④ 브레이크제어(brake control)

[해설] 풍력발전시스템의 운전제어방법

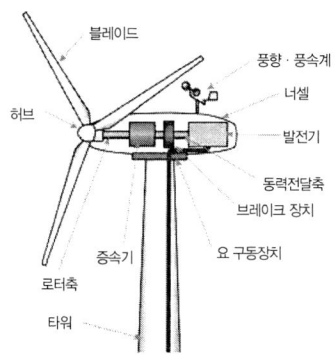

풍력발전기의 구성

1) 요(Yaw)제어
① 풍력발전기가 최대의 효율을 발휘하기 위해서는 날개의 회전면과 바람이 직각이 되도록 하여야 한다. 이를 위해서는 바람의 방향에 따라서 블레이드의 회전면을 추종하여 제어하는 기술이 필요한데 이것을 요제어라고 한다.
② 요(Yaw)제어는 풍향계와 구동기어 및 구동모터로 구성되어 있다. 너셀 외부에 설치된 풍향계가 바람의 방향을 검출하고 바람의 방향이 바뀌게 되면 구동모터가 작동하여 바람이 부는 방향으로 너셀을 움직여 날개의 회전면이 바람 방향과 직각이 되도록 한다.

2) 피치(Pitch)제어
① 풍속 및 발전기 출력을 검지하여 블레이드의 피치각을 변화시켜 출력을 제어한다.
② 회전체 블레이드의 피차각을 길이방향 주위에서 변화시켜, 회전체의 출력이 정격출력에 도달한 후 일

정하게 유지되도록 공기 역학적 힘을 제어한다.
③ 컴퓨터에 의한 유압계통에 의해 작동되며, 전동기에 의해 전기적으로 블레이드의 피치각을 제어한다.
④ 낮은 풍속에서도 블레이드를 최적각도로 일정하게 유지할 수 있어, 낮은 풍속지역에서 실속제어 풍차보다 좋은 출력을 얻는다.

3) 실속(Stall)제어
① 피치각을 고정하고 풍속이 일정 이상이 되면 블레이드의 형상이 유체역학적 특성에 의해 실속현상이 일어나서 출력저하가 되는 것을 이용하여 출력을 제어하는 것[실속현상 : 날개 주위의 공기흐름이 무질서 상태가 되면서(난류) 양력(상승하려는 힘)을 급격히 상실하는 현상]
② 블레이드의 과회전에 블레이드의 선단부가 원심력의 작용에 의해서 회전하는 공력 브레이크를 구비하는 것이 많이 사용된다.
③ 피치제어에 비하여 구조가 단순하고 가격이 낮다.

4) 능동적(Active) 실속제어
① 피치제어와 실속제어를 조합한 것이다.
② 낮은 풍속에서도 블레이드는 피치제어 풍차와 같이 큰 회전력을 얻어 높은 효율을 이루기 위해 피치각을 제어한다.
③ 풍차가 정격용량에 도달하였을 때, 피치제어 풍차보다 반대방향으로 블레이드의 피치각을 변화시키도록 제어한다.
④ 피치제어 풍차와 같이 풍차출력을 원활하게 제한 가능하다.

13.4.12 / 16.2.19 / 16.4.2 / 17.2.15 / 19.2.18 / 19.4.16 / 21.2.15 / 21.4.20

18 PN 접합 다이오드에 공핍층이 생기는 경우는?

① (-) 전압만 인가할 때 생긴다.
② 전압을 가하지 않을 때 생긴다.
③ 전자와 정공의 확산에 의해 생긴다.
④ 다수 전송파가 많이 모여 있는 순간에 생긴다.

해설 공핍 영역(Depletion region)

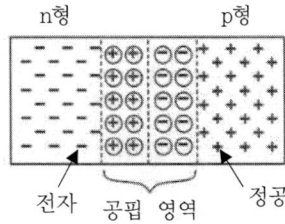

① N형반도체 다수의 반송자는 전자이고 소수의 반송자는 정공이 되어 (-)전기를 띠고 P형반도체에서는 정공이 전자수보다 많아 (+)전기를 띤다.
② N형 영역의 자유전자는 불규칙적으로 움직여 PN 접합이 형성되는 순간 N형 영역의 접합 근처에 있던 일부의 자유전자는 접합을 넘어 P형 영역으로 확산(Diffusion)되고 이들 전자는 접합 근처의 정공과 결합한다.
③ PN 접합이 형성되기 전의 N형 물질에는 양자와 같은 수의 많은 전자가 존재해 물질의 극성은 중성상태이며, P형 물질도 동일하게 적용되나 접합이 형성되는 과정에서 N형 영역의 전자들이 접합을 넘어 확산되면서 N형 영역은 자유전자들을 잃게 되어 P영역 접합 부근에 음전하층이 형성되는 공핍층이 만들어진다.
④ 최초 PN접합에서 접합면을 통해 자유전자가 움직이면 공핍영역은 평형상태가 될 때까지 확산되며 평형 상태에서는 더 이상 전자가 이동하지 않아, 공핍층은 전자의 이동을 막는 장벽 역할을 하게 된다.

19.2.19

19 연료전지의 특징으로 틀린 것은?

① 천연가스, 메탄올, 석탄가스 등 다양한 연료사용이 가능하다.
② 저렴한 재료 사용으로 경제성 및 효율성이 뛰어나다.
③ 발전 효율이 40~60%이며, 열병합 발전 시 80% 이상의 효율이 가능하다.
④ 도심 부근에 설치가 가능하여 송·배전 시의 설비 및 전력 손실이 적다.

해설 연료전지의 특징
1) 장점
① 도심 한가운데에서도 발전할 수 있어, 송배전 효율이 높다.
② 부산물로 물만 얻어지므로 친환경적이며, 전기효율 40~60% 이상(가동률 95% 이상)
③ 열병합발전 또는 냉난방열원 이용 가능하다.
④ 천연가스, 수소, 바이오가스, 매립지가스, 석탄가스 등 다양한 연료 사용이 가능하다.
⑤ 휴대용 전원, 발전용 전원, 우주선 전원, 연료 전지 자동차 등에 이용된다.

2) 단점
① 수소의 대량생산, 저장, 운송 등이 원활하지 못하다.
② 연료전지의 수명과 신뢰성을 높이는 기술연구가 필요하다.
③ 가격 경쟁력이 떨어진다.

20 태양광발전 모듈로부터 발생한 직류 전력을 교류 전력으로 바꾸어 주는 역할을 하는 것은?

① 퓨즈
② 축전지
③ 태양광발전 어레이
④ 태양광발전용 인버터

해설 인버터의 역할

태양 전지의 모듈로부터 직류 전원을 공급받아 정전압, 정주파수의 안정된 교류전원을 공급하는 장치로서 전력계통선과 병렬로 운전하며, 기동정지, 최대출력점 추적제어(MPPT), 각종 보호회로, 단독운전방지 등의 기능이 있어야 한다.

21 태양광발전시스템의 점검기록표에 작성하는 내용으로 틀린 것은?

① 태양광발전 전지의 판매가격
② 태양광발전 전지의 최대동작전압
③ 태양광발전용 전력변환장치의 정격용량
④ 태양광발전용 전력변환장치의 입력전압범위

해설 태양광발전설비 점검기록표

22 인버터 선정 시 검토사항으로 틀린 것은?

① 소음 발생이 적을 것
② 고조파의 발생이 적을 것
③ 기동·정지가 안정적일 것
④ 야간의 대기전압 손실이 클 것

해설 인버터 선정시 검토사항
① 소음 발생이 적을 것
② 고조파의 발생이 적을 것
③ 노이즈의 발생이 적을 것
④ 기동·정지가 안정적일 것
⑤ 야간의 대기전압 손실이 적을 것
⑥ 공급 안정성에서 직류분이 적을 것

23 전력계통에서 3권선 변압기(Y-Y-△)를 사용하는 주된 이유는?

① 노이즈 제거   ② 전력손실 감소
③ 제3고조파 제거   ④ 2가지 용량 사용

해설 3권선 변압기(Y-Y-△) 용도
① 주된 이유는 제3고조파를 권선 내에서 순환(환류)시키기 위해 △결선을 가지고 있다.
② 1,2차 권선에 3차 권선을 설치한 변압기로 권수비에 따라 1조의 변압기로 2종류의 전압 2종류의 용량을 얻을 수 있다.
③ 2차 권선에 유도성 부하가 있는 경우 3차 권선에 진상용 콘덴서를 설치하면 1차회로의 역률을 개선할 수 있다.

24 태양광발전에 쓰이는 케이블의 단말 처리를 할 때 사용하는 절연테이프의 종류가 아닌 것은?

① 보호 테이프
② 비닐 절연 테이프
③ 고무 절연 테이프
④ 자기융착 절연 테이프

[해설] **자기융착 절연테이프**

① 시공 시 테이프 폭이 3/4에서 2/3정도로 중첩해 감아놓으면 시간이 지남에 따라 융착하여 일체화 된다.
② 부틸고무제와 폴리에틸렌 부틸고무가 합성된 제품 이 있지만 저압의 경우 부틸고무 제는 일반적으로 사용하지 않는다.

15.4.37 / 19.2.25 / 21.1.26

25 지붕형 태양광발전 어레이 기초공사에 포함되는 것은?

① 방수공사
② 접지공사
③ 구조물공사
④ 모듈 설치공사

[해설] **지붕형 태양광발전시스템 어레이 기초공사**
① 구조물의 기초를 설치하기 위해서 지붕의 방수기능에 대한 손상이 우려될 때는 방수공사 기능을 가진 사람이 작업을 실시하며, 방수기능이 확인된 공법을 사용하는 등의 방법으로 확실하게 방수처리를 해야 한다.
② 기존건물의 옥상이나 개인주택의 평지붕 옥상에 설치하는 기초 및 어레이는 자중에 더하여 풍압·적설의 최대하중에도 건물의 강도가 충분한가를 검토한 후 설계를 한다.
③ 신축건물의 경우 태양전지 어레이의 기초부까지 방수를 포함하여 건축업자에게 시공하도록 하면 건물 철근과 직결한 강도 높은 앵커볼트를 사용할 수 있으며 방수도 완전하게 된다.

13.4.26 / 15.4.28 / 16.4.38 / 17.1.51 / 17.2.22 / 17.2.54 / 17.4.23 / 17.4.53 / 18.1.21 / 18.1.47 / 18.2.46 / 18.2.53 / 18.4.23 / 19.1.60 / 19.2.26 / 19.2.42 / 19.4.27 / 19.4.49 / 20.1.52 / 20.3.23 / 20.3.41 / 20.4.24 / 21.1.38 / 21.4.42 / 21.4.48

26 태양광발전시스템 시공시 추락방지 및 감전 방지대책이 아닌 것은?

① 저압 절연장갑을 사용한다.
② 절연 처리된 공구를 사용한다.
③ 강우 시 미끄러짐에 유의하여 작업을 한다.
④ 안전모, 안전대, 안전화, 안전 허리띠 등을 반드시 착용한다.

[해설] **안전 대책**
1) 추락 방지대책
① 높은 곳 작업 시 안전 난간대 설치
② 안전모, 안전화, 안전벨트 착용
③ 알루미늄 사다리 적합품 사용, 2인1조 작업

2) 감전 방지대책
① 전선피복 상태 관리
② 절연 장갑을 착용한다.
③ 절연 처리된 공구를 사용한다.
④ 태양전지 모듈 및 인버터 전원 개방
⑤ 작업 전 태양전지 모듈 표면에 차광막을 씌워 태양광을 차폐한다.
⑥ 강우시에는 감전사고와 미끄러짐으로 인한 추락사고로 이어질 우려가 있으므로 작업을 금지한다.

13.4.28 / 15.2.24 / 15.4.40 / 17.1.29 / 17.4.33 / 18.1.26 / 18.1.37 / 18.2.29 / 18.4.2 / 19.2.27 / 19.4.32 / 21.4.28 / 21.4.33

27 태양광발전 전지에서 인버터까지의 직류전로 (어레이 주회로) 접지에 대하여 옳은 것은?

① TN 접지공사
② TT 접지공사
③ IT 접지공사
④ 원칙적으로 접지공사를 하지 않는다.

[해설] 태양전지에서 인버터까지의 직류전로에는 일반적으로 접지를 하지 않는다.

16.4.33 / 17.1.36 / 19.2.28 / 20.3.33

28 송전방식 중 교류방식의 장점이 아닌 것은?

① 송전효율이 좋다.
② 회전자계를 쉽게 얻을 수 있다.
③ 전압의 승압, 강압 변경이 용이하다.
④ 교류방식으로 일관된 운용을 기할 수 있다.

[해설] **송전방식**

정답 24. ③ 25. ① 26. ③ 27. ④

1) 교류 방식
① 변압기를 이용하여 전압의 승압·강하가 쉽다.
② 교류기는 회전자계를 쉽게 얻을 수 있다.
③ 대부분이 교류 송전 방식이므로 운용상의 일관성을 갖는다.

2) 직류 방식
① 교류보다 $\sqrt{2}$ 배 낮은 전압으로 송전이 가능하므로 절연이 쉽다.
② 리액턴스에 의한 전압강하가 없으므로 장거리 송전에 적합하다.
③ 안정도가 좋다.

16.2.24 / 19.2.29 / 21.4.31

29 태양광발전 모듈의 시공기준에 대한 설명으로 틀린 것은?

① 전선, 피뢰침, 안테나 등의 경미한 음영도 장애물로 본다.
② 모듈 설치 열이 2열 이상일 경우 앞열은 뒷열에 음영지지 않도록 설치하여야 한다.
③ 일조시간은 장애물로 인한 음영에도 불구하고 1일 5시간(춘계(3~5월), 추계(9~11월) 기준) 이상이어야 한다.
④ 모듈의 설치용량은 사업계획서상의 모듈 설계용량과 동일하여야 하나 동일하게 설치할 수 없는 경우에 한하여 설계용량의 110% 이내까지 가능하다.

해설 음영발생 원인
① 주변에 높은 산, 나무, 수목, 전주, 건물 등의 음영 (주변 지형지물은 최대 높이의 약 세 배 길이만큼 음영에 영향을 준다)
② 태양광모듈 설치 열이 2열 이상일 경우 앞열의 영향으로 뒷열에 음영
③ 구름, 눈, 새의 분비물, 꽃가루, 먼지 등으로 인한 음영
④ 다만, 전기선, 피뢰침, 안테나 등 경미한 음영은 장애물로 보지 아니한다.

16.2.27 / 17.1.16 / 17.1.71 / 18.4.60 / 19.2.30 / 19.4.69 / 20.3.69 / 21.2.68 / 21.4.15 / 21.4.60

30 피뢰기의 정격전압이란?

① 충격파의 방전 개시 전압
② 상용주파수의 방전 개시 전압
③ 속류가 차단되는 최고의 교류전압
④ 충격 방전전류가 통하고 있을 때의 단자 전압

해설 피뢰기(Lightning Arrester)

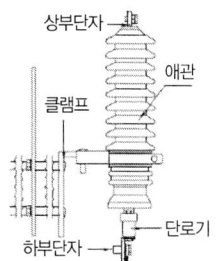

① 전선로에 규정 전압보다 몇 배 높은 이상 전압으로 인해 피뢰기의 단자 전압이 어느 일정 값 이상이 되면 방전되어, 전압 상승을 억제하고 기기를 보호하며, 이상 전압이 없어지면 방전이 정지되어 정상 송전 상태가 된다.
② 피뢰기의 정격전압은 피뢰기에서 속류를 차단할 수 있는 최고의 상용주파수의 교류전압을 말하며 실효값으로 나타낸다.

15.2.27 / 17.1.37 / 18.4.10 / 18.4.13 / 19.2.31 / 21.2.7

31 태양광발전시스템 시공기준 중 인버터에 관한 설명으로 옳은 것은?

① 인버터의 출력단 표시사항은 전압, 전류만 표시한다.
② 옥내용을 옥외에 설치하는 경우에는 10kW 이상이어야 한다.
③ 각 직렬군의 태양광발전 전지 최대전압은 입력전압 범위 안에 있어야 한다.
④ 인버터에 연결된 모듈의 설치용량은 인버터 설치용량의 105% 이내이어야 한다.

해설 인버터 설치용량과 표시사항
① 입력단(모듈출력)의 전압, 전류, 전력과 출력단(인버터출력)의 전압, 전류, 전력, 주파수, 누적발전량, 최대출력량(peak)이 표시되어야 한다.
② 인버터의 설치용량은 사업계획서 상의 인버터 설계용량 이상이어야 하고, 인버터에 연결된 모듈의 설치용량은 인버터 설치용량의 105[%] 이내이어야 한다. 다만, 각 직렬군의 태양전지 개방전압은 인버터 입력전압 범위 안에 있어야 한다.
③ 인버터는 옥내·옥외용을 구분하여 설치하여야한다. 단, 옥내용을 옥외에 설치하는 경우는 5[kW]이상 용량일 경우에만 가능하며 이 경우 빗물 침투를 방지할 수 있도록 옥내에 준하는 수준으로 외함 등을 설치하여야 한다.

13.4.40 / 15.2.29 / 15.2.55 / 17.4.37 / 18.2.27 / 18.4.26 / 18.4.57 / 19.1.32 / 19.2.32 / 19.2.43 / 20.1.22 / 20.4.32 / 21.1.35 / 21.4.46

32 사용전검사 실시 전 준비사항으로 틀린 것은?
① 전기안전관리자의 입회
② 시공관리책임자의 입회
③ 시험성적서 등 해당 검사에 필요한 서류 준비
④ 감리원의 기성검사원에 대한 사전검토 의견서

해설 사용전검사
사용전 검사를 받으려는 자는 사용전검사 신청서에 다음의 서류를 첨부하여 검사를 받으려는 날의 7일 전까지 한국전기안전공사에 제출하여야 한다.
① 공사계획인가서 또는 신고수리시 사본(저압지기용 전기설비의 경우는 제외한다)
② 설계도서 및 감리원 배치확인서(저압자가용전기설비의 설치공사인 경우만을 말하며, 저압자가용전기설비의 증설공사 및 변경공사의 경우는 제외한다)
③ 자체감리를 확인할 수 있는 서류(전기안전관리자가 자체감리를 하는 경우만 해당한다)
④ 전기안전관리자 선임신고증명서 사본

33 KEC 한국전기설비규정의 변경으로 삭제됨

14.4.22 / 17.1.21 / 19.2.34
34 설계감리원이 필요한 경우 비치하여야 할 문서가 아닌 것은?
① 준공 검사부
② 근무 상황부
③ 설계감리기록부
④ 설계감리지시부

해설 설계감리원이 비치하여야 할 문서
① 근무상황부
② 설계감리일지
③ 설계감리지시부
④ 설계감리기록부
⑤ 설계감리 협의사항기록부
⑥ 설계감리 추진현황
⑦ 설계감리 검토의견 및 조치 결과서
⑧ 설계감리 주요검토결과
⑨ 설계도서 검토의견서
⑩ 설계도서(내역서 수량산출 및 도면 등)를 검토한 근거서류
⑪ 해당용역관련 수발신 공문서 및 서류
⑫ 그밖에 발주자가 요구하는 서류

17.2.24 / 19.2.35
35 감리원은 공사업자로부터 월간, 주간 상세공정표를 어느 시기에 제출받아 검토·확인하여야 하는가?
① 월간 상세공정표 : 작업 착수 3일 전 제출
  주간 상세공정표 : 작업 착수 3일 전 제출
② 월간 상세공정표 : 작업 착수 7일 전 제출
  주간 상세공정표 : 작업 착수 4일 전 제출
③ 월간 상세공정표 : 작업 착수 15일 전 제출
  주간 상세공정표 : 작업 착수 7일 전 제출
④ 월간 상세공정표 : 작업 착수 20일 전 제출
  주간 상세공정표 : 작업 착수 15일 전 제출

정답 31. ④ 32. ④ 33. 34. ①

해설 **공사 진도 관리**

1) 감리원은 공사업자로부터 전체 실시공정표에 따른 월간, 주간 상세공정표를 사전에 제출받아 검토·확인하여야 한다.
   ① 월간 상세공정표 : 작업 착수 7일전 제출
   ② 주간 상세공정표 : 작업 착수 4일전 제출

2) 감리원은 매주 또는 매월 정기적으로 공사 진도를 확인하여 예정공정과 실시공정을 비교하여 공사의 부진 여부를 검토한다.

3) 감리원은 현장여건, 기상조건, 지장물 이설 등에 따른 관련 기관 협의사항이 정상적으로 추진되는지를 검토·확인하여야 한다.

4) 감리원은 공정진척도 현황을 최근 1주일 전의 자료가 유지될 수 있도록 관리하고 공정지연을 방지하기 위하여 주 공정 중심의 일정관리가 될 수 있도록 공사업자를 감리하여야 한다.

5) 감리원은 주간 단위의 공정계획 및 실적을 공사업자로부터 제출받아 검토·확인하고, 필요한 경우에는 공사업자의 시공관리책임자를 포함한 관계 직원 합동으로 금주작업에 대한 실적을 분석·평가하고, 공사추진에 지장을 초래하는 문제점, 잘못 시공된 부분의 지적 및 재시공 등의 지시와 재발방지대책, 공정진도의 평가, 그밖에 공사추진 상 필요한 내용의 협의를 위한 주간 또는 월간 공사 추진회의를 개최하고 그 회의록을 관리하여야 한다.

16.2.34 / 19.2.36

36 기초의 형식 결정을 위한 고려사항 중 지반조건으로 틀린 것은?

① 지반종류
② 지하수위
③ 지반의 균일성
④ 지반의 대지저항률

해설 **기초공의 개론**

1) 기초의 요구조건
   ① 구조적 안정성 확보 : 설계하중에 대한 안정성 확보
   ② 허용 침하량 이내 : 구조물의 허용 침하량 이내의 침하
   ③ 최소의 깊이 유지 : 환경변화, 국부적 지반 세굴 등에 대한 저항
   ④ 시공 가능성 : 현장여건을 고려한 시공 가능성

2) 기초의 형식 결정을 위한 고려사항
   ① 지반 조건 : 지반 종류, 지하수위, 지반의 균일성, 암반의 깊이
   ② 상부 구조물의 특성 : 허용 침하량, 구조물의 중요도, 특이 요구조건
   ③ 상부 구조물의 하중 : 기초의 설계하중
   ④ 기초 형식에 따른 경제성 검토

13.4.32 / 16.2.21 / 19.2.37

37 역률을 개선하였을 경우 그 효과로 틀린 것은?

① 전력손실의 감소
② 전압강하의 감소
③ 설비용량의 여유분 증가
④ 설비용량의 무효분 증가

해설 **역률개선효과**
① 전력손실의 감소(변압기, 배전선로)
② 설비용량의 효율적 운용
③ 전압강하의 감소
④ 각종 기기의 수명연장
⑤ 전력계통의 안정
⑥ 전기요금 절약

13.4.21 / 15.2.26 / 17.4.40 / 19.1.30 / 19.2.38 / 20.4.31 / 21.1.25

38 설계업자로부터 설계감리원이 착수신고서를 제출받고 적정성 여부를 검토할 서류는?

① 검사 요청서   ② 예정공정표
③ 착수신고서   ④ 상세공정표

해설 **착공신고서 검토 및 보고**
감리원은 공사가 시작된 경우에는 공사업자로부터 다음의 서류가 포함된 착공신고서를 제출받아 적정성 여부를 검토하여 7일 이내에 발주자에게 보고하여야 한다.
① 시공관리책임자 지정통지서(현장관리조직, 안전관

리자)
② 공사 예정공정표
③ 품질관리계획서
④ 공사도급 계약서 사본 및 산출내역서
⑤ 공사 시작 전 사진
⑥ 현장기술자 경력사항 확인서 및 자격증 사본
⑦ 안전관리계획서
⑧ 작업인원 및 장비투입 계획서
⑨ 그밖에 발주자가 지정한 사항

② 공사시행 단계 감리업무
감리업무일지는 감리원별 분담업무에 따라 항목별(품질관리, 시공관리, 안전관리, 공정관리, 행정 및 민원 등)로 수행업무의 내용을 육하원칙에 따라 기록하며 공사업자가 작성한 공사일지를 매일 제출받아 확인한 후 보관한다.

19.2.39
39 태양광발전시스템 공사가 설계도서 및 관계규정 등에 적합하게 시공되는지 여부를 확인하는 감리업무는?

① 품질관리 ② 시공관리
③ 안전관리 ④ 공정관리

해설 **시공관리 관련 감리업무**
감리원은 공사가 설계도서 및 관계 규정 등에 적합하게 시공되는지 여부를 확인하고 공사업자가 작성 제출한 시공계획서, 시공상세도의 검토·확인 및 시공단계별 검사, 현장설계변경 여건처리 등의 시공관리업무를 통하여 공사목적물이 소정의 공기 내에 우수한 품질로 완공되도록 철저를 기하여야 한다.

13.4.27 / 15.4.29 / 16.2.33 / 17.2.29 / 18.1.33 / 19.2.40 / 21.4.34
40 감리원의 공사시행 단계에서 감리업무가 아닌 것은?

① 인허가 관련업무
② 품질관리 관련업무
③ 공정관리 관련업무
④ 환경관리 관련업무

해설 **공사 단계별 감리업무**
① 공사착공 단계 감리업무
감리원은 시공과 관련하여 공사업자에게 각종 인·허가사항을 포함한 제반법규 등을 준수하도록 지도·감독하여야 하며, 발주자가 받아야 하는 인·허가 사항은 발주자에게 협조·요청하여야 한다.

16.2.59 / 19.2.41
41 송전설비의 배전반에서 주회로의 인입부분 및 인출부분에 대한 일상점검의 내용이 아닌 것은?

① 부싱부분에서 접지 및 절연저항 값을 측정하고 점검한다.
② 볼트 종류의 이완상태에 따른 진동음 발생 여부를 점검한다.
③ 케이블의 접속부분에서 과열현상에 의한 이상한 냄새의 발생 여부를 점검한다.
④ 케이블의 관통부분에서 곤충이나 벌레 등의 침입 가능성이 있는지 점검한다.

해설 **주회로 인입·인출부(일상점검)**
1) 폐쇄 모선의 접속부
① 이상 소리음 : 볼트 풀림 등에 의한 진동

2) 부싱
① 손상 : Corona 방전에 의한 이상음 점검, 균열, 파손 등

3) 케이블 단말부 및 접속부, 관통부 등
① 이상 소리음 : 볼트 풀림 등에 의한 진동
② 이상 냄새 : Corona 방전에 의한 과열 냄새
③ 손상 : 배선, 케이블 막이 판의 탈락 및 간격
④ 쥐, 곤충, 설치류 등의 침입 : 곤충 및 설치류 등의 침입 흔적

13.4.26 / 15.4.28 / 16.4.38 / 17.1.51 / 17.2.22 / 17.2.54 / 17.4.23 / 17.4.53 / 18.1.21 / 18.1.47 / 18.2.46 / 18.2.53 / 18.4.23 / 19.1.60 / 19.2.26 / 19.2.42 / 19.4.27 / 19.4.49 / 20.1.52 / 20.3.23 / 20.3.41 / 20.4.24 / 21.1.38 / 21.4.42 / 21.4.48
42 정전 작업 시 정전절차에 대한 국제사회안전협회(ISSA)의 5대 안전수칙이 아닌 것은?

① 단락접지 ② 보호장구의 착용
③ 전원투입의 방지 ④ 작업 전 전원차단

정답 38. ② 39. ② 40. ① 41. ①

해설 국제사회안전협회(ISSA)의 정전작업 시 5대 안전수칙

(1) 정전 작업의 필요성
전기설비에 의한 불꽃으로 가연성 물질의 점화원이 되거나 작업하는 작업자가 감전 위험이 있다고 판단될 때에는 정전작업을 결정한다.

(2) 정전작업시의 안전수칙
정전작업절차는 국제사회안전협회(ISSA)의 5대 안전수칙을 준수하여야 한다.

1) 작업 전 전원차단
① 작업대상 전원의 모든 극을 차단해야 한다.
② 고전력 차단기 차단 시 적절한 보호구를 착용한다.
③ 충전요소가 있는 경우에는 잔류전하를 방전시킨다.

2) 전원 투입 방지

MCCB 시건장치

표찰 꼬리표

① 담당자 외 다른 사람의 전원투입을 방지해야 한다.
② 자물쇠로 시건(Lock Out) 또는 표찰(Tag Out)을 부착하세요.
③ 표찰에는 경고 문구와 차단대상, 책임자 성명 등을 반드시 기입한다.

3) 작업장소의 무전압 여부 확인
① 작업장소의 전원이 차단되었는지 확인한다.
② 검전기, 측정장치, 신호 램프 등과 같은 장비를 사용한다.

4) 단락접지
① 작업을 수행하는 부분을 먼저 접지하고 작업장소 단락 접지 한다.
② 접지 및 단락접지 부위를 쉽게 확인 가능하도록 접지한다.

5) 작업장소의 보호
① 감시인배치
② 안전휀스 설치

13.4.40 / 15.2.29 / 15.2.55 / 17.4.37 / 18.2.27 / 18.4.26 / 18.4.57 / 19.1.32 / 19.2.32 / 19.2.43 / 20.1.22 / 20.4.32 / 21.1.35 / 21.4.46

43 태양광발전시스템 운전 중 설비의 안정성 확보를 위하여 전기사업법에 따라 정기검사를 신청한다. 이때 검사를 하는 기관으로 옳은 것은?

① 한국전력공사
② 한국전기안전공사
③ 한국에너지관리공단
④ 한국전기기술인협회

해설 사용전검사

① 각종 발전설비, 송·변전·배전설비 및 가로등, 신호등, 보안등, 공장, 상가 등 대형건물의 설치공사 또는 변경공사를 완료하고, 그 전기설비가 공사계획의 인가 또는 신고를 한 내용 및 전기설비기술기준에 적합한 지의 여부에 대한 검사를 산업통상자원부장관 또는 시·도지사로부터 위탁받아 한국전기안전공사에서 수행한다.
② 태양광 발전소에 관한 공사의 경우에는 전체의 공사가 완료된 때 검사를 실시한다.
③ 사용전검사를 받으려는 자는, 검사를 받으려는 날의 7일전까지 한국전기안전공사에 사용전검사 신청서를 제출하여야 한다.

17.1.58 / 17.4.50 / 17.4.56 / 18.2.41 / 19.1.44 / 19.2.44 / 20.3.59 / 21.2.42 / 21.4.52

44 태양광발전시스템용 배전반의 무정전 문제 진단을 위한 일상점검 시 작업요령으로 틀린 것은?

① 이상한 냄새 유무를 맡아 본다.
② 과열로 인한 변색 유무를 관찰한다.
③ 보호계전기 Alarm 이력을 확인한다.
④ LBS 접촉부 볼트 조임이 느슨한지 조여 본다.

해설 일상(순시)점검

배전반의 기능을 유지하기 위한 일상점검을 말하며 아래의 서술된 요령으로 실시한다.

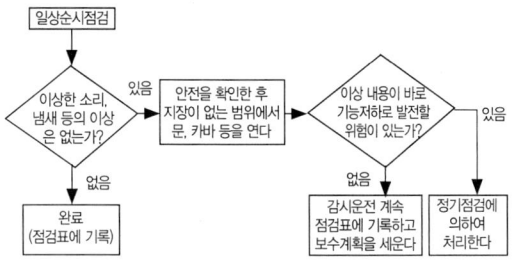

① 매일의 일상순시점검은 문을 열어 점검한다던가, 커버를 해체한 후 점검한다던가 하는 것이 아니고 이상한 소리, 냄새, 손상 등을 배전반 외부에서 점검 항목의 대상항목에 따라 점검하는 것
② 이상상태를 발견한 경우에는 배전반의 문을 열고 이상의 정도를 확인한다.
③ 이상의 상태가 직접 운전을 하지 못할 정도로 전개되는 경우를 제외하고는 이상상태의 내용을 기록하여 정기점검시에 운영한다.

※ 정기점검
배전반의 기능을 확인하고 유지하기 위한 계획을 수립하여 점검하는 것
① 원칙적으로 정전을 시키고 무전압 상태에서 기기의 이상상태를 점검하고 필요에 따라서는 기기를 분해해서 점검을 실시한다.
② 모선을 정전하지 않고 점검을 하여야 할 경우에는 안전사고가 일어나지 않도록 주의하여야 한다.

16.4.45 / 17.2.57 / 17.4.54 / 19.2.45 / 19.4.53 / 20.3.45

45 태양광발전시스템의 유지보수를 위한 점검계획 시 고려해야 할 사항이 아닌 것은?

① 설비의 사용 기간
② 설비의 상호 배치
③ 설비의 주위 환경
④ 설비의 고장 이력

해설 태양광발전시스템 유지보수를 위한 점검계획시 고려사항

① 설비의 사용시간
   오래된 설비의 고장 확률이 높기 때문에 점검 주기를 단축하여 실시한다.
② 설비 중요도
   설비의 중요도에 따라 점검 주기를 적정하게 선택하고 실시한다.
③ 설비의 주위환경
   설비의 설치장소(옥내·외)와 환경(분진, 습기 등)에 따라 보수 및 점검하는 주기를 계획한다.
④ 설비의 고장 점검 및 고장이력
   설비에 고장이 발생할 시에는 즉시 문제를 해결하며, 문제의 재발 방지를 위해 고장 이력서의 작성 및 반영한다.
⑤ 설비의 부하 점검
   태양광발전시스템 설비의 부하가 증가한 경우 부하 점검 주기를 단축해야 한다.

14.4.45 / 15.4.54 / 16.4.56 / 17.1.55 / 17.4.57 / 18.1.52 / 19.1.41 / 19.2.46 / 19.4.56 / 20.3.55

46 태양광발전 모듈의 고장원인으로 적당하지 않은 것은?

① 습기 및 수분침투에 의한 내부회로의 단락
② 기계적 스트레스에 의한 태양전지 셀의 파손
③ 염해, 부식성 가스 등 주변 환경에 의한 부식
④ 경년 열화에 의한 태양전지 셀 및 리본의 노화

해설 모듈의 고장원인

① 제조결함(백화현상, 적화현상, 황색 변이, 핫스팟, 백시트 에어 버블링 등)
② 시공불량(모듈 시공시 외부 충격의 영향, 구조물의 불균형 시공으로 인한 프레임 변형 등)
③ 전기적(전압, 전류), 기계적(열응력, 충격) 스트레스에 의한 태양전지 셀의 파손
④ 염해, 부식성 가스 등 주변 환경에 의한 부식
⑤ 경년 열화에 의한 태양전지 셀 및 리본의 노화

17.2.58 / 19.1.57 / 19.1.58 / 19.2.47 / 19.4.58 / 20.1.46 / 20.1.47 / 20.4.48 / 20.4.59 / 21.2.49

47 절연 고무장갑의 종류 및 사용전압에 대한 내용으로 틀린 것은?

① A종 : 300V를 초과하고 교류 600V 또는 직류 700V 이하의 작업에 사용
② B종 : 600V 또는 직류 750V를 초과하고 3500V 이하의 작업에 사용
③ C종 : 3500V를 초과하고 7000V 이하의 작업에 사용
④ D종 : 7000V 초과의 작업에 사용

해설

전기용 절연고무장갑

1) 절연고무장갑의 사용범위
① 활선상태의 배전용 지지물에 누설전류의 발생 우려가 있을 때
② 충전부의 접속, 절단 및 점검, 보수 등의 작업시
③ 습기가 많은 장소에서 개폐기 개방, 투입 등의 작업시
④ 정전 작업시 역 송전이 우려되는 선로나 기기에 단락접지를 하는 경우
⑤ 도체에 임시로 보호접지를 실시하거나 이동시 또는 활선공구 사용시
⑥ 기타 감전이 우려되는 경우

2) 절연 고무장갑의 종류

종별	사용 전압
A종	300[V]를 초과하고 교류 600[V] 또는 직류 750[V] 이하의 작업에 사용
B종	600[V]를 또는 직류 750[V]를 초과하고 3,500[V] 이하의 작업에 사용
C종	3,500[V]를 초과하고 7,000[V] 이하의 작업에 사용

19.2.48 / 21.1.52

48 태양광 발전용 파워컨디셔너의 효율 측정방법 관련 기준은?

① KS C 8533
② KS C 8683
③ KS C 8541
④ KS C 61683

해설 KS C 8533, 태양광 발전용 파워컨디셔너의 효율 측정방법
KS C 8541, 리튬2차전지 통칙
KS C 61683, 태양광발전시스템—파워조절기—효율측정절차

14.4.60 / 16.4.58 / 17.2.51 / 17.4.42 / 18.1.58 / 18.2.48 / 19.1.50 / 19.2.49

49 태양광발전시스템의 정전 시 운영조작 순서를 옳게 나열한 것은?

> ㄱ. 한전 전원 복구 여부 확인
> ㄴ. 태양광발전용 인버터 DC전압 확인 후 운전 시 조작 방법에 의한 재시동
> ㄷ. 메인 VCB반 전압 확인 및 계전기를 확인하여 정전여부 확인 및 부저 OFF
> ㄹ. 태양광발전용 인버터 상태 확인(정지)

① ㄹ→ㄷ→ㄱ→ㄴ
② ㄹ→ㄴ→ㄱ→ㄷ
③ ㄷ→ㄱ→ㄴ→ㄹ
④ ㄷ→ㄹ→ㄱ→ㄴ

해설 정전 시 운영조작순서
① 메인 VCB반 전압 확인 및 계전기를 확인하여 정전여부 확인 및 부저 OFF
② 태양광발전용 인버터 상태 확인(정지)
③ 한전전원 복구여부 확인
④ 태양광 인버터 DC전압 확인 후 운전 조작방법에 의한 재시동

태양광발전시스템 운전조작방법
① Main VCB반 전압 확인
 (VCB를 통해 전력계통의 전기가 투입돼야만 인버터 가동됨)
② 인버터 AC 전압 확인
③ 접속반, 인버터의 DC전압 확인
④ DC용 차단기 On, AC측 차단기 On
⑤ 인버터의 정상동작 여부확인(5분후 동작)

정답 47. ①④ 48. ① 49. ④

50 접지용구 사용 시 주의사항이 아닌 것은?
17.1.60 / 19.2.50

① 접지용구의 철거 설치는 역순으로 한다.
② 접지 설치 전에 관계 개폐기의 개방을 확인하여야 한다.
③ 접지용구의 취급은 반드시 전기안전관리자의 책임하에 행하여야 한다.
④ 접지용구 설치·철거 시에는 접지도선이 신체에 접촉하지 않도록 주의한다.

해설 접지용구

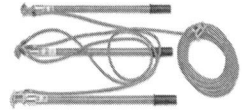

정지 중의 전선로 또는 설비에서 작업을 착수하기 전에 정해진 개소에 설치하여 오송전 또는 유도에 의한 충전의 위험을 방지하기 위한 용구를 말한다.

(1) 접지용구 종류
① 갑종 접지용구 : 발·변전소용
② 을종 접지용구 : 송전선로용
③ 병종 접지용구 : 배전선로용

(2) 갑종 및 을종 접지용구 사용 시 주의사항
1) 접지용구를 설치하거나 철거할 때는 접지도선이 자신이나 타인의 신체는 물론 전선, 기기 등에 접근하지 못하도록 주의

2) 접지용구의 취급은 작업책임자 책임하에 시행

3) 접지용구의 설치 및 철거는 다음 순서대로 시행
① 접지 설치 전에 관계 개폐기의 개방을 확인하고 검전기 기타 방법으로 충전여부를 확인
② 접지 설치 순서는 먼저 접지 측 금구에 접지선을 접속하고 전선 금구를 기기 또는 전선에 확실하게 부착
③ 접지용구의 철거는 설치의 역순으로 한다.

51 태양광발전 모듈의 유지관리 사항이 아닌 것은?
13.4.55 / 17.1.49 / 19.2.51 / 20.1.57

① 모듈의 유리표면 청결유지
② 셀이 병렬로 연결되었는지 여부 확인
③ 방수커넥터의 접속상태 및 케이블의 극성 확인
④ 나무 등 외부물질에 의한 음영이 발생하지 않도록 주변 정리

해설 모듈(Module)

태양광 모듈의 셀은 직렬로 연결되고 프레임 내에 진공·압축되어 있어, 셀의 연결 상태확인은 불필요하다.

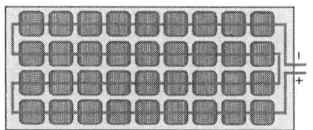

셀 36개의 직렬연결

52 태양광발전시스템용 인버터의 일상점검 항목으로 틀린 것은?
13.4.46 / 16.2.50 / 17.1.56 / 17.2.52 / 18.2.52 / 19.1.42 / 19.2.52 / 19.4.43

① 절연저항 측정
② 외함의 부식 및 파손
③ 외부배선(접속케이블)의 손상
④ 이음, 이취, 연기 발생 및 이상 과열

해설 PCS(인버터)의 일상점검
① 외함의 부식 및 파손
② 외부배선의 손상 및 접속단자 풀림
③ 접지선의 손상 및 접지단자 풀림
④ 환기팬확인
⑤ 이음, 이취, 연기 발생 및 이상 과열 상태
⑥ LCD표시창 발전상황 정보표시 이상 여부

※ 정기점검
원칙적으로 시설물을 정지 상태에서 운전제어장치의 기계점검, 절연저항측정, 배전반의 기능을 확인하고 유지하기 위한 계획을 수립하여 점검

정답 50. ③ 51. ② 52. ①

19.2.53 / 21.2.58

53 중대형 태양광발전용 인버터(KS C 8565:2016) 표준의 적용 범위로 틀린 것은?

① 정격 출력 전류 2000A 이하
② 직류 입력 전압 1500V 이하
③ 교류 출력전압 1000V 이하
④ 정격 출력 10kW 초과 250kW 이하

해설 KS C 8565 : 2016
중대형 태양광 발전용 인버터(계통연계형, 독립형)
정격 출력 10[kW] 초과 250[kW](직류 입력 전압 1500[V] 이하, 교류 출력 전압 1000[V] 이하) 이하인 태양광 발전용 인버터(계통연계형, 독립형)의 시험방법 및 평가기준에 대하여 규정한다.

15.2.44 / 19.2.54

54 태양광발전(PV) 모듈 안전 조건-제2부: 시험요건(KS C IEC 61730-2:2014)에 해당하지 않는 것은?

① 화재 위험 시험
② 기계적 응력 시험
③ 역전압 과부하 시험
④ 전기 충격 위험 시험

해설 태양광발전 모듈의 안전시험
1) 예비시험
 ① 온도 사이클
 ② 습도 동결
 ③ 고온고습
 ④ UV 전처리 시험

2) 일반검사
  육안검사

3) 전기 충격 위험 시험
 ① 접근성 시험
 ② 절단 취약성 시험(유리 표면의 경우에는 필요하지 않음)
 ③ 접지연속성 시험(금속 테두리가 아니면 필요하지 않음)
 ④ 충격전압시험
 ⑤ 절연 내성(Withstand) 시험
 ⑥ 습윤 누설 전류 시험
 ⑦ 단자강도 시험

4) 화재 위험 시험
 ① 내열 시험
 ② 열점내구성(Hot spot) 시험
 ③ 내화시험
 ④ 바이패스다이오드 열시험
 ⑤ 역전류 과부하 시험

5) 기계적 응력 시험
 ① 모듈 파괴 시험
 ② 기계적 하중 시험

6) 구성 부품 시험
 ① 부분 방전 시험
 ② 전선관 휨 시험
 ③ 단자함 쉽게 떨어지는 덮개(Knockout) 시험

13.4.53 / 15.4.58 / 16.4.49 / 18.1.55 / 18.2.32 / 18.4.35 / 18.4.43 / 19.2.55 / 20.1.55 / 20.3.46 / 20.4.56 / 21.2.51

55 태양광발전용 인버터가 고장으로 정지 시 원인 제거 후 재 기동 지연시간은?

① 1분   ② 3분
③ 5분   ④ 즉시기동

해설 한전계통에의 재병입(Reconnection)
① 한전계통에서 이상 발생 후 해당 한전계통의 전압 및 주파수가 정상 범위 내에 들어올 때까지 분산형전원의 재병입이 발생해서는 안된다.
② 분산형전원 연계 시스템은 안정상태의 한전계통 전압 및 주파수가 정상 범위로 복원된 후 그 범위 내에서 5분간 유지되지 않는 한 분산형전원의 재병입이 발생하지 않도록 하는 지연기능을 갖추어야 한다.

정답 53. ① 54. ③ 55. ③

16.4.55 / 19.2.56

56 중대형 태양광 발전용 인버터(KS C 8565:2016)의 시험 중 절연성능 시험 항목이 아닌 것은?

① 내전압 시험 ② 감전보호 시험
③ 누설전류 시험 ④ 절연거리 시험

해설 중대형 인버터의 절연 성능시험 항목
① 절연 저항 시험
② 내전압 시험
③ 감전 보호 시험
④ 절연 거리 시험

15.4.55 / 18.1.54 / 19.2.57 / 19.2.60 / 19.4.55 /
20.1.43 / 21.4.14 / 21.4.59

57 태양광발전시스템 중 접속함의 고장원인이 아닌 것은?

① 퓨즈 고장
② 이상 진동음
③ 결합상태 불량
④ 다이오드 불량

해설 접속함 화재의 발생원인 및 예방 대책
1) 접속함 화재의 발생원인
① 다이오드 접촉 불량
② PCB에 습기가 침투로 절연 파괴
③ 퓨즈 접촉 불량
④ UV전선사용으로 화염확산

2) 접속함 화재의 예방 대책
① PCB 방식 지양
② 와이어링 방식 채용
③ 스트링 감시회로의 경우, PCB 기판에 실리콘 바니시(Varnish) 도포
④ 전선은 난연성 F-CV나 TFR-CV 전선채용

16.2.36 / 16.2.43 / 18.2.49 / 18.4.21 / 19.2.58 / 21.4.23

58 태양광발전시스템 보수점검 작업 시 점검 전 유의사항이 아닌 것은?

① 회로도 검토 ② 오조작 방지
③ 접지선 제거 ④ 무전압 상태확인

해설 정전작업
1) 정전작업 전 조치사항
① 전원차단후 각 단로기 등을 개방하고 확인할 것
② 차단장치나 단로기 등에 잠금(시건)장치 및 꼬리표를 부착할 것
③ 전기기기 등에 공급되는 모든 전원을 관련 배선도, 도면 등을 통해 확인할 것
④ 검전기를 이용하여 작업대상 기기가 충전되었는지 확인 할 것(잔류전하 방전)

2) 정전작업 중 조치사항
① 작업지휘자에 의한 작업지휘
② 개폐기 관리(전원 재투입 방지, 잠금장치 및 꼬리표 부착 관리)
③ 근접 활선에 대한 방호상태 관리
④ 단락접지의 상태관리

3) 정전작업 후 조치사항
① 작업기기, 단락접지기구(접지선)를 제거하고 전기기기 등이 안전하게 통전될 수 있는지 확인
② 모든 작업자가 작업이 완료된 전기기기 등에서 떨어져 있는지 확인할 것
③ 잠금장치 와 꼬리표는 설치한 근로자가 직접 철거할 것
④ 모든 이상 유무를 확인한 후 전기기기 등의 전원을 투입할 것

17.2.41 / 17.4.49 / 19.2.59

59 태양광발전시스템용 축전지의 일상점검 시 육안점검 항목으로 틀린 것은?

① 변색 ② 팽창
③ 단자 전압 ④ 액면 저하

정답 56. ③ 57. ② 58. ③

해설 **축전지의 일상 육안점검**
① 전해액 저하
② 단자의 부식, 풀림 등 케이블 연결 상태
③ 외함의 변색, 변형, 균열, 팽창, 손상상태

15.4.55 / 18.1.54 / 19.2.57 / 19.2.60 / 19.4.55 / 20.1.43 / 21.4.14 / 21.4.59

60 태양광발전용 접속함(KS C 8567:2017)에 사용되는 직류(DC)용 퓨즈는 회로 정격전류에 대하여 몇 %의 과부하 내량을 가져야 하는가?

① 110   ② 125   ③ 135   ④ 150

해설 **태양광발전용 접속함(KS C 8567:2017)**
① 퓨즈는 회로 정격 전류에 대하여 135 [%]의 과부하 내량을 가져야 한다.
② 퓨즈의 과전류 보호 정격은 회로 정격 전류의 1.5배 이상 2.4배 이하이어야 한다.

13.4.68 / 15.2.65 / 16.4.61 / 18.2.65 / 18.4.77 / 19.2.61 / 19.4.64

61 신에너지 및 재생에너지 개발·이용·보급 촉진법에 의해 신·재생에너지의 기술개발 및 이용·보급을 촉진하기 위한 기본계획에 대한 설명으로 틀린 것은?

① 기본계획의 계획기간은 10년 이상으로 한다.
② 신·재생에너지 분야 전문인력 양성계획이 포함된다.
③ 「에너지법」에 따른 온실가스의 배출 감소 목표가 포함된다.
④ 신·재생에너지 기술수준의 평가와 개발전망 및 기대효과가 포함된다.

해설 **기본계획의 수립(신재생에너지법 제5조)**
1) 산업통상자원부장관은 관계 중앙행정기관의 장과 협의를 한 후 신·재생에너지정책심의회의 심의를 거쳐 신·재생에너지의 기술개발 및 이용·보급을 촉진하기 위한 기본계획을 5년마다 수립하여야 한다.

2) 기본계획의 계획기간은 10년 이상으로 하며, 기본계획에는 다음의 사항이 포함되어야 한다.
① 기본계획의 목표 및 기간
② 신·재생에너지원별 기술개발 및 이용·보급의 목표
③ 총전력생산량 중 신·재생에너지 발전량이 차지하는 비율의 목표
④ 온실가스의 배출 감소 목표
⑤ 기본계획의 추진방법
⑥ 신·재생에너지 기술수준의 평가와 보급전망 및 기대효과
⑦ 신·재생에너지 기술개발 및 이용·보급에 관한 지원 방안
⑧ 신·재생에너지 분야 전문인력 양성계획
⑨ 직전 기본계획에 대한 평가
⑩ 그밖에 기본계획의 목표달성을 위하여 산업통상자원부장관이 필요하다고 인정하는 사항

13.4.66 / 14.4.75 / 15.2.72 / 15.2.76 / 16.4.67 / 17.1.73 / 17.2.70 / 17.4.78 / 18.1.73 / 18.2.64 / 18.4.75 / 18.4.80 / 19.1.64 / 19.2.62 / 20.3.80

62 전기설비기술기준의 판단기준에서 최대사용전압이 23000V 인 중성선 다중접지계통에 접속된 변압기 전로의 절연내력 시험전압은 몇 V 인가?

① 20700   ② 21160
③ 24150   ④ 25300

해설 **전로의 절연저항 및 절연내력(판단기준 제13조)**
① 사용전압이 저압인 전로에서 정전이 어려운 경우 등 절연저항 측정이 곤란한 경우에는 누설전류를 1[mA] 이하로 유지하여야 한다.
② 고압 및 특고압의 전로(회전기, 정류기, 연료전지 및 태양전지 모듈의 전로, 변압기의 전로, 기구 등의 전로 및 직류식 전기철도용 전차선을 제외한다)는 표에서 정한 시험전압을 전로와 대지 사이(다심케이블은 심선 상호 간 및 심선과 대지 사이)에 연속하여 10분간 가하여 절연내력을 시험하였을 때에 이에 견디어야 한다.

전로의 종류	시험 전압
1. 최대사용전압 7[kV] 이하인 전로	최대사용전압의 1.5배의 전압
2. 최대사용전압 7[kV] 초과 25[kV] 이하인 중성점 접지식 전로 (중성선을 가지는 것으로서 그 중성선을 다중접지 하는 것에 한한다)	최대사용전압의 0.92배의 전압
3. 최대사용전압 7[kV] 초과 60[kV] 이하인 전로	최대사용전압의 1.25배의 전압(10,500[V] 미만으로 되는 경우는 10,500[V])압
4. 최대사용전압60[kV] 초과 중성점 비접지식전로	최대사용전압의 1.25배의 전압
5. 최대사용전압60[kV] 초과 중성점 접지식 전로	최대사용전압의 1.1배의 전압(75[kV] 미만으로 되는 경우에는 75[kV])
6. 최대사용전압이 60[kV]초과 중성점 직접접지식 전로	최대사용전압의 0.72배의 전압
7. 최대사용전압이 170[kV]초과 중성점 직접 접지식 전로로서 그 중성점이 직접 접지되어 있는 발전소 또는 변전소 혹은 이에 준하는 장소에 시설하는 것	최대사용전압의 0.64배의 전압
8. 최대사용전압이 60[kV]를 초과하는 정류기에 접속되고 있는 전로	교류측 및 직류 고전압측에 접속되고 있는 전로는 교류측의 최대사용전압의 1.1배의 직류전압
	직류측 중성선 또는 귀선이 되는 전로는 계산식에 의하여 구한 값

③ 23,000[V]의 절연 내력 시험전압은 최대사용전압의 0.92배의 전압
∴ V = 23,000 × 0.92 = 21,160 [V]

16.4.64 / 18.1.68 / 19.2.63 / 20.3.61 / 21.4.67

63 저탄소 녹색성장 기본법에 의해 국가의 저탄소 녹색성장과 관련된 주요 정책 및 계획과 그 이행에 관한 사항을 심의하기 위하여 국무총리 소속으로 두는 녹색성장위원회의 구성으로 옳은 것은?

① 위원장 1명을 포함한 30명 이내의 위원으로 구성한다.
② 위원장 1명을 포함한 50명 이내의 위원으로 구성한다.
③ 위원장 2명을 포함한 30명 이내의 위원으로 구성한다.
④ 위원장 2명을 포함한 50명 이내의 위원으로 구성한다.

해설 녹색성장위원회의 구성 및 운영(녹색성장법 제14조)
1) 국가의 저탄소 녹색성장과 관련된 주요 정책 및 계획과 그 이행에 관한 사항을 심의하기 위하여 국무총리 소속으로 녹색성장위원회를 둔다.

2) 위원회는 위원장 2명을 포함한 50명 이내의 위원으로 구성한다.

3) 위원회의 위원장은 국무총리와 위원 중에서 대통령이 지명하는 사람이 된다.

4) 위원회의 위원은 다음의 사람이 된다.
① 기획재정부장관, 과학기술정보통신부장관, 산업통상자원부장관, 환경부장관, 국토교통부장관 등 대통령령으로 정하는 공무원
② 기후변화, 에너지·자원, 녹색기술·녹색산업, 지속가능발전 분야 등 저탄소 녹색성장에 관한 학식과 경험이 풍부한 사람 중에서 대통령이 위촉하는 사람

5) 위원회의 사무를 처리하게 하기 위하여 위원회에 간사위원 1명을 두며, 간사위원의 지명에 관한 사항은 대통령령으로 정한다.

6) 위원장은 각자 위원회를 대표하며, 위원회의 업무를 총괄한다.

7) 위원장이 부득이한 사유로 직무를 수행할 수 없는 때에는 국무총리인 위원장이 미리 정한 위원이 위원장의 직무를 대행한다.

8) 위원의 임기는 1년으로 하되, 연임할 수 있다.

정답 63. ④

14.4.69 / 17.1.68 / 19.2.64 / 20.4.79

64 신에너지 및 재생에너지 개발·이용·보급 촉진법에서 산업통상자원부장관은 신·재생에너지 설비의 설치계획서를 받은 날부터 며칠 이내에 타당성을 검토한 후 그 결과를 해당 설치의무기관의 장 또는 대표자에게 통보하여야 하는가?

① 10일 ② 20일 ③ 30일 ④ 50일

해설 신·재생에너지 설비의 설치계획서 제출 등(신재생에너지법 시행령 제17조)
① 설치의무기관의 장 또는 대표자가 신·재생에너지 공급의무 비율에 해당하는 건축물을 신축·증축 또는 개축하려는 경우에는 신·재생에너지 설비의 설치계획서를 해당 건축물에 대한 건축허가를 신청하기 전에 산업통상자원부장관에게 제출하여야 한다.
② 산업통상자원부장관은 설치계획서를 받은 날부터 30일 이내에 타당성을 검토한 후 그 결과를 해당 설치의무기관의 장 또는 대표자에게 통보하여야 한다.
③ 산업통상자원부장관은 설치계획서를 검토한 결과, 기준에 미달한다고 판단한 경우에는 미리 그 내용을 설치의무기관의 장 또는 대표자에게 통지하여 의견을 들을 수 있다.

15.2.63 / 15.4.42 / 16.2.57 / 19.2.65 / 21.1.69

65 전기공사업법에 의거 전기공사 수급인의 하자담보책임기간의 범위는?

① 전기공사의 완공일부터 5년
② 전기공사의 완공일부터 10년
③ 전기공사의 완공일부터 15년
④ 전기공사의 완공일부터 20년

해설 전기공사 수급인의 하자담보책임(전기공사업법 제15조의2)
1) 수급인은 발주자에 대하여 전기공사의 완공일부터 10년의 범위에서 전기공사의 종류별로 대통령령으로 정하는 기간에 해당 전기공사에서 발생하는 하자에 대하여 담보책임이 있다.

2) 1)에도 불구하고 수급인은 다음의 어느 하나의 사유로 발생하는 하자에 대하여는 담보책임이 없다.

① 발주자가 제공한 재료의 품질이나 규격 등의 기준미달로 인한 경우
② 발주자의 지시에 따라 시공한 경우

3) 공사에 관한 하자담보책임에 관하여 다른 법률에 특별한 규정이 있는 경우에는 그 법률에서 정하는 바에 따른다.

19.2.66

66 신에너지 및 재생에너지 개발·이용·보급 촉진법에 의거하여 정부는 어떤 대상의 자발적인 신·재생에너지 기술개발 및 이용·보급을 장려하고 보호·육성하여야 한다. 그 대상에 해당되지 않는 것은?

① 기업체   ② 공공기관
③ 외국기관 ④ 지방자치단체

해설 시책과 장려 등(신재생에너지의 기술개발 및 이용·보급의 촉진법 제4조)
① 정부는 신·재생에너지의 기술개발 및 이용·보급의 촉진에 관한 시책을 마련하여야 한다.
② 정부는 지방자치단체, 공공기관, 기업체 등의 자발적인 신·재생에너지 기술개발 및 이용·보급을 장려하고 보호·육성하여야 한다.

67 KEC 한국전기설비규정의 변경으로 삭제됨

18.2.70 / 19.2.68 / 20.4.70

68 저탄소 녹색성장 기본법에서 정의하는 녹색기술에 해당하지 않는 것은?

① 청정소비기술
② 청정생산기술
③ 온실가스 감축기술
④ 에너지 이용 효율화 기술

해설 녹색기술 정의(녹색성장법 제2조)

① 온실가스 감축기술
② 에너지 이용 효율화 기술
③ 청정생산기술
④ 청정에너지기술
⑤ 자원순환 및 친환경 기술(관련 융합기술을 포함한다) 등
⑥ 사회・경제 활동의 전 과정에 걸쳐 에너지와 자원을 절약하고 효율적으로 사용하여 온실가스 및 오염물질의 배출을 최소화하는 기술

17.2.78 / 19.1.68 / 19.2.69

69 전기설비기술기준의 판단기준에서 두개 이상의 전선을 병렬로 사용하는 경우에 전선의 시설방법으로 틀린 것은?

① 병렬로 사용하는 전선에는 각각에 퓨즈를 설치할 것
② 같은 극의 각 전선은 동일한 터미널러그에 완전히 접속할 것
③ 같은 극인 각 전선의 터미널러그는 동일한 도체에 2개 이상의 리벳 또는 2개 이상의 나사로 접속 할 것
④ 병렬로 사용하는 동선의 굵기는 50㎟ 이상으로 하고 전선은 같은 도체, 같은 재료, 같은 길이 및 같은 굵기의 것을 사용할 것

해설 전선의 접속법(판단기준 제11조)
두개 이상의 전선을 병렬로 사용하는 경우에는 다음에 의하여 시설할 것
① 병렬로 사용하는 각 전선의 굵기는 동선 50[mm²] 이상 또는 알루미늄 70[mm²] 이상으로 하고, 전선은 같은 도체, 같은 재료, 같은 길이 및 같은 굵기의 것을 사용할 것
② 같은 극의 각 전선은 동일한 터미널러그에 완전히 접속할 것
③ 같은 극인 각 전선의 터미널러그는 동일한 도체에 2개 이상의 리벳 또는 2개 이상의 나사로 접속할 것
④ 병렬로 사용하는 전선에는 각각에 퓨즈를 설치하지 말 것
⑤ 교류회로에서 병렬로 사용하는 전선은 금속관 안에 전자적 불평형이 생기지 않도록 시설할 것

13.4.64 / 14.4.65 / 14.4.77 / 15.4.71 / 17.1.8 / 17.2.75 / 17.4.70 / 18.4.67 / 19.2.70 / 19.2.72 / 20.1.64

70 신재생에너지 개발・이용・보급 촉진법에서 정한 신・재생에너지 설비가 아닌 것은?

① 풍력 설비
② 전기에너지 설비
③ 태양에너지 설비
④ 바이오에너지 설비

해설 신・재생에너지의 정의(신재생에너지법 제2조)
1) 신에너지: 기존의 화석연료를 변환시켜 이용하거나 수소・산소 등의 화학 반응을 통하여 전기 또는 열을 이용하는 에너지
① 수소에너지
② 연료전지
③ 석탄을 액화・가스화한 에너지 및 중질잔사유을 가스화

2) 재생에너지: 햇빛・물・지열・강수・생물유기체 등을 포함하는 재생 가능한 에너지를 변환시켜 이용하는 에너지
① 태양에너지
② 풍력
③ 수력
④ 해양에너지
⑤ 지열에너지
⑥ 생물자원을 변환시켜 이용하는 바이오에너지
⑦ 폐기물에너지(비재생폐기물로부터 생산된 것은 제외한다)

13.4.38 / 15.2.39 / 16.2.25 / 17.2.74 / 17.4.24 / 18.1.65 / 19.2.71

71 전기설비기술기준의 판단기준에서 차량 기타 중량물의 압력을 받을 우려가 있는 장소에 지중전선로를 직접 매설식에 의하여 시설하는 경우 매설 깊이는 몇 m 이상으로 하여야 하는가?

① 0.8
② 1.0
③ 1.2
④ 1.8

해설 지중배선의 시공

정답 68.① 69.① 70.②

케이블 표시시트 설치   지중 케이블 표주

① 지중매설관은 배선용 탄소강관, 내충격성의 경질비닐 전선관, 내충격성 경질 염화비닐관을 사용한다.
② 지중전선의 매설개소는 필요에 따라 매설깊이, 방향 등 지상에서 용이하게 확인할 수 있도록 표주 등에 의해 표시한다.
③ 지중배관과 지표면의 중간에 케이블표시시트를 포설한다.
(지중선로 포설후 지상으로부터 무단 굴착시 예상되는 케이블 손상방지)
④ 지중배관의 깊이는 1.0[m] 이상(중량물의 압력을 받을 우려가 없는 경우에는 0.6[m] 이상)

13.4.64 / 14.4.65 / 14.4.77 / 15.4.71 / 17.1.8 / 17.2.75 / 17.4.70 / 18.4.67 / 19.2.70 / 19.2.72 / 20.1.64

72 신에너지에 해당되지 않는 것은?

① 연료전지
② 해양에너지
③ 수소에너지
④ 석탄을 액화·가스화한 에너지

해설 신·재생에너지의 정의(신재생에너지법 제2조)

1) 신에너지: 기존의 화석연료를 변환시켜 이용하거나 수소·산소 등의 화학 반응을 통하여 전기 또는 열을 이용하는 에너지
① 수소에너지
② 연료전지
③ 석탄을 액화·가스화한 에너지 및 중질잔사유을 가스화

2) 재생에너지: 햇빛·물·지열·강수·생물유기체 등을 포함하는 재생 가능한 에너지를 변환시켜 이용하는 에너지
① 태양에너지
② 풍력
③ 수력
④ 해양에너지
⑤ 지열에너지
⑥ 생물자원을 변환시켜 이용하는 바이오에너지
⑦ 폐기물에너지(비재생폐기물로부터 생산된 것은 제외한다)

73 KEC 한국전기설비규정의 변경으로 삭제됨

19.2.74

74 전기설비기술기준의 판단기준에서 금속제 외함을 가지는 사용전압이 50V를 초과하는 저압의 기계기구로서 사람이 쉽게 접촉할 우려가 있는 곳에 시설하는 것에 전기를 공급하는 전로에 지락차단장치를 생략할 수 없는 것은?

① 기계기구를 건조한 곳에 시설하는 경우
② 기계기구가 고무·합성수지 기타 절연물로 피복된 경우
③ 대지전압이 220V 이상인 기계기구를 물기가 있는 곳 이외의 곳에 시설하는 경우
④ 기계기구를 발전소·변전소·개폐소 또는 이에 준하는 곳에 시설하는 경우

해설 지락차단장치 등의 시설(판단기준 제41조)

금속제 외함을 가지는 사용전압이 60[V]를 초과하는 저압의 기계기구로서 사람이 쉽게 접촉할 우려가 있는 곳에 시설하는 것에 전기를 공급하는 전로에는 전로에 지락이 생겼을 때에 자동적으로 전로를 차단하는 장치를 하여야 한다. 다만, 다음의 어느 하나에 해당하는 경우는 적용하지 않는다.

① 기계기구를 발전소·변전소·개폐소 또는 이에 준하는 곳에 시설하는 경우
② 기계기구를 건조한 곳에 시설하는 경우
③ 대지전압이 150[V] 이하인 기계기구를 물기가 있는 곳 이외의 곳에 시설하는 경우
④ 2중 절연구조의 기계기구를 시설하는 경우
⑤ 그 전로의 전원 측에 절연변압기(2차 전압이 300[V] 이하인 경우에 한한다)를 시설하고 또한 그 절연변압기의 부하측의 전로에 접지하지 아니하는

경우
⑥ 기계기구가 고무·합성수지 기타 절연물로 피복된 경우
⑦ 기계기구가 유도전동기의 2차측 전로에 접속되는 것일 경우
⑧ 기계기구내에 누전차단기를 설치하고 또한 기계기구의 전원연결선이 손상을 받을 우려가 없도록 시설하는 경우

19.2.75 / 21.2.75

75 전기설비기술기준의 판단기준에서 저압 가공전선(다중 접지된 중성선은 제외한다)과 고압 가공전선을 동일 지지물에 시설하는 경우 저압 가공전선과 고압 가공전선 사이의 이격거리는 몇 cm 이상이어야 하는가?

① 50   ② 100
③ 150   ④ 200

해설 저고압 가공전선 등의 병가(판단기준 제75조)

1) 저압 가공전선(다중 접지된 중성선은 제외한다. 이하 같다)과 고압 가공전선을 동일 지지물에 시설하는 경우에는 다음에 따라야 한다.

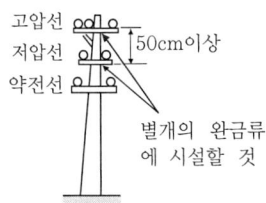

① 저압 가공전선을 고압 가공전선의 아래로 하고 별개의 완금류에 시설할 것
② 저압 가공전선과 고압 가공전선 사이의 이격거리는 50[cm] 이상일 것 다만, 각도주(角度柱)·분기주(分岐柱) 등에서 혼촉(混觸)의 우려가 없도록 시설하는 경우에는 그러하지 아니하다.

19.2.76

76 전기사업법에 의거 산업통상자원부장관은 전기사업자가 파산선고를 받고 복권되지 않은 경우 전기위원회의 심의를 거쳐 그 허가를 취소하거나 몇 개월 이내의 기간을 정하여 사업정지를 명할 수 있는가?

① 3   ② 6   ③ 9   ④ 12

해설 등록의 결격사유 및 취소 등(전기사업법 제73조의6)

1) 다음 각 호의 어느 하나에 해당하는 자는 제73조의5 제1항 제1호 및 제2호에 따른 등록을 할 수 없다.
① 피성년후견인
② 파산선고를 받고 복권되지 아니한 자
③ 이 법을 위반하여 징역 이상의 실형을 선고받고 그 집행이 종료(집행이 종료된 것으로 보는 경우를 포함한다)되거나 집행이 면제된 날부터 2년이 지나지 아니한 자
④ 이 법을 위반하여 징역 이상의 형의 집행유예를 선고받고 그 유예기간 중에 있는 자
⑤ (2)에 따라 등록이 취소(① 또는 ②의 결격사유에 해당하여 등록이 취소된 경우는 제외한다)된 날부터 2년이 지나지 아니한 자(법인인 경우 그 등록취소의 원인이 된 행위를 한 자와 대표자를 포함한다)
⑥ 대표자가 ①부터 ⑤까지의 어느 하나에 해당하는 법인

2) 산업통상자원부장관 또는 시·도지사는 전기안전관리업무를 전문으로 하는 자 또는 전기안전관리대행사업자로 각각 등록한 자가 다음의 어느 하나에 해당하는 경우에는 그 등록을 취소하거나 산업통상자원부령으로 정하는 바에 따라 6개월 이내의 기간을 정하여 업무의 전부 또는 일부의 정지를 명할 수 있다. 다만, ①에 해당하는 경우에는 그 등록을 취소하여야 한다.
① 거짓이나 그 밖의 부정한 방법으로 등록한 경우
② 대통령령으로 정하는 요건에 미달한 날부터 1개월이 지난 경우
③ 발급받은 등록증을 다른 사람에게 빌려 준 경우
④ 전기안전관리 대행업무의 범위 및 업무량을 넘거나 최소점검횟수에 미달한 경우
⑤ (1)의 어느 하나에 해당하게 된 경우((1)의 ⑥에 해당하게 된 법인이 그 대표자를 6개월 이내에 결격사

유가 없는 다른 대표자로 바꾸어 임명하는 경우는 제외한다)

19.2.77

77. 전기설비기술기준의 판단기준에서 합성수지관 공사 시 관 상호간 및 박스와의 접속은 관에 삽입 깊이를 관의 바깥지름 몇 배 이상으로 하여야 하는가? (단, 접착제를 사용하는 경우는 제외한다.)

① 0.5배　　② 0.8배
③ 1.2배　　④ 1.5배

해설 합성수지관공사(판단기준 제183조)

합성수지관 및 박스 기타의 부속품은 다음에 따라 시설하여야 한다.

1) 관 상호 간 및 박스와는 관을 삽입하는 깊이를 관의 바깥지름의 1.2배(접착제를 사용하는 경우에는 0.8배) 이상으로 하고 또한 꽂음 접속에 의하여 견고하게 접속할 것

2) 관의 지지점 간의 거리는 1.5[m] 이하로 하고, 또한 그 지지점은 관의 끝·관과 박스의 접속점 및 관 상호 간의 접속점 등에 가까운 곳에 시설할 것

3) 습기가 많은 장소 또는 물기가 있는 장소에 시설하는 경우에는 방습 장치를 할 것

4) 저압 옥내배선의 사용전압이 400[V] 미만인 경우에 합성수지관을 금속제의 박스에 접속하여 사용하는 때 또는 분진방폭형 플렉시블 피팅을 사용 하는 때는 박스 또는 분진 방폭형 플렉시블 피팅에는 접지공사를 할 것. 다만, 다음 중 1에 해당하는 경우에는 그러하지 않다.
① 건조한 장소에 시설하는 경우
② 옥내배선의 사용전압이 직류 300[V] 또는 교류 대지 전압이 150[V] 이하인 경우에 사람이 쉽게 접촉할 우려가 없도록 시설하는 경우

5) 사용전압이 400[V] 이상인 경우에 합성수지관을 금속제의 박스에 접속하여 사용하는 때 또는 제2항 제1호 단서에 규정하는 분진 방폭형 플렉시블피팅을 사용하는 때에는 박스 또는 분진 방폭형 플렉시블피팅에 접지공사를 할 것.

6) 합성수지관을 풀박스에 접속하여 사용하는 경우에는 (1)의 규정에 준하여 시설할 것. 다만, 기술상 부득이한 경우에 관 및 풀박스를 건조한 장소에서 불연성의 조영재에 견고하게 시설하는 때에는 그러하지 않다.

7) 난연성이 없는 콤바인 덕트관은 직접 콘크리트에 매입(埋入)하여 시설하는 경우 이외에는 전용의 불연성 또는 난연성의 관 또는 덕트에 넣어 시설할 것

8) 합성수지제 휨(가요) 전선관 상호 간은 직접 접속하지 말 것

13.4.76 / 15.2.25 / 16.4.73 / 17.4.66 / 17.4.67 / 18.1.24 / 18.1.75 / 19.1.62 / 19.2.78 / 19.4.67 / 20.3.73 / 21.1.63 / 21.1.76 / 21.4.70

78. 신에너지 및 재생에너지 개발·이용·보급 촉진법에 따라 신·재생에너지 공급인증서를 발급받으려는 자는 공급인증서 발급 및 거래시장 운영에 관한 규칙에 의거 신·재생에너지를 공급한 날부터 며칠이내에 공급인증서 발급 신청을 하여야 하는가?

① 15일　　② 30일
③ 60일　　④ 90일

해설 신·재생에너지 공급인증서의 발급 신청 등(신재생에너지법 시행령 제18조의8)

① 공급인증서를 발급받으려는 자는 공급인증서 발급 및 거래시장 운영에 관한 규칙에서 정하는 바에 따라 신·재생에너지를 공급한 날부터 90일 이내에 발급 신청을 하여야 한다.

② 발급 신청을 받은 공급인증기관은 발급 신청을 한 날부터 30일 이내에 공급인증서를 발급하여야 한다.

14.4.64 / 15.2.67 / 16.2.71 / 16.4.78 / 17.2.61 / 17.2.69 /
17.4.64 / 18.1.66 / 19.1.73 / 19.2.79 / 19.4.65 / 20.1.61 /
20.1.71 / 21.1.68

79 전기사업법에서 전기의 원활한 흐름과 품질 유지를 위하여 전기의 흐름을 통제·관리하는 체제는?

① 전기사업　　② 전기설비
③ 전력시장　　④ 전력계통

해설 정의(전기사업법 제2조)
① 전력시장 : 전력거래를 위하여 한국전력거래소가 개설하는 시장
② 전력계통 : 전기의 원활한 흐름과 품질유지를 위하여 전기의 흐름을 통제·관리하는 체제
③ 전기사업 : 발전사업·송전사업·배전사업·전기판매사업 및 구역전기사업
④ 전기신사업 : 전기자동차충전사업 및 소규모전력중개사업

14.4.63 / 19.2.80

80 전기사업에 종사하는 자로서 정당한 사유없이 전기사업용 전기설비 유지 또는 운용업무를 수행하지 아니함으로써 발전·송전·변전 또는 배전에 장애가 발생하게 한 자에 대한 전기사업법상 벌칙 기준은?

① 2년 이하의 징역 또는 2천만원 이하의 벌금
② 3년 이하의 징역 또는 3천만원 이하의 벌금
③ 5년 이하의 징역 또는 5천만원 이하의 벌금
④ 10년 이하의 징역 또는 8천만원 이하의 벌금

해설 벌칙(전기사업법 제100조)
다음의 어느 하나에 해당하는 자는 5년 이하의 징역 또는 5천만원 이하의 벌금에 처한다.
① 정당한 사유없이 전기사업용 전기설비를 조작하여 발전·송전·변전 또는 배전을 방해한 자
② 전기사업에 종사하는 자로서 정당한 사유없이 전기사업용 전기설비 유지 또는 운용업무를 수행하지 아니함으로써 발전·송전·변전 또는 배전에 장애가 발생하게 한 자

정답　79. ④　80. ③

2019 제4회 기출문제

01 어느 회로에 전압과 전류의 실효값이 각각 50V, 10A이고 역률이 0.80이다. 소비전력은 몇 W 인가?

① 300   ② 400   ③ 500   ④ 600

해설 소비전력(Power consumption)
① 소비전력(P)은 전기·전자기기가 운용되기 위해 필요한 단위 시간당 전기 에너지의 양을 의미하며, 단위는 [W] (Watt, 와트)를 사용한다.
② P : 소비 전력(유효전력), V : 실효 전압, I : 실효 전류, $\cos\theta$: 역률(power factor)
$P = V \times I \times \cos\theta$
$= 50 \times 10 \times 0.8 = 400 \,[W]$

02 어떤 도선을 통과하는 전하량이 64ms마다 0.32C이다. 이 때 흐르는 전류는 몇 A 인가?

① 2   ② 3   ③ 4   ④ 5

해설 전하량(Q)
t초간에 Q 쿨롱의 전하가 이동하였다면, 이때 전류 I는 다음과 같다.
$I = \dfrac{Q}{t}\,[A]$
$= \dfrac{0.32}{64 \times 10^{-3}} = 5$

03 태양광발전 모듈 전면적 1000m²에서 일조강도가 1000W/m²이고, 최대출력이 100kW 이면 변환효율은 몇 % 인가?

① 5   ② 10   ③ 15   ④ 20

해설 변환효율 η(Conversion Efficiency)
① 표준시험조건(Standard Test Conditions, STC)에서 측정한 태양전지 출력전력을 입사된 빛 에너지(소자넓이×경사면 조사강도)로 나누어 백분율로 나타낸 것
② 최대출력 $P_{max}[W]$, 모듈 전면적 $A[m^2]$, 조사강도 $G[W/m^2]$
$\eta = \dfrac{P_{max}}{A \times G} \times 100\,[\%]$
$= \dfrac{100 \times 10^3}{1000 \times 1000} \times 100 = 10\,(\%)$

04 트랜지스터 방식의 인버터 회로 구성요소가 아닌 것은?

① 변압기   ② 컨버터
③ 인버터   ④ 개폐기

해설 인버터회로
① 전기적으로는 DC 직류를 AC교류로 변환하는 역변환 장치이지만 일반적으로는 AC전원의 전압 및 주파수를 제어하기 위한 전력 변환 장치를 통칭한다.
② 전력용 반도체(Diode, Thyristor, Transistor, IGBT, GTO 등)을 사용하여 컨버터 부분에서 상용 교류 전원을 직류전원으로 정류를 시킨 후, 평활 회로 부분에서 이 정류된 전류를 안정한 직류 전류가 되도록 평활한다.
③ 인버터 부분에서 평활 된 직류 전압을 고속 스위칭해 펄스 형태의 교류로 변환시켜 계통에 연결된다.

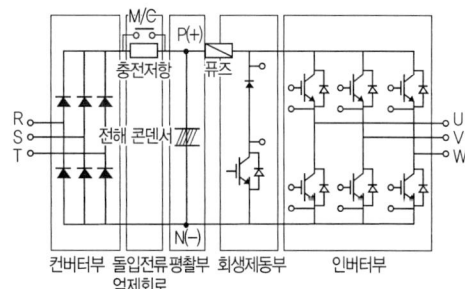

05 축전지의 사용연수 경과 및 사용조건에 따라 용량이 변화되는 것을 보상하는 보정값은 무엇인가?

① 보수율   ② 방전심도
③ 방전종지전압   ④ 용량환산시간

정답 1.② 2.④ 3.② 4.①

[해설] **보수율(경년용량 저하율)**
① 말기수명에도 부하를 만족하는 용량결정을 위한 계수로 0.8을 선정.
② 사용시간 경과에 따른 축전지용량 변화를 고려한 보정값

15.2.1 / 19.1.20 / 19.4.6 / 20.4.16 / 21.4.11

06 줄의 법칙에서 발열량(cal) 계산식으로 옳은 것은? (단, I : 전류(A), R : 저항(Ω), t : 시간(s)을 나타낸다.)

① $H = 0.24I^2R$
② $H = 0.24I^2R^2$
③ $H = 0.24I^2Rt$
④ $H = 0.24I^2Rt^2$

[해설] **줄의 법칙(Joule's law)**
① 전열기에 전압을 가하여 전류를 흘리면 열이 발생하는 발열 현상은 큰 저항체인 전열선에 전류가 흐를 때 열이 발생하는 것이며, 줄의 법칙에 의하면 전류에 의해서 매초 발생하는 열량은 전류의 2승과 저항의 곱에 비례하고 단위는 줄(Joule, 기호[J])이나 칼로리[cal]을 사용한다.
② I[A]의 전류가 저항이 R [Ω]인 도체에 t [S]동안 흐를 때 그 도체의 발생하는 열에너지 H는
$H = I^2Rt$ [J]
③ 열에너지(H)를 [cal]로 표시하면,
$$H = \frac{I^2Rt}{4.148} \fallingdotseq 0.24I^2Rt \ [cal]$$

14.4.54 / 15.4.19 / 17.1.11 / 19.1.9 / 19.4.3 / 19.4.7 / 20.4.10 / 21.2.5

07 태양광발전 전지의 표면에 입사한 태양에너지를 전기에너지로 변환하는 효율은?

① 열전변환효율
② 압전변환효율
③ 충진변환효율
④ 광전변환효율

[해설] **광전변환효율 η**
1) 받아들이는 태양광 에너지로부터 얼마나 많은 에너지가 만들어지는가를 뜻한다.
2) 효율이 높을수록 같은 시간 동안, 같은 양의 발전판으로 더 많은 전력을 생산할 수 있다.
3) 변환효율 η(Conversion Efficiency)
① 표준시험조건(Standard Test Conditions, STC)에서 측정한 태양전지 출력전력을 입사된 빛 에너지(소자넓이 × 경사면 조사 강도)로 나누어 백분율로 나타낸 것
② 최대출력 P_{max}[W], 모듈 전면적 A[m^2], 조사강도 G[W/m^2]
$$\eta = \frac{P_{max}}{A \times G} \times 100[\%]$$

13.4.6 / 13.4.47 / 14.4.43 / 14.4.57 / 15.2.16 / 15.2.46 / 15.2.56 / 15.4.5 / 16.2.6 / 16.2.7 / 17.1.7 / 18.4.4 / 18.4.46 / 19.4.8 / 20.1.9 / 21.1.11 / 21.2.17 / 21.2.43

08 다결정 실리콘 제조공정 순서로 옳은 것은?

① 실리콘 입자 → 웨이퍼 슬라이스 → 잉곳 → 셀 → 모듈
② 실리콘 입자 → 잉곳 → 셀 → 웨이퍼 슬라이스 → 모듈
③ 실리콘 입자 → 셀 → 웨이퍼 슬라이스 → 잉곳 → 모듈
④ 실리콘 입자 → 잉곳 → 웨이퍼 슬라이스 → 셀 → 모듈

[해설] **실리콘 태양전지 제조공정 순서**
1) Poly Si(폴리실리콘)
Siemens, FBR, UMG 등의 공법으로 제조되며, 태양전지용으로는 순도 6N 이상의 제품이 사용된다.

2) 잉곳
① 단결정 : CZ법으로 제조
② 다결정 : HEM, Casting, EMC법 등으로 제조

단결정 성장   다결정 성장

3) 웨이퍼 슬라이스
잉곳을 Wire Saw 등을 이용하여 박판으로 제조하며, 두께 180~200um, 크기 125, 156, 200mm 등으로 나뉜다.

단결정   다결정

4) Solar Cells(태양전지)
① 빛에너지를 전기에너지로 바꾸는 광변환 핵심소자
② 표면식각 → pn접합 → 반사방지막 → 전극형성

단결정 다결정

5) Solar Module(모듈)
태양전지를 일정 용량에 맞게 배열한 후 강화유리, EVA, Back sheet, 알루미늄 프레임 등으로 패킹함

단결정 다결정

19.4.9

09 태양광발전용 인버터의 단독운전 이행 시 발전전력과 부하 사용전력 사이의 불균형에 따른 주파수 급변을 검출하는 방식은?

① 부하변동방식
② 주파수 시프트방식
③ 주파수 변화율 검출방식
④ 고조파 전압급증 검출방식

해설 단독운전 방지기능
① 부하변동방식 : 인버터 출력과 병렬로 임피던스를 삽입하여 전압 또는 전류의 급변을 검출
② 주파수 시프트방식 : 이버터의 내부 발진기에 주파수 바이어스를 주었을 때 단독운전 발생시 나타나는 주파수 변동을 검출하는 방식
③ 주파수 변화율 검출방식 : 인버터 단독운전시 주파수의 급변을 검출
④ 고조파 전압급증 검출방식 : 인버터 단독운전시 전압의 급변을 검출

13.4.13 / 14.4.6 / 15.2.10 / 15.2.57 / 16.4.4 / 19.4.10 / 20.3.4 / 20.4.7 / 21.2.14

10 태양광발전 모듈의 단면을 보면 여러 층으로 이루어져 있다. 이러한 층을 이루는 재료 중에 태양광발전 전지를 외부의 습기와 먼지로부터 차단하기 위하여 현재 가장 일반적으로 사용하는 충전재는?

① FRP ② EVA ③ Glass ④ Tedlar

해설 EVA(Ethyl Vinyl Acetate)

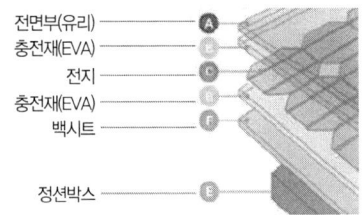

① 태양전지의 전면과 후면에 위치해 태양전지의 파손을 방지하는 완충재 기능과 후면시트를 접착해 봉입하는 역할, 장기간 성능저하와 변색이 없고 접착력을 유지해야하며, 습기침투 등 외부환경으로부터 태양전지를 보호해 20~30년 이상되는 태양전지의 수명을 유지하기 위한 재료이다.
② 백시트(불소필름과 PET 필름 적층)의 반사율 및 백색도 향상을 위해 형광 증백제를 필름 전체함량 중 100 ~ 900[ppm]으로 함유한다. 100[ppm] 미만인 경우는 백색도가 떨어져 광반사 효율이 떨어지며, 900[ppm]을 초과하는 경우는 백색도 및 반사율은 증가하나 자외선(ultraviolet, UV)에 안정성이 떨어져 외부에 장기 노출 시 황변현상이 나타나 백색도 및 반사율이 저하될 수 있다.

15.4.6 / 19.4.11 / 21.1.9

11 선로에 들어오는 이상전압의 크기를 완화하고 파고값을 낮추기 위하여 설치하는 것은?

① 피뢰침 ② 종단 저항
③ 서지 흡수기 ④ 바이패스 장치

해설 서지흡수기(Surge Absorber)
① 피뢰기와 같은 구조이며, 적용범위만을 조정하여 적용시키는 일종의 옥내 피뢰기이다.
② 피뢰기와는 다르게 뇌서지에는 사용하지 못하며, 특

히 방전내량이 낮다.
③ 차단기(VCB)의 개폐서지를 대지로 방전시키고 개폐서지로부터 2차기기(몰드변압기, 건식변압기, 고압모터 등)를 보호하는 역할을 한다.

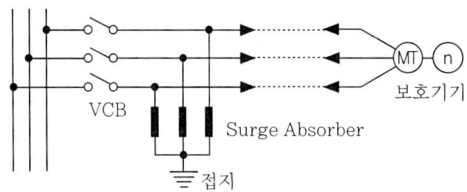

서지흡수기 설치 장소

서지흡수기 (SA)

19.4.12

12 태양광발전용 인버터의 기능에 대한 설명으로 틀린 것은?

① 계통 정전에 따른 단독운전 방지기능
② 일조량의 변화에 따른 자동운전·정지기능
③ 계통에 고조파 영향을 주지 않기 위한 직류지락 검출기능
④ 날씨 변동에서도 최대 출력이 가능하게 하는 최대전력 추종제어기능

해설 태양광발전시스템 인버터의 기능

① 자동운전 정지(Auto shutdown) 기능
인버터는 해가 떠오르고 출력이 발생되는 조건이 되면 자동적으로 운전을 시작하며, 해가 지는 동안에도 출력이 발생하는 한 가동은 계속되고 완전한 일몰 뒤 운전이 정지한다.

② 계통연계 보호기능
전력계통에 연계되어 운전하고 있는 태양광발전시스템에서 계통 측이나 인버터측에서 이상이 발생했을 때 이를 검지하고 신속하게 인버터를 정지해서 계통 측에 안전을 확보하는 장치이며, 일반적으로 인버터에 내장되어 있다.

③ 단독운전 방지(Non-islanding) 기능
단독운전(한전 정전시 분리된 계통에 전력을 계속 공급하게 되는 운전상태)시의 문제점을 해결하기

위한 기능으로, 단독운전 발생 후 최대 0.5초 이내에 한전계통에 대한 가압을 중지해야 한다.

④ 자동전압 조정기능
태양광발전시스템을 계통에 접속하여 역송전 운전을 하는 경우 수전점의 전압이 상승해서 전력회사의 운용범위를 초과할 가능성이 있기 때문에 자동전압 조정기능을 설치하여 전압의 상승을 방지할 수 있으며, 전압 조정방법에는 진상무효전력제어와 출력제어 방법이 있다.

16.2.1 / 17.2.19 / 17.4.17 / 18.1.18 / 19.4.13 / 19.2.11 / 21.1.18

13 실리콘 결정계 태양광발전 전지에 해당되지 않는 것은?

① 리본   ② 구형
③ HIT   ④ 텐덤형

해설 텐덤형 박막실리콘 태양전지

아몰퍼스 실리콘 태양전지의 파장감도 특성은 단파장 쪽에만 감도가 있으며, 결정계 실리콘 태양전지 정도로 변환효율을 올릴 수 없으므로, 아몰퍼스 실리콘 태양전지와 같은 제조방법으로 결정계 실리콘 박막을 적층하는 텐덤형으로 변화하고 있다.
결정계 실리콘 태양전지와 동등한 변환효율을 기대할 수 있으며, 실리콘의 사용량을 줄일수 있어서 경제적으로도 유리한 태양전지이다.

13.4.59 / 17.1.17 / 18.1.2 / 18.2.9 / 18.4.51 / 19.1.3 / 19.4.14 / 20.3.15 / 20.4.17 / 21.4.16

14 바이패스 다이오드에 대한 설명으로 틀린 것은?

① 열점(hot spot)의 손상을 피할 수 있다.
② 태양광발전 모듈의 스트링과 직렬로 연결한다.
③ 태양광발전 모듈 단자함 출력의 정극(+)과 부극(-) 간에 설치한다.
④ 스트링의 공칭 최대출력 동작전압의 1.5배 이상의 역내압을 가져야 한다.

해설 바이패스 다이오드(Bypass Diode)

① 바이패스다이오드(Bypass Diode)는 전류를 한쪽방향으로만 흐르게 만들어 주는 부품으로 P에서 N방향으로 전류가 흐르고 반대 방향으로는 전류를 거

의 통과시키지 않는다.

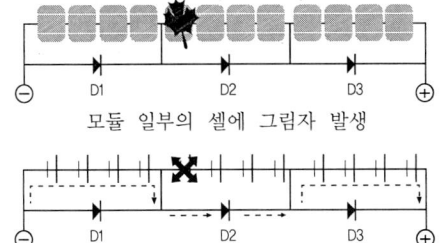

모듈 일부의 셀에 그림자 발생

그림자 발생된 모듈의 전류흐름

② 그림자로 인해 출력이 저하된 셀 또는 셀 그룹을 우회해 전류가 흐르도록 하고, 이를 통한 출력감소는 오직 그림자에 의해 가려진 셀 또는 셀 그룹에 해당하는 부분으로 제한해 출력을 유지한다.

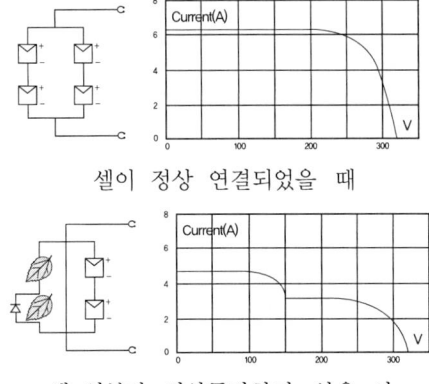

셀이 정상 연결되었을 때

셀 일부가 정상동작하지 않을 시

③ 일반적으로 모듈 한 장(태양전지 6×9)에 셀 54개 배열의 경우에는 다이오드 3개(1개당 18개의 셀)를 병렬로 설치한다.

15.2.75 / 15.4.65 / 15.4.74 / 17.1.02 / 17.2.63 / 17.4.1 / 17.4.3 / 17.4.76 / 18.1.8 / 18.2.72 / 19.4.15 / 20.1.18 / 20.1.72 / 20.1.77 / 21.1.6 / 21.2.12

15 해양에너지에 대한 설명으로 틀린 것은?

① 조력발전은 밀물과 썰물 사이의 낮은 낙차를 이용한 것이다.
② 파력발전은 파도에 의한 해면의 상하운동을 이용한 것이다.
③ 소수력발전은 밀물과 썰물로 발생하는 조류를 이용한 것이다.
④ 해양온도차발전은 해수 표층과 심층과의 온도차를 이용한 것이다.

해설 소수력발전

1) 소수력발전 시스템 구성도

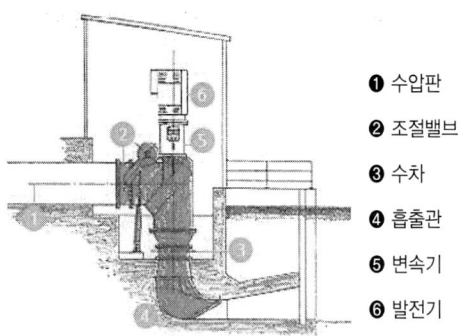

❶ 수압판
❷ 조절밸브
❸ 수차
❹ 흡출관
❺ 변속기
❻ 발전기

2) 소수력발전 시스템

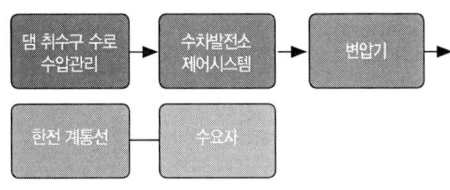

13.4.12 / 16.2.19 / 16.4.2 / 17.2.15 / 19.2.18 / 19.4.16 / 21.2.15 / 21.4.20

16 PN 접합 다이오드의 P형반도체에 (+)바이어스를 가하고 N형반도체에 (-)바이어스를 가할 때 나타나는 현상은?

① 공핍층의 폭이 작아진다.
② 공핍층 내부의 전기장이 증가한다.
③ 전류는 소수캐리어에 의해 발생한다.
④ 다이오드는 부도체와 같은 특성을 보인다.

해설 PN 접합과 바이어스

1) 순방향 바이어스

P영역에 양(+)의 전압을 N영역에 (-)의 전압이 인가된 상태를 순방향(forward) 바이어스가 인가되었다고 함

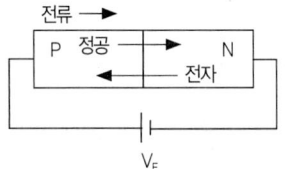

순방향 바이어스 V_F 인가

정답 15. ③ 16. ①

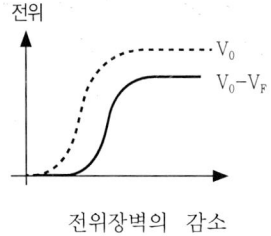

전위장벽의 감소

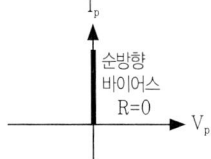

순방향 바이어스 상태

① p형과 n형반도체에 각각 존재하는 양공과 전자가 모두 p-n 접합 다이오드의 접합부 쪽으로 이동한다.
② 접합부에 형성된 결핍층(depletion layer)의 너비가 줄어들고 접합부에 형성된 포텐셜 장벽이 낮아지게 된다.
③ p형반도체의 양공은 n형반도체로 옮겨 가고, n형반도체의 전자는 p형반도체로 옮겨 가므로 p-n접합부를 지나는 전류가 흐른다.
④ 이상적인 전류-전압 특성은 순방향 바이어스상태에서 저항이 0이고, 전류는 무한대로 흐른다.

2) 역방향 바이어스

P영역에 (-)의 전압을 N영역에 (+)의 전압이 인가된 상태를 역방향(reverse) 바이어스가 인가되었다고 함

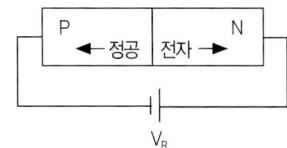

순방향 바이어스 V_R 인가

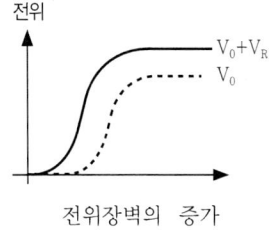

전위장벽의 증가

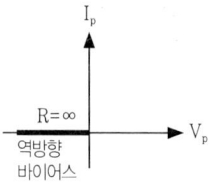

역방향 바이어스 상태

① p형과 n형반도체에 각각 존재하는 양공과 전자가 모두 p-n 접합 다이오드 양쪽 극단으로 이동한다.
② 접합부에 형성된 결핍층(depletion layer)의 너비가 늘어나고 접합부에 형성된 포텐셜 장벽도 높아진다.
③ p형반도체의 양공은 p형반도체의 끝 쪽으로, n형반도체의 전자는 n형반도체의 끝 쪽으로 옮겨 가게 되어 p-n접합부에는 전류가 흐르지 않는다.
④ 다이오드는 부도체와 같은 특성으로 저항은 무한대이고, 전류는 0이다.

13.4.15 / 18.1.14 / 19.2.13 / 19.4.17 / 21.2.8 / 21.4.35

17 파워컨디셔너시스템(PCS)의 구성 방식 중 모든 모듈에 인버터를 설치하고, 각 인버터의 교류출력을 병렬로 연결하여 사용하는 구성 방식은?

① 모듈 인버터 방식
② 스트링 인버터 방식
③ 마스터 슬레이브 방식
④ 중앙집중형 인버터 방식

해설 태양광발전시스템의 인버터 운영방식

1) 중앙집중형 인버터방식

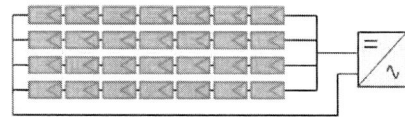

① 발전소 현장에 1대의 인버터만 설치함
② 모든 전선이 한 곳으로 오기 때문에 작업공정이 간단, 설치비가 적게 소요되며, 발전량 확인이 용이하다.
③ 단일형 인버터는 제품 이상발생 시 전체 발전소가 가동을 멈추기 때문에 발전 손실이 크다.

2) 분산형(스트링 포함) 인버터 방식

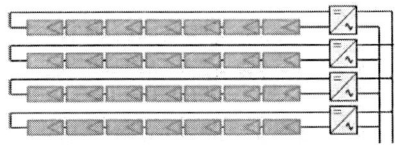

① 발전소 현장에 소형 인버터 여러 대를 설치함
② 특정 인버터가 고장이 나더라도 해당 인버터 부분에서만 발전 손실이 일어나고 나머지 인버터는 정상적으로 발전이 되기 때문에 발전 손실을 최소화할 수 있다.
③ 방향과 경사가 서로 다른 하부 어레이들로 구성된 시스템, 부분적으로 음영이 지는 시스템의 경우 분산형 인버터 방식을 고려할 필요가 있다.

3) 주/종속시스템(Master-Slave System)

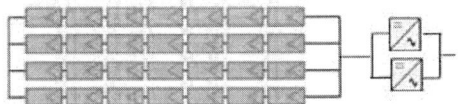

① 인버터 2~3대를 결합하여 회로를 구성한다.
② 발전을 시작하면 마스터 인버터만 구동되고, 마스터 인버터의 전력한계에 도달하면, 다음 슬래브 인버터가 자동 연결되어 생산된 발전량에 대응한다.
③ 낮은 발전량에서도 대용량 인버터 한 대가 운영되는 방식보다는 효율이 높아진다.
④ Master와 Slave의 기능은 정기적(1~3개월)으로 교대를 해주어, 균등운전이 되게 한다.

4) 모듈인버터(마이크로 인버터 : MIC, Module Integrated Central) 방식

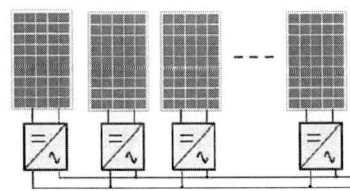

① 태양전지 모듈 1개에 인버터 1개를 부착하는 방식으로 스트링 인버터의 작은 형태이다.
② 태양전지 1장에 대한 모니터링이 가능하여 유지보수가 쉽다
③ 각 마이크로인버터(MIC; Module Integrated Converter)의 최대 효율은 낮지만, 태양전지 모듈에 대해 개별로 MPPT를 하므로, 전체 발전량에 있어서는 스트링 인버터 이상의 발전효율을 가지고 있다.

④ 대용량 발전소보다는 소용량 발전소에서 효율이 높고, 태양전지 모듈 1장으로도 태양광발전을 할 수 있다.
⑤ 고장 난 인버터는 쉽게 교체 가능하며, 시스템 확장이 쉽다.

13.4.1 / 13.4.5 / 14.4.33 / 15.2.9 / 17.2.20 / 18.2.1 / 19.4.18 / 20.1.15
18 태양광발전시스템의 접속함에 대한 설명으로 틀린 것은?

① 피뢰기(LA)가 설치되어 있다.
② 역류방지소자가 설치되어 있다.
③ 스트링 배선을 하나로 모아 인버터에 보내는 역할을 한다.
④ 보수, 점검 시 회로를 분리하여 점검을 용이하게 한다.

해설 태양광발전용 접속함

어레이를 구성하고 있는 모든 태양광발전 모듈의 스트링이 연결되는 단자가 들어있으며, 태양광발전 모듈 스트링의 출력을 인버터에 중계하며, 접속함의 주요자재는 다음과 같다.

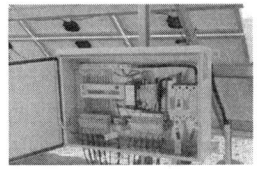

① 외함 ② DC Connector ③ Terminal Block
④ DC 퓨즈 ⑤ 퓨즈 링크(홀더) ⑥ 다이오드
⑦ 방열판 ⑧ PCB ⑨ DC 개폐기(차단기) ⑩ SPD
⑪ power supply ⑫ FAN ⑬ 케이블 그랜드
⑭ 모니터링 설비 ⑮ 전류센서
⑯ 기타(제조사가 주요 자재로 취급하는 것)

※ 피뢰기(Lightning Arrester)

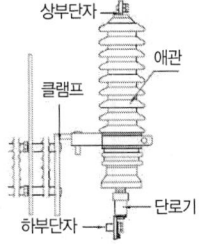

정답 18. ①

전선로에 규정 전압보다 몇 배 높은 이상 전압으로 인해 피뢰기의 단자 전압이 어느 일정 값 이상이 되면 방전되어, 전압 상승을 억제하고 기기를 보호하며, 이상 전압이 없어지면 방전이 정지되어 정상 송전 상태가 된다.

16.2.17 / 16.2.68 / 16.4.16 / 18.1.16 / 18.1.71 / 18.2.6 / 19.2.15 / 19.4.19 / 20.1.75 / 20.3.3 / 20.1.11 / 21.1.13 / 21.2.6

19 연료전지발전의 원리에 대한 설명으로 틀린 것은?

① 열과 전기에너지 발생
② 반응생성물로 물이 생성
③ 연료극에 공급된 수소이온과 전자기 결합
④ 수소이온이 전해질층을 통해 공기극으로 이동

해설 연료전지 설비

수소와 산소의 전기화학 반응을 통하여 전기 또는 열을 생산하는 설비

15.2.15 / 17.2.12 / 19.1.15 / 19.2.17 / 19.4.20 / 20.3.12 / 21.1.17 / 21.4.4

20 풍력발전시스템에서 저속 블레이드 회전수를 발전기용 고속 회전수로 변환시키는 장치는?

① 로터(Rotor)
② 나셀(Nacelle)
③ 인버터(Inverter)
④ 증속기(Gearbox)

해설 풍력발전기의 구성

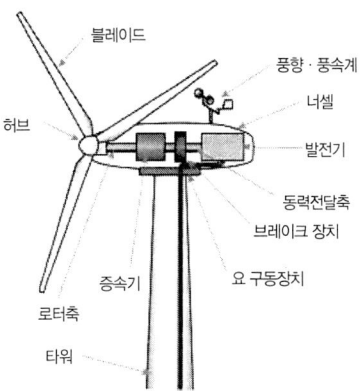

① 블레이드 : 바람이 가지는 에너지를 회전력으로 변환
② 허브 : 블레이드를 연결
③ 로터 : 블레이드와 허브를 포함해서 로터라고 함
④ 주축 : 회전력을 증속기에 전달
⑤ 증속기 : 저회전 고토크의 회전을 고회전 저토크의 회전으로 변환
⑥ 발전기 : 회전력을 전력으로 변환
⑦ 피치시스템 : 블레이드와 피치각을 조절
⑧ 너셀 : 블레이드와 타워를 연결하는 엔진실
⑨ 요잉 시스템 : 너셀을 바람이 부는 방향으로 일치시킴
⑩ 타워 : 풍력발전기를 지지
⑪ 제어/모니터링 시스템 : 풍력발전기를 제어

17.1.65 / 19.4.21 / 20.1.25

21 케이블 트레이 및 부속재 선정 시 고려사항으로 옳은 것은?

① 전선과 피복에 돌기 등이 있어도 된다.
② 케이블트레이의 안전율은 0.5 이상으로 하여야 한다.
③ 비금속제 케이블트레이는 방식성 재료의 것이어야 한다.
④ 옆면 레일 또는 이와 유사한 구조재를 설치하여야 한다.

해설 케이블트레이의 선정

① 수용된 모든 전선을 지지할 수 있는 적합한 강도의 것이어야 한다. 이 경우 케이블 트레이의 안전율은 1.5 이상으로 하여야 한다.
② 지지대는 트레이 자체 하중과 포설된 케이블 하중을 충분히 견딜 수 있는 강도를 가져야 한다.
③ 전선의 피복 등을 손상시킬 돌기 등이 없이 매끈하여야 한다.
④ 금속재의 것은 적절한 방식처리를 한 것이거나 내식성 재료의 것이어야 한다.
⑤ 측면 레일 또는 이와 유사한 구조재를 부착하여야 한다.
⑥ 배선의 방향 및 높이를 변경하는데 필요한 부속재 기타 적당한 기구를 갖춘 것이어야 한다.
⑦ 비금속제 케이블 트레이는 난연성 재료의 것이어야 한다.
⑧ 금속제 케이블트레이시스템은 기계적 및 전기적으로 완전하게 접속하여야 하며 금속제 트레이는 접지공사를 하여야 한다.

⑨ 케이블이 케이블트레이시스템에서 금속관, 합성수지관 등 또는 함으로 옮겨가는 개소에는 케이블에 압력이 가하여지지 않도록 지지하여야 한다.
⑩ 별도로 방호를 필요로 하는 배선부분에는 필요한 방호력이 있는 불연성의 커버 등을 사용하여야 한다.
⑪ 케이블트레이가 방화구획의 벽, 마루, 천장 등을 관통하는 경우에 관통부는 불연성의 물질로 충전(充塡)하여야 한다.

15.4.24 / 16.4.24 / 18.1.39 / 19.4.22 / 20.4.23 / 20.4.28 / 21.4.26 / 21.2.40

22 저압 배전선로의 구성 중 저압 뱅킹 방식의 특징이 아닌 것은?

① 전압변동 및 전력손실이 크다.
② 변압기의 용량을 저감할 수 있다.
③ 고장 보호 방식이 적당할 때 공급 신뢰도는 향상된다.
④ 부하의 증가에 대응할 수 있는 탄력성이 향상된다.

해설 저압 뱅킹 방식(Secondary Banking System)
동일한 고압 배전선에 접속되어 있는 2대 이상의 배전용 변압기의 2차측 저압 간선을 접속하여 융통성을 도모하는 방식이다.

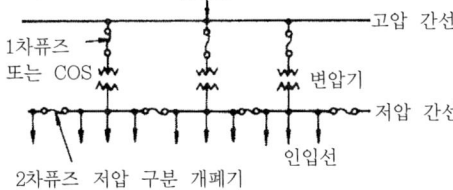

1) 장점
① 전압 강하와 전력 손실을 줄일 수 있다.
② 설비 용량의 경감
③ 부하의 증가에 대한 융통성 증대

2) 단점
① 캐스케이딩(Cascading) 현상 : 변압기 또는 저압 간선에 고장이 발생했을 때 이것을 제거하지 않으면 계속해서 그 뱅크 내의 변압기의 1차측 퓨즈가 차례로 끊어지거나 변압기를 소손시켜 정전 구간을 확대시킨다.
② 캐스케이딩 현상 방지법 : 변압기의 1차측에 퓨즈를 설치하고 인접 변압기를 연락하는 저압선의 중간에 퓨즈 또는 구분 개폐기를 설치한다.

16.2.28 / 16.4.35 / 17.2.38 / 19.4.23 / 19.4.28 / 19.4.33 / 20.3.24 / 20.3.26 / 20.3.27 / 20.3.32 / 21.1.28 / 21.2.34

23 전력시설물 공사감리업무 수행지침에 따라 감리원이 준공 후 발주자에게 인계할 주요 문서목록이 아닌 것은?

① 준공도면   ② 준공사진첩
③ 착공신고서   ④ 시설물 인수·인계서

해설 발주자에게 인계할 문서 목록
① 준공사진첩
② 준공도면
③ 품질시험 및 검사성과 총괄표
④ 기자재 구매서류
⑤ 시설물 인수·인계서
⑥ 그밖에 발주자가 필요하다고 인정하는 서류

19.4.24

24 화재 시 전선배관의 관통부분에서 방화구획 조치가 아닌 것은?

① 충전재 사용
② 난연 레진 사용
③ 난연 테이프 사용
④ 폴리에틸렌(PE) 케이블 사용

해설 폴리에틸렌(Polyethylene)
① 인체에 해가 없는 플라스틱 재질로 일회용 잡화, 병, 포장재, 전기절연재로 많이 사용된다.
② 생활에 많이 사용되는 페트병은 폴리에틸렌으로 만든 병이다.
③ 전선배관의 방화구획 관통부분에는 사용할 수 없다.

19.4.25

25 태양광발전 모듈의 단락전류를 측정하는 계측기는?

① 저항계   ② 전력량계
③ 직류전류계   ④ 교류전류계

해설 I-V 커브 측정방법
개방전압은 모듈 개방 상태에서의 전압이고, 전류는 0(A)이며, 개방전압과 단락전류 사이의 특성을 측정하기 위해서는 태양전지의 출력 부하를 0~∞(Ω)으로 변화시

정답 23. ③ 24. ④ 25. ③

키고, 그때의 전압과 전류의 관계로 확인할 수 있다. 태양광발전 모듈에서는 직류가 발생하며 단락전류는 전류계로 측정된다.

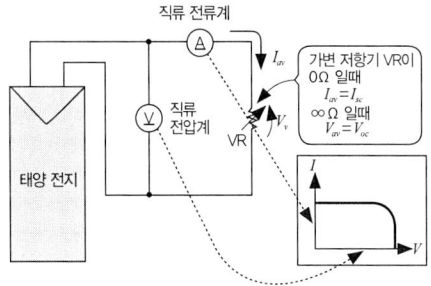

17.1.27 / 19.4.26

26 수전단 전압이 송전단 전압보다 높아지는 현상은?

① 표피효과 ② 코로나 현상
③ 역섬락 현상 ④ 페란티 현상

해설 **페란티 현상(Ferranti phenomena)**
① 부하가 대단히 적을 경우, 특히 무부하시에는 충전전류(정전용량)의 영향이 커서 전류는 진상(전류가 전압보다 위상이 앞선다) 전류가 되고 이러한 경우 수전단 전압이 송전단 전압보다 높아지게 되는 현상
② 단위 길이당 정전용량이 클수록 송전선로의 길이가 길수록 페란티 현상이 심하다.

13.4.26 / 15.4.28 / 16.4.38 / 17.1.51 / 17.2.22 / 17.2.54 / 17.4.23 / 17.4.53 / 18.1.21 / 18.1.47 / 18.2.46 / 18.2.53 / 18.4.23 / 19.1.60 / 19.2.26 / 19.2.42 / 19.4.27 / 19.4.49 / 20.1.52 / 20.3.23 / 20.3.41 / 20.4.24 / 21.1.38 / 21.4.42 / 21.4.48

27 태양광발전시스템 시공 시 감전방지 대책이 아닌 것은?

① 안전띠를 착용한다.
② 강우 시 작업을 하지 않는다.
③ 저압선로용 절연장갑을 착용한다.
④ 모듈 표면에 차광시트를 부착한다.

해설 **모듈 설치 시 감전방지대책**
① 전선피복 상태 관리
② 절연 장갑을 착용한다.
③ 절연 처리된 공구를 사용한다.
④ 태양전지 모듈 및 인버터 전원 개방
⑤ 작업 전 태양전지 모듈 표면에 차광막을 씌워 태양광을 차폐한다.

⑥ 강우시에는 감전사고와 미끄러짐에 의한 추락사고의 위험이 있으므로 작업을 금한다.

16.2.28 / 16.4.35 / 17.2.38 / 19.4.23 / 19.4.28 / 19.4.33 / 20.3.24 / 20.3.26 / 20.3.27 / 20.3.32 / 21.1.28 / 21.2.34

28 전력시설물 공사감리업무 수행지침에 의해 상주감리원은 공사현장(공사와 관련한 외부 현장점검, 확인 등 포함)에서 운영요령에 따라 배치된 일수를 상주하여야 하며, 다른 업무 또는 부득이한 사유로 며칠 이상 현장을 이탈하는 경우에는 반드시 감리업무일지에 기록하고, 발주자(지원업무담당자)의 승인(부재시 유선보고)을 받아야 하는가?

① 1 ② 3 ③ 5 ④ 7

해설 상주감리원은 다음에 따라 현장 근무를 하여야 한다.
① 상주감리원은 공사현장(공사와 관련한 외부 현장점검, 확인 등 포함)에서 운영요령에 따라 배치된 일수를 상주하여야 하며, 다른 업무 또는 부득이한 사유로 1일 이상 현장을 이탈하는 경우에는 반드시 감리업무일지에 기록하고, 발주자(지원업무담당자)의 승인(부재시 유선보고)을 받아야 한다.
② 상주감리원은 감리사무실 출입구 부근에 부착한 근무상황판에 현장 근무위치 및 업무내용 등을 기록하여야 한다.

15.4.33 / 17.2.40 / 18.2.21 / 19.4.29

29 3상 변압기의 병렬운전 결선방식이 아닌 것은?

① △-△와 △-△ ② Y-△와 Y-△
③ △-△와 Y-Y ④ Y-△와 Y-Y

해설 **3상 변압기 병렬운전**
부하의 증가로 인하여 변압기 용량이 부족한 경우, 변압기의 1차, 2차의 단자들을 연결하여 병렬 운전한다.

1) 병렬운전이 가능한 결선방식
① △-△ 와 △-△ ② Y-Y 와 Y-Y
③ Y-△ 와 Y-△ ④ △-Y 와 △-Y
⑤ △-Y 와 Y-△

2) 병렬운전이 불가능한 결선방식
① △-△ 와 △-Y ② △-Y 와 Y-Y
③ Y-△ 와 Y-Y

정답 26.④ 27.① 28.① 29.④ 30.④

16.4.21 / 17.4.30 / 18.1.35 / 19.4.30 / 20.1.32 / 20.3.40

30 태양광발전 모듈 가대의 구조 설계 시 고려하는 상정하중이 아닌 것은?

① 적설하중 ② 지진하중
③ 고정하중 ④ 온도하중

해설 **구조물의 상정하중**
① 수직하중 : 고정하중, 활하중, 적설하중
② 수평하중 : 풍하중, 지진하중
③ 고정하중 : 가대 본체의 하중과 가대에 적재하는 태양광 모듈 등의 적재하중 및 어레이의 구성에 필요한 기자재 등의 중량을 가산한 것으로써 영구적으로 작용하는 하중이다.

13.4.39 / 14.4.34 / 15.2.34 / 17.4.44 / 18.1.36 / 19.1.40 / 19.4.31 / 20.1.31

31 모듈에서 인버터 입력단 간 및 인버터 출력단과 계통연계점 간의 전선길이가 60m를 넘고 120m 이하일 경우 전압강하는 몇 %를 초과하지 말아야 하는가?

① 3 ② 4 ③ 5 ④ 6

해설 **전압강하**
모듈에서 인버터 입력단 간 및 인버터 출력단과 계통연계점 간의 전압강하는 각 3[%]를 초과하여서는 아니 된다. 다만, 전선길이가 60[m]을 초과할 경우에는 아래 표에 따라 시공할 수 있다.

전선길이	120[m] 이하	200[m] 이하	200[m] 초과
전압강하	5[%]	6[%]	7[%]

13.4.28 / 15.2.24 / 15.4.40 / 17.1.29 / 17.4.33 / 18.1.26 / 18.1.37 / 18.2.29 / 18.4.2 / 19.2.27 / 19.4.32 / 21.4.28 / 21.4.33

32 태양광발전 어레이 설치 후 확인 점검이 필요한 항목으로만 짝지어진 것은?

① 전압·극성의 확인, 단락전류의 측정, 비접지의 확인
② 전압·극성의 확인, 단락전류의 측정, 대지저항률 측정
③ 전압·극성의 확인, 단락전류의 측정, 소음 발생정도 확인
④ 전압·극성의 확인, 단락전류의 측정, 진동 발생정도 확인

해설 **모듈의 배선 연결 후 점검 사항**
① 전압 및 극성 확인
② 단락전류 측정
③ 접지확인(일반적으로 직류측 회로는 비접지한다)

※ 비접지 확인
회로시험기(Circuit Tester), 검정기(Electroscope), 간이측정기로 측정한다.

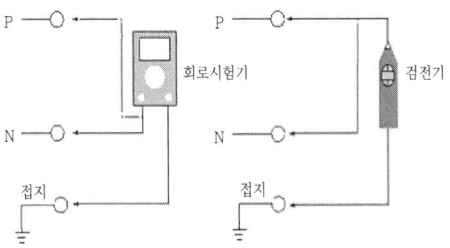

16.2.28 / 16.4.35 / 17.2.38 / 19.4.23 / 19.4.28 / 19.4.33 / 20.3.24 / 20.3.26 / 20.3.27 / 20.3.32 / 21.1.28 / 21.2.34

33 전력시설물 공사감리업무 수행지침에 따라 감리원은 공사 시작과 동시에 공사업자에게 가설시설물의 면적, 위치 등을 표시한 가설시설물 설치계획표를 작성하여 제출하도록 하여야 한다. 이 가설시설물에 포함이 되지 않는 것은?

① 자재 야적장
② 공사용 임시전력
③ 공사용도로(발·변전설비, 송·배전설비 제외)
④ 가설시설물, 작업장, 창고, 숙소, 식당 및 그 밖의 부대설비

해설 **현장사무소, 공사용 도로, 작업장부지 등의 선정**
감리원은 공사 시작과 동시에 공사업자에게 다음에 따른 가설시설물의 면적, 위치 등을 표시한 가설시설물 설치계획표를 작성하여 제출하도록 하여야 한다.
① 공사용도로(발·변전설비, 송·배전설비에 해당)
② 가설사무소, 작업장, 창고, 숙소, 식당 및 그 밖의 부대설비
③ 자재 야적장

13.4.29 / 16.4.40 / 19.4.34 / 21.2.35

34 모듈에서 접속함까지의 직류 배선길이가 50m 이며, 모듈 전압이 600V, 전류가 8A일 때, 전압강하는 몇 V 인가? (단, 전선의 단면적은 4.0mm²이다.)

① 1.56 ② 2.56 ③ 3.56 ④ 4.56

해설 전압강하(e)

$$e = \frac{35.6 \times L(전선의\ 길이) \times I(전류)}{1000 \times A(전선의\ 단면적)}$$

$$= \frac{35.6 \times 50 \times 8}{1000 \times 4} = 3.56\ [V]$$

16.2.35 / 18.4.32 / 19.4.35 / 20.1.37 / 20.3.28

35 설계감리업무 수행지침에 따른 설계감리의 업무범위가 아닌 것은?

① 설계감리 결과보고서의 작성
② 시공성 및 유지관리의 용이성 검토
③ 주요 기자재 및 지급자재의 검수 및 관리
④ 사업기획 및 타당성조사 등 전 단계 용역수행 내용의 검토

해설 설계감리원의 업무
① 주요 설계용역 업무에 대한 기술자문
② 사업기획 및 타당성조사 등 전 단계 용역 수행 내용의 검토
③ 시공성 및 유지관리의 용이성 검토
④ 설계도서의 누락, 오류, 불명확한 부분에 대한 추가 및 정정 지시 및 확인
⑤ 설계업무의 공정 및 기성관리의 검토 · 확인
⑥ 설계감리 결과보고서의 작성
⑦ 그밖에 계약문서에 명시된 사항

36 KEC 한국전기설비규정의 변경으로 삭제됨

16.2.28 / 16.4.35 / 17.2.38 / 19.4.23 / 19.4.28 / 19.4.33 / 20.3.24 / 20.3.26 / 20.3.27 / 20.3.32 / 21.1.28 / 21.2.34

37 전력시설물 공사감리업무 수행지침에 따라 감리원은 매 분기마다 공사업자로부터 안전관리 결과보고서를 제출받아 이를 검토하고 미비한 사항이 있을 때에는 시정하도록 조치하여야 한다. 안전관리 결과보고서에 포함되는 서류가 아닌 것은?

① 안전관리 조직표
② 직원 건강기록부
③ 안전교육 실적표
④ 안전보건 관리체제

해설 안전관리결과 보고서의 검토
감리원은 매 분기마다 공사업자로부터 안전관리 결과보고서를 제출받아 이를 검토하고 미비한 사항이 있을 때에는 시정하도록 조치하여야 하며, 안전관리결과보고서에는 다음의 서류가 포함되어야 한다.
① 안전관리 조직표
② 안전보건 관리체제
③ 재해발생 현황
④ 산재요양신청서 사본
⑤ 안전교육 실적표
⑥ 그밖에 필요한 서류

13.4.73 / 15.4.67 / 16.2.42 / 16.4.68 / 16.4.70 / 17.4.65 / 18.1.74 / 18.4.24 / 18.4.63 / 19.4.38 / 20.1.65 / 20.1.79 / 20.3.66 / 21.1.71 / 21.2.27 / 21.4.37 / 21.4.68

38 전력시설물 공사감리업무 수행지침에 따라 감리업자는 공사감리업을 수행하기 위해 누구에게 등록을 해야 하는가?

① 시 · 도지사
② 한국전기안전공사장
③ 산업통상자원부장관
④ 한국전기기술인 협회장

해설 정의
① 공사감리 : 공사에 대하여 발주자의 위탁을 받은 감리업자가 설계도서, 그 밖의 관계 서류의 내용대로 시공되는지 여부를 확인하고, 품질관리 · 공사관리 및 안전관리 등에 대한 기술지도를 하며, 관계 법령에 따라 발주자의 권한을 대행하는 것
② 발주자 : 공사를 발주하는 자
③ 감리업자 : 시 · 도지사에게 등록한 자

정답 34.③ 35.③ 36. 37.② 38.①

39 전기설비기술기준의 판단기준에 따라 제1종 접지공사 또는 제2종 접지공사에 사용하는 접지선을 사람이 접촉할 우려가 있는 곳에 시설하는 경우 접지극은 지하 몇 cm 이상으로 하되 동결 깊이를 감안하여 매설하여야 하는가?

① 50 ② 75
③ 100 ④ 125

해설 접지도체는 지하 0.75 m 부터 지표 상 2 m 까지 부분은 합성수지관(두께 2 ㎜ 미만의 합성수지제 전선관 및 가연성 콤바인덕트관은 제외한다) 또는 이와 동등 이상의 절연효과와 강도를 가지는 몰드로 덮어야 한다.

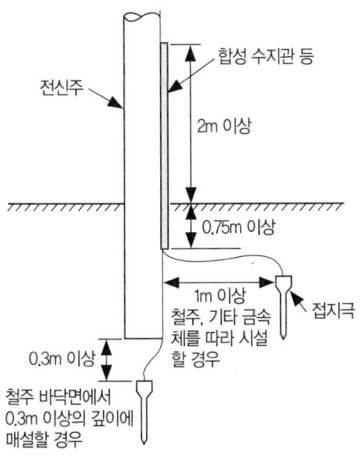

40 설비용량 1000kVA인 오피스빌딩의 변압기 용량을 결정하고자 한다. 설비의 수용률 60%, 부등률은 1.2이다. 이때 변압기 용량(kVA)은 얼마인가?

① 300 ② 400
③ 500 ④ 600

해설 변압기용량 $= \dfrac{\text{설비용량} \times \text{수용률}}{\text{부등률}}$
$= \dfrac{1000 \times 0.6}{1.2} = 500$

41 소형 태양광 발전용 인버터(KS C 8564:2016)의 자동 기동 · 정지 시험 시 품질기준 중 채터링은 몇 회 이내이어야 하는가?

① 1 ② 2 ③ 3 ④ 4

해설 소형 태양광발전용 인버터의 자동 기동 · 정지 시험
1) 시험방법
태양 전지 어레이 모의 전원 장치의 전압을 인버터 정격 입력 전압(Vdc_r)으로 설정하고, 다음 시험을 실시한다.
① 등가 일사 강도를 서서히 하강시켜 정지 등급과 정지 절차의 이상 여부를 확인한다.
② 태양광 어레이 모의 전원 장치를 인버터 기동 등급 이하의 등가 일사 강도로 설정한다.
③ 등가 일사 강도를 서서히 상승시켜 기동 등급과 기동 절차의 이상 여부를 확인한다.
④ 태양 전지 어레이 모의 전원 장치의 전압을 MPP 최소 전압(Vmpp_min)으로 설정하고, ①~③을 실시한다.
⑤ 태양 전지 어레이 모의 전원 장치의 전압을 MPP 최대 전압(Vmpp_max)으로 설정하고, ①~③을 실시한다.

2) 품질기준
① 기동 · 정지 절차가 설정된 방법대로 동작할 것
② 채터링은 3회 이내일 것(채터링: 자동 기동 · 정지 시에 인버터가 기동, 정지를 불안정하게 반복하는 현상)

42 고온 · 고습, 영향의 저온 등의 가혹한 자연환경에 반복 장시간 놓았을 때, 열팽창률의 차이나 수분의 침입 · 확산, 호흡작용 등에 의한 구조나 재료의 영향을 시험하는 것은?

① 고온고습 시험
② 습도-동결 시험
③ 온도 사이클 시험
④ 열점 내구성 시험

해설 **태양광발전 모듈 습도-동결 시험**
① 고온측 온도 조건을 (85±2) [℃], 상대습도 (85±5) [%] R.H.에서 20시간 유지하고, 저온측 온도 조건을 (-40±2) [℃] 조건에서 0.5시간 유지한다.
② ①의 조건을 1사이클로 하여 24시간 이내에 하고 10회 실시한다.
③ 최대 출력은 시험 전 값의 95[%] 이상일 것.

해설 **태양전지(어레이)의 육안점검**
① 모듈의 오염 및 파손
② 프레임 파손 및 변형유무
③ 가대의 부식 및 녹 발생
④ 가대의 고정(볼트 및 너트의 풀림) 및 접지
⑤ 외부배선의 손상
⑥ 변색, 낙엽 등의 유무 검사
⑦ 지붕재의 파손 및 지지기구와의 고정상태

13.4.46 / 16.2.50 / 17.1.56 / 17.2.52 / 18.2.52 / 19.1.42 / 19.2.52 / 19.4.43

43 인버터(파워컨디셔너)의 일상점검 항목이 아닌 것은?
① 외함의 부식 및 파손
② 가대의 부식 및 오염 상태
③ 외부배선(접속케이블)의 손상
④ 통풍 확인(통풍구, 환기필터 등)

19.4.45

45 태양광발전시스템의 배선에 대한 고장으로 보기 어려운 것은?
① 핫스팟　　② 전선 경화
③ 표면 크랙　④ 전선의 늘어짐

해설 **PCS(Power Conditioning System)의 일상점검**
① 외함의 부식 및 파손
② 외부배선의 손상 및 접속단자 풀림
③ 접지선의 손상 및 접지단자 풀림
④ 환기팬확인
⑤ 이음, 이취, 연기 발생 및 이상 과열 상태
⑥ LCD표시창 발전상황 정보표시 이상 여부

※ **파워컨디셔너(PCS)**
① 전기의 성질(AC/DC, 전압, 주파수)을 바꿔주는 전력변환장치의 총칭
② 태양광인버터는 PCS의 한 종류이다.

해설 **핫스팟(Hot Spot, 열점)**

① 태양전지에 부분음영이 발생하면 직렬저항이 증가하고 병렬저항의 감소에 따라 전류가 줄어, 직렬로 연결된 다른 태양전지와 부정합 현상이 발생되고 태양전지에 역전압을 인가시킴과 동시에 열점을 발생시킨다.
② 열점현상이 지속되면 셀이나 유리의 파손, 납땜의 용융, 태양전지의 열화 같은 모듈 손실이 발생된다.

6.4.59 / 17.2.43 / 18.2.58 / 19.4.44

44 태양광발전 모듈의 육안점검 항목으로 틀린 것은?
① 가대의 부식 및 녹 확인
② 프레임 파손 및 변형 확인
③ 유리 등 표면의 오염 및 파손 확인
④ 볼트가 규정된 토크 수치로 조여 있는지 확인

19.4.46 / 21.1.48

46 전기사업 허가신청서에 작성하는 내용 중 신청 내용에 해당하지 않는 것은?
① 설치장소
② 전기신사업 종류
③ 사업에 필요한 준비기간
④ 전기사업용 전기설비에 관한 사항

해설 전기사업 허가신청서의 신청내용
① 사업의 종류
② 설치장소
③ 사업구역 또는 특정한 공급구역
④ 전기사업용 전기설비에 관한 사항
⑤ 사업에 필요한 준비기간

16.2.47 / 16.2.51 / 16.4.47 / 17.2.42 / 18.1.45 / 18.2.44 /
18.2.54 / 19.1.43 / 19.1.51 / 19.1.53 / 19.4.42 / 19.4.47 /
20.3.48 / 20.4.42 / 20.4.45 / 20.4.51 / 21.1.46 / 21.1.51 /
21.1.58 / 21.4.44 / 21.2.47 / 21.4.56

47 건물일체형 태양광 모듈(BIPV) 성능평가 요구사항(KS C 8577:2016)에서 최대 출력 결정 시험의 품질기준 중 박막 BIPV 모듈의 경우로 틀린 것은?

① 시험시료의 출력 균일도는 평균 출력의 ±3% 이내일 것
② 광조사 시험 후 STC 조건에서의 균일도는 10% 이내일 것
③ 해당 태양광 모듈의 최대 출력을 측정하되, 시험시료의 평균 출력은 정격 출력 이상일 것
④ 광조사 시험 후 STC 조건에서의 측정값은 제조자가 표시한 정격 출력 최소값의 90% 이상일 것

해설 최대 출력 결정
1) 결정 방법
① 환경시험 전후에 모듈의 최대 출력을 결정하는 시험으로 인공광원법에 의해 태양광발전 모듈의 I-V 특성 시험을 수행하며, AM 1.5, 방사조도 1 [kW/m²]이다.
② 온도 25[℃] 조건에서 기준태양전지를 이용하여 시험을 실시하여 개방전압(Voc), 단락전류(Isc), 최대전압(Vmax), 최대 전류(Imax), 최대 출력(Pmax), 곡선율(FF) 및 효율(Eff)을 측정한다. KS C IEC 61215에서 정하는 KS C IEC 60904-1의 시험방법에 따라 시험한다.

2) 품질기준
결정질 BIPV 모듈의 경우
① 해당 태양광 모듈의 최대 출력을 측정하되, 시험시료의 평균출력은 정격 출력 이상일 것.
② 시험시료의 출력 균일도는 평균 출력의 ±3 [%] 이내일 것.
③ 시험시료의 최종 환경시험 후 최대 출력의 열화는 최초 최대 출력의 -8 [%]를 초과하지 않을 것.

박막 BIPV 모듈의 경우
① 해당 태양광 모듈의 최대 출력을 측정하되, 시험시료의 평균출력은 정격 출력 이상일 것.
② 시험시료의 출력 균일도는 평균 출력의 ±3 [%] 이내일 것.
③ 광조사 시험 후 STC 조건에서의 측정값은 제조자가 표시한 정격 출력 최소값의 90[%] 이상일 것. 균일도는 5[%] 이내일 것

15.4.43 / 16.4.43 / 16.4.53 / 17.4.58 / 18.2.26 / 19.4.48 / 20.1.45

48 인버터 출력회로의 절연저항 측정방법으로 틀린 것은?

① 분전반 내의 분기 차단기를 개방
② 태양전지 회로를 접속함에서 분리
③ 직류단자와 대지 간의 절연저항 측정
④ 직류측의 모든 입력단자 및 교류측의 전체 출력단자를 각각 단락

해설 인버터의 절연저항 측정

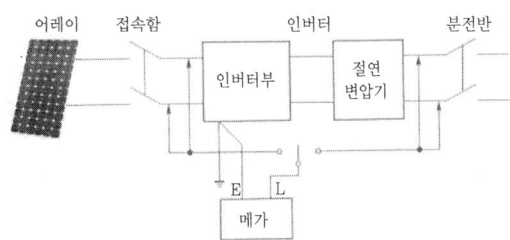

1) 입력회로
① 태양전지회로를 접속함에서 분리한다.
② 분전반 내의 분기회로 차단기를 개방한다.
③ 인버터의 입·출력단자를 단락하고, 직류단자와 대지 간을 절연저항계(Megger)로 측정한다.

2) 출력회로
① 태양전지회로를 접속함에서 분리한다.
② 분전반 내의 분기회로 차단기를 개방한다.
③ 인버터의 교류측 회로를 분전반 차단기에서 분리하여 분전반까지의 전로를 포함하여 측정한다.
④ 인버터의 입·출력단자를 단락하고, 출력단자와 대지 간을 절연저항계(Megger)로 측정한다.

3) 기타 주의사항
① 정격전압이 입출력과 다를 때는 높은 측의 전압을 절연저항계의 선택기준으로 한다.

정답 46. ② 47. ② 48. ③

② 입출력 단자에 주회로 이외의 제어단자 등이 있는 경우는 이것을 포함해서 측정한다.
③ 서지업서버 등의 정격에 약한 회로들은 회로에서 분리하여 측정한다.
④ 절연변압기가 별도로 설치된 경우에는 이를 포함하여 측정한다.
⑤ 절연변압기를 장착하지 않은 인버터는 제조사 추천 방식으로 측정한다.

13.4.26 / 15.4.28 / 16.4.38 / 17.1.51 / 17.2.22 / 17.2.54 / 17.4.23 / 17.4.53 / 18.1.21 / 18.1.47 / 18.2.46 / 18.2.53 / 18.4.23 / 19.1.60 / 19.2.26 / 19.2.42 / 19.4.27 / 19.4.49 / 20.1.52 / 20.3.23 / 20.3.41 / 20.4.24 / 21.1.38 / 21.4.42 / 21.4.48

49 단락접지기구를 설치하거나 철거할 경우 주의사항으로 틀린 것은?

① 개폐장치 내부에 설치된 단락접지기구는 문이나 덮개로 가려서는 안된다.
② 설치하기 전 도체 내에 끊어진 연선이 있는지, 클램프 기구의 결함이 있는지 등을 검사한다.
③ 케이블 및 클램프의 용량, 상세한 관련 정보에 대하여는 점검자가 직접 측정하여 기록한 후 보관한다.
④ 정전된 가공전로 도체에 단락접지기구를 설치하거나 철거할 때에는 절연봉, 절연장갑 또는 기타 이와 유사한 보호구를 사용한다.

해설 정전작업 시의 단락접지

1. 일반사항
(1) 정전작업 시의 방호대상과 방호범위가 안전작업 절차에 규정되어야 하며, 특히 고압 및 특고압 회로에 대한 정전작업은 높은 수준의 방호가 이루어져야 한다.

(2) 정전작업 시에는 아래와 같은 예상치 못한 위험요인과 변수가 발생할 수 있으므로 특별히 주의를 기울여야 한다.
① 충전선로 가까운 장소에서의 유도
② 부적절한 재통전을 일으키는 스위치 투입 실수
③ 통전중인 도체를 정전중인 회로에 접촉시킴으로 인한 사고성 통전
④ 낙뢰에 의한 극히 높은 전압
⑤ 커패시터 또는 케이블 등 그 밖의 다른 기기에 의한 충전 전하

2. 단락접지 방법과 절차
(1) 정전작업 중 정전된 회로가 실수로 재통전 될 수 있으므로, 적절한 단락접지를 수행하여 작업자를 보호하여야 한다.

(2) 사고 시 100kA를 초과하는 고장전류가 흐를 수 있으므로, 단락접지기구에 사용되는 접지클램프 및 케이블은 다음의 조건을 만족하여야 한다.
① 접지클램프는 고장전류에 견딜 수 있는 충분한 용량과 케이블에 부착하기에 적합하여야 한다.
② 접지케이블은 고장전류를 흘릴 수 있는 충분한 용량이어야 한다.
③ 접지케이블은 낮은 저항을 유지하기 위하여 가능한 한 짧아야 한다.
④ 접지케이블은 접지 구조물과 정전된 3상 전원선, 중성선 등에 연결하여야 한다.

(3) 단락접지기구 설치시 고려사항
① 단락접지기구를 설치하기 전 전선의 손상, 클램프 단자의 풀림, 클램프의 결함, 기구의 결함여부 등을 점검하여야 한다.
② 단락접지기구는 정전상태에서 정전작업을 수행하는 지점마다 설치하여야 한다.
③ 비접지된 단락접지기구, 정전된 가공 전로 도체에 단락접지기구를 설치하거나 철거할 때에는 절연봉, 절연장갑 또는 기타 이와 유사한 보호구를 사용한다.
④ 단락접지 인하도선은 금속구조물이나 스위치기어의 접지 버스바(Bus bar)에 먼저 접속한 후 정전설비의 상도체간을 연결하여야 한다.

(4) 단락접지기구 철거 시 고려사항
1) 단락접지기구를 철거할 때에는 설치절차와 반대로 정전설비의 상도체로부터 인하도선을 먼저 분리한 후 금속구조물이나 접지 버스에 연결된 인하도선을 분리시킨다.

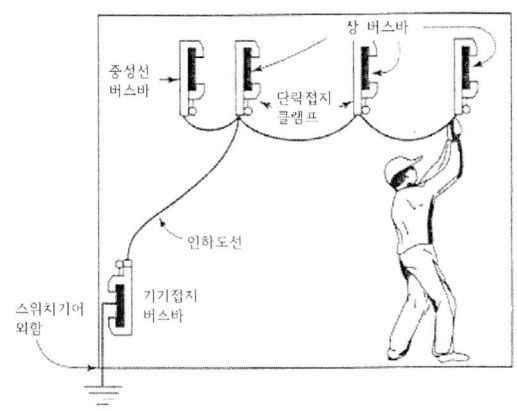

2) 단락접지기구를 철거한 후 재통전하기 전 다음의 사항을 확인하는 절차가 수립·시행되어야 한다.
① 설치하는 모든 단락접지기구에는 식별번호를 부여하여 기록하고, 철거할 때 설치 시 기록한 번호를 지워 나간다.
② 단락접지기구가 배전반 내에 설치된 곳에는 문을 닫고 덮개를 덮어서는 아니 되며, 만일 접지기구가 잘 보이지 않는 곳에 설치될 때에는 단락접지기구가 안쪽에 있다는 사실을 알리기 위하여 문이나 덮개에 표지를 부착하여야 한다.
③ 재통전하기 전 모든 도체에 접지된 부분이 있는지 확인하기 위하여 절연저항 측정기로 절연시험을 하여야 한다.

※ 케이블 및 클램프의 용량, 상세한 관련 정보에 대하여는 단락접지기구의 제조사 사용설명서를 참고한다.

13.4.44 / 13.4.54 / 16.4.48 / 17.1.57 / 17.4.48 / 18.1.49 / 18.4.44 / 18.4.53 / 19.4.50 / 20.1.59

50 태양광발전시스템 접속함의 점검 사항이 아닌 것은?

① 퓨즈 상태 확인
② 조도계 센서 동작 여부
③ 역전류 방지 다이오드 이상 유무
④ 접속부의 볼트 조임 상태 및 발열 상태

해설 접속함 정기점검내용

점검 방법	점검 항목	점검 내용
육안 점검	외함	부식 및 파손 상태 볼트 및 너트 조임 상태
	외부 배선 및 접속단지(퓨즈, 역전류 방지 다이오드, SPD, 극성)	배선 상태 접속 단자의 성상 유무 극성 상태(전체 회로) 전선인입부의 방수처리상태
	접지선 및 접지단자	접지선 손상, 접속 상태 단자 조임 상태
측정 및 시험	절연저항측정 (태양 전지와 접지 사이)	0.2[MΩ] 이상, 측정 전압 DC 500[V]
	절연저항측정 (인버터 입출력 단자와 접지 사이)	1[MΩ] 이상, 측정 전압 DC 500[V]
	개방전압측정	규정의 전압 여부, 어레이 출력확인

19.4.51 / 20.4.53

51 바이패스 다이오드(Bypass Diode) 고장의 원인이 아닌 것은?

① 빈번한 차광   ② 외부의 충격
③ 낙뢰 및 서지   ④ 인버터 용량과다

해설 바이패스 다이오드(Bypass Diode) 고장의 원인
① 다이오드 항복전압 이상의 서지전압
② 정션박스 내부의 열배출 미비로 인한 파괴
③ 빈번한 차광에 의한 열발생
④ 외부의 충격

15.4.49 / 18.2.57 / 19.2.3 / 19.4.52 / 21.4.9

52 태양광발전시스템 운영에 대한 설명으로 틀린 것은?

① 태양광발전시스템의 발전량은 여름철이 봄철, 가을철 보다 많다.
② 태양광발전시스템의 일상점검, 정기점검 등 주기에 맞춰 점검한다.
③ 태양광발전 모듈 표면의 온도가 높을수록 발전효율이 저하되므로 정기적으로 물을 뿌려 온도를 조절해준다.
④ 태양광발전시스템의 고장요인은 대부분 인버터에서 발생하므로 정기적으로 정상가동 유무를 확인한다.

해설 남해지역 고정식 태양광발전소 발전량

	1월	2월	3월	4월	5월	6월
[kWh]	3,057	3,295	4,348	3,997	4,157	3,831
[%]	7.39	7.96	10.51	9.66	10.05	9.26

	7월	8월	9월	10월	11월	12월	합계
	2,766	3,398	3,603	3,217	2,937	2,776	41,382
	6.68	8.21	8.71	7.77	7.10	6.71	100[%]

태양광발전소의 발전량은 3월~6월 가장 높게 발생된다.

정답 50. ② 51. ④ 52. ① 53. ①

16.4.45 / 17.2.57 / 17.4.54 / 19.2.45 / 19.4.53 / 20.3.45

53 태양광발전시스템의 유지보수 기본계획 수립 시 고려 사항이 아닌 것은?

① 토지매입   ② 환경조건
③ 고장이력   ④ 설비의 사용기간

해설 태양광발전시스템 점검 계획 시 고려사항
① 환경조건   ② 설비의 중요도
③ 설비의 사용시간   ④ 고장이력
⑤ 부하상태   ⑥ 보수방법

19.4.54

54 소형 태양광 발전용 인버터(KS C 8564:2016)에서 교류 출력 전류 변형률 시험의 품질기준에 대한 설명으로 옳은 것은?

① 교류 출력 전류 종합 왜형률은 3% 이내, 각 차수별 왜형률은 5% 이내일 것
② 교류 출력 전류 종합 왜형률은 5% 이내, 각 차수별 왜형률은 3% 이내일 것
③ 교류 출력 전류 종합 왜형률은 5% 이내, 각 차수별 왜형률은 10% 이내일 것
④ 교류 출력 전류 종합 왜형률은 10% 이내, 각 차수별 왜형률은 10% 이내일 것

해설 교류 출력 전류 변형률 시험

1) 시험방법
① 시험 회로 중 임피던스 투입 스위치를 개방하여 기준 임피던스를 설정하고, 인버터를 정격 출력 전압, 정격 출력 주파수 및 정격 출력으로 운전한다.
② 인버터의 출력 전류에 포함되는 차수별 고조파 전류 성분을 측정하고, 다음 식에 따라서 전류의 종합 왜형률 THD를 산출한다.

$$THR = \frac{\sqrt{\sum i_{ACh}^2}}{I_{AC1}} \times 100[\%]$$

i_{ACh} : 인버터 출력 전류의 n차 고조파 전류 성분 실효값 [A]
n : 고조파 차수는 2차~40차로 한다.
I_{AC1} : 인버터 출력 전류의 기본파 실효값 [A]

③ 회로에 사용하는 220[V], 60[Hz]의 선로임피던스는 다음과 같이 설정한다.

3상 기준 임피던스 = $(0.24 + j0.15)[\Omega]$(각상),
$(0.16 + j0.1)[\Omega]$

단상 기준임피던스 = $(0.4 + j0.25)[\Omega]$

2) 품질기준
교류 출력전류 종합 왜형률은 5[%] 이내, 각 차수별 왜형률은 3[%] 이내일 것

15.4.55 / 18.1.54 / 19.2.57 / 19.2.60 / 19.4.55 / 20.1.43 / 21.4.14 / 21.4.59

55 태양광발전 접속함(KS C 8567 : 2019)에서 통상적으로 태양광발전 접속함을 실외에 설치할 때 보호등급으로 옳은 것은?

① IP20 이상   ② IP35 이상
③ IP44 이상   ④ IP54 이상

해설 태양광발전용 접속함

1) 구분

병렬 스트링 수에 의한 분류	설치장소에 의한 분류
소형(3회로 이하)	실내형: IP54 이상
	실외형: IP54 이상
중대형(4회로 이상)	실내형: IP20 이상
	실외형: IP54 이상

2) IP 등급의 표시 내용

숫자	제1숫자 방수 보호정도	제2숫자 방수 보호정도
0	없음	없음
1	손의 접근으로부터 보호	수직으로 떨어지는 물방울로부터의 보호
2	손가락의 접근으로부터의 보호	수직에서 15° 범위에서 떨어지는 물방울로부터의 보호
3	공구의 선단 등으로부터 보호	수직에서 60° 범위에서 떨어지는 물방울로부터의 보호
4	WIRE 등으로부터의 보호	전방향으로 비산되는 물로부터의 보호
5	분진으로부터 보호	전방향으로 쏟아지는 물로부터의 보호
6	완전한 방진구조	파도 등의 강력하게 쏟아지는 물로부터의 보호
7	-	일정한 조건으로 물에 잠겨서 사용 가능
8	-	물속에서 사용 가능

14.4.45 / 15.4.54 / 16.4.56 / 17.1.55 / 17.4.57 / 18.1.52 / 19.1.41 / 19.2.46 / 19.4.56 / 20.3.55

56 태양광발전 모듈에서 발생하는 고장으로 틀린 것은?

① 황색 변이 ② 백화 현상
③ 전선관 침수 ④ 프레임 변형

[해설] 모듈의 고장원인
① 제조결함(백화현상, 적화현상, 황색 변이, 핫스팟, 백시트 에어 버블링 등)
② 시공불량(모듈 시공시 외부 충격의 영향, 구조물의 불균형 시공으로 인한 프레임 변형 등)
③ 전기적(전압, 전류), 기계적(열응력, 충격) 스트레스에 의한 태양전지 셀의 파손
④ 염해, 부식성 가스 등 주변 환경에 의한 부식
⑤ 경년 열화에 의한 태양전지 셀 및 리본의 노화

19.4.57

57 일반적으로 태양광발전시스템의 유지보수를 위하여 비치하는 물품으로 틀린 것은?

① 멀티테스터 ② 절연저항계
③ 스페이서 댐퍼 ④ 적외선 온도측정기

[해설] 전선의 진동방지

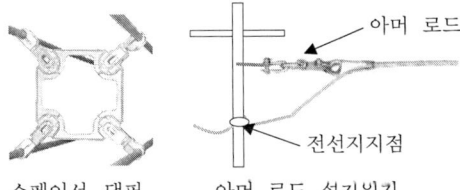

스페이서 댐퍼   아머 로드 설치위치

① 아머 로드(Armor Rod) : 전선과 같은 재질의 선으로 감아서 고정하여, 전선의 진동방지 및 전선지지 점에서의 단선을 방지한다.
② 스페이서 댐퍼(Spacer Damper) : 다도체 방식 가공송전선로에 설치되는 방진장치로, 각 소도체간의 간격을 유지시키고 진동발생을 저감시키는 역할을 한다.

17.2.58 / 19.1.57 / 19.1.58 / 19.2.47 / 19.4.58 / 20.1.46 / 20.1.47 / 20.4.48 / 20.4.59 / 21.2.49

58 안전모의 종류 중 물체의 낙하 또는 비례 및 추락에 의한 위험을 방지 또는 경감하고, 머리부위 감전에 의한 위험을 방지하기 위한 것은?

① AE ② AB ③ ABD ④ ABE

[해설] 안전모의 종류
① A형: 물체의 낙하 및 비래에 의한 위험을 방지 또는 경감하기 위한 안전모
② AB형: 물체의 낙하 및 비래는 물론 추락에 의한 위험을 방지 또는 경감하기 위한 안전모
③ AE형: 물체의 낙하 및 비래는 물론 감전에 의한 위험을 방지 또는 경감하기 위한 안전모
④ ABE형: 다목적용으로 물체의 낙하, 비래, 추락, 감전 모든부분의 위험을 방지 또는 경감하기 위한 안전모

19.4.59

59 오염된 절연장갑의 세척방법으로 틀린 것은?

① 순한 비누나 세제와 물로 세척해야 한다.
② 세정제는 절연장갑의 절연성능을 저하시키지 않아야 한다.
③ 비누, 세제, 표백제는 고무표면에 침식하거나 해를 입히지 않을 정도로 사용해야 한다.
④ 세척 후 절연장갑은 비누나 세제를 물로 완전히 헹군 후 고온의 건조기를 이용하여 신속하게 건조시켜야 한다.

[해설] 오염된 절연장갑 및 슬리브의 세척방법
① 순한 비누나 세제와 물로 세척해야 한다.
② 비누, 세제, 표백제는 고무표면에 침식하거나 해를 입히지 않을 정도로 사용해야 한다.
③ 세정제는 절연장갑 및 슬리브의 절연성능을 저하시키지 않아야 한다.
④ 세척 후 절연장갑 및 슬리브는 비누나 세제를 물로 완전히 헹군 후 건조시킨다.
⑤ 텀블형(Tumble type) 세척기기를 사용할 수 있으나, 절연장갑 및 슬리브의 표면이나 모서리에 끼임, 절단, 마모, 구멍이 생기는 것을 주의해야 한다.

정답 56. ③ 57. ③ 58. ④ 59. ④

60 전기사업용 전기설비 중 태양광 전기설비 계통의 정기검사 시기는?

① 2년 이내　　② 3년 이내
③ 4년 이내　　④ 5년 이내

해설 자가용/전기사업용 전기설비의 정기검사
① 태양광 · 전기설비 계통 : 4년 이내
② 구역전기사업자의 송전 · 변전 : 2년 이내

61 전기설비기술기준의 판단기준에서 저압 및 고압 가공전선로(전기철도용 급전선로 제외)와 기설 가공약전류전선로가 병행하는 경우 유도작용에 의하여 통신상의 장해가 생기지 않도록 전선과 기설 약전류 전선 간의 이격거리는 몇 m 이상으로 하여야 하는가?

① 0.5　　② 1　　③ 1.5　　④ 2

해설 가공 약전류전선로의 유도장해 방지(판단기준 제68조)
1) 저압 가공전선로(전기철도용 급전선로는 제외한다) 또는 고압 가공전선로(전기철도용 급전선로는 제외한다)와 기설 가공약전류전선로가 병행하는 경우에는 유도작용에 의하여 통신상의 장해가 생기지 아니하도록 전선과 기설 약전류 전선간의 이격거리는 2[m] 이상이어야 한다. 다만, 저압 또는 고압의 가공전선이 케이블인 경우 또는 가공약전류 전선로의 관리자의 승낙을 받은 경우에는 그러하지 않다.

2) 1)에 따라 시설하더라도 기설 가공약전류전선로에 장해를 줄 우려가 있는 경우에는 다음 중 한 가지 또는 두 가지 이상을 기준으로 하여 시설하여야 한다.
① 가공전선과 가공약전류 전선간의 이격거리를 증가시킬 것
② 교류식 가공전선로의 경우에는 가공전선을 적당한 거리에서 연가 할 것
③ 가공전선과 가공약전류전선 사이에 인장강도 5.26[kN] 이상의 것 또는 지름 4[mm]이상인 경동선의 금속선 2가닥 이상을 시설하고 이에 접지공사를 할 것

62 전기설비기술기준에 따라 발전기 · 변압기 · 조상기 · 계기용변성기 · 모선 및 애자는 어떤 전류에 의하여 생기는 기계적 충격에 견디어야 하는가?

① 충전전류　　② 정격전류
③ 단락전류　　④ 유도전류

해설 발전기 등의 기계적 강도(기술기준 제23조)
발전기 · 변압기 · 조상기 · 계기용변성기 · 모선 및 이를 지지하는 애자는 단락전류에 의하여 생기는 기계적 충격에 견디는 것이어야 한다.

63 신에너지 및 재생에너지 개발 · 이용 · 보급 촉진법에 따라 공급의무자가 의무적으로 신 · 재생에너지를 이용하여 공급하여야 하는 발전량의 합계는 총전력생산량의 몇 % 이내의 범위에서 연도별로 대통령령으로 정하는가?

① 25　　② 3　　③ 5　　④ 10

해설 신 · 재생에너지 공급의무화 등(신재생에너지법 제12조의5)
1) 산업통상자원부장관은 신 · 재생에너지의 이용 · 보급을 촉진하고 신 · 재생에너지산업의 활성화를 위하여 필요하다고 인정하면 다음의 어느 하나에 해당하는 자 중 대통령령으로 정하는 자에게 발전량의 일정량 이상을 의무적으로 신 · 재생에너지를 이용하여 공급하게 할 수 있다.
① 발전사업자
② 발전사업의 허가를 받은 것으로 보는 자
③ 공공기관

2) 공급의무자가 의무적으로 신 · 재생에너지를 이용하여 공급하여야 하는 발전량의 합계는 총전력생산량의 25% 이내의 범위에서 연도별로 대통령령으로 정한다. 이 경우 균형 있는 이용 · 보급이 필요한 신 · 재생에너지에 대하여는 대통령령으로 정하는 바에 따라 총의무공급량 중 일부를 해당 신 · 재생에너지를 이용하여 공급하게 할 수 있다.

정답 60. ③　61. ④　62. ③　63. ①

13.4.68 / 15.2.65 / 16.4.61 / 18.2.65 / 18.4.77 / 19.2.61 / 19.4.64

64 신에너지 및 재생에너지 개발·이용·보급 촉진법에 따는 기본계획의 계획기간은?

① 3년 이상   ② 5년 이상
③ 7년 이상   ④ 10년 이상

해설 기본계획의 수립(신재생에너지법 제5조)
① 산업통상자원부장관은 관계 중앙행정기관의 장과 협의를 한 후 신·재생에너지정책심의회의 심의를 거쳐 신·재생에너지의 기술개발 및 이용·보급을 촉진하기 위한 기본계획을 5년마다 수립하여야 한다.
② 기본계획의 계획기간은 10년 이상으로 한다.

14.4.64 / 15.2.67 / 16.2.71 / 16.4.78 / 17.2.61 / 17.2.69 / 17.4.64 /
18.1.66 / 19.1.73 / 19.2.79 / 19.4.65 / 20.1.61 / 20.1.71 / 21.1.68

65 전기사업법에서 정의하는 용어에 대한 설명으로 틀린 것은?

① '전력시장'이란 전력거래를 위하여 한국전력거래소가 개설하는 시장을 말한다.
② '전기사업'이란 발전사업·송전사업·배전사업·전기판매업 및 구역전기사업을 말한다.
③ '보편적 공급'이란 전기판매사업자가 언제 어디서나 최소한의 요금으로 전기를 판매할 수 있도록 전기를 공급하는 것을 말한다.
④ '발전사업'이란 전기를 생산하여 이를 전력시장을 통하여 전기판매사업자에게 공급하는 것을 주된 목적으로 하는 사업을 말한다.

해설 정의(전기사업법 제2조)
보편적 공급이란 전기사용자가 언제 어디서나 적정한 요금으로 전기를 사용할 수 있도록 전기를 공급하는 것을 말한다.

19.4.66 / 21.1.66

66 전기사업법에 따라 전기공급의 의무와 관련하여 대통령령으로 정하는 정당한 사유없이 전기의 공급을 거부하여서는 안되는 사업자로 틀린 것은?

① 발전사업자
② 전기판매사업자
③ 구역전기사업자
④ 전기자동차충전사업자

해설 전기공급의 의무(전기사업법 제14조)
발전사업자, 전기판매사업자 및 전기자동차충전사업자는 대통령령으로 정하는 정당한 사유없이 전기의 공급을 거부하여서는 아니 된다.

13.4.76 / 15.2.25 / 16.4.73 / 17.4.66 / 17.4.67 / 18.1.24 / 18.1.75 /
19.1.62 / 19.2.78 / 19.4.67 / 20.3.73 / 21.1.63 / 21.1.76 / 21.4.70

67 신에너지 및 재생에너지 개발·이용·보급 촉진법에 따라 신·재생에너지의 공급인증서에 포함되어야 하는 기재사항이 아닌 것은?

① 유효기간
② 수요 전력의 예상량
③ 신·재생에너지 공급자
④ 신·재생에너지의 종류별 공급량 및 공급기간

해설 신·재생에너지 공급인증서 등(신재생에너지법 제12조의7)
1) 신·재생에너지를 이용하여 에너지를 공급한 자는 산업통상자원부장관이 신·재생에너지를 이용한 에너지 공급의 증명 등을 위하여 지정하는 기관으로부터 그 공급 사실을 증명하는 인증서를 발급받을 수 있다. 다만, 발전차액을 지원받은 신·재생에너지 공급자에 대한 공급인증서는 국가에 대하여 발급한다.

2) 공급인증서를 발급받으려는 자는 공급인증기관에 대통령령으로 정하는 바에 따라 공급인증서의 발급을 신청하여야 한다.

3) 공급인증기관은 신청을 받은 경우에는 신·재생에너지의 종류별 공급량 및 공급기간 등을 확인한 후 다음의 기재사항을 포함한 공급인증서를 발급하여야 한다. 이 경우 균형 있는 이용·보급과 기술개발 촉진 등이 필요한 신·재생에너지에 대하여는 대통령령으로 정하는 바에 따라 실제 공급량에 가중치

정답 64. ④ 65. ③ 66. ③ 67. ②

를 곱한 양을 공급량으로 하는 공급인증서를 발급할 수 있다.
① 신·재생에너지 공급자
② 신·재생에너지의 종류별 공급량 및 공급기간
③ 유효기간

4) 공급인증서의 유효기간은 발급받은 날부터 3년으로 하되, 공급의무자가 구매하여 의무공급량에 충당하거나 발급받아 산업통상자원부장관에게 제출한 공급인증서는 그 효력을 상실한다. 이 경우 유효기간이 지나거나 효력을 상실한 해당 공급인증서는 폐기하여야 한다.

5) 공급인증서를 발급받은 자는 그 공급인증서를 거래하려면 공급인증서 발급 및 거래시장 운영에 관한 규칙으로 정하는 바에 따라 공급인증기관이 개설한 거래시장에서 거래하여야 한다.

6) 산업통상자원부장관은 다른 신·재생에너지와의 형평을 고려하여 공급인증서가 일정 규모 이상의 수력을 이용하여 에너지를 공급하고 발급된 경우 등 산업통상자원부령으로 정하는 사유에 해당할 때에는 거래시장에서 해당 공급인증서가 거래될 수 없도록 할 수 있다.

7) 산업통상자원부장관은 거래시장의 수급조절과 가격 안정화를 위하여 대통령령으로 정하는 바에 따라 국가에 대하여 발급된 공급인증서를 거래할 수 있다. 이 경우 산업통상자원부장관은 공급의무자의 의무공급량, 의무이행실적 및 거래시장 가격 등을 고려하여야 한다.

8) 신·재생에너지 공급자가 신·재생에너지 설비에 대한 지원 등 대통령령으로 정하는 정부의 지원을 받은 경우에는 대통령령으로 정하는 바에 따라 공급인증서의 발급을 제한할 수 있다.

19.4.68

68 전기설비기술기준의 판단기준에 따라 가공전선로의 지지물에 하중이 가하여지는 경우에 그 하중을 받는 지지물의 기초의 안전율은 얼마 이상이어야 하는가?

① 1 ② 2 ③ 3 ④ 4

해설 가공전선로 지지물의 기초의 안전율(판단기준 제63조)
가공전선로의 지지물에 하중이 가하여지는 경우에 그 하중을 받는 지지물의 기초의 안전율은 2(이상 시 상정하중이 가하여지는 경우의 그 이상 시 상정하중에 대한 철탑의 기초에 대하여는 1.33) 이상이어야 한다.

16.2.27 / 17.1.16 / 17.1.71 / 18.4.60 / 19.2.30 / 19.4.69 / 20.3.69 / 21.2.68 / 21.4.15 / 21.4.60

69 전기설비기술기준의 판단기준에 따라 피뢰기의 설치장소로 틀린 것은?

① 가공전선로와 지중전선로가 접속하는 곳
② 저압 가공전선로로부터 공급을 받는 수용장소의 인입구
③ 고압 및 특고압 가공전선로로부터 공급을 받는 수용장소의 인입구
④ 발전소·변전소 또는 이에 준하는 장소의 가공전선 인입구 및 인출구

해설 피뢰기(Lightning Arrester)
전선로에 규정 전압보다 몇 배 높은 이상 전압으로 인해 피뢰기의 단자 전압이 어느 일정 값 이상이 되면 방전되어, 전압 상승을 억제하고 기기를 보호하며, 이상 전압이 없어지면 방전이 정지되어 정상 송전 상태가 된다.

1) 피뢰기 구비 조건
① 상용 주파 방전 개시전압은 높을 것
② 충격 방전 개시 전압이 낮을 것
③ 속류 차단능력이 클 것
④ 제한 전압(절연 협조의 기본이 되는 전압)이 낮을 것
⑤ 반복동작이 가능하고, 구조가 견고하며 특성이 변화하지 않을 것

2) 피뢰기 설치 장소
① 발전소·변전소 또는 이에 준하는 장소의 가공전선 인입구 및 인출구
② 가공전선로에 접속하는 배전용 변압기의 고압측 및 특고압측

③ 고압 및 특고압 가공전선로로부터 공급을 받는 수용장소의 인입구
④ 가공전선로와 지중전선로가 접속되는 곳

70 전기사업법에 따라 소규모전력자원 중 "대통령령으로 정하는 종류 및 규모"란 「신에너지 및 재생에너지 개발·이용·보급 촉진법」에 따른 신에너지 및 재생에너지의 발전설비로서 발전설비용량이 몇 kW 이하를 말하는가?

① 1000
② 1500
③ 2000
④ 3000

해설 소규모전력자원(전기사업법 시행령 제1조의3)
① "대통령령으로 정하는 종류 및 규모"란 「신에너지 및 재생에너지 개발·이용·보급 촉진법」에 따른 신에너지 및 재생에너지의 발전설비로서 발전설비용량 1,000[kW] 이하를 말한다.
② "대통령령으로 정하는 규모"란 충전·방전설비용량 1,000[kW] 이하를 말한다.
③ "대통령령으로 정하는 유형"이란 「환경친화적 자동차의 개발 및 보급 촉진에 관한 법률」에 따른 전기자동차를 말한다.

71 저탄소 녹색성장 기본법에 따라 경제·금융·건설·교통물류·농림수산·관광 등 경제활동 전반에 걸쳐 에너지와 자원의 효율을 높이고 환경을 개선할 수 있는 재화(財貨)의 생산 및 서비스의 제공 등을 통하여 저탄소 녹색성장을 이루기 위한 모든 산업을 의미하는 용어는?

① 발전산업
② 전기산업
③ 녹색산업
④ 에너지산업

해설 녹색산업
경제·금융·건설·교통물류·농림수산·관광 등 경제활동 전반에 걸쳐 에너지와 자원의 효율을 높이고 환경을 개선할 수 있는 재화(財貨)의 생산 및 서비스의 제공 등을 통하여 저탄소 녹색성장을 이루기 위한 모든 산업을 말한다.

72 신에너지 및 재생에너지 개발·이용·보급 촉진법에 따라 하자보수의 대상이 되는 신·재생에너지 설비 및 하자보수 기간 등은 무엇으로 정하는가?

① 대통령령
② 기획재정부령
③ 행정안전부령
④ 산업통상자원부령

해설 하자보수(신재생에너지법 제30조3)
① 신·재생에너지 설비를 설치한 시공자는 해당 설비에 대하여 성실하게 무상으로 하자보수를 실시하여야 하며 그 이행을 보증하는 증서를 신·재생에너지 설비의 소유자 또는 산업통상자원부령으로 정하는 자에게 제공하여야 한다. 다만, 하자보수에 관하여 「국가를 당사자로 하는 계약에 관한 법률」 또는 「지방자치단체를 당사자로 하는 계약에 관한 법률」에 특별한 규정이 있는 경우에는 해당 법률이 정하는 바에 따른다.
② ①항에 따른 하자보수의 대상이 되는 신·재생에너지 설비 및 하자보수 기간 등은 산업통상자원부령으로 정한다.

73 신에너지 및 재생에너지 개발·이용·보급 촉진법에 따라 신·재생에너지 공급의무에 있어 공급의무자가 다음 연도로 공급의무의 이행을 연기할 수 있는 양은? (단, 공급의무자의 이행이 연기된 의무공급량은 포함하지 아니한다.)

① 연도별 의무공급량의 100분의 10이내
② 연도별 의무공급량의 100분의 20이내
③ 연도별 의무공급량의 100분의 30이내
④ 연도별 의무공급량의 100분의 40이내

해설 연도별 의무공급량의 합계 등(신재생에너지법 시행령 제18조의4)
① 의무공급량의 연도별 합계는 공급의무자의 다음 계산식에 따른 총전력생산량에 아래 표에 따른 비율을 곱한 발전량 이상으로 한다. 이 경우 의무공급량은 공급인증서를 기준으로 산정한다.

정답 70. ① 71. ③ 72. ④

총전력 생산량 = 지난 연도 총전력생산량 - (신·재생에너지 발전량 + 산업통상자원부장관이 정하여 고시하는 설비에서 생산된 발전량)

② 산업통상자원부장관은 3년마다 신·재생에너지 관련 기술 개발의 수준 등을 고려하여 연도별 의무공급량의 비율을 재검토하여야 한다. 다만, 신·재생에너지의 보급 목표 및 그 달성 실적과 그 밖의 여건 변화 등을 고려하여 재검토 기간을 단축할 수 있다.

※ 연도별 의무공급량의 비율

해당 연도	비율[%]
2012년	2.0
2013년	2.5
2014년	3.0
2015년	3.0
2016년	3.5
2017년	4.0
2018년	5.0
2019년	6.0
2020년	7.0
2021년	9.0
2022년	12.5
2023년	13.0
2024년	13.5
2025년	14.0
2026년	15.0
2027년	17.0
2028년	19.0
2029년	22.5
2030년 이후	25.0

③ 신·재생에너지의 종류 및 의무공급량에 대하여 2015년 12월 31일까지 적용하는 기준은 아래 표와 같다. 이 경우 공급의무자별 의무공급량은 산업통상자원부장관이 정하여 고시한다.

※ 태양에너지 연도별 의무공급량

해당 연도	의무 공급량(단위: GWh)
2012년	276
2013년	723
2014년	1,353
2015년 이후	1,971

④ ③항에 따라 공급하는 신·재생에너지에 대해서는 산업통상자원부장관이 정하여 고시하는 비율 및 방법 등에 따라 공급인증서를 구매하여 의무공급량에 충당할 수 있다.

⑤ 공급의무자는 연도별 의무공급량(공급의무의 이행이 연기된 의무공급량은 포함하지 아니한다. 이하 같다)의 100분의 20을 넘지 아니하는 범위에서 공급의무의 이행을 연기할 수 있다. 이 경우 공급의무자는 연기된 의무공급량의 공급이 완료되기까지는 그 연기된 의무공급량 중 매년 100분의 20 이상을 연도별 의무공급량에 우선하여 공급하여야 한다.

⑥ 공급의무자는 공급의무의 이행을 연기하려는 경우에는 연기할 의무공급량, 연기 사유 등을 산업통상자원부장관에게 다음 연도 2월 말일까지 제출하여야 한다.

19.4.74

74 전기설비기술기준의 판단기준에 따라 저압 가공전선과 도로 등이 접근 또는 교차하는 경우 저압 가공전선과 도로·횡단보도교·철도 또는 궤도 등의 이격거리(도로나 횡단보도교의 노면상 또는 철도나 궤도의 레일면상의 이격거리는 제외)는 몇 m 이상으로 하여야 하는가? (단, 저압 가공전선과 도로·횡단보도교·철도 또는 궤도와의 수평 이격거리가 1m 이상인 경우는 제외한다.)

① 1 ② 3 ③ 5 ④ 7

해설 저고압 가공전선과 도로 등의 접근 또는 교차(판단기준 제80조)

저압 가공전선 또는 고압 가공전선이 도로·횡단보도교·철도·궤도·삭도[반기(搬器)를 포함하고 삭도용 지주를 제외한다. 이하 같다] 또는 저압 전차선(이하 이 조에서 "도로 등"이라 한다)과 접근상태로 시설되는 경우에는 다음에 따라야 한다.

① 고압 가공전선로는 고압 보안공사에 의할 것.
② 저압 가공전선과 도로 등의 이격거리(도로나 횡단보도교의 노면상 또는 철도나 궤도의 레일면상의 이격거리를 제외한다. 이하 이 항에서 같다)는 표에서 정한 값 이상일 것. 다만, 저압 가공전선과 도로·횡단보도교·철도 또는 궤도와의 수평 이격거리가 1m 이상인 경우에는 그렇지 않다.

도로 등의 구분	이격거리
도로·횡단보도교·철도 또는 궤도	3m
삭도나 그 지주 또는 저압 전차선	60cm (전선이 고압 절연전선, 특고압 절연전선 또는 케이블인 경우에는 30cm)
저압 전차선로의 지지물	30cm

③ 고압 가공전선과 도로 등의 이격거리는 아래의 표에서 정한 값 이상일 것. 다만, 고압 가공전선과 도로·횡단보도교·철도 또는 궤도와의 수평 이격거리가 1.2 m 이상인 경우에는 그렇지 않다.

도로 등의 구분	이격거리
도로·횡단보도교·철도 또는 궤도	3m
삭도나 그 지주 또는 저압 전차선	80cm (전선이 케이블인 경우에는 40cm)
저압 전차선로의 지지물	60cm (고압 가공전선이 케이블인 경우에는 30cm)

15.4.63 / 19.4.75 / 20.1.70

75 저탄소 녹색성장 기본법에 따라 온실가스 감축 목표는 2030년 국가 온실가스 총배출량을 2017년 온실가스 총배출량의 얼마까지 감축하는 것으로 하고 있는가?

① 1000분의 30
② 1000분의 50
③ 1000분의 244
④ 1000분의 377

해설 온실가스 감축 국가목표 설정·관리
① 온실가스 감축 목표는 2030년의 국가 온실가스 총배출량을 2017의 온실가스 총배출량의 1000분의 244만큼 감축하는 것으로 한다.
② 감축 목표 달성 여부에 대한 실적을 계산할 때에는 국제 탄소시장 등을 활용한 국외 감축분, 탄소흡수원을 활용한 감축분을 포함한다.
③ 환경부장관은 온실가스 감축 목표의 설정·관리 및 이행을 위한 범정부적 시책 마련 등 정책조정에 관한 업무를 지원한다. 이 경우 관계 중앙행정기관의 장은 환경부장관이 요청하는 자료를 제공하는 등 최대한 협조하여야 한다.

19.4.76

76 전기공사업법에 따른 전기공사에 해당되지 않는 것은?

① 공항 전기설비공사
② 저수지에 수반되는 구조물의 공사
③ 건축물 및 구조물의 전기설비공사
④ 발전·송전·변전 및 배전 설비공사

해설 전기공사의 정의
다음의 어느 하나에 해당하는 설비 등을 설치·유지·보수하는 공사 및 이에 따른 부대공사로서 대통령령으로 정하는 것을 말한다.
1) 발전·송전·변전·배전·전기공급 또는 전기사용을 위하여 설치하는 기계·기구·댐·수로·저수지·전선로·보안통신선로 및 그 밖의 설비(「댐건설 및 주변지역지원 등에 관한 법률」에 따라 건설되는 댐·저수시와 선박·차량 또는 항공기에 설치되는 것과 그 밖에 대통령령으로 정하는 것은 제외한다)로서 다음의 것을 말한다.
① 전기사업용 전기설비
② 일반용전기설비
③ 자가용전기설비

2) 전력 사용 장소에서 전력을 이용하기 위한 전기계장설비(電氣計裝設備)

3) 전기에 의한 신호표지

4) 신·재생에너지 설비 중 전기를 생산하는 설비

5) 지능형전력망 중 전기설비

77 전기설비기술기준의 판단기준에 따라 주택의 태양전지 모듈에 접속하는 부하측의 옥내배선에 지락이 생겼을 때 자동적으로 전로를 차단하는 장치를 시설하는 경우 옥내전로의 대지전압은 직류 몇 V 까지 적용할 수 있는가?

① 300　② 400　③ 500　④ 600

해설 옥내전로의 대지 전압의 제한(판단기준 제166조)
주택의 태양전지모듈에 접속하는 부하측 옥내배선(복수의 태양전지모듈을 시설하는 경우에는 그 집합체에 접속하는 부하측의 배선)을 다음에 따라 시설하는 경우에 주택의 옥내전로의 대지전압은 직류 600[V] 이하일 것

① 전로에 지락이 생겼을 때 자동적으로 전로를 차단하는 장치를 시설할 것
② 사람이 접촉할 우려가 없는 은폐된 장소에 합성수지관공사, 금속관공사 및 케이블 공사에 의하여 시설하거나, 사람이 접촉할 우려가 없도록 케이블 공사에 의하여 시설하고 전선에 적당한 방호장치를 시설할 것

78 전기설비기술기준의 판단기준에 따라 가반형(可搬型)의 용접전극을 사용하는 아크용접장치의 시설 방법으로 틀린 것은?

① 용접변압기는 절연변압기일 것
② 용접변압기의 1차측 전로의 대지전압은 300V 이하일 것
③ 용접변압기의 1차측 전로에는 용접변압기에 가까운 곳에 쉽게 개폐할 수 있는 개폐기를 시설할 것
④ 피용접재 또는 이와 전기적으로 접속되는 받침대·정반 등의 금속체에는 접지공사를 하지 말 것

해설 아크 용접장치의 시설(판단기준 제247조)
가반형(可搬型)의 용접전극을 사용하는 아크 용접장치는 다음에 따라 시설하여야 한다.
1) 용접변압기는 절연변압기일 것

2) 용접변압기의 1차측 전로의 대지전압은 300V 이하일 것

3) 용접변압기의 1차측 전로에는 용접변압기에 가까운 곳에 쉽게 개폐할 수 있는 개폐기를 시설할 것

4) 용접변압기의 2차측 전로중 용접변압기로부터 용접전극에 이르는 부분 및 용접변압기로부터 피용접재에 이르는 부분(전기기계기구 안의 전로를 제외한다)은 다음에 의하여 시설할 것
① 전선은 용접용 케이블에 적합한 것 또는 캡타이어케이블(용접변압기로부터 용접전극에 이르는 전로는 0.6/1kV EP 고무 절연 클로로프렌 캡타이어케이블에 한한다)일 것. 다만, 용접 변압기로부터 피용접재에 이르는 전로에 전기적으로 완전하고 또한 견고하게 접속된 철골 등을 사용하는 경우에는 그렇지 않다.
② 전로는 용접시 흐르는 전류를 안전하게 통할 수 있는 것일 것
③ 중량물이 압력 또는 현저한 기계적 충격을 받을 우려가 있는 곳에 시설하는 전선에는 적당한 방호장치를 할 것

(5) 피용접재 또는 이와 전기적으로 접속되는 받침대·정반 등의 금속체에는 접지공사를 할 것

79 저탄소 녹색성장 기본법에 따라 저탄소 녹색성장 추진의 기본원칙으로 틀린 것은?

① 정부가 시장기능을 최대한 활성화하여 정부가 주도하는 저탄소 녹색성장을 추진한다.
② 정부가 사회·경제 활동에서 에너지와 자원 이

용의 효율성을 높이고 자원순환을 촉진한다.
③ 정부는 국민 모두가 참여하고 국가기관, 지방자치단체, 기업, 경제단체 및 시민단체가 협력하여 저탄소 녹색성장을 구현하도록 노력한다.
④ 정부는 국가의 자원을 효율적으로 사용하기 위하여 성장잠재력과 경쟁력이 높은 녹색기술 및 녹색산업 분야에 대한 중점투자 및 지원을 강화한다.

[해설] 저탄소 녹색성장 추진의 기본원칙(녹색성장법 제3조)
① 정부는 기후변화·에너지·자원 문제의 해결, 성장동력 확충, 기업의 경쟁력 강화, 국토의 효율적 활용 및 쾌적한 환경 조성 등을 포함하는 종합적인 국가 발전전략을 추진한다.
② 정부는 시장기능을 최대한 활성화하여 민간이 주도하는 저탄소 녹색성장을 추진한다.
③ 정부는 녹색기술과 녹색산업을 경제성장의 핵심 동력으로 삼고 새로운 일자리를 창출·확대할 수 있는 새로운 경제체제를 구축한다.
④ 정부는 국가의 자원을 효율적으로 사용하기 위하여 성장잠재력과 경쟁력이 높은 녹색기술 및 녹색산업 분야에 대한 중점 투자 및 지원을 강화한다.
⑤ 정부는 사회·경제 활동에서 에너지와 자원 이용의 효율성을 높이고 자원순환을 촉진한다.
⑥ 정부는 자연자원과 환경의 가치를 보존하면서 국토와 도시, 건물과 교통, 도로·항만·상하수도 등 기반시설을 저탄소 녹색성장에 적합하게 개편한다.
⑦ 정부는 환경오염이나 온실가스 배출로 인한 경제적 비용이 재화 또는 서비스의 시장가격에 합리적으로 반영되도록 조세체계와 금융체계를 개편하여 자원을 효율적으로 배분하고 국민의 소비 및 생활 방식이 저탄소 녹색성장에 기여하도록 적극 유도한다. 이 경우 국내산업의 국제경쟁력이 약화되지 않도록 고려하여야 한다.
⑧ 정부는 국민 모두가 참여하고 국가기관, 지방자치단체, 기업, 경제단체 및 시민단체가 협력하여 저탄소 녹색성장을 구현하도록 노력한다.
⑨ 정부는 저탄소 녹색성장에 관한 새로운 국제적 동향을 조기에 파악·분석하여 국가 정책에 합리적으로 반영하고, 국제사회의 구성원으로서 책임과 역할을 성실히 이행하여 국가의 위상과 품격을 높인다.

19.4.80 / 21.2.79
80 전기설비기술기준의 판단기준에 따라 중성점 직접접지식 전로에 접속하는 변압기를 설치하는 곳에 절연유의 구외 유출 및 지하 침투를 방지하기 위한 설비를 갖추어야 하는 경우, 이때 중성점 직접접지식 전로의 사용전압은 몇 kV 이상인가?

① 20　② 50　③ 70　④ 100

[해설] 절연유의 구외 유출방지(판단기준 제45조)
사용전압이 100kV 이상의 변압기를 설치하는 곳에는 절연유의 구외 유출 및 지하침투를 방지하기 위하여 다음에 따라 절연유 유출 방지설비를 하여야 한다.
① 변압기 주변에 집유조 등을 설치할 것

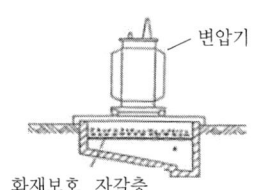

통합집수탱크를 가진 집유조

② 절연유 유출방지설비의 용량은 변압기 탱크 내장유량의 50% 이상으로 할 것. 다만, 주수식(注水式)의 소화설비 사용이 예상될 경우는 초기소화 및 공공 소방차의 방수소요량을 고려할 것
③ 위의 ②호에서 변압기 탱크가 2개 이상일 경우에는 공동의 집유조 등을 설치할 수 있으며 그 용량은 변압기 1 탱크 내장유량이 최대인 것의 50% 이상일 것.

정답 80. ④

2018년 기출문제

2018 제1회 기출문제

13.4.10 / 18.1.1 / 18.2.8 / 20.1.12

01 공칭태양전지 동작온도(NOCT)의 영향요소가 아닌 것은?

① 풍속
② 주위온도
③ 주변습도
④ 전지표면의 방사조도

해설 공칭 태양광발전 전지 동작 온도 측정시험

태양광발전 모듈의 공칭 전지 동작 온도(Nominal Operating Cell Temperature, NOCT)는 다음의 표준 기준 환경(Standard Reference Environment, SRE)에서 개방형 선반식 가대(open rack)에 설치한 모듈을 구성하는 태양광발전 전지의 평균 접합 온도로 정의된다.
① 경사각 : 수평면을 기준으로 45도
② 경사면 일조강도 : 800[W·m²]
③ 주위기온 : 20[℃]
④ 풍속 : 1[m/s]
⑤ 전기적 부하 : 없음(회로 개방 상태)

13.4.59 / 17.1.17 / 18.1.2 / 18.2.9 / 18.4.51 / 19.1.3 /
19.4.14 / 20.3.15 / 20.4.17 / 21.4.16

02 바이패스 다이오드에 대한 설명 중 틀린 것은?

① 차광된 태양전지에서 발생할 수 있는 열점을 방지
② 태양전지에 음영이 있을 때 발전하지 않는 태양전지로 전류가 흐르는 것을 방지
③ 배터리로부터 태양광 어레이로 전류가 흐르는 것을 방지
④ 모듈 접속함에 부착되며, 실리콘으로 밀폐되기도 함.

해설 바이패스 다이오드(Bypass Diode)

1) 태양광 모듈의 그림자 영향
① 태양광 모듈은 아주 적은 일부가 그림자에 가려지더라도 모듈 전체의 출력이 크게 저하된다.
② 모듈은 각각의 태양전지를 직렬로 연결하기 때문에 수십 개의 태양전지로 구성된 모듈에서 단 한 개의 셀이 나뭇잎 등에 의해 완전히 가려졌다면 출력 값은 거의 제로(Zero)에 가깝게 떨어진다.

③ 전체 개방전압에서 그림자가 발생한 모듈의 개방전압을 뺀 값 이하에서 전압 동작점이 존재할 때에 그림자가 발생한 모듈의 전류가 역방향이 된다. 따라서 역 전압이 인가되고 부하처럼 동작되어 열이 발생되고 모듈이 파손되는 원인이 된다.

2) 대책(바이패스 다이오드)

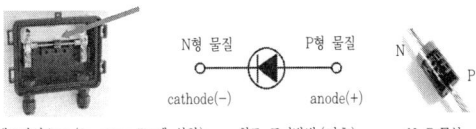

바이패스다이오드 (Junction Box에 설치)   회로 표기방법 (기호)   N, P 구분

① 바이패스다이오드(Bypass Diode)는 전류를 한쪽방향으로만 흐르게 만들어 주는 부품으로 P에서 N방향으로 전류가 흐르고 반대 방향으로는 전류를 거의 통과시키지 않는다.

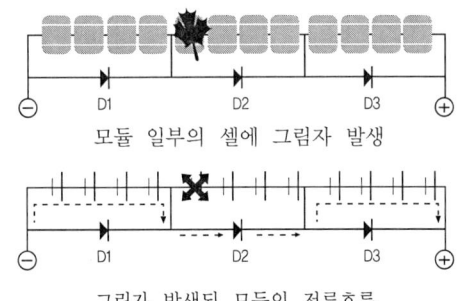

모듈 일부의 셀에 그림자 발생

그림자 발생된 모듈의 전류흐름

② 그림자로 인해 출력이 저하된 셀 또는 셀 그룹을 우회해 전류가 흐르도록 하고, 이를 통한 출력감소는 오직 그림자에 의해 가려진 셀 또는 셀 그룹에 해당하는 부분으로 제한해 출력을 유지한다.

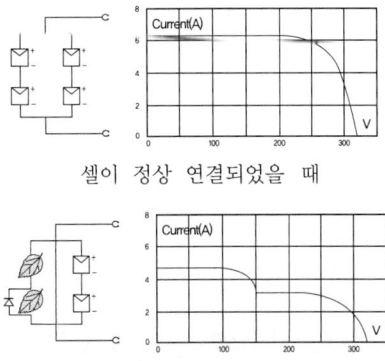

셀이 정상 연결되었을 때

셀 일부가 정상동작하지 않을 시

정답 1. ③ 2. ③

③ 일반적으로 모듈 한 장(태양전지 6×9)에 셀 54개 배열의 경우에는 다이오드 3개(1개당 18개의 셀)를 병렬로 설치한다.

14.4.4 / 14.4.13 / 15.2.11 / 15.2.17 / 15.4.17 / 17.2.14 / 17.4.5 /
18.1.3 / 18.4.7 / 20.1.3 / 20.1.19 / 20.3.8 / 20.3.9 / 21.4.1

03 인버터의 내부에 내장되어 있는 계통연계 보호장치에 해당되지 않는 것은?

① OVR   ② UVR
③ IGBT   ④ OCGR

[해설] 보호장치 설치

(1) 분산형전원 설치자는 고장 발생시 자동적으로 계통과의 연계를 분리할 수 있도록 다음의 보호계전기 또는 동등 이상의 기능 및 성능을 가진 보호장치를 설치하여야 한다.

① 계통 또는 분산형전원 측의 단락·지락고장시 보호를 위한 보호장치를 설치한다.
② 인버터에는 적정한 전압과 주파수를 벗어난 운전을 방지하기 위하여 과·저(부족)전압 계전기, 과·저주파수 계전기가 설치된다.
③ 단순병렬 분산형전원의 경우에는 역전력 계전기를 설치한다. 단, 신·재생에너지를 이용하여 전기를 생산하는 용량 50kW 이하의 소규모 분산형전원(단, 해당 구내계통 내의 전기사용 부하의 수전 계약전력이 분산형전원 용량을 초과하는 경우에 한한다)으로서 단독운전 방지기능을 가진 것을 단순병렬로 연계하는 경우에는 역전력계전기 설치를 생략할 수 있다.

※ OCGR(Over Current Ground Relay : 과전류 지락 계전기)
중성점 접지방식의 전로에 CT 3개를 Y결선한 잔류회로를 이용하여 지락전류를 검출하는 방식

※ 과전압계전기(OVR), 부족전압계전기(UVR), 주파수 상승계전기(OFR), 주파수 저하계전기(UFR), 역전력계전기(RPR)

※ 절연 게이트 양극성 트랜지스터(Insulated gate bipolar transistor, IGBT)
게이트–이미터간의 전압이 구동되어 입력 신호에 의해서 온/오프가 생기는 자기소호형이므로, 대전력의 고속 스위칭이 가능한 반도체 소자

3.4.8 / 18.1.4

04 다음 그림의 태양광발전시스템에서 A의 명칭은?

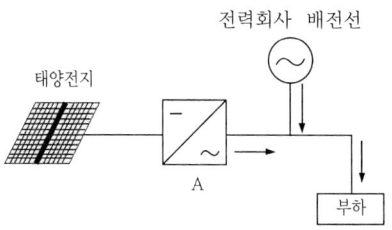

① 축전지   ② 어레이
③ 컨버터   ④ 인버터

[해설] 계통연계형 시스템

태양광발전으로 부하에 전력공급시 전기가 부족하면 전력회사의 상용전력계통에서 공급을 받고, 전기가 남을 때는 전력회사(상용계통)에 공급하는 시스템

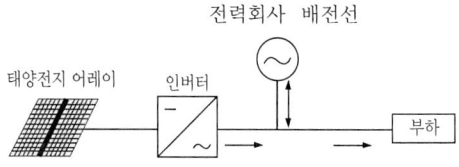

17.2.7 / 18.1.5 / 18.1.13 / 21.2.3

05 반지름 2[mm], 길이 100[m]인 도선의 저항은 약 몇 [Ω]인가? (단, 도체의 저항률은 $3.14 \times 10^{-8}[\Omega \cdot m]$이다)

① 0.1   ② 0.25
③ 0.5   ④ 1

[해설] 저항(R)

저항값은 도체의 길이에 비례하고, 단면적에 반비례하므로 도체의 길이 l [m], 단면적 $A[m^2]$, 고유 저항을 ρ라고 하면

$$R = \rho \frac{l}{A} = 3.14 \times 10^{-8} \frac{100}{\pi \times (2 \times 10^{-3})^2}$$
$$\fallingdotseq 0.25 [\Omega]$$

5.4.18 / 15.4.39 / 18.1.6 / 19.2.22 / 21.2.21

06 태양광발전시스템용 인버터 선정시 전력품질 및 공급 안정성에 대한 고려사항이 아닌 것은?

① 교류분이 적을 것
② 노이즈의 발생이 적을 것
③ 고조파의 발생이 적을 것
④ 기동, 정지가 안정적일 것

해설 인버터 선정시 검토사항
① 소음 발생이 적을 것
② 고조파의 발생이 적을 것
③ 노이즈의 발생이 적을 것
④ 기동·정지가 안정적일 것
⑤ 야간의 대기전압 손실이 적을 것
⑥ 공급 안정성에서 직류분이 적을 것

15.4.7 / 15.4.11 / 18.1.7 / 18.1.31 / 18.2.13 / 20.3.10 / 20.3.17 / 20.4.11

07 계통연계용 축전지 용량을 산출하기 위해 필요한 값이 아닌 것은?

① 보수율
② 변환효율
③ 용량환산시간
④ 평균방전전류

해설 축전지 설비
1) 축전지설비 설계 순서

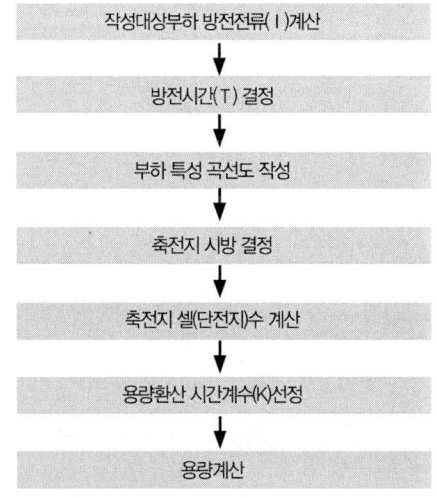

2) 축전지 수량 계산(N)

$$N = \frac{V}{V_B}$$

N : 축전지 수량 (Cell 수)
V : 부하정격전압, 허용최저전압(V)
V_B : 축전지 공칭전압(V)

3) 용량 산출(C)

$$C = \frac{1}{L}\left[K_1 I_1 + K_2(I_2 - I_1) + K_3(I_3 - I_2) + ... + K_n(I_n - I_{n-1})\right]$$

L : 축전지 보수율 (보통 0.8)
K : 용량환산 계수
I : 방전전류(A)

15.2.75 / 15.4.65 / 15.4.74 / 17.1.62 / 17.2.63 / 17.4.1 / 17.4.3 / 17.4.76 / 18.1.8 / 18.2.72 / 19.4.15 / 20.1.18 / 20.1.72 / 20.1.77 / 21.1.6 / 21.2.12

08 신재생에너지에 대한 설명으로 옳은 것은?

① 해양에너지는 수력, 조력, 조류발전 등이 있다.
② 폐기물 에너지는 비가연성 폐기물의 화학분해를 이용한 것이다.
③ 태양광발전은 태양광에너지를 직접 전기로 변환시키는 기술을 이용한다.
④ 조력발전은 해안으로 들어오는 파력에너지를 회전력으로 변환하는 것이다.

해설 신·재생에너지 설비
(1) 해양에너지
   해양의 조수·파도·해류·온도차 등을 변환시켜 전기 또는 열을 생산하는 기술로써 전기를 생산하는 방식은 조력·파력·조류·온도차 발전 등이 있음
   ① 조력발전 : 조석간만의 차를 동력원으로 해수면의 상승하강운동을 이용하여 전기를 생산

시화조력발전 원리

② 파력발전 : 연안 또는 심해의 파랑에너지를 이용하여 전기를 생산하는 기술. 제주도 파력발전소는 파도가치면 바닷물이 발전기 안의 공기를 위로 압축시키고, 위로 밀려올라간 공기는 터빈을 돌려 전기를 발생시킨다.

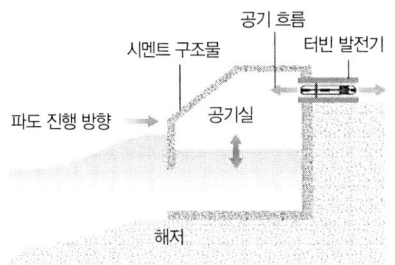

③ 조류발전 : 해수의 유동에 의한 운동에너지를 이용하여 전기를 생산

④ 온도차발전 : 해양 표면층의 온수(예 : 25~30℃)와 심해 500~1000m정도의 냉수(예 : 5~7℃)와의 온도차를 이용하여 열에너지를 기계적 에너지로 변환시켜 발전

(2) 폐기물에너지 : 사업장 또는 가정에서 발생되는 가연성 폐기물중 에너지 함량이 높은 폐기물을 여러 가지 기술에 의해 연료로 만들거나 소각하여 에너지로 이용한다.

(3) 태양광발전 : 태양의 빛에너지를 변환시켜 전기를 생산한다.

18.1.9 / 20.4.8

09 역류방지소자에 관한 내용 중 틀린 것은?

① 역류방지소자는 반드시 접속함 내에 설치해야 한다.
② 회로의 최대 역전압에 충분히 견딜 수 있어야 한다.
③ 역류방지소자는 설치할 회로의 최대전류를 흘릴 수 있어야 한다.
④ 모듈 방향으로 흐르는 역전류를 방지하기 위해 각 스트링마다 역류방지소자를 설치해야 한다.

해설 역류방지 소자

1) 태양광모듈의 역전류 영향
① 어레이 내의 스트링과 스트링 사이에 그림자 및 전압 불균형 등의 원인으로 병렬 접속된 스트링사이에 역전류가 흘러 어레이에 영향을 준다.
② 어레이의 직류 출력회로에 축전지가 설치되어 있는 경우, 야간이나 흐린 날 등의 태양전지에서 전력이 생산되지 않을 때는 태양전지가 축전지의 부하가 된다.

2) 대책(역류방지 소자)
① 태양전지 모듈의 스트링마다 역류방지 다이오드 (Blocking Diode)를 설치해서, 전류의 역방향 흐름을 방지한다.
② 1대의 인버터에 접속되는 태양전지 직렬군(스트링)이 2병렬 이상 접속될 경우, 각 직렬군에 역전류방지 다이오드가 설치되어야 한다.
③ 설치할 회로의 최대전류를 흐르게 할 수 있어야하며, 동시에 사용회로의 최대 역전압에 견딜 수 있어야 한다.
④ 일반적으로 접속함에 설치되며, 커넥터에 사용되기도 한다.

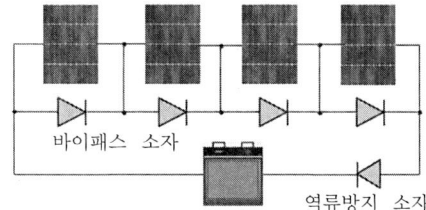

바이패스 및 역류방지 소자

역류방지다이오드용 커넥터

16.4.60 / 18.1.10 / 18.1.51 / 19.1.55 / 21.4.17

10 태양광모듈의 표면재료에 쓰이는 강화유리의 조건이 아닌 것은?

① 광 투과도가 높을 것
② 광 반사 및 흡수가 높을 것
③ 기계적 강화를 위해 열처리를 수행 할 것
④ 반사손실을 낮추기 위한 처리가 되어 있을 것

해설 저철분 강화유리

- 프레임
- 유리
- EVA(충진재)
- 태양전지
- EVA(충진재)
- 백시트
- 정션박스

태양광발전 모듈에 사용되는 유리는 주로 두께 3.2[mm](일부4[mm])가 사용되며, 철분함량 150[PPM]이하의 저철분 유리를 강화 처리한 제품으로 모듈내부와 태양전지를 보호하고 투과율 (91[%] 이상) 및 집광은 최대화, 반사율은 최소화 하여 태양전지의 발전효율을 최대화 시킬 목적으로 제작됨

18.1.11

11 수소에너지에 대한 설명 중 틀린 것은?

① 수소에너지 사용 시 폭발방지기술, 취성방지기술 등이 필요하다.
② 공해 물질이 소량으로 배출되며 제조과정이 쉽고 경제적이다.
③ 물을 분해하여 수소를 얻기 위해서는 많은 양의 에너지가 필요하다.
④ 수소가 연소되거나 전기로 변환되어 산출된 물을 다시 사용 가능하다.

해설 수소에너지

① 수소의 원료인 물이 많고, 연소하더라도 연기를 뿜지 않는 능 미래의 무공해 에너지원이다.
② 수소가 연소되거나 전기로 변환되며 발생된 열은 온수생산에 이용되어 급탕 및 난방으로 가능하다.
③ 가스나 액체로 수송할 수 있으며 고압가스, 액체수소, 금속수소화물 등의 다양한 형태로 저장 가능함
④ 수소는 물의 전기분해로 가장 쉽게 제조할 수 있으나 입력에너지(전기에너지)에 비해 수소에너지의 경제성이 너무 낮다.
⑤ 수소에너지 사용 시 폭발의 위험이 있어 폭발방지기술, 취성방지기술 등이 필요하다.

18.1.12

12 12[V]의 GEL 타입 축전지의 용량을 100[Ah]라 할 때 5시간 동안 일정전류를 부하에 공급하여 축전지가 방전된 경우 전류의 크기 [A]는?

① 10   ② 20   ③ 100   ④ 500

해설 축전지 용량(C)

C = 전류 × 방전시간 [Ah]

전류(I) = $\dfrac{축전지\ 용량}{방전시간}$ = $\dfrac{100}{5}$ = 20 [A]

17.2.7 / 18.1.5 / 18.1.13 / 21.2.3

13 도선의 길이가 3배로 늘어나고 반지름이 $\dfrac{1}{3}$로 줄어들 경우 그 도선의 저항은 어떻게 변하겠는가?

① 9배 증가   ② $\dfrac{1}{9}$로 감소
③ 27배로 증가   ④ $\dfrac{1}{27}$로 감소

해설 저항 R(Specific Resistance)

저항값은 도체의 길이에 비례하고, 단면적에 반비례하므로 도체의 길이 l [m], 단면적 A[m²], 고유 저항 ρ, 반지름 r 이라고 하면,

$R = \rho\dfrac{l}{A} = \dfrac{3}{\left(\dfrac{1}{3}r\right)^2}$ = 27 배 증가

13.4.15 / 18.1.14 / 19.2.13 / 19.4.17 / 21.2.8 / 21.4.35

14 파워컨디셔너(PCS) 시스템 구성방식 중 모든 모듈에 인버터를 설치하고, 각 인버터의 교류출력을 병렬로 연결하여 사용하는 구성방식은?

① 모듈 인버터방식
② 스트링 인버터방식
③ 마스터 슬레이브방식
④ 중앙집중형 인버터방식

해설 **태양광발전시스템의 인버터 운영방식**

1) 중앙집중형 인버터방식

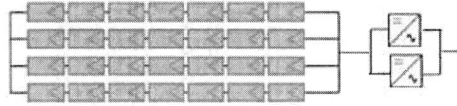

① 발전소 현장에 1대의 인버터만 설치함
② 모든 전선이 한 곳으로 오기 때문에 작업공정이 간단, 설치비가 적게 소요되며, 발전량 확인이 용이하다.
③ 단일형 인버터는 제품 이상발생 시 전체 발전소가 가동을 멈추기 때문에 발전 손실이 크다.

2) 분산형(스트링 포함) 인버터 방식

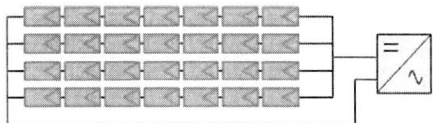

① 발전소 현장에 소형 인버터 여러 대를 설치함
② 특정 인버터가 고장이 나더라도 해당 인버터 부분에서만 발전 손실이 일어나고 나머지 인버터는 정상적으로 발전이 되기 때문에 발전 손실을 최소화할 수 있다.
③ 방향과 경사가 서로 다른 하부 어레이들로 구성된 시스템, 부분적으로 음영이 지는 시스템의 경우 분산형 인버터 방식을 고려할 필요가 있다.

3) 주/종속시스템(Master-Slave System)

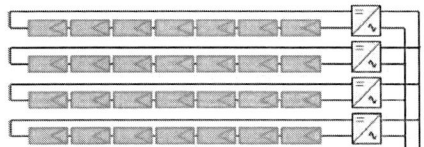

① 인버터 2~3대를 결합하여 회로를 구성한다.
② 발전을 시작하면 마스터 인버터만 구동되고, 마스터 인버터의 전력한계에 도달하면, 다음 슬래브 인버터가 자동 연결되어 생산된 발전량에 대응한다.
③ 낮은 발전량에서도 대용량 인버터 한 대가 운영되는 방식보다는 효율이 높아진다.
④ Master와 Slave의 기능은 정기적(1~3개월)으로 교대를 해주어, 균등운전이 되게 한다.

4) 모듈인버터(마이크로 인버터: MIC, Module Integrated Central) 방식

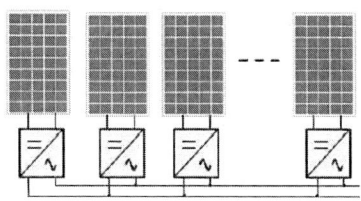

① 태양전지 모듈 1개에 인버터 1개를 부착하는 방식으로 스트링 인버터의 작은 형태이다.
② 태양전지 1장에 대한 모니터링이 가능하여 유지보수가 쉽다
③ 각 마이크로인버터(MIC; Module Integrated Converter)의 최대 효율은 낮지만, 태양전지 모듈에 대해 개별로 MPPT를 하므로, 전체 발전량에 있어서는 스트링 인버터 이상의 발전효율을 가지고 있다.
④ 대용량 발전소보다는 소용량 발전소에서 효율이 높고, 태양전지 모듈 1장으로도 태양광발전을 할 수 있다.
⑤ 고장 난 인버터는 쉽게 교체 가능하며, 시스템 확장이 쉽다.

15.2.7 / 15.4.13 / 17.4.12 / 18.1.15 / 18.2.3 / 19.1.14 / 20.1.4 / 20.3.2 / 21.1.3 / 21.1.33

15 태양광발전시스템에서 인버터의 회로방식이 아닌 것은?

① 트랜스리스방식
② 주파수 시프트방식
③ 고주파 변압기 절연방식
④ 상용주파 변압기방식

해설 **인버터의 회로방식별 분류**

1) 상용주파 변압기 절연방식

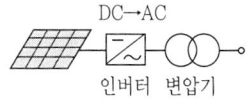

① PWM 인버터를 이용하여 상용주파수의 교류를 만들고, 상용주파수의 변압기를 이용하여 절연과 전압변환을 한다.
② 내부 신뢰성이나 노이즈 컷이 우수하지만, 상용주파

정답 15. ②

수의 변압기를 별도로 이용하기 때문에 무겁고 크며, 변압기의 효율이 감소된다.

2) 고주파 변압기 절연방식

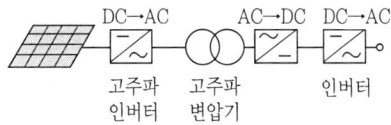

① 태양전지의 직류 출력을 고주파의 교류로 변환한 후 소형의 고주파 변압기로 절연을 한다.
② 일단 직류로 변환하고 재차 상용주파의 교류로 변환하며, 소형 경량이지만 회로가 복잡한 단점이 있다.

3) 트랜스리스(Transless) 방식

① 태양전지의 직류출력을 DC-DC 컨버터로 승압하고 인버터에서 상용주파의 교류로 변환한다.
② 소형 경량이며, 저렴하고 효율이 우수하고 신뢰성이 높다.
③ 상용전원과의 사이에는 절연이 되지 않아 안전성이 떨어진다.

16.2.17 / 16.2.68 / 16.4.16 / 18.1.16 / 18.1.71 / 18.2.6 / 19.2.15 / 19.4.19 / 20.1.75 / 20.3.3 / 20.1.11 / 21.1.13 / 21.2.6

16 연료전지에 사용하는 전해질의 종류가 아닌 것은?

① 인산
② 알칼리
③ 실리콘
④ 용융탄산염

해설 전해질의 종류
① 알칼리
② 인산
③ 용융탄산염
④ 고체산화물
⑤ 고분자전해질
⑥ 직접메탄올

15.4.16 / 16.4.11 / 18.1.17 / 18.4.18 / 19.2.8 / 19.2.16 / 19.4.2 / 20.1.5 / 20.4.14 / 20.4.20

17 축전지 용량 4[Ah]을 전하량[C]으로 환산하면 얼마인가?

① 1,320
② 1,480
③ 3,600
④ 14,400

해설 전하량(Q)

t초간에 Q 쿨롱의 전하가 이동하였다면, 이때 전류 I는 다음과 같다.

$I = \dfrac{Q}{V}$ [A], $Q = It = 4 \times 60 \times 60$
$= 14,400$ [C]

16.2.1 / 17.2.19 / 17.4.17 / 18.1.18 / 19.4.13 / 19.2.11 / 21.1.18

18 다음 [보기]의 특징을 만족하는 태양전지는?

[보 기]
ㄱ. 박막 형태로 태양전지를 제작
ㄴ. 빛 흡수층의 밴드 갭 에너지는 1.04~1.2[eV] 정도임
ㄷ. 직접천이형 반도체로서 빛 흡수율이 뛰어남
ㄹ. 환경오염 문제는 상대적으로 낮지만 향후 원료 물질의 부족 문제가 존재

① GaAs 태양전지
② CIGS 태양전지
③ 박막 실리콘 태양전지
④ 단결정 실리콘 태양전지

해설 화합물 반도체 CIGS 박막태양전지

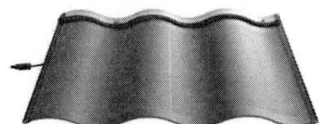

① CIGS는 Cu(구리), In(인듐), Ga(갈륨), Se(셀레늄)의 4가지 화합물 반도체를 접합한 다원소의 화합물 반도체 태양전지
② 조성조절을 통해 1.0~2.0[eV]까지 밴드갭 조절이 용이해 tandem형 태양전지 구현에도 유리하며, 기

판을 유리 대신 가볍고 휘어지는 기판을 사용할 경우 건물, 자동차, 레저용 등 다양한 분야에 적용이 가능할 것으로 예상된다.
③ 광흡수층은 직접 천이용 밴드갭을 가지며 광흡수계수가 10^5/cm로 매우 높아, 수 [μm]의 얇은 두께의 흡수층으로도 태양광을 효율적으로 흡수할 수 있으며, 박막화가 가능하고 제조공정이 짧아 저가격화가 가능하다.
④ 흐린 날에도 발전이 잘되는 특성을 가지며, 열적 출력 변화가 결정질 대비 좋으나, 변환효율이 낮아 결정계실리콘 태양전지와 같은 출력을 내기 위해서는 넓은 면적을 필요로 한다.
⑤ CIS계 태양전지 속에는 원재료의 일부에 유해한 카드뮴이 들어있기 때문에 폐기시 환경유해물질로 인한 처리비용이 든다.

18.1.19

19 다음 중 태양전지의 양자효율의 정의에 해당하는 것은?

① 개방전압과 단락전류의 곱에 대한 출력의 비
② 태양으로부터 입사된 에너지에 대한 출력에너지의 비
③ 입사되는 전력에 대한 태양전지에 의해 생성되는 전류비
④ 입사되는 광자 수에 대한 전지 내에서 생성되는 전자수의 비

해설 태양전지의 양자효율

① 태양전지의 파장별 전자 수집효율을 말하며, 입사각별 양자효율 측정으로 입사각에 따른 태양전지 출력 변화 요인을 분석할 수 있고, 단결정 실리콘 태양전지에서는 광 입사각이 증가함에 따라 전 파장 영역에서 양자효율이 감소한다.
② 외부 양자효율은 투과와 반사와 같은 광학적 손실 효과를 포함한 것
③ 내부 양자효율은 태양전지에서 반사되지 않고 투과되지 않은 광자들이 수집 가능한 캐리어를 생성할 수 있는 효율
④ 양자 효율이 1인 경우: 특정 파장의 모든 광자들이 흡수되고, 그 결과 소수 캐리어들이 모두 수집된 경우
⑤ 양자 효율이 0인 경우: 반도체의 밴드갭보다 낮은 에너지를 가진 광자

13.4.7 / 15.4.9 / 18.1.20 / 18.2.2 / 20.4.1 / 21.4.6

20 태양광발전시스템을 완성하기 위하여 필요한 모듈을 직·병렬로 구성하게 되는데, 이 때 직렬로 접속된 모듈 집합체의 회로를 무엇이라 하는가?

① 셀 ② 모듈
③ 스트링 ④ 어레이형

해설 태양광발전시스템의 회로구성

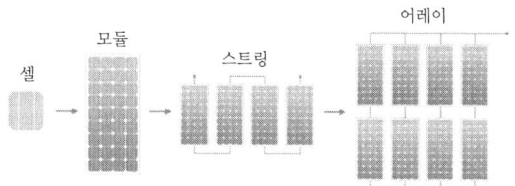

1) 셀(Cell)
① 태양전지의 가장 기본 소자
② 실리콘 계열의 태양전지 셀의 개방전압 0.59[V], 단락전류 10[A] 정도이다.

2) 모듈(Module)

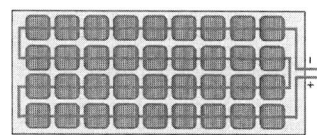

셀 36개의 직렬연결

① 셀을 직렬로 연결하여 태양광 아래서 일정한 전압과 전류를 발생시키는 장치
② 셀 자체가 너무 얇아 파손되기 쉬우므로 외부충격이나 악천후로부터 보호하기 위하여 견고한 알루미늄 프레임 안에 표면유리/충진재/태양전지 셀/충진재/후면시트 등의 순서로 제작한 제품에 케이블과 정션박스를 붙여 하나의 태양전지판 형태로 만든 제품
③ 365[W] 모듈 한 장은 단결정 72셀(6 inches), 사이즈는 1,960×992×40mm, 중량 22.5kg 정도이다.
④ 365[W] 모듈 한 장의 최대출력 동작전압 39.1[V],

최대출력 동작전류 9.35[A], 개방전압은 47.2[V], 단락전류 9.79[A], 효율은 18.8% 정도이다.

3) 스트링(String)
① 스트링은 태양전지의 모듈을 직렬로 연결하여 하나의 단위 스트링으로 구성된다.
② 단위 스트링의 출력전압이 어레이의 출력전압이며 또한 이 전압은 인버터의 직류 입력전압과 연관이 있다.
③ 스트링의 출력전압은 인버터의 최대 출력점(Maximum Power Point Tracking) 범위 이내가 되도록 하여야 한다.

4) 어레이(Array)
① 다수의 스트링을 병렬로 접속한 모듈의 집합체
② 스트링회로를 전기적으로 보호하기 위한 퓨즈, 차단기, 역류 방지소자, 서지 보호장치 등으로 구성되어 있으며 접속함에 수납되어 있다.

13.4.26 / 15.4.28 / 16.4.38 / 17.1.51 / 17.2.22 / 17.2.54 / 17.4.23 / 17.4.53 / 18.1.21 / 18.1.47 / 18.2.46 / 18.2.53 / 18.4.23 / 19.1.60 / 19.2.26 / 19.2.42 / 19.4.27 / 19.4.49 / 20.1.52 / 20.3.23 / 20.3.41 / 20.4.24 / 21.1.38 / 21.4.42 / 21.4.48

21 감전을 방지하는 방법으로 전기기기의 접지선을 전원공급선과 함께 3심 코드를 사용하는 방식은?

① 이중절연방식
② 보호접지방식
③ 누전차단방식
④ 전용접지선방식

해설 전용접지선방식

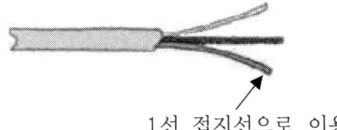
1선 접지선으로 이용

접지형 플러그

22 다음 중 태양광 발전용 옥외 배선에 쓰이는 자외선에 내구성이 강한 전선으로 옳은 것은? `18.1.22`

① 모듈전용선　　② 직류용전선
③ UV케이블　　④ XLPE 케이블

13.4.35 / 14.4.23 / 14.4.30 / 16.2.46 / 16.4.28 / 17.2.31 / 18.1.23 / 18.1.53 / 20.3.39 / 21.1.31 / 21.2.48 / 21.4.25

23 접지저항을 저감시키는 시공방법으로 틀린 것은?

① 접지전극의 크기를 작게 한다.
② 접지전극의 상호간격을 크게 한다.
③ 접지전극을 땅속에 깊게 매설한다.
④ 접지전극 주변의 매설토양을 개량한다.

해설 접지저항 저감방법

(1) 물리적인 저감방법
1) 수평공법
① 접지극의 병렬접속(접지극의 상호 간격을 크게 한다)
② 접지극의 치수 확대(깊이 매설)
③ 매설지선 공법(하나의 접지극 대신 지선을 땅에 매설하는 방법) 및 평판 접지전극의 사용
④ MESH 공법
⑤ 구조체 접지(철근, 철골, 수도관 등 건물의 구조체를 접지극으로 사용)
⑥ 돌기형 접지극의 사용-(접지봉의 표면에 돌기를 만들어 대지와의 접촉면적을 크게 하는 방법)

2) 수직공법
① 보링공법
② 접지봉 심타법

(2) 화학적 저감방법
① 토양의 고유저항을 화학적으로 저감시키는 방법
② 염, 황산 암모니아, 탄산소다, 밴트나이트 등을 주변 토양에 혼합한다.
③ 처음에는 저항값이 작으나, 1~2년후 에는 거의 효과 적음

13.4.76 / 15.2.25 / 16.4.73 / 17.4.66 / 17.4.67 / 18.1.24 / 18.1.75 / 19.1.62 / 19.2.78 / 19.4.67 / 20.3.73 / 21.1.63 / 21.1.76 / 21.4.70

24 3,000[kW] 이하인 태양광에너지의 설치 시 건축물 등 기존 시설물을 이용한 경우 공급인증서 가중치는?

① 0.5　② 1.0　③ 1.25　④ 1.5

해설 신재생에너지 공급인증서 가중치

구분	공급인증서 가중치	대상에너지 및 기준	
		설치유형	세부기준
태양광 에너지	1.2	일반부지에 설치하는 경우	100KW미만
	1.0		100KW부터
	0.8		3,000KW초과부터
	0.5	임야에 설치하는 경우	-
	1.5	건축물 등 기존 시설물을 이용하는 경우	3,000KW이하
	1.0		3,000KW초과부터
	1.6	유지 등의 수면에 부유하여 설치하는 경우	100KW미만
	1.4		100KW부터
	1.2		3,000KW초과부터
	1.0	자가용 발전설비를 통해 전력을 거래하는 경우	

15.2.38 / 16.2.22 / 18.1.25 / 21.1.23 / 21.4.36

25 책임감리원이 발주자에게 제출하는 최종감리보고서 중 공사추진 실적현황과 관련이 없는 것은?

① 하도급 현황
② 지시사항 처리
③ 감리용역 개요
④ 기성 및 준공검사 현황

해설 감리보고 등
책임감리원은 다음의 사항이 포함된 최종감리보고서를 감리기간 종료 후 14일 이내에 발주자에게 제출하여야 한다.
① 공사 및 감리용역 개요 등(사업목적, 공사개요, 감리용역 개요, 설계용역 개요)
② 공사추진 실적현황(기성 및 준공검사 현황, 공종별 추진실적, 설계변경 현황, 공사현장 실정보고 및 처리현황, 지시사항 처리, 주요인력 및 장비투입현황, 하도급 현황, 감리원 투입현황)

③ 품질관리 실적(검사요청 및 결과 통보현황, 각종 측정기록 및 조사표, 시험장비 사용현황, 품질관리 및 측정자 현황, 기술검토실적 현황 등)
④ 주요기자재 사용실적(기자재 공급원 승인현황, 주요 기자재 투입현황, 사용자재 투입현황)
⑤ 안전관리 실적(안전관리조직, 교육실적, 안전점검 실적, 안전관리비 사용실적)
⑥ 환경관리 실적(폐기물 발생 및 처리실적)
⑦ 종합분석

13.4.28 / 15.2.24 / 15.4.40 / 17.1.29 / 17.4.33 / 18.1.26 / 18.1.37 / 18.2.29 / 18.4.2 / 19.2.27 / 19.4.32 / 21.4.28 / 21.4.33

26 태양광발전시스템의 직류전로(어레이 주회로)의 접지방법은?

① TN 접지공사
② TT 접지공사
③ IT 접지공사
④ 접지를 하지 않는다.

해설 모듈의 배선 연결 후 점검 사항
① 전압 및 극성 확인
② 단락전류 측정
③ 접지확인(일반적으로 직류측 회로는 비접지한다.)

15.4.26 / 18.1.27 / 21.1.29

27 국내에서 태양광발전시스템의 모듈을 고정식으로 설치할 때 최적 경사각은 일반적으로 몇 도 정도인가?

① 5~15　② 24~36
③ 55~60　④ 75~90

해설 연평균 경사각도에 의한 효율(정남향 기준)

각도(°)	효율(%)
0	89
5	97
30	100
45	98
60	92
90	68

정답 24. ④　25. ③　26. ④　27. ②

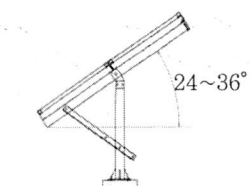

※ 고정식 설치시 태양전지는 많은 일사량을 받도록 지면과 약 30도(제주도 24도)의 경사면에 설치한다.

28 공사현장에 주요공사가 완료되고 현장이 정리단계에 있을 때 예비준공검사를 실시하는 시기는?

① 준공예정 15일 전
② 준공예정 1개월 전
③ 준공예정 2개월 전
④ 준공예정 3개월 전

해설 예비준공검사
① 공사현장에 주요공사가 완료되고 현장이 정리단계에 있을 때에는 준공예정일 2개월 전에 준공기한 내 준공가능 여부 및 미진한 사항의 사전 보완을 위해 예비 준공검사를 실시하여야 한다. 다만, 소규모 공사인 경우에는 발주자와 협의하여 생략할 수 있다.
② 감리업자는 전체공사 준공시에는 책임감리원, 비상주감리원 중에서 고급감리원 이상으로 검사자를 지정하여 합동으로 검사하도록 하여야 하며, 필요시 지원업무담당자 또는 시설물 유지관리 직원 등을 입회하도록 하여야 한다. 연차별로 시행하는 장기계속공사의 예비준공검사의 경우에는 해당 책임감리원을 검사자로 지정할 수 있다.
③ 예비준공검사는 감리원이 확인한 정산설계도서 등에 따라 검사하여야 하며, 그 검사내용은 준공검사에 준하여 철저히 시행되어야 한다.
④ 책임감리원은 예비준공검사를 실시하는 경우에는 공사업자가 제출한 품질시험·검사총괄표의 내용을 검토하여야 한다.
⑤ 예비준공 검사자는 검사를 행한 후 보완사항에 대하여는 공사업자에게 보완을 지시하고 준공검사자가 검사시 확인할 수 있도록 감리업자 및 발주자에게 검사결과를 제출하여야 한다. 공사업자는 예비준공 검사의 지적사항 등을 완전히 보완하고 책임감리원의 확인을 받은 후 준공 검사원을 제출하여야 한다.

29 태양광발전시스템 관련 기기의 반입검사에 대한 내용으로 틀린 것은?

① 공장검수 시 합격된 자재에 한하여 현장에 반입한다.
② 시공사와 제작업자의 경제적 사정을 고려하여 생략할 수도 있다.
③ 책임감리원이 검토·승인한 기자재(공급원 승인 제품)에 한하여 현장에 반입한다.
④ 현장자재 반입검사는 공급원 승인제품, 품질적합내용, 내용물량 수량, 반입 시 손상여부 등에 대한 전수검사를 원칙으로 한다.

해설 감리원은 지급기자재의 현장 반입검사 이후 이의 제기 등을 예방하기 위하여 공사업자가 검사에 입회하도록 한다.

30 다음 보기에서 태양광발전시스템에서 전기흐름을 고려한 배선 순서를 옳게 나열한 것은?

[보 기]
㉠ 인버터에서 분전반 배선
㉡ 어레이와 접속함 배선
㉢ 모듈 배선
㉣ 접속함에서 인버터 배선

① ㉠→㉣→㉡→㉢
② ㉡→㉢→㉠→㉣
③ ㉢→㉡→㉣→㉠
④ ㉣→㉢→㉡→㉠

해설 계통연계형 태양광발전시스템의 구성

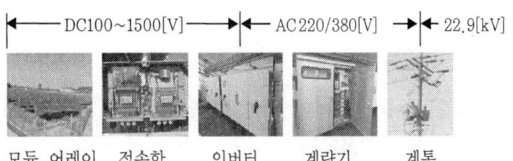

모듈 어레이 접속함   인버터   계량기   계통

정답 28. ③ 29. ② 30. ③

15.4.7 / 15.4.11 / 18.1.7 / 18.1.31 / 18.2.13 / 20.3.10 / 20.3.17 / 20.4.11

31 전기설비에서 축전지용량 계산을 하기위한 검토 항목이 아닌 것은?

① 방전전류　　② 방전시간
③ 허용최저전압　　④ 최대수용전력

[해설] **축전지 설비**
1) 축전지설비 설계 순서

2) 축전지 수량 계산(N)

$$N = \frac{V}{V_B}$$

N : 축전지 수량 (Cell 수)
V : 부하정격전압, 허용최저전압(V)
V_B : 축전지 공칭전압(V)

3) 용량 산출(C)

$$C = \frac{1}{L}[K_1 I_1 + K_2(I_2 - I_1) + K_3(I_3 - I_2) + ... + K_n(I_n - I_{n-1})]$$

L : 축전지 보수율 (보통 0.8)
K : 용량환산 계수
I : 방전전류(A)

18.1.32 / 18.2.35 / 21.1.37

32 설계감리 용역의 기성 및 준공 처리 시 제출서류가 아닌 것은?

① 시공상세도
② 설계감리 기록부
③ 설계감리 결과보고서
④ 설계용역 기성부분 내역서

[해설] **설계감리의 기성 및 준공**
책임 설계감리원이 설계감리의 기성 및 준공을 처리한 때에는 다음의 준공서류를 구비하여 발주자에게 제출한다.
1) 설계용역 기성부분 검사원 또는 설계용역 준공검사원
2) 설계용역 기성부분 내역서
3) 설계감리 결과보고서
4) 감리기록서류
　① 설계감리일지　　② 설계감리지시부
　③ 설계감리기록부　　④ 설계감리요청서
　⑤ 설계자와 협의사항 기록부
5) 그밖에 발주자가 과업지시서상에서 요구한 사항

13.4.27 / 15.4.29 / 16.2.33 / 17.2.29 / 18.1.33 / 19.2.40 / 21.4.34

33 공사감리원의 감리업무가 아닌 것은?

① 발주자의 감독 권한 대행
② 설계도서대로 시공되는지 확인
③ 공사의 계획, 발주, 설계, 시공 등 전반 업무 총괄
④ 품질관리, 공사관리, 안전관리 등에 대한 기술지도

[해설] 전력시설물공사의 설계감리 용역 및 공사의 발주는 발주자의 역할이다.

18.1.34

34 분산형전원 발전설비의 빈번한 출력변동 및 병렬분리에 의한 플리커 가혹도 지수는 특고압 계통연계점에서 단시간(10분) 및 장시간(2시간)의 Epsti를 최대 얼마이하로 제한하는가?

① 단시간 : 0.25 이하, 장시간: 0.15 이하
② 단시간 : 0.25 이하, 장시간: 0.25 이하
③ 단시간 : 0.35 이하, 장시간: 0.15 이하
④ 단시간 : 0.35 이하, 장시간: 0.25 이하

해설 플리커 가혹도 지수
분산형전원 발전설비의 빈번한 출력변동 및 병렬분리에 의한 플리커 가혹도 지수는 특고압 계통연계점에서 단시간(10분)Epsti는 0.35 이하로, 장시간(2시간) Eplti는 0.25 이하로 제한하여야 하며, 저압계통 연계는 이에 준한다.
Epsti ≤ 0.35 (단시간 10분)
Epsti ≤ 0.25 (장시간 2시간)

16.4.21 / 17.4.30 / 18.1.35 / 19.4.30 / 20.1.32 / 20.3.40

35 태양광 구조물의 상정하중 계산 중 수직하중이 아닌 것은?

① 활하중   ② 풍하중
③ 고정하중   ④ 적설하중

해설 구조물의 상정하중
① 수직하중 : 고정하중, 활하중, 적설하중
② 수평하중 : 풍하중, 지진하중
③ 고정하중 : 가대 본체의 하중과 가대에 적재하는 태양광 모듈 등의 적재하중 및 어레이의 구성에 필요한 기자재 등의 중량을 가산한 것으로써 영구적으로 작용하는 하중이다.

13.4.39 / 14.4.34 / 15.2.34 / 17.4.44 / 18.1.36 / 19.1.40 / 19.4.31 / 20.1.31

36 태양전지 모듈에서 인버터 입력단 간 및 인버터 출력단과 계통연계점 간의 전압강하는 가 몇 [%]를 초과하여서는 안 되는가? (단, 전선의 길이가 60[m] 이하인 경우이다)

① 3   ② 5
③ 6   ④ 7

해설 전압강하
모듈에서 인버터 입력단 간 및 인버터 출력단과 계통연계점 간의 전압강하는 각 3[%]을 초과하여서는 아니 된다. 다만, 전선길이가 60[m]을 초과할 경우에는 아래 표에 따라 시공할 수 있다.

전선길이	120[m] 이하	200[m] 이하	200[m] 초과
전압강하	5[%]	6[%]	7[%]

13.4.28 / 15.2.24 / 15.4.40 / 17.1.29 / 17.4.33 / 18.1.26 / 18.1.37 / 18.2.29 / 18.4.2 / 19.2.27 / 19.4.32 / 21.4.28 / 21.4.33

37 태양광모듈 배선이 끝난 후 검사하는 항목이 아닌 것은?

① 극성확인   ② 전압확인
③ 일사량 측정   ④ 단락전류 측정

해설 모듈의 배선 연결 후 점검 사
① 전압 및 극성 확인
② 단락전류의 측정
③ 접지확인 : 일반적으로 직류측은 비접지

15.2.30 / 18.1.38 / 19.1.29 / 19.1.34

38 태양광발전시스템 시공 시 필요한 장비 목록에서 검사장비에 해당되는 것은?

① 레벨기   ② 해머드릴
③ 컴프레셔   ④ 클램프 미터

해설 태양광발전시스템 시공 시 필요한 검사(계측)장비
① 일사량계
② 디지털 멀티미터
③ 클램프 미터
④ 접지저항계
⑤ 절연저항계
⑥ 모듈테스터
⑦ 버니어 캘리퍼스
⑧ 내전압 측정기
⑨ 태양광 어레이 테스터
⑩ GPS 수신기
⑪ 배터리 테스디기
⑫ 3상(RST) 테스터기
⑬ 전력분석계
⑭ 적외선 온도계
⑮ 지락전류 시험기
⑯ 열화상 카메라
⑰ 솔라 경로 추적기
⑱ 보호계전기 시험기

※ 클램프 미터(후크미터)
회로를 절단하지 않고도 회로 전류를 측정할 수 있는 변류기 내장형의 전류계

정답 34.④ 35.② 36.① 37.③ 38.④

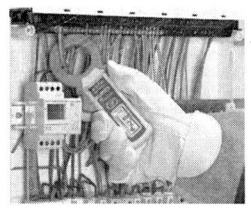

15.4.24 / 16.4.24 / 18.1.39 / 19.4.22 / 20.4.23 / 20.4.28 / 21.4.26 / 21.2.40

39 저압 배전선로의 저압 네트워크 방식에 대한 설명으로 틀린 것은?

① 전력손실이 감소한다.
② 플리커, 전압변동률이 적다.
③ 특별한 보호장치가 필요 없다.
④ 무정전 공급이 가능해서 공급신뢰도가 높다.

해설 저압 네트워크 배전방식(Network System)

1) 2개 이상의 배전 변압기 2차측을 전기적으로 연결해서 망상으로 한 것인데, 각 수용가에는 네트워크로부터 분기되어 직접 전기를 공급하는 방식이다.
① 전력 손실 감소
② 플리커, 전압 변동률이 적다.
③ 기기의 이용률 향상
④ 부하 증가에 대한 적응성이 좋음
⑤ 변전소 수를 줄일 수 있다.
⑥ 무정전 공급이 가능해서 공급신뢰도가 높다.
⑦ 건설비가 비싸다.
⑧ 특별한 보호장치가 필요하다.

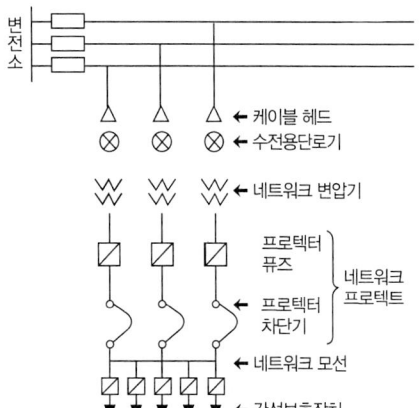

2) 네트워크 프로텍터(network protector) = (계전기 + 차단기)
  변압기 1차측에서 고장이 발생되어 변전소의 차단기가 동작되면 변압기를 통해 1차측으로 역가압되지 않도록 변압기 2차측에 설치한다.

15.4.36 / 18.1.40 / 18.2.31 / 18.2.33 / 20.1.27 / 20.3.25 / 21.2.30

40 태양광발전시스템의 설계도서가 아닌 것은?

① 시방서
② 설계도면
③ 품질관리계획서
④ 공사비산출내역서

해설 설계도서

1) 설계 설명서
   설계의 목적, 공사종목 및 그 개요, 각 설계에 대한 분석자료(인입지점, 발전소의 특성 등), 관계 관공서 등과의 협의 사항, 설계시 적용한 특별한 사항

2) 설계도면
   배치도, 단선접속도, 계통도, 배선도(평면도, 결선도, 기기상세도), 피뢰 설계도, 어레이 배치도, 접속반 내부 결선도

3) 기술계산서
   부하계산서, 전압강하계산서, 변압기용량계산서, 차단기용량계산서, 축전지용량계산서, 접지계산서

4) 설계시방서
   ① 중간설계 및 실시설계도면에 구체적으로 표시할 수 없는 내용과 공사수행을 위한 시공 방법, 자재의 성능·규격 및 공법, 품질시험 및 검사 등 품질관리, 안전관리, 환경관리 등에 관한 사항을 기술한다.
   ② 표준시방서 및 전문시방서를 기본으로 하여 작성하되, 공사의 특수성·지역여건·공사방법 등을 고려하여 작성한다.
   ③ 공사시방서, 전문시방서, 표준시방서, 특기시방서 등

5) 예산내역서
   자재 산출근거서, 공량산출서, 일위대가표, 내역서, 공사원가산출서, 단가대비표, 견적서 등

16.2.52 / 18.1.41 / 21.2.44

41 태양광발전시스템의 성능평가의 대분류로 틀린 것은?

① 태양광발전시스템의 사이트
② 태양광발전시스템의 신뢰성
③ 태양광발전시스템의 설비 폐기 비용
④ 태양광발전시스템의 발전 전력 생산능력

해설 태양광발전시스템 성능평가의 대분류
① 태양광 발전 시스템 구성 요인의 성능 및 신뢰성
② 태양광 발전 시스템의 사이트
③ 태양광 발전 시스템의 신뢰성
④ 태양광 발전 시스템의 설비 설치비용(경제성)
⑤ 태양광 발전 시스템의 발전 전력 생산 능력(발전성능)

17.2.52 / 18.1.42

42 배전반 제어회로의 배선에서 일상점검 항목이 아닌 것은?

① 주유상태 이상여부 확인
② 전선 지지물의 탈락 여부 확인
③ 과열에 의한 이상한 냄새여부 확인
④ 가동부 등의 연결전선의 절연피복 손상여부 확인

해설 배전반 제어회로 배선의 일상점검 항목
1) 손상
① 가동부 등에 연결되는 전선의 절연피복 손상 여부
② 전선 지지물의 탈락 여부

2) 냄새 : 과열에 의한 냄새 여부

※ 주유상태 이상여부확인은 주회로용 차단기의 조작 장치 점검내용이다.

18.1.43 / 20.3.51 / 20.4.46 / 20.4.50

43 태양광발전시스템에 사용되는 배선용 차단기의 점검내용으로 틀린 것은?

① 계폐 동작의 정상여부
② 부싱 단자부의 변색여부
③ 단자부의 볼트류의 조임 이완여부
④ 절연물 등의 균열, 파손, 변형여부

해설 배선용 차단기의 점검내용
1) 외부일반
① 과열에 의한 이상한 냄새 유무
② 단자부의 볼트류 조임 이완여부
③ 절연물 등의 균열, 파손, 변형여부
④ 절연물에 이물 또는 먼지 등의 부착여부
⑤ 단자부 및 접촉부의 파열에 의한 변색여부

2) 조작 장치
① 계폐 동작의 정상여부
② 계폐 표시의 정상여부

14.4.47 / 16.4.57 / 18.1.44 / 19.1.52

44 태양광발전시스템의 계측과 표시의 목적으로 틀린 것은?

① 사업자의 추가 설비 투자 산출을 위한 계측
② 시스템에 의한 발전 전력량을 알기 위한 계측
③ 시스템의 운전상태 감시를 위한 계측 또는 표시
④ 시스템 기기 또는 시스템 종합평가를 위한 계측

해설 계측기기, 표시장치의 설치목적
① 운전상태 감시
② 발전전력량 확인
③ 기기 및 시스템 종합평가
④ 운전상황을 견학자에게 보여주고, 시스템 홍보

16.2.47 / 16.2.51 / 16.4.47 / 17.2.42 / 18.1.45 / 18.2.44 /
18.2.54 / 19.1.43 / 19.1.51 / 19.1.53 / 19.4.42 / 19.4.47 /
20.3.18 / 20.4.42 / 20.4.45 / 20.4.51 / 21.1.46 /
21.1.51 / 21.1.58 / 21.4.44 / 21.2.47 / 21.4.56

45 우박의 충격에 대한 결정질 실리콘 태양광발전 모듈의 기계적 강도를 시험할 경우 품질기준으로 최대 출력은 시험 전 값의 최소 몇 [%] 이상이어야 하는가?

① 89 ② 92 ③ 95 ④ 98

해설 우박 시험
1) 시험방법
우박의 충격에 대한 모듈의 기계적 강도를 시험한다.

정답 41. ③ 42. ① 43. ② 44. ① 45. ③

2) 품질기준
① 최대 출력: 시험 전 값의 95[%] 이상일 것
② 절연 저항: 절연저항시험 값을 만족시킬 것
③ 외관: 두드러진 이상이 없고, 표시는 판독할 수 있으며 외관검사 기준을 만족시킬 것

18.1.46

46 태양광발전시스템의 유지관리를 지원하기 위해 제공되는 운전지침에 기술되어야 하는 사항으로 적합하지 않은 것은?

① 성능 규격
② 기동에 관한 사항
③ 운전에 관한 사항
④ 비품 및 공구 List

해설 태양광발전시스템의 운영관리 지침 내용
① 태양광발전시스템의 성능(시설용량과 발전량)
② 태양광발전시스템의 모듈관리 내용
③ 태양광발전시스템의 인버터 및 접속함 관리내용
④ 태양광발전시스템의 구조물 및 전선관리 내용
⑤ 태양광발전시스템의 운전(기동 및 응급조치)

13.4.26 / 15.4.28 / 16.4.38 / 17.1.51 / 17.2.22 / 17.2.54 / 17.4.23
/ 17.4.53 / 18.1.21 / 18.1.47 / 18.2.46 / 18.2.53 / 18.4.23 /
19.1.60 / 19.2.26 / 19.2.42 / 19.4.27 / 19.4.49 / 20.1.52 /
20.3.23 / 20.3.41 / 20.4.24 / 21.1.38 / 21.4.42 / 21.4.48

47 정전작업 전 조치사항으로 틀린 것은?

① 잔류전하의 방전
② 단락접지기구의 철거
③ 검전기에 의한 정전확인
④ 개로개폐기의 시건 또는 표시

해설 정전작업
1) 정전작업 전 조치사항
① 전원차단후 각 단로기 등을 개방하고 확인할 것
② 차단장치나 단로기 등에 잠금(시건)장치 및 꼬리표를 부착할 것
③ 전기기기 등에 공급되는 모든 전원을 관련 배선도, 도면 등을 통해 확인할 것
④ 검전기를 이용하여 작업대상 기기가 충전되었는지 확인 할 것(잔류전하 방전)

2) 정전작업 중 조치사항
① 작업지휘자에 의한 작업지휘
② 개폐기 관리(전원 재투입 방지, 잠금장치 및 꼬리표 부착 관리)
③ 근접 활선에 대한 방호상태 관리
④ 단락접지의 상태관리

3) 정전작업 후 조치사항
① 작업기기, 단락접지기구(접지선)를 제거하고 전기기기 등이 안전하게 통전될 수 있는지 확인
② 모든 작업자가 작업이 완료된 전기기기 등에서 떨어져 있는지 확인할 것
③ 잠금장치 와 꼬리표는 설치한 근로자가 직접 철거할 것
④ 모든 이상 유무를 확인한 후 전기기기 등의 전원을 투입할 것

15.4.44 / 18.1.48

48 태양광발전시스템의 시스템 트러블에 해당되지 않는 것은?

① 계통지락
② ELB 트립
③ 인버터 운전정지
④ 컴퓨터의 조작오

해설 태양광 발전 시스템의 신뢰성 평가 및 분석 항목과 내용)
1) 트러블
① 시스템 트러블 : 인버터 운전 정지, 직류 지락, ELB 트립, 계통 지락, 원인불명 등에 의한 태양광 발전 시스템 운전 정지 등
② 계측 트러블 : 컴퓨터 전원의 차단, 프리즈, 컴퓨터의 조작 오류 등
2) 태양광 발전 시스템의 정상 운전 데이터의 결측 사항 등
3) 태양광 발전 시스템의 계획 정지 : 개수 정전, 계통 정전 등

정답 46. ④ 47. ② 48. ④

13.4.44 / 13.4.54 / 16.4.48 / 17.1.57 / 17.4.48 / 18.1.49 /
18.4.44 / 18.4.53 / 19.4.50 / 20.1.59

49 접속함의 육안점검 항목으로 틀린 것은?

① 개방전압 측정
② 접지선 손상
③ 단자대 나사의 풀림
④ 외함의 부식 및 파오

해설 접속함 정기점검내용

점검 방법	점검 항목	점검 내용
육안 점검	외함	부식 및 파손 상태 볼트 및 너트 조임 상태
	외부 배선 및 접속단자 (퓨즈, 역전류 방지 다이오드, SPD, 극성)	배선 상태 접속 단자의 정상 유무 극성 상태(전체 회로) 전선인입부의 방수처리 상태
	접지선 및 접지단자	접지선 손상, 접속 상태 단자 조임 상태
측정 및 시험	절연저항측정 (태양 전지와 접지 사이)	0.2[MΩ] 이상, 측정 전압 DC 500[V]
	절연저항측정 (인버터 입출력 단자와 접지 사이)	1[MΩ] 이상, 측정 전압 DC 500[V]
	개방전압측정	규정의 전압 여부, 어레이 출력확인

14.4.48 / 15.2.41 / 16.4.23 / 17.1.13 / 18.1.50 /
20.1.49 / 20.4.41

50 중대형 태양광발전용 인버터 중 계통연계형의 경우 교류전원을 정격전압 및 정격 주파수로 운전한 상태에서 인버터의 출력전류를 계측하여 출력전류의 직류성분측정 시 정격전류의 최대 몇 [%] 이내이어야 하는가?

① 0.1　② 0.5　③ 1　④ 5

해설 전기품질 항목
① 직류 유입 제한
분산형전원 및 그 연계 시스템은 분산형전원 연결점에서 최대 정격 출력전류의 0.5[%]를 초과하는 직류 전류를 계통으로 유입시켜서는 안된다.

② 역률
분산형전원의 역률은 90[%] 이상으로 유지함을 원칙으로 한다.
③ 플리커(flicker)
④ 고조파

16.4.60 / 18.1.10 / 18.1.51 / 19.1.55 / 21.4.17

51 태양광발전 모듈 점검 시의 유의사항으로 틀린 것은?

① 날씨가 맑은 날 정오 전후에서 한다.
② 모듈 표면이 오염되었을 경우 청소 후 측정 검사를 한다.
③ 모듈 표면은 특수 처리된 강화유리로 되어 있어 강한 충격에도 파손되지 않는다.
④ 강한 금속구조물로 되어있어 작업자가 충돌 시 위험하므로 안전모, 안전복장, 안전화를 착용한다.

해설 태양전지 어레이 관리요령
① 모듈 표면은 강화유리로 제작되어 있으나 강한 충격이 있을 시는 파손될 수 있으므로 주의해야 한다.
② 모듈의 후면 백시트는 날카로운 물체로 인한 손상에 유의해야 한다.
③ 모듈 표면에 그늘이 지거나 나뭇잎 따위가 떨어져 있는 경우 전체적인 발전 효율이 감소하므로 바로 제거한다.
④ 모듈 프레임에 심한 마찰을 가하면, 특수 코팅이 벗겨져 부식이 생길 수 있으며 이에 따라 수명과 강도가 감소할 수 있다.
⑤ 대기오염 황사나 먼지, 공해물질은 발전량을 감소시키므로, 심한 경우 고압 분사기를 이용해 물을 뿌려 청소해주면 발전 효율을 높일 수 있다.
⑥ 풍압이나 진동으로 인해 모듈과 형강의 연결 부위가 느슨해지는 경우가 있으므로 정기적으로 점검한다.

정답 49. ① 50. ② 51. ③

14.4.45 / 15.4.54 / 16.4.56 / 17.1.55 / 17.4.57 / 14.4.45 /
15.4.54 / 16.4.56 / 17.1.55 / 17.4.57 / 18.1.52 / 19.1.41 /
19.2.46 / 19.4.56 / 20.3.55

52 태양광발전 모듈의 고장으로 틀린 것은?

① 핫스팟 ② 프레임 변형
③ 전선관 침수 ④ 백시트 에어 버블링

해설 모듈의 고장원인
① 제조결함(백화현상, 적화현상, 황색 변이, 핫스팟, 백시트 에어 버블링 등)
② 시공불량(모듈 시공시 외부 충격의 영향, 구조물의 불균형 시공으로 인한 프레임 변형 등)
③ 전기적(전압, 전류), 기계적(열응력, 충격) 스트레스에 의한 태양전지 셀의 파손
④ 염해, 부식성 가스 등 주변 환경에 의한 부식
⑤ 경년 열화에 의한 태양전지 셀 및 리본의 노화

13.4.35 / 14.4.23 / 14.4.30 / 16.2.46 / 16.4.28 / 17.2.31 /
18.1.23 / 18.1.53 / 20.3.39 / 21.1.31 / 21.2.48 / 21.4.25

53 접지저항의 측정에 관한 설명 사항 중 틀린 것은?

① 접지저항의 측정방법에는 전위차계식과 간이 측정법 등이 있다.
② 접지전극과 보조전극의 간격은 최소한 5[m] 이상으로 한다.
③ 접지전극은 E단자에 접속하고 보조전극은 P, C단자에 접속한다.
④ 접지저항계의 지침은 '0'이 되도록 다이얼을 조정하고 그때의 눈금을 읽어 접지저항 값을 측정한다.

해설 전위강하법에 의한 접지저항 측정
측정접지체(E)에서 전류보조전극(C)을 멀리(10[m]이상) 설치하고, E와 C를 잇는 직선상에서 전압보조극(P)을 이동시키면서 접지저항을 측정한다.

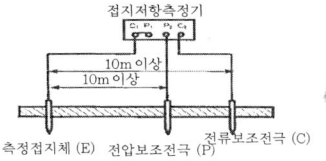

15.4.55 / 18.1.54 / 19.2.57 / 19.2.60 / 19.4.55 /
20.1.43 / 21.4.14 / 21.4.59

54 통상적인 태양광발전용 접속함의 병렬 스트링 수에 의한 분류에서 소형(3회로 이하)일 경우 충전부와의 접촉, 고체 이물질과 액체의 침입에 대비하여 접속함이 제공하는 보호등급으로 옳은 것은?

① IP20 이상 ② IP24 이상
③ IP45 이상 ④ IP54 이상

해설 태양광발전용 접속함
(1) 구분

병렬 스트링 수에 의한 분류	설치장소에 의한 분류
소형(3회로 이하)	실내형: IP54 이상
	실외형: IP54 이상
중대형(4회로 이상)	실내형: IP20 이상
	실외형: IP54 이상

(2) IP 등급의 표시 내용

숫자	제1숫자 방수 보호정도	제2숫자 방수 보호정도
0	없음	없음
1	손의 접근으로부터 보호	수직으로 떨어지는 물방울로부터의 보호
2	손가락의 접근으로부터의 보호	수직에서 15° 범위에서 떨어지는 물방울로부터의 보호
3	공구의 선단 등으로부터 보호	수직에서 60° 범위에서 떨어지는 물방울로부터의 보호
4	WIRE 등으로부터의 보호	전방향으로 비산되는 물로부터의 보호
5	분진으로부터 보호	전방향으로 쏟아지는 물로부터의 보호
6	완전한 방진구조	파도 등의 강력하게 쏟아지는 물로부터의 보호
7	-	일정한 조건으로 물에 잠겨서 사용 가능
8	-	물속에서 사용 가능

13.4.53 / 15.4.58 / 16.4.49 / 18.1.55 / 18.2.32 / 18.4.35 /
18.4.43 / 19.2.55 / 20.1.55 / 20.3.46 / 20.4.56 / 21.2.51

55 태양광발전시스템 점검중 투입저지 시한 타이머 동작시험에서 인버터가 정지하여 최소 몇 분 후에 자동으로 기동하여야 하는가?

① 1분 ② 3분 ③ 4분 ④ 5분

해설 한전계통에의 재병입(Reconnection)
① 한전계통에서 이상 발생 후 해당 한전계통의 전압 및 주파수가 정상 범위 내에 들어올 때까지 분산형 전원의 재병입이 발생해서는 안된다.
② 분산형전원 연계 시스템은 안정상태의 한전계통 전

압 및 주파수가 정상 범위로 복원된 후 그 범위 내에서 5분간 유지되지 않는 한 분산형전원의 재병입이 발생하지 않도록 하는 지연기능을 갖추어야 한다.

18.1.56
56 태양광발전시스템 설치 시 안전관리 대책에 대한 설명으로 틀린 것은?

① 구조물 설치 시 안전 난간대를 설치한다.
② 접속함, 인버터 등 연결 시 절연장갑을 착용한다.
③ 모듈 설치시 안전모, 안전화, 안전벨트를 착용한다.
④ 임시배선작업 시 누전위험장소에는 배선용 차단기를 설치한다.

[해설] 누전차단기에 의한 감전방지
(1) 사업주는 다음의 전기 기계·기구에 대하여 누전에 의한 감전위험을 방지하기 위하여 해당 전로의 정격에 적합하고 감도가 양호하며 확실하게 작동하는 감전방지용 누전차단기를 설치하여야 한다.
① 대지전압이 150[V]를 초과하는 이동형 또는 휴대형 전기기계·기구
② 물 등 도전성이 높은 액체가 있는 습윤 장소에서 사용하는 저압(750[V] 이하 직류전압이나 600[V] 이하의 교류전압을 말한다)용 전기기계·기구
③ 철판·철골 위 등 도전성이 높은 장소에서 사용하는 이동형 또는 휴대형 전기기계·기구
④ 임시배선의 전로가 설치되는 장소에서 사용하는 이동형 또는 휴대형 전기기계·기구

(2) 사업주는 (1)에 따라 감전방지용 누전차단기를 설치하기 어려운 경우에는 작업 시작 전에 접지선의 연결 및 접속부 상태 등이 적합한지 확실하게 점검하여야 한다.

(3) 다음의 어느 하나에 해당하는 경우에는 (1)과 (2)를 적용하지 아니한다.
① 이중절연구조 또는 이와 동등 이상으로 보호되는 전기기계·기구
② 절연대 위 등과 같이 감전 위험이 없는 장소에서 사용하는 전기기계·기구
③ 비접지방식의 전로

※ 이중절연구조
이중절연방식의 전기기계기구는 절연파괴 시에도 보호절연이 추가로 되어 있어 감전이 되지 않아 접지를 실시하지 않은 장소에서도 사용이 가능하며 일반적으로 전기기계기구 명판에 아래와 같은 기호가 표시되어 있다.

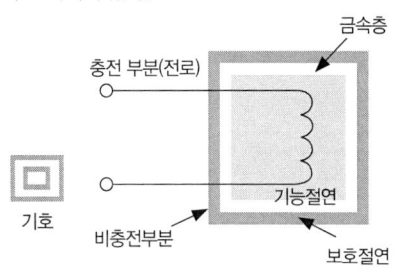

※ 비접지 방식의 전로
비접지 방식의 경우 대지와의 귀환회로가 구성되어 있지 않아 충전부와 인체와의 접촉 시에도 인체에 흐르는 전류를 저감시킬 수 있어 감전이 발생되지 않는 원리이나, 별도의 회로를 구성해야하는 단점으로 인해 수영장 또는 수술실 등 일부 장소에 한해 제한적으로 적용하고 있음

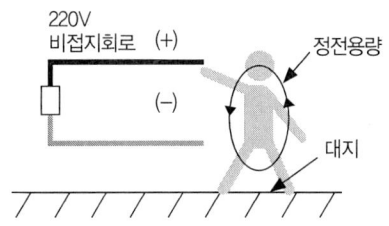

14.4.27 / 15.4.15 / 17.1.47 / 17.2.44 / 17.4.52 / 18.1.57 / 18.4.5 / 20.4.49 / 21.2.3 / 21.4.58

57. 태양광발전시스템에서 모니터링 프로그램의 기능이 아닌 것은?

① 데이터 수집기능   ② 데이터 저장기능
③ 데이터 연산기능   ④ 데이터 분석기능

[해설] 모니터링 시스템 프로그램 기능
① 데이터 수집기능
인버터로부터 데이터를 공급받아 전압과 전력에 대한 정보를 제공하며 일사량과 모듈 표면온도 등의 정보를 제공한다.

② 데이터 저장기능
  실시간 데이터가 저장되어 평균 자료를 한눈에 알아볼 수 있도록 한다.
③ 데이터 분석기능
  저장된 데이터로 표를 작성하여 일일 평균값 등의 변화를 한눈에 알 수 있도록 데이터를 제공한다.
④ 데이터 통계기능
  저장된 데이터를 바탕으로 일간, 월간, 년간 통계를 알아볼 수 있도록 제공한다.

14.4.60 / 16.4.58 / 17.2.51 / 17.4.42 / 18.1.58 / 18.2.48 / 19.1.50 / 19.2.49

58 태양광발전시스템이 운전되지 않을 경우 응급조치를 하여야 하는데, 운전조작방법의 순서로 옳은 것은?

> ㄱ. 접속함 내부 직류차단기 투입(ON)
> ㄴ. 교류차단기 투입(ON)
> ㄷ. 접속함 내부 직류차단기 개방(OFF)
> ㄹ. 교류차단기 개방(OFF)
> ㅁ. 인버터 정지 후 점검하고 정상 시 재운전

① ㄹ→ㄷ→ㅁ→ㄴ→ㄱ
② ㄱ→ㄴ→ㅁ→ㄷ→ㄹ
③ ㅁ→ㄱ→ㄹ→ㄷ→ㄴ
④ ㄷ→ㄹ→ㅁ→ㄴ→ㄱ

[해설] 태양광발전시스템의 응급조치순서
① 접속함의 DC 메인 전원 스위치를 개방(off)한다.
② 인버터의 전원 스위치를 개방(off)한다.
③ 한전차단기를 개방(off)한다.
④ 태양광발전시스템을 점검한다.
⑤ 이상이 없을 시 역순으로 작동한다.

13.4.57 / 16.4.51 / 18.1.59 / 20.1.44 / 21.1.49 / 21.2.60

59 자가용 태양광발전설비의 정기검사 항목 중 전력변환장치의 검사세부종목에 해당되지 않는 것은?

① 절연저항 ② 외관검사
③ 환기시설상태 ④ 단독운전방지시험

[해설] 자가용 태양광 발전설비 전력변환장치의 정기검사 항목
1) 일반 규격
① 규격 확인

2) 본체
② 외관검사
③ 절연저항
④ 절연내력
⑤ 제어회로 및 경보장치
⑥ 전력조절부/Static 스위치 자동 · 수동 절체시험
⑦ 역방향운전 제어시험
⑧ 단독운전 방지시험
⑨ 인버터 자동 · 수동 절체시험
⑩ 충전기능시험

3) 보호장치
① 외관검사
② 절연저항
③ 보호장치시험

4) 축전지
① 시설상태 확인
② 전해액 확인
③ 환기시설 상태

16.2.42 / 16.2.48 / 16.2.56 / 18.1.60 / 18.4.24 / 18.4.36 / 21.2.27

60 전기사업의 허가를 신청 시 허가신청서는 어디의 심의를 거쳐야 하는가?

① 전기위원회 ② 한국에너지공단
③ 한국전력거래소 ④ 산업통상자원부

[해설] 전기사업허가(변경) 처리절차

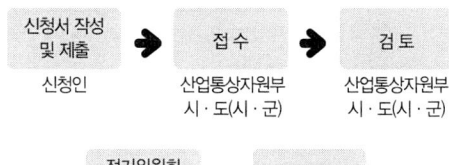

13.4.77 / 18.1.61 / 18.4.73

61 서울시 교육청이 연면적 1,500제곱미터의 공공도서관을 신축하기 위해 2018년 4월 건축허가를 신청하려고 한다. 이 건물의 설계 시 산출된 예상 에너지사용량의 최소 몇 [%] 이상을 신재생에너지를 이용하여 공급되는 에너지로 사용하여야 하는가?

① 21 ② 24 ③ 27 ④ 30

해설 신·재생에너지 공급의무 비율 등(신재생에너지법 시행령 제15조)

1) 건축법 시행령에서 정한 용도의 건축물로서 신축·증축 또는 개축하는 부분의 연면적이 1,000[m²] 이상인 건축물(해당 건축물의 건축 목적, 기능, 설계 조건 또는 시공 여건상의 특수성으로 인하여 신·재생에너지 설비를 설치하는 것이 불합리하다고 인정되는 경우로서 산업통상자원부장관이 정하여 고시하는 건축물은 제외한다)에 따른 비율 이상

2) 1)외의 건축물 : 산업통상자원부장관이 용도별 건축물의 종류로 정하여 고시하는 비율 이상

연도	2011~2012	2013	2014	2015
공급의무 비율[%]	10	11	12	15

2016	2017	2018	2019	2020 이후
18	21	24	27	30

18.1.62 / 21.2.61

62 설비인증을 받은 자는 신재생에너지 설비의 결함으로 인하여 제3자가 입을 수 있는 손해를 담보하기 위하여 보험 또는 공제에 가입하여야 한다. 이때 보험 또는 공제의 기간·종류·대상 및 방법에 필요한 사항은 무엇으로 정하는가?

① 대통령령
② 시·도시사령
③ 산업통상자원부령
④ 과학기술정보통신부령

해설 보험·공제 가입(신재생에너지법 제13조의2)

① 설비인증을 받은 자는 신·재생에너지 설비의 결함으로 인하여 제3자가 입을 수 있는 손해를 담보하기 위하여 보험 또는 공제에 가입하여야 한다.
② ①에 따른 보험 또는 공제의 기간·종류·대상 및 방법에 필요한 사항은 대통령령으로 정한다.

63 KEC 한국전기설비규정의 변경으로 삭제됨

18.1.64

64 저압 옥내직류 전기설비의 접지목적에 해당하지 않는 것은?

① 이상전압 억제
② 대지전압의 억제
③ 과전류의 대지 방출
④ 전로 보호장치의 확실한 동작 확보

해설 저압 옥내직류 전기설비의 접지(판단기준 제289조)

저압 옥내직류 전기설비는 전로 보호장치의 확실한 동작의 확보, 이상전압 및 대지전압의 억제를 위하여 직류 2선식의 임의의 한 점 또는 변환장치의 직류측 중간점, 태양전지의 중간점 등을 접지하여야 한다. 다만, 직류 2선식을 다음에 의하여 시설하는 경우는 그러하지 않다.

① 사용전압이 60[V] 이하인 경우
② 접지검출기를 설치하고 특정구역내의 산업용 기계기구에만 공급하는 경우
③ 교류계통으로부터 공급을 받는 정류기에서 인출되는 직류계통
④ 최대전류 30[mA] 이하의 직류화재경보회로

13.4.38 / 15.2.39 / 16.2.25 / 17.2.74 / 17.4.24 / 18.1.65 / 19.2.71

65 중량물의 압력을 받을 우려가 있는 곳의 지중전선로를 관로식에 의하여 시설하는 경우 매설 깊이를 최소 몇 [m] 이상으로 하는가?

① 1 ② 2 ③ 3 ④ 4

정답 61. ② 62. ① 63. 64. ③

해설 **지중 전선로의 시설**
(1) 지중 전선로는 전선에 케이블을 사용하고 또한 관로식·암거식(暗渠式) 또는 직접 매설식에 의하여 시설하여야 한다.

(2) 지중 전선로를 관로식 또는 암거식에 의하여 시설하는 경우에는 다음에 따라야 한다.
① 관로식에 의하여 시설하는 경우에는 매설 깊이를 1.0[m]이상으로 하되, 매설 깊이가 충분하지 못한 장소에는 견고하고 차량 기타 중량물의 압력에 견디는 것을 사용할 것. 다만 중량물의 압력을 받을 우려가 없는 곳은 60[cm] 이상으로 한다.
② 암거식에 의하여 시설하는 경우에는 견고하고 차량 기타 중량물의 압력에 견디는 것을 사용할 것

(3) 지중 전선을 냉각하기 위하여 케이블을 넣은 관내에 물을 순환시키는 경우에는 지중 전선로는 순환수 압력에 견디고 또한 물이 새지 아니하도록 시설하여야 한다.

(4) 지중 전선로를 직접 매설식에 의하여 시설하는 경우에는 매설 깊이를 차량 기타 중량물의 압력을 받을 우려가 있는 장소에는 1.0[m] 이상, 기타 장소에는 60[cm] 이상으로 하고 또한 지중 전선을 견고한 트라프 기타 방호물에 넣어 시설하여야 한다.

14.4.64 / 15.2.67 / 16.2.71 / 16.4.78 / 17.2.61 / 17.2.69 / 17.4.64 / 18.1.66 / 19.1.73 / 19.2.79 / 19.4.65 / 20.1.61 / 20.1.71 / 21.1.68

66 산업통상자원부령으로 정하는 소규모의 전기설비로서 한정된 구역에서 전기를 사용하기 위하여 설치하는 전기설비는?

① 지역전기설비
② 일반용전기설비
③ 자가용전기설비
④ 전기사업용전기설비

해설 **정의(전기사업법 제2조)**
① 전기사업 : 발전사업·송전사업·배전사업·전기판매사업 및 구역전기사업
② 발전사업 : 전기를 생산하여 이를 전력시장을 통하여 전기판매사업 자에게 공급하는 것을 주된 목적으로 하는 사업
③ 송전사업 : 발전소에서 생산된 전기를 배전사업자에게 송전하는 데 필요한 전기설비를 설치·관리하는 것을 주된 목적으로 하는 사업
④ 배전사업 : 발전소로부터 송전된 전기를 전기사용자에게 배전하는 데 필요한 전기설비를 설치·운용하는 것을 주된 목적으로 하는 사업
⑤ 구역전기사업 : 대통령령으로 정하는 규모 이하의 발전설비를 갖추고 특정한 공급구역의 수요에 맞추어 전기를 생산하여 전력시장을 통하지 아니하고 그 공급구역의 전기사용자에게 공급하는 것을 주된 목적으로 하는 사업
⑥ 일반용전기설비 : 산업통상자원부령으로 정하는 소규모의 전기설비로서 한정된 구역에서 전기를 사용하기 위하여 설치하는 전기설비

14.4.78 / 15.2.3 / 15.4.10 / 16.2.70 / 17.2.64 / 17.4.71 / 18.1.67 / 18.4.69 / 19.1.71 / 21.1.4

67 저탄소 녹색성장 기본법에서 정한 온실가스에 속하지 않는 것은?

① 육불화황
② 이산화탄소
③ 과산화수소
④ 아산화질소

해설 **정의(녹색성장법 제2조)**
온실가스 : 이산화탄소(CO_2), 메탄(CH_4), 아산화질소(N_2O), 수소불화탄소(HFCs), 과불화탄소(PFCs), 육불화황(SF_6) 및 그밖에 대통령령으로 정하는 것으로 적외선 복사열을 흡수하거나 재방출하여 온실효과를 유발하는 대기 중의 가스 상태의 물질

16.4.64 / 18.1.68 / 19.2.63 / 20.3.61 / 21.4.67

68 녹색성장위원회의 정기회의는 반기별로 몇 회 개최하는 것을 원칙으로 하는가?

① 1   ② 2   ③ 3   ④ 4

해설 **회의(녹색성장법 제16조)**
① 위원장은 위원회의 회의를 소집하고 그 의장이 된다.
② 위원회의 회의는 정기회의와 임시회의로 구분하며, 임시회의는 위원장이 필요하다고 인정하는 경우 또는 위원 5명 이상의 소집요구가 있을 경우에 위원장이 소집한다.
③ 위원회의 회의는 위원 과반수의 출석으로 개의하고, 출석위원 과반수의 찬성으로 의결한다. 다만, 대통령령으로 정하는 경우에는 서면으로 심의·의결할

정답 65.① 66.② 67.③ 68.①

④ ①부터 ③까지에서 규정한 사항 외에 정기회의의 시기 등 위원회의 운영에 필요한 사항은 대통령령으로 정한다.

13.4.58 / 14.4.72 / 15.2.77 / 15.4.61 / 17.2.73 / 18.1.69 / 18.2.25 / 18.4.11 / 19.2.14 / 20.1.62 / 20.4.26

69 태양전지 발전소에 시설하는 모듈, 전선 및 개폐기 기타 기구의 시설방법으로 틀린 것은?

① 충전부분은 노출되지 아니하도록 시설할 것
② 태양전지 모듈의 출력배선은 극성별로 확인 가능토록 표시할 것
③ 태양전지 모듈의 프레임은 지지물과 전기적으로 완전하게 접속할 것
④ 전선은 공칭단면적 1.5[mm²] 이상의 연동선 또는 이와 동등 이상의 세기 및 굵기의 것은 사용할 것

해설 태양전지 모듈 등의 시설(판단기준 제54조)

1) 충전부분은 노출되지 않도록 시설할 것

2) 태양전지 모듈에 접속하는 부하측의 전로(복수의 태양전지 모듈을 시설한 경우에는 그 집합체에 접속하는 부하측의 전로)에는 그 접속점에 근접하여 개폐기 기타 이와 유사한 기구(부하전류를 개폐할 수 있는 것에 한한다)를 시설할 것

3) 태양전지 모듈을 병렬로 접속하는 전로에는 그 전로에 단락이 생긴 경우에 전로를 보호하는 과전류차단기 기타 기구를 시설할 것. 다만, 그 전로가 단락전류에 견딜 수 있는 경우에는 그렇지 않다.

4) 전선은 다음에 의하여 시설할 것. 다만, 기계기구의 구조상 그 내부에 안전하게 시설할 수 있을 경우에는 그렇지 않다.
① 전선은 공칭단면적 2.5[mm²] 이상의 연동선 또는 이와 동등 이상의 세기 및 굵기의 것일 것
② 옥내에 시설할 경우에는 합성수지관공사, 금속관공사, 가요전선관공사 또는 케이블공사로 시설할 것
③ 옥측 또는 옥외에 시설할 경우에는 합성수지관공사, 금속관공사, 가요전선관공사 또는 케이블공사로 시설할 것

17.1.79 / 18.1.70 / 21.2.80 / 21.4.71

70 중질잔사유(中質殘渣油)를 가스화한 에너지의 범위로 옳은 것은?

① 고체가스 ② 합성가스
③ 메탄가스 ④ 바이오가스

해설 신·재생에너지 연료의 기준 및 범위(신재생에너지법 시행령 제18조의 12)
① 수소
② 중질잔사유을 가스화한 공정에서 얻어지는 합성가스
③ 생물유기체를 변환시킨 바이오가스, 바이오에탄올, 바이오액화유 및 합성가스
④ 동물·식물의 유지를 변환시킨 바이오디젤
⑤ 생물유기체를 변환시킨 목재칩, 펠릿 및 목탄 등의 고체연료

※ 중질잔사유 : 원유를 정제하고 남은 최종 잔재물로서 감압증류 과정에서 나오는 감압잔사유, 아스팔트와 열분해 공정에서 나오는 코크, 타르 및 피치 등

※ 감압증류 : 끓는점이 비교적 높은 액체 혼합물을 분리하기 위하여 액체에 작용하는 압력을 감소시켜 증류 속도를 빠르게 하는 방법

16.2.17 / 16.2.68 / 16.4.16 / 18.1.16 / 18.1.71 / 18.2.6 / 19.2.15 / 19.4.19 / 20.1.75 / 20.3.3 / 20.1.11 / 21.1.13 / 21.2.6

71 수소와 산소의 전기화학반응을 통하여 전기 또는 열을 생산하는 설비는?

① 태양열설비 ② 전력저장설비
③ 연료전지설비 ④ 태양에너지설비

해설 연료전지의 발전원리
① 외부에서 수소와 산소를 공급하면 전기 에너지를 만든다.
② 수소와 산소의 화학반응으로 생기는 화학에너지를 직접 전기에너지로 변환시킨다.
$$H_2 + \frac{1}{2}O_2 \rightarrow H_2O + 전기$$
③ 생성물이 전기와 순수(純水)인 발전효율 30~40%, 열효율 40% 이상으로 총 70~80%의 효율을 갖는다.
④ 배터리와 같은 에너지 저장기능은 없다.

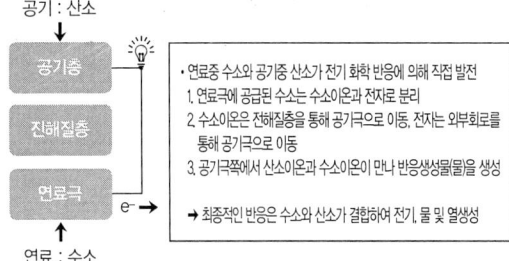

17.4.80 / 18.1.72

72 저압전로에서 정전이 어려운 경우 등 절연저항 측정이 곤란한 경우 누설전류는 최대 몇 [mA] 이하로 유지하여야 하는가?

① 0.03 ② 0.01
③ 1   ④ 30

해설 전로의 절연저항 및 절연내력(판단기준 제13조)
① 사용전압이 저압인 전로에서 정전이 어려운 경우 등 절연저항 측정이 곤란한 경우에는 누설전류를 1[mA] 이하로 유지하여야 한다.
② 고압 및 특고압의 전로(회전기, 정류기, 연료전지 및 태양전지 모듈의 전로, 변압기의 전로, 기구 등의 전로 및 직류식 전기철도용 전차선을 제외한다)는 표에서 정한 시험전압을 전로와 대지 사이(다심 케이블은 심선 상호 간 및 심선과 대지 사이)에 연속하여 10분간 가하여 절연내력을 시험하였을 때에 이에 견디어야 한다.

전로의 종류	시험 전압
1. 최대사용전압 7[kV] 이하인 전로	최대사용전압의 1.5배의 전압
2. 최대사용전압 7[kV] 초과 25[kV] 이하인 중성점 접지식 전로(중성선을 가지는 것으로서 그 중성선을 다중접지 하는 것에 한한다)	최대사용전압의 0.92배의 전압
3. 최대사용전압 7[kV] 초과 60[kV] 이하인 전로	최대사용전압의 1.25배의 전압(10,500[V] 미만으로 되는 경우는 10,500[V])압
4. 최대사용전압60[kV] 초과 중성점 비접지식전로	최대사용전압의 1.25배의 전압
5. 최대사용전압60[kV] 초과 중성점 접지식 전로	최대사용전압의1.1배의 전압(75[kV] 미만으로 되는 경우에는 75[kV])
6. 최대사용전압이 60[kV]초과 중성점 직접접지식 전로	최대사용전압의 0.72배의 전압
7. 최대사용전압이 170[kV]초과 중성점 직접 접지식 전로로서 그 중성점이 직접 접지되어 있는 발전소 또는 변전소 혹은 이에 준하는 장소에 시설하는 것	최대사용전압의 0.64배의 전압
8. 최대사용전압이 60[kV]를 초과하는 정류기에 접속되고 있는 전로	교류측 및 직류 고전압측에 접속되고 있는 전로는 교류측의 최대사용전압의 1.1배의 직류전압
	직류측 중성선 또는 귀선이 되는 전로는 계산식에 의하여 구한 값

13.4.66 / 14.4.75 / 15.2.72 / 15.2.76 / 16.4.67 / 17.1.73 / 17.2.70 / 17.4.78 / 18.1.73 / 18.2.64 / 18.4.75 / 18.4.80 / 19.1.64 / 19.2.62 / 20.3.80

73 태양전지 모듈의 절연내력시험을 하는 경우 시험전압을 연속하여 몇 분간 가하여 견디어야 하는가?

① 1   ② 5
③ 10   ④ 30

해설 연료전지 및 태양전지 모듈의 절연내력(판단기준 제15조)
연료전지 및 태양전지 모듈은 최대사용전압의 1.5배의 직류전압 또는 1배의 교류전압(500[V] 미만으로 되는 경우에는 500[V])을 충전부분과 대지사이에 연속하여 10분간 가하여 절연내력을 시험하였을 때에 이에 견디는 것이어야 한다.

13.4.73 / 15.4.67 / 16.2.42 / 16.4.68 / 16.4.70 / 17.4.65 / 18.1.74 / 18.4.24 / 18.4.63 / 19.4.38 / 20.1.65 / 20.1.79 / 20.3.66 / 21.1.71 / 21.2.27 / 21.4.37 / 21.4.68

74 3,000[kW] 태양광발전사업자가 사업개시 신고를 하려고 할 때 사업개시의 신고를 누구에게 제출하여야 하는가?

① 시·도지사
② 한국전력공사 이사장
③ 한국에너지공단 이사장
④ 한국전력거래소 이사장

해설 사업허가의 신청(전기사업법 시행규칙 제4조)
① 전기사업의 허가를 신청하려는 자는 전기사업허가 신청서에 관련 서류(전자문서를 포함한다. 이하 같다)를 첨부하여 산업통상자원부장관에게 제출하여야 한다.
② 다만, 발전설비용량이 3,000[kW] 이하인 발전사업의 허가를 받으려는 자는 특별시장·광역시장·특별자치시장·도지사 또는 특별자치도지사에게 제출하여야 한다.

13.4.76 / 15.2.25 / 16.4.73 / 17.4.66 / 17.4.67 / 18.1.24 / 18.1.75 / 19.1.62 / 19.2.78 / 19.4.67 / 20.3.73 / 21.1.63 / 21.1.76 / 21.4.70

75 신재생에너지 공급인증서에 관한 아래의 설명 중 옳은 것만을 고른 것은?

ㄱ. 신재생에너지 공급인증서는 공급인증기관만 발급할 수 있다.
ㄴ. 공급인증서를 발급받으려는 자는 신재생에너지를 공급한 날부터 90일 이내에 발급신청을 하여야 한다.
ㄷ. 공급인증서의 유효기간은 발급받은 날로부터 5년이다.
ㄹ. 공급인증서는 공급인증기관이 개설한 거래시장에서 거래할 수 있다.

① ㄱ, ㄴ, ㄷ
② ㄱ, ㄴ, ㄹ
③ ㄱ, ㄷ, ㄹ
④ ㄴ, ㄷ, ㄹ

해설 신·재생에너지 공급인증서 등(신재생에너지법 제12조의7)

1) 신·재생에너지를 이용하여 에너지를 공급한 자는 산업통상자원부장관이 신·재생에너지를 이용한 에너지 공급의 증명 등을 위하여 지정하는 기관으로부터 그 공급 사실을 증명하는 인증서를 발급받을 수 있다. 다만, 발전차액을 지원받은 신·재생에너지 공급자에 대한 공급인증서는 국가에 대하여 발급한다.

2) 공급인증서를 발급받으려는 자는 공급인증기관에 대통령령으로 정하는 바에 따라 공급인증서의 발급을 신청하여야 한다.

3) 공급인증기관은 신청을 받은 경우에는 신·재생에너지의 종류별 공급량 및 공급기간 등을 확인한 후 다음의 기재사항을 포함한 공급인증서를 발급하여야 한다. 이 경우 균형 있는 이용·보급과 기술개발 촉진 등이 필요한 신·재생에너지에 대하여는 대통령령으로 정하는 바에 따라 실제 공급량에 가중치를 곱한 양을 공급량으로 하는 공급인증서를 발급할 수 있다.
① 신·재생에너지 공급자
② 신·재생에너지의 종류별 공급량 및 공급기간
③ 유효기간

4) 공급인증서의 유효기간은 발급받은 날부터 3년으로 하되, 공급의무자가 구매하여 의무공급량에 충당하거나 발급받아 산업통상자원부장관에게 제출한 공급인증서는 그 효력을 상실한다. 이 경우 유효기간이 지나거나 효력을 상실한 해당 공급인증서는 폐기하여야 한다.

5) 공급인증서를 발급받은 자는 그 공급인증서를 거래하려면 공급인증서 발급 및 거래시장 운영에 관한 규칙으로 정하는 바에 따라 공급인증기관이 개설한 거래시장에서 거래하여야 한다.

6) 산업통상자원부장관은 다른 신·재생에너지와의 형평을 고려하여 공급인증서가 일정 규모 이상의 수력을 이용하여 에너지를 공급하고 발급된 경우 등 산업통상자원부령으로 정하는 사유에 해당할 때에는 거래시장에서 해당 공급인증서가 거래될 수 없도록 할 수 있다.

7) 산업통상자원부장관은 거래시장의 수급조절과 가격 안정화를 위하여 대통령령으로 정하는 바에 따라 국가에 대하여 발급된 공급인증서를 거래할 수 있다. 이 경우 산업통상자원부장관은 공급의무자의 의무공급량, 의무이행실적 및 거래시장 가격 등을

정답 74. ① 75. ②

고려하여야 한다.

8) 신·재생에너지 공급자가 신·재생에너지 설비에 대한 지원 등 대통령령으로 정하는 정부의 지원을 받은 경우에는 대통령령으로 정하는 바에 따라 공급인증서의 발급을 제한할 수 있다.

18.1.76 / 20.4.76

76 전기공사의 시공 및 기술관리의 내용으로 틀린 것은?

① 공사업자는 전기공사의 규모별로 전기공사 시공관리책임자를 지정한다.
② 전기공사기술자로 인정을 받으려는 사람은 산업통상자원부장관에게 신청하여야 한다.
③ 공사업자는 전기공사기술자가 아닌 자에게 전기공사의 시공관리를 맡겨서는 아니 된다.
④ 전기공사기술자의 기술자격·학력·경력의 기준 및 범위 등은 산업통상자원부장관이 정한다.

해설 전기공사기술자의 인정, 정의(전기공사업법 제17조의 2, 제2조)

1) 전기공사기술자로 인정을 받으려는 사람은 산업통상자원부장관에게 신청하여야 한다.

2) 산업통상자원부장관은 신청인이 다음에 해당하면 전기공사기술자로 인정하여야 한다.
① 국가기술자격법에 따른 전기 분야의 기술자격을 취득한 사람
② 일정한 학력과 전기 분야에 관한 경력을 가진 사람

3) 산업통상자원부장관은 신청인을 전기공사기술자로 인정하면 전기공사기술자의 등급 및 경력 등에 관한 증명서를 해당 전기공사기술자에게 발급하여야 한다.

4) 신청절차와 기술자격·학력·경력의 기준 및 범위 등은 대통령령으로 정한다.

16.4.62 / 16.4.72 / 17.1.76 / 17.4.72 / 18.1.77 / 20.1.63 / 20.3.64 / 20.3.77 / 20.4.69

77 산업통상자원부장관은 신재생에너지 연료 혼합의무의 이행 여부를 확인하기 위하여 혼합의무자에게 대통령령으로 정하는 바에 따라 필요한 자료의 제출을 요구할 수 있다. 이때 자료제출에 따르지 않거나 거짓자료 제출로 1회 위반할 경우 과태료 금액으로 옳은 것은?

① 100만원　　② 200만원
③ 300만원　　④ 400만원

해설 연료 혼합의무

(1) 신·재생에너지 연료 혼합의무 등(신재생에너지법 제23조의2)

① 산업통상자원부장관은 신·재생에너지의 이용·보급을 촉진하고 신·재생에너지 산업의 활성화를 위하여 필요하다고 인정하는 경우 대통령령으로 정하는 바에 따라 석유정제업자 또는 석유수출입업자에게 일정 비율 이상의 신·재생에너지 연료를 수송용연료에 혼합하게 할 수 있다.
② 산업통상자원부장관은 ①항에 따른 혼합의무의 이행 여부를 확인하기 위하여 혼합의무자에게 대통령령으로 정하는 바에 따라 필요한 자료의 제출을 요구할 수 있다.

(2) 과태료(신재생에너지법 시행령 제35조)
다음의 어느 하나에 해당하는 자에게는 1천만원 이하의 과태료를 부과한다.
① 설비인증을 받은 자는 신·재생에너지 설비의 결함으로 인하여 제3자가 입을 수 있는 손해를 담보하기 위하여 보험 또는 공제에 가입하지 아니한 자
② 산업통상자원부장관은 신·재생에너지의 이용·보급을 촉진하고 신·재생에너지 산업의 활성화를 위하여 필요하다고 인정하는 경우 대통령령으로 정하는 바에 따라 석유정제업자 또는 석유수출입업자에게 일정 비율 이상의 신·재생에너지 연료를 수송용연료에 혼합하게 할 수 있으며, 혼합의무의 이행 여부를 확인하기 위하여 혼합의무자에게 대통령령으로 정하는 바에 따라 필요한 자료제출요구에 따르지 아니하거나 거짓 자료를 제출한 자

(3) 과태료 부과기준

위반행위	과태료 금액	
	1회 위반	2회 이상 위반
법 제23조의2제2항에 따른 자료제출 요구에 따르지 않거나 거짓 자료를 제출한 경우	300만원	500만원

18.1.78 / 18.4.64 / 20.1.80

78 특고압 옥내배선이 저압 옥내배선·관등회로의 배선·고압 옥내전선·약전류전선 등 또는 수도관·가스관이나 이와 유사한 것과 접근하거나 교차하는 경우 특고압 옥내배선과 저압 옥내전선·관등회로의 배선 또는 고압 옥내전선사이의 이격거리는 최소 몇 [cm] 이상으로 하여야 하는가?

① 30   ② 40   ③ 50   ④ 60

해설 특고압 옥내 전기설비의 시설(판단기준 212조)

특고압 옥내배선이 저압 옥내전선·관등회로의 배선·고압 옥내전선·약전류전선 등 또는 수관·가스관이나 이와 유사한 것과 접근하거나 교차하는 경우에는 다음에 따라야 한다.
① 특고압 옥내배선과 저압 옥내전선·관등회로의 배선 또는 고압 옥내전선 사이의 이격거리는 60[cm] 이상일 것. 다만, 상호 간에 견고한 내화성의 격벽을 시설할 경우에는 그러하지 아니하다.
② 특고압 옥내배선과 약전류전선 등 또는 수관·가스관이나 이와 유사한 것과 접촉하지 아니하도록 시설할 것

13.4.79 / 17.4.79 / 18.1.79

79 전기사업자 및 한국전력거래소는 전압 및 주파수의 측정기준·측정방법 및 보존방법 등을 정하여 산업통상자원부장관에게 제출하고, 매년 최소 몇 회 이상 측정하고 그 측정결과를 몇 년간 보존해야 하는가?

① 1회, 3년   ② 1회, 5년
③ 2회, 3년   ④ 2회, 5년

해설 전압 및 주파수의 측정(전기사업법 시행규칙 제19조)
(1) 전기사업자 및 한국전력거래소는 다음의 사항을 매년 1회 이상 측정하여야 하며 측정 결과를 3년간 보존하여야 한다.

① 발전사업자 및 송전사업자의 경우에는 전압 및 주파수
② 배전사업자 및 전기판매사업자의 경우에는 전압
③ 한국전력거래소의 경우에는 주파수

(2) 전기사업자 및 한국전력거래소는 (1)항에 따른 전압 및 주파수의 측정기준·측정방법 및 보존방법 등을 정하여 산업통상자원부장관에게 제출하여야 한다.

80 KEC 한국전기설비규정의 변경으로 삭제됨

2018 제2회 기출문제

13.4.1 / 13.4.5 / 14.4.33 / 15.2.9 / 17.2.20 / 18.2.1 / 19.4.18 / 20.1.15

01 태양전지 모듈 스트링과 연결된 접속함에 설치하는 기기 및 부품이 아닌 것은?

① 어레이측 개폐기
② 서지보호장치
③ 바이패스 소자
④ 역류방지 소자

해설 태양광발전용 접속함

어레이를 구성하고 있는 모든 태양광발전 모듈의 스트링이 연결되는 단자가 들어있으며, 태양광발전 모듈 스트링의 출력을 인버터에 중계하며, 접속함의 주요자재는 다음과 같다.

① 외함
② DC Connector
③ Terminal Block
④ DC 퓨즈
⑤ 퓨즈 링크(홀더)
⑥ 다이오드
⑦ 방열판
⑧ PCB
⑨ DC 개폐기(차단기)
⑩ SPD
⑪ power supply
⑫ FAN
⑬ 케이블 그랜드
⑭ 모니터링 설비
⑮ 전류센서
⑯ 기타(제조사가 주요 자재로 취급하는 것)

※ 자재 중에서 수명(shelf life) 또는 보관 시 환경관리가 필요한 자재는 반도체 부품으로 다이오드 등이다.

13.4.7 / 15.4.9 / 18.1.20 / 18.2.2 / 20.4.1 / 21.4.6

02 수십장의 태양전지 셀을 직렬로 연결한 후 일정한 틀에 고정하여 구성한 것은?

① 태양전지 모듈
② 태양전지 어레이
③ 태양전지 프레임
④ 태양전지 단자함

해설 태양광발전시스템의 회로구성

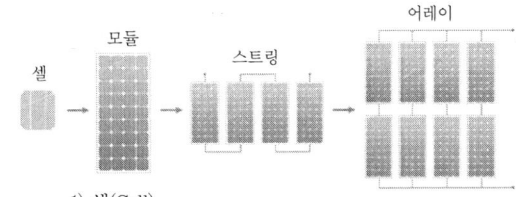

1) 셀(Cell)
① 태양전지의 가장 기본 소자
② 실리콘 계열의 태양전지 셀의 개방전압 0.59[V], 단락전류 10[A] 정도이다.

2) 모듈(Module)

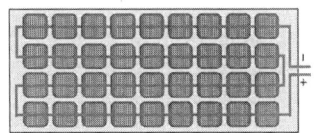

셀 36개의 직렬연결

① 셀을 직렬로 연결하여 태양광 아래서 일정한 전압과 전류를 발생시키는 장치
② 셀 자체가 너무 얇아 파손되기 쉬우므로 외부충격이나 악천후로부터 보호하기 위하여 견고한 알루미늄 프레임 안에 표면유리/충진재/태양전지 셀/충진재/후면시트 등의 순서로 제작한 제품에 케이블과 정션박스를 붙여 하나의 태양전지판 형태로 만든 제품
③ 365[W] 모듈 한 장은 단결정 72셀(6 inches), 사이즈는 1,960×992×40mm, 중량 22.5kg 정도이다.
④ 365[W] 모듈 한 장의 최대출력 동작전압 39.1[V], 최대출력 동작전류 9.35[A], 개방전압은 47.2[V], 단락전류 9.79[A], 효율은 18.8% 정도이다.

3) 스트링(String)
① 스트링은 태양전지의 모듈을 직렬로 연결하여 하나의 단위 스트링으로 구성된다.
② 단위 스트링의 출력전압이 어레이의 출력전압이며 또한 이 전압은 인버터의 직류 입력전압과 연관이 있다.
③ 스트링의 출력전압은 인버터의 최대 출력점(Maximum Power Point Tracking) 범위 이내가 되도록 하여야 한다.

정답 1. ③ 2. ①

4) 어레이(Array)
① 다수의 스트링을 병렬로 접속한 모듈의 집합체
② 스트링회로를 전기적으로 보호하기 위한 퓨즈, 차단기, 역류 방지소자, 서지 보호장치 등으로 구성되어 있으며 접속함에 수납되어 있다.

① 태양전지의 직류출력을 DC-DC 컨버터로 승압하고 인버터에서 상용주파의 교류로 변환한다.
② 소형 경량이며, 저렴하고 효율이 우수하고 신뢰성이 높다.
③ 상용전원과의 사이에는 절연이 되지 않아 안전성이 떨어진다.

15.2.7 / 15.4.13 / 17.4.12 / 18.1.15 / 18.2.3 / 19.1.14 / 20.1.4 / 20.3.2 / 21.1.3 / 21.1.33

03 다음 중 인버터의 회로방식이 아닌 것은?

① 부하변동 방식
② 트랜스리스 방식
③ 고주파변압기 절연방식
④ 상용주파수변압기 절연방

17.1.12 / 18.2.4 / 20.3.19 / 20.1.10

04 반동수차의 종류가 아닌 것은?

① 펠톤 수차
② 카플란 수차
③ 프란시스 수차
④ 프로펠러 수차

해설 인버터의 회로방식별 분류

1) 상용주파 변압기 절연방식

① PWM 인버터를 이용하여 상용주파수의 교류를 만들고, 상용주파수의 변압기를 이용하여 절연과 전압변환을 한다.
② 내부 신뢰성이나 노이즈 컷이 우수하지만, 상용주파수의 변압기를 별도로 이용하기 때문에 무겁고 크며, 변압기의 효율이 감소된다.

2) 고주파 변압기 절연방식

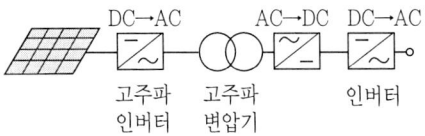

① 태양전지의 직류 출력을 고주파의 교류로 변환한 후 소형의 고주파 변압기로 절연을 한다.
② 일단 직류로 변환하고 재차 상용주파의 교류로 변환하며, 소형 경량이지만 회로가 복잡한 단점이 있다.

3) 트랜스리스(Transless) 방식

해설 수차의 종류 및 특징

수차의 종류		특징
충동수차	펠톤(Pelton)수차 튜고(Turgo)수차 오스버그(Ossberger)수차	수차가 물에 완전히 잠기지 않음 물은 수차의 일부 방향에서만 공급되며, 운동에너지만을 전환함
반동수차	프란시스(Francis)수차	수차가 물에 완전히 잠김
반동수차	프로펠러수차	카플란(Kaplan)수차 튜브라(Tubular)수차 벌브(Bulb)수차 림(Rim)수차	수차의 원주방향에서 물이 공급됨 동압(dynamic pressure) 및 정압(static pressure)이 전환됨

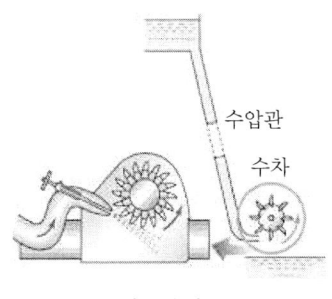

충동수차

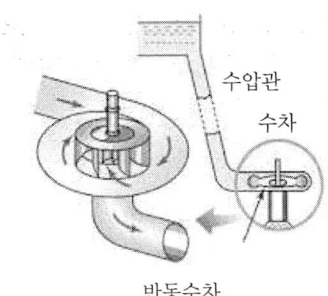

반동수차

① 충동수차(impulse water turbine) : 물을 노즐(nozzle)로부터 분출시켜서 위치 에너지를 전부 운동 에너지로 바꾸는 수차
② 반동수차(reaction water turbine) : 물의 위치에너지를 압력에너지로 바꾸고 이것을 러너에 유입시켜 빠져나갈 때의 반작용으로 동력을 발생하는 수차

15.2.6 / 17.4.16 / 18.2.5 / 21.1.7

05 태양광발전시스템의 인버터 기능이 아닌 것은?

① 자동운전 정지기능
② 단독운전 방지기능
③ 자동전압 조정기능
④ 자동온도 조정기능

해설 태양광 인버터의 기능
① 자동운전 정지
② 최대출력 추종제어
③ 자동전압조정
④ 직류지락 검출
⑤ 단독 운전방지
⑥ 계통연계 보호장치

16.2.17 / 16.2.68 / 16.4.16 / 18.1.16 / 18.1.71 / 18.2.6 / 19.2.15 / 19.4.19 / 20.1.75 / 20.3.3 / 20.1.11 / 21.1.13 / 21.2.6

06 연료전지에 대한 설명 중 틀린 것은?

① 배터리와 같이 에너지 저장장치이다.
② 수소와 산소의 전기화학 반응을 통해 전기를 생산한다.
③ 기존 화석연료를 이용하는 발전에 비해 발전효율이 높다.
④ 최종 반응은 수소와 산소로부터 물이 생성되는 반응을 한다.

해설 연료전지의 발전원리
① 외부에서 수소와 산소를 공급하면 전기 에너지를 만든다.
② 수소와 산소의 화학반응으로 생기는 화학에너지를 직접 전기에너지로 변환시킨다.
$H_2 + 1/2\ O_2 \rightarrow H_2O + 전기$
③ 생성물이 전기와 순수(純水)인 발전효율 30~40%, 열효율 40% 이상으로 총 70~80%의 효율을 갖는다.
④ 배터리와 같은 에너지 저장기능은 없다.

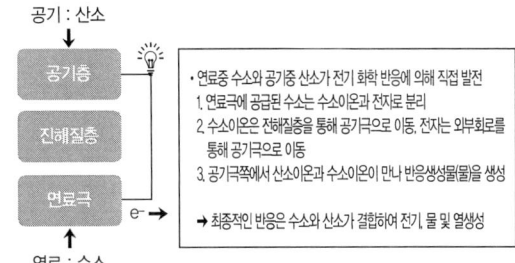

13.4.19 / 18.2.7

07 시스템 전압 24[V], 축전지 설비용량 14400[Wh]일 때 축전지 용량[Ah]은?

① 600 ② 500 ③ 400 ④ 300

해설 축전지 용량(C)

$$C = \frac{전력량}{전압} = \frac{14,400}{24} = 600\,[Ah]$$

13.4.10 / 18.1.1 / 18.2.8 / 20.1.12

08 NOCT 조건에서 셀 온도가 45[℃]인 태양전지 모듈에 태양복사가 1200[W/m²]가 입사될 때, 20[℃] 외기온도 조건에서 모듈의 셀 온도[℃]는?

① 55.5 ② 57.5 ③ 59.5 ④ 60.5

해설 공칭 태양광발전 전지 동작 온도 측정시험(Measurement of Nominal Operating Cell Temperature)
(1) 태양광발전 모듈의 공칭 전지 동작 온도(Nominal

Operating Cell Temperature, NOCT)는 다음의 표준 기준 환경(Standard Reference Environment, SRE)에서 개방형 선반식 가대(open rack)에 설치한 모듈을 구성하는 태양광발전 전지의 평균 접합 온도로 정의된다.
① 경사각 : 수평면을 기준으로 45도
② 경사면 일조강도 : $800[W \cdot m^2]$
③ 주위기온 : $20[℃]$
④ 풍속 : $1[m/s]$
⑤ 전기적 부하 : 없음(회로 개방 상태)

(2) 모듈 표면온도(T_C)

$$T_C = 주변온도[℃] + \frac{NOCT - 20[℃]}{800[W/m^2]} \times 일사량[W/m^2]$$
$$= 20 + \left(\frac{45-20}{800}\right) \times 1,200 = 57.5 \quad [℃]$$

13.4.59 / 17.1.17 / 18.1.2 / 18.2.9 / 18.4.51 / 19.1.3 / 19.4.14 / 20.3.15 / 20.4.17 / 21.4.16

09 태양전지에 음영이 발생하였을 때 출력감소를 최소화하기 위한 소자는?

① 피뢰기
② 역류방지 소자
③ 바이패스 소자
④ 발광 다이오드

해설 바이패스 다이오드(Bypass Diode)

1) 태양광 모듈의 그림자 영향
① 태양광 모듈은 아주 적은 일부가 그림자에 가려지더라도 모듈 전체의 출력이 크게 저하된다.
② 모듈은 각각의 태양전지를 직렬로 연결하기 때문에 수십 개의 태양전지로 구성된 모듈에서 단 한 개의 셀이 나뭇잎 등에 의해 완전히 가려졌다면 출력 값은 거의 제로(Zero)에 가깝게 떨어진다.
③ 전체 개방전압에서 그림자가 발생한 모듈의 개방전압을 뺀 값 이하에서 전압 동작점이 존재할 때에 그림자가 발생한 모듈의 전류가 역방향이 된다. 따라서 역 전압이 인가되고 부하처럼 동작되어 열이 발생되고 모듈이 파손되는 원인이 된다.

2) 대책(바이패스 다이오드)

바이패스다이오드 (Junction Box에 설치)

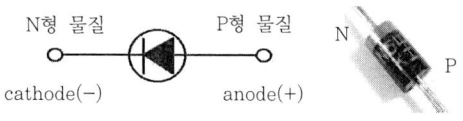

회로 표기방법 (기호)   N, P 구분

① 바이패스다이오드(Bypass Diode)는 전류를 한쪽방향으로만 흐르게 만들어 주는 부품으로 P에서 N방향으로 전류가 흐르고 반대 방향으로는 전류를 거의 통과시키지 않는다.

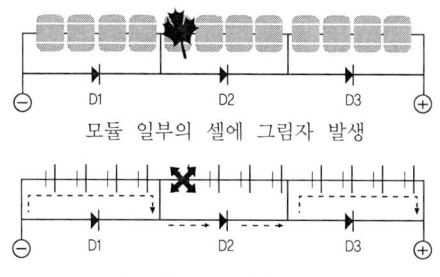

모듈 일부의 셀에 그림자 발생

그림자 발생된 모듈의 전류흐름

② 그림자로 인해 출력이 저하된 셀 또는 셀 그룹을 우회해 전류가 흐르도록 하고, 이를 통한 출력감소는 오직 그림자에 의해 가려진 셀 또는 셀 그룹에 해당하는 부분으로 제한해 출력을 유지한다.

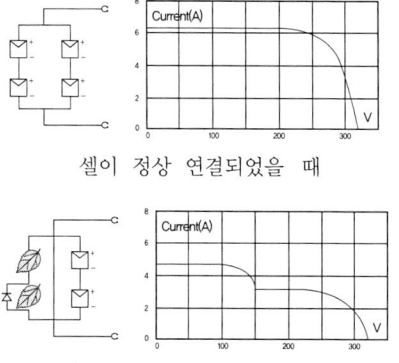

셀이 정상 연결되었을 때

셀 일부가 정상동작하지 않을 시

③ 일반적으로 모듈 한 장(태양전지 6×9)에 셀 54개 배열의 경우에는 다이오드 3개(1개당 18개의 셀)를 병렬로 설치한다.

16.2.8 / 16.2.40 / 18.2.10 / 20.4.9 / 21.4.40

10 태양광발전설비의 어레이 추적방식에 따른 분류에 해당되지 않은 것은?

① 프로그램 추적식　② 양방향 추적식
③ 감지식 추적법　④ 혼합식 추적식

해설 태양광발전설비의 어레이 추적방식

(1) 추적식 구조물의 분류

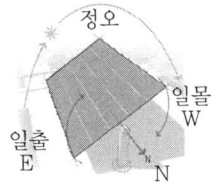 

단축(1축) 추적식

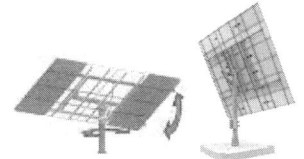

양축(2축) 추적식

1) 단축(1축) 추적식
① 어레이는 대지와 수평을 이루며, 남쪽으로의 경사각은 없다.
② 태양의 이동에 따라 해가 뜨는 동쪽에서 해가 지는 서쪽방향으로 추적하는 방식이다.
③ 고정식·가변식보다는 효율이 높고, 양축식보다는 효율이 낮다.
④ 구동장치가 필요하며, 운영 및 유지관리 비용이 소요된다.

2) 양축(2축) 추적식
① 태양의 동서방향을 추적하는 단축 추적식에 추가로 태양의 경사각(계절의 변화)까지 추적하는 방식
② 가장 효과적으로 많은 발전량을 생산할 수 있다.
③ 모듈간 음영발생을 방지하기 위해서는 이격 거리가 많이 필요하다.
④ 양축(2개의 구동장치)을 구동하기 위한 전력이 필요하고, 고장발생에 따른 유지비용이 소요된다.

(2) 추적제어방식에 따른 분류

1) 감지식 추적법(Sensor Tracking)

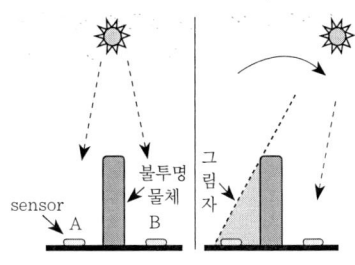

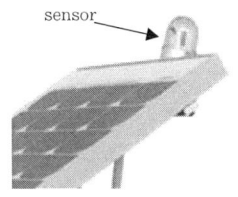

① 감지기(sensor)기구는 모듈의 상부 혹은 측면에 부착되며, 일정시간 간격으로 불투명물체에 가려진 두 개의 일사량감지 센서에 비추는 일사량이 평형이 되도록 모듈고정 구조물은 구동되며, 발전량을 최대로 한다.
② 감지기를 이용하여 최대 입사량을 추적해 가는 방식으로 감지기의 종류와 형태에 따라 오차가 발생하기도 한다.
③ 특히 태양이 구름에 가리거나 부분 음영이 발생하는 경우 감지부의 정확한 태양궤도 추적이 곤란하다.

2) 프로그램 추적법(Program Tracking)
태양의 연중 이동 궤도를 추적하는 프로그램을 내장한 컴퓨터 또는 마이크로프로세서를 이용하여 프로그램에 위도, 경도, 년, 월, 일에 따라 최적의 태양 위치를 저장해 놓고 추적한다.

3) 혼합추적식(Mixed Tracking)
프로그램 추적법을 중심으로 운영하면서 설치위치에 따른 미세한 부분은 주기적으로 수정해주는 방법으로 가장 이상적인 방법

13.4.14 / 14.4.1 / 14.4.9 / 15.2.5 / 15.2.43 / 17.1.20 /
17.4.14 / 18.2.11 / 19.2.5 / 20.1.17 / 20.3.1 / 20.4.4 /
20.4.6 / 21.1.43 / 21.2.2 / 21.2.13 / 21.2.18

11 태양전지 모듈의 전류–전압 및 전력–전압 특성 곡선을 통해 알 수 없는 변수는?

① 개방전압(V_{OC})　② 단락전류(I_{SC})
③ 최대출력(P_{max})　④ 모듈온도(T_{cell})

정답 10. ②

해설 태양전지의 전압-전류 특성

태양전지에 태양광이 입사되면 광 에너지가 전기에너지로 변환되어 태양전지 단자에 전기적 출력이 발생하는데 이것을 전압-전류 특성이라 하며, 전압-전류의 출력 값을 그래프로 나타낸 것을 V-I 특성곡선이라 한다.

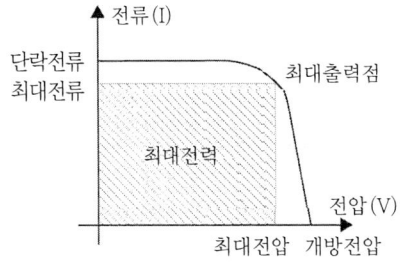

12 태양광 모듈의 일부 지점에 그늘이 발생하여 그 부분의 셀이 발전되지 않아 저항이 커지게 되었을 때 문제점으로 적절하지 않은 것은?

① 모듈의 손상
② 모듈 효율의 저하
③ 모듈 수명의 단축
④ 모듈 전압의 상승

해설 모듈에 그늘이 발생하여 저항이 커진 경우
① 모듈의 손상(표면의 변색 및 변형, 백시트의 변색 및 부풀림)
② 모듈 효율의 저하
③ 모듈 수명의 단축

15.4.7 / 15.4.11 / 18.1.7 / 18.1.31 / 18.2.13 / 20.3.10 / 20.3.17 / 20.4.11

13 부동 충전방식의 축전지용량 산정시 필요한 용량환산시간(K)의 선정에 고려되는 요소가 아닌 것은?

① 보수율   ② 방전시간
③ 축전지 온도   ④ 허용최저전압

해설

용량환산시간(K)의 선정
축전지의 사용할 수 있는 시간을 용량에 따라 환산한 값

① 축전지의 종류
② 방전시간
③ 셀 당 허용최저전압
④ 최저 축전지온도

14.4.10 / 17.4.10 / 18.2.14 / 19.2.1

14 태양광발전시스템의 인버터에 내장된 단독운전 방지기능에서 능동적 검출방식이 아닌 것은?

① 전압위상 도약검출방식
② 주파수 시프트방식
③ 유효전력 변동방식
④ 무효전력 변동방식

해설 단독운전 검출방식

(1) 수동적 방식
① 주파수 변화율 검출방식
② 전압위상도약 검출방식
③ 3차 고조파전압 왜곡검출방식

(2) 능동적 방식
1) 종래형 능동적 방식
① 주파수 시프트 방식
② 슬립 모드 주파수 시프트 방식
③ 유효·무효 전력변동방식
④ 차수간 고조파주입방식
⑤ 부하변동방식

2) 시형 능동적 방식(스텝 주입부 주파수 피드백 방식)

18.2.15

15 그림은 하나의 태양전지 모듈의 스트링 연결부에서 지락이 발생하여 쇼트상태가 되었다. 단자 A, B 사이의 전압(V)은?

정답 11.④ 12.④ 13.① 14.①

① 54.7　　　② 109.4
③ 164.1　　 ④ 328.2

해설 쇼트(short)
① 전기회로의 단락
② 전기회로에서 전위차가 있는 두 점 사이를 저항이 작은 도선으로 연결하는 것
③ G1, G2에서 발전된 전기는 저항이 작은 방향(쇼트)으로 흐른다.

$V_{AB} = G1 + G2 + G3 = 54.7 + 54.7 + 54.7$
$= 164.1 [V]$

18.2.16

16 화석연료를 사용하는 국내발전사업자가 2012년부터 총 발전량의 일정 비율을 신재생에너지로 의무화해야 하는 제도는?

① FIT(Feed In Tariff)
② REC(Renewable Energy Certificate)
③ RPS(Renewable Portfolio Standard)
④ FERC(Federal Energy Regulatory Commission)

해설 RPS(Renewable Portfolio Standard)
일반규모 이상의 발전설비를 보유한 발전사업자에게 총 발전량의 일정량 이상을 신·재생에너지로 생산한 전력을 공급토록 의무화한 제도

14.4.11 / 15.4.4 / 16.2.10 / 18.2.17 / 20.4.19

17 다음 [보기] 중 태양광발전의 특징을 모두 나열한 것은?

ㄱ. 가동부분이 없고 공해가 없는 청정에너지를 생산함
ㄴ. 외부의 기후환경에 의한 영향 없이 에너지를 생산함
ㄷ. 유지가 간편하고 자동화 및 무인화가 용이함
ㄹ. 적용 규모의 대소에 따른 모듈화가 편리함

① ㄱ, ㄴ, ㄷ　　② ㄱ, ㄴ, ㄹ
③ ㄱ, ㄷ, ㄹ　　④ ㄴ, ㄷ,

해설 태양광발전의 특징
1) 장점
① 에너지의 원료인 태양의 빛은 무료이며, 무한이다.
② 환경오염이 없는 청정에너지원이다.
③ 발전과정에서 환경오염이 없다.
④ 유지관리 비용이 적다.

2) 단점
① 에너지밀도가 낮아 큰 설치면적이 필요하다.
② 설치장소가 한정적이며, 시스템 비용이 고가이다.
③ 발전량은 계절과 일조량의 영향을 많이 받는다.

18.2.18

18 전력변환 장치 중 AC-AC 컨버터(교류변환)의 명칭은?

① 초퍼　　　② 정류기
③ 인버터　　④ 사이클로 컨버터

해설 사이클로 컨버터(Cycloconverter)
① 어떤 주파수의 교류를 직류로 변환하지 않고 그 주파수의 교류로 변환하는 직접 주파수 변환 장치
② 가변속 및 고속구동장치, 가변속도 정격주파수장치, 유도로등 주파수의 변환을 필요로 하는 모든 장치에 높은 이용 가능성이 기대된다.
③ 현재까지 주로 사용되는 사이클로 컨버터는 자연전류형으로서 출력주파수가 입력주파수 보다 낮고 무효전력을 제어할 수 없는 단점을 갖는다.
④ 수동 커패시터나 인덕터를 첨가하여 출력주파수를 증가시킬 수도 있으나 부피가 무거우며 효율이 낮고 제어가 복잡해지는 문제점이 있다.

18.2.19 / 20.3.5

19 브리지 정류기에 대한 설명 중 틀린 것은?

① 전파 정류기이다.
② 4개의 다이오드가 필요하다.
③ 맥류주파수는 입력주파수의 2배이다.
④ DC 전압을 AC 전압으로 변환하기 위해 사용한다.

정답　15. ③　16. ③　17. ③　18. ④

해설 브리지 정류기(bridge rectifier)

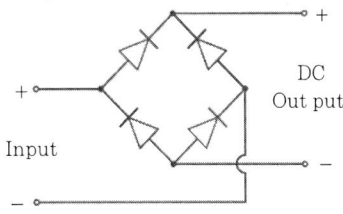

① 4개의 다이오드를 브리지 형으로 접속한 전파(全波) 정류기
② 마주 보는 한 쌍의 접속점에 교류(AC) 전압을 인가했을 때 다른 또 한 쌍의 마주 보는 접속점에서 직류(DC) 전압을 인출할 수 있다.

13.4.2 / 14.4.14 / 17.2.17 / 18.2.20 / 19.1.18 / 20.1.6 / 21.1.10

20 동일 출력전압(V_c) 특성을 가지는 N_s개의 태양전지를 같은 일사 조건에서 서로 직렬로 연결했을 경우의 출력전압(V_a)에 대한 계산식은?

① $V_a = N_s \times V_c$ ② $V_a = N_s / V_c$
③ $V_a = V_c^2 \times N_s$ ④ $V_a = N_s^2 \times V_c$

해설 태양전지 직병렬 계산식

1) 태양전지의 접속

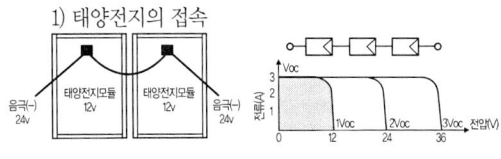

직렬접속

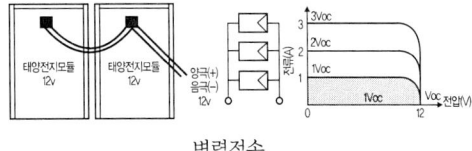

병렬접속

① 직렬접속 : 전압은 증가한다.($V_a = N_s \times V_c$)
② 병렬접속 : 전류는 증가한다.(전압은 변화 없음)

15.4.33 / 17.2.40 / 18.2.21 / 19.4.29

21 태양광발전시스템을 전력계통과 연계하기 위한 변압기의 결선방법으로 가장 적당한 것은? (단, 인버터는 절연변압기를 사용하고 있는 경우이다.)

① Y-Y   ② Y-△
③ △-△   ④ △-Y

해설 변압기의 결선방법

① 3[MW]급 태양광발전소의 배전방식은 대부분 13,200[V]/22,900[V]의 3상4선식인 다중접지방식이므로 지락사고시의 지락전류가 매우 크고 유도장해 등의 문제와 중성선의 단선 또는 불량으로 인한 대지전위 상승에 의한 피해 등의 문제가 일단접지식 변압기의 사용을 되도록 억제하고 있으며 불가피하게 사용하는 경우라도 1뱅크 용량 30[kVA]이하로 제한하고 있으므로 태양광발전사업자 입장에서는 비접지식 변압기를 사용하는 수밖에 없다.

② 저압측 인버터에서 공급하는 전압과 전기방식이 저압 교류 3상 3선식 220[V]나 380[V]의 경우에는 변압기 결선을 승압측을 Y결선으로 하고, 저압측을 △로 선정(Y-△)하여 공급하게 되면, 고조파 등의 문제가 해결된다.

15.4.31 / 18.2.22 / 21.1.21

22 태양광 설치 공사 중 태양전지 모듈의 설치 시 추락방지에 대한 안전대책 아닌 것은?

① 안전모 착용   ② 안전대 착용
③ 저압 절연장갑 착용 ④ 안전화 착용

해설 태양광발전시스템의 안전관리대책

공정	조치 사항	비고
모듈 설치	고소작업시 안전 난간대 설치 안전모, 안전화, 안전밸트 착용	추락 사고 예방
배관배선작업	사다리 적합품 사용 안전모, 안전화, 안전밸트 착용	
구조물 설치	리프트카 사용, 안전 난간대 설치 안전모, 안전화, 안전밸트 착용	
인버터, 접속함 등 연결	태양전지 모듈 등 전원개방 절연 장갑 착용	감전 사고 예방
임시배선작업	누전위험장소 누전차단기 설치 전선 피복상태, 접지선 관리	

정답 19.④ 20.① 22.③

13.4.24 / 15.4.27 / 18.2.23 / 19.2.24

23 가교폴리에틸렌 케이블 단말 처리를 위해 사용하는 절연 테이프의 종류는?

① 고무 절연테이프
② 비닐 절연테이프
③ 자기융착 절연테이프
④ 폴리에틸렌 절연테이프

해설 자기융착 절연테이프

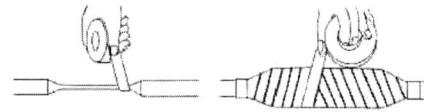

① 시공 시 테이프 폭이 3/4에서 2/3정도로 중첩해 감아놓으면 시간이 지남에 따라 융착하여 일체화된다.
② 부틸고무제와 폴리에틸렌 부틸고무가 합성된 제품이 있지만 저압의 경우 부틸고무 제는 일반적으로 사용하지 않는다.

15.4.25 / 18.2.24 / 20.3.31 / 21.2.26

24 부하 역률이 0.8 인 선로의 저항 손실은 부하 역률이 0.9인 선로의 저항 손실에 비하여 약 몇 배인가?

① 동일하다.   ② 1.3배
③ 1.5배   ④ 1.8배

해설 저항 손실(P_l)

① $P = VI\cos\theta \quad \left(I = \dfrac{P}{V\cos\theta}\right)$

② $P_l = I^2 R = \dfrac{1}{V^2} \cdot \dfrac{P^2 R}{\cos^2\theta}$

$P_l \propto \dfrac{1}{\cos^2\theta}$

∴ $\dfrac{P_{l0.9}}{P_{l0.8}} = \dfrac{0.9^2}{0.8^2} \fallingdotseq 1.3$

13.4.58 / 14.4.72 / 15.2.77 / 15.4.61 / 17.2.73 / 18.1.69 / 18.2.25 / 18.4.11 / 19.2.14 / 20.1.62 / 20.4.26

25 태양전지 모듈, 전선 및 개폐기 등의 시설 시 적합하지 않은 것은?

① 충전부분은 노출되지 아니하도록 시설할 것
② 태양전지 모듈의 프레임은 지지물과 전기적으로 완전하게 접속할 것
③ 태양전지 모듈에 접속하는 부하측의 전로에는 그 접속점에 근접하여 개폐기 기타 유사한 기구를 시설하지 않을 것
④ 태양전지 모듈은 병렬로 접속하는 전로에는 그 전로에 단락이 생긴 경우에 전로를 보호하는 과전류 차단기, 기타의 기구를 시설할 것

해설 태양전지 모듈 등의 시설(판단기준 제54조)

1) 충전부분은 노출되지 않도록 시설할 것

2) 태양전지 모듈에 접속하는 부하측의 전로(복수의 태양전지 모듈을 시설한 경우에는 그 집합체에 접속하는 부하측의 전로)에는 그 접속점에 근접하여 개폐기 기타 이와 유사한 기구(부하전류를 개폐할 수 있는 것에 한한다)를 시설할 것

3) 태양전지 모듈을 병렬로 접속하는 전로에는 그 전로에 단락이 생긴 경우에 전로를 보호하는 과전류차단기 기타의 기구를 시설할 것 다만, 그 전로가 단락전류에 견딜 수 있는 경우에는 그렇지 않다.

4) 전선은 다음에 의하여 시설할 것. 다만, 기계기구의 구조상 그 내부에 안전하게 시설할 수 있을 경우에는 그렇지 않다.
① 전선은 공칭단면적 2.5[mm²] 이상의 연동선 또는 이와 동등 이상의 세기 및 굵기의 것일 것
② 옥내에 시설할 경우에는 합성수지관공사, 금속관공사, 가요전선관공사 또는 케이블공사로 시설할 것
③ 옥측 또는 옥외에 시설할 경우에는 합성수지관공사, 금속관공사, 가요전선관공사 또는 케이블공사로 시설할 것

정답 23. ③ 24. ② 25. ③

15.4.43 / 16.4.43 / 16.4.53 / 17.4.58 / 18.2.26 / 19.4.48 / 20.1.45

26 태양광발전시스템의 절연저항측정을 위한 측정 회로(P-N 간을 단락하는 방법)는 그림과 같다. 절연저항 측정회로에서 절연저항 측정방법 중 옳지 않은 것은? (단, 일사량이 없고, 위험예방 작업을 한 경우이다.)

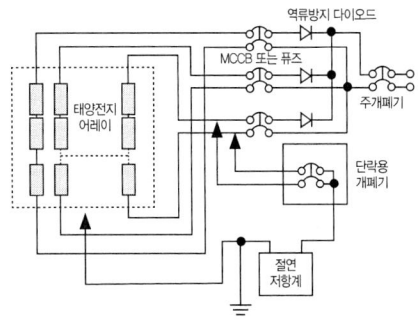

① 주개폐기는 개방(OFF)한다.
② 측정 종료후에는 단락용 측정기를 반드시 OFF한다.
③ 태양전지 스트링의 MCCB 또는 퓨즈를 개방(OFF)한다.
④ 절연저항계의 L측을 접지단자에, E측을 단락용개폐기의 2차측에 접속하고 저항값을 측정한다.

> **해설** 절연저항의 측정 순서

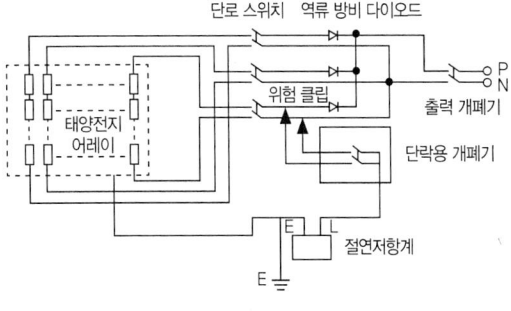

단락용 악어클립

① 출력 개폐기를 OFF 한다.(출력 개폐기의 입력부에 서지흡수기가 설치된 경우에는 접지측 단자를 분리한다)
② 단락용 개폐기를 OFF 한다.
③ 모든 스트링의 단로스위치를 OFF 한다. (태양전지의 개방전압보다 차단전압이 높고, 출력개폐기와 동등 이상의 전류차단능력을 가진 직류개폐기의 2차측을 단락하고, 1차측에 각각 악어클립을 설치)
④ 단락용 개폐기 1차측의(+) 및 (-)의 악어클립을 태양전지 측과 단로스위치 사이에 접속하고, 절연저항을 측정하려는 스트링의 단로스위치를 ON 한 후 단락용 개폐기를 ON한다.
⑤ 절연저항계의 E측을 접지단자, L측을 단락용 개폐기의 2차측(교류)에 접속하고, 절연저항계를 ON하여 절연저항을 측정한다.
⑥ 측정후 단락용 개폐기를 OFF한 후 단락스위치를 OFF하고, 스트링의 악어클립을 분리한다.
⑦ 서지흡수기의 접지측 단자를 복원하여 대지전압을 측정한 후 잔류전하를 방전한다.

13.4.40 / 15.2.29 / 15.2.55 / 17.4.37 / 18.2.27 / 18.4.26 / 18.4.57 / 19.1.32 / 19.2.32 / 19.2.43 / 20.1.22 / 20.4.32 / 21.1.35 / 21.4.46

27 태양광발전설비 사용 전 검사에 필요한 서류가 아닌 것은?

① 공사 내역서
② 공사 계획신고서
③ 감리원 배치 확인서
④ 태양광 전지 규격서 및 성적서

> **해설** 사용전 검사
>
> 사용전검사를 받으려는 자는 사용전검사 신청서에 다음의 서류를 첨부하여 검사를 받으려는 날의 7일 전까지 한국전기안전공사에 제출하여야 한다.
> ① 공사계획인가서 또는 신고수리서 사본(저압자가용 전기설비의 경우는 제외한다)
> ② 설계도서 및 감리원 배치확인서(저압자가용전기설비의 설치공사인 경우만을 말하며, 저압자가용전기설비의 증설공사 및 변경공사의 경우는 제외한다)
> ③ 자체감리를 확인할 수 있는 서류(전기안전관리자가 자체감리를 하는 경우만 해당한다)
> ④ 전기안전관리자 선임신고증명서 사본

26. ④ 27. ①

28 태양광발전용 철 구조물의 방식 방법으로 사용되는 용융아연 도금의 수명을 도서나 해안지역에서 20~30년으로 하기 위해서는 아연도금 양은 몇 [g/m²] 이상으로 하여야 하는가?

① 300 [g/m²] 이상   ② 400 [g/m²] 이상
③ 500 [g/m²] 이상   ④ 600 [g/m²] 이상

해설 용융아연도금

(1) 용융아연도금의 공정

① 용융 아연 도금의 작업 공정은 일반적으로 도금 소재 표면의 녹, 밀 스케일, 유지, 도료 등을 제거하는 전처리 공정
② 용융한 아연 안에 도금 소재를 침지해 표면에 아연 피막을 형성시키는 도금 공정
③ 도금된 제품의 품질확보를 위한 교정, 시험검사 보수 등의 마무리 공정이 있다.

(2) 용융아연도금의 종류와 품질

1) 용융아연도금의 종류

용융아연도금 종류는 부착량 및 황산동시험 횟수에 따라 아래의 표와 같이 분류된다.

종류		기호
1종	A	HDZ A
	B	HDZ B
2종	35	HDZ 35
	40	HDZ 40
	45	HDZ 45
	50	HDZ 50
	55	HDZ 55
	61	HDZ 61

2) 도금의 부착량과 황산동 시험 횟수 품질

	종류	부착량 [g/m²]	황산동 시험 횟수	적용 예
1종	HDZ A	–	4회	두께 5[mm] 이하의 강재, 강제품, 강관류, 지름 12[mm] 이상의 볼트·너트 및 두께 2.3[mm]를 초과하는 와셔류
	HDZ B	–	6회	두께 5[mm]를 초과하는 강재, 강제품, 강관류 단조품류
2종	HDZ 35	350이상	–	두께 1[mm] 이상 2[mm] 이하의 강재, 강제품, 지름 12[mm] 이상의 볼트, 너트 및 두께 2.3[mm]를 초과하는 와셔류
	HDZ 40	400이상	–	두께 2[mm] 초과 3[mm] 이하 강재, 강제품 주단조품류
	HDZ 45	450이상	–	두께 3[mm] 초과 5[mm] 이하 강재, 강제품 주단조품류
	HDZ 50	500이상	–	두께 5[mm]를 초과하는 강재, 강제품 주단조품류
	HDZ 55	550이상	–	가혹한 부식환경 하에서 사용되는 강재, 강제품 주단조품류
	HDZ 61	610이상	–	가혹한 부식환경 하에서 사용되는 두께 5[mm] 이상의 강재, 강제품 및 주단조품류

① HDZ 55의 도금이 요구되는 것은 소재의 두께 3.2 mm 이상의 것이어야 한다. 3.2 mm 미만의 경우에는 사전에 당사자 사이의 협의에 따른다.
② 표의 적용 예에 표시한 두께 및 지름은 호칭 치수에 따른다.

정답 28. ④

13.4.28 / 15.2.24 / 15.4.40 / 17.1.29 / 17.4.33 / 18.1.26 / 18.1.37 / 18.2.29 / 18.4.2 / 19.2.27 / 19.4.32 / 21.4.28 / 21.4.33

29 태양전지 모듈의 배선공사가 끝나고 확인할 사항이 아닌 것은?

① 극성 확인
② 전압 확인
③ 단락전류 확인
④ 양극접지 확인

해설 모듈의 배선 연결 후 점검 사항
① 전압 및 극성 확인
② 단락전류 측정
③ 접지확인(일반적으로 직류측 회로는 비접지한다)

15.2.21 / 18.2.30 / 21.2.22

30 지붕설치형 태양전지 모듈의 설치방법 중 유의할 사항이 아닌 것은?

① 모듈 교환이 쉬울 것
② 지지기구 등의 노출부를 가능한 줄일 것
③ 지붕과 태양전지 모듈의 간격이 없도록 할 것
④ 적설량이 많은 곳에서는 적설하중을 고려할 것

해설 태양광 모듈과 지붕 사이는 태양광모듈 뒤편으로 차가운 공기가 순환될 정도의 간격을 유지시켜야 모듈의 온도를 낮추어 효율을 증가시키며, 통풍공간은 물방울이나 습기를 증발시키는 역할도 하므로 태양광모듈과 지붕면간 이격거리는 10[cm]이상 이어야 하고, 배선처리는 바닥에 닿지 않도록 단단하게 고정해야 한다.

15.4.36 / 18.1.40 / 18.2.31 / 18.2.33 / 20.1.27 / 20.3.25 / 21.2.30

31 다음 중 시방서의 종류가 아닌 것은?

① 표준시방서
② 공사시방서
③ 전문시방서
④ 설계시방서

해설 시방서의 종류
① 일반 시방서 : 입찰 요구 조건과 계약 조건으로 구분되어 비기술적인 일반 사항을 규정하는 시방서
② 공사(기술) 시방서 : 크게 두 가지의 내용으로 구성되어 있는데 해당 주요내용으로 첫째, 설계 도면으로 표시할 수 없는 공사 전반에 걸친 기술적인 사항을 규정하는 시방서이고 둘째, 각 해당 공정별 재료의 성능, 규격 및 시험 등의 재료에 관한 사항과 시공 방법 및 시공 상태, 허용 오차 등의 시공에 대한 사항, 해당 공사 전반에 대한 주의 사항들이 수록되어 있다.
③ 표준 시방서 : 일반적으로 별도의 공사시방서를 작성하지 않고 모든 공사에 공통적으로 적용되는 사항을 규정한 시방서
④ 특기(전문) 시방서 : 공사의 특성에 따라 표준 시방서의 적용 범위와 표준 시방서에 없는 사항 및 특기 시방으로 정한 사항 등을 규정한 시방서이다.

13.4.53 / 15.4.58 / 16.4.49 / 18.1.55 / 18.2.32 / 18.4.35 / 18.4.43 / 19.2.55 / 20.1.55 / 20.3.46 / 20.4.56 / 21.2.51

32 태양광 발전설비의 유지관리에 있어 인버터의 이상신호에 따른 조치가 틀린 것은?

① 인버터 출력전압(Inverter voltage fault) - 인버터 및 계통전압 점검 후 운전
② 한전 과전압(Line over voltage fault) - 계통전압 확인 후 정상 시 5분후 재가동
③ 인버터 과전류(Inverter over current fault) - 계통전류 확인 후 정상 시 5분후 재가동
④ 한전 주파수(Line under frequency fault) - 계통주파수 확인 후 정상 시 5분후 재가동

해설 한전계통에의 재병입(Reconnection)
① 한전계통에서 이상 발생 후 해당 한전계통의 전압 및 주파수가 정상 범위 내에 들어올 때까지 분산형 전원의 재병입이 발생해서는 안된다.
② 분산형전원 연계 시스템은 안정상태의 한전계통 전압 및 주파수가 정상 범위로 복원된 후 그 범위 내에서 5분간 유지되지 않는 한 분산형전원의 재병입이 발생하지 않도록 하는 지연기능을 갖추어야 한다.

정답 29. ④ 30. ③ 31. ④ 32. ③

15.4.36 / 18.1.40 / 18.2.31 / 18.2.33 / 20.1.27 / 20.3.25 / 21.2.30

33 태양광설비의 설치·보수공사에 관한 설계도서에 포함되지 않는 것은?

① 설계도면 ② 기술 계산서
③ 공사 계획서 ④ 공사비 산출내역서

해설 설계도서

1) 설계 설명서
   설계의 목적, 공사종목 및 그 개요, 각 설계에 대한 분석자료(인입지점, 발전소의 특성 등), 관계 관공서 등과의 협의 사항, 설계시 적용한 특별한 사항

2) 설계도면
   배치도, 단선접속도, 계통도, 배선도(평면도, 결선도, 기기상세도), 피뢰 설계도, 어레이 배치도, 접속반 내부 결선도

3) 기술계산서
   부하계산서, 전압강하계산서, 변압기용량계산서, 차단기용량계산서, 축전지용량계산서, 접지계산서

4) 설계시방서
   ① 중간설계 및 실시설계도면에 구체적으로 표시할 수 없는 내용과 공사수행을 위한 시공 방법, 자재의 성능·규격 및 공법, 품질시험 및 검사 등 품질관리, 안전관리, 환경관리 등에 관한 사항을 기술한다.
   ② 표준시방서 및 전문시방서를 기본으로 하여 작성하되, 공사의 특수성·지역여건·공사방법 등을 고려하여 작성한다.
   ③ 공사시방서, 전문시방서, 표준시방서, 특기시방서 등

5) 예산내역서
   자재 산출근거서, 공량산출서, 일위대가표, 내역서, 공사원가산출서, 단가대비표, 견적서 등

18.2.34

34 400[V] 미만의 옥내장소에서 전개된 장소(건조한 장소)로 적합하지 않은 공사는?

① 플로어덕트 공사
② 금속몰드 공사
③ 합성수지몰드 공사
④ 금속덕트 공사

해설 저압 옥내배선의 시설장소별 공사의 종류(판단기준 제180조)법

저압 옥내배선은 합성수지관공사·금속관 공사·가요전선관(可橈電線管) 공사나 케이블 공사 또는 표에서 정하는 시설 장소 및 사용전압의 구분에 따른 공사에 의하여 시설하여야 한다.

시설장소		사용전압 400[V] 미만	400[V] 이상
전개된 장소	건조한 장소	애자공사·합성수지몰드공사·금속몰드공사·금속덕트공사·버스덕트공사 또는 라이팅 덕트공사	애자공사·금속덕트공사 또는 버스덕트공사
	기타 장소	애자공사, 버스덕트공사	애자공사
점검할 수 있는 은폐된 장소	건조한 장소	애자공사·합성수지몰드공사·금속몰드공사·금속덕트공사·버스덕트공사·셀룰라덕트공사 또는 라이팅덕트공사	애자공사·금속덕트공사 또는 버스덕트공사
	기타 장소	애자공사	애자공사
점검할 수 없는 은폐된 장소	건조한 장소	플로어덕트공사 또는 셀룰라덕트공사	

18.1.32 / 18.2.35 / 21.1.37

35 설계 감리원이 발주자에게 제출하는 준공서류가 아닌 것은?

① 감리기록서류
② 설계용역 준공검사원
③ 설계감리 결과보고서
④ 설계도서 검토의견서

해설 설계감리의 기성 및 준공

책임 설계감리원이 설계감리의 기성 및 준공을 처리한 때에는 다음의 준공서류를 구비하여 발주자에게 제출한다.
1) 설계용역 기성부분 검사원 또는 설계용역 준공검사원

정답 33. ③ 34. ① 35. ④

2) 설계용역 기성부분 내역서
3) 설계감리 결과보고서

4) 감리기록서류
① 설계감리일지
② 설계감리지시부
③ 설계감리기록부
④ 설계감리요청서
⑤ 설계자와 협의사항 기록부

5) 그밖에 발주자가 과업지시서상에서 요구한 사항

18.2.36
36 전력계통의 안정도 향상대책으로 틀린 것은?

① 전압변동을 작게 한다.
② 제동저항기를 설치한다.
③ 직렬리액턴스를 설치한다.
④ 고속도 차단방식을 채용한다.량

해설 전력계통의 안정도 향상대책
① 직렬 리액턴스를 작게 한다.
  (복도체, 직렬콘덴서 채용)
② 전압변동률을 작게 한다.
  (중간 조상방식, 제동저항기 채용, 계통 연계)
③ 고장구간을 고속도 차단
④ 고장시 발전기 입출력의 불평형을 작게 한다.

18.2.37
37 태양광발전시스템의 시공 · 설계 시 고려하여 검토된 하중의 크기순으로 바르게 나열한 것은?

① 폭풍 시 > 적설 시 > 지진 시
② 지진 시 > 적설 시 > 폭풍 시
③ 폭풍 시 > 지진 시 > 적설 시
④ 지진 시 > 폭풍 시 > 적설 시

해설 폭풍(air blast)

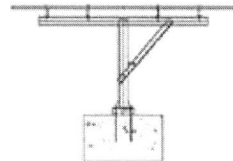

폭우시(단축, 양축) 모듈 각도

① 매우 강하게 부는 바람 혹은 이를 동반하는 불안정한 대기에 의한 기상 현상
② 태양광구조물인 단축, 양축 트레커의 경우 강하게 부는 바람에 취약하며, 폭풍의 기상예보시 모듈을 수평으로 이동시키는 작업이 필요하다.

13.4.37 / 18.2.38
38 감리원은 공사하도급 계약통지서에 관한 적정성 여부를 검토하여 발주자에게 며칠이내에 의견을 제출하는가?

① 7일 이내   ② 10일 이내
③ 15일 이내   ④ 30일 이내

해설 하도급 관련 사항
감리원은 공사업자가 도급받은 공사를 전기공사업법에 따라 하도급 하고자 발주자에게 통지하거나, 동의 또는 승낙을 요청하는 사항에 대해서는 전기공사 하도급 계약통지서에 관한 적정성 여부를 검토하여 요청받은 날부터 7일 이내에 발주자에게 의견을 제출하여야 한다.

39 KEC 한국전기설비규정의 변경으로 삭제됨

13.4.11 / 14.4.36 / 16.4.26 / 17.2.5 / 17.2.25 / 17.2.33 / 17.4.7 / 18.2.40 / 19.1.39 / 20.4.25 / 21.2.16 / 21.2.32 / 21.4.3
40 피뢰시스템 중 뇌격전류를 안전하게 대지로 전송하는 시스템은 무엇인가?

① 수뢰 시스템   ② 비상경보 시스템
③ 감시 시스템   ④ 인하도선 시스템

해설 외부 피뢰시스템
(1) 수뢰부 시스템

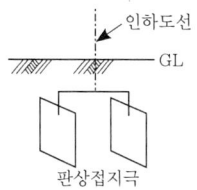

① 뇌격이 피 보호범위내로 침입할 확률을 감소시키는 것
② 돌침(피뢰침), 수평도체, 메시 도체(케이지)방식의 개별 또는 이들의 조합으로 한다.
③ PV설비 전체를 보호할 수 있는 범위내로 해야 한다.

(2) 인하도선 시스템
① 위험한 불꽃방전의 발생확률을 감소시키기 위하여 뇌격점과 대지사이를 연결하는 도선
② 다수의 병렬 전류통로를 형성해야 한다.
③ 전류통로의 배선 길이는 최소로 유지해야 한다.
④ 인하도선은 가능한 한 수뢰부도체에서 직접 연결되도록 배치하여야 한다.
⑤ 인하도선은 지표면과 가까운 부분에 접지시험단자를 시설한다. 다만, 자연적 구성부재를 이용하는 경우는 생략한다.

(3) 접지 시스템
① 위험한 과전압을 발생시키지 않고 뇌전류를 대지로 방류하기 위해서는 접지의 형상, 크기 및 접지저항 값이 중요하다. 다만, 일반적으로는 낮은 접지저항을 권장한다.
② 피뢰설비의 관점에서는 구조체를 사용한 통합단일의 접지가 바람직하며, 모든 접지목적(즉, 피뢰설비, 저압전력시스템, 통신시스템 등)에도 적합하다.

17.1.58 / 17.4.50 / 17.4.56 / 18.2.41 / 19.1.44 / 19.2.44 / 20.3.59 / 21.2.42 / 21.4.52

41 유지보수 관점에서 태양광발전시스템의 점검 종류로 틀린 것은?

① 일상점검　② 정기점검
③ 특별점검　④ 임시점검

[해설] 점검의 종류
(1) 일상점검
설비의 운전상태에서 매일 또는 주 1회씩 점검

(2) 정기점검
설비를 정지시켜 일정한 주기마다 점검
① 보통점검 : 설비를 정지시켜 점검, 주기는 1개월 ~ 1년 정도

② 정밀점검 : 설비의 분해점검, 주기는 1년 ~ 10년 정도

(3) 임시점검
천재지변, 기기고장, 순시점검 중이나 운전중 이상 발견시 점검

18.1.72 / 18.2.42

42 중대형 태양광 발전용 인버터의 누설전류시험 시 품질기준으로 누설전류는 최대 몇 mA 이하여야 하는가?

① 3　② 5
③ 10　④ 20

[해설] 인버터의 누설전류시험
① 교류전원을 정격 전압 및 정격 주파수로 운전한다. 직류 전원은 인버터 출력이 정격 출력이 되도록 설정한다.
② 인버터의 기체와 대지와의 사이에 1[KΩ] 이상의 저항을 접속해서 저항에 흐르는 누설전류를 측정하고, 누설전류가 5[mA] 이하일 것

17.1.59 / 18.2.43

43 결정질 실리콘 태양광발전 모듈의 성능시험 중 바이패스 다이오드 열시험 시 STC조건에서 몇 배의 단락전류를 적용하는가?

① 1.1　② 1.25
③ 1.5　④ 2

[해설] 바이패스 다이오드 열시험(Bypass Diode Thermal test)
모듈의 열점(Hot Spot) 현상에 대해 유해한 결과를 제한하기 위해 바이패스 다이오드의 열에 대한 내성설계가 얼마나 잘 반영 되어 있는지 그리고 유사한 환경에서 장시간 사용할 경우 신뢰성이 확보되었는지를 평가하는 것을 목적으로 하며, STC 조건에서 단락전류의 1.25배와 같은 전류를 적용한다.

16.2.47 / 16.2.51 / 16.4.47 / 17.2.42 / 18.1.45 / 18.2.44 / 18.2.54 / 19.1.43 / 19.1.51 / 19.1.53 / 19.4.42 / 19.4.47 / 20.3.48 / 20.4.42 / 20.4.45 / 20.4.51 / 21.1.46 / 21.1.51 / 21.1.58 / 21.4.44 / 21.2.47 / 21.4.56

44 박막 태양광발전 모듈의 성능시험으로 틀린 것은?

① 단자강도 시험
② 고온고습 시험
③ 열점 내구성 시험
④ 전기자기 적합성 시험

해설 박막 태양광발전 모듈(성능)
① 외관검사
② 최대 출력 결정
③ 절연시험
④ 온도계수의 측정
⑤ 공칭 태양전지 동작온도(NOTC)에서의 측정
⑥ STC 및 NOCT에서의 성능
⑦ 낮은 조사강도에서의 특성
⑧ 옥외 노출시험
⑨ 열점 내구성시험
⑩ UV 전처리시험
⑪ 온도사이클시험
⑫ 습도-동결시험
⑬ 고온고습시험
⑭ 단자강도시험
⑮ 습윤누설전류시험
⑯ 기계적 하중 시험
⑰ 우박 시험
⑱ 바이패스 다이오드 열시험
⑲ 염수분무 시험

※ 전기자기 적합성 시험은 태양광인버터 외형, 방열판의 시험항목

18.2.45 / 20.3.42 / 21.1.44

45 태양광발전시스템 화재의 원인으로 틀린 것은?

① 누전
② 단락
③ 저전압
④ 접촉부 과열

해설 태양광발전소의 화재원인
① 전선의 접속부위 단락과 누전
② PCS 및 ESS의 과전압, 과열
③ PV모듈 핫스팟 등
④ 다이오드 접촉 불량
⑤ PCB에 습기의 침투로 절연 파괴
⑥ 퓨즈 접촉 불량

13.4.26 / 15.4.28 / 16.4.38 / 17.1.51 / 17.2.22 / 17.2.54 / 17.4.23 / 17.4.53 / 18.1.21 / 18.1.47 / 18.2.46 / 18.2.53 / 18.4.23 / 19.1.60 / 19.2.26 / 19.2.42 / 19.4.27 / 19.4.49 / 20.1.52 / 20.3.23 / 20.3.41 / 20.4.24 / 21.1.38 / 21.4.42 / 21.4.48

46 태양광발전시스템의 감전사고 예방대책이 아닌 것은?

① 고무장갑 착용
② 전선피복 상태 관리
③ 태양전지 모듈 및 인버터 전원 개방
④ 누전발생 우려 장소에 누전차단기 설치

해설 모듈 설치 시 감전방지대책
① 전선피복 상태 관리
② 절연 장갑을 착용한다.
③ 절연 처리된 공구를 사용한다.
④ 태양전지 모듈 및 인버터 전원 개방
⑤ 작업 전 태양전지 모듈 표면에 차광막을 씌워 태양광을 차폐한다.
⑥ 강우 시에는 감전사고와 미끄러짐에 의한 추락사고의 위험이 있으므로 작업을 금한다.

18.2.47 / 20.4.55

47 태양광발전시스템의 부품교환에 대한 설명으로 틀린 것은?

① 납땜 작업 등은 숙련자에게 맡긴다.
② 부품 교환 시 타입 및 기능을 충분히 조사한다.
③ 조정설정이 필요한 부품은 교환 전 확실히 설정한다.
④ 부품 교환 시 접속이 틀리지 않도록 하며, 볼트 조임 등을 잊어버리지 않도록 주의한다.

해설 조정설정이 필요한 부품은 교환 후 확실히 설정한다.

14.4.60 / 16.4.58 / 17.2.51 / 17.4.42 / 18.1.58 / 18.2.48 / 19.1.50 / 19.2.49

48 태양광발전시스템이 작동되지 않았을 때 응급 조치 방법이 아닌 것은?

① AC 차단기 개방
② 태양광 모듈 분리
③ 인버터 정지 후 점검
④ 접속함 내부 DC 차단기 개방

해설 태양광발전시스템의 응급조치순서
① 접속함의 DC 메인 전원 스위치를 개방(off)한다.
② 인버터의 전원 스위치를 개방(off)한다.
③ 한전차단기를 개방(off)한다.
④ 태양광발전시스템을 점검한다.
⑤ 이상이 없을 시 역순으로 작동한다.

16.2.36 / 16.2.43 / 18.2.49 / 18.4.21 / 19.2.58 / 21.4.23

49 작업자의 안전을 위하여 안전점검 전 준비 및 조치내용 중 틀린 것은?

① 사전에 면밀히 계획수립 및 필요공구 등을 준비한다.
② 검전기로 무전압 상태를 확인하고 필요개소에 접지한다.
③ 안전을 위하여 접지한 부분이 있으면 반드시 제거해야 한다.
④ 태양광빌진모듈의 경우 햇빛을 받으면 발전되므로 각 접속반의 차단기 차단시에도 감전 사고에 유의한다.

해설 정전작업
1) 정전작업 전 조치사항
① 전원차단후 각 단로기 등을 개방하고 확인할 것
② 차단장치나 단로기 등에 잠금(시건)장치 및 꼬리표를 부착할 것
③ 전기기기 등에 공급되는 모든 전원을 관련 배선도, 도면 등을 통해 확인할 것
④ 검전기를 이용하여 작업대상 기기가 충전되었는지 확인 할 것(잔류전하 방전)

2) 정전작업 중 조치사항
① 작업지휘자에 의한 작업지휘
② 개폐기 관리(전원 재투입 방지, 잠금장치 및 꼬리표 부착 관리)
③ 근접 활선에 대한 방호상태 관리
④ 단락접지의 상태관리

3) 정전작업 후 조치사항
① 작업기기, 단락접지기구(접지선)를 제거하고 전기기기 등이 안전하게 통전될 수 있는지 확인
② 모든 작업자가 작업이 완료된 전기기기 등에서 떨어져 있는지 확인할 것
③ 잠금장치 와 꼬리표는 설치한 근로자가 직접 철거할 것
④ 모든 이상 유무를 확인한 후 전기기기 등의 전원을 투입할 것

14.4.61 / 17.2.46 / 18.2.50 / 20.3.60 / 21.4.49

50 태양광발전사업을 하기 위하여 전기사업 허가 신청서를 제출할 때 제출하는 첨부서류로 틀린 것은?

① 사업계획서
② 송전관계일람도
③ 발전원가명세서
④ 전기안전점검신청서

해설 발전사업 신청에 필요한 서류(200[kW]초과 3000[kW] 이하인 경우)
(1) 전기사업 허가신청서

(2) 사업계획서
① 기술능력 관련(전기설비 건설 및 운영 계획 관련 증명서류)
② 계획에 따른 수행 가능 여부 관련(송전관계 일람도)
③ 발전원가명세서(발전사업 또는 구역전기사업의 허가를 신청하는 경우만 해당한다)

(3) 정관, 대차대조표 및 손익계산서(신청자가 법인인 경우만 해당하며, 설립 중인 법인의 경우에는 정관만 제출한다)

(4) 신청자(발전설비용량 3000[kW] 이하인 신청자는

정답 47.③ 48.② 49.③ 50.④

제외한다)의 주주명부. 이 경우 신청자가 재무능력을 평가할 수 없는 신설법인인 경우에는 신청자의 최대주주를 신청자로 본다.

③ 접지선의 손상 및 접지단자 풀림
④ 환기팬확인
⑤ 이음, 이취, 연기 발생 및 이상 과열 상태
⑥ LCD표시창 발전상황 정보표시 이상 여부

17.1.45 / 17.2.45 / 17.4.25 / 18.2.51 / 21.1.57 / 21.2.29

51 자가용전기설비의 검사항목 중 태양광발전시스템의 정기점검 항목으로 틀린 것은?

① 내연기관검사
② 보호장치검사
③ 종합연동시험검사
④ 부하운전시험검사

해설 자가용 태양광발전설비의 정기검사 항목
(1) 외관(설계도면 및 시설상태 확인)

(2) 태양광전지
① 일반규격
② 태양전지

(3) 전력변환장치
① 일반규격
② 본체
③ 보호장치
④ 축전지

(4) 종합연동시험

(5) 부하운전시험

(6) 기타부속설비(전기수용설비 항목을 준용)

13.4.26 / 15.4.28 / 16.4.38 / 17.1.51 / 17.2.22 / 17.2.54 /
17.4.23 / 17.4.53 / 18.1.21 / 18.1.47 / 18.2.46 / 18.2.53 /
18.4.23 / 19.1.60 / 19.2.26 / 19.2.42 / 19.4.27 / 19.4.49 /
20.1.52 / 20.3.23 / 20.3.41 / 20.4.24 / 21.1.38 / 21.4.42 /
21.4.48

53 국제사회안전협회의 5대 안전수칙 준수사항이 아닌 것은?

① 단락접지
② 전원투입 방지
③ 작업 후 전원차단
④ 작업장소의 무전압 여부 확인

해설 국제사회안전협회(ISSA)의 정전작업 시 5대 안전수칙
(1) 정전 작업의 필요성
전기설비에 의한 불꽃으로 가연성 물질의 점화원이 되거나 작업하는 작업자가 감전 위험이 있다고 판단될 때에는 정전작업을 결정한다.

(2) 정전작업시의 안전수칙
정전작업절차는 국제사회안전협회(ISSA)의 5대 안전수칙을 준수하여야 한다.
1) 작업 전 전원차단
① 작업대상 전원의 모든 극을 차단해야 한다.
② 고전력 차단기 차단 시 적정한 보호구를 착용한다.
③ 충전요소가 있는 경우에는 잔류전하를 방전시킨다.

2) 전원 투입 방지

13.4.46 / 16.2.50 / 17.1.56 / 17.2.52 / 18.2.52 /
19.1.42 / 19.2.52 / 19.4.43

52 인버터의 일상점검 항목으로 틀린 것은?

① 외함의 부식 및 파손
② 가대의 부식 및 오염 상태
③ 이상음, 이상 진동 및 과열 상태
④ 외부배선(접속케이블)의 손상여부

해설 PCS(인버터)의 일상점검
① 외함의 부식 및 파손
② 외부배선의 손상 및 접속단자 풀림

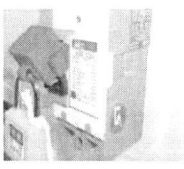  

MCCB시건장치 　　　　　　　　표찰 　　꼬리표

① 담당자 외 다른 사람의 전원투입을 방지해야 한다.
② 자물쇠로 시건(Lock Out) 또는 표찰(Tag Out)을 부착하세요.
③ 표찰에는 경고 문구와 차단대상, 책임자 성명 등을 반드시 기입한다.

3) 작업장소의 무전압 여부 확인
① 작업장소의 전원이 차단되었는지 확인한다.
② 검전기, 측정장치, 신호 램프 등과 같은 장비를 사용한다.

4) 접지 및 단락접지
① 작업을 수행하는 부분을 먼저 접지하고 작업장소 단락 접지한다.
② 접지 및 단락접지 부위를 쉽게 확인 가능하도록 접지한다.

5) 작업장소의 보호
① 감시인배치
② 안전휀스 설치

16.2.47 / 16.2.51 / 16.4.47 / 17.2.42 / 18.1.45 / 18.2.44 / 18.2.54 / 19.1.43 / 19.1.51 / 19.1.53 / 19.4.42 / 19.4.47 / 20.3.48 / 20.4.42 / 20.4.45 / 20.4.51 / 21.1.46 / 21.1.51 / 21.1.58 / 21.4.44 / 21.2.47 / 21.4.56

54 태양광발전 모듈의 발전성능을 옥내에서 시험하기 위해 사용하는 인공광원은?

① 항온항습 장치
② UV시험 장치
③ 염수분무 장치
④ 솔라 시뮬레이터

해설 태양전지모듈 시험장치

① 항온항습 장치
태양전지모듈의 온도 사이클 시험, 온습도 사이클 시험, 내열-내습성시험을 하기위한 챔버, 온도 ±2[℃] 이내, 습도 ±5[%] 이내이어야 한다.

② UV시험 장치
태양전지모듈이 태양광에 노출되는 경우에 따라서 유지되는 열화정도를 시험하기 위한 장치

③ 염수분부 장치
태양전지모듈의 구성 재료와 패키지 등의 구성품을 대상으로 염수(바닷물)에 대한 내구성을 시험하기 위한 환경 챔버

④ 솔라 시뮬레이터
태양광발전 모듈의 발전성능을 옥내에서 시험하기 위한 인공광원이며, 방사조도 ±2[%] 이내, 광원 균일도 ±2[%] 이내의 A등급 이상의 것

18.2.55
55 배선 케이블의 육안점검 사항으로 틀린 것은?

① 배선의 늘어짐
② 배선의 위험 노출
③ 배선의 변색 변형
④ 배선의 환기 상태

해설
① 배선의 늘어짐
② 배선의 위험 노출
③ 배선의 변색 변형
④ 배선의 절연피복 손상
⑤ 배선의 고정상태
⑥ 과열에 의한 냄새

15.4.41 / 17.1.50 / 17.4.55 / 18.2.56 / 18.4.59 / 19.1.59 / 20.1.58 / 20.3.56 / 20.4.52

56 태양광발전시스템 성능평가를 위한 측정요소 중 사이트 평가방법으로 틀린 것은?

① 기기 제조사
② 기초공사 단가
③ 설치시설의 분류
④ 설치시설의 지역

해설 태양광 발전 시스템의 사이트 평가 방법
① 태양광 발전 시스템의 설비 설치의 대상기관
② 태양광 발전 시스템 설비 설치의 시설 분류
③ 태양광 발전 시스템의 설비 설치의 시설 지역
④ 태양광 발전 시스템의 설비 설치 형태
⑤ 태양광 발전 시스템의 설비 설치 용량
⑥ 태양광 발전 시스템 설비 설치의 방위와 각도
⑦ 태양광 발전 시스템의 설비 설치 시공업자
⑧ 태양광 발전 시스템의 설비 설치기기 장비 제조사

정답 54. ④ 55. ④ 55. ④ 56. ②

15.4.49 / 18.2.57 / 19.2.3 / 19.4.52 / 21.4.9

57 태양광발전시스템의 운영방법에 대한 설명으로 틀린 것은?

① 태양광발전시스템의 발전량은 계절에 상관없이 일정하게 유지된다.
② 설치된 태양광발전시스템의 용량은 부하의 용도 및 적정사용량을 합산하여 월평균 사용량에 따라 결정된다.
③ 태양광발전모듈 표면은 특수 처리된 강화유리로 되어 있어 강한 충격이 있을 시 파손될 수 있다.
④ 구조물에 부분적인 발청현상이 있을 경우 페인트, 은분, 스프레이 등으로 도포 처리를 해주면 장기간 안전하게 사용할 수 있다.

해설 **태양광발전의 특징**

1) 장점
① 에너지의 원료인 태양의 빛은 무료이며, 무한이다.
② 환경오염이 없는 청정에너지원이다.
③ 발전과정에서 환경오염이 없다.
④ 유지관리 비용이 적다.

2) 단점
① 에너지밀도가 낮아 큰 설치면적이 필요하다.
② 설치장소가 한정적이며, 시스템 비용이 고가이다.
③ 발전량은 계절과 일조량의 영향을 많이 받는다.

※ 남해지역 고정식 태양광발전소 발전량

	1월	2월	3월	4월	5월	6월
[kWh]	3,057	3,295	4,348	3,997	4,157	3,831
[%]	7.39	7.96	10.51	9.66	10.05	9.26

	7월	8월	9월	10월	11월	12월	합계
	2,766	3,398	3,603	3,217	2,937	2,776	41,382
	6.68	8.21	8.71	7.77	7.10	6.71	100[%]

16.4.59 / 17.2.43 / 18.2.58 / 19.4.44

58 태양광발전모듈의 일상점검 시 육안점검 항목이 아닌 것은?

① 접지저항
② 표면의 오염 및 파손
③ 지지대의 부식 및 녹
④ 외부배선(접속케이블)의 손상

해설 **태양전지(어레이)의 육안점검**
① 모듈의 오염 및 파손
② 프레임 파손 및 변형유무
③ 가대의 부식 및 녹 발생
④ 가대의 고정(볼트 및 너트의 풀림) 및 접지
⑤ 외부배선의 손상
⑥ 변색, 낙엽 등의 유무 검사
⑦ 지붕재의 파손 및 지지기구와의 고정상태

18.2.59 / 20.3.57

59 선간전압이 100kV인 충전전로 인근에서 유자격자가 작업하는 경우 노출 충전부에 접근 한계거리 몇 cm 이내로 접근하거나 절연 손잡이가 없는 도전체에 접근할 수 없도록 하여야 하는가?

① 110
② 130
③ 150
④ 170

해설 **충전전로에서의 전기작업**

유자격자가 충전전로 인근에서 작업하는 경우에는 다음의 경우를 제외하고는 노출 충전부에 다음 표에 제시된 접근한계거리 이내로 접근하거나 절연 손잡이가 없는 도전체에 접근할 수 없도록 할 것
① 근로자가 노출 충전부로부터 절연된 경우 또는 해당 전압에 적합한 절연장갑을 착용한 경우
② 노출 충전부가 다른 전위를 갖는 도전체 또는 근로자와 절연된 경우
③ 근로자가 다른 전위를 갖는 모든 도전체로부터 절연된 경우

정답 57.① 58.① 59.②

충전전로의 선간전압 [kV]	충전전로에 대한접근 한계거리[cm]
0.3 이하	접촉금지
0.3 초과 0.75 이하	30
0.75 초과 2 이하	45
2 초과 15 이하	60
15 초과 37 이하	90
37 초과 88 이하	110
88 초과 121 이하	130
121 초과 145 이하	150
145 초과 169 이하	170
169 초과 242 이하	230
242 초과 362 이하	380
362 초과 550 이하	550
550 초과 800 이하	790

60 KEC 한국전기설비규정의 변경으로 삭제됨

13.4.65 / 14.4.71 / 17.2.66 / 18.2.61 / 20.3.74 / 21.4.65

61 다음 중 예외적으로 전력시장에서 전기를 직접 구매할 수 있는 전기사용자는 수전설비 용량이 몇 킬로볼트암페어 이상인 경우인가?

① 3만 ② 4만
③ 5만 ④ 6만

해설 전력의 직접 구매(전기사업법 시행령 제20조)
수전설비의 용량이 30,000[kVA] 이상인 전기사용자는 전력시장에서 전력을 직접 구매할 수 있다.

18.2.62 / 19.1.70

62 지중 또는 수중에 시설되는 금속체(이하 "피방식체"라 한다)의 부식을 방지하기 위한 시설 방법이 틀린 것은?

① 양극은 지중에 매설하거나 수중에서 쉽게 접촉할 우려가 없는 곳에 시설할 것
② 전기부식방지 회로의 사용전압은 직류 100[V] 이하일 것
③ 지중에 매설하는 양극의 매설깊이는 75[cm] 이상일 것
④ 수중에 시설하는 양극과 그 주위 1[m]이내의 거리에 있는 임의점과의 사이의 전위차는 10[V]를 넘지 않을 것

해설 전기부식방지 시설(판단기준 제243조)
(1) 전기부식방지 시설[지중 또는 수중에 시설되는 금속체(피방식체)의 부식을 방지하기 위하여 지중 또는 수중에 시설하는 양극과 피방식체 간에 방식 전류를 통하는 시설을 말하며 전기부식방지용 전원장치를 사용하지 아니하는 것을 제외한다.]는 다음에 따라 시설하여야 한다.
① 전기부식방지 회로의 사용전압은 직류 60[V]이하일 것
② 양극(陽極)은 지중에 매설하거나 수중에서 쉽게 접촉할 우려가 없는 곳에 시설할 것
③ 지중에 매설하는 양극(양극의 주위에 도전 물질을 채우는 경우에는 이를 포함한다)의 매설깊이는 75[cm] 이상일 것
④ 수중에 시설하는 양극과 그 주위 1[m] 이내의 거리에 있는 임의점과의 사이의 전위차는 10[V]를 넘지 아니할 것. 다만, 양극의 주위에 사람이 접촉되는 것을 방지하기 위하여 적당한 울타리를 설치하고 또한 위험 표시를 하는 경우에는 그러하지 아니하다.
⑤ 지표 또는 수중에서 1[m] 간격의 임의의 2점(④의 양극의 주위 1[m] 이내의 거리에 있는 점 및 울타리의 내부점을 제외한다)간의 전위차가 5[V]를 넘지 아니할 것

13.4.75 / 14.4.80 / 18.2.63 / 19.4.39

63 접지공사에 사용하는 접지선을 사람이 접촉할 우려가 있는 곳에 시설하는 경우 그 방법이 틀린 것은?

① 접지극은 지하 75[cm] 이상으로 하되 동결 깊이를 감안하여 매설할 것
② 접지선의 지하 30[cm]부터 지표상 2[m]까지의 부분은 합성수지관 또는 이와 동등 이상의 절연효력 및 강도를 가지는 몰드로 덮을 것

정답 60. 61. ① 62. ②

③ 접지선에는 절연전선(옥외용 비닐절연전선 제외), 캡타이어케이블 또는 케이블(통신용 케이블 제외)을 사용할 것

④ 접지선을 철주에 따라서 시설하는 경우 접지극을 철주의 밑면으로부터 30[cm] 이상의 깊이에 매설하는 경우 이외에는 접지극을 지중에서 그 금속체로부터 1[m] 이상 떼어 매설할 것

[해설] 접지도체는 지하 0.75 m 부터 지표 상 2 m 까지 부분은 합성수지관(두께 2 ㎜ 미만의 합성수지제 전선관 및 가연성 콤바인덕트관은 제외한다) 또는 이와 동등 이상의 절연효과와 강도를 가지는 몰드로 덮어야 한다.

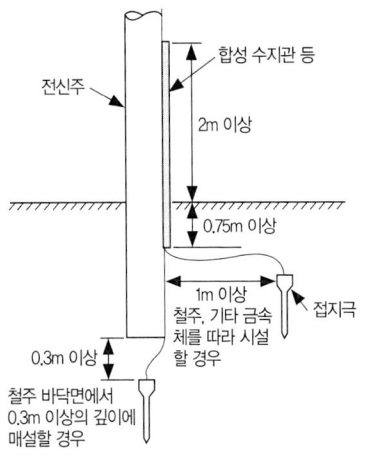

13.4.66 / 14.4.75 / 15.2.72 / 15.2.76 / 16.4.67 / 17.1.73 / 17.2.70 / 17.4.78 / 18.1.73 / 18.2.64 / 18.4.75 / 18.4.80 / 19.1.64 / 19.2.62 / 20.3.802

64 최대사용전압 7[kV] 이하인 전로에서 절연내력 시험전압은 최대사용전압의 몇 배 전압으로 시험하는가?

① 0.64 ② 0.72
③ 0.92 ④ 1.5

[해설] 전로의 절연저항 및 절연내력(판단기준 제13조)
① 사용전압이 저압인 전로에서 정전이 어려운 경우 등 절연저항 측정이 곤란한 경우에는 누설전류를 1[mA] 이하로 유지하여야 한다.

② 고압 및 특고압의 전로(회전기, 정류기, 연료전지 및 태양전지 모듈의 전로, 변압기의 전로, 기구 등의 전로 및 직류식 전기철도용 전차선을 제외한다)는 표에서 정한 시험전압을 전로와 대지 사이(다심케이블은 심선 상호 간 및 심선과 대지 사이)에 연속하여 10분간 가하여 절연내력을 시험하였을 때에 이에 견디어야 한다.

전로의 종류	시험 전압
1. 최대사용전압 7[kV] 이하인 전로	최대사용전압의 1.5배의 전압
2. 최대사용전압 7[kV] 초과 25[kV] 이하인 중성점 접지식 전로 (중성선을 가지는 것으로서 그 중성선을 다중접지 하는 것에 한한다)	최대사용전압의 0.92배의 전압
3. 최대사용전압 7[kV] 초과 60[kV] 이하인 전로	최대사용전압의 1.25배의 전압(10,500[V] 미만으로 되는 경우는 10,500[V])압
4. 최대사용전압 60[kV] 초과 중성점 비접지식전로	최대사용전압의 1.25배의 전압
5. 최대사용전압 60[kV] 초과 중성점 접지식 전로	최대사용전압의 1.1배의 전압(75[kV] 미만으로 되는 경우에는 75[kV])
6. 최대사용전압이 60[kV]초과 중성점 직접접지식 전로	최대사용전압의 0.72배의 전압
7. 최대사용전압이 170[kV]초과 중성점 직접 접지식 전로로서 그 중성점이 직접 접지되어 있는 발전소 또는 변전소 혹은 이에 준하는 장소에 시설하는 것	최대사용전압의 0.64배의 전압
8. 최대 사용 전압이 60[kV]를 초과하는 정류기에 접속되고 있는 전로	교류측 및 직류 고전압 측에 접속되고 있는 전로는 교류측의 최대사용전압의 1.1배의 직류전압
	직류측 중성선 또는 귀선이 되는 전로는 계산식에 의하여 구한 값

13.4.68 / 15.2.65 / 16.4.61 / 18.2.65 / 18.4.77 / 19.2.61 / 19.4.64

65 신·재생에너지의 기술개발 및 이용 보급을 하기 위한 기본계획의 계획기간으로 옳은 것은?

① 5년 이상   ② 10년 이상
③ 15년 이상 ④ 20년 이상

해설 기본계획의 수립(신재생에너지법 제5조)
① 산업통상자원부장관은 관계 중앙행정기관의 장과 협의를 한 후 신·재생에너지정책심의회의 심의를 거쳐 신·재생에너지의 기술개발 및 이용·보급을 촉진하기 위한 기본계획을 5년마다 수립하여야 한다.
② 기본계획의 계획기간은 10년 이상으로 한다.

66 국가 온실가스 종합정보관리체계를 구축·관리하기 위하여 환경부장관 소속으로 온실가스 종합정보 센터를 둔다. 이 센터에서 관장하는 사항이 아닌 것은?

① 국가 및 부문별 온실가스 감축 목표 설정의 지원
② 국내기준에 따른 국가 온실가스 종합정보관리체계 운영
③ 국내외 온실가스 감축 지원을 위한 조사·연구
④ 저탄소 녹색성장 관련 국제기구 단체 및 개발도상국과의 협력

해설 국가 온실가스 종합정보관리체계의 구축 및 관리(녹색성장법 시행령 제36조)
(1) 국가 온실가스 종합정보관리체계를 구축·관리하기 위하여 환경부장관 소속으로 온실가스 종합정보 센터를 둔다.
(2) 센터는 다음의 사항을 관장한다.
① 국가 및 부문별 온실가스 감축 목표 설정의 지원
② 국제기준에 따른 국가 온실가스 종합정보관리체계 운영
③ 업무협조 지원 및 관계 중앙행정기관에 대한 정보 제공
④ 국내외 온실가스 감축 지원을 위한 조사·연구

67 KEC 한국전기설비규정의 변경으로 삭제됨

15.2.80 / 18.2.68 / 20.3.79 / 20.4.62 / 21.1.80

68 극저주파 전자계라 함은 0[Hz]를 제외한 몇 [Hz]이하의 전계와 자계를 말하는가?

① 300   ② 400   ③ 500   ④ 700

해설 전자파의 종류
주파수(1초 동안 진동하는 횟수)에 따라 분류된다.
① 극저주파 : 0~300[Hz]로 전력설비 주파수
② 무선주파수 : 300[Hz]~300[MHz]로 AM, FM, TV 방송파
③ 마이크로파 : 300[MHz]~300[GHz]
④ 적외선, 가시광선, 자외선, X선, 감마선

※ 송전선로 등의 주파수는 가정용 전기제품 등과 비교해 같거나 그 이하인 60[Hz]인 것을 감안하면 전자파가 아니라 전자계라고 불리는 것이 올바른 표현이라고 생각되며, 이러한 극저주파 영역의 전자계는 에너지가 극히 미약하고 거리에 따라 급격히 감소하는 특징이 있다.

18.2.69

69 신·재생에너지 기술의 사업화에 대한 설명으로 틀린 것은?

① 시험제품 제작 및 설비투자에 드는 자금의 융자
② 신·재생에너지 기술의 개발사업을 하여 정부가 취득한 산업재산권의 무상 양도
③ 신·재생에너지 기술을 사업화하기 위하여 필요하다고 인정하여 대통령이 정하는 지원사업
④ 개발된 신·재생에너지 기술의 교육 및 홍보

해설 신·재생에너지 기술의 사업화(신재생에너지법 제28조)
(1) 산업통상자원부장관은 자체 개발한 기술이나 사업비를 받아 개발한 기술의 사업화를 촉진시킬 필요가 있다고 인정하면 다음의 지원을 할 수 있다.

정답 65. ② 66. ② 67. 68. ① 69. ③

① 시험제품 제작 및 설비투자에 드는 자금의 융자
② 신·재생에너지 기술의 개발사업을 하여 정부가 취득한 산업재산권의 무상 양도
③ 개발된 신·재생에너지 기술의 교육 및 홍보
④ 그밖에 개발된 신·재생에너지 기술을 사업화하기 위하여 필요하다고 인정하여 산업통상자원부장관이 정하는 지원사업

(2) (1)에 따른 지원의 대상, 범위, 조건 및 절차, 그밖에 필요한 사항은 산업통상자원부령으로 정한다.

18.2.70 / 19.2.68 / 20.4.70

70 녹색기술에 해당되지 않는 것은?

① 온실가스 감축기술
② 에너지 이용 효율화 기술
③ 원자력 발전기술
④ 자원순환 및 친환경 기술

해설 녹색기술 정의(녹색성장법 제2조)
① 온실가스 감축기술
② 에너지 이용 효율화 기술
③ 청정생산기술
④ 청정에너지 기술
⑤ 자원순환 및 친환경 기술(관련 융합기술을 포함한다) 등
⑥ 사회·경제 활동의 전 과정에 걸쳐 에너지와 자원을 절약하고 효율적으로 사용하여 온실가스 및 오염물질의 배출을 최소화하는 기술

18.2.71

71 신·재생에너지 발전에 의한 발전차액 지원 기준가격의 산정기준에 해당하지 않는 것은?

① 신·재생에너지 발전사업자의 구내 전력 사용량
② 신·재생에너지 발전기술의 상용화 수준 및 시장 보급 여건
③ 운전 중인 신·재생에너지 발전사업자의 경영여건 및 운전 실적
④ 전기요금 및 전력시장에서의 신·재생에너지 발전에 의하여 공급한 전력의 거래가격 수준

해설 발전차액의 지원을 위한 기준가격의 산정기준(신재생에너지법 시행령 제22조)
① 신·재생에너지 발전소의 표준공사비, 운전유지비, 투자보수비 및 각종 세금과 공과금
② 신·재생에너지 발전소의 설비 이용률, 수명 기간, 사고 보수율과 발전소에서의 신·재생에너지 소비율 등의 설계치 및 실적치
③ 신·재생에너지 발전사업자의 송전·배전 선로 이용요금
④ 신·재생에너지 발전기술의 상용화 수준 및 시장 보급 여건
⑤ 운전 중인 신·재생에너지 발전사업자의 경영 여건 및 운전 실적
⑥ 전기요금 및 전력시장에서의 신·재생에너지 발전에 의하여 공급한 전력의 거래가격의 수준

15.2.75 / 15.4.65 / 15.4.74 / 17.1.62 / 17.2.63 / 17.4.1 / 17.4.3 / 17.4.76 / 18.1.8 / 18.2.72 / 19.4.15 / 20.1.18 / 20.1.72 / 20.1.77 / 21.1.6 / 21.2.12

72 바이오에너지를 생산하거나 이를 에너지원으로 이용하는 설비는?

① 태양광 설비
② 바이오에너지 설비
③ 태양열 설비
④ 수소에너지 설비

해설 바이오에너지 설비
바이오에너지를 생산하거나 이를 에너지원으로 이용하는 설비

(1) 바이오에너지 이용기술
① 바이오에너지 이용기술이란 바이오매스(Biomass, 유기성 생물체를 총칭)를 직접 또는 생·화학적, 물리적 변환과정을 통해 액체, 가스, 고체연료나 전기·열에너지 형태로 이용하는 화학, 생물, 연소공학 등의 기술
② Biomass란 태양에너지를 받은 식물과 미생물의 광합성에 의해 생성되는 식물체·균체와 이를 먹고 살아가는 동물체를 포함하는 생물 유기체

정답 70. ③ 71. ① 72. ②

(2) 바이오에너지 변환시스템

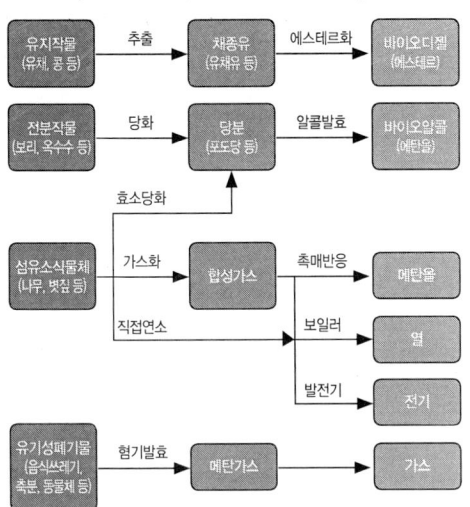

※ 신·재생에너지 설비(신재생에너지법 시행규칙 제2조)
① 태양광 설비 : 태양의 빛에너지를 변환시켜 전기를 생산하거나 채광(採光)에 이용하는 설비
② 태양열 설비 : 태양의 열에너지를 변환시켜 전기를 생산하거나 에너지원으로 이용하는 설비
③ 수소에너지 설비: 물이나 그밖에 연료를 변환시켜 수소를 생산하거나 이용하는 설비

18.2.73
73 전기사업법의 목적이 아닌 것은?
① 전기사업에 관한 기본제도 확립
② 전기사업의 경쟁을 촉진
③ 전기사업의 건전한 발전 도모
④ 전기공급자의 이익 보호

해설 목적(전기사업법 제1조)
① 전기사업에 관한 기본제도를 확립
② 전기사업의 경쟁과 새로운 기술 및 사업의 도입을 촉진
③ 전기사업의 건전한 발전을 도모
④ 전기사용자의 이익을 보호
⑤ 국민경제의 발전에 이바지함

18.2.74
74 산업통상자원부장관이 전기의 보편적 공급을 위하여 고려해야할 구체적인 내용이 아닌 것은?
① 전기기술의 발전 정도
② 전기의 보급 정도
③ 전기사업자 보호
④ 사회복지의 증진

해설 보편적 공급(전기사업법 제6조)
1) 전기사업자등은 전기의 보편적 공급에 이바지할 의무가 있다.

2) 산업통상자원부장관은 다음의 사항을 고려하여 전기의 보편적 공급의 구체적 내용을 정한다.
① 전기기술의 발전 정도
② 전기의 보급 정도
③ 공공의 이익과 안전
④ 사회복지의 증진

75 KEC 한국전기설비규정의 변경으로 삭제됨

18.2.76 / 21.2.77
76 신재생에너지 센터는 다음 중 어느 부설기관인가?
① 한국전력공사   ② 한국원자력발전
③ 한국에너지공단   ④ 신재생에너지협회

해설 한국에너지공단
① 1980년 설립되어, 에너지공급단계 이후 합리적·효율적 에너지이용 증진과 신·재생에너지 보급 촉진 및 산업 활성화로 온실가스 저감을 유도하고 국민의 삶의 질을 제고하는 것을 목적으로 한다.
② 정부차원의 종합지원 정책인 대체에너지 기술개발 기본 계획(1988-2001년)이 수립되며, 이의 효율적인 추진을 위하여 정부에서는 한국에너지공단 내에 대체에너지 사업부(신재생에너지 센터)를 설치하여 전문적인 신·재생에너지 개발 전담기관으로 출범한다.

정답 73. ④ 74. ③ 75. 76. ③

18.1.63 / 18.2.77

77 사용전압이 35[kV] 이하인 특고압 가공전선과 가공약전류 전선 등(전력보안 통신선 및 전기철도의 전용부지 안에 시설하는 전기철도용 통신선 제외) 사이의 이격거리는 몇 m 이상으로 하여야 하는가?

① 1 ② 2 ③ 3 ④ 4

해설 특고압 가공전선과 가공 약전류전선 등의 공가(판단기준 제122조)
(1) 사용전압이 35[kV] 이하인 특고압 가공전선과 가공약전류 전선 등(전력보안 통신선 및 전기철도의 전용부지 안에 시설하는 전기철도용 통신선을 제외한다.)을 동일 지지물에 시설하는 경우에는 다음에 따라야 한다.
① 특고압 가공전선로는 특고압 보안공사에 의할 것
② 특고압 가공전선은 가공약전류 전선 등의 위로하고 별개의 완금류에 시설할 것
③ 특고압 가공전선은 케이블인 경우 이외에는 인장강도 21.67[kN] 이상의 연선 또는 단면적이 55[mm^2] 이상인 경동연선일 것
④ 특고압 가공전선과 가공약전류 전선 등 사이의 이격거리는 2[m] 이상으로 할 것. 다만, 특고압 가공전선이 케이블인 경우에는 50[cm]까지로 감할 수 있다.
⑤ 가공약전류 전선을 특고압 가공전선이 케이블인 경우 이외에는 금속제의 전기적 차폐층이 있는 통신용 케이블일 것. 다만, 가공약전류 전선로의 관리자의 승낙을 얻은 경우에 특고압 가공전선로(특고압 가공전선에 특고압 절연전선을 사용하는 것에 한한다)를 위험의 우려가 없도록 시설할 때는 그러하지 않다.
⑥ 특고압 가공전선로의 수직배선은 가공약전류 전선 등의 시설자가 지지물에 시설한 것의 2[m] 위에서부터 전선로의 수직배선의 맨 아래까지의 사이는 케이블을 사용할 것
⑦ 특고압 가공전선로의 접지선에는 절연전선 또는 케이블을 사용하고 또한 특고압 가공전선로의 접지선 및 접지극과 가공약전류 전선로 등의 접지선 및 접지극은 각각 별개로 시설할 것
⑧ 전선로의 지지물은 그 전선로의 공사·유지 및 운용에 지장을 줄 우려가 없도록 시설할 것

(2) 사용전압이 35[kV]를 초과하는 특고압 가공전선과 가공약전류 전선 등은 동일 지지물에 시설하여서는 아니 된다.

18.2.78

78 내연기관 및 그 부속설비에서 과도한 압력이 발생할 우려가 있는 것에 대하여 그 압력을 방출하기 위해 설치해야 하는 것은?

① 조속장치
② 비상정지장치
③ 과압방지장치
④ 계측장치

해설 과압방지장치
① 과압이란 통상의 상태에서 최고사용압력을 초과하는 압력을 말한다.
② 과압이 발생할 우려가 있는 것"이란 내연기관의 실린더 지름이 230[mm]을 초과하고 최고 사용 압력이 3.4[MPa] 이상의 내연기관의 실린더(다만, 가스연료를 이용하는 가스엔진은 제외한다) 및 실린더의 지름이 250[mm]을 초과하는 내연기관의 밀폐식 크랭크실을 말한다.
③ 적당한 과압방지장치는 해당 실린더 또는 밀폐식 크랭크실의 압력이 상승할 때에 과압을 방지할 수 있는 용량을 가지고 또한, 최고 사용압력 이하로 동작하는 릴리프 밸브를 말한다.

15.4.70 / 15.4.77 / 17.1.78 / 18.2.79 / 18.4.40 / 20.4.38 / 20.4.75

79 50[kV] 이상의 송전선로를 연결하거나 차단하기위한 "개폐소"를 정의할 때 해당하지 않는 곳은?

① 발전소 상호간
② 변전소 상호간
③ 발전소와 변전소 간
④ 송전전로와 전기수용설비간

해설 정의(전기사업법 시행규칙 제2조)
1) 변전소 : 변전소의 밖으로부터 전압 50,000[V] 이상의 전기를 전송받아 이를 변성(전압을 올리거나 내리는 것 또는 전기의 성질을 변경시키는 것)하여 변전소 밖의 장소로 전송할 목적으로 설치하는 변압기와 그 밖의 전기설비 전체

2) 개폐소 : 다음의 곳의 전압 50,000[V] 이상의 송전선로를 연결하거나 차단하기 위한 전기설비
① 발전소 상호간
② 변전소 상호간
③ 발전소와 변전소 간

3) 송전선로 : 다음의 곳을 연결하는 전선로(통신용으로 전용하는 것은 제외한다)와 이에 속하는 전기설비
① 발전소 상호간
② 변전소 상호간
③ 발전소와 변전소 간

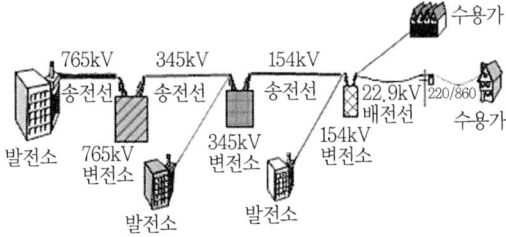

4) 배전선로 : 다음 각 목의 곳을 연결하는 전선로와 이에 속하는 전기설비
① 발전소와 전기수용설비
② 변전소와 전기수용설비
③ 송전선로와 전기수용설비
④ 전기수용설비 상호간

5) 전기수용설비 : 수전설비와 구내배전설비

6) 수전설비 : 타인의 전기설비 또는 구내발전설비로부터 전기를 공급받아 구내배전설비로 전기를 공급하기 위한 전기설비로서 수전지점으로부터 배전반(구내배전설비로 전기를 배전하는 전기설비)까지의 설비

7) 구내배전설비 : 수전설비의 배전반에서부터 전기사용기기에 이르는 전선로·개폐기·차단기·분전함·콘센트·제어반·스위치 및 그 밖의 부속설비

15.4.75 / 18.2.80 / 21.1.79

80 산업통상자원부장관이 신·재생에너지의 이용, 보급을 촉진하고자 신축·증축 또는 개축하는 건축물에 대하여 설계 시 산출된 예상에너지 사용량의 일정비율 이상을 신재생에너지를 이용하도록 신재생에너지설비를 의무적으로 설치하게 할 수 있는 단체에 해당하지 않는 것은?
① 신재생에너지 발전사업자
② 국가 및 지방자치단체
③ 정부가 대통령령이 정하는 금액 이상을 출연한 정부출연기관
④ 정부출자기업체

해설 설치의무화 대상기관
1) 국가기관 및 지방자치단체

2) 공공기관

3) 정부가 연간 50억 이상 출연한 정부출연기관

4) 정부출자기업체

5) 지방자치단체 및 공공기관, 정부출연기관 또는 정부출자기업체가 대통령령으로 정하는 비율 또는 금액 이상을 출자한 법인
① 납입자본금의 100분의 50 이상을 출자한 법인
② 납입자본금으로 50억원 이상을 출자한 법인

6) 특별법에 따라 설립된 법인

정답 79. ④ 80. ①

2018 제4회 기출문제

15.2.48 / 15.4.2 / 16.2.15 / 16.4.13 / 18.4.1 / 19.1.4 /
19.1.11 / 20.1.20 / 21.1.1 / 21.1.5

01 도체에 빛을 조사하면 그 표면에서 전자를 방출하는 현상은?

① 쇼트키 효과
② 광전 효과
③ 터널링 효과
④ 페르미 준위

해설 광전 효과(Photovoltaic Effect)

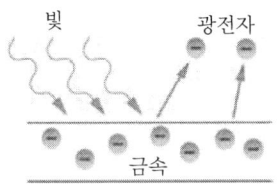

① 금속 등의 물질이 고유의 특정 파장보다 짧은 파장(높은 에너지)을 가진 전자기파를 흡수했을 때 전자를 내보내는 현상
② 방출되는 전자를 광전자라 한다.

13.4.28 / 15.2.24 / 15.4.40 / 17.1.29 / 17.4.33 / 18.1.26 / 18.1.37 /
18.2.29 / 18.4.2 / 19.2.27 / 19.4.32 / 21.4.28 / 21.4.33

02 태양전지 모듈의 배선 후 각 모듈의 확인사항이 아닌 것은?

① 극성확인
② 전압확인
③ 단락전류 확인
④ 절연저항 확인

해설 모듈의 배선 연결 후 점검 사항
① 전압 및 극성 확인
② 단락전류의 측정
③ 접지확인 : 일반적으로 직류측은 비접지

13.4.17 / 15.4.59 / 17.1.18 / 17.4.2 / 18.4.3 / 19.1.6 /
21.2.1 / 21.4.18

03 다음 [보기]는 태양광 인버터 최대전력추종 시험방법이다. ( )안에 들어갈 수 없는 기준값은?

[보기]
등가 일사강도를 정격 출력 시의 ( )[%], ( )[%], ( )[%], ( )[%], ( )[%]로 한 상태에서 인버터의 입력전력을 측정한다.

① 12.5 ② 50 ③ 75 ④ 90

해설 최대 전력 추종 시험
① 인버터 정격 출력 시의 태양 전지 어레이 모의 전원장치의 최대 출력 동작 전압을 인버터 정격 입력 전압값으로 설정하고, 다음 시험을 실시한다.
② 등가 일사 강도를 정격 출력 시의 100[%], 75[%], 50[%], 25[%] 및 12.5[%]로 한 상태에서 인버터의 입력전력을 측정하고, 다음 식에 따라서 최대 전력 추종 효율 η_{MPPT}을 산출한다.

$$\eta_{MPPT} = \frac{\sum P_{INV}}{\sum P_{MAX}} \times 100\ [\%]$$

P_{MAX} : 태양전지 배열의 I-V 특성에서 결정되는 최대 전력[W]

P_{INV} : 인버터가 실제로 받아들이는 전력[W]

③ 최대 전력 추종 효율이 95[%] 이상일 것

13.4.6 / 13.4.47 / 14.4.43 / 14.4.57 / 15.2.16 / 15.2.46 /
15.2.56 / 15.4.5 / 16.2.6 / 16.2.7 / 17.1.7 / 18.4.4 /
18.4.46 / 19.4.8 / 20.1.9 / 21.1.11 / 21.2.17 / 21.2.43

04 다결정 실리콘 태양전지 제조과정에 포함되지 않는 공정은?

① 방향성 고결
② 블록으로 절단
③ 인발 공정
④ 웨이퍼로 켜기

해설 단결정 실리콘 태양전지의 제조방법

폴리실리콘   Czochralski법

웨이퍼 슬라이싱

정답 1. ② 2. ④ 3. ④ 4. ③

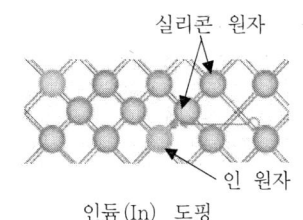

인듐(In) 도핑

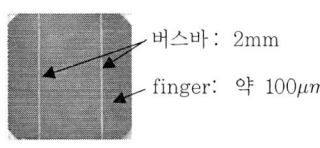

반사방지막

버스바 : 2mm
finger : 약 $100\mu m$

전면전극 구조

① 폴리실리콘
모래에서 뽑아낸 태양광 기초소재
② 초크랄스키(Czochralski) 공정
실리콘을 뜨거운 열로 녹여 고순도의 실리콘 용액을 만들고 이것으로 실리콘 기둥인 잉곳(Ingot)을 만드는 실리콘 결정 성장기술
③ 얇은 웨이퍼 만들기(Wafer Slicing)
잉곳(Ingot)을 다이아몬드 톱을 이용해 균일한 두께로 얇게 절단하여 웨이퍼를 만든다.
④ 인듐(In) 도핑
웨이퍼에 전도성을 띠게 하기 위해 불순물로 인듐(In)을 고온에서 확산 및 P/N층을 접합하게 되면, 자유전자가 부족한 p형반도체가 되며, 도핑 물질로서 붕소(B), 갈륨(Ga), 인듐(In)등 3족 원소를 사용한다. 자유전자는 일정한 방향성을 갖고 이동할 수 있다.
⑤ 반사방지막
전기를 얻기 위해 전극을 형성한 후 마지막으로 빛의 반사를 최대한 막기 위해 반사 방지막을 형성한다.
⑥ 전/후면 전극
반사방지막 위에 전극 형성을 위한 실크스크린을 인쇄한다.

※ 인발(Drawing) 공정

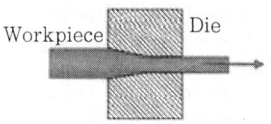

길이가 긴 봉재나 선재를 인발 다이(Die) 사이로 잡아 당겨서 소재의 단면적을 감소시키는 공정

14.4.27 / 15.4.15 / 17.1.47 / 17.2.44 / 17.4.52 /
18.1.57 / 18.4.5 / 20.4.49 / 21.2.37 / 21.4.58

05 인버터 출력 데이터 중 모니터링시스템에 전송되는 것이 아닌 것은?

① 일사량
② 발전량
③ 입력 측 전압, 전류, 전력
④ 출력 측 전압, 전류, 전력.

해설 인버터의 표시사항
입력단(모듈출력)의 전압, 전류, 전력과 출력단(인버터 출력)의 전압, 전류, 전력, 주파수, 누적발전량, 최대출력량(peak)이 표시되어야 한다.

15.4.3 / 18.4.6 / 21.4.10

06 STC 조건하에서 다음과 같은 특성을 가진 결정질 태양전지 모듈의 표면온도가 −13[℃]일 때, 최대전압은 몇 [V]인가? (단, 최대동작전압(V_{mpp}) = 36.7[V], 전압 온도계수(a_{vmpp}) = −0.25[v/℃]이다)?

① 33.2
② 40.2
③ 46.2
④ 50.0

해설 최대 전압(V_{MT})

V_{MT} = 최대 동작 전압 − 온도 계수 × 온도차 (V)
= $36.7 - 0.25 \times (-13 - 25) = 46.2$ [V]

14.4.4 / 14.4.13 / 15.2.11 / 15.2.17 / 15.4.17 / 17.2.14 / 17.4.5 / 18.1.3 / 18.4.7 / 20.1.3 / 20.1.19 / 20.3.8 / 20.3.9 / 21.4.1

07 태양광발전시스템을 계통에 접속하여 역송전운전을 하는 경우에 전력전송을 위한 수전점의 전압이 상승하여 전력회사의 운용범위를 넘지 못하게 하는 인버터의 기능은?

① 자동운전 정지기능
② 계통연계 보호기능
③ 단독운전 방지기능
④ 자동전압 조정기능

해설 태양광발전시스템 인버터의 기능

① 자동운전 정지(Auto shutdown) 기능
  인버터는 해가 떠오르고 출력이 발생되는 조건이 되면 자동적으로 운전을 시작하며, 해가 지는 동안에도 출력이 발생하는 한 가동은 계속되고 완전한 일몰 뒤 운전을 자동정지한다.
② 계통연계 보호기능
  전력계통에 연계되어 운전하고 있는 태양광발전시스템에서 계통 측이나 인버터측에서 이상이 발생했을 때 이를 검지하고 신속하게 인버터를 정지해서 계통 측에 안전을 확보하는 장치이다.
③ 단독운전 방지(Non-islanding) 기능
  단독운전(한전 정전시 분리된 계통에 전력을 계속 공급하게 되는 운전상태)시의 문제점을 해결하기 위한 기능으로, 단독운전 발생 후 최대 0.5초 이내에 한전계통에 대한 가압을 중지해야 한다.
④ 자동전압 조정기능
  태양광발전시스템을 계통에 접속하여 역송전운전을 하는 경우 수전점의 전압이 상승해서 전력회사의 운용범위를 초과할 가능성이 있기 때문에 자동전압 조정기능을 설치하여 전압의 상승을 방지할 수 있으며, 전압 조정방법에는 진상무효전력제어와 출력제어 방법이 있다.

15.2.8 / 16.4.9 / 18.4.8 / 19.1.12 / 20.4.13

08 태양광발전시스템에서 개별손실인자가 아닌 것은?

① 모듈의 오손   ② AC손실
③ 음영   ④ 일사량 조건

해설 태양광발전시스템의 손실

① 입사각에 따른 일사강도의 변동, 적운, 적설, 오염 및 노화 등의 손실
② 어레이의 직류선과 각 접촉점에서 발생하는 저항에 따른 손실
③ 어레이의 온도상승에 따른 손실
④ 어레이의 직병렬 불균형 및 최대 출력점 변동 등에 따른 부정합 손실
  (부정합 손실 : 동일한 모델의 PV 모듈로 태양광 발전시스템을 구성하더라도 PV 모듈간의 전기적 특성차로 인해 시스템 전체의 최대출력전력이 각 PV 모듈간의 최대출력전력의 합보다 작아져 그 차이를 부정합 손실이라 한다.)
⑤ 태양전지나 모듈의 같은 조건에서 측정한 최대 출력 합계보다 작아져서 생기는 손실
⑥ 인버터의 변환효율, MPP 불일치 및 대기상태 등에 따른 인버터 손실
⑦ 태양전지의 표면과 보호유리에서 반사가 발생
⑧ 태양전지 표면에 부착되는 일부 전기회로는 태양광을 가려서 표면에 그늘 발생
⑨ 이 외에 재료의 불량, 표면의 결함, 온도 상승 등으로 효율의 저하가 발생

15.2.18 / 18.4.9 / 19.1.1 / 21.1.19

09 저항에 대한 설명 중 틀린 것은?

① 옴의 법칙에서 전압은 저항에 반비례한다.
② 온도의 상승에 따라 도체의 전기저항은 증가한다.
③ 도선의 저항은 길이에 비례한다.
④ 도선의 저항은 단면적에 반비례한다.

해설 옴의 법칙(Ohm's law)

도체에 전압이 가해졌을 때 흐르는 전류의 크기는 도체의 저항에 반비례하므로 가해진 전압을 V [V], 전류 I [A], 도체의 저항을 R [Ω]이라고 하면
$I = \dfrac{V}{R}$, $V = I \times R$

15.2.27 / 17.1.37 / 18.4.10 / 18.4.13 / 19.2.31 / 21.2.7

10 인버터에 관한 사항으로 틀린 것은?

① 인버터 설치용량은 설계용량 이상
② 인버터에 연결된 모듈 설치용량은 인버터 설치용량의 110[%] 이내
③ 각 직렬군의 태양전지 개방전압은 인버터 입력전압범위 안에 존재
④ 옥내용을 옥외에 설치하는 경우는 5[kW]이상 용량일 경우에만 가능

해설 인버터 설치용량과 표시사항

① 입력단(모듈출력)의 전압, 전류, 전력과 출력단(인버터출력)의 전압, 전류, 전력, 주파수, 누적발전량, 최대출력량(peak)이 표시되어야 한다.
② 인버터의 설치용량은 사업계획서 상의 인버터 설계용량 이상이어야 하고, 인버터에 연결된 모듈의 설치용량은 인버터 설치용량의 105[%] 이내이어야 한다. 다만, 각 직렬군의 태양전지 개방전압은 인버터 입력전압 범위 안에 있어야 한다.
③ 인버터는 옥내·옥외용을 구분하여 설치하여야 한다. 단, 옥내용을 옥외에 설치하는 경우는 5[kW]이상 용량일 경우에만 가능하며 이 경우 빗물 침투를 방지할 수 있도록 옥내에 준하는 수준으로 외함 등을 설치하여야 한다.

13.4.58 / 14.4.72 / 15.2.77 / 15.4.61 / 17.2.73 / 18.1.69 / 18.2.25 / 18.4.11 / 19.2.14 / 20.1.62 / 20.4.26

11 계통연계형 태양광발전시스템의 교류 측 분전반에 포함되어야 하는 항목은?

① 과전류차단기　② 단자대
③ 역류방지장치　④ 진공차단기

해설 태양전지 모듈 등의 시설(판단기준 제54조)

1) 충전부분은 노출되지 않도록 시설할 것

2) 태양전지 모듈에 접속하는 부하측의 전로(복수의 태양전지 모듈을 시설한 경우에는 그 집합체에 접속하는 부하측의 전로)에는 그 접속점에 근접하여 개폐기 기타 이와 유사한 기구(부하전류를 개폐할 수 있는 것에 한한다)를 시설할 것

3) 태양전지 모듈을 병렬로 접속하는 전로에는 그 전로에 단락이 생긴 경우에 전로를 보호하는 과전류차단기 기타의 기구를 시설할 것. 다만, 그 전로가 단락전류에 견딜 수 있는 경우에는 그렇지 않다.

4) 전선은 다음에 의하여 시설할 것. 다만, 기계기구의 구조상 그 내부에 안전하게 시설할 수 있을 경우에는 그렇지 않다.
① 전선은 공칭단면적 2.5[mm^2] 이상의 연동선 또는 이와 동등 이상의 세기 및 굵기의 것일 것
② 옥내에 시설할 경우에는 합성수지관공사, 금속관공사, 가요전선관공사 또는 케이블공사로 시설할 것
③ 옥측 또는 옥외에 시설할 경우에는 합성수지관공사, 금속관공사, 가요전선관공사 또는 케이블공사로 시설할 것

16.4.17 / 17.1.19 / 18.4.12 / 19.2.10 / 20.1.16 / 20.3.20 / 21.1.14 / 21.2.20

12 N형 실리콘을 위한 도핑 원소로 적합하지 않은 것은?

① 안티몬(Sb)　② 비소(As)
③ 갈륨(Ga)　④ 인(P)

해설 도핑(Doping)

① 반도체에 적은 양의 불순물을 첨가해서 반도체의 특성을 크게 바꾸는 과정
② P형 도핑은 양공을 많이 만들기 위해서이며, 실리콘의 경우에는 결정 구조가 3족 원자 붕소(B), 알루미늄(Al), 인듐(In), 갈륨(Ga) 등을 넣는다.
③ N형 도핑은 물질에 운반자 역할을 할 전자를 많이 만들기 위해서이며, 5족 원자 인(P), 비소(As), 안티몬(Sb), 비스무트(Bi) 등을 넣는다.

15.2.27 / 17.1.37 / 18.4.10 / 18.4.13 / 19.2.31 / 21.2.7

13 태양광인버터 입력단 표시사항이 아닌 것은?

① 전력　② 주파수　③ 전압　④ 전류

해설 인버터 설치용량과 표시사항

① 입력단(모듈출력)의 전압, 전류, 전력과 출력단(인버터출력)의 전압, 전류, 전력, 주파수, 누적발전량, 최대출력량(peak)이 표시되어야 한다.

정답　10. ②　11. ①　12. ③　13. ②

② 인버터의 설치용량은 사업계획서 상의 인버터 설계 용량 이상이어야 하고, 인버터에 연결된 모듈의 설치용량은 인버터 설치용량의 105[%] 이내이어야 한다. 다만, 각 직렬군의 태양전지 개방전압은 인버터 입력전압 범위 안에 있어야 한다.

③ 인버터는 옥내·옥외용을 구분하여 설치하여야한다. 단, 옥내용을 옥외에 설치하는 경우는 5[kW]이상 용량일 경우에만 가능하며 이 경우 빗물 침투를 방지할 수 있도록 옥내에 준하는 수준으로 외함 등을 설치하여야 한다.

14.4.66 / 15.2.13 / 18.2.72 / 18.4.14

14 바이오에너지의 범위에 대한 설명 중 틀린 것은?

① 동·식물의 유지를 변화시킨 바이오디젤
② 쓰레기매립장의 무기성폐기물을 변환시킨 매립지가스
③ 생물유기체를 변환시킨 땔감, 우드칩, 펠릿 및 목탄 등의 고체 연료
④ 생명유기체를 변환시킨 바이오가스, 바이오에탄올, 바이오액화유 및 합성가스

해설 바이오에너지 등의 기준 및 범위

에너지원의 종류		기준 및 범위
석탄을 액화·가스화한 에너지	기준	석탄을 액화 및 가스화하여 얻어지는 에너지로서 다른 화합물과 혼합되지 않은 에너지
	범위	① 증기 공급용 에너지 ② 발전용 에너지
중질잔사유을 가스화한 에너지	기준	① 중질잔사유(원유를 정제하고 남은 최종 잔재물로서 감압증류 과정에서 나오는 감압잔사유, 아스팔트와 열분해 공정에서 나오는 코크, 타르 및 피치 등)를 가스화한 공정에서 얻어지는 연료 ② ①의 연료를 연소 또는 변환하여 얻어지는 에너지
	범위	합성가스

에너지원의 종류		기준 및 범위
바이오에너지	기준	① 생물유기체를 변환시켜 얻어지는 기체, 액체 또는 고체의 연료 ② ①의 연료를 연소 또는 변환시켜 얻어지는 에너지 ※ ① 또는 ②의 에너지가 신·재생에너지가 아닌 석유제품 등과 혼합된 경우에는 생물유기체로부터 생산된 부분만을 바이오에너지로 본다.
	범위	① 생물유기체를 변환시킨 바이오가스, 바이오에탄올, 바이오액화유 및 합성가스 ② 쓰레기매립장의 유기성폐기물을 변환시킨 매립지가스 ③ 동물·식물의 유지를 변환시킨 바이오디젤 ④ 생물유기체를 변환시킨 땔감, 목재칩, 펠릿 및 목탄 등의 고체연료
폐기물에너지	기준	① 각종 사업장 및 생활시설의 폐기물을 변환시켜 얻어지는 기체, 액체 또는 고체의 연료 ② ①의 연료를 연소 또는 변환시켜 얻어지는 에너지 ③ 폐기물의 소각열을 변환시킨 에너지 ※ ①부터 ③까지의 에너지가 신·재생에너지가 아닌 석유제품 등과 혼합되는 경우에는 각종 사업장 및 생활시설의 폐기물로부터 생산된 부분만을 폐기물에너지로 본다.
수열에너지	기준	물의 표층의 열을 히트펌프(heat pump)를 사용하여 변환시켜 얻어지는 에너지
	범위	해수의 표층의 열을 변환시켜 얻어지는 에너지

정답 14. ②

15. 다음 [보기]와 같이 기타 조건이 주어질 때 부하 평준화 대응형 축전지의 설치용량으로 가장 적합한 것은?

[보 기]
- 평균부하 용량: 100[kWh]
- PCS 직류입력전압: 200[V]
- PCS 축전지 간 전압강하: 2[V]
- PCS 효율: 95[%]
- 보수율: 0.8
- 용량환산시간[K]: 24.5

① 약 11,000[Ah] ② 약 14,000[Ah]
③ 약 16,000[Ah] ④ 약 19,000[Ah]

해설 축전지 용량 계산식

① 직류입력전류 (I_d)

$$I_d = \frac{부하용량[wh]}{인버터 효율(E_f) \times (직류 입력전압(V_i) + 축전지간 전압강하(V_d))}$$

$$= \frac{100 \times 10^3}{0.95 \times (200+2)} \fallingdotseq 521.1 \ [A]$$

② 축전지 용량(C)

$$C = 용량 환산시간(K) \times \frac{입력전류(I_d)}{보수율(L)}$$

$$= 24.5 \times \frac{521.1}{0.8} \fallingdotseq 15,958 \ [Ah]$$

16. 아래와 같은 방식의 설치방식은?

- 지붕재에 태양전지모듈을 부착시키는 타입
- 주변 지붕재와 같은 형상으로 지붕과 일체감이 있으며, 건축의 디자인을 손상시키지 않는 마감 실현
- 지붕의 방수성, 내구성 등의 여러 기능 겸비

① 지붕재 일체형   ② 지붕재형
③ 경사지붕형   ④ 평지붕형

해설 지붕 건재형의 종류

(1) 지붕 건재형(지붕재 일체형)

① 지붕재에 태양광모듈을 함께 부착시켜 일체화하여 설치하는 형태
② 모듈이 설치되지 않은 주변 지붕재와 비슷한 형상으로 제작, 설치되므로 외관상 건물의 디자인과 조화를 이룬다.
③ 방수성, 내구성 등 지붕에 필요한 다양한 기능을 가진다.
④ 주로 건물을 신축, 개축하는 경우에 설치된다.

(2) 지붕 건재형(지붕재형)

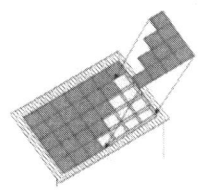

① 태양광모듈 자체가 지붕재로 사용되는 형태로 슬레이트와 거의 유사한 태양광모듈을 슬레이트 지붕을 덮듯이 설치된다.
② 주변 지붕재와 함께 사용한다.
③ 주로 건물을 신축, 개축하는 경우에 설치된다.

17. 72개 전지로 구성된 결정질 실리콘 태양전지모듈의 개방전압이 43.2[V]일 때 내부 태양전지 개방전압(V_{oc})과 충진율(Fill Factor)에 가장 근접한 값은?

① 개방전압은 0.4[V], 충진율은 0.7 ~ 0.8
② 개방전압은 0.6[V], 충진율은 0.7 ~ 0.8
③ 개방전압은 1.0[V], 충진율은 0.8 ~ 1.0
④ 개방전압은 1.2[V], 충진율은 0.9 ~ 1.0

해설 태양전지 개방전압과 충진율

1) 태양전지 개방전압(V_{oc})

정답 15. ③ 16. ① 17. ②

$$V_{oc} = \frac{\text{모듈의 개방전압}}{\text{태양전지의 수}} = \frac{43.2}{72} = 0.6 \ [V]$$

2) 충진율(Fill Factor)
① 단결정 실리콘 0.75 ~ 0.85
② 결정질 태양전지 : 0.7 ~ 0.8

15.4.16 / 16.4.11 / 18.1.17 / 18.4.18 / 19.2.8 /
19.2.16 / 19.4.2 / 20.1.5 / 20.4.14 / 20.4.20

18 2[Ω], 3[Ω], 5[Ω]의 저항 3개가 직렬로 접속된 회로에 5[A]의 전류가 흐르면 공급 전압은 몇 [V]인가?

① 30　　　　② 50
③ 70　　　　④ 100

해설 **저항의 직렬접속**

2개 이상의 저항을 전원에 차례로 연결하여 회로에 전 전류가 각 저 항을 차례로 흐르게 하는 접속으로 각 저항 R_1, R_2, R_3에 흐르는 전류 I의 크기는 일정하다.

① 합성 저항 R
$$R = R_1 + R_2 + R_3 \ [\Omega]$$
$$= 2 + 3 + 5 = 10 \ [\Omega]$$

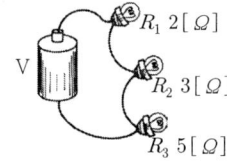

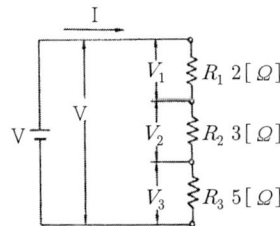

② 전류 I
$$I = \frac{V}{R} = \frac{V}{R_1 + R_2 + R_3} \ [A]$$

③ 각 저항 양단의 전압 강하 V_1, V_2, V_3
$$V_1 = R_1 I \ [V], \quad V_2 = R_2 I \ [V], \quad V_3 = R_3 I \ [V]$$
$$V_1 = 2 \times 5 = 10 \ [V], \quad V_2 = 3 \times 5 = 15 \ [V],$$
$$V_3 = 5 \times 5 = 25 \ [V]$$

④ 전원 전압 (V)
$$V = V_1 + V_2 + V_3$$
$$= R_1 I + R_2 I + R_3 I$$
$$= (R_1 + R_2 + R_3) \cdot I \ [V]$$
$$= (2 + 3 + 5) \times 5 = 50 \ [V]$$

14.4.8 / 15.2.2 / 18.4.19 / 20.4.3 / 21.1.20

19 태양전지의 직렬저항 증가에 따른 영향으로 옳은 것은?

① 개방전압 감소　　② 누설전류 증가
③ 단락전류 증가　　④ 충진율 감소

해설 **직렬저항 증가에 따른 영향**

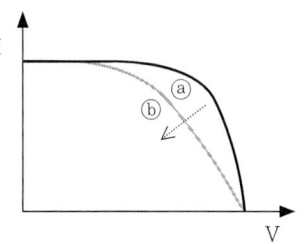

① 태양전지의 에미터와 베이스의 수직저항 성분과 금속전극과 에미터, 베이스 사이의 접촉저항, 전면 및 후면의 금속전극의 저항과 같은 세가지 원인에 의해 발생된다.
② 직렬 저항이 커짐에 따라 태양전지의 단락전류가 감소하기는 하지만 주된 영향을 받는 파라미터는 곡선인자이다.
③ 직렬저항은 태양전지의 개방전압에 큰 영향을 미치지 않지만 개방전압부근에서의 전류전압곡선은 직렬저항에 의해 크게 영향을 받는다.
④ 직렬저항이 증가하면 위의 그림처럼 전류전압곡선이 ⓐ에서 ⓑ로 이동하여 충진율(곡선인자)이 감소하게 된다.

18.4.20

20 태양열시스템 활용온도에 따른 분류 중 자연형의 온도 조건은?

① 60[℃] 이하　　② 100[℃] 이하
③ 200[℃] 이하　　④ 300[℃] 이하

정답 18. ② 19. ④

[해설] **태양열 이용기술의 분류**

① 태양열 시스템은 열매체의 구동장치 유무에 따라서 자연형(passive) 시스템과 설비형(active) 시스템으로 구분. 전자는 온실, 트롬월과같이 남측의 창문이나 벽면 등 주로 건물 구조물을 활용하여 태양열을 집열하는 장치이며, 후자는 집열기를별도 설치해서 펌프와 같은 열매체 구동장치를 활용해서 태양열을 집열하는 시스템으로 후자를 흔히 태양열 시스템이라 함

② 집열 또는 활용온도에 따른 분류는 일반적으로 저온용, 중온용, 고온용이다.

③ 이용분야로 분류하면 태양열 온수급탕시스템, 태양열 냉난방 시스템, 태양열 산업공정열 시스템, 태양열 발전 시스템 등이 있다.

구분	자연형	설비형		
	저온용	중온용	고온용	
활용온도	60℃이하	100℃이하	300℃이하	300℃이상
집열부	자연형시스템 공기식집열기	평판형집열기	• PTC형집열기, • CPC형집열기, 진공관형집열기	Dish형집열기, Power Tower
축열부	Tromb Wall (자갈, 현열)	저온축열 (현열, 잠열)	축온축열 (잠열, 화학)	고온축열 (화학)
이용분야	건물공간난방	냉난방·급탕, 농수산 (건조, 난방)	건물 및 농수산분야 냉·난방, 담수화, 산업공정열, 열발전	산업공정열, 열발전, 우주용, 광촉매폐수처리, 공화학, 신물질제조

16.2.36 / 16.2.43 / 18.2.49 / 18.4.21 / 19.2.58 / 21.4.23

21 태양전지 모듈 시공시의 안전대책에 대한 고려사항으로 적절하지 않은 것은?

① 절연된 공구를 사용한다.
② 강우 시에는 반드시 우비를 착용하고 작업에 임한다.
③ 안전모, 안전대, 안전화, 안전허리띠 등을 반드시 착용한다.
④ 작업자는 자신의 안전 확보와 2차 재해방지를 위해 작업에 적합한 복장을 갖춰 작업에 임해야 한다.

[해설] **안전 대책**

① 작업전 태양전지 모듈 표면에 차광막을 씌워 태양광을 차폐한다.
② 절연 장갑을 사용한다.
③ 절연 처리된 공구를 사용한다.
④ 강우 시에는 감전사고와 미끄러짐으로 인한 추락사고로 이어질 우려가 있으므로 작업을 금지한다.

15.4.23 / 18.4.22 / 19.1.27

22 태양광발전시스템에서 태양전지 어레이용 가대 및 지지대 설치 고려사항이 아닌 것은?

① 지지물의 자중, 적재하중 및 구조하중에 맞게 안전한 구조의 것으로 설치한다.
② 태양전지 모듈의 유지보수를 위한 공간과 작업 안전을 위해 발판, 안전난간을 설치한다.
③ 구조물의 자재 중 강제류는 현장에서 절단, 용융아연도금 하여 조립함을 원칙으로 한다.
④ 태양전지 어레이용 가대 및 지지대의 설치순서, 양중방법 등의 설치계획을 결정한다.

[해설] **지지대 부속자재 설치 시 고려사항**

① 지지물의 자중, 바람, 적설하중, 적재하중 및 구조하중에 맞게 안전한 구조의 것으로 설치한다.
② 태양전지 어레이용 가대 및 지지대의 설치순서, 양중방법 등의 설치계획을 결정한다.
③ 모듈지지의 고정 볼트에는 스프링 와셔 또는 풀림방지너트 등으로 체결한다.
④ 볼트 조립은 헐거움이 없이 단단히 조립한다.
⑤ 건축물의 방수 등에 문제가 없도록 설치한다.
⑥ 태양전지 모듈의 유지보수를 위한 공간과 작업 안전을 위해 발판, 안전난간을 설치한다.

※ 용융아연도금

1) 전처리 공정
   소재 표면의 산화물은 기계적 또는 화학적 방법으로 제거해야 하고, 유류 기타의 오물이 부착되어 있을 때에는, 알칼리 세척액 또는 유기용제를 사용하여 처리한다.

2) 아연도금공정
① 도금온도
   아연도금의 온도는 440~470[℃]을 유지하도록 해야 하고, 도금 피막두께를 균질하게하며 드로스(dross, 아연과 철의 금속간 화합)와 산화아연이 유착되거나, 발생되지 않도록 해야 한다.
② 침적속도와 시간
   아연도금의 균질한 부착량 확보 및 부재의 건전성을 유지할 수 있도록 부재형상 및 두께 등을 고려하여 적절한 침적 속도와 시간을 유지하도록 한다.
③ 아연도금의 균질한 두께 확보
   아연욕을 마친 부재를 들어 올릴 때에는 과부착, 아연쏠림 또는 부적절한 응고가 발생하지 않도록 형상 및 두께 등을 고려하여 적절한 작업속도를 유지하도록 한다.
④ 냉각
   부재의 형상 및 크기를 고려하여 냉각 시에 발생되는 변형을 방지해야 한다.

3) 도금된 제품을 품질확보를 위한 교정, 시험검사 보수 등의 마무리 공정

※ 현장에서 용융 아연도금 작업은 불가능하다.

13.4.26 / 15.4.28 / 16.4.38 / 17.1.51 / 17.2.22 / 17.2.54 / 17.4.23 / 17.4.53 / 18.1.21 / 18.1.47 / 18.2.46 / 18.2.53 / 18.4.23 / 19.1.60 / 19.2.26 / 19.2.42 / 19.4.27 / 19.4.49 / 20.1.52 / 20.3.23 / 20.3.41 / 20.4.24 / 21.1.38 / 21.4.42 / 21.4.48

23 태양광발전시스템 시공 중 감전방지책에 대한 설명으로 틀린 것은?

① 강우 시 작업을 중단한다.
② 저압전로용 절연장갑을 착용한다.
③ 이중절연처리가 된 공구를 사용한다.
④ 작업 종료후 태양전지 모듈의 표면에 차광시트를 붙인다.

해설 모듈 설치 시 감전방지대책

① 전선피복 상태 관리
② 절연 장갑을 착용한다.
③ 절연 처리된 공구를 사용한다.
④ 태양전지 모듈 및 인버터 전원 개방
⑤ 작업 전 태양전지 모듈 표면에 차광막을 씌워 태양광을 차폐한다.
⑥ 강우 시에는 감전사고와 미끄러짐으로 인한 추락사고로 이어질 우려가 있으므로 작업을 금지한다.

13.4.73 / 15.4.67 / 16.2.42 / 16.4.68 / 16.4.70 / 17.4.65 / 18.1.74 / 18.4.24 / 18.4.63 / 19.4.38 / 20.1.65 / 20.1.79 / 20.3.66 / 21.1.71 / 21.2.27 / 21.4.37 / 21.4.68

24 3,000[kW] 이하의 전기발전사업 허가권자는?

① 시 · 도지사
② 전기위원회
③ 한국전력공사
④ 산업통상자원부장관

해설 사업허가의 신청(전기사업법 시행규칙 제4조)

① 전기사업의 허가를 신청하려는 자는 전기사업허가 신청서에 관련 서류(전자문서를 포함한다. 이하 같다)를 첨부하여 산업통상자원부장관에게 제출하여야 한다.
② 다만, 발전설비용량이 3,000[kW] 이하인 발전사업의 허가를 받으려는 자는 특별시장 · 광역시장 · 특별자치시장 · 도지사 또는 특별자치도지사에게 제출하여야 한다.

18.4.25

25 태양광발전 공정계획이 올바르게 연결된 것은?

① 자재 구매 → 기자재 제작 및 공장검사 → 반입 및 기자재 설치 → 교육훈련 → 시운전
② 자재 구매 → 기자재 제작 및 공장검사 → 반입 및 기자재 설치 → 시운전 → 교육훈련
③ 기자재 제작 및 공장검사 → 자재 구매 → 반입 및 기자재 설치 → 교육훈련 → 시운전
④ 기자재 제작 및 공장검사 → 자재 구매 → 반입 및 기자재 설치 → 시운전 → 교육훈련

정답 23.④ 24.① 25.②

13.4.40 / 15.2.29 / 15.2.55 / 17.4.37 / 18.2.27 / 18.4.26 / 18.4.57 / 19.1.32 / 19.2.32 / 19.2.43 / 20.1.22 / 20.4.32 / 21.1.35 / 21.4.46

26 자가용 전기설비의 검사를 받으려면 신청인은 한국전기안전공사에 검사희망일 며칠 전까지 사용 전 검사를 신청하여야 하는가?

① 5일 ② 7일 ③ 14일 ④ 30일

해설 사용전 검사

① 각종 발전설비, 송·변전·배전설비 및 가로등, 신호등, 보안등, 공장, 상가 등 대형건물의 설치공사 또는 변경공사를 완료하고, 그 전기설비가 공사계획의 인가 또는 신고를 한 내용 및 전기설비기술기준에 적합한 지의 여부에 대한 검사를 산업통상자원부장관 또는 시·도지사로부터 위탁받아 한국전기안전공사에서 수행한다.
② 태양광 발전소에 관한 공사의 경우에는 전체의 공사가 완료된 때 검사를 실시한다.
③ 사용전 검사를 받으려는 자는, 검사를 받으려는 날의 7일전까지 한국전기안전공사에 사용전 검사 신청서를 제출하여야 한다.

18.4.27

27 다음 중 개폐장치의 종류가 아닌 것은?

① 단로기 ② 전류계전기
③ 진공차단기 ④ ATS

해설 개폐장치의 종류

단로기

진공차단기

ATS

① 단로기(DS) : 기기의 점검, 보수, 수리 등을 할 때 해당 부분을 전원으로부터 분리하거나 회로의 접속을 변경할 때 사용되는 것으로 항상 무부하 상태에서 개폐, 부하전류 또는 고장전류를 개폐 또는 차단하지는 못한다.
② 진공차단기(VCB, Vacuum Circuit Breaker) : 회로의 개폐나 고장전류 차단시 발생하는 아크(Arc)를 진공상태에서 소호시키는 차단기
③ 자동 절환 스위치(Automatic Transfer Switch) : 정전시 문제가 발생할 수 있는 공장, 병원 등의 장소에서 갑작스런 정전에 영향을 받지 않도록 정전시 자동으로 비상용 발전전원으로 바꿔주는 전기장치이다.

※ 전류계전기 : 흐르는 전류의 값이 정해진 값보다 크거나 작을 때 작동하는 계전기

15.4.14 / 17.1.1 / 18.4.28 / 19.2.20 / 21.1.2

28 직류전기를 교류로 변환하는 것은?

① 정류기 ② 초퍼
③ 인버터 ④ 변압기

해설 인버터(Inverter)

태양 전지의 모듈로부터 직류 전원을 공급받아 정전압, 정주파수의 안정된 교류전원을 공급하는 장치로서 전력계통선과 병렬로 운전하며, 기동정지, 최대출력점 추적제어(MPPT), 각종 보호회로, 단독운전방지 등의 기능이 있어야 한다.

13.4.28 / 15.2.24 / 15.4.40 / 17.1.29 / 17.4.33 / 18.1.26 / 18.1.37 / 18.2.29 / 18.4.2 / 19.2.27 / 19.4.32 / 21.4.28 / 21.4.33

29 태양전지 모듈의 배선이 끝난 후 확인사항이 아닌 것은?

① 비접지 확인 ② 전압극성 확인
③ 단락전류 확인 ④ 개방전류 확인

해설 모듈의 배선 연결 후 점검 사항)

① 전압 및 극성 확인
② 단락전류의 측정
③ 접지확인 : 일반적으로 직류측은 비접지

정답 26.② 27.② 28.③ 29.④

15.2.23 / 17.1.35 / 17.2.39 / 18.4.30 / 20.4.40

30 지상에 구조물 설치를 위한 기초의 종류중 지지층이 얕은 경우 적용하는 기초방식은?

① 말뚝기초
② 직접기초
③ 케이슨기초
④ 연속기초

해설 기초의 분류

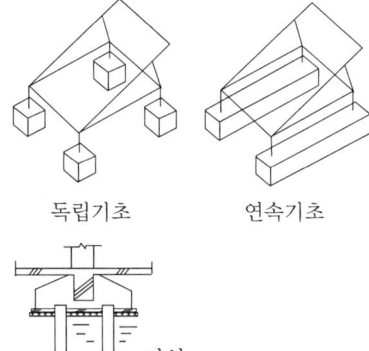

독립기초   연속기초

파일(말뚝) 기초

(1) 얕은 기초(Shallow Foundation)
1) 독립기초(Individual Footing) : 단일기둥을 지지, 기둥간격이 넓은 경우

2) 연속기초(Contentious Footing) : 다수의 연속기둥 또는 벽체를 지지

3) 전면(온통)기초(Mat 또는 Raft Foundation)
① 다수의 기둥들을 지지, 상부구조 전 단면 아래의 지지토층 위에 있는 단일 슬래브 형식의 확대기초
② 고층건물, 중량건물, 연약지반, 지하수위가 높은 지하실바닥에 유리

※ 직접기초 : 독립기초, 연속기초, 전면(온통)기초

(2) 깊은 기초(Deep Foundation)
1) 파일(말뚝)기초(Pile Foundation)
① 대표적인 깊은 기초공법으로 피어 및 케이슨기초 보다 시공이 간편하고 공사비가 저렴함
② 말뚝의 축방향 허용지지력은 지반의 허용지지력과 말뚝재료의 허용하중을 비교하여 낮은 값으로 결정함

2) 피어기초(Pier Foundation)
구조물 하중을 연약한 토층을 지나 견고한 지지층에 전달시키기 위하여 지반에 굴착한 구멍 속에 현장타

설 콘크리트를 채워 설치하는 깊은 기초의 일종으로서 일반적으로 직경은 사람이 들어가서 확인할 수 있도록 최소직경 760[mm] 정도 이상인 것을 말함

3) 케이슨(우물통)기초

18.4.31

31 감리용역 착수시 감리업자가 제출하여야 하는 서류가 아닌 것은?

① 감리수행계획서
② 감리비 산출내역서
③ 시공책임자의 경력확인서
④ 감리원의 경력확인서

해설 착수신고서에 포함내용
① 감리업무 수행계획서
② 감리비 산출내역서
③ 상주, 비상주 감리원 배치계획서와 감리원의 경력확인서
④ 감리원 조직 구성내용과 감리원별 투입기간 및 담당업무

16.2.35 / 18.4.32 / 19.4.35 / 20.1.37 / 20.3.28

32 설계감리원이 수행하여야 할 업무범위로 틀린 것은?

① 시공성 및 유지관리의 용이성 검토
② 주요 설계용역 업무에 대한 기술자문
③ 설계업무의 공정 및 기성관리의 검토
④ 설계관계자간에 이견 시 공사관계자에게 보고

해설 설계감리원의 업무
① 주요 설계용역 업무에 대한 기술자문
② 사업기획 및 타당성조사 등 전 단계 용역 수행 내용의 검토
③ 시공성 및 유지관리의 용이성 검토
④ 설계도서의 누락, 오류, 불명확한 부분에 대한 추가 및 정정 지시 및 확인
⑤ 설계업무의 공정 및 기성관리의 검토 · 확인
⑥ 설계감리 결과보고서의 작성
⑦ 그밖에 계약문서에 명시된 사항

정답 30. ②③ 31. ③ 32. ④

13.4.22 / 15.2.37 / 16.4.27 / 17.1.33 / 17.2.36 / 17.4.29 / 18.4.33 / 20.4.27 / 21.1.34

33 전력케이블의 방화시 대책인 난연성도료의 구비조건으로 틀린 것은?

① 난연재는 솔벤트 성분이 있어야 한다.
② 케이블 외피에 부착성이 좋아야 한다.
③ 수성이어야 하며 습기가 스며들지 않아야 한다.
④ 자외선 및 방사선 노출에 영향을 받지 않도록 한다.

해설 전력케이블용 난연도료의 구비조건
① 케이블 외피에 부착성이 좋아야 한다.
② 수성이어야 하며 습기가 스며들지 않아야 한다.
③ 자외선 및 방사선 노출에 영향을 받지 않도록 한다.
④ 연소방지도료에는 인체에 유해한 석면 등이 함유되지 않아야 한다.
⑤ 난연처리하는 케이블·전선 등의 기능에 변화를 일으키지 아니할 것

13.4.34 / 14.4.25 / 15.2.31 / 15.4.38 / 17.1.25 / 17.2.30 / 17.4.21 / 17.4.34 / 18.4.34 / 19.1.22 / 20.1.40 / 20.3.38 / 20.4.29 / 21.1.22 / 21.2.25

34 다음 중 태양광발전 전기공사 중 옥외공사에 해당하지 않는 것은 무엇인가?

① 분전반 개조(신설)
② 분전함 설치
③ 접속함에서 인버터까지 배선
④ 전력량계 설치

해설 태양광 발전시스템의 전기공사

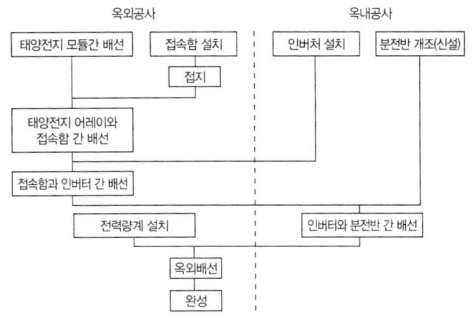

※ 계통연계형 [MW]급 태양광 발전소는 별도의 실을 만들어 인버터와 분전반을 설치하지만, 그 이하의 태양광 발전소에서는 인버터와 분전반을 옥외에 설치한다.(비용 절감)

13.4.53 / 15.4.58 / 16.4.49 / 18.1.55 / 18.2.32 / 18.4.35 / 18.4.43 / 19.2.55 / 20.1.55 / 20.3.46 / 20.4.56 / 21.2.51

35 태양광발전설비의 유지관리에 있어 인버터의 이상신호 및 조치 시에 인버터를 정지후 5분 뒤에 재가동하여야 되는 경우가 아닌 것은?

① 정전 발생 시 한전계통 입력전원
② 계통 전압이 규정치 이상 또는 이하일 때
③ 계통 주파수가 규정치 이상 또는 이하일 때
④ 인버터 출력전압이 규정 전압을 벗어났을 때

해설 한전계통에의 재병입(Reconnection)
① 한전계통에서 이상 발생 후 해당 한전계통의 전압 및 주파수가 정상 범위 내에 들어올 때까지 분산형 전원의 재병입이 발생해서는 안된다.
② 분산형전원 연계 시스템은 안정상태의 한전계통 전압 및 주파수가 정상 범위로 복원된 후 그 범위 내에서 5분간 유지되지 않는 한 분산형전원의 재병입이 발생하지 않도록 하는 지연기능을 갖추어야 한다.

16.2.42 / 16.2.48 / 16.2.56 / 18.1.60 / 18.4.24 / 18.4.36 / 21.2.27

36 전기(발전)사업의 허가관련 업무절차 순서로 가장 옳은 것은? (단, 발전용량은 3,000[kW]를 초과한다)

① 신청서 작성 및 제출 → 접수 → 전기안전협회 심의 → 검토 → 발전사업 허가증 발급
② 신청서 작성 및 제출 → 접수 → 전기안전공사 심의 → 검토 → 발전사업 허가증 발급
③ 신청서 작성 및 제출 → 접수 → 전기위원회 심의 → 검토 → 발전사업 허가증 발급
④ 신청서 작성 및 제출 → 접수 → 검토 → 신재생에너지협회 심의 → 발전사업 허가증 발급

해설 전기사업허가(변경) 처리절차

37 기초절연의 고장으로 인해 전기기기의 접근이 가능한 부분에 위험한 전압이 발생하는 것을 방지하기 위한 이중절연 또는 강화절연의 전기적 보호등급은?

① CLASS 0 ② CLASS I
③ CLASS II ④ CLASS III

해설 감전 방지에 관한 정의

① 0종 기기 (class 0 appliance)
감전 방지를 기초 절연에만 의존하는 기기. 이것은 설비의 고정 배선의 보호 도체에 사람이 닿을 수 있는 도전부를 접속하는 방법이 없고, 기초 절연이 파손한 경우에 의존할 수 있는 것은 주위 조건에 있다는 것을 의미한다.

② 01종 기기 (class 01 appliance)
적어도 전체에 기초 절연을 사용하고 있으며 접지 단자를 가지고 있으나 접지선이 없는 전원 코드 및 접지극이 없는 플러그를 사용하고 있는 기기

③ 1종 기기 (class I appliance)
감전 방지를 기초 절연에만 의존하지 않고 기초 절연이 파손된 경우에 사람이 닿을 수 있는 도전부가 충전부가 되지 않도록 사람이 닿을 수 있는 도전부를 설비의 고정 배선의 보호접지선에 접속하는 것으로 추가적인 안전조치를 갖추고 있는 기기

④ 2종 기기 (class II appliance)
감전 방지를 기초 절연에만 의존하지 않고 이중 절연 또는 강화 절연과 같이 추가안전조치를 갖추고 있는 기기로 보호용 접지의 수단이 없거나 또는 설치조건에 의존하지 않는 기기

⑤ 2종 구조(class II construction)

감전 방지를 이중 절연 또는 강화 절연에 의존하는 기기의 부분

⑥ 3종 기기(class III appliance)
감전 방지를 안전초저전압 전원에 의존하는 기기로 안전초저전압 보다 높은 전압이 발생하지 않는 기기

⑦ 3종 구조(class III construction)
감전 방지를 안전초저전압에 의존하는 기기의 부분으로서 안전초저전압 보다 높은 전압이 발생하지 않는 부분

38 KEC 한국전기설비규정의 변경으로 삭제됨

39 인접한 전력시설물의 현장이 3개소 이하로서 발주자가 통합하여 공사감리를 시행할 경우 공사현장 간 이동거리가 몇 [km] 미만이어야 하는가?(단, 공사현장은 서울특별시에 소재한다)

① 10 ② 20 ③ 30 ④ 40

해설 통합감리기준
다음의 공사감리는 인접한 전력시설물공사의 현장이 3개소 이하로서 공사현장 간에 이동거리가 30[km](특별시 및 광역시인 경우에는 10[km])미만인 경우로 한다.
① 발주자가 통합하여 발주하는 공사감리
② 소속 감리원에게 통합하여 수행하게 하는 공사감리

40 다음 중 구내배전설비에 해당하지 않는 것은?

① 개폐소 ② 전선로
③ 차단기 ④ 분전함

해설 정의(전기사업법 시행규칙 제2조)
1) 변전소 : 변전소의 밖으로부터 전압 50,000[V] 이상의 전기를 전송받아 이를 변성(전압을 올리거나 내리는 것 또는 전기의 성질을 변경시키는 것)하여 변전소 밖의 장소로 전송할 목적으로 설치하는 변압

정답 36. 전항정답 37. ③ 38. 39. ① 40. ①

기와 그 밖의 전기설비 전체

2) 개폐소 : 다음의 곳의 전압 50,000[V] 이상의 송전선로를 연결하거나 차단하기 위한 전기설비
   ① 발전소 상호간
   ② 변전소 상호간
   ③ 발전소와 변전소 간

3) 송전선로 : 다음의 곳을 연결하는 전선로(통신용으로 전용하는 것은 제외한다)와 이에 속하는 전기설비
   ① 발전소 상호간
   ② 변전소 상호간
   ③ 발전소와 변전소 간

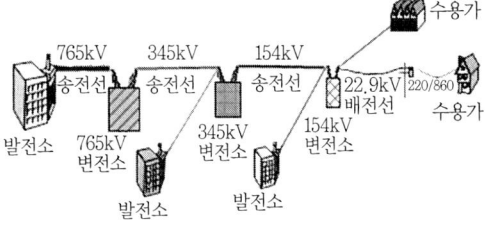

4) 배전선로 : 다음 각 목의 곳을 연결하는 전선로와 이에 속하는 전기설비
   ① 발전소와 전기수용설비
   ② 변전소와 전기수용설비
   ③ 송전선로와 전기수용설비
   ④ 전기수용설비 상호간

5) 전기수용설비 : 수전설비와 구내배전설비

6) 수전설비 : 타인의 전기설비 또는 구내발전설비로부터 전기를 공급받아 구내배전설비로 전기를 공급하기 위한 전기설비로서 수전지점으로부터 배전반(구내배전설비로 전기를 배전하는 전기설비)까지의 설비

7) 구내배전설비 : 수전설비의 배전반에서부터 전기사용기기에 이르는 전선로·개폐기·차단기·분전함·콘센트·제어반·스위치 및 그 밖의 부속설비

18.4.41

41 태양광발전설비의 운영 계획에서 계통연계가 필요한 경우 한국전력공사 지역 지점과 사전협의를 하여야 하는데 저압연계의 경우 몇 [kW]를 기준으로 하는가?
① 75[kW] 이하   ② 100[kW] 이하
③ 75[kW] 이상   ④ 100[kW] 이상

15.4.51 / 16.4.52 / 18.4.42 / 21.4.53

42 절연용 방호구가 아닌 것은?
① 애자커버   ② 핫스틱
③ 고무판   ④ 절연시트

해설 절연용 방호구(insulating device)
① 전로(電路)에 접근해서 공작물의 건설, 해체, 점검 수리 등의 작업 시 감전사고를 방지하기 위하여 충전 전로에 절연용 방호구를 장착하도록 규정하고 있다.
② 선 커버, 애자 커버, 절연시트 고무판 등을 사용해 전로에 장착하는 것

전선커버   애자커버

절연매트

※ 절연봉(핫스틱, COS조작봉)
COS(Cut Out Switch) 및 단로기(D.S)개폐 조작에 사용

13.4.53 / 15.4.58 / 16.4.49 / 18.1.55 / 18.2.32 / 18.4.35 / 18.4.43 / 19.2.55 / 20.1.55 / 20.3.46 / 20.4.56 / 21.2.51

43 계통이상 시 태양광발전원의 발전설비분리와 관련된 사항 중 틀린 것은?
① 정전 복구후 자동으로 즉시 투입되도록 시설
② 단락 및 지락으로 인한 선로 보호장치 설치
③ 차단장치는 배전계통 정지 중에는 투입 불가능하도록 시설
④ 계통고장 시 역충전방지를 위해 전원을 0.5초 이내 분리하는 단독운전 방지장치 설치

정답 41. 전항정답 42. ②

해설 한전계통에의 재병입(Reconnection)
① 한전계통에서 이상 발생 후 해당 한전계통의 전압 및 주파수가 정상 범위 내에 들어올 때까지 분산형전원의 재병입이 발생해서는 안된다.
② 분산형전원 연계 시스템은 안정상태의 한전계통 전압 및 주파수가 정상 범위로 복원된 후 그 범위 내에서 5분간 유지되지 않는 한 분산형전원의 재병입이 발생하지 않도록 하는 지연기능을 갖추어야 한다.

13.4.44 / 13.4.54 / 16.4.48 / 17.1.57 / 17.4.48 /
18.1.49 / 18.4.44 / 18.4.53 / 19.4.50 / 20.1.59

44 태양광발전시스템 정기점검 사항 중 접속함의 점검항목이 아닌 것은?

① 통풍확인　　② 절연저항
③ 개방전압　　④ 외함의 부식

해설 접속함 정기점검내용

점검 방법	점검 항목	점검 내용
육안 점검	외함	부식 및 파손 상태 볼트 및 너트 조임 상태
	외부 배선 및 접속단자 (퓨즈, 역전류 방지 다이오드, SPD, 극성)	배선 상태 접속 단자의 정상 유무 극성 상태(전체 회로) 전선인입부의 방수처리 상태
	접지선 및 접지단자	접지선 손상, 접속 상태 단자 조임 상태
측정 및 시험	절연저항측정 (태양 전지와 접지 사이)	0.2[MΩ] 이상, 측정 전압 DC 500[V]
	절연저항측정 (인버터 입출력 단자와 접지 사이)	1[MΩ] 이상, 측정 전압 DC 500[V]
	개방전압측정	규정의 전압 여부, 어레이 출력확인

14.4.55 / 18.4.45 / 21.1.47

45 태양광발전시스템 공사계획을 사전인가 받아야 하는 설비용량은 몇 [kW]인가?

① 100　　② 3,000
③ 4,000　　④ 10,000

해설 전기사업용전기설비 공사계획의 인가 및 신고의 대상
(전기사업법 시행규칙 제28조)

공사의 종류	인가가 필요한 것	신고가 필요한 것
태양광설비 태양전지	출력 10,000[kW] 이상의 태양전지의 설치 또는 전체 모듈 대체	출력 10,000[kW] 미만의 태양전지의 설치 또는 전체 모듈 대체
태양광설비 전력변환장치	출력 10,000[kW] 이상의 전력변환장치의 설치 또는 대체	출력 10,000[kW] 미만의 전력변환장치의 설치 또는 대체

13.4.6 / 13.4.47 / 14.4.43 / 14.4.57 / 15.2.16 / 15.2.46 /
15.2.56 / 15.4.5 / 16.2.6 / 16.2.7 / 17.1.7 / 18.4.4 /
18.4.46 / 19.4.8 / 20.1.9 / 21.1.11 / 21.2.17 / 21.2.43

46 실리콘 단결정과 다결정 태양전지의 일반적인 설명 중 틀린 것은?

① 고온 작동 시 다결정의 출력감소가 크다.
② 단결정의 직렬저항성분이 작다.
③ 다결정 전지의 병렬성분이 작다.
④ V_{oc}(Open Circuit Voltage) 크기의 차는 작다.

해설 태양전지의 특징
① 단결정은 고온작동시 출력감소가 크며, 직렬저항(R_S)성분이 적다
② 다결정은 병렬저항(R_P)성분이 적다.
③ 단결정과 다결정의 개방전압 크기의 차는 작다.
④ 직렬저항(R_S)은 내부전압강하를 일으켜 개방전압(V_{OC})에서 최대전압(V_{PM})의 기울기, 병렬저항(R_P)은 전류의 내부 바이패스 경로로 되어 단락전류(I_{SC})에서 최대전류(I_{PM})의 기울기에 영향을 준다.

정답　43. ①　44. ①　45. ④　46. ①

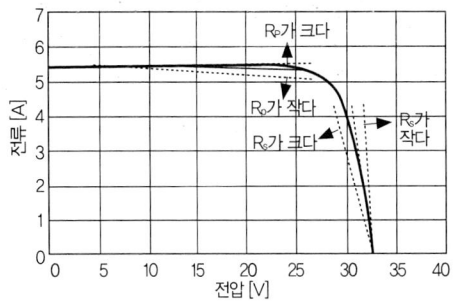

직렬저항(R_S), 병렬저항(R_P)이 I-V특성곡선에 미치는 영향

15.2.50 / 18.4.47

47 독립형 태양광발전시스템에서 부조일수의 설명으로 가장 옳은 것은?

① 정전된 일수를 말한다.
② 유지보수를 위한 일수를 말한다.
③ 연속적으로 발전이 가능한 일수를 말한다.
④ 연속적으로 발전이 불가능한 일수를 말한다.

[해설] **부조일수**

① 하루 중 해가 떠 있는 일조시간이 0.1시간 미만인 날의 수
② 거의 햇빛이 비치지 않는 날이며, 발전이 불가능한 일수를 말한다.

48 KEC 한국전기설비규정의 변경으로 삭제됨

18.4.49 / 21.1.50

49 주회로를 점검할 때 안전을 위하여 점검하는 사항이 아닌 것은?

① 단로기를 투입시킨다.
② 관련된 차단기를 열고 주회로에 무전압이 되게 한다.
③ 검전기로 무전압 상태를 확인하고 접지 및 점검 작업을 한다.
④ 차단기는 단로 상태가 되도록 인출하고 "점검중"이라는 표지판을 부착한다.

[해설] **단로기(Disconnecting Switch)**

① 기기의 점검, 보수, 수리 등을 할 때 해당 부분을 전원으로부터 분리하거나 회로의 접속을 변경할 때 사용되는 것으로 항상 무부하 상태에서 개폐, 부하전류 또는 고장전류를 개폐 또는 차단하지는 못한다.
② 차단기로 부하전류를 차단한 후 단로기를 개폐해야 한다.

50 KEC 한국전기설비규정의 변경으로 삭제됨

13.4.59 / 17.1.17 / 18.1.2 / 18.2.9 / 18.4.51 / 19.1.3 / 19.4.14 / 20.3.15 / 20.4.17 / 21.4.16

51 태양광 모듈에 설치되어있는 바이패스 다이오드(Bypass Diode)의 역할과 가장 거리가 먼 것은?

① 그림자 효과가 발생할 때 쉽게 작동한다.
② 내부의 직렬저항이 커질 때 작동한다.
③ 전지내부의 병렬저항이 작아질 때 쉽게 작동한다.
④ 병렬 다이오드(Diode)의 개수가 증가할수록 쉽게 작동한다.

정답 47.④ 48. 49.① 50.

해설 바이패스 다이오드(Bypass Diode)

(1) 그림자 효과가 발생할 때 쉽게 작동한다.
모듈의 일부가 그림자에 의해 태양빛이 차단되는 경우 햇빛이 차단된 전지는 발전을 못할 뿐만 아니라 고저항체로 작용하여 발열하므로, 모듈에 전류가 흐르지 않도록 바이패스 시키기 위해 바이패스 다이오드를 모듈의 Junction Box에 설치한다.

(2) 직렬저항의 영향
① 직렬저항이 커질 때 바이패스 다이오드가 작동한다.
② 직렬저항은 광전류의 발생을 방해한다.
③ 직렬저항 값이 최소일 때, 태양전지가 최대 효율을 발생
④ 직렬저항은 개방전압 값에는 영향이 작지만 충진율은 급격히 감소한다.

(3) 병렬저항의 영향
① 병렬 저항은 태양전지의 가장자리를 통해 흐르는 누설 저항이다.
② 누설저항은 높은 일사강도에서는 영향이 없고, 낮은 일사강도에서는 영향이 커진다.
③ 전지 내부의 병렬저항이 작아질 때 바이패스 다이오드가 작동한다.
④ 병렬저항에 의해 단락전류는 변하지 않지만, 누설저항이 감소하면 충진율과 개방전압이 감소한다.

15.4.20 / 15.4.45 / 18.4.52
52 태양광 모듈 성능시험을 위한 표준시험조건 중 일사강도[W/m²] 기준은?

① 500   ② 1,000
③ 1,500   ④ 2,000

해설 표준시험조건(Standard Test Conditions)용 태양광발전 소자를 시험할 때의 기준이 되는 시험조건 즉, 태양광발전 소자가 빛을 받는 면의 조사강도 1,000[W/m²], 태양전지 온도 25[℃], 스펙트럼 조성은 대기질량지수(AM) 1.5인 조건

13.4.44 / 13.4.54 / 16.4.48 / 17.1.57 / 17.4.48 / 18.1.49 /
18.4.44 / 18.4.53 / 19.4.50 / 20.1.59
53 태양광발전소 정기점검요령으로 틀린 것은?

① 인버터 절연저항이 1[MΩ] 이상일 것
② 접속함 나사는 적정하게 풀려있을 것
③ 태양전지 모듈, 접지선 절연저항은 0.2[MΩ] 이상일 것
④ 태양전지 어레이 접지선이 확실하게 접속되어 있을 것

해설 접속함 정기점검내용

점검 방법	점검 항목	점검 내용
육안 점검	외함	부식 및 파손 상태 볼트 및 너트 조임 상태
	외부 배선 및 접속단자 (퓨즈, 역전류 방지 다이오드, SPD, 극성)	배선 상태 접속 단자의 정상 유무 극성 상태(전체 회로) 전선인입부의 방수처리 상태
	접지선 및 접지단자	접지선 손상, 접속 상태 단자 조임 상태
측정 및 시험	절연저항측정 (태양 전지와 접지 사이)	0.2[MΩ] 이상, 측정 전압 DC 500[V]
	절연저항측정 (인버터 입출력 단자와 접지 사이)	1[MΩ] 이상, 측정 전압 DC 500[V]
	개방전압측정	규정의 전압 여부, 어레이 출력확인

정답 51. ④ 52. ② 53. ②

54 KEC 한국전기설비규정의 변경으로 삭제됨

18.4.55 / 21.2.56

55 큐비클식 축전지 설비와 발전설비와의 보안거리는?

① 1[m]   ② 1.5[m]
③ 2[m]   ④ 2.5[m]

해설 큐비클식 축전지 설비의 이격 거리

이격 거리를 확보해야 할 부분	이격 거리[m]
큐비클 이외의 발전설비와의 거리	1.0
큐비클 이외의 변전설비와의 거리	1.0
실외에 설치할 경우 건물과의 거리	2.0
전면 또는 조작면	1.0
점검면	0.6
환기면	0.2

15.4.44 / 17.2.49 / 17.4.60 / 18.4.56 / 20.1.56 / 21.2.56

56 다음 중 태양광발전설비의 신뢰성 평가 분석 항목이 아닌 것은?

① 트러블
② 경제성
③ 운전데이터 결측 상황
④ 계획정지

해설 태양광 발전 시스템의 신뢰성 평가 및 분석 항목과 내용

1) 트러블
① 시스템 트러블 : 인버터 운전 정지, 직류 지락, ELB 트립, 계통 지락, 원인불명 등에 의한 태양광 발전 시스템 운전 정지 등
② 계측 트러블 : 컴퓨터 전원의 차단, 프리즈, 컴퓨터의 조작 오류 등
2) 태양광 발전 시스템의 정상 운전 데이터의 결측 사항 등
3) 태양광 발전 시스템의 계획 정지 : 개수 정전, 계통 정전 등

13.4.40 / 15.2.29 / 15.2.55 / 17.4.37 / 18.2.27 / 18.4.26 / 18.4.57 / 19.1.32 / 19.2.32 / 19.2.43 / 20.1.22 / 20.4.32 / 21.1.35 / 21.4.46

57 태양광발전설비중 사업용 전기설비의 사용전 검사 시 제출 필요서류목록이 잘못된 것은?

① 사용전검사 신청서
② 전기안전관리담당자 선임신고필증
③ 공사계획신고서
④ 전기사업허가서

해설 사용전검사
(1) 각종 발전설비, 송·변전·배전설비 및 가로등, 신호등, 보안등, 공장, 상가 등 대형건물의 설치공사 또는 변경공사를 완료하고, 그 전기설비가 공사계획의 인가 또는 신고를 한 내용 및 전기설비기술기준에 적합한 지의 여부에 대한 검사를 산업통상자원부장관 또는 시·도지사로부터 위탁받아 한국전기안전공사에서 수행한다.

(2) 태양광 발전소에 관한 공사의 경우에는 전체의 공사가 완료된 때 검사를 실시한다.

(3) 사용전 검사를 받으려는 자는, 검사를 받으려는 날의 7일전까지 한국전기안전공사에 사용전 검사 신청서와 다음의 제출하여야 한다.
① 공사계획인가서 또는 신고수리서 사본(저압자가용전기설비의 경우는 제외한다)
② 설계도서 및 감리원 배치확인서(저압자가용전기설비의 설치공사인 경우만을 말하며, 저압자가용전기설비의 증설공사 및 변경공사의 경우는 제외한다)
③ 자체감리를 확인할 수 있는 서류(전기안전관리자가 자체감리를 하는 경우만 해당한다)
④ 전기안전관리자 선임신고증명서 사본

16.2.44 / 17.4.46 / 18.4.58 / 20.4.60

58 소형 태양광발전용 인버터(계통연계형, 독립형) 정상특성시험에 해당하지 않는 것은?

① 누설전류 시험
② 온도상승 시험
③ 자동기동·정지시험
④ 내전압시험

정답 54. 55. ① 56. ② 57. ④

해설 인버터의 정상특성시험 항목

시험 항목		독립형	계통연계형
정상특성시험	a) 교류전압, 주파수 추종 범위 시험	×	○
	b) 교류 출력전류 변형률 시험	×	○
	c) 누설전류시험	○	○
	d) 온도상승시험	○	○
	e) 효율시험	○	○
	f) 대기손실시험	×	○
	g) 자동기동·정지 시험	×	○
	h) 최대전력 추종시험	×	○
	i) 출력전류 직류분 검출시험	×	○

15.4.41 / 17.1.50 / 17.4.55 / 18.2.56 / 18.4.59 /
19.1.59 / 20.1.58 / 20.3.56 / 20.4.52

59 시스템 성능평가 분류 중 사이트 평가방법 항목으로 틀린 것은?

① 설치 용량
② 설치 형태
③ 설치 단가
④ 설치 대상기관

해설 태양광 발전 시스템의 사이트 평가 방법
① 태양광 발전 시스템의 설비 설치의 대상기관
② 태양광 발전 시스템 설비 설치의 시설 분류
③ 태양광 발전 시스템의 설비 설치의 시설 지역
④ 태양광 발전 시스템의 설비 설치 형태
⑤ 태양광 발전 시스템의 설비 설치 용량
⑥ 태양광 발전 시스템 설비 설치의 방위와 각도
⑦ 태양광 발전 시스템의 설비 설치 시공업자
⑧ 태양광 발전 시스템의 설비 설치기기 장비 제조사

16.2.27 / 17.1.16 / 17.1.71 / 18.4.60 / 19.2.30 / 19.4.69 /
20.3.69 / 21.2.68 / 21.4.15 / 21.4.60

60 피뢰기의 점검 내용이 아닌 것은?

① 단자부의 볼트 조임과 이완 여부
② 애자 등의 균열, 파손, 변형 손상여부
③ 부하의 용도 및 부하의 적정사용량을 합산하여 설치용량 산정 여부
④ 밀봉금속 뚜껑 등의 파손, 팽창, 섬락(Flash Over) 등의 흔적 여부

해설 피뢰기의 점검 내용

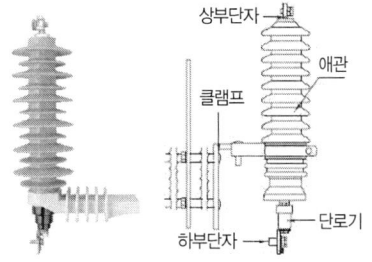

① 단자부의 볼트 조임과 이완 여부
② 절연물의 파손 및 오손유무
③ 접지선의 접속상태
④ 애자 등의 균열, 파손, 변형 손상여부
⑤ 코로나방전에 의한 이상한 소리
⑥ 내부 콤파운드의 분출, 밀봉금속뚜껑 등의 파손, 팽창, 섬락 등의 흔적 여부(방전 흔적)

15.2.79 / 18.4.61

61 전기설비기술기준의 판단기준에서 154(kV) 변전의 울타리·담 등의 시설에 대한 사항으로 틀린 것은?

① 울타리·담 등의 높이는 2[m] 이상으로 할 것
② 지표면과 울타리·담 등의 하단 사이의 간격을 20[cm] 이하로 할 것
③ 울타리의 높이와 울타리로부터 충전부부까지의 거리의 합계를 6[m] 이상으로 할 것
④ 울타리 출입구에는 출입금지의 표시를 할 것

해설 발전소 등의 울타리·담 등의 시설(판단기준 제44조)
1) 고압 또는 특고압의 기계기구·모선 등을 옥외에 시설하는 발전소·변전소·개폐소 또는 이에 준하는 곳에는 다음에 따라 구내에 취급자 이외의 사람이 들어가지 않도록 시설하여야 한다. 다만, 토지의 상황에 의하여 사람이 들어갈 우려가 없는 곳은 그렇지 않다.
① 울타리·담 등을 시설할 것
② 출입구에는 출입금지의 표시를 할 것
③ 출입구에는 자물쇠장치 기타 적당한 장치를 할 것

2) 울타리·담 등의 시설조건
① 울타리·담 등의 높이는 2[m] 이상으로 하고 지표면과 울타리·담 등의 하단사이의 간격은 15[cm] 이하로 할 것
② 울타리·담 등과 고압 및 특고압의 충전 부분이 접근하는 경우에는 울타리·담 등의 높이와 울타리·담 등으로부터 충전부분까지 거리의 합계는 표에서 정한 값 이상으로 할 것

사용전압의 구분	울타리·담 등의 높이와 울타리·담 등으로부터 충전부분까지의 거리의 합계
35[kV] 이하	5[m]
35[kV] 초과 160[kV] 이하	6[m]
160[kV] 초과	6[m]에 160[kV]을 초과하는 10[kV] 또는 그 단수마다 12[cm]를 더한 값

18.4.62 / 21.4.66

62 전기설비기술기준의 판단기준에서 22.9[kV] 특고압 가공전선로에서 건조물의 상부 조영재 옆쪽 또는 아래쪽에서 접근상태로 시설하는 경우 특고압 절연전선(다중접지한 중성선 제외)과 건조물의 조영재 사이의 최소이격거리 [m]는?

① 1.0　② 1.2　③ 1.5　④ 2.0

해설 25 kV 이하인 특고압 가공전선로의 시설(판단기준 제135조)

(1) 사용전압이 15kV를 초과하고 25kV 이하인 특고압 가공전선로(중성선 다중접지식의 것으로서 전로에 지락이 생겼을 때에 2초 이내에 자동적으로 이를 전로로부터 차단하는 장치가 되어 있는 것에 한한다)를 다음에 따라 시설하는 경우에는 규정에 의하지 아니할 수 있다.
① 특고압 가공전선(다중접지를 한 중성선을 제외한다. 이하 이 조에서 같다)이 건조물과 접근하는 경우에 특고압 가공전선과 건조물의 조영재 사이의 이격거리는 표에서 정한 값 이상일 것

건조물의 조영재	접근 형태	전선의 종류	이격거리 [m]
상부 조영재	위쪽	나전선	3
		특고압 절연전선	2.5
		케이블	1.2
	옆쪽 또는 아래쪽	나전선	1.5
		특고압 절연전선	1.0
		케이블	0.5
기타의 조영재		나전선	1.5
		특고압 절연전선	1.0
		케이블	0.5

13.4.73 / 15.4.67 / 16.2.42 / 16.4.68 / 16.4.70 / 17.4.65 / 18.1.74 / 18.4.24 / 18.4.63 / 19.4.38 / 20.1.65 / 20.1.79 / 20.3.66 / 21.1.71 / 21.2.27 / 21.4.37 / 21.4.68

63 전기판매사업자가 전기요금과 그 밖의 공급조건에 관한 약관을 작성하여 누구에게 인가를 받아야 하는가?

① 대통령
② 시·도지사
③ 산업통상자원부장관
④ 한국전력공사사장

해설 전기의 공급약관(전기사업법 제16조)
① 전기판매사업자는 대통령령으로 정하는 바에 따라 전기요금과 그 밖의 공급조건에 관한 약관을 작성하여 산업통상자원부장관의 인가를 받아야 한다. 이를 변경하려는 경우에도 또한 같다.
② 산업통상자원부장관은 제①항에 따른 인가를 하려는 경우에는 전기위원회의 심의를 거쳐야 한다.

18.1.78 / 18.4.64 / 20.1.80

64 전기설비기술기준의 판단기준에서 저압 옥내배선이 약전류전선 등 또는 수도관·가스관이나 이와 유사한 것과 접근하거나 교차하는 경우에 저압 옥내배선을 애자공사에 의하여 시설하는 때에는 저압 옥내배선과 약전류전선 등 또는 수도관·가스관이나 이와 유사한 것과의 이격거리는 몇 [cm] 이상 하여야 하는가?(단, 전선이 나전선인 경우가 아님)

① 10 ② 20
③ 30 ④ 40

해설 저압 옥내배선과 약전류전선 등 또는 관과의 접근 또는 교차(판단기준 제196조)

저압 옥내배선이 약전류전선 등 또는 수관·가스관이나 이와 유사한 것과 접근하거나 교차하는 경우에 저압 옥내배선을 애자공사에 의하여 시설하는 때에는 저압 옥내배선과 약전류전선 등 또는 수관·가스관이나 이와 유사한 것과의 이격거리는 10[cm](전선이 나전선인 경우에 30[cm]) 이상이어야 한다. 다만, 저압 옥내배선의 사용전압이 400[V] 미만인 경우에 저압 옥내배선과 약전류전선 등 또는 수관·가스관이나 이와 유사한 것과의 사이에 절연성의 격벽을 견고하게 시설하거나 저압 옥내배선을 충분한 길이의 난연성 및 내수성이 있는 견고한 절연관에 넣어 시설하는 때에는 그러하지 않다.

18.4.65 / 21.1.62

65 전기설비기술기준의 판단기준에서 사용전압 35[kV] 이하 특고압용 기계기구(이에 부속하는 특고압의 전기로 충전하는 전선으로 케이블 이외의 것을 포함한다)를 시설하는 경우 울타리 높이와 울타리로부터 충전부분까지의 거리의 합계 또는 지표상의 높이는 몇 [m] 이상으로 하여야 하는가?

① 5 ② 6
③ 6.12 ④ 6.24

해설 특고압용 기계기구의 시설(판단기준 제 31조)

(1) 특고압용 기계기구(이에 부속하는 특고압의 전기로 충전하는 전선으로서 케이블 이외의 것을 포함한다)는 다음의 어느 하나에 해당하는 경우, 발전소·변전소·개폐소 또는 이에 준하는 곳에 시설하는 경우 이외에는 시설하여서는 아니 된다.
① 기계기구의 주위에 울타리·담 등을 시설하는 경우
② 기계기구를 지표상 5m 이상의 높이에 시설하고 충전부분의 지표상의 높이를 표에서 정한 값 이상으로 하고 또한 사람이 접촉할 우려가 없도록 시설하는 경우

사용전압의 구분	울타리·담 등의 높이와 울타리·담 등으로부터 충전부분까지의 거리의 합계
35[kV] 이하	5[m]
35[kV] 초과 160[kV] 이하	6[m]
160[kV] 초과	6[m]에 160[kV]을 초과하는 10[kV] 또는 그 단수마다 12[cm]를 더한 값

③ 옥내에 설치한 기계기구를 취급자 이외의 사람이 출입할 수 없도록 설치한 곳에 시설하는 경우
④ 충전부분이 노출하지 아니하는 기계기구를 사람이 쉽게 접촉할 우려가 없도록 시설하는 경우

15.2.61 / 16.2.69 / 17.2.68 / 18.4.66 / 19.1.67 / 20.3.76 / 21.4.72
66. 신재생에너지 공급의무자에 해당되지 않는 것은?

66 신재생에너지 공급의무자에 해당되지 않는 것은?

① 50만키로와트 이상의 발전설비를 보유한 자
② 한국수자원공사법에 따른 한국수자원공사
③ 국토기본법에 따른 한국토지주택공사
④ 집단에너지사업법에 따른 한국지역난방공사인

해설 신·재생에너지 공급의무자(신재생에너지법 시행령 제18조의3)업

① 전기사업법에 따른 발전사업자로서 500,000[kW] 이상의 발전설비(신·재생에너지 설비는 제외한다)를 보유하는 자
② 집단에너지사업법 및 전기사업법에 따른 발전사업의 허가를 받은 것으로 보는 자로서 500,000[kW]

이상의 발전설비(신·재생에너지 설비는 제외한다)를 보유하는 자
③ 한국수자원공사
④ 한국지역난방공사

13.4.64 / 14.4.65 / 14.4.77 / 15.4.71 / 17.1.8 / 17.2.75 / 17.4.70 / 18.4.67 / 19.2.70 / 19.2.72 / 20.1.64

67 재생에너지의 종류에 해당되지 않는 것은?

① 태양에너지　② 해양에너지
③ 풍력　　　　④ 수소에너지

해설 신·재생에너지의 정의(신재생에너지법 제2조)

1) 신에너지: 기존의 화석연료를 변환시켜 이용하거나 수소·산소 등의 화학 반응을 통하여 전기 또는 열을 이용하는 에너지
  ① 수소에너지
  ② 연료전지
  ③ 석탄을 액화·가스화한 에너지 및 중질잔사유을 가스화

2) 재생에너지: 햇빛·물·지열·강수·생물유기체 등을 포함하는 재생 가능한 에너지를 변환시켜 이용하는 에너지
  ① 태양에너지
  ② 풍력
  ③ 수력
  ④ 해양에너지
  ⑤ 지열에너지
  ⑥ 생물자원을 변환시켜 이용하는 바이오에너지
  ⑦ 폐기물에너지(비재생폐기물로부터 생산된 것은 제외한다)

15.4.32 / 17.4.75 / 18.4.68 / 19.1.24 / 20.3.29 / 20.3.35 / 21.4.78

68 전기설비기술기준의 판단기준에서 저압 옥내배선으로 금속덕트공사 시 금속덕트에 넣은 전선의 단면적의 합계는 덕트 내부 단면적의 몇 [%] 이하로 하여야 하는가?

① 20　② 30　③ 50　④ 60

해설 금속덕트에 넣은 전선의 단면적(절연피복의 단면적을 포함한다)의 합계는 덕트의 내부 단면적의 20[%](전광표시 장치·출·퇴표시등 기타 이와 유사한 장치 또는 제어회로 등의 배선만을 넣는 경우에는 50[%]) 이하일 것

14.4.78 / 15.2.3 / 15.4.10 / 16.2.70 / 17.2.64 / 17.4.71 / 18.1.67 / 18.4.69 / 19.1.71 / 21.1.4

69 저탄소 녹색성장 기본법에서 사용하는 용어 중 적외선 복사열을 흡수하거나 재방출하여 온실효과를 유발하는 대기 중의 가스 상태의 물질을 말하는 것은?

① 온실가스　② 온실가스배출
③ 지구온난화　④ 기후변화

해설 온실가스 및 온실효과

1) 온실가스
   이산화탄소(CO_2), 메탄(CH_4), 아산화질소(N_2O), 수소불화탄소(HFCs), 과불화탄소(PFCs), 육불화황(SF_6) 및 그밖에 대통령령으로 정하는 것으로 적외선 복사열을 흡수하거나 재방출하여 온실효과를 유발하는 대기 중의 가스 상태의 물질

2) 온실효과

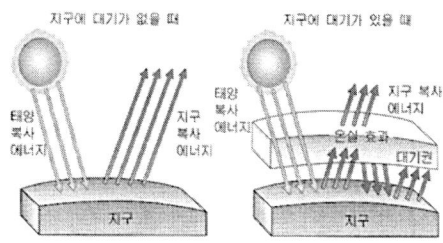

지구는 태양에서 에너지를 받은 후 다시 에너지를 방출하여, 복사평형을 유지하지 못하고, 태양의 열이 지구로 들어 와서 나가지 못하고 순환되는 현상으로 화석연료 연소를 포함한 인간 활동 때문에 발생된다.

15.4.47 / 15.4.79 / 16.4.79 / 18.4.70 / 20.3.70 / 20.4.72

70 전기안전관리대행사업자가 전기안전관리업무를 대행할 수 있는 전기설비의 규모가 아닌 것은?

① 용량 500킬로와트 미만의 비상용 예비발전설비
② 용량 500킬로와트 미만의 발전설비
③ 용량 1천킬로와트 미만의 전기수용설비
④ 용량 1천킬로와트 미만의 태양광발전설비

해설 **안전관리업무의 대행**

안전관리자 선임의무에도 불구하고 일정 규모 이하의 전기설비의 소유자 또는 점유자는 다음에 해당하는 자에게 안전관리업무를 대행하게 할 수 있다.

전기안전관리 대행업자	해당 전기설비의 규모
안전공사 및 전기안전대행 사업자	다음 중 어느 하나에 해당하는 전기설비(둘 이상의 전기설비 용량의 합계가 2,500[kW] 미만인 경우만 해당) ① 용량 1,000[kW] 미만의 전기수용설비 ② 용량 300[kW] 미만의 발전설비(비상용 예비발전설비는 용량 500[kW] 미만) ③ 태양에너지를 이용하는 발전설비로서 용량 1,000[kW] 미만인 것
개인대행자	다음 중 어느 하나에 해당하는 전기설비(둘 이상의 전기설비 용량의 합계가 1,050[kW] 미만인 경우만 해당) ① 용량 500[kW] 미만의 전기수용설비 ② 용량 150[kW] 미만의 발전설비(비상용 예비발전설비는 용량 300[kW] 미만) ③ 용량 250[kW] 미만의 태양광발전설비

18.4.71 / 20.1.78 / 20.4.64

71 전기설비기술기준의 판단기준에서 과전류차단기로 저압전로에 사용하는 퓨즈가 견디어야 할 전류는 정격전류의 몇 배인가?

① 1.1배 ② 1.2배 ③ 1.25배 ④ 1.5배

해설 **저압전로 중의 과전류차단기의 시설(판단기준 제38조)**

과전류차단기로 저압전로에 사용하는 퓨즈는 수평으로 붙인 경우에 다음에 적합한 것이어야 한다.
① 정격전류의 1.1배의 전류에 견딜 것
② 정격전류의 1.6배 및 2배의 전류를 통한 경우에 표

정격전류의 구분	시 간	
	정격전류의 1.6배의 전류를 통한 경우	정격전류의 2배의 전류를 통한 경우
30[A] 이하	60분	2분
30[A] 초과 60[A] 이하	60분	4분
60[A] 초과 100[A] 이하	120분	6분
100[A] 초과 200[A] 이하	120분	8분
200[A] 초과 400[A] 이하	180분	10분
400[A] 초과 600[A] 이하	240분	12분
600[A] 초과	240분	20분

18.4.72

72 신에너지 및 재생에너지 개발·이용·보급 촉진법의 목적으로 적당하지 않은 것은?

① 에너지소비의 다양화
② 온실가스 배출의 감소
③ 에너지 구조의 환경친화적 전환
④ 에너지의 안정적인 공급

해설 **목적(신재생에너지법 제1조)**
① 신에너지 및 재생에너지의 기술개발 및 이용·보급 촉진
② 신에너지 및 재생에너지 산업의 활성화를 통하여 에너지원을 다양화
③ 에너지의 안정적인 공급
④ 에너지 구조의 환경친화적 전환
⑤ 온실가스 배출의 감소를 추진함으로써 환경의 보전, 국가경제의 건전하고 지속적인 발전 및 국민복지의 증진에 이바지함

13.4.77 / 18.1.61 / 18.4.73

73 교육연구시설(제2종 근린생활시설에 해당하는 것은 제외한다)의 용도의 건축물로서 신축·증축 또는 개축하는 부분의 연면적 1천제곱미터 이상의 건출물을 대상으로 예상 에너지사용량에 대한 신재생에너지 공급의무 비율이 30[%]에 해당하는 연도는?

① 2011~2012년 ② 2015년
③ 2018년   ④ 2020년 이후

정답 70.② 71.① 72.① 73.④

해설 신·재생에너지 공급의무 비율 등(신재생에너지법 시행령 제15조)

1) 건축법 시행령에서 정한 용도의 건축물로서 신축·증축 또는 개축하는 부분의 연면적이 1,000[m²] 이상인 건축물(해당 건축물의 건축 목적, 기능, 설계 조건 또는 시공 여건상의 특수성으로 인하여 신·재생에너지 설비를 설치하는 것이 불합리하다고 인정되는 경우로서 산업통상자원부장관이 정하여 고시하는 건축물은 제외한다)에 따른 비율 이상

2) 1)외의 건축물 : 산업통상자원부장관이 용도별 건축물의 종류로 정하여 고시하는 비율 이상

연도	2011~2012	2013	2014	2015
공급의무 비율[%]	10	11	12	15

2016	2017	2018	2019	2020 이후
18	21	24	27	30

17.2.65 / 18.4.74 / 20.4.65 / 21.2.73

74 녹색산업투자회사의 등록을 취소할 수 있는 기관은?

① 한국에너지공단
② 금융위원회
③ 녹색성장위원회
④ 한국신재생에너지협회

해설 녹색산업투자회사의 설립과 지원(녹색성장법 제29조)

(1) 녹색기술 및 녹색산업에 자산을 투자하여 그 수익을 투자자에게 배분하는 것을 목적으로 하는 녹색산업투자회사(집합투자기구를 말한다)를 설립할 수 있다.

(2) 녹색산업투자회사가 투자하는 녹색기술 및 녹색산업은 다음에서 정하는 사업 또는 기업으로 한다.
① 녹색기술에 대한 연구와 시제품의 제작 및 상용화를 위한 연구개발 또는 기술지원 사업
② 녹색산업에 해당하는 사업
③ 녹색기술 또는 녹색산업에 대한 투자 또는 영업을 영위하는 기업

(3) 정부는 공공기관이 녹색산업투자회사에 출자하려는 경우 이를 위한 자금의 전부 또는 일부를 예산의 범위에서 지원할 수 있다.

(4) 금융위원회는 규정에 따라 공공기관이 출자한 녹색산업투자회사(해당 회사의 자산운용회사·자산보관회사 및 일반사무관리회사를 포함한다)에게 해당 회사의 업무 및 재산 등에 관한 자료의 제출이나 보고를 요구할 수 있으며, 관계 중앙행정기관은 금융위원회에 해당 자료의 제출을 요구할 수 있다.

(5) 관계 중앙행정기관은 (4)에 의하여 제출된 자료나 보고 내용에 대하여 검사가 필요하다고 인정하는 경우 금융위원회에게 해당 녹색산업투자회사에 대한 업무 및 재산 등에 관한 검사를 요청할 수 있으며, 해당 검사 결과 중대한 문제가 있다고 여겨지는 경우에는 금융위원회는 관계 중앙행정기관과 협의하여 해당 녹색산업투자회사의 등록을 취소할 수 있다.

(6) (1) 내지 (5)에 따른 녹색산업투자회사의 설립·운영 및 재정지원과 그밖에 필요한 세부사항은 대통령령으로 정한다.

13.4.66 / 14.4.75 / 15.2.72 / 15.2.76 / 16.4.67 / 17.1.73 / 17.2.70 / 17.4.78 / 18.1.73 / 18.2.64 / 18.4.75 / 18.4.80 / 19.1.64 / 19.2.62 / 20.3.80

75 전기설비기술기준의 판단기준에서 최대사용전압 7[kV] 초과 25[kV] 이하인 중성점 접지식 전로(중성점을 가지는 것으로서 그 중성점을 다중 접지하는 것에 한한다)의 절연내력 시험전압은 최대사용전압의 몇 배 전압으로 시험하는가?

① 0.92 ② 1.1 ③ 1.25 ④ 1.5

해설 전로의 절연저항 및 절연내력(판단기준 제13조)

① 사용전압이 저압인 전로에서 정전이 어려운 경우 등 절연저항 측정이 곤란한 경우에는 누설전류를 1[mA] 이하로 유지하여야 한다.

② 고압 및 특고압의 전로(회전기, 정류기, 연료전지 및 태양전지 모듈의 전로, 변압기의 전로, 기구 등의 전로 및 직류식 전기철도용 전차선을 제외한다)는 표에서 정한 시험전압을 전로와 대지 사이(다심 케이블은 심선 상호 간 및 심선과 대지 사이)에 연속하여 10분간 가하여 절연내력을 시험하였을 때에 이에 견디어야 한다.

정답 74. ② 75. ①

전로의 종류	시험 전압
1. 최대사용전압 7[kV] 이하인 전로	최대사용전압의 1.5배의 전압
2. 최대사용전압 7[kV] 초과 25[kV] 이하인 중성점 접지식 전로 (중성선을 가지는 것으로서 그 중성선을 다중접지 하는 것에 한한다)	최대사용전압의 0.92배의 전압
3. 최대사용전압 7[kV] 초과 60[kV] 이하인 전로	최대사용전압의 1.25배의 전압(10,500[V] 미만으로 되는 경우는 10,500[V])압
4. 최대사용전압60[kV] 초과 중성점 비접지식전로	최대사용전압의 1.25배의 전압
5. 최대사용전압60[kV] 초과 중성점 접지식 전로	최대사용전압의 1.1배의 전압(75[kV] 미만으로 되는 경우에는 75[kV])
6. 최대사용전압이 60[kV]초과 중성점 직접접지식 전로	최대사용전압의 0.72배의 전압
7. 최대사용전압이 170[kV]초과 중성점 직접 접지식 전로로서 그 중성점이 직접 접지되어 있는 발전소 또는 변전소 혹은 이에 준하는 장소에 시설하는 것	최대사용전압의 0.64배의 전압
8. 최대사용전압이 60[kV]를 초과하는 정류기에 접속되고 있는 전로	교류측 및 직류 고전압측에 접속되고 있는 전로는 교류측의 최대사용전압의 1.1배의 직류전압
	직류측 중성선 또는 귀선이 되는 전로는 계산식에 의하여 구한 값

18.4.76 / 21.1.78

76 전기사업자가 유지해야 하는 표준주파수의 허용오차는?

① 60[Hz] 상하로 0.1[Hz] 이내
② 60[Hz] 상하로 0.2[Hz] 이내
③ 60[Hz] 상하로 0.3[Hz] 이내
④ 60[Hz] 상하로 0.5[Hz] 이내

해설 전기의 품질기준(전기사업법 시행규칙 제18조 별표3)

전기사업자와 전기신사업자는 그가 공급하는 전기가 표에 따른 표준전압 · 표준주파수 및 허용오차의 범위에서 유지되도록 하여야 한다.

① 표준전압 및 허용오차

표준전압	허용오차
110[V]	110[V]의 상하로 6[V] 이내
220[V]	220[V]의 상하로 13[V] 이내
380[V]	380[V]의 상하로 38[V] 이내

② 표준주파수 및 허용오차

표준주파수	허용오차
60[Hz]	60[Hz] 상하로 0.2[Hz] 이내

13.4.68 / 15.2.65 / 16.4.61 / 18.2.65 / 18.4.77 / 19.2.61 / 19.4.64

77 신재생에너지 정책심의회의 심의를 거쳐 신재생에너지의 기술개발 및 이용 · 보급을 촉진하기 위한 기본계획 목표수립으로 틀리는 것은?

① 신재생에너지 기술수준의 평가와 보급전망 및 기대효과
② 기본계획의 계획기간은 5년 이상으로 수립
③ 신재생에너지 기술개발 및 이용 · 보급에 관한 지원방안
④ 신재생에너지 분야 전문인력 양성계획

해설 기본계획의 수립(신재생에너지법 제5조)

① 산업통상자원부상관은 관계 중앙행정기관의 장과 협의를 한 후 신 · 재생에너지정책심의회의 심의를 거쳐 신 · 재생에너지의 기술개발 및 이용 · 보급을 촉진하기 위한 기본계획을 5년마다 수립하여야 한다.
② 기본계획의 계획기간은 10년 이상으로 한다.

정답 76. ② 77. ②

17.1.64 / 18.4.78

78 신재생에너지 설비 설치의무기관으로서 대통령령으로 정하는 비율 또는 금액 이상을 출자한 법인에 해당하는 것은?

① 납입자본금으로 100분의 25 이상을 출자한 법인
② 납입자본금으로 100분의 50 이상을 출자한 법인
③ 납입자본금으로 10억원 이상을 출자한 법인
④ 납입자본금으로 30억원 이상을 출자한 법인

해설 신·재생에너지 설비 설치의무기관(신재생에너지법 제12조, 시행령 제16조)
1) 정부가 대통령령으로 정하는 금액(연간 50억원) 이상을 출연한 정부출연기관
2) 지방자치단체 및 공공기관, 정부출연기관 또는 정부출자기업체가 대통령령으로 정하는 비율 또는 금액 이상을 출자한 법인
 ① 납입자본금의 100의 50 이상을 출자한 법인
 ② 납입자본금으로 50억원 이상을 출자한 법인

14.4.68 / 18.4.79

79 전기공사 기술자의 인정기준 중 기사의 자격을 취득한 후 5년 이상 전기공사업무를 수행한 전기공사기술자는?

① 특급전기공사기술자
② 고급전기공사기술자
③ 중급전기공사기술자
④ 초급전기공사기술자

해설 (전기공사업법 시행령 제12조2 별표4의2)
전기공사기술자의 등급 및 인정기준

등급	국가기술자격자	학력·경력자
특급 전기 공사 기술자	기술사 또는 기능장의 자격을 취득한 사람	
고급 전기 공사 기술자	① 기사의 자격을 취득한 후 5년 이상 전기공사업무를 수행한 사람 ② 산업기사의 자격을 취득한 후 8년 이상 전기공사업무를 수행한 사람 ③ 기능사의 자격을 취득한 후 11년 이상 전기공사업무를 수행한 사람	
중급 전기 공사 기술자	① 기사의 자격을 취득한 후 2년 이상 전기공사업무를 수행한 사람 ② 산업기사의 자격을 취득한 후 5년 이상 전기공사업무를 수행한 사람 ③ 기능사의 자격을 취득한 후 8년 이상 전기공사업무를 수행한 사람	① 전기 관련 학과의 석사 이상의 학위를 취득한 후 5년 이상 전기공사업무를 수행한 사람 ② 전기 관련 학과의 학사학위를 취득한 후 7년 이상 전기공사업무를 수행한 사람 ③ 전기 관련 학과의 전문학사 학위를 취득한 후 9년(3년제 전문학사 학위를 취득한 경우에는 8년) 이상 전기공사업무를 수행한 사람 ④ 전기 관련 학과의 고등학교를 졸업한 후 11년 이상 전기공사업무를 수행한 사람
초급 전기 공사 기술자	① 산업기사 또는 기사의 자격을 취득한 사람 나. 기능사의 자격을 취득한 사람	① 전기 관련 학과의 학사 이상의 학위를 취득한 사람 ② 전기 관련 학과의 전문학사 학위를 취득한 후 2년(3년제 전문학사 학위를 취득한 경우에는 1년) 이상 전기공사업무를 수행한 사람 ③ 전기 관련 학과의 고등학교를 졸업한 후 4년 이상 전기공사업무를 수행한 사람 ④ 전기 관련 학과 외의 학사 이상의 학위를 취득한 후 4년 이상 전기공사업무를 수행한 사람 ⑤ 전기 관련 학과 외의 전문학사 학위를 취득한 후 6년(3년제 전문학사 학위를 취득한 경우에는 5년) 이상 전기공사업무를 수행한 사람 ⑥ 전기 관련 학과 외의 고등학교 이하인 학교를 졸업한 후 8년 이상 전기공사업무를 수행한 사람

정답 78. ② 79. ②

13.4.66 / 14.4.75 / 15.2.72 / 15.2.76 / 16.4.67 / 17.1.73 /
17.2.70 / 17.4.78 / 18.1.73 / 18.2.64 / 18.4.75 / 18.4.80
/ 19.1.64 / 19.2.62 / 20.3.80

80 전기설비기술기준의 판단기준에서 태양전지 모듈은 최대사용전압의 몇 배의 직류전압을 충전부분과 대지사이에 연속하여 10분간 가하여 절연내력을 시험하였을 때에 견디어야 하는가?

① 0.5
② 1.0
③ 1.2
④ 1.5

해설 연료전지 및 태양전지 모듈의 절연내력

연료전지 및 태양전지 모듈은 최대사용전압의 1.5배의 직류전압 또는 1배의 교류전압(500[V] 미만으로 되는 경우에는 500[V])을 충전부분과 대지사이에 연속하여 10분간 가하여 절연내력을 시험하였을 때에 이에 견디는 것이어야 한다.

정답 80. ④

2017년 기출문제

2017 제1회 기출문제

15.4.14 / 17.1.1 / 18.4.28 / 19.2.20 / 21.1.2

01 태양광발전시스템의 구성요소 중 인버터의 역할은?

① 직류→교류로 변환
② 교류→직류로 변환
③ 교류→교류로 변환
④ 직류→직류로 변환

해설 태양광발전시스템의 구성도

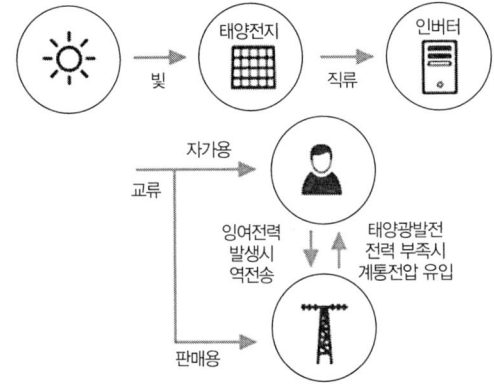

인버터(Inverter)는 태양 전지의 모듈로부터 직류 전원을 공급받아 정전압, 정주파수의 안정된 교류전원을 공급하는 장치로서 전력계통선과 병렬로 운전하며, 기동정지, 최대출력점 추적제어(MPPT), 각종 보호회로, 단독운전방지 등의 기능이 있어야 한다.

14.4.19 / 17.1.2 / 20.4.18

02 장거리 전력 전송에 고전압이 사용되는 이유가 아닌 것은?

① 송전용량이 증가한다.
② 전력손실이 감소한다.
③ 선로절연이 낮지므로 건설비가 감소한다.
④ 동일 용량의 전력을 송전할 경우 송전선의 굵기를 줄일 수 있다.

해설 고전압 송전
수전단 선간 전압[V], 선로 전류I [A], 부하 역률θ, 수전단 전력 P[kW], 전선 1선당의 저항 R[Ω], 전저항손 P_l[W], 송전거리 l[km], 전선 단면적 A[mm²], 전선의 고유저항 ρ[Ω·mm²/m²]

$P = \sqrt{3} VI\cos\theta$ [W]

$\therefore I = \dfrac{P}{\sqrt{3}\,V\cos\theta}$

$P_l = 3I^2R = \dfrac{1}{V^2} \cdot \dfrac{P^2 R}{\cos^2\theta}$ [W]

$A = \rho\dfrac{l}{R} = \dfrac{1}{V^2} \cdot \dfrac{P^2 \rho\, l}{P_l \cos^2\theta}$

여기서, P, l, ρ 가 일정하다고 하면, $A \propto \dfrac{1}{V^2}$

① 일정 전력을 같은 부하, 역률, 거리 및 같은 손실로 송전하는 경우, 전선의 단면적은 전압의 제곱에 반비례한다.
② 일정 거리에 일정 전력을 송전하는 경우, 전압을 2배로 하면 저항 손실은 1/4로 감소한다.

17.1.3

03 궤도전자가 강한 에너지를 받아서 원자 내의 궤도를 이탈하여 자유전자가 되는 것은?

① 방사   ② 전리   ③ 공진   ④ 여기

해설 전리(Ionization)
입사 방사선이 원자(전기적으로 중성)의 궤도전자에 전자의 결합에너지보다 큰 에너지를 부여함으로써 원자로부터 전자를 제거하는 현상으로, 이온화라고도 한다.

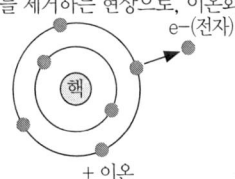

13.4.3 / 16.2.4 / 16.4.10 / 17.1.4 / 19.1.7 / 19.2.12 / 20.4.5 / 20.4.12

04 피뢰소자 중 내뢰트랜스의 선정방법으로 옳지 않은 것은?

① 전기특성이 양호한 것으로 선정한다.
② 1차측, 2차측의 전압 및 용량을 결정하고 카탈로그에 의해 형식을 선정한다.
③ 내뢰트랜스로 보호할 수 없는 경우에만 어레스터와 서지업서버를 사용한다.
④ 1차측과 2차측 간에 실드 판이 있고, 이 판 수가 많을수록 뇌서지에 대한 억제 효과도 높아지므로 많은 것을 선정한다.

정답 1.① 2.③ 3.② 4.③

해설 내뢰트랜스

① 이상전압에 의한 기기의 장애와 인체보호를 목적으로 한다.
② 실드부착 절연트랜스와 어레스터, 콘덴서가 결합되어, 뇌서지를 완전히 차단한다.
③ 뇌서지를 어레스터에서 억제하고, 트랜스에서 서지를 차단한다.
④ 뇌의 다발지역에서는 교류전원측에 내뢰 트랜스를 설치한다.

14.4.17 / 17.1.5 / 20.1.1 / 21.4.5

05 태양전지 모듈의 가로가 1.6[m], 세로가 1[m]이고, 변환효율이 10[%]인 경우의 충진율(FF)은? (단, V_{OC} = 10[V], I_{SC} = 8[A]이고, 표준시험 조건이다)

① 0.50　　② 0.65
③ 0.70　　④ 0.80

해설 ① 최대출력(P)
P = 모듈면적 × 표준일사강도 × 효율
　 = $(1.6 \times 1) \times 1,000 \times 0.1$ = 160[W]
② 충진율(Fill Factor)
$$FF = \frac{최대출력}{단락전류 \times 개방전압} = \frac{160}{8 \times 40} = 0.5$$

17.1.6

06 뇌서지 내성 및 노이즈 차단특성이 우수하나, 중량부피가 큰 인버터 절연방식은?

① 상용주파 절연방식
② 무변압기 절연방식
③ 고주파 절연방식
④ 접지 절연방식

해설 상용주파 변압기 절연방식

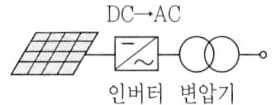
인버터 변압기

① PWM 인버터를 이용하여 상용주파수의 교류를 만들고, 상용주파수의 변압기를 이용하여 절연과 전압변환을 한다.
② 내부 신뢰성이나 노이즈 컷이 우수하지만, 상용주파수의 변압기를 별도로 이용하기 때문에 무겁고 크며, 변압기의 효율이 감소된다.

13.4.6 / 13.4.47 / 14.4.43 / 14.4.57 / 15.2.16 / 15.2.46 /
15.2.56 / 15.4.5 / 16.2.6 / 16.2.7 / 17.1.7 / 18.4.4 /
18.4.46 / 19.4.8 / 20.1.9 / 21.1.11 / 21.2.17 / 21.2.43

07 단결정 실리콘 태양전지의 특징이 아닌 것은?

① 색이 검은색이다.
② 무늬가 다양하다.
③ 단단하고, 구부러지지 않는다.
④ 제조에 필요한 온도가 약 1400[℃]로 높다.

해설 단결정과 다결정의 특징

 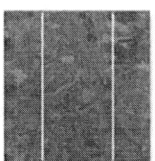
단결정　　　　　다결정

1) 단결정
① 검은색으로 무늬가 없으며, 단단하고 구부러지지 않는다.
② 실리콘의 원자배열이 규칙적이며 배열방향이 일정하여 전자의 이동에 걸림이 없어 변환효율이 높다.
③ 폴리실리콘을 석영도가니에 불순물(붕소, 인)과 함께 넣어 고온으로 용융시켜 원주모양의 단결정 실리콘 잉곳을 만든 후 이것을 얇게 절단한 것이 단결정 실리콘 웨이퍼
④ 고진동 상태에서 1400℃ 이상의 고온에 녹은 폴리실리콘은 정밀하게 조절되는 조건하에서 큰 직경을 가진 단절 봉으로 성장한다.

2) 다결정
① 청색으로 무늬가 다양하며, 단단하고 구부러지지 않

는다.
② 단결정질에 비해 공정이 간단하고 단결정질보다 가격도 저렴하여 널리 사용되고 있으나 변환효율이 단결정보다 낮다.
③ 폴리실리콘을 석영도가니에 넣고 높은 온도로 가열하여 녹인 다음 정제한 후 일정한 틀에 부어 응고시키는 방법으로 잉곳을 만들며, 단결정 제조방법보다 간단하여 원가를 낮출 수 있고 대량생산이 가능하다.
④ 제조에 필요한 온도는 약 800~1000℃로 높다.

13.4.64 / 14.4.65 / 14.4.77 / 15.4.71 / 17.1.8 / 17.2.75 / 17.4.70 / 18.4.67 / 19.2.70 / 19.2.72 / 20.1.64

08 다음 중 재생에너지에 해당하지 않는 것은?

① 풍력
② 지열 에너지
③ 태양 에너지
④ 수소 에너지

해설 신·재생에너지의 정의(신재생에너지법 제2조)
1) 신에너지: 기존의 화석연료를 변환시켜 이용하거나 수소·산소 등의 화학 반응을 통하여 전기 또는 열을 이용하는 에너지
① 수소에너지
② 연료전지
③ 석탄을 액화·가스화한 에너지 및 중질잔사유을 가스화

2) 재생에너지: 햇빛·물·지열·강수·생물유기체 등을 포함하는 재생 가능한 에너지를 변환시켜 이용하는 에너지
① 태양에너지
② 풍력
③ 수력
④ 해양에너지
⑤ 지열에너지
⑥ 생물자원을 변환시켜 이용하는 바이오에너지
⑦ 폐기물에너지(비재생폐기물로부터 생산된 것은 제외한다)

17.1.9 / 17.2.18 / 20.3.13 / 21.4.12
09 다음 중 지구 대기의 영향을 받지 않는 우주에서의 태양복사에너지 대기 질량(AM)은 무엇인가?

① AM0
② AM1
③ AM2
④ AM3

해설 대기 질량 지수(Air Mass index)
빛이 지표면에 이르는 가장 짧은 거리를 통해 공기나 먼지 등에 흡수되어 감소된 태양광에너지의 크기를 나타내는 것

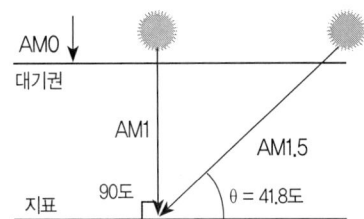

AM 0 : 대기권 밖에서 측정하는 스펙트럼
AM 1 : 태양의 직사광이 지표면에 수직으로 입사한 경우
AM 1.5 : 태양의 직사광이 지표면에 경사각 41.8°
 (천정각 48.2°)
AM 2 : 태양의 직사광이 지표면에 경사각 30°
 (천정각 60°)

17.1.10 / 19.2.7
10 다음 중 결정질 태양전지의 에너지 손실에서 가장 큰 부분은?

① 전면 접촉으로 초래된 반사와 차광
② 공간 전하 영역에서의 전지의 전위차
③ 장파장 복사에서 너무 낮은 광자 에너지
④ 단파장 복사에서 너무 높은 광자 에너지

해설 에너지 손실
① 태양전지에 들어오는 빛에는 여러 범위의 에너지를 가진 광자가 있고 이 중 일부는 전자-정공쌍을 만들 에너지를 가지고 있지 못해서 광자들은 태양전지를 통과할 뿐이고 태양전지 내에서 아무 역할도 하지 못한다. 또 다른 단파장(고진동) 복사에서의 광자들은 에너지가 너무 많아서 다 쓰지를 못한다.
② 결정질 태양전지의 경우에 1.1~1.12[eV] 이상의 에너지만 전자-정공쌍을 만드는데 사용되며, 이 에너지를 물질의 갭에너지라하고 광자의 에너지가 이 이상이면 여분의 에너지는 사용하지 못한다.

정답 8. ④ 9. ① 10. ④

③ 광자의 에너지가 전자-정공쌍을 만드는 데에 필요한 에너지의 2배 이상이면 하나 이상의 전자-정공을 발생시킬 수 있으나 이 효과는 미미하고 가장 큰 손실이 되며, 이 두가지 이유로 해서 태양전지에 들어오는 태양에너지의 70% 이상을 사용하지 못한다.

14.4.54 / 15.4.19 / 17.1.11 / 19.1.9 / 19.4.3 / 19.4.7 / 20.4.10 / 21.2.5

11 방사강도가 1000[W/m²]이고, 태양전지의 출력이 36[W] 일 때 태양전지의 광전변환 효율 [%]은? (단, 태양전지의 면적은 0.5[m²] 이다.)

① 1.8 ② 3.6 ③ 7.2 ④ 9.6

해설 변환효율(η)

$$\eta = \frac{P_{AS}}{G_S \times A} \times 100 = \frac{36}{1,000 \times 0.5} \times 100 = 7.2 \, [\%]$$

P_{AS} : 태양전지 어레이 출력전력 [kW]
G_S : 경사면 일사량 [kW/m²]
A : 태양전지 어레이 면적 [m²]

17.1.12 / 18.2.4 / 20.3.19 / 20.1.10

12 반동수차의 종류가 아닌 것은?

① 펠톤수차 ② 카플란수차
③ 프란시스수차 ④ 프로펠러수차

해설 수차의 종류 및 특징

수차의 종류		특징
충동수차	펠톤(Pelton)수차 튜고(Turgo)수차 오스버그(Ossberger)수차	수차가 물에 완전히 잠기지 않음 물은 수차의 일부 방향에서만 공급되며, 운동에너지만을 전환함
반동수차	프란시스(Francis)수차	수차가 물에 완전히 잠김
	프로펠러수차 { 카플란(Kaplan)수차 튜브라(Tubular)수차 벌브(Bulb)수차 림(Rim)수차 }	수차의 원주방향에서 물이 공급됨 동압(dynamic pressure) 및 정압(static pressure)이 전환됨

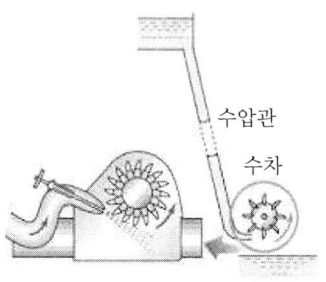

충동수차

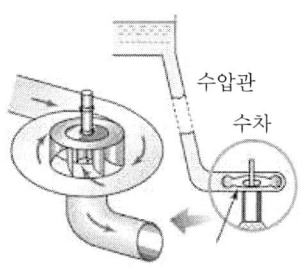

반동수차

① 충동수차(impulse water turbine) : 물을 노즐(nozzle)로부터 분출시켜서 위치 에너지를 전부 운동 에너지로 바꾸는 수차
② 반동수차(reaction water turbine) : 물의 위치에너지를 압력에너지로 바꾸고 이것을 러너에 유입시켜 빠져나갈 때의 반작용으로 동력을 발생하는 수차

14.4.48 / 15.2.41 / 16.4.23 / 17.1.13 / 18.1.50 / 20.1.49 / 20.4.41

13 고주파 변압기 절연방식과 트랜스리스 방식의 계통연계 인버터는 출력전류에 중첩되는 직류분이 정격교류 최대 전류의 몇 [%] 이하로 유지해야 하는가?

① 0.5 ② 5 ③ 10 ④ 20

해설 전기품질 항목
① 직류 유입 제한
분산형전원 및 그 연계 시스템은 분산형전원 연결점에서 최대 정격 출력전류의 0.5[%]를 초과하는 직류 전류를 계통으로 유입시켜서는 안된다.
② 역률
분산형전원의 역률은 90[%] 이상으로 유지함을 원칙으로 한다.

③ 플리커(flicker)
④ 고조파
⑤ 전압
⑥ 주파수
⑦ 한전계통에의 재병입(Reconnection)
⑧ 단락용량
⑨ 접지

※ 분산형전원(DR, Distributed Resources)
대규모 집중형 전원과는 달리 소규모로 전력소비지역 부근에 분산하여 배치가 가능한 전원

17.1.14

14 전기설비의 안전에 관한 일반적인 사항이 아닌 것은?

① 전기설비의 접지와 건축물의 피뢰설비 및 통신설비 등을 통합접지공사를 할 수 있다.
② 전선배관 등의 관통부는 화재 확산을 방지하기 위해서 관통부 처리를 하여야 한다.
③ 전기실의 소화설비로는 이산화탄소, 청정소화약제 등을 사용할 수 있다.
④ 유입변압기는 반드시 옥내 설치가 권장된다.

[해설] 유입 변압기(Oil immersed transformer)

① 철심과 권선을 탱크 내에 넣어 기름으로 냉각하는 변압기
② 옥내용 옥외용이 있다.

14.4.5 / 17.1.15 / 19.2.4

15 부하의 허용 최저전압이 92[V], 축전지와 부하 간 접속선의 전압강하가 3[V] 일 때, 직렬로 접속한 축전지의 개수가 50개라면 축전지 한 개의 허용 최저 전압은 몇 [V/cell] 인가?

① 1.9[V/cell]   ② 1.8[V/cell]
③ 1.6[V/cell]   ④ 1.5[V/cell]

[해설] 허용 최저 전압(V)

$$V = \frac{\text{부하의 허용 최저전압} + \text{접속선의 전압강하}}{\text{직렬 접속된 축전지 수량}}$$

$$= \frac{92+3}{50} = 1.9 \ [V/cell]$$

16.2.27 / 17.1.16 / 17.1.71 / 18.4.60 / 19.2.30 / 19.4.69 / 20.3.69 / 21.2.68 / 21.4.15 / 21.4.60

16 직격뢰와 유도뢰에 대한 설명이 아닌 것은?

① 직격뢰는 에너지가 매우 작다.
② 유도뢰에 의한 순간적인 전압상승을 뇌서지라고 한다.
③ 정전유도에 의한 유도뢰는 케이블에 유도된 플러스 전하가 낙뢰로 인한 지표면 전하의 중화에 의해 뇌서지가 된다.
④ 전자유도에 의한 유도뢰는 케이블 부근에 낙뢰로 인한 뇌전류에 따라 케이블에 유도되어 뇌서지가 된다.

[해설] 직격뢰

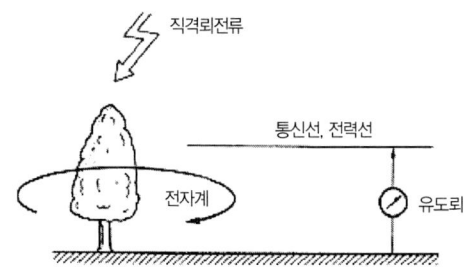

수목 등의 직격뢰에 의한 유도뢰

① 뇌격전류 크기는 26[kA]이하가 약 50[%], 26~100[kA]가 50[%] 정도를 차지한다.
② 구조물, 태양전지 어레이 등에 직접 내리는 낙뢰로 유입되는 전류와 발생전압이 크기 때문에, 뇌격을 직접 받으면 피뢰기마저도 소손되는 경우가 있다.
③ 직격뢰의 피해를 방지하는 것은 매우 어려우나, 피뢰침 등을 설치하여 전기설비에 대한 직접 뇌격을 피하는 대책이 취해지고 있다.

13.4.59 / 17.1.17 / 18.1.2 / 18.2.9 / 18.4.51 / 19.1.3 /
19.4.14 / 20.3.15 / 20.4.17 / 21.4.16

17 태양전지 모듈 내에 태양전지 셀의 결함 또는 열화로 인한 출력저하를 방지하고 발열을 억제하기 위하여 사용하는 것은?

① 리드선
② 충전재
③ 바이패스 소자
④ 알루미늄 프레임

해설 바이패스 다이오드(Bypass Diode)

1) 태양광 모듈의 그림자 영향
① 태양광 모듈은 아주 적은 일부가 그림자에 가려지더라도 모듈 전체의 출력이 크게 저하된다.
② 모듈은 각각의 태양전지를 직렬로 연결하기 때문에 수십 개의 태양전지로 구성된 모듈에서 단 한 개의 셀이 나뭇잎 등에 의해 완전히 가려졌다면 출력 값은 거의 제로(Zero)에 가깝게 떨어진다.
③ 전체 개방전압에서 그림자가 발생한 모듈의 개방전압을 뺀 값 이하에서 전압 동작점이 존재할 때에 그림자가 발생한 모듈의 전류가 역방향이 된다. 따라서 역 전압이 인가되고 부하처럼 동작되어 열이 발생되고 모듈이 파손되는 원인이 된다.

2) 대책(바이패스 다이오드)

바이패스 다이오드 (Junction Box에 설치)

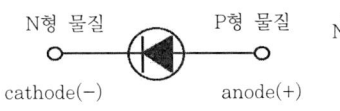

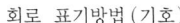

회로 표기방법 (기호)   N, P 구분

① 바이패스다이오드(Bypass Diode)는 전류를 한쪽방향으로만 흐르게 만들어 주는 부품으로 P에서 N방향으로 전류가 흐르고 반대 방향으로는 전류를 거의 통과시키지 않는다.

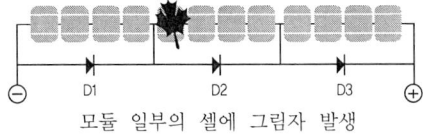

모듈 일부의 셀에 그림자 발생

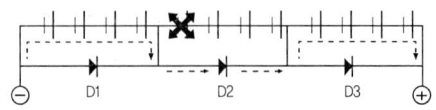

그림자 발생된 모듈의 전류흐름

② 그림자로 인해 출력이 저하된 셀 또는 셀 그룹을 우회해 전류가 흐르도록 하고, 이를 통한 출력감소는 오직 그림자에 의해 가려진 셀 또는 셀 그룹에 해당하는 부분으로 제한해 출력을 유지한다.

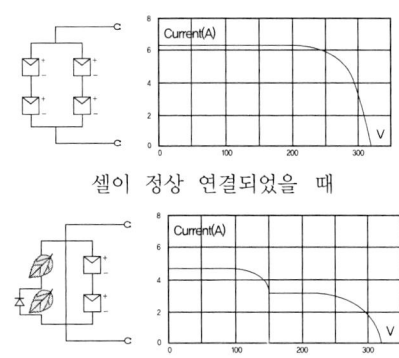

셀이 정상 연결되었을 때

셀 일부가 정상동작하지 않을 시

③ 일반적으로 모듈 한 장(태양전지 6×9)에 셀 54개 배열의 경우에는 다이오드 3개(1개당 18개의 셀)를 병렬로 설치한다.

13.4.17 / 15.4.59 / 17.1.18 / 17.4.2 / 18.4.3 / 19.1.6 /
21.2.1 / 21.4.18

18 실시간으로 변화하는 일사강도에 따라 태양광인버터가 최대출력점에서 동작하도록 하는 기능은?

① 자동운전정지 기능
② 단독운전방지 기능
③ 자동전류조정 기능
④ 최대전력 추종제어 기능F

해설 최대전력 추종(MPPT ; Maximum Power Point Tracking)제어 기능

태양전지의 출력은 일사강도나 태양전지의 표면온도에 따라 변화하며, 이들 변동에서 태양전지의 동작점이 항상 최대출력점을 추종하도록 변화시켜, 태양전지에서 최대 출력을 유도하는 제어

16.4.17 / 17.1.19 / 18.4.12 / 19.2.10 / 20.1.16 / 20.3.20 / 21.1.14 / 21.2.20

19 N형반도체의 다수캐리어는?

① 양성자 ② 중성자
③ 전자 ④ 정공

해설 p형반도체 : 정공이 다수캐리어
n형반도체 : 전자가 다수캐리어

13.4.14 / 14.4.1 / 14.4.9 / 15.2.5 / 15.2.43 / 17.1.20 / 17.4.14 / 18.2.11 / 19.2.5 / 20.1.17 / 20.3.1 / 20.4.4 / 20.4.6 / 21.1.43 / 21.2.2 / 21.2.13 / 21.2.18

20 태양광 모듈의 최대출력(P_{mpp})의 의미는?

① $I \times V$ ② $I_{mpp} \times V$
③ $I \times V_{mpp}$ ④ $I_{mpp} \times V_{mpp}$

해설 태양전지의 전압-전류 특성

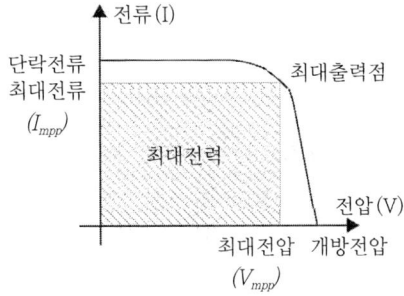

태양전지에서 나오는 전력은 전류와 전압을 곱하여 얻을 수 있으며 최대전류(Max. Power Current, I_{mpp})와 최대전압(Max. Power Volt, V_{mpp})이 만나는 최적의 동작점에서 발생한 전력이 태양전지의 최대출력(Max. Power)값이 된다.

14.4.22 / 17.1.21 / 19.2.34

21 설계감리 업무 수행 시 설계감리원이 비치하여 설계감리 과정을 기록하여야 하는 문서가 아닌 것은?

① 근무상황부
② 설계감리일지
③ 안전교육실적표
④ 설계감리 검토의견 및 조치 결과서

해설 설계 감리원이 비치하여야 할 문서
① 근무상황부 ② 설계감리일지
③ 설계감리지시부 ④ 설계감리기록부
⑤ 설계감리 협의사항기록부
⑥ 설계감리 추진현황
⑦ 설계감리 검토의견 및 조치 결과서
⑧ 설계감리 주요검토결과
⑨ 설계도서 검토의견서
⑩ 설계도서(내역서 수량산출 및 도면 등)를 검토한 근거서류
⑪ 해당용역관련 수발신 공문서 및 서류
⑫ 그밖에 발주자가 요구하는 서류

17.1.22 / 21.1.32

22 감리용역 계약문서가 아닌 것은?

① 과업 지시서
② 공사입찰 유의서
③ 감리비 산출내역서
④ 기술용역계약 일반조건

해설 설계감리용역 계약문서
① 계약서
② 설계감리용역 입찰유의서
③ 설계감리용역계약 일반조건
④ 설계감리용역계약 특수조건
⑤ 과업내용서
⑥ 설계감리비 산출내역서

14.4.42 / 17.1.23 / 21.1.41

23 태양광발전설비의 준공검사 시 확인사항이 아닌 것은?

① 시설물의 유지관리 방법
② 감리원의 준공 검사원에 대한 검토의견서
③ 제반 가설시설물의 제거와 원상복구 정리 상황
④ 완공된 시설물이 설계도서대로 시공되었는지 여부

해설 준공검사 시 확인사항
① 완공된 시설물이 설계도서대로 시공되었는지의 여부
② 시공시 현장 상주감리원이 작성 비치한 제 기록에 대한 검토

정답 19. ③ 20. ④ 21. ③ 22. ② 23. ①

③ 폐품 또는 발생물의 유무 및 처리의 적정여부
④ 지급 기자재의 사용적부와 잉여자재의 유무 및 그 처리의 적정여부
⑤ 제반 가설시설물의 제거와 원상복구 정리 상황
⑥ 감리원의 준공 검사원에 대한 검토의견서
⑦ 그밖에 검사자가 필요하다고 인정하는 사항

해설 계통연계형 태양광발전시스템의 구성

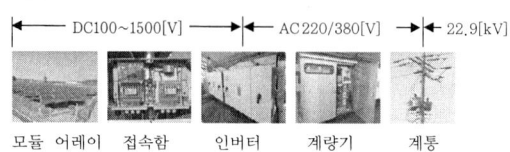

24 비상주감리원의 업무에 해당하지 않는 것은?

① 중요한 설계변경에 대한 기술검토
② 설계변경 및 계약금액 조정의 심사
③ 근무상황판에 현장근무위치와 업무내용 기록
④ 정기적(분기 또는 월별)으로 현장 시공 상태를 종합적으로 점검·확인·평가하고 기술지도

해설 비상주감리원의 근무수칙
① 설계도서 등의 검토
② 상주감리원이 수행하지 못하는 현장 조사 분석 및 시공상의 문제점에 대한 기술검토와 민원사항에 대한 현지조사 및 해결방안 검토
③ 중요한 설계변경에 대한 기술검토
④ 설계변경 및 계약금액 조정의 심사
⑤ 기성 및 준공검사
⑥ 정기적(분기 또는 월별)으로 현장 시공 상태를 종합적으로 점검·확인·평가하고 기술지도
⑦ 공사와 관련하여 발주자(지원업무수행자 포함)가 요구한 기술적 사항 등에 대한 검토
⑧ 그밖에 감리업무 추진에 필요한 기술지원 업무

25 태양광발전시스템의 일반적인 시공 순서로 옳은 것은?

> ㉠ 모듈   ㉡ 어레이
> ㉢ 인버터   ㉣ 접속반
> ㉤ 계통 간 간선

① ㉠ → ㉡ → ㉣ → ㉢ → ㉤
② ㉠ → ㉤ → ㉣ → ㉢ → ㉡
③ ㉠ → ㉣ → ㉢ → ㉤ → ㉡
④ ㉠ → ㉢ → ㉤ → ㉣ → ㉡

26 3상 3선식 전압강하 계산식으로 옳은 것은?

① $e = \dfrac{35.6 \times L \times I}{1000 \times A}$

② $e = \dfrac{30.8 \times L \times I}{1000 \times A}$

③ $e = \dfrac{15.6 \times L \times I}{1000 \times A}$

④ $e = \dfrac{24.6 \times L \times I}{1000 \times A}$

해설 전압강하 및 전선 굵기 계산식

전기공급방식	전압강하(e)	전선의 단면적(A)
단상 2선식 직류 2선식	$e = \dfrac{35.6 \times L \times I}{1,000 \times A}$	$A = \dfrac{35.6 \times L \times I}{1,000 \times e}$
3상 3선식	$e = \dfrac{30.8 \times L \times I}{1,000 \times A}$	$A = \dfrac{30.8 \times L \times I}{1,000 \times e}$
단상 3선식 3상 4선식 직류 3선식	$e = \dfrac{17.8 \times L \times I}{1,000 \times A}$	$A = \dfrac{17.8 \times L \times I}{1,000 \times e}$

27 수전단 전압이 송전단 전압보다 높아지는 현상은?

① 표피효과
② 코로나 현상
③ 역섬락 현상
④ 페란티 현상

해설 페란티 현상(Ferranti phenomena)
① 부하가 대단히 적을 경우, 특히 무부하시에는 충전전류(정전용량)의 영향이 커서 전류는 진상(전류가 전압보다 위상이 앞선다) 전류가 되고 이러한 경우 수전단 전압이 송전단 전압보다 높아지게 되는 현상

정답 24.③ 25.① 26.② 27.④

② 단위 길이당 정전용량이 클수록 송전선로의 길이가 길수록 페란티 현상이 심하다.

16.2.11 / 16.4.32 / 17.1.28 / 20.1.39 / 20.3.6 / 20.3.7 / 21.2.28 / 21.2.31

28 창문 상부 등 건물 외부에 가대를 설치하고 그 위에 태양광 모듈을 설치한 형태는?

① 경사지붕형　② 벽 건재형
③ 루버형　④ 차양형

해설 가변 차양형
① 태양 고도에 따라 태양전지 모듈의 차양 각도를 조절함으로써, 건물 실내로 유입되는 태양광의 양을 조절 가능하며, 경사 고정형 대비 발전 효율을 향상시킬 수 있는 가변 차양형 BIPV 시스템이 설치되고 있다.
② 건축물의 외부 이미지 상승과 쾌적한 환경을 동시에 만족시켜 줄 수 있다.

17.1.29 / 17.4.33 / 21.4.28

29 태양전지 모듈 및 어레이 설치 후 확인 및 점검 사항이 아닌 것은?

① 비접지 확인　② 개방전류 측정
③ 전압극성의 확인　④ 모듈전압의 확인

해설 검사 항목
① 전압 및 극성 확인
② 단락전류 측정
③ 접지확인(일반적으로 직류측 회로는 비접지 한다)

※ 태양광모듈 어레이에서는 직류가 발생된다.

16.4.5 / 17.1.30 / 19.1.5 / 21.2.4

30 다음 ( )안의 알맞은 내용으로 옳은 것은?

> 태양광발전시스템은 상용 전력계통 연계 유무에 따라 독립형과 ( )으로 구분된다.

① 계통연계형　② 병렬연계형
③ 복합연계형　④ 단독연계형

해설 태양광발전시스템의 종류
1) 독립형 태양광발전 시스템
① 외딴 섬과 같이 전기가 들어오지 않는 지역에서, 상용전력계통과 직접 연결되지 않고 분리된 발전방식으로, 태양광발전시스템의 발전 전력만으로 부하에 전력을 공급한다.
② 야간 혹은 우천 시, 태양광발전시스템의 발전이 불가할 때는 발전된 전력을 저장할 수 있는 축전장치를 접속하여 태양광 전력을 저장하여 사용하는 방식

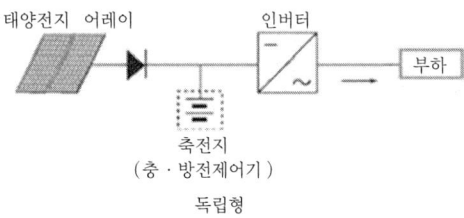

독립형

2) 계통연계형 : 태양광발전으로 부하에 전력공급시 전기가 부족하면 전력회사의 상용전력계통에서 공급을 받고, 전기가 남을 때는 전력회사(상용-계통)에 공급하는 시스템

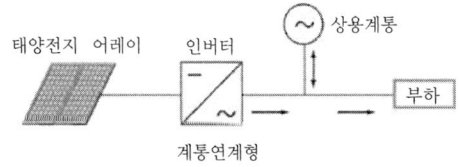

계통연계형

3) 하이브리드(Hybrid)형 : 풍력발전, 디젤발전 등 타에너지원에 의한 발전방식과 결합된 방식

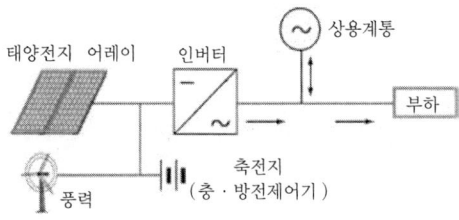

하이브리드 (Hybrid)형

정답 28.④ 29.② 30.①

15.2.32 / 17.1.31 / 19.1.35 / 21.2.36

31 변전소에서 무효전력을 조정하는 전기설비로 옳은 것은?

① 변성기 ② 피뢰기
③ 축전지 ④ 조상설비

해설 조상설비(Phase Modifying Equipment)
전력 계통의 무효 전력 및 전압 제어용으로 사용되는 외에 무효 전력 조류의 적정 배분으로 전력 손실 경감을 목적으로 하는 경우도 있다.
1) 종류
① 회전기 : 동기 조상기, 비동기 조상기
② 정지기 : 전력용 콘덴서, 분로 리액터

2) 동기 조상기
① 앞선 전류(콘덴서)와 뒤진 전류(리액터) 작용이 가능하다(진상, 지상)
② 현재는 거의 사용되고 있지 않다.

17.1.32 / 20.1.23 / 21.1.39

32 가공송전 선로에 사용되는 전선의 구비 조건이 아닌 것은?

① 내구성이 있을 것
② 도전율이 높을 것
③ 비중(밀도)이 높을 것
④ 가선작업이 용이할 것

해설 전선의 구비조건
① 도전율이 클 것
② 기계적 강도가 클 것
③ 가요성이 클 것
④ 내구성이 클 것
⑤ 비중이 작을 것(가벼울 것)
⑥ 가격이 저렴할 것

13.4.22 / 15.2.37 / 16.4.27 / 17.1.33 / 17.2.36 / 17.4.29 / 18.4.33 / 20.4.27 / 21.1.34

33 태양광발전시스템에 있어서 방화구획 관통부를 처리하는 주된 목적은?

① 방화설비의 사용용이
② 전선관 및 배선의 보호
③ 화재감지기 오작동 방지
④ 다른 설비로의 화재 확산 방지

해설 방화구획 관통부의 처리

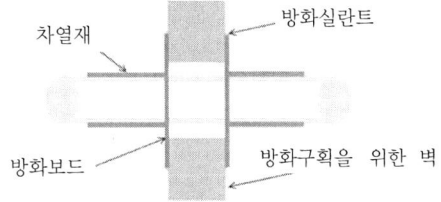

1) 방화구획 관통부의 처리를 하는 것은 화재 발생 시의 방화 대책물인 벽, 바닥, 기둥 등을 통과하는 전선, 배관의 관통 부분에서 다른 설비로 불길이 번지거나 확대하는 것을 방지하기 위해서이다.

2) 배선을 옥외에서 옥내로 끌어들인 관통 부분의 처리 방법으로는 다음과 같다.
① 난연성
관통 부분의 충전재, 케이블, 배관재의 변형, 파손, 탈락, 소실로 인해 뒷면에 화염, 연기가 나지 않을 것
② 내열성
관통 부분의 충전재, 내열씰재의 전열에 의해 뒷면이 연소할 위험이 있는 온도가 되지 않을 것
③ 관통부의 내화구조에 대한 성능시험은 단일 제품(예: 방화용 실런트 또는 기타자재)에 대한 시험이 아니라 복합구조(예: 방화용 실런트와 철판, 암면 등의 조합)의 시스템을 제시하여 그 시스템에 대해서 시험성적을 취득한다.

16.2.37 / 17.1.34 / 17.4.26 / 19.4.40 / 20.3.11 / 20.3.14 / 20.3.37 / 21.2.45

34 최대수용전력이 600[kVA] 이고 설비용량은 전등부하 350[kW], 동력부하 500[kVA] 이다. 이때 수용률[%]은?

① 31.80 ② 52.62
③ 70.58 ④ 79.62

해설 수용률(demand factor)
① 수용 설비가 이용되고 있는 비율
② 수용 설비 용량 : 수용 장소에 설비된 전기기기류의 정격용량의 합계

정답 31. ④ 32. ③ 33. ④ 34. ③

③ 변압기의 용량 = $\dfrac{\text{최대 수용 전력}}{\text{부하 역률}}$

④ 수용률 = $\dfrac{\text{최대 수용 전력 [kW]}}{\text{수용 설비 용량 [kW]}} \times 100 [\%]$

= $\dfrac{600}{350+500} \times 100 \fallingdotseq 70.58$

15.2.23 / 17.1.35 / 17.2.39 / 18.4.30 / 20.4.40

35 태양전지 어레이의 구조물을 지상에 설치하기 위한 기초의 종류 중 지지층이 얕을 경우 쓰이는 방식은?

① 말뚝기초　　② 직접기초
③ 연속기초　　④ 케이슨기초

[해설] 기초의 분류

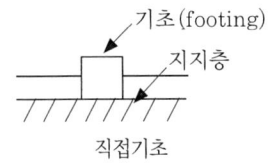

직접기초

1) 얕은 기초(Shallow Foundation)
① 독립(주춧돌)기초(Individual Footing) : 단일기둥을 지지, 기둥간격이 넓은 경우
② 연속기초(Contentious Footing) : 다수의 연속기둥 또는 벽체를 지지
③ 전면(온통)기초(Mat 또는 Raft Foundation)

※ 직접기초 : 독립기초, 연속기초, 전면(온통)기초

2) 깊은 기초(Deep Foundation)
① 파일(말뚝)기초(Pile Foundation)
② 피어기초(Pier Foundation)
③ 케이슨(우물통)기초

16.4.33 / 17.1.36 / 19.2.28 / 20.3.33

36 직류 송전방식의 장점이 아닌 것은?

① 안정도가 좋다.
② 송전효율이 좋다.
③ 절연계급을 낮출 수 있다.
④ 회전자계를 쉽게 얻을 수 있다.

[해설] 송전방식

1) 교류 방식
① 변압기를 이용하여 전압의 승압·강하가 쉽다.
② 교류기는 회전자계를 쉽게 얻을 수 있다.
③ 대부분이 교류 송전 방식이므로 운용상의 일관성을 갖는다.

2) 직류 방식
① 교류보다 $\sqrt{2}$ 배 낮은 전압으로 송전이 가능하므로 절연이 쉽다.
② 리액턴스에 의한 전압강하가 없으므로 장거리 송전에 적합하다.
③ 안정도가 좋다.

15.2.27 / 17.1.37 / 18.4.10 / 18.4.13 / 19.2.31 / 21.2.7

37 옥내용 태양광 인버터를 옥외에 설치할 수 있는 용량은 몇 [kW] 이상인가?

① 1　　② 2　　③ 3　　④ 5

[해설] 인버터 설치용량과 표시사항

① 입력단(모듈출력)의 전압, 전류, 전력과 출력단(인버터출력)의 전압, 전류, 전력, 주파수, 누적발전량, 최대출력량(peak)이 표시되어야 한다.
② 인버터의 설치용량은 사업계획서 상의 인버터 설계용량 이상이어야 하고, 인버터에 연결된 모듈의 설치용량은 인버터 설치용량의 105[%] 이내이어야 한다. 다만, 각 직렬군의 태양전지 개방전압은 인버터 입력전압 범위 안에 있어야 한다.
③ 인버터는 옥내·옥외용을 구분하여 설치하여야한다. 단, 옥내용을 옥외에 설치하는 경우는 5[kW]이상 용량일 경우에만 가능하며 이 경우 빗물 침투를 방지할 수 있도록 옥내에 준하는 수준으로 외함 등을 설치하여야 한다.

17.1.38

38 접지극에 사용되지 않는 것은?

① 동판　　② 탄소피복강
③ 알루미늄봉　　④ 동피복강봉

[해설] 접지극의 종류

정답 35.② 36.④ 37.④

① 동판(두께 0.7[mm] 이상, 면적 900 [cm²] 이상)
② 동봉, 동피복강봉 (지름 8[mm] 이상, 길이 0.9[m] 이상)
③ 철봉(지름 12[mm] 이상, 길이 0.9[m] 이상의 아연도금 철봉)
④ 동피복강판(두께 1.6[mm] 이상, 길이 0.9[m] 이상, 연적 250[cm²] 이상)
⑤ 탄소피복강봉(지름 8[mm] 이상의 강심, 길이 0.9[m] 이상)

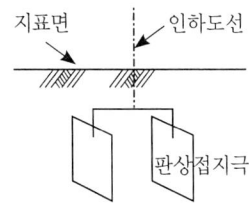

39 KEC 한국전기설비규정의 변경으로 삭제됨

16.4.32 / 17.1.40
40 지붕에 설치하는 태양광발전시스템 중 톱 라이트형의 특징이 아닌 것은?
① 채광 및 셀에 의한 차광효과도 있다.
② 셀의 배치에 따라서 개구율을 바꿀 수 있다.
③ 중·고층 건물의 벽면을 유효하게 이용한다.
④ 톱 라이트의 유리 부분에 맞게 태양전지 유리를 설치한 타입이다.

[해설] **톱라이트(Top Light)형**

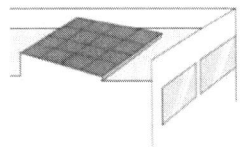

① 지붕에 설치한다.
② 지붕 채광용 톱 라이트부분의 유리에 맞게 태양전지를 설치하는 형태
③ 톱라이트의 기능으로 실내 채광 및 설치된 셀에 의한 차폐 기능도 있다.
④ 셀을 어떻게 배치하는 가에 따라서 개구율을 바꿀 수 있다.

41 KEC 한국전기설비규정의 변경으로 삭제됨

17.1.42 / 21.4.43
42 결정질 실리콘 태양광발전 모듈의 인증 제품에 대한 표시사항으로 틀린 것은?
① 제품의 단가 ② 인증부여 번호
③ 설비명 및 모델명 ④ 제품의 주요 사항

[해설] **제품인증표시의 방법**
① KS마크의 크기 3mm 이상
② KS명 또는 KS번호
③ 인증번호
④ 설비명 및 모델명/모델코드
⑤ 제품의 주요 사양
⑥ 제조연월일
⑦ 제조자명 및 소재지
　(해당하는 경우 수입사 포함)
⑧ 인증기관명
⑨ KS C 8561의 표시사항

17.1.43 / 21.4.43
43 신·재생에너지설비 KS인증 대상 품목 중 태양광 설비의 대상 품목이 아닌 것은?
① 소형 태양광 발전용 인버터
② 박막 태양광발전 모듈(성능)
③ 특대형 태양광 발전용 인버터
④ 결정질 실리콘 태양광발전 모듈(성능)

[해설] **신재생에너지설비 인증대상 품목**
① 태양광발전용 마이크로인버터
② 결정질 실리콘 태양광발전 모듈
③ 박막 태양광발전 모듈(성능)
④ 소형 태양광발전용 인버터
⑤ 중대형 태양광발전용 인버터
⑥ 건물일체형 태양광 모듈(BIPV)-성능평가 요구사항
⑦ 태양광발전용 접속함

17.1.44 / 21.2.46
44 송·변전설비 중 배전반에서 주회로 인입·인출부의 일상점검 내용이 아닌 것은?

① 볼트류 등의 조임 상태 확인
② 쥐, 곤충 등의 침입 여부 확인
③ 표시기, 표시등의 정확 유무 확인
④ 코로나 방전에 의한 이상음 여부 확인

해설 배전반 주회로 인입·인출부의 일상점검
1) 폐쇄 모선의 접속부
① 이상 소리음 : 볼트 풀림 등에 의한 진동

2) 부싱
① 손상 : Corona 방전에 의한 이상음 점검, 균열, 파손 등

3) 케이블 단말부 및 접속부, 관통부 등
① 이상 소리음 : 볼트 풀림 등에 의한 진동
② 이상 냄새 : Corona 방전에 의한 과열 냄새
③ 손상 : 배선, 케이블 막이 판의 탈락 및 간격
④ 쥐, 곤충, 설치류 등의 침입 : 곤충 및 설치류 등의 침입 흔적

17.1.45 / 17.2.45 / 17.4.25 / 18.2.51 / 21.1.57 / 21.2.29

45 자가용 태양광발전설비 정기검사 항목이 아닌 것은?

① 변압기 검사
② 태양광 전지 검사
③ 부하운전시험 검사
④ 전력변환장치 검사

해설 자가용 태양광발전설비의 정기검사 항목
(1) 외관(설계도면 및 시설상태 확인)

(2) 태양광전지
① 일반규격
② 태양전지

(3) 전력변환장치
① 일반규격
② 본체
③ 보호장치
④ 축전지

(4) 종합연동시험
(5) 부하운전시험
(6) 기타부속설비(전기수용설비 항목을 준용)

17.1.46 / 19.1.56 / 20.1.51 / 21.4.57

46 태양광발전시스템 인버터의 시험항목으로 틀린 것은?

① 절연성능시험
② 정상특성시험
③ 전기자기 적합성
④ 과열점 내구성 시험

해설 태양광 발전용 독립형/계통연계형 중대형 인버터의 시험항목

시험항목		독립형	계통연계형
1. 구조 시험		O	O
2. 절연 성능 시험	a) 절연 저항 시험	O	O
	b) 내전압 시험	O	O
	c) 감전 보호 시험	O	O
	d) 절연 거리 시험	O	O
3. 보호 성능 시험	a) 출력 과전압 및 부족 전압 보호 기능 시험	×	O
	b) 주파수 상승 및 저하 보호 기능 시험	×	O
	c) 단독 운전 방지 기능 시험	×	O
	d) 복전 후 일정 시간 투입 방지 기능 시험	×	O
4. 정상 특성 시험	a) 교류 전압, 주파수 추종 범위 시험	×	O
	b) 교류 출력 전류 변형률 시험	×	O
	c) 누설 전류 시험	O	O
	d) 온도 상승 시험	O	O
	e) 효율 시험	O	O
	f) 대기 손실 시험	×	O
	g) 자동 기동·정지 시험	×	O
	h) 최대 전력 추종 시험	×	O
	i) 출력 전류 직류분 검출 시험	×	O
5. 과도 응답 특성 시험	a) 입력 전력 급변 시험	O	O
	b) 계통 전압 급변 시험	×	O
	c) 계통 전압 위상 급변 시험	×	O
6. 외부 사고 시험	a) 출력측 단락 시험	O	O
	b) 계통 전압 순간 정전·강하 시험	×	O
	c) 부하 차단 시험	O	O
7. 내전기 환경 시험	a) 계통 전압 왜형률 내량 시험	×	O
	b) 계통 전압 불평형 시험	×	O
	c) 부하 불평형 시험	O	×
8. 내주위 환경 시험	a) 습도 시험		
	b) 온도 사이클 시험		
9. 전기자기 적합성 (EMC)	a) 전자파 내성(EMI)	O	O
	b) 전자파 내성(EMS)	O	O

14.4.27 / 15.4.15 / 17.1.47 / 17.2.44 / 17.4.52 / 18.1.57 / 18.4.5 / 20.4.49 / 21.2.37 / 21.4.58

47 모니터링 시스템의 운영 점검사항으로 틀린 것은?

① 센서 접속 이상 유무
② 가대 등의 녹 발생 유무
③ 인버터 모니터링 데이터 이상 유무
④ 인터넷 접속 상태 및 통신단자 이상 유무

해설 모니터링 시스템의 운영 점검사항
① 센서 접속 이상 유무
② 인버터 모니터링 데이터 이상 유무
③ 인터넷 접속 상태 및 통신단자 이상 유무

16.4.42 / 17.1.48 / 19.1.47

48 전기사업의 허가기준으로 틀린 것은?

① 전기사업이 계획대로 수행될 수 있을 것
② 전기사업을 적정하게 수행하는 데 필요한 재무능력 및 기술능력이 있을 것
③ 발전소나 발전연료가 특정 지역에 편중되어 전력계통의 운영에 지장을 주지 아니할 것
④ 그밖에 공익상 필요한 것으로서 산업통상자원부령으로 정하는 기준에 적합할 것

해설 전기사업의 허가(전기사업법 제7조)
(1) 전기사업을 하려는 자는 전기사업의 종류별로 산업통상자원부장관의 허가를 받아야 한다. 허가받은 사항 중 산업통상자원부령으로 정하는 중요 사항을 변경하려는 경우에도 또한 같다.

(2) 산업통상자원부장관은 전기사업을 허가 또는 변경 허가를 하려는 경우에는 미리 전기위원회의 심의를 거쳐야 한다.

(3) 동일인에게는 두 종류 이상의 전기사업을 허가할 수 없다. 다만 동일인이 두 종류 이상의 전기사업을 할 수 있는 경우는 다음과 같다.(전기사업법 시행령 제3조)
① 배전사업과 전기판매사업을 겸업하는 경우
② 도서지역에서 전기사업을 하는 경우
③ 발전사업의 허가를 받은 것으로 보는 집단에너지사업자가 전기판매사업을 겸업하는 경우. 다만, 허가받은 공급구역에 전기를 공급하려는 경우로 한정한다.

(4) 산업통상자원부장관은 필요한 경우 사업구역 및 특정한 공급구역별로 구분하여 전기사업의 허가를 할 수 있다. 다만, 발전사업의 경우에는 발전소별로 허가할 수 있다.

(5) 전기사업의 허가기준은 다음과 같다.
① 전기사업을 적정하게 수행하는 데 필요한 재무능력 및 기술능력이 있을 것
② 전기사업이 계획대로 수행될 수 있을 것
③ 배전사업 및 구역전기사업의 경우 둘 이상의 배전사업자의 사업구역 또는 구역전기사업자의 특정한 공급구역 중 그 전부 또는 일부가 중복되지 아니할 것
④ 구역전기사업의 경우 특정한 공급구역의 전력수요의 50[%] 이상으로서 대통령령으로 정하는 공급능력을 갖추고, 그 사업으로 인하여 인근 지역의 전기사용자에 대한 다른 전기사업자의 전기 공급에 차질이 없을 것
⑤ 발전소나 발전연료가 특정 지역에 편중되어 전력계통의 운영에 지장을 주지 아니할 것
⑥ 그밖에 공익상 필요한 것으로서 대통령령으로 정하는 기준에 적합할 것

13.4.55 / 17.1.49 / 19.2.51 / 20.1.57

49 태양광 모듈의 유지관리 사항이 아닌 것은?

① 모듈의 유리표면 청결 유지
② 음영이 생기지 않도록 주변정리
③ 셀이 병렬로 연결되었는지 여부
④ 케이블 극성 유의 및 방수 커넥터 사용 여부

해설 모듈(Module)
태양광 모듈의 셀은 직렬로 연결되고 프레임 내에 진공·압축되어 있어, 셀의 연결 상태확인은 불필요하다.

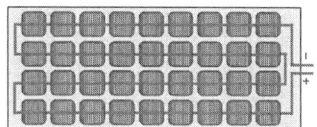

셀 36개의 직렬연결

15.4.41 / 17.1.50 / 17.4.55 / 18.2.56 / 18.4.59 / 19.1.59 / 20.1.58 / 20.3.56 / 20.4.52

50 태양광발전시스템 성능평가를 위한 사이트 평가방법이 아닌 것은?

① 설치용량　　② 시공업자
③ 발전성능　　④ 설치 대상기관

해설 태양광 발전 시스템의 사이트 평가 방법
① 태양광 발전 시스템의 설비 설치의 대상기관
② 태양광 발전 시스템 설비 설치의 시설 분류
③ 태양광 발전 시스템의 설비 설치의 시설 지역
④ 태양광 발전 시스템의 설비 설치 형태
⑤ 태양광 발전 시스템의 설비 설치 용량
⑥ 태양광 발전 시스템 설비 설치의 방위와 각도
⑦ 태양광 발전 시스템의 설비 설치 시공업자
⑧ 태양광 발전 시스템의 설비 설치기기 장비 제조사

13.4.26 / 15.4.28 / 16.4.38 / 17.1.51 / 17.2.22 / 17.2.54 / 17.4.23 / 17.4.53 / 18.1.21 / 18.1.47 / 18.2.46 / 18.2.53 / 18.4.23 / 19.1.60 / 19.2.26 / 19.2.42 / 19.4.27 / 19.4.49 / 20.1.52 / 20.3.23 / 20.3.41 / 20.4.24 / 21.1.38 / 21.4.42 / 21.4.48

51 정전작업 중 조치사항에 대한 설명으로 틀린 것은?

① 개폐기 관리
② 단락접지기구의 철거
③ 작업지휘자에 의한 작업지시
④ 근접 활선에 대한 방호상태의 관리

해설 정전작업
1) 정전작업 전 조치사항
① 전원차단후 각 단로기 등을 개방하고 확인할 것
② 차단장치나 단로기 등에 잠금(시건)장치 및 꼬리표를 부착할 것
③ 전기기기 등에 공급되는 모든 전원을 관련 배선도, 도면 등을 통해 확인할 것
④ 검전기를 이용하여 작업 대상 기기가 충전되었는지 확인 할 것(잔류전하 방전)

2) 정전작업 중 조치사항
① 작업지휘자에 의한 작업지휘
② 개폐기 관리(전원 재투입 방지, 잠금장치 및 꼬리표 부착 관리)
③ 근접 활선에 대한 방호상태 관리
④ 단락접지의 상태관리

3) 정전작업 후 조치사항
① 작업기기, 단락접지기구(접지선)를 제거하고 전기기기 등이 안전하게 통전될 수 있는지 확인
② 모든 작업자가 작업이 완료된 전기기기 등에서 떨어져 있는지 확인할 것
③ 잠금장치 와 꼬리표는 설치한 근로자가 직접 철거할 것
④ 모든 이상유무를 확인한 후 전기기기 등의 전원을 투입할 것

17.1.52 / 18.1.42

52 배전반 제어회로의 배선에서 일상점검 항목이 아닌 것은?

① 조임 부의 이완 여부 확인
② 전선 지지물의 탈락 여부 확인
③ 과열에 의한 이상한 냄새 여부 확인
④ 가동부 등의 연결전선의 절연피복 손상 여부 확인

해설 배전반 제어회로 배선의 일상점검 항목
1) 손상
① 가동부 등에 연결되는 전선의 절연피복 손상 여부
② 전선 지지물의 탈락 여부

2) 냄새 : 과열에 의한 냄새 여부

※ 조임 부의 이완 여부 확인
① 외함(문) 뒷커버 등 볼트 조임의 이완
② 단자대 조임 이완

16.4.3 / 17.1.53 / 17.2.59 / 17.4.11 / 19.1.49 / 20.1.42 / 20.3.47 / 20.4.43 / 21.1.60

53 동작 불량의 스트링이나 태양전지 모듈의 검출 및 직렬 접속선의 결선 누락사고 등을 검출하기 위한 측정으로 옳은 것은?

① 단락전류 측정　　② 절연저항 측정
③ 개방전압 측정　　④ 정격전류 측정

해설 개방전압(Open Circuit Voltage)
태양전지 셀 모듈의 출력단자를 개방한 때의 양 단자간의 전압(V_{oc}), 단위 [V], 특정한 온도와 일조 강도에서

정답 50. ③　51. ②　52. ①　53. ③

부하를 연결하지 않은 개방 상태의 태양광발전설비 양단에 걸리는 전압을 말하며, 태양전지 스트링과 모듈의 동작불량, 직렬 접속선의 결선 누락 등, 각 스트링의 연결 상태확인이 가능하여, 우선적으로 실시한다.

15.2.52 / 15.4.52 / 15.4.60 / 16.2.55 / 17.1.54 /
17.2.48 / 19.1.46 / 21.1.56

54 인버터 입력회로 절연저항 측정방법에 대한 설명으로 틀린 것은?

① 분전반 내의 분기차단기를 개방한다.
② 직류측 전체의 입력단자와 교류측 전체 출력 단자를 각각 단락한다.
③ 접속함까지의 전로를 포함하여 절연저항을 측정하는 것으로 한다.
④ 태양전지 회로를 접속함에서 분리하여 인버터의 입력단자 및 출력 단자를 각각 단락하면서 출력단자와 대지간의 절연저항을 측정한다.

해설

직류회로의 절연저항 측정시 주의사항

① 접속함에서 태양광전지 스트링의 양극과 음극을 단락시키고, 이 부분(DC전로)과 대지(접지) 간에 500[V] 또는 1000[V] Megger로 절연저항을 측정하여 기준 값 이상 유지하여야 한다.
② 측정 전에 반드시 주 차단기를 개방하고, 피측정회로에 접속된 서지업서버(SA), 서지보호장치(SPD)가 있으면 접지단자를 분리한다.
③ 정격전압이 입출력과 다를 때는 높은 측의 전압을 절연저항계의 선택기준으로 한다.
④ 입출력 단자에 주회로 이외의 제어단자 등이 있는 경우는 이것을 포함해서 측정한다.
⑤ 주간에는 태양전지에서 전압이 발생되므로, 주의해서 측정하고, 우천 시는 측정을 하지 않는다.

14.4.45 / 15.4.54 / 16.4.56 / 17.1.55 / 17.4.57 /
18.1.52 / 19.1.41 / 19.2.46 / 19.4.56 / 20.3.55

55 태양광발전시스템 모듈의 고장으로 틀린 것은?

① 핫스팟　　② 백화현상
③ 프레임 변형　　④ 부스바 과열

해설 **모듈의 고장원인**

① 제조결함(백화현상, 적화현상, 황색 변이, 핫스팟, 백시트 에어 버블링 등)
② 시공불량(모듈 시공시 외부 충격의 영향, 구조물의 불균형 시공으로 인한 프레임 변형 등)
③ 전기적(전압, 전류), 기계적(열응력, 충격) 스트레스에 의한 태양전지 셀의 파손
④ 염해, 부식성 가스 등 주변 환경에 의한 부식
⑤ 경년 열화에 의한 태양전지 셀 및 리본의 노화

13.4.46 / 16.2.50 / 17.1.56 / 17.2.52 / 18.2.52 /
19.1.42 / 19.2.52 / 19.4.43

56 태양광발전시스템 인버터의 일상점검 항목으로 틀린 것은?

① 절연저항 측정
② 외함의 부식 및 파손
③ 외부배선(접속케이블)의 손상
④ 이음, 이취, 연기 발생 및 이상 과열

해설 **PCS(인버터)의 일상점검**

① 외함의 부식 및 파손
② 외부배선의 손상 및 접속단자 풀림
③ 접지선의 손상 및 접속단자 풀림
④ 환기팬확인
⑤ 이음, 이취, 연기 발생 및 이상 과열 상태
⑥ LCD 표시창 발전상황 정보표시 이상 여부

※ 정기점검
원칙적으로 시설물을 정지 상태에서 운전제어장치의 기계점검, 절연저항측정, 배전반의 기능을 확인하고 유지하기 위한 계획을 수립하여 점검

13.4.44 / 13.4.54 / 16.4.48 / 17.1.57 / 17.4.48 /
18.1.49 / 18.4.44 / 18.4.53 / 19.4.50 / 20.1.59

57 중간단자함(접속함)의 육안점검 항목으로 틀린 것은?

① 배선의 극성
② 개방전압 및 극성
③ 단자대 나사의 풀림
④ 외함의 부식 및 파손

정답 54.④ 55.④ 56.①

해설 **접속함 정기점검내용**

점검 방법	점검 항목	점검 내용
육안 점검	외함	부식 및 파손 상태 볼트 및 너트 조임 상태
	외부 배선 및 접속단자 (퓨즈, 역전류 방지 다이오드, SPD, 극성)	배선 상태 접속 단자의 정상 유무 극성 상태(전체 회로) 전선인입부의 방수처리상태
	접지선 및 접지단자	접지선 손상, 접속 상태 단자 조임 상태
측정 및 시험	절연저항측정 (태양 전지와 접지 사이)	0.2[MΩ] 이상, 측정 전압 DC 500[V]
	절연저항측정 (인버터 입출력 단자와 접지 사이)	1[MΩ] 이상, 측정 전압 DC 500[V]
	개방전압측정	규정의 전압 여부, 어레이 출력확인

17.1.58 / 17.4.50 / 17.4.56 / 18.2.41 / 19.1.44 / 19.2.44 / 20.3.59 / 21.2.42 / 21.4.52

58 태양광발전시스템의 점검에서 유지보수 점검 종류가 아닌 것은?

① 일시점검　　② 일상점검
③ 정기점검　　④ 임시점검

해설 **점검의 종류**

(1) 일상점검
설비의 운전상태에서 매일 또는 주 1회씩 점검

(2) 정기점검
설비를 정지시켜 일정한 주기마다 점검
① 보통점검 : 설비를 정지시켜 점검, 주기는 1개월 ~ 1년 정도
② 정밀점검 : 설비의 분해점검, 주기는 1년 ~ 10년 정도

(3) 임시점검
천재지변, 기기고장, 순시점검 중이나 운전중 이상발견시 점검

17.1.59 / 18.2.43

59 바이패스 다이오드 열 시험을 진행 시 STC 에서 단락전류의 몇 배와 같은 전류를 적용하는가?

① 1.1　　② 1.25　　③ 1.5　　④ 2

해설 **바이패스 다이오드 열시험(Bypass Diode Thermal test)**
모듈의 열점(Hot Spot) 현상에 대해 유해한 결과를 제한하기 위해 바이패스 다이오드의 열에 대한 내성설계가 얼마나 잘 반영 되어 있는지 그리고 유사한 환경에서 장시간 사용할 경우 신뢰성이 확보되었는지를 평가하는 것을 목적으로 하며, STC 조건에서 단락전류의 1.25배와 같은 전류를 적용한다.

17.1.60 / 19.2.50

60 접지용구 사용 시 주의사항이 아닌 것은?

① 접지용구의 철거는 설치의 역순으로 한다.
② 접지 설치 전에 관계 개폐기의 개방을 확인하여야 한다.
③ 접지용구의 취급은 반드시 전기 안전관리자의 책임 하에 행하여야 한다.
④ 접지용구 설치 · 철거 시에는 접지도선이 신체에 접촉하지 않도록 주의한다.

해설 **접지용구**

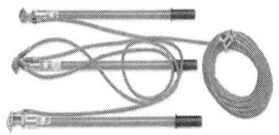

정지 중의 전선로 또는 설비에서 작업을 착수하기 전에 정해진 개소에 설치하여 오송전 또는 유도에 의한 충전의 위험을 방지하기 위한 용구를 말한다.

(1) 접지용구 종류
① 갑종 접지용구 : 발 · 변전소용
② 을종 접지용구 : 송전선로용
③ 병종 접지용구 : 배전선로용

(2) 갑종 및 을종 접지용구 사용 시 주의사항
1) 접지용구를 설치하거나 철거할 때는 접지도선이 자신이나 타인의 신체는 물론 전선, 기기 등에 접근하지 못하도록 주의

17.1.61

61 전기공사기술자가 다른 사람에게 경력수첩을 6개월 미만 빌려 준 경우 받게 되는 처분기준은?

① 인정정지 1년 ② 인정정지 2년
③ 인정정지 3년 ④ 인정정지 6개월

해설 전기공사기술자의 인정 취소

(1) 전기공사기술자의 인정취소 등
① 산업통상자원부장관은 거짓이나 그 밖의 부정한 방법으로 전기공사기술자로 인정받은 사람에 대하여 그 인정을 취소하여야 한다.
② 전기공사기술자로 인정받은 사람이 국가기술자격이 취소된 경우에는 ①항을 준용한다.
③ 산업통상자원부장관은 전기공사기술자로 인정받은 사람이 다른 사람에게 경력수첩을 빌려 준 경우에는 3년의 범위에서 전기공사기술자의 인정을 정지시킬 수 있다.

(2) 인정정지처분의 기준
전기공사기술자에 대한 인정정지처분의 세부기준은 다음과 같다.

전기공사기술자가 다른 사람에게 경력수첩을 빌려 준 경우	처분기준
① 6개월 미만 빌려 준 경우	인정정지 6개월
② 6개월 이상 1년 미만 빌려 준 경우	인정정지 1년
③ 1년 이상 2년 미만 빌려 준 경우	인정정지 2년
④ 2년 이상 또는 2회 이상 빌려 준 경우	인정정지 3년

15.2.75 / 15.4.65 / 15.4.74 / 17.1.62 / 17.2.63 / 17.4.1 /
17.4.3 / 17.4.76 / 18.1.8 / 18.2.72 / 19.4.15 / 20.1.18 /
20.1.72 / 20.1.77 / 21.1.6 / 21.2.12

62 물의 표층의 열을 변환시켜 에너지를 생산하는 설비는?

① 전력저장 설비   ② 수열에너지 설비
③ 해양에너지 설비 ④ 폐기물에너지 설비

해설 수열에너지 설비

물의 표층의 열을 변환시켜 에너지를 생산하는 설비
(1) 주요 활용사례
① 온배수 열을 시설원예 또는 양식장 등의 난방열원으로 공급하여 생물성장을 촉진하고 화훼, 열대과일 등 고부가 작물 생산
② 온배수 열은 발전소의 발전기를 냉각하는 동안 데워진 물(해수)이 온도가 상승된 상태에서 보유하고 있는 열에너지(Δt 7~8℃)

(2) 시스템 구성도

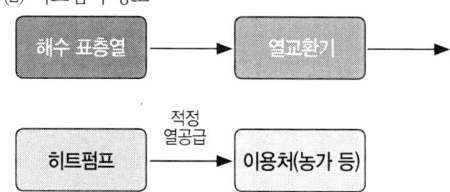

※ 신·재생에너지 설비(신재생에너지법 시행규칙 제2조)
① 해양에너지 설비 : 해양의 조수, 파도, 해류, 온도차 등을 변환시켜 전기 또는 열을 생산하는 설비
② 폐기물에너지 설비 : 폐기물을 변환시켜 연료 및 에너지를 생산하는 설비

※ 전력저장설비
생산된 전력을 저장해 필요할 때 사용함으로써 에너지의 효율적 이용과 함께 신재생에너지 활용도 제고 및 전력공급 시스템을 안정화하는 장치
① 양수발전 : 발전소의 아래와 위, 두 개의 저수지를 만들어 전력이 풍부한 시간대에 발전기를 이용하여 아래쪽 저수지의 물을 위쪽 저수지로 퍼 올렸다가 전력이 필요한 시기에 방수하여 발전한다.
② 압축공기 에너지저장 장치(Compressed Air Energy Storage) : 전력수요가 낮은 시간대 또는 조절 불가한 전력을 압축기를 사용하여 압축공기를 지하에 저장하고, 전력수요가 높은 시간대에 저장하였던 압축공기를 이용하여 전력을 생산하는 방식
③ 플라이휠 에너지저장 시스템(Flywheel Energy Storage System) : 대용량 회전제를 무 접촉 상태

정답 61. ④ 62. ②

로 부양한 후 전기에너지를 회전에너지 형태로 저장하였다가 필요시 전력으로 변환하는 방식이다.
④ 리튬이온전지(Lithium ion Battery) : 리튬이온이 분리 막과 전해질을 통하여 양극(리튬산화물전극)과 음극(탄소계 전극) 사이를 이동하며 에너지를 저장하며, 출력특성과 효율이 좋으나, [kWh]당 단가가 높아 주파수 조정과 같은 단기저장 방식에 유리하다.
⑤ NaS 전지(나트륨황 전지) : 음극에 나트륨 금속을, 양극에 황 등 나트륨과 반응하여 화합물을 형성하는 물질을 사용하는 전지이다. 나트륨이온전도가 가능한 고체전해질을 사용하는 전기에너지저장장치로 단위 전지의 용량을 크게 만들 수 있어 대용량의 전지 구성에 유리하며 나트륨과 황 등 가격이 저렴한 재료를 사용하여 경제성이 우수하다.

16.2.77 / 17.1.63 / 17.1.72 / 20.4.63 / 21.1.72

63 기업이 경영활동에서 자원과 에너지를 절약하고 효율적으로 이용하며 온실가스 배출 및 환경오염의 발생을 최소화하면서 사회적, 윤리적 책임을 다하는 경영은?

① 녹색기술　　② 녹색산업
③ 녹색생활　　④ 녹색경영

해설 정의(녹색성장법 제2조)
① 녹색기술: 온실가스 감축기술, 에너지 이용 효율화기술, 청정생산기술, 청정에너지 기술, 자원순환 및 친환경 기술(관련 융합기술을 포함한다) 등 사회·경제 활동의 전 과정에 걸쳐 에너지와 자원을 절약하고 효율적으로 사용하여 온실가스 및 오염물질의 배출을 최소화하는 기술
② 녹색생활: 기후변화의 심각성을 인식하고 일상생활에서 에너지를 절약하여 온실가스와 오염물질의 발생을 최소화하는 생활
③ 녹색경영: 기업이 경영활동에서 자원과 에너지를 절약하고 효율적으로 이용하며 온실가스 배출 및 환경오염의 발생을 최소화하면서 사회적, 윤리적 책임을 다하는 경영
④ 온실가스: 이산화탄소(CO_2), 메탄(CH_4), 아산화질소(N_2O), 수소불화탄소(HFCs), 과불화탄소(PFCs), 육불화황(SF_6) 및 그밖에 대통령령으로 정하는 것으로 적외선 복사열을 흡수하거나 재방출하여 온실효과를 유발하는 대기 중의 가스 상태의 물질

17.1.64 / 18.4.78

64 신·재생에너지 설비 설치의무기관 중 대통령령으로 정하는 비율 또는 금액 이상을 출자한 법인이란?

① 납입자본금의 100의 10 이상을 출자한 법인
② 납입자본금의 100의 30 이상을 출자한 법인
③ 납입자본금의 100의 50 이상을 출자한 법인
④ 납입자본금의 100의 70 이상을 출자한 법인

해설 신·재생에너지 설비 설치의무기관(신재생에너지법 제12조, 시행령 제16조)
1) 정부가 대통령령으로 정하는 금액(연간 50억원) 이상을 출연한 정부출연기관
2) 지방자치단체 및 공공기관, 정부출연기관 또는 정부출자기업체가 대통령령으로 정하는 비율 또는 금액 이상을 출자한 법인
① 납입자본금의 100의 50 이상을 출자한 법인
② 납입자본금으로 50억원 이상을 출자한 법인

17.1.65 / 19.4.21 / 20.1.25

65 케이블 트레이공사에 사용하는 케이블 트레이에 대한 설명으로 틀린 것은?

① 비금속제 케이블 트레이는 난연성 재료의 것이어야 한다.
② 전선의 피복 등을 손상시킬 돌기 등이 없이 매끈하여야 한다.
③ 수용된 모든 전선을 지지할 수 있는 적합한 강도로 케이블 트레이의 안전율은 1.3 이상으로 하여야 한다.
④ 케이블 트레이가 방화구획의 벽, 마루, 천장 등을 관통하는 경우에 관통부는 불연성의 물질로 충전하여야 한다.

해설 케이블 트레이 공사(판단기준 제194조)
케이블 트레이공사에 사용하는 케이블 트레이는 다음의 내용에 적합하여야 한다.

정답 63.④ 64.③ 65.③

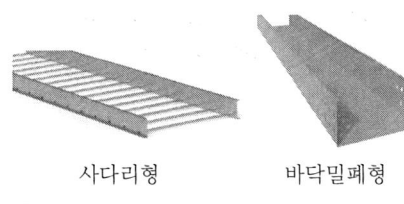

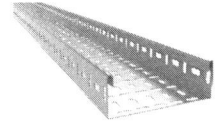

사다리형   바닥밀폐형

통풍채널형

① 수용된 모든 전선을 지지할 수 있는 적합한 강도의 것이어야 한다. 이 경우 케이블 트레이의 안전율은 1.5 이상으로 하여야 한다.
② 지지대는 트레이 자체하중과 포설된 케이블 하중을 충분히 견딜 수 있는 강도를 가져야 한다.
③ 전선의 피복 등을 손상시킬 돌기 등이 없이 매끈하여야 한다.
④ 금속재의 것은 적절한 방식처리를 한 것이거나 내식성 재료의 것이어야 한다.
⑤ 측면 레일 또는 이와 유사한 구조재를 취부 하여야 한다.
⑥ 배선의 방향 및 높이를 변경하는데 필요한 부속재 기타 적당한 기구를 갖춘 것이어야 한다.
⑦ 비금속제 케이블 트레이는 난연성 재료의 것이어야 한다.
⑧ 케이블이 케이블 트레이 계통에서 금속관, 합성수지관 등 또는 함으로 옮겨가는 개소에는 케이블에 압력이 가하여지지 않도록 지지하여야 한다.
⑨ 별도로 방호를 필요로 하는 배선부분에는 필요한 방호력이 있는 불연성의 커버 등을 사용하여야 한다.
⑩ 케이블 트레이가 방화구획의 벽, 마루, 천장 등을 관통하는 경우에 관통부는 불연성의 물질로 충전하여야 한다.

17.1.66

66 전기안전관리자의 선임신고사항 변경신고에서 산업통상자원부령으로 정하는 사항으로 전기사업자나 자가용전기설비의 소유자 또는 점유자에 관한 사항으로 틀린 것은?

① 회사명 또는 상호
② 전기설비의 설치단가
③ 전기설비 설치장소의 주소
④ 전기설비의 용량 또는 전압

해설 전기안전관리자의 선임 및 선임신고사항 변경신고

(1) 전기안전관리자의 선임 및 해임신고 등(전기공사업법 제73조의2)
   전기안전관리자를 선임 또는 해임한 자는 산업통상자원부령으로 정하는 바에 따라 지체 없이 그 사실을 전력기술인단체 중 산업통상자원부장관이 정하여 고시하는 단체에 신고하여야 한다. 신고한 사항 중 산업통상자원부령으로 정하는 사항이 변경된 경우에도 또한 같다.

(2) 전기안전관리자의 선임신고사항 변경신고 등(전기공사업법 시행규칙 제45조의2)
   법 제73조의2 산업통상자원부령으로 정하는 사항이란 전기사업자나 자가용전기설비의 소유자 또는 점유자에 관한 다음의 사항을 말한다.
① 회사명 또는 상호
② 대표자 성명
③ 전기설비 설치장소의 주소
④ 전기설비의 용량 또는 전압

17.1.67

67 옥내에 시설하는 저압용 배전반 및 분전반의 시설 방법으로 틀린 것은?

① 한 개의 분전반에는 두 가지 전원(2회선의 간선)만 공급할 것
② 노출하여 시설되는 배전반 및 분전반은 불연성 또는 난연성의 것을 시설할 것
③ 배전반 및 분전반은 전기회로를 쉽게 조작할 수 있고 쉽게 점검할 수 있는 장소에 시설할 것
④ 노출된 충전부가 있는 배전반 및 분전반은 취급자 이외의 사람이 쉽게 출입할 수 없도록 시설할 것

해설 옥내에 시설하는 저압용 배분전반 등의 시설(판단기준 제171조)
옥내에 시설하는 저압용 배·분전반의 기구 및 전선은 쉽게 점검할 수 있도록 하고 다음에 따라 시설할 것
① 노출된 충전부가 있는 배전반 및 분전반은 취급자 이외의 사람이 쉽게 출입할 수 없도록 설치하여야 한다.

② 한 개의 분전반에는 한 가지 전원(1회선의 간선)만 공급하여야 한다. 다만 안전 확보가 충분하도록 격벽을 설치하고 사용전압을 쉽게 식별할 수 있도록 그 회로의 과전류차단기 가까운 곳에 그 사용전압을 표시하는 경우에는 그러하지 아니하다.
③ 주택용 분전반은 노출된 장소(신발장, 옷장 등의 은폐된 장소는 제외한다)에 시설할 것
④ 옥내에 설치하는 배전반 및 분전반은 불연성 또는 난연성이 있도록 시설할 것

14.4.69 / 17.1.68 / 19.2.64 / 20.4.79

68 산업통상자원부장관은 신·재생에너지 설비의 설치계획서 제출에 대하여 2016년 1월 1일을 기준으로 몇 년마다 그 타당성을 검토하여 개선 등의 조치를 하여야 하는가?

① 2   ② 3
③ 5   ④ 10

해설 **규제의 재검토(신재생에너지법 시행령 제30조의2)**
① 산업통상자원부장관은 신·재생에너지 설비의 설치계획서 제출에 대하여 2016년 1월 1일을 기준으로 5년마다(매 5년이 되는 해의 기준일과 같은 날 전까지를 말한다) 그 타당성을 검토하여 개선 등의 조치를 하여야 한다.
② 산업통상자원부장관은 보험 또는 공제의 기준, 가입기간 및 가입대상에 대하여 2015년 1월 1일을 기준으로 2년마다(매 2년이 되는 해의 기준일과 같은 날 전까지를 말한다) 그 타당성을 검토하여 개선 등의 조치를 하여야 한다.

17.1.69 / 20.3.75 / 21.4.69

69 산업통상자원부장관은 발전차액을 반환할 자가 며칠 이내에 이를 반환하지 아니하면 국세체납처분의 예에 따라 징수할 수 있는가?

① 15   ② 30
③ 45   ④ 60

해설 **지원 중단 등(신재생에너지법 제18조, 제17조)**
1) 산업통상자원부장관은 발전차액을 지원받은 신·재생에너지 발전사업자가 다음의 어느 하나에 해당하면 산업통상자원부령으로 정하는 바에 따라 경고를 하거나 시정을 명하고, 그 시정명령에 따르지 아니하는 경우에는 발전차액의 지원을 중단할 수 있다.
① 거짓이나 부정한 방법으로 발전차액을 지원받은 경우
② 산업통상자원부장관은 발전차액을 지원받은 신·재생에너지 발전사업자가 결산재무제표 등 기준가격 설정을 위하여 필요한 자료요구에 따르지 아니하거나 거짓으로 자료를 제출한 경우

2) 산업통상자원부장관은 발전차액을 지원받은 신·재생에너지 발전사업자가 1)항 ①호에 해당하면 산업통상자원부령으로 정하는 바에 따라 그 발전차액을 환수할 수 있다. 이 경우 산업통상자원부장관은 발전차액을 반환할 자가 30일 이내에 이를 반환하지 아니하면 국세 체납처분의 예에 따라 징수할 수 있다.

17.1.70

70 계통 연계하는 분산형전원을 설치하는 경우 이상 또는 고장발생의 경우가 아닌 것은?

① 단독운전 상태
② 분산형전원의 이상 또는 고장
③ 연계형 변압기 중성점 접지시설
④ 연계한 전력계통의 이상 또는 고장

해설 **계통연계용 보호장치의 시설(판단기준 제283조)**
계통 연계하는 분산형전원을 설치하는 경우 다음에 해당하는 이상 또는 고장 발생 시 자동적으로 분산형전원을 전력계통으로부터 분리하기 위한 장치 시설 및 해당 계통과의 보호협조를 실시하여야 한다.
① 분산형전원의 이상 또는 고장
② 연계한 전력계통의 이상 또는 고장
③ 단독운전 상태

정답 68. ③ 69. ② 70. ③

16.2.27 / 17.1.16 / 17.1.71 / 18.4.60 / 19.2.30 /
19.4.69 / 20.3.69 / 21.2.68 / 21.4.15 / 21.4.60

71 피뢰기 설치장소로 틀린 것은?

① 가공전선로와 지중전선로가 접속하는 곳
② 저압 가공전선로로부터 공급을 받는 수용장소의 인입구
③ 고압 및 특고압 가공전선로로부터 공급을 받는 수용장소의 인입구
④ 발전소·변전소 또는 이에 준하는 장소의 가공전선 인입구 및 인 출구

해설 피뢰기(Lightning Arrester)
전선로에 규정 전압보다 몇 배 높은 이상 전압으로 인해 피뢰기의 단자 전압이 어느 일정 값 이상이 되면 방전되어, 전압 상승을 억제하고 기기를 보호하며, 이상 전압이 없어지면 방전이 정지되어 정상 송전 상태가 된다.

1) 피뢰기 구비 조건
① 상용 주파 방전 개시전압은 높을 것
② 충격 방전 개시 전압이 낮을 것
③ 속류 차단능력이 클 것
④ 제한 전압(절연 협조의 기본이 되는 전압)이 낮을 것
⑤ 반복동작이 가능하고, 구조가 견고하며 특성이 변화하지 않을 것

2) 피뢰기 설치 장소
① 발전소·변전소 또는 이에 준하는 장소의 가공전선 인입구 및 인 출구
② 가공전선로에 접속하는 배전용 변압기의 고압측 및 특고압측
③ 고압 및 특고압 가공전선로로부터 공급을 받는 수용장소의 인입구
④ 가공전선로와 지중전선로가 접속되는 곳

16.2.77 / 17.1.63 / 17.1.72 / 20.4.63 / 21.1.72

72 정부가 중소기업의 녹색기술 및 녹색경영을 촉진하기 위하여 수립·시행할 수 있는 시책으로 틀린 것은?

① 중소기업의 녹색기술 사업화의 촉진
② 녹색기술 개발 촉진을 위한 공공시설의 이용
③ 대기업과 중소기업의 공동사업에 대한 우선 지원
④ 해외전문연구소의 중소기업에 대한 기술지도·기술이전 및 기술인력 파견에 대한 지원

해설 중소기업의 지원 등(녹색성장법 제33조)
정부는 중소기업의 녹색기술 및 녹색경영을 촉진하기 위하여 다음의 시책을 수립·시행할 수 있다.
① 대기업과 중소기업의 공동사업에 대한 우선 지원
② 대기업의 중소기업에 대한 기술지도·기술이전 및 기술인력 파견에 대한 지원
③ 중소기업의 녹색기술 사업화의 촉진
④ 녹색기술 개발 촉진을 위한 공공시설의 이용
⑤ 녹색기술·녹색산업에 관한 전문인력 양성·공급 및 국외진출
⑥ 그밖에 중소기업의 녹색기술 및 녹색경영을 촉진하기 위한 사항

13.4.66 / 14.4.75 / 15.2.72 / 15.2.76 / 16.4.67 / 17.1.73 /
17.2.70 / 17.4.78 / 18.1.73 / 18.2.64 / 18.4.75 / 18.4.80 /
19.1.64 / 19.2.62 / 20.3.80

73 연료전지 및 태양전지 모듈은 최대사용전압의 1.5배의 직류전압 또는 1배의 교류전압(500[V] 미만으로 되는 경우에는 500[V])을 충전부분과 대지 사이에 연속하여 몇 분간 가하여 절연내력을 시험하였을 때에 이에 견디는 것이어야 하는가?

① 5　　　　② 10
③ 15　　　 ④ 20

해설 연료전지 및 태양전지 모듈의 절연내력(판단기준 제15조)
연료전지 및 태양전지 모듈은 최대사용전압의 1.5배의 직류전압 또는 1배의 교류전압(500[V] 미만으로 되는

정답 71. ② 72. ④ 73. ②

경우에는 500[V]을 충전부분과 대지사이에 연속하여 10분간 가하여 절연내력을 시험하였을 때에 이에 견디는 것이어야 한다.

16.4.63 / 17.1.74 / 19.1.76 / 19.1.78 / 20.3.67

74 전력수급의 안정을 위하여 대통령령으로 정하는 기본계획의 경미한 사항을 변경하는 경우로 틀린 것은?

① 전기설비별 용량의 20[%]의 범위에서 그 용량을 변경하는 경우
② 연도별 전기설비 총용량의 5[%]의 범위에서 그 총용량을 변경하는 경우
③ 전기설비 설치공사의 착공 또는 준공 등의 기간을 2년의 범위에서 조정하는 경우
④ 전기설비 설치공사 시 총공사비의 10[%]의 범위에서 그 총공사비를 변경하는 경우

해설 전력수급기본계획

(1) 전력수급기본계획의 수립(전기사업법 제25조)
1) 산업통상자원부장관은 전력수급의 안정을 위하여 전력수급기본계획을 수립하여야 한다.

2) 산업통상자원부장관은 기본계획을 수립하거나 변경하고자 하는 때에는 관계 중앙행정기관의 장과 협의하고 공청회를 거쳐 의견을 수렴한 후 전력정책심의회의 심의를 거쳐 이를 확정한다.
다만, 산업통상자원부장관이 책임질 수 없는 사유로 공청회가 정상적으로 진행되지 못하는 등 대통령령으로 정하는 사유가 있는 경우에는 공청회를 개최하지 아니할 수 있으며 이 경우 대통령령으로 정하는 바에 따라 공청회에 준하는 방법으로 의견을 들어야 한다.

3) 기본계획 중 대통령령으로 정하는 경미한 사항을 변경하는 경우에는 2)항에 따른 절차를 생략할 수 있다.

4) 기본계획에는 다음의 사항이 포함되어야 한다.
① 전력수급의 기본방향에 관한 사항
② 전력수급의 장기전망에 관한 사항
③ 발전설비계획 및 주요 송전·변전설비계획에 관한 사항
④ 전력수요의 관리에 관한 사항
⑤ 직전 기본계획의 평가에 관한 사항
⑥ 그밖에 전력수급에 관하여 필요하다고 인정하는 사항

(2) 기본계획의 경미한 사항의 변경(전기사업법 시행령 제15조2)
대통령령으로 정하는 경미한 사항을 변경하는 경우란 다음의 어느 하나에 해당하는 경우를 말한다.
① 전기설비 설치공사의 착공 또는 준공 등의 기간을 2년의 범위에서 조정하는 경우
② 전기설비별 용량의 20[%]의 범위에서 그 용량을 변경하는 경우
③ 연도별 전기설비 총용량의 5[%]의 범위에서 그 총용량을 변경하는 경우

17.1.75 / 19.4.61 / 21.4.62

75 저압 및 고압 가공전선로(전기철도용 급전선로는 제외)와 기설 가공약전류전선로가 병행하는 경우 유도작용에 의하여 통신상의 장해가 생기지 않도록 전선과 기설 약전류 전선간의 이격거리는 최소 몇 [m] 이상으로 하여야 하는가?

① 0.5   ② 1   ③ 1.5   ④ 2

해설 가공 약전류전선로의 유도장해 방지(판단기준 제68조)

1) 저압 가공전선로(전기철도용 급전선로는 제외한다) 또는 고압 가공전선로(전기철도용 급전선로는 제외한다)와 기설 가공약전류전선로가 병행하는 경우에는 유도작용에 의하여 통신상의 장해가 생기지 아니하도록 전선과 기설 약전류 전선간의 이격거리는 2[m] 이상이어야 한다. 다만, 저압 또는 고압의 가공전선이 케이블인 경우 또는 가공약전류 전선로의 관리자의 승낙을 받은 경우에는 그러하지 아니하다.

2) 1)에 따라 시설하더라도 기설 가공약전류전선로에 장해를 줄 우려가 있는 경우에는 다음 중 한 가지 또는 두 가지 이상을 기준으로 하여 시설하여야 한다.
① 가공전선과 가공약전류 전선간의 이격거리를 증가시킬 것
② 교류식 가공전선로의 경우에는 가공전선을 적당한

정답 74. ④ 75. ④

거리에서 연가 할 것
③ 가공전선과 가공약전류전선 사이에 인장강도 5.26[kN] 이상의 것 또는 지름 4[mm]이상인 경동선의 금속선 2가닥 이상을 시설하고 이에 접지공사를 할 것

16.4.62 / 16.4.72 / 17.1.76 / 17.4.72 / 18.1.77 / 20.1.63 / 20.3.64 / 20.3.77 / 20.4.69

76 산업통상자원부장관이 혼합의무자에게 제출을 요구할 수 있는 자료 중 신·재생에너지 연료 혼합의무 이행확인에 관한 자료의 내용이 아닌 것은?

① 수송용 연료의 생산량
② 수송용 연료의 수출입량
③ 수송용 연료의 내수판매량
④ 수송용 연료의 자가 발전량

해설 신·재생에너지 연료 혼합의무

(1) 신·재생에너지 연료 혼합의무 등(신재생에너지법 제23조의2)
① 산업통상자원부장관은 신·재생에너지의 이용·보급을 촉진하고 신·재생에너지 산업의 활성화를 위하여 필요하다고 인정하는 경우 대통령령으로 정하는 바에 따라 석유정제업자 또는 석유수출입업자에게 일정 비율 이상의 신·재생에너지 연료를 수송용 연료에 혼합하게 할 수 있다.
② 산업통상자원부장관은 ①항에 따른 혼합의무의 이행 여부를 확인하기 위하여 혼합의무자에게 대통령령으로 정하는 바에 따라 필요한 자료의 제출을 요구할 수 있다.

(2) 자료제출(신재생에너지법 시행령 제26조의3)
산업통상자원부장관은 혼합의무자에게 다음의 자료 제출을 요구할 수 있다.
1) 신·재생에너지 연료 혼합의무 이행확인에 관한 다음의 자료
① 수송용 연료의 생산량
② 수송용 연료의 내수판매량
③ 수송용 연료의 재고량
④ 수송용 연료의 수출입량
⑤ 수송용 연료의 자가 소비량

2) 신·재생에너지 연료 혼합시설에 관한 다음의 자료
① 신·재생에너지 연료 혼합시설 현황
② 신·재생에너지 연료 혼합시설 변동사항
③ 신·재생에너지 연료 혼합시설의 사용실적

3) 혼합의무자의 사업에 관한 다음의 자료
① 수송용 연료 및 신·재생에너지 연료 거래실적
② 신·재생에너지 연료 평균거래가격
③ 결산재무제표

4) 그밖에 혼합의무의 이행 여부를 확인하기 위하여 산업통상자원부장관이 필요하다고 인정하는 자료

13.4.31 / 15.2.28 / 17.1.77

77 저압 옥내배선에 사용하는 연동선의 최소 굵기는 몇 [mm²] 이상인가?

① 2   ② 2.5   ③ 4   ④ 6

해설 태양전지 모듈간의 배선

태양전지판 모듈과 모듈을 연결하는 전선은 공칭단면적 2.5[mm²] 이상의 연동선 또는 동등 이상의 세기 및 굵기의 전선으로 배선하여야 한다.

15.4.70 / 15.4.77 / 17.1.78 / 18.2.79 / 18.4.40 / 20.4.38 / 20.4.75

78 타인의 전기설비 또는 구내발전설비로부터 전기를 공급받아 구내배전설비로 전기를 공급하기 위한 전기설비로서 수전지점으로부터 배전반(구내배전설비로 전기를 배전하는 전기설비를 말한다.)까지의 설비는?

① 발전설비   ② 송전설비
③ 보호설비   ④ 수전설비

해설 정의(전기사업법 시행규칙 제2조)

1) 변전소 : 변전소의 밖으로부터 전압 50,000[V] 이상의 전기를 전송받아 이를 변성(전압을 올리거나 내리는 것 또는 전기의 성질을 변경시키는 것)하여 변전소 밖의 장소로 전송할 목적으로 설치하는 변압기와 그 밖의 전기설비 전체

2) 개폐소 : 다음의 곳의 전압 50,000[V] 이상의 송전

정답 76.④ 77.② 78.④

선로를 연결하거나 차단하기 위한 전기설비
① 발전소 상호간
② 변전소 상호간
③ 발전소와 변전소 간

3) 송전선로 : 다음의 곳을 연결하는 전선로(통신용으로 전용하는 것은 제외한다)와 이에 속하는 전기설비
① 발전소 상호간
② 변전소 상호간
③ 발전소와 변전소 간

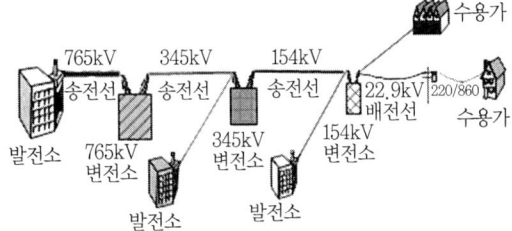

4) 배전선로 : 다음 각 목의 곳을 연결하는 전선로와 이에 속하는 전기설비
① 발전소와 전기수용설비
② 변전소와 전기수용설비
③ 송전선로와 전기수용설비
④ 전기수용설비 상호간

5) 전기수용설비 : 수전설비와 구내배전설비

6) 수전설비 : 타인의 전기설비 또는 구내발전설비로부터 전기를 공급받아 구내배전설비로 전기를 공급하기 위한 전기설비로서 수전지점으로부터 배전반(구내배전설비로 전기를 배전하는 전기설비)까지의 설비

7) 구내배전설비 : 수전설비의 배전반에서부터 전기사용기기에 이르는 전선로 · 개폐기 · 차단기 · 분전함 · 콘센트 · 제어반 · 스위치 및 그 밖의 부속설비

17.1.79 / 18.1.70 / 21.2.80 / 21.4.71

79 대통령령으로 정하는 신 · 재생에너지 연료의 기준 및 범위에 해당하는 연료로 틀린 것은? (단, 폐기물관리법에 따른 폐기물을 이용하여 제조한 것은 제외한다.)

① 액화석유가스
② 동물 · 식물의 유지(油脂)를 변환시킨 바이오디젤
③ 중질잔사유을 가스화한 공정에서 얻어지는 합성가스
④ 생물유기체를 변환시킨 바이오가스, 바이오에탄올, 바이오액화유 및 합성가스

해설 신 · 재생에너지 연료의 기준 및 범위(신재생에너지법 시행령 제18조의 12)
① 수소
② 중질잔사유을 가스화한 공정에서 얻어지는 합성가스
③ 생물유기체를 변환시킨 바이오가스, 바이오에탄올, 바이오액화유 및 합성가스
④ 동물 · 식물의 유지를 변환시킨 바이오디젤
⑤ 생물유기체를 변환시킨 목재칩, 펠릿 및 목탄 등의 고체연료

※ 중질잔사유 : 원유를 정제하고 남은 최종 잔재물로서 감압증류 과정에서 나오는 감압잔사유, 아스팔트와 열분해 공정에서 나오는 코크, 타르 및 피치 등

※ 감압증류 : 끓는점이 비교적 높은 액체 혼합물을 분리하기 위하여 액체에 작용하는 압력을 감소시켜 증류 속도를 빠르게 하는 방법

17.1.80 / 19.4.62

80 발전기 · 변압기 · 조상기 · 계기용변성기 · 모선 및 애자는 어떤 전류에 의하여 생기는 기계적 충격에 견디어야 하는가?

① 충전전류
② 정격전류
③ 단락전류
④ 유도전류

해설 발전기 등의 기계적 강도(기술기준 제23조)
발전기 · 변압기 · 조상기 · 계기용변성기 · 모선 및 이를 지지하는 애자는 단락전류에 의하여 생기는 기계적 충격에 견디는 것이어야 한다.

2017 제2회 기출문제

01 재생에너지의 장점에 대한 일반적인 설명으로 틀린 것은?

① 대부분의 재생에너지는 공해가 적거나 거의 없다.
② 재생에너지원은 지속적으로 존재하며 고갈되지 않는다.
③ 재생에너지원은 지역적으로 개발되는 특성을 가진다.
④ 대부분의 재생에너지는 매우 저렴한 비용으로 얻을 수 있다.

[해설] 재생에너지의 장점
① 대부분의 재생에너지는 공해가 적거나 거의 없다.
② 재생에너지원은 지속적으로 존재하며 고갈되지 않는다.
③ 재생에너지원은 지역적(일사량, 바람이 많은 지역)으로 개발되는 특성을 가진다.
④ 대부분의 재생에너지는 재생 가능한 자원으로 무공해, 무제한의 청정에너지원이다.
⑤ 유지보수가 용이하고 저렴하다.
⑥ 다양한 적용과 이용이 가능하다.

02 태양광발전시스템을 분류하는 방법으로 일반적인 기준이 아닌 것은?

① 부하의 형태 ② 계통연계 유무
③ 태양전지 종류 ④ 축전지의 유무

[해설] 태양광발전시스템을 분류
1. 부하의 종류와 계통선 연계 유무에 따른 분류(축전지의 유무)
(1) 독립형 태양광시스템
(2) 계통연계형 태양광시스템

2. 어레이 설치 형태에 따른 분류
(1) 추적식 어레이
1) 추적 방향에 따른 분류
① 단방향 추적식
② 양방향 추적식

2) 추적방식에 따른 분류
① 감지식 추적법
② 프로그램 추적법
③ 혼합식 추적법

(2) 반고정형 어레이

(3) 고정형 어레이

3. 태양전지판의 집광 유무에 따른 분류
(1) 평판형 태양전지 모듈
(2) 집광형 태양전지 모듈

4. 태양전지 용량에 따른 분류
(1) 소형 태양광 이용 시스템 : 라디오, TV, 무전기 등의 휴대용 전원 등
(2) 소규모 태양광발전시스템 : 100[kW] 미만
(3) 중규모 태양광발전시스템 : 100[kW]~500[kW]
(4) 대규모 태양광발전시스템 : 보통 500[kW]급 이상

03 축전지의 기대수명 결정요소와 거리가 먼 것은?

① 사용온도 ② 방전심도
③ 방전횟수 ④ 축전지 용량

[해설] 축전지의 수명
기대수명은 축전지의 사용기간이 경과함에 따라 성능이 급격히 저하되는 80% 용량까지 시점

1) 사용온도

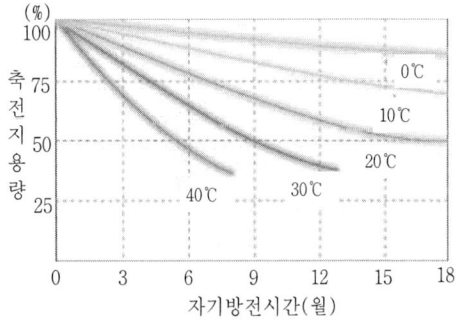

① 축전지의 기대수명은 온도 25℃ 이하의 경우를 정의하는데, 25℃를 넘는 범위라면, 온도가 10℃ 올라가면 수명이 절반으로 줄어든다.
② 축전지의 자기방전은 온도가 높으면 증가하며, 25℃에서 월 3%이하의 자기방전이 발생된다.

정답 1. ④ 2. ③ 3. ④

2) 충전전압

충전전압이 높게 인가되면 과충전이 되고, 낮은 경우에는 충전부족이되며, 어떤 경우든 축전지의수명을 단축시키기 때문에 충전전압의 관리가 중요하다.

3) 방전

축전지는 열화에 따라 내부저항이 증가하기 때문에 방전전류가 크면 클수록 내부의 전압강하가 커지고, 축전지 전압이 낮아져 방전시간이 단축되며, 방전횟수가 많을수록 수명도 짧아진다.

4) 방전심도(DOD)와 수명관계

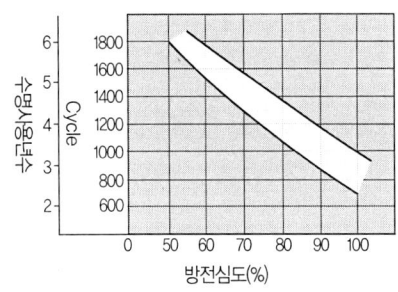

① 방전심도(DOD)는 축전지 잔존용량의 표시

② 방전 심도 = $\frac{실제\ 방전량}{축전지의\ 정격용량} \times 100\%$

③ 방전심도(%)가 50%인 경우 만나는 곡선에서 1800사이클, 100%의 경우 700사이클 이며, 연간 250사이클을 기준해 보면 1800사이클(7년 1개월), 700사이클(2년 9개월)의 수명임을 알 수 있다.

④ 방전심도를 낮게 설정하면 축전지 수명은 길어지고, 잔존 용량은 증가한다.

14.4.15 / 17.2.4 / 20.3.16 / 20.3.18 / 21.4.19

04 태양광설비 용량이 3[MWp], 일일발전시간이 4.6시간인 경우 연간발전량은 몇 [MWh]인가?(단, 태양광발전소는 1년 365일 동일 발전량으로 발전하며, 효율은 100[%]로 가정한다.)

① 620
② 1095
③ 3280
④ 5037

해설 연간 발전량[MWh]

연간 발전량 = 설비용량 × 1일 평균발전시간 × 365일
= 3 × 4.6 × 365 = 5,037 [MWh]

13.4.11 / 14.4.36 / 16.4.26 / 17.2.5 / 17.2.25 / 17.2.33 / 17.4.7 / 18.2.40 / 19.1.39 / 20.4.25 / 21.2.16 / 21.2.32 / 21.4.3

05 뇌 보호형 부품이 아닌 것은?

① 내뢰트랜스
② 서지흡수기
③ 단로기
④ 피뢰기

해설 뇌보호시스템

(1) 건축물의 뇌보호

1) 외부 뇌보호
① 수뢰부(회전구체법, 각도법, 메시법)
② 인하도선
③ 접지(구도체 이용 등)

2) 내부 뇌보호시스템
① 피뢰기(LA)
② 내뢰트랜스
③ 서지보호장치(SPD)
④ 서지흡수기(SA)

※ 단로기(Disconnecting Switch)

① 기기의 점검, 보수, 수리 등을 할 때 해당 부분을 전원으로부터 분리하거나 회로의 접속을 변경할 때 사용되는 것으로 항상 무부하 상태에서 개폐, 부하전류 또는 고장전류를 개폐 또는 차단하지는 못한다.
② 차단기로 부하전류를 차단한 후 단로기를 개폐해야 한다.

17.2.6

06 태양광발전에 영향을 주는 인자끼리 바르게 묶인 것은?

① 전압 – 온도, 전류 – 풍량
② 전압 – 온도, 전류 – 일사량
③ 전압 – 풍량, 전류 – 일사량
④ 전압 – 일사량, 전류 – 온도

해설 태양광발전에 영향을 주는 인자
① 태양광 모듈의 출력은 일사량과 온도에 의해 영향을

받는다.
② 일사량이 강할수록 전류의 증가로 인해 출력 전력이 증가, 출력 전압은 작은 비율로 증가한다.
③ 온도가 높을수록 태양광 모듈의 전압과 전력은 감소하고, 온도가 낮을수록 태양광 모듈의 전압과 전력은 증가한다.

17.2.7 / 18.1.5 / 18.1.13 / 21.2.3

07 도선의 길이가 2배로 늘어나고 지름이 1/2로 줄어들 경우 그 도선의 저항은?

① 4배 증가 ② 4배 감소
③ 8배 증가 ④ 8배 감소

[해설] 저항(R)

저항 값은 도체의 길이에 비례하고, 단면적에 반비례하므로 도체의 길이 l [m], 단면적 A[m^2], 고유 저항 ρ, 반지름 r 이라고 하면,

$$R = \rho \frac{l}{A} = \frac{2}{\left(\frac{1}{2}r\right)^2} = 8\text{ 배 증가}$$

17.2.8

08 태양전지의 효율적인 반응을 위한 에너지 밴드 갭(eV)은?

① 0~0.5 ② 0.5~1
③ 1~1.5 ④ 2~3

[해설] 밴드갭(Band Gap)에너지

① 태양빛의 광자가 태양전지에 입사하면 어떤 수준의 에너지를 갖는 광자는 원자결합으로부터 전기를 만들 수 있도록 전자를 자유롭게 한다.
② 다양한 태양전지 재료 : 다양한 특성에너지 band gap을 가짐
③ Band gap보다 큰 광자에너지 : 자유전자를 만들기 위하여 흡수
④ Band gap보다 작은 광자에너지 : 재료를 통과하거나 열을 생성
⑤ 효율적인 태양전지 반도체 : 밴드갭 에너지 1~1.5 [eV]

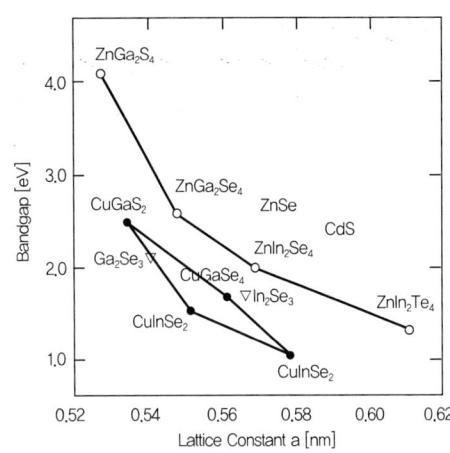

화합물 반도체의 격자상수와 밴드 갭

※ 격자상수 : 똑같은 형태와 구조의 분자가 모여 있는 결정(結晶)안의 원자 간의 가로, 세로, 높이와 같은 간격

13.4.49 / 14.4.3 / 17.2.9

09 태양전지에서 생산된 전력 3[kW]가 인버터에 입력되어 인버터 출력이 2.4[kW]가 되면 인버터의 변환효율은 몇 [%]인가?

① 60 ② 70
③ 80 ④ 90

[해설] 변환 효율 = $\frac{출력\ 전력}{입력\ 전력} \times 100 = \frac{2.4}{3} \times 100 = 80\,(\%)$

17.2.10 / 21.1.8

10 위도 36.5° 일 때 동지 시의 남중고도는?

① 45° ② 40°
③ 35° ④ 30°

[해설] 남중고도

① 겨울철 태양의 남중고도가 가장 낮아 모듈간 그림자의 영향이 가장 많다.
② 지구의 자전축은 23.5도 기울어져 있다.
③ 계절별 남중고도 및 모듈 설치각도

계절별 구분	남중고도	모듈 설치각도
여름	90-36.5+23.5=77	13°
봄, 가을	90-36.5+0=53.5°	36.5°
겨울	90-36.5-23.5=30°	60°

④ 최적 설치 각도

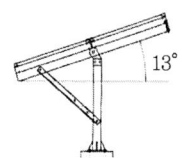
하지(여름) 경사각

춘. 추분(봄, 가을)

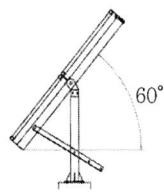
동지(겨울) 경사각

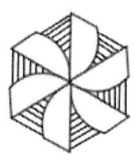
프로펠러형

더치형

세일윙형

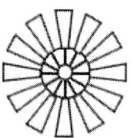
블레이드형

② 수직축

바람의 방향과 관계가 없어 사막이나 평원에 많이 설치하여 이용 가능하지만 소재가 비싸고 수평축 풍차에 비해 효율이 떨어지는 단점이 있다.

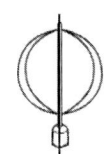
다리우스형

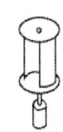
사보니우스형

크로스 플로우형

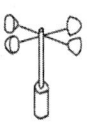
패들형

17.2.11

11 저항 1[kΩ], 커패시터 5000[μF]의 R-C 직렬회로에 전압 100[V]의 전압을 인가하였을 때 시정수는 몇 [sec] 인가?

① 0.5 ② 5 ③ 50 ④ 500

[해설] R-C 직렬회로의 시정수(T)

$T = R \times C = 1 \times 10^3 \times 5000 \times 10^{-6} = 5$

15.2.15 / 17.2.12 / 19.1.15 / 19.2.17 / 19.4.20 / 20.3.12 / 21.1.17 / 21.4.4

12 다음 중 수평축 풍력발전시스템은?

① 프로펠러형 ② 다리우스형
③ 파워타워형 ④ 사보니우스형

[해설] 회전축방향에 따른 구분

① 수평축
간단한 구조로 이루어져 있어 설치하기 편리하나 바람의 방향에 영향을 받음(중대형급 이상은 수평축을 사용하고, 100kW급 이하 소형은 수직축도 사용됨)

17.2.13

13 다음에서 설명하는 목질계 바이오매스는?

> 목재 가공과정에서 발생하는 건조된 목재 잔재를 압축하여 생산하는 작은 원통 모양의 표준화된 목질계 연료이다.

① 목탄 ② 목질칩
③ 목질 펠릿 ④ 목질 브리켓

[해설] 목질 펠릿(Wood Pellet)

① 산림에서 생산된 목재나 제재소에서 나오는 부산물을 톱밥으로 분쇄한 다음, 높은 온도와 압력으로 압축하여 일정한 크기로 생산한 청정 목질계 바이오연료
② 작고 일정한 크기로 압축 생산되기 때문에 작은 공간에 많은 양을 저장할 수 있는 이점이 있으며, 난방장치 소형화, 연료공급 자동화 등의 장점이 있다.
③ 재생한 가능한 목재자원을 활용하여 화석연료를 대체하고 온실가스를 감축하는 효과가 있어 신재생에너지원으로 분류된다.

14.4.4 / 14.4.13 / 15.2.11 / 15.2.17 / 15.4.17 / 17.2.14 / 17.4.5 / 18.1.3 / 18.4.7 / 20.1.3 / 20.1.19 / 20.3.8 / 20.3.9 / 21.4.1

14 태양광 인버터의 기능이 아닌 것은?

① 자동운전 정지 기능
② 자동전압 조정기능
③ 최대전력 추종제어 기능
④ 교류를 직류로 변환하는 기능

[해설] 태양광 인버터(직류를 교류로 변환)의 기능
① 자동운전 정지
② 최대출력 추종제어
③ 자동전압조정
④ 직류지락 검출
⑤ 단독 운전방지
⑥ 계통연계 보호장치

※ 태양광발전시스템의 구성도

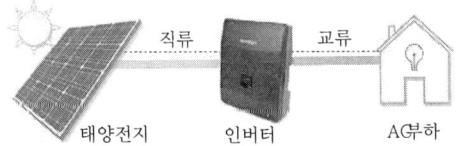

생산된 직류전기(DC)는 인버터를 통해 일반적으로 사용할 수 있는 교류전기(AC)로 변경한다.

13.4.12 / 16.2.19 / 16.4.2 / 17.2.15 / 19.2.18 / 19.4.16 / 21.2.15 / 21.4.20

15 PN접합 다이오드의 순바이어스란?

① 인가전압의 극성과는 관계없다.
② P형반도체에 +, N형반도체에 -의 전압을 인가한다.
③ P형반도체에 -, N형반도체에 +의 전압을 인가한다.
④ 반도체의 종류에 관계없이 같은 극성의 전압을 인가한다.

[해설] PN 접합과 바이어스
1) 순방향 바이어스
P영역에 양(+)의 전압을 N영역에 (-)의 전압이 인가된 상태를 순방향(forward) 바이어스가 인가되었다고 함

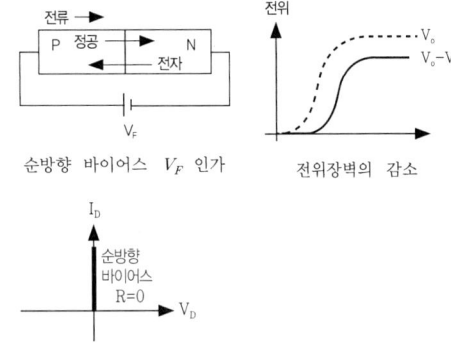

순방향 바이어스 V_F 인가   전위장벽의 감소

순방향 바이어스 상태

① p형과 n형반도체에 각각 존재하는 양공과 전자가 모두 p-n 접합 다이오드의 접합부 쪽으로 이동한다.
② 접합부에 형성된 결핍층(depletion layer)의 너비가 줄어들고 접합부에 형성된 포텐셜 장벽이 낮아지게 된다.
③ p형반도체의 양공은 n형반도체로 옮겨 가고, n형반도체의 전자는 p형반도체로 옮겨 가므로 p-n접합부를 지나는 전류가 흐른다.
④ 이상적인 전류-전압 특성은 순방향 바이어스상태에서 저항이 0이고, 전류는 무한대로 흐른다.

2) 역방향 바이어스
P영역에 (-)의 전압을 N영역에 (+)의 전압이 인가된 상태를 역방향(reverse) 바이어스가 인가되었다고 함

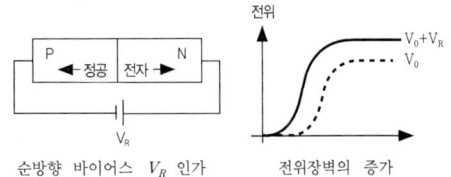

순방향 바이어스 V_R 인가   전위장벽의 증가

정답 14. ④ 15. ②

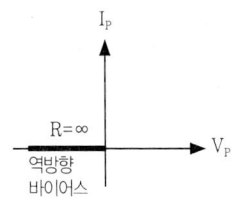

역방향 바이어스 상태

① p형과 n형반도체에 각각 존재하는 양공과 전자가 모두 p-n 접합 다이오드 양쪽 극단으로 이동한다.
② 접합부에 형성된 결핍층(depletion layer)의 너비가 늘어나고 접합부에 형성된 포텐셜 장벽도 높아진다.
③ p형반도체의 양공은 p형반도체의 끝 쪽으로, n형반도체의 전자는 n형반도체의 끝 쪽으로 옮겨 가게 되어 p-n접합부에는 전류가 흐르지 않는다.
④ 다이오드는 부도체와 같은 특성으로 저항은 무한대이고, 전류는 0이다.

17.2.16 / 19.1.8

16 태양광발전시스템을 상용전력과 병렬운전 하고자 할 때 파워컨디셔너의 일치 조건이 아닌 것은?

① 전압　　② 전류
③ 위상　　④ 주파수

해설 발전기의 병렬운전(계통 연계) 조건
① 상회전　② 주파수
③ 위상각　④ 전압

13.4.2 / 14.4.14 / 17.2.17 / 18.2.20 / 19.1.18 / 20.1.6 / 21.1.10

17 그림은 PV(photovoltaic) 어레이 구성도를 나타내고 있다. 전류 I [A]와 단자 A, B사이의 전압 [V]은?

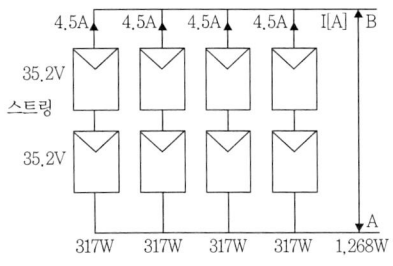

① 4.5 [A], 35.2 [V]
② 4.5 [A], 70.4 [V]
③ 18 [A], 70.4 [V]
④ 18 [A], 35.2 [V]

해설 태양전지 직병렬 계산식

1) 태양전지의 접속
① 출력 전류(I_{AB})

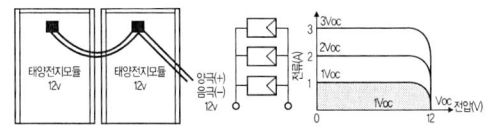

I_{AB} = 직렬 전류 × 병렬 개수 = $4.5 \times 4 = 18$ [A]

② 출력 전압(V_{AB})

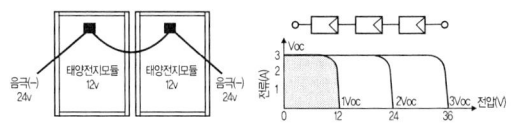

V_{AB} = 단위 축전지 전압 × 직렬 수량 = 35.2×2
　　 = 70.4 [V]

17.1.9 / 17.2.18 / 20.3.13 / 21.4.12

18 태양광발전에 사용되는 대기질량지수(AM)는

① 0　　　② 0.5
③ 1　　　④ 1.5

해설 표준 시험조건(Standard Test Conditions)
태양광발전 소자를 시험할 때의 기준이 되는 시험조건 즉, 태양광발전 소자가 빛을 받는 면의 조사강도 1000[W/m^2], 태양전지 온도 25[℃], 스펙트럼 조성은 대기질량지수(AM) 1.5인 조건

16.2.1 / 17.2.19 / 17.4.17 / 18.1.18 / 19.4.13 / 19.2.11 / 21.1.18

19 같은 발전용량을 생산하기 위해 태양광 전지의 재료의 종류 중에서 가장 큰 대지 또는 지붕 면적이 필요한 재료는?

① CI4　　　② 다결정
③ 단결정　　④ 비정질 실리콘

정답　16. ②　17. ③　18. ④

해설 **박막형 태양전지**

① 유리, 스테인리스 스틸, 플라스틱 등 저가의 기판에 얇은 막 형태의 박막을 형성하는 구조로, 기판위에 형성되는 막의 원료에 따라 비정질 실리콘 태양전지, CdTe, CIGS 박막, a-Si, 염료감응형 태양전지, 유기 태양전지로 구분된다.
② 실리콘 사용량이 적어 저렴하나 제조공정이 복잡하고 에너지 효율이 낮아 결정질 태양전지와 동일한 출력을 내기 위해서는 대면적의 모듈이 필요하다.
③ 결정질 실리콘 태양전지의 두께는 200~300[㎛], 박막형 실리콘 태양전지의 두께는 0.3~2[㎛]로서 상당히 얇게 제작할 수 있다.
④ 불순물 첨가 (도핑)에 의한 전기 전도도 제어가 쉽지 않으며, 이 경우 p-형보다는 In 등의 첨가 및 열처리에 의하여 n-형 쪽으로 제어하는 것이 보다 쉬운 것으로 알려져 있다.
⑤ 적은 온도계수로 온도에 따른 효율 감소가 적으며, 빛의 강도 변화에 대한 안정성으로 흐린 날, 겨울, 음지에서도 안정적이다.
⑥ 각국 정부의 태양광발전에 대한 관심과 지원이 폭발적으로 증대되면서 폴리실리콘의 양산규모 증대는 벌크형 실리콘 태양전지의 가격 하락을 이끌었고, 차세대 태양전지였던 박막 태양전지는 목표로 했던 가격에 도달했음에도 불구하고 가격적으로는 경쟁력이 없는 결과에 있다.

13.4.1 / 13.4.5 / 14.4.33 / 15.2.9 / 17.2.20 / 18.2.1 / 19.4.18 / 20.1.15

20 다음 중 접속함 내부의 구성기기가 아닌 것은?

① 단자대   ② 주개폐기
③ 바이패스소자   ④ 역류방지소자

해설 **태양광발전용 접속함**
어레이를 구성하고 있는 모든 태양광발전 모듈의 스트링이 연결되는 단자가 들어있으며, 태양광발전 모듈 스트링의 출력을 인버터에 중계하며, 접속함의 주요자재는 다음과 같다.

① 외함 ② DC Connector ③ Terminal Block ④ DC 퓨즈 ⑤ 퓨즈 링크(홀더) ⑥ 다이오드 ⑦ 방열판 ⑧ PCB ⑨ DC 개폐기(차단기) ⑩ SPD ⑪ power supply ⑫ FAN ⑬ 케이블 그랜드 ⑭ 모니터링 설비 ⑮ 전류센서 ⑯ 기타(제조사가 주요 자재로 취급하는 것)

※ 자재 중에서 수명(shelf life) 또는 보관 시 환경관리가 필요한 자재는 반도체 부품으로 다이오드 등이다.

17.2.21 / 20.3.36

21 태양광발전시스템에서 사용하는 CV 케이블의 최고 허용온도는 몇 [℃]인가?

① 80   ② 90   ③ 100   ④ 110

해설 **CV케이블의 장점**

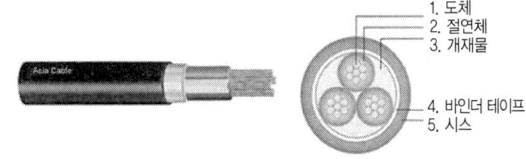

1. 도체
2. 절연체
3. 개재물
4. 바인더 테이프
5. 시스

2) PE와 비교하여 내열성, 기계적 성능을 향상시켜 열변형특성, 열노화 특성이 우수하기 때문에 연속 최고허용온도를 90[℃]로 향상시킨 것으로 대용량의 초고압 송전용 케이블의 절연재료로 사용되고 있다.

3) 내약품성 및 내수성이 우수하다.

4) 화학적 물리적 특성이 우수하다.

※ 내후성 : 각종 기후에 견디는 성질

13.4.26 / 15.4.28 / 16.4.38 / 17.1.51 / 17.2.22 / 17.2.54 / 17.4.23 / 17.4.53 / 18.1.21 / 18.1.47 / 18.2.46 / 18.2.53 / 18.4.23 / 19.1.60 / 19.2.26 / 19.2.42 / 19.4.27 / 19.4.49 / 20.1.52 / 20.3.23 / 20.3.41 / 20.4.24 / 21.1.38 / 21.4.42 / 21.4.48

22 태양전지 모듈 설치 시 감전사고 방지를 위한 대책이 아닌 것은?

① 태양전지 모듈 표면에 차광시트를 제거한다.
② 강우 또는 강설 시는 작업을 하지 않는다.
③ 절연처리 된 공구를 사용한다.
④ 절연장갑을 착용한다.

정답 19. ④ 20. ③ 21. ②

해설 **모듈 설치 시 감전방지대책**
① 전선피복 상태 관리
② 절연 장갑을 착용한다.
③ 절연 처리된 공구를 사용한다.
④ 태양전지 모듈 및 인버터 전원 개방
⑤ 작업 전 태양전지 모듈 표면에 차광막을 씌워 태양광을 차폐한다.
⑥ 강우 시에는 감전사고와 미끄러짐으로 인한 추락사고로 이어질 우려가 있으므로 작업을 금지한다.

17.2.23
23 수상태양광발전설비에 대한 설명으로 잘못된 것은?
① 수상태양광발전설비 모듈과 함께 인버터를 설치한다.
② 상부에 설치된 자재 및 작업자의 총량을 고려한 부력을 가져야 한다.
③ 홍수, 태풍, 수위변화 등에도 안정성을 유지하기 위해 계류 장치를 사용한다.
④ 수상에 설치된 발전설비는 수중생태 등의 환경에 대한 고려가 있어야 한다.

해설 **수상 태양광발전**

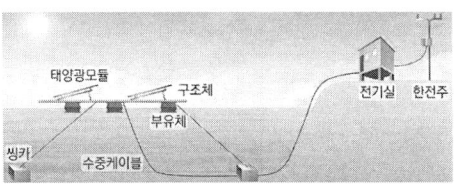

① 수면위에 태양광발전 시설을 설치하여 전기를 생산하는 것으로, 기존의 태양광기술에 플로팅 기술(floating technology)을 융합한 것이다.
② 육상의 태양광발전소와 차이점은 태양광 모듈(module)을 띄우는 구조체, 구조체를 고정하는 계류장치, 생산된 전력을 육상으로 전송하는 수중케이블 등 이며, 초기 투자비가 많이 든다.
③ 인버터는 지상의 전기실에 설치한다.

17.2.24 / 19.2.35
24 감리원의 공사 진도관리와 관련하여 ( )안에 들어갈 알맞은 내용은?

> 감리원은 공사업자로부터 전체 실시공정표에 따른 월간, 주간 상세공정표를 작업 착수 며칠 전에 제출받아 검토, 확인하여야 한다.
> (1) 월간 상세공정표 : 작업 착수 (㉠)일 전 제출
> (2) 주간 상세공정표 : 작업 착수 (㉡)일 전 제출

① ㉠ 7, ㉡ 4   ② ㉠ 4, ㉡ 7
③ ㉠ 3, ㉡ 8   ④ ㉠ 8, ㉡ 3

해설 **공사 진도 관리**
1) 감리원은 공사업자로부터 전체 실시공정표에 따른 월간, 주간 상세공정표를 사전에 제출받아 검토·확인하여야 한다.
① 월간 상세공정표 : 작업 착수 7일전 제출
② 주간 상세공정표 : 작업 착수 4일전 제출

2) 감리원은 매주 또는 매월 정기적으로 공사 진도를 확인하여 예정공정과 실시공정을 비교하여 공사의 부진 여부를 검토한다.

3) 감리원은 현장여건, 기상조건, 지장물 이설 등에 따른 관련 기관 협의사항이 정상적으로 추진되는지를 검토·확인하여야 한다.

4) 감리원은 공정진척도 현황을 최근 1주일 전의 자료가 유지될 수 있도록 관리하고 공정지연을 방지하기 위하여 주 공정 중심의 일정관리가 될 수 있도록 공사업자를 감리하여야 한다.

5) 감리원은 주간 단위의 공정계획 및 실적을 공사업자로부터 제출받아 검토·확인하고, 필요한 경우에는 공사업자의 시공관리책임자를 포함한 관계 직원 합동으로 금주작업에 대한 실적을 분석·평가하고, 공사추진에 지장을 초래하는 문제점, 잘못 시공된 부분의 지적 및 재시공 등의 지시와 재발방지대책, 공정진도의 평가, 그밖에 공사추진 상 필요한 내용의 협의를 위한 주간 또는 월간 공사 추진회의를 개최하고 그 회의록을 관리하여야 한다.

13.4.11 / 14.4.36 / 16.4.26 / 17.2.5 / 17.2.25 / 17.2.33 / 17.4.7 /
18.2.40 / 19.1.39 / 20.4.25 / 21.2.16 / 21.2.32 / 21.4.3

25 피뢰시스템 중 뇌격전류를 안전하게 대지로 전송하는 것은?

① 돌침 ② 감시시스템
③ 수뢰부시스템 ④ 인하도선시스템

해설 외부 피뢰시스템

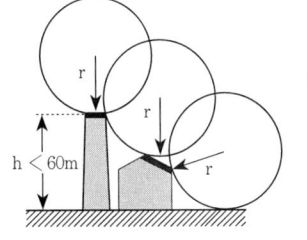

회전구체 반경

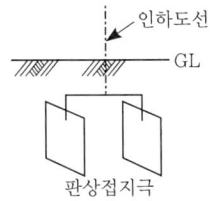

(1) 수뢰부 시스템
① 뇌격이 피 보호범위내로 침입할 확률을 감소시키는 것
② 돌침(피뢰침), 수평도체, 메시 도체(케이지)방식의 개별 또는 이들의 조합으로 한다.
③ PV설비 전체를 보호할 수 있는 범위내로 해야 한다.

1) 수뢰부 시스템의 배치
 구조물의 모퉁이, 뾰족한 점, 모서리에 설치한다.
 ① 보호각법
 ② 회전구체법(Rolling Sphere)
 ③ 메쉬(Mesh)법

2) 피뢰시스템의 레벨별 회전구체 반경과 메쉬 치수

피뢰시스템 레벨	회전구체 반경 r[m]	메쉬 치수 W[m]
Ⅰ	20	5×5
Ⅱ	30	10×10
Ⅲ	45	15×15
Ⅳ	60	20×20

(2) 인하도선 시스템
① 위험한 불꽃방전의 발생확률을 감소시키기 위하여 뇌격 점과 대지사이를 연결하는 도선

② 다수의 병렬 전류통로를 형성해야 한다.
③ 전류통로의 배선 길이는 최소로 유지해야 한다.
④ 인하도선은 가능한 한 수뢰부도체에서 직접 연결되도록 배치하여야 한다.
⑤ 인하도선은 지표면과 가까운 부분에 접지시험단자를 시설한다. 다만, 자연적 구성부재를 이용하는 경우는 생략한다.

(3) 접지 시스템
① 위험한 과전압을 발생시키지 않고 뇌전류를 대지로 방류하기 위해서는 접지의 형상, 크기 및 접지저항 값이 중요하다. 다만, 일반적으로는 낮은 접지저항을 권장한다.
② 피뢰설비의 관점에서는 구조체를 사용한 통합단일의 접지가 바람직하며, 모든 접지목적(즉, 피뢰설비, 저압전력시스템, 통신시스템 등)에도 적합하다.

13.4.25 / 17.2.26 / 21.1.24

26 태양광발전시스템의 기획 및 설계 시 조사 할 항목과 연결이 잘못된 것은?

① 설치조건의 조사 - 설치장소, 재료의 반입 경로
② 설계조건의 검토 - 전기안전관리자 이력 검토
③ 환경조건의 조사 - 빛, 염해, 공해
④ 사전조사 - 각 지자체 조례 등

해설 설계시 조사할 항목
① 사전조사 : 각 지자체 조례 등
② 환경조건의 조사 : 연평균 일사량 및 일조시간, 염해, 공해
③ 설치조건의 조사 : 부지의 접근성 및 주변 환경, 민원발생 가능 여부
④ 전력 계통과의 연계 조건 : 전력계통 인입선 위치와 계통연계 가능한 용량 확인
⑤ 경제성 조건 : 총 투자비 기준으로 발전 매전 수입 시 경제적인 수익률의 검토

정답 25. ④ 26. ②

27 저압배전 선로의 역조류가 있는 경우에 인버터의 단독운전을 검출하는 계전요소가 아닌 것은?

① 거리 계전기 ② 과전압 계전기
③ 주파수 계전기 ④ 부족전압 계전기

해설 단독운전 능동형 검출방식식

능동형은 전력변환장치 등을 이용하여 계통외란 신호를 출력하고, 이러한 출력 외란에 대한 전력계통의 응답 특성을 관측하여 단독운전 여부를 검출하는 방법
① 주파수 시프트 방식
　인버터의 내부발진기에 주파수 바이어스를 주었을 때, 단독운전 시에 나타나는 주파수 변동을 검출
② 유효전력 변동방식
　인버터 출력에 주기적인 유효전력 변동을 주었을 때, 단독운전 시에 나타나는 전압, 전류 또는 주파수 변동을 검출한다. 상시 출력이 변동하는 가능성이 있다.
③ 무효전력 변동방식
　인버터의 출력에 주기적인 무효전력 변동을 주었을 때, 단독운전 시에 나타나는 주파수 변동 등을 검출한다.
④ 부하 변동방식
　인버터의 출력과 병렬로 임피던스를 순간적 또는 주기적으로 삽입하여 전압 또는 전류의 급변을 검출한다.

28 태양광 모듈의 전기배선 및 접속함 시공방법으로 틀린 것은?

① 접속 배선함 연결부위는 일체형 전용 커넥터를 사용
② 역전류방지 다이오드의 용량은 모듈 단락전류의 2배 이상 일 것
③ 전선이 지면을 통과하는 경우에는 피복에 손상이 발생 되지 않도록 조치
④ 1대의 인버터에 연결된 태양전지 직렬군이 2병렬 이상일 경우에는 각 직렬군의 출력전류가 동일하도록 배열

해설 태양광발전소 전기배선 및 접속함의 설비기준

① 태양전지에서 옥내에 이르는 배선에 쓰이는 전선은 모듈전용선 또는 TFR-CV선을 사용해야하며, 전선이 지면을 통과하는 경우에는 피복에 손상이 발생되지 않도록 별도의 조치를 취해야 한다.
② 태양전지판 결선시에 접속배선함 구멍에 맞추어 압착단자를 사용하여 견고하게 전선을 연결해야하며, 접속배선함 연결부위는 일체형 전용 커넥터를 사용한다.
③ 태양전지판 배선은 바람에 흔들림 없도록 케이블타이 등으로 단단히 고정하여야 하며 태양전지판의 출력배선은 군별, 극성별로 확인할 수 있도록 표시하여야 한다.

역류방지 다이오드의 시설

① 1대의 인버터에 접속되는 태양전지 직렬군(스트링)이 2병렬 이상 접속될 경우, 각 직렬군에 역전류방지 다이오드를 별도의 접속함에 설치하여야 하며, 접속함은 발생하는 열을 외부에 방출할 수 있도록 환기구 및 방열판을 갖추어야 한다.
② 역전류방지 다이오드의 정격은 모듈 단락전류의 2배 이상이며, 정격을 확인할 수 있어야 한다.

13.4.27 / 15.4.29 / 16.2.33 / 17.2.29 / 18.1.33 / 19.2.40 / 21.4.34

29 공사감리업무를 수행하는 감리원에 대한 설명으로 틀린 것은?

① 공사업자의 의무와 책임을 면제시킬 수 있다.
② 계약조건과 다른 지시나 조치 또는 결정을 하여서는 안된다.
③ 공사가 끝난 후 발주자의 출석요구가 있을 경우 이에 응하여야 한다.
④ 공사의 품질확보 및 질적 향상을 위하여 기술지도와 지원에 노력하여야 한다.

해설 감리원은 공사업자의 의무와 책임을 면제시킬 수 없으며, 임의로 설계를 변경하거나, 기일연장 등 공사계약 조건과 다른 지시나 조치 또는 결정을 하여서는 아니된다.

정답 27.① 28.④ 29.①

13.4.34 / 14.4.25 / 15.2.31 / 15.4.38 / 17.1.25 / 17.2.30 / 17.4.21 / 17.4.34 / 18.4.34 / 19.1.22 / 20.1.40 / 20.3.38 / 20.4.29 / 21.1.22 / 21.2.25

30 태양광발전시스템의 일반적인 시공 절차에 대한 순서로 옳은 것은?

① 반입 자재 검수 → 토목공사 → 기기설치공사 → 전기배관 배선공사 → 점검 및 검사
② 토목공사 → 반입 자재 검수 → 기기설치공사 → 전기배관 배선공사 → 점검 및 검사
③ 반입 자재 검수 → 토목공사 → 전기배관배선공사 → 기기 설치공사 → 점검 및 검사
④ 토목공사 → 반입 자재 검수 → 전기배관배선공사 → 기기설치공사 → 점검 및 검사

해설 태양광발전시스템의 시공절차

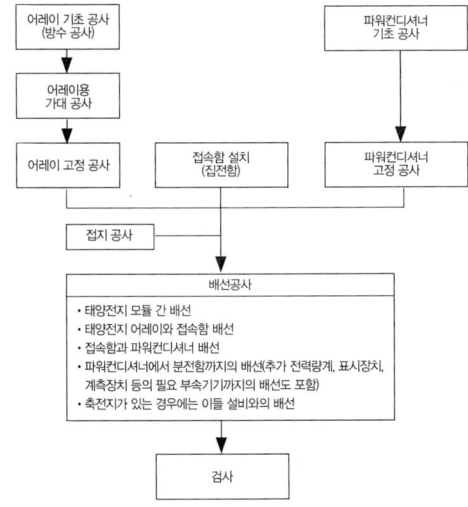

13.4.35 / 14.4.23 / 14.4.30 / 16.2.46 / 16.4.28 / 17.2.31 / 18.1.23 / 18.1.53 / 20.3.39 / 21.1.31 / 21.2.48 / 21.4.25

31 접지극의 물리적인 접지저항 저감방법 중 수직 공법인 것은?

① 보링공법
② MESH 공법
③ 접지극의 치수확대
④ 접지극의 병렬접속

해설 접지저항 저감방법

(1) 물리적인 저감방법
1) 수평공법
① 접지극의 병렬접속(접지극의 상호 간격을 크게 한다)
② 접지극의 치수 확대(깊이 매설)
③ 매설지선 공법(하나의 접지극 대신 지선을 땅에 매설하는 방법) 및 평판 접지전극의 사용
④ MESH 공법
⑤ 구조체 접지(철근, 철골, 수도관 등 건물의 구조체를 접지극으로 사용)
⑥ 돌기형 접지극의 사용(접지봉의 표면에 돌기를 만들어 대지와의 접촉면적을 크게 하는 방법)

2) 수직공법
① 보링공법
② 접지봉 심타법

(2) 화학적 저감방법
① 토양의 고유저항을 화학적으로 저감시키는 방법
② 염, 황산 암모니아, 탄산소다, 밴트나이트 등을 주변 토양에 혼합한다.
③ 처음에는 저항값이 작으나, 1~2년후 에는 거의 효과 적음

17.2.32 / 21.4.39

32 코로나 현상으로 발생되는 영향이 아닌 것은?

① 통신선 유도장해 발생 증가
② 소호리액터 소호능력 증가
③ 송전효율 저하
④ 잡음 발생

해설 코로나(corona)현상으로 발생되는 영향

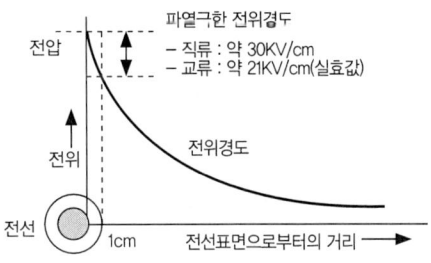

전선에 가해지는 전압이 어떤 값(임계 전압) 이상으로 되면 전선 표면의 공기 절연이 국부적으로 파괴되어 엷은 빛과 낮은 소리를 내게 되는 현상
① 코로나 손실발생 및 송전효율 저하

정답 30. ② 31. ① 32. ②

② 잡음 발생
③ 통신선 유도장해
④ 소호리액터 소호능력 저하
⑤ 전선부식

13.4.11 / 14.4.36 / 16.4.26 / 17.2.5 / 17.2.25 / 17.2.33 / 17.4.7 /
18.2.40 / 19.1.39 / 20.4.25 / 21.2.16 / 21.2.32 / 21.4.3

33 과도 과전압을 제한하고 서지전류를 우회시키는 장치의 약어는?

① DS　　② SPD
③ ELB　　④ MCCB

해설 서지보호기(Surge Protective Device)

내부계통에 서지 전류가 들어올 때, 그 전류가 부하를 통해 흐르지 않고 우회하도록 하여 부하에서 발생하는 과전압이 과다하게 상승하는 것을 막아서 부하를 보호한다.

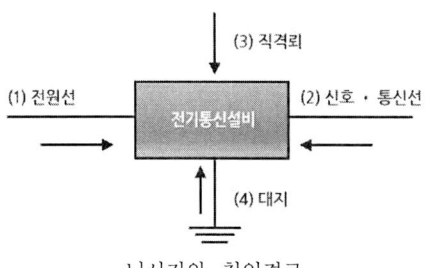

뇌서지의 침입경로

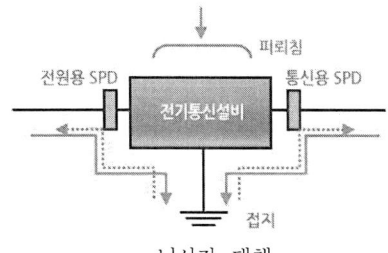

뇌서지 대책

※ 서지(surge) : 뇌전자계임펄스에 의해 발생한 과전압 또는 과전류로서 나타나는 일시적인 파동

※ 고전압시험 또는 연구에 사용할 목적으로 서지전압을 모의하기 위해서 인위적으로 발생시킨 충격파를 임펄스라 한다.

17.2.34

34 변전소의 설치 목적이 아닌 것은?

① 송배전선로 보호
② 전력 조류의 제어
③ 전압의 변성과 조정
④ 전력의 발생과 분배

해설 1변전소의 설치 목적

① 전압의 변성(승압, 강압)
② 전력의 집중과 배분
③ 전압 조정
④ 전력 제어(유효전력, 무효전력)
⑤ 전력 계통 보호

17.2.35

35 감리원의 수행업무 방법으로 옳지 않은 것은?

① 검사업무지침을 현장별로 수립한다.
② 시공기술자 실명부 확인은 생략한다.
③ 현장에서의 검사는 체크리스트를 사용한다.
④ 수립된 검사업무 지침은 시공 관련자에게 배포한다.

해설 검사업무

감리원은 다음의 검사업무 수행 기본방향에 따라 검사업무를 수행하여야 한다.
① 감리원은 현장에서의 시공확인을 위한 검사는 해당 공사와 현장조건을 감안한 검사업무지침을 현장별로 작성·수립하여 발주자의 승인을 받은 후 이를 근거로 검사업무를 수행함을 원칙으로 한다. 검사업무지침은 검사하여야 할 세부공종, 검사절차, 검사시기 또는 검사빈도, 검사 체크리스트 등의 내용을 포함하여야 한다.
② 수립된 검사업무지침은 모든 시공 관련자에게 배포하고 주지시켜야 하며, 보다 확실한 이행을 위하여 교육한다.
③ 현장에서의 검사는 체크리스트를 사용하여 수행하고, 그 결과를 검사 체크리스트에 기록한 후 공사업자에게 통보하여 후속 공정의 승인여부와 지적사항을 명확히 전달한다.
④ 검사 체크리스트에는 검사항목에 대한 시공기준 또는 합격기준을 기재하여 검사결과의 합격여부를 합

리적으로 신속 판정한다.
⑤ 단계적인 검사로는 현장 확인이 곤란한 공종은 시공 중 감리원의 계속적인 입회·확인으로 시행한다.
⑥ 공사업자가 검사요청서를 제출할 때 시공기술자 실명부가 첨부되었는지를 확인한다.
⑦ 공사업자가 요청한 검사일에 감리원이 정당한 사유없이 검사를 하지 않는 경우에는 공정추진에 지장이 없도록 요청한 날 이전 또는 휴일 검사를 하여야 하며 이때 발생하는 감리대가는 감리업자가 부담한다.

13.4.22 / 15.2.37 / 16.4.27 / 17.1.33 / 17.2.36 / 17.4.29 / 18.4.33 / 20.4.27 / 21.1.34

36 태양광시스템에서 방화구획 관통부를 처리하는 주된 목적은?

① 다른 설비로의 화재확산 방지
② 배전반 및 분전반 보호
③ 태양전지 어레이 보호
④ 인버터 보호

해설 방화구획 관통부의 처리

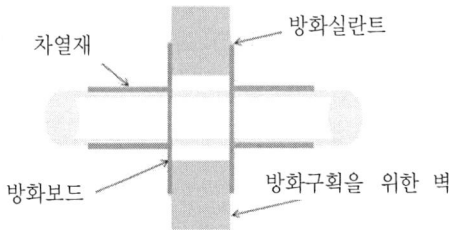

1) 방화구획 관통부의 처리를 하는 것은 화재 발생 시의 방화 대책물이 벽, 바닥, 기둥 등을 통과하는 전선, 배관의 관통 부분에서 다른 설비로 불길이 번지거나 확대하는 것을 방지하기 위해서이다.

2) 배선을 옥외에서 옥내로 끌어들인 관통 부분의 처리 방법으로는 다음과 같다.
① 난연성
   관통 부분의 충전재, 케이블, 배관재의 변형, 파손, 탈락, 소실로 인해 뒷면에 화염, 연기가 나지 않을 것
② 내열성
   관통 부분의 충전재, 내열씰재의 전열에 의해 뒷면이 연소할 위험이 있는 온도가 되지 않을 것

③ 관통부의 내화구조에 대한 성능시험은 단일 제품(예: 방화용 실런트 또는 기타자재)에 대한 시험이 아니라 복합구조(예: 방화용 실런트와 철판, 암면 등의 조합)의 시스템을 제시하여 그 시스템에 대해서 시험성적을 취득한다.

17.2.37

37 설계감리를 받아야 할 전력시설물이 아닌 것은?

① 용량 80만[kW] 이상의 발전설비
② 전압 30만[V] 이상의 송전 및 변전설비
③ 11층 이상이거나 연면적 30000[m²] 이상 건축물의 전력시설물
④ 전압 10만[V] 이상의 수전설비, 구내배전설비, 전력사용설비

해설 설계감리 등

설계감리를 받아야 하는 전력시설물의 설계도서는 다음에 해당하는 전력시설물의 설계도서로 한다.
① 용량 800,000[kW] 이상의 발전설비
② 전압 300,000[V] 이상의 송전·변전설비
③ 전압 100,000[V] 이상의 수전설비·구내배전설비·전력사용설비
④ 전기철도의 수전설비·구내배전설비·전차선설비·전력사용설비
⑤ 국제공항의 수전설비·구내배전설비·전력사용설비
⑥ 층수가 21층 이상이거나 연면적이 50,000[m²] 이상인 건축물의 전력시설물. 다만, 주택건설촉진법의 규정에 의한 공동주택의 전력시설물은 이를 제외한다.
⑦ 기타 산업자원부령이 정하는 전력시설물

16.2.28 / 16.4.35 / 17.2.38 / 19.4.23 / 19.4.28 / 19.4.33 / 20.3.24 / 20.3.26 / 20.3.27 / 20.3.32 / 21.1.28 / 21.2.34

38 감리원이 준공 후 발주자에게 인계할 주요 문서 목록으로 거리가 가장 먼 것은?

① 준공도면
② 준공사진첩
③ 시설물 인수·인계서
④ 성능보증서 또는 인증서

정답 36. ① 37. ③

[해설] 발주자에게 인계할 문서 목록
① 준공사진첩
② 준공도면
③ 품질시험 및 검사성과 총괄표
④ 기자재 구매서류
⑤ 시설물 인수·인계서
⑥ 그밖에 발주자가 필요하다고 인정하는 서류

15.2.23 / 17.1.35 / 17.2.39 / 18.4.30 / 20.4.40
39 지상에 태양전지 어레이를 설치하기 위한 기초 형식 중 지지층이 얕은 경우에 사용하는 방식이 아닌 것은?

① 말뚝 기초
② 직접 기초
③ 독립 푸팅 기초
④ 복합 푸팅 기초

[해설] 기초의 분류

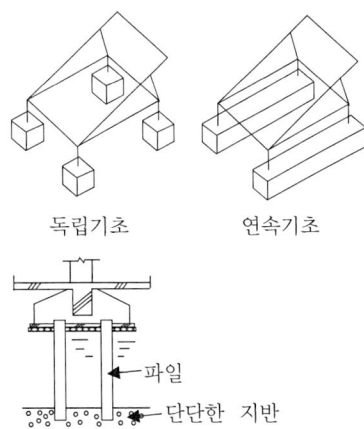

1) 얕은 기초(Shallow Foundation)
① 독립 기초(Individual Footing) : 단일기둥을 지지, 기둥간격이 넓은 경우
② 복합 기초(Contentious Footing) : 다수의 연속기둥 또는 벽체를 지지
③ 전면(온통)기초(Mat 또는 Raft Foundation)

※ 직접기초 : 독립기초, 연속기초, 전면(온통)기초

2) 깊은 기초(Deep Foundation)
① 파일(말뚝)기초(Pile Foundation)
② 피어기초(Pier Foundation)
③ 케이슨(우물통)기초

15.4.33 / 17.2.40 / 18.2.21 / 19.4.29
40 3상 변압기 병렬운전 결선방식이 아닌 것은?

① △-△ 와 △-△
② Y-△ 와 Y-△
③ △-Y 와 Y-△
④ Y-△ 와 Y-Y

[해설] 3상 변압기 병렬운전
부하의 증가로 인하여 변압기 용량이 부족한 경우, 변압기의 1차, 2차의 단자들을 연결하여 병렬 운전한다.
1) 병렬운전이 가능한 결선방식
① △-△ 와 △-△
② Y-Y 와 Y-Y
③ Y-△ 와 Y-△
④ △-Y 와 △-Y
⑤ △-Y 와 Y-△

2) 병렬운전이 불가능한 결선방식
① △-△ 와 △-Y
② △-Y 와 Y-Y
③ Y-△ 와 Y-Y

17.2.41 / 17.4.49 / 19.2.59
41 태양광발전시스템에 사용되는 축전지의 일상점검 육안점검의 항목으로 틀린 것은?

① 단자전압
② 외함의 변형
③ 전해액의 변색
④ 전해액면 저하

[해설] 축전지의 일상 육안점검
① 전해액 저하
② 단자의 부식, 풀림 등 케이블 연결 상태
③ 외함의 변색, 변형, 균열, 팽창, 손상 상태

16.2.47 / 16.2.51 / 16.4.47 / 17.2.42 / 18.1.45 / 18.2.44 / 18.2.54 / 19.1.43 / 19.1.51 / 19.1.53 / 19.4.42 / 19.4.47 / 20.3.48 / 20.4.42 / 20.4.45 / 20.4.51 / 21.1.46 / 21.1.51 / 21.1.58 / 21.4.44 / 21.2.47 / 21.4.56
42 다음은 성능평가 측정 중 시험 장치에 관한 설명이다. ( )에 들어갈 내용으로 옳은 것은?

솔라시뮬레이터는 태양광발전 모듈의 발전 성능을 (㉠)에서 시험하기 위한 인공광원이며, KS C IEC 60904-9에서 규정하는 방사조도 (㉡)이내, 광원 균일도(㉢)이내의 A등급 이상으로 한다.

① ㉠ 옥내 ㉡ ±1[%] ㉢ ±1[%]
② ㉠ 옥외 ㉡ ±1[%] ㉢ ±1[%]
③ ㉠ 옥내 ㉡ ±2[%] ㉢ ±2[%]
④ ㉠ 옥외 ㉡ ±2[%] ㉢ ±2[%]

해설 태양전지모듈 시험장치

1) UV시험 장치
   태양전지모듈이 태양광에 노출되는 경우에 따라서 유지되는 열화정도를 시험하기 위한 장치

2) 염수분부 장치
   태양전지모듈의 구성 재료와 패키지 등의 구성품을 대상으로 염수(바닷물)에 대한 내구성을 시험하기 위한 환경 챔버

3) 항온항습 장치
   태양전지모듈의 온도 사이클 시험, 온습도 사이클 시험, 내열-내습성시험을 하기 위한 챔버, 온도 ±2[℃] 이내, 습도 ±5[%] 이내이어야 한다.

4) 솔라 시뮬레이터
   태양광발전 모듈의 발전성능을 옥내에서 시험하기 위한 인공광원이며, KS C IEC 60904-9에서 규정하는 방사조도 ±2[%] 이내, 광원 균일도 ±2[%] 이내의 A등급 이상의 것

16.4.59 / 17.2.43 / 18.2.58 / 19.4.44

43 태양전지 어레이의 일상점검 항목 중 육안점검의 내용으로 틀린 것은?

① 보호계전기의 설정
② 표면의 오염 및 파손
③ 지지대의 부식 및 녹
④ 외부배선(접속케이블)의 손상

해설 태양전지(어레이)의 육안점검
① 모듈의 오염 및 파손
② 프레임 파손 및 변형유무
③ 가대의 부식 및 녹 발생
④ 가대의 고정(볼트 및 너트의 풀림) 및 접지
⑤ 외부배선의 손상
⑥ 변색, 낙엽 등의 유무 검사
⑦ 지붕재의 파손 및 지지기구와의 고정상태

14.4.27 / 15.4.15 / 17.1.47 / 17.2.44 / 17.4.52 / 18.1.57 /
18.4.5 / 20.4.49 / 21.2.37 / 21.4.587

44 태양광발전 모니터링 프로그램의 기본 기능으로 틀린 것은?

① 데이터 수집기능
② 데이터 저장기능
③ 데이터 연산기능
④ 데이터 분석기능

해설 모니터링 시스템 프로그램 기능
① 데이터 수집기능
   인버터로부터 데이터를 공급받아 전압과 전력에 대한 정보를 제공하며 일사량과 모듈 표면온도 등의 정보를 제공한다.
② 데이터 저장기능
   실시간 데이터가 저장되어 평균 자료를 한눈에 알아볼 수 있도록 한다.
③ 데이터 분석기능
   저장된 데이터로 표를 작성하여 일일 평균값 등의 변화를 한눈에 알 수 있도록 데이터를 제공한다.
④ 데이터 통계기능
   저장된 데이터를 바탕으로 일간, 월간, 연간 통계를 알아볼 수 있도록 제공한다.

17.1.45 / 17.2.45 / 17.4.25 / 18.2.51 / 21.1.57 / 21.2.29

45 자가용 태양광발전설비의 정기검사 항목이 아닌 것은?

① 변압기본체 검사
② 부하운전시험 검사
③ 전력변환장치 검사
④ 종합연동시험 검사

정답 42. ③ 43. ① 44. ③

해설 **자가용 태양광발전설비의 정기검사 항목**
(1) 외관(설계도면 및 시설상태 확인)

(2) 태양광전지
① 일반규격
② 태양전지

(3) 전력변환장치
① 일반규격
② 본체
③ 보호장치
④ 축전지

(4) 종합연동시험
(5) 부하운전시험
(6) 기타부속설비(전기수용설비 항목을 준용)

14.4.61 / 17.2.46 / 18.2.50 / 20.3.60 / 21.4.49

46 발전설비용량이 200킬로와트 초과 3천 킬로와트 이하인 발전사업의 허가를 신청하는 경우 사업계획서 구비 서류로 틀린 것은?

① 송전관계 일람도
② 부지의 확보 및 배치 계획 관련 증명서류
③ 전기설비 건설 및 운영 계획 관련 증명서류
④ 발전원가명세서(발전사업 또는 구역전기사업의 허가를 신청하는 경우만 해당한다.)

해설 **발전사업 신청에 필요한 서류(3000[kW] 이하인 경우)**
(1) 전기사업 허가신청서

(2) 사업계획서
① 기술능력 관련(전기설비 건설 및 운영 계획 관련 증명서류)
② 계획에 따른 수행 가능 여부 관련(송전관계 일람도)
③ 발전원가명세서(발전사업 또는 구역전기사업의 허가를 신청하는 경우만 해당한다)

(3) 정관, 대차대조표 및 손익계산서(신청자가 법인인 경우만 해당하며, 설립 중인 법인의 경우에는 정관만 제출한다)

(4) 신청자(발전설비용량 3천 킬로와트 이하인 신청자는 제외한다)의 주주명부. 이 경우 신청자가 재무능력을 평가할 수 없는 신설법인인 경우에는 신청자의 최대주주를 신청자로 본다.

16.4.18 / 17.2.47 / 19.1.16 / 20.1.13 / 20.3.53 / 21.4.13

47 중대형 태양광발전용 인버터의 효율시험에서 교류 전원을 정격 전압 및 정격 주파수로 운전하고 운전 시작 후 최소한 몇 시간 이후에 측정하여야 하는가?

① 1   ② 2   ③ 3   ④ 4

해설 **중대형 태양광발전용 인버터 효율시험**
교류전원을 정격전압 및 정격 주파수로 운전하고, 운전 시작 후 최소한 2시간 이후에 측정한다.
1) 출력전력이 정격출력의 5[%], 10[%], 20[%], 30[%], 50[%], 그리고 100[%]일 때의 각각의 전력변환효율을 측정한다.

2) 직류입력을 정격전압으로 두고 측정한다.

3) 독립형 인버터의 경우 정격효율로 측정한다.

4) 판정기준
① 계통연계형 인버터의 경우 Euro 변환효율로 측정한다.
② 정격용량이 10[kW] 초과 30[kW] 이하에서는 90[%], 30[kW] 초과 100[kW] 이하에서는 92[%], 100[kW] 초과에서는 94[%] 이상일 것
③ 독립형 인버터의 경우 정격효율로 측정하여 정격용량이 10[kW] 초과 30[kW] 이하에서는 88[%], 30[kW] 초과 100[kW] 이하에서는 90[%], 100[kW] 초과에서는 92[%] 이상일 것

15.2.52 / 15.4.52 / 15.4.60 / 16.2.55 / 17.1.54 / 17.2.48 / 19.1.46 / 21.1.56

48 태양광발전시스템에 대한 정기점검에서, 접속함의 출력단자와 접지 간의 절연상태 이상여부를 판정하는 절연저항 값의 기준치는 최소 몇 [MΩ] 이상인가? (단, 절연저항계(메거)의 측정전압은 직류 500[V] 이다.)?

① 0.1   ② 0.2   ③ 1   ④ 10

해설 **접속반 DC 500[V] 절연저항시험**
① 태양전지-접지선(각 회로별)간 0.2[MΩ]
② 출력단자-접지선간 1[MΩ] 이상일 것

정답 45.① 46.② 47.② 48.③

15.4.44 / 17.2.49 / 17.4.60 / 18.4.56 / 20.1.56 / 21.2.56

49 태양광발전시스템의 신뢰성 평가 분석 항목에서 계측 트러블에 속하는 것은?

① 직류지락
② 계통지락
③ 인버터 정지
④ 컴퓨터의 조작오류

해설 태양광 발전 시스템의 신뢰성 평가 및 분석 항목

1) 트러블
① 시스템 트러블 : 인버터 운전 정지, 직류 지락, ELB 트립, 계통 지락, 원인불명 등에 의한 태양광 발전 시스템 운전 정지 등
② 계측 트러블 : 컴퓨터 전원의 차단, 프리즈, 컴퓨터의 조작 오류 등
2) 태양광 발전 시스템의 정상 운전 데이터의 결측 사항 등
3) 태양광 발전 시스템의 계획 정지 : 개수 정전, 계통 정전 등

17.2.50 / 19.4.41

50 소형 태양광발전용 인버터의 자동 기동·정지 시험시 품질기준 중 채터링은 몇 회 이내이어야 하는가?

① 1
② 2
③ 3
④ 4

해설 소형 태양광발전용 인버터의 자동 기동·정지 시험

1) 시험방법
태양 전지 어레이 모의 전원 장치의 전압을 인버터 정격 입력 전압(V_{dc_r})으로 설정하고, 다음 시험을 실시한다.
① 등가 일사 강도를 서서히 하강시켜 정지 등급과 정지 절차의 이상 여부를 확인한다.
② 태양광 어레이 모의 전원 장치를 인버터 기동 등급 이하의 등가 일사 강도로 설정한다.
③ 등가 일사 강도를 서서히 상승시켜 기동 등급과 기동 절차의 이상 여부를 확인한다.
④ 태양 전지 어레이 모의 전원 장치의 전압을 MPP 최소 전압(V_{mpp_min})으로 설정하고, ①~③을 실시한다.
⑤ 태양 전지 어레이 모의 전원 장치의 전압을 MPP 최대 전압(V_{mpp_max})으로 설정하고, ①~③을 실시한다.

2) 품질기준
① 기동·정지 절차가 설정된 방법대로 동작할 것
② 채터링은 3회 이내일 것(채터링: 자동 기동·정지 시에 인버터가 기동, 정지를 불안정하게 반복하는 현상)

14.4.60 / 16.4.58 / 17.2.51 / 17.4.42 / 18.1.58 / 18.2.48 / 19.1.50 / 19.2.49

51 태양광발전시스템의 응급조치순서 중 차단과 투입순서가 옳은 것은?

ⓐ 한전 차단기   ⓑ 접속함 내부 차단기
ⓒ 인버터

① ⓐ-ⓑ-ⓒ-ⓒ-ⓑ-ⓐ
② ⓐ-ⓒ-ⓑ-ⓑ-ⓒ-ⓐ
③ ⓑ-ⓒ-ⓐ-ⓐ-ⓒ-ⓑ
④ ⓒ-ⓑ-ⓐ-ⓐ-ⓑ-ⓒ

해설 태양광발전시스템의 응급조치순서
① 접속함의 DC 메인 전원 스위치를 개방(off)한다.
② 인버터의 전원 스위치를 개방(off)한다.
③ 한전차단기를 개방(off)한다.
④ 태양광발전시스템을 점검한다.
⑤ 이상이 없을 시 역순으로 작동한다.

13.4.46 / 16.2.50 / 17.1.56 / 17.2.52 / 18.2.52 / 19.1.42 / 19.2.52 / 19.4.43

52 인버터(파워컨디셔너)의 일상점검 항목이 아닌 것은?

① 표시부의 이상표시
② 외함의 부식 및 파손
③ 가대의 부식 및 오염 상태
④ 회부배선(접속케이블)의 손상

정답 49. ④ 50. ③ 51. ③

해설 PCS(인버터)의 일상점검
① 외함의 부식 및 파손
② 외부배선의 손상 및 접속단자 풀림
③ 접지선의 손상 및 접지단자 풀림
④ 환기팬확인
⑤ 이음, 이취, 연기 발생 및 이상 과열 상태
⑥ LCD 표시창 발전상황 정보표시 이상 여부

17.2.53 / 21.2.50
53 변압기에 대한 일상점검의 항목으로 틀린 것은?

① 냉각팬 필터부분의 막힘 여부
② 과열에 의한 이상한 냄새의 발생 여부
③ 코로나에 의한 이상한 소리의 발생 여부
④ 온도계의 표시가 적정 온도범위에서 유지되는지 여부

해설 변압기의 일상점검
1) 외부일반
① 소리 : 코로나에 의한 이상한 소리의 발생 여부
② 냄새 : 코로나 방전 또는 과열에 의한 이상한 소리의 발생 여부
③ 누설 : 절연유의 누설 발생 여부

2) 온도계의 지시표시 : 지시는 소정의 범위에서 유지되는지 여부

3) 유면계 가스압력계의 지시표시
① 유면은 적당한 위치를 유지되는지 여부
② 가스압력은 규정치보다 낮지 않은지 여부(질소봉입의 경우)

13.4.26 / 15.4.28 / 16.4.38 / 17.1.51 / 17.2.22 / 17.2.54 / 17.4.23 / 17.4.53 / 18.1.21 / 18.1.47 / 18.2.46 / 18.2.53 / 18.4.23 / 19.1.60 / 19.2.26 / 19.2.42 / 19.4.27 / 19.4.49 / 20.1.52 / 20.3.23 / 20.3.41 / 20.4.24 / 21.1.38 / 21.4.42 / 21.4.48

54 감전의 위험을 방지하기 위해 정전작업 시에 작성하는 정전작업요령에 포함되는 사항이 아닌 것은?

① 정전확인순서에 관한 사항
② 단락접지실시에 관한 사항
③ 단독 근무 시 필요한 사항
④ 시운전을 위한 일시운전에 관한 사항

해설 정전작업요령
정전작업시에는 감전사고의 위험을 방지하기 위해 다음의 사항을 포함한 정전작업요령을 작성하고 이 요령에 의거 작업을 실시해야 한다.
① 작업책임자의 임명, 정전범위 및 절연보호구의 작업시작전 점검 등 작업시작 전에 필요한 사항
② 전로 또는 설비의 정전순서에 관한 사항
③ 개폐기 관리 및 표지판 부착에 관한 사항
④ 정전확인 순서에 관한 사항
⑤ 단락접지 실시에 관한 사항
⑥ 전원 재투입 순서에 관한 사항
⑦ 점검 또는 시운전을 위한 일시운전에 관한 사항
⑧ 교대 근무시 근무인계에 필요한 사항

17.2.55 / 21.4.54
55 운전 상태에서 점검이 가능한 점검분류는 무엇인가?

① 임시점검   ② 일상점검
③ 정기점검(보통)   ④ 정기점검(세밀)

해설 일상순시점검
일상순시점검은 배전반의 기능을 유지하기 위한 일상점검을 말하며 아래의 서술된 요령으로 실시한다.

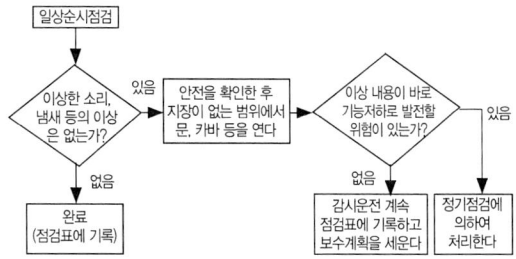

① 매일의 일상순시점검은 문을 열어 점검한다던가, 커버를 해체한 후 점검한다던가 하는 것이 아니고 이상한 소리, 냄새, 손상 등을 배전반 외부에서 점검 항목의 대상항목에 따라 점검하는 것
② 이상상태를 발견한 경우에는 배전반의 문을 열고 이상의 정도를 확인한다.
③ 이상의 상태가 직접 운전을 하지 못할 정도로 전개되는 경우를 제외하고는 이상상태의 내용을 기록하여 정기점검 시에 운영한다.

13.4.41 / 17.2.56 / 19.4.60 / 21.2.53

56 전기사업용 태양광발전소의 태양전지 전기설비 계통은 정기검사를 몇 년 이내에 받아야 하는가?

① 2 ② 3 ③ 4 ④ 5

해설 자가용/전기사업용전기설비의 정기검사
① 태양광·전기설비 계통 : 4년 이내
② 구역전기사업자의 송전·변전 : 2년 이내

16.4.45 / 17.2.57 / 17.4.54 / 19.2.45 / 19.4.53 / 20.3.45

57 점검계획의 수립에 있어서 고려해야 할 사항으로 틀린 것은?

① 설비의 사용기간에 대해서는 장시간 사용한 설비의 고장확률이 높으므로 점검내용을 세분화하고 점검 주기를 단축한다.
② 점검내용 및 점검주기는 설비의 사용기간, 설비의 중요도, 환경조건, 고장이력, 부하상태 등의 조건을 고려하여 결정한다.
③ 부하상태에 대해서는 사용빈도가 높은 설비, 부하의 증가, 환경조건의 악화 등 과부하 상태로 된 설비 등은 점검주기를 단축시킬 필요는 없다.
④ 설비의 중요도에 대해서는 설비에는 중요설비와 비교적 중요하지 않은 설비가 있으므로 그 중요도에 따라서 점검내용 및 점검주기를 검토하여야 한다.

해설 태양광발전시스템 유지보수를 위한 점검계획시 고려사항
① 설비의 사용시간
오래된 설비의 고장 확률이 높기 때문에 점검 주기를 단축하여 실시한다.
② 설비 중요도
설비의 중요도에 따라 점검 주기를 적정하게 선택하고 실시한다.
③ 설비의 주위환경
설비의 설치장소(옥내·외)와 환경(분진, 습기 등)에 따라 보수 및 점검하는 주기를 계획한다.
④ 설비의 고장 점검 및 고장이력
설비에 고장이 발생할 시에는 즉시 문제를 해결하며, 문제의 재발 방지를 위해 고장 이력서의 작성 및 반영한다.

⑤ 설비의 부하 점검
태양광발전시스템 설비의 부하가 증가한 경우 부하 점검 주기를 단축해야 한다.

17.2.58 / 19.1.57 / 19.1.58 / 19.2.47 / 19.4.58 / 20.1.46 / 20.1.47 / 20.4.48 / 20.4.59 / 21.2.49

58 충전전로를 취급하는 근로자가 착용하는 절연용 보호구가 아닌 것은?

① 절연화 ② 절연 담요
③ 절연 안전모 ④ 절연 고무장갑

해설 절연용 보호구
활선작업 또는 활선근접작업에서 감전을 방지하기 위하여 작업자가 신체에 착용하는 절연 안전모, 절연 고무장갑, 절연화, 절연장화, 절연복 등을 말한다.

16.4.3 / 17.1.53 / 17.2.59 / 17.4.41 / 19.1.49 / 20.1.42 / 20.3.47 / 20.4.43 / 21.1.60

59 태양광발전시스템의 개방전압을 측정할 때 유의해야 할 사항으로 틀린 것은?

① 태양전지 어레이의 표면은 청소하지 않아도 된다.
② 각 스트링의 측정은 안정된 일사강도가 얻어질 때 실시한다.
③ 태양전지 셀은 비 오는 날에도 미소한 전압을 발생하고 있으므로 매우 주의하여 측정해야 한다.
④ 측정시각은 일사강도, 온도의 변동을 극히 적게 하기 위해 맑을 때, 남쪽에 있을 때의 전후 1시간에 실시하는 것이 바람직하다.

해설 개방전압 측정 시 주의사항
① 각 모듈이 음영의 영향을 받지 않는 것을 확인한다. (모듈의 불량 또는 모듈간의 접속불량 등이 발생하면 각 스트링의 개방전압 측정치가 불균일하다)
② 각 모듈이 균일한 일사조건이 되기 쉬운 약간 흐린 날씨라면 평가하기 쉬우나, 아침, 저녁의 낮은 일사조건은 피한다.
③ 맑은 날, 남중고도에 있을 때 측정하면 오차가 적다.
④ 우천 시에는 감전의 위험이 있으니, 측정을 피한다.

정답 56. ③ 57. ③ 58. ② 59. ①

60 박막 태양광발전 모듈의 최대 출력 결정 시 품질기준으로 시험 시료의 출력 균일도는 평균 출력의 몇 [%] 이내이어야 하는 가?

① ±1
② ±3
③ ±5
④ ±10

해설 최대출력 결정시험
① 해당 태양광 모듈의 최대출력을 측정하되, 시험 시료의 평균출력은 정격출력 이상일 것
② 시험 시료의 출력 균일도는 평균출력의 ±3[%] 이내일 것

61 전기를 생산하여 이를 전력시장을 통하여 전기판매사업 자에게 공급하는 것을 주된 목적으로 하는 사업은?

① 배전사업
② 송전사업
③ 발전사업
④ 변전사업

해설 전기사업법의 정의(전기사업법 제2조)
① 전기사업 : 발전사업 · 송전사업 · 배전사업 · 전기판매사업 및 구역전기사업
② 발전사업 : 전기를 생산하여 이를 전력시장을 통하여 전기판매사업 자에게 공급하는 것을 주된 목적으로 하는 사업
③ 송전사업 : 발전소에서 생산된 전기를 배전사업자에게 송전하는 데 필요한 전기설비를 설치 · 관리하는 것을 주된 목적으로 하는 사업
④ 배전사업 : 발전소로부터 송전된 전기를 전기사용자에게 배전하는 데 필요한 전기설비를 설치 · 운용하는 것을 주된 목적으로 하는 사업
⑤ 구역전기사업 : 대통령령으로 정하는 규모 이하의 발전설비를 갖추고 특정한 공급구역의 수요에 맞추어 전기를 생산하여 전력시장을 통하지 아니하고 그 공급구역의 전기사용자에게 공급하는 것을 주된 목적으로 하는 사업

62 KEC 한국전기설비규정의 변경으로 삭제됨

63 태양의 빛에너지를 변환시켜 전기를 생산하거나 채광(採光)에 이용하는 설비는?

① 풍력 설비
② 태양광 설비
③ 태양열 설비
④ 바이오에너지 설비

해설 신 · 재생에너지 설비(신재생에너지법 시행규칙 제2조)
① 연료전지 설비 : 수소와 산소의 전기화학 반응을 통하여 전기 또는 열을 생산하는 설비
② 태양열 설비 : 태양의 열에너지를 변환시켜 전기를 생산하거나 에너지원으로 이용하는 설비
③ 태양광 설비 : 태양의 빛에너지를 변환시켜 전기를 생산하거나 채광(採光)에 이용하는 설비
④ 수력 설비: 물의 유동(流動) 에너지를 변환시켜 전기를 생산하는 설비
⑤ 해양에너지 설비 : 해양의 조수, 파도, 해류, 온도차 등을 변환시켜 전기 또는 열을 생산하는 설비
⑥ 지열에너지 설비 : 물, 지하수 및 지하의 열 등의 온도차를 변환시켜 에너지를 생산하는 설비
⑦ 폐기물에너지 설비 : 폐기물을 변환시켜 연료 및 에너지를 생산하는 설비
⑧ 수열에너지 설비 : 물의 표층의 열을 변환시켜 에너지를 생산하는 설비
⑨ 바이오에너지 설비 : 바이오에너지를 생산하거나 이를 에너지원으로 이용하는 설비

64 온실가스에 해당되지 않는 것은?

① 질소(N)
② 메탄(CH_4)
③ 육불화황(SF_6)
④ 이산화탄소(CO_2)

해설 **온실가스 및 온실효과**

① 온실가스의 정의(녹색성장법 제2조)

이산화탄소(CO_2), 메탄(CH_4), 아산화질소(N_2O), 수소불화탄소(HFCs), 과불화탄소(PFCs), 육불화황(SF_6) 및 그밖에 대통령령으로 정하는 것으로 적외선 복사열을 흡수하거나 재방출하여 온실효과를 유발하는 대기 중의 가스 상태의 물질

② 온실효과

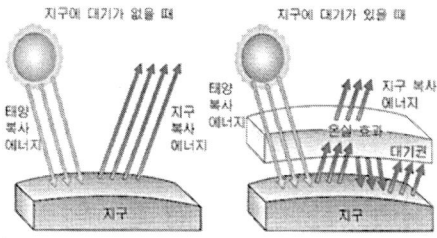

지구는 태양에서 에너지를 받은 후 다시 에너지를 방출하여, 복사평형을 유지하지 못하고, 태양의 열이 지구로 들어와서 나가지 못하고 순환되는 현상으로 화석연료 연소를 포함한 인간 활동 때문에 발생된다.

17.2.65 / 18.4.74 / 20.4.65 / 21.2.73

65 녹색기술 또는 녹색산업 관련기업은 녹색기술 또는 녹색사업의 이전, 관련 제품의 제조 등에 의한 매출액이 인증을 신청하는 날이 속하는 해의 전년도를 기준으로 총매출액의 최소 얼마 이상인 기업으로 하는가?

① 100분의 20 ② 100분의 30
③ 100분의 40 ④ 100분의 50

해설 **녹색산업투자회사의 설립(녹색성장법 시행령 제16조)**

① 녹색산업투자회사는 출자총액, 신탁총액 또는 자본금의 100분의 60 이상을 녹색기술 및 녹색산업에 출자 또는 투자하는 집합투자기구로 한다.

② 녹색기술 및 녹색산업 관련 기술 및 사업은 각각 인증 대상 녹색기술 또는 녹색사업을 말한다.

③ 녹색기술 또는 녹색산업 관련 기업은 ②에 따른 녹색기술 또는 녹색사업의 이전, 관련 제품의 제조 등에 의한 매출액이 인증을 신청하는 날이 속하는 해의 전년도를 기준으로 총매출액의 100분의 30 이상인 기업으로 한다.

④ 공공기관이 출자하는 녹색산업투자회사의 등록 신청을 받은 경우에는 관계 중앙행정기관의 장에게 그 내용을 통보하고, 등록 결정에 관하여 협의를 할 수 있다.

13.4.65 / 14.4.71 / 17.2.66 / 18.2.61 / 20.3.74 / 21.4.65

66 전기사업법에 따라 전력시장에서 전력을 직접 구매할 수 있는 대통령령으로 정하는 규모 이상의 전기사용자의 수전설비 용량은 몇 [kVA] 이상인가?

① 10000 ② 20000
③ 30000 ④ 50000

해설 **전력의 직접 구매(전기사업법 시행령 제20조)**

수전설비의 용량이 30,000[kVA] 이상인 전기사용자는 전력시장에서 전력을 직접 구매할 수 있다.

17.2.67 / 21.1.70

67 신·재생에너지 정책심의회위원으로 소속공무원을 지명할 수 없는 기관은?

① 기획재정부
② 보건복지부
③ 국토교통부
④ 농림축산식품부

해설 **신·재생에너지정책심의회의 구성(신재생에너지법 시행령 제4조)**

1) 신·재생에너지정책심의회는 위원장 1명을 포함한 20명 이내의 위원으로 구성한다.

2) 심의회의 위원장은 산업통상자원부 소속 에너지 분야의 업무를 담당하는 고위공무원단에 속하는 일반직공무원 중에서 산업통상자원부장관이 지명하는 사람으로 하고, 위원은 다음의 사람으로 한다.

① 기획재정부, 과학기술정보통신부, 농림축산식품부, 산업통상자원부, 환경부, 국토교통부, 해양수산부의 3급 공무원 또는 고위공무원단에 속하는 일반직 공무원 중 해당 기관의 장이 지명하는 사람 각 1명

② 신·재생에너지 분야에 관한 학식과 경험이 풍부한 사람 중 산업통상자원부장관이 위촉하는 사람

15.2.61 / 16.2.69 / 17.2.68 / 18.4.66 / 19.1.67 / 20.3.76 / 21.4.72

68 신·재생에너지 공급의무화제도에서 공급의무자가 아닌 것은?

① 한국석유공사
② 한국남부발전
③ 국토교통부한국수자원공사
④ 한국지역난방공사

해설 공급의무자 범위(총 25개사)

구 분	공급의무자
그룹 Ⅰ	한국수력원자력, 한국남동발전, 한국중부발전, 한국서부발전, 한국남부발전, 한국동서발전
그룹 Ⅱ	한국지역난방공사, 한국수자원공사, SK E&S, GS EPS, GS 파워, 포스코인터내셔널, 씨지앤율촌전력, 평택에너지서비스, 대륜발전, 에스파워, 포천파워, 동두천드림파워, 파주에너지서비스, GS동해전력, 포천민자발전, 신평택발전, 나래에너지서비스, 고성그린파워, 강릉에코파워

14.4.64 / 15.2.67 / 16.2.71 / 16.4.78 / 17.2.61 / 17.2.69 / 17.4.64 / 18.1.66 / 19.1.73 / 19.2.79 / 19.4.65 / 20.1.61 / 20.1.71 / 21.1.68

69 전기사업법에서 정의하는 용어 중 전기설비의 종류가 아닌 것은?

① 일반용 전기설비
② 자가용 전기설비
③ 전기사업용전기설비
④ 항공기에 설치되는 전기설비

해설 정의(전기사업법 제2조)
전기설비란 발전·송전·변전·배전·전기 공급 또는 전기사용을 위하여 설치하는 기계·기구·댐·수로·저수지·전선로·보안통신선로 및 그 밖의 설비로서 다음의 것을 말한다.
① 전기사업용전기설비
② 일반용전기설비
③ 자가용전기설비

13.4.66 / 14.4.75 / 15.2.72 / 15.2.76 / 16.4.67 / 17.1.73 / 17.2.70 / 17.4.78 / 18.1.73 / 18.2.64 / 18.4.75 / 18.4.80 / 19.1.64 / 19.2.62 / 20.3.80

70 연료전지 및 태양전지 모듈의 절연내력에 대한 설명 중 ( ) 안에 들어갈 내용으로 옳은 것은?

> 연료전지 및 태양전지 모듈은 최대사용전압의 (ⓐ)의 직류전압 또는 1배의 교류전압(500[V] 미만으로 되는 경우에는 500[V])을 충전부분과 대지사이에 연속하여 (ⓑ)간 가하여 절연내력을 시험하였을 때에 이에 견디는 것이어야 한다.

① ⓐ 1.5배, ⓑ 10분
② ⓐ 1.5배, ⓑ 15분
③ ⓐ 2배, ⓑ 10분
④ ⓐ 2배, ⓑ 15분.

해설 연료전지 및 태양전지 모듈의 절연내력(판단기준 제15조)
연료전지 및 태양전지 모듈은 최대사용전압의 1.5배의 직류전압 또는 1배의 교류전압(500[V] 미만으로 되는 경우에는 500[V])을 충전부분과 대지사이에 연속하여 10분간 가하여 절연내력을 시험하였을 때에 이에 견디는 것이어야 한다.

13.4.62 / 15.4.68 / 16.2.65 / 17.2.71

71 빙설이 많고 인가가 많이 연접되어 있는 장소에 시설하는 고압 가공전선로의 지지물에 적용되는 풍압하중은?

① 갑종 풍압하중
② 을종 풍압하중
③ 병종 풍압하중
④ 갑종 풍압하중과 을종 풍압하중을 각 설비에 따라 혼용

해설 풍압하중의 종별과 적용(판단기준 제62조)
인가가 많이 연접되어 있는 장소에 시설하는 가공전선로의 구성재 중 다음의 풍압하중에 대하여는 빙설의 양과 관계없이 갑종 풍압하중 또는 을종 풍압하중 대신에 병종 풍압하중을 적용할 수 있다.
① 저압 또는 고압 가공전선로의 지지물 또는 가섭선

정답 68. ① 69. ④ 70. ① 71. ③

② 사용전압이 35kV 이하의 전선에 특고압 절연전선 또는 케이블을 사용하는 특고압 가공전선로의 지지물, 가섭선 및 특고압 가공전선을 지지하는 애자장치 및 완금류

17.2.72 / 20.3.78 / 21.2.70

72 전기설비 기술기준의 판단기준에서 관광숙박업에 이용되는 객실의 입구에 조명용 전등을 설치할 경우 몇 분 이내에 소등되는 타임스위치를 시설해야 하는가?

① 1 ② 2 ③ 3 ④ 5

해설 점멸장치와 타임스위치 등의 시설(판단기준 제177조)
조명용 전등을 설치할 때에는 다음에 따라 타임스위치를 시설하여야 한다.
① 관광진흥법과 공중위생법에 의한 관광숙박업 또는 숙박업(여인숙 업을 제외한다)에 이용되는 객실의 입구 등은 1분 이내에 소등되는 것일 것
② 일반주택 및 아파트 각 호실의 현관등은 3분 이내에 소등되는 것일 것

13.4.58 / 14.4.72 / 15.2.77 / 15.4.61 / 17.2.73 / 18.1.69 / 18.2.25 / 18.4.11 / 19.2.14 / 20.1.62 / 20.4.26

73 전기설비 기술기준의 판단기준에서 태양전지 발전소에 시설하는 전선의 굵기는 연동선인 경우 몇 [mm²] 이상 이어야 하는가?

① 1.6 ② 2.5
③ 3.5 ④ 5

해설 태양전지 모듈 등의 시설(판단기준 제54조)
1) 충전부분은 노출되지 않도록 시설할 것

2) 태양전지 모듈에 접속하는 부하측의 전로(복수의 태양전지 모듈을 시설한 경우에는 그 집합체에 접속하는 부하측의 전로)에는 그 접속점에 근접하여 개폐기 기타 이와 유사한 기구(부하전류를 개폐할 수 있는 것에 한한다)를 시설할 것

3) 태양전지 모듈을 병렬로 접속하는 전로에는 그 전로에 단락이 생긴 경우에 전로를 보호하는 과전류차단기 기타의 기구를 시설할 것. 다만, 그 전로가 단락전류에 견딜 수 있는 경우에는 그렇지 않다.

4) 전선은 다음에 의하여 시설할 것. 다만, 기계기구의 구조상 그 내부에 안전하게 시설할 수 있을 경우에는 그렇지 않다.
① 전선은 공칭단면적 2.5[mm²] 이상의 연동선 또는 이와 동등 이상의 세기 및 굵기의 것일 것
② 옥내에 시설할 경우에는 합성수지관공사, 금속관공사, 가요전선관공사 또는 케이블공사로 시설할 것
③ 옥측 또는 옥외에 시설할 경우에는 합성수지관공사, 금속관공사, 가요전선관공사 또는 케이블공사로 시설할 것

13.4.38 / 15.2.39 / 16.2.25 / 17.2.74 / 17.4.24 / 18.1.65 / 19.2.71

74 전기설비기술기준의 판단기준에서 지중전선로에 케이블을 사용하여 관로식으로 시설할 경우 매설깊이를 몇 [m] 이상으로 하여야 하는가?

① 0.3 ② 0.6
③ 0.8 ④ 1.0

해설 지중 전선로의 시설
(1) 지중 전선로는 전선에 케이블을 사용하고 또한 관로식·암거식(暗渠式) 또는 직접 매설식에 의하여 시설하여야 한다.

(2) 지중 전선로를 관로식 또는 암거식에 의하여 시설하는 경우에는 다음에 따라야 한다.
① 관로식에 의하여 시설하는 경우에는 매설 깊이를 1.0[m]이상으로 하되, 매설 깊이가 충분하지 못한 장소에는 견고하고 차량 기타 중량물의 압력에 견디는 것을 사용할 것. 다만 중량물의 압력을 받을 우려가 없는 곳은 60[cm] 이상으로 한다.
② 암거식에 의하여 시설하는 경우에는 견고하고 차량 기타 중량물의 압력에 견디는 것을 사용할 것

(3) 지중 전선을 냉각하기 위하여 케이블을 넣은 관내에 물을 순환시키는 경우에는 지중 전선로는 순환

정답 72.① 73.② 74.④

수 압력에 견디고 또한 물이 새지 아니하도록 시설하여야 한다.

(4) 지중 전선로를 직접 매설식에 의하여 시설하는 경우에는 매설 깊이를 차량 기타 중량물의 압력을 받을 우려가 있는 장소에는 1.2[m] 이상, 기타 장소에는 60[cm] 이상으로 하고 또한 지중 전선을 견고한 트라프 기타 방호물에 넣어 시설하여야 한다.

13.4.64 / 14.4.65 / 14.4.77 / 15.4.71 / 17.1.8 / 17.2.75 /
17.4.70 / 18.4.67 / 19.2.70 / 19.2.72 / 20.1.64

75 신에너지 및 재생에너지 개발·이용·보급 촉진법에서 정의하고 있는 신·재생에너지에 포함되지 않는 것은?

① 원자력
② 연료전지
③ 수소에너지
④ 태양에너지

해설 신·재생에너지의 정의(신재생에너지법 제2조)

1) 신에너지: 기존의 화석연료를 변환시켜 이용하거나 수소·산소 등의 화학 반응을 통하여 전기 또는 열을 이용하는 에너지
① 수소에너지
② 연료전지
③ 석탄을 액화·가스화한 에너지 및 중질잔사유을 가스화

2) 재생에너지: 햇빛·물·지열·강수·생물유기체 등을 포함하는 재생 가능한 에너지를 변환시켜 이용하는 에너지
① 태양에너지
② 풍력
③ 수력
④ 해양에너지
⑤ 지열에너지
⑥ 생물자원을 변환시켜 이용하는 바이오에너지
⑦ 폐기물에너지(비재생폐기물로부터 생산된 것은 제외한다)

13.4.80 / 17.2.76 / 17.4.65 / 21.2.76

76 전기공사기술자로 인정을 받으려는 사람을 전기공사기술자로 인정하면 전기공사기술자의 등급 및 경력 등에 관한 증명서를 해당 전기공사기술자에게 발급하는 자는?

① 시·도지사
② 전기공사협회장
③ 산업통상자원부장관
④ 한국산업인력공단 이사장

해설 전기공사기술자의 인정, 정의(전기공사업법 제17조의 2, 제2조)

1) 전기공사기술자로 인정을 받으려는 사람은 산업통상자원부장관에게 신청하여야 한다.

2) 산업통상자원부장관은 신청인이 다음에 해당하면 전기공사기술자로 인정하여야 한다.
① 국가기술자격법에 따른 전기 분야의 기술자격을 취득한 사람
② 일정한 학력과 전기 분야에 관한 경력을 가진 사람

3) 산업통상자원부장관은 신청인을 전기공사기술자로 인정하면 전기공사기술자의 등급 및 경력 등에 관한 증명서를 해당 전기공사기술자에게 발급하여야 한다.

(4) 신청절차와 기술자격·학력·경력의 기준 및 범위 등은 대통령령으로 정한다.

14.4.62 / 17.2.77 / 20.4.61

77 신·재생에너지 품질검사기관이 아닌 곳은?

① 한국전력공사
② 한국석유관리원
③ 한국임업진흥원
④ 한국가스안전공사

해설 신·재생에너지 품질검사기관(신재생에너지법 시행령 제18조의13))

① 한국석유관리원
② 한국가스안전공사
③ 한국임업진흥원

정답 75. ① 76. ③ 77. ①

78 전선의 접속방법으로 틀린 것은?

17.2.78 / 19.1.68 / 19.2.69

① 접속부분의 전기저항을 증가시킬 것
② 접속부분은 접속함 기타의 기구를 사용할 것
③ 전선의 세기를 20[%] 이상 감소시키지 아니할 것
④ 전기화학적 성질이 다른 도체를 접속하는 경우에는 접속 부분에 전기적부식이 생기지 아니하도록 할 것

해설 전선의 접속법(판단기준 제11조)
① 전선을 접속하는 경우에는 전선의 전기저항을 증가시키지 않도록 접속하여야 한다.
② 나전선 상호 또는 나전선과 절연전선을 접속할 경우에는 전선의 세기(인장하중)를 20[%]이상 감소시키지 아니할 것

79 저탄소 녹색성장 기본법의 목적에서 언급하고 있지 않는 것은?

17.2.79 / 20.4.80

① 전기사업의 경쟁 촉진
② 국민경제의 발전 도모
③ 경제와 환경의 조화로운 발전
④ 저탄소 녹색성장에 필요한 기반 조성

해설 녹색성장법의 목적(녹색성장법 제1조)
① 경제와 환경의 조화로운 발전을 위하여 저탄소 녹색성장에 필요한 기반을 조성한다.
② 녹색기술과 녹색산업을 새로운 성장 동력으로 활용함으로써 국민경제의 발전을 도모한다.
③ 저탄소 사회 구현을 통하여 국민의 삶의 질을 높인다.
④ 국제사회에서 책임을 다하는 성숙한 선진 일류국가로 도약하는 데 이바지함

80 저압 연접 인입선의 시설 규정을 준수하지 않은 것은?

13.4.78 / 17.2.80 / 19.1.80

① 옥내를 통과하지 않도록 했다.
② 폭 4.5[m]의 도로를 횡단하였다.
③ 경간이 20[m]인 곳에서 ACSR을 사용하였다.
④ 인입선에서 분기하는 점으로부터 100[m]을 넘지 않았다.

해설 저압 연접 인입선의 시설(판단기준 제101조)

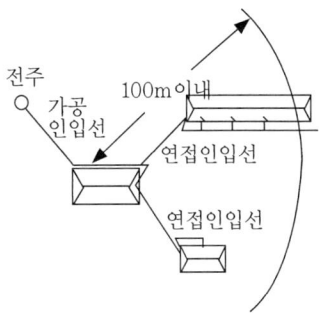

① 인입선에서 분기하는 점으로부터 100[m] 을 초과하는 지역에 미치지 아니할 것
② 폭 5[m]을 초과하는 도로를 횡단하지 아니할 것
③ 옥내를 통과하지 아니할 것

저압 인입선의 시설((판단기준 제100조)

전선이 케이블인 경우 이외에는 인장강도 2.30[kN] 이상의 것 또는 지름 2.6[mm] 이상의 인입용 비닐절연전선일 것. 다만, 경간이 15[m] 이하인 경우는 인장강도 1.25[kN] 이상의 것 또는 지름 2[mm] 이상의 인입용 비닐절연전선일 것

※ACSR(강심알루미늄 연선, Aluminum Conductors Steel Reinforced)은 가공송전선로에 사용된다.

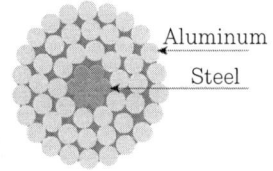

2017 제4회 기출문제

15.2.75 / 15.4.65 / 15.4.74 / 17.1.62 / 17.2.63 / 17.4.1 /
17.4.3 / 17.4.76 / 18.1.8 / 18.2.72 / 19.4.15 / 20.1.18 /
20.1.72 / 20.1.77 / 21.1.6 / 21.2.12

01 신·재생에너지의 설명 중 올바른 것은 무엇인가?

① 해양에너지는 조력, 수력, 해양온도차발전 등이 있다.
② 수력발전은 표층과 심층의 해수온도차를 이용한 것이다.
③ 수소에너지는 신에너지와 재생에너지 중 재생에너지에 속한다.
④ 폐기물 에너지는 가연성 폐기물에서 발생되는 발열량을 이용한 것이다.

해설 신·재생에너지 설비

(1) 해양에너지

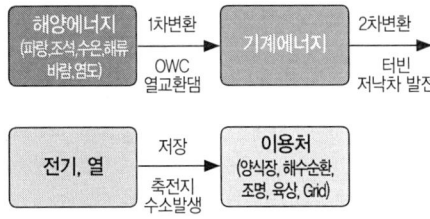

① 조력발전 : 조석의 힘을 동력원으로 하여 해수면의 상승하강운동을 이용하여 전기를 생산하는 발전
② 파력발전 : 입사하는 파랑에너지를 이용하여 터빈 등의 원동기 구동력으로 발전
③ 해수온도차발전 : 해양 표면층 온수(예 : 25~30℃)와 심해층(500~100M) 냉수(예 : 5~7℃)의 온도차를 이용하여 열에너지를 기계적 에너지로 변환시켜 발전

(2) 수력발전은 물의 낙하차를 이용한 시설용량 10,000kW이하의 발전

(3) 수소에너지는 신에너지에 속한다.

(4) 폐기물에너지 : 사업장 또는 가정에서 발생되는 가연성 폐기물중 에너지 함량이 높은 폐기물을 여러 가지 기술에 의해 연료로 만들거나 소각하여 에너지로 이용한다.

13.4.17 / 15.4.59 / 17.1.18 / 17.4.2 / 18.4.3 / 19.1.6 /
21.2.1 / 21.4.18

02 최대전력 추종(MPPT)제어에 있어 P&O(Perturb & Observe)방식에 대한 설명으로 옳은 것은?

① 직접제어방식이다.
② 계산 량이 많아서 빠른 프로세서가 요구된다.
③ 최대 전력점 부근에서 진동이 발생하여 손실이 생긴다.
④ 태양전지 출력의 컨덕턴스와 증분 컨덕턴스를 비교하여 최대 전력 동작점을 찾는다.

해설 P&O(Perturb & Observe)방식

① 태양전지 출력전압의 주기적인 증감률과 전류 주기에서 측정되는 전력의 증감률에 의해서 제어되는 방식이다.
② 한번 전압의 변화에 따른 방향이 결정되면 빠른 응답과 정상상태에서의 변동을 고려하여 설정된 일정한 비율로 동작점이 이동되게 한다.
③ 높은 효율을 위해 최대전력점과의 거리에 따라서 비율을 변화하기도 한다.
④ 정상상태에서 출력전력의 미소 진동이 존재하며, 조사량의 변화가 큰 경우에는 정상적인 최대전력 추종제어가 곤란하기도 한다.

15.2.75 / 15.4.65 / 15.4.74 / 17.1.62 / 17.2.63 / 17.4.1 /
17.4.3 / 17.4.76 / 18.1.8 / 18.2.72 / 19.4.15 / 20.1.18 /
20.1.72 / 20.1.77 / 21.1.6 / 21.2.12

03 신재생에너지에 대한 설명으로 적합한 발전방식은?

> 바닷물이 가장 높이 올라왔을 때 댐의 만들어 물을 가두었다가, 물이 빠지는 힘을 이용하여 발전기기를 돌리는 방식이다.

① 조력발전 ② 파력발전
③ 조류발전 ④ 해류발전

해설 해양에너지

(1) 조력발전
1) 원리

정답 1. ④ 2. ③ 3. ①

조석의 힘을 동력원으로 하여 해수면의 상승하강운동을 이용하여 전기를 생산하는 발전 기술

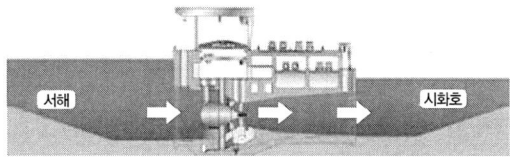

시화조력발전 원리

2) 입지조건
① 평균조차 3[m] 이상
② 폐쇄된 만의 형태
③ 해저의 지반이 강고
④ 에너지 수요처와 근거리

(2) 파력발전 : 입사하는 파랑에너지를 이용하여 터빈 등의 원동기 구동력으로 발전하는 기술

(3) 조류발전 : 해수의 유동에 의한 운동에너지를 이용하여 전기를 생산하는 발전기술

(4) 온도차발전 : 해양 표면층의 온수(예 : 25~30[℃])와 심해 500~1000[m]정도의 냉수(예 : 5~7[℃])와의 온도차를 이용하여 열에너지를 기계적 에너지로 변환시켜 발전하는 기술

(5) 기타 발전
① 해류발전 : 일정속도 이상 강한 해류(취송류, 밀도류, 경사류, 보류)의 흐름을 이용해 바닷속에 잠긴 터빈을 돌려 전기를 얻는 구조로 프로펠러식, 낙하산식, 수차식이 있다.
② 근해 풍력발전 : 육지와 가까운 바다에 풍력발전기를 설치하는 발전
③ 해양 생물자원의 에너지화 : 조류 바이오매스는 성장이 빠르고 육상식물 중 바이오연료 생산성이 가장 높은 팜유보다도 생산성이 10배나 높기 때문에 큰 장점이 있다. 반면에 조류 바이오매스는 다른 바이오매스에 비해 연료로의 변환공정이 쉽지 않다는 단점도 있다.
④ 염도차발전 : 바닷물의 염분은 보통 3[%] 정도이고, 강물의 염분은 0.05[%] 이하다. 이러한 염분 농도의 차이를 삼투압으로 유발시키는 발전이다.

※ 조석 : 달·태양 등 천체의 인력작용으로 해면이 1일 2회 주기적으로 오르내리는 현상

04 고강도 재료로 만들어진 회전체에 운동에너지 상태로 저장한 후 필요 시 발전기를 작동시켜 전기에너지로 변환하는 저장시스템은 무엇인가?

① LiB
② NaS
③ Flywheel
④ CAES

해설 전력저장설비

생산된 전력을 저장해 필요할 때 사용함으로써 에너지의 효율적 이용과 함께 신재생에너지 활용도 제고 및 전력공급 시스템을 안정화하는 장치
① 양수발전 : 발전소의 아래와 위, 두 개의 저수지를 만들어 전력이 풍부한 시간대에 발전기를 이용하여 아래쪽 저수지의 물을 위쪽 저수지로 퍼 올렸다가 전력이 필요한 시기에 방수하여 발전한다.
② 압축공기 에너지저장 장치(Compressed Air Energy Storage) : 전력수요가 낮은 시간대 또는 조절 불가한 전력을 압축기를 사용하여 압축공기를 지하에 저장하고, 전력수요가 높은 시간대에 저장하였던 압축공기를 이용하여 전력을 생산하는 방식
③ 플라이휠 에너지저장 시스템(Flywheel Energy Storage System) : 대용량 회전체를 무 접촉 상태로 부양한 후 전기에너지를 회전에너지 형태로 저장하였다가 필요시 전력으로 변환하는 방식이다
④ 리튬이온전지(Lithium ion Battery) : 리튬이온이 분리막과 전해질을 통하여 양극(리튬산화물전극)과 음극(탄소계 전극) 사이를 이동하며 에너지를 저장하며, 출력특성과 효율이 좋으나, [kWh]당 단가가 높아 주파수 조정과 같은 단기저장 방식에 유리하다.
⑤ NaS 전지(나트륨황 전지) : 음극에 나트륨 금속을, 양극에 황 등 나트륨과 반응하여 화합물을 형성하는 물질을 사용하는 전지이다. 나트륨이온전도가 가능한 고체전해질을 사용하는 전기에너지저장장치로 단위 전지의 용량을 크게 만들 수 있어 대용량의 전지 구성에 유리하며 나트륨과 황 등 가격이 저렴한 재료를 사용하여 경제성이 우수하다.

정답 4. ③

14.4.4 / 14.4.13 / 15.2.11 / 15.2.17 / 15.4.17 / 17.2.14 / 17.4.5 / 18.1.3 / 18.4.7 / 20.1.3 / 20.1.19 / 20.3.8 / 20.3.9 / 21.4.1

05 계통연계 보호장치의 역송전이 있는 저압연계시스템에서 설치가 필요한 계전기가 아닌 것은?

① 과전압계전기
② 저전압계전기
③ 과주파수계전기
④ 지락 과전압계전기

해설 보호장치 설치

(1) 분산형전원 설치자는 고장 발생시 자동적으로 계통과의 연계를 분리할 수 있도록 다음의 보호계전기 또는 동등 이상의 기능 및 성능을 가진 보호장치를 설치하여야 한다.

① 계통 또는 분산형전원 측의 단락·지락고장시 보호를 위한 보호장치를 설치한다.
② 인버터에는 적정한 전압과 주파수를 벗어난 운전을 방지하기 위하여 과·저전압 계전기, 과·저주파수 계전기가 설치된다.
③ 단순병렬 분산형전원의 경우에는 역전력 계전기를 설치한다. 단, 신·재생에너지를 이용하여 전기를 생산하는 용량 50kW 이하의 소규모 분산형전원(단, 해당 구내계통 내의 전기사용 부하의 수전 계약전력이 분산형전원 용량을 초과하는 경우에 한한다)으로서 단독운전 방지기능을 가진 것을 단순병렬로 연계하는 경우에는 역전력계전기 설치를 생략할 수 있다.

※ 과전압계전기(OVR), 부족전압계전기(UVR), 주파수 상승계전기(OFR), 주파수 저하계전기(UFR)

※ 분산형전원(DR, Distributed Resources)
대규모 집중형 전원과는 달리 소규모로 전력소비 역 부근에 분산하여 배치가 가능한 전원

16.2.9 / 17.4.6 / 19.1.19 / 20.1.14

06 계통연계 시스템용 방재대응형 축전지를 설계하고자 한다. 평균 방전전류가 13.2A, 용량환산 계수가 26.7, 보수율이 0.8인 축전지의 용량은?

① 281.95 Ah
② 373.75 Ah
③ 440.55 Ah
④ 504.3 Ah

해설 축전지 용량(C)

충전한 축전지를 방전했을 때 규정 전압으로 내려갈 때까지 낼 수 있는 전기량

K : 방전시간, 축전지온도, 허용최저전압으로 결정되는 용량환산 시간
I : 평균방전전류
L : 보수율(수명말기의 용량 감소율)

$$C = K\frac{I}{L} = 26.7 \times \frac{13.2}{0.8} = 440.55 \text{ [Ah]}$$

13.4.11 / 14.4.36 / 16.4.26 / 17.2.5 / 17.2.25 / 17.2.33 / 17.4.7 / 18.2.40 / 19.1.39 / 20.4.25 / 21.2.16 / 21.2.32 / 21.4.3

07 건축물에 설치된 태양광설비를 직접적인 낙뢰로부터 보호하기 위한 외부 뇌보호시스템이 아닌 것은?

① 접지 시스템
② SPD 시스템
③ 수뢰부 시스템
④ 인하도선 시스템

해설 서지보호장치(SPD, Surge Protective Device)

내부계통에 서지 전류가 들어올 때, 그 전류가 부하를 통해 흐르지 않고 우회하도록 하여 부하에서 발생하는 과전압이 과다하게 상승하는 것을 막아서 부하를 보호한다.

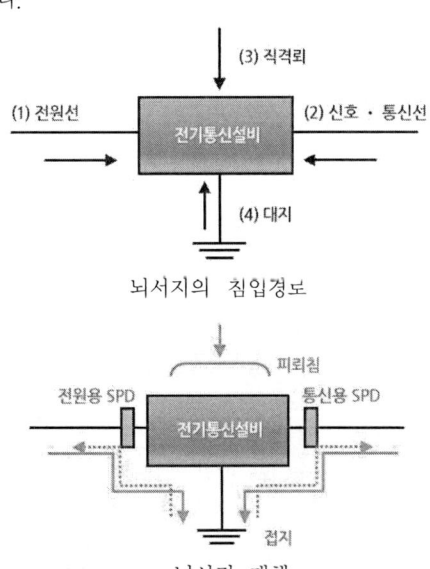

뇌서지의 침입경로

뇌서지 대책

① SPD는 크게 반도체형과 갭형이 있고, 기능면으로 구별하면 억제형과 차단형으로 구분할 수 있다.

② 종래의 SPD 소자에 탄화규소(SiC)가 사용되어 왔으나 산화아연(ZnO)이 개발된 이후, 반도체형의 SPD 소자에 산화아연이 많이 사용된다.
③ 산화아연은 큰 서지 내량과 우수한 제한 전압 특성 등의 특징을 갖고 있어 직렬 갭을 필요로 하지 않는 이상적인 SPD로서 옥내·외 및 기기의 입·출력부에 설치된다.
④ SPD의 구비 조건으로서는 동작전압이 낮고 응답시간이 빠르고 정전 용량이 작아야 된다.
⑤ 탄소 피뢰기, 가스 주입 차단관 등은 차단형 소자로서 응답속도가 느리고 정전용량이 커서, 뇌 서지 보호에는 적당하지 않기 때문에 최근에는 반도체형 SPD가 많이 사용되고 있다.
⑥ SPD 설치시 접속도체 길이가 길어지는 것은 뇌서지 회로의 임피던스를 증가시켜 과전압 보호 효과를 감소시키기 때문에 전체 길이는 0.5[m] 이하가 되도록 규정하고 있다.

※ 서지란 전기회로나 전기기기 내에 운전중에 고장의 제거나 제어 등을 위한 개폐조작 혹은 뇌방전에 의해서 과도적으로 발생하여 진행하는 과전압 또는 과전류를 말한다.

15.2.20 / 17.4.8
08 태양광발전설비에서 1스트링의 직렬 매수 산정식에 해당하는 것은?
(단, 주변온도를 고려하지 않은 경우이다)

① $\dfrac{\text{인버터 직류입력전압}}{\text{모듈 최대출력 동작전압}}$

② $\dfrac{\text{인버터 직류입력전류}}{\text{모듈 최대출력 동작전압}}$

③ $\dfrac{\text{인버터 직류입력전압}}{\text{모듈 최대출력 동작전류}}$

④ $\dfrac{\text{인버터 직류입력전류}}{\text{모듈 최대출력 동작전류}}$

해설 모듈직렬매수 = $\dfrac{\text{직류 입력 전압}}{\text{최대 출력 동작 전압}}$ [매]

17.4.9
09 다음 중 도체의 저항과 관계없는 것은?
① 도체의 길이
② 도체의 도전율
③ 도체의 고유저항
④ 도체의 단면적 형태

해설 저항(R)
① 저항값은 도체의 길이에 비례하고, 단면적에 반비례하므로 도체의 길이 l [m], 단면적 A[m^2], 고유 저항을 ρ 라고 하면
$$R = \rho \dfrac{l}{A}$$
② 도체의 도전율은 고유저항의 역수이다.

14.4.10 / 17.4.10 / 18.2.14 / 19.2.1
10 태양광발전시스템의 단독운전 검출방식 중 능동적 방식으로만 묶인 것은?
① 주파수 시프트방식, 유효전력 변동방식, 주파수 변화율 검출방식, 부하변동방식
② 전압위상 도약검출방식, 유효전력 변동방식, 주파수 변화율 검출방식, 부하변동방식
③ 주파수 시프트방식, 유효전력 변동방식, 무효전력 변동방식, 부하변동방식
④ 전압위상 도약검출방식, 유효전력 변동방식, 무효전력 변동방식, 부하변동방식.

해설 단독운전 검출방식
(1) 수동적 방식
① 주파수 변화율 검출방식
② 전압위상도약 검출방식
③ 3차 고조파전압 왜곡검출방식

(2) 능동적 방식
1) 종래형 능동적 방식
① 주파수 시프트 방식
② 슬립 모드 주파수 시프트 방식
③ 유효·무효 전력변동방식
④ 차수간 고조파주입방식
⑤ 부하변동방식

정답 8.① 9.④ 10.③

2) 시형 능동적 방식(스텝 주입부 주파수 피드백 방식)

13.4.16 / 17.4.11

11 RL 직렬회로에 v = 100sin(120πt)[V]의 전원을 연결하여 $i = 2\sin(120\pi t - 45°)$[A]의 전류가 흐르도록 하려면 저항은 몇 [Ω]인가?

① 50
② $\dfrac{50}{\sqrt{2}}$
③ $50\sqrt{2}$
④ 100

[해설] 저항(R)

$R = \dfrac{v}{i} = \dfrac{100\sin(120\pi t)}{2\sin(120\pi t - 45°)} = 50\angle -45$

$= 50(\cos 45 - j\sin 45) = \dfrac{50}{\sqrt{2}} - j\dfrac{50}{\sqrt{2}}$

∴ $R = \dfrac{50}{\sqrt{2}}$ $X = -\dfrac{50}{\sqrt{2}}$

15.2.7 / 15.4.13 / 17.4.12 / 18.1.15 / 18.2.3 / 19.1.14 / 20.1.4 / 20.3.2 / 21.1.3 / 21.1.33

12 다음 그림과 같은 인버터의 회로방식은 무엇인가?

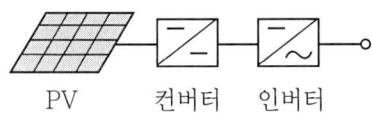

① 상용주파 변압기 절연방식
② 고주파 변압기 절연방식
③ 주파수 시프트 방식
④ 트랜스리스 방식

인버터의 회로방식별 분류

[해설] 1) 상용주파 변압기 절연방식

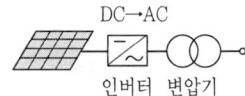

① PWM 인버터를 이용하여 상용주파수의 교류를 만들고, 상용주파수의 변압기를 이용하여 절연과 전압변환을 한다.
② 내부 신뢰성이나 노이즈 컷이 우수하지만, 상용주파수의 변압기를 별도로 이용하기 때문에 무겁고 크며, 변압기의 효율이 감소된다.

2) 고주파 변압기 절연방식

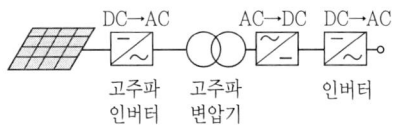

① 태양전지의 직류 출력을 고주파의 교류로 변환한 후 소형의 고주파 변압기로 절연을 한다.
② 일단 직류로 변환하고 재차 상용주파의 교류로 변환하며, 소형 경량이지만 회로가 복잡한 단점이 있다.

3) 트랜스리스(Transless) 방식

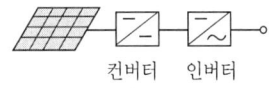

① 태양전지의 직류출력을 DC-DC 컨버터로 승압하고 인버터에서 상용주파의 교류로 변환한다.
② 소형 경량이며, 저렴하고 효율이 우수하고 신뢰성이 높다.
③ 상용전원과의 사이에는 절연이 되지 않아 안전성이 떨어진다.

17.4.13 / 21.4.38

13 송전선로의 선로정수에 포함되지 않는 것은?

① 저항
② 리액턴스
③ 정전용량
④ 누설 컨덕턴스

[해설] **선로 정수(Line Constant)**
송·배전 선로는 저항(R), 인덕턴스(L), 정전용량(C), 누설 컨덕턴스(G)라는 4개의 정수로 이루어진 연속된 전기회로이다.
① 저항(Resistance)

$$R = \rho \cdot \frac{l}{A} \quad [\Omega]$$

전선의 저항 R[Ω], 고유 저항 ρ[ohm·mm²/m²], 길이 l[m], 단면적 A[mm²]

② 인덕턴스(Inductance)

$$L = 0.05\mu s + 0.4605 \log_{10} \frac{D}{r} \quad [mH/km]$$

선간 거리 D[m], 전선의 반지름 r[m], 비투자율 μs ≒1

③ 정전용량(Capacity)

단상 2선식 정전용량 C

$$C = C_s + 2C_m = \frac{0.02413}{\log_{10} \frac{D}{r}} \quad [\mu F/km]$$

C_s : 대지정전용량(전선과 대지 사이에 공기를 유전체로 하는 정전용량)

C_m : 선간정전용량(전선 상호간 공기를 유전체로 하는 정전용량)

r : 전선의 반지름[m]

D : 선간 거리[m]

④ 누설 컨덕턴스(G)

아주 작은 값으로 무시한다.

13.4.14 / 14.4.1 / 14.4.9 / 15.2.5 / 15.2.43 / 17.1.20 / 17.4.14 / 18.2.11 / 19.2.5 / 20.1.17 / 20.3.1 / 20.4.4 / 20.4.6 / 21.1.43 / 21.2.2 / 21.2.13 / 21.2.18

14 실리콘 태양전지 모듈의 출력 특성에 대한 설명으로 틀린 것은?

① 표면온도가 높아지면 출력이 상승하는 정(+)온도 특성을 가진다.
② 방사조도가 동일하면 여름철에 비해 겨울철의 출력이 크다.
③ 모듈 온도가 동일하고 방사조도가 변화할 경우 단락전류가 방사조도에 비례하는 특성을 나타낸다.
④ 방사조도와 동일하게 모듈 온도가 상승한 경우 개방전압이나 최대출력도 저하한다.

해설 태양광 모듈의 온도에 따른 출력 전압과 전류 값
① 태양광 모듈의 온도특성을 살펴보면 전류는 양(+)

의 온도계수를 가지고 전압과 전력은 음(-)의 온도계수를 가진다. 음 온도계수의 의미는 온도가 높을수록 태양광 모듈의 전압과 전력은 감소하고, 온도가 낮을수록 태양광 모듈의 전압과 전력이 증가한다는 것을 의미한다.

② 태양전지가 보다 높은 온도에 노출되면 단락전류 (I_{SC})는 조금(+0.05[%/℃]) 증가하며, 개방전압 (V_{OC})은 (-0.5[%/℃]) 감소한다.

③ 폴리실리콘 계열의 태양전지는 표면온도가 1[℃] 상승할 때, 대략 0.3~0.5[%]의 출력이 감소한다.

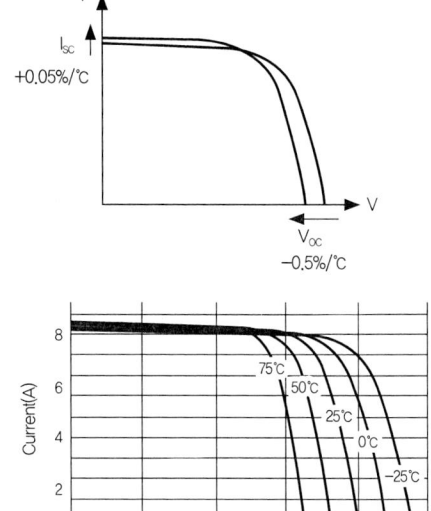

17.4.15

15 지표면에서의 태양 일조강도에 영향을 줄 수 있는 대기효과에 대한 설명으로 틀린 것은?

① 최대 일사량은 구름이 조금 낀 맑은 날에 발생한다.
② 오염물질에 의한 산란은 구름 상태와 태양의 고도에 따라 심하게 변한다.
③ 대기에서의 흡수, 반사, 산란으로 인하여 태양복사가 감소한다.
④ 태양복사 감소의 주원인은 공기분자, 먼지입자 또는 오염물질에 의한 흡수이다.

해설 **온실효과(대기효과)**
① 지구온난화는 대기 중 온실가스 농도 증가로 온실효과가 발생하여 지구 표면의 온도가 점차 상승하는 현상을 말하며, 화석연료 연소를 포함한 인간 활동 때문에 대기 중의 온실가스가 급증하고 있다.
② 신·재생에너지의 특징은 화석연료의 사용을 줄여 온실가스의 발생을 줄이는 역할을 한다.
③ 태양복사 감소의 원인중 공기분자, 먼지입자 또는 오염물질에 의한 흡수는 25%이고 반사가 30%이다.

15.2.6 / 17.4.16 / 18.2.5 / 21.1.7

16 계통연계형 인버터의 기능에 해당하지 않는 것은?
① 자동운전 정지기능
② 충·방전 조정기능
③ 단독운전 방지기능
④ 최대출력 추종제어기능

해설 **태양광 인버터의 기능**
① 자동운전 정지
② 최대출력 추종제어
③ 자동전압조정
④ 직류지락 검출
⑤ 단독 운전방지
⑥ 계통연계 보호장치

16.2.1 / 17.2.19 / 17.4.17 / 18.1.18 / 19.4.13 / 19.2.11 / 21.1.18

17 아몰퍼스 실리콘 태양전지의 특징 중 틀린 것은?
① 구부러지기 쉽다.
② 실리콘 부족의 우려가 없다.
③ 제조에 필요한 온도가 200℃로 낮다.
④ 여름철에는 출력이 결정질 실리콘에 비해 적어진다.

해설 **아몰퍼스 실리콘 태양전지**

① 박막인 관계로 원료 사용량이 작아 태양전지의 두께는 0.3[㎛], 미결정 실리콘과 조합한 탠덤형에서의 태양전지 층은 2[㎛] 밖에 안되어, 결정계 태양전지에 비해 사용재료가 1/100 정도밖에 들지 않는다.
② 실리콘의 결정화 프로세스를 필요로 하지 않아 200[℃] 이하의 저온 프로세스로도 제조가 가능해 제조에 필요한 에너지도 적게 소요, 고온의 여름 환경에서도 효율저하가 적고, 기판의 선택도 다양하며, 대면적화가 가능하다.
③ 감도영역이 자외선에서 가시광선까지로 제한되어 있어 태양광의 투과손실이 커서 효율이 낮아 결정질 태양전지와 동일한 출력을 내기 위해서는 대면적의 모듈이 필요하다.

17.4.18 / 21.1.16

18 태양광발전시스템의 교류측 기기에 속하지 않는 것은?
① 분전반　　　② 접속함
③ 적산전력량계　④ 지락과전류차단기

해설 **계통연계형 태양광발전시스템의 구성**

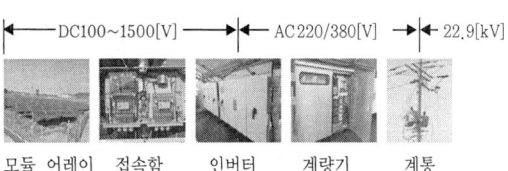

모듈 어레이　접속함　인버터　계량기　계통

17.4.19

19 전기의 수요는 시간에 따라 변화하고, 재생에너지원에 의해 발생되는 전력 또한 시간에 따라 변화하는 특징이 있다. 다음의 에너지원 중 피크부하에 가장 잘 대응할 수 있는 것은?
① 태양에너지　② 풍력에너지
③ 수력에너지　④ 파력에너지

해설 **수력에너지**
① 물이 가지는 위치 에너지나 운동 에너지를 동력으로서 이용하는 것

정답 16.② 17.④ 18.② 19.③

② 저수지 시설을 이용하여 전력이 필요한 피크부하의 시간에 원하는 만큼의 발전이 가능하다.
③ 완전 정지된 상태에서 발전까지의 소요시간이 짧아 빠르게 에너지 수요에 대응할 수 있다.
④ 계절 및 환경에 따른 수량의 차이로 발전량이 항상 일정하기 어렵다.

14.4.1 / 16.4.6 / 17.4.20

20 태양전지 변환효율(η)과 직접적인 관계가 없는 것은?

① 태양전지 면적　② Fill Factor
③ 주변온도　　　④ 단락전류

해설 태양전지 변환효율(η)

① 표준 시험조건(Standard Test Conditions, STC)에서 측정한 태양전지 출력전력을 입사된 빛 에너지(소자넓이 × 경사면 조사 강도)로 나누어 백분율로 나타낸 것
② 표준 시험조건 : 태양광발전 소자를 시험할 때의 기준이 되는 시험조건 즉, 태양광발전 소자가 빛을 받는 면의 조사강도 1000[W/m²], 태양전지 온도 25[℃], 분광분포(air mass) 1.5인 조건
③ 충진율(Fill Factor) : 양전지 품질을 확인할 수 있는 가장 중요한 척도이며, 최대 전력을 개방 전압과 단락 회로 전류에서 출력하는 이론상 전력과 비교하여 계산한다.

$$FF = \frac{P_{MAX}}{P_T} = \frac{I_{MP} \cdot V_{MP}}{I_{SC} \cdot V_{OC}}$$

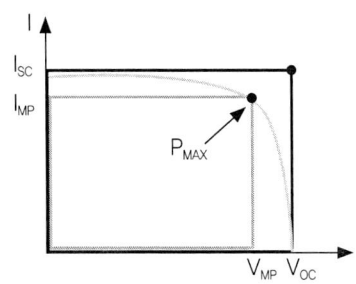

13.4.34 / 14.4.25 / 15.2.31 / 15.4.38 / 17.1.25 / 17.2.30 / 17.4.21 / 17.4.34 / 18.4.34 / 19.1.22 / 20.1.40 / 20.3.38 / 20.4.29 / 21.1.22 / 21.2.25

21 태양광발전시스템의 시공절차에 포함되지 않는 것은?

① 접지공사
② 어레이 기초공사
③ 인버터 설치공사
④ 태양광 어레이의 발전량 산출

해설 태양광발전시스템의 시공절차

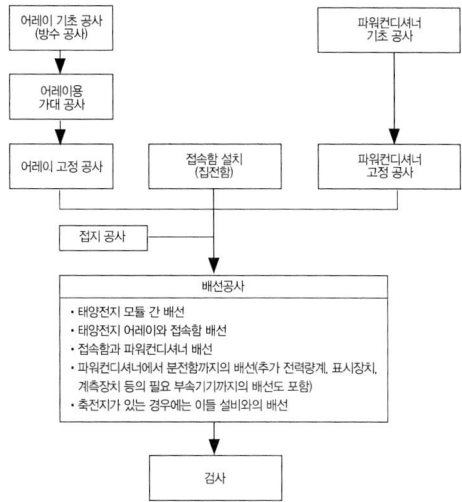

22 KEC 한국전기설비규정의 변경으로 삭제됨

13.4.26 / 15.4.28 / 16.4.38 / 17.1.51 / 17.2.22 / 17.2.54 / 17.4.23 / 17.4.53 / 18.1.21 / 18.1.47 / 18.2.46 / 18.2.53 / 18.4.23 / 19.1.60 / 19.2.26 / 19.2.42 / 19.4.27 / 19.4.49 / 20.1.52 / 20.3.23 / 20.3.41 / 20.4.24 / 21.1.38 / 21.4.42 / 21.4.48

23 태양광발전시스템의 시공 작업 중에 발생할 수 있는 감전사고로부터 보호하기 위한 방지대책으로 틀린 것은?

① 절연장갑을 낀다.
② 절연 처리가 된 공구를 사용한다.
③ 태양전지 모듈의 표면에 차광시트를 붙여 태양광을 차단한다.
④ 강우 시에는 발전하지 않으니 미끄러짐을 주의하여 작업을 진행한다.

해설 모듈 설치 시 감전방지대책
① 전선피복 상태 관리
② 절연 장갑을 착용한다.
③ 절연 처리된 공구를 사용한다.
④ 태양전지 모듈 및 인버터 전원 개방
⑤ 작업 전 태양전지 모듈 표면에 차광막을 씌워 태양광을 차폐한다.
⑥ 강우 시에는 감전사고와 미끄러짐에 의한 추락사고의 위험이 있으므로 작업을 금한다.

13.4.38 / 15.2.39 / 16.2.25 / 17.2.74 / 17.4.24 / 18.1.65 / 19.2.71

24 태양전지 모듈과 인버터 간의 지중 전선로를 직접 매설식으로 시설하는 경우 알맞은 공사방법은?

① 중량물의 압력을 받을 우려가 있는 경우 1.0 이상, 일반장소는 0.5[m] 이상 깊이로 매설한다.
② 중량물의 압력을 받을 우려가 있는 경우 1.2 이상, 일반장소는 0.5[m] 이상 깊이로 매설한다.
③ 중량물의 압력을 받을 우려가 있는 경우 1.0 이상, 일반장소는 0.6[m] 이상 깊이로 매설한다.
④ 중량물의 압력을 받을 우려가 있는 경우 1.2 이상, 일반장소는 0.6[m] 이상 깊이로 매설한다.

해설 지중배선의 시공

케이블 표시시트 설치   케이블 표시시트

① 지중매설관은 배선용 탄소강관, 내충격성의 경질비닐 전선관, 내충격성 경질 염화비닐관을 사용한다.
② 지중전선의 매설개소는 필요에 따라 매설깊이, 방향 등 지상에서 용이하게 확인할 수 있도록 표주 등에 의해 표시한다.
③ 지중배관과 지표면의 중간에 케이블표시시트를 포설한다.
(지중선로 포설후 지상으로부터 무단 굴착시 예상되는 케이블 손상방지)
④ 지중배관의 깊이는 1.0[m] 이상(중량물의 압력을 받을 우려가 없는 경우에는 0.6[m] 이상)

17.1.45 / 17.2.45 / 17.4.25 / 18.2.51 / 21.1.57 / 21.2.29

25 사업용 태양광발전설비 정기검사 항목이 아닌 것은?

① 변압기 검사
② 접속함 검사
③ 태양전지 검사
④ 전력변환장치 검사

해설 사업용 태양광 발전설비 정기검사 항목
① 태양광 전지
② 전력변환장치
③ 변압기
④ 차단기(발전기용)
⑤ 전선로(모선)
⑥ 접지설비
⑦ 종합연동시험
⑧ 부하운전시험

정답 23. ④   24. ③   25. ②

16.2.37 / 17.1.34 / 17.4.26 / 19.4.40 / 20.3.11 / 20.3.14 / 20.3.37 / 21.2.45

26 계산 값이 항상 1이상인 것은?

① 부등률
② 수용률
③ 부하율
④ 전압 강하율

해설 부등률(diversity factor)
① 몇 개의 수용가가 동일 배전 변압기로부터 전력을 공급받고 있을 때, 합성 최대 수용 전력은 각각 수용가의 최대 수용 전력의 합보다 적게 된다.
② 부등률은 1보다 크다.

$$부등률 = \frac{수용 설비 각각의 최대 수용 전력의 합 [kW]}{합성 최대 수용 전력 [kW]}$$

14.4.24 / 17.4.27 / 21.4.30

27 태양광발전시스템과 분산형전원의 전력계통 연계시 특징이 아닌 것은?

① 부하율이 향상된다.
② 공급신뢰도가 향상된다.
③ 배전선로 이용률이 향상된다.
④ 고장시의 단락용량이 줄어든다.

해설 분산형전원의 전력계통 연계시 장·단점
(1) 장점
① 배전선로 이용률이 향상
② 송전계통과 배전계통의 운영비 감소
③ 부하중심지 건설로 송전손실 경감
④ 첨두부하에 대한 대응력 강화(부하율 향상)
⑤ 전력부하 변동에 대한 대응력 강화(공급신뢰도)
⑥ 대규모전원의 보완(전원계획상의 유연성)

(2) 단점
1) 전체 전력시스템에 변동성을 가중시킴
① 초, 분, 시간, 수 시간 단위의 변동성 유발
② 이에 대응하여 주파수를 제어하기 위한 추가적인 수단이 필요

2) 전체 전력시스템에 불확실성을 가중시킴
① 예측된 발전량과 실제 발전량의 차이가 매우 커질 수 있음
② 불확실성에 대비하기 위해 송전망운영자는 과도한 예비력을 확보해야만 하고, 예비력의 증가는 전력계통 운영비용의 증가로 이어짐

3) 기존 배전시스템의 제어방식과 상충
전통적인 배전시스템 운영, 제어, 보호 체계에 혼란 (배전기기 오/부작동)

16.4.36 / 17.4.28 / 21.2.33

28 태양전지 어레이용 지지대의 재질로서 사용되지 않는 것은?

① 티타늄
② 알루미늄 합금
③ 스테인리스 스틸
④ 용융아연 도금된 형강

해설 지지대, 연결부, 기초(용접부위 포함)
지지대는 다음의 재질로 제작하여야 한다. 지지대간 연결 및 모듈-지지대 연결은 가능한 볼트로 체결하되, 절단가공 및 용접부위(도금처리제품 한정)는 용융아연 도금처리를 하거나 에폭시 아연페인트를 2회 이상 도포하여야 한다.
① 용융아연 또는 용융아연-알루미늄-마그네슘합금 도금된 형강
② 스테인리스 스틸(STS)
③ 알루미늄합금
④ ①~③까지의 동등이상 성능

13.4.22 / 15.2.37 / 16.4.27 / 17.1.33 / 17.2.36 / 17.4.29 / 18.4.33 / 20.4.27 / 21.1.34

29 방화구획 관통부의 방화벽 또는 방화바닥 설치 시 시공방법으로 틀린 것은?

① 일반 실리콘 폼을 양쪽 불연 내화판넬 사이에 빈틈이 없이 충전한다.
② 관통벽에 미리 시설해 놓은 틀에 불연성 내화판넬을 앵커볼트로 고정시킨다.
③ 불연성 내화판넬과 케이블 트레이, 케이블 사이에 빈틈과 주위를 밀폐재로 봉한다.
④ 방화 판을 관통구의 크기에 맞도록 케이블 트레이의 중심 양쪽으로 2장을 만든다.

정답 26. ① 27. ④ 28. ①

해설 방화구획 관통부의 처리

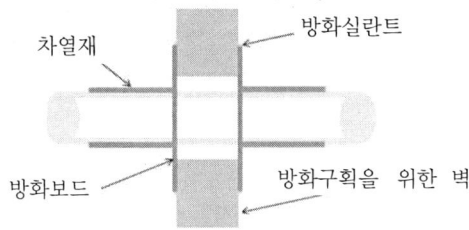

1) 방화구획 관통부의 처리를 하는 것은 화재 발생시의 방화 대책물인 벽, 바닥, 기둥 등을 통과하는 전선, 배관의 관통 부분에서 다른 설비로 불길이 번지거나 확대하는 것을 방지하기 위해서이다.

2) 배선을 옥외에서 옥내로 끌어들인 관통 부분의 처리 방법으로는 다음과 같다.
   ① 난연성
      관통 부분의 충전재, 케이블, 배관재의 변형, 파손, 탈락, 소실로 인해 뒷면에 화염, 연기가 나지 않을 것
   ② 내열성
      관통 부분의 충전재, 내열씰재의 전열에 의해 뒷면이 연소할 위험이 있는 온도가 되지 않을 것
   ③ 관통부의 내화구조에 대한 성능시험은 단일 제품(예: 방화용 실런트 또는 기타자재)에 대한 시험이 아니라 복합구조(예: 방화용 실런트와 철판, 암면 등의 조합)의 시스템을 제시하여 그 시스템에 대해서 시험성적을 취득한다.

16.4.21 / 17.4.30 / 18.1.35 / 19.4.30 / 20.1.32 / 20.3.40
30 태양전지 어레이용 지지대에 영구적으로 작용하는 상정하중은?
① 고정하중
② 풍압하중
③ 적설하중
④ 지진하중

해설 구조물의 상정하중
① 수직하중 : 고정하중, 활하중, 적설하중
② 수평하중 : 풍하중, 지진하중
③ 고정하중 : 가대 본체의 하중과 가대에 적재하는 태양광 모듈 등의 적재하중 및 어레이의 구성에 필요한 기자재 등의 중량을 가산한 것으로써 영구적으로 작용하는 하중이다.

14.4.39 / 17.4.31 / 20.4.39
31 선로 구분 기능을 갖고 있는 개폐기에 수용가 측의 사고발생시 사고전류를 감지하여 자동으로 접점을 분리시켜 사고구간을 분리하는 것은?
① 리클로져(R/C)
② 선로개폐기(LS)
③ 자동고장 구간 개폐기(ASS)
④ 자동부하 전환 개폐기(ALTS)

해설 자동고장구간개폐기(Automatic Section Switch)

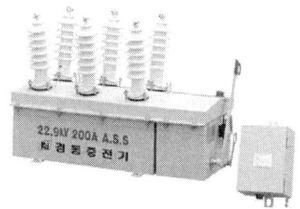

수용가구내에 사고를 자동 분리하고 그 사고의 파급확대를 방지하기 위하여 수용가 구내설비의 피해를 최소한으로 억제하기 위하여 개발된 개폐기로 공급변전소 CB와 Recloser와 협조하여 사고발생 시 고장구간을 자동 분리한다.

16.4.22 / 17.4.32
32 설계도서 적용 시 고려사항이다. 옳지 않은 것은?
① 숫자로 나타낸 치수는 도면상 축적으로 잰 치수보다 우선한다.
② 특별시방서는 당해 공사에 한하여 일반시방서에 우선하여 적용한다.
③ 특별시방서 및 도면에 기재되지 않은 사항은 일반시방서에 의한다.
④ 공사계약서 상호 간에 차이와 문제가 있는 경우 발주자의 의견을 참조하여 감리원이 최종적으로 결정한다.

해설 설계도서 검토 및 적용시 고려사항
① 설계도면 및 시방서의 어느 한쪽에 기재되어 있는 것은 그 양쪽에 기재되어 있는 사항과 완전히 동일

정답 29. ① 30. ① 31. ③ 32. ④

하게 다룬다.
② 숫자로 나타낸 치수는 도면상 축척으로 잰 치수보다 우선한다.
③ 특별시방서는 당해 공사에 한하여 일반시방서에 우선하여 적용한다.
④ 특별시방서 및 도면에 기재되지 않은 사항은 일반시방서에 의한다.
⑤ 상기 이외의 사항에 대해 공사계약문서 상호간에 차이와 문제가 있을 때는 감리원의 의견을 참조하여 사업주체가 최종적으로 결정한다.

 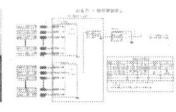 
① 현장여건분석　② 시스템 설계　③ 구성요소제작

④ 기초공사　⑤ 구조물 설치　⑥ 모듈 설치

  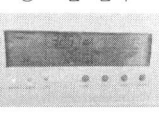
⑦ 간선공사　⑧ 인버터 설치　⑨ 시운전

13.4.28 / 15.2.24 / 15.4.40 / 17.1.29 / 17.4.33 / 18.1.26 / 18.1.37 /
18.2.29 / 18.4.2 / 19.2.27 / 19.4.32 / 21.4.28 / 21.4.33

33 태양전지 모듈 및 어레이 설치 후 확인사항이 아닌 것은?

① 극성　② 전압
③ 단락전류　④ 개방전류

해설 검사 항목
① 전압 및 극성 확인
② 단락전류 측정
③ 접지확인(일반적으로 직류측 회로는 비접지한다)

※ 태양광모듈 어레이에서는 직류가 발생된다.

16.4.41 / 17.4.35

35 태양광발전설비의 접지공사 시 접지선의 색은?

① 청색　② 녹색
③ 백색　④ 노랑색

해설 일반적인 3상 4선식 부스바의 색상
① R상 : 갈색
② S상 : 흑색
③ T상 : 회색
④ N상 : 청색
⑤ 접지(E) : 녹황(G/Y) 교차

13.4.34 / 14.4.25 / 15.2.31 / 15.4.38 / 17.1.25 / 17.2.30 /
17.4.21 / 17.4.34 / 18.4.34 / 19.1.22 / 20.1.40 / 20.3.38
/ 20.4.29 / 21.1.22 / 21.2.25

34 태양광발전시스템의 일반적인 시공절차에 대한 순서로 옳은 것은?

① 기초공사 → 자재주문 → 시스템 설계 → 모듈설치 → 간선공사 → 시운전 및 점검
② 시스템 설계 → 자재주문 → 간선공사 → 모듈설치 → 기초공사 → 시운전 및 점검
③ 자재주문 → 시스템 설계 → 기초공사 → 모듈설치 → 간선공사 → 시운전 및 점검
④ 시스템 설계 → 자재주문 → 기초공사 → 모듈설치 → 간선공사 → 시운전 및 점검

해설 태양광발전시스템 건설을 위한 기본 계획 흐름도

17.4.36

36 태양광발전시스템의 시공 시 태양전지 모듈의 설치를 위하여 운반하는 경우 주의사항으로 옳은 것은?

① 태양전지 모듈의 보호막을 벗겨서 운반한다.
② 태양전지 모듈의 인력으로 이동할 때에는 1인 1조로 한다.
③ 태양전지 모듈의 파손방지를 위해 충격이 가해지지 않도록 한다.
④ 접속되어진 모듈의 리드선은 빗물 등 이물질이 유입되어도 된다.

해설 모듈 운반 시 주의사항
① 태양전지 모듈의 인력 이동시 2인 1조로 한다.
② 태양전지 모듈의 파손방지를 위해 충격이 가해지지

않도록 한다.
③ 접속하지 않은 모듈의 리드선은 빗물 등 이물질이 유입되지 않도록 조치한다.
④ 태양전지 모듈 운반시 던지거나 힘을 가하지 말 것

13.4.40 / 15.2.29 / 15.2.55 / 17.4.37 / 18.2.27 / 18.4.26 / 18.4.57 / 19.1.32 / 19.2.32 / 19.2.43 / 20.1.22 / 20.4.32 / 21.1.35 / 21.4.46

37 태양광발전설비의 사용전 검사에 필요한 서류가 아닌 것은?

① 시공계획서
② 감리원 배치 확인서
③ 사용전 검사 신청서
④ 공사 계획인가(신고)서

해설 사용전 검사

사용전검사를 받으려는 자는 사용전검사 신청서에 다음의 서류를 첨부하여 검사를 받으려는 날의 7일 전까지 한국전기안전공사에 제출하여야 한다.
① 공사계획인가서 또는 신고수리서 사본(저압자가용 전기설비의 경우는 제외한다)
② 설계도서 및 감리원 배치확인서(저압자가용전기설비의 설치공사인 경우만을 말하며, 저압자가용전기설비의 증설공사 및 변경공사의 경우는 제외한다)
③ 자체감리를 확인할 수 있는 서류(전기안전관리자가 자체감리를 하는 경우만 해당한다)
④ 전기안전관리자 선임신고증명서 사본

17.4.38 / 20.4.35

38 공사업자가 감리원에게 제출하는 시공상세도에 포함되지 않는 것은?

① 실제시공 가능 여부
② 공사추진 실적현황
③ 현장의 시공기술자가 명확하게 이해할 수 있는지 여부
④ 설계도면, 설계 설명서 또는 관계 규정에 일치하는지 여부

해설 시공상세도 승인

공사업자가 제출한 날부터 7일 이내에 검토·확인하여 승인한다. 다만, 7일 이내에 검토·확인이 불가능한 때에는 사유 등을 명시하여 통보하고, 통보사항이 없는 때에는 승인한 것으로 본다.
① 설계도면, 설계 설명서 또는 관계 규정에 일치하는지 여부
② 현장의 시공기술자가 명확하게 이해할 수 있는지 여부
③ 실제시공 가능 여부
④ 안정성의 확보 여부
⑤ 계산의 정확성
⑥ 제도의 품질 및 선명성, 도면작성 표준에 일치 여부
⑦ 도면으로 표시 곤란한 내용은 시공시 유의사항으로 작성되었는지 등의 검토

17.4.39

39 공사감리원 배치시기로 적절한 것은?

① 착공 7일후
② 착공 10일후
③ 공사 시작 전
④ 현장여건에 따른 적당한 시기

해설 감리원의 배치 등(전력기술관리법 제12조의2)명

다음의 어느 하나에 해당하는 자가 공사감리를 하려는 경우에는 산업통상자원부장관이 정하여 고시하는 감리원 배치 기준에 따라 소속 감리원을 공사 시작 전에 배치하여야 한다.
① 감리업자
② 소속 감리원에게 공사감리 업무를 수행하게 하는 자

13.4.21 / 15.2.26 / 17.4.40 / 19.1.30 / 19.2.38 / 20.4.31 / 21.1.25

40 기성검사 절차에서 계약자가 단위업무별 가중치와 월별 공정률을 표시하여 공사 착공 전에 발주처에 사전검토 및 확인을 받아야 하는 것은?

① 감리일지
② 설계감리 확인서
③ 시공 예정공정표
④ 투입인원 건강기록부

해설 착공신고서 검토 및 보고

감리원은 공사가 시작된 경우에는 공사업자로부터

다음의 서류가 포함된 착공신고서를 제출받아 적정성 여부를 검토하여 7일 이내에 발주자에게 보고하여야 한다.
① 시공관리책임자 지정통지서(현장관리조직, 안전관리자)
② 공사 예정공정표
③ 품질관리계획서
④ 공사도급 계약서 사본 및 산출내역서
⑤ 공사 시작 전 사진
⑥ 현장기술자 경력사항 확인서 및 자격증 사본
⑦ 안전관리계획서
⑧ 작업인원 및 장비투입 계획서
⑨ 그밖에 발주자가 지정한 사항

16.4.3 / 17.1.53 / 17.2.59 / 17.4.41 / 19.1.49 / 20.1.42 / 20.3.47 / 20.4.43 / 21.1.60

41 태양전지 어레이 동작 불량 스트링이나 태양전지 모듈의 검출 및 직렬 접속선의 결선누락 사고, 잘못 연결된 극성 등을 검출하기 위해 측정하는 것은?

① 발전량　　② 절연저항
③ 접지저항　④ 개방전압

해설 **개방전압(Open Circuit Voltage)**
태양전지 셀 모듈의 출력 단자를 개방한 때의 양 단자 간의 전압(V_∞), 단위 [V], 특정한 온도와 일조 강도에서 부하를 연결하지 않은 개방 상태의 태양광발전설비 양단에 걸리는 전압을 말하며, 태양전지 스트링과 모듈의 동작불량, 직렬 접속선의 결선 누락 등, 각 스트링의 연결 상태확인이 가능하여, 우선적으로 실시한다.

14.4.60 / 16.4.58 / 17.2.51 / 17.4.42 / 18.1.58 / 18.2.48 / 19.1.50 / 19.2.49

42 태양광발전시스템이 작동되지 않는 경우 응급조치순서로 옳은 것은?

① 접속함 내부 차단기 OFF → 인버터OFF 후 점검 → 점검후 인버터 ON → 접속함 내부 차단기 ON
② 인버터OFF → 접속함 내부차단기 OFF 후 점검 → 점검후 인버터 ON → 접속함 내부 차단기 ON
③ 접속함 내부 차단기 OFF → 인버터OFF 후 점검 → 점검후 접속함 내부차단기 ON → 인버터 ON
④ 인버터OFF → 접속함 내부차단기 OFF 후 점검 → 점검후 접속함 내부차단기 ON → 인버터 ON

해설 **태양광발전시스템의 응급조치순서**
① 접속함의 DC 메인 전원 스위치를 개방(off)한다.
② 인버터의 전원 스위치를 개방(off)한다.
③ 한전차단기를 개방(off)한다.
④ 태양광발전시스템을 점검한다.
⑤ 이상이 없을 시 역순으로 작동한다.

17.4.43 / 21.2.41

43 태양광발전용 축전지의 측정 항목으로 틀린 것은?

① 일사량　　② 단자전압
③ 충전전류　④ 방전전류

해설 **축전지의 측정 항목**
① 비중
② 단자전압
③ 충전전류
④ 방전전류

13.4.39 / 14.4.34 / 15.2.34 / 17.4.44 / 18.1.36 / 19.1.40 / 19.4.31 / 20.1.31

44 승압용 변압기를 설치한 태양광발전소이다. 태양광발전 모듈에서 인버터 입력단자 및 인버터 출력단과 계통연계점 간의 전압강하는 최대 몇 [%] 이하인가? (단, 전선의 길이가 200m 이하이다.)

① 3　　② 5　　③ 6　　④ 7

해설 **전압강하**
모듈에서 인버터 입력단 간 및 인버터 출력단과 계통연계점 간의 전압강하는 각 3[%]을 초과하여서는 아니 된다. 다만, 전선길이가 60[m]을 초과할 경우에는 아래 표에 따라 시공할 수 있다.

전선길이	120[m] 이하	200[m] 이하	200[m] 초과
전압강하	5[%]	6[%]	7[%]

17.4.45 / 20.3.54 / 21.1.54

45 태양광발전시스템 고장으로 문제점이 발견된 경우 판단 및 조치사항에 대한 설명으로 틀린 것은?

① 태양전지 셀 및 바이패스 다이오드가 손상된 경우, 태양전지 모듈을 교체한다.
② 태양전지 모듈에 음영이 들지 않았음에도 불구하고 단락전류 값이 갑자기 작아지면 즉시 모듈을 교체하여야 한다.
③ 파워컨디셔너가 고장인 경우에는 유지보수 담당자가 직접 수리보수 하지 않도록 하고, 제조업체에 AS를 의뢰하여 보수해야 한다.
④ 불량 모듈을 교체할 때에는 동일 규격제품으로 교체하고, 그러지 못한 경우에는 더 작은 단락전류 값을 가진 모듈로 교체해야 안전하다.

해설 태양광발전시스템의 고장별 조치방법

① 모듈의 파손, 열화, 단자하의 방수 성능저하 등과 케이블의 열화, 피복 손상이 있는 경우 절연저하의 문제가 발생되므로 절연저항 기준치 이하인 경우 해당 스트링의 모듈 및 선로를 육안 점검한다.
② 육안점검으로 찾지 못한 경우에는 전체 스트링의 중간(1/2)지점에서 모듈의 커넥터를 분리하고, 절연저항을 측정한다.
③ 절연저항이 낮은 쪽으로 구간을 축소해 최종적으로 모듈 뒷면 단자함을 개방해서 불량모듈을 선별한다.
④ 불량모듈이 선별되면 동일 제조사의 동일규격 제품으로 교체한다.

16.2.44 / 17.4.46 / 18.4.58 / 20.4.60

46 중대형 태양광발전용 인버터의 정상특성시험 항목 중 독립형인 경우에는 해당되지 않는 시험 항목은?

① 효율시험
② 누설전류시험
③ 온도상승시험
④ 자동 기동 · 정지시험

해설 인버터의 정상특성시험 항목

	시험 항목	독립형	계통연계형
정상특성시험	a) 교류전압, 주파수 추종 범위 시험	×	○
	b) 교류 출력전류 변형률 시험	×	○
	c) 누설전류시험	○	○
	d) 온도상승시험	○	○
	e) 효율시험	○	○
	f) 대기손실시험	×	○
	g) 자동기동 · 정지 시험	×	○
	h) 최대전력 추종시험	×	○
	i) 출력전류 직류분 검출시험	×	○

16.4.44 / 17.4.47 / 20.1.50 / 20.3.44

47 모듈외관, 태양전지 등에 크랙, 구부러짐, 갈라짐 등을 확인하기 위한 외관검사 시 최소 몇 Lux 이상의 광 조사상태에서 진행하여야 하는가?

① 200　② 500　③ 800　④ 1000

해설 모듈 외관(육안) 검사

1000[Lux] 이상의 광조사 상태에서 모듈 외관, 태양전지 셀 등에 크랙(Crack), 구부러짐, 갈라짐 등이 없는지 확인하고, 셀 간 접속 및 다른 접속부분에 결함이 없는지, 셀과 셀, 셀과 프레임상의 터치가 없는지, 접속에 결함이 없는지 등을 검사한다.

정답 45. ④　46. ④　47. ④

13.4.44 / 13.4.54 / 16.4.48 / 17.1.57 / 17.4.48 / 18.1.49 / 18.4.44 / 18.4.53 / 19.4.50 / 20.1.59

48 태양광발전시스템의 접속함 정기점검시 육안점검 항목으로 틀린 것은?

① 접지선의 손상
② 전해액면 저하
③ 외부배선의 손상
④ 외함의 부식 및 파손

해설 접속함 정기점검내용

점검방법	점검 항목	점검 내용
육안점검	외함	부식 및 파손 상태 볼트 및 너트 조임 상태
	외부 배선 및 접속단자 (퓨즈, 역전류 방지 다이오드, SPD, 극성)	배선 상태 접속 단자의 정상 유무 극성 상태(전체 회로) 전선인입부의 방수처리 상태
	접지선 및 접지단자	접지선 손상, 접속 상태 단자 조임 상태
측정 및 시험	절연저항측정 (태양 전지와 접지 사이)	0.2[MΩ] 이상, 측정 전압 DC 500[V]
	절연저항측정 (인버터 입출력 단자와 접지 사이)	1[MΩ] 이상, 측정 전압 DC 500[V]
	개방전압측정	규정의 전압 여부, 어레이 출력확인

※ 전해액면 저하는 축전지의 육안점검사항이다.

17.2.41 / 17.4.49 / 19.2.59

49 태양광발전시스템의 유지관리를 위한 일상점검 및 정기점검에 관한 내용으로 틀린 것은?

① 일상점검은 점검담당자가 육안에 의해 실시하는 것으로, 일상점검의 점검주기는 매월 1회 정도이다.
② 출력 3kW미만의 소형 태양광발전시스템의 경우에 대해서는 정기점검을 하지 않아도 무방하다.
③ 축전지에 대한 일상점검은 부하를 차단한 상태에서 변색, 부풀음, 온도상승, 냄새 등의 점검을 실시해야 한다.
④ 정기점검은 지상에서 실시해야 함을 원칙으로 하지만, 필요에 따라 지붕이나 옥상 위에서 점검을 실시할 수도 있다.

해설 축전지의 일상 육안점검
① 전해액 저하
② 단자의 부식, 풀림 등 케이블 연결 상태
③ 외함의 변색, 변형, 균열, 팽창, 손상 상태

17.1.58 / 17.4.50 / 17.4.56 / 18.2.41 / 19.1.44 / 19.2.44 / 20.3.59 / 21.2.42 / 21.4.52

50 주로 정지 상태에서 행하는 점검으로 제어운전장치의 기계 점검, 절연저항의 측정 등을 실시할 때 하는 점검은?

① 일상점검   ② 정기점검
③ 임시점검   ④ 완공시 점검

해설 전기설비 점검의 종류
① 일상(순시)점검
  시설물의 기능을 유지하기 위한 점검
② 정기점검
  원칙적으로 시설물을 정지 상태에서 운전제어장치의 기계점검, 절연저항측정, 배전반의 기능을 확인하고 유지하기 위한 계획을 수립하여 점검
③ 임시점검
  일상순시점검 및 정기점검에 의하여 상세하게 점검할 경우가 발생되는 경우에 실시한다.

17.4.51

51 운전개시나 정기점검의 경우는 물론 사고 시에도 불량개소를 판정하고자 하는 경우에 실시하는 측정은?

① 개방전압   ② 절연저항
③ 단락전류   ④ 발전전력

해설 절연전선의 절연저항측정
① 절연전선의 절연피복이 전기적 및 기계적으로 열화·손상되면 단락사고나 지락사고의 원인이 되어 기기의 소손이나 감전재해의 우려가 있다.
② 전선과 대지 사이 및 전선 상호간의 절연저항을 측정하여 일정 값 이상의 절연을 유지하여야 한다.

정답 48. ② 49. ③ 50. ② 51. ②

③ 전기설비 정기점검시 시설물의 정지 상태에서 절연저항을 측정한다.

14.4.27 / 15.4.15 / 17.1.47 / 17.2.44 / 17.4.52 / 18.1.57 / 18.4.5 / 20.4.49 / 21.2.37 / 21.4.58

52 모니터링 프로그램의 기능 중 틀린 것은

① 데이터 수집기능
② 데이터 저장기능
③ 데이터 통제기능
④ 데이터 계산기능

해설 모니터링 시스템 프로그램 기능
① 데이터 수집기능
  인버터로부터 데이터를 공급받아 전압과 전력에 대한 정보를 제공하며 일사량과 모듈 표면온도 등의 정보를 제공한다.
② 데이터 저장기능
  실시간 데이터가 저장되어 평균 자료를 한눈에 알아볼 수 있도록 한다.
③ 데이터 분석기능
  저장된 데이터로 표를 작성하여 일일 평균값 등의 변화를 한눈에 알 수 있도록 데이터를 제공한다.
④ 데이터 통계기능
  저장된 데이터를 바탕으로 일간, 월간, 년간 통계를 알아볼 수 있도록 제공한다.

13.4.26 / 15.4.28 / 16.4.38 / 17.1.51 / 17.2.22 / 17.2.54 / 17.4.23 / 17.4.53 / 18.1.21 / 18.1.47 / 18.2.46 / 18.2.53 / 18.4.23 / 19.1.60 / 19.2.26 / 19.2.42 / 19.4.27 / 19.4.49 / 20.1.52 / 20.3.23 / 20.3.41 / 20.4.24 / 21.1.38 / 21.4.42 / 21.4.48

53 정전 작업 전 조치사항에 대한 설명 중 틀린 것은?

① 단락접지기구의 철거
② 검전기로 개로된 전로의 충전여부 확인
③ 전력케이블, 전력콘덴서 등의 잔류전하 방전
④ 전로의 개로된 개폐기에 시건장치 및 통전 금지 표지판 설치

해설 정전작업
1) 정전작업 전 조치사항
① 전원차단후 각 단로기 등을 개방하고 확인할 것
② 차단장치나 단로기 등에 잠금(시건)장치 및 꼬리표를 부착할 것
③ 전기기기 등에 공급되는 모든 전원을 관련 배선도, 도면 등을 통해 확인할 것
④ 검전기를 이용하여 작업대상 기기가 충전되었는지 확인 할 것(잔류전하 방전)

2) 정전작업 중 조치사항
① 작업지휘자에 의한 작업지휘
② 개폐기 관리(전원 재투입 방지, 잠금장치 및 꼬리표 부착 관리)
③ 근접 활선에 대한 방호상태 관리
④ 단락접지의 상태관리

3) 정전작업 후 조치사항
① 작업기기, 단락접지기구(접지선)를 제거하고 전기기기 등이 안전하게 통전될 수 있는지 확인
② 모든 작업자가 작업이 완료된 전기기기 등에서 떨어져 있는지 확인할 것
③ 잠금장치 와 꼬리표는 설치한 근로자가 직접 철거 할 것
④ 모든 이상 유무를 확인한 후 전기기기 등의 전원을 투입할 것

16.4.45 / 17.2.57 / 17.4.54 / 19.2.45 / 19.4.53 / 20.3.45

54 태양광발전시스템 유지보수 계획 시 고려사항으로 틀린 것은?

① 환경조건
② 설비의 단가
③ 설비의 중요도
④ 설비의 사용시간

해설 태양광발전시스템 점검 계획 시 고려사항
① 환경조건
② 설비의 중요도
③ 설비의 사용시간
④ 고장이력
⑤ 부하상태
⑥ 보수방법

정답 52. ③④ 53. ① 54. ②

15.4.41 / 17.1.50 / 17.4.55 / 18.2.56 / 18.4.59 /
19.1.59 / 20.1.58 / 20.3.56 / 20.4.52

55 성능평가를 위한 측정요소 중 설치코스트 평가 방법에 해당되지 않는 것은?

① 기초공사단가
② 유지 · 보수단가
③ 계측표시장치단가
④ 태양전지 설치단가

해설 태양광 발전시스템의 설치비(Cost) 평가 방법
① 태양광 발전 시스템의 기초 공사 단가
② 태양광 발전 시스템의 어레이 가대 설비 설치 단가
③ 태양광 발전 시스템의 부착 공사 단가
④ 태양광 발전 시스템의 태양 전지 설비 설치 단가
⑤ 태양광 발전 시스템의 인버터 설비 설치 단가
⑥ 태양광 발전 시스템의 계측기 표시 장치의 단가
⑦ 태양광 발전 시스템의 설비 설치 단가

17.1.58 / 17.4.50 / 17.4.56 / 18.2.41 / 19.1.44 /
19.2.44 / 20.3.59 / 21.2.42 / 21.4.52

56 태양광발전시스템의 유지보수 관점에서 말하는 점검의 종류로 틀린 것은?

① 일상점검   ② 정기점검
③ 임시점검   ④ 준공 시 점검

해설 전기설비 점검의 종류
① 일상(순시)점검
  시설물의 기능을 유지하기 위한 점검
② 정기점검
  원칙적으로 시설물을 정지 상태에서 운전제어장치의 기계점검, 절연저항측정, 배전반의 기능을 확인하고 유지하기 위한 계획을 수립하여 점검
③ 임시점검
  일상순시점검 및 정기점검에 의하여 상세하게 점검할 경우가 발생되는 경우에 실시한다.

14.4.45 / 15.4.54 / 16.4.56 / 17.1.55 / 17.4.57 / 18.1.52 /
19.1.41 / 19.2.46 / 19.4.56 / 20.3.55

57 태양광발전 모듈의 고장원인으로 제조공정상 불량이 아닌 것은?

① 핫스팟   ② 백화현상
③ 적화현상   ④ 프레임 변형

해설 모듈의 고장원인
① 제조결함(백화현상, 적화현상, 황색 변이, 핫스팟, 백시트 에어 버블링 등)
② 시공불량(모듈 시공시 외부 충격의 영향, 구조물의 불균형 시공으로 인한 프레임 변형 등)
③ 전기적(전압, 전류), 기계적(열응력, 충격) 스트레스에 의한 태양전지 셀의 파손
④ 염해, 부식성 가스 등 주변 환경에 의한 부식
⑤ 경년 열화에 의한 태양전지 셀 및 리본의 노화

15.4.43 / 16.4.43 / 16.4.53 / 17.4.58 / 18.2.26 /
19.4.48 / 20.1.45

58 인버터 출력회로 절연저항 측정방법 중 틀린 것은?

① 태양전지 회로를 접속함에서 분리한다.
② 절연변압기가 별도로 설치된 경우에는 이를 분리하여 측정한다.
③ 직류측의 전체 입력단자 및 교류측의 전체 출력 단자를 각각 단락한다.
④ 인버터의 입 · 출력 단자를 단락하여 출력단자와 대지간의 절연저항을 측정한다.

해설 인버터의 절연저항 측정
(1) 출력회로
① 태양전지회로를 접속함에서 분리한다.
② 분전반 내의 분기회로 차단기를 개방한다.
③ 인버터의 교류측 회로를 분전반 차단기에서 분리하여 분전반까지의 전로를 포함하여 측정한다.
④ 인버터의 입 · 출력 단자를 단락하고, 출력단자와 대지 간을 절연저항계(Megger)로 측정한다.

(2) 기타 주의사항
① 정격전압이 입출력과 다를 때는 높은 측의 전압을 절연저항계의 선택기준으로 한다.
② 입출력 단자에 주회로 이외의 제어단자 등이 있는 경우는 이것을 포함해서 측정한다.
③ 서지업서버 등의 정격에 약한 회로들은 회로에서 분리하여 측정한다.
④ 절연변압기가 별도로 설치된 경우에는 이를 포함하

여 측정한다.
⑤ 절연변압기를 장착하지 않은 인버터는 제조사 추천 방식으로 측정한다.

13.4.70 / 16.2.41 / 16.4.74 / 17.4.59 / 21.4.41

59 사업계획서 작성 시 사업계획의 개요에 포함되어야 될 사항으로 틀린 것은?

① 소유부지면적
② 전기설비의 명칭
③ 사업개시 예정일
④ 전기설비의 작업자 수

해설 사업계획에 포함되어야 할 사항
① 사업 구분
② 사업계획 개요(사업자명, 전기설비의 명칭 및 위치, 발전형식 및 연료, 설비용량, 소요부지면적, 준비기간, 사업개시 예정일 및 운영기간을 포함한다)
③ 전기설비 개요
④ 전기설비 건설 계획(구체적인 주요공정 추진 일정 및 건설인력 관련 계획을 포함한다)
⑤ 전기설비 운영 계획(기술 인력의 확보 계획을 포함한다)
⑥ 부지의 확보 및 배치 계획[석탄을 이용한 화력발전의 경우 회(灰)처리장에 관한 사항을 포함한다]
⑦ 전력계통의 연계 계획(발전사업 및 구역전기사업의 경우만 해당한다)
⑧ 연료 및 용수 확보 계획(발전사업 및 구역전기사업의 경우만 해당한다)
⑨ 온실가스 감축계획(화력발전의 경우만 해당한다)
⑩ 소요금액 및 재원조달계획(「전기사업회계규칙」의 계정과목 분류에 따른 공사비 개괄 계산서를 포함한다)
⑪ 사업개시 예정일부터 5년간 연도별·용도별 공급계획 (전기판매사업 및 구역전기사업의 경우에만 해당한다)

15.4.44 / 17.2.49 / 17.4.60 / 18.4.56 / 20.1.56 / 21.2.56

60 태양광발전시스템 성능평가를 위한 신뢰성 평가·분석항목 중 트러블에 관한 연결이 틀린 것은?

① 계측 트러블 – ELB 트립
② 시스템 트러블 – 계통지락
③ 시스템 트러블 – 인버터정지
④ 계측 트러블 – 컴퓨터 전원의 차단

해설 태양광 발전 시스템의 신뢰성 평가 및 분석 항목과 내용
1) 트러블
① 시스템 트러블 : 인버터 운전 정지, 직류 지락, ELB 트립, 계통 지락, 원인불명 등에 의한 태양광 발전 시스템 운전 정지 등
② 계측 트러블 : 컴퓨터 전원의 차단, 프리즈, 컴퓨터의 조작 오류 등

2) 태양광 발전 시스템의 정상 운전 데이터의 결측 사항 등

3) 태양광 발전 시스템의 계획 정지 : 개수 정전, 계통 정전 등

17.4.61

61 전기설비기술기준의 판단기준에서 특고압 가공전선로의 지지물로 사용하는 철탑의 종류별 시공방법이 틀린 것은?

① 인류형을 전가섭선을 인류하는 곳에 설치
② 보강형을 전선로의 직선부분에 그 보강을 위하여 설치
③ 내장형을 전선로의 지지물 양쪽의 경간의 차가 큰 곳에 설치
④ 직선형을 전선로의 5도 이하인 수평 각도를 이루는 곳에 설치

해설 특고압 가공전선로의 철주·철근 콘크리트주 또는 철탑의 종류(판단기준 제114조)
① 직선형 : 전선로의 직선부분(3도 이하인 수평 각도를 이루는 곳을 포함한다)에 사용하는 것 다만, 내장형 및 보강형에 속하는 것을 제외한다.
② 각도형 : 전선로중 3도를 초과하는 수평 각도를 이루는 곳에 사용하는 것
③ 인류형 : 전가섭선을 인류하는 곳에 사용하는 것
④ 내장형 : 전선로의 지지물 양쪽의 경간의 차가 큰 곳에 사용하는 것
⑤ 보강형 : 전선로의 직선부분에 그 보강을 위하여 사용하는 것

62 KEC 한국전기설비규정의 변경으로 삭제됨

정답 59.④ 60.① 61.④ 62.

17.4.63 / 20.1.74 / 21.1.67

63 에너지·자원의 투입과 온실가스 및 오염물질의 발생을 최소화하는 제품은?

① 녹색제품
② 온실가스 제품
③ 에너지자원 제품
④ 오염물질의 제품

해설 정의(녹색성장법 제2조)
① 녹색제품: 에너지·자원의 투입과 온실가스 및 오염물질의 발생을 최소화하는 제품
② 자원순환: 환경정책상의 목적을 달성하기 위하여 필요한 범위 안에서 폐기물의 발생을 억제하고 발생된 폐기물을 적정하게 재활용 또는 처리하는 등 자원의 순환과정을 환경친화적으로 이용·관리하는 것
③ 녹색생활: 기후변화의 심각성을 인식하고 일상생활에서 에너지를 절약하여 온실가스와 오염물질의 발생을 최소화하는 생활
④ 온실가스: 이산화탄소(CO_2), 메탄(CH_4), 아산화질소(N_2O), 수소불화탄소(HFCs), 과불화탄소(PFCs), 육불화황(SF_6) 및 그밖에 대통령령으로 정하는 것으로 적외선 복사열을 흡수하거나 재방출하여 온실효과를 유발하는 대기 중의 가스 상태의 물질
⑤ 에너지 자립도: 국내 총소비에너지량에 대하여 신·재생에너지 등 국내 생산에너지량 및 우리나라가 국외에서 개발(지분 취득을 포함한다)한 에너지양을 합한 양이 차지하는 비율

14.4.64 / 15.2.67 / 16.2.71 / 16.4.78 / 17.2.61 / 17.2.69 / 17.4.64 / 18.1.66 / 19.1.73 / 19.2.79 / 19.4.65 / 20.1.61 / 20.1.71 / 21.1.68

64 대통령령으로 정하는 규모 이하의 발전설비를 갖추고 특정한 공급구역의 수요에 맞추어 전기를 생산하여 전력시장을 통하지 아니하고 그 공급구역의 전기사용자에게 공급하는 것을 주된 목적으로 하는 사업은?

① 발전사업   ② 송전사업
③ 배전사업   ④ 구역전기사업

해설 전기사업법의 정의(전기사업법 제2조)
① 전기사업: 발전사업·송전사업·배전사업·전기판매사업 및 구역전기사업
② 발전사업: 전기를 생산하여 이를 전력시장을 통하여 전기판매사업 자에게 공급하는 것을 주된 목적으로 하는 사업
③ 송전사업: 발전소에서 생산된 전기를 배전사업자에게 송전하는 데 필요한 전기설비를 설치·관리하는 것을 주된 목적으로 하는 사업
④ 배전사업: 발전소로부터 송전된 전기를 전기사용자에게 배전하는 데 필요한 전기설비를 설치·운용하는 것을 주된 목적으로 하는 사업
⑤ 구역전기사업: 대통령령으로 정하는 규모 이하의 발전설비를 갖추고 특정한 공급구역의 수요에 맞추어 전기를 생산하여 전력시장을 통하지 아니하고 그 공급구역의 전기사용자에게 공급하는 것을 주된 목적으로 하는 사업

13.4.73 / 15.4.67 / 16.2.42 / 16.4.68 / 16.4.70 / 17.4.65 / 18.1.74 / 18.4.24 / 18.4.63 / 19.4.38 / 20.1.65 / 20.1.79 / 20.3.66 / 21.1.71 / 21.2.27 / 21.4.37 / 21.4.68

65 전기공사 기술자로 인정을 받으려는 사람은 누구에게 신청하여야 하는가?

① 고용노동부장관
② 기획재정부장관
③ 국토교통부장관
④ 산업통상자원부장관

해설 전기공사기술자의 인정, 정의(전기공사업법 제17조의 2, 제2조)
1) 전기공사기술자로 인정을 받으려는 사람은 산업통상자원부장관에게 신청하여야 한다.
2) 산업통상자원부장관은 신청인이 다음에 해당하면 전기공사기술자로 인정하여야 한다.
① 국가기술자격법에 따른 전기 분야의 기술자격을 취득한 사람
② 일정한 학력과 전기 분야에 관한 경력을 가진 사람
3) 산업통상자원부장관은 신청인을 전기공사기술자로 인정하면 전기공사기술자의 등급 및 경력 등에 관한 증명서를 해당 전기공사기술자에게 발급하여야 한다.
4) 신청절차와 기술자격·학력·경력의 기준 및 범위 등은 대통령령으로 정한다.

13.4.76 / 15.2.25 / 16.4.73 / 17.4.66 / 17.4.67 / 18.1.24 / 18.1.75 / 19.1.62 / 19.2.78 / 19.4.67 / 20.3.73 / 21.1.63 / 21.1.76 / 21.4.70

66 신·재생에너지법에 거짓이나 부정한 방법으로 공급인증서를 발급받은 자와 그 사실을 알면서 공급인증서를 발급한 자는 몇 년 이하의 징역 또는 얼마 이하의 벌금에 처하는가?

① 2년 이하의 징역 또는 3천만원 이하의 벌금
② 2년 이하의 징역 또는 5천만원 이하의 벌금
③ 3년 이하의 징역 또는 3천만원 이하의 벌금
④ 3년 이하의 징역 또는 5천만원 이하의 벌금

해설 벌칙(신재생에너지법 제34조)
① 거짓이나 부정한 방법으로 발전차액을 지원받은 자와 그 사실을 알면서 발전차액을 지급한 자는 3년 이하의 징역 또는 지원받은 금액의 3배 이하에 상당하는 벌금에 처한다.
② 거짓이나 부정한 방법으로 공급인증서를 발급받은 자와 그 사실을 알면서 공급인증서를 발급한 자는 3년 이하의 징역 또는 3천만원 이하의 벌금에 처한다.
③ 공급인증기관이 개설한 거래시장 외에서 공급인증서를 거래한 자는 2년 이하의 징역 또는 2천만원 이하의 벌금에 처한다.
④ 법인의 대표자나 법인 또는 개인의 대리인, 사용인, 그 밖의 종업원이 그 법인 또는 개인의 업무에 관하여 ①~③까지의 어느 하나에 해당하는 위반행위를 하면 그 행위자를 벌하는 외에 그 법인 또는 개인에게도 해당 조문의 벌금형을 과한다. 다만, 법인 또는 개인이 그 위반행위를 방지하기 위하여 해당 업무에 관하여 상당한 주의와 감독을 게을리하지 아니한 경우에는 그렇지 않다.

17.4.67

67 신·재생에너지 공급인증서의 유효기간은 발급받은 날부터 몇 년으로 하는가?

① 1   ② 3   ③ 5   ④ 10

해설 신·재생에너지 공급인증서 등
1) 신·재생에너지를 이용하여 에너지를 공급한 자는 산업통상자원부장관이 신·재생에너지를 이용한 에너지 공급의 증명 등을 위하여 지정하는 기관으로부터 그 공급 사실을 증명하는 인증서를 발급받을 수 있다. 다만, 발전차액을 지원받은 신·재생에너지 공급자에 대한 공급인증서는 국가에 대하여 발급한다.

2) 공급인증서를 발급받으려는 자는 공급인증기관에 대통령령으로 정하는 바에 따라 공급인증서의 발급을 신청하여야 한다.

3) 공급인증기관은 신청을 받은 경우에는 신·재생에너지의 종류별 공급량 및 공급기간 등을 확인한 후 다음의 기재사항을 포함한 공급인증서를 발급하여야 한다. 이 경우 균형 있는 이용·보급과 기술개발 촉진 등이 필요한 신·재생에너지에 대하여는 대통령령으로 정하는 바에 따라 실제 공급량에 가중치를 곱한 양을 공급량으로 하는 공급인증서를 발급할 수 있다.
① 신·재생에너지 공급자
② 신·재생에너지의 종류별 공급량 및 공급기간
③ 유효기간

4) 공급인증서의 유효기간은 발급받은 날부터 3년으로 하되, 공급의무자가 구매하여 의무공급량에 충당하거나 발급받아 산업통상자원부장관에게 제출한 공급인증서는 그 효력을 상실한다. 이 경우 유효기간이 지나거나 효력을 상실한 해당 공급인증서는 폐기하여야 한다.

5) 공급인증서를 발급받은 자는 그 공급인증서를 거래하려면 공급인증서 발급 및 거래시장 운영에 관한 규칙으로 정하는 바에 따라 공급인증기관이 개설한 거래시장에서 거래하여야 한다.

6) 산업통상자원부장관은 다른 신·재생에너지와의 형평을 고려하여 공급인증서가 일정 규모 이상의 수력을 이용하여 에너지를 공급하고 발급된 경우 등 산업통상자원부령으로 정하는 사유에 해당할 때에는 거래시장에서 해당 공급인증서가 거래될 수 없도록 할 수 있다.

7) 산업통상자원부장관은 거래시장의 수급조절과 가격 안정화를 위하여 대통령령으로 정하는 바에 따라 국가에 대하여 발급된 공급인증서를 거래할 수 있다. 이 경우 산업통상자원부장관은 공급의무자의 의무공급량, 의무이행실적 및 거래시장 가격 등을 고려하여야 한다.

정답 66. ③ 67. ②

8) 신·재생에너지 공급자가 신·재생에너지 설비에 대한 지원 등 대통령령으로 정하는 정부의 지원을 받은 경우에는 대통령령으로 정하는 바에 따라 공급인증서의 발급을 제한할 수 있다.

17.4.68 / 21.2.67

68 신에너지 및 재생에너지 개발·이용·보급 촉진법의 제정 목적으로 틀린 것은?

① 에너지원의 단일화
② 온실가스 배출의 감소
③ 에너지의 안정적인 공급
④ 에너지 구조의 환경친화적 전환

해설 목적(신재생에너지법 제1조)
① 신에너지 및 재생에너지의 기술개발 및 이용·보급 촉진
② 신에너지 및 재생에너지 산업의 활성화를 통하여 에너지원을 다양화
③ 에너지의 안정적인 공급
④ 에너지 구조의 환경친화적 전환
⑤ 온실가스 배출의 감소를 추진함으로써 환경의 보전, 국가경제의 건전하고 지속적인 발전 및 국민복지의 증진에 이바지함

69 KEC 한국전기설비규정의 변경으로 삭제됨

13.4.64 / 14.4.65 / 14.4.77 / 15.4.71 / 17.1.8 / 17.2.75 / 17.4.70 / 18.4.67 / 19.2.70 / 19.2.72 / 20.1.64

70 햇빛·물·지열(地熱)·강수(降水)·생물유기체 등을 포함하는 재생 가능한 에너지를 변환시켜 이용하는 에너지에 해당하지 않는 것은?

① 해양에너지   ② 지열에너지
③ 수소에너지   ④ 태양에너지

해설 신·재생에너지의 정의(신재생에너지법 제2조)
1) 신에너지: 기존의 화석연료를 변환시켜 이용하거나 수소·산소 등의 화학 반응을 통하여 전기 또는 열을 이용하는 에너지
① 수소에너지
② 연료전지
③ 석탄을 액화·가스화한 에너지 및 중질잔사유을 가스화

2) 재생에너지: 햇빛·물·지열·강수·생물유기체 등을 포함하는 재생 가능한 에너지를 변환시켜 이용하는 에너지
① 태양에너지
② 풍력
③ 수력
④ 해양에너지
⑤ 지열에너지
⑥ 생물자원을 변환시켜 이용하는 바이오에너지
⑦ 폐기물에너지(비재생폐기물로부터 생산된 것은 제외한다)

14.4.78 / 15.2.3 / 15.4.10 / 16.2.70 / 17.2.64 / 17.4.71 / 18.1.67 / 18.4.69 / 19.1.71 / 21.1.4

71 온실가스에 해당되지 않는 것은?

① 메탄(CH_4)
② 일산화탄소(CO)
③ 아산화질소(N_2O)
④ 수소불화탄소(HFCs)

해설 온실가스 및 온실효과
1) 온실가스의 정의(녹색성장법 제2조)
이산화탄소(CO_2), 메탄(CH_4), 아산화질소(N_2O), 수소불화탄소(HFCs), 과불화탄소(PFCs), 육불화황(SF_6) 및 그밖에 대통령령으로 정하는 것으로 적외선 복사열을 흡수하거나 재방출하여 온실효과를 유발하는 대기 중의 가스 상태의 물질

2) 온실효과

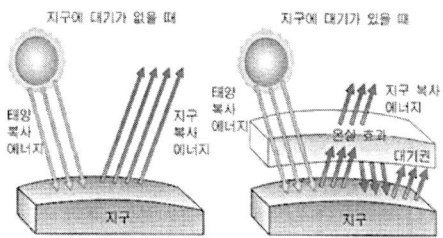

지구는 태양에서 에너지를 받은 후 다시 에너지를 방출하여, 복사평형을 유지하지 못하고, 태양의 열이 지구로 들어와서 나가지 못하고 순환되는 현상으로 화석연료 연소를 포함한 인간 활동 때문에 발생된다.

정답 68. ① 69. 70. ③ 71. ②

16.4.62 / 16.4.72 / 17.1.76 / 17.4.72 / 18.1.77 / 20.1.63 /
20.3.64 / 20.3.77 / 20.4.69

72 신·재생에너지 연료 혼합의무 불이행에 대한 과징금의 통지를 받은 자는 통지를 받은 날부터 며칠 이내에 과징금을 산업통상자원부장관이 정하는 수납기관에 내야 하는가?

① 30 ② 60 ③ 90 ④ 120

해설 과징금의 부과 및 납부(신재생에너지법 시행령 제18조의6)

① 산업통상자원부장관은 과징금을 부과하기 위하여 과징금 부과 통지를 할 때에는 공급 불이행분과 과징금의 금액을 분명하게 적은 문서로 하여야 한다.
② ①에 따라 통지를 받은 자는 통지를 받은 날부터 30일 이내에 과징금을 산업통상자원부장관이 정하는 수납기관에 내야 한다. 다만, 천재지변이나 그 밖의 부득이한 사유로 그 기간에 과징금을 낼 수 없을 때에는 그 사유가 해소된 날부터 7일 이내에 내야 한다.
③ ②에 따라 과징금을 받은 수납기관은 과징금을 낸 자에게 영수증을 내주어야 한다.
④ 과징금의 수납기관은 ②에 따라 과징금을 받았을 때에는 지체 없이 그 사실을 산업통상자원부장관에게 통보하여야 한다.
⑤ 과징금은 분할하여 낼 수 없다.

73 KEC 한국전기설비규정의 변경으로 삭제됨

17.4.74

74 전기사업법에서 산업통상자원부장관은 대통령령으로 정하는 바에 따라 매년 몇 회 이상 전기안전관리업무에 대한 실태조사를 실시하여야 하는가?

① 1 ② 2
③ 3 ④ 4

해설 전기안전관리업무에 대한 실태조사 등(전기사업법 제73조의8)

① 산업통상자원부장관은 대통령령으로 정하는 바에 따라 매년 1회 이상 전기안전관리업무에 대한 실태조사를 실시하여야 한다.
② 산업통상자원부장관은 실태조사 결과 전기설비의 안전관리에 필요하다고 인정될 때에는 전기설비의 소유자 또는 점유자에게 전기설비의 안전관리에 관하여 개선을 권고하거나 시정을 명할 수 있다.

15.4.32 / 17.4.75 / 18.4.68 / 19.1.24 / 20.3.29 /
20.3.35 / 21.4.78

75 전기설비기술기준의 판단기준에서 저압 옥내배선을 금속관공사로 시공할 때 그 방법이 틀린 것은?

① 금속관내에서 전선은 접속점을 만들어서는 안된다.
② 금속관 배선은 절연전선(옥외용 비닐절연전선을 제외)을 사용해야 한다.
③ 교류회로는 1회로의 전선 전부를 동일 관내에 넣는 것을 원칙으로 한다.
④ 금속관을 콘크리트에 매설하는 경우 관의 두께는 1.0[mm] 이상을 사용해야 한다.

해설 금속관배선의 시설조건

1) 전선은 절연전선(옥외용 비닐절연전선을 제외한다)일 것
2) 전선은 연선일 것 다만, 다음의 것은 적용하지 않는다.
① 짧고 가는 금속관에 넣은 것
② 단면적 10[mm^2](알루미늄선은 단면적 16[mm^2]) 이하의 것
3) 전선은 금속관 안에서 접속점이 없도록 할 것
4) 관의 두께는 다음에 의할 것
① 콘크리트에 매설하는 것은 1.2[mm] 이상
② ①이외의 것은 1[mm] 이상. 다만, 이음매가 없는 길이 4[m]이하인 것을 건조하고 전개된 곳에 시설하는 경우에는 0.5[mm]까지로 감할 수 있다.

정답 72. ① 73. 74. ① 75. ④

15.2.75 / 15.4.65 / 15.4.74 / 17.1.62 / 17.2.63 / 17.4.1 / 17.4.3 / 17.4.76 / 18.1.8 / 18.2.72 / 19.4.15 / 20.1.18 / 20.1.72 / 20.1.77 / 21.1.6 / 21.2.12

76 태양의 빛에너지를 변환시켜 전기를 생산하거나 채광(採光)에 이용하는 설비는?

① 풍력설비　② 지열설비
③ 태양열설비　④ 태양광설비

해설 신·재생에너지 설비(신재생에너지법 시행규칙 제2조)

① 연료전지 설비 : 수소와 산소의 전기화학 반응을 통하여 전기 또는 열을 생산하는 설비
② 태양열 설비 : 태양의 열에너지를 변환시켜 생산하거나 에너지원으로 이용하는 설비
③ 태양광 설비 : 태양의 빛에너지를 변환시켜 생산하거나 채광(採光)에 이용하는 설비
④ 수력 설비 : 물의 유동(流動) 에너지를 변환시켜 전기를 생산하는 설비
⑤ 해양에너지 설비 : 해양의 조수, 파도, 해류, 온도차 등을 변환시켜 전기 또는 열을 생산하는 설비
⑥ 지열에너지 설비 : 물, 지하수 및 지하의 열 등의 온도차를 변환시켜 에너지를 생산하는 설비
⑦ 폐기물에너지 설비 : 폐기물을 변환시켜 연료 및 에너지를 생산하는 설비
⑧ 수열에너지 설비 : 물의 열을 변환시켜 에너지를 생산하는 설비
⑨ 전력저장 설비 : 신에너지 및 재생에너지를 이용하여 전기를 생산하는 설비와 연계된 전력저장 설비

13.4.71 / 14.4.73 / 15.4.72 / 16.2.64 / 17.4.77 / 19.1.77

77 전기설비기술기준에서 전압을 구분하는 경우 고압에서 직류의 범위로 옳은 것은?

① 1000V 이상 7000V 이하
② 1000V 초과 7000V 이하
③ 1500V 초과 7000V 이하
④ 1500V 이상 7000V 이하

해설 전압의 종별(전기사업법 시행규칙 제2조)

구분	내 용
저압	DC 1500[V] 이하
	AC 1000[V] 이하
고압	DC 1500[V] 초과 7000[V] 이하
	AC 1000[V] 초과 7000[V] 이하
특고압	7000[V] 초과

13.4.66 / 14.4.75 / 15.2.72 / 15.2.76 / 16.4.67 / 17.1.73 / 17.2.70 / 17.4.78 / 18.1.73 / 18.2.64 / 18.4.75 / 18.4.80 / 19.1.64 / 19.2.62 / 20.3.80

78 전기설비기술기준의 판단기준에서 발전기, 전동기 등 회전기의 절연내력은 규정된 시험전압을 권선과 대지 사이에 연속하여 몇 분간 가하여 견디어야 하는가?

① 5분　② 10분　③ 15분　④ 20분

해설 회전기 및 정류기의 절연내력(판단기준 제14조)

회전기 및 정류기는 표에서 정한 시험방법으로 절연내력을 시험하였을 때에 이에 견디어야 한다. 다만, 회전변류기 이외의 교류의 회전기로 표에서 정한 시험전압의 1.6배의 직류전압으로 절연내력을 시험하였을 때 이에 견디는 것을 시설하는 경우에는 그러하지 않다.

종류		시험 전압	시험방법
회전기	발전기·전동기·조상기·기타회전기(회전변류기를 제외한다)	최대사용전압 7kV 이하	최대사용전압의 1.5배의 전압(500 V 미만으로 되는 경우에는 500 V)	권선과 대지 사이에 연속하여 10분간 가한다.
		최대사용전압 7kV 초과	최대사용전압의 1.25배의 전압(10,500 V 미만으로 되는 경우에는 10,500V)	
	회전변류기		직류측의 최대사용전압의 1배의 교류전압(500V 미만으로 되는 경우에는 500V)	
정류기	최대사용전압이 60kV 이하		직류측의 최대사용전압의 1배의 교류전압(500V 미만으로 되는 경우에는 500V)	충전부분과 외함 간에 연속하여 10분간 가한다.
	최대사용전압 60kV 초과		교류측의 최대사용전압의 1.1배의 교류전압 또는 직류측의 최대사용전압의 1.1배의 직류전압	교류측 및 직류고전압측단자와 대지 사이에 연속하여 10분간 가한다.

정답 76.④ 77.③ 78.②

13.4.79 / 17.4.79 / 18.1.79

79 전기사업자 및 한국전력거래소가 측정기준·측정방법 및 보존방법 등을 정하여 산업통상자원부장관에게 제출하여야 하는 대상은?

① 전류 및 전압
② 전력 및 역률
③ 역률 및 주파수
④ 전압 및 주파수

해설 전압 및 주파수의 측정(전기사업법 시행규칙 제19조)
(1) 전기사업자 및 한국전력거래소는 다음의 사항을 매년 1회 이상 측정하여야 하며 측정 결과를 3년간 보존하여야 한다.
 ① 발전사업자 및 송전사업자의 경우에는 전압 및 주파수
 ② 배전사업자 및 전기판매사업자의 경우에는 전압
 ③ 한국전력거래소의 경우에는 주파수

(2) 전기사업자 및 한국전력거래소는 (1)항에 따른 전압 및 주파수의 측정기준·측정방법 및 보존방법 등을 정하여 산업통상자원부장관에게 제출하여야 한다.

17.4.80 / 18.1.72

80 전기설비기술기준의 판단기준에서 사용전압이 저압인 전로에서 정전이 어려운 경우 등 절연저항 측정이 곤란한 경우에는 누설전류를 몇 [mA] 이하로 유지해야 하는가?

① 1   ② 2
③ 5   ④ 10

해설 전로의 절연저항 및 절연내력(판단기준 제13조)
사용전압이 저압인 전로에서 정전이 어려운 경우 등 절연저항 측정이 곤란한 경우에는 누설전류를 1[mA] 이하로 유지하여야 한다.

정답 79. ④ 80. ①

2016년 기출문제

2016 제2회 기출문제

16.2.1 / 17.2.19 / 17.4.17 / 18.1.18 / 19.4.13 / 19.2.11 / 21.1.18

01 박막 실리콘 태양전지 설명 중 틀린 것은?

① 실리콘의 사용량이 적어 저렴하다.
② 재료는 인듐을 사용한다.
③ 아몰퍼스 실리콘 박막을 적층한 방식이다.
④ 텐덤형 실리콘 태양전지 변화효율은 12[%]정도이다.

해설 박막형 태양전지

① 유리, 스테인리스 스틸, 플라스틱 등 저가의 기판에 얇은 막 형태의 박막을 형성하는 구조로, 기판위에 형성되는 막의 원료에 따라 비정질 실리콘 태양전지, CdTe, CIGS 박막, a-Si, 염료감응형 태양전지, 유기 태양전지로 구분된다.
② 실리콘 사용량이 적어 저렴하나 제조공정이 복잡하고 에너지 효율이 낮아 결정질 태양전지와 동일한 출력을 내기 위해서는 대면적의 모듈이 필요하다.
③ 결정질 실리콘 태양전지의 두께는 200~300[μm], 박막형 실리콘 태양전지의 두께는 0.3~2[μm]로서 상당히 얇게 제작할 수 있다.
④ 불순물 첨가 (도핑)에 의한 전기 전도도 제어가 쉽지 않으며, 이 경우 p-형보다는 In 등의 첨가 및 열처리에 의하여 n-형 쪽으로 제어하는 것이 보다 쉬운 것으로 알려져 있다.
⑤ 적은 온도계수로 온도에 따른 효율 감소가 적으며, 빛의 강도 변화에 대한 안정성으로 흐린 날, 겨울, 음지에서도 안정적이다.
⑥ 각국 정부의 태양광발전에 대한 관심과 지원이 폭발적으로 증대되면서 폴리실리콘의 양산규모 증대는 벌크형 실리콘 태양전지의 가격 하락을 이끌었고, 차세대 태양전지였던 빅막 대양전지는 목표로 했던 가격에 도달했음에도 불구하고 가격적으로는 경쟁력이 없는 결과에 있다.

16.2.2

02 태양전지의 효율은 설치된 출력의 실제적 이용 상태를 말하는 것으로, 실제 100[W]의 일사량에서 효율이 15[%], 태양전지의 출력이 15[W]이면 변환 효율은 몇 [%]가 되는가?

① 10 ② 15 ③ 20 ④ 30

해설 변환효율(η)

$$\eta = \frac{출력}{입력} \times 100 = \frac{15}{100} \times 100 = 15[\%]$$

16.2.3 / 19.2.6 / 21.2.9

03 최대눈금이 50[V]인 직류전압계가 있다. 이 전압계를 사용하여 150[V]의 전압을 측정하려면 배율기의 저항은 몇 [Ω]을 사용하면 되는가? (단, 전압계의 내부저항은 5000[Ω]이다.)

① 1000 ② 2500
③ 5000 ④ 10000

해설 배율기(multiplier)

전압계에 직렬로 접속해서 전압의 측정범위를 넓히기 위해 사용되는 저항기이다.

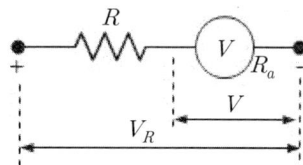

V_R : 측정하고자 하는 전압
V : 전압계로 유입되는 전압
R_a : 전압계 내부저항
R : 배율기의 저항

$$V_R = \frac{R_a + R}{R_a} \cdot V \ [V]$$

배율기의 배율$(m) = \frac{V}{V_R} = \frac{R_a + R}{R_a}$

$$= 1 + \frac{R}{R_a}$$

$$= \frac{150}{50} = 3$$

∴ $R = (m-1)R_a = (3-1) \cdot 5000$
$= 10,000 \ [\Omega]$

정답 1. ② 2. ② 3. ④

13.4.3 / 16.2.4 / 16.4.10 / 17.1.4 / 19.1.7 / 19.2.12 / 20.4.5 / 20.4.12

04 뇌 서지 등의 피해로부터 태양광발전시스템을 보호하기 위한 대책으로 적절하지 않은 것은?

① 피뢰소자를 어레이 주회로 내부에 분산시켜 설치하고 접속함에도 설치한다.
② 저압배전선에서 침입하는 뇌서지에 대해서는 분전반에 피뢰소자를 설치한다.
③ 피뢰소자의 접지측 배선은 되도록 길게 유지하면서 설치한다.
④ 뇌우 다발지역에서는 교류 전원 측으로 내뢰트랜스를 설치한다.

해설 PV 시스템을 보호하기 위한 대책
① 피뢰소자를 어레이 주회로 내에 분산시켜 설치함과 동시에 접속함에도 설치한다.
② 뇌 서지가 내부로 침입하지 못하도록 피뢰소자를 설비인입구에서 가까운 장소에 설치한다.
③ 뇌우의 발생지역에서는 교류전원 측에 내뢰 트랜스를 설치한다.
④ 저압 배전선으로부터 침입하는 뇌서지에 대해서는 분전반에 피뢰소자를 설치한다.
⑤ 접속함 및 분전반 안에 설치하는 피뢰소자는 방전내량이 큰 것을 선정한다.
⑥ 피뢰소자의 접지측 배선은 되도록 짧게 유지하면서 설치한다.

16.2.5

05 태양전지에 입사되는 빛을 최대로 흡수함으로써 효율을 증가시킬 수 있다. 이를 위한 광학적 손실을 줄이는 대책으로 틀린 것은?

① 표면 조직화
② 웨이퍼 두께 감소
③ 전극 면적 최소화
④ 표면 반사방지 코팅

해설 광학적 손실을 줄이는 대책
광학적 손실은 광소자의 성능을 낮추는 주된 요인이다.
① 표면조직화(Surface texturing)

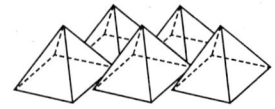

표면 조직화된 결정 실리콘 태양전지의 표면을 형성하는 사각면 피라미드
폴리싱(Polishing) 작업과 세정 작업을 마친 웨이퍼의 표면 반사도는 약 30%정도가 된다. 그러나 태양전지는 반사가 적으면 적을수록 좋으므로 빛을 많이 흡수할 수 있도록 하는 공정이다.
표면 반사 손실을 줄이고 빛을 가두어 광 흡수율을 높이기 위한 목적으로 태양전지의 표면에 피라미드 구조형상을 만들거나, 다공성 요철을 두어 입사한 빛이 반사되어 손실이 되지 않도록 하는 구조를 만드는 공정이다.
② 전극 면적 최소화
단결정 실리콘 태양전지의 스크린 인쇄법은 접촉저항이 커서 효율을 향상시키는데 한계가 있으나, BCSC (buried contact solar cell)는 스크린 인쇄법에 의해 전극을 형성시키는 기존 태양전지의 문제점을 극복하고, 전극 면적을 5% 이하로 줄여서 접촉저항을 작게 할 수 있고 박막 태양전지의 경우 면적이 커지면 면저항의 증가로 인하여 효율이 감소된다.
③ 반사 방지막 (Anti-reflective coating, ARC))
굴절률이 다른 두 매체 사이의 계면을 태양광이 통과할 때 일부는 표면으로부터 반사되어 반대 방향으로 진행되기 때문에 가시광선 영역의 파장 대역에서 반사율을 최소로 낮추어 투과성능을 높이고 태양전지의 표면반사를 적게 해서 반사로 인한 산란광을 제거하기 위해 사용된다.

13.4.6 / 13.4.47 / 14.4.43 / 14.4.57 / 15.2.16 / 15.2.46 / 15.2.56 / 15.4.5 / 16.2.6 / 16.2.7 / 17.1.7 / 18.4.4 / 18.4.46 / 19.4.8 / 20.1.9 / 21.1.11 / 21.2.17 / 21.2.43

06 실리콘 태양전지 중 변환 효율이 가장 높은 것은?

① 단결정 Si   ② 다결정 Si
③ 박막 Si   ④ 아몰퍼스 Si

해설 단결정 si 효율이 가장 높다.
단결정 Si > 다결정 Si > 박막 Si > 아몰퍼스 Si

13.4.6 / 13.4.47 / 14.4.43 / 14.4.57 / 15.2.16 / 15.2.46 / 15.2.56 / 15.4.5 / 16.2.6 / 16.2.7 / 17.1.7 / 18.4.4 / 18.4.46 / 19.4.8 / 20.1.9 / 21.1.11 / 21.2.17 / 21.2.43

07 태양전지를 재료에 의하여 분류한 것으로 틀린 것은?

① 유기물 ② 화합물
③ 염료감응형 ④ 잉곳/웨이퍼

해설

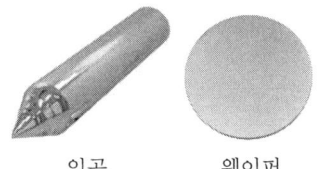

잉곳   웨이퍼

① 잉곳(Ingot) : 고온에서 녹인 실리콘으로 만든 실리콘 기둥
② 웨이퍼(Wafer) : 반도체 집적회로의 핵심 재료이며, 실리콘(Si), 갈륨 아세나이드(GaAs) 등을 성장시켜 얻은 단결정 잉곳(Ingot)을 적당한 지름으로 얇게 썬 원판모양의 판

16.2.8 / 16.2.40 / 18.2.10 / 20.4.9 / 21.4.40

08 태양광발전시스템의 발전효율을 극대화하기 위한 시스템은?

① 고정형 시스템 ② 반고정형 시스템
③ 추적형 시스템 ④ 건물일체형 시스템

해설 추적식 구조물의 분류

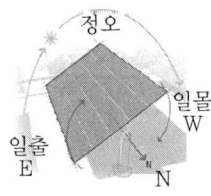
단축(1축) 추적식

양축(2축) 추적식

1) 단축(1축) 추적식
① 어레이는 대지와 수평을 이루며, 남쪽으로의 경사각은 없다.
② 태양의 이동에 따라 해가 뜨는 동쪽에서 해가 지는 서쪽방향으로 추적하는 방식이다.
③ 고정식·가변식보다는 효율이 높고, 양축식보다는 효율이 낮다.
④ 구동장치가 필요하며, 운영 및 유지관리 비용이 소요된다.

2) 양축(2축) 추적식
① 태양의 동서방향을 추적하는 단축 추적식에 추가로 태양의 경사각(계절의 변화)까지 추적하는 방식
② 가장 효과적으로 많은 발전량을 생산할 수 있다.
③ 모듈간 음영발생을 방지하기 위해서는 이격 거리가 많이 필요하다.
④ 양축(2개의 구동장치)을 구동하기 위한 전력이 필요하고, 고장 발생에 따른 유지비용이 소요된다.

16.2.9 / 17.4.6 / 19.1.19 / 20.1.14

09 태양광발전시스템의 축전지 기능을 모두 나타낸 것은?

ㄱ. 발전전력 급변시의 버퍼 역할
ㄴ. 태양전지 출력전압의 안정화
ㄷ. 재해 시 전력의 공급
ㄹ. 전력저장

① ㄱ, ㄴ, ㄷ, ㄹ   ② ㄱ, ㄴ, ㄹ
③ ㄱ, ㄷ, ㄹ   ④ ㄴ, ㄷ, ㄹ

해설 축전지부착 계통연계시스템
축전지가 있는 계통연계시스템은 일반적인 계통연계시스템에 비해 적용범위를 확대할 수 있다.
① 방재 대응형
평상시 계통연계시스템으로 동작하고, 재해시 인버터를 자립운전으로 전환하고 특정 방재 대응부하에 전력을 공급한다.
② 부하 평준화 대응형(피크 시프트형, 야간전력 저장형)
태양전지 출력과 축전지 출력을 병용하여 부하의

정답 7.④ 8.③ 9.①

피크 시에 인버터를 필요한 출력으로 운전하고, 수전전력의 증대를 억제하여 기본전력요금을 절감한다.

③ 계통 안정화 대응형(Buffer)
태양전지와 축전지를 병렬운전하며, 기후 급변 시나 계통부하 급변 시에 축전지를 방전하고, 태양전지 출력이 증대하여 계통전압이 상승하려고 할 때는 축전지를 충전하여 역조류를 감소시키고, 전압이 상승하는 것을 방지한다.

14.4.11 / 15.4.4 / 16.2.10 / 18.2.17 / 20.4.19

10 태양광발전시스템의 특징이 아닌 것은?

① 송전 손실의 증가
② 최대부하전력 절감
③ 에너지의 안정적인 공급
④ 국지적인 전력수요에 대응

해설 태양광발전시스템의 특징
① 햇빛을 직류 전기로 바꾸어 전력을 생산한다.
② 유지 보수가 간편하며, 무공해·무제한의 청정에너지원
③ 최대부하 시간대의 피크 감축
④ 에너지의 안전한 전력 공급
⑤ 국지적인 전력수요에 대응
⑥ 에너지밀도가 낮아 큰 설치면적이 필요하다.
⑦ 초기 투자비가 많이 든다.

16.2.11 / 16.4.32 / 17.1.28 / 20.1.39 / 20.3.6 / 20.3.7 / 21.2.28 / 21.2.31

11. 다음 [보기]에서 태양광 모듈의 설치가 가능한 위치를 모두 나타낸 것은?

| ㄱ. 평면지붕 |
| ㄴ. 벽 |
| ㄷ. 경사지붕 |
| ㄹ. 유리창 |

① ㄱ, ㄴ, ㄷ   ② ㄱ, ㄴ, ㄹ
③ ㄱ, ㄷ, ㄹ   ④ ㄱ, ㄴ, ㄷ, ㄹ

해설 루버형과 톱라이트형
1) 루버(Louver)형
개구부의 블라인드 기능 태양광

2) 톱라이트(Top Light)형

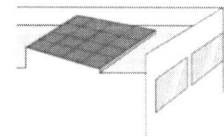

① 지붕에 설치한다.
② 지붕 채광용 톱 라이트 부분의 유리에 맞게 태양전지를 설치하는 형태
③ 톱라이트의 기능으로 실내 채광 및 설치된 셀에 의한 차폐 기능도 있다.
④ 셀을 어떻게 배치하는 가에 따라서 개구율을 바꿀 수 있다.

13.4.4 / 16.2.12 / 16.4.12 / 19.1.13 / 19.4.1 / 21.1.12 / 21.4.7 / 21.4.8

12 역률이 50[%]이고 1상의 임피던스가 60[Ω]인 유도 부하를 △로 결선하고 여기에 병렬로 저항 20[Ω]을 Y결선으로 하여 3상 선간전압 200[V]를 가할 때, 소비전력(W)은?

① 2000   ② 2200
③ 2500   ④ 3000

해설 3상회로의 결선법
1) Y(성형) 결선회로

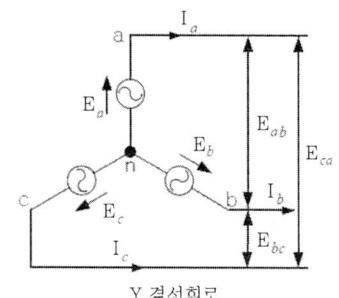

Y 결선회로

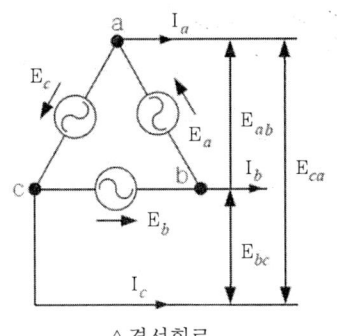

△결선회로

① 상전압 $E_P(E_a,\ E_b,\ E_c)$과 선간전압 $E_l(E_{ab},\ E_{bc},\ E_{ca})$의 관계

$$E_P = \frac{E_l}{\sqrt{3}}$$

② 상전류와 선간전류는 같다.

2) △(삼각) 결선회로
① 상전압과 선간전압은 같다.
② 상전류(I_P)와 선간전류(I_l)의 관계

$$I_P = \frac{I_l}{\sqrt{3}}$$

3) 유도부하의 전력(P_1)

$$P_1 = 3EI\cos\theta = 3 \times 200 \times \frac{200}{60} \times 0.5 = 1,000\,(\text{W})$$

4) 저항부하의 전력(P_2)
선간전압은 저항이 연결된 상전압으로 변경한다.

$$P_1 = 3 \times \frac{E^2}{R} = 3 \times \frac{\left(\frac{200}{\sqrt{3}}\right)^2}{20} = 2,000\,(\text{W})$$

5) 합성전력(P_T)

$$P_T = P_1 + P_2 = 1,000 + 2,000 = 3,000\,(\text{W})$$

16.2.13 / 19.1.17

13. 태양광 모듈의 뒷면 표시 사항에 해당되지 않은 것은?

① 공칭 질량   ② 내진 등급
③ 공칭 단락전류   ④ 내풍압성의 등급

해설 제조 및 사용 표시(KS C 8561:2016)
① 업체명 및 소재지
② 설비명 및 모델명
③ 제품의 주요 사양
 (최대출력, 출력공차, 공칭 중량, 최대전압, 최대전류, 개방전압, 단락전류, 내풍압성 등급 등등)
④ 제조일 및 제조 번호
⑤ 인증부여 번호
⑥ 인증 표지
⑦ 기타 사항

16.2.14

14. 태양전지 모듈의 열 발생 원인으로 틀린 것은?

① 적정하중
② 셀에서 적외선 흡수
③ 모듈의 전기적 동작
④ 모듈 상부표면으로부터의 반사

해설 태양전지 모듈의 열 발생원인
① 셀에서 적외선 흡수
② 모듈의 전기적 동작
③ 내부 회로의 단락
④ 태양전지 부정합(mismatch)
⑤ 핫스팟(HOT Spot)
⑥ 바이패스 다이오드의 고장
⑦ 모듈 상부표면으로부터의 반사

15.2.48 / 15.4.2 / 16.2.15 / 16.4.13 / 18.4.1 / 19.1.4 / 19.1.11 / 20.1.20 / 21.1.1 / 21.1.5

15. 태양전지의 발전원리에 관한 설명으로 틀린 것은?

① 태양전지는 n형 반도체와 p형 반도체를 이어 맞춘 구조이다.
② 빛이 흡수되면 전자는 n형 반도체에, 정공은 p형 반도체에 모인다.
③ n형 반도체는 실리콘 원자 1개의 전자가 부족한 상태를 이용한다.
④ 반도체가 빛을 흡수하면 입자가 생겨 태양전지 내부의 전자를 이동시켜 전기를 발생한다.

정답 13. ② 14. ①

해설 **N형 반도체와 P형 반도체**

① N형 반도체
전하를 옮기는 운반자로써 음의 전하를 가진 자유전자(과잉전자)가 이동하여 전류가 흐르는 것은 자유전자의 밀도가 정공의 밀도보다 크기 때문이며, 결정속의 자유전자 때문에 전도율이 커진다.
N형 반도체는 음의(negative) 전하를 가지는 자유전자가 다수 캐리어인 것으로부터, negative의 머리글자를 취해서 N형 반도체로 불린다.

② P형 반도체
전하를 옮기는 운반자로써 양의 전하를 가진 정공이 이동하여 전류가 흐르는 것은 정공의 밀도가 자유전자의 밀도보다 크기 때문이며, 결정속의 정공 때문에 전도율이 커진다.

16.2.16
16. 태양광발전의 핵심요소기술로서 틀린 것은?

① 회전체 작동기술
② 태양전지 제조기술
③ 전력변환장치(PCS) 기술
④ BOS(Balance of system) 기술

해설 **태양광발전의 핵심요소기술**
조정된 요소기술과 기술·시장 동향분석 및 기업니즈 조사 결과를 기반으로 핵심요소기술 선정위원회를 통하여 중소기업에 적합한 핵심기술 선정
① 태양전지 제조기술
② 전력변환장치(PCS) 기술
③ BOS(Balance of system) 기술
④ 태양광발전시스템의 접속함 및 집전함 기술
⑤ 태양광발전시스템의 계측제어 및 모니터링시스템 개발
⑥ 태양광발전시스템의 최적설계와 모델링 기법
⑦ 고효율 신기술적용 DC-DC 컨버터 기술
※ 회전체 작동기술은 풍력발전의 핵심요소기술

16.2.17 / 16.2.68 / 16.4.16 / 18.1.16 / 18.1.71 / 18.2.6 / 19.2.15 /
19.4.19 / 20.1.75 / 20.3.3 / 20.1.11 / 21.1.13 / 21.2.6

17 인산형 연료전지 발전시스템의 주요 구성기기가 아닌 것은?

① 인버터   ② 축전지
③ 제어장치   ④ 연료전지본체

해설 **연료전지 발전시스템 구성도**

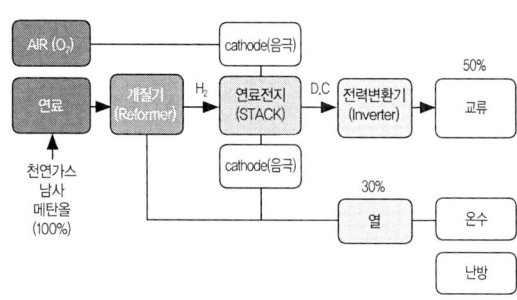

1) 개질기(Fuel Reformer)
화학적으로 수소를 함유하는 일반 연료(LPG, LNG, 메탄, 석탄가스 메탄올 등)로부터 연료전지가 필요로 하는 수소를 많이 포함하는 가스로 변환하는 제어장치

2) 스택(Stack)

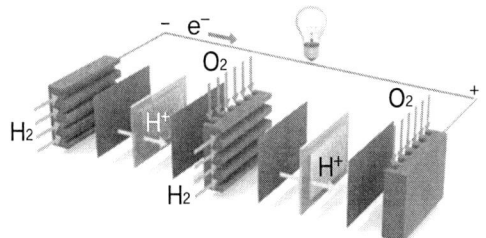

① 연료 개질 장치에서 들어오는 수소와 공기 중의 산소로 직류 전기와 물 및 부산물인 열을 발생시킨다.
② 원하는 전기출력을 얻기 위해 단위전지를 수십장, 수백장 직렬로 쌓아 올린 본체.

3) 전력변환기(Inverter)
연료전지에서 나오는 직류 전원(DC)을 교류 전원(AC)로 변환시키는 장치

4) 주변보조기(BOP: Balance of Plant)
연료, 공기, 열회수 등을 위한 펌프류, Blower, 센서 등

14.4.7 / 16.2.18

18 신재생에너지의 중요성에 관한 내용으로 거리가 먼 것은?

① 기후변화협약 대응
② 발전에너지의 높은 효율
③ 최근 유가의 불안정
④ 화석연료의 고갈문제 해결

해설 신·재생에너지의 중요성

① 최근 유가의 불안정, 기후변화협약 규제 대응 등 신·재생에너지의 중요성이 재인식되면서 에너지공급방식 다양화 필요
② 기후변화 협약은 선진국들이 이산화탄소(CO_2)를 비롯하여 각종 온실 기체의 방출을 제한하고 지구 온난화를 막는 데 주요 목적
③ 기존에너지원 대비 가격경쟁력 확보시 신·재생에너지산업은 미래 산업, 차세대산업으로 급신장 예상
④ 정부는 2030년 재생에너지 비율을 20% 보급한다는 장기적인 목표 하에 신·재생에너지기술개발 및 보급사업 등에 대한 지원 강화

13.4.12 / 16.2.19 / 16.4.2 / 17.2.15 / 19.2.18 / 19.4.16 / 21.2.15 / 21.4.20

19 PN접합 다이오드에 공핍 층이 생기는 경우는?

① (−)전압만 인가할 때 생긴다.
② 전압을 가하지 않을 때 생긴다.
③ 전자와 정공의 확산에 의해 생긴다.
④ 다수 전송파가 많이 모여 있는 순간에 생긴다.

해설 공핍 영역(Depletion region)

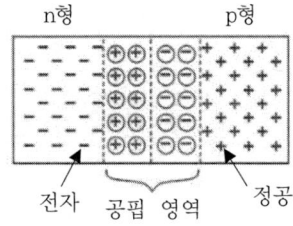

① N형반도체 다수의 반송자는 전자이고 소수의 반송자는 정공이 되어 (−)전기를 띠고 P형반도체에서는 정공이 전자수보다 많아 (+)전기를 띤다.

② N형 영역의 자유전자는 불규칙적으로 움직여 PN접합이 형성되는 순간 N형 영역의 접합 근처에 있던 일부의 자유전자는 접합을 넘어 P형 영역으로 확산(Diffusion)되고 이들 전자는 접합 근처의 정공과 결합한다.
③ PN 접합이 형성되기 전의 N형 물질에는 양자와 같은 수의 많은 전자가 존재해 물질의 극성은 중성상태이며, P형 물질도 동일하게 적용되나 접합이 형성되는 과정에서 N형 영역의 전자들이 접합을 넘어 확산되면서 N형 영역은 자유전자들을 잃게 되어 P영역 접합 부근에 음전하층이 형성되는 공핍층이 만들어진다.
④ 최초 PN접합에서 접합면을 통해 자유전자가 움직이면 공핍영역은 평형상태가 될 때까지 확산되며 평형 상태에서는 더 이상 전자가 이동하지 않아, 공핍층은 전자의 이동을 막는 장벽 역할을 하게 된다.

14.4.2 / 16.2.20

20 역류 방지 다이오드의 용량은 모듈 단락전류의 몇 배 이상이어야 하는가?

① 1.25 배   ② 1.5 배
③ 2 배   ④ 3 배

해설 역류방지 다이오드의 시설

① 1대의 인버터에 접속되는 태양전지 직렬군(스트링)이 2병렬 이상 접속될 경우, 각 직렬군에 역전류방지 다이오드를 별도의 접속함에 설치하여야 하며, 접속함은 발생하는 열을 외부에 방출할 수 있도록 환기구 및 방열판을 갖추어야 한다.
② 역전류방지 다이오드의 정격은 모듈 단락전류의 2배 이상이며, 정격을 확인할 수 있어야 한다.

13.4.32 / 16.2.21 / 19.2.37

21 역률을 개선하였을 경우 그 효과로 맞지 않는 것은?

① 전력손실의 감소
② 전압강하의 감소
③ 각종기기의 수명연장
④ 설비용량의 무효분 증가

해설 **역률개선효과**
① 전력손실의 감소(변압기, 배전선로)
② 설비용량의 효율적 운용
③ 전압강하의 감소
④ 각종기기의 수명연장
⑤ 전력계통의 안정
⑥ 전기요금 절약

15.2.38 / 16.2.22 / 18.1.25 / 21.1.23 / 21.4.36

22 책임감리원은 최종감리보고서를 감리기간 종료 후 며칠 이내에 발주자에게 제출하여야 하는가?

① 3일 이내   ② 7일 이내
③ 14일 이내 ④ 30일 이내

해설 **감리보고 등**
책임감리원은 다음의 사항이 포함된 최종감리보고서를 감리기간 종료 후 14일 이내에 발주자에게 제출하여야 한다.
① 공사 및 감리용역 개요 등(사업목적, 공사개요, 감리용역 개요, 설계용역 개요)
② 공사추진 실적현황(기성 및 준공검사 현황, 공종별 추진실적, 설계변경 현황, 공사현장 실정보고 및 처리현황, 지시사항 처리, 주요인력 및 장비투입현황, 하도급 현황, 감리원 투입현황)
③ 품질관리 실적(검사요청 및 결과통보현황, 각종 측정기록 및 조사표, 시험장비 사용현황, 품질관리 및 측정자 현황, 기술검토실적 현황 등)
④ 주요기자재 사용실적(기자재 공급원 승인현황, 주요 기자재 투입현황, 사용자재 투입현황)
⑤ 안전관리 실적(안전관리조직, 교육실적, 안전점검 실적, 안전관리비 사용실적)
⑥ 환경관리 실적(폐기물발생 및 처리실적)
⑦ 종합분석

16.2.23 / 21.2.24

23 인버터의 직류측 회로를 비접지로 하는 경우 비접지의 확인방법이 아닌 것은?

① 테스터로 확인
② 검전기로 확인
③ 간이측정기 사용
④ 활선접근경보장치사용

해설 **안전대책(비접지 확인)**
회로시험기(Circuit Tester), 검전기(Electroscope), 간이측정기로 측정한다.

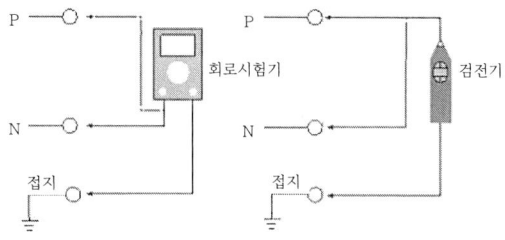

※ 활선접근경보장치

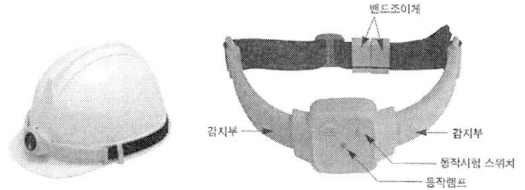

활선 작업이나 활선 근접 작업 등의 전기 작업을 하는 동안 고압이나 특고압 선로나 설비에 접촉하거나 근접할 경우 작업자에게 명확히 경고하기 위하여 근로자의 안전모, 손목 등에 착용한다.

16.2.24 / 19.2.29 / 21.4.31

24 태양전지 모듈의 시공기준에 대한 설명으로 틀린 것은?

① 전깃줄, 피뢰침, 안테나 등의 미약한 음영도 장애물로 본다.
② 태양전지 모듈 설치열이 2열 이상인 경우 앞 열은 뒤 열에 음영이지 않도록 설치하여야 한다.
③ 장애물로 인한 음영에도 불구하고 일조시간은 1일 5시간(춘분(3~5월), 추분(9~11월)기준)이상이어야 한다.
④ 설치용량은 사업계획서상의 모듈 설계용량과 동일하여야 하나 동일하게 설치할 수 없는 경우에 한하여 설계용량의 110[%] 이내까지 가능하다.

해설 **음영발생 원인**

① 주변에 높은 산, 나무, 수목, 전주, 건물 등의 음영
(주변 지형지물은 최대 높이의 약 세 배 길이만큼 음영에 영향을 준다)
② 태양광모듈 설치열이 2열 이상일 경우 앞줄의 영향으로 뒷열에 음영
③ 구름, 눈, 새의 분비물, 꽃가루, 먼지 등으로 인한 음영
④ 다만, 전기선, 피뢰침, 안테나 등 경미한 음영은 장애물로 보지 아니한다.

13.4.38 / 15.2.39 / 16.2.25 / 17.2.74 / 17.4.24 / 18.1.65 / 19.2.71

25 태양전지 모듈의 배선을 지중으로 시공하는 경우의 설명으로 틀린 것은?

① 지중배선과 지표면의 중간에 매설표시시트를 포설한다.
② 지중배관 시 중량물의 압력을 받는 경우 0.6[m] 이상의 깊이로 매설한다.
③ 지중매설배관은 배선용 탄소강 강관, 내충격성 경화비닐 전선관을 사용한다.
④ 지중전선로의 매설개소에는 필요에 따라 매설깊이, 전선방향 등을 지상에 표시한다.

[해설] **지중배선의 시공**

케이블 표시시트 설치 　　지중 케이블 표주

① 지중매설관은 배선용 탄소강관, 내충격성의 경질비닐 전선관, 내충격성 경질 염화비닐관을 사용한다.
② 지중전선의 매설개소는 필요에 따라 매설깊이, 방향 등 지상에서 용이하게 확인할 수 있도록 표주 등에 의해 표시한다.
③ 지중배관과 지표면의 중간에 케이블표시시트를 포설한다.
(지중선로 포설후 지상으로부터 무단 굴착시 예상되는 케이블 손상방지)

[해설] ④ 지중배관의 깊이는 1.0[m] 이상(중량물의 압력을 받을 우려가 없는 경우에는 0.6[m] 이상)

16.2.26 / 20.1.33 / 21.4.32

26 감리원은 공사업자의 시공기술자 등이 공사현장에 적합하지 않다고 인정되는 경우에는 시정을 요구하고 발주자에게 그 실정을 보고해 교체사유가 인정되면 공사업자는 교체요구에 응하여야 한다. 교체사유로서 틀린 것은?

① 시공관리책임자가 불법 하도급을 하거나 이를 방치하였을 때
② 시공관리책임자가 시공능력이 준수하다고 인정되나 정당한 사유없이 기성공정이 예정공정보다 빠를 때
③ 시공관리 책임자가 감리원과 발주자의 사전 승낙을 받지 아니하고 정당한 사유없이 해당 공사현장을 이탈할 때
④ 시공관리책임자가 고의 또는 과실로 공사를 조잡하게 시공하거나 부실시공을 하여 일반인에게 위해를 끼친 때

[해설] **시공기술자 등의 교체**

(1) 감리원은 공사업자의 시공기술자 등이 (2)의 각 호에 해당되어 해당 공사현장에 적합하지 않다고 인정되는 경우에는 공사업자 및 시공기술자에게 문서로 시정을 요구하고, 이에 불응하는 때에는 발주자에게 그 실정을 보고하여야 한다.

(2) 감리원으로부터 시공기술자의 실정보고를 받은 발주자는 지원업무담당자에게 실정 등을 조사·검토하게 하여 교체사유가 인정될 경우에는 공사업자에게 시공기술자의 교체를 요구하여야 한다. 이 경우 교체 요구를 받은 공사업자는 특별한 사유가 없으면 신속히 교체요구에 응하여야 한다.
① 시공기술자 및 안전관리자가 관계 법령에 따른 배치기준, 겸직금지, 보수교육 이수 및 품질관리 등의 법규를 위반하였을 때
② 시공관리책임자가 감리원과 발주자의 사전 승낙을 받지 아니하고 정당한 사유없이 해당 공사현장을 이탈한 때

③ 시공관리책임자가 고의 또는 과실로 공사를 조잡하게 시공하거나 부실시공을 하여 일반인에게 위해(危害)를 끼친 때
④ 시공관리책임자가 계약에 따른 시공 및 기술능력이 부족하다고 인정되거나 정당한 사유없이 기성 공정이 예정공정에 현격히 미달한 때
⑤ 시공관리책임자가 불법 하도급을 하거나 이를 방치하였을 때
⑥ 시공기술자의 기술능력이 부족하여 시공에 차질을 초래하거나 감리원의 정당한 지시에 응하지 아니할 때
⑦ 시공관리책임자가 감리원의 검사·확인 등 승인을 받지 아니하고 후속공정을 진행하거나 정당한 사유 없이 공사를 중단할 때

16.2.27 / 17.1.16 / 17.1.71 / 18.4.60 / 19.2.30 / 19.4.69 / 20.3.69 / 21.2.68 / 21.4.15 / 21.4.60

27 피뢰기의 정격전압이란?

① 충격파의 방전개시전압
② 사용주파수의 방전개시전압
③ 속류의 차단이 되는 최고의 교류전압
④ 충격방전전류를 통하고 있을 때의 단자전압

해설 피뢰기(Lightning Arrester)

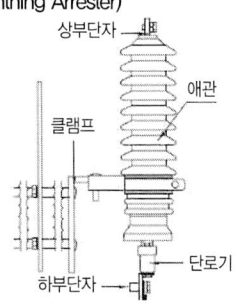

① 전선로에 규정 전압보다 몇 배 높은 이상 전압으로 인해 피뢰기의 단자 전압이 어느 일정 값 이상이 되면 방전되어, 전압 상승을 억제하고 기기를 보호하며, 이상 전압이 없어지면 방전이 정지되어 정상 송전 상태가 된다.
② 피뢰기의 정격전압은 피뢰기에서 속류를 차단할 수 있는 최고의 상용주파수의 교류전압을 말하며 실효값으로 나타낸다.

16.2.28 / 16.4.35 / 17.2.38 / 19.4.23 / 19.4.28 / 19.4.33 / 20.3.24 / 20.3.26 / 20.3.27 / 20.3.32 / 21.1.28 / 21.2.34

28 감리원은 매 분기마다 공사업자로부터 안전관리 결과 보고서를 제출받아 이를 검토하고 미비한 사항이 있을 때에는 시정하도록 조치하여야 한다. 안전관리결과 보고서에 포함되는 서류가 아닌 것은?

① 안전관리 조직표
② 직원 건강기록부
③ 안전교육 실적표
④ 안전보건 관리체계

해설 안전관리결과 보고서의 검토

감리원은 매 분기마다 공사업자로부터 안전관리 결과보고서를 제출받아 이를 검토하고 미비한 사항이 있을 때에는 시정하도록 조치하여야 하며, 안전관리결과보고서에는 다음의 서류가 포함되어야 한다.
① 안전관리 조직표
② 안전보건 관리체계
③ 재해발생 현황
④ 산재요양신청서 사본
⑤ 안전교육 실적표
⑥ 그밖에 필요한 서류

16.2.29

29 지붕 설치형 태양광발전방식의 설치에 대한 설명으로 틀린 것은?

① 태양전지는 지붕 중앙부에 놓는 것이 바람직하다.
② 태양전지 모듈의 접속은 전선 또는 커넥터 부착 전선 등을 사용한다.
③ 건축물은 고정하중, 적재하중, 적설하중, 지진 등에 대하여 안전한 구조를 가져야 한다.
④ 건축물을 건축하거나 대수선하는 경우에는 지방자치단체장이 정하는 바에 따라 구조의 안전을 확인한다.

해설 구조 안전의 확인

다음의 어느 하나에 해당하는 건축물을 건축하거나 대수선하는 경우 해당 건축물의 설계자는 국토교통부령으로 정하는 구조기준 등에 따라 그 구조의 안전을 확인하여야 한다.
① 층수가 3층 이상인 건축물
② 연면적이 1천 제곱미터 이상인 건축물. 다만, 창고, 축사, 작물 재배사 및 표준설계도서에 따라 건축하는 건축물은 제외한다.
③ 높이가 13미터 이상인 건축물
④ 처마높이가 9미터 이상인 건축물
⑤ 기둥과 기둥 사이의 거리(기둥의 중심선 사이의 거리를 말하며, 기둥이 없는 경우에는 내력벽과 내력벽의 중심선 사이의 거리를 말한다. 이하 같다)가 10미터 이상인 건축물
⑥ 국토교통부령으로 정하는 지진구역의 건축물
⑦ 국가적 문화유산으로 보존할 가치가 있는 건축물로서 국토교통부령으로 정하는 것

16.2.30 / 19.2.23

30 전력계통에서 3권선 변압기(Y-Y-△)를 사용하는 주된 이유는?

① 노이즈 제거
② 전력손실 감소
③ 2가지 용량 사용
④ 제3고조파 제거

해설 3권선 변압기(Y-Y-△) 용도
① 주된 이유는 제3고조파를 권선 내에서 순환(환류)시키기 위해 △결선을 가지고 있다.
② 1,2차 권선에 3차 권선을 설치한 변압기로 권수비에 따라 1조의 변압기로 2종류의 전압 2종류의 용량을 얻을 수 있다.
③ 2차 권선에 유도성 부하가 있는 경우 3차 권선에 진상용 콘덴서를 설치하면 1차 회로의 역률을 개선할 수 있다.

15.4.35 / 16.2.31 / 20.4.30

31 태양광발전시스템의 발전 형태별 태양전지 어레이 설치 시 준비 및 주의사항으로 틀린 것은?

① 가대 및 지지대는 현장에서 직접 용접한다.
② 태양전지 어레이 기초면 수평기, 수평줄을 확보한다.
③ 너트의 풀림방지는 이중너트를 사용하고 스프링와셔를 체결한다.
④ 지지대 기초 앵커볼트의 유지 및 매립은 강제프레임 등에 의하여 고정하는 방식으로 한다.

해설 구조물 현장 용접 금지
① 구조물 및 지지대를 현장 용접시 용접부위의 부식방지를 위한 대책이 곤란하므로, 공장에서 용접을 실시하고 용융아연도금 처리후 현장에 반입하여 조립이 가능하도록 해야 한다.
② 태양광발전소는 20년 이상 운영되므로, 구조물은 발전소 지역(염해 등)에 맞는 종류의 용융아연도금을 실시해야한다.

16.2.32

32 태양광발전시스템 시공 시 작업의 종류에 따른 필요 공구가 잘못 연결된 것은?

① 도통시험 - 레벨미터
② 프레임 커팅 - 스피드 커터
③ 앵커 구멍 천공 - 앵커 드릴
④ 절삭부분 가공 - 핸드 그라인더

해설 ① 도통시험
전원을 절단한 채 각 장소간의 접속 유무, 또는 저항의 개략 값을 검토하는 것을 말하며, 보통은 회로시험기로 측정을 하며, 도통 시험의 결과는 단선의 유무, 접속 불량 장소 또는 오접속 발견을 위함이다.
② 레벨 미터(Level meter)
표준 가변 저항기, 증폭기, 지시계 등으로 구성되며, 저주파 전송 선로의 신호 레벨 등을 측정하는 계기

13.4.27 / 15.4.29 / 16.2.33 / 17.2.29 / 18.1.33 / 19.2.40 / 21.4.34

33 감리원의 공사시행 단계에서의 감리업무가 아닌 것은?

① 인허가 관련업무
② 품질관리 관련업무
③ 공정관리 관련업무
④ 환경관리 관련업무

해설 공사 단계별 감리업무

① 공사착공 단계 감리업무
감리원은 시공과 관련하여 공사업자에게 각종 인·허가사항을 포함한 제반법규 등을 준수하도록 지도·감독하여야 하며, 발주자가 받아야 하는 인·허가 사항은 발주자에게 협조·요청하여야 한다.

② 공사시행 단계 감리업무
감리업무일지는 감리원별 분담업무에 따라 항목별(품질관리, 시공관리, 안전관리, 공정관리, 행정 및 민원 등)로 수행업무의 내용을 육하원칙에 따라 기록하며 공사업자가 작성한 공사일지를 매일 제출받아 확인한 후 보관한다.

16.2.34 / 19.2.36

34 태양전지 어레이를 설치하기 위한 기초의 요구조건으로 틀린 것은?

① 허용 침하량 이상의 침하
② 설계하중에 대한 안정성 확보
③ 현장여건을 고려한 시공 가능성
④ 환경변화, 국부적 지반 세굴 등에 대한 저항

해설 기초공의 개론

(1) 기초의 요구조건
① 구조적 안정성 확보 : 설계하중에 대한 안정성 확보
② 허용 침하량 이내 : 구조물의 허용 침하량 이내의 침하
③ 최소의 깊이 유지 : 환경변화, 국부적 지반 세굴 등에 대한 저항
④ 시공 가능성 : 현장여건을 고려한 시공 가능성

(2) 기초의 형식 결정을 위한 고려 사항
① 지반 조건 : 지반 종류, 지하수위, 지반의 균일성, 암반의 깊이
② 상부 구조물의 특성 : 허용 침하량, 구조물의 중요도, 특이 요구 조건
③ 상부 구조물의 하중 : 기초의 설계하중
④ 기초 형식에 따른 경제성 검토

16.2.35 / 18.4.32 / 19.4.35 / 20.1.37 / 20.3.28

35 설계 감리원의 기본임무 수행 사항이 아닌 것은?

① 과업지시서에 따라 업무를 성실히 수행하고 설계의 품질향상에 노력하여야 한다.
② 설계용역 계약 및 설계감리용역 계약내용이 충실이 이행될 수 있도록 하여야 한다.
③ 설계 및 설계감리용역 시행에 따른 업무연락, 문제점 파악 및 민원해결 등을 성실히 수행하여야 한다.
④ 설계공정의 진척에 따라 설계자로부터 필요한 자료 등을 제출받아 설계용역이 원활히 추진될 수 있도록 설계감리 업무를 수행하여야 한다.

해설 설계감리원의 기본임무

① 설계용역 계약 및 설계감리용역 계약내용이 충실히 이행될 수 있도록 하여야 한다.
② 해당 설계용역이 관련 법령 및 전기설비기술기준 등에 적합한 내용대로 설계되는지의 여부를 확인 및 설계의 경제성 검토를 실시하고, 기술지도 등을 하여야 한다.
③ 설계공정의 진척에 따라 설계자로부터 필요한 자료 등을 제출받아 설계용역이 원활히 추진될 수 있도록 설계감리 업무를 수행하여야 한다.
④ 과업지시서에 따라 업무를 성실히 수행하고 설계의 품질향상에 따라 노력하여야 한다.

36 태양전지 모듈 시공 시의 안전대책에 대한 고려사항으로 적절하지 않은 것은?

① 절연된 공구를 사용한다.
② 강우 시에는 반드시 우비를 착용하고 작업에 임한다.
③ 안전모, 안전대, 안전화, 안전허리띠 등을 반드시 착용한다.
④ 작업자는 자신의 안전 확보와 2차 재해방지를 위해 작업에 적합한 복장을 갖춰 작업에 임해야 한다.

해설 안전 대책
① 작업 전 태양전지 모듈 표면에 차광막을 씌워 태양광을 차폐한다.
② 절연 장갑을 사용한다.
③ 절연 처리된 공구를 사용한다.
④ 강우 시에는 감전사고와 미끄러짐으로 인한 추락사고로 이어질 우려가 있으므로 작업을 금지한다.

37 어떤 건물에서 총 설비 부하용량이 850[kW], 수용률 60[%]라면, 변압기의 용량은 최소 몇 [kVA]로 하여야 하는가? (단, 설비부하의 종합역률은 0.75이다.)

① 510   ② 620   ③ 680   ④ 740

해설 수용률(demand factor)
① 수용 설비가 이용되고 있는 비율
② 수용 설비 용량 : 수용 장소에 설비된 전기기기류의 정격용량의 합계
③ 변압기 용량 = $\dfrac{\text{최대 수용 전력}}{\text{부하 역률}}$
④ 수용률 = $\dfrac{\text{최대 수용 전력[kW]}}{\text{수용 설비 용량[kW]}} \times 100[\%]$

∴ 최대 수용 전력 = 수용률 × 수용설비용량[kW]
= 0.6 × 850 = 510

변압기 용량 = $\dfrac{\text{최대 수용 전력}}{\text{부하 역률}} = \dfrac{510}{0.75}$
= 680[kVA]

38 간선의 굵기를 선정하는 결정요소가 아닌 것은?

① 허용전류   ② 기계적 강도
③ 전압강하   ④ 불평형 전류

해설 전선의 굵기 선정시 고려사항
① 허용전류
② 전압강하
③ 기계적강도
④ 기타(전압, 전력손실, 경제성 등)

39 배전선로의 손실 경감과 관계없는 것은?

① 승압
② 역률 개선
③ 다중접지방식 채용
④ 부하의 불평형 방지

해설 배전선로의 손실 경감 대책
① 배전전압의 승압
전력손실은 전압의 제곱에 반비례하여 감소되므로, 배전전압을 승압한다는 것은 손실 경감책, 전압변동 경감책으로 효과적이다.
② 전류밀도의 감소와 평형
일반적인 배전선로에서는 각 상의 부하전류가 불평형으로 되는 것이 보통이며, 심할 경우에는 손실 증가가 일어나므로 부하의 재분배 등으로 불평등을 시정하여야 하며, 장래 예상되는 부하증가, 선로의 구간 연장 등에 대비해서 부하 불평형이 일어나지 않도록 하여야 한다.
③ 전력용 콘덴서의 설치
전력 손실은 부하 역률의 제곱에 반비례하므로 부하 역률을 개선하면 전력 손실을 크게 절감할 수 있다.
④ 저손실 변압기의 채용
현재 배전용 변압기는 적철심형보다 철손이 적은 권철심형을 사용하고 있다. 이 변압기의 철심으로는 규소강판을 사용하고 있으나 새로 개발된 저손실 철심재료인 3차 재결정 방향성 규소강판이나 비정질(아몰퍼스) 철심재료를 사용한 변압기로

정답 36. ② 37. ③ 38. ④ 39. ③

대체하면 기존의 규소강판 변압기에 비해 철손을 1/3~1/4 수준으로 낮출 수 있다.

16.2.8 / 16.2.40 / 18.2.10 / 20.4.9 / 21.4.40

40 태양광발전시스템의 어레이 설치 종류가 아닌 것은?

① 양축식　　② 일자식
③ 단축식　　④ 고정식

해설 태양광발전시스템 구조물의 분류

1) 고정식
① 한번 설치하면 경사각 및 방위각 수정이 불가능하기 때문에 정남향 방향으로, 경사각을 두어 고정하는 방식
② 각도 변경이 필요 없어, 유지관리비가 저렴하다.
③ 바람이 강한 지역에 안전한 구조이나, 다른 구조물에 비해서는 발전량이 다소 적다.

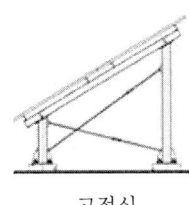　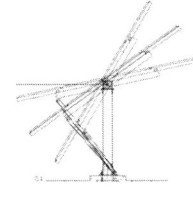

　　고정식　　　　경사 가변식

2) 가변식
① 계절에 따른 태양의 고도각에 대응하기 위해 어레이의 경사각을 수동으로 조절해서 전력량이 최대가 되게 하는 방식
② 모듈의 수평면의 각도를 태양광의 고도와 직각으로 최대한 맞춰 전력량을 증대 시킨다.
③ 계절별 구조물의 각도 변경을 위한 인력이 필요하다.

3) 단축(1축) 추적식
① 어레이는 대지와 수평을 이루며, 남쪽으로의 경사각은 없다.
② 태양의 이동에 따라 해가 뜨는 동쪽에서 해가 지는 서쪽방향으로 추적하는 방식이다.
③ 고정식·가변식보다는 효율이 높고, 양축식보다는 효율이 낮다.

④ 구동장치가 필요하며, 운영 및 유지관리 비용이 소요된다.

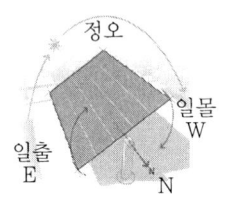　

단축(1축) 추적식

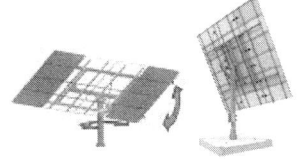

양축(2축) 추적식

4) 양축(2축) 추적식
① 태양의 동서방향을 추적하는 단축 추적식에 추가로 태양의 경사각(계절의 변화)까지 추적하는 방식
② 가장 효과적으로 많은 발전량을 생산할 수 있다.
③ 모듈간 음영발생을 방지하기 위해서는 이격 거리가 많이 필요하다.
④ 양축(2개의 구동장치)을 구동하기 위한 전력이 필요하고, 고장 발생에 따른 유지비용이 소요된다.

13.4.70 / 16.2.41 / 16.4.74 / 17.4.59 / 21.4.41

41 태양광발전사업의 허가를 받기위해 전기사업허가신청서와 함께 제출하는 사업계획서 내용 중 전기 설비 개요에 포함되어야 할 사항으로 틀린 것은?

① 태양전지의 종류
② 인버터의 입력전압
③ 집광판의 설치단가
④ 태양전지의 정격출력

해설 사업허가의 신청(전기사업법 시행규칙 제4조)

사업계획의 전기설비(태양광) 개요에 포함되어야 할 사항
① 태양전지의 종류, 정격용량, 정격전압 및 정격출력
② 인버터(Inverter)의 종류, 입력전압, 출력전압 및 정격출력
③ 집광판의 면적

13.4.73 / 15.4.67 / 16.2.42 / 16.4.68 / 16.4.70 / 17.4.65 / 18.1.74 / 18.4.24 / 18.4.63 / 19.4.38 / 20.1.65 / 20.1.79 / 20.3.66 / 21.1.71 / 21.2.27 / 21.4.37 / 21.4.68

42 발전설비용량이 1000[kW]인 경우 발전사업 허가권자는?

① 시 · 도지사
② 한국전력공사
③ 한국전기안전공사
④ 산업통상자원부장관

해설 사업허가의 신청(전기사업법 시행규칙 제4조)
① 전기사업의 허가를 신청하려는 자는 전기사업허가 신청서에 관련 서류(전자문서를 포함한다. 이하 같다)를 첨부하여 산업통상자원부장관에게 제출하여야 한다.
② 다만, 발전설비용량이 3,000[kW] 이하인 발전사업의 허가를 받으려는 자는 특별시장 · 광역시장 · 특별자치시장 · 도지사 또는 특별자치도지사에게 제출하여야 한다.

16.2.36 / 16.2.43 / 18.2.49 / 18.4.21 / 19.2.58 / 21.4.23

43 태양광발전시스템 보수점검 작업 시 점검 전 유의사항이 아닌 것은?

① 회로도 검토
② 오조작 방지
③ 접지선 제거
④ 무전압 상태확인

해설 정전작업

1) 정전작업 전 조치사항
① 전원차단후 각 단로기 등을 개방하고 확인할 것
② 차단장치나 단로기 등에 잠금(시건)장치 및 꼬리표를 부착할 것
③ 전기기기 등에 공급되는 모든 전원을 관련 배선도, 도면 등을 통해 확인할 것
④ 검전기를 이용하여 작업 대상 기기가 충전되었는지 확인 할 것(잔류전하 방전)

2) 정전작업 중 조치사항
① 작업지휘자에 의한 작업지휘
② 개폐기 관리(전원 재투입 방지, 잠금장치 및 꼬리표 부착 관리)
③ 근접 활선에 대한 방호상태 관리
④ 단락접지의 상태관리

3) 정전작업 후 조치사항
① 작업기기, 단락접지기구(접지선)를 제거하고 전기기기 등이 안전하게 통전될 수 있는지 확인
② 모든 작업자가 작업이 완료된 전기기기 등에서 떨어져 있는지 확인할 것
③ 잠금장치 와 꼬리표는 설치한 근로자가 직접 철거할 것
④ 모든 이상유무를 확인한 후 전기기기 등의 전원을 투입할 것

16.2.44 / 17.4.46 / 18.4.58 / 20.4.60

44 중대형 태양광발전용 독립형 인버터에서 정상특성 시험 시 시험항목으로 틀린 것은?

① 효율 시험
② 누설전류 시험
③ 대기 손실 시험
④ 온도 상승 시험

해설 인버터의 정상특성시험 항목

	시험 항목	독립형	계통연계형
정상특성시험	a) 교류전압, 주파수 추종 범위 시험	×	○
	b) 교류 출력전류 변형률 시험	×	○
	c) 누설전류시험	○	○
	d) 온도상승시험	○	○
	e) 효율시험	○	○
	f) 대기손실시험	×	○
	g) 자동기동 · 정지 시험	×	○
	h) 최대전력 추종시험	×	○
	i) 출력전류 직류분 검출시험	×	○

정답 42. ① 43. ③ 44. ③

16.2.45 / 16.4.54 / 19.1.54 / 20.4.44 / 20.4.58 / 21.1.53

45 검출기에 의해 측정된 데이터를 컴퓨터 및 먼 거리로 전송하는 것은?

① 연산장치　　② 표시장치
③ 기억장치　　④ 신호변환기

해설 태양광발전시스템의 계측시스템 구성
① 검출기
　태양광발전시스템의 기상데이터와 전압, 전류 등을 측정하는 장치로 직류측의 전압은 분압기로 전류는 분류기를 이용하고, 교류측의 전압, 전류, 역률, 주파수 계측은 PT, CT를 통해서 검출, 지시계 또는 신호변환기로 전송하는 장치
② 신호변환기
　검출기로 검출된 데이터를 컴퓨터 및 먼 거리에 설치한 표시장치에 전송할 때 사용하는 장치
③ 연산장치
　검출기를 통해 얻어진 순시계측 데이터는 적산하고, 일정기간 동안의 데이터는 평균하는 등 필요 데이터를 가공하는 장치
④ 기억장치
　컴퓨터가 필요로 하는 정보, 컴퓨터가 자료를 처리하여 얻은 결과 등을 저장하는 기능을 하는 장치

13.4.35 / 14.4.23 / 14.4.30 / 16.2.46 / 16.4.28 / 17.2.31 / 18.1.23 / 18.1.53 / 20.3.39 / 21.1.31 / 21.2.48 / 21.4.25

46 접지저항의 측정방법이 아닌 것은?

① 보호 접지저항계 측정법
② 전위차계 접지저항계 측정법
③ 클램프 온(Clamp On) 측정법
④ 콜라우시(Kohlrausch) 브리지법

해설 접지
1) 접지의 목적
　① 감전 사고방지
　② 누전화재
　③ 낙뢰로부터의 보호
　④ 폭발 방지
　⑤ 정전기에 의한 장해방지
　⑥ 이상전위의 혼식방지
　⑦ 강전기구의 장해방지

2) 접지저항의 측정방법
① 전위차계 접지저항계 측정법
② 전압 강하식 접지저항계 측정법
③ 이전극법에 의한 측정법
④ 클램프 온(Clamp On) 측정법
⑤ 콜라우시(Kohlrausch) 브리지법

16.2.47 / 16.2.51 / 16.4.47 / 17.2.42 / 18.1.45 / 18.2.44 / 18.2.54 / 19.1.43 / 19.1.51 / 19.1.53 / 19.4.42 / 19.4.47 / 20.3.48 / 20.4.42 / 20.4.45 / 20.4.51 / 21.1.46 / 21.1.51 / 21.1.58 / 21.4.44 / 21.2.47 / 21.4.56

47 결정질 태양전지모듈이 태양광에 노출되는 경우에 따라 유기되는 열화정도를 테스트할 수 있는 장치로 옳은 것은?

① UV 시험장치　　② 항온항습 장치
③ 염수분무 장치　　④ 솔라시뮬레이터

해설 태양전지모듈 시험장치
① UV시험 장치
　태양전지모듈이 태양광에 노출되는 경우에 따라서 유지되는 열화정도를 시험하기 위한 장치
② 항온항습 장치
　태양전지모듈의 온도 사이클 시험, 온습도 사이클 시험, 내열-내습시험을 하기 위한 챔버, 온도 ±2[℃] 이내, 습도 ±5[%] 이내이어야 한다.
③ 염수분부 장치
　태양전지모듈의 구성 재료와 패키지 등의 구성품을 대상으로 염수(바닷물)에 대한 내구성을 시험하기 위한 환경 챔버
④ 솔라시뮬레이터
　태양전지모듈의 발전성능을 옥내에서 시험하기 위한 인공광원이며, 방사조도 +2[%] 이내, 광원 균일도 +2[%] 이내의 A등급 이상의 것

16.2.42 / 16.2.48 / 16.2.56 / 18.1.60 / 18.4.24 / 18.4.36 / 21.2.27

48 전기사업 허가신청서의 처리절차로 옳은 것은?

① 신청서 작성 및 제출 → 검토 → 접수 → 전기위원회 심의 → 허가증 발급
② 신청서 작성 및 제출 → 접수 → 검토 → 전기위원회 심의 → 허가증 발급
③ 신청서 작성 및 제출 → 전기위원회 심의 → 검토 → 접수 → 허가증 발급

정답 45. ④　46. ①　47. ①

④ 신청서 작성 및 제출 → 접수 → 전기위원회 심의 → 검토 → 허가증 발급

③ 인버터 - 표시부의 이상표시
④ 태양전지모듈 - 표면의 오염 및 파손

해설 전기사업허가(변경) 처리절차

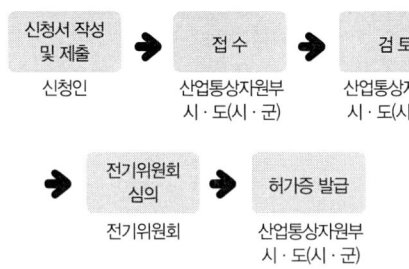

해설 PCS(인버터)의 일상점검
① 외함의 부식 및 파손
② 외부배선의 손상 및 접속단자 풀림
③ 접지선의 손상 및 접지단자 풀림
④ 환기팬확인
⑤ 이음, 이취, 연기 발생 및 이상 과열 상태
⑥ LCD표시창 발전상황 정보표시 이상 여부

※ 정기점검
원칙적으로 시설물을 정지 상태에서 운전제어장치의 기계점검, 절연저항측정, 배전반의 기능을 확인하고 유지하기 위한 계획을 수립하여 점검

15.4.46 / 16.2.49

49 태양광발전설비의 안전관리를 위해 안전관리자가 보유하여야 할 장비로 적당하지 않은 것은?

① 검전기 ② 각도계
③ 전압 Tester ④ Earth Tester

해설 전기안전관리업무를 대행하는 자가 갖추어야 할 장비
① 절연저항 측정기(500[V], 100[MΩ])
② 절연저항 측정기(1,000[V], 2,000[MΩ])
③ 접지저항 측정기
④ 클램프미터
⑤ 저압검전기
⑥ 고압 및 특고압기
⑦ 계전기 시험기
⑧ 적외선 열화상 카메라(적외선 실 화상 기능을 갖추고 측정온도 250[℃] 이상, 해상도 1만 픽셀 이상일 것)

※ 두 가지 이상의 기능을 함께 가지고 있는 장비를 갖춘 경우에는 각각의 장비를 갖춘 것으로 본다.

13.4.46 / 16.2.50 / 17.1.56 / 17.2.52 / 18.2.52 / 19.1.42 / 19.2.52 / 19.4.43

50 태양광발전시스템의 일상점검 점검항목이 아닌 것은??

① 인버터 - 통풍 확인
② 접속함 - 절연저항 측정

16.2.47 / 16.2.51 / 16.4.47 / 17.2.42 / 18.1.45 / 18.2.44 / 18.2.54 / 19.1.43 / 19.1.51 / 19.1.53 / 19.4.42 / 19.4.47 / 20.3.48 / 20.4.42 / 20.4.45 / 20.4.51 / 21.1.46 / 21.1.51 / 21.1.58 / 21.4.44 / 21.2.47 / 21.4.56

51 결정질 실리콘 태양전지모듈의 최대 출력 결정 시 품질기준으로 틀린 것은?

① 시험 시료의 출력 균일도는 평균출력의 ±3[%] 이내일 것
② 시험시료의 최종 환경시험 후 최대출력의 열화는 최초 최대출력의 -8[%]를 초과하지 않을 것
③ 해당 태양전지모듈의 최대 출력을 측정하되, 시험시료의 평균출력은 정격출력 이상일 것
④ 최대 시스템 전압의 두 배에 1000[V]를 더한 것과 같은 전압을 최대 500[V/s]이하의 상승률로 태양전지모듈의 출력단자와 패널 또는 접지단자(프레임)에 1분 간 유지할 것

해설 최대 출력 결정 시 품질기준
① 해당 태양광 모듈의 최대 출력을 측정하되, 시험시료의 평균출력은 정격 출력 이상일 것
② 시험시료의 출력균일도는 평균 출력의 ±3 % 이내일 것
③ 시험시료의 최종 환경시험 후 최대 출력의 열화는 최초 최대 출력의 -8 %를 초과하지 않을 것

52 시스템 성능평가의 분류로 틀린 것은?

① 신뢰성　② 사이트
③ 발전성능　④ 분석가격

해설 태양광발전시스템 성능평가의 대분류
① 태양광 발전 시스템 구성 요인의 성능 및 신뢰성
② 태양광 발전 시스템의 사이트
③ 태양광 발전 시스템의 신뢰성
④ 태양광 발전 시스템의 설비 설치비용(경제성)
⑤ 태양광 발전 시스템의 발전 전력 생산 능력(발전성능)

53 직독식 접지저항계에 의한 접지저항 측정 시 E 단자를 접지극에 접속하고 일직선상으로 몇 [m] 이상 떨어져 보조접지봉을 박는가?

① 5　② 10
③ 15　④ 20

해설 전위강하법(직독식)에 의한 접지저항 측정법
측정접지체(E)에서 전류보조전극(C)을 멀리(10m이상) 설치하고, E와 C를 잇는 직선상에서 전압보조극(P)을 이동시키면서 접지저항을 측정한다.

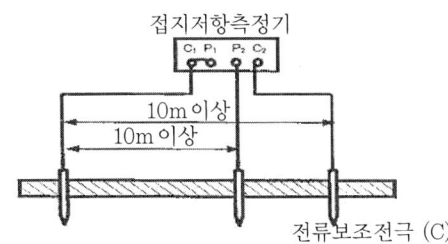

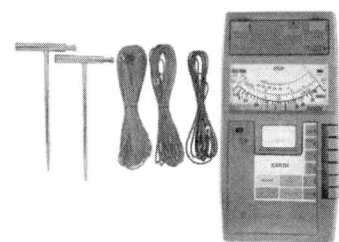

54 독립형 태양광발전시스템의 주요 구성장치가 아닌 것은?

① 인버터
② 태양전지모듈
③ 충방전 제어기
④ 송전설비 및 배전시스템

해설 독립형 태양광발전 시스템
① 외딴 섬과 같이 전기가 들어오지 않는 지역에서, 상용전력계통과 직접 연결되지 않고 분리된 발전방식으로, 태양광발전시스템의 발전 전력만으로 부하에 전력을 공급한다.
② 야간 혹은 우천 시, 태양광발전시스템의 발전이 불가할 때는 발전된 전력을 저장할 수 있는 축전장치를 접속하여 태양광 전력을 저장하여 사용하는 방식

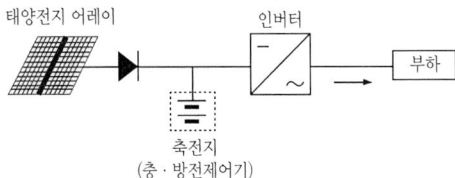

55 절연변압기가 부착된 태양광인버터의 정격전압이 600[V]일 때 절연저항측정 시 사용하는 절연저항계는 몇 [V]용을 이용하는가??

① 500　② 1000　③ 2000　④ 3000

해설 직류회로의 절연저항 측정
접속함에서 태양광전지 스트링의 양극과 음극을 단락시키고, 이 부분(DC전로)과 대지(접지) 간에 500[V] 또는 1000[V] Megger로 절연저항을 측정한다.

56 산업통상자원부장관의 허가가 필요한 발전설비 용량 [kW]은?

① 2000　② 2500

③ 3000   ④ 3500

해설 사업허가의 신청(전기사업법 시행규칙 제4조)
① 전기사업의 허가를 신청하려는 자는 전기사업허가 신청서에 관련 서류(전자문서를 포함한다. 이하 같다)를 첨부하여 산업통상자원부장관에게 제출하여야 한다.
② 다만, 발전설비용량이 3,000[kW] 이하인 발전사업의 허가를 받으려는 자는 특별시장·광역시장·특별자치시장·도지사 또는 특별자치도지사에게 제출하여야 한다.

15.2.63 / 15.4.42 / 16.2.57 / 19.2.65 / 21.1.69

57 송전설비공사의 하자보수책임기간은 몇 년인가?

① 1년   ② 2년   ③ 3년   ④ 4년

해설 전기공사의 종류별 하자담보책임기간(전기공사업법 시행령 제11조의2)

전기공사의 종류	하자담보 책임기간
1) 발전설비공사	
① 철근콘크리트 또는 철골구조부	7년
② ①외 시설공사 3년	3년
2) 터널식 및 개착식 전력구 송전·배전설비공사	
① 철근콘크리트 또는 철골구조부	10년
② ①외 송전설비공사	5년
③ ①외 배전설비공사	2년
3) 지중 송전·배전설비공사	
① 송전설비공사	5년
② 배전설비공사	3년
4) 송전설비공사	3년
5) 변전설비공사(전기설비 및 기기설치공사를 포함한다)	3년
6) 배전설비공사	
① 배전설비 철탑공사	3년
② 가목 외 배전설비공사	2년
7) 산업시설물, 건축물 및 구조물의 전기설비공사	1년
8) 그 밖의 전기설비공사	1년

58 KEC 한국전기설비규정의 변경으로 삭제됨

16.2.59 / 19.2.41

59 송전설비의 배전반에서 주회로의 인입부분 및 인출부분에 대한 일상점검의 내용이 아닌 것은?

① 볼트 종류의 이완상태에 따른 진동음 발생 여부를 점검한다.
② 케이블의 접속부분에서 과열현상에 의한 이상한 냄새의 발생 여부를 점검한다.
③ 케이블의 관통부분에서 곤충이나 벌레 등의 침입 가능성이 있는지 점검한다.
④ 부싱부분에서 접지 및 절연저항 값을 측정하고 점검한다.

해설 주회로 인입·인출부(일상점검)

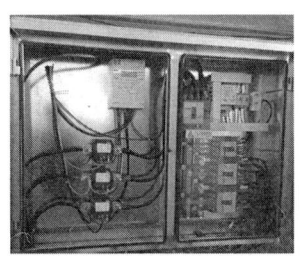

1) 폐쇄 모선의 접속부
① 이상 소리음 : 볼트 풀림 등에 의한 진동
2) 부싱
① 손상 : Corona 방전에 의한 이상음 점검, 균열, 파손 등
3) 케이블 단말부 및 접속부, 관통부 등
① 이상 소리음 : 볼트 풀림 등에 의한 진동
② 이상 냄새 : Corona 방전에 의한 과열 냄새
③ 손상 : 배선, 케이블 막이 판의 탈락 및 간격
④ 쥐, 곤충, 설치류 등의 침입 : 곤충 및 설치류 등의 침입 흔적

정답 56.④ 57.③ 58. 59.④

60 정기점검 시 주회로용 퓨즈의 외부 일반 점검목적과 점검내용으로 틀린 것은?

① 지시 표시 - 영점조정은 잘 되어 있는지 확인
② 손상 - 퓨즈통, 애자 등에 균열, 변형 여부 확인
③ 변색 - 퓨즈통, 퓨즈 홀더의 단자부에 변색 여부 확인
④ 볼트의 조임 이완 - 단자부의 볼트 조임의 이완 여부 확인

[해설] 주회로용 퓨즈
1) 외부 일반
① 손상 : 퓨즈통, 애자 등의 변색, 균열, 파손, 변형
② 소리 : Corona 방전에 의한 이상음, 볼트류의 조임이 이완되어 진동음
③ 냄새 : Corona 방전 또는 과열

2) 용단표시장치
① 지시표시 : 용단표시장치 동작상태

61 고압전로에 사용하는 포장퓨즈는 정격전류의 몇 배에 견디어야 하는가?

① 1.10 ② 1.25 ③ 1.30 ④ 2.00

[해설] 고압 및 특고압 전로 중의 과전류차단기의 시설(판단기준 제39조)
1) 과전류차단기로 시설하는 퓨즈 중 고압전로에 사용하는 포장 퓨즈(퓨즈 이외의 과전류 차단기와 조합하여 하나의 과전류 차단기로 사용하는 것을 제외한다)는 정격전류의 1.3배의 전류에 견디고 또한 2배의 전류로 120분 안에 용단되는 것 또는 다음에 적합한 고압전류제한퓨즈이어야 한다.
① 구조는 고압전류제한퓨즈의 구조에 적합한 것일 것
② 완성품은 고압전류제한퓨즈의 시험방법에 의해서 시험하였을 때 성능에 적합한 것일 것

2) 과전류차단기로 시설하는 퓨즈 중 고압전로에 사용하는 비포장 퓨즈는 정격전류의 1.25배의 전류에 견디고 또한 2배의 전류로 2분 안에 용단되는 것이어야 한다.

3) 고압 또는 특고압의 전로에 단락이 생긴 경우에 동작하는 과전류차단기는 이것을 시설하는 곳을 통과하는 단락전류를 차단하는 능력을 가지는 것이어야 한다.

4) 고압 또는 특고압의 과전류차단기는 그 동작에 따라 그 개폐상태를 표시하는 장치가 되어있는 것이어야 한다. 다만, 그 개폐상태가 쉽게 확인될 수 있는 것은 적용하지 않는다.

62 안전공사 및 전기판매사업자는 일반용 전기설비의 점검 또는 점검 결과의 통지를 한 경우 서류 또는 자료를 몇 년간 보존해야 하는가?

① 1년 ② 2년 ③ 3년 ④ 5년

[해설] 점검 결과의 기록 등(전기사업법 시행규칙 제37조)
안전공사 및 전기판매사업자는 일반용전기설비의 점검 또는 점검 결과의 통지를 한 경우에는 다음의 사항을 적은 서류 또는 자료를 3년간 보존하여야 한다.
① 일반용전기설비의 소유자 등의 성명(법인인 경우에는 그 명칭과 대표자의 성명) 및 주소
② 점검 연월일
③ 점검의 결과
④ 통지 연월일
⑤ 통지사항
⑥ 점검자의 성명
⑦ 사용전점검의 경우에는 시공자의 성명(법인인 경우에는 그 명칭과 대표자의 성명)

63 전로의 중성점을 접지하는 목적에 해당하지 않는 것은?)

① 이상전압의 억제
② 대지전압의 저하
③ 보호 장치의 확실한 동작의 확보
④ 부하전류의 일부를 대지로 흐르게 함으로써 전선의 절약

[해설] 전로의 중성점 접지(판단기준 제27조)
① 전로의 보호장치의 확실한 동작의 확보
② 이상 전압의 억제
③ 대지전압의 저하

13.4.71 / 14.4.73 / 15.4.72 / 16.2.64 / 17.4.77 / 19.1.77
64 7000[V]를 초과하는 전압은?
① 저압
② 고압
③ 특고압
④ 초고압.

[해설] 전압의 종별(전기사업법 시행규칙 제2조)

구분	내 용
저압	DC 1500[V] 이하
	AC 1000[V] 이하
고압	DC 1500[V] 초과 7000[V] 이하
	AC 1000[V] 초과 7000[V] 이하
특고압	7000[V] 초과

13.4.62 / 15.4.68 / 16.2.65 / 17.2.71
65 가공 전선로에 사용하는 지지물의 강도 계산에 적용하는 풍압하중의 종류는?
① 1종, 2종, 3종
② A종, B종, C종
③ 수평, 수직, 각도
④ 갑종, 을종, 병종

[해설] 풍압하중의 종별과 적용(판단기준 제62조)
① 갑종 풍압하중 : 구성재의 수직 투영면적 1에 대한 풍압을 기초로 하여 계산한 것
② 을종 풍압하중 : 전선 기타의 가섭선(架渉線) 주위에 두께 6mm, 비중 0.9의 빙설이 부착된 상태에서 수직 투영면적 372Pa, 그 이외의 것은 제1호 풍압의 2분의 1을 기초로 하여 계산한 것
③ 병종 풍압하중 : 갑종 풍압의 2분의 1을 기초로 하여 계산한 것

15.2.71 / 16.2.66 / 21.2.63
66 전기공사업의 등록기준으로 옳은 것은?
① 자본금 1억원 이상, 전기공사기술자 2명 이상, 공부상 면적이 20[m²] 이상 사무실 확보
② 자본금 2억원 이상, 전기공사기술자 3명 이상, 공부상 면적이 25[m²] 이상 사무실 확보
③ 자본금 3억원 이상, 전기공사기술자 2명 이상, 공부상 면적이 30[m²] 이상 사무실 확보
④ 자본금 4억원 이상, 전기공사기술자 2명 이상, 공부상 면적이 25[m²] 이상 사무실 확보

[해설] 공사업의 등록기준(전기공사업법 시행령 제6조)

항목	공사업의 등록기준
기술능력	전기공사기술자 3명 이상(2000년 12월 31일까지는 3명 중 1명 이상은 전기공사산업기사 이상의 국가기술자격자, 1명 이상은 전기공사기능사 이상의 국가기술자격자가 포함되어야 하고, 2001년 1월 1일 이후에는 3명 중 1명 이상은 전기공사산업기사 이상의 국가기술자격자가 포함돼야 한다)
자본금	2억원 이상
사무실	공사업 운영을 위한 공부상 면적이 25제곱미터 이상인 사무실 확보

공사업의 등록기준(전기공사업법 시행령 제6조)
※ 개정 2016년 12월 30일

항목	공사업의 등록기준
기술능력	전기공사기술자 3명 이상(3명 중 1명 이상은 국가기술자격 종목 중 기술사, 기능장, 기사 또는 산업기사의 자격을 취득한 사람이어야 한다)
자본금	1억5천만원 이상
사무실	공사업 운영을 위한 사무실

67 국가기관, 지방자치단체, 공공기관, 그밖에 대통령령으로 정하는 자가 신·재생에너지 기술개발 및 이용·보급에 관한 계획을 수립·시행하려면 대통령령으로 정하는 바에 따라 미리 누구와 협의를 하여야 하는가?

① 시·도지사
② 국가기술표준원장
③ 한국전력공사사장
④ 산업통상자원부장관

해설 신·재생에너지 기술개발 등에 관한 계획의 사전협의 (신재생에너지법 제7조)
국가기관, 지방자치단체, 공공기관, 그밖에 대통령령으로 정하는 자가 신·재생에너지 기술개발 및 이용·보급에 관한 계획을 수립·시행하려면 대통령령으로 정하는 바에 따라 미리 산업통상자원부장관과 협의하여야 한다.

68 수소와 산소의 전기화학 반응을 통하여 전기 또는 열을 생산하는 설비는?

① 연료전지설비
② 산소에너지설비
③ 수소에너지설비
④ 수소 및 산소에너지설비

해설 연료전지의 발전원리
① 외부에서 수소와 산소를 공급하면 전기 에너지를 만든다.
② 수소와 산소의 화학반응으로 생기는 화학에너지를 직접 전기에너지로 변환시킨다.
$$H_2 + 1/2\,O_2 \rightarrow H_2O + 전기$$
③ 생성물이 전기와 순수(純水)인 발전효율 30~40%, 열효율 40% 이상으로 총 70~80%의 효율을 갖는다.
④ 배터리와 같은 에너지 저장기능은 없다.

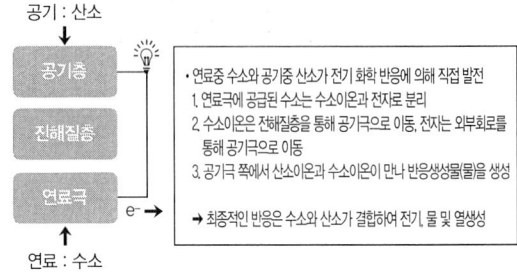

69 발전량의 일정량 이상을 의무적으로 신·재생에너지를 이용하여 공급하는 자로서 대통령령으로 정하는 자가 아닌 것은

① 한국광물공사
② 한국수자원공사
③ 한국지역난방공사
④ 50만 킬로와트 이상의 발전설비(신·재생에너지 설비는 제외한다)를 보유하는 자

해설 신·재생에너지 공급의무자(신재생에너지법 시행령 제18조의3)
① 전기사업법에 따른 발전사업자로서 500,000[kW] 이상의 발전설비(신·재생에너지 설비는 제외한다)를 보유하는 자
② 집단에너지사업법 및 전기사업법에 따른 발전사업의 허가를 받은 것으로 보는 자로서 500,000[kW] 이상의 발전설비(신·재생에너지 설비는 제외한다)를 보유하는 자
③ 한국수자원공사
④ 한국지역난방공사

70 온실가스의 종류가 아닌 것은?

① 메탄   ② 질소
③ 이산화질소   ④ 수소불화탄소

해설 정의(녹색성장법 제2조)
온실가스 : 이산화탄소(CO_2), 메탄(CH_4), 아산화질소(N_2O), 수소불화탄소(HFCs), 과불화탄소(PFCs), 육불

화황(SF_6) 및 그밖에 대통령령으로 정하는 것으로 적외선 복사열을 흡수하거나 재방출하여 온실효과를 유발하는 대기 중의 가스 상태의 물질

14.4.64 / 15.2.67 / 16.2.71 / 16.4.78 / 17.2.61 / 17.2.69 / 17.4.64 / 18.1.66 / 19.1.73 / 19.2.79 / 19.4.65 / 20.1.61 / 20.1.71 / 21.1.68

71 전기사업법에서 정의하는 용어의 뜻이 틀린 것은?

① '전기사업'이란 발전사업·송전사업·배전사업·전기판매업 및 구역전기사업을 말한다.
② '전력시장'이란 전력거래를 위하여 한국전력거래소가 개설하는 시장을 말한다.
③ '보편적 공급'이란 전기사용자가 언제 어디서나 최소한의 요금으로 전기를 사용할 수 있도록 전기를 공급하는 것을 말한다.
④ '발전사업'이란 전기를 생산하여 이를 전력시장을 통하여 전기 판매사업자에게 공급하는 것을 주된 목적으로 하는 사업을 말한다.

해설 정의(전기사업법 제2조)
보편적 공급이란 전기사용자가 언제 어디서나 적정한 요금으로 전기를 사용할 수 있도록 전기를 공급하는 것을 말한다.

16.2.72 / 16.4.66 / 21.1.61

72 신·재생에너지의 이용·보급을 촉진하기 위한 보급사업의 종류가 아닌 것은??

① 신기술의 적용사업 및 시범사업
② 지방자치단체와 연계한 보급사업
③ 실증단계의 신·재생에너지 설비의 보급을 지원하는 사업
④ 환경 친화적 신·재생에너지 집적화단지 및 시범단지 조성사업

해설 보급사업(신재생에너지법 제27조)
산업통상자원부장관은 신·재생에너지의 이용·보급을 촉진하기 위하여 필요하다고 인정하면 대통령령으로 정하는 바에 따라 다음의 보급사업을 할 수 있다.
① 신기술의 적용사업 및 시범사업
② 환경친화적 신·재생에너지 집적화단지 및 시범단지 조성사업
③ 지방자치단체와 연계한 보급사업
④ 실용화된 신·재생에너지 설비의 보급을 지원하는 사업
⑤ 그밖에 신·재생에너지 기술의 이용·보급을 촉진하기 위하여 필요한 사업으로서 산업통상자원부장관이 정하는 사업

73 KEC 한국전기설비규정의 변경으로 삭제됨

16.2.74 / 21.1.65

74 전기판매사업자가 전력시장운영규칙으로 정하는 바에 따라 우선적으로 구매할 수 있는 대상으로 틀린 것은?

① 자가용전기설비를 설치한 자
② 수력발전소를 운영하는 발전사업자
③ 설비용량이 3만 킬로와트 이하인 발전사업자
④ 발전사업의 허가를 받은 것으로 보는 집단에너지사업자

해설 전력거래(전기사업법 제31조)
전기판매사업자는 다음의 어느 하나에 해당하는 자가 생산한 전력을 전력시장운영규칙으로 정하는 바에 따라 우선적으로 구매할 수 있다.
① 대통령령으로 정하는 규모 이하의 발전사업자
② 자가용전기설비를 설치한 자
③ 신에너지 및 재생에너지를 이용하여 전기를 생산하는 발전사업자
④ 발전사업의 허가를 받은 것으로 보는 집단에너지사업자
⑤ 수력발전소를 운영하는 발전사업자

정답 70. ② 71. ③ 72. ③ 73. 74. ③

13.4.76 / 15.2.25 / 16.4.73 / 17.4.66 / 17.4.67 / 18.1.24 /
18.1.75 / 19.1.62 / 19.2.78 / 19.4.67 / 20.3.73 / 21.1.63 /
21.1.76 / 21.4.70

75 신재생에너지 개발·이용·보급 촉진법에 의해 공급인증기관이 개설한 거래시장 외에서 공급인증서를 거래한 자에게 부과하는 벌칙으로 옳은 것은?

① 1년 이하의 징역 또는 1천만원 이하의 벌금
② 2년 이하의 징역 또는 2천만원 이하의 벌금
③ 3년 이하의 징역 또는 3천만원 이하의 벌금
④ 3년 이상의 징역 또는 지원받은 금액의 3배 이상에 상당하는 벌금

해설 벌칙(신재생에너지법 제34조)

① 거짓이나 부정한 방법으로 발전차액을 지원받은 자와 그 사실을 알면서 발전차액을 지급한 자는 3년 이하의 징역 또는 지원받은 금액의 3배 이하에 상당하는 벌금에 처한다.

② 거짓이나 부정한 방법으로 공급인증서를 발급받은 자와 그 사실을 알면서 공급인증서를 발급한 자는 3년 이하의 징역 또는 3천만원 이하의 벌금에 처한다.

③ 공급인증기관이 개설한 거래시장 외에서 공급인증서를 거래한 자는 2년 이하의 징역 또는 2천만원 이하의 벌금에 처한다.

④ 법인의 대표자나 법인 또는 개인의 대리인, 사용인, 그 밖의 종업원이 그 법인 또는 개인의 업무에 관하여 ①~③까지의 어느 하나에 해당하는 위반행위를 하면 그 행위자를 벌하는 외에 그 법인 또는 개인에게도 해당 조문의 벌금형을 과한다. 다만, 법인 또는 개인이 그 위반행위를 방지하기 위하여 해당 업무에 관하여 상당한 주의와 감독을 게을리하지 아니한 경우에는 그렇지 않다.

16.2.76 / 16.4.76 / 20.3.68 / 20.4.71 / 21.4.74

76 전력계통에 연계하는 태양전지발전소에 시설하는 계측 장치로 옳은 것은?

① 주요변압기의 전압 및 전류 또는 전력
② 주요변압기의 전압 및 전류 또는 온도
③ 주요변압기의 전압 및 전류 또는 역률
④ 주요변압기의 전압 및 유온 또는 주파수

해설 계측장치(판단기준 제50조)

발전소에는 다음의 사항을 계측하는 장치를 시설하여야 한다. 다만, 태양전지 발전소는 연계하는 전력계통에 그 발전소 이외의 전원이 없는 것에 대하여는 그렇지 않다.

① 발전기·연료전지 또는 태양전지 모듈의 전압 및 전류 또는 전력
② 발전기의 베어링 및 고정자의 온도
③ 정격출력이 10,000[kW]를 초과하는 증기터빈에 접속하는 발전기의 진동의 진폭(정격출력이 400,000[kW] 이상의 증기터빈에 접속하는 발전기는 이를 자동적으로 기록하는 것에 한한다)
④ 주요 변압기의 전압 및 전류 또는 전력
⑤ 특고압용 변압기의 온도

16.2.77 / 17.1.63 / 17.1.72 / 20.4.63 / 21.1.72

77 정부는 중소기업의 녹색기술 및 녹색경영을 촉진하기 위하여 다양한 시책을 수립·시행할 수 있다. 다음 중 이에 해당하지 않는 사항은?

① 탄소시장의 개설 및 거래 활성
② 중소기업의 녹색기술 사업화의 촉진
③ 대기업과 중소기업의 공동사업에 대한 우선 지원
④ 녹색기술·녹색산업에 관한 전문인력 양성·공급 및 국외진출

해설 중소기업의 지원 등(녹색성장법 제33조)

정부는 중소기업의 녹색기술 및 녹색경영을 촉진하기 위하여 다음의 시책을 수립·시행할 수 있다.

① 대기업과 중소기업의 공동사업에 대한 우선 지원
② 대기업의 중소기업에 대한 기술지도·기술이전 및 기술인력 파견에 대한 지원

③ 중소기업의 녹색기술 사업화의 촉진
④ 녹색기술 개발 촉진을 위한 공공시설의 이용
⑤ 녹색기술·녹색산업에 관한 전문인력 양성·공급 및 국외진출
⑥ 그밖에 중소기업의 녹색기술 및 녹색경영을 촉진하기 위한 사항

16.2.78 / 16.4.65

78 동일인이 두 종류 이상의 전기사업을 할 수 있는 경우가 아닌 것은?

① 도서지역에서 전기사업을 하는 경우
② 발전사업과 전기판매사업을 겸업하는 경우
③ 배전사업과 전기판매사업을 겸업하는 경우
④ 발전사업의 허가를 받은 것으로 보는 집단에너지사업자가 전기판매사업을 겸업하는 경우

해설 두 종류 이상의 전기사업의 허가(전기사업법 시행령 제3조)
동일인이 두 종류 이상의 전기사업을 할 수 있는 경우는 다음과 같다.

① 배전사업과 전기판매사업을 겸업하는 경우
② 도서지역에서 전기사업을 하는 경우
③ 발전사업의 허가를 받은 것으로 보는 집단에너지사업자가 전기판매사업을 겸업하는 경우. 다만, 허가받은 공급구역에 전기를 공급하려는 경우로 한정한다.

16.2.79 / 21.2.78

79 450/750[V] 일반용 단심 비닐 절연 전선을 사용한 저압 가공전선이 위쪽에는 상부 조영재와 접근하는 경우의 전선과 상부 조영재 상호간의 최소 이격거리 [m]는?

① 1.0 ② 1.2
③ 2.0 ④ 2.5

해설 저압 인입선의 시설(판단기준 제100조)
저압 가공 인입선과 다른 시설물 사이의 이격거리는 다음에서 정한 값 이상이어야 한다.

다른 시설물의 구분	접근 형태	이격거리
조영물의 상부 조영재	위쪽	2[m] (전선이 다심형 전선, 옥외용 비닐절연전선 이외의 저압 절연전선인 경우에는 1[m], 고압 절연전선, 특고압 절연전선 또는 케이블인 경우에는 50[cm])
	옆쪽 또는 아래쪽	30[cm] (전선이 고압 절연전선, 특고압 절연전선 또는 케이블인 경우에는 15[cm])
조영물의 상부 조영재 이외의 부분 또는 조영물 이외의 시설물		30[cm] (전선이 고압 절연전선, 특고압 절연전선 또는 케이블인 경우에는 15[cm])

15.4.78 / 16.2.80 / 19.1.61 / 21.4.73

80 공급의무자의 의무공급량 중 일정부분은 산업통상자원부장관이 균형 있는 이용·보급이 필요하여 이 에너지로 공급하도록 규정하고 있는데 다음 중 어떤 에너지인가?

① 태양의 빛에너지를 변환시켜 전기를 생산하는 방식의 태양에너지
② 바람의 에너지를 변환시켜 전기를 생산하는 방식의 풍력에너지
③ 해양의 조수·파도·해류·온도차 등을 변환시켜 전기를 생산하는 방식의 해양에너지
④ 바이오에너지를 변환시켜 전기를 생산하는 방식의 바이오 에너지

[해설] 신·재생에너지의 종류 및 의무공급량(신재생에너지법 시행령 제18조4)
① 종류 : 태양에너지(태양의 빛에너지를 변환시켜 전기를 생산하는 방식에 한정한다)
② 연도별 의무공급량

해당 연도	의무공급량(단위: GWh)
2012년	276
2013년	723
2014년	1,353
2015년 이후	1,971

2016 제4회 기출문제

01 50[kW] 이상의 태양광발전설비에 의무적으로 설치하여야 하는 모니터링설비의 계측설비 중 전력량계의 정확도 기준으로 옳은 것은?

① 1[%] 이내
② 1.5[%] 이내
③ 3[%] 이내
④ 5[%] 이내

[해설] 계측설비별 요구사항

계측설비	요구사항	확인방법
인버터	CT 정확도 3[%] 이내	• 관련 내용이 명시된 설비 스펙 제시 • 인증 인버터는 면제
온도센서	정확도 ±0.3[℃] (-20~100[℃])미만	• 관련 내용이 명시된 설비 스펙 제시
	정확도 ±1[℃] (100~1000[℃])이내	• 관련 내용이 명시된 설비 스펙 제시
유량계, 열량계	정확도 ±1.5[%] 이내	• 관련 내용이 명시된 설비 스펙 제시
전력량계	정확도 1[%] 이내	• 관련 내용이 명시된 설비 스펙 제시

13.4.12 / 16.2.19 / 16.4.2 / 17.2.15 / 19.2.18 / 19.4.16 / 21.2.15 / 21.4.20

02 PN접합 다이오드의 P형반도체에 (+)바이어스를 가하고 N형반도체에 (−)바이어스를 가할 때 나타나는 현상은?

① 공핍층의 폭이 작아진다.
② 공핍층 내부의 전기장이 증가한다.
③ 전류는 소수캐리어에 의해 발생한다.
④ 다이오드는 부도체와 같은 특성을 보인다.

[해설]
PN 접합과 바이어스
1) 순방향 바이어스
P영역에 양(+)의 전압을 N영역에 (−)의 전압이 인가된 상태를 순방향(forward) 바이어스가 인가되었다고 함

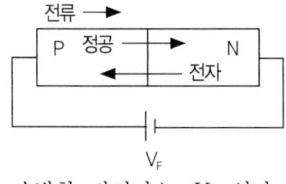
순방향 바이어스 V_F 인가

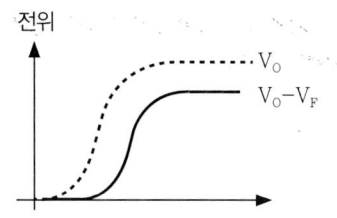

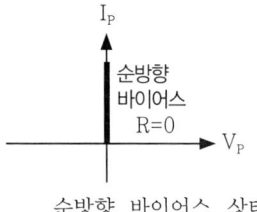
순방향 바이어스 상태

① p형과 n형반도체에 각각 존재하는 양공과 전자가 모두 p-n 접합 다이오드의 접합부 쪽으로 이동한다.
② 접합부에 형성된 결핍층(depletion layer)의 너비가 줄어들고 접합부에 형성된 포텐셜 장벽이 낮아지게 된다.
③ p형반도체의 양공은 n형반도체로 옮겨 가고, n형반도체의 전자는 p형반도체로 옮겨 가므로 p-n접합부를 지나는 전류가 흐른다.
④ 이상적인 전류-전압 특성은 순방향 바이어스상태에서 저항이 0이고, 전류는 무한대로 흐른다.

2) 역방향 바이어스
P영역에 (−)의 전압을 N영역에 (+)의 전압이 인가된 상태를 역방향(reverse) 바이어스가 인가되었다고 함

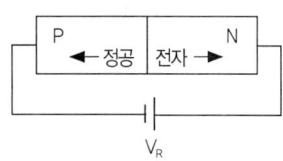
순방향 바이어스 V_R 인가

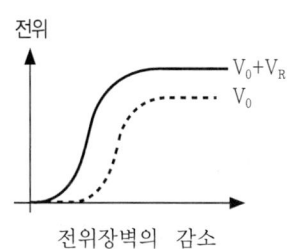
전위장벽의 감소

정답 1. ① 2. ①

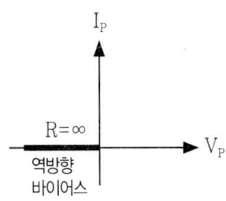

역방향 바이어스 상태

① p형과 n형반도체에 각각 존재하는 양공과 전자가 모두 p-n 접합 다이오드 양쪽 극단으로 이동한다.
② 접합부에 형성된 결핍층(depletion layer)의 너비가 늘어나고 접합부에 형성된 포텐셜 장벽도 높아진다.
③ p형반도체의 양공은 p형반도체의 끝 쪽으로, n형반도체의 전자는 n형반도체의 끝 쪽으로 옮겨 가게 되어 p-n접합부에는 전류가 흐르지 않는다.
④ 다이오드는 부도체와 같은 특성으로 저항은 무한대이고, 전류는 0이다.

16.4.3 / 17.1.53 / 17.2.59 / 17.4.41 / 19.1.49 / 20.1.42 / 20.3.47 / 20.4.43 / 21.1.60

03 개방전압의 측정 순서를 올바르게 나타낸 것은?

> ㉠ 측정하는 스트링의 단로 스위치만 ON하여(단로 스위치가 있는 경우) 직류 전압계로 각 스트링의 P-N 단자 간의 전압 측정
> ㉡ 태양전지 모듈에 음영이 발생되는 부분이 없는지 확인
> ㉢ 접속함의 출력 개폐기를 OFF
> ㉣ 접속함 각 스트링의 단로 스위치를 모두 OFF(단로 스위치가 있는 경우)

① ㉢-㉣-㉡-㉠
② ㉠-㉡-㉢-㉣
③ ㉡-㉢-㉣-㉠
④ ㉣-㉡-㉠-㉢

해설 개방 전압 측정순서

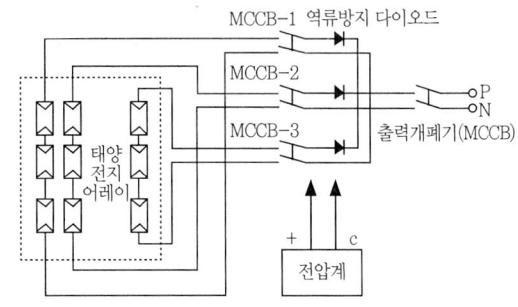

① 접속함 출력개폐기를 OFF한다.
② 접속함 각 스트링의 단로스위치(MCCB)를 모두 OFF한다.
③ 각 모듈이 음영의 영향을 받지 않는 것을 확인한다. (모듈의 불량 또는 모듈간의 접속불량 등이 발생하면 각 스트링의 개방전압 측정치가 불균일하다)
④ 측정하는 스트링의 단로스위치(MCCB)만 ON 한다.
⑤ 직류전압계로 각 스트링의 P-N 단자간 전압을 측정한다.

13.4.13 / 14.4.6 / 15.2.10 / 15.2.57 / 16.4.4 / 19.4.10 / 20.3.4 / 20.4.7 / 21.2.14

04 태양광 모듈의 단면을 보면 여러 층으로 이루어져 있다. 이러한 층을 이루는 재료 중에 태양전지를 외부의 습기와 먼지로부터 차단하기 위하여 현재 가장 일반적으로 사용하는 충진재는?

① FRP   ② TEDLAR
③ EVA   ④ Glass식

해설 EVA(Ethyl Vinyl Acetate)

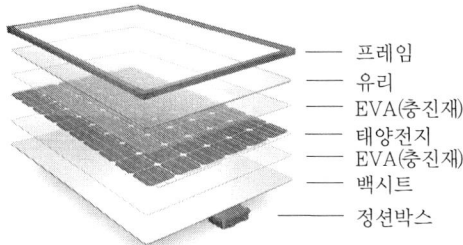

① 태양전지의 전면과 후면에 위치해 태양전지의 파손을 방지하는 완충재 기능과 후면시트를 접착해 봉입하는 역할, 장기간 성능저하와 변색이 없고 접착력을 유지해야하며, 습기침투 등 외부환경으로부터 태양전지를 보호해 20~30년 이상되는 태양전지의

수명을 유지하기 위한 재료이다.
② 백시트(불소필름과 PET 필름 적층)의 반사율 및 백색도 향상을 위해 형광 증백제를 필름 전체함량 중 100 ~ 900[ppm]으로 함유한다. 100[ppm] 미만인 경우는 백색도가 떨어져 광반사 효율이 떨어지며, 900[ppm]을 초과하는 경우는 백색도 및 반사율은 증가하나 자외선(ultraviolet, UV)에 안정성이 떨어져 외부에 장기 노출 시 황변현상이 나타나 백색도 및 반사율이 저하될 수 있다.

16.4.5 / 17.1.30 / 19.1.5 / 21.2.4

05 풍력발전기와 독립형 태양광발전시스템을 연계하여 발전하는 방식은?

① 독립형
② 계통연계형
③ 추적식
④ 하이브리드형

해설 태양광발전시스템의 종류

1) 독립형 태양광발전 시스템
   ① 외딴 섬과 같이 전기가 들어오지 않는 지역에서, 상용전력계통과 직접 연결되지 않고 분리된 발전방식으로, 태양광발전시스템의 발전 전력만으로 부하에 전력을 공급한다.
   ② 야간 혹은 우천 시, 태양광발전시스템의 발전이 불가할 때는 발전된 전력을 저장할 수 있는 축전장치를 접속하여 태양광 전력을 저장하여 사용하는 방식

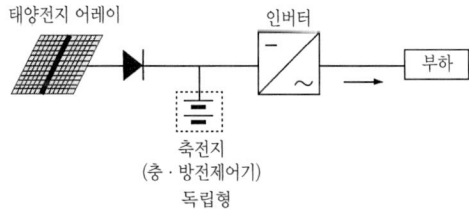
독립형

2) 계통연계형 : 태양광발전으로 부하에 전력공급시 전기가 부족하면 전력회사의 상용전력계통에서 공급을 받고, 전기가 남을 때는 전력회사(상용계통)에 공급하는 시스템

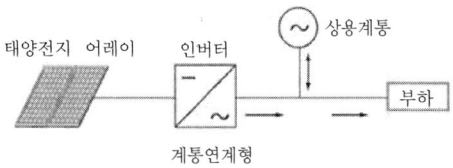
계통연계형

3) 하이브리드(Hybrid)형 : 풍력발전, 디젤발전 등 타 에너지원에 의한 발전방식과 결합된 방식

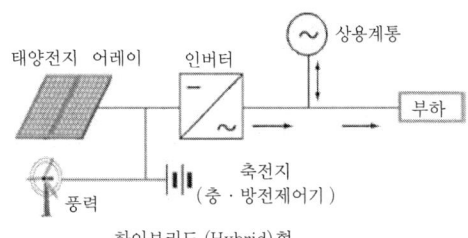
하이브리드 (Hybrid)형

14.4.1 / 16.4.6 / 17.4.20

06 태양전지의 변환효율에 영향을 주는 외부 요인이 아닌 것은?

① 기압
② 표면온도
③ 방사조도
④ 분광분포(air mass)

해설 태양전지 변환효율(η)
① 표준 시험조건(Standard Test Conditions, STC)에서 측정한 태양전지 출력전력을 입사된 빛 에너지(소자넓이 × 경사면 조사 강도)로 나누어 백분율로 나타낸 것
② 표준 시험조건 : 태양광발전 소자를 시험할 때의 기준이 되는 시험조건 즉, 태양광발전 소자가 빛을 받는 면의 조사강도 1000[W/m²], 태양전지 온도 25[℃], 분광분포(air mass) 1.5인 조건

16.4.7

07 220[V], 60[Hz] 교류전원을 변압기를 사용하여 24[V]의 교류전원으로 바꾸려고 한다. 이 변압기 1차 코일의 권선수가 300회 일 때, 2차 코일의 권선수는 몇 회로 하면 되는가?

① 약 22회
② 약 33회
③ 약 66회
④ 약 600회

해설 변압기의 원리

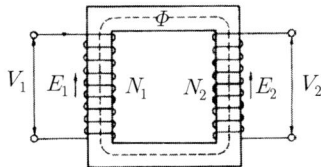

① 1개의 철심에 2개의 권선(코일)을 감고 한쪽의 권선에 전압 V_1[V]의 사인파 전압을 가하면, 철심 중에 자속 Φ[Wb]가 발생하며, 이 자속과 쇄교하는 다른 쪽 권선에는 권선 횟수에 비례하는 V_2의 전압을 공급받게 된다.

② 1차, 2차 권선에 유도되는 기전력의 비는 변압기의 권수비에 비례하며 권수비를 a라 하면

$$a = \frac{N_1}{N_2} = \frac{V_1}{V_2}$$

③ $a = \frac{300}{N_2} = \frac{220}{24}$

∴ $N_2 = \frac{N_1 \times V_2}{V_1} = \frac{300 \times 24}{220} ≒ 33 [회]$

16.4.8
08 그림의 회로는 축전지 회로 구성을 나타낸 것이다. 축전지 전체 출력단자 A와 B 사이의 전압과 축전지 용량은 각각 얼마인가? (단, 1개의 축전지용량은 12[V], 150[Ah]이다.)

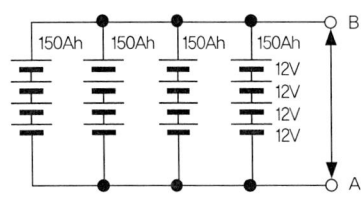

① DC 48[V], 150[Ah]
② DC 48[V], 600[Ah]
③ DC 12[V], 150[Ah]
④ DC 12[V], 600[Ah]

해설 축전지 출력전압과 축전지 용량

① 축전지 출력 전압 (V_{AB})
 V_{AB} = 단위 축전지 전압 × 직렬 수량
    = 12 × 4 = 48[V]

② 축전지 용량(C)
 C = 직렬 용량 × 병렬 개수 = 150 × 4
    = 600[Ah]

15.2.8 / 16.4.9 / 18.4.8 / 19.1.12 / 20.4.13
09 다음 중 태양전지의 열손실 요소가 아닌 것은?

① 전도   ② 대류
③ 풍속   ④ 복사

해설 태양전지는 태양빛 에너지가 전기에너지로 전환(전도, 대류, 복사)되는 과정에서 열손실이 발생되며, 풍속은 태양전지의 온도상승을 방지하는 효율상승 요소로 작용된다.

13.4.3 / 16.2.4 / 16.4.10 / 17.1.4 / 19.1.7 / 19.2.12 / 20.4.5 / 20.4.12
10 뇌서지 등에 의한 피해로부터 태양광발전시스템을 보호하기 위한 대책으로 틀린 것은?

① 뇌우의 발생지역에서는 교류전원측에 내뢰 트랜스를 설치한다.
② 피뢰소자를 어레이 주회로 내에 분산시켜 설치함과 동시에 접속함에도 설치한다.
③ 저압 배전선으로부터 침입하는 뇌서지에 대해서는 분전반에 피뢰소자를 설치한다.
④ 뇌서지가 내부로 침입하지 못하도록 피뢰소자를 설비 인입구에서 먼 장소에 설치한다.

해설 뇌 서지의 피해로부터 PV 시스템을 보호하기 위한 대책
① 피뢰소자를 어레이 주회로 내에 분산시켜 설치함과 동시에 접속함에도 설치한다.
② 뇌 서지가 내부로 침입하지 못하도록 피뢰소자를 설비인입구에서 가까운 장소에 설치한다.
③ 뇌우의 발생지역에서는 교류전원 측에 내뢰 트랜스를 설치한다.
④ 저압 배전선으로부터 침입하는 뇌서지에 대해서는 분전반에 피뢰소자를 설치한다.
⑤ 접속함 및 분전반 안에 설치하는 피뢰소자는 방전내량이 큰 것을 선정한다.
⑥ 피뢰소자의 접지측 배선은 되도록 짧게 유지하면서 설치한다.

정답 8.② 9.③ 10.④

15.4.16 / 16.4.11 / 18.1.17 / 18.4.18 / 19.2.8 / 19.2.16 / 19.4.2 / 20.1.5 / 20.4.14 / 20.4.20

11 내부저항이 각각 0.3[Ω] 및 0.2[Ω]인 1.5[V]의 두 전지를 직렬로 연결한 후에 외부에 2.5[Ω]의 저항 부하를 직렬로 연결하였다. 이 회로에 흐르는 전류는 몇 [A]인가?

① 0.5 ② 1.0 ③ 1.2 ④ 1.5

해설 직렬회로

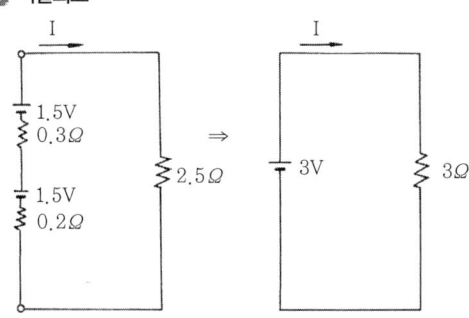

$$전류(I) = \frac{V_T}{R_T} = \frac{1.5 + 1.5}{0.2 + 0.3 + 2.5} = 1[A]$$

13.4.4 / 16.2.12 / 16.4.12 / 19.1.13 / 19.4.1 / 21.1.12 / 21.4.7 / 21.4.8

12 실효값이 220[V]인 교류전압을 1.2[kΩ]의 저항에 인가할 경우 소비되는 전력은 약 몇 [W]인가?

① 14.4 ② 18.3 ③ 26.4 ④ 40.3

해설 실효값(effective value)

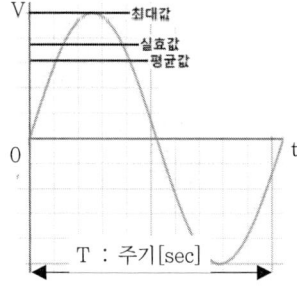

① 저항 R에 직류 전압 V[V]와 교류 전압 [V]를 같은 시간 동안 인가해서 발열량이 서로 같을 때, 직류 전압과 같은 효과가 있는 것으로 생각하고 실효적으로 같다고 결정한 값

② 정현파 교류의 실효값 V[V]와 최대값 V_m[V] 사이의 관계

$$V = \frac{1}{\sqrt{2}} \cdot V_m ≒ 0.707 V_m [V]$$

③ 소비전력(P)

$$P = \frac{V^2}{R} = \frac{220^2}{1200} ≒ 40.3 [W]$$

15.2.48 / 15.4.2 / 16.2.15 / 16.4.13 / 18.4.1 / 19.1.4 / 19.1.11 / 20.1.20 / 21.1.1 / 21.1.5

13 태양광발전의 기본 원리로서 1839년에 Edmond Becquerel에 의해 최초로 발견된 현상은?

① 광기전력 효과 ② 광전도 효과
③ 광흡수 효과 ④ 광자기장 효과

해설 PN접합에 의한 태양광 발전의 원리

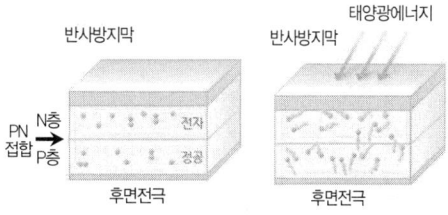

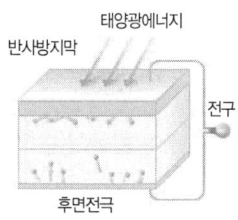

① p-n접합부 또는 정류작용이 있는 금속과 반도체의 경계면에는 접촉전위차가 있으므로 이 부분에 빛을 입사시키면, 반도체 중에 만들어진 전자와 정공(正孔)이 접촉전위차 때문에 분리되어 양쪽 물질에 서로 다른 종류의 전하가 나타나고 그 사이에 전위차(광기전력)가 생긴다.

② p-n접합 또는 금속과 반도체의 접촉 사이에 외부 회로를 연결하면 광전류가 구해지는데, 태양전지에 이용된다.

③ 1839년 프랑스의 물리학자 에드몬드 베크렐(Edmond Becquerel)이 전해액에 담근 은 전극에 빛을 비추니 적은 양의 전류가 흐르는 것을 처음으로 발견했다.

정답 11. ② 12. ④ 13. ①

14. 신재생에너지 중 재생에너지의 특징이 아닌 것은?

① 비고갈성 에너지이다.
② 기술주도형 자원이다.
③ 친환경 청정에너지이다.
④ 시설투자비가 적은 에너지이다.

해설 신·재생 에너지의 특징

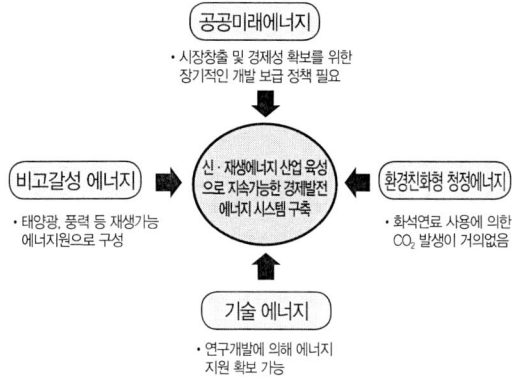

※ 개발 초기에 투자비용이 많이 들고, 경제성이 낮은 편이다.

15. 태양광발전시스템의 인버터에 대한 설명으로 틀린 것은?

① 옥내형만 가능하다.
② 자립 운전기능도 가능하다.
③ 직류를 교류로 변환하는 장치이다.
④ 잉여전력을 계통으로 역송전할 수 있다.

해설 인버터의 설치상태

옥내·옥외용을 구분하여 설치하여야한다. 단, 옥내용을 옥외에 설치하는 경우는 5[kW]이상 용량일 경우에만 가능하며 이 경우 빗물 침투를 방지할 수 있도록 옥내에 준하는 수준으로 외함 등을 설치하여야 한다.

16. 연료전지 구성요소 중 개질기(Reformer)에 대한 설명으로 옳은 것은?

① 연료전지에서 나오는 직류를 교류로 변환시키는 장치
② 수소가 함유된 일반연료(천연가스, 메탄올, 석탄 등)로부터 수소를 발생시키는 장치
③ 전해질이 함유된 전해질 판, 연료극, 공기극으로 구성된 장치
④ 원하는 전기출력을 얻기 위해 단위전지 수십에서 수백장을 직렬로 쌓아 올린 본체

해설 연료전지 발전시스템 구성도

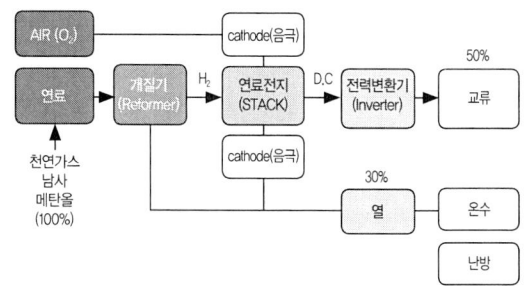

1) 개질기(Fuel Reformer)
화학적으로 수소를 함유하는 일반 연료(LPG, LNG, 메탄, 석탄가스 메탄올 등)로부터 연료전지가 필요로 하는 수소를 많이 포함하는 가스로 변환하는 제어장치

2) 스택(Stack)

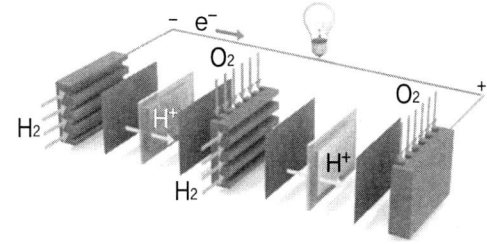

① 연료 개질 장치에서 들어오는 수소와 공기 중의 산소로 직류 전기와 물 및 부산물인 열을 발생시킨다.
② 원하는 전기출력을 얻기 위해 단위전지를 수십장, 수백장 직렬로 쌓아 올린 본체.

정답 14. ④ 15. ① 16. ②

3) 전력변환기(Inverter)
연료전지에서 나오는 직류 전원(DC)을 교류 전원(AC)로 변환시키는 장치

4) 주변보조기(BOP: Balance of Plant)
연료, 공기, 열회수 등을 위한 펌프류, Blower, 센서 등

16.4.17 / 17.1.19 / 18.4.12 / 19.2.10 / 20.1.16 / 20.3.20 / 21.1.14 / 21.2.20

17 실리콘(Si)에 도너(donor)불순물을 인가하여 만든 반도체는?

① 진성 반도체   ② P형반도체
③ N형반도체   ④ 제너 다이오드

해설 N형반도체
① 음의 (negative) 전하를 가지는 자유전자가 다수 캐리어인 것으로부터, negative의 머리글자를 취해서 N형반도체라 한다.
② 실리콘과 동일한 4가 원소의 진성 반도체에, 미량의 5가 원소 (인, 비소등)를 불순물로 첨가해서 만들어진다.
③ 결정(結晶) 속의 자유전자 때문에 도전율이 크게 된다.
④ N형반도체를 만들기 위한 불순물을 도너(donor)라 한다.

16.4.18 / 21.4.13

18 계통연계형 인버터에서 유럽의 기후에 대해 가중된 동적 효율을 무엇이라 하는가?

① 변환효율(η_{con})   ② 추적효율(η_{Tr})
③ 정격효율(η_{Inv})   ④ 유로효율(η_{Euro})

해설 인버터의 공칭효율과 유로효율
1) 공칭효율 : 인버터를 운전하는 조건에서 최대의 효율이 나오는 조건에서 최대 효율

2) 유로 효율(Euro Efficiency)
① 인버터를 실제 운전조건과 같게 해서 전 부하에서 부분 부하로 운전해서 효율의 가중평균을 낸, 유럽의 기후에 대해 가중된 동적 효율

② 실제로 인버터의 공칭효율이 98%인 경우에도 유로효율은 94%대가 나오는 경우도 있다.
③ 태양광발전소의 출력은 이 유로효율에 비례하기 때문에 공칭효율에 현혹되지 말고 유로효율을 구해야 한다.
④ 유로효율의 평상치는 94% 수준인데, 메이커에 따라 유로효율이 97%인 인버터도 출시되고 있어, 인버터를 잘 선택하면 태양광발전소 출력을 추가로 2% 이상 높일 수가 있다.

13.4.52 / 16.4.19 / 20.4.57 / 21.2.19

19 열점(Hot Spot)의 발생원인과 대책에 대한 설명으로 틀린 것은?

① 태양전지 셀의 결함, 특성으로 국부적 과열로 발생된다.
② 태양전지 모듈마다 SPD를 설치하여 전압의 파고치를 저하시킨다.
③ 바이패스 소자를 셀 구간마다 접속하여 역전류가 발생하면 우회시킨다.
④ 나뭇잎, 새의 배설물 등의 그늘로 인한 태양전지 셀 내부 열화로 발생한다.

해설 핫스팟(Hot Spot, 열점)

① 태양전지에 부분음영이 발생하면 식렬서항이 증가하고 병렬저항의 감소에 따라 전류가 줄어, 직렬로 연결된 다른 태양전지와 부정합 현상이 발생되고 태양전지에 역전압을 인가시킴과 동시에 열점을 발생시킨다.
② 열점현상이 지속되면 셀이나 유리의 파손, 납땜의 용융, 태양전지의 열화 같은 모듈 손실이 발생된다.
③ 바이패스 다이오드는 모듈의 손상을 방지해 주고, 부분 음영에 따른 전력손실을 최소화하는 역할을 한다.

정답 17. ③ 18. ④ 19. ②

※ 서지 어레스터(SPD: Surge Protective Device)는 계통에 서지 전류가 들어올 때, 그 전류가 부하를 통해 흐르지 않고 우회하도록 하여 부하에서 발생하는 전압강하가 과다하게 상승하는 것을 막아서 부하를 보호한다.

16.4.20
20 태양광발전시스템의 접속함을 선정할 때, 주의사항으로 틀린 것은?

① 정격 입력전류는 최대전류를 기준으로 선정한다.
② 접속함 내부는 최소한의 공간을 차지하도록 한다.
③ 접속함의 정격전압은 태양전지 스트링의 개방시의 최대 직류 전압으로 선정한다.
④ 노출된 장소에 설치되는 경우 빗물, 먼지 등이 함에 침입하지 않는 구조로 한다.

해설 접속함의 선정
① 정격 입력전류는 최대전류를 기준으로 선정하며, 직류 입력회로 모두 역전류방지 다이오드를 설치한다.
② 정격전압은 태양전지 스트링 개방시의 최대 직류 전압으로 선정하며, 입력부의 전원을 차단할 수 있는 차단기를 설치한다.
③ 모든 스트링 입력 회로마다 DC용 퓨즈를 시설하고, 출력 모선 회로에 근접하여 DC 차단기(또는 개폐기)를 접속함에 시설하여야 한다.
④ 유도뢰에 대한 보호장치로서 접속함 내에 서지보호장치(SPD)를 설치하고, 지락, 낙뢰, 단락 등으로 인해 태양광설비가 이상(異常)현상이 발생한 경우 육안확인이 가능하도록 한다.
⑤ 노출된 장소에 설치되는 경우 빗물, 먼지 등이 함에 침입하지 않는 구조이며, 전면부는 직사광선을 견딜 수 있는 폴리카보네이트(PC) 또는 동등이상(내열성)의 재질로 제작하여야 하고, 내부 발생열을 배출할 수 있는 환기구 및 방열판을 설치하여야 한다.
⑥ 다이오드용 방열판은 다이오드에서 발생된 열이 접속부로 전달되지 않도록 충분한 크기를 유지하거나, 별도의 분전반에 설치하여야한다.

16.4.21 / 17.4.30 / 18.1.35 / 19.4.30 / 20.1.32 / 20.3.40
21 태양전지 가대의 구조 설계 시 상정하중이 아닌 것은?

① 적설하중　　② 지진하중
③ 고정하중　　④ 온도하중

해설 구조물의 상정하중
① 수직하중 : 고정하중, 활하중, 적설하중
② 수평하중 : 풍하중, 지진하중
③ 고정하중 : 가대 본체의 하중과 가대에 적재하는 태양광 모듈 등의 적재하중 및 어레이의 구성에 필요한 기자재 등의 중량을 가산한 것으로써 영구적으로 작용하는 하중이다.

16.4.22 / 17.4.32 / 20.4.37
22 다음 중 설계도서 적용 시 고려사항으로 볼 수 없는 것은?

① 도면상 축적으로 잰 치수가 숫자로 나타낸 치수보다 우선한다.
② 특별시방서는 당해 공사에 한하여 일반시방서에 우선한다.
③ 특별시방서 및 도면에 기대되지 않은 사항은 일반시방서에 의한다.
④ 설계도면 및 시방서의 어느 한 쪽에 기재되어 있는 것은 그 양쪽에 기재되어 있는 사항과 동일하게 다룬다.

해설 설계도서 검토 및 적용시 고려사항
① 설계도면 및 시방서의 어느 한쪽에 기재되어 있는 것은 그 양쪽에 기재되어 있는 사항과 완전히 동일하게 다룬다.
② 숫자로 나타낸 치수는 도면상 축척으로 잰 치수보다 우선한다.
③ 특별시방서는 당해 공사에 한하여 일반시방서에 우선하여 적용한다.
④ 특별시방서 및 도면에 기재되지 않은 사항은 일반시방서에 의한다.
⑤ 상기 이외의 사항에 대해 공사계약문서 상호간에 차이와 문제가 있을 때는 감리원의 의견을 참조하여 사업주체가 최종적으로 결정한다.

정답 20. ② 21. ④ 22. ①

14.4.48 / 15.2.41 / 16.4.23 / 17.1.13 / 18.1.50 / 20.1.49 / 20.4.41

23 태양광발전소를 설치하는 수용가의 공통접속점에서의 역률을 몇 [%] 이상이어야 하는가?

① 75[%]   ② 80[%]
③ 85[%]   ④ 90[%]

해설 전기품질 항목
① 직류 유입 제한
  분산형전원 및 그 연계 시스템은 분산형 전원 연결점에서 최대 정격 출력전류의 0.5[%]를 초과하는 직류 전류를 계통으로 유입시켜서는 안된다.
② 역률
  분산형 전원의 역률은 90[%] 이상으로 유지함을 원칙으로 한다.
③ 플리커(flicker)
④ 고조파

15.4.24 / 16.4.24 / 18.1.39 / 19.4.22 / 20.4.23 / 20.4.28 / 21.4.26 / 21.2.40

24 저압 배전선로의 구성 중 방사상 방식의 특징이 아닌 것은?

① 구성이 단순하다.
② 공사비가 저렴하다.
③ 전압변동 및 전력손실이 크다.
④ 사고에 의한 정전 범위가 좁다.

해설 방사상(수지식) 방식

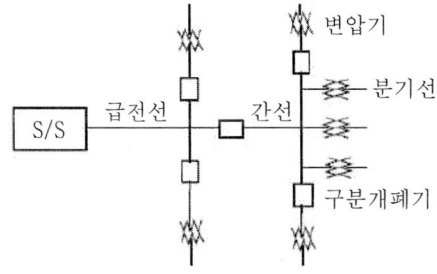

1) 부하의 분포에 따라서 나뭇가지 모양으로 분기선을 내면서 수요의 증가에 응하는 배전방식
2) 장점 : 간단하고 공사비가 저렴하다.
3) 단점
  ① 전압 변동 및 전력손실이 크다.
  ② 선로에 사고가 발생하면 사고선로 이후의 부하가 모두 정전이 불가피하므로 공급신뢰도가 매우 낮다.

16.4.25 / 17.1.24

25 다음 중 비상주감리원의 업무가 아닌 것은?

① 기성 및 준공검사
② 설계도서 등의 검토
③ 근무상황판에 현장근무 위치와 업무내용 기록
④ 공사와 관련하여 발주자가 요구한 기술적 사항 등에 대한 검토

해설 비상주감리원의 근무수칙
① 설계도서 등의 검토
② 상주감리원이 수행하지 못하는 현장 조사 분석 및 시공상의 문제점에 대한 기술검토와 민원사항에 대한 현지조사 및 해결방안 검토
③ 중요한 설계변경에 대한 기술검토
④ 설계변경 및 계약금액 조정의 심사
⑤ 기성 및 준공검사
⑥ 정기적(분기 또는 월별)으로 현장 시공 상태를 종합적으로 점검 · 확인 · 평가하고 기술지도
⑦ 공사와 관련하여 발주자(지원업무수행자 포함)가 요구한 기술적 사항 등에 대한 검토
⑧ 그밖에 감리업무 추진에 필요한 기술지원 업무

13.4.11 / 14.4.36 / 16.4.26 / 17.2.5 / 17.2.25 / 17.2.33 / 17.4.7 / 18.2.40 / 19.1.39 / 20.4.25 / 21.2.16 / 21.2.32 / 21.4.3

26 건축물에 피뢰설비가 설치되어야 하는 높이는 몇 [m] 이상인가?

① 10   ② 15   ③ 20   ④ 25

해설 피뢰설비
낙뢰의 우려가 있는 건축물, 높이 20[m] 이상의 건축물 또는 높이 20[m] 이상의 공작물(건축물에 공작물을 설치하여 그 전체 높이가 20[m] 이상인 것을 포함한다)에는 다음의 기준에 적합하게 피뢰설비를 설치하여야 한다.
① 피뢰설비는 한국산업표준이 정하는 피뢰레벨 등급에 적합한 피뢰설비일 것. 다만, 위험물저장 및 처리시설에 설치하는 피뢰설비는 한국산업표준이 정하는 피뢰시스템레벨 Ⅱ 이상이어야 한다.

정답 23. ④ 24. ④ 25. ③ 26. ③

② 돌침은 건축물의 맨 윗부분으로부터 25[cm]이상 돌출시켜 설치하되, 설계하중에 견딜 수 있는 구조일 것
③ 피뢰설비의 재료는 최소 단면적이 피복이 없는 동선을 기준으로 수뢰부, 인하도선 및 접지극은 50[mm²] 이상이거나 이와 동등 이상의 성능을 갖출 것
④ 피뢰설비의 인하도선을 대신하여 철골조의 철골구조물과 철근콘크리트조의 철근구조체 등을 사용하는 경우에는 전기적 연속성이 보장될 것. 이 경우 전기적 연속성이 있다고 판단되기 위해서는 건축물 금속 구조체의 최상단부와 지표레벨 사이의 전기저항이 0.2[Ω]이하이어야 한다.
⑤ 측면 낙뢰를 방지하기 위하여 높이가 60[m]을 초과하는 건축물 등에는 지면에서 건축물 높이의 5분의 4가 되는 지점부터 최상단부분까지의 측면에 수뢰부를 설치하여야 하며, 지표레벨에서 최상단부의 높이가 150[m]을 초과하는 건축물은 120[m] 지점부터 최상단부분까지의 측면에 수뢰부를 설치할 것. 다만, 건축물의 외벽이 금속부재로 마감되고, 금속부재 상호간에 제④의 후단에 적합한 전기적 연속성이 보장되며 피뢰시스템레벨 등급에 적합하게 설치하여 인하도선에 연결한 경우에는 측면 수뢰부가 설치된 것으로 본다.
⑥ 접지(接地)는 환경오염을 일으킬 수 있는 시공방법이나 화학 첨가물 등을 사용하지 아니할 것

13.4.22 / 15.2.37 / 16.4.27 / 17.1.33 / 17.2.36 / 17.4.29 / 18.4.33 / 20.4.27 / 21.1.34

27 화재 시 전선배관의 관통부분에서의 방화구획 조치가 아닌 것은?

① 충전재 사용
② 난연 레진 사용
③ 난연 테이프 사용
④ 폴리에틸렌(PE) 케이블 사용

해설 방화구획 관통부의 처리

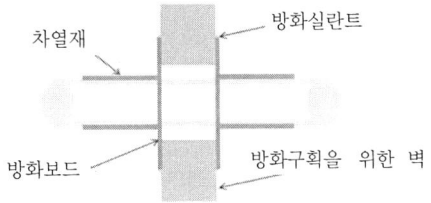

1) 방화구획 관통부의 처리를 하는 것은 화재 발생 시의 방화 대책인 벽, 바닥, 기둥 등을 통과하는 전선, 배관의 관통 부분에서 다른 설비로 불길이 번지거나 확대하는 것을 방지하기 위해서이다.

2) 배선을 옥외에서 옥내로 끌어들인 관통 부분의 처리 방법으로는 다음과 같다.
① 난연성
관통 부분의 충전재, 케이블, 배관재의 변형, 파손, 탈락, 소실로 인해 뒷면에 화염, 연기가 나지 않을 것
② 내열성
관통 부분의 충전재, 내열씰재의 전열에 의해 뒷면이 연소할 위험이 있는 온도가 되지 않을 것
③ 관통부의 내화구조에 대한 성능시험은 단일 제품(예: 방화용 실런트 또는 기타자재)에 대한 시험이 아니라 복합구조(예: 방화용 실런트와 철판, 암면 등의 조합)의 시스템을 제시하여 그 시스템에 대해서 시험성적을 취득한다.

13.4.35 / 14.4.23 / 14.4.30 / 16.2.46 / 16.4.28 / 17.2.31 / 18.1.23 / 18.1.53 / 20.3.39 / 21.1.31 / 21.2.48 / 21.4.25

28 접지저항은 대지 저항률에 따라 크게 좌우된다. 대지 저항률에 영향을 주는 요인으로 틀린 것은?

① 물리적 영향
② 온도적 영향
③ 계절적 영향
④ 흙의 종류나 수분의 영향

해설 대지 저항률
(1) 접지 저항 계산 및 접지전극 수의 계산에 절대적인 함수이며, 정확한 대지 저항률의 측정 및 반영을 통해 확실한 접지의 설계 및 시공이 가능한데 대지 저항률은 여러 가지 변수에 의해 변화하게 되며, 이러한 대지 저항률의 변화에 의해 시공된 접지 저항치가 변화하게 된다.

(2) 대지 저항률에 영향을 주는 요인
① 대지내의 수분의 함유량
② 수분의 화학적 성분
③ 토양의 종류

④ 지질 성분
⑤ 대지의 온도 및 기후
⑥ 지역적 특성

13.4.36 / 16.4.29

29 지붕에 설치하는 태양전지 모듈의 설치방법으로 틀린 것은?

① 시공, 유지보수 등의 작업을 하기 쉽도록 한다.
② 온도상승을 방지하기 위해 지붕과 모듈간에는 간격을 둔다.
③ 모듈 고정용 볼트, 너트 등은 상부에서 조일 수 있어야 한다.
④ 태양전지 모듈의 설치방법 중 세로 깔기는 모듈의 긴 쪽이 상하가 되도록 설치한다.

해설 모듈의 종방향 설치

① 모듈의 긴 쪽이 상하가 되도록 설치하는 것
② 자연강우에 의한 세정효과가 좋고, 적설 시 눈의 추락위험이 적다.
③ 전선의 고정 및 정리가 쉽다.

※ 종방향과 횡방향의 설치 방법에 따른 필요 발전부지의 면적에는 차이가 없다.

16.4.30 / 20.1.38

30 태양광발전시스템의 시공절차와 주의사항에 대한 설명으로 틀린 것은?

① 주철가대, 금속제 외함 및 금속배관 등은 누전사고 방지를 위한 접지공사가 필요하다.
② 태양광발전시스템의 전기공사는 태양전지 모듈의 설치와 병행하여 진행한다.
③ 공사용 자재 반입 시 레커차를 사용할 경우, 레커차의 암 선단이 배전선에 근접할 때, 절연전선 또는 전력케이블에 보호관을 씌운 후 전력회사에 통보한다.
④ 태양전지 모듈의 배열 및 결선방법은 모듈의 출력 전압과 설치장소에 따라 다르기 때문에 체크리스트를 이용하여 시공 전과 후에도 확인하는 것이 바람직하다.

해설 관계기관에 사전 협조요청
① 공사계획서 및 자재 반입 계획서 작성시 현장을 점검하여 관계기관의 협조에 의한 안전조치의 필요성이 요구될 때에는 반드시 공사 착공 전에 사전협의 및 안전조치 후 공사를 시행한다.
② 배전선로의 절연전선 또는 전력케이블은 전력회사의 소유서서 임으로 전력케이블에 보호관을 씌울 수는 없으며, 전력회사에 협조요청하면 전력회사와 계약된 배전선로 유지보수업체에서 조치를 취한다.

14.4.38 / 16.4.31 / 19.1.21 / 20.1.29 / 21.4.22

31 지중전선로는 도시의 미관, 자연재해의 사고에 대한 고신뢰도 등이 요구되는 경우에 사용된다. 지중전선로의 특징으로 옳은 것은?

① 건설비가 싸다.
② 송전용량이 적다.
③ 건설기간이 짧다.
④ 사고복구를 단시간에 할 수 있다.

해설 지중전선로의 장·단점
1) 장점
① 도시의 미관을 해치지 않는다.
② 폭풍우나 낙뢰(落雷), 염진(鹽塵) 등의 기상적 재해로부터 안전하다.

정답 29. ④ 30. ③ 31. ②

③ 고장이 적다.
④ 유도장해 경감

2) 단점
① 고장점 발견 복구가 어렵다.
② 공사비가 비싸고 공사기간이 길다.
③ 송전용량이 비교적 낮다.
④ 신규 추가설치가 곤란하다.

16.2.11 / 16.4.32 / 17.1.28 / 20.1.39 / 20.3.6 / 20.3.7 / 21.2.28 / 21.2.31

32 다음 중 지붕에 설치하는 태양광발전 형태로 틀린 것은?

① 창재형
② 지붕설치형
③ 톱라이트형
④ 지붕건재형

해설 창에 설치하는 태양광발전 형태
① 창재형 : 태양전지가 창문 유리로서의 기능(채광성, 투시성)을 하는 형태

② 톱라이트(Top Light)형 : 건물 상부의 채광용 창문부에 설치되는 것

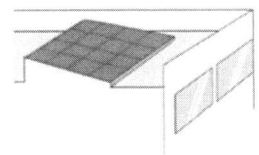

16.4.33 / 17.1.36 / 19.2.28 / 20.3.33

33 태양광발전시스템의 전기배선공사는 직류 배선공사와 교류 배선공사를 들 수 있다. 직류 배선공사의 특징으로 옳은 것은?

① 교류 배선공사보다 효율이 좋다.
② 감전위험이 크다.
③ 절연비용이 비싸다.
④ 아크 소호에 유리하다.

해설 전기 방식의 종류
(1) 교류방식
① 변압기를 이용하여 전압의 승압 · 강하가 쉽다.
② 교류기는 회전자계를 쉽게 얻을 수 있다.
③ 대부분이 교류 방식이므로 운용상의 일관성을 갖는다.
(2) 직류 방식
① 교류보다 $\sqrt{2}$배 낮은 전압으로 송전이 가능하므로 절연이 쉽다.
② 리액턴스에 의한 전압강하가 없으므로 장거리 선로에 적합하다.
③ 전력손실이 적다.(유전체 손실과 표피효과가 발생하지 않는다.)
④ 안정도가 좋다.

16.4.34

34 태양전지 어레이의 출력 확인 방법이 아닌 것은?

① 단락전류의 확인
② 절연저항의 측정
③ 모듈의 정격전압 측정
④ 모듈의 정격전류 측정

해설 절연저항의 측정
① 절연물에 직류 전압을 가했을 때 발생하는 누설전류에 대하여 전압과 전류의 비로 구한 저항
② 전류가 절연물의 표면으로 흐르는 정도의 측정이 가능하다.

16.2.28 / 16.4.35 / 17.2.38 / 19.4.23 / 19.4.28 / 19.4.33 / 20.3.24 / 20.3.26 / 20.3.27 / 20.3.32 / 21.1.28 / 21.2.34

35 감리원은 매 분기마다 공사업자로부터 안전관리 결과 보고서를 제출받아 이를 검토하고 미비한 사항이 있을 때에는 시정하도록 조치하여야 한다. 이때 공사업자가 제출하는 안전관리결과 보고서에 포함되는 서류가 아닌 것은?

① 안전보건 관리체제
② 안전관리 조직표
③ 안전교육 실적표
④ 건강진단서

해설 안전관리결과 보고서의 검토

감리원은 매 분기마다 공사업자로부터 안전관리 결과 보고서를 제출받아 이를 검토하고 미비한 사항이 있을 때에는 시정하도록 조치하여야 하며, 안전관리결과보고서에는 다음의 서류가 포함되어야 한다.
① 안전관리 조직표
② 안전보건 관리체제
③ 재해발생 현황
④ 산재요양신청서 사본
⑤ 안전교육 실적표
⑥ 그밖에 필요한 서류

16.4.36 / 17.4.28 / 21.2.33

36 지붕설치형 태양전지 모듈과 가대 지지기구의 재료에 관한 설명으로 틀린 것은?

① 태양전지 모듈은 지붕 위에서 취급이 쉽도록 짧은 변은 1[m] 이하, 중량은 15[kg] 정도 이하로 한다.
② 가대 지지기구의 재료는 장기간 옥외 사용에 견딜 수 있도록 일반 강재를 이용하여 제작 한다.
③ 태양전지 셀의 색은 기본적으로 단결정은 흑색계, 다결정은 청색계, 아몰퍼스는 갈색 계통이다.
④ 태양전지 모듈은 작업성을 고려하여 매수를 적게 하기 위해 출력이 큰 대형사이즈가 사용된다.

해설 지지대, 연결부, 기초(용접부위 포함)

지지대는 다음의 재질로 제작하여야 한다. 지지대간 연결 및 모듈-지지대 연결은 가능한 볼트로 체결하되, 절단가공 및 용접부위(도금처리제품 한정)는 용융아연 도금처리를 하거나 에폭시 아연페인트를 2회 이상 도포하여야 한다.
① 용융아연 또는 용융아연-알루미늄-마그네슘합금 도금된 형강
② 스테인리스 스틸(STS)
③ 알루미늄합금
④ ①~③까지의 동등이상 성능

16.4.37 / 20.1.24

37 다음 중 변전실의 면적에 영향을 주는 요소로 틀린 것은?

① 수전전압 및 수전방식
② 변전실의 접지방식
③ 변전설비 시스템 방식
④ 건축물의 구조적 요건

해설 변전실 면적에 영향을 주는 요소
① 수전전압 및 수전방식
② 변전설비 강압방식, 변압기 용량, 수량 및 형식(변전설비 시스템 방식)
③ 설치 기기와 큐비클 및 시방
④ 기기의 배치방법 및 유지보수 필요 면적
⑤ 건축물의 구조적 여건

13.4.26 / 15.4.28 / 16.4.38 / 17.1.51 / 17.2.22 / 17.2.54 / 17.4.23
/ 17.4.53 / 18.1.21 / 18.1.47 / 18.2.46 / 18.2.53 / 18.4.23 /
19.1.60 / 19.2.26 / 19.2.42 / 19.4.27 / 19.4.49 / 20.1.52 /
20.3.23 / 20.3.41 / 20.4.24 / 21.1.38 / 21.4.42 / 21.4.48

38 태양전지 모듈 설치 시 감전방지대책으로 옳은 것은?

① 작업 시에는 일반 장갑을 착용한다.
② 강우 시 발전이 없기 때문에 작업을 해도 무관하다.
③ 태양광 모듈을 수리할 경우 표면을 차광시트로 씌워야 한다.
④ 태양전지 모듈은 저압이기 때문에 공구는 반드시 절연처리 될 필요가 없다.량

해설 모듈 설치 시 감전방지대책
① 전선피복 상태 관리
② 절연 장갑을 착용한다.
③ 절연 처리된 공구를 사용한다.
④ 태양전지 모듈 및 인버터 전원 개방
⑤ 작업 전 태양전지 모듈 표면에 차광막을 씌워 태양광을 차폐한다.
⑥ 강우 시에는 감전사고와 미끄러짐으로 인한 추락사고로 이어질 우려가 있으므로 작업을 금지한다.

정답 36. ② 37. ② 38. ③

15.2.36 / 16.4.39 / 19.1.23 / 20.1.26 / 21.4.27

39 책임 감리원이 분기보고서를 발주자에게 제출하는 기간은 매 분기 말 다음 달 며칠 이내로 제출하여야 하는가?

① 5일 ② 7일
③ 10일 ④ 15일

해설 책임감리원은 다음의 내용이 포함된 분기보고서를 작성하여 발주자에게 제출하여야 한다. 보고서는 매 분기말 다음 달 7일 이내로 제출한다.
① 공사추진 현황(공사계획의 개요와 공사추진계획 및 실적, 공정현황, 감리용역현황, 감리조직, 감리원 조치내역 등)
② 감리원 업무일지
③ 품질검사 및 관리현황
④ 검사요청 및 결과통보내용
⑤ 주요기자재 검사 및 수불내용(주요기자재 검사 및 입·출고가 명시된 수불현황)
⑥ 설계변경 현황
⑦ 그밖에 책임감리원이 감리에 관하여 중요하다고 인정하는 사항

13.4.29 / 16.4.40 / 19.4.34 / 21.2.35

40 다음 중 태양광설비 시공기준에 관한 설명으로 틀린 것은?

① 실내용 인버터를 실외에 설치하는 경우는 5[kW] 이상 이어야 한다.
② 모듈에서 실내에 이르는 배선에 쓰이는 전선은 모듈 전용선 또는 TFR-CV 선을 사용하여야 한다.
③ 태양전지 모듈에서 인버터 입력단간의 전압강하는 10[%]를 초과하여서는 안된다.
④ 역전류 방지 다이오드의 용량은 모듈단락전류의 2배 이상 이어야 하며 현장에서 확인할 수 있도록 표시한다.

해설 전압강하
모듈에서 인버터 입력단 간 및 인버터 출력단과 계통연계점 간의 전압강하는 각 3[%]을 초과하여서는 아니 된다. 다만, 전선길이가 60[m]을 초과할 경우에는 아래 표에 따라 시공할 수 있다.

전선길이	120[m]이하	200[m]이하	200[m]초과
전압강하	5[%]	6[%]	7[%]

16.4.41 / 17.4.35

41 태양광발전시스템의 접지공사에 사용되는 접지선의 표시는 주로 무슨 색으로 하는가?

① 적색 ② 백색
③ 흑색 ④ 녹색

해설 일반적인 3상 4선식 부스바의 색상
① R상 : 흑색(B)
② S상 : 적색(R)
③ T상 : 청색(BL)
④ N상 : 백색(W)
⑤ 접지(E) : 녹(G), 황녹(G/Y)

16.4.42 / 17.1.48 / 19.1.47

42 산업통상자원부장관이 전기사업을 허가 또는 변경허가를 하려는 경우 심의를 거쳐야 하는 기관은?

① 전기위원회 ② 전력거래소
③ 한국전력공사 ④ 전기안전공사

해설 전기사업의 허가(전기사업법 제7조)
(1) 전기사업을 하려는 자는 전기사업의 종류별로 산업통상자원부장관의 허가를 받아야 한다. 허가받은 사항 중 산업통상자원부령으로 정하는 중요 사항을 변경하려는 경우에도 또한 같다.
(2) 산업통상자원부장관은 전기사업을 허가 또는 변경허가를 하려는 경우에는 미리 전기위원회의 심의를 거쳐야 한다.
(3) 동일인에게는 두 종류 이상의 전기사업을 허가할 수 없다. 다만 동일인이 두 종류 이상의 전기사업을 할 수 있는 경우는 다음과 같다.(전기사업법 시행령 제3조)
① 배전사업과 전기판매사업을 겸업하는 경우

정답 39. ② 40. ③ 41. ④ 42. ①

② 도서지역에서 전기사업을 하는 경우
③ 발전사업의 허가를 받은 것으로 보는 집단에너지사업자가 전기판매사업을 겸업하는 경우. 다만, 허가받은 공급구역에 전기를 공급하려는 경우로 한정한다.

③ 서지업서버 등의 정격에 약한 회로들은 회로에서 분리하여 측정한다.
④ 절연변압기가 별도로 설치된 경우에는 이를 포함하여 측정한다.
⑤ 절연변압기를 장착하지 않은 인버터는 제조사 추천방식으로 측정한다.

※ 직류단자와 대지 간의 절연저항 측정은 인버터의 입력측 절연저항측정방법이다.

15.4.43 / 16.4.43 / 16.4.53 / 17.4.58 / 18.2.26 / 19.4.48 / 20.1.45

43 인버터 출력회로의 절연저항 측정방법으로 틀린 것은??

① 분전반 내의 분기 차단기를 개방
② 태양전지 회로를 접속함에서 분리
③ 직류단자와 대지 간의 절연저항 측정
④ 직류측의 모든 입력단자 및 교류측의 전체 출력 단자를 각각 단락

[해설] 인버터의 절연저항 측정

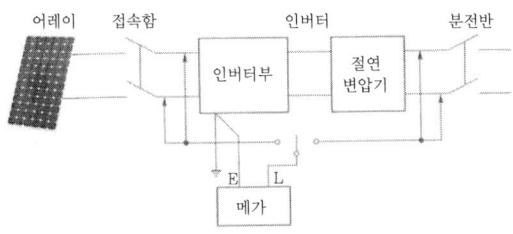

(1) 입력회로
① 태양전지회로를 접속함에서 분리한다.
② 분전반 내의 분기회로 차단기를 개방한다.
③ 인버터의 입·출력단자를 단락하고, 직류단자와 대지간을 절연저항계(Megger)로 측정한다.

(2) 출력회로
① 태양전지회로를 접속함에서 분리한다.
② 분전반 내의 분기회로 차단기를 개방한다.
③ 인버터의 교류측 회로를 분전반 차단기에서 분리하여 분전반까지의 전로를 포함하여 측정한다.
④ 인버터의 입·출력단자를 단락하고, 출력단자와 대지간을 절연저항계(Megger)로 측정한다.

(3) 기타 주의사항
① 정격전압이 입출력과 다를 때는 높은 측의 전압을 절연저항계의 선택기준으로 한다.
② 입출력 단자에 주회로 이외의 제어단자 등이 있는 경우는 이것을 포함해서 측정한다.

16.4.44 / 17.4.47 / 20.1.50 / 20.3.44

44 결정질 태양전지모듈 외관검사에서 태양전지모듈 외관, 셀 등의 크랙, 구부러짐, 갈라짐 등의 이상유무를 확인하기 위해 몇 [lx] 이상의 광 조사상태에서 검사하는가?

① 800   ② 900   ③ 1000   ④ 1100

[해설] 모듈 외관(육안) 검사
1000[Lux] 이상의 광조사 상태에서 모듈 외관, 태양전지 셀 등에 크랙(Crack), 구부러짐, 갈라짐 등이 없는지 확인하고, 셀 간 접속 및 다른 접속부분에 결함이 없는지, 셀과 셀, 셀과 프레임상의 터치가 없는지, 접속에 결함이 없는지 등을 검사한다.

16.4.45 / 17.2.57 / 17.4.54 / 19.2.45 / 19.4.53 / 20.3.45

45 태양광발전시스템의 유지보수를 위한 점검계획 시 고려해야 할 사항이 아닌 것은?

① 설비의 사용시간   ② 설비의 상호배치
③ 설비의 주위환경   ④ 설비의 고장이력

[해설] 태양광발전시스템 유지보수를 위한 점검계획시 고려사항
① 설비의 사용시간
오래된 설비의 고장 확률이 높기 때문에 점검 주기를 단축하여 실시한다.
② 설비 중요도
설비의 중요도에 따라 점검 주기를 적정하게 선택하고 실시한다.
③ 설비의 주위환경
설비의 설치장소(옥내·외)와 환경(분진, 습기 등)에 따라 보수 및 점검하는 주기를 계획한다.
④ 설비의 고장 점검 및 고장이력

정답 43. ③ 44. ③ 45. ②

설비에 고장이 발생할 시에는 즉시 문제를 해결하며, 문제의 재발 방지를 위해 고장 이력서의 작성 및 반영한다.
⑤ 설비의 부하 점검
태양광발전시스템 설비의 부하가 증가한 경우 부하 점검 주기를 단축해야 한다.

16.4.46 / 21.4.50

46 사업용 태양광발전설비 정기검사 중 변압기검사 수검자 준비 자료에 해당하는 것은?

① 계기교정시험 성적서
② 안전밸브시험 성적서
③ 접지저항시험 성적서
④ 태양전지 트립 인터록 도면

해설 사업용 태양광발전설비 정기검사 중 변압기검사 수검자 준비 자료
① 전회검사 성적서
② 시퀀스 도면
③ 보호계전기시험 성적서
④ 계기교정시험 성적서
⑤ 경보회로시험 성적서
⑥ 절연저항시험 성적서
⑦ 절연유 내압시험 성적서

16.2.47 / 16.2.51 / 16.4.47 / 17.2.42 / 18.1.45 / 18.2.44 / 18.2.54 / 19.1.43 / 19.1.51 / 19.1.53 / 19.4.42 / 19.4.47 / 20.3.48 / 20.4.42 / 20.4.45 / 20.4.51 / 21.1.46 / 21.1.51 / 21.1.58 / 21.4.44 / 21.2.47 / 21.4.56

47 보기 중 결정질 실리콘 태양전지 모듈 성능시험 항목의 내용을 모두 나타낸 것은?

| ㄱ. 우박 시험 | ㄴ. 절연 시험 |
| ㄷ. 실내노출 시험 | ㄹ. 고온고습 시험 |

① ㄱ, ㄴ, ㄷ
② ㄱ, ㄴ, ㄹ
③ ㄱ, ㄷ, ㄹ
④ ㄴ, ㄷ, ㄹ

해설 결정질 실리콘 모듈 성능시험항목
① 외관 검사
② 최대 출력 결정

③ 절연 시험
④ 온도계수의 측정
⑤ 공칭 태양전지 동작 온도(NOCT: Nominal Operating Cell Temperature)의 측정
⑥ STC(Standard Temperature Condition, 표준 온도 조건) 및 NOCT에서의 성능
⑦ 낮은 조사강도에서의 특성
⑧ 옥외노출 시험
⑨ 열점내구성시험
⑩ UV 전처리 시험(UV preconditioning test)
⑪ 온도 사이클 시험
⑫ 습도-동결 시험
⑬ 고온고습 시험
⑭ 단자강도 시험
⑮ 습윤 누설전류 시험
⑯ 기계적 하중 시험
⑰ 우박 시험
⑱ 바이패스 다이오드 열 시험(Bypass diode thermal test)
⑲ 염수분무 시험

13.4.44 / 13.4.54 / 16.4.48 / 17.1.57 / 17.4.48 / 18.1.49 / 18.4.44 / 18.4.53 / 19.4.50 / 20.1.59

48 태양광발전설비의 접속함 점검 사항이 아닌 것은?

① 퓨즈 상태 확인
② 조도계 센서 동작여부
③ 역전류 방지 다이오드 이상 유무
④ 접속부의 볼트 조임 상태 및 발열 상태

해설 접속함 점검내용
① 외함의 부식·파손, 볼트 조임 상태
② 외부 배선 및 접속단자 조임 상태 및 발열·소손 여부 (퓨즈, 역전류 방지 다이오드, SPD, 극성)
③ 접지선 손상 및 접지단자 접속 상태
④ 전선인입부의 방수처리상태
⑤ 절연저항측정
⑥ 개방전압측정(어레이 출력확인)

정답 46. ① 47. ② 48. ②

13.4.53 / 15.4.58 / 16.4.49 / 18.1.55 / 18.2.32 / 18.4.35 /
18.4.43 / 19.2.55 / 20.1.55 / 20.3.46 / 20.4.56 / 21.2.51

49 인버터에 'Line Over Frequency Fault'로 표시되었을 경우의 현상 설명으로 옳은 것은?

① 계통전압이 규정치 이상일 때
② 계통전압이 규정치 이하일 때
③ 계통주파수가 규정치 이상일 때
④ 계통주파수가 규정치 이하일 때)

해설 인버터의 표시내용

① 한전 과전압(Line over voltage fault) : 계통 전압이 규정치 이상
② 한전 부족 전압(Line under voltage fault) : 계통 전압이 규정치 이하
③ 한전 주파수(Line under frequency fault) : 계통 주파수가 규정치 이하
④ 한전 계통 고주파수(Line over frequency fault) : 계통 주파수가 규정치 이상
⑤ 인버터 과전류(Inverter over current fault) : 인버터 전류의 규정 값 이상
⑥ 인버터(Inverter over Temperature) : 인버터의 온도 이상
⑦ 인버터 MC 이상(Inverter MC fault) : 전자접촉기(MC) 이상

15.2.51 / 15.4.56 / 16.4.50 / 21.2.55

50 절연내압측정 시 최대사용전압은 태양광발전시스템에서 어떤 전압을 말하는가?

① 개방전압
② 동작전압
③ 인버터 출력전압
④ 인버터 입력전압

해설 태양전지 모듈의 절연내력

태양전지 모듈은 최대사용전압(개방전압)의 1.5배의 직류전압 또는 1배의 교류전압(500[V] 미만으로 되는 경우에는 500[V])을 충전부분과 대지사이에 연속하여 10분간 가하여 절연내력을 시험하였을 때에 이에 견디는 것이어야 한다.

13.4.57 / 16.4.51 / 18.1.59 / 20.1.44 / 21.1.49 / 21.2.60

51 자가용 태양광발전설비의 전력변환장치 사용전 검사항목이 아닌 것은?

① 절연저항
② 절연내력
③ 접지시공 상태
④ 역방향운전 제어시험

해설 자가용 태양광발전설비의 전력변환장치 사용전 검사항목

(1) 일반규격
① 규격 확인

(2) 본체
① 외관검사
② 절연저항
③ 절연내력
④ 제어회로 및 경보장치
⑤ 전력조절부/Static 스위치 자동·수동절체시험
⑥ 역방향운전 제어시험
⑦ 단독 운전 방지 시험
⑧ 인버터 자동·수동 절체시험
⑨ 충전기능시험

(3) 보호장치
① 외관검사
② 절연저항
③ 보호장치시험

(4) 축전지
① 시설상태 확인
② 전해액 확인
③ 환기시설 상태

15.4.51 / 16.4.52 / 18.4.42 / 21.4.53

52 절연용 방호구로 틀린 것은?

① 검전기   ② 고무판
③ 절연시트   ④ 애자커버

해설 절연용 방호구(insulating device)

① 전로(電路)에 접근해서 공작물의 건설, 해체, 점검

수리 등의 작업 시 감전사고를 방지하기 위하여 충전 전로에 절연용 방호구를 장착하도록 규정하고 있다.

② 선 커버, 애자 커버, 절연시트 고무판 등을 사용해 전로에 장착하는 것

전선커버   애자커버

절연매트

※ 검전기

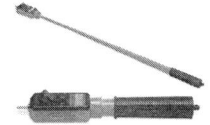

정전기 유도를 이용하여 충전유무를 알아내는 데 이용하는 기구

15.4.43 / 16.4.43 / 16.4.53 / 17.4.58 / 18.2.26 / 19.4.48 / 20.1.45

53 다음 중 인버터 절연저항 측정 시 주의사항으로 틀린 것은??

① 정격에 약한 회로들은 회로에서 분리하여 측정한다.
② 정격전압이 입·출력 시 다를 때는 낮은 측의 전압을 선택 기준으로 한다.
③ 입·출력 단자에 주회로 이외의 제어단자 등이 있는 경우 이것을 포함해서 측정한다.
④ 절연변압기를 장착하지 않은 인버터는 제조사가 추천하는 방법에 따라 측정한다.

해설 인버터의 절연저항 측정시 주의사항

① 정격전압이 입출력과 다를 때는 높은 측의 전압을 절연저항계의 선택기준으로 한다.
② 입출력 단자에 주회로 이외의 제어단자 등이 있는 경우는 이것을 포함해서 측정한다.
③ 서지업서버 등의 정격에 약한 회로들은 회로에서 분리하여 측정한다.
④ 절연변압기가 별도로 설치된 경우에는 이를 포함하여 측정한다.
⑤ 절연변압기를 장착하지 않은 인버터는 제조사 추천 방식으로 측정한다.

16.2.45 / 16.4.54 / 19.1.54 / 20.4.44 / 20.4.58 / 21.1.53

54 태양광발전시스템의 계측에 관한 설명으로 틀린 것은?

① 풍향·풍속 등도 중요하므로 이에 대한 계측도 필요하다.
② 직류회로의 전압은 직접 또는 PT, CT를 통해서 검출한다.
③ 태양전지는 온도에 따라 변환효율이 변동되므로 온도계측도 이루어진다.
④ 일사계는 보통 대지에 수평으로 설치되나 어레이와 같은 각도로 설치하는 경우도 있다.

해설 태양광발전시스템의 계측시스템 구성

① 검출기
태양광발전시스템의 기상데이터와 전압, 전류 등을 측정하는 장치로 직류측의 전압은 분압기로 전류는 분류기를 이용하고, 교류측의 전압, 전류, 역률, 주파수 계측은 PT, CT를 통해서 검출, 지시계 또는 신호변환기로 전송하는 장치

② 신호변환기
검출기로 검출된 데이터를 컴퓨터 및 먼거리에 설치한 표시장치에 전송할 때 사용하는 장치

③ 연산장치
검출기를 통해 얻어진 순시계측 데이터는 적산하고, 일정기간 동안의 데이터는 평균하는 등 필요 데이터를 가공하는 장치

④ 기억장치
컴퓨터가 필요로 하는 정보, 컴퓨터가 자료를 처리하여 얻은 결과 등을 저장하는 기능을 하는 장치

16.4.55 / 19.2.56

55 태양광발전용 중대형 인버터 시험 중 절연 성능 시험 항목이 아닌 것은?

① 내전압 시험
② 감전보호 시험
③ 누설전류 시험
④ 절연거리 시험

해설 중대형 인버터의 절연 성능시험 항목
① 절연 저항 시험
② 내전압 시험
③ 감전 보호 시험
④ 절연 거리 시험

14.4.45 / 15.4.54 / 16.4.56 / 17.1.55 / 17.4.57 / 18.1.52 /
19.1.41 / 19.2.46 / 19.4.56 / 20.3.55

56 태양광발전모듈의 고장원인이 아닌 것은?

① 제조결함
② 시공불량
③ 동결파손
④ 새의 배설물

해설 모듈의 고장원인해
① 제조결함(백화현상, 적화현상, 황색 변이, 핫스팟, 백시트 에어 버블링 등)
② 시공불량(모듈 시공시 외부 충격의 영향, 구조물의 불균형 시공으로 인한 프레임 변형 등)
③ 전기적(전압, 전류), 기계적(열응력, 충격) 스트레스에 의한 태양전지 셀의 파손
④ 염해, 부식성 가스 등 주변 환경에 의한 부식
⑤ 경년 열화에 의한 태양전지 셀 및 리본의 노화

14.4.47 / 16.4.57 / 18.1.44 / 19.1.52

57 태양광발전시스템의 계측·표시에 관한 설명으로 틀린 것은??

① 시스템의 소비전력을 낮추기 위한 계측
② 시스템에 의한 발전 전력량을 알기 위한 계측
③ 시스템의 운전상태 감시를 위한 계측 또는 표시
④ 시스템의 기기 및 시스템의 종합평가를 위한 계측

해설 계측기기, 표시장치의 설치목적
① 운전상태 감시
② 발전전력량 확인
③ 기기 및 시스템 종합평가
④ 운전상황을 견학자에게 보여주고, 시스템 홍보

14.4.60 / 16.4.58 / 17.2.51 / 17.4.42 / 18.1.58 / 18.2.48 /
19.1.50 / 19.2.49

58 태양광발전시스템의 정전 시 운영조작 순서를 올바르게 나열한 것은?

ㄱ. 한전전원 복구여부 확인
ㄴ. 태양광 인버터 DC전압 확인 후 운전 시 조작방법에 의한 재시동
ㄷ. 메인 VCB반 전압 확인 및 계전기를 확인하여 정전여부 확인 및 부저 OFF
ㄹ. 태양광 인버터 상태 확인(정지)

① ㄹ→ㄷ→ㄱ→ㄴ
② ㄹ→ㄴ→ㄱ→ㄷ
③ ㄷ→ㄱ→ㄴ→ㄹ
④ ㄷ→ㄹ→ㄱ→ㄴ

해설 정전 시 운영조작순서
① 메인 VCB반 전압 확인 및 계전기를 확인하여 정전여부 확인 및 부저 OFF
② 태양광발전용 인버터 상태 확인(정지)
③ 한전전원 복구여부 확인
④ 태양광 인버터 DC전압 확인 후 운전 조작방법에 의한 재시동

태양광발전시스템 운전조작방법
① Main VCB반 전압 확인
(VCB를 통해 전력계통의 전기가 투입돼야만 인버터 가동됨)
② 인버터 AC 전압 확인
③ 접속반, 인버터의 DC전압 확인
④ DC용 차단기 On, AC측 차단기 On
⑤ 인버터의 정상동작 여부확인(5분후 동작)

정답 55. ③ 56. ③ 57. ① 58. ④

16.4.59 / 17.2.43 / 18.2.58 / 19.4.44

59 태양전지모듈 어레이의 일상점검 설명 중 가장 틀린 것은?

① 접속 케이블에 손상 유무 점검
② 가대의 부식 및 녹 발생 여부 점검
③ 표면의 오염 및 파손 점검
④ 접지선의 접속 및 접속단자의 풀림 여부 점검

해설 태양전지(어레이)의 육안점검
① 모듈의 오염 및 파손
② 프레임 파손 및 변형유무
③ 가대의 부식 및 녹 발생
④ 가대의 고정(볼트 및 너트의 풀림) 및 접지
⑤ 외부배선의 손상
⑥ 변색, 낙엽 등의 유무 검사
⑦ 지붕재의 파손 및 지지기구와의 고정상태

16.4.60 / 18.1.10 / 18.1.51 / 19.1.55 / 21.4.17

60 태양광발전설비 운영 매뉴얼 내용으로 틀린 것은?

① 황사나 먼지 등에 의해 발전효율이 저하된다.
② 풍압에 의해 모듈과 형강의 체결부위가 느슨해질 수 있다.
③ 모듈 표면은 강화유리로 제작되어 외부충격에 파손되지 않는다.
④ 고압 분사기를 이용하여 모듈 표면에 정기적으로 물을 뿌려 이물질을 제거해 준다.

해설 태양전지 어레이 관리요령
① 모듈 표면은 강화유리로 제작되어 있으나 강한 충격이 있을 시는 파손될 수 있으므로 주의해야 한다.
② 모듈의 후면 백시트는 날카로운 물체로 인한 손상에 유의해야 한다.
③ 모듈 표면에 그늘이 지거나 나뭇잎 따위가 떨어져 있는 경우 전체적인 발전 효율이 감소하므로 바로 제거한다.
④ 모듈 프레임에 심한 마찰을 가하면, 특수 코팅이 벗겨져 부식이 생길 수 있으며 이에 따라 수명과 강도가 감소할 수 있다.
⑤ 대기오염 황사나 먼지, 공해물질은 발전량을 감소시키므로, 심한 경우 고압 분사기를 이용해 물을 뿌려 청소해주면 발전 효율을 높일 수 있다.
⑥ 풍압이나 진동으로 인해 모듈과 형강의 연결 부위가 느슨해지는 경우가 있으므로 정기적으로 점검한다.

13.4.68 / 15.2.65 / 16.4.61 / 18.2.65 / 18.4.77 / 19.2.61 / 19.4.64

61 신에너지 및 재생에너지 개발·이용·보급 촉진법에서 기본계획의 계획기간은 몇 년 이상으로 하는가?

① 1년   ② 3년
③ 5년   ④ 10년

해설 기본계획의 수립(신재생에너지법 제5조)
① 산업통상자원부장관은 관계 중앙행정기관의 장과 협의를 한 후 신·재생에너지정책심의회의 심의를 거쳐 신·재생에너지의 기술개발 및 이용·보급을 촉진하기 위한 기본계획을 5년마다 수립하여야 한다.
② 기본계획의 계획기간은 10년 이상으로 한다.

16.4.62 / 16.4.72 / 17.1.76 / 17.4.72 / 18.1.77 / 20.1.63 / 20.3.64 / 20.3.77 / 20.4.69

62 산업통상자원부장관이 혼합의무의 이행여부를 확인하기 위하여 혼합의무자에게 대통령령으로 정하는 바에 따라 필요한 자료의 제출을 요구하였으나 따르지 아니하거나 거짓 자료를 제출한 자에게는 얼마 이하의 과태료를 부과하는가?

① 1천만원   ② 2천만원
③ 3천만원   ④ 4천만원

해설 연료 혼합의무 등
(1) 신·재생에너지 연료 혼합의무 등(신재생에너지법 제23조의2)
① 산업통상자원부장관은 신·재생에너지의 이용·보급을 촉진하고 신·재생에너지 산업의 활성화를 위하여 필요하다고 인정하는 경우 대통령령으로 정하

정답 59.④ 60.③ 61.④ 62.①

는 바에 따라 석유정제업자 또는 석유수출입업자에게 일정 비율 이상의 신·재생에너지 연료를 수송용 연료에 혼합하게 할 수 있다.
② 산업통상자원부장관은 ①항에 따른 혼합의무의 이행 여부를 확인하기 위하여 혼합의무자에게 대통령령으로 정하는 바에 따라 필요한 자료의 제출을 요구할 수 있다.

(2) 자료제출(신재생에너지법 시행령 제26조의3)
산업통상자원부장관은 혼합의무자에게 다음의 자료 제출을 요구할 수 있다.
1) 신·재생에너지 연료 혼합의무 이행확인에 관한 다음의 자료
① 수송용 연료의 생산량
② 수송용 연료의 내수판매량
③ 수송용 연료의 재고량
④ 수송용 연료의 수출입량
⑤ 수송용 연료의 자가 소비량
2) 신·재생에너지 연료 혼합시설에 관한 다음의 자료
① 신·재생에너지 연료 혼합시설 현황
② 신·재생에너지 연료 혼합시설 변동사항
③ 신·재생에너지 연료 혼합시설의 사용실적
3) 혼합의무자의 사업에 관한 다음의 자료
① 수송용 연료 및 신·재생에너지 연료 거래실적
② 신·재생에너지 연료 평균거래가격
③ 결산재무제표
4) 그밖에 혼합의무의 이행 여부를 확인하기 위하여 산업통상자원부장관이 필요하다고 인정하는 자료

(3) 과태료(신재생에너지법 시행령 제35조)
다음의 어느 하나에 해당하는 자에게는 1천만원 이하의 과태료를 부과한다.
① 설비인증을 받은 자는 신·재생에너지 설비의 결함으로 인하여 제3자가 입을 수 있는 손해를 담보하기 위하여 보험 또는 공제에 가입하지 아니한 자
② 산업통상자원부장관은 신·재생에너지의 이용·보급을 촉진하고 신·재생에너지 산업의 활성화를 위하여 필요하다고 인정하는 경우 대통령령으로 정하는 바에 따라 석유정제업자 또는 석유수출입업자에게 일정 비율 이상의 신·재생에너지 연료를 수송용 연료에 혼합하게 할 수 있으며, 혼합의무의 이행 여부를 확인하기 위하여 혼합의무자에게 대통령

으로 정하는 바에 따라 필요한 자료제출요구에 따르지 아니하거나 거짓 자료를 제출한 자

16.4.63 / 17.1.74 / 19.1.76 / 19.1.78 / 20.3.67

63 전기사업법에서 대통령령으로 정하는 기본계획의 경미한 사항을 변경하는 경우 중 전기 설비별 용량의 몇 [%]의 범위에서 그 용량을 변경하는 경우를 말하는가?

① 10　　　② 20
③ 30　　　④ 40

해설 전력수급기본계획

(1) 전력수급기본계획의 수립(전기사업법 제25조)
1) 산업통상자원부장관은 전력수급의 안정을 위하여 전력수급기본계획을 수립하여야 한다.
2) 산업통상자원부장관은 기본계획을 수립하거나 변경하고자 하는 때에는 관계 중앙행정기관의 장과 협의하고 공청회를 거쳐 의견을 수렴한 후 전력정책심의회의 심의를 거쳐 이를 확정한다.
다만, 산업통상자원부장관이 책임질 수 없는 사유로 공청회가 정상적으로 진행되지 못하는 등 대통령령으로 정하는 사유가 있는 경우에는 공청회를 개최하지 아니할 수 있으며 이 경우 대통령령으로 정하는 바에 따라 공청회에 준하는 방법으로 의견을 들어야 한다.
3) 기본계획 중 대통령령으로 정하는 경미한 사항을 변경하는 경우에는 2)항에 따른 절차를 생략할 수 있다.
4) 기본계획에는 다음의 사항이 포함되어야 한다.
① 전력수급의 기본방향에 관한 사항
② 전력수급의 장기전망에 관한 사항
③ 발전설비계획 및 주요 송전·변전설비계획에 관한 사항
④ 전력수요의 관리에 관한 사항
⑤ 직전 기본계획의 평가에 관한 사항
⑥ 그밖에 전력수급에 관하여 필요하다고 인정하는 사항

(2) 기본계획의 경미한 사항의 변경(전기사업법 시행령 제15조2)
대통령령으로 정하는 경미한 사항을 변경하는 경우

정답 63. ②

란 다음의 어느 하나에 해당하는 경우를 말한다.
① 전기설비 설치공사의 착공 또는 준공 등의 기간을 2년의 범위에서 조정하는 경우
② 전기설비별 용량의 20[%]의 범위에서 그 용량을 변경하는 경우
③ 연도별 전기설비 총용량의 5[%]의 범위에서 그 총용량을 변경하는 경우

① 배전사업과 전기판매사업을 겸업하는 경우
② 도서지역에서 전기사업을 하는 경우
③ 발전사업의 허가를 받은 것으로 보는 집단에너지사업자가 전기판매사업을 겸업하는 경우. 다만, 허가받은 공급구역에 전기를 공급하려는 경우로 한정한다.

16.2.72 / 16.4.66 / 21.1.61

66 산업통상자원부장관이 신·재생에너지의 이용·보급을 촉진하기 위하여 필요하다고 인정하면 대통령령으로 정하는 바에 따라 진행하는 보급 사업으로 틀린 것은?

① 정부와 연계한 보급사업
② 신기술의 적용사업 및 시범사업
③ 실용화된 신·재생에너지 설비의 보급을 지원하는 사업
④ 환경친화적 신·재생에너지 집적화단지 및 시범단지 조성사업

16.4.64 / 18.1.68 / 19.2.63 / 20.3.61 / 21.4.67

64 다음 ( )에 공통으로 들어갈 내용으로 옳은 것은?

> 정부는 국가전략을 효율적·체계적으로 이행하기 위하여 ( )년마다 저탄소 녹색성장 국가전략( )개년 계획을 수립할 수 있다.

① 3 ② 4
③ 5 ④ 10

해설 저탄소 녹색성장 국가전략 5개년 계획 수립(녹색성장법 시행령 제4조)
정부는 국가전략을 효율적·체계적으로 이행하기 위하여 5년마다 저탄소 녹색성장 국가전략 5개년 계획을 수립할 수 있다. 이 경우 녹색성장위원회의 심의 및 국무회의의 심의를 거쳐야 한다.

해설 보급사업(신재생에너지법 제27조)
산업통상자원부장관은 신·재생에너지의 이용·보급을 촉진하기 위하여 필요하다고 인정하면 대통령령으로 정하는 바에 따라 다음의 보급사업을 할 수 있다.
① 신기술의 적용사업 및 시범사업
② 환경친화적 신·재생에너지 집적화단지 및 시범단지 조성사업
③ 지방자치단체와 연계한 보급사업
④ 실용화된 신·재생에너지 설비의 보급을 지원하는 사업
⑤ 그밖에 신·재생에너지 기술의 이용·보급을 촉진하기 위하여 필요한 사업으로서 산업통상자원부장관이 정하는 사업

16.2.78 / 16.4.65

65 주무부처 장관의 허가를 받아 두 종류 이상의 전기사업을 할 수 있는 경우가 아닌 것은?

① 도서지역에서 전기사업을 하는 경우
② 발전사업자가 전기판매사업을 하는 경우
③ 배전사업과 전기판매사업을 겸업하는 경우
④ 발전사업의 허가를 받은 것으로 보는 집단에너지 사업자가 전기판매사업을 겸업하는 경우

13.4.66 / 14.4.75 / 15.2.72 / 15.2.76 / 16.4.67 / 17.1.73 / 17.2.70 / 17.4.78 / 18.1.73 / 18.2.64 / 18.4.75 / 18.4.80 / 19.1.64 / 19.2.62 / 20.3.80

67 태양전지 모듈은 최대사용전압 몇 배의 직류전압을 충전부분과 대지사이에 연속하여 10분간 가하여 절연내력으로 시험하였을 때 이에 견디어야 하는가?

① 0.92 ② 1 ③ 1.25 ④ 1.5

해설 두 종류 이상의 전기사업의 허가(전기사업법 시행령 제3조)
동일인이 두 종류 이상의 전기사업을 할 수 있는 경우는 다음과 같다.

정답 64. ③ 65. ② 66. ①

해설 연료전지 및 태양전지 모듈의 절연내력(판단기준 제15조)
연료전지 및 태양전지 모듈은 최대사용전압의 1.5배의 직류전압 또는 1배의 교류전압(500[V] 미만으로 되는 경우에는 500[V])을 충전부분과 대지사이에 연속하여 10분간 가하여 절연내력을 시험하였을 때에 이에 견디는 것이어야 한다.

13.4.73 / 15.4.67 / 16.2.42 / 16.4.68 / 16.4.70 / 17.4.65 / 18.1.74 / 18.4.24 / 18.4.63 / 19.4.38 / 20.1.65 / 20.1.79 / 20.3.66 / 21.1.71 / 21.2.27 / 21.4.37 / 21.4.68

68 전기사업자는 전기사업용전기설비의 설치공사 또는 변경공사로서 산업통상자원부령으로 정하는 공사를 하려는 경우에는 공사계획에 대하여 누구에게 인가를 받아야 하는가?

① 대통령 ② 시·도지사
③ 전기위원회 ④ 산업통상자원부장관

해설 전기사업용전기설비의 공사계획의 인가 또는 신고(전기사업법 제61조)
① 전기사업자는 전기사업용전기설비의 설치공사 또는 변경공사로서 산업통상자원부령으로 정하는 공사를 하려는 경우에는 그 공사계획에 대하여 산업통상자원부장관의 인가를 받아야 한다. 인가받은 사항을 변경하려는 경우에도 또한 같다.
② ①의 후단에도 불구하고 인가를 받은 사항 중 산업통상자원부령으로 정하는 경미한 사항을 변경하려는 경우에는 산업통상자원부장관에게 신고하여야 한다.
③ 전기사업자는 ①에 따라 인가를 받아야 하는 공사 외의 전기사업용전기설비의 설치공사 또는 변경공사로서 산업통상자원부령으로 정하는 공사를 하려는 경우에는 공사를 시작하기 전에 산업통상자원부장관에게 신고하여야 한다. 신고한 사항을 변경하려는 경우에도 또한 같다.

16.4.69 / 21.2.66

69 신에너지 및 재생에너지 기술개발 및 이용·보급에 관한 계획을 협의하려는 자는 그 시행 사업연도 개시 몇 개월 전까지 산업통상자원부장관에게 계획서를 제출하여야 하는가?

① 1개월 전 ② 3개월 전
③ 4개월 전 ④ 6개월 전

해설 신·재생에너지 기술개발 등에 관한 계획의 사전협의(신재생에너지법 제7조)
국가기관, 지방자치단체, 공공기관, 그밖에 대통령령으로 정하는 자가 신·재생에너지 기술개발 및 이용·보급에 관한 계획을 수립·시행하려면 대통령령으로 정하는 바에 따라 미리 산업통상자원부장관과 협의하여야 한다.

신·재생에너지 기술개발 등에 관한 계획의 사전협의(신재생에너지법 시행령 제3조)
1) 대통령령으로 정하는 자란 다음의 어느 하나에 해당하는 자
① 정부로부터 출연금을 받은 자
② 정부출연기관 또는 정부로부터 출연금을 받은 자로부터 납입자본금의 100분의 50 이상을 출자 받은 자
2) 신에너지 및 재생에너지 기술개발 및 이용·보급에 관한 계획을 협의하려는 자는 그 시행 사업연도 개시 4개월 전까지 산업통상자원부장관에게 계획서를 제출하여야 한다.

13.4.73 / 15.4.67 / 16.2.42 / 16.4.68 / 16.4.70 / 17.4.65 / 18.1.74 / 18.4.24 / 18.4.63 / 19.4.38 / 20.1.65 / 20.1.79 / 20.3.66 / 21.1.71 / 21.2.27 / 21.4.37 / 21.4.68

70 공사업을 하려는 자는 산업통상자원부령으로 정하는 바에 따라 누구에게 등록하여야 하는가?

① 시·도지사
② 전기공사협회
③ 한국전기기술인협회
④ 산업통상자원부장관

해설 공사업의 등록(전기공사업법 제4조)
① 공사업을 하려는 자는 산업통상자원부령으로 정하는 바에 따라 주된 영업소의 소재지를 관할하는 특별시장·광역시장·도지사 또는 특별자치도지사에게 등록하여야 한다.
② ①에 따른 공사업의 등록을 하려는 자는 대통령령으로 정하는 기술능력 및 자본금 등을 갖추어야 한다.

정답 67.④ 68.④ 69.③ 70.①

③ ①에 따라 공사업을 등록한 자 중 등록한 날부터 5년이 지나지 아니한 자는 ②에 따른 기술능력 및 자본금 등에 관한 사항을 대통령령으로 정하는 기간이 지날 때마다 산업통상자원부령으로 정하는 바에 따라 시·도지사에게 신고하여야 한다.
④ 시·도지사는 ①에 따라 공사업의 등록을 받으면 등록증 및 등록수첩을 내주어야 한다.

16.4.71 / 20.4.73

71 산업통상자원부장관은 전기사업자가 금지행위를 한 경우에는 전기위원회의 심의를 거쳐 대통령령으로 정하는 바에 따라 그 전기사업자의 매출액의 얼마 범위에서 과징금을 부과·징수할 수 있는가?

① 100분의 5   ② 100분의 10
③ 100분의 20   ④ 100분의 40

해설 금지행위에 대한 과징금의 부과·징수(전기사업법 제24조)
① 산업통상자원부장관은 전기사업자등이 금지행위를 한 경우에는 전기위원회의 심의(전기신사업자의 경우는 제외한다)를 거쳐 대통령령으로 정하는 바에 따라 그 전기사업자등의 매출액의 100분의 5의 범위에서 과징금을 부과·징수할 수 있다. 다만, 매출액이 없거나 매출액의 산정이 곤란한 경우로서 대통령령으로 정하는 경우에는 10억원 이하의 과징금을 부과·징수할 수 있다.
② ①에 따른 위반행위별 유형, 과징금의 부과기준, 그 밖에 필요한 사항은 대통령령으로 정한다.
③ 산업통상자원부장관은 ①에 따른 과징금을 내야 할 자가 납부기한까지 이를 내지 아니하면 국세 체납처분의 예에 따라 징수할 수 있다.

16.4.62 / 16.4.72 / 17.1.76 / 17.4.72 / 18.1.77 /
20.1.63 / 20.3.64 / 20.3.77 / 20.4.69

72 산업통상자원부장관이 혼합의무의 이행 여부를 확인하기 위하여 혼합의무자에게 대통령령으로 정하는 바에 따라 필요한 자료의 제출을 요구할 경우 신·재생에너지 연료 혼합의무 이행확인에 관한 자료로 틀린 것은?

① 수송용 연료의 생산량
② 수송용 연료의 수출입량
③ 수송용 연료의 해외 판매량
④ 수송용 연료의 자가 소비량

해설 신·재생에너지 연료 혼합의무

(1) 신·재생에너지 연료 혼합의무 등(신재생에너지법 제23조의2)
① 산업통상자원부장관은 신·재생에너지의 이용·보급을 촉진하고 신·재생에너지 산업의 활성화를 위하여 필요하다고 인정하는 경우 대통령령으로 정하는 바에 따라 석유정제업자 또는 석유수출입업자에게 일정 비율 이상의 신·재생에너지 연료를 수송용 연료에 혼합하게 할 수 있다.
② 산업통상자원부장관은 ①항에 따른 혼합의무의 이행 여부를 확인하기 위하여 혼합의무자에게 대통령령으로 정하는 바에 따라 필요한 자료의 제출을 요구할 수 있다.

(2) 자료제출(신재생에너지법 시행령 제26조의3)
산업통상자원부장관은 혼합의무자에게 다음의 자료 제출을 요구할 수 있다.
1) 신·재생에너지 연료 혼합의무 이행확인에 관한 다음의 자료
① 수송용 연료의 생산량
② 수송용 연료의 내수판매량
③ 수송용 연료의 재고량
④ 수송용 연료의 수출입량
⑤ 수송용 연료의 자가 소비량
2) 신·재생에너지 연료 혼합시설에 관한 다음의 자료
① 신·재생에너지 연료 혼합시설 현황
② 신·재생에너지 연료 혼합시설 변동사항
③ 신·재생에너지 연료 혼합시설의 사용실적
3) 혼합의무자의 사업에 관한 다음의 자료
① 수송용 연료 및 신·재생에너지 연료 거래실적
② 신·재생에너지 연료 평균거래가격
③ 결산재무제표
4) 그밖에 혼합의무의 이행 여부를 확인하기 위하여 산업통상자원부장관이 필요하다고 인정하는 자료

13.4.76 / 15.2.25 / 16.4.73 / 17.4.66 / 17.4.67 / 18.1.24 / 18.1.75 / 19.1.62 / 19.2.78 / 19.4.67 / 20.3.73 / 21.1.63 / 21.1.76 / 21.4.70

73 산업통상자원부장관이 정하여 고시하는 신·재생에너지의 가중치의 산정 시 고려사항으로 틀린 것은?

① 전력 판매가
② 지역주민의 수용 정도
③ 전력 수급의 안정에 미치는 영향
④ 온실가스 배출 저감에 미치는 효과

해설 신·재생에너지의 가중치(신재생에너지법 시행령 제18조의9)

신·재생에너지의 가중치는 다음의 사항을 고려하여 산업통상자원부장관이 정하여 고시하는 바에 따른다.
① 환경, 기술개발 및 산업 활성화에 미치는 영향
② 발전 원가
③ 부존 잠재량
④ 온실가스 배출 저감에 미치는 효과
⑤ 전력 수급의 안정에 미치는 영향
⑥ 지역주민의 수용 정도

13.4.70 / 16.2.41 / 16.4.74 / 17.4.59 / 21.4.41

74 전기사업의 허가를 신청하는 자가 사업계획서를 작성할 때 태양광설비의 개요로 기재하여야 할 내용이 아닌 것은?

① 집광판(集光板)의 면적
② 태양전지 및 인버터의 효율, 변환방식, 교류주파수
③ 인버터의 종류, 입력전압, 출력전압 및 정격출력
④ 태양전지의 종류, 정격용량, 정격전압 및 정격 출력

해설 사업허가의 신청(전기사업법 시행규칙 제4조)

사업계획의 전기설비(태양광) 개요에 포함되어야 할 사항
① 태양전지의 종류, 정격용량, 정격전압 및 정격출력
② 인버터(Inverter)의 종류, 입력전압, 출력전압 및 정격출력
③ 집광판의 면적

15.2.78 / 16.4.75 / 19.4.79 / 21.4.79

75 저탄소 녹색성장 추진의 기본원칙으로 틀린 것은?

① 정부는 시장기능을 최대한 활성화하여 정부가 주도하는 저탄소 녹색성장을 추진한다.
② 정부는 사회·경제 활동에서 에너지와 자원 이용의 효율성을 높이고 자원순환을 촉진한다.
③ 정부는 국민 모두가 참여하고 국가기관, 지방자치단체, 기업, 경제단체 및 시민단체가 협력하여 저탄소 녹색성장을 구현하도록 노력한다.
④ 정부는 국가의 자원을 효율적으로 사용하기 위하여 성장잠재력과 경쟁력이 높은 녹색기술 및 녹색산업 분야에 대한 중점 투자 및 지원을 강화한다.

해설 저탄소 녹색성장 추진의 기본원칙(녹색성장법 제3조)

① 정부는 기후변화·에너지·자원 문제의 해결, 성장동력 확충, 기업의 경쟁력 강화, 국토의 효율적 활용 및 쾌적한 환경 조성 등을 포함하는 종합적인 국가 발전전략을 추진한다.
② 정부는 시장기능을 최대한 활성화하여 민간이 주도하는 저탄소 녹색성장을 추진한다.
③ 정부는 녹색기술과 녹색산업을 경제성장의 핵심 동력으로 삼고 새로운 일자리를 창출·확대할 수 있는 새로운 경제체제를 구축한다.
④ 정부는 국가의 자원을 효율적으로 사용하기 위하여 성장잠재력과 경쟁력이 높은 녹색기술 및 녹색산업 분야에 대한 중점 투자 및 지원을 강화한다.
⑤ 정부는 사회·경제 활동에서 에너지와 자원 이용의 효율성을 높이고 자원순환을 촉진한다.
⑥ 정부는 자연자원과 환경의 가치를 보존하면서 국토와 도시, 건물과 교통, 도로·항만·상하수도 등 기반시설을 저탄소 녹색성장에 적합하게 개편한다.
⑦ 정부는 환경오염이나 온실가스 배출로 인한 경제적 비용이 재화 또는 서비스의 시장가격에 합리적으로 반영되도록 조세체계와 금융체계를 개편하여 자원을 효율적으로 배분하고 국민의 소비 및 생활 방식이 저탄소 녹색성장에 기여하도록 적극 유도한다.

정답 73. ① 74. ② 75. ①

이 경우 국내산업의 국제경쟁력이 약화되지 않도록 고려하여야 한다.
⑧ 정부는 국민 모두가 참여하고 국가기관, 지방자치단체, 기업, 경제단체 및 시민단체가 협력하여 저탄소 녹색성장을 구현하도록 노력한다.
⑨ 정부는 저탄소 녹색성장에 관한 새로운 국제적 동향을 조기에 파악·분석하여 국가 정책에 합리적으로 반영하고, 국제사회의 구성원으로서 책임과 역할을 성실히 이행하여 국가의 위상과 품격을 높인다.

16.2.76 / 16.4.76 / 20.3.68 / 20.4.71 / 21.4.74

76 발전기·연료전지 또는 태양전지 모듈(복수의 태양전지 모듈을 설치하는 경우에는 그 집합체)에 시설되는 계측하는 장치를 사용하여 측정하는 사항으로 틀린 것은?

① 전압
② 전류
③ 전력
④ 역률

해설 계측장치(판단기준 제50조)

발전소에는 다음의 사항을 계측하는 장치를 시설하여야 한다. 다만, 태양전지 발전소는 연계하는 전력계통에 그 발전소 이외의 전원이 없는 것에 대하여는 그렇지 않다.
① 발전기·연료전지 또는 태양전지 모듈의 전압 및 전류 또는 전력
② 발전기의 베어링 및 고정자의 온도
③ 정격출력이 10,000[kW]를 초과하는 증기터빈에 접속하는 발전기의 진동의 진폭(정격출력이 400,000[kW] 이상의 증기터빈에 접속하는 발전기는 이를 자동적으로 기록하는 것에 한한다)
④ 주요 변압기의 전압 및 전류 또는 전력
⑤ 특고압용 변압기의 온도

16.4.77 / 21.1.76

77 공사업자의 등록취소사항에 해당되지 않는 것은?

① 부정한 방법으로 공사업의 등록을 한 경우
② 시정명령 또는 지시를 이행하지 아니한 경우
③ 최근 5년간 3회 이상 영업정지처분을 받은 경우
④ 공사업을 등록한 후 1년 이내에 영업을 시작하지 아니한 경우

해설 등록취소 등(전기공사업법 제28조)

시·도지사는 공사업자가 다음의 어느 하나에 해당하면 등록을 취소하거나 6개월 이내의 기간을 정하여 영업의 정지를 명할 수 있다. 다만, ①, ③, ④, ⑦, ⑧에 해당하는 경우에는 등록을 취소하여야 한다.
① 거짓이나 그 밖의 부정한 방법으로 공사업의 등록, 공사업의 등록기준에 관한 신고 행위를 한 경우
② 대통령령으로 정하는 기술능력 및 자본금 등에 미달하게 된 경우
③ 공사업의 등록을 할 수 없는 결격사유 중 어느 하나에 해당하게 된 경우
④ 타인에게 성명·상호를 사용하게 하거나 등록증 또는 등록수첩을 빌려 준 경우
⑤ 시정명령 또는 지시를 이행하지 아니한 경우
⑥ ①~⑤규정 중 어느 하나에 해당하는 경우로서 해당 전기공사가 완료되어 시정명령 또는 지시를 명할 수 없게 된 경우
⑦ 공사업의 등록을 한 후 1년 이내에 영업을 시작하지 아니하거나 계속하여 1년 이상 공사업을 휴업한 경우
⑧ 영업정지처분기간에 영업을 하거나 최근 5년간 3회 이상 영업정지처분을 받은 경우

14.4.64 / 15.2.67 / 16.2.71 / 16.4.78 / 17.2.61 / 17.2.69 / 17.4.64 / 18.1.66 / 19.1.73 / 19.2.79 / 19.4.65 / 20.1.61 / 20.1.71 / 21.1.68

78 전기의 원활한 흐름과 품질유지를 위하여 전기의 흐름을 통제·관리하는 체제를 무엇이라 하는가?

① 전기관리
② 전력계통
③ 전력시스템
④ 전력거래사업

해설 정의(전기사업법 제2조)

① 전력시장 : 전력거래를 위하여 한국전력거래소가 개설하는 시장

② 전력계통 : 전기의 원활한 흐름과 품질유지를 위하여 전기의 흐름을 통제·관리하는 체제
③ 전기사업 : 발전사업·송전사업·배전사업·전기판매사업 및 구역전기사업
④ 전기신사업 : 전기자동차충전사업 및 소규모전력중개사업

15.4.47 / 15.4.79 / 16.4.79 / 18.4.70 / 20.3.70 / 20.4.72

79 개인대행자가 안전관리업무를 대행할 수 있는 태양광발전설비의 규모는 몇 [kW] 미만인가?

① 100 ② 250
③ 500 ④ 1000

해설 안전관리업무의 대행

안전관리자 선임의무에도 불구하고 일정 규모 이하의 전기설비의 소유자 또는 점유자는 다음에 해당하는 자에게 안전관리업무를 대행하게 할 수 있다.

전기안전관리 대행업자	해당 전기설비의 규모
안전공사 및 전기안전대행 사업자	다음 중 어느 하나에 해당하는 전기설비(둘 이상의 전기설비 용량의 합계가 2,500[kW] 미만인 경우만 해당) ① 용량 1,000[kW] 미만의 전기수용설비 ② 용량 300[kW] 미만의 발전설비(비상용 예비발전설비는 용량 500[kW] 미만) ③ 태양에너지를 이용하는 발전설비로서 용량 1,000[kW] 미만인 것
개인대행자	다음 중 어느 하나에 해당하는 전기설비(둘 이상의 전기설비 용량의 합계가 1,050[kW] 미만인 경우만 해당) ① 용량 500[kW] 미만의 전기수용설비 ② 용량 150[kW] 미만의 발전설비(비상용 예비발전설비는 용량 300[kW] 미만) ③ 용량 250[kW] 미만의 태양광발전설비

80 KEC 한국전기설비규정의 변경으로 삭제됨

2015년 기출문제

2015 제2회 기출문제

15.2.1 / 19.1.20 / 19.4.6 / 20.4.16 / 21.4.11

01 줄의 법칙을 이용한 발열량(cal) 계산식으로 옳은 것은?

(단, I는 전류[A], R은 저항[Ω], t는 시간[sec]이다.)

① $H = 0.24 I^2 R$
② $H = 0.24 I^2 Rt$
③ $H = 0.024 I^2 Rt$
④ $H = 0.024 I^2 R^2$

해설 줄의 법칙(Joule's law)
① 전열기에 전압을 가하여 전류를 흘리면 열이 발생하는 발열 현상은 큰 저항체인 전열선에 전류가 흐를 때 열이 발생하는 것이며, 줄의 법칙에 의하면 전류에 의해서 매초 발생하는 열량은 전류의 2승과 저항의 곱에 비례하고 단위는 줄(Joule, 기호[J])이나 칼로리[cal]을 사용한다.
② I[A]의 전류가 저항이 R [Ω]인 도체에 t [S]동안 흐를 때 그 도체의 발생하는 열에너지 H 는
$H = I^2 Rt$ [J]
③ 열에너지(H)를 [cal]로 표시하면,
$H = \dfrac{I^2 Rt}{4.148} ≒ 0.24 I^2 Rt$ [cal]

14.4.8 / 15.2.2 / 18.4.19 / 20.4.3 / 21.1.20

02 태양전지의 직렬저항 증가에 의해 영향 받는 요소는?

① 개방전압 감소   ② 누설전류 증가
③ 단락전류 증가   ④ 충진율 감소

해설 직렬저항 증가에 따른 영향

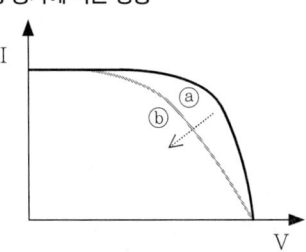

① 태양전지의 에미터와 베이스의 수직저항 성분과 금속전극과 에미터, 베이스 사이의 접촉저항, 전면 및 후면의 금속전극의 저항과 같은 세가지 원인에 의해 발생된다.
② 직렬저항이 커짐에 따라 태양전지의 단락전류가 감소하기는 하지만 주된 영향을 받는 파라미터는 곡선인자이다.
③ 직렬저항은 태양전지의 개방전압에 큰 영향을 미치지 않지만 개방전압부근에서의 전류전압곡선은 직렬저항에 의해 크게 영향을 받는다.
④ 직렬저항이 증가하면 위의 그림처럼 전류전압곡선이 ⓐ에서 ⓑ로 이동하여 충진율(곡선인자)이 감소하게 된다.

14.4.78 / 15.2.3 / 15.4.10 / 16.2.70 / 17.2.64 / 17.4.71 / 18.1.67 / 18.4.69 / 19.1.71 / 21.1.4

03 온실효과에 대한 설명으로 틀린 것은?

① 온실효과 가스가 존재하지 않는다면 평균기온은 −18[℃]에 이른다.
② 석탄 등 화석연료 대량소비는 CO_2 발생 주원인이다.
③ CO_2 발생 증가는 지구온난화에 영향을 준다.
④ 지구 온난화는 연간 강수량을 증가시킨다

해설 지구온난화의 요인 및 영향
① 지구온난화의 요인중 화석연료의 사용에 따른 이산화탄소(CO_2) 등 온실가스의 배출량 증가가 가장 중요한 요인이다.
② 이산화탄소가 없을 경우 지구 평균온도는 −18 ~ −20[℃]이 되어, 인간을 비롯한 생명체가 살기 어려운 환경이 된다.
③ 기온 증가와 더불어 폭우, 가뭄, 폭염과 같은 이상기상 현상이 더 빈번해지고 더욱 강력해질 것으로 예측된다.
④ 기온 증가는 산림분포지역과 생태계의 변화를 가져올 뿐만 아니라 많은 지역에서 이용가능한 수자원(연편균 강수량)의 감소를 야기할 것으로 보인다.

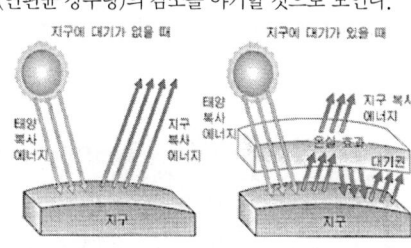

온실효과

정답 1. ② 2. ④ 3. ④

15.2.4

04 일사량과 어레이 경사각에 대한 설명으로 틀린 것은?

① 경사면 일사량은 어레이 경사각을 결정한다.
② 지표면 확산 일사는 태양으로부터 산란, 반사 후 지상에 도달하는 일사이다.
③ 지표면 직달 일사는 태양으로부터 지상의 관측지점으로 직접 도달하는 일사이다.
④ 태양전지는 많은 일사량을 받도록 지면과 수평면에 설치한다

해설 경사각도에 의한 효율(정남향 기준)

각도(°)	효율(%)
0	89
5	97
30	100
45	98
60	92
90	68

※ 태양전지는 많은 일사량을 받도록 연중 평균인 지면과 약 30도의 경사면에 설치한다.

13.4.14 / 14.4.1 / 14.4.9 / 15.2.5 / 15.2.43 / 17.1.20 / 17.4.14 / 18.2.11 / 19.2.5 / 20.1.17 / 20.3.1 / 20.4.4 / 20.4.6 / 21.1.43 / 21.2.2 / 21.2.13 / 21.2.18

05 실리콘 태양전지 모듈의 출력 특성에 대한 설명으로 틀린 것은?

① 태양광 모듈의 표면온도가 높아지면 출력이 약간 증가한다.
② 태양의 일사강도가 동일한 경우, 여름철에 비해 겨울철의 출력이 높음
③ 단락전류는 일사강도에 비례하는 특성을 보임
④ 모듈 온도가 높아지면 개방전압은 일반적으로 감소함

해설 태양광 모듈의 온도에 따른 출력 전압과 전류 값

① 태양광 모듈의 온도특성을 살펴보면 전류는 양(+)의 온도계수를 가지고 전압과 전력은 음(-)의 온도계수를 가진다. 음 온도계수의 의미는 온도가 높을수록 태양광 모듈의 전압과 전력은 감소하고, 온도가 낮을수록 태양광 모듈의 전압과 전력이 증가한다는 것을 의미한다.
② 태양전지가 보다 높은 온도에 노출되면 단락전류 (I_{SC})는 조금(+0.05[%/℃]) 증가하며, 개방전압 (V_{OC})은 (-0.5[%/℃]) 감소한다.
③ 폴리실리콘 계열의 태양전지는 표면온도가 1[℃] 상승할 때, 대략 0.3~0.5[%]의 출력이 감소한다.

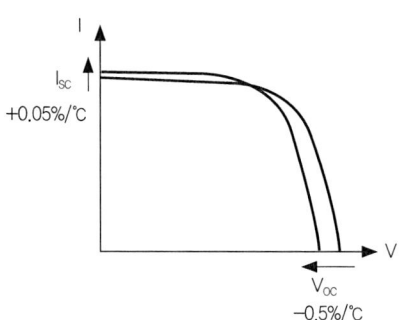

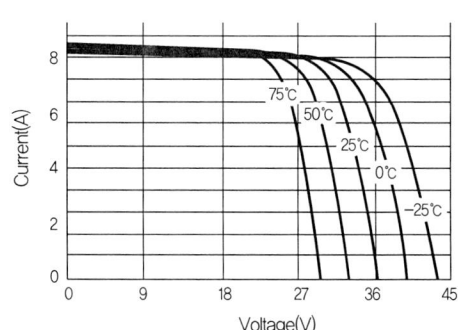

15.2.6 / 17.4.16 / 18.2.5 / 21.1.7

06 계통연계형 인버터의 기능에 해당하지 않는 것은?

① 자동운전 정지기능
② 자동전류 조정기능
③ 단독운전 방지기능
④ 최대출력 추종제어기능

해설 태양광 인버터의 기능

정답 4. ④ 5. ① 6. ②

① 자동운전 정지
② 최대출력 추종제어
③ 자동전압조정
④ 직류지락 검출
⑤ 단독 운전방지
⑥ 계통연계 보호장치

15.2.7 / 15.4.13 / 17.4.12 / 18.1.15 / 18.2.3 / 19.1.14 / 20.1.4 / 20.3.2 / 21.1.3 / 21.1.33

07 다음 그림과 같이 설명되어지는 인버터 회로방식은?

태양전지의 직류출력을 DC-DC 컨버터로 승압하고, 인버터로 상용주파의 교류로 변환하는 방식이며, 회로구성은 태양전지 셀, 컨버터, 인버터로 구성되어 있다

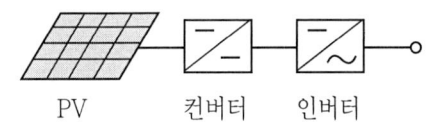

① 상용주파 변압기 절연방식
② 고주파 변압기 절연방식
③ 트랜스리스 방식
④ 트랜스 방식

해설 인버터의 회로방식별 분류
1) 상용주파 변압기 절연방식

① PWM 인버터를 이용하여 상용주파수의 교류를 만들고, 상용주파수의 변압기를 이용하여 절연과 전압변환을 한다.
② 내부 신뢰성이나 노이즈 컷이 우수하지만, 상용주파수의 변압기를 별도로 이용하기 때문에 무겁고 크며, 변압기의 효율이 감소된다.

2) 고주파 변압기 절연방식

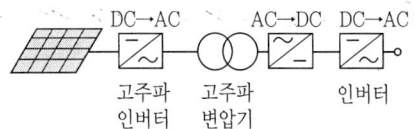

① 태양전지의 직류 출력을 고주파의 교류로 변환한 후 소형의 고주파 변압기로 절연을 한다.
② 일단 직류로 변환하고 재차 상용주파의 교류로 변환하며, 소형 경량이지만 회로가 복잡한 단점이 있다.

3) 트랜스리스(Transless) 방식

① 태양전지의 직류출력을 DC-DC 컨버터로 승압하고 인버터에서 상용주파의 교류로 변환한다.
② 소형 경량이며, 저렴하고 효율이 우수하고 신뢰성이 높다.
③ 상용전원과의 사이에는 절연이 되지 않아 안전성이 떨어진다.

15.2.8 / 16.4.9 / 18.4.8 / 19.1.12 / 20.4.13

08 종합출력에 영향을 미치는 손실 요소가 아닌 것은?

① 모듈의 온도
② 실측 경사면 일사량
③ MPP 불일치
④ 인버터 손실

해설 태양광발전시스템의 손실
① 입사각에 따른 일사강도의 변동, 적운, 적설, 오염 및 노화 등의 손실
② 어레이의 직류선과 각 접촉점에서 발생하는 저항에 따른 손실
③ 어레이의 온도상승에 따른 손실
④ 어레이의 직병렬 불균형 및 최대 출력점 변동 등에 따른 부정합 손실
(부정합 손실 : 동일한 모델의 PV 모듈로 태양광 발전시스템을 구성하더라도 PV 모듈간의 전기적 특성차이로 인해 시스템 전체의 최대출력전력이 각

PV 모듈간의 최대출력전력의 합보다 작아져 그 차이를 부정합 손실이라 한다.)
⑤ 태양전지나 모듈의 같은 조건에서 측정한 최대 출력 합계보다 작아져서 생기는 손실
⑥ 인버터의 변환효율, MPP 불일치 및 대기상태 등에 따른 인버터 손실
⑦ 태양전지의 표면과 보호유리의 반사 손실
⑧ 태양전지 표면에 부착되는 일부 전기회로는 태양광을 가려서 표면에 그늘 발생
⑨ 재료의 불량, 표면의 결함, 온도 상승 등으로 효율의 저하가 발생

13.4.1 / 13.4.5 / 14.4.33 / 15.2.9 / 17.2.20 / 18.2.1 / 19.4.18 / 20.1.15

09 태양광발전시스템의 분전함(접속함)에 설치되는 구성요소가 아닌 것은?

① 직류출력 개폐기
② 누전 차단기
③ 피뢰소자
④ 역류방지 소자

해설 태양광발전용 접속함

어레이를 구성하고 있는 모든 태양광발전 모듈의 스트링이 연결되는 단자가 들어있으며, 태양광발전 모듈 스트링의 출력을 인버터에 중계하며, 접속함의 주요자재는 다음과 같다.

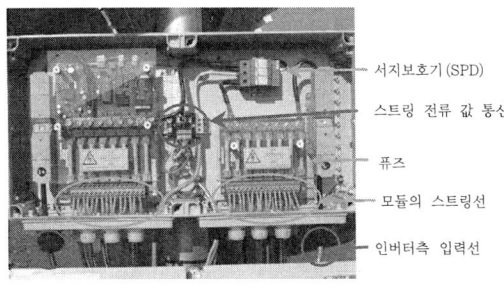

① 외함
② DC Connector
③ Terminal Block
④ DC 퓨즈
⑤ 퓨즈 링크(홀더)
⑥ 다이오드
⑦ 방열판
⑧ PCB
⑨ DC 개폐기(차단기)
⑩ SPD
⑪ power supply
⑫ FAN
⑬ 케이블 그랜드
⑭ 모니터링 설비
⑮ 전류센서
⑯ 기타(제조사가 주요 자재로 취급하는 것)

※ 자재 중에서 수명(shelf life) 또는 보관 시 환경관리가 필요한 자재는 반도체 부품으로 다이오드 등이다.

13.4.13 / 14.4.6 / 15.2.10 / 15.2.57 / 16.4.4 / 19.4.10 / 20.3.4 / 20.4.7 / 21.2.14

10 태양광 모듈 내부의 전지를 기계적 충격, 온도 및 습도로부터 보호하고 전기적으로 절연시키기 위해 사용되는 캡슐화 재료가 아닌 것은?

① PVF(Poly-Vinyl Fluoride)
② EVA(Ethylene-Vinyl Acetate)
③ PVB(Poly-Vinyl Butyral)
④ PO(Poly-Olefin)

해설 충진재의 종류

(1) EVA(Ethylene Vinyl Acetate Copolymer : 에틸렌 초산비닐 공중합체)
① 고온의 라미네이션(Lamination) 공정을 위해 롤로 공급됨
② PID(Potential Induced Degradation : 고전압 환경에서 발생하는 출력 저하 현상이 이슈됨

(2) Anti-PID EVA : 기존 EVA에서 체적저항과 수분 침투율이 강화됨

(3) PVB(Poly Vinyl Butyral)
(4) POE(Polyolefin : 폴리올레핀)

14.4.4 / 14.4.13 / 15.2.11 / 15.2.17 / 15.4.17 / 17.2.14 / 17.4.5 / 18.1.3 / 18.4.7 / 20.1.3 / 20.1.19 / 20.3.8 / 20.3.9 / 21.4.1

11 태양광발전시스템 인버터의 기능이 아닌 것은?

① 자동운전정지
② 자동전압조정
③ 직류검출
④ 고조파검출

정답 9.② 10.①

해설 **태양광 인버터(직류를 교류로 변환)의 기능**
① 자동운전 정지
② 최대출력 추종제어
③ 자동전압조정
④ 직류지락 검출
⑤ 단독 운전방지
⑥ 계통연계 보호장치

④ 단독 운전 검출 장치의 방식
단독 운전 검출 장치는 크게 두 가지 방식이 있다. 분산형 전원의 연계점에서 전압 파형 등의 계통 정보를 상시 감시하다가 급격한 변화를 보고 검출하는 수동 방식과 계통에 아주 작은 변동을 주는 신호(능동 신호)를 주입해 단독 운전 시 그 변동이 뚜렷이 드러나는 것을 보고 검출하는 능동 방식이다.

15.2.12

12 다음에서 설명하고 있는 운전상태는?

> 태양광발전시스템이 계통과 연계되어 있는 상태에서 계통 측에 정전이 발생하면, 부하전력이 인버터의 출력과 동일하게 되므로, 인버터의 출력전압, 주파수는 변하지 않고 전압, 주파수 계전기에서는 정전을 검출할 수 없게 된다. 그 때문에 계속해서 태양광발전시스템에서 계통으로 전력이 공급될 가능성이 있게 된다.

① 자동운전   ② 단독운전
③ 병렬운전   ④ 추종운전

해설 **단독운전방지기능**
① 단독 운전
  분산형 전원을 연계한 계통에서 전력 계통 사고 등으로 전력회사 변전소의 송출 차단기가 개방되면, 분리된 계통은 분산형 전원만으로 수용가에 선력을 공급하게 되는데, 이 상태를 단독 운전이라고 한다.
② 감전사고 발생
  배전선에 사고가 발생하면, 통상 사고가 발생한 배전선의 변전소 측 전원이 차단된다. 이때 분산형 전원이 단독 운전으로 사고가 발생한 배전선에 전기를 공급하면 배전선에 접촉한 작업자나 일반사람이 감전 피해를 입을 수 있다.
③ 사고 점의 전력 기기 손상
  감전 사고와 마찬가지로, 사고 점에 있는 전력 기기에도 전력이 공급되기에 전력 기기가 손상될 우려가 있다.

14.4.66 / 15.2.13 / 18.2.72 / 18.4.14

13 바이오에너지의 범위에 대한 설명으로 틀린 것은?

① 동·식물의 유지를 변화시킨 바이오 디젤
② 쓰레기매립장의 무기성폐기물을 변환시킨 매립지가스
③ 생물유기체를 변환시킨 땔감·우드칩·펠렛 및 목탄 등의 고체연료
④ 생명유기체를 변환시킨 바이오가스·바이오에탄올·바이오액화유 및 합성가스

해설 **바이오에너지 등의 기준 및 범위(신재생에너지법 시행령 별표1)**

에너지원의 종류		기준 및 범위
석탄을 액화·가스화한 에너지	기준	석탄을 액화 및 가스화하여 얻어지는 에너지로서 다른 화합물과 혼합되지 않은 에너지
	범위	① 증기 공급용 에너지 ② 발전용 에너지
중질잔사유를 가스화한 에너지	기준	① 중질잔사유(원유를 정제하고 남은 최종 잔재물로서 감압증류 과정에서 나오는 감압잔사유, 아스팔트와 열분해 공정에서 나오는 코크, 타르 및 피치 등)를 가스화한 공정에서 얻어지는 연료 ② ①의 연료를 연소 또는 변환하여 얻어지는 에너지
	범위	합성가스

정답 11. ④ 12. ② 13. ②

에너지원의 종류		기준 및 범위
바이오에너지	기준	① 생물유기체를 변환시켜 얻어지는 기체, 액체 또는 고체의 연료 ② ①의 연료를 연소 또는 변환시켜 얻어지는 에너지 ※ ① 또는 ②의 에너지가 신·재생에너지가 아닌 석유제품 등과 혼합된 경우에는 생물유기체로부터 생산된 부분만을 바이오에너지로 본다.
	범위	① 생물유기체를 변환시킨 바이오가스, 바이오에탄올, 바이오액화유 및 합성가스 ② 쓰레기매립장의 유기성폐기물을 변환시킨 매립지가스 ③ 동물·식물의 유지를 변환시킨 바이오디젤 ④ 생물유기체를 변환시킨 땔감, 목재칩, 펠릿 및 목탄 등의 고체연료
폐기물에너지	기준	① 각종 사업장 및 생활시설의 폐기물을 변환시켜 얻어지는 기체, 액체 또는 고체의 연료 ② ①의 연료를 연소 또는 변환시켜 얻어지는 에너지 ③ 폐기물의 소각열을 변환시킨 에너지 ※ ①부터 ③까지의 에너지가 신·재생에너지가 아닌 석유제품 등과 혼합되는 경우에는 각종 사업장 및 생활시설의 폐기물로부터 생산된 부분만을 폐기물에너지로 본다.
수열에너지	기준	물의 표층의 열을 히트펌프(heat pump)를 사용하여 변환시켜 얻어지는 에너지
	범위	해수의 표층의 열을 변환시켜 얻어지는 에너지

15.2.14

14 각종 태양전지의 특징 중 장점이 아닌 것은?

① CIGS는 실리콘 재료에 영향을 받지 않고 색이 좋다.
② 염료감응형은 색을 선택할 수 있고 저렴하다.
③ 단결성 실리콘은 변환효율이 높다.
④ HIT는 변환효율이 낮다.

해설 HIT(Heterojunction with Intrinsic Thin-layer) 태양전지
① 실리콘웨이퍼 위에 실리콘 박막을 쌓아올린 형태
② 일반 태양전지에 비해 공정과정에서 높은 온도에서도 출력 감소율이 낮아 발전량이 8% 이상 높다.
③ 특히 양쪽 면에서 동시에 태양광을 흡수할 수 있어 한쪽 면에서만 태양광을 흡수하는 전지에 비해 발전량이 10% 이상 높다.

15.2.15 / 17.2.12 / 19.1.15 / 19.2.17 / 19.4.20 / 20.3.12 / 21.1.17 / 21.4.4

15 풍력발전시스템 부품중 저속의 블레이드 회전수를 발전기용 고속회전수로 변환시키는 장치는?

① 감속기　　② 로터
③ 증속기　　④ 인버터

해설 풍력발전기의 구성

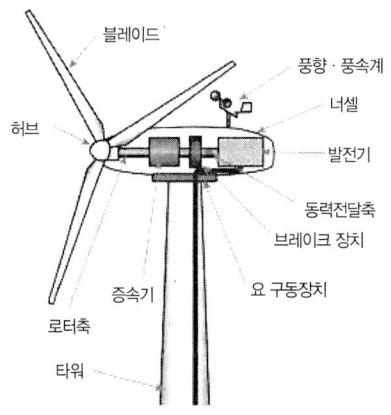

① 블레이드 : 바람이 가지는 에너지를 회전력으로 변환
② 허브 : 블레이드를 연결
③ 로터 : 블레이드와 허브를 포함해서 로터라고 함
④ 주축 : 회전력을 증속기에 전달
⑤ 증속기 : 저회전 고토크의 회전을 고회전 저토크의 회전으로 변환
⑥ 발전기 : 회전력을 전력으로 변환
⑦ 피치시스템 : 블레이드와 피치각을 조절
⑧ 너셀 : 블레이드와 타워를 연결하는 엔진실
⑨ 요잉 시스템 : 너셀을 바람이 부는 방향으로 일치시킴

⑩ 타워 : 풍력발전기를 지지
⑪ 제어/모니터링 시스템 : 풍력발전기를 제어

13.4.6 / 13.4.47 / 14.4.43 / 14.4.57 / 15.2.16 / 15.2.46 /
15.2.56 / 15.4.5 / 16.2.6 / 16.2.7 / 17.1.7 / 18.4.4 /
18.4.46 / 19.4.8 / 20.1.9 / 21.1.11 / 21.2.17 / 21.2.43

16 단결정 태양전지의 제조공정 순서를 옳게 나열한 것은?

① 폴리실리콘 → Czochralski공정 → 웨이퍼 슬라이싱 → 반사방지막 → 전/후면 전극 → 인 도핑
② Czochralski공정 → 폴리실리콘 → 웨이퍼 슬라이싱 → 반사방지막 → 전/후면 전극 → 인 도핑
③ 폴리실리콘 → Czochralski공정 → 웨이퍼 슬라이싱 → 인 도핑 → 전/후면 전극 → 반사방지막
④ 폴리실리콘 → Czochralski공정 → 웨이퍼 슬라이싱 → 인 도핑 → 반사방지막 → 전/후면 전극율

해설 단결정 실리콘 태양전지의 제조방법

폴리실리콘   Czochralski법   웨이퍼 슬라이싱

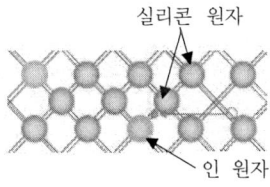
인듐(In) 도핑

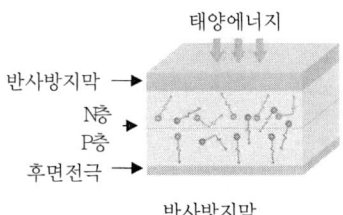
반사방지막

전면전극 구조
버스바 : 2mm
finger : 약 $100\mu m$

① 폴리실리콘
모래에서 뽑아낸 태양광 기초소재
② 초크랄스키(Czochralski) 공정
실리콘을 뜨거운 열로 녹여 고순도의 실리콘 용액을 만들고 이것으로 실리콘 기둥인 잉곳(Ingot)을 만드는 실리콘 결정 성장기술
③ 얇은 웨이퍼 만들기(Wafer Slicing)
잉곳(Ingot)을 다이아몬드 톱을 이용해 균일한 두께로 얇게 절단하여 웨이퍼를 만든다.
④ 인듐(In) 도핑
웨이퍼에 전도성을 띠게 하기 위해 불순물로 인듐(In)을 고온에서 확산 및 P/N층을 접합하게 되면, 자유전자가 부족한 p형 반도체가 되며, 도핑 물질로서 붕소(B), 갈륨(Ga), 인듐(In)등 3족 원소를 사용한다. 자유전자는 일정한 방향성을 갖고 이동할 수 있다.
⑤ 반사방지막
전기를 얻기 위해 전극을 형성한 후 마지막으로 빛의 반사를 최대한 막기 위해 반사 방지막을 형성한다.
⑥ 전/후면 전극
반사방지막 위에 전극 형성을 위한 실크스크린을 인쇄한다.

14.4.4 / 14.4.13 / 15.2.11 / 15.2.17 / 15.4.17 / 17.2.14 /
17.4.5 / 18.1.3 / 18.4.7 / 20.1.3 / 20.1.19 / 20.3.8 /
20.3.9 / 21.4.1

17 계통연계 보호장치 중 인버터 내부에 내장되지 않는 계전기는?

① 과전압계전기   ② 저전압계전기
③ 과주파수계전기   ④ 지락 과전압계전기

해설 보호장치 설치
(1) 분산형전원 설치자는 고장 발생시 자동적으로 계통과의 연계를 분리할 수 있도록 다음의 보호계전기 또는 동등 이상의 기능 및 성능을 가진 보호장치를 설치하여야 한다.

① 계통 또는 분산형전원 측의 단락·지락고장시 보호를 위한 보호장치를 설치한다.
② 인버터에는 적정한 전압과 주파수를 벗어난 운전을 방지하기 위하여 과·저(부족)전압 계전기, 과·저(부족)주파수 계전기가 설치된다.
③ 단순병렬 분산형전원의 경우에는 역전력 계전기를 설치한다. 단, 신·재생에너지를 이용하여 전기를 생산하는 용량 50kW 이하의 소규모 분산형전원(단, 해당 구내계통 내의 전기사용 부하의 수전 계약전력이 분산형전원 용량을 초과하는 경우에 한한다)으로서 단독운전 방지기능을 가진 것을 단순병렬로 연계하는 경우에는 역전력계전기 설치를 생략할 수 있다.

※ 과전압계전기(OVR), 부족전압계전기(UVR), 주파수 상승계전기(OFR), 주파수 저하계전기(UFR)

15.2.18 / 18.4.9 / 19.1.1 / 21.1.19

18 다음 설명 중 틀린 것은?

① 옴의 법칙에서 전압은 저항에 반비례함을 의미한다.
② 온도의 상승에 따라 도체의 전기저항은 증가한다.
③ 도선의 저항은 길이에 비례하고 단면적에 반비례한다.
④ 전기가 누설되지 않도록 하는 것을 절연이라고 하며 그 재료를 절연물이라고 한다.

해설 옴의 법칙(Ohm's law)

도체에 전압이 가해졌을 때 흐르는 전류의 크기는 도체의 저항에 반비례하므로 가해진 전압을 V [V], 전류 I [A], 도체의 저항을 R [Ω]이라고 하면

$I = \dfrac{V}{R}$, $V = I \times R$ (전압은 저항에 비례한다)

15.2.19

19 태양광발전용 축전지가 갖추어야 할 요구조건이 아닌 것은?

① 자기 방전율이 높을 것
② 에너지 저장 밀도가 높을 것
③ 중량 대비 효율이 높을 것
④ 과충전, 과방전에 강할 것

해설 축전지가 갖추어야할 조건

① 자기방전율이 낮고 에너지 저장 밀도가 높을 것
② 과충전, 과방전에 강하고, 방전 전압, 전류가 안정적일 것
③ 환경변화에 안정적이며, 효율이 높을 것
④ 유지보수가 용이하고 경제적일 것

15.2.20 / 17.4.8

20 태양광발전설비에서 1스트링의 직렬 매수 산정식에 해당하는 것은?
(단, 주변온도를 고려하지 않은 경우이다)

① $\dfrac{\text{인버터 직류입력전압}}{\text{모듈 최대출력 동작전압}}$

② $\dfrac{\text{인버터 직류입력전류}}{\text{모듈 최대출력 동작전압}}$

③ $\dfrac{\text{인버터 직류입력전압}}{\text{모듈 최대출력 동작전류}}$

④ $\dfrac{\text{인버터 직류입력전류}}{\text{모듈 최대출력 동작전류}}$

해설 모듈직렬매수 $= \dfrac{\text{직류 입력 전압}}{\text{최대 출력 동작 전압}}$ [매]

15.2.21 / 18.2.30 / 21.2.22

21 지붕설치형 태양전지 모듈의 설치방법 중 유의할 사항으로 틀린 것은?

① 모듈 교환이 쉬울 것
② 지붕과 태양전지 모듈간은 간격이 없도록 할 것
③ 지지기구 등의 노출부를 가능한 줄일 것
④ 적설량이 많은 곳에서는 적설하중을 고려할 것

해설 태양광 모듈과 지붕 사이는 태양광모듈 뒤편으로 차가운 공기가 순환될 정도의 간격을 유지시켜야 모듈의 온

도를 낮추어 효율을 증가시키며, 통풍공간은 물방울이나 습기를 증발시키는 역할도 하므로 태양광모듈과 지붕면간 이격거리는 10[cm]이상 이어야 하고, 배선처리는 바닥에 닿지 않도록 단단하게 고정해야 한다.

15.2.22 / 20.4.22

22 태양전지 모듈 조립 시 주의사항으로 적합하지 않은 것은?

① 태양전지 모듈의 파손방지를 위해 충격이 가지 않도록 한다.
② 태양전지 모듈의 인력 이동시 2인 1조로 한다.
③ 태양전지 모듈과 가대의 접합 시 가스켓 등은 사용하지 않는다.
④ 접속하지 않은 모듈의 리드선은 빗물 등 이물질이 유입되지 않도록 보호테이프로 감는다.

해설 가스켓(Gasket) 설치위치

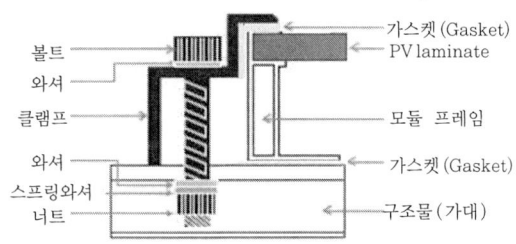

① 가스켓(Gasket) : 두 개의 고정된 부품 사이에서 물이나 가스의 누수방지를 위하여 끼워 넣는 패킹(packing)이지만, 태양광모듈 설치시는 이종금속 접합부의 절연 역할을 한다.
② 이종금속의 접촉부식 : 종류가 다른 금속이 접촉한 상태에서 염분 등 전해질(전류 운반매체로 용액, 토양 등) 용액에 접촉되면 그곳에 국부전지가 형성되어, 그 용액 중에서 금속의 전극 전위에 따라서 마이너스(-) 전위가 높은 금속이 양극으로 되어 용액 중에서 용해하여 부식되며, 대기중의 습기나 온도의 영향을 받아서 접촉부식이 발생할 수 있다.
③ 태양광 모듈 프레임(알루미늄)과 가대(철)의 접합 시에는 부식방지를 위해 가스켓을 사용하여 조립한다.

15.2.23 / 17.1.35 / 17.2.39 / 18.4.30 / 20.4.40

23 기초판과 기둥으로 형성되어 있으며, 기둥과 보로 구성되어 있는 건축물에 적용되는 기초의 종류는?

① 말뚝기초   ② 독립기초
③ 복합기초   ④ 연속기초

해설 기초의 분류

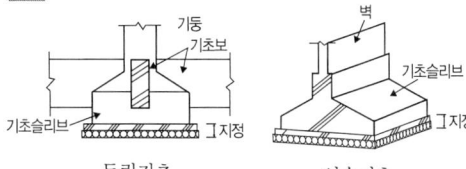

(1) 얕은 기초(Shallow Foundation)
1) 독립(주춧돌)기초(Individual Footing) : 단일기둥을 지지, 기둥간격이 넓은 경우
2) 연속기초(Contentious Footing) : 다수의 연속기둥 또는 벽체를 지지
3) 전면(온통)기초(Mat 또는 Raft Foundation)
① 다수의 기둥들을 지지, 상부구조 전 단면 아래의 지지토층 위에 있는 단일 슬래브 형식의 확대기초
② 고층건물, 중량건물, 연약지반, 지하수위가 높은 지하실바닥에 유리
※ 직접기초 : 독립기초, 연속기초, 전면(온통)기초

(2) 깊은 기초(Deep Foundation)
1) 파일(말뚝)기초(Pile Foundation)
① 대표적인 깊은 기초공법으로 피어 및 케이슨기초 보다 시공이 간편하고 공사비가 저렴함
② 말뚝의 축방향 허용지지력은 지반의 허용지지력과 말뚝재료의 허용하중을 비교하여 낮은 값으로 결정함
2) 피어기초(Pier Foundation)
구조물 하중을 연약한 토층을 지나 견고한 지지층에 전달시키기 위하여 지반에 굴착한 구멍 속에 현장타설 콘크리트를 채워 설치하는 깊은 기초의 일종으로

서 일반적으로 직경은 사람이 들어가서 확인할 수 있도록 최소직경 760[mm] 정도 이상인 것을 말함
3) 케이슨(우물통)기초

13.4.28 / 15.2.24 / 15.4.40 / 17.1.29 / 17.4.33 / 18.1.26 / 18.1.37 / 18.2.29 / 18.4.2 / 19.2.27 / 19.4.32 / 21.4.28 / 21.4.33

24 태양광 모듈 배선이 끝난 후 검사하는 항목이 아닌 것은?

① 극성확인
② 단락전류 측정
③ 전압확인
④ 일사량 측정

[해설] 모듈의 배선 연결 후 점검 사항
① 전압 및 극성 확인
② 단락전류의 측정
③ 접지확인 : 일반적으로 직류측은 비접지

13.4.76 / 15.2.25 / 16.4.73 / 17.4.66 / 17.4.67 / 18.1.24 / 18.1.75 / 19.1.62 / 19.2.78 / 19.4.67 / 20.3.73 / 21.1.63 / 21.1.76 / 21.4.70

25 태양광발전(3[kW] 이하)의 에너지 공급 인증서 가중치 중 건축물 등 기존 시설물을 이용할 경우 가중치는?

① 0.5
② 1.0
③ 1.25
④ 1.5

[해설] 신재생에너지 공급인증서 가중치

구분	공급인증서 가중치	대상에너지 및 기준	
		설치유형	세부기준
태양광 에너지	1.2	일반부지에 설치하는 경우	100KW미만
	1.0		100KW부터
	0.8		3,000KW초과부터
	0.5	임야에 설치하는 경우	-
	1.5	건축물 등 기존 시설물을 이용하는 경우	3,000KW이하
	1.0		3,000KW초과부터
	1.6	유지 등의 수면에 부유하여 설치하는 경우	100KW미만
	1.4		100KW부터
	1.2		3,000KW초과부터
	1.0	자가용 발전설비를 통해 전력을 거래하는 경우	

13.4.21 / 15.2.26 / 17.4.40 / 19.1.30 / 19.2.38 / 20.4.31 / 21.1.25

26 감리원은 공사가 시작된 경우에는 공사업자로부터 착공신고서를 제출받아 적정성 여부를 검토해야한다. 그 서류가 아닌 것은?

① 품질관리계획서
② 안전관리계획서
③ 공사도급 계약서 사본 및 산출내역서
④ 기술계산서

[해설] 착공신고서 검토 및 보고
감리원은 공사가 시작된 경우에는 공사업자로부터 다음의 서류가 포함된 착공신고서를 제출받아 적정성 여부를 검토하여 7일 이내에 발주자에게 보고하여야 한다.
① 시공관리책임자 지정통지서(현장관리조직, 안전관리자)
② 공사 예정공정표
③ 품질관리계획서
④ 공사도급 계약서 사본 및 산출내역서
⑤ 공사 시작 전 사진
⑥ 현장기술자 경력사항 확인서 및 자격증 사본
⑦ 안전관리계획서
⑧ 작업인원 및 장비투입 계획서
⑨ 그밖에 발주자가 지정한 사항

15.2.27 / 17.1.37 / 18.4.10 / 18.4.13 / 19.2.31 / 21.2.7

27 태양광발전설비 시공기준 중 인버터에 관한 설명으로 옳은 것은?

① 옥내용을 옥외에 설치하는 경우는 10[kW] 이상이어야 한다.
② 모듈의 설치용량은 인버터의 설치용량의 105[%] 이내이어야 한다.
③ 각 직렬군의 태양전지 최대전압은 입력전압 범위 안에 있어야 한다.
④ 인버터의 출력단 표시사항은 전압, 전류만 표시된다.

[해설] 인버터 설치용량과 표시사항
① 입력단(모듈출력)의 전압, 전류, 전력과 출력단(인버터출력)의 전압, 전류, 전력, 주파수, 누적발전량, 최대출력량(peak)이 표시되어야 한다.

정답 24. ④ 25. ④ 26. ④ 27. ②

② 인버터의 설치용량은 사업계획서 상의 인버터 설계 용량 이상이어야 하고, 인버터에 연결된 모듈의 설치용량은 인버터 설치용량의 105[%] 이내이어야 한다. 다만, 각 직렬군의 태양전지 개방전압은 인버터 입력전압 범위 안에 있어야 한다.
③ 인버터는 옥내·옥외용을 구분하여 설치하여야한다. 단, 옥내용을 옥외에 설치하는 경우는 5[kW]이상 용량일 경우에만 가능하며 이 경우 빗물 침투를 방지할 수 있도록 옥내에 준하는 수준으로 외함 등을 설치하여야 한다.

13.4.31 / 15.2.28 / 17.1.77

28 태양전지 모듈간의 배선시 단락전류에 충분히 견딜 수 있는 전선의 최소 굵기로 적당한 것은?

① $0.75[mm^2]$　　② $2.5[mm^2]$
③ $4.0[mm^2]$　　④ $6.0[mm^2]$

해설 **태양전지 모듈간의 배선**

태양전지판 모듈과 모듈을 연결하는 전선은 공칭단면적 $2.5[mm^2]$ 이상의 연동선 또는 동등 이상의 세기 및 굵기의 전선으로 배선하여야 한다.

13.4.40 / 15.2.29 / 15.2.55 / 17.4.37 / 18.2.27 / 18.4.26 /
18.4.57 / 19.1.32 / 19.2.32 / 19.2.43 / 20.1.22 / 20.4.32
/ 21.1.35 / 21.4.46

29 태양광발전설비 사용전 검사에 필요한 서류가 아닌 것은?

① 공사 내역서
② 공사 계획신고서
③ 감리원 배치 확인서
④ 태양광 전지 규격서 및 성적서

해설 **사용전 검사**

사용전 검사를 받으려는 자는 사용전검사 신청서에 다음의 서류를 첨부하여 검사를 받으려는 날의 7일 전까지 한국전기안전공사에 제출하여야 한다.
① 공사계획인가서 또는 신고수리서 사본(저압자가용전기설비의 경우는 제외한다)
② 설계도서 및 감리원 배치확인서(저압자가용전기설비의 설치공사인 경우만을 말하며, 저압자가용-전기설

비의 증설공사 및 변경공사의 경우는 제외한다)
③ 자체감리를 확인할 수 있는 서류(전기안전관리자가 자체감리를 하는 경우만 해당한다)
④ 전기안전관리자 선임신고증명서 사본

15.2.30 / 18.1.38 / 19.1.29 / 19.1.34

30 태양광발전시스템 시공 시 필요한 대형장비에 해당하지 않는 것은?

① 굴삭기　　② 컴프레셔
③ 지게차　　④ 크레인

해설 **컴프레셔**

피스톤 운동을 통하여 기체를 압축하여 압축된 기체를 방출하거나 그 힘을 이용하여 기계를 작동하는 역할을 한다.

13.4.34 / 14.4.25 / 15.2.31 / 15.4.38 / 17.1.25 / 17.2.30 /
17.4.21 / 17.4.34 / 18.4.34 / 19.1.22 / 20.1.40 / 20.3.38
/ 20.4.29 / 21.1.22 / 21.2.25

31 태양광발전설비 전기공사 중 옥외공사에 해당하지 않는 것은?

① 접속함 설치
② 전력량계 설치
③ 분전반의 개조
④ 태양전지 모듈간의 배선

해설 **태양광 발전시스템의 전기공사**

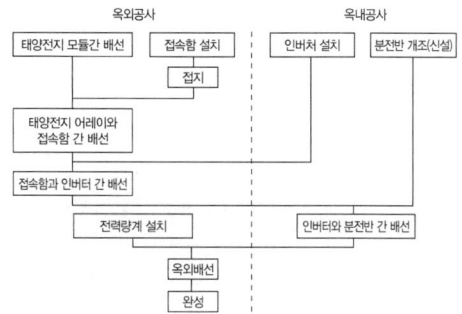

※ 계통연계형 [MW]급 태양광발전소는 별도의 실을 만들어 인버터와 분전반을 설치하지만, 그 이하의 태양광발전소에서는 인버터와 분전반을 옥외에 설치한다.(비용 절감)

15.2.32 / 17.1.31 / 19.1.35 / 21.2.36

32 전력계통의 무효전력을 조정하여 전압조정 및 전력손실의 경감을 도모하기 위한 설비는?

① 조상설비
② 보호계전장치
③ 부하시 Tap 절환장치
④ 계기용변성기

해설 조상설비(Phase Modifying Equipment)
전력 계통의 무효 전력 및 전압 제어용으로 사용되는 외에 무효 전력 조류의 적정 배분으로 전력 손실 경감을 목적으로 하는 경우도 있다.
1) 종류
① 회전기 : 동기 조상기, 비동기 조상기
② 정지기 : 전력용 콘덴서, 분로 리액터

2) 동기 조상기
① 앞선 전류(콘덴서)와 뒤진 전류(리액터) 작용이 가능하다(진상, 지상)
② 현재는 거의 사용되고 있지 않다.

15.2.33 / 19.1.37

33 태양광발전설비의 공사감리 법적 근거는?

① 전기사업법
② 전기설비기술기준
③ 전력기술관리법
④ 전기공사업법

해설 전력기술관리법
전력기술의 연구·개발을 촉진하고 이를 효율적으로 이용·관리함으로써 전력기술 수준을 향상시키고 전력시설물 설치를 적절하게 하여 공공의 안전 확보와 국민경제의 발전에 이바지함을 목적으로 한다.

13.4.39 / 14.4.34 / 15.2.34 / 17.4.44 / 18.1.36 / 19.1.40 /
19.4.31 / 20.1.31

34 태양전지모듈과 인버터, 인버터와 계통연계점 간의 전압강하는 각각 몇 [%]를 초과하지 않아야 하는가?
(단, 전선 길이가 60[m] 이하일 경우)

① 3[%]   ② 5[%]   ③ 7[%]   ④ 8[%]

해설 전압강하
모듈에서 인버터 입력단 간 및 인버터 출력단과 계통연계점 간의 전압강하는 각 3[%]를 초과하여서는 아니 된다. 다만, 전선길이가 60[m]을 초과할 경우에는 아래 표에 따라 시공할 수 있다.

전선길이	120[m]이하	200[m]이하	200[m]초과
전압강하	5[%]	6[%]	7[%]

35 KEC 한국전기설비규정의 변경으로 삭제됨

15.2.36 / 16.4.39 / 19.1.23 / 20.1.26 / 21.4.27

36 공사감리 분기보고서는 다음 중 누가 작성하여 누구에게 제출하여야 하는가?

① 책임감리원이 작성하여 발주자에게 제출
② 책임감리원이 작성하여 감리업자에게 제출
③ 공사 업자가 작성하여 발주자에게 제출
④ 공사 업자가 작성하여 감리업자에게 제출

해설 책임감리원은 다음의 내용이 포함된 분기보고서를 작성하여 발주자에게 제출하여야 한다. 보고서는 매 분기말 다음 달 7일 이내로 제출한다.
① 공사추진 현황(공사계획의 개요와 공사추진계획 및 실적, 공정현황, 감리용역현황, 감리조직, 감리원 조치내역 등)
② 감리원 업무일지
③ 품질검사 및 관리현황
④ 검사요청 및 결과통보내용
⑤ 주요기자재 검사 및 수불내용(주요기자재 검사 및 입·출고가 명시된 수불현황)
⑥ 설계변경 현황
⑦ 그밖에 책임감리원이 감리에 관하여 중요하다고 인정하는 사항

정답 32. ① 33. ③ 34. ① 35. 36. ①

13.4.22 / 15.2.37 / 16.4.27 / 17.1.33 / 17.2.36 / 17.4.29 / 18.4.33 / 20.4.27 / 21.1.34

37 방화구획 관통부의 처리에 관한 설명으로 틀린 것은?

① 전선배관의 관통부에서는 다른 설비로 불길이 번지거나 확대를 방지하는 것이다.
② 관통부의 충전재, 내열씰재의 전열에 의해 뒷면이 연소할 위험이 있는 온도가 되지 않아야 한다.
③ 내열성이란 관통부의 충전재, 케이블, 배관재의 변형, 파손, 탈락, 소실로 뒷면에 화염, 연기가 발생하지 않도록 하는 것이다.
④ 내화구조물 배선, 배관 등으로 관통한 경우의 되메우기 충전재는 관통하기 전과 같거나 그 이상의 내화구조로 하지 않으면 안된다.

해설

방화구획 관통부의 처리

차열재 — 방화실란트
방화보드 — 방화구획을 위한 벽

1) 방화구획 관통부의 처리를 하는 것은 화재 발생시의 방화 대책물인 벽, 바닥, 기둥 등을 통과하는 전선, 배관의 관통 부분에서 다른 설비로 불길이 번지거나 확대하는 것을 방지하기 위해서이다.

2) 배선을 옥외에서 옥내로 끌어들인 관통 부분의 처리방법으로는 다음과 같다.
① 난연성
  관통 부분의 충전재, 케이블, 배관재의 변형, 파손, 탈락, 소실로 인해 뒷면에 화염, 연기가 나지 않을 것
② 내열성
  관통 부분의 충전재, 내열씰재의 전열에 의해 뒷면이 연소할 위험이 있는 온도가 되지 않을 것
③ 관통부의 내화구조에 대한 성능시험은 단일 제품(예: 방화용 실런트 또는 기타자재)에 대한 시험이 아니라 복합구조(예: 방화용 실런트와 철판, 암면 등의 조합)의 시스템을 제시하여 그 시스템에 대해서 시험성적을 취득한다.

15.2.38 / 16.2.22 / 18.1.25 / 21.1.23 / 21.4.36

38 책임감리원이 발주자에게 제출하는 최종감리보고서 중 공사추진 실적현황과 관련이 없는 것은?

① 하도급 현황
② 지시사항 처리
③ 감리용역 개요
④ 기성 및 준공검사 현황

해설 감리보고 등

책임감리원은 다음의 사항이 포함된 최종감리보고서를 감리기간 종료 후 14일 이내에 발주자에게 제출하여야 한다.
1) 공사 및 감리용역 개요 등(사업목적, 공사개요, 감리용역 개요, 설계용역 개요)
2) 공사추진 실적현황(기성 및 준공검사 현황, 공종별 추진실적, 설계변경 현황, 공사현장 실정보고 및 처리현황, 지시사항 처리, 주요인력 및 장비투입현황, 하도급 현황, 감리원 투입현황)
3) 품질관리 실적(검사요청 및 결과 통보현황, 각종 측정기록 및 조사표, 시험장비 사용현황, 품질관리 및 측정자 현황, 기술검토실적 현황 등)
4) 주요기자재 사용실적(기자재 공급원 승인현황, 주요기자재 투입현황, 사용자재 투입현황)
5) 안전관리 실적(안전관리조직, 교육실적, 안전점검실적, 안전관리비 사용실적)
6) 환경관리 실적(폐기물 발생 및 처리실적)
7) 종합분석

13.4.38 / 15.2.39 / 16.2.25 / 17.2.74 / 17.4.24 / 18.1.65 / 19.2.71

39 전선을 지중 매설할 경우 중량물의 압력을 받을 위험이 있는 경우 매설 깊이는?

① 0.6[m] 이상
② 1.0[m] 이상
③ 1.2[m] 이상
④ 1.5[m] 이상

해설 지중배선의 시공

케이블 표시시트 설치   케이블 표시시트

정답 37. ③ 38. ③ 39. ②

① 지중매설관은 배선용 탄소강관, 내충격성의 경질비닐 전선관, 내충격성 경질 염화비닐관을 사용한다.
② 지중전선의 매설개소는 필요에 따라 매설깊이, 방향 등 지상에서 용이하게 확인할 수 있도록 표주 등에 의해 표시한다.
③ 지중배관과 지표면의 중간에 케이블표시시트를 포설한다.(지중선로 포설후 지상으로부터 무단 굴착 시 예상되는 케이블 손상방지)
④ 지중배관의 깊이는 1.0[m] 이상(중량물의 압력을 받을 우려가 없는 경우에는 0.6[m] 이상)

40 주택 지붕형 태양전지 모듈 어레이를 설치하기 위해 가장 중요하게 고려해야 하는 사항은?

① 냉각조건　　② 음영
③ 설치높이　　④ 설치각도

해설 모듈의 설치위치
① 태양광 모듈은 그림자 영향을 받지 않는 곳에 방위각을 정남향으로 하고, 경사각은 연간발전량이 최대가 되는 값으로 설치하여야 한다.
② 주변에 일사량을 저해하는 장애물이 없어야 하며, 전깃줄, 피뢰침, 안테나 등으로 인한 경미한 음영은 장애물로 보지 아니한다.
③ 태양광모듈 설치열이 2열 이상일 경우, 앞 열은 뒷 열에 음영이 지지 않도록 주의해서 설치하여야 한다.

41 분산형 전원 발전설비는 전력계통 연계지점에서 발전기 용량 정격 최대전류의 몇 [%]이상인 직류전류를 전력계통으로 유입해서는 안 되는가?

① 2　　② 1　　③ 0.5　　④ 0.3

해설 전기품질 항목
① 직류 유입 제한
분산형전원 및 그 연계 시스템은 분산형전원 연결점에서 최대 정격 출력전류의 0.5[%]를 초과하는 직류 전류를 계통으로 유입시켜서는 안된다.

② 역률
분산형전원의 역률은 90[%] 이상으로 유지함을 원칙으로 한다.
③ 플리커(flicker)
④ 고조파

42 독립형 태양광발전시스템의 구성요소가 아닌 것은?

① 태양전지 어레이　　② 인버터
③ 계통연계기　　　　④ 축전지

해설 독립형 태양광발전 시스템
① 외딴 섬과 같이 전기가 들어오지 않는 지역에서, 상용전력계통과 직접 연결되지 않고 분리된 발전방식으로, 태양광발전시스템의 발전 전력만으로 부하에 전력을 공급한다.
② 야간 혹은 우천 시, 태양광발전시스템의 발전이 불가할 때는 발전된 전력을 저장할 수 있는 축전장치를 접속하여 태양광 전력을 저장하여 사용하는 방식

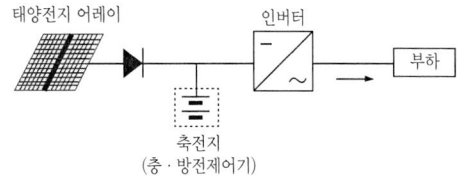

43 모듈의 온도에 따른 I-V 특성곡선에서 태양전지 특징을 설명한 것 중 옳은 것은?

① 태양전지 전압은 온도에 반비례한다.
② 태양전지 온도가 올라가면 발전량이 증가한다.
③ 태양전지 전압은 온도에 비례한다.
④ 태양전지 온도와 발전량은 상관관계가 없다.

해설 태양광 모듈의 온도에 따른 출력 전압과 전류 값지

① 태양광 모듈의 온도특성을 살펴보면 전류는 양(+)의 온도계수를 가지고 전압과 전력은 음(-)의 온도계수를 가진다. 음 온도계수의 의미는 온도가 높을수록 태양광 모듈의 전압과 전력은 감소하고, 온도가 낮을수록 태양광 모듈의 전압과 전력이 증가한다는 것을 의미한다.
② 태양전지가 보다 높은 온도에 노출되면 단락전류(I_{sc})는 조금 증가하며 개방전압(V_{oc})은 크게 감소한다.
③ 폴리실리콘 계열의 태양전지는 표면온도가 1[℃] 상승할 때, 대략 0.3~0.5[%]의 출력이 감소한다.

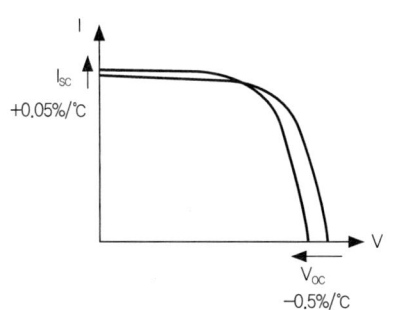

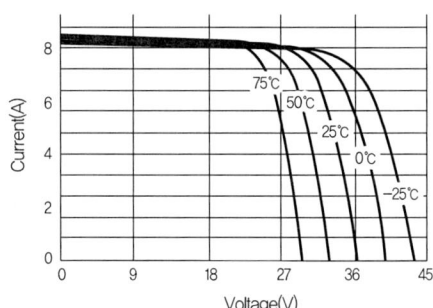

15.2.44 / 19.2.54

44 태양광발전(PV) 모듈 안전 조건 시험요건에 해당하지 않는 것은?

① 전기 충격 위험 시험
② 화재 위험 시험
③ 역전압 과부하 시험
④ 기계적 응력 시험

해설 태양광발전 모듈의 안전시험
1) 예비시험
① 온도 사이클
② 습도 동결
③ 고온고습
④ UV 전처리 시험

2) 일반검사
육안검사

3) 전기 충격 위험 시험
① 접근성 시험
② 절단 취약성 시험(유리 표면의 경우에는 필요하지 않음)
③ 접지연속성 시험(금속 테두리가 아니면 필요하지 않음)
④ 충격전압시험
⑤ 절연 내성(Withstand) 시험
⑥ 습윤 누설 전류 시험
⑦ 단자강도 시험

4) 화재 위험 시험
① 내열 시험
② 열점내구성(Hot spot) 시험
③ 내화시험
④ 바이패스다이오드 열시험
⑤ 역전류 과부하 시험

5) 기계적 응력 시험
① 모듈 파괴 시험
② 기계적 하중 시험

6) 구성 부품 시험
① 부분 방전 시험
② 전선관 휨 시험
③ 단자함 쉽게 떨어지는 덮개(Knockout) 시험

14.4.18 / 15.2.45 / 21.4.47

45 분산형 전원 발전설비는 고장에 의한 단독운전 상태가 발생했을 경우 몇 초 이내에 전력계통으로부터 분리시켜야 하는가?

① 0.5   ② 0.3   ③ 0.1   ④ 1.0

해설 단독운전 방지(Non-islanding) 기능
단독운전(한전 정전시 분리된 계통에 전력을 계속 공급하게 되는 운전상태)시의 문제점을 해결하기 위한 기능으로, 단독운전 발생 후 최대 0.5초 이내에 한전계통에 대한 가압을 중지해야 한다.

정답 43. ① 44. ③ 45. ①

13.4.6 / 13.4.47 / 14.4.43 / 14.4.57 / 15.2.16 / 15.2.46 / 15.2.56 / 15.4.5 / 16.2.6 / 16.2.7 / 17.1.7 / 18.4.4 / 18.4.46 / 19.4.8 / 20.1.9 / 21.1.11 / 21.2.17 / 21.2.43

46 태양광발전은 큰 전류를 생성하는 소자들의 결합 구조물이다. 단결정 실리콘 태양전지의 경우 무려 8~9[A]까지 생성하는 특성이나 V_{OC}(Open Circuit Voltage)는 0.6~0.65[V]밖에 안 되어, 출력은 4~5[W]로 측정된다. 일반적으로 I_{SC}의 전류에는 영향을 미치나 V_{OC} 을 높일 수 있는 방법으로 가장 적절한 설명은?

① 작동 전류를 감소시킨다.
② 기판대비 불순물의 농도를 높게 주입하여 제조한다.
③ 기판의 불순물 농도를 낮은 것으로 선택하여 제조한다.
④ V_{OC} 을 높게 제조하기 위해서는 저온의 공정으로 진행한다.

해설 개방전압(open circuit voltage, Voc)을 높이는 방법
① 특정한 온도와 일조 강도에서 부하를 연결하지 않은 (개방상태의) 태양광발전 장치 양단에 걸리는 전압
② 광흡수층의 에너지밴드갭이 클 경우, 개방전압은 증가하지만, 오히려 단락전류가 감소하므로 불순물의 적정한 함량조절이 필요하다.
③ 병렬저항이 작은 경우는 누설전류가 큰 경우이며 충진율(FF)을 높이는데 한계가 있고 변환효율은 낮아짐(특히 일몰시간이나 구름이 많이 끼어 태양 빛의 세기가 낮아지면 개방전압에 급격한 감소가 발생), 누설전류가 작을수록 밴드갭이 클수록 개방전압이 증가한다.
④ 전도성 고분자는 밴드갭을 낮춰 태양광의 흡수 증가에 따른 단락전류를 향상시키는 것과 동시에 HOMO 에너지 준위를 낮춤으로서 높은 개방전압을 얻을 수 있다.
⑤ 에미터층으로부터 불활성층(Dead layer)을 선택적으로 제거하면서 동시에 표면 결함을 제거하여 단락전류와 개방 전압을 상승시킬 수 있다. ⑥ 후면 전기장 효과(back surface field, BSF effect)로 p와 p+ 사이의 내부 전기장 형성으로 재결합 손실을 방지하여 개방전압을 상승시킨다.

13.4.42 / 15.2.47

47 태양광발전시스템의 단락전류 측정 시 가장 낮게 측정되는 경우는 다음 중 어느 것인가?

① 한 여름 낮(태양전지 어레이 표면 온도 70[℃])
② 한 여름 아침(태양전지 어레이 표면 온도 20[℃])
③ 한 겨울 낮(태양전지 어레이 표면 온도 40[℃])
④ 한 겨울 아침(태양전지 어레이 표면 온도 -10[℃])

해설 일사강도와 단락전류

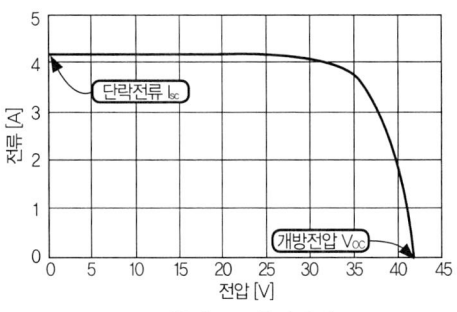

모듈의 I-V특성곡선

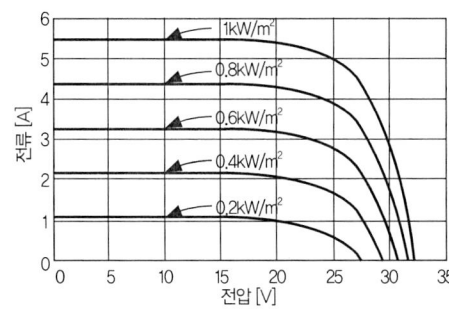

일사강도와 단락전류 관계

1) 모듈의 출력 특성을 나타내는 I-V특성곡선에서 X축은 개방전압(V_{OC}), Y축은 단락전류(I_{SC})이다.
2) 태양전지의 출력을 단락시켰을 때의 전류이며, 전압은 0이다.
3) 단락전류(I_{SC})는 일사강도에 따라 거의 정비례하며, 개방전압(V_{OC})은 조금 변한다.
4) 온도에 따라 전압과 전류가 변화되며, 결정질 태양전지의 온도계수
  ① 전압온도계수 : -0.3 ~ -0.4/℃
  ② 전류온도계수 : +0.05 ~ +0.1/℃
5) 전압 온도계수는 그 값이 크고 마이너스, 온도가 올라가면 전압이 내려가서 출력이 저하되기 때문에 연간

최대전력은 온도가 높은 여름이 아닌 봄, 가을이다.
6) 전류는 적은 양이지만 (+)의 온도계수를 갖으며, 어레이 표면온도가 낮을 때 단락전류도 낮다.

15.2.48 / 15.4.2 / 16.2.15 / 16.4.13 / 18.4.1 / 19.1.4 / 19.1.11 / 20.1.20 / 21.1.1 / 21.1.5

48 태양전지 발전원리로 가장 적절한 것은 무엇인가?

① 광전효과(Photovoltaic Effect)
② 제만효과(Zeeman Effect)
③ 슈타르크효과(Stark Effect)
④ 1차 전기광효과(Pockels Effect)

해설 광전 효과(Photovoltaic Effect)

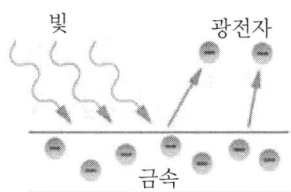

① 금속 등의 물질이 고유의 특정 파장보다 짧은 파장(높은 에너지)을 가진 전자기파를 흡수했을 때 전자를 내보내는 현상
② 방출되는 전자를 광전자라 한다.

15.2.49

49 태양광발전시스템 저압배전선과의 계통연계시 필요한 보호장치 중 발전설비의 고장을 보호하기 위한 보호장치는?

① 과전압보호계전기
② 과주파수계전기
③ 부족주파수계전기
④ 단락방향계전기

해설 과전압보호계전기(Over Voltage Relay)
① 전압의 크기가 일정치 이상으로 되었을 때 동작하는 계전기
② 태양광발전시스템은 모듈을 비롯하여 파워컨디셔너 등 각종 전기·전자설비들은 순간적인 과전압이나 전류에 취약한 반도체들로 구성되어 있다.
③ 낙뢰나 스위칭 개폐 등에 의해 발생되는 순간과전압은 이러한 기기들을 순식간에 손상시킬 수 있으므로 이를 보호하기 위하여 설치하여야 한다.
※ 주파수의 변동은 단독운전방지를 위한 중요한 요소이지만 발전설비의 고장에는 영향이 없다.

15.2.50 / 18.4.47

50 독립형 태양광발전시스템에서 부조일수의 설명으로 가장 옳은 것은?

① 정전된 일수를 말한다.
② 유지 보수를 위한 일수를 말한다.
③ 연속적으로 발전이 가능한 일수를 말한다.
④ 연속적으로 발전이 불가능한 일수를 말한다.

해설 부조일수
① 하루 중 해가 떠 있는 일조시간이 0.1시간 미만인 날의 수
② 거의 햇빛이 비치지 않는 날이며, 발전이 불가능한 일수를 말한다.

15.2.51 / 15.4.56 / 16.4.50 / 21.2.55

51 절연내압측정 시 최대사용전압의 몇 배의 직류전압을 인가하는가?
(단, 표준태양전지 어레이 개방전압을 최대사용전압으로 보는 경우)

① 1   ② 1.5
③ 2   ④ 3

해설 태양전지 모듈의 절연내력
태양전지 모듈은 최대사용전압(개방전압)의 1.5배의 직류전압 또는 1배의 교류전압(500[V] 미만으로 되는 경우에는 500[V])을 충전부분과 대지사이에 연속하여 10분간 가하여 절연내력을 시험하였을 때에 이에 견디는 것이어야 한다.

정답 48.① 49.① 50.④ 51.②

15.2.52 / 15.4.52 / 15.4.60 / 16.2.55 / 17.1.54 /
17.2.48 / 19.1.46 / 21.1.56

52 태양전지 모듈-접지선간 절연저항을 직류전압 500[V]로 측정시의 절연저항치[MΩ]는 얼마 이상이어야 하는가?

① 0.1   ② 0.2   ③ 0.4   ④ 1.0

해설 접속함 정기점검내용

점검 방법	점검 항목	점검 내용
육안 점검	외함	부식 및 파손 상태 볼트 및 너트 조임 상태
	외부 배선 및 접속단자 (퓨즈, 역전류 방지 다이오드, SPD, 극성)	배선 상태 접속 단자의 정상 유무 극성 상태(전체 회로) 전선인입부의 방수처리 상태
	접지선 및 접지단자	접지선 손상, 접속 상태 단자 조임 상태
측정 및 시험	절연저항측정 (태양 전지와 접지 사이)	0.2[MΩ] 이상, 측정 전압 DC 500[V]
	절연저항측정 (인버터 입출력 단자와 접지 사이)	1[MΩ] 이상, 측정 전압 DC 500[V]
	개방전압측정	규정의 전압 여부, 어레이 출력확인

15.2.53 / 21.2.57

53 태양광발전설비의 전력 케이블로 적당하지 않은 것은?

① FR-CV   ② UV케이블
③ EM케이블   ④ FR-CVVS

해설 FR-CVVS(제어용난연 비닐절연 난연 비닐시스 케이블)

① 600V 이하의 난연성이 요구되는 제어용 회로에 사용되는 케이블
② 관로 또는 지중 포설되며, 최대도체 사용온도는 60[℃]이다.

13.4.45 / 15.2.54

54 태양광발전시스템에서 고장 빈도가 가장 높고 출력에 영향을 미치는 기기는?

① 인버터   ② PV어레이
③ 퓨즈   ④ 차단기

해설 설치후 4년 동안의 주요부품별 고장발생 비율

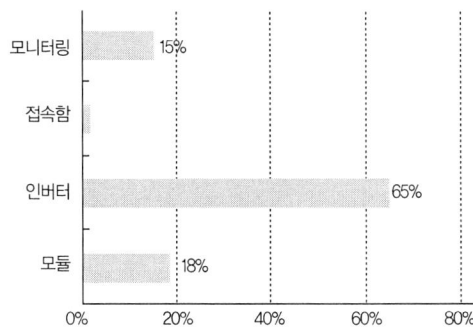

13.4.40 / 15.2.29 / 15.2.55 / 17.4.37 / 18.2.27 / 18.4.26 /
18.4.57 / 19.1.32 / 19.2.32 / 19.2.43 / 20.1.22 / 20.4.32 /
21.1.35 / 21.4.46

55 태양광시스템이 설치가 되면 사용전에 허가를 받아야 한다. 이때 받아야 하는 검사는 무엇인가?

① 정기 검사   ② 일상 점검
③ 사용전 검사   ④ 특별 검사

해설 사용전 검사

① 각종 발전설비, 송·변전·배전설비 및 가로등, 신호등, 보안등, 공장, 상가 등 대형건물의 설치공사 또는 변경공사를 완료하고, 그 전기설비가 공사계획의 인가 또는 신고를 한 내용 및 전기설비기술기준에 적합한 지의 여부에 대한 검사를 산업통상자원부 장관 또는 시·도지사로부터 위탁받아 한국전기안전공사에서 수행한다.
② 태양광발전소에 관한 공사의 경우에는 전체의 공사가 완료된 때 검사를 실시한다.
③ 사용전 검사를 받으려는 자는, 검사를 받으려는 날의 7일전까지 한국전기안전공사에 사용전 검사 신청서를 제출하여야 한다.

13.4.6 / 13.4.47 / 14.4.43 / 14.4.57 / 15.2.16 / 15.2.46 /

정답 52. ② 53. ④ 54. ① 55. ③

15.2.56 / 15.4.5 / 16.2.6 / 16.2.7 / 17.1.7 / 18.4.4 /
18.4.46 / 19.4.8 / 20.1.9 / 21.1.11 / 21.2.17 / 21.2.43

56 현재 상업화되어 있는 태양전지 중 가장 높은 온도계수 특성을 지니고 있어 출력의 감소가 가장 큰 태양전지는?

① 단결정실리콘태양전지
② 다결정실리콘태양전지
③ 박막실리콘태양전지
④ CIGS태양전지

해설 모듈의 열적 특성(온도계수)

모듈 온도의 상승은 발전량 저하에 직접적인 영향을 미치는데, 태양전지의 온도계수가 높을 경우 온도상승에 의한 발전량 감소가 크게 나타난다.

① 단결정 실리콘 태양전지

Rating	단위	값
단락전류	%/℃	+0.04
개방전압	%/℃	-0.32
최대출력	%/℃	-0.43

② 다결정 실리콘 태양전지

Rating	단위	값
단락전류	%/℃	+0.05
개방전압	%/℃	-0.44
최대출력	%/℃	-0.31

③ 박막형 태양전지

온도계수와 빛의 강도에 따른 효율 저하가 거의 없다는 것이며, 날씨와 장소에 대한 발전량의 변화가 적어 결정질 실리콘 태양전지에 비하여 실효 효율이 높다.

④ CIGS태양전지

결정질 실리콘 태양전지보다 낮은 온도계수를 가지고 있어, 비교적 고온이나 그늘에서도 발전효율이 균일하다. ※ 단결정 실리콘 태양전지가 최대출력 -0.43 [%/℃]로 출력의 감소가 가장 크다.

13.4.13 / 14.4.6 / 15.2.10 / 15.2.57 / 16.4.4 / 19.4.10 /
20.3.4 / 20.4.7 / 21.2.14

57 태양광발전에서 수명 감소의 가장 큰 원인 중 하나는 충진재(Encapsulant)의 특성변화에 기인한다. 충진재 중 EVA(Ethylene Vinyl Acetate)의 설명으로 가장 부적절한 것은?

① 겔(Gel) 함량과 Curing 온도에 따라 가교율에 의해 강도가 달라진다.
② 가교율이 높으면 강도가 증가하고 미소 충격에 의해 태양전지의 균열로 이어질 수 있다.
③ 빛과 수분을 동시에 일부 차단한다.
④ 장기간 적외선에 노출되어 변색이 급격히 진행된다.

해설 EVA(Ethyl Vinyl Acetate)

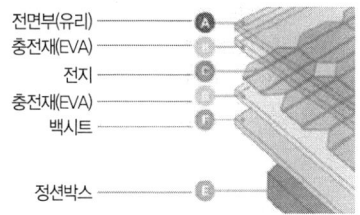

1) 태양전지의 전면과 후면에 위치해 태양전지의 파손을 방지하는 완충재 기능과 후면시트를 접착해 봉입하는 역할, 장기간 성능저하와 변색이 없고 접착력을 유지해야하며, 습기침투 등 외부환경으로부터 태양전지를 보호해 20~30년 이상되는 태양전지의 수명을 유지하기 위한 재료이다.

2) 백시트(불소필름과 PET 필름 적층)의 반사율 및 백색도 향상을 위해 형광 증백제를 필름 전체함량 중 100 ~ 900[ppm]으로 함유한다. 100[ppm] 미만인 경우는 백색도가 떨어져 광반사 효율이 떨어지며, 900[ppm]을 초과하는 경우는 백색도 및 반사율은 증가하나 자외선(ultraviolet, UV)에 안정성이 떨어져 외부에 장기 노출 시 황변현상이 나타나 백색도 및 반사율이 저하될 수 있다.

정답 56. ① 57. ④

58. 태양광발전시스템의 용량이 100[kW] 미만인 경우의 정기점검은?

① 매월 1회 이상
② 매월 2회 이상
③ 매년 1회 이상
④ 매년 2회 이상

[해설] 태양광발전시스템 설비의 정기점검 횟수
① 100[kW] 미만의 경우 매년 2회 이상 점검
② 100[kW] 이상의 경우 매년 6회 이상 점검
③ 3[kW] 미만의 소출력 태양광발전시스템은 일반용 전기설비로 분류되어 정기점검을 하지 않아도 된다.

59. 태양광발전시스템에 필요한 설비는 시험·인증을 받아야 한다. 시험·인증 절차로 옳은 것은?

① 인증신청 → 서류심사 → 성능심사 → 공장심사 → 인증서 발급
② 인증신청 → 성능심사 → 서류심사 → 공장심사 → 인증서 발급
③ 인증신청 → 서류심사 → 공장심사 → 성능검사 → 인증서 발급
④ 인증신청 → 공장심사 → 서류심사 → 성능심사 → 인증서 발급

[해설] 신재생에너지설비 KS인증제도
국가 신재생에너지정책 목표 달성을 위해 보조금을 투입하거나 의무적으로 설치할 필요가 있는 신재생에너지 인증대상 설비의 제조공장심사 및 제품심사를 실시하여 정부가 규정한 인증심사기준과 제품의 성능·품질 기준을 모두 충족하는 경우 인증서를 발급하고 KS마크 표시를 허용하는 국가인증제도

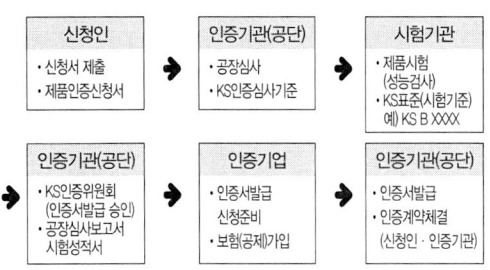

60. 태양광발전설비 운영자 숙지사항 중 옳은 것은?

① 계통연계형의 경우 한전전원이 OFF일 때 인버터가 자동정지하고 한전이 복전 되었을 때 즉시 재 기동한다.
② 접속함 차단기를 차단하면 전압이 유기되지 않으므로 감전에 주의할 필요가 없다.
③ 계통연계형의 경우 한전전원이 OFF일 때 역송전 불가하다.
④ 먼지나 이물질이 태양전지에 부착된 경우 전력생산의 저하 및 수명에 영향을 미치지 않는다.

[해설] 단독운전방지기능
① 단독 운전
　분산형 전원을 연계한 계통에서 전력 계통 사고 등으로 전력회사 변전소의 송출 차단기가 개방되면, 분리된 계통은 분산형 전원만으로 수용가에 전력을 공급하게 되는데, 이 상태를 단독 운전이라고 한다.
② 감전사고 발생
　배전선에 사고가 발생하면, 통상 사고가 발생한 배전선의 변전소 측 전원이 차단된다. 이때 분산형 전원이 단독 운전으로 사고가 발생한 배전선에 전기를 공급하면 배전선에 접촉한 작업자나 일반사람이 감전 피해를 입을 수 있다.
③ 사고 점의 전력 기기 손상감전 사고와 마찬가지로, 사고 점에 있는 전력 기기에도 전력이 공급되기에 전력 기기가 손상될 우려가 있다.
④ 단독 운전 검출 장치의 방식
　단독 운전 검출 장치는 크게 두 가지 방식이 있다. 분산형 전원의 연계점에서 전압 파형 등의 계통 정보를 상시 감시하다가 급격한 변화를 보고 검출하는 수동 방식과 계통에 아주 작은 변동을 주는 신호(능동 신호)를 주입해 단독 운전 시 그 변동이 뚜렷이 드러나는 것을 보고 검출하는 능동 방식이다.

15.2.61 / 16.2.69 / 17.2.68 / 18.4.66 / 19.1.67 / 20.3.76 / 21.4.72

61 신재생에너지 공급의무자에 해당하지 않는 것은?

① 한국수자원공사
② 한국석유공사
③ 한국지역난방공사
④ 50만[kW] 이상의 발전설비(신재생에너지 설비는 제외한다)를 보유하는 자

해설 신·재생에너지 공급의무자
① 전기사업법에 따른 발전사업자로서 500,000[kW] 이상의 발전설비(신·재생에너지 설비는 제외한다)를 보유하는 자
② 집단에너지사업법 및 전기사업법에 따른 발전사업의 허가를 받은 것으로 보는 자로서 500,000[kW] 이상의 발전설비(신·재생에너지 설비는 제외한다)를 보유하는 자
③ 한국수자원공사
④ 한국지역난방공사

15.2.62

62 신·재생에너지 기술개발 및 이용·보급 사업비의 사용처가 아닌 것은?

① 신·재생에너지 분야 기술지도 및 교육·홍보
② 신·재생에너지를 생산하는 사업자에 대한 지원
③ 신·재생에너지 기술의 국제표준화 지원
④ 신·재생에너지 관련 국제협력

해설 신·재생에너지 기술개발 및 이용·보급 사업비의 조성
정부는 실행계획을 시행하는 데에 필요한 사업비를 회계연도마다 세출예산에 계상하여야 한다.

조성된 사업비의 사용(신재생에너지법 제10조)
산업통상자원부장관은 조성된 사업비를 다음의 사업에 사용한다.
① 신·재생에너지의 자원조사, 기술수요조사 및 통계작성
② 신·재생에너지의 연구·개발 및 기술평가
③ 신·재생에너지 공급의무화 지원
④ 신·재생에너지 설비의 성능평가·인증 및 사후관리
⑤ 신·재생에너지 기술정보의 수집·분석 및 제공
⑥ 신·재생에너지 분야 기술지도 및 교육·홍보

⑦ 신·재생에너지 분야 특성화대학 및 핵심기술연구센터 육성
⑧ 신·재생에너지 분야 전문인력 양성
⑨ 신·재생에너지 설비 설치기업의 지원
⑩ 신·재생에너지 시범사업 및 보급사업
⑪ 신·재생에너지 이용의무화 지원
⑫ 신·재생에너지 관련 국제협력
⑬ 신·재생에너지 기술의 국제표준화 지원
⑭ 신·재생에너지 설비 및 그 부품의 공용화 지원
⑮ 그밖에 신·재생에너지의 기술개발 및 이용·보급을 위하여 필요한 사업으로서 대통령령으로 정하는 사업

15.2.63 / 15.4.42 / 16.2.57 / 19.2.65 / 21.1.69

63 발전소를 건설하는 공사에서 철근콘크리트 또는 철골구조부를 제외한 발전설비공사의 하자담보 책임기간은 몇 년인가?

① 1년 ② 3년 ③ 5년 ④ 7년

해설 전기공사의 종류별 하자담보책임기간

전기공사의 종류	하자담보 책임기간
1) 발전설비공사	
① 철근콘크리트 또는 철골구조부	7년
② ①외 시설공사 3년	3년
2) 터널식 및 개착식 전력구 송전·배전설비공사	
① 철근콘크리트 또는 철골구조부	10년
② ①외 송전설비공사	5년
③ ①외 배전설비공사	2년
3) 지중 송전·배전설비공사	
① 송전설비공사	5년
② 배전설비공사	3년
4) 송전설비공사	3년
5) 변전설비공사(전기설비 및 기기설치공사를 포함한다)	3년
6) 배전설비공사	
① 배전설비 철탑공사	3년
② 가공 외 배전설비공사	2년
7) 산업시설물, 건축물 및 구조물의 전기설비공사	1년
8) 그 밖의 전기설비공사	1년

정답 61. ② 62. ② 63. ②

64 KEC 한국전기설비규정의 변경으로 삭제됨

13.4.68 / 15.2.65 / 16.4.61 / 18.2.65 / 18.4.77 / 19.2.61

65 신 · 재생에너지의 기술개발 및 이용 · 보급 촉진을 위한 기본계획의 계획기간은?

① 3년 이상 ② 5년 이상
③ 10년 이상 ④ 20년 이상

[해설] 기본계획의 수립(신재생에너지법 제5조)
① 산업통상자원부장관은 관계 중앙행정기관의 장과 협의를 한 후 신 · 재생에너지정책심의회의 심의를 거쳐 신 · 재생에너지의 기술개발 및 이용 · 보급을 촉진하기 위한 기본계획을 5년마다 수립하여야 한다.
② 기본계획의 계획기간은 10년 이상으로 한다.

15.2.66 / 21.2.74

66 전기설비의 제2차 접근상태는 가공 전선이 다른 시설물과 접근하는 경우 그 가공전선이 다른 시설물의 위쪽 또는 옆쪽에서 수평 거리로 몇 [m] 미만인 곳에 시설되는 상태를 말하는가?

① 0.5 ② 1
③ 2   ④ 3

[해설] 용어의 정의(판단기준 제2조)

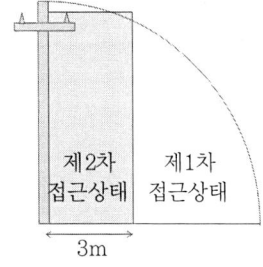

① 제1차 접근 상태 : 가공 전선이 다른 시설물과 접근(병행하는 경우를 포함하며 교차하는 경우 및 동일 지지물에 시설하는 경우를 제외한다)하는 경우에 가공 전선이 다른 시설물의 위쪽 또는 옆쪽에서 수평 거리로 가공 전선로의 지지물의 지표상의 높이에 상당하는 거리 안에 시설(수평 거리로 3 [m] 미만인 곳에 시설되는 것을 제외한다)됨으로써 가공 전선로의 전선의 절단, 지지물의 도괴 등의 경우에 그 전선이 다른 시설물에 접촉할 우려가 있는 상태
② 제2차 접근상태 : 가공 전선이 다른 시설물과 접근하는 경우에 그 가공 전선이 다른 시설물의 위쪽 또는 옆쪽에서 수평 거리로 3 [m] 미만인 곳에 시설되는 상태
③ 제2차 접근 상태가 제1차 접근상태보다 더 위험한 상태이다.

14.4.64 / 15.2.67 / 16.2.71 / 16.4.78 / 17.2.61 / 17.2.69 /
17.4.64 / 18.1.66 / 19.1.73 / 19.2.79 / 19.4.65 / 20.1.61 /
20.1.71 / 21.1.68

67 전기설비의 종류에 해당되지 않는 것은?

① 전기사업용 전기설비
② 일반용 전기설비
③ 특수용 전기설비
④ 자가용 전기설비

[해설] 정의(전기사업법 제2조)
발전 · 송전 · 변전 · 배전 · 전기공급 또는 전기사용을 위하여 설치하는 기계 · 기구 · 댐 · 수로 · 저수지 · 전선로 · 보안통신선로 및 그 밖의 설비로서 다음의 것을 말한다.
① 전기사업용 전기설비
② 일반용 전기설비
③ 자가용 전기설비

13.4.58 / 14.4.72 / 15.2.77 / 15.4.61 / 17.2.73 / 18.1.69 /
18.2.25 / 18.4.11 / 19.2.14 / 20.1.62 / 20.4.26

68 태양전지 모듈 등의 시설시 옥측 또는 옥외에 시설하는 공사법이 아닌 것은?

① 합성수지관 공사
② 애자 공사
③ 금속관 공사
④ 가요전선관 공사

[해설] 태양전지 모듈 등의 시설(판단기준 제54조)
1) 충전부분은 노출되지 않도록 시설할 것

2) 태양전지 모듈에 접속하는 부하측의 전로(복수의 태양전지 모듈을 시설한 경우에는 그 집합체에 접속하

정답 64. 65. ③ 66. ④ 67. ③ 68. ②

는 부하측의 전로)에는 그 접속점에 근접하여 개폐기 기타 이와 유사한 기구(부하전류를 개폐할 수 있는 것에 한한다)를 시설할 것

3) 태양전지 모듈을 병렬로 접속하는 전로에는 그 전로에 단락이 생긴 경우에 전로를 보호하는 과전류차단기 기타의 기구를 시설할 것. 다만, 그 전로가 단락전류에 견딜 수 있는 경우에는 그렇지 않다.

4) 전선은 다음에 의하여 시설할 것. 다만, 기계기구의 구조상 그 내부에 안전하게 시설할 수 있을 경우에는 그렇지 않다.

① 전선은 공칭단면적 2.5[mm²] 이상의 연동선 또는 이와 동등 이상의 세기 및 굵기의 것일 것

② 옥내에 시설할 경우에는 합성수지관공사, 금속관공사, 가요전선관공사 또는 케이블공사로 시설할 것

③ 옥측 또는 옥외에 시설할 경우에는 합성수지관공사, 금속관공사, 가요전선관공사 또는 케이블공사로 시설할 것

15.2.69

69 국유재산 또는 공유재산을 임차하거나 취득한 자가 해당 재산에서 신·재생에너지 기술 개발 및 이용·보급에 관한 사업을 취득일로부터 얼마의 기간 이내에 시행하지 아니하는 경우 대부계약 또는 사용허가를 취소하거나 환매할 수 있는가?

① 3개월　　　② 6개월
③ 1년　　　　④ 2년

국유재산·공유재산의 임대 등(신재생에너지법 제26조)

해설 ① 국가 또는 지방자치단체는 신·재생에너지 기술개발 및 이용·보급에 관한 사업을 위하여 필요하다고 인정하면 국유재산 또는 공유재산을 신·재생에너지 기술개발 및 이용·보급에 관한 사업을 하는 자에게 대부계약의 체결 또는 사용허가(임대)를 하거나 처분할 수 있다.

② 국가 또는 지방자치단체가 ①항에 따라 국유재산 또는 공유재산을 임대하는 경우에는 자진철거 및 철거비용의 공탁을 조건으로 영구시설물을 축조하게 할 수 있다. 다만, 공유재산에 영구시설물을 축조하려면 조례로 정하는 절차에 따라 지방의회의 동의를 받아야 한다.

③ ①항에 따른 국유재산 및 공유재산의 임대기간은 10년 이내로 하되, 국유재산은 종전의 임대기간을 초과하지 아니하는 범위에서 갱신할 수 있고, 공유재산은 지방자치단체의 장이 필요하다고 인정하는 경우 1회에 한하여 10년 이내의 기간에서 연장할 수 있다.

④ ①항에 따라 국유재산 또는 공유재산을 임차하거나 취득한 자가 임대일 또는 취득일부터 2년 이내에 해당 재산에서 신·재생에너지 기술개발 및 이용·보급에 관한 사업을 시행하지 아니하는 경우에는 대부계약 또는 사용허가를 취소하거나 환매할 수 있다.

⑤ 지방자치단체가 ①항에 따라 공유재산을 임대하는 경우에는 임대료를 100분의 50의 범위에서 경감할 수 있다.

15.2.70 / 19.1.63

70 저탄소 녹색성장대책을 수립·시행할 때 지역적 특성과 여건을 고려하여야 하는 기관은?

① 대기업　　　② 국민
③ 국가　　　　④ 지방자치단체

지방자치단체의 책무(녹색성장법 제5조)

해설 ① 지방자치단체는 저탄소 녹색성장 실현을 위한 국가시책에 적극 협력하여야 한다.

② 지방자치단체는 저탄소 녹색성장대책을 수립·시행할 때 해당 지방자치단체의 지역적 특성과 여건을 고려하여야 한다.

③ 지방자치단체는 관할구역 내에서의 각종 계획 수립과 사업의 집행과정에서 그 계획과 사업이 저탄소 녹색성장에 미치는 영향을 종합적으로 고려하고, 지역주민에게 저탄소 녹색성장에 대한 교육과 홍보를 강화하여야 한다.

④ 지방자치단체는 관할구역 내의 사업자, 주민 및 민간단체의 저탄소 녹색성장을 위한 활동을 장려하기 위하여 정보 제공, 재정 지원 등 필요한 조치를 강구하여야 한다.

15.2.71 / 16.2.66 / 21.2.63

71 전기공사업의 등록기준으로 틀린 것은?

① 전기공사기술자 3명 이상
② 자본금 1억5천만원 이상
③ 공부상 면적이 25제곱미터 이상인 사무실 확보
④ 공사업 운영을 위한 사무실 면적 확보

해설 공사업의 등록기준(※ 개정내용 적용)

항목	공사업의 등록기준
기술능력	전기공사기술자 3명 이상(3명 중 1명 이상은 국가기술자격 종목 중 기술사, 기능장, 기사 또는 산업기사의 자격을 취득한 사람이어야 한다)
자본금	1억5천만원 이상
사무실	공사업 운영을 위한 사무실

13.4.66 / 14.4.75 / 15.2.72 / 15.2.76 / 16.4.67 / 17.1.73 / 17.2.70 / 17.4.78 / 18.1.73 / 18.2.64 / 18.4.75 / 18.4.80 / 19.1.64 / 19.2.62 / 20.3.80

72 중성점 직접 접지식 전로에 접속하는 것으로 성형결선으로 된 변압기의 최대 사용전압이 345[kV]라 하면 이 변압기의 시험전압[V]는 얼마가 되는가?

① 220800
② 248400
③ 379500
④ 431250

해설 전로의 절연저항 및 절연내력(판단기준 제13조)

① 사용전압이 저압인 전로에서 정전이 어려운 경우 등 절연저항 측정이 곤란한 경우에는 누설전류를 1[mA] 이하로 유지하여야 한다.
② 고압 및 특고압의 전로(회전기, 정류기, 연료전지 및 태양전지 모듈의 전로, 변압기의 전로, 기구 등의 전로 및 직류식 전기철도용 전차선을 제외한다)는 표에서 정한 시험전압을 전로와 대지 사이(다심케이블은 심선 상호 간 및 심선과 대지 사이)에 연속하여 10분간 가하여 절연내력을 시험하였을 때에 이에 견디어야 한다.

전로의 종류	시험 전압
1. 최대사용전압 7[kV] 이하인 전로	최대사용전압의 1.5배의 전압
2. 최대사용전압 7[kV] 초과 25[kV] 이하인 중성점 접지식 전로 (중성선을 가지는 것으로서 그 중성선을 다중접지 하는 것에 한한다)	최대사용전압의 0.92배의 전압
3. 최대사용전압 7[kV] 초과 60[kV] 이하인 전로	최대사용전압의 1.25배의 전압(10,500[V] 미만으로 되는 경우는 10,500[V])압
4. 최대사용전압60[kV] 초과 중성점 비접지식전로	최대사용전압의 1.25배의 전압
5. 최대사용전압60[kV] 초과 중성점 접지식 전로	최대사용전압의1.1배의 전압(75[kV] 미만으로 되는 경우에는 75[kV])
6. 최대사용전압이 60[kV]초과 중성점 직접접지식 전로	최대사용전압의 0.72배의 전압
7. 최대사용전압이 170[kV]초과 중성점 직접 접지식 전로로서 그 중성점이 직접 접지되어 있는 발전소 또는 변전소 혹은 이에 준하는 장소에 시설하는 것	최대사용전압의 0.64배의 전압
8. 최대사용전압이 60[kV]를 초과하는 정류기에 접속되고 있는 전로	교류측 및 직류 고전압 측에 접속되고 있는 전로는 교류측의 최대사용전압의 1.1배의 직류전압
	직류측 중성선 또는 귀선이 되는 전로는 계산식에 의하여 구한 값

③ 22.9[kV]의 절연 내력 시험전압은 최대사용전압의 0.92배의 전압

∴ $V = 345{,}000 \times 0.64 = 220{,}800$ [V]

정답 71. ③ 72. ①

15.2.73 / 21.2.72

73 시간대별로 전력거래량을 측정할 수 있는 전력량계를 설치·관리하여야하는 자가 아닌 것은?

① 발전사업자
② 송전사업자
③ 구역전기사업자
④ 자가용전기설비를 설치한 자

해설 전력량계의 설치·관리(전기사업법 제19조)
다음의 자는 시간대별로 전력거래량을 측정할 수 있는 전력량계를 설치·관리하여야 한다.
① 발전사업자(대통령령으로 정하는 발전사업자는 제외한다)
② 자가용전기설비를 설치한 자(전력을 거래하는 경우만 해당한다)
③ 구역전기사업자(전력을 거래하는 경우만 해당한다)
④ 배전사업자
⑤ 전력을 직접 구매하는 전기사용자

15.2.74 / 20.4.68

74 ( ) 안에 들어갈 가장 적당한 용어는?

> 전기설비기술기준에서"발전소"란 발전기·원동기·연료전지·( )·해양에너지 그 밖의 기계 기구를 시설하여 전기를 발생시키는 곳을 말한다

① 태양광
② 태양전지
③ 태양열
④ 집광판(集光板)

해설 정의(기술기준 제3조)
발전소: 발전기·원동기·연료전지·태양전지·해양에너지발전설비·전기저장장치 그 밖의 기계기구[비상용 예비전원을 얻을 목적으로 시설하는 것 및 휴대용 발전기를 제외한다]를 시설하여 전기를 생산(원자력, 화력, 신재생에너지 등을 이용하여 전기를 발생시키는 것과 양수발전, 전기저장장치와 같이 전기를 다른 에너지로 변환하여 저장 후 전기를 공급하는 것)하는 곳

15.2.75 / 15.4.65 / 15.4.74 / 17.1.62 / 17.2.63 / 17.4.1 / 17.4.3
/ 17.4.76 / 18.1.8 / 18.2.72 / 19.4.15 / 20.1.18 / 20.1.72 /
20.1.77 / 21.1.6 / 21.2.12

75 태양의 빛에너지를 변환시켜 전기를 생산하거나 채광(採光)에 이용하는 설비는?

① 태양열 설비
② 지열 설비
③ 풍력 설비
④ 태양광 설비

해설 신·재생에너지 설비(신재생에너지법 시행규칙 제2조)
① 연료전지 설비 : 수소와 산소의 전기화학 반응을 통하여 전기 또는 열을 생산하는 설비
② 태양열 설비 : 태양의 열에너지를 변환시켜 전기를 생산하거나 에너지원으로 이용하는 설비
③ 태양광 설비 : 태양의 빛에너지를 변환시켜 전기를 생산하거나 채광(採光)에 이용하는 설비
④ 수력 설비: 물의 유동(流動) 에너지를 변환시켜 전기를 생산하는 설비
⑤ 해양에너지 설비 : 해양의 조수, 파도, 해류, 온도차 등을 변환시켜 전기 또는 열을 생산하는 설비
⑥ 지열에너지 설비 : 물, 지하수 및 지하의 열 등의 온도차를 변환시켜 에너지를 생산하는 설비
⑦ 폐기물에너지 설비 : 폐기물을 변환시켜 연료 및 에너지를 생산하는 설비
⑧ 수열에너지 설비 : 물의 표층의 열을 변환시켜 에너지를 생산하는 설비
⑨ 바이오에너지 설비 : 바이오에너지를 생산하거나 이를 에너지원으로 이용하는 설비

13.4.66 / 14.4.75 / 15.2.72 / 15.2.76 / 16.4.67 / 17.1.73 /
17.2.70 / 17.4.78 / 18.1.73 / 18.2.64 / 18.4.75 / 18.4.80
/ 19.1.64 / 19.2.62 / 20.3.80

76 발전기, 전동기 등 회전기의 절연 내력은 규정된 시험전압을 권선과 대지사이에 계속하여 몇 분간 가하여 견디어야 하는가?

① 5분
② 10분
③ 15분
④ 20분

해설 회전기 및 정류기의 절연내력(판단기준 제14조)
회전기 및 정류기는 표에서 정한 시험방법으로 절연내력을 시험하였을 때에 이에 견디어야 한다. 다만, 회전변류기 이외의 교류의 회전기로 표에서 정한 시험전압의 1.6배의 직류전압으로 절연내력을 시험하였을 때 이에 견디는 것을 시설하는 경우에는 그러하지 않다.

정답 73.② 74.② 75.④ 76.②

종류		시험전압	시험방법
회전기	발전기·전동기·조상기·기타회전기(회전변류기를 제외한다)	최대사용전압 7kV 이하	최대사용전압의 1.5배의 전압(500 V 미만으로 되는 경우에는 500 V)	권선과 대지 사이에 연속하여 10분간 가한다.
		최대사용전압 7kV 초과	최대사용전압의 1.25배의 전압(10,500V 미만으로 되는 경우에는 10,500V)	
	회전변류기		직류측의 최대사용전압의 1배의 교류전압(500V 미만으로 되는 경우에는 500V)	
정류기		최대사용전압이 60kV 이하	직류측의 최대사용전압의 1배의 교류전압(500V 미만으로 되는 경우에는 500V)	충전부분과 외함 간에 연속하여 10분간 가한다.
		최대사용전압 60kV 초과	교류측의 최대사용전압의 1.1배의 교류전압 또는 직류측의 최대사용전압의 1.1배의 직류전압	교류측 및 직류고전압측단자와 대지 사이에 연속하여 10분간 가한다.

13.4.58 / 14.4.72 / 15.2.77 / 15.4.61 / 17.2.73 / 18.1.69 / 18.2.25 / 18.4.11 / 19.2.14 / 20.1.62 / 20.4.26

77 태양전지 발전소에 시설하는 태양전지 모듈 및 전선 기타 기구 등의 시설방법으로 틀린 것은?

① 전선은 공칭 단면적 6[mm^2] 이상의 연동선 또는 이와 동등 이상의 세기 및 굵기의 것일 것
② 태양전지 모듈을 병렬로 접속하는 전로에는 과전류차단기를 시설할 것
③ 충전부분은 노출되지 않도록 시설할 것
④ 태양전지 모듈의 지지물은 자중, 적재하중, 적설 또는 풍압의 진동과 충격에 대하여 안전한 구조의 것일 것

해설 태양전지 모듈 등의 시설(판단기준 제54조)
1) 충전부분은 노출되지 않도록 시설할 것
2) 태양전지 모듈에 접속하는 부하측의 전로(복수의 태양전지 모듈을 시설한 경우에는 그 집합체에 접속하는 부하측의 전로)에는 그 접속점에 근접하여 개폐기 기타 이와 유사한 기구(부하전류를 개폐할 수 있는 것에 한한다)를 시설할 것
3) 태양전지 모듈을 병렬로 접속하는 전로에는 그 전로에 단락이 생긴 경우에 전로를 보호하는 과전류차단기 기타의 기구를 시설할 것. 다만, 그 전로가 단락전류에 견딜 수 있는 경우에는 그렇지 않다.
4) 전선은 다음에 의하여 시설할 것. 다만, 기계기구의 구조상 그 내부에 안전하게 시설할 수 있을 경우에는 그렇지 않다.
① 전선은 공칭단면적 2.5[mm^2] 이상의 연동선 또는 이와 동등 이상의 세기 및 굵기의 것일 것
② 옥내에 시설할 경우에는 합성수지관공사, 금속관공사, 가요전선관공사 또는 케이블공사로 시설할 것
③ 옥측 또는 옥외에 시설할 경우에는 합성수지관공사, 금속관공사, 가요전선관공사 또는 케이블공사로 시설할 것

15.2.78 / 16.4.75 / 19.4.79 / 21.4.79

78 저탄소 녹색성장 기본법에서 정한 저탄소 녹색성장 추진의 기본원칙이라 할 수 없는 것은?

① 정부는 저탄소 녹색성장의 시급성과 긴박성을 인식하고 정부 주도로 저탄소 녹색성장을 최우선적으로 추진한다.
② 정부는 녹색기술과 녹색산업을 경제성장의 핵심동력으로 삼고 새로운 일자리를 창출·확대할 수 있는 새로운 경제체제를 구축한다.
③ 정부는 국가의 자원을 효율적으로 사용하기 위하여 성장잠재력과 경쟁력이 높은 녹색기술 및 녹색산업 분야에 대한 중점투자 및 지원을 강화한다.
④ 정부는 사회·경제활동에서 에너지와 자원 이용의 효율성을 높이고 자원순환을 촉진한다.

해설 저탄소 녹색성장 추진의 기본원칙(녹색성장법 제3조)
① 정부는 기후변화·에너지·자원 문제의 해결, 성장동력 확충, 기업의 경쟁력 강화, 국토의 효율적 활용 및 쾌적한 환경 조성 등을 포함하는 종합적인 국가발전전략을 추진한다.
② 정부는 시장기능을 최대한 활성화하여 민간이 주도하는 저탄소 녹색성장을 추진한다.
③ 정부는 녹색기술과 녹색산업을 경제성장의 핵심 동

력으로 삼고 새로운 일자리를 창출·확대할 수 있는 새로운 경제체제를 구축한다.

④ 정부는 국가의 자원을 효율적으로 사용하기 위하여 성장잠재력과 경쟁력이 높은 녹색기술 및 녹색산업 분야에 대한 중점 투자 및 지원을 강화한다.

⑤ 정부는 사회·경제 활동에서 에너지와 자원 이용의 효율성을 높이고 자원순환을 촉진한다.

⑥ 정부는 자연자원과 환경의 가치를 보존하면서 국토와 도시, 건물과 교통, 도로·항만·상하수도 등 기반시설을 저탄소 녹색성장에 적합하게 개편한다.

⑦ 정부는 환경오염이나 온실가스 배출로 인한 경제적 비용이 재화 또는 서비스의 시장가격에 합리적으로 반영되도록 조세체계와 금융체계를 개편하여 자원을 효율적으로 배분하고 국민의 소비 및 생활 방식이 저탄소 녹색성장에 기여하도록 적극 유도한다. 이 경우 국내산업의 국제경쟁력이 약화되지 않도록 고려하여야 한다.

⑧ 정부는 국민 모두가 참여하고 국가기관, 지방자치단체, 기업, 경제단체 및 시민단체가 협력하여 저탄소 녹색성장을 구현하도록 노력한다.

⑨ 정부는 저탄소 녹색성장에 관한 새로운 국제적 동향을 조기에 파악·분석하여 국가 정책에 합리적으로 반영하고, 국제사회의 구성원으로서 책임과 역할을 성실히 이행하여 국가의 위상과 품격을 높인다.

15.2.79 / 18.4.61

79 고압 또는 특고압의 기계기구 모선 등을 옥외에 시설하는 발전소, 개폐소 또는 이에 준하는 곳에 시설하는 울타리·담 등에 대한 판단기준으로 적합하지 않는 것은?

① 출입구에는 출입금지의 표시를 할 것
② 출입구에는 자물쇠장치 기타 적당한 장치를 할 것
③ 울타리·담 등의 높이는 1.8[m] 이상으로 할 것
④ 지표면과 울타리·담 등의 하단 사이의 간격은 15[cm] 이하로 할 것

해설 **발전소 등의 울타리·담 등의 시설(판단기준 제44조)**

1) 고압 또는 특고압의 기계기구·모선 등을 옥외에 시설하는 발전소·변전소·개폐소 또는 이에 준하는 곳에는 다음에 따라 구내에 취급자 이외의 사람이 들어가지 않도록 시설하여야 한다. 다만, 토지의 상황에 의하여 사람이 들어갈 우려가 없는 곳은 그렇지 않다.
① 울타리·담 등을 시설할 것
② 출입구에는 출입금지의 표시를 할 것
③ 출입구에는 자물쇠장치 기타 적당한 장치를 할 것

2) 울타리·담 등의 시설조건
① 울타리·담 등의 높이는 2[m] 이상으로 하고 지표면과 울타리·담 등의 하단사이의 간격은 15[cm] 이하로 할 것
② 울타리·담 등과 고압 및 특고압의 충전 부분이 접근하는 경우에는 울타리·담 등의 높이와 울타리·담 등으로부터 충전부분까지 거리의 합계는 표에서 정한 값 이상으로 할 것

사용전압의 구분	울타리·담 등의 높이와 울타리·담 등으로부터 충전부분까지의 거리의 합계
35[kV] 이하	5[m]
35[kV] 초과 160[kV] 이하	6[m]
160[kV] 초과	6[m]에 160[kV]를 초과하는 10[kV] 또는 그 단수마다 12[cm]를 더한 값

15.2.80 / 18.2.68 / 20.3.79 / 20.4.62 / 21.1.80

80 특고압 가공전선로에서 발생하는 극저주파 전자계는 지표상 1[m]에서 전계강도 몇 [kV/m]이 되도록 시설하여야 하는가?

① 3.5   ② 4.5
③ 5.5   ④ 6.5

해설 **유도장해 방지(기술기준 제17조)**
① 특고압 가공전선로에서 발생하는 극저주파 전자계는

정답 79. ③ 80. ①

지표상 1[m]에서 전계가 3.5[kV/m] 이하, 자계가 83.3[μT] 이하가 되도록 시설하는 등 상시 정전유도 및 전자유도작용에 의하여 사람에게 위험을 줄 우려가 없도록 시설하여야 한다. 다만, 논밭, 산림 그밖에 사람의 왕래가 적은 곳에서 사람에 위험을 줄 우려가 없도록 시설하는 경우에는 그렇지 않다.

2015 제4회 기출문제

01 태양전지 모듈 선정시 고려사항에 해당되지 않는 것은?

① 경제성
② 신뢰성
③ 변환효율
④ 태양전지 셀의 크기

해설 모듈 선정시 고려사항
① 효율
② 출력허용오차
③ 신뢰성
④ 경제성
⑤ 유지보수(A/S 네트워크 및 보증기간) 및 관리성

02 태양전지는 어떤 효과를 이용한 것인가?

① 광전도 효과
② 광증폭 효과
③ 광전자 방출효과
④ 광기전력 효과

해설 PN접합에 의한 태양광 발전의 원리

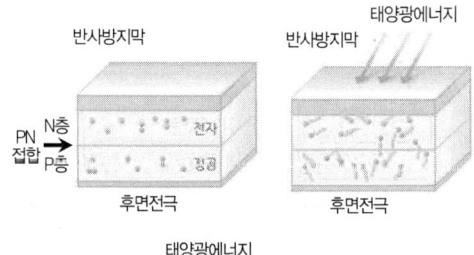

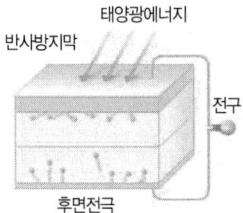

① p-n접합부 또는 정류작용이 있는 금속과 반도체의 경계면에는 접촉전위차가 있으므로 이 부분에 빛을 입사시키면, 반도체 중에 만들어진 전자와 정공(正孔)이 접촉전위차 때문에 분리되어 양쪽 물질에 서로 다른 종류의 전하가 나타나고 그 사이에 전위차(광기전력)가 생긴다.
② p-n접합 또는 금속과 반도체의 접촉 사이에 외부 회로를 연결하면 광전류가 구해지는데, 태양전지에 이용된다.
③ 1839년 프랑스의 물리학자 에드몬드 베크렐(Edmond Becquerel)이 전해액에 담근 은 전극에 빛을 비추니 적은 양의 전류가 흐르는 것을 처음으로 발견했다.

03 STC 조건하에서 다음과 같은 특성을 가진 결정질 태양전지 모듈의 온도가 -15[℃]일 때, 최대전압은 몇 [V]인가? (단, 개방전압(V_{OC}) = 40[V], 전압 온도계수(a_{voc}) = 0.25[V/℃]이다)

① 50 ② 60 ③ 70 ④ 80

해설 최대 전압(V_{MT})
V_{MT} = 개방전압 - 온도계수 × 온도차 (V)
= 40 - 0.25 × (-15-25) = 50 [V]

04 다음 중 태양광발전의 특징으로 옳지 않은 것은?

① 무인화 가능
② 청정 발전방식
③ 운영 유지비 많음
④ 무한정한 에너지

해설 태양광발전의 특징
1) 장점
① 에너지의 원료인 태양의 빛은 무료이며, 무한이다.
② 환경오염이 없는 청정에너지원이다.
③ 발전과정에서 환경오염이 없다.
④ 유지관리 비용이 적다.(무인화)

2) 단점
① 에너지밀도가 낮아 큰 설치면적이 필요하다.
② 설치장소가 한정적이며, 시스템 비용이 고가이다.
③ 발전량은 계절과 일조량의 영향을 많이 받는다.

정답 1.④ 2.④ 3.① 4.③

13.4.6 / 13.4.47 / 14.4.43 / 14.4.57 / 15.2.16 / 15.2.46 / 15.2.56 / 15.4.5 / 16.2.6 / 16.2.7 / 17.1.7 / 18.4.4 / 18.4.46 / 19.4.8 / 20.1.9 / 21.1.11 / 21.2.17 / 21.2.43

05 결정질 실리콘 태양전지의 일반적인 제조공정이 아닌 것은?

① 확산
② 측면 접합
③ 웨이퍼 장착
④ 반사 방지막 코팅

해설 단결정 실리콘 태양전지의 제조방법

폴리실리콘   Czochralski법   웨이퍼 슬라이싱

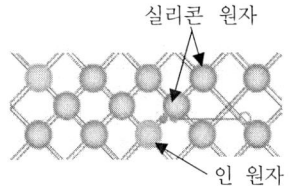
인듐(In) 도핑

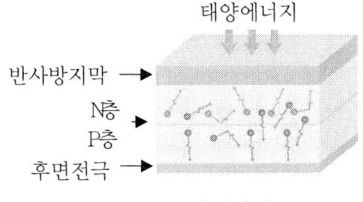

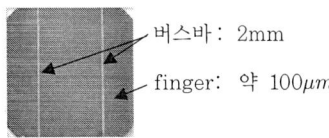
전면전극 구조

① 폴리실리콘
    모래에서 뽑아낸 태양광 기초소재
② 초크랄스키(Czochralski) 공정
    실리콘을 뜨거운 열로 녹여 고순도의 실리콘 용액을 만들고 이것으로 실리콘 기둥인 잉곳(Ingot)을 만드는 실리콘 결정 성장기술
③ 얇은 웨이퍼 만들기(Wafer Slicing)
    잉곳(Ingot)을 다이아몬드 톱을 이용해 균일한 두께로 얇게 절단하여 웨이퍼를 만든다.
④ 인듐(In) 도핑
    웨이퍼에 전도성을 띠게 하기 위해 불순물로 인듐(In)을 고온에서 확산 및 P/N층을 접합하게 되면, 자유전자가 부족한 p형 반도체가 되며, 도핑 물질로서 붕소(B), 갈륨(Ga), 인듐(In)등 3족 원소를 사용한다. 자유전자는 일정한 방향성을 갖고 이동할 수 있다.
⑤ 반사방지막
    전기를 얻기 위해 전극을 형성한 후 마지막으로 빛의 반사를 최대한 막기 위해 반사 방지막을 형성한다.
⑥ 전/후면 전극반사방지막 위에 전극 형성을 위한 실크스크린을 인쇄한다.

15.4.6 / 19.4.11 / 21.1.9

06 태양광발전시스템과 하위 전자기기를 용량, 유도 결합과 그리드 과전압으로부터 보호하기 위해 설치하는 것은?

① 피뢰침   ② 종단저항
③ 서지흡수기   ④ 바이패스 장치

해설 서지흡수기(Surge Absorber)
① 피뢰기와 같은 구조이며, 적용범위만을 조정하여 적용시키는 일종의 옥내 피뢰기이다.
② 피뢰기와는 다르게 뇌서지에는 사용하지 못하며, 특히 방전내량이 낮다.
③ 차단기(VCB)의 개폐서지를 대지로 방전시키고 개폐서지로부터 2차기기(몰드변압기, 건식변압기, 고압모터 등)를 보호하는 역할을 한다.

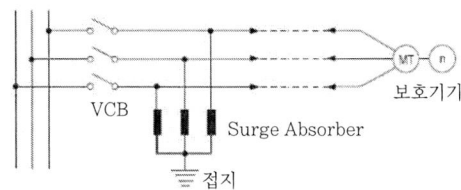
서지흡수기 설치 장소

서지흡수기 (SA)

15.4.7 / 15.4.11 / 18.1.7 / 18.1.31 / 18.2.13 / 20.3.10 / 20.3.17 / 20.4.11

07 납축전지(연축전지)의 공칭전압은 몇 [V]인가?

① 1.0　　② 2.0
③ 3.0　　④ 4.0

해설　납축전지와 알칼리축전지의 비교

	납축전지	알칼리축전지
공칭전압	2.0[V]	1.2[V]
방전종지전압	1.6[V]	0.96[V]
기전력	2.05~2.08[V]	1.32[V]
공칭용량	10[Ah]	5[Ah]
기계적강도	약함	강함
과충방전에 의한 전기적 강도	약함	강함
충전시간	길다	짧다
종류	클래드식(CS) 페이스트식(HS형)	소결식(AH, AHH형) 포켓식(AL, AM, AMH, AH형)
수명	5~15년	15~20년

15.4.8 / 20.4.15

08 지표면 1[m²]당 도달하는 태양광에너지의 양을 나타내는 것은?

① 방사각　　② 분광분포
③ 방사조도　　④ 대기 통과량

해설　방사조도(irradiance)

태양으로부터 방사되는 에너지 중에서 지구에 도달하는 에너지의 크기를 말하며 지구 지표면의 단위면적당 작용하는 에너지의 크기로 표현하며 단위는 [W/m²], 일사량이라고도 한다.

13.4.7 / 15.4.9 / 18.1.20 / 18.2.2 / 20.4.1 / 21.4.6

09 태양광발전시스템을 완성하기 위하여 필요한 모듈을 직·병렬로 구성하게 되는데, 즉, 직렬로 접속된 모듈 집합체의 회로를 무엇이라 하는가?

① 셀　　② 모듈
③ 스트링　　④ 어레이

해설　태양광발전시스템의 회로구성

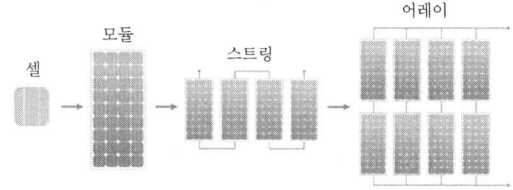

1) 셀(Cell)
① 태양전지의 가장 기본 소자
② 실리콘 계열의 태양전지 셀의 개방전압 0.59[V], 단락전류 10[A] 정도이다.

2) 모듈(Module)

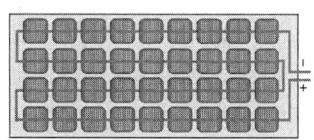

셀 36개의 직렬연결

① 셀을 직렬로 연결하여 태양광 아래서 일정한 전압과 전류를 발생시키는 장치
② 셀 자체가 너무 얇아 파손되기 쉬우므로 외부충격이나 악천후로부터 보호하기 위하여 견고한 알루미늄 프레임 안에 표면유리/충진재/태양전지 셀/충진재/후면시트 등의 순서로 제작한 제품에 케이블과 정션박스를 붙여 하나의 태양전지판 형태로 만든 제품
③ 365[W] 모듈 한 장은 단결정 72셀(6 inches), 사이즈는 1,960×992×40mm, 중량 22.5kg 정도이다.

④ 365[W] 모듈 한 장의 최대출력 동작전압 39.1[V], 최대출력 동작전류 9.35[A], 개방전압은 47.2[V], 단락전류 9.79[A], 효율은 18.8% 정도이다.

3) 스트링(String)
① 스트링은 태양전지의 모듈을 직렬로 연결하여 하나의 단위 스트링으로 구성된다.
② 단위 스트링의 출력전압이 어레이의 출력전압이며 또한 이 전압은 인버터의 직류 입력전압과 연관이 있다.
③ 스트링의 출력전압은 인버터의 최대 출력점 (Maximum Power Point Tracking) 범위 이내가 되도록 하여야 한다.

4) 어레이(Array)
① 다수의 스트링을 병렬로 접속한 모듈의 집합체
② 스트링회로를 전기적으로 보호하기 위한 퓨즈, 차단기, 역류 방지소자, 서지 보호장치 등으로 구성되어 있으며 접속함에 수납되어 있다.

14.4.78 / 15.2.3 / 15.4.10 / 16.2.70 / 17.2.64 / 17.4.71 / 18.1.67 / 18.4.69 / 19.1.71 / 21.1.4

10 교토 의정서에서 정한 지구 온난화 방지를 위한 감축대상 가스가 아닌 것은?

① CH_4 ② N_2O
③ SF_6 ④ NFC

해설 온실가스 및 온실효과
① 온실가스
이산화탄소(CO_2), 메탄(CH_4), 아산화질소(N_2O), 수소불화탄소(HFCs), 과불화탄소(PFCs), 육불화황(SF_6) 및 그밖에 대통령령으로 정하는 것으로 적외선 복사열을 흡수하거나 재방출하여 온실효과를 유발하는 대기 중의 가스 상태의 물질
② 온실효과

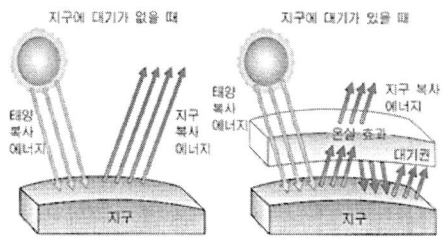

지구는 태양에서 에너지를 받은 후 다시 에너지를 방출하여, 복사평형을 유지하지 못하고, 태양의 열이 지구로 들어와서 나가지 못하고 순환되는 현상으로 화석연료 연소를 포함한 인간 활동 때문에 발생된다.

15.4.7 / 15.4.11 / 18.1.7 / 18.1.31 / 18.2.13 / 20.3.10 / 20.3.17 / 20.4.11

11 계통 연계용 축전지 용량을 산출하기 위해 필요한 값이 아닌 것은?

① 보수율 ② 변환효율
③ 용량 환산시간 ④ 평균 방전전류

해설 축전지 설비
1) 축전지설비 설계 순서

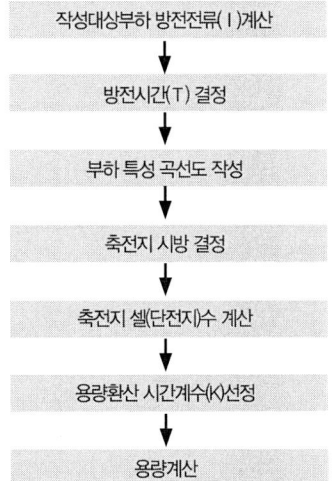

2) 축전지 수량 계산(N)
$$N = \frac{V}{V_B}$$
N : 축전지 수량 (Cell 수)
V : 부하정격전압, 허용최저전압(V)
V_B : 축전지 공칭전압(V)

3) 용량 산출(C)
$$C = \frac{1}{L}\left[K_1 I_1 + K_2(I_2 - I_1) + K_3(I_3 - I_2) + \ldots + K_n(I_n - I_{n-1})\right]$$
L : 축전지 보수율 (보통 0.8)
K : 용량환산 계수
I : 방전전류(A)

15.4.12 / 19.1.10 / 21.2.11

12 "임의의 폐회로에서 기전력의 총합은 저항에서 발생하는 전압강하의 총합과 같다."는 법칙은?

① 페러데이의 법칙
② 플레밍의 오른손 법칙
③ 키르히호프의 제1법칙
④ 키르히호프의 제2법칙

해설 키르히호프의 법칙(Kirchhoff's law)

1) 키르히호프의 제1법칙
① 회로망에 있어서 임의의 한 접속점에 흘러들어오는 전류의 합은 흘러나가는 전류의 합과 같다.

$$\sum 유입\ 전류 = \sum 유출\ 전류$$

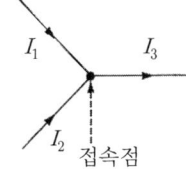

② 그림과 같이 흘러들어오는 전류를 I_1, I_2 라 하고, 접속점에서 흘러나가는 전류를 I_3 라 하면,
$I_1 + I_2 = I_3$ ∴ $I_1 + I_2 + (-I_3) = 0$

2) 키르히호프의 제2법칙
회로망 중의 임의의 폐회로(closed circuit)내에서 그 폐회로를 따라 한 방향으로 일주하면서 생기는 전압강하의 합은 그 폐회로 내에 포함되어 있는 기전력의 합과 같다.

$$\sum 기전력 = \sum 전압\ 강하$$

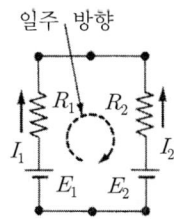

$E_1 - E_2 = R_1 I_1 - R_2 I_2$
∴ $E_1 - E_2 - R_1 I_1 + R_2 I_2 = 0$

15.2.7 / 15.4.13 / 17.4.12 / 18.1.15 / 18.2.3 / 19.1.14 / 20.1.4 / 20.3.2 / 21.1.3 / 21.1.33

13 다음 중 트랜스리스방식의 인버터 회로 구성이 아닌 것은?

① 변압기
② 컨버터
③ 인버터
④ 개폐

해설 인버터의 회로방식별 분류

1) 상용주파 변압기 절연방식

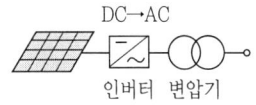
인버터 변압기

① PWM 인버터를 이용하여 상용주파수의 교류를 만들고, 상용주파수의 변압기를 이용하여 절연과 전압변환을 한다.
② 내부 신뢰성이나 노이즈 컷이 우수하지만, 상용주파수의 변압기를 별도로 이용하기 때문에 무겁고 크며, 변압기의 효율이 감소된다.

2) 고주파 변압기 절연방식

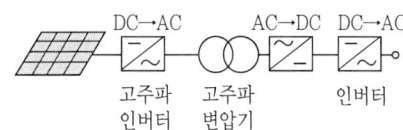
고주파   고주파   인버터
인버터   변압기

① 태양전지의 직류 출력을 고주파의 교류로 변환한 후 소형의 고주파 변압기로 절연을 한다.
② 일단 직류로 변환하고 재차 상용주파의 교류로 변환하며, 소형 경량이지만 회로가 복잡한 단점이 있다.

3) 트랜스리스(Transless) 방식

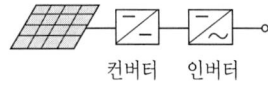
컨버터   인버터

① 태양전지의 직류출력을 DC-DC 컨버터로 승압하고 인버터에서 상용주파의 교류로 변환한다.
② 소형 경량이며, 저렴하고 효율이 우수하고 신뢰성이 높다.
③ 상용전원과의 사이에는 절연이 되지 않아 안전성이 떨어진다.

15.4.14 / 17.1.1 / 18.4.28 / 19.2.20 / 21.1.2

14 태양광발전시스템의 구성요소에 대한 설명으로 틀린 것은?

① 태양전지 모듈에서 생산된 전기를 저장하기 위해 축전지를 사용하기도 한다.
② 인버터는 태양전지 모듈에서 생산된 교류전기를 직류로 변환시키는 역할을 한다.
③ 태양전지 모듈 제작시, 발생 전압을 증가시키기 위해 여러 장의 셀을 직렬로 연결한다.
④ 태양전지 어레이는 태양전지 모듈의 집합체로 스트링, 역류방지 다이오드, 바이패스 다이오드, 접속함 등으로 구성된다.

해설 태양광발전시스템의 구성도

① 햇빛을 받아 태양전지를 통해 직류전기를 생산한다.
② 생산된 직류전기는 축전지를 통해 저장하기도 한다.
③ 365[W] 모듈 한 장의 최대출력 동작전압은 약 39.1[V], 여러 장의 셀을 직렬로 연결하여 원하는 전압으로 조합한다.
④ 태양전지 어레이는 다수의 스트링을 병렬로 접속한 모듈의 집합체로 역류방지 다이오드, 바이패스 다이오드, 접속함 등으로 구성
⑤ 생산된 직류전기(DC)는 인버터를 통해 일반적으로 사용할 수 있는 교류전기(AC)로 변경한다.
⑥ 생산된 교류(AC)는 가정용이나 산업용전기로 소비된다.

14.4.27 / 15.4.15 / 17.1.47 / 17.2.44 / 17.4.52 / 18.1.57 / 18.4.5 / 20.4.49 / 21.2.37 / 21.4.58

15 인버터 Data 중 모니터링 화면에 전송되는 것이 아닌 것은?

① 일사량
② 발전량
③ 입력측 전압, 전류, 전력
④ 출력측 전압, 전류, 전력

해설 인버터의 표시사항

입력단(모듈출력)의 전압, 전류, 전력과 출력단(인버터 출력)의 전압, 전류, 전력, 주파수, 누적발전량, 최대출력량(peak)이 표시되어야 한다.

15.4.16 / 16.4.11 / 18.1.17 / 18.4.18 / 19.2.8 / 19.2.16 / 19.4.2 / 20.1.5 / 20.4.14 / 20.4.20

16 2[Ω], 3[Ω], 5[Ω]의 저항 3개가 직렬로 접속된 회로에 5[A]의 전류가 흐르면 공급전압은 몇 [V]인가?

① 30 ② 50 ③ 70 ④ 100

해설 저항의 직렬접속

2개 이상의 저항을 전원에 차례로 연결하여 회로에 전류가 각 저항을 차례로 흐르게 하는 접속으로 각 저항 R_1, R_2, R_3 에 흐르는 전류 I 의 크기는 일정하다.

① 합성 저항 R
$R = R_1 + R_2 + R_3 \,[\Omega]$
$= 2 + 3 + 5 = 10 \,[\Omega]$

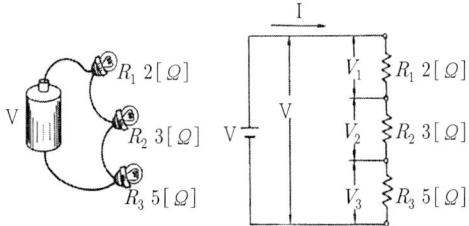

② 전류 I
$$I = \frac{V}{R} = \frac{V}{R_1 + R_2 + R_3} \,[A]$$

③ 각 저항 양단의 전압 강하 V_1, V_2, V_3
$V_1 = R_1 I \,[V], \quad V_2 = R_2 I \,[V], \quad V_3 = R_3 I \,[V]$
$V_1 = 2 \times 5 = 10 \,[V], \quad V_2 = 3 \times 5 = 15 \,[V],$
$V_3 = 5 \times 5 = 25 \,[V]$

④ 전원 전압 V
$V = V_1 + V_2 + V_3$
$= R_1 I + R_2 I + R_3 I$
$= (R_1 + R_2 + R_3) \cdot I \,[V]$
$= (2 + 3 + 5) \times 5 = 50 \,[V]$

정답 14. ② 15. ① 16. ②

14.4.4 / 14.4.13 / 15.2.11 / 15.2.17 / 15.4.17 / 17.2.14 /
17.4.5 / 18.1.3 / 18.4.7 / 20.1.3 / 20.1.19 / 20.3.8 /
20.3.9 / 21.4.1

17 다음 중 전력변환장치(PCS)의 기능에 대한 설명으로 틀린 것은?

① 단독운전 방지기능
② 계통연계 운전기능
③ 전류 자동조절기능
④ 최대전력 추종제어기능

해설 태양광 인버터(직류를 교류로 변환)의 기능
① 자동운전 정지
② 최대출력 추종제어
③ 자동전압조정
④ 직류지락 검출
⑤ 단독 운전방지
⑥ 계통연계 보호장치

15.4.18 / 15.4.39 / 18.1.6 / 19.2.22 / 21.2.21

18 태양광발전 설비용 인버터 선정시 전력품질 안정성 부분에 대한 고려사항이 아닌 것은?

① 교류분이 적을 것
② 노이즈의 발생이 적을 것
③ 고조파의 발생이 적을 것
④ 기동, 정지가 안정적일 것

해설 인버터 선정시 검토사항
① 소음 발생이 적을 것
② 고조파의 발생이 적을 것
③ 노이즈의 발생이 적을 것
④ 기동·정지가 안정적일 것
⑤ 야간의 대기전압 손실이 적을 것
⑥ 공급 안정성에서 직류분이 적을 것

14.4.54 / 15.4.19 / 17.1.11 / 19.1.9 / 19.4.3 / 19.4.7 /
20.4.10 / 21.2.5

19 태양전지 모듈 전면적 1,000[m²]에서 방사조도 1,000[W/m²]이고, 최대 출력 100[kW]이면 변환효율은 몇 [%]인가?

① 5   ② 10   ③ 15   ④ 20

해설 변환효율(Conversion Efficiency)
표준 시험조건(Standard Test Conditions, STC)에서 측정한 태양전지 출력전력을 입사된 빛 에너지(소자넓이 × 경사면 조사 강도)로 나누어 백분율로 나타낸 것

$$\eta = \frac{P_{AS}}{G_S \times A} \times 100[\%]$$

$$= \frac{100 \times 10^3}{1,000 \times 1,000} \times 100 = 10 [\%]$$

P_{AS} : 태양전지 어레이 출력전력 [kW]
G_S : 경사면 일사량 [kW/m^2]
A : 태양전지 어레이 면적 [m^2]

15.4.20 / 15.4.45 / 18.4.53

20 다음 중 태양전지 모듈의 표준상태로 맞는 것은?

① 모듈 표면온도 20[℃], 분광분포 AM 1.0, 방사조도 1,000[W/m²]
② 모듈 표면온도 20[℃], 분광분포 AM 1.5, 방사조도 1,500[W/m²]
③ 모듈 표면온도 25[℃], 분광분포 AM 1.0, 방사조도 1,500[W/m²]
④ 모듈 표면온도 25[℃], 분광분포 AM 1.5, 방사조도 1,000[W/m²]

해설 표준시험조건(Standard Test Conditions)
태양광발전 소자를 시험할 때의 기준이 되는 시험조건 즉, 태양광발전 소자가 빛을 받는 면의 조사강도 1,000[W/m²], 태양전지 온도 25[℃], 스펙트럼 조성은 대기질량지수(AM) 1.5인 조건

15.4.21

21 분산형 태양광발전시스템 준공 시 인입구 배선의 점검사항으로 틀린 것은?

① 전선의 저항 측정
② 규격전선 사용 여부
③ 전선 피복 손상 여부
④ 배선공사 방법의 적합 여부

정답 17. ③ 18. ① 19. ② 20. ④

해설 인입구배선 점검

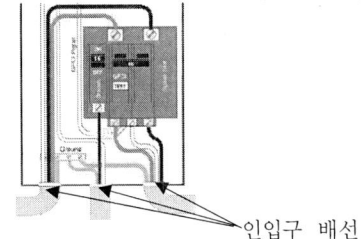
인입구 배선

① 규격전선의 사용 여부
② 전선 접속 상태(중도에 전선접속 하지 말 것)
③ 전선피복의 손상 여부
④ 배선공사방법의 적합 여부(전선인입구가 실리콘 등으로 방수처리 될 것)
⑤ 기타 기술기준에 적합여부(인입선과 구분하여 시설)

13.4.30 / 15.4.22 / 17.2.28 / 20.4.33
22 태양전지에서 옥내에 이르는 배선에 쓰이는 연결전선으로 적당하지 않은 것은?

① GV전선　　　② CV전선
③ 모듈 전용선　④ TFR-CV 전선

해설 전기배선
① 모듈에서 인버터에 이르는 배선에 사용되는 케이블은 모듈 전용선 또는 단심(1C) 난연성 케이블(TFR-CV, F-CV, FR-CV 등)을 사용하여야 하며, 케이블이 지면 위에 설치되거나 포설되는 경우에는 피복에 손상이 발생되지 않게 별도의 조치를 취해야 한다.
② 모듈 간 배선은 바람에 흔들림이 없도록 코팅된 와이어 또는 동등이상(내구성) 재질의 타이(Tie)로 단단히 고정하여야 하며, 모듈의 출력배선은 군별 및 극성별로 확인할 수 있도록 표시하여야 한다.

※ GV : PVC(Vinyl) insulated wire for Grounding use/ 접지용 비닐절연전선

15.4.23 / 18.4.22 / 19.1.27
23 태양광발전시스템에서 태양전지 어레이용 가대 및 지지대 설치시 고려사항이 아닌 것은?

① 태양전지 어레이용 가대 및 지지대 설치순서, 양중방법 등의 설치 계획을 결정한다.

② 태양전지 모듈의 유지보수를 위한 공간과 작업 안전을 위한 발판, 안전난간을 설치한다.
③ 지지물의 자중, 적재하중 및 구조하중에 맞게 안전한 구조의 것으로 설치한다.
④ 구조물의 자재 중 강재류는 현장에서 절단, 용융 아연도금을 하여 조립함을 원칙으로 한다.

해설 지지대 부속자재 설치 시 고려사항
① 지지물의 자중, 바람, 적설하중, 적재하중 및 구조하중에 맞게 안전한 구조의 것으로 설치한다.
② 태양전지 어레이용 가대 및 지지대의 설치순서, 양중방법 등의 설치계획을 결정한다.
③ 모듈지지의 고정 볼트에는 스프링 와셔 또는 풀림방지너트 등으로 체결한다.
④ 볼트 조립은 헐거움이 없이 단단히 조립한다.
⑤ 건축물의 방수 등에 문제가 없도록 설치한다.
⑥ 태양전지 모듈의 유지보수를 위한 공간과 작업 안전을 위해 발판, 안전난간을 설치한다.

※ 용융아연도금

1) 전처리 공정
소재 표면의 산화물은 기계적 또는 화학적 방법으로 제거해야 하고, 유류 기타의 오물이 부착되어 있을 때에는, 알칼리 세척액 또는 유기용제를 사용하여 처리한다.

2) 아연도금공정
① 도금온도
아연도금의 온도는 440~470[℃]을 유지하도록 해야 하고, 도금 피막두께를 균질하게하며 드로스(dross, 아연과 철의 금속간 화합)와 산화아연이 유착되거나, 발생되지 않도록 해야 한다.
② 침적속도와 시간

정답 21. ① 22. ① 23. ④

아연도금의 균질한 부착량 확보 및 부재의 건전성을 유지할 수 있도록 부재형상 및 두께 등을 고려하여 적절한 침적 속도와 시간을 유지하도록 한다.

③ 아연도금의 균질한 두께 확보

아연욕을 마친 부재를 들어 올릴 때에는 과부착, 아연쏠림 또는 부적절한 응고가 발생하지 않도록 형상 및 두께 등을 고려하여 적절한 작업속도를 유지하도록 한다.

④ 냉각

부재의 형상 및 크기를 고려하여 냉각 시에 발생되는 변형을 방지해야 한다.

3) 도금된 제품을 품질확보를 위한 교정, 시험검사 보수 등의 마무리 공정

※ 현장에서 용융 아연도금 작업은 불가능하다.

15.4.24 / 16.4.24 / 18.1.39 / 19.4.22 / 20.4.23 / 20.4.28 / 21.4.26 / 21.2.40

24 저압 배전선로의 저압네트워크 방식에 대한 설명으로 틀린 것은?

① 전력손실이 감소된다.
② 플리커, 전압변동률이 적다.
③ 특별한 보호장치가 필요 없다.
④ 무정전 공급이 가능해서 공급신뢰도가 높다.

해설 저압 네트워크 배전방식(Network System)

1) 2개 이상의 배전 변압기 2차측을 전기적으로 연결해서 망상으로 한 것인데, 각 수용가에는 네트워크로부터 분기되어 직접 전기를 공급하는 방식이다.
① 전력 손실 감소
② 플리커, 전압 변동률이 적다.
③ 기기의 이용률 향상
④ 부하 증가에 대한 적응성이 좋음
⑤ 변전소 수를 줄일 수 있다.
⑥ 무정전 공급이 가능해서 공급신뢰도가 높다.
⑦ 건설비가 비싸다.
⑧ 특별한 보호장치가 필요하다.

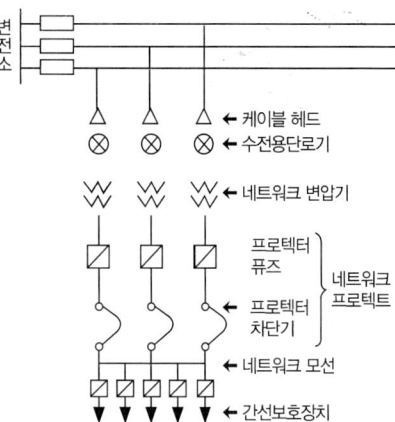

2) 네트워크 프로텍터(network protector) = (계전기 + 차단기)

변압기 1차측에서 고장이 발생되어 변전소의 차단기가 동작되면 변압기를 통해 1차측으로 역가압되지 않도록 변압기 2차측에 설치한다.

15.4.25 / 18.2.24 / 20.3.31 / 21.2.26

25 부하 역률 0.8일 때 선로의 저항 손실은 부하역률 0.9일 때 선로의 저항 손실에 비하여 약 몇 배인가?

① 동일하다. ② 1.3배
③ 1.5배   ④ 1.8배

해설 저항 손실(P_l)

① $P = VI\cos\theta \quad \left(I = \dfrac{P}{V\cos\theta}\right)$

② $P_l = I^2 R = \dfrac{1}{V^2} \cdot \dfrac{P^2 R}{\cos^2\theta}$

$P_l \propto \dfrac{1}{\cos\theta^2}$

∴ $\dfrac{P_{l0.9}}{P_{l0.8}} = \dfrac{0.9^2}{0.8^2} ≒ 1.3$

15.4.26 / 18.1.27 / 21.1.29

26 국내에서 태양광발전설비의 모듈을 고정식으로 설치할 때 최적 경사각은 일반적으로 몇 [°]정도인가?

① 5~15   ② 24~26
③ 55~60   ④ 75~90

해설 연평균 경사각도에 의한 효율(정남향 기준)

각도(°)	효율(%)
0	89
5	97
30	100
45	98
60	92
90	68

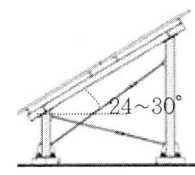

※ 고정식 설치시 태양전지는 많은 일사량을 받도록 지면과 약 30도(제주도 24도)의 경사면에 설치한다.

13.4.24 / 15.4.27 / 18.2.23

27 케이블 단말처리 방법의 순서를 옳게 나타낸 것은?

> ㄱ. 점착성 절연 테이프를 감는다.
> ㄴ. 케이블의 피복을 벗겨낸다.
> ㄷ. 보호 테이프를 반폭 이상 겹치도록 1회 이상 감는다.
> ㄹ. 쌍관을 케이블에 삽입한다.
> ㅁ. 케이블 종단에 극성을 표시한다.

① ㄴ→ㅁ→ㄱ→ㄷ→ㄹ
② ㄴ→ㄷ→ㄱ→ㄹ→ㅁ
③ ㄴ→ㅁ→ㄹ→ㄱ→ㄷ
④ ㄴ→ㄹ→ㄱ→ㄷ→ㅁ

해설 케이블의 단말처리방법

① 케이블의 피복을 벗겨 낸 다음에 점착성 절연테이프의 3/4~2/3 정도가 겹치도록 하여 1회 이상 감고, 그 위에 보호테이프를 반 폭 이상 겹치게 감는다.
② 다른 단말처리 방법으로는 쌍관을 사용하는 방법이 있다.
  케이블의 피복을 벗겨 내고 쌍관을 케이블에 삽입 후, 점착성 절연 테이프를 감고 그 위에 보호테이프를 반폭 이상 겹치도록 하여 1회 이상 감는다.
③ 케이블의 종단에는 반드시 극성(+, −)표시를 한다.

13.4.26 / 15.4.28 / 16.4.38 / 17.1.51 / 17.2.22 / 17.2.54 /
17.4.23 / 17.4.53 / 18.1.21 / 18.1.47 / 18.2.46 / 18.2.53 /
18.4.23 / 19.1.60 / 19.2.26 / 19.2.42 / 19.4.27 / 19.4.49 /
20.1.52 / 20.3.23 / 20.3.41 / 20.4.24 / 21.1.38 /
21.4.42 / 21.4.48

28 태양광발전시스템 시공 중 감전방지 대책에 대한 설명으로 틀린 것은?

① 강우시 작업을 중단한다.
② 저압 전로용 절연장갑을 착용한다.
③ 이중절연 처리된 공구를 사용한다.
④ 작업 종료 후 태양전지 모듈 표면에 차광 시트를 붙인다.

해설 모듈 설치 시 감전방지대책
① 전선피복 상태 관리
② 절연 장갑을 착용한다.
③ 절연 처리된 공구를 사용한다.
④ 태양전지 모듈 및 인버터 전원 개방
⑤ 작업 전 태양전지 모듈 표면에 차광막을 씌워 태양광을 차폐한다.
⑥ 강우시에는 감전사고와 미끄러짐에 의한 추락사고의 위험이 있으므로 작업을 금한다.

13.4.27 / 15.4.29 / 16.2.33 / 17.2.29 / 18.1.33 /
19.2.40 / 21.4.34

29 다음 중 감리원의 감리업무가 아닌 것은?

① 발주자의 권한 대행
② 공사의 품질확보와 향상에 노력
③ 공사의 계획, 발주, 설계, 시공 등 전반 업무 총괄
④ 품질관리, 공사관리, 안전관리 등에 대한 기술지도

정답 26. ② 27. ④ 28. ④

해설 전력시설물공사의 설계감리 용역 및 공사의 발주는 발주자의 역할이다.

30 KEC 한국전기설비규정의 변경으로 삭제됨

15.4.31 / 18.2.22 / 21.1.21

31 태양광 설치공사 중 태양전지모듈의 설치시 추락방지에 대한 안전대책이 아닌 것은?

① 안전모 착용
② 안전허리띠 착용
③ 저압 절연장갑 착용
④ 안전대 및 안전화 착용5

해설 태양광발전시스템의 안전관리대책

공정	조치 사항	비고
모듈 설치	고소작업시 안전 난간대 설치 안전모, 안전화, 안전벨트 착용	추락 사고 예방
배관배선작업	사다리 적합품 사용 안전모, 안전화, 안전벨트 착용	
구조물 설치	리프트카 사용, 안전 난간대 설치 안전모, 안전화, 안전벨트 착용	
인버터, 접속함 등 연결	태양전지 모듈 등 전원개방 절연 장갑 착용	감전 사고 예방
임시배선작업	누전위험장소 누전차단기 설치 전선 피복상태, 접지선 관리	

15.4.32 / 17.4.75 / 18.4.68 / 19.1.24 / 20.3.29 / 20.3.35 / 21.4.78

32 금속전선관의 굵기는 전선의 피복절연을 포함한 단면적의 총 합계가 관내 단면적의 몇 [%] 이하가 되어야 하는가? (단, 동일 굵기의 절연저선을 동일 관내에 넣는 경우이다)

① 32
② 40
③ 48
④ 52

해설 금속전선관의 굵기는 굵기가 다른 절연전선을 동일관내에 넣어 시설하는 경우 절연 피복물을 포함한 관내 단면적의 32[%]이하가 되도록 선정한다. 단, 동일 굵기의 경우는 48[%]까지 채울 수 있다.

15.4.33 / 16.2.30 / 17.2.40 / 18.2.21

33 태양광발전시스템을 전력계통과 연계하기 위한 변압기의 결선방법으로 가장 적당한 것은?(단, 인버터는 절연 변압기를 사용하고 있는 경우이다.)

① Y-Y
② Y-△
③ △-△
④ △-Y

해설 변압기의 결선방법

① 3[MW]급 태양광발전소의 배전방식은 대부분 13,200[V]/22,900[V]의 3상4선식인 다중접지방식이므로 지락사고시의 지락전류가 매우 크고 유도장해 등의 문제와 중성선의 단선 또는 불량으로 인한 대지전위 상승에 의한 피해 등의 문제가 일단접지식 변압기의 사용을 되도록 억제하고 있으며 불가피하게 사용하는 경우라도 1뱅크 용량 30[kVA]이하로 제한하고 있으므로 태양광발전사업자 입장에서는 비접지식 변압기를 사용하는 수밖에 없다.

② 저압측 인버터에서 공급하는 전압과 전기방식이 저압 교류 3상 3선식 220[V]나 380[V]의 경우에는 변압기 결선을 승압측으로 Y결선으로 하고, 저압측을 △로 선정(Y-△)하여 공급하게 되면, 고조파 등의 문제가 해결된다.

15.4.34 / 18.1.30

34 태양광발전시스템에서 전기 흐름을 고려한 배선 순서를 바르게 나열한 것은?

ㄱ. 인버터에서 분전반 배선
ㄴ. 어레이와 접속함 배선
ㄷ. 모듈 배선
ㄹ. 접속함에서 인버터 배선

① ㄱ→ㄹ→ㄴ→ㄷ
② ㄴ→ㄷ→ㄱ→ㄹ
③ ㄷ→ㄴ→ㄹ→ㄱ
④ ㄹ→ㄷ→ㄴ→ㄱ

해설 계통연계형 태양광발전시스템의 구성

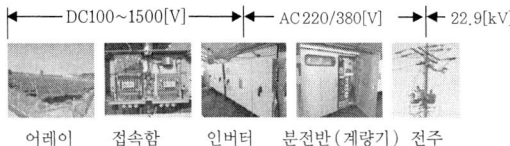

|←DC100~1500[V]→|←AC 220/380[V]→|←22.9[kV]|
어레이 접속함 인버터 분전반(계량기) 전주

해설 설계도서

1) 설계 설명서
  설계의 목적, 공사종목 및 그 개요, 각 설계에 대한 분석자료(인입지점, 발전소의 특성 등), 관계 관공서 등과의 협의 사항, 설계시 적용한 특별한 사항

2) 설계도면
  배치도, 단선접속도, 계통도, 배선도(평면도, 결선도, 기기상세도), 피뢰 설계도, 어레이 배치도, 접속반 내부 결선도

3) 기술계산서
  부하계산서, 전압강하계산서, 변압기용량계산서, 차단기용량계산서, 축전지용량계산서, 접지계산서

4) 설계시방서
  ① 중간설계 및 실시설계도면에 구체적으로 표시할 수 없는 내용과 공사수행을 위한 시공 방법, 자재의 성능·규격 및 공법, 품질시험 및 검사 등 품질관리, 안전관리, 환경관리 등에 관한 사항을 기술한다.
  ② 표준시방서 및 전문시방서를 기본으로 하여 작성하되, 공사의 특수성·지역여건·공사방법 등을 고려하여 작성한다.
  ③ 공사시방서, 전문시방서, 표준시방서, 특기시방서 등

5) 예산내역서
  자재 산출근거서, 공량산출서, 일위대가표, 내역서, 공사원가산출서, 단가대비표, 견적서 등

15.4.35 / 16.2.31 / 20.4.30

35 태양전지 어레이 설치공사의 주의사항으로 틀린 것은?

① 구조물 및 지지대는 현장 용접한다.
② 너트의 풀림 방지는 이중너트를 사용하고 스프링와셔를 체결한다.
③ 태양광 어레이 기초면 확인을 위해 수평기, 수평줄, 수직추를 확보한다.
④ 지지대의 기초 앵커볼트의 조임은 바로세우기 완료 후, 앵커볼트의 장력이 균일하게 되도록 한다.

해설 구조물 현장 용접 금지
① 구조물 및 지지대를 현장 용접시 용접부위의 부식방지를 위한 대책이 곤란하므로, 공장에서 용접을 실시하고 용융아연도금 처리후 현장에 반입하여 조립이 가능하도록 해야 한다.
② 태양광발전소는 20년 이상 운영되므로, 구조물은 발전소 지역(염해 등)에 맞는 종류의 용융아연도금을 실시해야한다.

15.4.36 / 18.1.40 / 18.2.31 / 18.2.33 / 20.1.27 / 20.3.25 / 21.2.30

36 태양광발전시스템의 설계도서가 아닌 것은?

① 시방서
② 설계도면
③ 품질관리 계획서
④ 공사비 산출 내역서

15.4.37 / 19.2.25 / 21.1.26

37 지붕형 태양광발전시스템 어레이 기초공사에 포함되는 것은?

① 방수공사
② 접지공사
③ 구조물공사
④ 모듈 설치공사

해설 지붕형 태양광발전시스템 어레이 기초공사
① 구조물의 기초를 설치하기 위해서 지붕의 방수기능에 대한 손상이 우려될 때는 방수공사 기능을 가진 사람이 작업을 실시하며, 방수기능이 확인된 공법을 사용하는 등의 방법으로 확실하게 방수처리를 해야 한다.
② 기존건물의 옥상이나 개인주택의 평지붕 옥상에 설치하는 기초 및 어레이는 자중에 더하여 풍압·적설의

정답 34. ③ 35. ① 36. ③ 37. ①

최대하중에도 건물의 강도가 충분한가를 검토한 후 설계를 한다.
③ 신축건물의 경우 태양전지 어레이의 기초부까지 방수를 포함하여 건축업자에게 시공하도록 하면 건물철근과 직결한 강도 높은 앵커볼트를 사용할 수 있으며 방수도 완전하게 된다.

[해설] **인버터 선정시 검토사항**
① 소음 발생이 적을 것
② 고조파의 발생이 적을 것
③ 노이즈의 발생이 적을 것
④ 기동·정지가 안정적일 것
⑤ 야간의 대기전압 손실이 적을 것
⑥ 공급 안정성에서 직류분이 적을 것

13.4.34 / 14.4.25 / 15.2.31 / 15.4.38 / 17.1.25 / 17.2.30 / 17.4.21 / 17.4.34 / 18.4.34 / 19.1.22 / 20.1.40 / 20.3.38 / 20.4.29 / 21.1.22 / 21.2.25

38 일반적으로 국내의 대용량 태양광발전시스템 전기공사 중 옥외공사가 아닌 것은?

① 인버터의 설치
② 전력량계의 설치
③ 태양전지 모듈간의 배선
④ 태양전지 어레이와 접속함의 배선

13.4.28 / 15.2.24 / 15.4.40 / 17.1.29 / 17.4.33 / 18.1.26 / 18.1.37 / 18.2.29 / 18.4.2 / 19.2.27 / 19.4.32 / 21.4.28 / 21.4.33

40 태양전지 모듈의 배선이 끝난 후 확인 사항이 아닌 것은?

① 비접지 확인   ② 전압극성 확인
③ 단락전류 확인 ④ 개방전류 확인

[해설] **모듈의 배선 연결 후 점검 사항**
① 전압 및 극성 확인
② 단락전류의 측정
③ 접지확인 : 일반적으로 직류측은 비접지

[해설] **태양광 발전시스템의 전기공사**

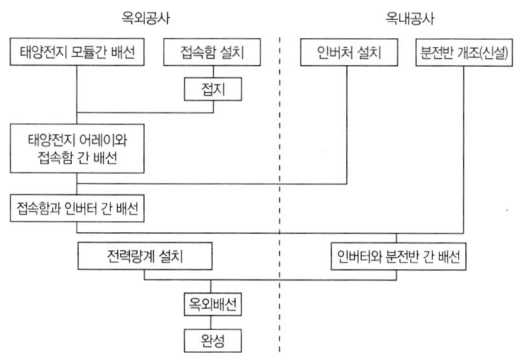

※ 계통연계형 [MW]급 태양광발전소는 별도의 실을 만들어 인버터와 분전반을 설치하지만, 그 이하의 태양광발전소에서는 인버터와 분전반을 옥외에 설치한다.(비용 절감)

15.4.41 / 17.1.50 / 17.4.55 / 18.2.56 / 18.4.59 / 19.1.59 / 20.1.58 / 20.3.56 / 20.4.52

41 시스템 성능평가 분류중 사이트 평가방법 항목으로 틀린 것은?

① 설치 용량   ② 설치 형태
③ 설치단가   ④ 설치 대상기관

[해설] **태양광 발전 시스템외 사이트 평가 방법**
① 태양광 발전 시스템의 설비 설치의 대상기관
② 태양광 발전 시스템 설비 설치의 시설 분류
③ 태양광 발전 시스템의 설비 설치의 시설 지역
④ 태양광 발전 시스템의 설비 설치 형태
⑤ 태양광 발전 시스템의 설비 설치 용량
⑥ 태양광 발전 시스템 설비 설치의 방위와 각도
⑦ 태양광 발전 시스템의 설비 설치 시공업자
⑧ 태양광 발전 시스템의 설비 설치기기 장비 제조사

15.4.18 / 15.4.39 / 18.1.6 / 19.2.22 / 21.2.21

39 인버터 선정시 검토사항으로 틀린 것은?

① 소음 발생이 적을 것
② 고조파의 발생이 적을 것
③ 기동·정지가 안정적일 것
④ 야간의 대기전압 손실이 클 것

15.2.63 / 15.4.42 / 16.2.57 / 19.2.65 / 21.1.69

42 태양광발전소에 대한 하자보수 검사주기로 옳은 것은?

① 연 1회 이상 ② 연 2회 이상
③ 연 3회 이상 ④ 연 4회 이상

해설 하자담보책임기간 내 하자검사
하자검사는 하자담보책임기간 중 연 2회 이상 정기적으로 실시한다.

15.4.43 / 16.4.43 / 16.4.53 / 17.4.58 / 18.2.26 /
19.4.48 / 20.1.45

43 인버터 절연저항 측정시 주의사항으로 틀린 것은?

① 정격에 약한 회로들은 회로에서 분리하여 측정한다.
② 입·출력 단자에 주회로 이외의 제어단자 등이 있는 경우는 이것을 측정에서 제외한다.
③ 정격전압이 입·출력과 다를 때는 높은 측의 전압을 선택기준으로 한다.
④ 절연변압기를 장착하지 않은 인버터는 제조사 추천방식으로 측정한다.

해설 인버터의 절연저항 측정

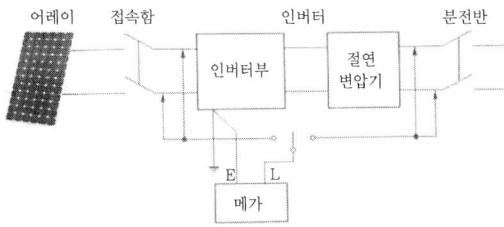

(1) 입력회로
① 태양전지회로를 접속함에서 분리한다.
② 분전반 내의 분기회로 차단기를 개방한다.
③ 인버터의 입·출력 단자를 단락하고, 직류단자와 대지 간을 절연저항계(Megger)로 측정한다.

(2) 출력회로
① 태양전지회로를 접속함에서 분리한다.
② 분전반 내의 분기회로 차단기를 개방한다.

③ 인버터의 교류측 회로를 분전반 차단기에서 분리하여 분전반까지의 전로를 포함하여 측정한다.
④ 인버터의 입·출력 단자를 단락하고, 출력단자와 대지 간을 절연저항계(Megger)로 측정한다.

(3) 기타 주의사항
① 정격전압이 입출력과 다를 때는 높은 측의 전압을 절연저항계의 선택기준으로 한다.
② 입출력 단자에 주회로 이외의 제어단자 등이 있는 경우는 이것을 포함해서 측정한다.
③ 서지업서버 등의 정격에 약한 회로들은 회로에서 분리하여 측정한다.
④ 절연변압기가 별도로 설치된 경우에는 이를 포함하여 측정한다.
⑤ 절연변압기를 장착하지 않은 인버터는 제조사 추천방식으로 측정한다.

15.4.44 / 17.2.49 / 17.4.60 / 18.4.56 / 20.1.56 / 21.2.56

44 신뢰성 평가 분석항목 중 시스템 트러블로 옳은 것은?

① 프리즈
② 인버터 정지
③ 컴퓨터의 조작 오류
④ 컴퓨터 전원의 차단

해설 태양광 발전 시스템의 신뢰성 평가 및 분석 항목과 내용
1) 트러블
① 시스템 트러블 : 인버터 운전 정지, 직류 지락, ELB 트립, 계통 지락, 원인불명 등에 의한 태양광 발전 시스템 운전 정지 등
② 계측 트러블 : 컴퓨터 전원의 차단, 프리즈, 컴퓨터의 조작 오류 등
2) 태양광 발전 시스템의 정상 운전 데이터의 결측 사항 등
3) 태양광 발전 시스템의 계획 정지 : 개수 정전, 계통 정전 등

15.4.20 / 15.4.45 / 18.4.53

45 STC 조건에서 모듈 효율 측정시 주위 온도는?

① 10[℃] ② 15[℃]

정답 42. ② 43. ② 44. ②

③ 20[℃]　　　　　④ 25[℃]

해설 **표준시험조건(Standard Test Conditions)**
태양광발전 소자를 시험할 때의 기준이 되는 시험조건 즉, 태양광발전 소자가 빛을 받는 면의 조사강도 1,000[W/m²], 태양전지 온도 25[℃], 스펙트럼 조성은 대기질량지수(AM) 1.5인 조건

15.4.46 / 16.2.49

46 전기안전관리업무를 대행하는 자가 갖추어야 할 장비가 아닌 것은?

① 절연저항기　　　② 클림프미터
③ 저압검전기　　　④ 인버터

해설 전기안전관리업무를 대행하는 자가 갖추어야 할 장비
① 절연저항 측정기(500[V], 100[MΩ])
② 절연저항 측정기(1,000[V], 2,000[MΩ])
③ 접지저항 측정기
④ 클램프미터
⑤ 저압검전기
⑥ 고압 및 특고압기
⑦ 계전기 시험기
⑧ 적외선 열화상 카메라(적외선 실화상 기능을 갖추고 측정온도 250[℃] 이상, 해상도 1만 픽셀 이상일 것)

※ 두 가지 이상의 기능을 함께 가지고 있는 장비를 갖춘 경우에는 각각의 장비를 갖춘 것으로 본다.

15.4.47 / 15.4.79 / 16.4.79 / 18.4.70 / 20.3.70 / 20.4.72

47 안전관리업무를 외부 대행사업자가 수행할 수 있는 태양광발전용량 설비 규모는?

① 500[kW] 미만　　② 750[kW] 미만
③ 1,000[kW] 미만　　④ 3,000[kW] 미만

해설 안전관리업무의 대행
안전관리자 선임의무에도 불구하고 일정 규모 이하의 전기설비의 소유자 또는 점유자는 다음에 해당하는 자에게 안전관리업무를 대행하게 할 수 있다.

전기안전관리 대행업자	해당 전기설비의 규모
안전공사 및 전기안전대행 사업자	다음 중 어느 하나에 해당하는 전기설비(둘 이상의 전기설비 용량의 합계가 2,500[kW] 미만인 경우만 해당) ① 용량 1,000[kW] 미만의 전기수용설비 ② 용량 300[kW] 미만의 발전설비(비상용 예비발전설비는 용량 500[kW] 미만) ③ 태양에너지를 이용하는 발전설비로서 용량 1,000[kW] 미만인 것
개인대행자	다음 중 어느 하나에 해당하는 전기설비(둘 이상의 전기설비 용량의 합계가 1,050[kW] 미만인 경우만 해당) ① 용량 500[kW] 미만의 전기수용설비 ② 용량 150[kW] 미만의 발전설비(비상용 예비발전설비는 용량 300[kW] 미만) ③ 용량 250[kW] 미만의 태양광발전설비

15.2.58 / 15.4.48

48 태양광발전시스템의 정기점검 주기에 대한 설명으로 틀린 것은?

① 50[kW] 미만의 경우는 매년 1회 이상
② 100[kW] 미만의 경우는 매년 2회 이상
③ 100[kW] 이상 1,000[kW] 미만의 경우는 격월 1회 이상
④ 3[kW] 미만의 경우는 법적으로 정기점검을 하지 않아도 됨

해설 태양광발전시스템 설비의 정기점검 횟수
① 100[kW] 미만의 경우 매년 2회 이상 점검
② 100[kW] 이상의 경우 매년 6회 이상 점검
③ 3[kW] 미만의 소출력 태양광발전시스템은 일반용 전기설비로 분류되어 정기점검을 하지 않아도 된다.

15.4.49 / 18.2.57 / 19.2.3 / 19.4.52 / 21.4.9

49 태양광발전설비 운영에 관한 설명 중 틀린 것은?

① 태양광발전설비의 발전량은 여름철이 봄철, 가을철보다 많다.
② 태양전지 모듈 표면의 온도가 높을수록 발전효율이 저하되므로 정기적으로 물을 뿌려

온도를 조절해 준다.
③ 태양광발전설비의 고장요인은 대부분 인버터에서 발생하므로 정기적으로 정상가동 유무를 확인한다.
④ 태양광발전설비의 일상점검, 정기점검은 주기에 맞춰 검사한다.

해설 남해지역 고정식 태양광발전소 발전량

	1월	2월	3월	4월	5월	6월
[kWh]	3,057	3,295	4,348	3,997	4,157	3,831
[%]	7.39	7.96	10.51	9.66	10.05	9.26

	7월	8월	9월	10월	11월	12월	합계
	2,766	3,398	3,603	3,217	2,937	2,776	41,382
	6.68	8.21	8.71	7.77	7.10	6.71	100[%]

태양광발전소의 발전량은 3월~6월 가장 높게 발생된다.

15.4.50 / 20.4.47

50 금속부분에 녹이 발생한 경우 유의하여 점검할 부분이 아닌 곳은?

① 용접 부위의 부식으로 기계적 강도가 떨어질 우려가 없는 부위
② 기구부 등에 녹이 발생하여 회전이 원활하지 않다고 생각하는 부위
③ 녹의 발생으로 접촉저항이 변화하여 통전에 지장이 생기는 부위
④ 녹이 발생하여 미관을 저해하는 부위

해설 금속부분에 녹이 발생한 경우 유의하여 점검할 부분
① 기구부 등에 녹이 쓸어 회전이 원활하게 되지 않는다고 생각되는 개소
② 녹이 발생하여 접촉저항이 변화하여 통전부에저항이 생기는 부위
③ 스프링에 녹이 발생한다든가, 접합 용접부의 침식 등으로 기계적 강도가 떨어질 염려가 있는 부위
④ 녹이 발생함으로써 미관을 해치는 부위
⑤ 용접 부위의 부식으로 기계적 강도가 떨어질 우려가 있는 부위

15.4.51 / 16.4.52 / 18.4.42 / 21.4.53

51 다음 중 절연용 방호구가 아닌 것은?

① 애자커버
② 핫스틱
③ 고무판
④ 절연시트

해설 절연용 방호구(insulating device)
① 전로(電路)에 접근해서 공작물의 건설, 해체, 점검수리 등의 작업 시 감전 사고를 방지하기 위하여 충전전로에 절연용 방호구를 장착하도록 규정하고 있다.
② 선 커버, 애자 커버, 절연시트 고무판 등을 사용해 전로에 장착하는 것

전선커버   애자커버   절연매트

※ 절연봉(핫스틱, COS조작봉)
COS(Cut Out Switch) 및 단로기(D.S)개폐 조작에 사용

15.2.52 / 15.4.52 / 15.4.60 / 16.2.55 / 17.1.54 / 17.2.48 / 19.1.46 / 21.1.56

52 태양광발전시스템 정기점검 사항 중 접속함의 출력단자와 접지간의 절연저항은 몇 [MΩ] 이상이어야 하는가?

① 0.2
② 0.5
③ 0.7
④ 1

해설 접속반 DC 500[V] 절연저항시험
① 태양전지-접지선(각 회로별) 간 0.2[MΩ]
② 출력단자-접지선간 1 [MΩ] 이상일 것

정답 49.① 50.① 51.② 52.④

53 일상점검을 할 때 볼트 조임 방법이 틀린 것은?   15.4.53 / 19.1.48

① 조임은 지정된 재료, 부품을 정확히 사용한다.
② 조임은 너트를 돌려서 조여 준다.
③ 2개 이상의 볼트를 사용하는 경우 한쪽만 심하게 조이지 않도록 주의한다.
④ 볼트의 크기에 맞는 파이프렌치를 사용하여 규정된 힘으로 조여 준다.

해설 볼트 조입방법 및 규격

(1) 조임방법
1) 조임 시공 일반
  ① 1차 조임→금매김→본조임 순으로 한다.
  ② 조임은 토크관리법과 너트회전법에 따른다.

2) 1차 조임
  ① 조임은 프리세트형 토크렌치, 전동 임펙트렌치 등을 사용하여 너트를 회전시켜 조임
  ② 1차 조임 토크 값은 목표 값의 70% 정도로 조임

3) 금매김

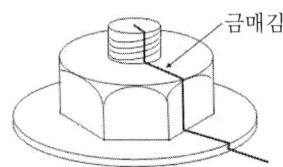

  ① 1차 조임후 모든 BOLT
  ② 금매김은 볼트, 너트 와셔 및 부재를 지나도록 한다.

4) 본조임
  ① 토크관리법 : 표준볼트장력을 얻을 수 있도록 조정된 조임 기기 이용
  ② 너트 회전법 : 1차 조임 완료 후를 기점으로 해서 너트를 120°(M12는 60°) 회전

(2) 볼트/너트 크기 규격

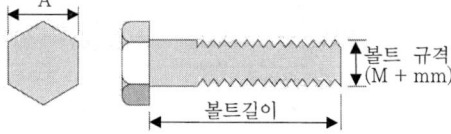

규격	육각머리(A) mm
M6	10
M8	12
M10	14
M12	17
M16	24

※ 너트의 크기에 맞는 토오크렌치를 사용하여 규정된 힘으로 조여 준다.

14.4.45 / 15.4.54 / 16.4.56 / 17.1.55 / 17.4.57 / 18.1.52 /
19.1.41 / 19.2.46 / 19.4.56 / 20.3.55

54 태양전지 모듈의 고장원인으로 적당하지 않은 것은?

① 습기 및 수분 침투에 의한 내부회로의 단락
② 기계적 스트레스에 의한 태양전지 셀의 파손
③ 경년 열화에 의한 태양전지 셀 및 리본의 노화
④ 염해, 부식성 가스 등 주변 환경에 의한 부식

해설 모듈의 고장원인

① 제조결함(백화현상, 적화현상, 황색 변이, 핫스팟, 백시트 에어 버블링 등)
② 시공불량(모듈 시공시 외부 충격의 영향, 구조물의 불균형 시공으로 인한 프레임 변형 등)
③ 전기적(전압, 전류), 기계적(열응력, 충격) 스트레스에 의한 태양전지 셀의 파손
④ 염해, 부식성 가스 등 주변 환경에 의한 부식
⑤ 경년 열화에 의한 태양전지 셀 및 리본의 노화

15.4.55 / 18.1.54 / 19.2.57 / 19.2.60 / 19.4.55 /
20.1.43 / 21.4.14 / 21.4.59

55 태양광발전시스템 중 접속함의 고장원인이 아닌 것은?

① 결함상태 불량   ② 다이오드 불량
③ 방수처리 불량   ④ 퓨즈 고장

해설 접속함 화재의 발생원인 및 예방 대책

1) 접속함 화재의 발생원인
  ① 다이오드 접촉 불량

② PCB에 습기의 침투로 절연 파괴
③ 퓨즈 접촉 불량
④ UV전선사용으로 화염확산

2) 접속함 화재의 예방 대책
① PCB 방식 지양
② 와이어링 방식 채용
③ 스트링 감시회로의 경우, PCB 기판에 실리콘 바니시(Varnish) 도포
④ 전선은 난연성 F-CV나 TFR-CV 전선채용

15.2.51 / 15.4.56 / 16.4.50 / 21.2.55

56 태양전지 모듈 어레이의 절연내압 측정시 개방전압 1.5배 직류전압 또는 1배의 교류전압을 몇 분간 인가하는가?

① 5분 ② 10분
③ 15분 ④ 20분

해설 태양전지 모듈의 절연내력

태양전지 모듈은 최대사용전압(개방전압)의 1.5배의 직류전압 또는 1배의 교류전압(500[V] 미만으로 되는 경우에는 500[V])을 충전부분과 대지사이에 연속하여 10분간 가하여 절연내력을 시험하였을 때에 이에 견디는 것이어야 한다.

15.4.57 / 21.1.59

57 송·배전반의 육안검사 사항으로 옳은 것은?

① 가대의 고정상태
② 부스바 단자의 풀림
③ 오일 온도계
④ 퓨즈 및 차단기 상태

해설 배전반의 일상점검에 따른 항목별 점검 내용

(1) 외함
1) 외함 일부(문, 외함)
① 볼트 조임 : 뒷커버 등 볼트 조임의 이완 또는 바닥에 떨어진 볼트
② 손상 : 부식 및 파손, 문의 개폐 상태, 점검창 및 패킹 열화 상태
③ 이상 소리음 : 볼트 풀림 등에 의한 진동
④ 오손 : 점검창 오손 등으로 내부 불(不)확인

2) 명판
① 손상 : 조임 이완, 파손, 선명도 등

3) 인출 기구, 조작 기구
① 위치 : 인출기기의 접촉 및 단로 위치

4) 반출 기구(고정 장치)
① 위치 : 정해진 위치 여부

(2) 모선 및 지지물
1) 모선 전반(가대 포함)
① 이상 소리음 : 부스바 단자의 풀림 등에 의한 진동, Corona 방전에 의한 이상음
② 이상 냄새 : Corona 방전에 의한 과열 냄새

(3) 주회로 인입·인출부
1) 폐쇄 모선의 접속부
① 이상 소리음 : 볼트 풀림 등에 의한 진동

2) 부싱
① 손상 : Corona 방전에 의한 이상음 점검, 균열, 파손 등

3) 케이블 단말부 및 접속부, 관통부 등
① 이상 소리음 : 볼트 풀림 등에 의한 진동
② 이상 냄새 : Corona 방전에 의한 과열 냄새
③ 손상 : 배선, 케이블 막이판의 탈락 및 간격
④ 쥐, 곤충, 설치류 등의 침입 : 곤충 및 설치류 등의 침입 흔적

(4) 배선용 차단기, 누전차단기
1) 외부 일반
① 냄새 : 과열에 의한 이상한 냄새
② 표시 : 개폐기의 핸들과 표시 등의 상태

(5) 주회로용 퓨즈
1) 외부 일반
① 손상 : 퓨즈통, 애자 등의 변색, 균열, 파손, 변형
② 소리 : Corona 방전에 의한 이상음, 볼트류의 조임이 이완되어 진동음
③ 냄새 : Corona 방전 또는 과열

정답 56.② 57.③

2) 용단표시장치
① 지시표시 : 용단표시장치 동작상태

(6) 제어회로의 배선
1) 배선 전반
① 손상 : 가동부 등 전선 절연 피복 점검, 전선 지지물 탈락.
② 이상 냄새 : 과열 등에 의한 냄새
③ 손상

(7) 단자대
1) 외부 일반
① 조임 이완 : 볼트 및 너트 체결 상태
② 손상 : 절연물, 균열 등의 파손 상태

(8) 접지
1) 접지 단자, 접지선
① 손상 : 접지선의 부식 및 단선 상태
② 표시 : 표시 부착물 탈락

※ 코로나(Corona) 방전 : 전선에 가해지는 전압이 어떤 값(임계 전압) 이상으로 되면 전선 표면의 공기 절연이 국부적으로 파괴되어 엷은 빛과 낮은 소리를 내게 되는 현상

13.4.53 / 15.4.58 / 16.4.49 / 18.1.55 / 18.2.32 / 18.4.35 /
18.4.43 / 19.2.55 / 20.1.55 / 20.3.46 / 20.4.56 / 21.2.51

58 인버터에 고장이 발생하였을 때 계통의 이상유무의 확인 후 정상일 때 5분후 재가동하는 경우가 아닌 것은?

① 한전 계통역상　② 한전 과전압
③ 한전 부족전압　④ 한전 저주파수

해설 한전계통에의 재병입(Reconnection)
① 한전계통에서 이상 발생 후 해당 한전계통의 전압 및 주파수가 정상 범위 내에 들어올 때까지 분산형전원의 재병입이 발생해서는 안된다.
② 분산형전원 연계 시스템은 안정상태의 한전계통 전압 및 주파수가 정상 범위로 복원된 후 그 범위 내에서 5분간 유지되지 않는 한 분산형전원의 재병입이 발생하지 않도록 하는 지연기능을 갖추어야 한다.

13.4.17 / 15.4.59 / 17.1.18 / 17.4.2 / 18.4.3 / 19.1.6 /
21.2.1 / 21.4.18

59 태양광발전시스템의 운전상태에 따른 인버터의 운전으로 틀린 것은?

① 인버터 이상발생시 인버터는 수동으로 정지한다.
② 태양전지 전압이 저전압이 되면 경보발생 후 인버터는 정지한다.
③ 태양전지 전압이 과전압이 되면 경보발생 후 인버터는 정지한다.
④ 정상운전시 태양전지로부터 전력을 받아 인버터가 계통전압과 동기로 운전한다.

해설 인버터의 기능
1) 계통연계 보호기능
① 전력계통에 연계해서 운전하고 있는 태양광발전시스템에서 계통 측이나 인버터측에 이상이 발생했을 때 이를 검지하여, 신속하게 인버터를 정지해서 계통 측의 안전을 확보해야 한다.
② 저압 연계시스템에는 과전압계전기(OVR), 부족전압계전기(UVR), 주파수 상승계전기(OFR), 주파수 저하계전기(UFR)를 설치해야 한다.

2) 자동운전 정지(Auto shutdown) 기능
① 인버터는 해가 떠오르고 출력이 발생되는 조건이 되면 자동적으로 운전을 시작하며, 해가 지는 동안에도 출력이 발생하는 한 가동은 계속되고 완전한 일몰 뒤 운전이 정지한다.
② 흐린 날이나 비오는 날에는 일사량이 인버터의 MPPT 전압범위에 있을 시는 운전을 계속하고, 반대의 경우 대기상태로 전환된다.

15.2.52 / 15.4.52 / 15.4.60 / 16.2.55 / 17.1.54 / 17.2.48 /
19.1.46 / 21.1.56

60 다음 (　)안에 들어갈 숫자로 알맞은 것은?

측정기구로서 500[V]의 절연저항계를 이용하고 인버터의 정격전압이 300[V]를 넘고 600[V] 이하인 경우는 (　)[V]의 절연 저항계를 사용한다.

① 500　　　② 1,000
③ 1,500　　④ 2,000

해설 **직류회로의 절연저항 측정**
접속함에서 태양광전지 스트링의 양극과 음극을 단락시키고, 이 부분(DC전로)과 대지(접지) 간에 500[V] 또는 1000[V] Megger로 절연저항을 측정한다.

13.4.58 / 14.4.72 / 15.2.77 / 15.4.61 / 17.2.73 / 18.1.69 / 18.2.25 / 18.4.11 / 19.2.14 / 20.1.62 / 20.4.26

61 고압 또는 특고압 전로중 기계기구 및 전선을 보호하기 위하여 필요한 곳에는 무엇을 시설하여야 하는가?

① 영상변류기
② 과전류차단기
③ 콘덴서형 변성기
④ 지락차단기

해설 **태양전지 모듈 등의 시설(판단기준 제54조)**
1) 충전부분은 노출되지 않도록 시설할 것

2) 태양전지 모듈에 접속하는 부하측의 전로(복수의 태양전지 모듈을 시설한 경우에는 그 집합체에 접속하는 부하측의 전로)에는 그 접속점에 근접하여 개폐기 기타 이와 유사한 기구(부하전류를 개폐할 수 있는 것에 한한다)를 시설할 것

3) 태양전지 모듈을 병렬로 접속하는 전로에는 그 전로에 단락이 생긴 경우에 전로를 보호하는 과전류차단기 기타의 기구를 시설할 것. 다만, 그 전로가 단락전류에 견딜 수 있는 경우에는 그렇지 않다.

4) 전선은 다음에 의하여 시설할 것. 다만, 기계기구의 구조상 그 내부에 안전하게 시설할 수 있을 경우에는 그렇지 않다.
① 전선은 공칭단면적 2.5[mm²] 이상의 연동선 또는 이와 동등 이상의 세기 및 굵기의 것일 것
② 옥내에 시설할 경우에는 합성수지관공사, 금속관공사, 가요전선관공사 또는 케이블공사로 시설할 것
③ 옥측 또는 옥외에 시설할 경우에는 합성수지관공사, 금속관공사, 가요전선관공사 또는 케이블공사로 시설할 것

15.4.62

62 기후변화 대응 및 저탄소 녹색성장 추진을 위한 정부의 목표설정에 해당하지 않는 것은?

① 온실가스 감축목표
② 에너지 이용효율목표
③ 에너지 절약목표
④ 신재생에너지 자립목표

해설 **기후변화대응 및 에너지의 목표관리(녹색성장법 제42조)**
정부는 범지구적인 온실가스 감축에 적극 대응하고 저탄소 녹색성장을 효율적·체계적으로 추진하기 위하여 다음의 사항에 대한 중장기 및 단계별 목표를 설정하고 그 달성을 위하여 필요한 조치를 강구하여야 한다.
① 온실가스 감축 목표
② 에너지 절약 목표 및 에너지 이용효율 목표
③ 에너지 자립 목표
④ 신·재생에너지 보급 목표

15.4.63 / 19.4.75 / 20.1.70

63 저탄소 녹색성장 기본법에 따라 온실가스 감축 목표는 2030년 국가 온실가스 총배출량을 2017년 온실가스 총배출량의 얼마까지 감축하는 것으로 하고 있는가?

① 1000분의 30　　② 1000분의 50
③ 1000분의 244　 ④ 1000분의 377

해설 **온실가스 감축 국가목표 설정·관리**
① 온실가스 감축 목표는 2030년의 국가 온실가스 총배출량을 2017년의 온실가스 총배출량의 1000분의 244만큼 감축하는 것으로 한다.
② 감축 목표 달성 여부에 대한 실적을 계산할 때에는 국제 탄소시장 등을 활용한 국외 감축분, 탄소흡수원을 활용한 감축분을 포함한다.
③ 환경부장관은 온실가스 감축 목표의 설정·관리 및 이행을 위한 범정부적 시책 마련 등 정책조정에 관한 업무를 지원한다. 이 경우 관계 중앙행정기관의 장은 환경부장관이 요청하는 자료를 제공하는 등 최대한 협조하여야 한다.

정답 60.② 61.② 62.④ 63.③

15.4.64 / 21.2.64

64 전로의 절연원칙에 따라 반드시 절연하여야 하는 것은?

① 전로의 중성점에 접지공사를 하는 경우의 접지점
② 계기용변성기의 2차측 전로의 접지점
③ 저압 가공전선로의 접지측 전선
④ 22.9[kV] 중성선의 다중접지의 접지점

해설 전로의 절연(판단기준 제12조)

전로는 다음의 부분 이외에는 대지로부터 절연하여야 한다.
① 저압전로에 접지공사를 하는 경우의 접지점
② 전로의 중성점에 접지공사를 하는 경우의 접지점
③ 계기용변성기의 2차측 전로에 접지공사를 하는 경우의 접지점
④ 저압 가공 전선의 특고압 가공 전선과 동일 지지물에 시설되는 부분에 접지공사를 하는 경우의 접지점
⑤ 중성점이 접지된 특고압 가공선로의 중성선에 다중 접지를 하는 경우의 접지점
⑥ 소구경관(小口經管)(박스를 포함한다)에 접지공사를 하는 경우의 접지점
⑦ 저압전로와 사용전압이 300V 이하의 저압전로를 결합하는 변압기의 2차측 전로에 접지공사를 하는 경우의 접지점

15.2.75 / 15.4.65 / 15.4.74 / 17.1.62 / 17.2.63 / 17.4.1 /
17.4.3 / 17.4.76 / 18.1.8 / 18.2.72 / 19.4.15 / 20.1.18 /
20.1.72 / 20.1.77 / 21.1.6 / 21.2.12

65 물의 유동(流動) 에너지를 변환시켜 전기를 생산하는 설비는?

① 태양광설비   ② 태양열설비
③ 수력설비   ④ 풍력설비

해설 수력설비

(1) 개요
① 수력발전은 물의 유동 및 위치에너지를 이용하여 발전
② 05년 이전에는 시설용량 10[MW]이하를 소수력으로 규정하였으나, 신규 법에서는 소수력을 포함한 수력 전체를 신재생에너지로 정의함

③ 신·재생에너지 연구개발 및 보급 대상은 주로 발전 설비용량 10[MW]이하를 대상으로 하고 있으며, 발전 차액지원제도는 5[MW]이하를 지원하고 있음

(2) 소수력발전 시스템 구성도

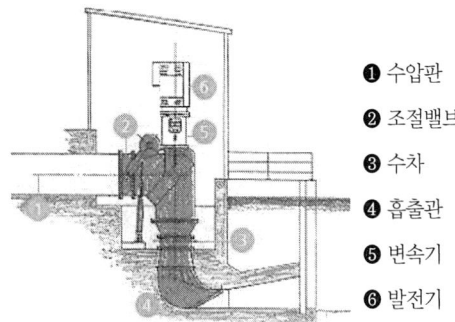

❶ 수압관
❷ 조절밸브
❸ 수차
❹ 흡출관
❺ 변속기
❻ 발전기

(3) 소수력발전 시스템

※ 신·재생에너지 설비
① 태양광 설비 : 태양의 빛에너지를 변환시켜 전기를 생산하는 설비
② 태양열 설비 : 태양의 열에너지를 변환시켜 전기를 생산하거나 에너지원으로 이용하는 설비
③ 풍력 설비 : 바람의 에너지를 변환시켜 전기를 생산하는 설비

15.4.66 / 21.4.64

66 전기공사업자가 기술기준 및 설계도서에 적합하게 시공하지 않을 경우 행정처분으로 맞는 것은?

① 영업정지 1개월
② 영업정지 2개월
③ 영업정지 3개월
④ 영업정지 4개월

해설 행정처분 및 과징금의 부과기준(전기공사업법 시행규칙 제14조1)

1) 영업정지 2개월 또는 과징금 400만원
① 시공관리책임자를 지정하지 않거나 그 지정 사실을 알리지 않은 경우

② 기술기준 및 설계도서에 적합하게 시공하지 않은 경우

2) 영업정지 4개월 또는 과징금 600만원
① 전기공사기술자가 아닌 자에게 전기공사의 시공관리를 맡긴 경우
② 전기공사의 시공관리를 하는 전기 공사기술자가 부적당하다고 인정되는 경우

3) 등록취소
① 공사업의 등록을 한 후 1년 이내에 영업을 개시하지 아니하거나 계속하여 1년 이상 공사업을 휴업한 경우
② 영업정지처분기간에 영업을 하거나 최근 5년간 3회 이상 영업정지처분을 받은 경우

13.4.73 / 15.4.67 / 16.2.42 / 16.4.68 / 16.4.70 / 17.4.65 /
18.1.74 / 18.4.24 / 18.4.63 / 19.4.38 / 20.1.65 / 20.1.79 /
20.3.66 / 21.1.71 / 21.2.27 / 21.4.37 / 21.4.68

67 전기사업자는 사업을 시작한 경우에는 지체 없이 그 사실을 누구에게 신고하여야 하는가?

① 교육부 장관
② 도지사
③ 시장, 군수
④ 산업통상자원부장관

해설 전기설비의 설치 및 사업의 개시 의무(전기사업법 제9조)
① 전기사업자는 산업통상자원부장관이 지정한 준비기간에 사업에 필요한 전기설비를 설치하고 사업을 시작하여야 한다.
② 준비기간은 10년을 넘을 수 없다. 다만, 산업통상자원부장관이 정당한 사유가 있다고 인정하는 경우에는 준비기간을 연장할 수 있다.
③ 산업통상자원부장관은 전기사업을 허가할 때 필요하다고 인정하면 전기사업별 또는 전기설비별로 구분하여 준비기간을 지정할 수 있다.
④ 전기사업자는 사업을 시작한 경우에는 지체 없이 그 사실을 산업통상자원부장관에게 신고하여야 한다.

13.4.62 / 15.4.68 / 16.2.65 / 17.2.71

68 빙설이 많은 지방의 겨울철에는 어떤 종류의 풍압하중을 적용하는가?(단, 해안지방 기타 저온계절에 최대 풍압이 생기는 지방은 제외한다)

① 갑종 풍압하중
② 을종 풍압하중
③ 병종 풍압하중
④ 갑종 풍압하중과 을종 풍압하중

해설 풍압하중의 적용(판단기준 제62조)
① 빙설이 많은 지방이외의 지방에서는 고온계절에는 갑종 풍압하중, 저온계절에는 병종 풍압하중
② 빙설이 많은 지방(③의 지방은 제외한다)에서는 고온계절에는 갑종 풍압하중, 저온계절에는 을종 풍압하중
③ 빙설이 많은 지방 중 해안지방 기타 저온계절에 최대풍압이 생기는 지방에서는 고온계절에는 갑종 풍압하중, 저온계절에는 갑종 풍압하중과 을종 풍압하중 중 큰 것

15.4.69 / 19.1.66 / 21.4.75

69 산업통상자원부장관이 청문을 통하여 내리는 처분으로 옳은 것은?

① 공급인증기관의 지정취소
② 건축물의 인증취소
③ 발전설비의 지정취소
④ 송전설비의 지정취소

해설 청문(전기공사업법 제30조)
산업통상자원부장관 또는 시 · 도지사는 다음의 처분을 하려면 청문을 하여야 한다.
① 지정교육훈련기관의 지정취소
② 공사업 등록의 취소
③ 전기공사기술자의 인정취소

15.4.70 / 15.4.77 / 17.1.78 / 18.2.79 / 18.4.40 /
20.4.38 / 20.4.75

70 발전소와 전기수용설비, 변전소와 전기수용설비, 송전선로와 전기수용설비 상호간을 연결하는 선로는?

① 송전선로   ② 배전선로
③ 개폐소   ④ 발전선로

해설 정의(전기사업법 시행규칙 제2조)

정답 67.④ 68.② 69.① 70.②

1) 변전소 : 변전소의 밖으로부터 전압 50,000[V] 이상의 전기를 전송받아 이를 변성(전압을 올리거나 내리는 것 또는 전기의 성질을 변경시키는 것)하여 변전소 밖의 장소로 전송할 목적으로 설치하는 변압기와 그 밖의 전기설비 전체

2) 개폐소 : 다음의 곳의 전압 50,000[V] 이상의 송전선로를 연결하거나 차단하기 위한 전기설비
① 발전소 상호간
② 변전소 상호간
③ 발전소와 변전소 간

3) 송전선로 : 다음의 곳을 연결하는 전선로(통신용으로 전용하는 것은 제외한다)와 이에 속하는 전기설비
① 발전소 상호간
② 변전소 상호간
③ 발전소와 변전소 간

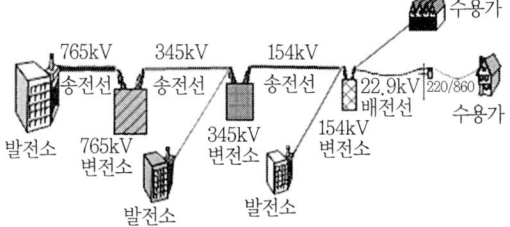

4) 배전선로 : 다음 각 목의 곳을 연결하는 전선로와 이에 속하는 전기설비
① 발전소와 전기수용설비
② 변전소와 전기수용설비
③ 송전선로와 전기수용설비
④ 전기수용설비 상호간

5) 전기수용설비 : 수전설비와 구내배전설비

6) 수전설비 : 타인의 전기설비 또는 구내발전설비로부터 전기를 공급받아 구내배전설비로 전기를 공급하기 위한 전기설비로서 수전지점으로부터 배전반(구내배전설비로 전기를 배전하는 전기설비)까지의 설비

7) 구내배전설비 : 수전설비의 배전반에서부터 전기사용기기에 이르는 전선로·개폐기·차단기·분전함·콘센트·제어반·스위치 및 그 밖의 부속설비

13.4.64 / 14.4.65 / 14.4.77 / 15.4.71 / 17.1.8 / 17.2.75 /

17.4.70 / 18.4.67 / 19.2.70 / 19.2.72 / 20.1.64

71 다음 중 신에너지 항목이 아닌 것은?
① 바이오에너지
② 연료전지
③ 수소에너지
④ 석탄을 액화 또는 가스화한 에너지

해설 신·재생에너지의 정의(신재생에너지법 제2조)
1) 신에너지: 기존의 화석연료를 변환시켜 이용하거나 수소·산소 등의 화학 반응을 통하여 전기 또는 열을 이용하는 에너지
① 수소에너지
② 연료전지
③ 석탄을 액화·가스화한 에너지 및 중질잔사유을 가스화

2) 재생에너지: 햇빛·물·지열·강수·생물유기체 등을 포함하는 재생 가능한 에너지를 변환시켜 이용하는 에너지
① 태양에너지 ② 풍력
③ 수력   ④ 해양에너지
⑤ 지열에너지
⑥ 생물자원을 변환시켜 이용하는 바이오에너지
⑦ 폐기물에너지(비재생폐기물로부터 생산된 것은 제외한다)

13.4.71 / 14.4.73 / 15.4.72 / 16.2.64 / 17.4.77 / 19.1.77

72 직류 1500[V] 이하, 교류 1000[V] 이하의 전압을 무엇이라 하는가?
① 저압   ② 고압
③ 특고압   ④ 초고압

해설 전압의 종별(전기사업법 시행규칙 제2조)

구분	내 용
저압	DC 1500[V] 이하
	AC 1000[V] 이하
고압	DC 1500[V] 초과 7000[V] 이하
	AC 1000[V] 초과 7000[V] 이하
특고압	7000[V] 초과

정답 71. ① 72. ①

73 KEC 한국전기설비규정의 변경으로 삭제됨

15.2.75 / 15.4.65 / 15.4.74 / 17.1.62 / 17.2.63 / 17.4.1 / 17.4.3 / 17.4.76 / 18.1.8 / 18.2.72 / 19.4.15 / 20.1.18 / 20.1.72 / 20.1.77 / 21.1.6 / 21.2.12

74 해양의 조수, 파도, 해류, 온도차 등을 변환시켜 전기 또는 열을 생산하는 설비는?

① 해양에너지설비
② 지열에너지설비
③ 태양열에너지설비
④ 수소에너지설비

해설 해양에너지

(1) 해양에너지의 종류
해양의 조수 · 파도 · 해류 · 온도차 등을 변환시켜 전기 또는 열을 생산하는 기술로써 전기를 생산하는 방식은 조력 · 파력 · 조류 · 온도차 발전 등이 있음
① 조력발전 : 조석간만의 차를 동력원으로 해수면의 상승하강운동을 이용하여 전기를 생산
② 파력발전 : 연안 또는 심해의 파랑에너지를 이용하여 전기를 생산하는 기술
③ 조류발전 : 해수의 유동에 의한 운동에너지를 이용하여 전기를 생산
④ 온도차발전 : 해양 표면층의 온수(예 : 25~30℃)와 심해 500~1000m정도의 냉수(예 : 5~7℃)와의 온도차를 이용하여 열에너지를 기계적 에너지로 변환시켜 발전

(2) 해양에너지의 시스템 구성도

15.4.75 / 18.2.80 / 21.1.79

75 산업통상자원부장관이 신재생에너지의 이용, 보급을 촉진하고자 신축 · 증축 또는 개축하는 건축물에 대하여 설계시 산출된 에너지사용량의 일정비율이상을 신재생에너지를 이용하도록 신재생에너지설비를 의무적으로 설치하게 할 수 있는 단체에 해당하지 않는 것은?

① 신재생에너지발전 개인사업체
② 국가 및 지방자치단체
③ 정부가 대통령령이 정하는 금액 이상을 출연한 정부 출연기관
④ 정부출자 기업체

해설 설치의무화 대상기관

1) 국가기관 및 지방자치단체
2) 공공기관
3) 정부가 연간 50억 이상 출연한 정부출연기관
4) 정부출자기업체
5) 지방자치단체 및 공공기관, 정부출연기관 또는 정부 출자기업체가 대통령령으로 정하는 비율 또는 금액 이상을 출자한 법인
① 납입자본금의 100분의 50 이상을 출자한 법인
② 납입자본금으로 50억원 이상을 출자한 법인
6) 특별법에 따라 설립된 법인

76 KEC 한국전기설비규정의 변경으로 삭제됨

15.4.70 / 15.4.77 / 17.1.78 / 18.2.79 / 18.4.40 / 20.4.38 / 20.4.75

77 전기공사의 종류와 예시가 잘못 짝지어진 것은?

① 발전설비공사: 태양광발전소의 전기설비공사
② 송전설비공사: 철탑조립공사
③ 변전설비공사: 모선설비공사
④ 배전설비공사: 보호제어설비설치공사

해설 전기공사의 종류(전기공사업법 시행령 제2조2)

발전 · 송전 · 변전 및 배전 설비공사
(1) 발전설비공사
발전소(원자력발전소, 화력발전소, 풍력발전소, 수력발전소, 조력발전소, 태양열발전소, 내연발전소, 열병합발전소, 태양광발전소 등의 발전소를 말한다)의 전기설비공사와 이에 따른 제어설비공사

(2) 송전설비공사
① 공중송전설비공사: 공중송전설비공사에 부대되는 철탑기초공사 및 철탑조립공사(지지물설치 및 철탑

정답 73.① 74.① 75.① 76.① 77.④

도장을 포함한다), 공중전선설치공사(금구류 설치를 포함한다), 횡단개소의 보조설비공사, 보호선·보호망 공사
② 지중송전설비공사: 지중송전설비공사에 부대되는 전력구설비공사, 공동구 안의 전기설비공사, 전력지중관로설비공사, 전력케이블설치공사(전선방재설비공사를 포함한다)
③ 물밑송전설비공사: 물밑전력케이블설치공사
④ 터널 안 전선로공사: 철도·궤도·자동차도·인도 등의 터널 안 전선로공사

(3) 변전설비공사
① 변전설비기초공사: 변전기기, 철구, 가대 및 덕트 등의 설치를 위한 공사
② 모선설비공사: 모선(母線)설치(금구류 및 애자장치를 포함한다), 지지(支持) 및 분기개소의 설비공사
③ 변전기기설치공사: 변압기, 개폐장치(차단기, 단로기 등을 말한다), 피뢰기 등의 설치공사
④ 보호제어설비설치공사: 보호·제어반 및 제어케이블의 설치공사

(4) 배전설비공사
① 공중배전설비공사: 전주 등 지지물공사, 변압기 등 전기기기설치공사, 가선공사(수목전지공사를 포함한다)
② 지중배전설비공사: 지중배전설비공사에 부대되는 전력구설비공사, 공동구 안의 전기설비공사, 전력지중관로설비공사, 변압기 등 전기기기설치공사, 전력케이블설치공사(전선방재설비공사를 포함한다)
③ 물밑배전설비공사: 물밑전력케이블설치공사
④ 터널 안 전선로공사: 철도·궤도·자동차도·인도 등의 터널 안 전선로공사

15.4.78 / 16.2.80 / 19.1.61 / 21.4.73
78 신재생에너지의 공급 의무화에 대한 설명 중 맞는 것은?

① 공급의무자가 의무적으로 신재생에너지를 이용하여 공급하여야 하는 발전량의 합계는 총전력생산량의 20[%] 이내의 범위에서 연도별로 대통령령으로 정한다.

② 공급의무자는 의무 공급량의 일부에 대하여 다음 연도로 그 공급 의무의 이행을 연기할 수 없다.
③ 공급의무자는 공급 인증서를 구매하여 의무 공급량에 충당할 수 있다.
④ 공급의무자의 의무 공급량은 대통령령으로 정해진 바에 따라 고시한다.

해설 신·재생에너지 공급의무화 등(신재생에너지법 제12조의5)
① 공급의무자가 의무적으로 신·재생에너지를 이용하여 공급하여야 하는 발전량의 합계는 총전력생산량의 25[%] 이내의 범위에서 연도별로 대통령령으로 정한다. 이 경우 균형 있는 이용·보급이 필요한 신·재생에너지에 대하여는 대통령령으로 정하는 바에 따라 총의무공급량 중 일부를 해당 신·재생에너지를 이용하여 공급하게 할 수 있다.
② 공급의무자의 의무공급량은 산업통상자원부장관이 공급의무자의 의견을 들어 공급의무자별로 정하여 고시한다.
③ 공급의무자는 의무공급량의 일부에 대하여 3년의 범위에서 그 공급의무의 이행을 연기할 수 있다.
④ 공급의무자는 신·재생에너지 공급인증서를 구매하여 의무공급량에 충당할 수 있다.

15.4.47 / 15.4.79 / 16.4.79 / 18.4.70 / 20.3.70 / 20.4.72
79 전기 안전관리자를 선임하지 않아도 되는 발전설비의 설비용량은?

① 10[kW] 이하
② 20[kW] 이하
③ 30[kW] 이하
④ 50[kW] 이하

해설 전기안전관리자 선임의무의 예외
① 전압이 600[V] 이하인 전기수용설비(일반용 전기설비)로서 제조업 및 제조업 관련 서비스업에 설치하는 전기 수용설비
② 설비용량 20[kW] 이하의 발전설비

정답 78. ③ 79. ②

14.4.74 / 15.4.80 / 20.4.77 / 21.4.76

80 정부는 기후변화대응의 기본원칙에 따라 기후변화대응 기본계획을 수립 시행하여야 하는데 그 계획기간은 몇 년으로 하여야 하는가?

① 10
② 20
③ 30
④ 50

[해설] 기후변화대응 기본계획(녹색성장법 제40조)
① 정부는 기후변화대응의 기본원칙에 따라 20년을 계획기간으로 하는 기후변화대응 기본계획을 5년마다 수립 · 시행하여야 한다.
② 기후변화대응 기본계획을 수립하거나 변경하는 경우에는 위원회의 심의 및 국무회의 심의를 거쳐야 한다. 다만, 대통령령으로 정하는 경미한 사항을 변경하는 경우에는 그러하지 않다.

80. ②

2014년 기출문제

2014 제4회 기출문제

13.4.14 / 14.4.1 / 14.4.9 / 15.2.5 / 15.2.43 / 17.1.20 /
17.4.14 / 18.2.11 / 19.2.5 / 20.1.17 / 20.3.1 / 20.4.4 /
20.4.6 / 21.1.43 / 21.2.2 / 21.2.13 / 21.2.18

01 태양전지의 변환효율을 높이기 위한 방법으로 틀린 것은?

① 가급적 많은 빛이 반도체 내부에서 흡수되도록 하여야한다.
② 입사 태양광 에너지를 높이고 온도를 높게 유지해야 한다.
③ 빛에 의해 생성된 전자와 정공쌍이 소멸되지 않게 외부회로까지 전달되도록 해야 한다.
④ PN 접합부에 큰 전기장이 발생하도록 소재 및 공정을 설계해야 한다.

해설 태양광 모듈의 온도에 따른 출력 전압과 전류 값

① 태양광 모듈의 온도특성을 살펴보면 전류는 양(+)의 온도계수를 가지고 전압과 전력은 음(-)의 온도계수를 가진다. 음 온도계수의 의미는 온도가 높을수록 태양광 모듈의 전압과 전력은 감소하고, 온도가 낮을수록 태양광 모듈의 전압과 전력이 증가한다는 것을 의미한다.
② 태양전지가 보다 높은 온도에 노출되면 단락전류(I_{SC})는 조금(+0.05[%/℃]) 증가하며, 개방전압(V_{OC})은 (-0.5[%/℃]) 감소한다.
③ 폴리실리콘 계열의 태양전지는 표면온도가 1[℃] 상승할 때, 대략 0.3~0.5[%]의 출력이 감소한다.

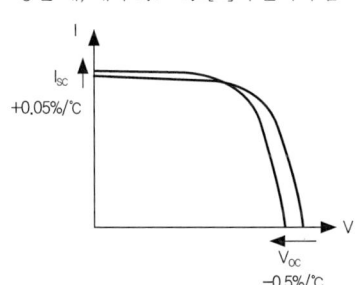

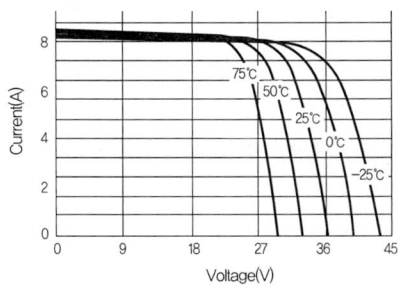

14.4.2 / 16.2.20

02 역류방지 다이오드(blocking diode)의 용량은 모듈 단락전류의 몇 배 이상으로 설계하는가?

① 1.0배   ② 2.0배
③ 3.0배   ④ 4.0배

해설 역류방지 다이오드의 시설

① 1대의 인버터에 접속되는 태양전지 직렬군(스트링)이 2병렬 이상 접속될 경우, 각 직렬군에 역전류방지 다이오드를 별도의 접속함에 설치하여야 하며, 접속함은 발생하는 열을 외부에 방출할 수 있도록 환기구 및 방열판을 갖추어야 한다.
② 역전류방지 다이오드의 정격은 모듈 단락전류의 2배 이상이며, 정격을 확인할 수 있어야 한다.

13.4.49 / 14.4.3 / 17.2.9

03 계통연계형 인버터의 직류를 교류로 변환할 때 발생하는 변환효율 계산식은?

① $\dfrac{P_{AC}\text{입력 전력}}{P_{DC}\text{입력 전력}}$

② $\dfrac{P_{DC}\text{입력 전력}}{P_{AC}\text{출력 전력}}$

③ $\dfrac{P_{DC}\text{순간 입력 전력}}{P_{PV}\text{최대순간 }PV\text{어레이 전력}}$

④ $\dfrac{P_{AC}\text{순간 출력 전력}}{P_{PV}\text{최대순간 }PV\text{어레이 전력}}$

해설 변환 효율 = $\dfrac{\text{출력 전력}}{\text{입력 전력}} \times 100$

= $\dfrac{\text{직류 출력 전압} \times \text{직류 출력 전류}}{\text{입력 전력}} \times 100\,[\%]$

정답 1. ② 2. ② 3. ①

14.4.4 / 14.4.13 / 15.2.11 / 15.2.17 / 15.4.17 / 17.2.14 / 17.4.5 / 18.1.3 / 18.4.7 / 20.1.3 / 20.1.19 / 20.3.8 / 20.3.9 / 21.4.1

04 태양광발전시스템을 계통에 접속하여 역송전 운전을 하는 경우 전력전송을 위한 수전점의 전압이 상승하여 전력회사의 운용범위를 넘지 못하게 하는 인버터의 기능은?

① 자동운전 정지기능
② 계통연계 보호기능
③ 단독운전 방지기능
④ 자동전압 조정기능

해설 태양광발전시스템 인버터의 기능
① 자동운전 정지(Auto shutdown) 기능
인버터는 해가 떠오르고 출력이 발생되는 조건이 되면 자동적으로 운전을 시작하며, 해가 지는 동안에도 출력이 발생하는 한 가동은 계속되고 완전한 일몰 뒤 운전을 자동정지한다.
② 계통연계 보호기능
전력계통에 연계되어 운전하고 있는 태양광발전시스템에서 계통 측이나 인버터측에서 이상이 발생했을 때 이를 검지하고 신속하게 인버터를 정지해서 계통 측에 안전을 확보하는 장치이다.
③ 단독운전 방지(Non-islanding) 기능
단독운전(한전 정전시 분리된 계통에 전력을 계속 공급하게 되는 운전상태)시의 문제점을 해결하기 위한 기능으로, 단독운전 발생 후 최대 0.5초 이내에 한전계통에 대한 가압을 중지해야 한다.
④ 자동전압 조정기능
태양광발전시스템을 계통에 접속하여 역송전 운전을 하는 경우 수전점의 전압이 상승해서 전력회사의 운용범위를 초과할 가능성이 있기 때문에 자동전압 조정기능을 설치하여 전압의 상승을 방지할 수 있으며, 전압 조정방법에는 진상무효전력제어와 출력제어 방법이 있다.

14.4.5 / 17.1.15 / 19.2.4

05 부하의 허용 최저전압이 92[V], 축전지와 부하 간 접속선의 전압강하 3[V]일 때, 직렬로 접속한 축전지의 개수가 50개라면 축전지 한 개의 허용 최저 전압은 몇 [V]인가?

① 1.5V/cell   ② 1.6V/cell
③ 1.8V/cell   ④ 1.9V/cell

해설 허용 최저 전압(V)

$$V = \frac{\text{부하의 허용 최저전압} + \text{접속선의 전압강하}}{\text{직렬 접속된 축전지 수량}}$$

$$= \frac{92+3}{50} = 1.9 \ [\text{V/cell}]$$

13.4.13 / 14.4.6 / 15.2.10 / 15.2.57 / 16.4.4 / 19.4.10 / 20.3.4 / 20.4.7 / 21.2.14

06 가장 일반적으로 사용되는 태양광 모듈의 구조를 올바르게 나열한 것은?

① Glass – EVA – Cell – Back layer
② Glass – Cell – EVA – Back layer
③ Glass – EVA – Cell – Glass – Back layer
④ Glass – EVA – Cell – EVA – Back layer

해설 모듈의 구조
프레임 – Glass(저철분 강화유리) – EVA(Ethylene Vinyl Acetate, Cell을 충격 습기에서 보호) – Cell(태양전지) – EVA – Back layer(Cell로의 습기 침입방지, 전극보호) – 정션박스(Cable, 바이패스 다이오드)

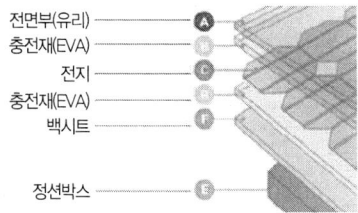

14.4.7 / 16.2.18

07 신재생에너지의 중요성에 대한 설명과 무관한 것은?

① 화석연료의 고갈문제 해결
② CO_2 발생의 증가
③ 기후변화 협약
④ 최근 유가의 불안정

정답 4.④ 5.④ 6.④

해설 **신·재생에너지의 중요성**
① 최근 유가의 불안정, 기후변화협약 규제 대응 등 신·재생에너지의 중요성이 재인식되면서 에너지 공급방식 다양화 필요
② 기후변화 협약은 선진국들이 이산화탄소(CO_2)를 비롯하여 각종 온실 기체의 방출을 제한하고 지구 온난화를 막는 데 주요 목적
③ 기존에너지원 대비 가격경쟁력 확보시 신·재생에너지산업은 미래 산업, 차세대산업으로 급신장 예상
④ 정부는 2030년 재생에너지 비율을 20% 보급한다는 장기적인 목표 하에 신·재생에너지기술개발 및 보급사업 등에 대한 지원 강화

14.4.8 / 15.2.2 / 18.4.19 / 20.4.3 / 21.1.20

08 태양전지의 전류–전압 특성의 측정으로부터 계산되는 파라미터가 아닌 것은?

① 직렬저항(series resistance)
② 개방전압(open circuit voltage)
③ 단락전류(short circuit current)
④ 곡선인자(fill factor)

해설 **태양전지의 전압–전류 특성**
(1) 태양전지에 태양광이 입사되면 광 에너지가 전기에너지로 변환되어 태양전지 단자에 전기적 출력이 발생하는데 이것을 전압–전류 특성이라 하며, 전압–전류의 출력 값을 그래프로 나타낸 것을 V–I 특성곡선이라 한다.

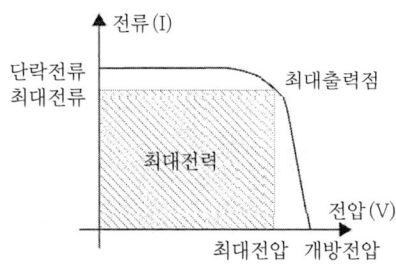

(2) 충진율, 곡선인자(Fill Factor)
① 태양전지 품질을 확인할 수 있는 가장 중요한 척도
② FF는 최대전력을 개방전압과 단락 회로 전류에서 출력되는 이론상 전력과 비교하여 계산한다. 또한 FF는 그림에 묘사된 정사각형 영역의 비로 해석할 수 있다.
③ 큰 fill factor가 바람직하고, 전형적인 fill factor 범위는 결정질 태양전지 : 0.7 ~ 0.8, 단결정 실리콘 0.75 ~ 0.85 정도이다.
④ 온도가 상승하면 에너지 갭이 작아서 충진율이 낮아진다.

$$FF = \frac{P_{MAX}}{P_T} = \frac{I_{MP} \cdot V_{MP}}{I_{SC} \cdot V_{OC}}$$

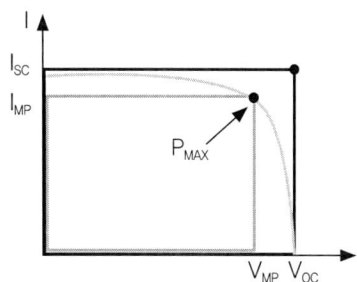

13.4.14 / 14.4.1 / 14.4.9 / 15.2.5 / 15.2.43 / 17.1.20 / 17.4.14 / 18.2.11 / 19.2.5 / 20.1.17 / 20.3.1 / 20.4.4 / 20.4.6 / 21.1.43 / 21.2.2 / 21.2.13 / 21.2.18

09 태양광 모듈의 최대 출력(Pmpp)의 의미를 옳게 표시한 것은?

① Impp×V
② I×Vmpp
③ Impp×Vmpp
④ I×V

해설 **태양전지의 전압–전류 특성**

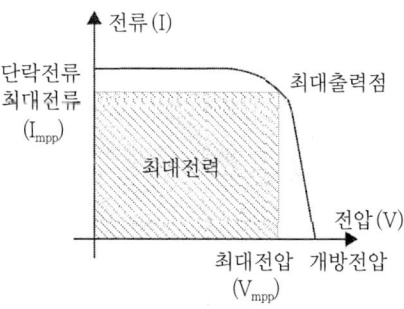

태양전지에서 나오는 전력은 전류와 전압을 곱하여 얻을 수 있으며 최대전류(I_{mpp})와 최대전압(V_{mpp})이 만나는 최적의 동작점에서 발생한 전력이 태양전지의 최대 출력(Max. Power)값이 된다.

정답 7.② 8.① 9.③

10 인버터의 단독운전방지기능 중 능동적 방식에 해당하지 않는 것은?   14.4.10 / 17.4.10 / 18.2.14 / 19.2.1

① 전압위상도약 검출방식
② 무효전력 변동방식
③ 부하 변동방식
④ 주파수 시프트방식

해설 단독운전 검출방식
(1) 수동적 방식
① 주파수 변화율 검출방식
② 전압위상도약 검출방식
③ 3차 고조파전압 왜곡검출방식

(2) 능동적 방식
1) 종래형 능동적 방식
① 주파수 시프트 방식
② 슬립 모드 주파수 시프트 방식
③ 유효·무효 전력변동방식
④ 차수간 고조파주입방식
⑤ 부하변동방식
2) 시형 능동적 방식(스텝 주입부 주파수 피드백 방식)

11 다음 중 태양에너지의 장점으로 옳은 것은?   14.4.11 / 15.4.4 / 16.2.10 / 18.2.17 / 20.4.19

① 청정에너지로 석유나 석탄 같이 환경오염이 없다.
② 고급에너지이나 에너지 밀도가 낮다.
③ 에너지 생산이 간헐적이다.
④ 모든 지역에서 발전량이 동일하다.

해설 태양광발전의 특징
1) 장점
① 에너지의 원료인 태양의 빛은 무료이며, 무한이다.
② 환경오염이 없는 청정에너지원이다.
③ 발전과정에서 환경오염이 없다.
④ 유지관리 비용이 적다.

2) 단점
① 에너지밀도가 낮아 큰 설치면적이 필요하다.
② 설치장소가 한정적이며, 시스템 비용이 고가이다.
③ 발전량은 계절과 일조량의 영향을 많이 받는다

12 낙뢰로 인한 내부 전기·전자시스템을 보호하기 위한 LPMS의 기본보호대책이 아닌 것은?   14.4.12

① 접지와 본딩   ② 협조된 SPD
③ 수뢰부 System ④ 자기차폐

해설 LEMP(뇌전자계임펄스)에 대한 보호시스템 LPMS
뇌전자계임펄스에 대한 내부시스템 보호를 위한 모든 시스템
(1) 전기·전자시스템의 고장을 줄이기 위한 기본보호 대책
1) 구조물의 경우
① 접지 및 본딩 대책
② 자기차폐
③ 선로의 경로
④ 협조된 SPD보호

2) 인입선의 경우
① 선로의 말단과 선로상의 여러 위치에 설치된 서지보호장치
② 케이블의 자기차폐

13 태양광발전시스템에 사용하는 인버터는 전력을 변환시키는 것뿐만 아니라 태양전지의 성능을 최대한으로 끌어내기 위한 여러 가지 기능이 있는데, 다음 중 그 기능에 해당되지 않은 것은?   14.4.4 / 14.4.13 / 15.2.11 / 15.2.17 / 15.4.17 / 17.2.14 / 17.4.5 / 18.1.3 / 18.4.7 / 20.1.3 / 20.1.19 / 20.3.8 / 20.3.9 / 21.4.1

① 자동운전 정지기능
② 최대전력추종 제어기능
③ 역률 제어기능
④ 단독운전 방지기능

해설 태양광 인버터(직류를 교류로 변환)의 기능
① 자동운전 정지
② 최대출력 추종제어
③ 자동전압조정

정답 10.① 11.① 12.③ 13.③

④ 직류지락 검출
⑤ 단독 운전방지
⑥ 계통연계 보호장치

14 n개의 태양전지를 직·병렬로 접속한 경우의 설명으로 옳은 것은?

① 태양전지를 직렬로 접속하면 전압은 n배로 높아진다.
② 태양전지를 직렬로 접속하면 전류는 n배로 높아진다.
③ 태양전지를 병렬로 접속하면 전압은 n배로 높아진다.
④ 태양전지를 병렬로 접속하면 전류는 변하지 않는다

해설 태양전지 직병렬 계산식

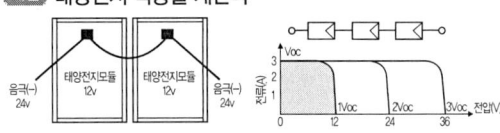
직렬접속

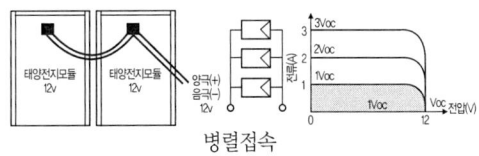
병렬접속

① 직렬접속 : 전압은 증가한다.(전류는 변화 없음)
② 병렬접속 : 전류는 증가한다.(전압은 변화 없음)

15 태양광설비 3[MWp], 일일발전시간이 4.6시간인 경우 연간 발전량은?

① 1095[MWh]　② 13.7[MWh]
③ 5037[MWh]　④ 328.8[MWh]

해설 연간 발전량[MWh]
연간 발전량 = 설비용량 × 1일 평균발전시간 × 365일
= 3 × 4.6 × 365 = 5,037 [MWh]

16 무변압기형 인버터의 장점이 아닌 것은?

① 전자기 간섭 감소　② 높은 효율
③ 무게 감소　④ 크기 감소

해설 트랜스리스(Transless) 방식

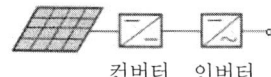
컨버터　인버터

① 태양전지의 직류출력을 DC-DC 컨버터로 승압하고 인버터에서 상용주파의 교류로 변환한다.
② 소형 경량으로 저렴하며, 효율이 우수하고 신뢰성이 높다.
③ 상용전원과의 사이에는 절연이 되지 않아 안정성이 떨어진다.

17 가로 길이가 1.6[m], 세로 길이가 1[m]이고, 변환효율이 15[%]인 태양전지모듈의 FF(충진율)은? (단, $V_{oc} = 40[V]$, $I_{sc} = 8[A]$)

① 0.65　② 0.70
③ 0.75　④ 0.80

해설 최대출력과 충진율

① 최대출력(P)
P = 모듈면적 × 표준일사강도 × 효율
= 1.6 × 1 × 1,000 × 0.15 = 240 [W]
② 충진율(Fill Factor)
$FF = \dfrac{최대출력}{단락전류 × 개방전압} = \dfrac{240}{8 × 40} = 0.75$

18 분산형 전원배전계통 연계기술기준 중 단독운전 방지를 위한 가압중지 시간은 몇 초 이내로 하여야 하는가?

① 0.1　② 0.2　③ 0.5　④ 1.0

해설 단독운전방지(Non-islanding) 기능
단독운전(한전 정전시 분리된 계통에 전력을 계속 공급

정답　14. ①　15. ③　16. ①　17. ③　18. ③

14.4.19 / 17.1.2 / 20.4.18

19 장거리 전력 전송에 고전압이 사용되는 이유는?

① 저전압보다 조절하기가 더 쉽다.
② 손실(I^2R)이 감소한다.
③ 전자기장이 강하다.
④ 작은 변압기가 사용된다.

해설 고전압 송전

수전단 선간 전압[V], 선로 전류I [A], 부하 역률θ, 수전단 전력 P[kW], 전선 1선당의 저항 R[Ω], 전저항손 P_l [W], 송전거리 l[km], 전선 단면적 A[mm^2], 전선의 고유저항 ρ [ohm · mm^2/m]

전력 $P = \sqrt{3}\,VI\cos\theta$ [W]

$\therefore I = \dfrac{P}{\sqrt{3}\,V\cos\theta}$

$P_l = 3I^2R = \dfrac{1}{V^2} \cdot \dfrac{P^2 R}{\cos^2\theta}$ [W]

$A = \rho\dfrac{l}{R} = \dfrac{1}{V^2} \cdot \dfrac{P^2 \rho\, l}{P_l \cos^2\theta}$

여기서, P, I, ρ 가 일정하다고 하면, $A \propto \dfrac{1}{V^2}$

① 일정 전력을 같은 부하, 역률, 거리 및 같은 손실로 송전하는 경우, 전선의 단면적은 전압의 제곱에 반비례한다.
② 일정 거리에 일정 전력을 송전하는 경우, 전압을 2배로 하면 저항 손실은 1/4로 감소한다.

14.4.20

20 태양광 모듈의 후면이 환기가 되지 않을 경우에 발생되는 발전량 손실은 약 몇 %인가?

① 5   ② 10
③ 15   ④ 20

해설 건물일체형 태양광발전시스템(Building Integrated Photovoltaic System : BIPV)의 온도손실

① 결정질계 PV모듈은 표준시험조건(STC)에서 약 18%의 비교적 낮은 전기 변환효율을 갖으며, 적은 비율의 일사량만이 전기로 변환되고 나머지는 빛의 형태로 반사되거나 손실된다.
② 태양광에 의해 전기를 생산하는 과정에서 PV모듈 온도가 상승하여 시스템의 효율이 저하되며 건물에 통합되어 적용된 BIPV 시스템은 발생된 열이 더욱 가중되어 시스템 효율이 저하되는 단점이 있다.
③ 건물과 일체화되어 적용되는 BIPV시스템의 PV모듈 후면의 통풍이 원활하지 않으면 PV모듈의 온도 상승으로 그 효율이 더욱 낮아질 우려가 있다.
④ 환기가 되는 BIPV에 비해 환기가 되지 않는 BIPV의 전기효율이 약5~10% 감소되는 것으로 밝혀져 있다.

14.4.21 / 19.1.26

21 태양전지 어레이 출력이 500[W]이하일 때 접지선의 두께는 몇 [mm^2]인가?

① 1   ② 1.5   ③ 2   ④ 2.5

해설 태양전지 어레이 출력에 따른 접지선 굵기

태양전지 어레이 출력	접지선의 굵기[mm^2]
500[W] 이하	1.5
500[W] 초과 2[kW] 이하	2.5
2[kW] 초과	4

14.4.22 / 17.1.21 / 19.2.34

22 설계 감리원이 필요한 경우 비치하여야 할 문서가 아닌 것은?

① 근무상황부   ② 설계감리지시부
③ 설계기록부   ④ 준공검사원

해설 설계 감리원이 비치하여야 할 문서
① 근무상황부
② 설계감리일지
③ 설계감리지시부
④ 설계감리기록부
⑤ 설계감리 협의사항기록부

정답 19. ② 20. ② 21. ② 22. ④

⑥ 설계감리 추진현황
⑦ 설계감리 검토의견 및 조치 결과서
⑧ 설계감리 주요검토결과
⑨ 설계도서 검토의견서
⑩ 설계도서(내역서 수량산출 및 도면 등)를 검토한 근거서류
⑪ 해당용역관련 수발신 공문서 및 서류
⑫ 그밖에 발주자가 요구하는 서류

13.4.35 / 14.4.23 / 14.4.30 / 16.2.46 / 16.4.28 / 17.2.31 / 18.1.23 / 18.1.53 / 20.3.39 / 21.1.31 / 21.2.48 / 21.4.25

23 보조전극을 이용한 접지저항 측정시 보조전극의 간격은 몇 [m] 이상으로 이격하는가?

① 1 ② 2 ③ 5 ④ 10

해설 전위강하법에 의한 접지저항 측정법

측정접지체(E)에서 전류보조전극(C)을 멀리(10m이상) 설치하고, E와 C를 잇는 직선상에서 전압보조극(P)을 이동시키면서 접지저항을 측정한다.

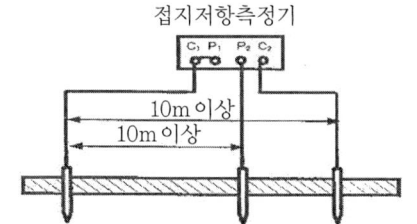

측정접지체 (E) 전압보조전극 (P) 전류보조전극 (C)

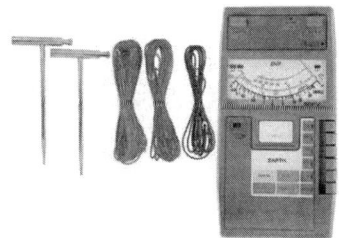

14.4.24 / 17.4.27 / 21.4.30

24 태양광발전시스템과 분산형전원의 전력계통 연계시 장점이 아닌 것은?

① 배전선로 이용률이 향상된다.
② 공급신뢰도가 향상된다.
③ 고장시의 단락 용량이 줄어든다.
④ 부하율이 향상된다.

해설 분산형전원의 전력계통 연계시 장·단점

(1) 장점
① 배전선로 이용률이 향상
② 송전계통과 배전계통의 운영비 감소
③ 부하중심지 건설로 송전손실 경감
④ 첨두부하에 대한 대응력 강화(부하율 향상)
⑤ 전력부하 변동에 대한 대응력 강화(공급신뢰도)
⑥ 대규모전원의 보완(전원계획상의 유연성)

(2) 단점
1) 전체 전력시스템에 변동성을 가중시킴
① 초, 분, 시간, 수 시간 단위의 변동성 유발
② 이에 대응하여 주파수를 제어하기 위한 추가적인 수단이 필요
2) 전체 전력시스템에 불확실성을 가중시킴
① 예측된 발전량과 실제 발전량의 차이가 매우 커질 수 있음
② 불확실성에 대비하기 위해 송전망 운영자는 과도한 예비력을 확보해야만 하고, 예비력의 증가는 전력계통 운영비용의 증가로 이어짐
3) 기존 배전시스템의 제어방식과 상충
전통적인 배전시스템 운영, 제어, 보호 체계에 혼란 (배전기기 오/부작동)

13.4.34 / 14.4.25 / 15.2.31 / 15.4.38 / 17.1.25 / 17.2.30 / 17.4.21 / 17.4.34 / 18.4.34 / 19.1.22 / 20.1.40 / 20.3.38 / 20.4.29 / 21.1.22 / 21.2.25

25 태양광발전시스템의 시공절차에 대한 순서로 옳은 것은?

① 기초공사 → 자재주문 → 시스템 설계 → 모듈설치 → 계통공사 → 시운전 및 점검
② 시스템 설계 → 자재주문 → 기초공사 → 계통공사 → 모듈설치 → 시운전 및 점검
③ 자재주문 → 시스템 설계 → 기초공사 → 모듈설치 → 계통공사 → 시운전 및 점검
④ 시스템 설계 → 자재주문 → 기초공사 → 모듈설치 → 계통공사 → 시운전 및 점검

정답 23. ④ 24. ③ 25. ②

해설 태양광발전시스템 건설을 위한 기본 계획 흐름도

① 현장여건분석

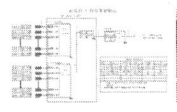
② 시스템 설계

③ 구성요소제작

④ 기초공사

⑤ 구조물 설치

⑥ 모듈 설치

⑦ 간선공사

⑧ 인버터 설치

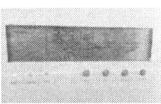
⑨ 시운전

14.4.26 / 19.1.25

26 전압 동요에 의한 플리커의 경감대책으로 전원측에 실시하는 대책 중 틀린 것은?

① 전용 계통으로 공급한다.
② 단락 용량이 적은 계통에서 공급한다.
③ 전용 변압기로 공급한다.
④ 공급전압을 승압한다.

해설 플리커(Flicker)현상의 경감대책
부하의 특성에 기인하는 전압동요에 의해서 조명이 깜박거린다거나 텔레비전의 영상이 일그러진다든가 하는 현상

1) 전력공급측
① 전용계통으로 공급
② 공급전압을 승압
③ 전용 변압기로 공급
④ 단락용량이 큰 계통에서 공급

2) 수용가측
① 전원계통에 리액터 성분 보상 : 직렬 콘덴서, 3권선 보상변압기
② 전압강하 보상 : 부스터, 상호 보상리액터
③ 부하의 무효전력 변동분을 흡수 : 동기조상기와 리액터, TCR, TSC

14.4.27 / 15.4.15 / 17.1.47 / 17.2.44 / 17.4.52 / 18.1.57 / 18.4.5 / 20.4.49 / 21.2.37 / 21.4.58

27 태양광발전시스템의 모니터링 시스템 프로그램 기능이 아닌 것은?

① 데이터 수집기능
② 데이터 저장기능
③ 데이터 분석기능
④ 데이터 예측기능

해설 모니터링 시스템 프로그램 기능
① 데이터 수집기능
  인버터로부터 데이터를 공급받아 전압과 전력에 대한 정보를 제공하며 일사량과 모듈 표면온도 등의 정보를 제공한다.
② 데이터 저장기능
  실시간 데이터가 저장되어 평균 자료를 한눈에 알아볼 수 있도록 한다.
③ 데이터 분석기능
  저장된 데이터로 표를 작성하여 일일 평균값 등의 변화를 한눈에 알 수 있도록 데이터를 제공한다.
④ 데이터 통계기능
  저장된 데이터를 바탕으로 일간, 월간, 연간 통계를 알아볼 수 있도록 제공한다.

14.4.28

28 시공감리 사항 중 공정관리에서 감리원이 공사 시작일 부터 30일 이내에 공사업자로부터 무엇을 제출받아야 하며, 제출받은 날로부터 14일 이내에 검토하여 승인하고 발주자에게 제출하여야 하는가?

① 상세공정표   ② 검사요청서
③ 설계 설명서   ④ 공정관리 계획서

해설 공정관리
1) 감리원은 해당공사가 정해진 공기내에 설계 설명서 도면 등에 따라 우수한 품질을 갖추어 완성될 수 있도록 공정관리의 계획수립, 운영, 평가에 있어서 공정진척도 관리와 기성관리가 동일한 기준으로 이루어질 수 있도록 감리하여야 한다.

정답 26. ② 27. ④ 28. ④

2) 감리원은 공사 시작일로부터 30일 이내에 공사업자로부터 공정관리계획서를 제출받아 제출받은 날부터 14일 이내에 검토하여 승인하고 발주자에게 제출하여야 하며 다음의 사항을 검토 확인하여야 한다.
① 공사업자의 공정관리 기법이 공사의 규모, 특성에 적합한지 여부
② 계약서, 설계 설명서 등에 공정관리 기법이 명시되어 있는 경우에는 명시된 공정관리기법으로 시행되도록 감리
③ 계약서, 설계 설명서 등에 공정관리기법이 명시되어 있지 않을 경우, 단순한 공종 및 보통의 공종공사인 경우에는 공사조건에 적합한 공정관리기법을 적용하도록 하고 복잡한 공종의 공사 또는 감리원이 PERT/CPM 이론을 기본적으로 한 공정관리가 필요하다고 판단하는 경우에는 별도의 PERT/CPM 기법에 의한 공정관리를 적용하도록 조치
④ 감리원은 일정관리와 원가관리 진도관리가 병행될 수 있는 종합관리 형태의 공정관리가 되도록 조치

14.4.29
29 밀폐형 건축물의 구조 골조용 풍하중과 관련 사항이 없는 것은?
① 설계풍력
② 외압계수
③ 노출계수
④ 유효수압면적

해설 구조골조 설계용 풍하중의 산정
1) 구조골조 설계용의 풍하중(W_1)은 다음 식에 따른다.
$W_1 = p_1 \times A$
p_1 : 구조골조 설계용 설계풍력[N/m^2]
A : 유효수압면적[m^2]

2) 밀폐형 건축물의 구조골조 설계용 설계풍력(p_1)
$p_1 = G_1 \times (q_z \times C_{x1} - q_h \times C_{x2})$
G_1 : 구조골조 및 지붕골조 설계용 가스트 영향계수
C_{x1} : 풍상벽의 외압계수
C_{x2} : 풍하벽의 외압계수
q_h : 지붕면의 평균높이 h에 대한 설계속도압[N/m^2]
q_z : 지붕면의 임의높이 z에 대한 설계속도압[N/m^2]

13.4.35 / 14.4.23 / 14.4.30 / 16.2.46 / 16.4.28 / 17.2.31 / 18.1.23 / 18.1.53 / 20.3.39 / 21.1.31 / 21.2.48 / 21.4.25

30. 접지극의 물리적인 접지저항 저감방법 중에서 수평공법이 아닌 것은?
① 접지극의 병렬접속
② MESH공법
③ 접지극의 치수 확대
④ 보링공법

해설 접지저항 저감방법
1. 물리적인 저감방법
(1) 수평공법
① 접지극의 병렬접속(접지극의 상호 간격을 크게 한다)
② 접지극의 치수 확대(깊이 매설)
③ 매설지선 공법(하나의 접지극 대신 지선을 땅에 매설하는 방법) 및 평판 접지전극의 사용
④ MESH 공법
⑤ 구조체 접지(철근, 철골, 수도관 등 건물의 구조체를 접지극으로 사용)
⑥ 돌기형 접지극의 사용(접지봉의 표면에 돌기를 만들어 대지와의 접촉면적을 크게 하는 방법)

(2) 수직공법
① 보링공법
② 접지봉 심타법

2. 화학적 저감방법
① 토양의 고유저항을 화학적으로 저감시키는 방법
② 염, 황산 암모니아, 탄산소다, 벤트나이트 등을 주변 토양에 혼합한다.
③ 처음에는 저항값이 작으나, 1~2년후 에는 거의 효과 적음

14.4.31
31 경사도 계수 0.7, 노출계수 0.9, 기본 지붕 적설하중 0.70이고, 적설면적이 100[m^2]일 때, 적설하중은 얼마인가?
① 40.1
② 44.1
③ 48.2
④ 54.4

해설 **적설하중(S)**
$S = A(\text{적설면적}) \times P(\text{눈의 평균단위중량}) \times C_s(\text{경사도 계수}) \times C_e(\text{노출 계수}) = 100 \times 0.7 \times 0.7 \times 0.9 = 44.1 \, [\text{N}]$

14.4.32

32 태양전지 어레이 설계시 커넥터, 단자대, 개폐기 등 관련 부품은 어레이 회로의 몇 배 이상의 출력전압에 견디어야 하는가?

① 1.1배 ② 1.5배 ③ 1.6배 ④ 1.7배

13.4.1 / 13.4.5 / 14.4.33 / 15.2.9 / 17.2.20 / 18.2.1 / 19.4.18 / 20.1.15

33 태양광발전시스템 중 접속반에 설치되어야 하는 주요 부품이 아닌 것은?

① 역류방지 다이오드
② 직류 출력 개폐기
③ 서지보호 장치
④ 자기융착 절연 테이프

해설 **태양광발전용 접속함**
어레이를 구성하고 있는 모든 태양광발전 모듈의 스트링이 연결되는 단자가 들어있으며, 태양광발전 모듈 스트링의 출력을 인버터에 중계하며, 접속함의 주요자재는 다음과 같다.

— 서지보호기 (SPD)
— 스트링 전류 값
— 통신
— 퓨즈
— 모듈의 스트링선
— 인버터측 입력선

① 외함   ② DC Connector
③ Terminal Block ④ DC 퓨즈
⑤ 퓨즈 링크(홀더) ⑥ 다이오드
⑦ 방열판   ⑧ PCB
⑨ DC 개폐기(차단기) ⑩ SPD
⑪ power supply   ⑫ FAN
⑬ 케이블 그랜드   ⑭ 모니터링 설비
⑮ 전류센서
⑯ 기타(제조사가 주요 자재로 취급하는 것)

※ 자재 중에서 수명(shelf life) 또는 보관 시 환경관리가 필요한 자재는 반도체 부품으로 다이오드 등이다.

13.4.39 / 14.4.34 / 15.2.34 / 17.4.44 / 18.1.36 / 19.1.40 / 19.4.31 / 20.1.31

34 태양전지 모듈과 인버터, 인버터와 계통연계점 간의 전압강하는 각 몇 [%]를 초과하지 않아야 하는가?

① 3 ② 5 ③ 7 ④ 8

해설 **전압강하**
모듈에서 인버터 입력단 간 및 인버터 출력단과 계통연계점 간의 전압강하는 각 3[%]을 초과하여서는 아니 된다. 다만, 전선길이가 60[m]을 초과할 경우에는 아래 표에 따라 시공할 수 있다.

전선길이	120[m] 이하	200[m] 이하	200[m] 초과
전압강하	5[%]	6[%]	7[%]

14.4.35 / 21.2.39

35 건설공사에 관한 기획, 타당성 조사, 분석, 설계, 조달, 계약, 시공관리, 감리평가, 사후관리 등에 관한 업무의 전부 또는 일부를 수행하는 건설용역업은?

① Construction Management
② Project Management
③ Design Management
④ Agency Management

해설 **건설사업관리(Construction Management)**
① 건설공사의 기획 · 타당성조사 · 분석 · 설계 · 조달 · 계약 · 시공관리 · 감리 · 평가 · 사후관리 등과 관리업무의 전부 또는 일부를 맡아서 수행하는 것을 말한다.
② 건축주를 대신해서 공사 일체를 맡아서 해주는 일이 필요하여 법으로 제도화하였다. 흔히 CM이라 부른다.

13.4.11 / 14.4.36 / 16.4.26 / 17.2.5 / 17.2.25 / 17.2.33 / 17.4.7 / 18.2.40 / 19.1.39 / 20.4.25 / 21.2.16 / 21.2.32 / 21.4.3

36 과도 과전압을 제한하고 서지 전류를 우회시키는 장치는?

① 누전차단기   ② 분전반
③ 서지보호기   ④ 주개폐기

정답 32.② 33.④ 34.① 35.①

해설 서지보호기(Surge Protective Device)
내부계통에 서지 전류가 들어올 때, 그 전류가 부하를 통해 흐르지 않고 우회하도록 하여 부하에서 발생하는 과전압이 과다하게 상승하는 것을 막아서 부하를 보호한다.

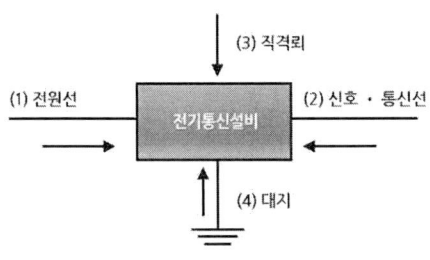

뇌서지의 침입경로

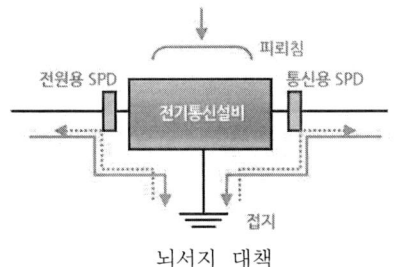

뇌서지 대책

※ 서지란 전기회로나 전기기기 내에 운전중에 고장의 제거나 제어 등을 위한 개폐조작 혹은 뇌방전에 의해서 과도적으로 발생하여 진행하는 과전압 또는 과전류를 말한다.

14.4.37 / 17.1.26 / 20.3.30 / 21.1.30
37 3상 3선식 전압강하 계산식으로 옳은 것은?
(단, e : 각 전선의 전압강하[V], A : 전선의 단면적 [mm²], L : 전선의 길이[m], I : 전류[A])

① $e = \dfrac{35.6 \times L \times I}{1000 \times A}$

② $e = \dfrac{17.8 \times L \times I}{1000 \times A}$

③ $e = \dfrac{30.8 \times L \times I}{1000 \times A}$

④ $e = \dfrac{40.1 \times L \times I}{1000 \times A}$

해설 전압강하 및 전선 굵기 계산식

전기공급방식	전압강하(e)	전선의 단면적(A)
단상 2선식 직류 2선식	$e = \dfrac{35.6 \times L \times I}{1,000 \times A}$	$A = \dfrac{35.6 \times L \times I}{1,000 \times e}$
3상 3선식	$e = \dfrac{30.8 \times L \times I}{1,000 \times A}$	$A = \dfrac{30.8 \times L \times I}{1,000 \times e}$
단상 3선식 3상 4선식 직류 3선식	$e = \dfrac{17.8 \times L \times I}{1,000 \times A}$	$A = \dfrac{17.8 \times L \times I}{1,000 \times e}$

14.4.38 / 16.4.31 / 19.1.21 / 20.1.29 / 21.4.22
38 다음 중 지중전선로의 장점으로 틀린 것은?

① 고장이 적다
② 보안상의 위험이 적다
③ 공사 및 보수가 용이하다.
④ 설비의 안정성에 있어서 유리하다.

해설 지중전선로의 장·단점
1) 장점
① 도시의 미관을 해치지 않는다.
② 폭풍우나 낙뢰(落雷), 염진(鹽塵) 등의 기상적 재해 로부터 안전하다.
③ 고장이 적다.
④ 유도장해 경감

2) 단점
① 고장점 발견 복구가 어렵다.
② 공사비가 비싸고 공사기간이 길다.
③ 송전용량이 비교적 낮다.
④ 신규 추가설치가 곤란하다.

14.4.39 / 17.4.31 / 20.4.39
39 선로 구분 기능을 갖고 있는 개폐기에 수용가측의 사고발생시 사고전류를 감지하여 자동으로 접점을 분리시켜 사고구간을 분리하는 것은?

① 자동부하 전환 개폐기(ALTS)
② 자동고장 구간 개폐기(ASS)
③ 리클로져(R/C)
④ 선로개폐기(LS)

해설 자동고장 구간 개폐기(Automatic Section Switch)

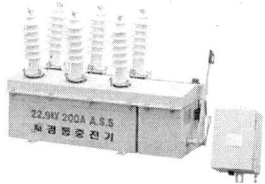

수용가구내에 사고를 자동 분리하고 그 사고의 파급확대를 방지하기 위하여 수용가 구내설비의 피해를 최소한으로 억제하기 위하여 개발된 개폐기로 공급변전소 CB와 Recloser와 협조하여 사고발생 시 고장구간을 자동 분리한다.

40 KEC 한국전기설비규정의 변경으로 삭제됨

41 KEC 한국전기설비규정의 변경으로 삭제됨

14.4.42 / 17.1.23 / 21.1.41

42 태양광발전시스템 준공시 점검할 부분이 아닌 것은?

① 인버터(파워컨디셔너) 점검
② 중계단자함(접속함) 점검
③ 태양전지(어레이) 점검
④ 부하 점검

해설 태양광발전시스템 준공시 점검내용
① 태양전지 어레이
② 중간단자함
③ 인버터
④ 개폐기, 전력량계, 인입구 등
⑤ 운전 및 정지
⑥ 발전 전력

13.4.6 / 13.4.47 / 14.4.43 / 14.4.57 / 15.2.16 / 15.2.46 / 15.2.56 / 15.4.5 / 16.2.6 / 16.2.7 / 17.1.7 / 18.4.4 / 18.4.46 / 19.4.8 / 20.1.9 / 21.1.11 / 21.2.17 / 21.2.43

43 단결정 실리콘 태양전지에 가장 많은 전류를 생성하는 파장대역은?

① 자외선   ② 가시광선
③ 적외선   ④ 원적외선

해설 결정질 실리콘에 사용되는 태양광 스펙트럼

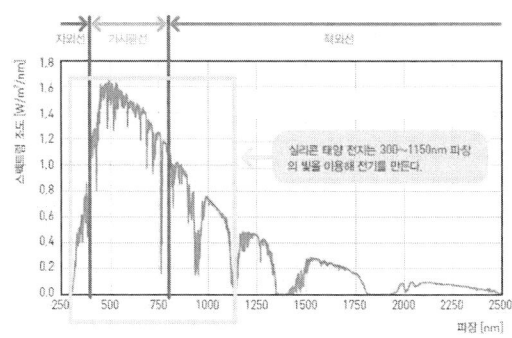

① 빛은 다양한 파장의 스펙트럼을 갖고 있으며, 자외선, 가시광선, 적외선 파장 중 태양 전지판은 주로 가시광선 영역에서 전자 이동이 일어난다.
② 태양 전지판이 검은색이나 진한 푸른색을 띠는 것은 이 상태에서 가시광선을 가장 잘 흡수하기 때문이다.

14.4.44

44 가정용 계통연계형 태양광발전설비 장애 및 고장의 경우로 볼 수 없는 것은?

① 날씨가 좋고 부하 사용이 많지 않을 때 계량기 역회전이 없다.
② 날씨가 좋은 날 인버터가 동작하지 않는다.
③ 추가 전기사용이 없는데도 전기요금이 평상시보다 많이 부과되었다.
④ 가정용 전기의 수전전압이 10[V] 떨어졌다

해설 계통연계형 태양광발전설비의 가정용 전기의 수전전압 강하는 태양광발전설비의 고장과 관계가 없으며, 전력회사 측의 문제이다.

14.4.45 / 15.4.54 / 16.4.56 / 17.1.55 / 17.4.57 / 18.1.52 /
19.1.41 / 19.2.46 / 19.4.56 / 20.3.55

45 태양광 모듈의 고장 원인이 아닌 것은?
① 모듈 극성의 오결선
② 유리표면의 오염
③ 외부 충격
④ 낙뢰 및 서지

해설 모듈의 고장원인
① 제조결함(백화현상, 적화현상, 황색 변이, 핫스팟, 백시트 에어 버블링 등)
② 시공불량(모듈 시공시 외부 충격의 영향, 구조물의 불균형 시공으로 인한 프레임 변형 등)
③ 전기적(전압, 전류), 기계적(열응력, 충격) 스트레스에 의한 태양전지 셀의 파손
④ 염해, 부식성 가스 등 주변 환경에 의한 부식
⑤ 경년 열화에 의한 태양전지 셀 및 리본의 노화

14.4.46 / 14.4.53 / 14.4.56 / 21.4.45

46 태양광발전시스템에 사용된 서지 전압 보호기의 결함을 측정하기 위한 방법으로 적당하지 않은 것은?
① 다기능 측정
② 절연저항 측정
③ 과/저전압 측정
④ I-V 곡선 측정

해설 I-V 곡선 측정

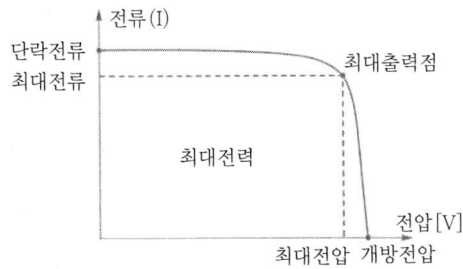

① 태양전지의 전기적 특성을 나타내는 척도
② 태양전지 셀의 성능을 특성화하기 위하여 전류와 전압 등을 측정한 I-V 곡선
③ 셀의 온도를 유지하고 부하 저항을 변화하여 생산된 전류를 측정하는데 수직축은 전류, 수평축은 전압을 나타낸다. ※ 서지 : 전기회로나 전기기기 내에 운전중에 고장의 제거나 제어 등을 위한 개폐조작 혹은 뇌방전에 의해서 과도적으로 발생하여 진행하는 과전압 또는 과전류를 말한다.

14.4.47 / 16.4.57 / 18.1.44 / 19.1.52

47 태양광발전시스템의 계측과 표시의 목적으로 잘못된 것은?
① 시스템의 운전상태 감시를 위한 계측 또는 표시
② 사업자의 추가설비 투자 산출을 위한 계측
③ 시스템에 의한 발전 전력량을 알기 위한 계측
④ 시스템 기기 또는 시스템 종합 평가를 위한 계측

해설 계측기기, 표시장치의 설치목적
① 운전상태 감시
② 발전전력량 확인
③ 기기 및 시스템 종합평가
④ 운전상황을 견학자에게 보여주고, 시스템 홍보

14.4.48 / 15.2.41 / 16.4.23 / 17.1.13 / 18.1.50 /
20.1.49 / 20.4.41

48 분산형 전원 발전설비의 역률은 계통 연계지점에서 원칙적으로 얼마 이상을 유지하여야 하는가?
① 0.8 ② 0.85 ③ 0.9 ④ 0.95형

해설 전기품질 항목
① 직류 유입 제한
분산형전원 및 그 연계 시스템은 분산형전원 연결점에서 최대 정격 출력전류의 0.5[%]를 초과하는 직류
전류를 계통으로 유입시켜서는 안된다.

정답 45. ② 46. ④ 47. ② 48. ③

② 역률
분산형전원의 역률은 90[%] 이상으로 유지함을 원칙으로 한다.
③ 플리커(flicker)
④ 고조파

13.4.51 / 14.4.49 / 20.1.54 / 20.3.58 / 20.4.54

49 다음 중 태양전지 및 어레이의 점검 내용이 아닌 것은?

① 프레임 파손 및 변형
② 유리표면의 오염 및 파손
③ 보호계전기의 설정
④ 지지대의 접지 및 고정

해설 태양전지(어레이)의 육안점검
① 모듈의 오염 및 파손
② 프레임 파손 및 변형유무
③ 가대의 부식 및 녹 발생
④ 가대의 고정(볼트 및 너트의 풀림) 및 접지
⑤ 외부배선의 손상
⑥ 변색, 낙엽 등의 유무 검사
⑦ 지붕재의 파손 및 지지기구와의 고정상태

14.4.50

50 태양광발전소 운영시 일부 스트링의 모듈 출력이 갑작스럽게 떨어졌을 경우 예측될 수 있는 상황과 거리가 먼 것은?

① 모듈 일부에 외부 환경에 의하여 그림자 효과가 발생하였다.
② 바이패스 다이오드(Bypass Diode)가 환경 변화 요인으로 작동하여 출력의 불균일이 발생하였다.
③ 외부 충격에 의해 셀 및 모듈의 일부가 파손되어 출력이 감소하였다.
④ 충진재가 수분 침투에 의해 금속전극의 부식이 발생하여 직렬저항이 증가하였다.

해설 일부 스트링의 출력감소 원인
1) 일부 스트링의 모듈 출력이 갑작스럽게 떨어졌어져서 유지되는 경우
① 스트링별 DC전압과 전류값이 균일한지 연부를 확인해야 한다.
② 전류가 흐르지 않거나 회로의 개방전압이 감지되지 않는 회로는 지락이나 단선 혹은 접속반의 퓨즈 단선, 역류방지 다이오드 소손이 발생했을 경우가 많다.
③ 외부 충격에 의해 셀 및 모듈의 일부가 파손되어 출력 감소
2) 일부 스트링의 모듈 출력이 갑작스럽게 떨어진 후 다시 정상으로 복구되는 경우는 모듈 일부가 외부 환경에 의하여 그림자 효과가 발생하였다.

14.4.51

51 태양광발전설비의 구성요소가 아닌 것은?

① 인버터   ② 모듈
③ BIPV   ④ 접속함

해설 계통연계형 태양광발전시스템의 구성

모듈 어레이   접속함   인버터   계량기   계통

※ 건물일체형 태양광발전시스템(Building Integrated Photovoltaic System : BIPV)
① 태양광 에너지로 전기를 생산하여 소비자에게 공급하는 것 외에 건물 일체형 태양광 모듈을 건축물 외장재로 사용하는 태양광 발전시스템이다. 기존에 넓은 평지나 지붕에 태양발전 시스템을 설치하는 것과 달리 건물의 외벽, 창호 등에 설치하는 것이 가장 큰 특징이다.
② BIPV는 태양전지에 색깔을 입히는 염료감응태양전지나 유기태양전지를 활용해 건물외벽을 화려하게 장식할 수도 있지만 실리콘 태양전지보다는 효율이 떨어지며, 일반 태양전지 모듈보다 1.5~2배 정도 가격이 높다.

52. 인버터의 제어특성을 측정하기 위한 방법으로 옳지 않은 것은?

① 입출력 측정 ② 과/저전압 측정
③ AC 회로 시험 ④ I-V곡선

해설 I-V 곡선 측정

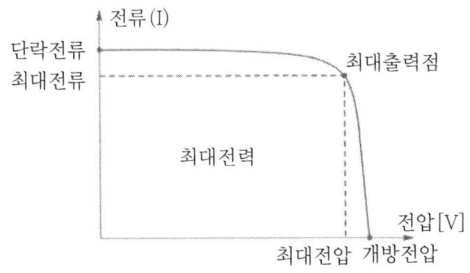

① 태양전지의 전기적 특성을 나타내는 척도
② 태양전지 셀의 성능을 특성화하기 위하여 전류와 전압 등을 측정한 I-V 곡선
③ 셀의 온도를 유지하고 부하 저항을 변화하여 생산된 전류를 측정하는데 수직축은 전류, 수평축은 전압을 나타낸다.

53. 태양광발전시스템에서 모듈의 적층판 파괴를 발견하기 위한 점검 및 측정방법으로 적당하지 않은 것은?

① 육안검사 ② 다기능 측정
③ I-V곡선 ④ 전력망 분석

해설 모듈의 적층판(laminate, 테두리가 없는 모듈) 점검 및 측정방법
① 육안검사 ② I-V곡선
③ 다기능 측정 ④ 인장시험
※ 전력망

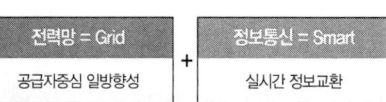

① 전기를 생산하여 전기사용자에게 공급하는 데에 필요한 전기설비와 이를 통제·관리하는 체계
② 전력망에 정보통신기술을 적용하여 전기의 공급자와 사용자가 실시간으로 정보를 교환하는 등의 방법을 통하여 전기를 공급함으로써 에너지 이용효율을 극대화하는 전력망을 지능형전력망(smart grid)이라 한다.

54. 태양광발전시스템에서 모듈 선정시의 변환효율 식은? (단, 최대출력은 P_{max} [W], 모듈 전면적 A[m²], 방사조도 G[W/m²]이다)

① $\dfrac{P_{max}}{A \times G} \times 100[\%]$

② $\dfrac{P_{max} \times A}{G} \times 100[\%]$

③ $\dfrac{P_{max} \times G}{A} \times 100[\%]$

④ $\dfrac{A \times G}{P_{max}} \times 100[\%]$

해설 변환효율(Conversion Efficiency)
표준 시험조건(Standard Test Conditions, STC)에서 측정한 태양전지 출력전력을 입사된 빛 에너지 (소자 넓이 × 경사면 조사 강도)로 나누어 백분율로 나타낸 것

55. 태양광발전시스템 공사계획을 사전인가 받아야 하는 설비용량은 몇 [kW]인가?

① 10,000 ② 20,000
③ 30,000 ④ 40,000

해설 전기사업용 전기설비 공사계획의 인가 및 신고의 대상 (전기사업법 시행규칙 제28조)

정답 52. ④ 53. ④ 54. ① 55. ①

공사의 종류	인가가 필요한 것	신고가 필요한 것
태양광설비 태양전지	출력 10,000[kW] 이상의 태양전지의 설치 또는 전체 모듈 대체	출력 10,000[kW] 미만의 태양전지의 설치 또는 전체 모듈대체
태양광설비 전력변환장치	출력 10,000[kW] 이상의 전력변환장치의 설치 또는 대체	출력 10,000[kW] 미만의 전력변환장치의 설치 또는 대체

14.4.46 / 14.4.53 / 14.4.56 / 21.4.45

56 태양광발전시스템에서 모듈의 결함을 발견하기 위한 점검 및 측정 방법으로 옳지 않은 것은?

① 육안검사
② 다기능 측정
③ 절연저항 측정
④ 입출력 측정

해설 모듈의 결함을 발견하기 위한 점검 및 측정 방법

① 외관검사(육안검사)
② 절연시험
③ 성능시험
④ 다기능 측정

※ 인버터 회로의 입출력 측정

(1) 입력 회로의 경우 태양 전지 회로를 접속함에서 분리하여 인버터의 입력 단자 및 출력 단자를 각각 단락하면서 입력 단자와 대지 간의 절연 저항을 측정한다.

(2) 접속함까지의 전로를 포함하여 절연 저항을 측정한다.

(3) 측정 순서 및 내용
① 태양 전지 회로를 접속함에서 분리한다.
② 분전반 내의 분기 차단기를 개방(off)한다.
③ 직류측의 모든 입력 단자 및 교류측의 전체 출력 단자를 각각 단락한다.
④ 직류 단자와 대지 간의 절연 저항을 측정한다.

(4) 출력 회로의 경우 인버터의 입출력 단자를 단락하여 출력 단자와 대지 간의 절연저항을 측정한다.

13.4.6 / 13.4.47 / 14.4.43 / 14.4.57 / 15.2.16 / 15.2.46 / 15.2.56 / 15.4.5 / 16.2.6 / 16.2.7 / 17.1.7 / 18.4.4 / 18.4.46 / 19.4.8 / 20.1.9 / 21.1.11 / 21.2.17 / 21.2.43

57 태양광발전시스템에서 전력 1[kW] 발전에 필요한 모듈의 면적은 재질에 따라 다르다. 가장 작은 면적을 차지하는 재질로 옳은 것은?

① 단결정 셀
② 다결정 셀
③ 카드뮴 텔루라이드(CdTe)
④ 박막 필림형 아몰퍼스 7~8

해설 태양전지 모듈의 효율

단결정(~20%) 〉다결정(~18%) 〉카드뮴 텔루라이드(~15%) 〉박막 필림형 아몰퍼스(~8%)

14.4.58

58 태양광발전시스템에서 사용된 스트링 다이오드의 결함을 점검하기 위한 방법으로 옳은 것은?

① 육안검사
② 접지저항 측정
③ 입출력 측정
④ 전력망 분석

해설 다이오드(Diode)

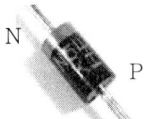

① 다이오드의 기본성질은 양극(Anode)에서 음극(cathode)으로 전류가 흐르고, 반대로 음극에서 양극으로 전류가 흐르지 않는다.
② 다이오드의 순방향(양극에서 음극방향)과 역방향(음극에서 양극)으로 흐르는 저항 값을 측정하여야 한다.
③ 스트링의 바이패스 다이오드는 입·출력 값을 측정하여 정상상태를 확인한다.

59 KEC 한국전기설비규정의 변경으로 삭제됨

14.4.60 / 16.4.58 / 17.2.51 / 17.4.42 / 18.1.58 / 18.2.48 / 19.1.50 / 19.2.49

60 태양광발전설비 응급조치 순서 중 차단과 투입 순서가 옳은 것은?

> 1. 한전차단기 2. 접속함 내부 차단기
> 3. 인버터

① 1-2-3-3-2-1 ② 1-3-2-2-3-1
③ 2-3-1-1-3-2 ④ 3-2-1-1-2-3

해설 태양광발전시스템의 응급조치순서
① 접속함의 DC 메인 전원 스위치를 개방(off)한다.
② 인버터의 전원 스위치를 개방(off)한다.
③ 한전차단기를 개방(off)한다.
④ 태양광발전시스템을 점검한다.
⑤ 이상이 없을 시 역순으로 작동한다.

14.4.61 / 17.2.46 / 18.2.50 / 20.3.60 / 21.4.49

61 전기사업자가 사업개시 신고서를 산업통상자원부장관이 아닌 시·도지사에게 제출할 수 있는 발전시설 용량은?

① 300[kW] 이하
② 500[kW] 이하
③ 3,000[kW] 이하
④ 5,000[kW] 이하

해설 사업허가의 신청(전기사업법 시행규칙 제4조)
① 전기사업의 허가를 신청하려는 자는 전기사업허가 신청서에 관련 서류(전자문서를 포함한다. 이하 같다)를 첨부하여 산업통상자원부장관에게 제출하여야 한다.
② 다만, 발전설비용량이 3,000[kW] 이하인 발전사업의 허가를 받으려는 자는 특별시장·광역시장·특별자치시장·도지사 또는 특별자치도지사에게 제출하여야 한다

14.4.62 / 17.2.77 / 20.4.61

62 신·재생에너지 품질검사기관이 아닌 것은?

① 석유 및 석유대체연료 사업법에 따라 설립된 한국석유 관리원
② 고압가스 안전관리법에 따라 설립된 한국가스안전공사
③ 임업 및 산촌 진흥촉진에 관한 법률에 따라 설립된 한국임업진흥원
④ 전기사업법에 따라 설립된 한국전력공사

해설 신·재생에너지 품질검사기관(신재생에너지법 시행령 제18조의13)
① 한국석유관리원
② 한국가스안전공사
③ 한국임업진흥원

14.4.63 / 19.2.80

63 전기사업에 종사하는 자로서 정당한 사유없이 전기사업용 전기설비의 유지 또는 운용업무를 수행하지 아니함으로서 발전·송전·변전 또는 배전에 장애가 발생하게 한 자에 대한 전기사업법상 벌칙 기준은?

① 2년 이하의 징역 또는 1천만원 이하의 벌금
② 3년 이하의 징역 또는 2천만원 이하의 벌금
③ 5년 이하의 징역 또는 5천만원 이하의 벌금
④ 10년 이하의 징역 또는 1억원 이하의 벌금

해설 벌칙(전기사업법 제100조)
다음의 어느 하나에 해당하는 자는 5년 이하의 징역 또는 5천만원 이하의 벌금에 처한다.
① 정당한 사유없이 전기사업용전기설비를 조작하여 발전·송전·변전 또는 배전을 방해한 자
② 전기사업에 종사하는 자로서 정당한 사유없이 전기사업용전기설비의 유지 또는 운용업무를 수행하지 아니함으로써 발전·송전·변전 또는 배전에 장애가 발생하게 한 자.

정답 60. ③ 61. ③ 62. ④ 63. ③

14.4.64 / 15.2.67 / 16.2.71 / 16.4.78 / 17.2.61 / 17.2.69 /
17.4.64 / 18.1.66 / 19.1.73 / 19.2.79 / 19.4.65 / 20.1.61
/ 20.1.71 / 21.1.68

64 전기를 생산하여 이를 전력시장을 통하여 전기판매사업 자에게 공급하는 것을 주된 목적으로 하는 사업은?

① 배전사업   ② 송전사업
③ 발전사업   ④ 변전사업

해설 전기사업법의 정의(전기사업법 제2조)
① 전기사업 : 발전사업 · 송전사업 · 배전사업 · 전기판매사업 및 구역전기사업
② 발전사업 : 전기를 생산하여 이를 전력시장을 통하여 전기판매사업 자에게 공급하는 것을 주된 목적으로 하는 사업
③ 송전사업 : 발전소에서 생산된 전기를 배전사업자에게 송전하는 데 필요한 전기설비를 설치 · 관리하는 것을 주된 목적으로 하는 사업
④ 배전사업 : 발전소로부터 송전된 전기를 전기사용자에게 배전하는 데 필요한 전기설비를 설치 · 운용하는 것을 주된 목적으로 하는 사업
⑤ 구역전기사업 : 대통령령으로 정하는 규모 이하의 발전설비를 갖추고 특정한 공급구역의 수요에 맞추어 전기를 생산하여 전력시장을 통하지 아니하고 그 공급구역의 전기사용자에게 공급하는 것을 주된 목적으로 하는 사업

13.4.64 / 14.4.65 / 14.4.77 / 15.4.71 / 17.1.8 / 17.2.75 /
17.4.70 / 18.4.67 / 19.2.70 / 19.2.72 / 20.1.64

65 다음 중 신에너지에 해당되지 않는 것은?

① 수소에너지
② 연료전지
③ 석탄을 액화 가스화한 에너지
④ 해양에너지

해설 신 · 재생에너지의 정의(신재생에너지법 제2조)
1) 신에너지: 기존의 화석연료를 변환시켜 이용하거나 수소 · 산소 등의 화학 반응을 통하여 전기 또는 열을 이용하는 에너지
① 수소에너지   ② 연료전지
③ 석탄을 액화 · 가스화한 에너지 및 중질잔사유을 가스화

2) 재생에너지: 햇빛 · 물 · 지열 · 강수 · 생물유기체 등을 포함하는 재생 가능한 에너지를 변환시켜 이용하는 에너지
① 태양에너지
② 풍력   ③ 수력
④ 해양에너지 ⑤ 지열에너지
⑥ 생물자원을 변환시켜 이용하는 바이오에너지
⑦ 폐기물에너지(비재생폐기물로부터 생산된 것은 제외한다)

14.4.66 / 15.2.13 / 18.2.72 / 18.4.14

66 바이오 에너지 등의 기준 및 범위에서 에너지원의 종류와 기준 및 범위의 연결이 틀린 것은?

① 바이오에너지: 생물유기체를 변환시킨 땔감
② 폐기물에너지: 유기성폐기물을 변환시킨 매립지가스
③ 석탄을 액화 가스화한 에너지: 증기공급용 에너지
④ 중질잔사유를 가스화한 에너지: 합성가

해설 바이오에너지 등의 기준 및 범위(신재생에너지법 시행령 별표1)

에너지원의 종류	기준 및 범위	
석탄을 액화 · 가스화한 에너지	기준	석탄을 액화 및 가스화하여 얻어지는 에너지로서 다른 화합물과 혼합되지 않은 에너지
	범위	① 증기 공급용 에너지 ② 발전용 에너지
중질잔사유을 가스화한 에너지	기준	① 중질잔사유(원유를 정제하고 남은 최종 잔재물로서 감압증류 과정에서 나오는 감압잔사유, 아스팔트와 열분해 공정에서 나오는 코크, 타르 및 피치 등)를 가스화한 공정에서 얻어지는 연료 ② ①의 연료를 연소 또는 변환하여 얻어지는 에너지
	범위	합성가스

정답 64. ③ 65. ④ 66. ②

에너지원의 종류		기준 및 범위
바이오 에너지	기준	① 생물유기체를 변환시켜 얻어지는 기체, 액체 또는 고체의 연료 ② ①의 연료를 연소 또는 변환시켜 얻어지는 에너지 ※ ① 또는 ②의 에너지가 신·재생에너지가 아닌 석유제품 등과 혼합된 경우에는 생물유기체로부터 생산된 부분만을 바이오에너지로 본다.
	범위	① 생물유기체를 변환시킨 바이오가스, 바이오에탄올, 바이오 액화유 및 합성가스 ② 쓰레기매립장의 유기성폐기물을 변환시킨 매립지가스 ③ 동물·식물의 유지를 변환시킨 바이오디젤 ④ 생물유기체를 변환시킨 땔감, 목재칩, 펠릿 및 목탄 등의 고체연료
폐기물 에너지	기준	① 각종 사업장 및 생활시설의 폐기물을 변환시켜 얻어지는 기체, 액체 또는 고체의 연료 ② ①의 연료를 연소 또는 변환시켜 얻어지는 에너지 ③ 폐기물의 소각열을 변환시킨 에너지 ※ ①부터 ③까지의 에너지가 신·재생에너지가 아닌 석유제품 등과 혼합되는 경우에는 각종 사업장 및 생활시설의 폐기물로부터 생산된 부분만을 폐기물에너지로 본다.
수열 에너지	기준	물의 표층의 열을 히트펌프(heat pump)를 사용하여 변환시켜 얻어지는 에너지
	범위	해수의 표층의 열을 변환시켜 얻어지는 에너지

67 KEC 한국전기설비규정의 변경으로 삭제됨

14.4.68 / 18.4.79

68 전압에 관계없이 모든 전기공사를 시공 관리할 수 있는 전기공사기술자는?

① 초급 전기공사기술자 또는 고급 전기공사기술자
② 중급 전기공사기술자 또는 고급 전기공사기술자
③ 중급 전기공사기술자 또는 특급 전기공사기술자
④ 고급 전기공사기술자 또는 특급 전기공사기술자

해설 전기공사기술자의 시공관리 구분(전기공사업법 시행령 제12조 별표4)

전기공사의 규모별 전기공사기술자의 시공관리 구분

전기공사기술자의 구분	전기공사의 규모별 시공관리 구분
특급 전기공사기술자 또는 고급 전기공사기술자	모든 전기공사
중급 전기공사기술자	전기공사 중 사용전압이 100,000[V] 이하인 전기공사
초급 전기공사기술자	전기공사 중 사용전압이 1,000[V] 이하인 전기공사

14.4.69 / 17.1.68 / 19.2.64 / 20.4.79

69 신·재생 에너지 설비의 설치계획서를 받은 산업통상자원부장관은 설치계획서를 받은 날부터 타당성을 검토한 후 그 결과를 해당 설치의무기관의 장 또는 대표자에게 통보하여야 할 일수로 옳은 것은?

① 10일 ② 20일
③ 30일 ④ 50일

해설 신·재생에너지 설비의 설치계획서 제출 등(신재생에너지법 시행령 제17조)
① 설치의무기관의 장 또는 대표자가 신·재생에너지 공급의무 비율에 해당하는 건축물을 신축·증축 또는 개축하려는 경우에는 신·재생에너지 설비의 설치계획서를 해당 건축물에 대한 건축허가를 신청하기 전에 산업통상자원부장관에게 제출하여야 한다.
② 산업통상자원부장관은 설치계획서를 받은 날부터 30일 이내에 타당성을 검토한 후 그 결과를 해당 설치의무기관의 장 또는 대표자에게 통보하여야 한다.
③ 산업통상자원부장관은 설치계획서를 검토한 결과, 기준에 미달한다고 판단한 경우에는 미리 그 내용을 설치의무기관의 장 또는 대표자에게 통지하여 의견을 들을 수 있다.

14.4.70 / 21.4.61

70 저압가공전선이 다른 저압 가공전선과 접근상태로 시설되거나 교차하여 시설되는 경우 저압 가공전선 상호 간의 이격거리는 몇 [cm] 이상인가?

① 60　　② 50
③ 40　　④ 2

해설 저압 가공전선 상호 간의 접근 또는 교차(판단기준 제84조)
저압 가공전선이 다른 저압 가공전선과 접근상태로 시설되거나 교차하여 시설되는 경우에는 저압 가공전선 상호 간의 이격거리는 60 cm(어느 한 쪽의 전선이 고압 절연전선, 특고압 절연전선 또는 케이블인 경우에 30 cm) 이상, 하나의 저압 가공전선과 다른 저압 가공전선로의 지지물 사이의 이격거리는 30 cm 이상이어야 한다.

13.4.65 / 14.4.71 / 17.2.66 / 18.2.61 / 20.3.74 / 21.4.65

71 다음 중 예외적으로 전력시장에서 전기를 직접 구매할 수 있는 전기사용자는 수전설비의 용량이 몇 킬로볼트암페어 이상인 경우인가?

① 3만　　② 4만
③ 5만　　④ 6만

해설 전력의 직접 구매(전기사업법 시행령 제20조)
수전설비의 용량이 30,000[kVA] 이상인 전기사용자는 전력시장에서 전력을 직접 구매할 수 있다.

13.4.58 / 14.4.72 / 15.2.77 / 15.4.61 / 17.2.73 / 18.1.69 / 18.2.25 / 18.4.11 / 19.2.14 / 20.1.62 / 20.4.26

72 태양전지 모듈의 시설에 관한 내용 중 잘못된 것은?

① 충전부분은 노출되지 아니하도록 시설한다.
② 태양전지 모듈을 병렬로 접속하는 전로에는 과전류 차단기를 설치한다.
③ 태양전지 모듈의 지지물은 진동과 충격에 대하여 안전한 구조이어야 한다.
④ 옥측 또는 옥외에 시설하는 경우에는 합성수지관공사, 케이블공사 및 금속몰드공사로 시설한다.

해설 태양전지 모듈 등의 시설(판단기준 제54조)
1) 충전부분은 노출되지 않도록 시설할 것

2) 태양전지 모듈에 접속하는 부하측의 전로(복수의 태양전지 모듈을 시설한 경우에는 그 집합체에 접속하는 부하측의 전로)에는 그 접속점에 근접하여 개폐기 기타 이와 유사한 기구(부하전류를 개폐할 수 있는 것에 한한다)를 시설할 것

3) 태양전지 모듈을 병렬로 접속하는 전로에는 그 전로에 단락이 생긴 경우에 전로를 보호하는 과전류차단기 기타의 기구를 시설할 것. 다만, 그 전로가 단락전류에 견딜 수 있는 경우에는 그렇지 않다.

4) 전선은 다음에 의하여 시설할 것. 다만, 기계기구의 구조상 그 내부에 안전하게 시설할 수 있을 경우에는 그렇지 않다.
① 전선은 공칭단면적 2.5[mm^2] 이상의 연동선 또는 이와 동등 이상의 세기 및 굵기의 것일 것
② 옥내에 시설할 경우에는 합성수지관공사, 금속관공사, 가요전선관공사 또는 케이블공사로 시설할 것
③ 옥측 또는 옥외에 시설할 경우에는 합성수지관공사, 금속관공사, 가요전선관공사 또는 케이블공사로 시설할 것

73 전압을 구분하는 경우 직류전압의 저압은?

① 600[V] 이하 ② 750[V] 이하
③ 1000[V] 이하 ④ 1500[V] 이하

해설 전압의 종별(전기사업법 시행규칙 제2조)

구분	내용
저압	DC 1500[V] 이하
	AC 1000[V] 이하
고압	DC 1500[V] 초과 7000[V] 이하
	AC 1000[V] 초과 7000[V] 이하
특고압	7000[V] 초과

74 저탄소녹색성장기본법에서 정부는 기후변화대응의 기본원칙에 따라 20년을 계획기간으로 하는 기후변화대응 기본계획을 몇 년마다 수립·시행하여야 하는가?

① 2년 ② 3년
③ 4년 ④ 5년

해설 기후변화대응 기본계획(녹색성장법 제40조)
① 정부는 기후변화대응의 기본원칙에 따라 20년을 계획기간으로 하는 기후변화대응 기본계획을 5년마다 수립·시행하여야 한다.
② 기후변화대응 기본계획을 수립하거나 변경하는 경우에는 위원회의 심의 및 국무회의 심의를 거쳐야 한다. 다만, 대통령령으로 정하는 경미한 사항을 변경하는 경우에는 그러하지 아니하다.

75 태양전지모듈의 절연내력 시험에 대한 시험기준으로 옳은 것은?

① 최대사용전압의 1.5배의 직류전압 또는 1배의 교류전압을 충전부분과 대지사이에 10분간 가하여 절연내력시험을 견딜 것
② 최대사용전압의 2배의 직류전압 또는 1배의 교류전압을 충전부분과 대지사이에 10분간 가하여 절연내력시험을 견딜 것
③ 최대사용전압의 1.5배의 직류전압 또는 2배의 교류전압을 충전부분과 대지사이에 10분간 가하여 절연내력시험을 견딜 것
④ 최대사용전압의 1.2배의 직류전압 또는 1배의 교류전압을 충전부분과 대지사이에 10분간 가하여 절연내력시험을 견딜 것

해설 연료전지 및 태양전지 모듈의 절연내력(판단기준 제15조)
연료전지 및 태양전지 모듈은 최대사용전압의 1.5배의 직류전압 또는 1배의 교류전압(500 [V] 미만으로 되는 경우에는 500 [V])을 충전부분과 대지사이에 연속하여 10분간 가하여 절연내력을 시험하였을 때에 이에 견디는 것이어야 한다.

76 다음 설명의 ( )안에 알맞은 내용은?

"발전사업자가 발전용 전기설비용량을 변경하려 할 때 변경허가 용량의 ( ) 이하인 경우에는 주무부처 장관의 변경허가에 속하지 아니한다."

① 100분의 1 ② 100분의 5
③ 100분의 10 ④ 100분의 20

해설 변경허가사항 등(전기사업법 시행규칙 제5조)
(1) 전기사업을 하려는 자는 전기사업의 종류별로 산업통상자원부장관의 허가를 받아야 한다. 허가받은

사항 중 산업통상자원부령으로 정하는 중요 사항을 변경하려는 경우에도 또한 같으며, 중요 사항이란 다음의 사항을 말한다.
1) 사업구역 또는 특정한 공급구역

2) 공급전압

3) 발전사업 또는 구역전기사업의 경우 발전용 전기설비에 관한 다음의 어느 하나에 해당하는 사항
① 설치장소(동일한 읍·면·동에서 설치장소를 변경하는 경우는 제외한다)
② 설비용량(변경 정도가 허가 또는 변경허가를 받은 설비용량의 100분의 10 이하인 경우는 제외한다)
③ 원동력의 종류(허가 또는 변경허가를 받은 설비용량이 30만[kW] 이상인 발전용 전기설비에 신·재생에너지를 이용하는 발전용 전기설비를 추가로 설치하는 경우는 제외한다)
(2) 변경허가를 받으려는 자는 사업허가 변경신청서에 변경내용을 증명하는 서류를 첨부하여 산업통상자원부장관 또는 시·도지사에게 제출하여야 한다.

13.4.64 / 14.4.65 / 14.4.77 / 15.4.71 / 17.1.8 / 17.2.75 / 17.4.70 / 18.4.67 / 19.2.70 / 19.2.72 / 20.1.64

77 신에너지 및 재생에너지 개발·이용·보급촉진법에서 신·재생에너지 설비가 아닌 것은?

① 태양에너지설비
② 풍력에너지설비
③ 전기에너지설비
④ 바이오 에너지설비

해설 신·재생에너지의 정의(신재생에너지법 제2조)
1) 신에너지: 기존의 화석연료를 변환시켜 이용하거나 수소·산소 등의 화학 반응을 통하여 전기 또는 열을 이용하는 에너지
① 수소에너지
② 연료전지
③ 석탄을 액화·가스화한 에너지 및 중질잔사유을 가스화

2) 재생에너지: 햇빛·물·지열·강수·생물유기체 등을 포함하는 재생 가능한 에너지를 변환시켜 이용하는 에너지
① 태양에너지
② 풍력
③ 수력
④ 해양에너지
⑤ 지열에너지
⑥ 생물자원을 변환시켜 이용하는 바이오에너지
⑦ 폐기물에너지(비재생폐기물로부터 생산된 것은 제외한다)

14.4.78 / 15.2.3 / 15.4.10 / 16.2.70 / 17.2.64 / 17.4.71 / 18.1.67 / 18.4.69 / 19.1.71 / 21.1.4

78 다음 중 온실가스에 해당되지 않는 것은?

① 메탄 ② 아산화질소
③ 일산화탄소 ④ 수소불화탄소

해설 정의(녹색성장법 제2조)
온실가스 : 이산화탄소(CO_2), 메탄(CH_4), 아산화질소(N_2O), 수소불화탄소(HFCs), 과불화탄소(PFCs), 육불화황(SF_6) 및 그밖에 대통령령으로 정하는 것으로 적외선 복사열을 흡수하거나 재방출하여 온실효과를 유발하는 대기 중의 가스 상태의 물질

14.4.79 / 19.1.75 / 20.4.78 / 21.2.69

79 고압 옥측 전선로의 전선으로 사용할 수 있는 것은?

① 케이블 ② 절연전선
③ 다심형 전선 ④ 나경동선

해설 태양전지 모듈 등의 시설(판단기준 제54조)
1) 충전부분은 노출되지 않도록 시설할 것

2) 태양전지 모듈에 접속하는 부하측의 전로(복수의 태양전지 모듈을 시설한 경우에는 그 집합체에 접속하는 부하측의 전로)에는 그 접속점에 근접하여 개폐기 기타 이와 유사한 기구(부하전류를 개폐할 수 있는 것에 한한다)를 시설할 것

3) 태양전지 모듈을 병렬로 접속하는 전로에는 그 전로에 단락이 생긴 경우에 전로를 보호하는 과전류차

단기 기타의 기구를 시설할 것. 다만, 그 전로가 단락전류에 견딜 수 있는 경우에는 그렇지 않다.

4) 전선은 다음에 의하여 시설할 것. 다만, 기계기구의 구조상 그 내부에 안전하게 시설할 수 있을 경우에는 그렇지 않다.
① 전선은 공칭단면적 2.5[mm²] 이상의 연동선 또는 이와 동등 이상의 세기 및 굵기의 것일 것
② 옥내에 시설할 경우에는 합성수지관공사, 금속관공사, 가요전선관공사 또는 케이블공사로 시설할 것
③ 옥측 또는 옥외에 시설할 경우에는 합성수지관공사, 금속관공사, 가요전선관공사 또는 케이블공사로 시설할 것

13.4.75 / 14.4.80 / 18.2.63

80 접지공사에서 접지선의 지하 75[cm]로부터 지표면 2[m]까지의 부분을 전기용품 안전관리법상 적용 받는 보호물로 적합한 것은?

① 금속몰드 ② 합성수지관
③ 케이블덕트 ④ 금속전선관물

해설 접지도체는 지하 0.75 m 부터 지표 상 2 m 까지 부분은 합성수지관(두께 2 ㎜ 미만의 합성수지제 전선관 및 가연성 콤바인덕트관은 제외한다) 또는 이와 동등 이상의 절연효과와 강도를 가지는 몰드로 덮어야 한다.

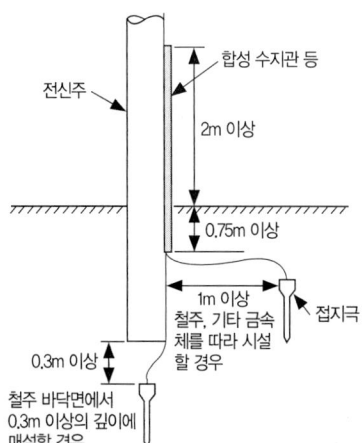

정답 80. ②

2013년 기출문제

2013 제4회 기출문제

13.4.1 / 13.4.5 / 14.4.33 / 15.2.9 / 17.2.20 / 18.2.1 / 19.4.18 / 20.1.15

01 접속함에 설치되는 부품을 모두 나열한 것은?

```
ㄱ. 직류출력 개폐기
ㄴ. 피뢰소자
ㄷ. 역류방지 소자
ㄹ. 바이패스 소자
ㅁ. 과전압계전기
```

① ㄱ, ㄴ, ㄷ
② ㄱ, ㄷ, ㄹ
③ ㄷ, ㄹ, ㅁ
④ ㄱ, ㄹ, ㅁ

해설 태양광발전용 접속함

어레이를 구성하고 있는 모든 태양광발전 모듈의 스트링이 연결되는 단자가 들어있으며, 태양광발전 모듈 스트링의 출력을 인버터에 중계하며, 접속함의 주요자재는 다음과 같다.

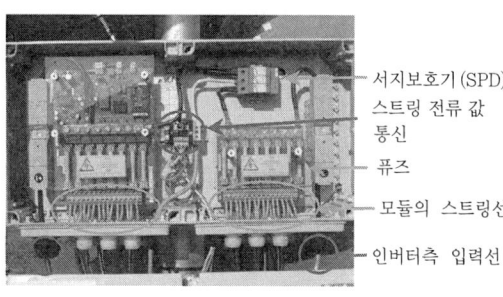
- 서지보호기 (SPD)
- 스트링 전류 값
- 통신
- 퓨즈
- 모듈의 스트링선
- 인버터측 입력선

① 외함
② DC Connector
③ Terminal Block
④ DC 퓨즈
⑤ 퓨즈 링크(홀더)
⑥ 다이오드
⑦ 방열판
⑧ PCB
⑨ DC 개폐기(차단기)
⑩ SPD
⑪ power supply
⑫ FAN
⑬ 케이블 그랜드
⑭ 모니터링 설비
⑮ 전류센서
⑯ 기타(제조사가 주요 자재로 취급하는 것)

※ 자재 중에서 수명(shelf life) 또는 보관 시 환경관리가 필요한 자재는 반도체 부품으로 다이오드 등이다.

13.4.2 / 14.4.14 / 17.2.17 / 18.2.20 / 19.1.18 / 20.1.6 / 21.1.10

02 다음 그림은 PV(photovoltaic) 어레이 구성도를 나타내고 있다. 전류 I와 단자 A, B사이의 전압은?

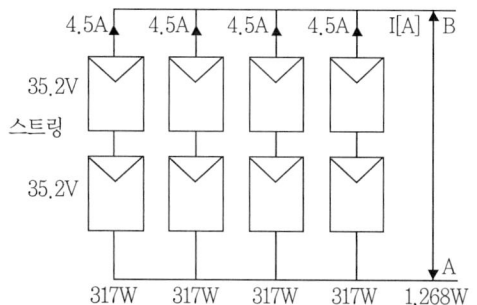

① 4.5[A], 35.2[V]
② 18[A], 70.4[V]
③ 4.5[A], 70.4[V]
④ 18[A], 35.2[V]

해설 태양전지 직병렬 계산식

1) 태양전지의 접속

① 출력 전류(I_{AB})

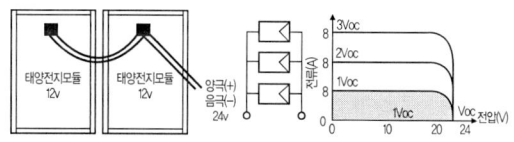

I_{AB} = 직렬 전류 × 병렬 개수 = 4.5 × 4 = 18[A]

② 출력 전압(V_{AB})

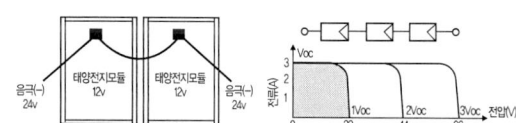

V_{AB} = 단위 축전지 전압 × 직렬 수량 = 35.2 × 2
= 70.4 [V]

13.4.3 / 16.2.4 / 16.4.10 / 17.1.4 / 19.1.7 / 19.2.12 / 20.4.5 / 20.4.12

03 뇌서지 등에 의한 피해로부터 태양광발전시스템을 보호하기 위한 대책으로 옳지 않은 것은?

① 피뢰소자를 어레이 주회로 내에 분산시켜 설치함과 동시에 접속함에도 설치한다.
② 뇌서지가 내부로 침입하지 못하도록 피뢰소자를 설비인입구에서 먼 장소에 설치한다.
③ 뇌우의 발생지역에서는 교류전원 측에 내뢰 트랜스를 설치한다.
④ 저압 배전선으로부터 침입하는 뇌서지에 대해서는 분전반에 피뢰소자를 설치한다.

해설 PV 시스템을 보호하기 위한 대책
① 피뢰소자를 어레이 주회로 내에 분산시켜 설치함과 동시에 접속함에도 설치한다.
② 뇌서지가 내부로 침입하지 못하도록 피뢰소자를 설비인입구에서 가까운 장소에 설치한다.
③ 뇌우의 발생지역에서는 교류전원 측에 내뢰 트랜스를 설치한다.
④ 저압 배전선으로부터 침입하는 뇌서지에 대해서는 분전반에 피뢰소자를 설치한다.
⑤ 접속함 및 분전반 안에 설치하는 피뢰소자는 방전내량이 큰 것을 선정한다.
⑥ 피뢰소자의 접지측 배선은 되도록 짧게 유지하면서 설치한다.

13.4.4 / 16.2.12 / 16.4.12 / 19.1.13 / 19.4.1 / 21.1.12 / 21.4.7 / 21.4.8

04 실효값이 120[V]인 교류전압을 1200[Ω]의 저항에 인가할 경우 소비되는 전력은?

① 0.1[W]　② 10[W]
③ 12[W]　④ 14.4[W]

해설 실효값(effective value)

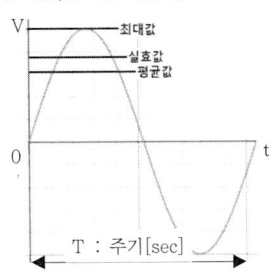

① 저항 R에 직류 전압 V[V]와 교류 전압 v[V]를 같은 시간 동안 인가해서 발열량이 서로 같을 때, 직류 전압과 같은 효과가 있는 것으로 생각하고 실효적으로 같다고 결정한 값
② 정현파 교류의 실효값 V [V]와 최대값 V_m [V] 사이의 관계

$$V = \frac{1}{\sqrt{2}} \cdot V_m ≒ 0.707\, V_m \text{ [V]}$$

③ 소비전력(P)

$$P = \frac{V^2}{R} = \frac{120^2}{1200} = 12 \text{ [W]}$$

13.4.1 / 13.4.5 / 14.4.33 / 15.2.9 / 17.2.20 / 18.2.1 / 19.4.18 / 20.1.15

05 태양광발전시스템의 접속함에 관한 설명으로 틀린 것은?

① 피뢰기(LA)가 설치되어 있다.
② 역류방지소자가 설치되어 있다.
③ 스트링 배선을 하나로 모아 인버터에 보내는 기기이다.
④ 보수, 점검시 회로를 분리하여 점검을 용이하게 한다.

해설 피뢰기(Lightning Arrester)

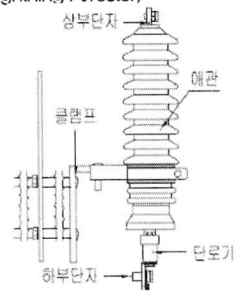

전선로에 규정 전압보다 몇 배 높은 이상 전압으로 인해 피뢰기의 단자 전압이 어느 일정 값 이상이 되면 방전되어, 전압 상승을 억제하고 기기를 보호하며, 이상 전압이 없어지면 방전이 정지되어 정상 송전 상태가 된다.

13.4.6 / 13.4.47 / 14.4.43 / 14.4.57 / 15.2.16 / 15.2.46 / 15.2.56 / 15.4.5 / 16.2.6 / 16.2.7 / 17.1.7 / 18.4.4 / 18.4.46 / 19.4.8 / 20.1.9 / 21.1.11 / 21.2.17 / 21.2.43

06 다결정 실리콘 태양전지에 관한 설명으로 옳지 않은 것은?

① 재료가 저렴하다.
② 단결정에 비해 효율이 좋다.
③ 가장 많이 사용하는 태양전지이다.
④ 반도체 IC제조과정에서 발생한 불량 실리콘을 재이용한 것이다.

해설 단결정과 다결정의 특징

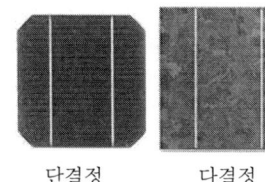

단결정   다결정

1) 단결정
① 검은색으로 무늬가 없으며, 단단하고 구부러지지 않는다.
② 실리콘의 원자배열이 규칙적이며 배열방향이 일정하여 전자의 이동에 걸림이 없어 변환효율이 높다.
③ 폴리 실리콘을 석영도가니에 불순물(붕소, 인)과 함께 넣어 고온으로 용융시켜 원주모양의 단결정 실리콘 잉곳을 만든 후 이것을 얇게 절단한 것을 단결정 실리콘 웨이퍼라고 한다.
④ 고진동 상태에서 1400℃ 이상의 고온에 녹은 폴리 실리콘은 정밀하게 조절되는 조건하에서 큰 직경을 가진 단절 봉으로 성장한다.

2) 다결정
① 청색으로 무늬가 다양하며, 단단하고 구부러지지 않는다.
② 단결정질에 비해 공정이 간단하고 단결정질보다 가격도 저렴하여 널리 사용되고 있으나 변환효율이 단결정보다 낮다.
③ 폴리 실리콘을 석영도가니에 넣고 높은 온도로 가열하여 녹인 다음 정제한 후 일정한 틀에 부어 응고시키는 방법으로 잉곳을 만들며, 단결정제조 방법보다 간단하여 원가를 낮출 수 있고 대량생산이 가능하다.
④ 제조에 필요한 온도는 약 800~1000℃로 높다.

13.4.7 / 15.4.9 / 18.1.20 / 18.2.2 / 20.4.1 / 21.4.6

07 "수십 장의 태양전지 셀을 직렬로 연결하여 일정한 틀에 고정하여 구성한 것"을 무엇이라 하는가?

① 태양전지 어레이
② 태양전지 모듈
③ 태양전지 프레임
④ 태양전지 단자함

해설 태양광발전시스템의 회로구성

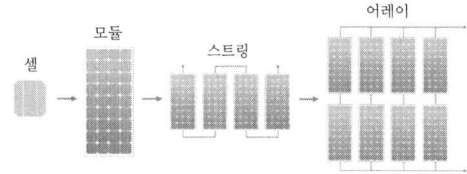

1) 셀(Cell)
① 태양전지의 가장 기본 소자
② 실리콘 계열의 태양전지 셀의 개방전압 0.59[V], 단락전류 10[A] 정도이다.

2) 모듈(Module)

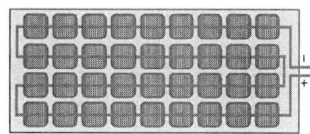

셀 36개의 직렬연결

① 셀을 직렬로 연결하여 태양광 아래서 일정한 전압과 전류를 발생시키는 장치
② 셀 자체가 너무 얇아 파손되기 쉬우므로 외부충격이나 악천후로부터 보호하기 위하여 견고한 알루미늄 프레임 안에 표면유리/충진재/태양전지 셀/충진재/후면시트 등의 순서로 제작한 제품에 케이블과 정션 박스를 붙여 하나의 태양전지판 형태로 만든 제품
③ 365[W] 모듈 한 장은 단결정 72셀(6 inches), 사이즈는 1,960×992×40mm, 중량 22.5kg 정도이다.
④ 365[W] 모듈 한 장의 최대출력 동작전압 39.1[V], 최대출력 동작전류 9.35[A], 개방전압은 47.2[V], 단락전류 9.79[A], 효율은 18.8% 정도이다.

3) 스트링(String)
① 스트링은 태양전지의 모듈을 직렬로 연결하여 하나의 단위 스트링으로 구성된다.
② 단위 스트링의 출력전압이 어레이의 출력전압이며 또한 이 전압은 인버터의 직류 입력전압과 연관이 있다.
③ 스트링의 출력전압은 인버터의 최대 출력점(Maximum Power Point Tracking) 범위 이내가 되도록 하여야 한다.

4) 어레이(Array)
① 다수의 스트링을 병렬로 접속한 모듈의 집합체
② 스트링회로를 전기적으로 보호하기 위한 퓨즈, 차단기, 역류 방지소자, 서지 보호장치 등으로 구성되어 있으며 접속함에 수납되어 있다.

13.4.8 / 18.1.4

08 다음 그림의 태양광발전시스템에서 A의 명칭은?

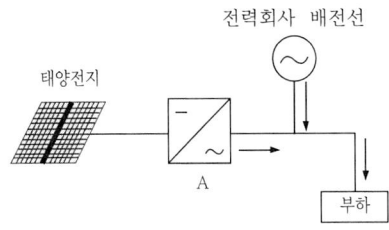

① 축전지 ② 어레이
③ 컨버터 ④ 인버터

해설 계통연계형 시스템

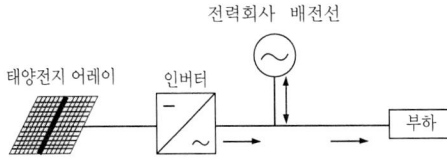

13.4.9 / 16.4.14 / 21.1.27

09 신재생에너지 중 재생에너지의 특징이 아닌 것은?

① 비고갈성 에너지이다.
② 친환경 청정에너지이다.
③ 온실효과의 영향이 있다.
④ 기술주도형 자원이다.

해설 신·재생에너지의 특성

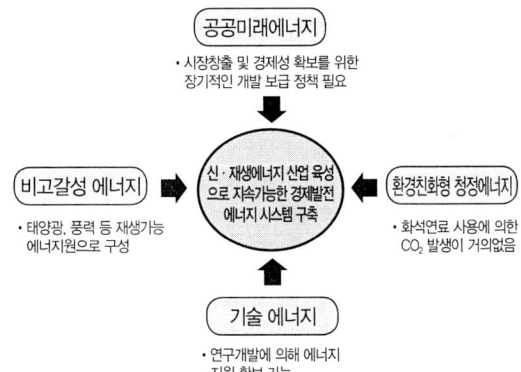

※ 온실효과
① 지구온난화는 대기 중 온실가스 농도 증가로 온실효과가 발생하여 지구 표면의 온도가 점차 상승하는 현상을 말하며, 화석연료 연소를 포함한 인간 활동 때문에 대기 중의 온실가스가 급증하고 있다.
② 신·재생에너지의 특징은 화석연료의 사용을 줄여 온실가스의 발생을 줄이는 역할을 한다.

13.4.10 / 18.1.1 / 18.2.8 / 20.1.12

10 공칭 태양전지 동작온도(NOTC)의 영향요소가 아닌 것은?

① 전지표면의 방사조도 ② 주위온도
③ 풍속 ④ 주변습도

해설 공칭 태양광발전 전지 동작 온도 측정시험
태양광발전 모듈의 공칭 전지 동작 온도(Nominal Operating Cell Temperature, NOCT)는 다음의 표준 기준 환경(Standard Reference Environment, SRE)에서 개방형 선반식 가대(open rack)에 설치한 모듈을 구성하는 태양광발전 전지의 평균 접합 온도로 정의된다.
① 경사각 : 수평면을 기준으로 45도

정답 8. ④ 9. ③ 10. ④

② 경사면 일조강도 : $800[W \cdot m^2]$
③ 주위기온 : $20[℃]$
④ 풍속 : $1[m/s]$
⑤ 전기적 부하 : 없음(회로 개방 상태)

13.4.11 / 14.4.36 / 16.4.26 / 17.2.5 / 17.2.25 / 17.2.33 / 17.4.7 /
18.2.40 / 19.1.39 / 20.4.25 / 21.2.16 / 21.2.32 / 21.4.3

11 서지보호장치(SPD)의 설명으로 옳지 않은 것은?

① SPD는 반도체형과 갭형이 있고, 기능면으로 구별하면 억제형과 차단형으로 구분할 수 있다.
② SPD 소자로서 탄화규소, 산화아연 등이 있다.
③ 통신용 및 전원용이 있다.
④ 단락전류 차단기능이 있다.

해설 서지보호장치(Surge Protection Device: SPD)

낙뢰나 스위칭 개폐 등에 의해 발생되는 순간 과전압으로부터 내부의 시스템을 보호하기 위하여 SPD 등을 중요지점에 각각 설치한다.

① SPD는 크게 반도체형과 갭형이 있고, 기능면으로 구별하면 억제형과 차단형으로 구분할 수 있다.
② 종래의 SPD 소자에 탄화규소(SiC)가 사용되어 왔으나 산화아연(ZnO)이 개발된 이후, 반도체형의 SPD 소자에 산화아연이 많이 사용된다.
③ 산화아연은 큰 서지 내량과 우수한 제한 전압 특성 등의 특징을 갖고 있어 직렬 갭을 필요로 하지 않는 이상적인 SPD로서 옥내·외 및 기기의 입·출력부에 설치된다.
④ SPD의 구비 조건으로서는 동작전압이 낮고 응답시간이 빠르고 정전 용량이 작아야 된다.
⑤ 탄소 피뢰기, 가스 주입 차단관 등은 차단형 소자로서 응답속도가 느리고 정전용량이 커서, 뇌서지 보호에는 적당하지 않기 때문에 최근에는 반도체형 SPD가 많이 사용되고 있다.
⑥ SPD 설치시 접속도체 길이가 길어지는 것은 뇌서지 회로의 임피던스를 증가시켜 과전압 보호 효과를 감소시키기 때문에 전체 길이는 $0.5[m]$ 이하가 되도록 규정하고 있다.
※ 서지란 전기회로나 전기기기 내에 운전중에 고장의 제거나 제어 등을 위한 개폐조작 혹은 뇌방전에 의해서 과도적으로 발생하여 진행하는 과전압 또는 과전류를 말한다.

13.4.12 / 16.2.19 / 16.4.2 / 17.2.15 / 19.2.18 / 19.4.16 /
21.2.15 / 21.4.20

12 PN접합 다이오드의 순바이어스란?

① P형 반도체에 +, N형 반도체에 -의 전압을 인가한다.
② P형 반도체에 -, N형 반도체에 +의 전압을 인가한다.
③ 반도체의 종류에 관계없이 같은 극성의 전압을 인가한다.
④ 인가전압의 극성과는 관계없다.

해설 PN 접합과 바이어스

1) 순방향 바이어스
P영역에 양(+)의 전압을 N영역에 (−)의 전압이 인가된 상태를 순방향(forward) 바이어스가 인가되었다고 함

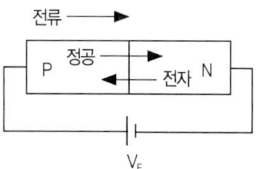

순방향 바이어스 V_F 인가

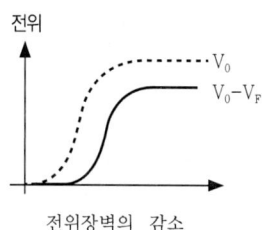

전위장벽의 감소

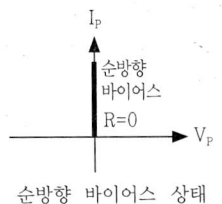

순방향 바이어스 상태

① p형과 n형 반도체에 각각 존재하는 양공과 전자가 모두 p-n 접합 다이오드의 접합부쪽으로 이동한다.
② 접합부에 형성된 결핍층(depletion layer)의 너비가 줄어들고 접합부에 형성된 포텐셜 장벽이 낮아지게 된다.
③ p형 반도체의 양공은 n형 반도체로 옮겨 가고, n형 반도체의 전자는 p형 반도체로 옮겨 가므로 p-n접합부를 지나는 전류가 흐른다.
④ 이상적인 전류-전압 특성은 순방향 바이어스상태에서 저항이 0이고, 전류는 무한대로 흐른다.

2) 역방향 바이어스
P영역에 (-)의 전압을 N영역에 (+)의 전압이 인가된 상태를 역방향(reverse) 바이어스가 인가되었다고 함

순방향 바이어스 V_R 인가

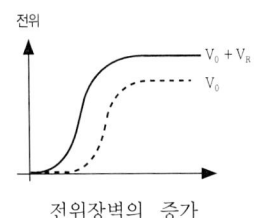

전위장벽의 증가

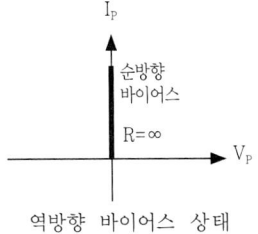

역방향 바이어스 상태

① p형과 n형 반도체에 각각 존재하는 양공과 전자가 모두 p-n 접합 다이오드 양쪽 극단으로 이동한다.

② 접합부에 형성된 결핍층(depletion layer)의 너비가 늘어나고 접합부에 형성된 포텐셜 장벽도 높아진다.
③ p형 반도체의 양공은 p형 반도체의 끝쪽으로, n형 반도체의 전자는 n형 반도체의 끝쪽으로 옮겨 가게 되어 p-n접합부에는 전류가 흐르지 않는다.
④ 다이오드는 부도체와 같은 특성으로 저항은 무한대이고, 전류는 0이다.

13.4.13 / 14.4.6 / 15.2.10 / 15.2.57 / 16.4.4 / 19.4.10 / 20.3.4 / 20.4.7 / 21.2.14

13 태양전지 표준모듈의 프레임 구조에 해당하지 않는 것은?

① EVA
② 전지
③ EPDM
④ Glass

해설 모듈의 구조

프레임 - Glass(저철분 강화유리) - EVA(Ethylene Vinyl Acetate, Cell을 충격 습기에서 보호) - Cell(태양전지) - EVA - Back layer(Cell로의 습기 침입방지, 전극보호) - 정션박스(Cable, 바이패스 다이오드)

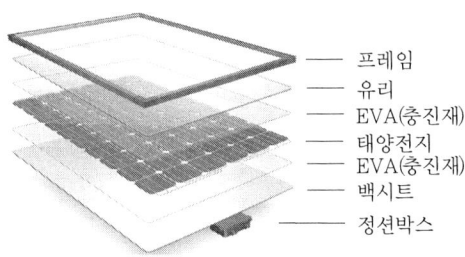

13.4.14 / 14.4.1 / 14.4.9 / 15.2.5 / 15.2.43 / 17.1.20 / 17.4.14 / 18.2.11 / 19.2.5 / 20.1.17 / 20.3.1 / 20.4.4 / 20.4.6 / 21.1.43 / 21.2.2 / 21.2.13 / 21.2.18

14 태양광전지 모듈의 전류-전압 특성곡선과 관계 없는 것은?

① 개방전압
② 최대출력 동작전류
③ 정격투입전류
④ 최대출력 동작전압

정답 13. ③

해설 **태양전지의 전압-전류 특성**

태양전지에 태양광이 입사되면 광 에너지가 전기에너지로 변환되어 태양전지 단자에 전기적 출력이 발생하는데 이것을 전압-전류 특성이라 하며, 전압-전류의 출력 값을 그래프로 나타낸 것을 V-1 특성곡선이라 한다.

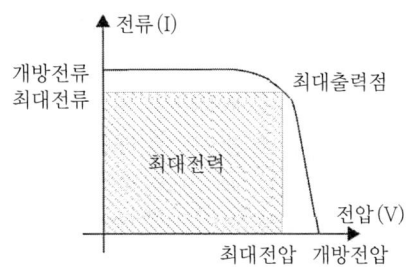

13.4.15 / 18.1.14 / 19.2.13 / 19.4.17 / 21.2.8 / 21.4.35

15 태양광이 가려지는 음영 공간이 있는 건물의 외벽 등의 소형 태양광발전시스템에 사용되는 인버터는?

① 중앙 집중식 인버터
② 마스터 – 슬레이브 제어형 인버터
③ 모듈 인버터
④ 고전압 방식의 인버터

해설 **태양광발전시스템의 인버터 운영방식**

1) 중앙집중형 인버터방식

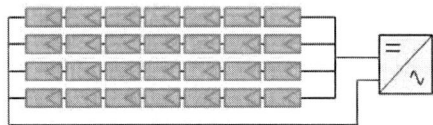

① **발전소 현장에 1대의 인버터만 설치함**
② 모든 전선이 한 곳으로 오기 때문에 작업공정이 간단, 설치비가 적게 소요되며, 발전량 확인이 용이하다.
③ 단일형 인버터는 제품 이상발생 시 전체 발전소가 가동을 멈추기 때문에 발전 손실이 크다.

2) 분산형(스트링 포함) 인버터 방식

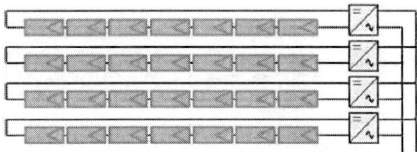

① 발전소 현장에 소형 인버터 여러 대를 설치함
② 특정 인버터가 고장이 나더라도 해당 인버터 부분에서만 발전 손실이 일어나고 나머지 인버터는 정상적으로 발전이 되기 때문에 발전 손실을 최소화할 수 있다.
③ 방향과 경사가 서로 다른 하부 어레이들로 구성된 시스템, 부분적으로 음영이 지는 시스템의 경우 분산형 인버터 방식을 고려할 필요가 있다.

3) 주/종속시스템(Master-Slave System)

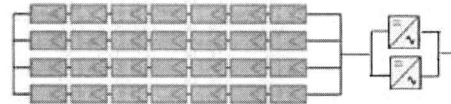

① 인버터 2~3대를 결합하여 회로를 구성한다.
② 발전을 시작하면 마스터 인버터만 구동되고, 마스터 인버터의 전력한계에 도달하면, 다음 슬레이브 인버터가 자동 연결되어 생산된 발전량에 대응한다.
③ 낮은 발전량에서도 대용량 인버터 한 대가 운영되는 방식보다는 효율이 높아진다.
④ Master와 Slave의 기능은 정기적(1~3개월)으로 교대를 해주어, 균등운전이 되게 한다.

4) 모듈인버터(마이크로 인버터: MIC, Module Integrated Central) 방식

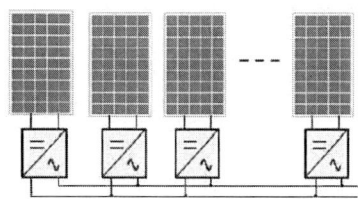

① 태양전지 모듈 1개에 인버터 1개를 부착하는 방식으로 스트링 인버터의 작은 형태이다.
② 태양전지 1장에 대한 모니터링이 가능하여 유지보수가 쉽다
③ 각 마이크로인버터(MIC; Module Integrated Converter)의 최대 효율은 낮지만, 태양전지 모듈에 대해 개별로 MPPT를 하므로, 전체 발전량에 있어서는 스트링 인버터 이상의 발전효율을 가지고 있다.
④ 대용량 발전소보다는 소용량 발전소에서 효율이 높고, 태양전지 모듈 1장으로도 태양광발전을 할 수 있다.
⑤ 고장 난 인버터는 쉽게 교체 가능하며, 시스템 확장이 쉽다.

정답 14. ③ 15. ③

16 RL 직렬회로에 $v = 100\sin(120\pi t)$ [V]의 전원을 연결하여 $i = 2\sin(120\pi t - 45°)$[A]의 전류가 흐르도록 하려면 저항은 몇 [Ω]인가?

① 50
② $\dfrac{50}{\sqrt{2}}$
③ $50\sqrt{2}$
④ 100

해설 저항(R)

$$R = \dfrac{v}{i} = \dfrac{100\sin(120\pi t)}{2\sin(120\pi t - 45°)} = 50\angle -45$$

$$= 50(\cos 45 - j\sin 45) = \dfrac{50}{\sqrt{2}} - j\dfrac{50}{\sqrt{2}}$$

$$\therefore R = \dfrac{50}{\sqrt{2}} \quad X = -\dfrac{50}{\sqrt{2}}$$

17 태양광모듈의 출력은 일사강도와 태양전지 표면의 온도에 따라 변동한다. 실시간으로 변화하는 일사강도에 따라 인버터가 최대 출력점에서 동작하도록 하는 기능은?

① 자동운전 정지기능
② 최대전력 추종제어기능
③ 단독운전 방지기능
④ 자동전류 조정기능

해설 최대전력 추종(MPPT ; Maximum Power Point Tracking)제어 기능

태양전지의 출력은 일사강도나 태양전지의 표면온도에 따라 변화하며, 이들 변동에서 태양전지의 동작점이 항상 최대출력점을 추종하도록 변화시켜, 태양전지에서 최대 출력을 유도하는 제어

18 PWM 인버터에 관한 설명으로 옳은 것은?

① 정류부에서 일정 직류전압을 만들고, 정현파에 가까운 파형이 되도록 전압과 주파수를 동시에 가변한다.
② 정현파의 양단 부근에는 전압의 폭을 넓히고 중앙부는 폭을 좁혀서 반사이클 사이에 몇 회 같은 방향으로 동작하게 된다.
③ 정류부에서 전류를 가변하여 리액터로 일정 전류를 만든다.
④ PWM 인버터는 전압원 인버터밖에 없다.

해설 PWM(Pulse Width Modulation) 제어방식
정류부에서 일정한 전압을 보내면, 펄스폭을 변화시킴과 동시에 주파수를 변화시키는 제어방식이다

PAM(Pulse Amplitude Modulation) 제어방식
교류전압을 직류전압으로 변환시 다이오드 대신 SCR 또는 GTO소자를 사용하여 높이(전압)를 변화시키고, 주파수를 변화시켜 제어하는 방식이다.

19 시스템 전압 24[V], 축전지 설비용량 14400[Wh]일 때 축전지용량 [Ah]은 얼마인가?

① 600[Ah]
② 500[Ah]
③ 400[Ah]
④ 300[Ah]

해설 축전지 용량(C)

$$C = \dfrac{전력량}{전압} = \dfrac{14,400}{24} = 600\,[Ah]$$

20 태양광발전시스템의 직류측 보호를 위한 장치로서 옳지 않은 것은?

① ACB
② 직렬회로용 퓨즈
③ 역전류방지 다이오드
④ 바이패스 다이오드

해설 기중차단기(ACB ; Air Circuit Breaker)

① 교류회로에서 접촉자간의 개폐동작이 공기 중에서 행해지는 차단기
② 전류비를 고려하여 적합한 적용을 할 때 전류의 손실이 없도록 과전류를 미리 예측하여 자동적으로 회로를 개방하거나 수동적인 방법으로 회로를 개폐하며, 교류 1,000V 이하의 회로에서 사용한다.

13.4.21 / 15.2.26 /17.4.40 / 19.1.30 / 19.2.38 / 20.4.31 / 21.1.25

21 계약자가 단위업무별 가중치와 월별 공정률을 표시하여 공사 착공 전에 발주처에 사전 검토 및 확인을 받아야 하는 것은?

① 투입인원 건강기록부
② 설계감리 확인서
③ 시공 예정공정표
④ 감리일지

[해설] **착공신고서 검토 및 보고**
감리원은 공사가 시작된 경우에는 공사업자로부터 다음의 서류가 포함된 착공신고서를 제출받아 적정성 여부를 검토하여 7일 이내에 발주자에게 보고하여야 한다.
① 시공관리책임자 지정통지서(현장관리조직, 안전관리자)
② 공사 예정공정표
③ 품질관리계획서
④ 공사도급 계약서 사본 및 산출내역서
⑤ 공사 시작 전 사진
⑥ 현장기술자 경력사항 확인서 및 자격증 사본
⑦ 안전관리계획서
⑧ 작업인원 및 장비투입 계획서
⑨ 그밖에 발주자가 지정한 사항

13.4.22 / 15.2.37 / 16.4.27 / 17.1.33 / 17.2.36 / 17.4.29 / 18.4.33 / 20.4.27 / 21.1.34

22 케이블의 방화구획 관통부 처리에서 불필요한 것은?

① 난연성   ② 내열성
③ 내화구조   ④ 단열구조

[해설] **방화구획 관통부의 처리**

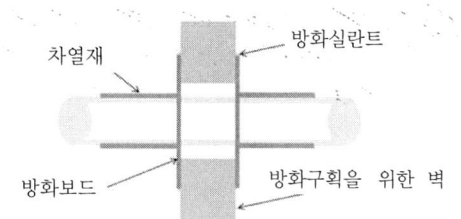

1) 방화구획 관통부의 처리를 하는 것은 화재 발생시의 방화 대책물인 벽, 바닥, 기둥 등을 통과하는 전선, 배관의 관통 부분에서 다른 설비로 불길이 번지거나 확대하는 것을 방지하기 위해서이다.

2) 배선을 옥외에서 옥내로 끌어들인 관통 부분의 처리 방법으로는 다음과 같다.
① 난연성관통 부분의 충전재, 케이블, 배관재의 변형, 파손, 탈락, 소실로 인해 뒷면에 화염, 연기가 나지 않을 것
② 내열성
관통 부분의 충전재, 내열씰재의 전열에 의해 뒷면이 연소할 위험이 있는 온도가 되지 않을 것
③ 관통부의 내화구조에 대한 성능시험은 단일 제품(예: 방화용 실런트 또는 기타자재)에 대한 시험이 아니라 복합구조(예: 방화용 실런트와 철판, 암면 등의 조합)의 시스템을 제시하여 그 시스템에 대해서 시험성적을 취득한다.

13.4.23 / 16.2.39 / 20.1.35 / 21.1.36 / 21.4.24

23 배전선로의 손실 경감과 관계없는 것은?

① 승압
② 다중접지방식 채용
③ 부하의 불평형 방지
④ 역률 개선

[해설] **배전선로의 손실 경감 대책**
① 배전전압의 승압
전력손실은 전압의 제곱에 반비례하여 감소되므로, 배전전압을 승압한다는 것은 손실 경감책, 전압변동 경감책으로서 효과적이다.
② 전류밀도의 감소와 평형

정답 21. ③ 22. ④ 23. ②

일반적인 배전선로에서는 각 상의 부하전류가 불평형으로 되는 것이 보통이며, 심할 경우에는 손실증가가 일어나므로 부하의 재분배 등으로 불평등을 시정하여야 하며, 장래 예상되는 부하증가, 선로의 구간 연장 등에 대비해서 부하 불평형이 일어나지 않도록 하여야 한다.

③ 전력용 콘덴서의 설치
전력 손실은 부하 역률의 제곱에 반비례하므로 부하 역률을 개선하면 전력 손실을 크게 절감할 수 있다.

④ 저손실 변압기의 채용
현재 배전용 변압기는 적철심형보다 철손이 적은 권철심형을 사용하고 있다. 이 변압기의 철심으로는 규소강판을 사용하고 있으나 새로 개발된 저손실 철심재료인 3차 재결정 방향성 규소강판이나 비정질(아몰퍼스) 철심재료를 사용한 변압기로 대체하면 기존의 규소강판 변압기에 비해 철손을 1/3~1/4 수준으로 낮출 수 있다.

13.4.24 / 15.4.27 / 18.2.23 / 19.2.24

24 가교폴리에틸렌 케이블 단말처리를 위해 사용하는 절연테이프의 종류는?

① 전기사업법 시행규칙에 따른 사업계획서
② 송전관계 일람도 및 발전원가 명세서
③ 전력계통의 조류 계산서
④ 발전설비 운영을 위한 기술인력 확보계획을 기재한 서류

[해설] **자기융착 절연테이프**

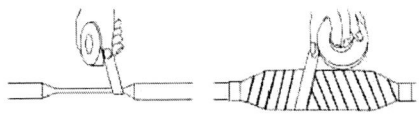

① 시공 시 테이프 폭이 3/4에서 2/3정도로 중첩해 감아놓으면 시간이 지남에 따라 융착하여 일체화된다.
② 부틸고무제와 폴리에틸렌 부틸고무가 합성된 제품이 있지만 저압의 경우 부틸고무 제는 일반적으로 사용하지 않는다.

13.4.25 / 17.2.26 / 21.1.24

25 태양광발전시스템의 기획 및 설계시 조사 할 항목과 연결이 잘못된 것은?

① 사전조사 – 각 지자체 조례 등
② 환경조건의 조사 – 빛, 염해, 공해
③ 설치조건의 조사 – 설치장소, 재료의 반입 경로
④ 설치조건의 검토 – 전기안전관리자 이력 검토

[해설] **설계시 조사할 항목**
① 사전조사 : 각 지자체 조례 등
② 환경조건의 조사 : 연평균 일사량 및 일조시간, 염해, 공해
③ 설치조건의 조사 : 부지의 접근성 및 주변 환경, 민원발생 가능 여부
④ 전력 계통과의 연계 조건 : 전력계통 인입선 위치와 계통연계 가능한 용량 확인
⑤ 경제성 조건 : 총 투자비 기준으로 발전 매전 수입 시 경제적인 수익률의 검토

13.4.26 / 15.4.28 / 16.4.38 / 17.1.51 / 17.2.22 /
17.2.54 / 19.4.23 / 17.4.53 / 18.1.21 / 18.1.47 /
18.2.46 / 18.2.53 / 18.4.23 / 19.1.60 / 19.2.26 /
19.2.42 / 19.4.27 / 19.4.49 / 20.1.52 / 20.3.23 /
20.3.41 / 20.4.24 / 21.1.38 / 21.4.42 / 21.4.48

26 태양전지 모듈 설치 시 감전방지책으로 옳은 것은?

① 작업시에는 일반 장갑을 착용한다.
② 태양전지 모듈은 저압이기 때문에 공구는 반드시 절연처리 될 필요가 없다.
③ 강우 시 발전이 없기 때문에 작업을 해도 무관하다.
④ 태양광 모듈을 수리할 경우 표면을 차광시트로 씌워야 한다.

[해설] **모듈 설치 시 감전방지대책**
① 전선피복 상태 관리
② 절연 장갑을 착용한다.
③ 절연 처리된 공구를 사용한다.
④ 태양전지 모듈 및 인버터 전원 개방

⑤ 작업 전 태양전지 모듈 표면에 차광막을 씌워 태양광을 차폐한다.
⑥ 강우시에는 감전사고와 미끄러짐에 의한 추락사고의 위험이 있으므로 작업을 금한다.

13.4.27 / 15.4.29 / 16.2.33 / 17.2.29 / 18.1.33 / 19.2.40 / 21.4.34

27 태양광발전소 등의 전력시설물 감리업무를 무엇이라 하는가?

① 검측감리　　② 시공감리
③ 책임감리　　④ 설계감리

해설 책임감리
① 감리 전문회사가 당해 공사의 설계도서 기타 관계서류의 내용대로 시공되는지 여부를 확인하고, 품질관리·공사관리 및 안전관리 등에 대한 기술지도를 하며, 발주자의 위탁에 의하여 관계법령에 따라 발주자로서의 감독권한을 대행하는 것을 말한다.
② 공사전부에 대하여 책임 감리를 하는 전면 책임 감리와 공사 일부에 대한 책임 감리를 하는 부분 책임 감리가 있다.

13.4.28 / 15.2.24 / 15.4.40 / 18.1.37 / 18.2.29 / 18.4.2

28 태양전지 모듈의 배선 연결 후, 확인 점검 사항이 아닌 것은?

① 각 모듈의 극성 확인
② 전압 확인
③ 플리커 확인
④ 단락전류의 측정

해설 모듈의 배선 연결 후 점검 사항
① 전압 및 극성 확인
② 단락전류의 측정
③ 접지확인 : 일반적으로 직류측은 비접지

13.4.29 / 16.4.40 / 19.4.34 / 21.2.35

29 모듈에서 접속함 직류배선이 50[m]이며, 모듈 어레이 전압이 600[V], 전류가 8[A]일 때, 전압강하는 몇 [V] 인가? (단, 전선의 단면적은 4.0[mm²]이다.)

① 1.56[V]　　② 2.56[V]
③ 3.56[V]　　④ 4.56[V]

해설 전압강하(e)

$$e = \frac{35.6 \times L(\text{전선의 길이}) \times I(\text{전류})}{1000 \times A(\text{전선의 단면적})}$$
$$= \frac{35.6 \times 50 \times 8}{1000 \times 4} = 3.56 \, [V]$$

13.4.30 / 15.4.22 / 17.2.28 / 20.4.33

30 태양광설비의 전기배선 기준으로 옳지 않은 것은?

① 태양전지판의 접속 배선함 연결부위는 일체형 전용 커넥터를 사용한다.
② 태양전지에서 옥내에 이르는 전선은 비닐절연전선 또는 TFR-CV선을 사용한다.
③ 태양전지판의 배선은 바람에 흔들림이 없도록 케이블타이 등으로 단단히 고정한다.
④ 태양전지판의 출력배선은 극성을 확인할 수 있도록 표시를 한다

해설 태양광발전소 전기배선 및 접속함의 설비기준
① 태양전지에서 옥내에 이르는 배선에 쓰이는 전선은 모듈전용선 또는 TFR-CV선을 사용해야하며, 전선이 지면을 통과하는 경우에는 피복에 손상이 발생되지 않도록 별도의 조치를 취해야 한다.
② 태양전지판 결선시에 접속배선함 구멍에 맞추어 압착단자를 사용하여 견고하게 전선을 연결해야하며, 접속배선함 연결부위는 일체형 전용 커넥터를 사용한다.
③ 태양전지판 배선은 바람에 흔들림 없도록 케이블타이 등으로 단단히 고정하여야 하며 태양전지판의 출력배선은 군별, 극성별로 확인할 수 있도록 표시하여야 한다.

정답 27. ③　28. ③　29. ③　30. ②

13.4.31 / 15.2.28 / 17.1.77

31 태양전지 모듈간 배선시 단락전류를 충분히 견딜 수 있는 전선의 최소 굵기로 적당한 것은?

① 0.75[mm²] 이상
② 2.5[mm²] 이상
③ 4.0[mm²] 이상
④ 8.0[mm²] 이상

해설 태양전지 모듈간의 배선

태양전지판 모듈과 모듈을 연결하는 전선은 공칭단면적 2.5[mm²] 이상의 연동선 또는 동등 이상의 세기 및 굵기의 전선으로 배선하여야 한다.

13.4.32 / 16.2.21 / 19.2.37

32 역률을 개선하였을 경우 그 효과로 맞지 않는 것은?

① 전력손실의 감소
② 설비용량의 무효분 증가
③ 전압강하의 감소
④ 각종기기의 수명연장

해설 역률개선효과

① 전력손실의 감소(변압기, 배전선로)
② 설비용량의 효율적 운용
③ 전압강하의 감소
④ 각종기기의 수명연장
⑤ 전력계통의 안정
⑥ 전기요금 절약

13.4.33 / 16.2.38 / 20.4.36

33 간선의 굵기를 선정하는데 결정요소가 아닌 것은?

① 불평형 전류   ② 기계적 강도
③ 전압강하   ④ 허용전류

해설 전선의 굵기 선정시 고려사항

① 허용전류
② 전압강하
③ 기계적강도
④ 기타(전압, 전력손실, 경제성 등)

13.4.34 / 14.4.25 / 15.2.31 / 15.4.38 / 17.1.25 / 17.2.30 / 17.4.21 / 17.4.34 / 18.4.34 / 19.1.22 / 20.1.40 / 20.3.38 / 20.4.29 / 21.1.22 / 21.2.25

34 태양광발전시스템의 시공절차에 포함되지 않는 것은?

① 어레이 기초공사
② 전기배선공사
③ 태양광 어레이의 발전량 산출
④ 태양전지 모듈의 설치공사

해설 태양광발전시스템의 시공절차

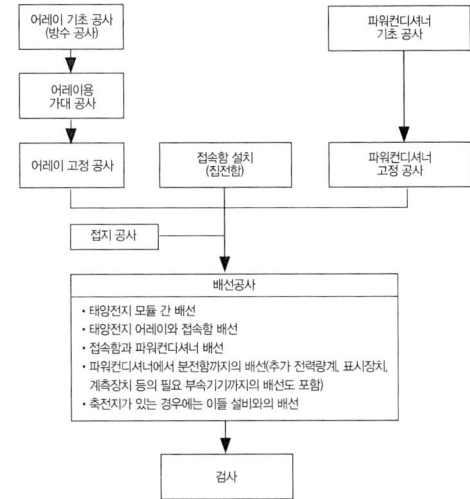

13.4.35 / 14.4.23 / 14.4.30 / 16.2.46 / 16.4.28 / 17.2.31 / 18.1.23 / 18.1.53 / 20.3.39 / 21.1.31 / 21.2.48 / 21.4.25

35 접지극의 물리적인 접지저항 저감방법이 아닌 것은?

① 접지극의 직렬접속
② 접지극의 치수확대
③ 접지극을 깊이 매설
④ MESH 공법

해설 접지저항 저감방법

(1) 물리적인 저감방법
1) 수평공법
① 접지극의 병렬접속(접지극의 상호 간격을 크게 한다)

정답 31. ② 32. ② 33. ① 34. ③ 35. ①

② 접지극의 치수 확대(깊이 매설)
③ 매설지선 공법(하나의 접지극 대신 지선을 땅에 매설하는 방법) 및 평판 접지전극의 사용
④ MESH 공법
⑤ 구조체 접지(철근, 철골, 수도관 등 건물의 구조체를 접지극으로 사용)
⑥ 돌기형 접지극의 사용(접지봉의 표면에 돌기를 만들어 대지와의 접촉면적을 크게 하는 방법)

2) 수직공법
① 보링공법
② 접지봉 심타법
(2) 화학적 저감방법
① 토양의 고유저항을 화학적으로 저감시키는 방법
② 염, 황산 암모니아, 탄산소다, 밴트나이트 등을 주변 토양에 혼합한다.
③ 처음에는 저항값이 작으나, 1~2년후 에는 거의 효과 적음

13.4.36 / 16.4.29

36 지붕에 설치하는 태양전지 모듈의 설치방법으로 옳지 않은 것은?

① 시공, 유지보수 등의 작업을 하기 쉽도록 한다.
② 온도상승을 방지하기 위해 지붕과 모듈의 간격을 둔다.
③ 모듈 고정용 볼트, 너트 등은 상부에서 조일 수 있어야 한다.
④ 태양전지 모듈의 설치방법 중 세로 깔기는 모듈의 긴 쪽이 상하가 되도록 설치한다.

[해설] 모듈의 종방향 설치

① 모듈의 긴 쪽이 상하가 되도록 설치하는 것
② 자연강우에 의한 세정효과가 좋고, 적설 시 눈의 추락위험이 적다.
③ 전선의 고정 및 정리가 쉽다.
※ 종방향과 횡방향의 설치 방법에 따른 필요 발전부지의 면적에는 차이가 없다.

13.4.37 / 18.2.38

37 감리원은 하도급 계약통지서에 관한 적정성 여부를 검토하여 발주자에게 며칠 이내에 의견을 제출하는가?

① 7일 이내
② 10일 이내
③ 15일 이내
④ 30일 이내

[해설] 하도급 관련 사항

감리원은 공사 업자가 도급받은 공사를 전기공사업법에 따라 하도급 하고자 발주자에게 통지하거나, 동의 또는 승낙을 요청하는 사항에 대해서는 전기공사 하도급 계약통지서에 관한 적정성 여부를 검토하여 요청받은 날부터 7일 이내에 발주자에게 의견을 제출하여야 한다.

13.4.38 / 15.2.39 / 16.2.25 / 17.2.74 / 17.4.24 / 18.1.65 / 19.2.71

38 태양전지 모듈과 인버터 간의 지중 배선시 알맞은 공사방법은?

① 중량물의 압력을 받을 우려가 있는 경우 1.0 이상, 일반장소는 0.5[m] 이상 깊이로 매설한다.
② 중량물의 압력을 받을 우려가 있는 경우 1.2 이상, 일반장소는 0.5[m] 이상 깊이로 매설 한다.

③ 중량물의 압력을 받을 우려가 있는 경우 1.0 이상, 일반장소는 0.6[m] 이상 깊이로 매설한다.
④ 중량물의 압력을 받을 우려가 있는 경우 1.2 이상, 일반장소는 0.6[m] 이상 깊이로 매설한다.

해설 **지중배선의 시공**
① 지중매설관은 배선용 탄소강관, 내충격성의 경질비닐 전선관, 내충격성 경질 염화비닐관을 사용한다.
② 지중전선의 매설개소는 필요에 따라 매설깊이, 방향 등 지상에서 용이하게 확인할 수 있도록 표주 등에 의해 표시한다.
③ 지중배관과 지표면의 중간에 케이블 표시시트를 포설한다. (지중선로 포설후 지상으로부터 무단 굴착시 예상되는 케이블 손상방지)
④ 지중배관의 깊이는 1.0[m] 이상(중량물의 압력을 받을 우려가 없는 경우에는 0.6[m] 이상)

13.4.39 / 14.4.34 / 15.2.34 / 17.4.44 / 18.1.36 / 19.1.40 / 19.4.31 / 20.1.31

39 접속함에서 인버터까지 배선의 전압강하율은 몇 [%] 이내로 권장하고 있는가?

① 1~2[%] ② 3~4[%]
③ 4~5[%] ④ 6~7[%]

해설 **전압강하**
모듈에서 인버터 입력단 간 및 인버터 출력단과 계통연계점 간의 전압강하는 각 3[%]을 초과하여서는 아니 된다. 다만, 전선길이가 60[m]을 초과할 경우에는 아래 표에 따라 시공할 수 있다.

전선길이	120[m] 이하	200[m] 이하	200[m] 초과
전압강하	5[%]	6[%]	7[%]

13.4.40 / 15.2.29 / 15.2.55 / 17.4.37 / 18.2.27 / 18.4.26 / 18.4.57 / 19.1.32 / 19.2.32 / 19.2.43 / 20.1.22 / 20.4.32 / 21.1.35 / 21.4.46

40 자가용 전기설비의 검사를 받으려면 신청인은 안전공사에 검사희망일 며칠 전까지 사용전 검사를 신청하여야 하는가?

① 5일 ② 7일 ③ 14일 ④ 30일

해설 **사용전 검사도**
① 각종 발전설비, 송·변전·배전설비 및 가로등, 신호등, 보안등, 공장, 상가 등 대형건물의 설치공사 또는 변경공사를 완료하고, 그 전기설비가 공사계획의 인가 또는 신고를 한 내용 및 전기설비기술기준에 적합한 지의 여부에 대한 검사를 산업통상자원부장관 또는 시·도지사로부터 위탁받아 한국전기안전공사에서 수행한다.
② 태양광발전소에 관한 공사의 경우에는 전체의 공사가 완료된 때 검사를 실시한다.
③ 사용전 검사를 받으려는 자는, 검사를 받으려는 날의 7일전까지 한국전기안전공사에 사용전 검사 신청서를 제출하여야 한다.

13.4.41 / 17.2.56 / 19.4.60 / 21.2.53

41 태양광발전소의 정기검사는 몇 년마다 받아야 하는가?

① 2년 ② 3년
③ 4년 ④ 5년

해설 **자가용/전기사업용전기설비의 정기검사**
① 태양광·전기설비 계통 : 4년 이내
② 구역전기사업자의 송전·변전 : 2년 이내

13.4.42 / 15.2.47

42 태양광발전시스템의 단락전류 측정 시 가장 높게 측정되는 경우는 다음 중 어느 것인가?

① 한 여름 낮(태양전지 어레이 표면 온도 70[℃])
② 한 여름 아침(태양전지 어레이 표면 온도 20[℃])
③ 한 겨울 낮(태양전지 어레이 표면 온도

④ 한 겨울 아침(태양전지 어레이 표면 온도 −10[℃])

해설 일사강도와 단락전류

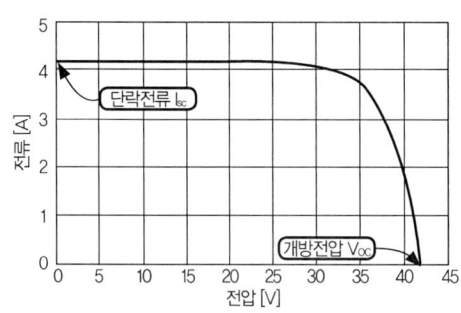

모듈의 I-V특성곡선

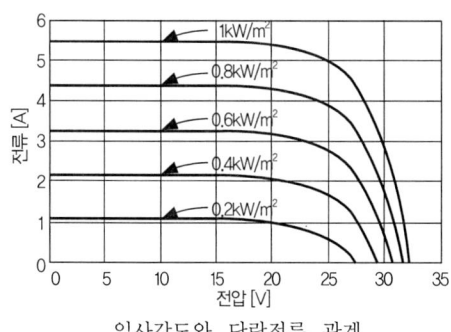

일사강도와 단락전류 관계

(1) 모듈의 출력 특성을 나타내는 I-V특성곡선에서 X축는 개방전압(V_∞), Y축은 단락전류(I_{sc})이다.
(2) 단락전류는 태양전지의 출력을 단락시켰을 때의 전류이며, 전압은 0이다.
(3) 단락전류(I_{sc})는 일사강도에 따라 거의 정비례하며, 개방전압(V_∞)은 조금 변한다.
(4) 온도에 따라 전압과 전류가 변화되며, 결정질 태양전지의 온도계수
  ① 전압온도계수 : −0.3 ~ −0.4/℃
  ② 전류온도계수 : +0.05 ~ +0.1/℃
(5) 전압 온도계수는 그 값이 크고 마이너스, 온도가 올라가면 전압이 내려가서 출력이 저하되기 때문에 연간최대전력은 온도가 높은 여름이 아닌 봄, 가을 이다.
(6) 전류는 적은 양이지만 (+)의 온도계수를 갖으며, 어레이 표면온도가 높을 때 단락전류도 크다.

13.4.43

43 태양광발전시스템에서 좋은 신뢰성을 갖도록 인버터 용량을 크게 하고 있다. 인버터의 단위 용량을 크게 할 때의 설명으로 틀린 것은?

① 어레이 구성면적이 넓어진다.
② 선로의 누설전류가 증가한다.
③ 정전용량이 감소한다.
④ 경제적이다

해설 인버터의 효율
① 태양광발전시스템 인버터의 단위용량을 크게 하면 인버터의 효율과 정전용량(capacity)은 증가한다.
② 국내 A사 인버터의 효율

정격용량	500[kW]	1000[kW]
정격효율[%]	98.2	98.4
유로효율[%]	97.8	98.0

13.4.44 / 13.4.54 / 16.4.48 / 17.1.57 / 17.4.48 / 18.1.49 / 18.4.44 / 18.4.53 / 19.4.50 / 20.1.59

44 어레이 단자함 및 접속함 점검내용이 아닌 것은?

① 어레이 출력확인
② 절연저항 측정
③ 퓨즈 및 다이오드 소손 여부
④ 온도센서 동작확인

해설 접속함 점검내용
① 외함의 부식 · 파손, 볼트 조임 상태
② 외부 배선 및 접속단자 조임 상태 및 발열 · 소손 여부 (퓨즈, 역전류 방지 다이오드, SPD, 극성)
③ 접지선 손상 및 접지단자 접속 상태
④ 전선인입부의 방수처리상태
⑤ 절연저항측정
⑥ 개방전압측정(어레이 출력확인)

정답 42. ① 43. ③ 44. ④

45 태양광발전시스템의 장애나 실패 원인 중 가장 발생빈도가 높은 원인은?

13.4.45 / 15.2.54

① 인버터 고장
② 느슨한 결선
③ 스트링 퓨즈의 결함
④ 서지전압 보호기 결함

해설 설치후 4년 동안의 주요부품별 고장발생 비율

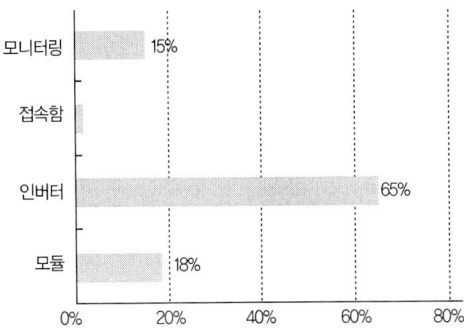

46 파워컨디셔너의 일상점검 항목이 아닌 것은?

13.4.46 / 16.2.50 / 17.1.56 / 17.2.52 / 18.2.52 / 19.1.42 / 19.2.52 / 19.4.43

① 외함의 부식 및 파손
② 외부 배선의 손상여부
③ 이상음, 악취 및 과열 상태
④ 가대의 부식 및 오염 상태

해설 PCS(Power Conditioning System)의 일상점검
① 외함의 부식 및 파손
② 외부배선의 손상 및 접속단자 풀림
③ 접지선의 손상 및 접지단자 풀림
④ 환기팬확인
⑤ 이음, 이취, 연기 발생 및 이상 과열 상태
⑥ LCD표시창 발전상황 정보표시 이상 여부

※ 파워컨디셔너(PCS)
① 전기의 성질(AC/DC, 전압, 주파수)을 바꿔주는 전력변환장치의 총칭
② 태양광인버터는 PCS의 한 종류이다.

47 실리콘 단결정과 다결정 태양전지의 일반적인 설명 중 틀린 것은?

13.4.6 / 13.4.47 / 14.4.43 / 14.4.57 / 15.2.16 / 15.2.46 / 15.2.56 / 15.4.5 / 16.2.6 / 16.2.7 / 17.1.7 / 18.4.4 / 18.4.46 / 19.4.8 / 20.1.9 / 21.1.11 / 21.2.17 / 21.2.43

① 고온 작동시 다결정의 출력감소가 크다.
② 단결정의 직렬저항성분이 작다.
③ 다결정 전지의 병렬성분이 작다.
④ V_{OC} (Open Circuit Voltage) 크기의 차는 작다.

해설 태양전지의 특징
① 단결정은 고온작동시 출력감소가 크며, 직렬저항(R_S)성분이 적다
② 다결정은 병렬저항(R_P)성분이 적다.
③ 단결정과 다결정의 개방전압 크기의 차는 작다.
④ 직렬저항(R_S)은 내부전압강하를 일으켜 개방전압(V_{OC})에서 최대전압(V_{PM})의 기울기, 병렬저항(R_P)은 전류의 내부 바이패스 경로로 되어 단락전류(I_{SC})에서 최대전류(I_{PM})의 기울기에 영향을 준다.

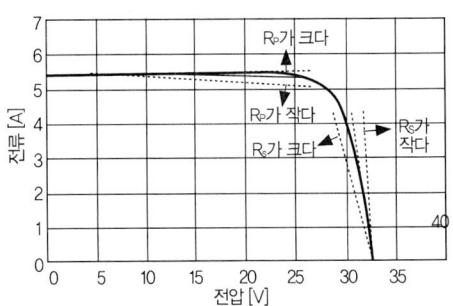

직렬저항(R_S), 병렬저항(R_P)이 I-V특성곡선에 미치는 영향

48 KEC 한국전기설비규정의 변경으로 삭제됨

49 인버터 변환효율을 구하는 식은? (단, P_{AC} 는 교류 입력 전력, P_{DC} 는 직류 입력 전력이다.)

① $\dfrac{P_{AC}}{P_{DC}}$ ② $\dfrac{P_{DC}}{P_{AC}}$

③ $\dfrac{P_{DC}}{P_{AC}+P_{DC}}$ ④ $\dfrac{P_{AC}}{P_{AC}+P_{DC}}$

해설 변환 효율 = $\dfrac{출력\ 전력}{입력\ 전력} \times 100$ =

$\dfrac{직류\ 출력\ 전압 \times 직류\ 출력\ 전류}{입력\ 전력} \times 100\ [\%]$

50 태양광발전시스템에 있어 운전 정지 후에 해야 하는 점검 사항은?

① 부하 전류 확인
② 단자의 조임 상태 확인
③ 계기류의 이상유무 확인
④ 각 선간전압 확인

해설 단자의 조임 상태 확인

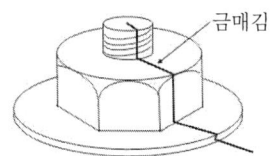
금매김

① 육안점검으로 볼트 너트 및 단자의 조임 상태를 금매김 등으로 점검할 수 있다.
② 전기가 흐르는 단자의 경우 미세한 난사의 풀림으로 저항이 증가하므로, 정지 상태에서 확인한다.

51 준공시 태양전지 어레이의 점검항목이 아닌 것은?

① 프레임 파손 및 변형유무
② 가대 접지 상태
③ 표면의 오염 및 파손상태
④ 전력량계 설치유무

해설 태양전지(어레이)의 육안점검

① 모듈의 오염 및 파손
② 프레임 파손 및 변형유무
③ 가대의 부식 및 녹 발생
④ 가대의 고정(볼트 및 너트의 풀림) 및 접지
⑤ 외부배선의 손상
⑥ 변색, 낙엽 등의 유무 검사
⑦ 지붕재의 파손 및 지지기구와의 고정상태

52 태양광발전소 운전 시 모듈에서 Hotspot 발생의 원인과 설명으로 가장 적절한 것은?

① 전지의 직렬(Rs) 및 병렬(Rsh) 저항이 증가한다.
② 전지의 직렬(Rs) 및 병렬(Rsh) 저항이 감소한다.
③ 전지의 직렬(Rs) 저항이 증가하고 병렬(Rsh) 저항이 감소한다.
④ 전지의 직렬(Rs) 저항이 감소하고 병렬(Rsh) 저항이 증가한다.

해설 핫스팟(Hot Spot, 열점)

① 태양전지에 부분음영이 발생하면 직렬저항이 증가하고 병렬저항의 감소에 따라 전류가 줄어, 직렬로 연결된 다른 태양전지와 부정합 현상이 발생되고 태양전지에 역전압을 인가시킴과 동시에 열점을 발생시킨다.
② 열점현상이 지속되면 셀이나 유리의 파손, 납땜의 용융, 태양전지의 열화 같은 모듈 손실이 발생된다.

정답 48. 49.① 50.② 51.④ 52.③

13.4.53 / 15.4.58 / 16.4.49 / 18.1.55 / 18.2.32 / 18.4.35 /
18.4.43 / 19.2.55 / 20.1.55 / 20.3.46 / 20.4.56 / 21.2.51

53 태양광 인버터 이상신호 해결 후 재가동시킬 때 인버터 ON한 후 몇 분 후에 재가동 하여야 하는가?

① 즉시 가동 ② 1분 후
③ 3분 후 ④ 5분 후

해설 한전계통에의 재병입(Reconnection)
① 한전계통에서 이상 발생 후 해당 한전계통의 전압 및 주파수가 정상 범위 내에 들어올 때까지 분산형전원의 재병입이 발생해서는 안된다.
② 분산형전원 연계 시스템은 안정상태의 한전계통 전압 및 주파수가 정상 범위로 복원된 후 그 범위 내에서 5분간 유지되지 않는 한 분산형전원의 재병입이 발생하지 않도록 하는 지연기능을 갖추어야 한다.
※ 분산형전원(DR, Distributed Resources) 대규모 집중형 전원과는 달리 소규모로 전력소비지역 부근에 분산하여 배치가 가능한 전원

13.4.44 / 13.4.54 / 16.4.48 / 17.1.57 / 17.4.48 / 18.1.49 /
18.4.44 / 18.4.53 / 19.4.50 / 20.1.59

54 태양광발전설비의 접속함 점검 사항이 아닌 것은?

① 역전류 방지 다이오드 이상
② 접속부의 볼트 조임 상태 및 발열 상태
③ 퓨즈 상태 확인
④ 조도계 센서 동작여부

해설 접속함 점검내용
① 외함의 부식 · 파손, 볼트 조임 상태
② 외부 배선 및 접속단자 조임 상태 및 발열 · 소손 여부 (퓨즈, 역전류 방지 다이오드, SPD, 극성)
③ 접지선 손상 및 접지단자 접속 상태
④ 전선인입부의 방수처리상태
⑤ 절연저항측정
⑥ 개방전압측정(어레이 출력확인)

13.4.55 / 17.1.49 / 19.2.51 / 20.1.57

55 태양광 모듈의 유지관리 사항이 아닌 것은?

① 모듈의 유리표면 청결유지
② 음영이 생기지 않도록 주변정리
③ 케이블 극성 유의 및 방수 커넥터 사용 여부
④ 셀이 병렬로 연결 되었는지 여부

해설 모듈(Module)
태양광 모듈의 셀은 직렬로 연결되고 프레임 내에 진공 · 압축되어 있어, 셀의 연결 상태확인은 불필요하다.

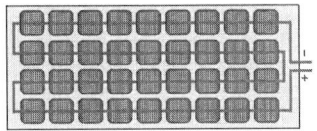

셀 36개의 직렬연결

13.4.56

56. 운영계획수립 시 주기와 점검내용이 맞지 않는 것은?

① 일간점검 : 태양광모듈 주위의 그림자 발생하는 물체 유무
② 주간점검 : 태양광모듈의 표면에 불순물 유무
③ 월간점검 : 태양광모듈 외부의 변형발생 유무
④ 연간점검 : 태양광모듈의 결선상 탈선 부분 발생 유무

해설 월간 점검 내용
① 태양광모듈 표면의 파손유무
② 태양광모듈 내부, 외부의 변형 또는 부식의 발생 유무
③ 태양광모듈의 결선상 탈선 부분 발생 유무

13.4.57 / 16.4.51 / 18.1.59 / 20.1.44 / 21.1.49 / 21.2.60

57. 자가용 태양광발전설비의 사용전 검사 항목이 아닌 것은?

① 부하운전시험 검사
② 변압기본체 검사
③ 전력변환장치 검사
④ 종합연동시험 검사

정답 53. ④ 54. ④ 55. ④ 56. ④

해설 자가용 태양광발전설비의 사용전 검사 항목
(1) 외관검사(공사계획 인가 · 신고 내용 확인)
(2) 태양광전지
 ① 일반규격
 ② 본체
(3) 전력변환장치
 ① 일반규격
 ② 본체
 ③ 보호장치
 ④ 축전지
(4) 종합연동시험
(5) 부하운전시험
(6) 접지저항측정
(7) 절연저항측정(변압기, 발전기 등)
(8) 절연내력시험(변압기, 발전기 등 기계기구)
(9) 절연유시험 및 측정(내압시험 및 산가측정)
(10) 보호장치시험
(11) 계측장치
(12) 제어회로 동작 및 기기조작시험
(13) 전선로(전압 5만 볼트 이상)
(14) 기타 검사에 필요한 사항
※ (6)~(14)은 전기수용설비 항목을 준용함

13.4.58 / 14.4.72 / 15.2.77 / 15.4.61 / 17.2.73 / 18.1.69 /
18.2.25 / 18.4.11 / 19.2.14 / 20.1.62 / 20.4.26

58 태양전지 모듈, 전선 및 개폐기 등의 유지관리 사항 중 틀린 것은?

① 전선의 공칭단면적 2.0[mm²] 이상의 연동선 또는 동등 이상의 세기 및 굵기인지 확인한다.
② 전기적으로 완전한 접속과 동시에 접속점 장력이 가해지지 않도록 한다.
③ 충전부분이 노출되었는지 확인한다.
④ 전로에 단락이 생긴 경우 전로를 보호하는 과전류차단기 시설을 확인한다.

해설 태양전지 모듈 등의 시설(판단기준 제54조)
1) 충전부분은 노출되지 않도록 시설할 것

2) 태양전지 모듈에 접속하는 부하측의 전로(복수의 태양전지 모듈을 시설한 경우에는 그 집합체에 접속하는 부하측의 전로)에는 그 접속점에 근접하여 개폐기 기타 이와 유사한 기구(부하전류를 개폐할 수 있는 것에 한한다)를 시설할 것

3) 태양전지 모듈을 병렬로 접속하는 전로에는 그 전로에 단락이 생긴 경우에 전로를 보호하는 과전류차단기 기타의 기구를 시설할 것. 다만, 그 전로가 단락전류에 견딜 수 있는 경우에는 그렇지 않다.

4) 전선은 다음에 의하여 시설할 것. 다만, 기계기구의 구조상 그 내부에 안전하게 시설할 수 있을 경우에는 그렇지 않다.
① 전선은 공칭단면적 2.5[mm²] 이상의 연동선 또는 이와 동등 이상의 세기 및 굵기의 것일 것
② 옥내에 시설할 경우에는 합성수지관공사, 금속관공사, 가요전선관공사 또는 케이블공사로 시설할 것
③ 옥측 또는 옥외에 시설할 경우에는 합성수지관공사, 금속관공사, 가요전선관공사 또는 케이블공사로 시설할 것

13.4.59 / 17.1.17 / 18.1.2 / 18.2.9 / 18.4.51 / 19.1.3 /
19.4.14 / 20.3.15 / 20.4.17 / 21.4.16

59 태양광 모듈에 설치되어 있는 바이패스 다이오드(Bypass Diode)의 역할과 거리가 먼 것은?

① 그림자 효과가 발생할 때 쉽게 작동한다.
② 내부의 직렬저항이 커질 때 작동한다.
③ 전지 내부의 병렬저항이 작아질 때 쉽게 작동한다.
④ 병렬 Diode의 개수가 증가할수록 쉽게 작동한다.

해설 바이패스 다이오드(Bypass Diode)

(1) 그림자 효과가 발생할 때 쉽게 작동한다. 모듈의 일부가 그림자에 의해 태양빛이 차단되는 경우 햇빛이 차단된 전지는 발전을 못할 뿐만 아니라 고저항

체로 작용하여 발열하므로, 모듈에 전류가 흐르지 않도록 바이패스 시키기 위해 바이패스 다이오드를 모듈의 Junction Box에 설치한다.

(2) 직렬저항의 영향
① 직렬저항이 커질 때 바이패스 다이오드가 작동한다.
② 직렬저항은 광전류의 발생을 방해한다.
③ 직렬저항 값이 최소일 때, 태양전지가 최대 효율을 발생
④ 직렬저항은 개방전압 값에는 영향이 작지만 충진율은 급격히 감소한다.

(3) 병렬저항의 영향
① 병렬 저항은 태양전지의 가장자리를 통해 흐르는 누설 저항이다.
② 누설저항은 높은 일사강도에서는 영향이 없고, 낮은 일사강도에서는 영향이 커진다.
③ 전지 내부의 병렬저항이 작아질 때 바이패스 다이오드가 작동한다.
④ 병렬저항에 의해 단락전류는 변하지 않지만, 누설저항이 감소하면 충진율과 개방전압이 감소한다.

13.4.60 / 15.2.42 / 16.2.54

60 독립형 태양광발전시스템의 주요 구성장치가 아닌 것은?

① 태양광(PV) 모듈
② 충방전 제어기
③ 축전지 또는 축전지 뱅크
④ 배전시스템 및 송전설비

해설 독립형 태양광발전 시스템

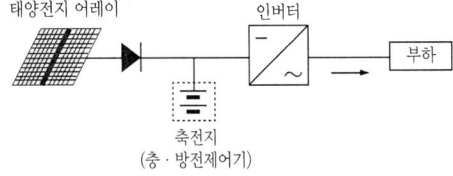

① 외판 섬과 같이 전기가 들어오지 않는 지역에서, 상용전력계통과 직접 연결되지 않고 분리된 발전방식으로, 태양광발전시스템의 발전 전력만으로 부하에 전력을 공급한다.
② 야간 혹은 우천 시, 태양광발전시스템의 발전이 불가할 때는 발전된 전력을 저장할 수 있는 축전장치를 접속하여 태양광 전력을 저장하여 사용하는 방식

61 KEC 한국전기설비규정의 변경으로 삭제됨

13.4.62 / 15.4.68 / 16.2.65 / 17.2.71

62 빙설이 적고 민가가 밀집한 도시에 시설하는 고압 가공전선로 설계에 사용하는 풍압하중은?

① 갑종 풍압하중
② 을종 풍압하중
③ 병종 풍압하중
④ 갑종 풍압하중과 을종 풍압하중을 각 설비에 따라 혼용

해설 풍압하중의 종별과 적용(판단기준 제62조)
인가가 많이 연접되어 있는 장소에 시설하는 가공전선로의 구성재 중 다음의 풍압하중에 대하여는 빙설의 양과 관계없이 갑종 풍압하중 또는 을종 풍압하중 대신에 병종 풍압하중을 적용할 수 있다.
① 저압 또는 고압 가공전선로의 지지물 또는 가섭선
② 사용전압이 35 [kV] 이하의 전선에 특고압 절연전선 또는 케이블을 사용하는 특고압 가공전선로의 지지물, 가섭선 및 특고압 가공전선을 지지하는 애자장치 및 완금류

13.4.63

63 대통령령으로 정하는 일정 규모 이상의 건축물은 산업통상자원부와 국토교통부가 공동부령으로 정하는 건축물로서 연면적 몇 제곱미터 이상의 건축물이 신·재생에너지 이용 인증대상 건축물인가?

정답 60. ④ 61. 62. ③

① 1천 제곱미터 이상
② 2천 제곱미터 이상
③ 3천 제곱미터 이상
④ 4천 제곱미터 이상

해설 삭제된 법령
신·재생에너지 이용 인증대상 건축물(신재생에너지법 시행령 제18조의2)
지식경제부와 국토해양부가 공동부령으로 정하는 건축물로서 연면적 1천 제곱미터 이상인 건축물을 말한다.

13.4.64 / 14.4.65 / 14.4.77 / 15.4.71 / 17.1.8 / 17.2.75 / 17.4.70 / 18.4.67 / 19.2.70 / 19.2.72 / 20.1.64

64 신에너지 및 신재생에너지 개발·이용·보급 촉진법에서 정의하고 있는 신재생에너지에 포함되지 않는 것은?

① 수력 ② 폐기물 에너지
③ 원자력 ④ 연료전지

해설 **신·재생에너지의 정의(신재생에너지법 제2조)**
1) 신에너지: 기존의 화석연료를 변환시켜 이용하거나 수소·산소 등의 화학 반응을 통하여 전기 또는 열을 이용하는 에너지
① 수소에너지
② 연료전지
③ 석탄을 액화·가스화한 에너지 및 중질잔사유을 가스화
2) 재생에너지: 햇빛·물·지열·강수·생물유기체 등을 포함하는 재생 가능한 에너지를 변환시켜 이용하는 에너지
① 태양에너지
② 풍력
③ 수력
④ 해양에너지
⑤ 지열에너지
⑥ 생물자원을 변환시켜 이용하는 바이오에너지
⑦ 폐기물에너지(비재생폐기물로부터 생산된 것은 제외한다)

13.4.65 / 14.4.71 / 17.2.66 / 18.2.61 / 20.3.74 / 21.4.65

65 전력시장에서 전력을 직접 구매할 수 있는 전기사용자의 수전설비용량 기준은?

① 10000[kVA]
② 20000[kVA]
③ 30000[kVA]
④ 50000[kVA]

해설 **전력의 직접 구매(전기사업법 시행령 제20조)**
수전설비의 용량이 30,000[kVA] 이상인 전기사용자는 전력시장에서 전력을 직접 구매할 수 있다.

13.4.66 / 14.4.75 / 15.2.72 / 15.2.76 / 16.4.67 / 17.1.73 / 17.2.70 / 17.4.78 / 18.1.73 / 18.2.64 / 18.4.75 / 18.4.80 / 19.1.64 / 19.2.62 / 20.3.80

66 태양전지 모듈은 최대사용전압 몇 배의 직류전압을 충전부분과 대지 사이에 연속하여 10분간 가하여 절연내력을 시험하였을 때 이에 견디어야 하는가?

① 0.92 ② 1
③ 1.25 ④ 1.5

해설 **연료전지 및 태양전지 모듈의 절연내력(판단기준 제15조)**
연료전지 및 태양전지 모듈은 최대사용전압의 1.5배의 직류전압 또는 1배의 교류전압(500 [V] 미만으로 되는 경우에는 500 [V])을 충전부분과 대지사이에 연속하여 10분간 가하여 절연내력을 시험하였을 때에 이에 견디는 것이어야 한다.

정답 63.① 64.③ 65.③ 66.④

67 저탄소 녹색성장 기본법에서 정의하는 용어의 뜻이 잘못 된 것은?

① 저탄소 : 화석연료 의존도를 높이고 청정에너지의 사용 및 보급을 확대하여 온실가스를 최소한으로 줄이는 것
② 녹색기술 : 온실가스 감축기술, 에너지 이용 효율화 등 사회·경제 활동의 전 과정에 걸쳐 에너지와 자본을 절약하고 효율적으로 사용하여 온실가스 및 오염물질의 배출을 최소화 하는 기술
③ 녹색제품 : 에너지·자원의 투입과 온실가스 및 오염물질의 발생을 최소화하는 제품
④ 녹색경영 : 온실가스 배출 및 환경오염의 발생을 최소화 하면서 사회적 윤리적 책임을 다하는 경영

해설 정의(녹색성장법 제2조)

① 저탄소 : 화석연료(化石燃料)에 대한 의존도를 낮추고 청정에너지의 사용 및 보급을 확대하며 녹색기술 연구개발, 탄소흡수원 확충 등을 통하여 온실가스를 적정수준 이하로 줄이는 것
② 자원순환: 환경정책상의 목적을 달성하기 위하여 필요한 범위 안에서 폐기물의 발생을 억제하고 발생된 폐기물을 적정하게 재활용 또는 처리하는 등 자원의 순환과정을 환경 친화적으로 이용·관리하는 것
③ 녹색생활: 기후변화의 심각성을 인식하고 일상생활에서 에너지를 절약하여 온실가스와 오염물질의 발생을 최소화하는 생활
④ 온실가스: 이산화탄소(CO_2), 메탄(CH_4), 아산화질소(N_2O), 수소불화탄소(HFCs), 과불화탄소(PFCs), 육불화황(SF_6) 및 그밖에 대통령령으로 정하는 것으로 적외선 복사열을 흡수하거나 재방출하여 온실효과를 유발하는 대기 중의 가스 상태의 물질
⑤ 에너지 자립도: 국내 총소비에너지량에 대하여 신·재생에너지 등 국내 생산에너지량 및 우리나라가 국외에서 개발(지분 취득을 포함한다)한 에너지양을 합한 양이 차지하는 비율

68 신·재생에너지의 기술개발 및 이용·보급을 촉진하기 위한 기본계획에 대한 설명으로 옳지 않은 것은?

① 기본계획의 계획기간은 10년 이상으로 한다.
② 총에너지생산량 중 신·재생에너지가 차지하는 비율의 목표가 포함된다.
③ 신·재생에너지 분야 전문인력 양성계획이 포함된다.
④ 온실가스 배출 감소 목표가 포함된다.

해설 기본계획의 수립(신재생에너지법 제5조)

1) 산업통상자원부장관은 관계 중앙행정기관의 장과 협의를 한 후 신·재생에너지정책심의회의 심의를 거쳐 신·재생에너지의 기술개발 및 이용·보급을 촉진하기 위한 기본계획을 5년마다 수립하여야 한다.

2) 기본계획의 계획기간은 10년 이상으로 하며, 기본계획에는 다음의 사항이 포함되어야 한다.
① 기본계획의 목표 및 기간
② 신·재생에너지원별 기술개발 및 이용·보급의 목표
③ 총전력생산량 중 신·재생에너지 발전량이 차지하는 비율의 목표
④ 온실가스의 배출 감소 목표
⑤ 기본계획의 추진방법
⑥ 신·재생에너지 기술수준의 평가와 보급전망 및 기대효과
⑦ 신·재생에너지 기술개발 및 이용·보급에 관한 지원 방안
⑧ 신·재생에너지 분야 전문인력 양성계획
⑨ 직전 기본계획에 대한 평가
⑩ 그밖에 기본계획의 목표달성을 위하여 산업통상자원부장관이 필요하다고 인정하는 사항

정답 67. ① 68. ②

69 전기공사업법에 규정된 전기공사기술자의 양성 교육훈련의 교육시간은?

① 20시간　② 30시간
③ 40시간　④ 60시간

해설 양성교육훈련의 실시 등(전기공사업법 시행령 제12조의4)

산업통상자원부장관은 지정교육훈련기관이 다음의 사람에 대하여 양성교육훈련을 실시하게 하여야 한다.
(1) 초급 전기공사기술자로 인정을 받으려는 사람으로서 다음의 어느 하나에 해당하는 사람
　① 기능사의 자격을 취득한 사람
　② 등급인정기준에 따른 학력·경력자
(2) 등급의 변경을 인정받으려는 전기공사기술자

※ 양성교육훈련의 교육실시기준(제12조의4 제2항 관련)

대상자	교육 시간	교육 내용
전기공사기술자로 인정을 받으려는 사람 및 등급의 변경을 인정받으려는 전기공사기술자	20시간	기술능력의 향상

70 전기사업의 허가를 신청하는 자가 사업계획서를 작성할 때 태양광설비의 개요로 기재하여야 할 내용이 아닌 것은?

① 태양전지 및 인버터의 효율, 변환방식, 교류주파수
② 태양전지의 종류, 정격용량, 정격전압 및 정격출력
③ 인버터의 종류, 입력전압, 출력전압 및 정격출력
④ 집광판(集光板)의 면적

해설 사업허가의 신청(전기사업법 시행규칙 제4조)

사업계획의 전기설비(태양광) 개요에 포함되어야 할 사항
① 태양전지의 종류, 정격용량, 정격전압 및 정격출력
② 인버터(Inverter)의 종류, 입력전압, 출력전압 및 정격출력
③ 집광판의 면적

71 교류에서 저압의 한계는 몇[V]인가?

① 600　② 750
③ 1000　④ 1500

해설 전압의 종별(전기사업법 시행규칙 제2조)

구분	내 용
저압	DC 1500[V] 이하
	AC 1000[V] 이하
고압	DC 1500[V] 초과 7000[V] 이하
	AC 1000[V] 초과 7000[V] 이하
특고압	7000[V] 초과

72 다음 중 신·재생에너지 통계전문기관은?

① 신·재생에너지협회
② 신·재생에너지센터
③ 통계청
④ 한국에너지기술연구원

해설 신·재생에너지센터

① 에너지·자원 관련 기술 개발의 기획·관리·평가 기능 강화를 통한 효율적인 연구관리 체계 구축
② 기술 개발 성과의 실용화 및 보급 추진
③ 정부와 민간 부문의 연계 강화를 통한 기술 개발 및 정보 교환 체계 확립

정답　69. ①　70. ①　71. ③　72. ②

13.4.73 / 15.4.67 / 16.2.42 / 16.4.68 / 16.4.70 / 17.4.65 / 18.1.74 / 18.4.24 / 18.4.63 / 19.4.38 / 20.1.65 / 20.1.79 / 20.3.66 / 21.1.71 / 21.2.27 / 21.4.37 / 21.4.68

73. 200kW 이하의 발전설비용량의 발전사업허가를 받으려는 자는 누구에게 전기사업 허가 신청서를 제출하여야 하는가?

① 안전행정부 장관
② 대통령
③ 산업통상자원부 장관
④ 해당 특별시장·광역시장·도지사

[해설] 사업허가의 신청(전기사업법 시행규칙 제4조)
① 전기사업의 허가를 신청하려는 자는 전기사업허가 신청서에 관련 서류(전자문서를 포함한다. 이하 같다)를 첨부하여 산업통상자원부장관에게 제출하여야 한다.
② 다만, 발전설비용량이 3,000[kW] 이하인 발전사업의 허가를 받으려는 자는 특별시장·광역시장·특별자치시장·도지사 또는 특별자치도지사에게 제출하여야 한다.

13.4.74 / 20.4.66

74. 전기공사업 등록증 및 등록수첩을 발급하는 자는?

① 대통령
② 산업통상자원부장관
③ 시·도지사
④ 지정공사업자단체

[해설] 공사업의 등록(전기공사업법 제4조)
① 공사업을 하려는 자는 산업통상자원부령으로 정하는 바에 따라 주된 영업소의 소재지를 관할하는 특별시장·광역시장·도지사 또는 특별자치도지사에게 등록하여야 한다.
② 공사업의 등록을 하려는 자는 대통령령으로 정하는 기술능력 및 자본금 등을 갖추어야 한다.
③ 공사업을 등록한 자 중 등록한 날부터 5년이 지나지 아니한 자는 ②항에 따른 기술능력 및 자본금 등에 관한 사항을 대통령령으로 정하는 기간이 지날 때마다 산업통상자원부령으로 정하는 바에 따라 시·도지사에게 신고하여야 한다.
④ 시·도지사는 ①항에 따라 공사업의 등록을 받으면 등록증 및 등록수첩을 내주어야 한다.

13.4.75 / 14.4.80 / 18.2.63

75. 접지공사에 사용하는 접지선을 사람이 접속할 우려가 있는 곳에 시설하는 경우 접지선은 최소 어느 부분까지 합성수지관 또는 이와 동등 이상의 절연 효력 및 강도를 가지는 몰드로 덮게 되어 있는가?

① 지하 30[cm]로부터 지표상 1.5[m]까지의 부분
② 지하 10[cm]로부터 지표상 1.6[m]까지의 부분
③ 지하 75[cm]로부터 지표상 2.0[m]까지의 부분
④ 지하 90[cm]로부터 지표상 2.5[m]까지의 부분

[해설] 접지도체는 지하 0.75 m 부터 지표 상 2 m 까지 부분은 합성수지관(두께 2 mm 미만의 합성수지제 전선관 및 가연성 콤바인덕트관은 제외한다) 또는 이와 동등 이상의 절연효과와 강도를 가지는 몰드로 덮어야 한다.

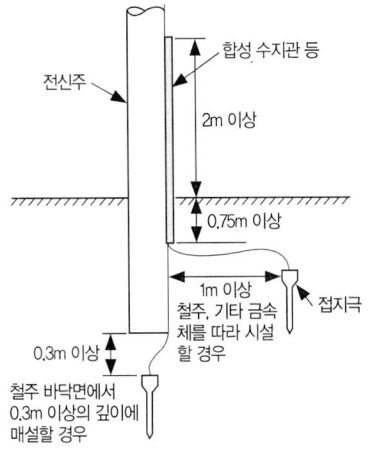

정답 73.④ 74.③ 75.③

13.4.76 / 15.2.25 / 16.4.73 / 17.4.66 / 17.4.67 / 18.1.24 / 18.1.75 / 19.1.62 / 19.2.78 / 19.4.67 / 20.3.73 / 21.1.63 / 21.1.76 / 21.4.70

76 신·재생에너지 공급인증서를 발급받으려는 자는 공급인증서 발급 및 거래시장 운영에 관한 규칙에 의거 신·재생에너지를 공급한 날부터 며칠 이내에 공급인증서 발급 신청을 하여야 하는가?

① 15일 ② 30일
③ 60일 ④ 90일

해설 신·재생에너지 공급인증서의 발급 신청 등(신재생에너지법 시행령 제18조의8)
① 공급인증서를 발급받으려는 자는 공급인증서 발급 및 거래시장 운영에 관한 규칙에서 정하는 바에 따라 신·재생에너지를 공급한 날부터 90일 이내에 발급 신청을 하여야 한다.
② 발급 신청을 받은 공급인증기관은 발급 신청을 한 날부터 30일 이내에 공급인증서를 발급하여야 한다.

13.4.77 / 18.1.61 / 18.4.73

77. 발전사업자 등에게 총전력생산량의 일부를 의무적으로 신재생에너지로 공급하게 하는 제도에서 정하고 있는 2013년도 신재생에너지 의무공급량 비율은?

① 2[%] ② 2.5[%]
③ 3[%] ④ 3.5[%]

해설 신·재생에너지 공급의무화 등(신재생에너지법 제12조의5)
(1) 산업통상자원부장관은 신·재생에너지의 이용·보급을 촉진하고 신·재생에너지산업의 활성화를 위하여 필요하다고 인정하면 다음의 어느 하나에 해당하는 자 중 대통령령으로 정하는 자에게 발전량의 일정량 이상을 의무적으로 신·재생에너지를 이용하여 공급하게 할 수 있다.
① 발전사업자
② 발전사업의 허가를 받은 것으로 보는 자
③ 공공기관

(2) 공급의무자가 의무적으로 신·재생에너지를 이용하여 공급하여야 하는 발전량의 합계는 총전력생산량의 25% 이내의 범위에서 연도별로 대통령령으로 정한다. 이 경우 균형 있는 이용·보급이 필요한 신·재생에너지에 대하여는 대통령령으로 정하는 바에 따라 총의무공급량 중 일부를 해당 신·재생에너지를 이용하여 공급하게 할 수 있다.

연도별 의무공급량의 합계 등(신재생에너지법 시행령 제18조의4)
(1) 의무공급량의 연도별 합계는 공급의무자의 다음 계산식에 따른 총전력생산량에 아래 표에 따른 비율을 곱한 발전량 이상으로 한다. 이 경우 의무공급량은 공급인증서를 기준으로 산정한다.

총전력 생산량 = 지난 연도 총전력생산량 − (신·재생에너지 발전량 + 산업통상자원부장관이 정하여 고시하는 설비에서 생산된 발전량)

(2) 산업통상자원부장관은 3년마다 신·재생에너지 관련 기술 개발의 수준 등을 고려하여 아래의 표에 따른 비율을 재검토하여야 한다. 다만, 신·재생에너지의 보급 목표 및 그 달성 실적과 그 밖의 여건 변화 등을 고려하여 재검토 기간을 단축할 수 있다.

※ 연도별 의무공급량의 비율

해당 연도	비율[%]
2012년	2.0
2013년	2.5
2014년	3.0
2015년	3.0
2016년	3.5
2017년	4.0
2018년	5.0
2019년	6.0
2020년	7.0
2021년	9.0
2022년	12.5
2023년	13.0
2024년	13.5
2025년	14.0

정답 76. ④ 77. ②

해당 연도	비율[%]
2026년	15.0
2027년	17.0
2028년	19.0
2029년	22.5
2030년 이후	25.0

13.4.78 / 17.2.80 / 19.1.80

78 저압 연접인입선의 시설 규정으로 틀린 것은?

① 경간이 20[m]인 곳에서 DV전선을 사용하였다.
② 인입선에서 분기하는 점에서부터 100[m]을 넘지 않았다.
③ 폭 4.5[m]의 도로를 횡단하였다.
④ 옥내를 통과하지 않도록 했다.

해설 저압 연접 인입선의 시설(판단기준 제101조)

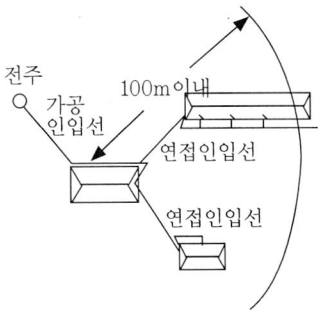

① 인입선에서 분기하는 점으로부터 100 [m]을 초과하는 지역에 미치지 아니할 것
② 폭 5 [m]을 초과하는 도로를 횡단하지 아니할 것
③ 옥내를 통과하지 아니할 것

저압 인입선의 시설((판단기준 제100조)
전선이 케이블인 경우 이외에는 인장강도 2.30 [kN] 이상의 것 또는 지름 2.6[mm] 이상의 인입용 비닐절연전선일 것. 다만, 경간이 15 [m] 이하인 경우는 인장강도 1.25[kN] 이상의 것 또는 지름 2 [mm] 이상의 인입용 비닐절연전선일 것

※ DV전선(인입용 비닐절연전선)
600[V] 이하의 주로 가공 인입선에 사용하는 염화비닐 수지를 주체로 한 콤파운드로 절연된 다심의 절연 전선

13.4.79 / 17.4.79 / 18.1.79

79 발전사업자가 의무적으로 전압 및 주파수를 측정하여야 하는 횟수와 측정결과 보존기간은?

① 매월 1회 이상 측정하고 1년간 보존
② 매월 1회 이상 측정하고 3년간 보존
③ 매년 1회 이상 측정하고 3년간 보존
④ 매년 1회 이상 측정하고 1년간 보존

해설 전압 및 주파수의 측정(전기사업법 시행규칙 제19조)
(1) 전기사업자 및 한국전력거래소는 다음의 사항을 매년 1회 이상 측정하여야 하며 측정 결과를 3년간 보존하여야 한다.
① 발전사업자 및 송전사업자의 경우에는 전압 및 주파수
② 배전사업자 및 전기판매사업자의 경우에는 전압
③ 한국전력거래소의 경우에는 주파수
(2) 전기사업자 및 한국전력거래소는 (1)항에 따른 전압 및 주파수의 측정기준·측정방법 및 보존방법 등을 정하여 산업통상자원부장관에게 제출하여야 한다.

13.4.80 / 17.2.76 / 17.4.65 / 21.2.76

80 전기공사기술자의 등급 및 경력 등에 관한 증명서를 발급하는 자는?

① 산업통상자원부장관
② 한국산업인력공단
③ 시·도지사
④ 전기공사협회

해설 전기공사기술자의 인정, 정의(전기공사업법 제17조의 2, 제2조)
1) 전기공사기술자로 인정을 받으려는 사람은 산업통상자원부장관에게 신청하여야 한다.

2) 산업통상자원부장관은 신청인이 다음에 해당하면 전기공사기술자로 인정하여야 한다.
① 국가기술자격법에 따른 전기 분야의 기술자격을 취득한 사람
② 일정한 학력과 전기 분야에 관한 경력을 가진 사람
3) 산업통상자원부장관은 신청인을 전기공사기술자로 인정하면 전기공사기술자의 등급 및 경력 등에 관한 증명서를 해당 전기공사기술자에게 발급하여야 한다.
4) 신청절차와 기술자격·학력·경력의 기준 및 범위 등은 대통령령으로 정한다.

신재생에너지발전설비산업기사(태양광)필기
13개년 과년도(2026)

초판 1쇄 발행 2022년 01월 20일
초판 2쇄 발행 2023년 02월 20일
초판 3쇄 발행 2024년 01월 20일
초판 4쇄 발행 2025년 01월 20일
초판 5쇄 발행 2026년 01월 20일

지은이 | 이후곤
펴낸이 | 이주연
펴낸곳 | **명인북스**
등   록 | 제 409-2021-000031호
주   소 | 인천시 서구 완정로 65번안길 10, 114동 605호
전   화 | 032-565-7338
팩   스 | 032-565-7348
E-mail | phy4029@naver.com
정   가 | 42,000원

ISBN 979-11-94269-34-2 (13560)

이 책에서 내용의 일부 또는 도해를 다음과 같은 행위자들이 사전 승인없이 인용할 경우에는
저작권법 제93조 「손해배상청구권」 에 적용 받습니다.
  ① 단순히 공부할 목적으로 부분 또는 전체를 복제하여 사용하는 학생 또는 복사업자
  ② 공공기관 및 사설교육기관(학원, 인정직업학교), 단체 등에서 영리를 목적으로 복제·배포하는 대표, 또는 당해 교육자
  ③ 디스크 복사 및 기타 정보 재생 시스템을 이용하여 사용하는 자

※ 파본은 구입하신 서점에서 교환해 드립니다.